Die

Wechselstromtechnik.

Herausgegeben

von

Dr.-Ing. E. Arnold,

Professor und Direktor des Elektrotechnischen Instituts
der Großherzoglichen Technischen Hochschule Fridericiana zu Karlsruhe.

Erster Band.

Theorie der Wechselströme.

Von

J. L. la Cour und **O. S. Bragstad.**

Zweite, vollständig umgearbeitete Auflage.

Berlin.
Verlag von Julius Springer.
1910.

Theorie der Wechselströme.

Von

J. L. la Cour und **O. S. Bragstad**

Technischer Chef der Allmänna Svenska El. A. B. Vesterås.

ordentl. Professor der Technischen Hochschule Trondhjem.

Zweite, vollständig umgearbeitete Auflage.

Mit 591 in den Text gedruckten Figuren.

Berlin.

Verlag von Julius Springer.

1910.

ISBN-13:978-3-642-98740-3 e-ISBN-13:978-3-642-99555-2
DOI: 10.1007/978-3-642-99555-2

Softcover reprint of the hardcover 1st edition 1910

Berlin
Verlag von Julius Springer
1910

Vorwort.

Der vorliegende Band ist in Form eines Lehrbuches gehalten und behandelt den Teil der Wechselstromtheorie und verwandte Gebiete der Elektrizitätslehre, der für ein eingehendes Studium der Starkstromtechnik in Frage kommt.

Für die Behandlung der stationären Vorgänge in Wechselstromkreisen ist hauptsächlich die symbolische Schreibweise benutzt, weil sie die einfachste ist und sich am besten der praktischen Ausdrucksweise in Wattströmen und wattlosen Strömen anschließt. Hand in Hand mit der symbolischen Schreibweise wird aber das graphische Rechnen systematisch entwickelt, indem alle analytischen Rechenoperationen durch korrespondierende graphische Konstruktionen ersetzt werden. Durch Anwendung der bekannten Kirchhoffschen Sätze im symbolischen Sinne lassen sich die Gleichungen jedes Stromkreises durch äußerst einfache analytische Ausdrücke wiedergeben, und diese Formeln geben gleich den Gang der graphischen Rechnungen zur vollständigen Lösung der Aufgabe an. In dieser Weise erreicht man nicht allein den Vorteil, daß jede Aufgabe sich äußerst leicht in mathematische Form bringen läßt, sondern auch den großen Vorteil, daß das Resultat durch die graphische Lösung sofort Aufschluß über das Verhalten des Stromkreises bei allen Arbeitsverhältnissen gibt.

In den folgenden Kapiteln sind die magnetischen Eigenschaften des Eisens und die elektrischen Eigenschaften von Dielektrika, Elektrolyten und Gasen eingehend behandelt.

Nachdem die Berechnung der Konstanten elektrischer Leiter im 23. Kapitel angegeben worden ist, wird zu den Ausgleichsvorgängen in elektrischen Stromkreisen übergegangen. Da diese keine periodischen Vorgänge darstellen, lassen sie sich nicht mit Vorteil symbolisch ausdrücken, weshalb die diesbezüglichen Rechnungen mit gewöhnlichen reellen Größen durchgeführt worden sind. Diese Rechnungen sind an mehreren Stellen sehr ausführlich und eingehend; dies ist aus dem Grunde geschehen, weil diese Vorgänge viel weniger bekannt sind als die stationären und weil die meisten Veröffentlichungen auf diesem Gebiete durch zu grobe Annäherungen zu unvollständigen und oft gar unrichtigen Resultaten führen. — Durch die stets ansteigende Übertragungsspannung und die wachsenden Leistungen der Kraftstationen werden diese Theorien immer mehr an Interesse und praktischem Wert gewinnen, denn mit der Größe der Stationen nehmen auch die die Ausgleichsvorgänge begleitenden elektrischen Kräfte schnell zu.

Diese zweite Auflage ist durch das Übertreten des Herrn J. L. la Cour in die Praxis etwas verzögert worden. Es wurde deswegen Herr Prof. O. S. Bragstad als Mitarbeiter in größerem Umfange herangezogen, als es bei der ersten Auflage dieses Bandes der Fall war.

Bei Herstellung der Figuren und bei Durchsicht des Textes haben uns Herr Dr.-Ing. A. Fränckel und Herr Dipl.-Ing. K. A. Aubeck in freundlicher Weise unterstützt, wofür wir diesen Herren bestens danken.

Zugleich wollen wir nicht verfehlen, dem Herausgeber dieses Werkes, Herrn Geheimen Hofrat Prof. Dr.-Ing. E. Arnold, für seine freundliche Unterstützung unseren besten Dank auszusprechen.

September 1910.

Die Verfasser.

Inhaltsverzeichnis.

Einleitung.

Erstes Kapitel.

Einfache Wechselströme und ihre Darstellung.

Zweites Kapitel.

Die physikalischen Vorgänge in Wechselstromkreisen.

Drittes Kapitel.

Analytische und graphische Methoden.

Viertes Kapitel.

Reihenschaltung von Stromkreisen.

Fünftes Kapitel.

Parallelschaltung von Stromkreisen.

Sechstes Kapitel.

Stromkreise allgemeineren Charakters.

Siebentes Kapitel.

Magnetisch verkettete Stromkreise.

Achtes Kapitel.

Stromkreise mit Kapazität.

Neuntes Kapitel.

Leerlauf und Kurzschlußdiagramm.

Fünfzehntes Kapitel.

Leerlauf-, Kurzschluß- und Arbeitsdiagramm eines Mehrphasenstromes.

Sechzehntes Kapitel.

Mehrphasenströme von zusammengesetzter Kurvenform.

Siebzehntes Kapitel.

Messung von elektrischen Strömen.

Achtzehntes Kapitel.

Magnetische Eigenschaften des Eisens.

Neunzehntes Kapitel.

Grundbegriffe der Elektrostatik.

Zwanzigstes Kapitel.

Elektrische Eigenschaften der Dielektrika.

Einundzwanzigstes Kapitel.

Elektrische Eigenschaften der Elektrolyten.

Zweiundzwanzigstes Kapitel.

Elektrische Eigenschaften von Gasen und Dämpfen.

Dreiundzwanzigstes Kapitel.

Die Konstanten elektrischer Leiter.

Vierundzwanzigstes Kapitel.

Ein- und Ausschalten elektrischer Ströme.

Fünfundzwanzigstes Kapitel.

Ein- und Ausschalten von Stromkreisen, in denen Widerstand, Selbstinduktion und Kapazität gleichmäßig verteilt sind.

Sechsundzwanzigstes Kapitel.

Fortpflanzung elektrischer Strom- und Spannungswellen in Stromkreisen, in denen Widerstand, Selbstinduktion und Kapazität gleichmäßig verteilt sind.

Berichtigungen.

Seite 150 Zeile 2 von unten lies: $y_l e^{-j\psi_l}$ statt $y_l e^{j\psi_l}$.

„ 151 „ 4 „ „ lies: $\frac{1}{2}(\psi_d - \psi_l)$ statt $\frac{1}{2}(\psi_d - \psi)$.

„ 153 „ 3 „ „ lies: jx_d statt $-jx_d$.

Einleitung.

1. Elektrische Gleichströme. — 2. Das magnetische Feld. — 3. Elektromagnetismus. — 4. Elektromagnetische Induktion. — 5. Energie, Arbeit und Leistung. — 6. Komplexe Größen.

In den ersten Kapiteln dieses Buches werden hauptsächlich nur jene Eigenschaften des elektrischen Stromes behandelt, die auf den elektromagnetischen Gesetzen beruhen. Diese Gesetze sind deshalb im Folgenden kurz zusammengestellt. Die elektrostatischen Gesetze, die für das Verständnis der späteren Kapitel notwendig sind, werden in Kap. XIX besprochen.

1. Elektrische Gleichströme.

Besteht zwischen den Enden (Klemmen) eines Leiters, in dem keine elektromotorischen Kräfte (EMKe) wirksam sind, eine elektrische Potentialdifferenz, so fließt in dem Leiter ein Strom und zwar nach der Richtung, in der das Potential abfällt. Wird die Potentialdifferenz konstant gehalten, so erhalten wir einen Strom von konstanter Stärke.

Ohm hat zuerst nachgewiesen, daß die Stromstärke bei gleichbleibender Temperatur des Leiters der Potentialdifferenz zwischen den Klemmen (d. h. der Klemmenspannung) proportional ist.

Das Verhältnis der Klemmenspannung p zur Stärke des Gleichstromes i wird der elektrische oder Ohmsche Widerstand des Stromkreises genannt.

$$r = \frac{p}{i} \quad . \quad . \quad . \quad . \quad . \quad . \quad . \quad . \quad (1)$$

Der Ohmsche Widerstand r eines homogenen Leiters von konstantem Querschnitt ist der Länge l direkt und dem Querschnitt q umgekehrt proportional, also ist

$$r = \frac{l}{q}\varrho .$$

ϱ ist der spezifische Widerstand des Leiters. r hat in dem elektromagnetischen Maßsystem die Dimension

$$r = \text{Dim.}\left(\frac{\text{EMK}}{\text{Strom}}\right) = \text{Dim.}\,(LT^{-1})$$

und wird in Ohm (Ω) gemessen

$$\text{Ohm} = \frac{\text{Volt}}{\text{Ampere}} = \frac{10^8}{10^{-1}} = 10^9\,(\text{CGS-Einheiten}).$$

Für Kupfer ist der spezifische Widerstand, d. h. der Widerstand zwischen gegenüberliegenden Flächen eines Kupferwürfels von 1 cm Kantenlänge

$$\varrho = 1{,}6 \cdot 10^{-6}\,(1 + 0{,}004\,T^0)\,\Omega = 1{,}6\,(1 + 0{,}004\,T^0)\ \text{Microhm}$$

und für Aluminium

$$\varrho = 2{,}7\,(1 + 0{,}004\,T^0)\,\text{Microhm}.$$

T ist die Temperatur in Graden Celsius. 0,004 nennt man den Temperaturkoeffizienten, der zufälligerweise für Kupfer und Aluminium gleich ist.

Das Ohmsche Gesetz lautet: In einem Teile einer Strombahn, in dem keine EMK wirkt, ist die Stromstärke gleich dem Verhältnis der Potentialdifferenz zwischen den Endpunkten zu dem elektrischen Widerstand.

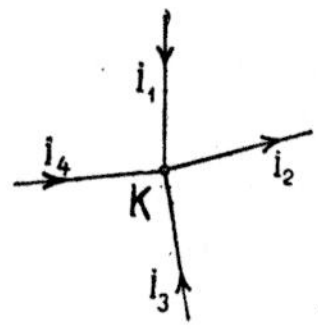

Fig. 1.

Da in einem Knotenpunkte K (Fig. 1) verschiedener stromführender Leiter sich keine Elektrizitätsmenge anhäufen kann, muß die Summe der zufließenden Ströme gleich der Summe der abfließenden sein. Wenn diese als positiv und jene als negativ bezeichnet werden, ist für jeden Knotenpunkt K

$$\Sigma(i) = 0 \quad . \quad . \quad . \quad . \quad . \quad . \quad . \quad . \quad (2)$$

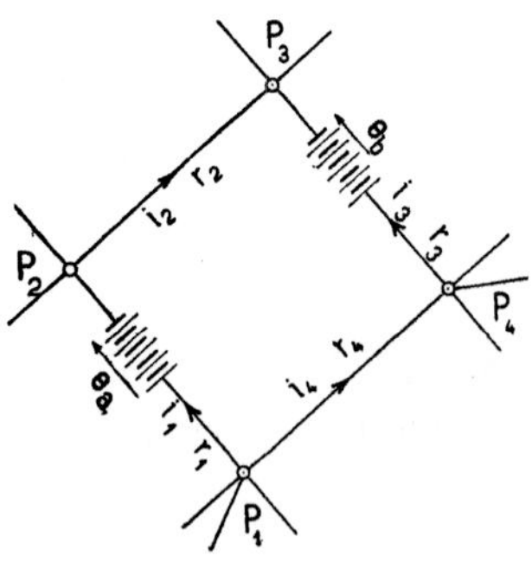

Fig. 2.

Diese Beziehung nennt man das erste Kirchhoffsche Gesetz, das in Worten lautet: Die algebraische Summe aller in einem Knotenpunkte zusammenfließenden Ströme ist gleich Null.

Betrachten wir weiter einen geschlossenen Leiterzug, z. B. den in Fig. 2 dargestellten, bei dem die Potentiale an den Knotenpunkten mit P_1 bis P_4 bezeichnet sind. Aus dem Ohmschen Gesetz folgt, daß

$$i_1 r_1 = e_a + P_1 - P_2$$
$$i_2 r_2 = P_2 - P_3$$
$$i_3 r_3 = e_b + P_4 - P_3$$
und
$$i_4 r_4 = P_1 - P_4$$ ist.

Bilden wir die algebraische Summe aller ir, wobei die Stromrichtung im Sinne des Uhrzeigers als positiv und entgegengesetzt dem Sinne des Uhrzeigers als negativ zu nehmen ist, so erhalten wir

$$\Sigma(ir) = i_1 r_1 + i_2 r_2 - i_3 r_3 - i_4 r_4 = e_a - e_b = \Sigma(e),$$

also

$$\boldsymbol{\Sigma(ir) = \Sigma(e)} \quad \ldots\ldots \quad (2a)$$

Diese Gleichung ist das zweite Kirchhoffsche Gesetz, das in Worten lautet:

Für jeden geschlossenen Stromkreis ist die algebraische Summe der Produkte aus Stromstärke und Widerstand der einzelnen Teile des Stromkreises gleich der algebraischen Summe der EMKe, die in diesem Stromkreise wirken.

Betrachten wir die Vorgänge in einem Stromkreise vom elektrostatischen Standpunkte aus, so entspricht der Stromstärke i die Strömung einer Elektrizitätsmenge i in der Sekunde von einem höheren Potential P_1 auf ein niedrigeres P_2. Durch die Bewegung der elektrischen Masse $+1$ vom Potential P_1 zum Potential P_2 wird von den elektrischen Kräften eine Arbeit $P_1 - P_2$ geleistet, also wird vom Strome i in der Zeit t die Arbeit

$$A = i(P_1 - P_2)t$$

geleistet, die sich in Wärme umsetzt. Die Arbeit des Stromes in einer Sekunde heißt Leistung (w) und ist

$$\boldsymbol{w = i(P_1 - P_2) = i^2 r} \quad \ldots\ldots \quad (3)$$

Dieses Gesetz ist zuerst von Joule experimentell nachgewiesen worden und lautet:

Die Wärmemenge, die in der Zeiteinheit in einem Leiter von einem konstanten Strom erzeugt wird, ist dem Widerstande des Leiters und dem Quadrate der Stromstärke proportional.

Wirkt in einem Stromkreise, in dem der konstante Strom i fließt, eine EMK e, die z. B. von Batterien oder Dynamomaschinen herrührt, so ist die vom Strome in einer Sekunde in der Batterie geleistete Arbeit gleich ei, und man erhält allgemein den Satz, daß in jedem Teile eines Stromkreises, in dem eine EMK e und eine Stromstärke i bestehen, eine Leistung $w = ei$ ausgeübt wird. Wenn e und i dieselbe Richtung haben, so wird diese Arbeit von äußeren Kräften, welche den Strom erzeugen, geleistet. Wenn dagegen e und i einander entgegengerichtet sind, so wird die Arbeit vom Strome geleistet und kann außerhalb (z. B. in Form von mechanischer oder chemischer Arbeit) verwendet werden.

2. Das magnetische Feld.

Unter einem magnetischen Kraftfelde versteht man einen Raum, in dem magnetische Wirkungen beobachtet werden können. Ohne eine besondere Hypothese über die Natur des Magnetismus aufzustellen, kann man von einer Menge des Magnetismus oder von **magnetischen Massen** reden und solche Massen als mathematisch bestimmte und durch die Kräfte, die auf sie wirken, meßbare Größen ansehen. Gleichnamige magnetische Massen stoßen einander ab und ungleichnamige ziehen sich an.

Obgleich es in Wirklichkeit keinen freien Magnetismus gibt, ist es doch in vielen Fällen vorteilhaft, die Wirkungen magnetischer Felder durch Fernkräfte gedachter magnetischer Massen zu ersetzen. Zum Beispiel kann das Feld eines langen Stabmagneten mit großer Annäherung durch das von magnetischen Massen ersetzt werden, die in zwei symmetrischen Punkten der Stabachse konzentriert sind. Diese Punkte, die sog. Pole, sind um 0,8 bis 0,85 der Länge des Magneten voneinander entfernt.

Die abstoßende Kraft, die zwei in zwei Punkten konzentrierte magnetische Massen aufeinander ausüben, läßt sich nach dem Coulombschen Gesetz berechnen

$$K = f\frac{m_1 m_2}{r^2} \quad . \; . \; . \; . \; . \; . \; . \; . \quad (4)$$

r ist der Abstand der beiden Massen in Zentimeter und f ein Koeffizient, der von dem Maßsystem und dem Medium, in dem sich die Punkte befinden, abhängt.

Wir benützen das elektromagnetische Maßsystem (CGS-System), bei dem in Vakuum, Luft und den Gasen $f = 1$ ist. Die mechanische Kraft hat die Dimension

$$\text{Dim.}\,(K) = \text{Dim.}\,(L\,M\,T^{-2})$$

und wird in CGS-Einheiten in $\frac{\text{cm gr}}{\text{sec}^2}$ gemessen. Die Einheit der mechanischen Kraft, eine Dyne, ist die Kraft, die der Masse Eins die Beschleunigung Eins erteilt. Die Krafteinheit im technischen System ist das Kilogrammgewicht und

$$1\ \text{kg} = 981\,000\ \text{Dynen}.$$

Hiernach hat $m_1 m_2$ die Dimension

$$m_1 m_2 = K r^2 = \text{Dim.}\,(L^3 M T^{-2})$$

und die magnetische Masse erhält somit die Dimension

$$\text{Dim.}\,(m) = \text{Dim.}\,(L^{\frac{3}{2}} M^{\frac{1}{2}} T^{-1})\,.$$

Unter der **magnetischen Masse 1** versteht man die Masse, die in der Luft auf eine gleich große magnetische Masse in der Entfernung von 1 cm die Kraft einer Dyne ausübt.

Man bezeichnet allgemein als magnetische **Pole** die Stellen eines magnetischen Feldes, die der scheinbare Sitz von in die Ferne wirkenden Zentralkräften sind. Befindet sich die magnetische Masse 1 in einem magnetischen Felde, so übt das Feld auf sie eine mechanische Kraft H aus. H wird die **Feldstärke** genannt und hat die Dimension

$$\text{Dim.}\left(\frac{\text{mechanische Kraft}}{\text{magnetische Masse}}\right) = \text{Dim.}\,(L^{-\frac{1}{2}} M^{\frac{1}{2}} T^{-1}).$$

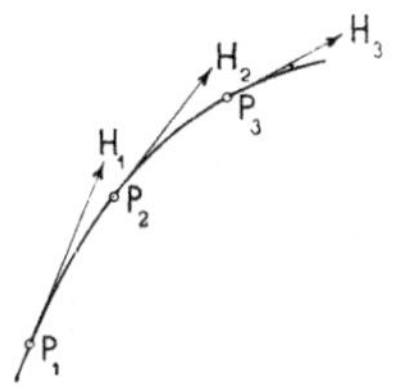

Fig. 3. Kraftlinie.

Kraftlinie nennt man eine Linie, in deren sämtlichen Punkten die Richtung der dort herrschenden Feldstärke mit der Tangente der Linie zusammenfällt (Fig. 3).

Kraftlinien können bildlich in der Weise veranschaulicht werden, daß man ein Papier in die Ebene der Kraftlinien legt und Eisen-

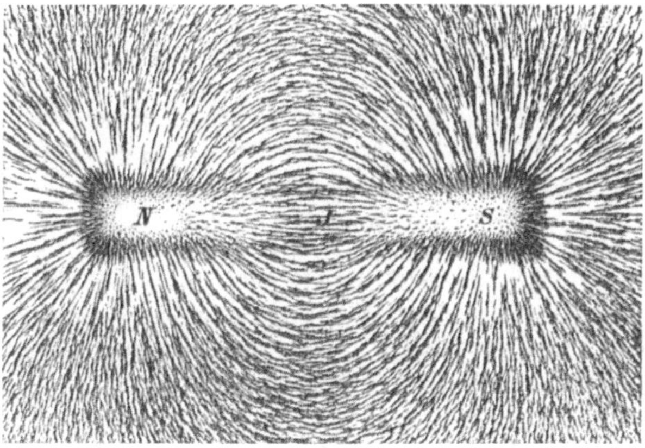

Fig. 4. Kraftlinienbild eines Stabmagneten.

feilspäne darauf streut. Die Feilspäne ordnen sich dann unter dem Einfluß der magnetischen Kräfte in Streifen, die in der Richtung der Kraftlinien verlaufen. Fig. 4 zeigt ein solches Bild der Kraftlinien um einen Magnetstab. Fig. 5 zeigt ein Bild der Kraftlinien, die von einem Hufeisenmagnet ausgehen.

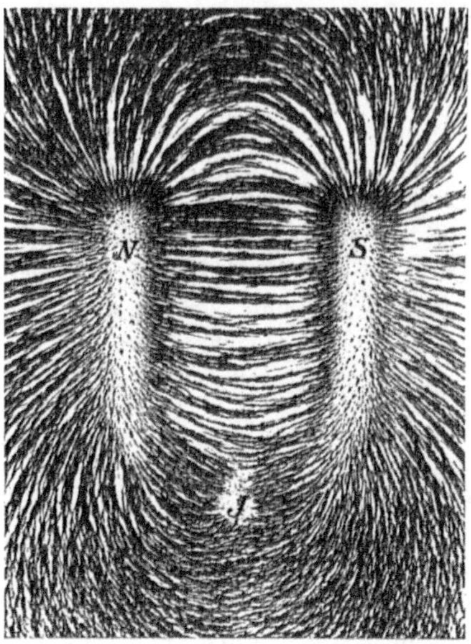

Fig. 5. Kraftlinienbild eines Hufeisenmagneten.

Die magnetischen Kräfte besitzen ein Potential, das für einen beliebigen Punkt des Feldes gleich

$$P = \Sigma\left(\frac{m}{r}\right) \quad . \quad . \quad (5)$$

ist, worin m die magnetische Masse und r ihren Abstand vom betrachteten Punkte bedeutet. Die Summation hat sich über sämtliche magnetische Massen des Feldes zu erstrecken.

Eine Fläche, die zur Richtung der Feldstärke in jedem ihrer Punkte senkrecht steht, nennt man Niveaufläche. Eine solche Fläche ist außerdem der geometrische Ort der Punkte, die dasselbe Potential besitzen, deswegen ist eine Niveaufläche auch eine Äquipotentialfläche.

Das Element der magnetischen Kraftströmung durch ein bestimmtes Flächenelement ist das Produkt des Flächenelementes und der normalen Komponente der Feldstärke. Es ist (Fig. 6)

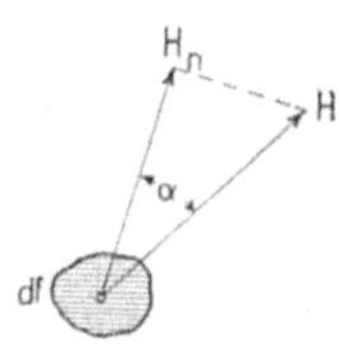

Fig. 6.

$$d\Phi = H_n df = H \cos\alpha\, df$$

und $$H_n = \frac{d\Phi}{df}.$$

Zerlegen wir nun eine beliebig begrenzte Fläche F in Flächenelemente und bilden die Summe der Flüsse durch die einzelnen Flächenelemente, so erhalten wir die magnetische Kraftströmung oder den magnetischen Fluß Φ durch die Fläche F.

$$\Phi = \sum_F H \cos\alpha\, df = \int_F H \cos\alpha\, df = \int_F H_n\, df.$$

Unter einer magnetischen Kraftröhre (Fig. 7) versteht man den Raum, der durch die Gesamtheit aller Kraftlinien begrenzt wird, die durch eine geschlossene Raumkurve C gehen. Wenn wir durch einen willkürlich gewählten Punkt beliebige Flächen legen, so strömt durch alle Querschnitte, welche die Kraftröhre aus diesen Flächen ausschneidet, derselbe magnetische Fluß, denn für eine unendlich dünne Röhre gilt für jeden Schnitt

$$d\Phi = H_n df = H \cos \alpha df = H df_n,$$

wenn df_n der Querschnitt der Niveaufläche mit der Kraftröhre in dem betrachteten Punkte ist.

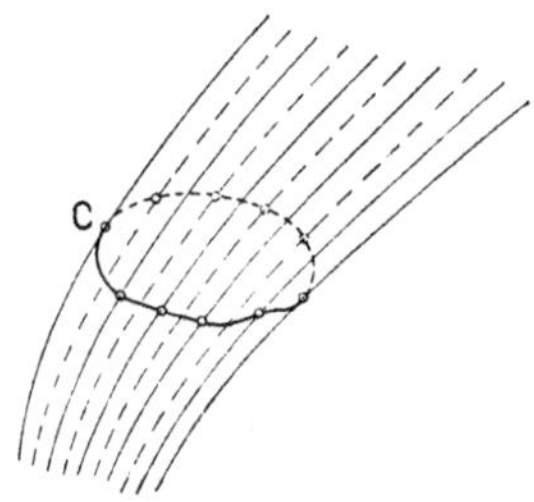

Fig. 7. Kraftröhre.

Der Satz von Gauß und von Green, der sich aus der Coulombschen Formel ableiten läßt, lautet: Der gesamte, aus einer beliebigen geschlossenen Oberfläche F austretende magnetische Kraftfluß Φ ist gleich dem 4πfachen der Summe der magnetischen Massen m, die sich innerhalb der Oberfläche befinden. Hieraus folgt, daß der Kraftfluß dieselbe Dimension hat wie die magnetische Masse.

$$\int_F H_n df = \Phi = 4\pi \Sigma(m) \quad . \quad . \quad . \quad . \quad . \quad . \quad (6)$$

Da durch die Begrenzungsfläche einer Kraftröhre keine Kraftströmung stattfinden kann, so folgt aus dem Satze von Gauß und von Green, daß der Fluß, der einen beliebigen Niveauschnitt einer Kraftröhre durchsetzt, vollständig unabhängig von der Lage des Schnittes ist: der Kraftfluß innerhalb einer Kraftröhre ist konstant. Eine Röhre, die den Kraftfluß $\Phi = 1$ (CGS-Einheiten) einschließt, heißt man eine Einheitskraftröhre, und man sagt, daß eine Kraftröhre so und so viele Einheitsröhren enthalte. In einem starken Felde haben die Einheitskraftröhren einen sehr kleinen Querschnitt. Die Feldstärke in einem Punkte gibt an, wie viele Einheitsröhren von demselben Querschnitte an der betreffenden Stelle durch einen cm^2 gehen.

Die bis jetzt erwähnten Eigenschaften des magnetischen Feldes gelten allgemein für einen homogenen Raum, z. B. für den leeren Raum. Stellen wir ein magnetisches Feld im luftleeren Raume her und bringen einen fremden Körper hinein, so wird im allgemeinen das Feld im Körper und in seiner Nähe seine Form und Stärke ändern. Wird das Feld schwächer, d. h. erweitern sich die Kraftröhren, so heißt man den Körper diamagnetisch (Fig. 8), wird das Feld stärker, d. h. verengen sich die Röhren, so heißt man den Körper paramagnetisch (Fig. 9), und wird das Feld sehr stark konzentriert, so nennt man den Körper ferromagnetisch.

Die spezifische magnetische Leitfähigkeit eines Körpers nennt man Permeabilität und bezeichnet sie mit μ. Man sagt, daß der ins Feld gebrachte Körper durch Induktion magnetisiert worden ist, und heißt das Verhältnis

$$\frac{d\Phi}{df} = B$$

die magnetische Induktion. $d\Phi$ ist der Kraftfluß, der im Körper das Element df einer Niveaufläche durchsetzt.

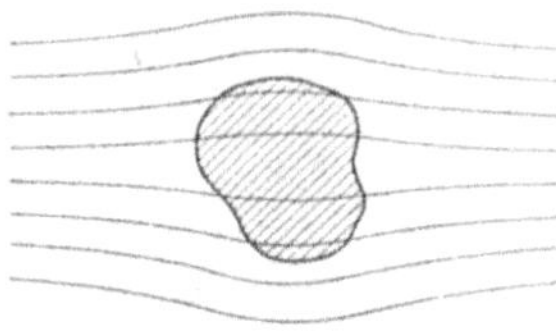

Fig. 8. Schwächung des magnetischen Feldes durch Hineinbringen eines diamagnetischen Körpers.

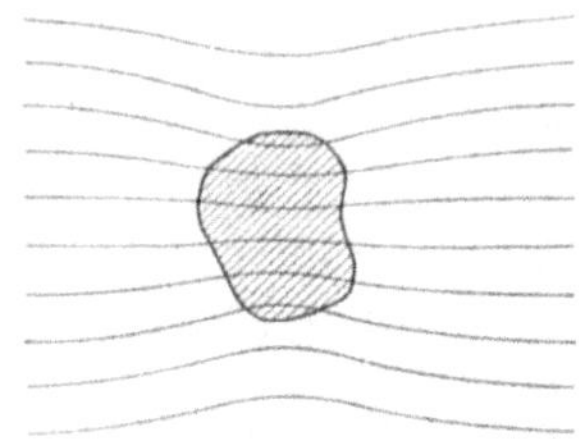

Fig. 9. Verstärkung des magnetischen Feldes durch Hineinbringen eines paramagnetischen Körpers.

In einem ferromagnetischen Körper, der in einem gleichförmigen Felde gelagert ist, denken wir uns zwei zylindrische Höhlungen hergestellt, deren Achsen in der Richtung der magnetischen Kraft liegen. Die eine Höhlung Fig. 10a ist ein sehr langer und dünner Kanal und kann als eine Kraftröhre betrachtet werden, da die Kraftlinien parallel zur Röhre verlaufen. Bringt man in diese Höhlung

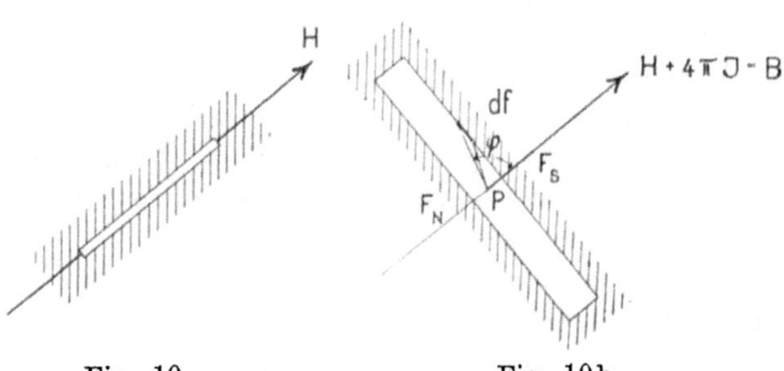

Fig. 10a. Fig. 10b.

Feldstärke und Induktion im Innern eines ferromagnetischen Körpers.

zur Prüfung der Magnetisierungsverhältnisse die magnetische Masse Eins, so wird sie von einer Kraft angegriffen, die gleich der Feldstärke H in diesem Punkte ist. Sie ist viel kleiner als die oben definierte Induktion B, woraus folgt, daß die Feldstärke im Innern eines ferromagnetischen Körpers oder eines Magneten nicht wie in dem leeren Raum gleich $\frac{d\Phi}{df}$, sondern wie folgt definiert ist:

Die Stärke des magnetischen Feldes oder die magnetische Kraft in einem Punkte im Inneren eines Magneten ist die Kraft, die in diesem Punkte auf die Einheit der magnetischen Masse wirkt, wenn sich durch den Punkt ein unendlich dünner Kanal längs einer Magnetisierungslinie hinzieht.

Die zweite Höhlung (Fig. 10b) ist eine unendlich dünne tellerförmige Aussparung senkrecht zur Richtung der magnetischen Kraft. Die magnetische Masse Eins würde in diesem Hohlraum von der Kraft B angegriffen werden, obwohl die magnetische Kraft im Inneren des Magneten wie gezeigt nur gleich H ist. Um diese Erscheinung zu erklären, denken wir uns von den beiden Endflächen F_N und F_S die eine mit Nord- und die andere mit Süd-Magnetismus belegt. Diese magnetischen Massen üben eine Kraft auf die magnetische Masse Eins im Punkte P aus, die nach dem Coulombschen Gesetz berechnet werden kann. Bezeichnen wir die Dichten der zwei magnetischen Belegungen mit $+J$ und $-J$, so ist die von einem Flächenelement df auf P ausgeübte Kraft $\frac{J df}{r^2}$. Zerlegt man diese Kraft in zwei Komponenten, eine in Richtung der magnetischen Kraft, die andere senkrecht dazu, so heben sich die zweiten Komponenten aller Flächenelemente, wie leicht ersichtlich ist, gegenseitig auf. Die erste Komponente ist gleich

$$\frac{J df}{r^2} \cos \varphi = J d\omega ,$$

worin $d\omega$ der räumliche Winkel ist, unter dem df von P aus gesehen wird. Summiert man die Komponenten aller Flächenelemente der Fläche F_N in Richtung von H, so erhält man

$$\int_{F_N} J d\omega = 2\pi J,$$

wenn die Fläche F_N sehr groß im Verhältnis zur Höhe des Zylinders ist. Dasselbe Resultat liefern die Flächenbelegungen der Fläche F_S, so daß die resultierende magnetische Kraft der zwei Flächenbelegungen gleich $4\pi J$ wird, und als resultierende Kraft auf die magnetische Masse Eins in dem tellerförmigen Hohlraum ergibt sich

$$H + 4\pi J = B .$$

J nennt man die magnetische Intensität. Sie ist, wie angenommen, auch gleich der Dichte der an den Grenzflächen F_N und F_S gedachten magnetischen Flächenbelegungen. Die magnetische Permeabilität ist gleich

$$\mu = \frac{B}{H}$$

und von der Dimension einer Zahl. Die magnetische Induktion B und die Feldstärke H haben daher dieselbe Dimension. Die Einheit dieser Dimension im elektromagnetischen Maßsystem wird ein Gauß genannt.

Man muß zwischen dem Kraftflusse und dem Induktionsflusse oder zwischen den H- und B-Röhren unterscheiden. Der Induktionsfluß durch eine geschlossene Fläche F hängt von der magnetischen Natur des Mediums, in welchem die Fläche verläuft, gar nicht ab, so daß der Gaußsche Satz allgemein lauten muß

$$\int_F \mu H_n df = 4\pi \Sigma(m) \quad . \; . \; . \; . \; . \quad (6a)$$

d. h. der Induktionsfluß bleibt beim Übergang von einem Medium zu einem anderen konstant.

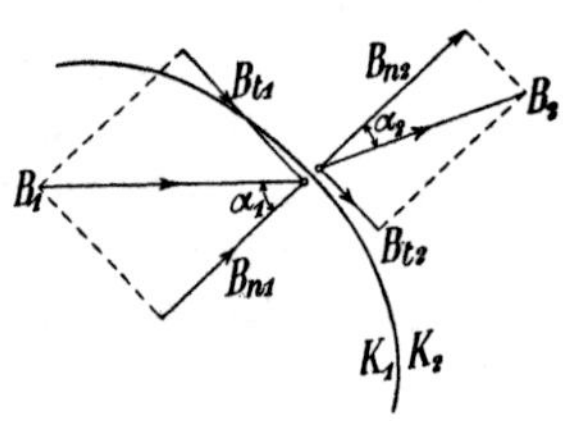

Fig. 11.

In zwei Punkten, die den beiden Körpern K_1 und K_2 (s. Fig. 11) angehören und sehr nahe an ihrer Grenzfläche liegen, sind die Normalkomponenten der Induktion gleich groß, d. h.

$$B_{n1} = B_{n2} \quad \text{oder} \quad \mu_1 H_{n1} = \mu_2 H_{n2},$$

weil der Induktionsfluß beim Übergang von einem Medium zu einem anderen konstant bleibt. Wenn $\mu_1 \gtrless \mu_2$ ist, wird somit $H_{n1} \lesseqgtr H_{n2}$, d. h. beim Übergang von einem Medium zum anderen ändert sich die nach der Normalen ihrer Grenzfläche genommene Komponente der Feldstärke unstetig. Die Tangentialkomponente der Feldstärke ändert sich beim Übergang von einem Medium zum anderen stetig, und es ist

$$H_{t1} = H_{t2},$$

folglich

$$\frac{B_{t1}}{B_{t2}} = \frac{\mu_1}{\mu_2},$$

d. h. beim Übergang von einem Medium zum anderen ändert sich die nach der Tangente ihrer Grenzfläche genommene Komponente der Induktion unstetig. In Fig. 11 ist

$$\frac{\operatorname{tg} \alpha_2}{\operatorname{tg} \alpha_1} = \frac{\mu_2}{\mu_1}.$$

Beim Übergang von einem Medium zum anderen werden die Induktionsröhren gebrochen. Bei Körpern mit großer Permeabilität, z. B. Eisen, treten deshalb die Kraftröhren fast senkrecht zur Oberfläche aus und ein.

Um die magnetischen Probleme trotz dieser Diskontinuität der H-Röhren mathematisch behandeln zu können, denkt man sich an den Grenzschichten zweier Körper magnetische Flächenbelegungen angebracht, von denen Röhren ein- und austreten. Diese magnetischen Belegungen sind mit positivem Vorzeichen (Nordmagnetismus) dort zu versehen, wo der magnetische Fluß aus einem Medium mit größerer Permeabilität, z. B. Eisen, austritt, und mit negativem Vorzeichen (Südmagnetismus) dort, wo der Fluß in ein Medium mit größerer Permeabilität eintritt. Solche gedachte Belegungen werden auch magnetische Pole genannt.

3. Elektromagnetismus.

Ein magnetisches Feld erzeugt man am besten mit dem elektrischen Strom. Oersted entdeckte zuerst, daß ein elektrischer Strom auf eine freischwingende Magnetnadel einwirkt und sie senkrecht zur Stromrichtung zu stellen sucht. Nach dem Elementargesetz von Laplace übt ein Stromelement auf die magnetische Masse m in der Entfernung r die mechanische Kraft

$$K = \frac{m\,i\,d\,s}{r^2} \sin\varphi \quad . \quad . \quad . \quad . \quad . \quad . \quad . \quad (7)$$

aus, deren Richtung senkrecht auf einer Ebene durch das Stromelement ds und die magnetische Masse m steht (Fig. 12a). Umgekehrt wird das Stromelement von der magnetischen Masse abgestoßen.

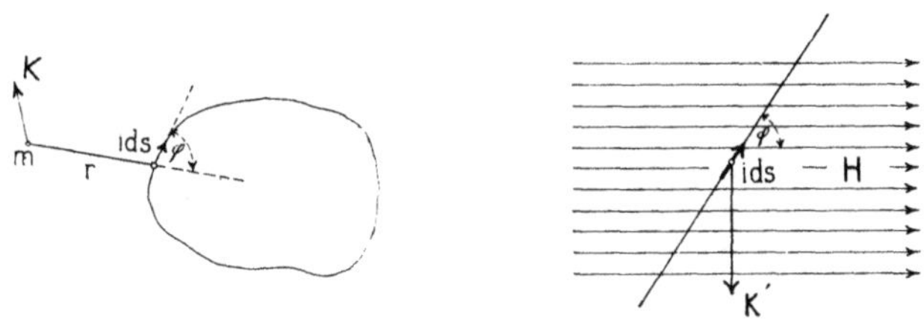

Fig. 12a. Fig. 12b.

Die elektromagnetischen Kräfte.

Jeder elektrische Strom erzeugt somit ein magnetisches Feld, das den Leiter umgibt und auf alle benachbarten magnetischen Massen einwirkt. Umgekehrt wirkt auf jeden von einem Strom durchflossenen Leiter, der sich in einem magnetischen Felde befindet, eine mechanische Kraft

$$K' = H\,i\,d\,s \sin\varphi \quad . \quad . \quad . \quad . \quad . \quad . \quad (7\,\mathrm{a})$$

worin φ der Winkel ist, den das Stromelement mit der Feldstärke H bildet (Fig. 12b).

Wie erwähnt, steht die von jedem Stromelement in irgendeinem Punkte erzeugte Feldstärke senkrecht auf der Ebene, die durch das Stromelement und den betrachteten Punkt geht. Die Richtung der Feldstärke ist dadurch jedoch noch nicht gegeben, sie kann aber leicht durch die folgende Regel bestimmt werden:

Man denkt sich das Stromelement so durch die **rechte Hand** ersetzt, daß der Strom in die Handwurzel ein- und aus den Fingerspitzen austritt, und kehrt die Handfläche gegen den Punkt, für den die Richtung der Feldstärke gesucht wird, dann gibt der Daumen diese Richtung an (Fig. 13).

Wäre der Leiter (Fig. 12b) beweglich, so würde er sich unter der Einwirkung der Kraft K' in einer bestimmten Richtung bewegen, die sich aus der folgenden Regel ergibt:

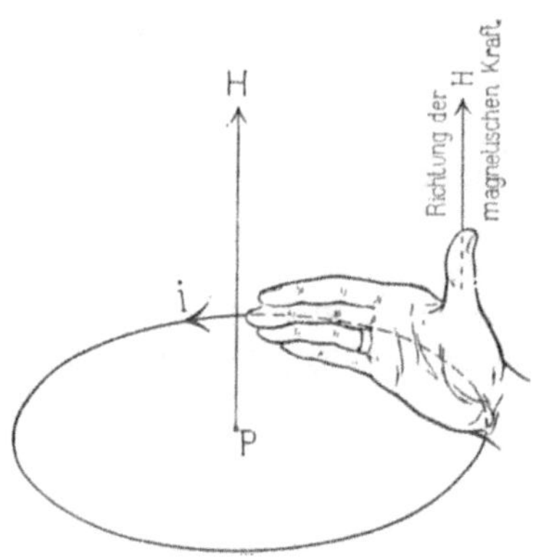

Fig. 13. Bestimmung der Richtung der von einem Strome erzeugten Feldstärke.

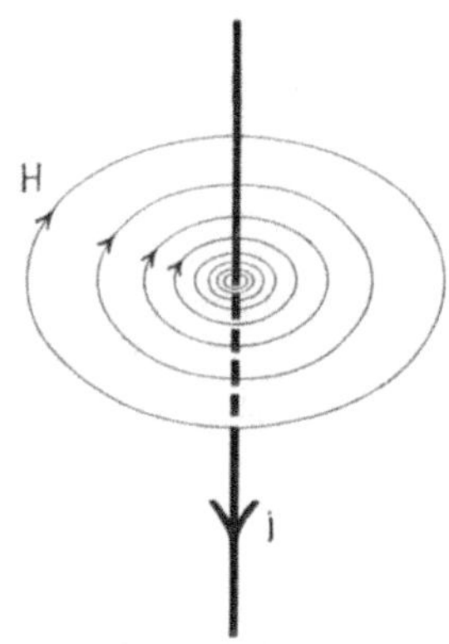

Fig. 14. Das von einem geradlinigen Stromleiter erzeugte magnetische Feld.

Man denkt sich das Stromelement so durch die **linke Hand** ersetzt, daß der Strom in die Handwurzel ein- und aus den Fingerspitzen austritt, und daß der Kraftfluß in die Handfläche eintritt, dann gibt der Daumen die Richtung der Bewegung an. Diese Regel kann benutzt werden zur Bestimmung der Drehrichtung eines Motors.

Mit Hilfe der Formel 7 wird man finden, daß die Kraftlinien des Feldes eines sehr langen, linearen Stromleiters konzentrische Kreise sind (Fig. 14), und daß die Feldstärke in irgendeinem Punkte

$$H = \frac{2i}{r}$$

ist, wenn r den Abstand des Punktes vom Leiter bedeutet.

Hat der Stromleiter Kreisform (Fig. 15), so ist die vom Strome i im Kreismittelpunkt erzeugte Feldstärke

$$H = \frac{2\pi i}{R},$$

worin R der Radius des Kreises ist.

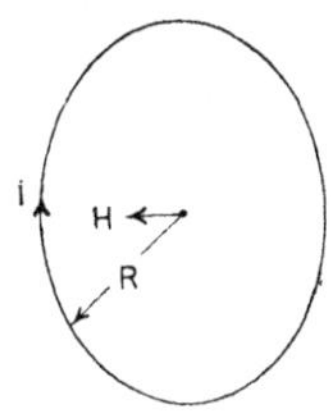

Fig. 15.

Hieraus ergibt sich die Dimension des elektrischen Stromes im elektromagnetischen Maßsystem zu

$$i = \text{Dim. (Länge} \times \text{Feldstärke)} = \text{Dim.} \left(L^{\frac{1}{2}} M^{\frac{1}{2}} T^{-1}\right),$$

und in demselben Maßsystem ist die Einheit der Stromstärke der Strom, der im Mittelpunkte des Kreises vom Radius 1 cm die Feldstärke 2π erzeugt.

Ein Ampere ist $^1/_{10}$ der Stromeinheit im elektromagnetischen System.

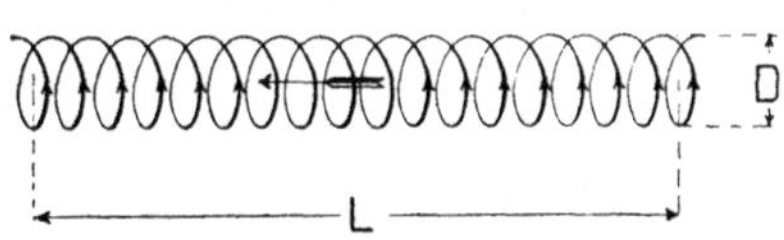

Fig. 16. Solenoid.

In der Mitte eines langen Solenoids (Fig. 16) ist die Feldstärke

$$H_m = \frac{4\pi i w}{\sqrt{L^2 + D^2}},$$

worin w die Windungszahl des Solenoids und i die Stromstärke einer Windung im elektrischen Maßsystem bedeutet. Ist $\frac{D}{L}$ sehr klein, so ist die Feldstärke $H = \frac{4\pi i w}{L}$ im Inneren des Solenoids fast überall konstant. Führt man die Stromstärke i in Ampere ein, so wird

$$H = \frac{0{,}4\pi i w}{L} = \frac{1{,}25 i w}{L} = \frac{i w}{0{,}8 L}.$$

iw ist die Zahl der Amperewindungen des Solenoids und wird auch als seine Magnetomotorische Kraft (MMK) bezeichnet.

Diese Formel gilt noch strenger, wenn das Solenoid sich ringförmig schließt (Fig. 17). Bringt man die magnetische Masse $+1$

in das Innere eines solchen Solenoids und bewegt sie durch äußere Kräfte einmal herum, so ist die von diesen Kräften geleistete Arbeit numerisch gleich der konstanten Feldstärke H mal dem Weg L, also

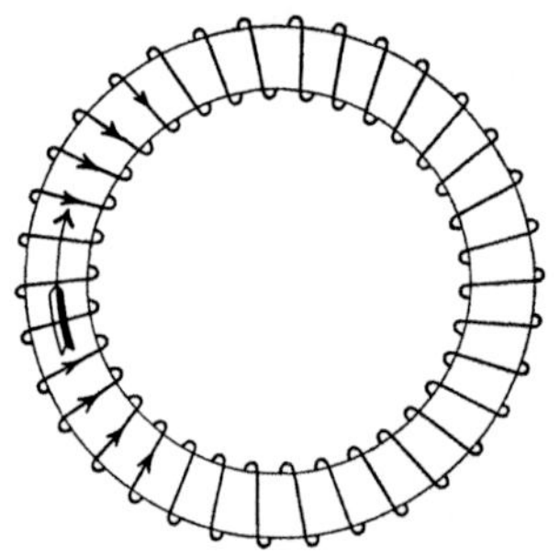

Fig. 17. Einfachster magnetischer Kreis.

$$H \cdot L = 0{,}4\,\pi i w.$$

Bewegt man die magnetische Masse $+1$ auf einer beliebigen, aber in sich geschlossenen Kurve C, so ist wieder die von den äußeren Kräften zu leistende Arbeit gleich der Summe der Arbeitselemente Hdl auf dem ganzen Weg. Diese Summe

$$\sum_C Hdl = \int_C Hdl$$

heißt man das Linienintegral der magnetischen Feldstärke H über die Kurve C, und sie ist gleich dem $0{,}4\pi$fachen der Summe aller mit der Kurve C verketteten Amperewindungen, also ist

$$\int_C \boldsymbol{Hdl} = \boldsymbol{0{,}4\pi i w} \quad . \quad . \quad . \quad . \quad . \quad . \quad (8)$$

In neuerer Zeit geht man allgemein von diesem Gesetz als Grundgesetz des Elektromagnetismus und seltener von dem Elementargesetz (7) aus. Das erste läßt sich aus dem letzten ableiten.

Umwickelt man einen kreisförmigen Eisenring gleichmäßig mit Draht (Fig. 17) und schickt einen elektrischen Strom hindurch, so wird der Symmetrie halber in allen Punkten, die gleichen Abstand von der Achse des Ringes haben, dieselbe magnetische Feldstärke H herrschen und es wird sich dort eine ihr entsprechende Induktion B einstellen. Die vom Strome erzeugten Induktionsröhren sind somit konzentrische Röhren und verlaufen innerhalb des Eisenringes. Der ganze Körper verhält sich magnetisch vollständig neutral der Umgebung gegenüber und wird ein magnetischer Kreis genannt.

Die meisten magnetischen Kreise besitzen nicht konstanten Querschnitt wie dieser Ring und bestehen nicht aus demselben Material, so daß die Permeabilität μ von Ort zu Ort variiert. Betrachten wir deswegen nur eine Induktionsröhre eines magnetischen Kreises, so wissen wir, daß ihr Fluß Φ_x konstant ist und sich über die kleine Fläche f_x fast gleichmäßig verteilt, also

$$\Phi_x = B f_x,$$
$$B = \mu H$$

und

$$H = \frac{B}{\mu} = \frac{\Phi_x}{\mu f_x},$$

woraus folgt

$$\frac{iw}{0{,}8} = \int_C H dl = \int_C \frac{\Phi_x dl}{\mu f_x} = \Phi_x \int_C \frac{dl}{\mu f_x}$$

oder

$$\frac{iw}{\Phi_x} = \int_C \frac{0{,}8\, dl}{\mu f_x} = R_x.$$

R_x heißt man den magnetischen Widerstand oder die Reluktanz der betrachteten Kraftröhre und

$$\lambda_x = \frac{1}{R_x}$$

ihre magnetische Leitfähigkeit. Die letzte Größe hat die Dimension einer Länge. Sind mehrere Röhren mit derselben Amperewindungszahl verkettet, so kann man ihre Leitfähigkeiten addieren und den magnetischen Widerstand R des totalen magnetischen Kreises, der mit den Amperewindungen iw verkettet ist, berechnen:

$$R = \frac{1}{\Sigma \lambda_x}.$$

Der totale Kraftfluß des Kreises ist dann

$$\Phi = \Sigma \Phi_x = iw \Sigma \lambda_x = \frac{iw}{R},$$

oder

$$\textbf{Kraftfluß} = \frac{\textbf{Magnetomotorische Kraft}}{\textbf{Magnetischer Widerstand}} \quad . \quad . \quad (9)$$

Die elektromagnetische Einheit des Kraftflusses wird ein Weber genannt.

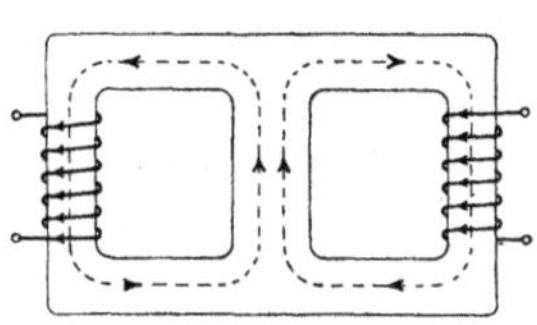

Fig. 18a.

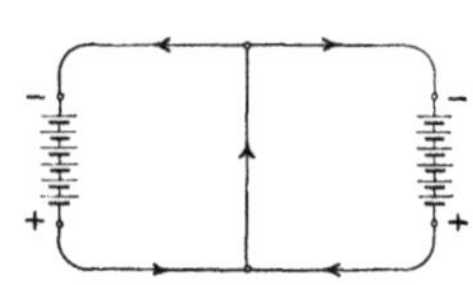

Fig. 18b.

Vergleich verketteter magnetischer Kreise mit verketteten elektrischen Stromkreisen.

Die Formel (9) ist dem Ohmschen Gesetz der elektrischen Ströme ähnlich. Aus dieser Formel und aus der Tatsache, daß die Induktionsröhren konstanten magnetischen Fluß besitzen, folgt direkt die Gültigkeit der zwei Kirchhoffschen Sätze für magnetische Kreise.

Die Fig. 18a zeigt zwei verkettete Kreise, auf welche diese Sätze angewandt werden können. Die magnetischen Kreise entsprechen den elektrischen Stromkreisen der Fig. 18b.

4. Elektromagnetische Induktion.

Faraday entdeckte zuerst, daß in geschlossenen Leitern, die sich in einem magnetischen Felde befinden, stets elektromotorische Kräfte (EMKe) induziert werden, wenn das Feld sich ändert. Diese Naturerscheinung wird als elektromagnetische Induktion bezeichnet. Auf Grund der Faradayschen Untersuchungen stellte Maxwell das Grundgesetz der elektromagnetischen Induktion auf, das durch die Erfahrung vollständig bestätigt ist, und das aus dem elektromagnetischen Grundgesetze und dem Prinzip von der Erhaltung der Energie abgeleitet werden kann:

Die in einem geschlossenen Leiter C induzierte elektromotorische Kraft e ist gleich der Änderungsgeschwindigkeit des Kraftflusses Φ, der vom Leiter C umschlossen wird, also:

$$e = -\frac{d\Phi}{dt} \qquad (10)$$

Einen induzierten Strom nennt man den Strom, den diese induzierte EMK im Stromkreis C erzeugt, und als induzierendes Feld bezeichnet man das magnetische Feld, welches die EMK induziert. Die Änderung des Kraftflusses kann in verschiedener Weise vor sich gehen, z. B. durch alleinige Änderung der Feldstärke, ohne daß die Lage des geschlossenen Leiters gegenüber dem Felde oder seine Form sich ändern, oder durch alleinige Änderung der relativen Lage des Feldes zum Stromkreis, ohne daß die Stärke des Feldes sich ändert.

Im ersten Falle ist der induzierte Strom so gerichtet, daß er die Änderung der Feldstärke zu verhindern sucht, daher rührt auch das negative Vorzeichen der Formel (10).

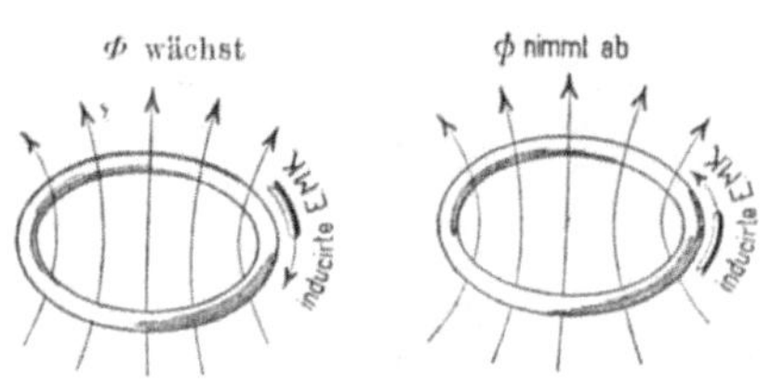

Fig. 19a. Fig. 19b.

Mittels der Handregel ergeben sich deswegen die in den Figuren 19a und b angegebenen Richtungen der induzierten EMKe bei der Abnahme und Zunahme der Feldstärke.

Im zweiten Falle wird die EMK durch relative Bewegung des Leiters zum Felde induziert. Da sich oft nicht der ganze Leiter im Felde befindet, sondern nur ein Teil von ihm, so ist es in diesem Falle manchmal leichter, die induzierte EMK auf Grund des Elementargesetzes der elektromagnetischen Induktion zu bestimmen. Ein solches Elementargesetz kann nicht bewiesen werden, und man muß sich damit begnügen, daß das Grundgesetz aus ihm ableitbar ist. Dieses Elementargesetz lautet:

In einem Strombahnelement ds, das sich in einem magnetischen Felde bewegt, wird eine EMK induziert, die gleich ist dem von ds in der Zeiteinheit geschnittenen Kraftfluß $\frac{d\Phi_{ds}}{dt}$, d. h.

$$de = -\frac{d\Phi_{ds}}{dt} \quad \ldots\ldots\ldots \quad (11)$$

Zur Bestimmung der positiven Richtung der induzierten EMK benutzt man am besten die folgende Regel:

Man denkt sich die **rechte** Hand so im magnetischen Felde liegend, daß der Kraftfluß in die Handfläche eintritt, und daß die Bewegung des Leiterelementes in der Richtung des Daumens erfolgt, dann wirkt die induzierte EMK (oder fließt der Strom) in der Richtung der Fingerspitzen, wie Fig. 20 zeigt.

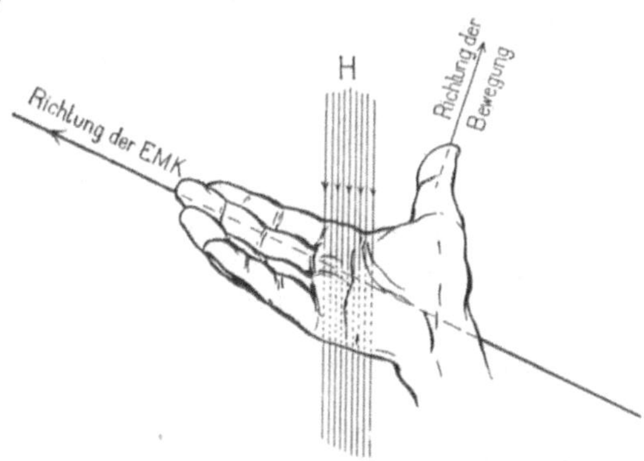

Fig. 20. Bestimmung der Richtung der durch Bewegung eines Leiters in einem magnetischen Felde induzierten EMK.

Im allgemeinen ist der Stromkreis C keine einfache Kurve, sondern besteht aus mehreren Windungen, die nicht alle denselben Kraftfluß umschlingen. Dann wird in jeder Windung eine EMK induziert, die abhängig ist von der Kraftflußänderung innerhalb der betreffenden Windung. Man muß deswegen die Summe $\Sigma(\Phi_x w_x)$ über alle Windungen ausdehnen. Diese Summe kann man als Zahl der Kraftröhrenverkettungen des Stromkreises bezeichnen. Es ist dann allgemein

$$e = -\frac{d\,\Sigma(\Phi_x w_x)}{dt} \quad \ldots\ldots \quad (10a)$$

d. h. die in einem Stromkreise induzierte EMK ist gleich der Änderungsgeschwindigkeit der Zahl der Kraftröhrenverkettungen des Stromkreises.

Die elektromotorische Kraft hat die Dimension

$$\text{Dim. } e = \text{Dim.}\left(\frac{\text{Feldstärke} \times \text{Fläche}}{\text{Zeit}}\right) = \text{Dim.}\,(L^{\frac{3}{2}} M^{\frac{1}{2}} T^{-1}),$$

und die Einheit der elektromotorischen Kraft ist somit in dem elektromagnetischen Maßsystem die EMK, die in einem Stromkreise induziert wird, wenn in einer Sekunde die Zahl der Kraftröhrenverkettungen sich um Eins ändert. Die praktische Einheit der EMK, ein Volt, ist 10^8 EMK-Einheiten des elektromagnetischen Maßsystems, hieraus folgt also

$$e = -\frac{d\,\Sigma(\Phi_x w_x)}{dt} 10^{-8} \text{ Volt.}$$

5. Energie, Arbeit und Leistung.

Jedes System von mechanischen Kräften besitzt eine gewisse potentielle Energie. Wird ein solches System sich selbst überlassen, so wird sich ein Gleichgewichtszustand einstellen, dem die kleinste potentielle Energie des Systems entspricht. Eine Abnahme von potentieller Energie des Systems bedeutet eine nach außen abgegebene Arbeit, und einer Zunahme entspricht eine von äußeren Kräften geleistete und dem System zugeführte Arbeit.

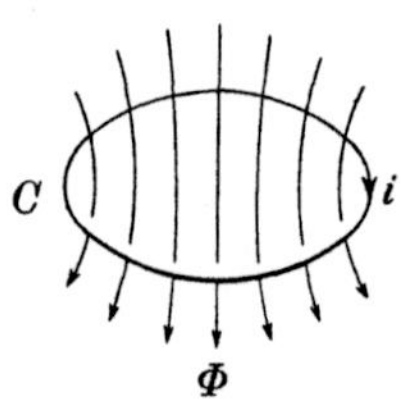

Fig. 21.

Die elektromagnetischen Kräfte besitzen auch eine potentielle Energie, die sich aus dem elektromagnetischen Grundgesetze bestimmen läßt. Die potentielle Energie eines elektrischen Stromes i im magnetischen Felde (Fig. 21) ist gleich $-i\Phi$, worin Φ den Kraftfluß bezeichnet, der mit der Strombahn verkettet ist und der in derselben Richtung wie der vom Strome herrührende Fluß verläuft. Läßt man durch eine Verschiebung des Stromträgers i oder durch eine Änderung der Feldstärke den mit dem Strome verketteten Kraftfluß sich von Φ_1 auf Φ_2 ändern, so leisten die Kräfte, die das Feld auf den Strom ausübt, eine Arbeit A, die gleich der Abnahme der potentiellen Energie des Systems ist, also

$$A = i(\Phi_2 - \Phi_1).$$

Je nachdem Φ_2 größer oder kleiner als Φ_1 ist, nimmt die Energie des Systems ab oder zu, d. h. die Arbeit wird von den Kräften des Feldes oder gegen sie geleistet.

Hält man den Strom konstant und läßt den Kraftfluß variieren, so ist die in einem Zeitelement dt von den Kräften des Feldes geleistete Arbeit, die man als die Leistung des Stromkreises bezeichnet,

$$dA = i\,d\Phi;$$

die in dem betrachteten Moment von den Feldkräften ausgeübte Leistung ist somit

$$w = \frac{dA}{dt} = i\frac{d\Phi}{dt}$$

oder $$w = -ei \qquad (12)$$

worin e die in dem betrachteten Stromkreise in derselben Richtung wie i induzierte EMK bedeutet. Nimmt der Kraftfluß Φ zu ($d\Phi$ positiv), so wird eine EMK induziert, die den Kraftfluß zu schwächen sucht, also der Stromstärke entgegengesetzt gerichtet ist. Es ist somit w positiv, und es wird von den Kräften des Feldes eine Arbeit geleistet, was dem Falle eines Motors entspricht. Nimmt dagegen der Kraftfluß Φ ab, so wird eine der Stromstärke i gleichgerichtete EMK e induziert. Es ist somit w negativ, und es wird eine Arbeit gegen die Kräfte des Feldes geleistet, was einer generativen Wirkung entspricht.

Hieraus folgt, daß in einem Generator induzierte EMK und Strom gleichgerichtet und in einem Motor einander entgegengesetzt gerichtet sind.

Sowohl aus dem am Schlusse von Abschnitt [1] Gesagten als auch aus der Formel (12) folgt, daß die einem Stromkreis in dem Zeitelement dt zugeführte Arbeit stets gleich ist

$$dA = eidt \qquad (13)$$

wo e und i in derselben Richtung positiv zu rechnen sind. Sind die EMK und die Stromstärke konstante Größen wie bei Gleichstrom, so ist die zugeführte Leistung

$$w = ei.$$

Haben wir es nicht mit einem so einfachen Stromkreise wie dem in Fig. 21 dargestellten zu tun, sondern mit mehreren komplizierten Stromkreisen, so ist die potentielle Energie dieses Systems gleich

$$-\Sigma i\,[\Sigma(w_x \Phi_x)],$$

wobei $\Sigma(w_x \Phi_x)$ die Zahl der Kraftröhrenverkettungen des Feldes mit dem Strome i bedeutet. Das Produkt von Strom i und Kraftröhrenverkettungen $\Sigma(w_x \Phi_x)$ ist für alle Ströme des Systems zu bilden und zu summieren.

Sind die Strombahnen im Raume beweglich, so haben die elektrodynamischen Kräfte, die auf sie wirken, das Bestreben, die potentielle Energie des Systems zu einem Minimum zu machen. — Denkt man sich dagegen die Strombahnen im Raume fest, so stellt sich umgekehrt eine solche Kraftflußverteilung ein, daß die Zahl der Kraftröhrenverkettungen ein Maximum wird.

Außer von der potentiellen Energie der elektromagnetischen Kräfte spricht man von der magnetischen Feldenergie, die auch Eigenenergie des magnetischen Feldes genannt wird. Das ist die Energie, die zur Erzeugung des magnetischen Feldes nötig ist und die darin aufgespeichert bleibt, bis das Feld wieder verschwindet.

Wird das Feld von elektrischen Strömen erzeugt, so muß seine Eigenenergie von den elektrischen Kräften bei der Erzeugung abgegeben werden. Es ist somit die während der Zeit dt hervorgerufene Änderung in der magnetischen Feldenergie

$$dA = -e i dt = i d\Sigma(w_x \Phi_x).$$

Wenn die Permeabilität μ des magnetischen Feldes konstant ist, so ist Φ_x proportional i und man erhält durch Integration die magnetische Feldenergie

$$A = \int i d\Sigma(w_x \Phi_x) = \tfrac{1}{2} i \Sigma(w_x \Phi_x).$$

Führt man in diese Formel die Beziehung $\int H dl = 4\pi i w_x$ ein, so erhält man als Feldenergie für die Volumeneinheit den Ausdruck

$$A = \int \frac{H dB}{8\pi} = \int H dJ,$$

der jenem für die Deformationsarbeit eines vollkommen elastischen Körpers ganz analog gebildet ist. Diese Formel für die magnetische Feldenergie der Volumeinheit, die hier nur andeutungsweise abgeleitet ist, gilt ganz allgemein für alle magnetischen Felder.

Wird ein geschlitzter Eisenring, wie der in Fig. 22 dargestellte, mittels Gleichstrom magnetisiert, so wird ihm eine Energie $\frac{1}{2} i \Sigma(w_x \Phi_x)$ zugeführt, die in dem magnetischen Kreise aufgespeichert wird. Diese Energie übt auf den magnetischen Kreis einen Zwang aus, der den Widerstand des Kreises zu vermindern sucht, was in diesem Falle durch eine Verkleinerung des Luftspaltes geschehen kann. Die magnetischen Belegungen, die man sich an den beiden Grenzflächen angebracht denken kann, besitzen entgegengesetzte Polarität und ziehen sich gegenseitig an. Die Anziehungskraft zwischen den beiden Grenzflächen versetzt somit den ganzen Ring wie eine Feder in einen Spannungszustand, der erst aufhört, wenn der Strom und mit ihm der Magnetismus und die aufgespeicherte Energie verschwinden.

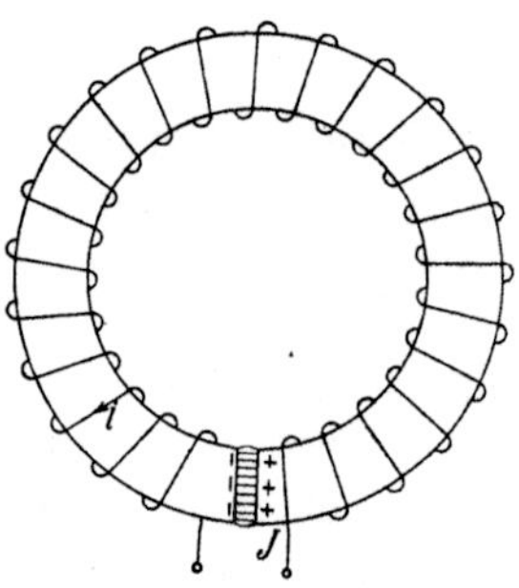

Fig. 22.

Die Anziehungskraft zwischen den beiden Grenzflächen läßt sich in einfacher Weise berechnen. Die magnetische Belegung der einen Fläche übt auf jede der JQ Masseneinheiten der gegenüberliegenden Fläche eine Kraft $2\pi J$ aus. Es ist somit die gesamte Anziehungskraft

$$K = 2\pi J^2 Q,$$

oder, wenn $B \cong 4\pi J$ eingeführt wird, $K = \frac{B^2 Q}{8\pi} = \frac{B\Phi}{8\pi}$ Dynen.

Die Leistung hat die Dimension

$$\text{Dim. (Leistung)} = \text{Dim. (EMK} \times \text{Strom)} = \text{Dim.} (L^2 M T^{-3})$$

und die praktische Einheit der Leistung im CGS-System ist ein

$$\text{Watt} = \text{Volt} \times \text{Ampere} = 10^8 \times 10^{-1}$$

$= 10^7$ Leistungseinheiten des elektromagnetischen Maßsystems.

Die Arbeitseinheit des elektromagnetischen Systems ist

$$1 \text{ Erg} = 1 \text{ Dynenzentimeter}$$

und die praktische Einheit ist

$$1 \text{ Joule} = 10^7 \text{ Erg}.$$

Die Leistung von einem **Watt** entspricht somit einem Joule in einer Sekunde.

Die technische Arbeitseinheit ist das Kilogrammeter (kgm) oder das Fußpfund.

Da $\quad 1 \text{ kg} = 2{,}205 \text{ Pfund} = 981\,000 \text{ Dynen}$

oder $\quad 1 \text{ Pfund} = 0{,}453 \text{ kg} = 444\,000 \text{ Dynen}$

und $\quad 1 \text{ Meter} = 3{,}28 \text{ Fuß oder } 1 \text{ Fuß} = 30{,}5 \text{ cm}$

ist, so wird

$$1 \text{ kgm} = 981\,000 \cdot 100 \text{ Erg} = 9{,}81 \text{ Joule}$$

und $\quad 1 \text{ Fußpfund} = 444\,000 \cdot 30{,}5 \text{ Erg} = 1{,}355 \text{ Joule}.$

In dem technischen Maßsystem ist eine Pferdestärke die gebräuchliche Einheit der Leistung. Es ist die metrische Pferdestärke

$$1 \text{ PS} = 75 \text{ kgm in der Sekunde} = 75 \cdot 9{,}81 = 736 \text{ Watt}$$

und die englische Pferdestärke

$$1 \text{ HP} = 550 \text{ Fußpfund in der Sekunde} = 550 \cdot 1{,}355 = 746 \text{ Watt}.$$

Die Wärmeeinheit 1 Gramm-Kalorie wird von 0,428 kgm erzeugt, also werden 4,2 Joule die Wärmemenge von einer Gramm-Kalorie erzeugen. Die Leistung 4,2 Watt erzeugt dieselbe Wärmemenge in einer Sekunde.

6. Komplexe Größen.

Es ist bekannt, daß jede positive oder negative Zahl durch einen Punkt auf der Abszissenachse $\overline{OX}$ dargestellt werden kann, indem wir die Richtung von dem Ursprung O gegen X als positiv und die entgegengesetzte Richtung als negativ annehmen. Wir erweitern nun diese Darstellungsweise, indem wir die komplexe Zahl $a + jb$, worin $j = \sqrt{-1}$ ist, durch den Punkt der Koordinatenebene darstellen, den wir erhalten, wenn wir von dem a entsprechenden Punkte der X-Achse die Strecke b in der Richtung der Y-Achse abtragen, wenn b positiv ist, und in der entgegengesetzten Richtung, wenn b negativ ist.

Jeder Zahl, ob reell oder imaginär, entspricht nun ein Punkt der Koordinatenebene (Fig. 23), und umgekehrt entspricht jedem Punkt der Koordinatenebene eine bestimmte Zahl.

Im folgenden bezeichnen wir die symbolischen Ausdrücke für komplexe Größen durch große deutsche Buchstaben und die reellen Zahlen durch lateinische Buchstaben. Setzen wir

$$a = r\cos\varphi \quad \text{und} \quad b = r\sin\varphi ,$$

also

$$r = \sqrt{a^2 + b^2} \quad \text{und} \quad \operatorname{tg}\varphi = \frac{b}{a},$$

so wird der symbolische Ausdruck, der durch den Punkt X in Fig. 23 gegeben ist, gleich

$$\mathfrak{X} = a + jb = r(\cos\varphi + j\sin\varphi) = r\,e^{j\varphi},$$

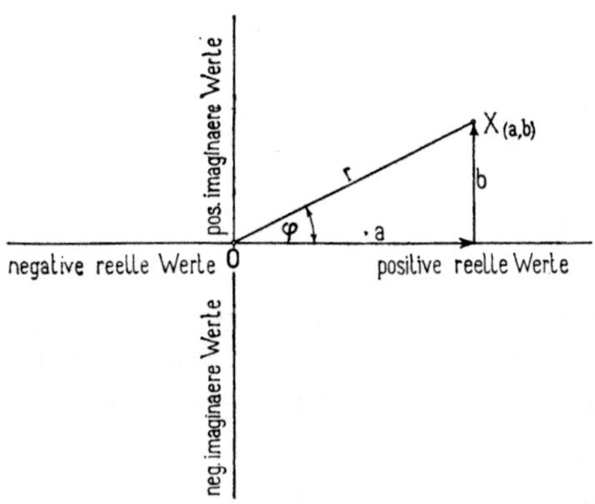

Fig. 23.

worin e = 2,71828 die Basis der natürlichen Logarithmen bedeutet. r ist der absolute Betrag der komplexen Größe und gleich der Länge der Geraden, die O mit X verbindet, φ ist das Argument der komplexen Größe und gleich dem Winkel des Vektors $\overline{OX}$ mit der Achse der positiven reellen Werte, in Fig. 23 also mit der Abszissenachse. — Positive reelle Zahlen haben das Argument 0 und liegen auf der positiven X-Achse, während negative reelle Zahlen das Argument π haben und auf dem negativen Teil der Abszissenachse liegen. Positive imaginäre Zahlen haben das Argument $\frac{\pi}{2}$ und liegen auf der positiven Y-Achse. Die negativen imaginären Zahlen dagegen haben das Argument $\frac{3\pi}{2}$ und liegen auf dem negativen Teil der Ordinatenachse.

Zwei komplexe Zahlen, die denselben absoluten Betrag haben und deren Argumente gleich groß sind, aber entgegengesetztes Vorzeichen haben, werden konjugierte Zahlen genannt, wie z. B. $a + jb$ und $a - jb$. Zwei konjugierte komplexe Zahlen entsprechen Punkten in der Ebene, die in bezug auf die Achse der reellen Werte Spiegelbilder voneinander sind.

Wir erweitern nun auch die Begriffe der Rechnungsoperationen und haben hier auf zweierlei Rücksicht zu nehmen. Die Erweiterung möge so gewählt werden, daß man mit komplexen Zahlen nach denselben Regeln rechnet, die für die reellen Zahlen gelten, und die für reelle Zahlen einmal festgelegten Begriffe mögen in den neuen als spezielle Fälle enthalten sein.

Damit die Rechnungen mit komplexen Zahlen nach denselben Regeln, die für reelle Zahlen gelten, ausgeführt werden können, ergeben sich die folgenden Formeln als allgemein gültig.

Addition und Subtraktion:

Aus
$$\mathfrak{X} = a_1 + jb_1 \quad \text{und} \quad \mathfrak{Y} = a_2 + jb_2$$
soll folgen
$$\mathfrak{Z} = \mathfrak{X} \pm \mathfrak{Y} = a + jb = (a_1 + jb_1) \pm (a_2 + jb_2) = a_1 \pm a_2 + j(b_1 \pm b_2).$$

In der Koordinatenebene stellen die Größen $\mathfrak{X}$ und $\mathfrak{Y}$ je einen Punkt oder einen Vektor dar. Ist ein Punkt P der Koordinatenebene durch zwei komplexe Ausdrücke gegeben, z. B.
$$\mathfrak{P} = a + jb = c + jd,$$
so muß hieraus folgen, daß
$$a = c \quad \text{und} \quad b = d$$
ist, denn der Punkt P hat nur eine Abszisse und eine Ordinate. Jede komplexe Gleichung wie $a + jb = c + jd$ läßt sich somit stets in zwei reelle Gleichungen zerlegen. Dies rührt daher, daß j eigentlich nur ein Symbol oder ein Index ist, der dazu dient, den Unterschied zwischen den Größen Abszisse und Ordinate in analytischen Ausdrücken anzugeben.

Aus dem Additionstheorem folgt nun direkt, wenn
$$\mathfrak{X} = a_1 + jb_1, \quad \mathfrak{Y} = a_2 + jb_2 \quad \text{und} \quad \mathfrak{Z} = \mathfrak{X} \pm \mathfrak{Y} = a + jb$$
ist, daß
$$a = a_1 \pm a_2 \quad \text{und} \quad b = b_1 \pm b_2 \quad \text{ist.}$$

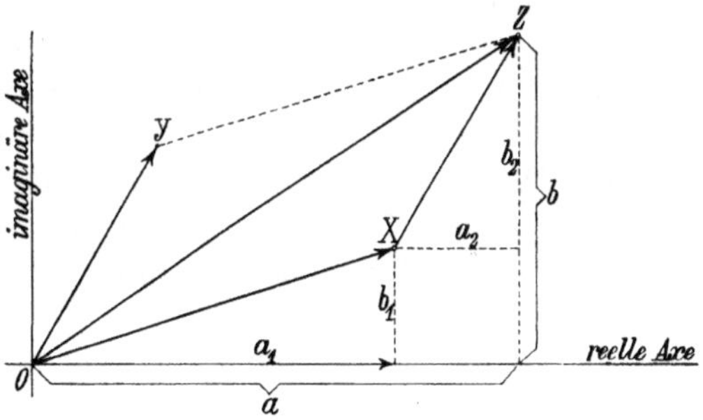

Fig. 24a.

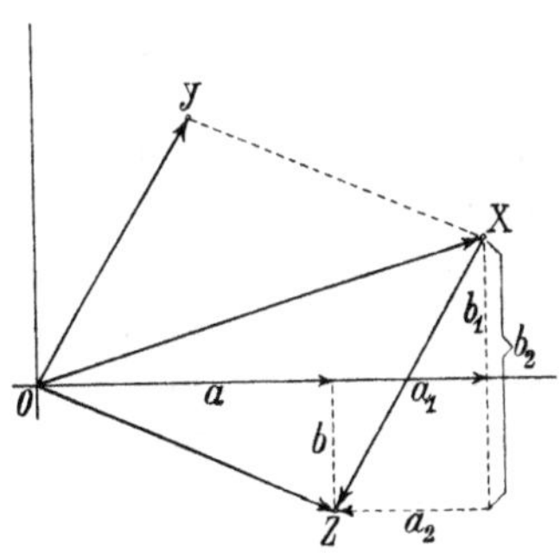

Fig. 24b.

In der Koordinatenebene wird $\mathfrak{Z}$ somit durch einen Punkt dargestellt, dessen Koordinaten die Summe der Koordinaten von $\mathfrak{X}$ und

$\mathfrak{Y}$ sind. Wie aus Fig. 24a ersichtlich ist, ist deswegen der Radius Vektor $\mathfrak{Z}$ die geometrische Summe der Vektoren $\mathfrak{X}$ und $\mathfrak{Y}$, oder wie man auch sagt: $\mathfrak{Z}$ ist die Resultierende der beiden Komponenten $\mathfrak{X}$ und $\mathfrak{Y}$.

Man erhält den Punkt Z, indem man vom Punkte X eine Strecke parallel und gleich $\overline{OY}$ aufträgt, d. h. mit anderen Worten: ausgehend von der einen Komponente $\mathfrak{X}$ bildet man die Summe $\mathfrak{Z}$ in derselben Weise, wie man die zweite Komponente $\mathfrak{Y}$ ermittelt, wenn man vom Ursprung O ausgeht.

In ähnlicher Weise erhält man für die Subtraktion die Fig. 24b.

Multiplikation:

Aus $\mathfrak{X} = a_1 + j b_1 = r_1 (\cos\varphi_1 + j \sin\varphi_1) = r_1\, e^{j\varphi_1}$

und $\mathfrak{Y} = a_2 + j b_2 = r_2 (\cos\varphi_2 + j \sin\varphi_2) = r_2\, e^{j\varphi_2}$

soll folgen $\mathfrak{Z} = \mathfrak{X}\,\mathfrak{Y} = a_1 a_2 - b_1 b_2 + j(a_1 b_2 + b_1 a_2)$

oder

$$\mathfrak{Z} = r_1 r_2 [(\cos\varphi_1 \cos\varphi_2 - \sin\varphi_1 \sin\varphi_2) + j(\sin\varphi_1 \cos\varphi_2 + \cos\varphi_1 \sin\varphi_2)]$$
$$= r_1 r_2 [\cos(\varphi_1 + \varphi_2) + j \sin(\varphi_1 + \varphi_2)] = r_1 r_2\, e^{j(\varphi_1 + \varphi_2)},$$

d. h. zwei komplexe Zahlen werden multipliziert, indem man ihre absoluten Beträge multipliziert und ihre Argumente addiert. Das Produkt zweier konjugiert komplexer Zahlen ist eine reelle Zahl, und zwar gleich dem Quadrate des absoluten Betrages der Zahlen, denn es ist

$$(a + jb)(a - jb) = a^2 + b^2.$$

In der Koordinatenebene (Fig. 25) kann man sich nun das Produkt zweier Vektoren in der Weise aus dem einen Vektor entstanden denken, daß man den absoluten Betrag des einen Vektors mit dem des anderen Vektors multipliziert und gleichzeitig den ersten Vektor um den Winkel dreht, den das Argument des zweiten Vektors angibt. In der Geometrie heißt man eine derartige Operation eine Drehung; denn man denkt sich, daß der Vektor $\mathfrak{Z}$ aus dem Vektor $\mathfrak{X}$ durch eine gleichzeitige Drehung und Vergrößerung nach Maßgabe des zweiten Faktors $\mathfrak{Y} = r_2 e^{j\varphi_2}$ erfolgt. Ist φ_2 positiv, so erfolgt die Drehung im entgegengesetzten Sinne des Uhrzeigers, und ist φ_2 negativ im gleichen Sinne.

Trägt man den Wert $+1$ auf der Abszissenachse ab und verbindet den Endpunkt 1 mit Y, so sieht man, daß die beiden Dreiecke $O1Y$ und OXZ ähnlich sind; denn es ist

$$\frac{\overline{OZ}}{\overline{OX}} = \frac{\overline{OY}}{\overline{O1}} \quad \text{und} \quad \sphericalangle(XOZ) = \varphi_2 = \sphericalangle(1OY).$$

Mit anderen Worten: das Produkt $\mathfrak{Z}$ wird in derselben Weise aus dem einen Faktor, z. B. $\mathfrak{X}$, gebildet, wie der zweite Faktor $\mathfrak{Y}$ aus der Einheit.

Die Division erfolgt umgekehrt wie die Multiplikation, wie auch aus Fig. 26 ersichtlich ist. Zwei komplexe Zahlen werden dividiert, indem man ihre absoluten Beträge dividiert und ihre Argumente subtrahiert.

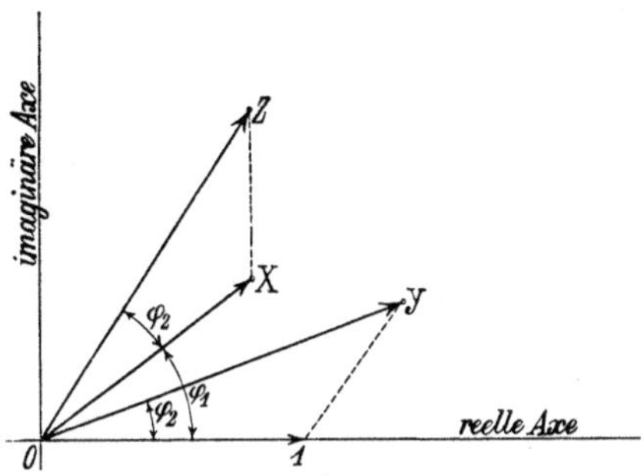

Fig. 25.

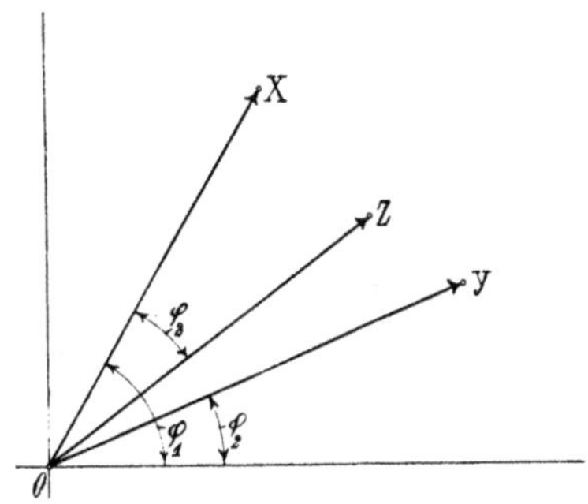

Fig. 26.

Es ist zu bemerken, daß man den Nenner eines komplexen Quotienten reell macht durch Multiplikation des Zählers und Nenners mit der zum Nenner konjugierten Größe; z. B.

$$\mathfrak{Z} = \frac{\mathfrak{X}}{\mathfrak{Y}} = \frac{a_1 + j b_1}{a_2 + j b_2} = \frac{(a_1 + j b_1)(a_2 - j b_2)}{a_2^{\,2} + b_2^{\,2}}$$

$$= \frac{a_1 a_2 + b_1 b_2 + j(b_1 a_2 - a_1 b_2)}{a_2^{\,2} + b_2^{\,2}}$$

oder

$$\mathfrak{Z} = \frac{r_1(\cos\varphi_1 + j\sin\varphi_1)}{r_2(\cos\varphi_2 + j\sin\varphi_2)} = \frac{r_1}{r_2}\left[\cos(\varphi_1 - \varphi_2) + j\sin(\varphi_1 - \varphi_2)\right]$$

$$= \frac{r_1}{r_2}\, e^{j(\varphi_1 - \varphi_2)}.$$

Potenz:

Aus der Formel für Multiplikation folgt

$$\mathfrak{Z} = \mathfrak{X}^n = (a + jb)^n = [r(\cos\varphi + j\sin\varphi)]^n = r^n(\cos n\varphi + j\sin n\varphi)$$

$$= r^n\, e^{jn\varphi}.$$

Man erhebt somit eine komplexe Zahl auf eine Potenz, indem man den absoluten Betrag auf die Potenz erhebt und das Argument mit dem Exponenten multipliziert. In der Koordinatenebene ergibt sich die in Fig. 27 dargestellte Operation.

Es ist ferner z. B. $(a + jb)^2 = a^2 - b^2 + j2ab$.

Umgekehrt ist

$$\mathfrak{Z} = \sqrt[n]{\mathfrak{X}} = \sqrt[n]{a + jb} = \sqrt[n]{r}\left(\cos\frac{\varphi}{n} + j\sin\frac{\varphi}{n}\right) = \sqrt[n]{r}\, e^{j\frac{\varphi}{n}}$$

d. h. die Wurzel wird aus einer komplexen Zahl gezogen, indem man die Wurzel aus dem absoluten Betrag zieht und das Argument durch den Exponenten dividiert.

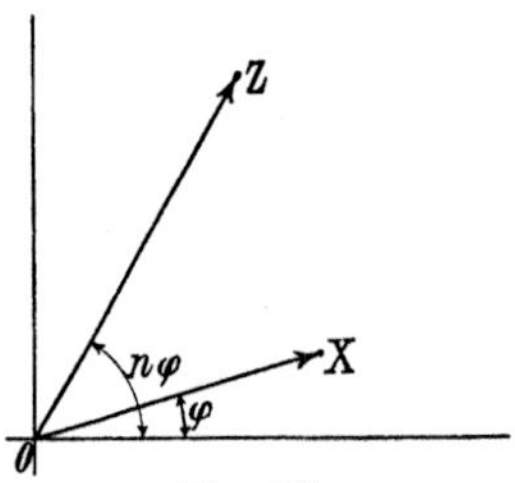

Fig. 27.

Es soll hier noch bemerkt werden, daß es in Gleichungen zwischen komplexen Größen stets erlaubt ist, $-j$ statt $+j$ zu setzen, wenn es in allen Gliedern auf beiden Seiten des Gleichheitszeichens geschieht. Um die Anwendung dieses Satzes zu zeigen, soll $\sqrt{a+jb}$ berechnet werden.

Setzt man

$$\sqrt{a+jb} = \alpha + j\beta,$$

so ist auch

$$\sqrt{a-jb} = \alpha - j\beta.$$

Durch Multiplikation dieser beiden Gleichungen folgt

$$\sqrt{a^2+b^2} = \alpha^2 + \beta^2.$$

Ferner ergibt sich durch Quadrieren der ersten Gleichung

$$a + jb = \alpha^2 - \beta^2 + j\,2\alpha\beta$$

oder

$$a = \alpha^2 - \beta^2 \quad \text{und} \quad b = 2\alpha\beta.$$

Hieraus ergibt sich

$$\alpha = \pm\sqrt{\frac{1}{2}\left(\sqrt{a^2+b^2} + a\right)}$$

und

$$\beta = \pm\sqrt{\frac{1}{2}\left(\sqrt{a^2+b^2} - a\right)}.$$

Da $b = 2\alpha\beta$ ist, sieht man, daß α und β dasselbe Vorzeichen haben, wenn b positiv ist, und entgegengesetztes Vorzeichen, wenn b negativ. Es ist somit

$$\sqrt{a \pm jb} = \pm\left[\sqrt{\frac{1}{2}\left(\sqrt{a^2+b^2}+a\right)} \pm j\sqrt{\frac{1}{2}\left(\sqrt{a^2+b^2}-a\right)}\right].$$

Wie aus dem Vorhergehenden leicht ersichtlich ist, gelten die aufgestellten Sätze auch für reelle Zahlen, so daß sie allgemein gültig sind.

Erstes Kapitel.

Einfache Wechselströme und ihre Darstellung.

7. Sinusströme. — 8. Summation der Sinusströme. — 9. Mittel-, Effektiv- und Maximalwert der Sinusströme. — 10. Symbolische Darstellung der Sinusströme. — 11. Leistung der Sinusströme. — 12. Darstellung der Leistung als Vektor.

7. Sinusströme.

Der einfachste Wechselstrom ist ein Strom, dessen Momentanwert als Funktion der Zeit durch eine Sinusfunktion dargestellt werden kann, z. B.

$$i = I_{max} \sin(2\pi c t + \varphi) = I_{max} \sin\left(2\pi \frac{t}{T} + \varphi\right) = I_{max} \sin(\omega t + \varphi).$$

I_{max} nennt man die Amplitude, T die Schwingungsdauer, $\frac{1}{T} = c$ die Periodenzahl des Stromes. Fig. 28 stellt den zeitlichen Verlauf des Stromes dar.

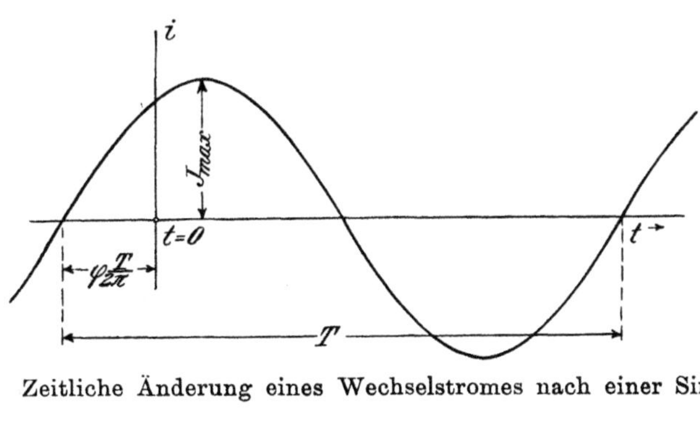

Fig. 28. Zeitliche Änderung eines Wechselstromes nach einer Sinuskurve.

In Polarkoordinaten wird die Sinuslinie durch einen Kreis (Fig. 29) dargestellt, dessen Durchmesser $\overline{OA}$ gleich der Amplitude ist. $\overline{OB}$ ist der Momentanwert und φ der sogenannte Phasenwinkel des Stromes. Der Punkt B durchläuft den Kreis zweimal während einer Periode, und $\omega = 2\pi c$ stellt somit die Winkelgeschwindigkeit der Rotation der Geraden $\overline{OB}$ dar.

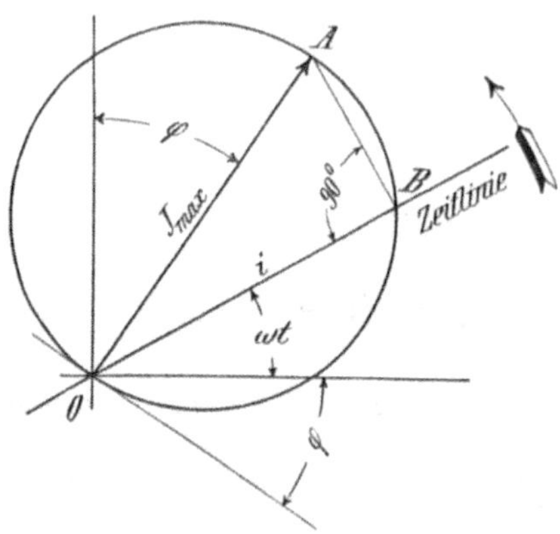

Fig. 29. Darstellung eines Sinusstromes in Polarkoordinaten.

Der Strom geht durch seinen Nullwert, wenn

$$t = t_0 = -\frac{\varphi}{2\pi} T$$

ist, die Phase des Stromes ist also zeitlich bestimmt durch

$$t_0 = \frac{\varphi}{2\pi} T.$$

Weil durch die Größe und Richtung der Strecke $\overline{OA}$ die Amplitude und Phase $\left(\varphi \frac{T}{2\pi}\right)$ des Stromes gegeben sind, so genügt der Radiusvektor oder kürzer allgemein der Vektor $\overline{OA}$ zur vollständigen Darstellung des Stromes. Sein Momentanwert wird erhalten durch Projektion des Vektors $\overline{OA}$ auf eine mit der Winkelgeschwindigkeit ω um O im entgegengesetzten Sinne des Uhrzeigers rotierende Gerade (die Zeitlinie).

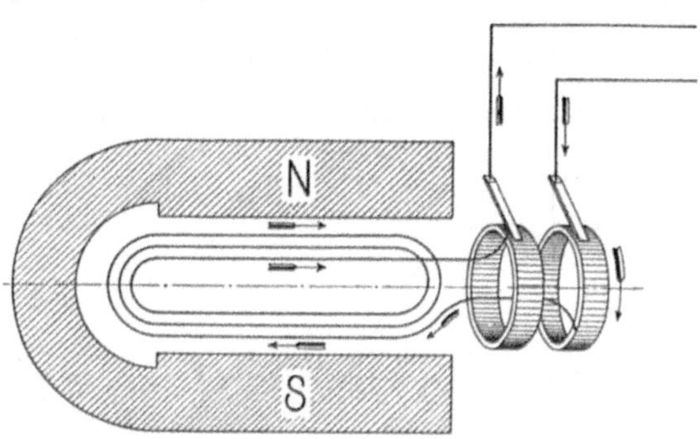

Fig. 30. Erzeugung eines Sinusstromes.

Diese Darstellungsweise beruht darauf, daß der Wechselstrom dem Sinusgesetze folgt, sie ist deswegen auch gestattet für eine elektromotorische Kraft (EMK), die sich nach demselben Gesetze ändert. Eine solche EMK kann erzeugt werden durch gleichförmige Drehung einer rechteckigen Spule um ihre Längsachse zwischen den Polen eines Magneten, wie die Fig. 30 zeigt. Wir nehmen an, daß die Polflächen so groß sind, daß das Feld, in dem die Spule rotiert, vollständig homogen ist. Durch die Fläche F einer Drahtwindung tritt dann in dem betrachteten Moment (Fig. 31) der Kraftfluß

$$\Phi = HF \cos \omega t,$$

und da die induzierte EMK nach dem Induktionsgesetz gleich

$$e = -\frac{d\Phi}{dt}$$

ist, wird in der Windung die EMK

$$e = -\frac{d(HF\cos\omega t)}{dt} = HF\omega \sin(\omega t)$$

induziert.

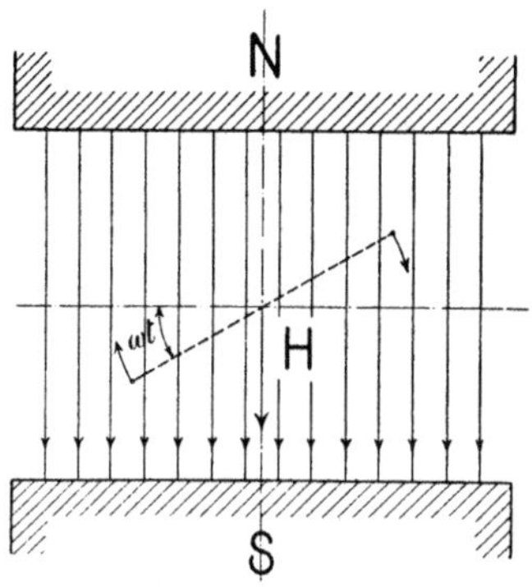

Fig. 31. Erzeugung einer sinusförmigen EMK durch Drehung einer Spule in einem homogenen Felde.

Bezeichnen wir den maximalen Kraftfluß, den die Spule in der horizontalen Lage umschlingt, mit Φ_{max}, so wird die induzierte EMK

$$e = 2\pi c\, \Phi_{max} \sin(\omega t).$$

Der Kraftfluß Φ hat seinen Maximalwert, wenn $\omega t = 0$ ist, und wird Null, wenn $\omega t = \frac{\pi}{2}$ ist. Die von dem Kraftfluß induzierte EMK ist dagegen gleich Null, wenn $\omega t = 0$ ist, und erreicht ihren Maximalwert für $\omega t = \frac{\pi}{2}$. Wir sehen somit, daß die EMK gleich Null ist, wenn der von der Spule umschlungene Kraftfluß am größten ist, d. h. wenn die Spule in der horizontalen Lage steht. Wenn man sich daran erinnert, daß die in einem Element der Strombahn induzierte EMK proportional dem in der Zeiteinheit geschnittenen Kraftfluß ist, so wird sofort klar, daß die EMK am größten ist, wenn die Spule in der vertikalen Lage steht, wo der Kraftfluß, der die Spule durchsetzt, gleich Null ist. In Fig. 32 ist der zeitliche Verlauf des Kraftflusses Φ und der EMK e als Funktion der Zeit aufgetragen. Solange Φ ansteigt, ist e negativ, und solange Φ abnimmt, ist e positiv, was daraus folgt, daß die EMK-Kurve die Differentialkurve der mit negativem Vorzeichen genommenen Kraftflußkurve ist.

Besteht die Spule aus mehreren Windungen in derselben Ebene, so wird die in der Spule induzierte EMK

$$e = H\Sigma(F)\,\omega \sin(\omega t).$$

Liegen die w Drähte jeder Spulenseite sehr nahe aneinander, so daß sie fast alle denselben Kraftfluß Φ_{max} umschlingen, so wird auch

$$e = 2\pi c w\, \Phi_{max} \sin(\omega t).$$

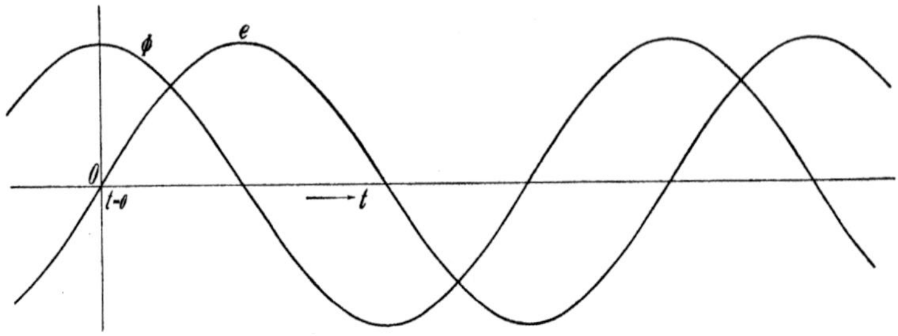

Fig. 32.

Da die Feldstärke H, die Summe aller Windungsflächen $\Sigma(F)$ und die Winkelgeschwindigkeit ω konstante Größen sind, so kann die EMK

$$e = E_{max} \sin(\omega t)$$

geschrieben werden. Werden H, F und ω hier im CGS-System gemessen, so erhält man e und E in absoluten Einheiten. Wünscht man dagegen diese beiden Größen in Volt auszudrücken, so muß man die erhaltenen Größen durch 10^8 dividieren, es ist somit

$$E_{max} = 2\pi c w\, \Phi_{max} 10^{-8} \text{ Volt} \quad . \; . \; . \; . \; . \quad (14)$$

Eine Periode entspricht in diesem Falle einer Umdrehung der Spule, und die Periodenzahl c ist gleich der Umdrehungszahl in einer Sekunde.

Die Richtung der in der Spule induzierten EMK ergibt sich in jedem Moment mittels der Handregel Seite 17 und ist für den betrachteten Moment (Fig. 30) durch Pfeile angegeben.

8. Summation der Sinusströme.

In Fig. 30 liegen alle Windungen der bewegten Spule in derselben Ebene, und die in den verschiedenen Windungen induzierten EMKe sind alle gleichzeitig Null und erreichen gleichzeitig ihren Maximalwert; man sagt, die EMKe aller Windungen sind in Phase miteinander.

Ordnet man nun die Windungen in verschiedenen Ebenen, aber um dieselbe Achse an, wie die Fig. 33 zeigt, so werden die in den einzelnen Windungen induzierten EMKe nicht mehr von gleicher Phase, sondern in der Phase zeitlich gegeneinander verschoben sein.

Wird in der Windung I die EMK

$$e_1 = E_{1\,max} \sin(\omega t)$$

induziert, so wird in der Windung II eine andere EMK von derselben Periodenzahl induziert, weil beide mit derselben Winkelgeschwindigkeit rotieren. Diese EMK sei

$$e_2 = E_{2\,max} \sin(\omega t - \varphi),$$

weil die Ebene der Spule II gegen die der Spule I um den konstanten Winkel φ nacheilt. Die EMK e_2 eilt der EMK e_1 um den Winkel φ nach. φ ist der Phasenverschiebungswinkel zwischen den beiden EMKen und gleich dem Winkel, den die Ebenen der beiden Windungen I und II im Raume miteinander einschließen. Die Ebene der Windung III bildet mit der der Windung I den Winkel ψ, und zwar liegt die Windung III der Windung I im Drehungssinne voraus. Die in der Spule III induzierte EMK

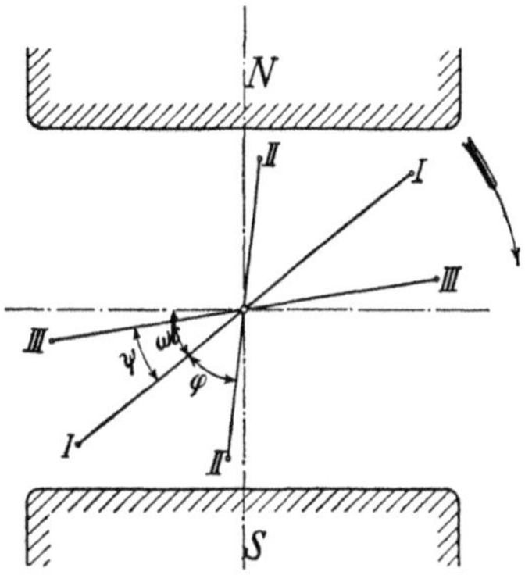

Fig. 33.

$$e_3 = E_{3\,max} \sin(\omega t + \psi)$$

eilt somit der EMK e_1 zeitlich um denselben Winkel ψ voraus. Man spricht deswegen allgemein von Phasenvoreilung und Phasennacheilung; φ ist hier ein Phasennacheilungswinkel und ψ ein Phasenvoreilungswinkel.

Um die in der ganzen Spule induzierte EMK zu bekommen, muß man die Momentanwerte der EMKe aller Windungen algebraisch summieren. In Fig. 34 sind die Momentanwerte der drei EMKe e_1, e_2 und e_3 und ihre algebraische Summe e als Funktion der Zeit aufgetragen. Es kommt häufig vor, daß man mehrere elektromotorische Kräfte oder Wechselströme verschiedener Phase addieren muß, man verwendet dann am einfachsten und übersichtlichsten die graphische Darstellung. Die einzelnen Momentanwerte e_1, e_2 und e_3 werden erhalten durch Projektion der entsprechenden Vektoren $E_{1\,max}$, $E_{2\,max}$ und $E_{3\,max}$ auf die Zeitlinie. Es ist bekanntlich die Projektion der Resultierenden (geometrischen Summe) mehrerer Vektoren auf eine Gerade gleich der Summe der Projektionen der einzelnen Vektoren auf diese Gerade.

Hieraus folgt, daß die Summe mehrerer sinusförmiger EMKe, die nach Amplitude und Phase durch ihre Vektoren graphisch dargestellt sind, durch die Resultierende der Vektoren der einzelnen EMKe erhalten wird (Fig. 35).[1])

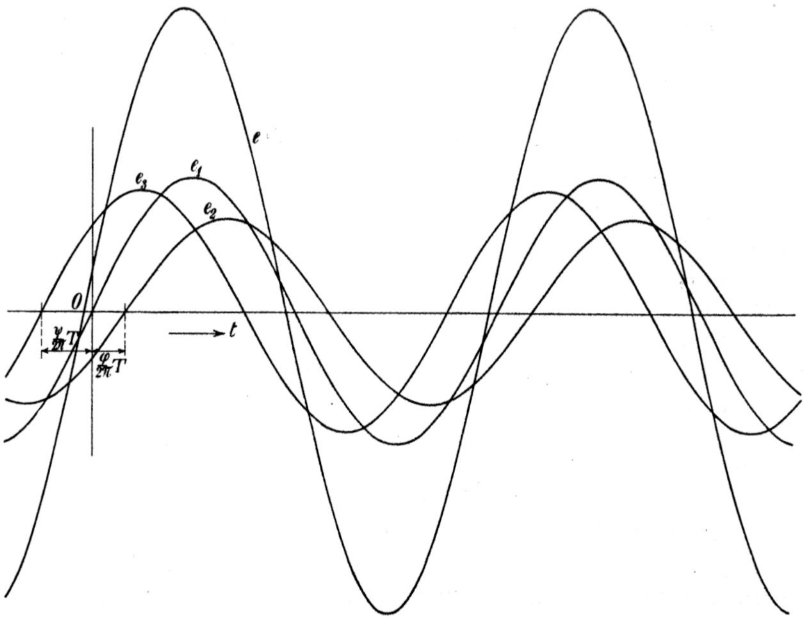

Fig. 34.

In ähnlicher Weise findet man die Summe der in einem Punkte (Fig. 36) zusammenfließenden Wechselströme, indem man die Resultierende der Vektoren der einzelnen Ströme bildet, wie dies in Fig. 37 gezeigt ist.[1])

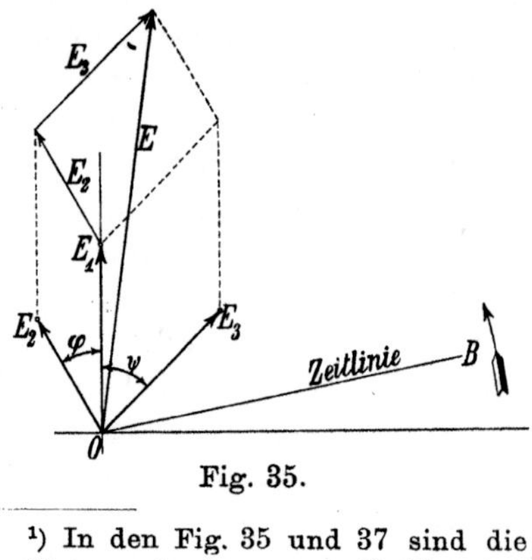

Fig. 35.

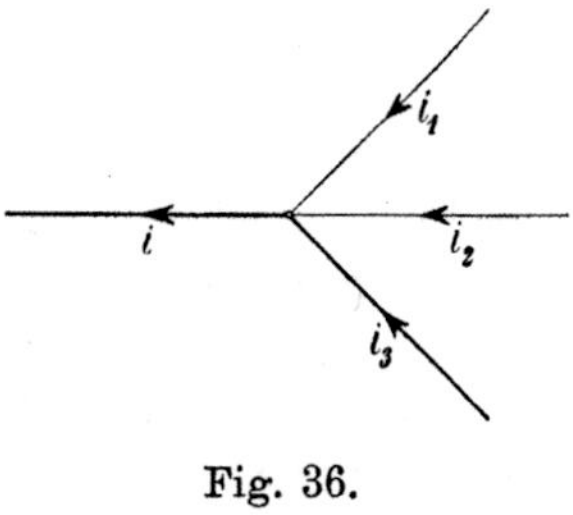

Fig. 36.

[1]) In den Fig. 35 und 37 sind die Vektoren der Amplituden der EMKe bzw. Ströme abgekürzt mit E, E_1 usf. bzw. J, J_1 usw. anstatt mit E_{max} .... J_{max} .... bezeichnet.

Es ist

$$i = J_{max} \sin(\omega t + \varphi) = J_{1\,max} \sin(\omega t + \varphi_1) + J_{2\,max} \sin(\omega t + \varphi_2) + J_{3\,max} \sin(\omega t + \varphi_3).$$

Wie aus Fig. 35 und 37 ersichtlich ist, wird die Amplitude der resultierenden EMK bzw. Stromstärke nicht gleich der Summe der Amplituden der einzelnen Komponenten, sondern weicht um so mehr davon ab, je größer die gegenseitige Phasenverschiebung der einzelnen Komponenten ist.

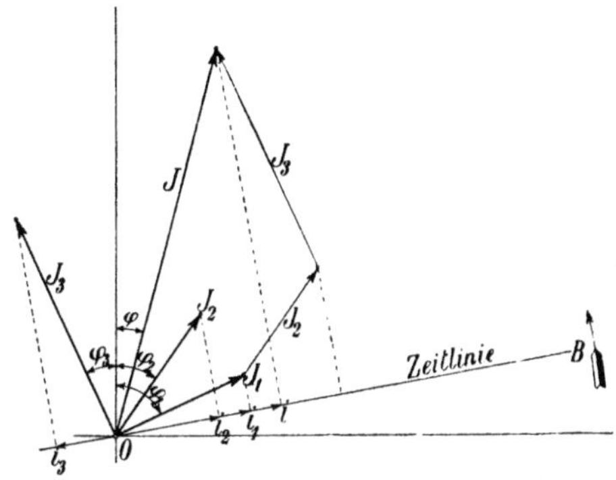

Fig. 37.

9. Mittel-, Effektiv- und Maximalwert der Sinusströme.

Da der Wechselstrom beständig seine Richtung ändert, ist sein Mittelwert, über eine ganze Anzahl von Perioden genommen, gleich Null. Der Wechselstrom kann somit nicht direkt zum Laden von Akkumulatoren benutzt werden. Andrerseits verursacht er auch keine schädlichen elektrolytischen Wirkungen in der Erde. Wenn man trotzdem von einem Mittelwert bei Wechselströmen spricht,

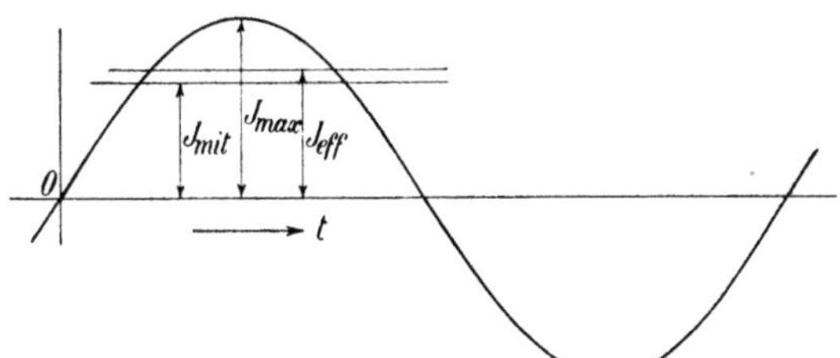

Fig. 38.

so versteht man dabei den größten Mittelwert, den man während einer halben Periode erhalten kann. Für den durch die Sinuskurve (Fig. 38) dargestellten Wechselstrom

$$i = J_{max} \sin\left(\frac{2\pi}{T} t\right)$$

ist der größte Mittelwert

$$J_{mit} = \frac{2}{T}\int_0^{\frac{T}{2}} J_{max} \sin\left(\frac{2\pi}{T}t\right) dt = \frac{T}{2\pi}\,\frac{2J_{max}}{T}\left(-\cos\frac{2\pi}{T}t\right)_{t=0}^{t=T}$$

$$= \frac{2}{\pi} J_{max} = 0{,}636\, J_{max}.$$

Der Mittelwert eines Sinusstromes ist also

$$\boldsymbol{J_{mit} = \frac{2}{\pi} J_{max}} \quad \text{. . . . .} \quad (15)$$

Der Mittelwert hat im allgemeinen kein Interesse, denn er ist nicht maßgebend für die Leistung des Stromes.

Nach Joule ist die vom Strome i in einem Leiter vom Widerstande r geleistete Arbeit in der Zeit dt

$$dA = i^2 r\, dt,$$

folglich wird der mittlere Stromwärmeverlust in einem solchen Leiter

$$W = \frac{1}{T}\int_0^T dA = \frac{1}{T}\int_0^T i^2 r\, dt = J_{eff}^2 r.$$

Mit J_{eff} bezeichnen wir die Stromstärke, die ein Gleichstrom haben muß, um dieselbe mittlere Stromwärme zu erzeugen, wie der Wechselstrom.

$$\boldsymbol{J_{eff} = \sqrt{\frac{1}{T}\int_0^T i^2\, dt}} \quad \text{. . . . . .} \quad (16)$$

heißt die effektive Stromstärke des Wechselstromes. Der Effektivwert eines Wechselstromes wird also nach Gl. 16 berechnet als die Quadratwurzel aus dem Mittel der Quadrate der Momentanwerte, er wird daher mitunter auch als quadratischer Mittelwert bezeichnet. Ist

$$i = J_{max} \sin\left(\frac{2\pi}{T}t\right),$$

so variiert

$$i^2 = J_{max}^2 \sin^2\left(\frac{2\pi}{T}t\right) = \tfrac{1}{2} J_{max}^2 \left[1 - \cos\left(\frac{4\pi}{T}t\right)\right]$$

nach der in Fig. 39 dargestellten Kurve als Funktion der Zeit. Diese Kurve ist auch eine Sinuskurve, sie hat aber die doppelte Periodenzahl und schwankt nicht um die Abszissenachse, sondern zwischen Null und J_{max}^2, so daß

$$J_{eff}^2 = \frac{1}{T}\int_0^T i^2\, dt = \frac{J_{max}^2}{2},$$

also $$J_{eff} = \frac{J_{max}}{\sqrt{2}} = \frac{J_{max}}{1,414}, \quad \ldots \ldots \quad (17)$$

oder $$\textbf{Effektivwert} = \frac{\textbf{Amplitude}}{\sqrt{2}} \quad \text{ist.}$$

Aus Gl. 15 und 17 folgt

$$J_{eff} = \frac{\pi}{2} \frac{J_{mit}}{\sqrt{2}} = 1,11\, J_{mit} \quad \ldots \ldots \quad (18)$$

1,11 heißt man den Formfaktor des Sinusstromes.

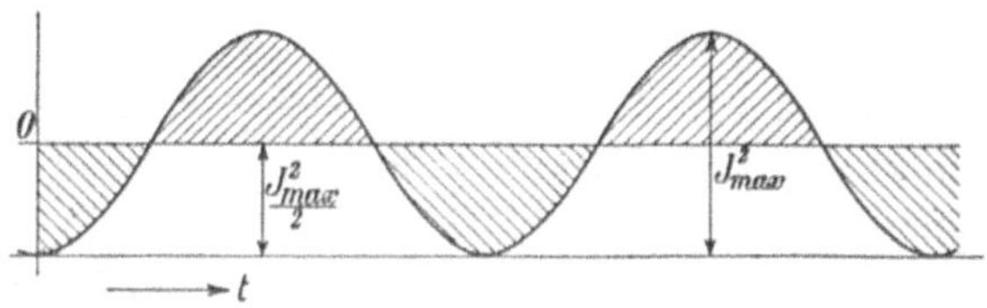

Fig. 39.

Ähnlich bezeichnet man

$$E_{eff} = \sqrt{\frac{1}{T}\int_0^T e^2\,dt} = \frac{E_{max}}{\sqrt{2}} \quad \ldots \quad (17a)$$

als den effektiven Wert der sinusförmigen EMK; es ist auch

$$E_{eff} = \frac{\pi}{2\sqrt{2}} E_{mit} = 1,11\, E_{mit} \quad \ldots \quad (18a)$$

Wir haben auf Seite 30 gesehen, daß die in einer Spule von w Windungen induzierte maximale EMK

$$E_{max} = 2\,\pi\, c w\, \Phi_{max}\, 10^{-8} \text{ Volt}$$

ist. Aus der Formel (17a) folgt nun weiter, daß die in der Spule induzierte effektive EMK gleich

$$E_{eff} = \sqrt{2}\,\pi\, c w\, \Phi_{max}\, 10^{-8} = 4,44\, c w\, \Phi_{max}\, 10^{-8} \text{ Volt} \quad (19)$$

ist. Da

$$E_{mit} = \frac{2}{\pi} E_{max} \quad \ldots \ldots \quad (15a)$$

ist, wird die mittlere induzierte EMK

$$E_{mit} = 4\, c w\, \Phi_{max}\, 10^{-8} \text{ Volt} \quad \ldots \quad (20)$$

Die Formel (20) kann in einfacher Weise abgeleitet werden. Der Kraftfluß Φ steigt nämlich während einer Periode zweimal auf den Wert Φ_{max} an und geht zweimal wieder auf Null zurück, so daß die mittlere Kraftflußvariation in einer Sekunde gleich

$$\frac{4\,\Phi_{max}}{T} = 4\,c\,\Phi_{max}$$

ist, woraus sich die Formel (20) ergibt. Da bei der letzten Ableitung keine Annahme über die Art der Kraftflußvariation gemacht worden ist, so gilt die Formel (20) allgemein unabhängig von der Form der EMK-Kurve.

Für die Technik spielen die Effektivwerte des Wechselstromes und der Wechselspannung die größte Rolle.

Wir werden deswegen im Folgenden fast nur mit diesen Werten rechnen und setzen in der graphischen Darstellung die Größe der Vektoren gleich den effektiven Werten. Wünscht man aus einer solchen Darstellung die momentanen Werte zu entnehmen, so hat man nur die Projektionen dieser Vektoren auf die Zeitlinie mit $\sqrt{2}$ zu multiplizieren.

Wir werden allgemein die Momentanwerte durch kleine und die Effektivwerte durch große Buchstaben bezeichnen, und den Index eff fortlassen, so daß im Folgenden allgemein E und J die Effektivwerte einer EMK bzw. eines Stromes bezeichnen.

10. Symbolische Darstellung der Sinusströme.

Anstatt die Vektoren graphisch zusammenzusetzen, kann man auch, wie in der Mechanik, analytisch verfahren, indem man alle Vektoren in je zwei Komponenten nach zwei aufeinander senkrechten Achsen zerlegt. Die eine Achse, die Abszissenachse, fällt mit der rotierenden Geraden $\overline{OB}$ (Fig. 40) im Zeitmomente $t = 0$ zusammen. Es ist

$$i = \sqrt{2}\,J \sin(\omega t + \varphi) = \sqrt{2}\,J(\cos\varphi \sin\omega t + \sin\varphi \cos\omega t),$$

d. h. der Momentanwert eines Sinusstromes ist stets gleich der Summe der Momentanwerte der beiden Komponenten, in die der Stromvektor zerlegt werden kann.

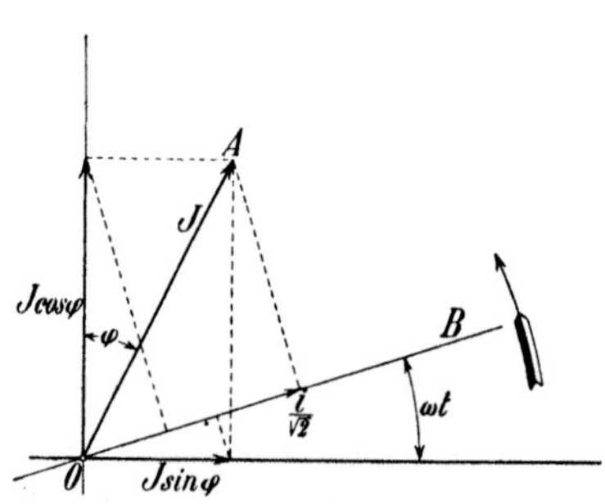

Fig. 40. Darstellung eines Sinusstromes durch zwei Vektorkomponenten.

Wie aus der Fig. 40 ersichtlich ist, ist der Strom i vollständig durch den Punkt A mit den Koordinaten $J\cos\varphi$ und $J\sin\varphi$ bestimmt.

Ebenso wie eine komplexe Zahl durch einen Punkt in der Koordinatenebene dargestellt ist, kann ein Punkt der Koordinatenebene durch eine komplexe Zahl bestimmt werden.

Also ist Punkt A (Fig. 40) und dadurch der Strom durch folgende zuerst von Helmholtz und Lord Rayleigh in die Elektrizitätslehre eingeführte Schreibweise gekennzeichnet:

$$\mathfrak{J} = J \cos \varphi - j J \sin \varphi ,$$

wobei die vertikale Achse als die reelle und die horizontale Achse als die imaginäre genommen ist (Fig. 41).

In dem Ausdruck für die momentane Stromstärke

$$i = \sqrt{2}\, J \sin (\omega t + \varphi)$$

ist wie gezeigt φ der Phasenwinkel, der angibt, daß der Strom im Zeitmomente $t_0 = -\frac{\varphi}{\omega}$, d. h. $\frac{\varphi}{\omega}$ vor dem Zeitmomente $t = 0$ durch seinen Nullwert geht. Je größer φ ist, desto früher geht der Strom durch seinen Nullwert, desto größer ist seine Voreilung gegenüber dem gewählten Anfangspunkt der Zeit. Ist φ positiv, so muß daher, wie schon in Fig. 28 gezeigt wurde, die Zeit t_0 in der negativen Richtung der Zeitachse aufgetragen werden. Analog hierzu ist bei der vektoriellen Darstellung des Stromes in Fig. 40 ein positiver Phasenwinkel φ von der reellen Achse aus im negativen Drehungssinne der Zeitlinie aufzutragen. In der Darstellung dieses Stromes i mittels komplexer Zahlen

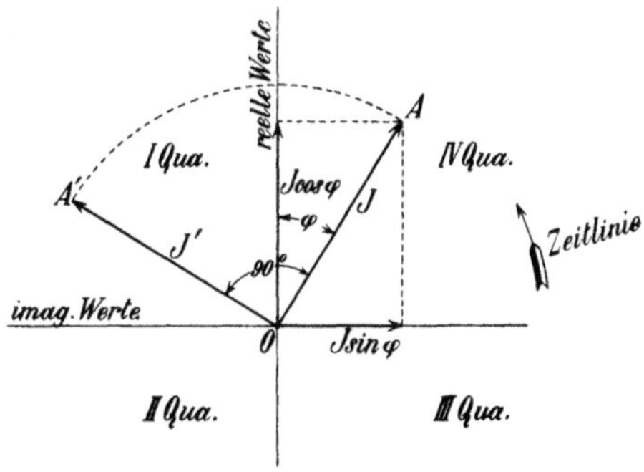

Fig. 41.

$$\mathfrak{J} = J (\cos \varphi - j \sin \varphi) = J e^{-j\varphi}$$

ist deshalb auch der Phasenwinkel $+\varphi$. Hier erscheint also immer ein positiver Phasenwinkel mit negativem Vorzeichen und umgekehrt.

Das in dieser Figur benutzte Koordinatensystem kann man sich aus dem in der Mathematik gebräuchlichen durch eine Drehung um 90^0 im Drehungssinne der Zeitlinie entstanden denken. Die reellen Werte sind also hier in der Richtung der Ordinatenachse und die imaginären Werte in der negativen Richtung der Abszissenachse aufzutragen.

Der Stromvektor kann entweder durch Größe und Phase oder durch die Komponenten des Vektors nach den beiden Achsen gegeben sein. Der symbolische Ausdruck $\mathfrak{J}$ enthält diese beiden Komponenten, so daß der Vektor durch den symbolischen Ausdruck $\mathfrak{J}$ vollständig bestimmt ist. Im Folgenden werden wir alle Effektivwerte, die nur als Maß der Größen aufzufassen sind, durch große lateinische Buchstaben und alle Effektivwerte, die als Vektoren, d. h. gegeben durch Größe und Phase, zu betrachten sind, durch große deutsche Buchstaben bezeichnen.

C. P. Steinmetz hat hauptsächlich dazu beigetragen, die Rechnung mit symbolischen Größen in die Wechselstromtechnik einzuführen.

Verdreht man den Vektor $\overline{OA}$ um 90^0 im Sinne der Drehung der Zeitlinie nach $\overline{OA'}$ (Fig. 41), so sind die Koordinaten des Punktes A'

$$J \cos(\varphi - 90^0) = J \sin \varphi$$

und

$$-J \sin(\varphi - 90^0) = J \cos \varphi .$$

Also ist der komplexe Ausdruck für den Vektor $\overline{OA'}$

$$\begin{aligned}\mathfrak{J}' &= J \sin \varphi + j J \cos \varphi \\ &= j(J \cos \varphi - j J \sin \varphi) = j \mathfrak{J} .\end{aligned}$$

Man sieht, daß die Multiplikation des komplexen oder symbolischen Ausdruckes mit j einer Drehung des Vektors $\overline{OA}$ um 90^0 im entgegengesetzten Sinne der Drehrichtung des Uhrzeigers entspricht. Eine Multiplikation mit $-j$ bedeutet eine Rotation des Vektors um 90^0 in demselben Sinne, wie der Uhrzeiger sich dreht.

Um die Komponenten eines aus mehreren Strömen resultierenden Stromes oder einer resultierenden EMK zu bekommen, bildet man die algebraische Summe der einzelnen Komponenten nach den zwei Achsen, oder wenn man die symbolische Darstellungsweise benutzt, addiert man alle reellen Glieder für sich und alle imaginären für sich. Denn es ist z. B. die Summe der Ströme

$$\mathfrak{J}_1 = a_1 + j b_1$$

und $\mathfrak{J}_2 = a_2 + j b_2$

gleich $\mathfrak{J} = a + j b = a_1 + a_2 + j(b_1 + b_2)$

und diese komplexe Gleichung läßt sich nach Abschn. 6 auch durch zwei reelle ersetzen, nämlich

$$a = a_1 + a_2$$

und $b = b_1 + b_2 .$

Wir haben bis jetzt immer von der Drehung der Zeitlinie gesprochen. Man kann sich aber auch die Zeitlinie fest und die ganze Koordinatenebene um den Ursprung drehbar denken. Sie muß dann im Drehsinne des Uhrzeigers mit der Winkelgeschwindigkeit ω rotieren, und die Projektion eines mit der Ebene rotierenden

Vektors auf die feste Zeitlinie gibt ein Maß für den Momentanwert der Sinusgröße, die der Vektor darstellt. Es ist leicht einzusehen, daß in beiden Fällen, sei es daß man die Zeitlinie oder die Vektoren rotieren läßt, die gegenseitige Lage der Vektoren und die Lage der Vektoren gegenüber den Koordinatenachsen dieselbe bleibt.

Da es allgemein üblich ist, die Koordinatenebene und mit ihr die Figur sich drehen zu lassen, so soll diese Vorstellungsweise auch hier benutzt werden und die Drehrichtung der Figur, die mit der des Uhrzeigers zusammenfällt, durch einen Pfeil angegeben werden.

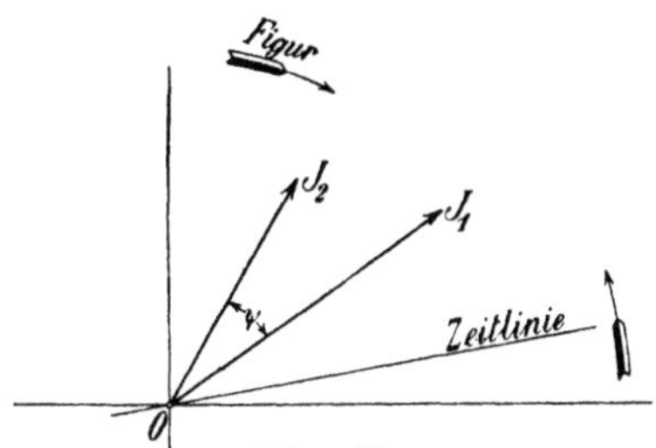

Fig. 42.

Von zwei Vektoren eilt immer der dem anderen voraus, der im Sinne der Drehrichtung des Uhrzeigers dem anderen vorausliegt. In Fig. 42 eilt J_1 dem Vektor J_2 um den Winkel ψ voraus.

11. Leistung der Sinusströme.

Wir haben auf Seite 19 gesehen, daß die in einem Stromkreise in dem Zeitelement dt geleistete Arbeit stets gleich ist

$$dA = e i dt,$$

wenn e die EMK und i die Stromstärke des Stromkreises in dem betrachteten Moment bedeutet. Ist

$$e = E\sqrt{2}\sin(\omega t + \varphi_1)$$

$$\text{und} \quad i = J\sqrt{2}\sin(\omega t + \varphi_2),$$

worin E und J die Effektivwerte der Spannung und des Stromes sind, so wird der Momentanwert der Leistung gleich

$$\begin{aligned} ei &= 2EJ\sin(\omega t + \varphi_1)\sin(\omega t + \varphi_2) \\ &= EJ[\cos(\varphi_1 - \varphi_2) - \cos(2\omega t + \varphi_1 + \varphi_2)]. \end{aligned}$$

Hieraus sieht man, daß der Momentanwert der Leistung eine mit der Zeit veränderliche Größe ist. Der Momentanwert schwankt nämlich um den Mittelwert $EJ\cos(\varphi_1 - \varphi_2)$ nach einer Sinuskurve mit der doppelten Periodenzahl des Stromes hin und her, wie Fig. 43 zeigt.

Der Mittelwert der Leistung eines Sinusstromes während einer Periode, d. h. die mittlere oder effektive Leistung, ist also

$$W = \frac{1}{T}\int_0^T e\,i\,dt = E\,J\cos(\varphi_1 - \varphi_2) = E\,J\cos\varphi$$

oder

$$\boldsymbol{W = EJ\cos(EJ)} \quad . \quad . \quad . \quad . \quad . \quad . \quad (21)$$

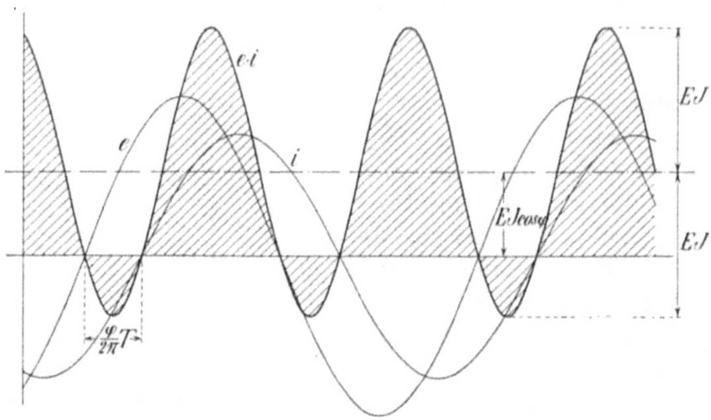

Fig. 43.

Das Produkt EJ von EMK und Strom nennt man die **scheinbare Leistung** des Stromes, die in Voltampere (VA) angegeben wird. $\cos(EJ)$ heißt man den **Leistungsfaktor** des Stromes.

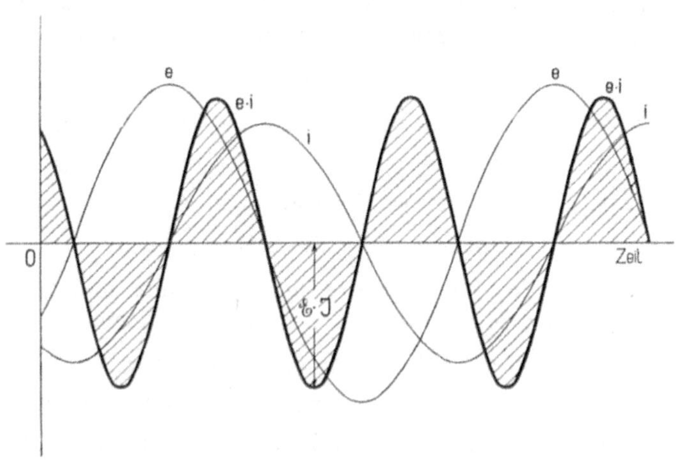

Fig. 44. Zeitlicher Verlauf von Spannung, Strom und Leistung für $\varphi_1 - \varphi_2 = 90^0$.

Das Hin- und Herwogen der Leistung kommt relativ zur mittleren Leistung am wenigsten zum Ausdruck, wenn $\varphi_1 - \varphi_2 = 0$ ist, d. h. wenn EMK und Strom miteinander in Phase sind, denn dann wird der Momentanwert nie negativ (siehe Fig. 39). Dagegen ist die Schwankung ein Maximum, wenn $\varphi_1 - \varphi_2 = \frac{\pi}{2}$ ist, denn dann ist der Mittelwert der Leistung Null und der größte negative Wert der Momentanleistung gleich ihrem größten positiven Wert (Fig. 44).

Den Momentanwert der Leistung kann man graphisch darstellen, wenn man die konstante Größe $EJ \cos(\varphi_1 - \varphi_2) = EJ \cos\varphi$ auf der Ordinatenachse von O bis O_1 (Fig. 45) abträgt und um den Endpunkt O_1 dieser Strecke einen Kreis mit dem Radius EJ schlägt.

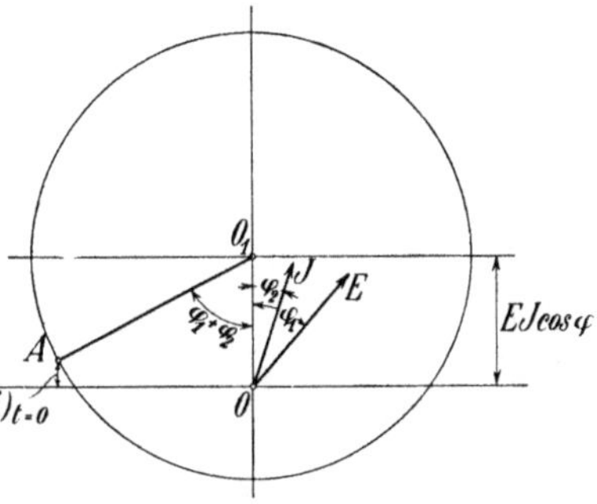

Fig. 45.

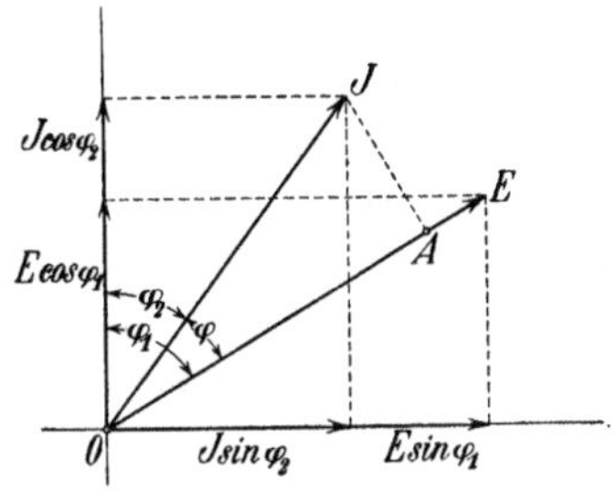

Fig. 46.

Läßt man nun den Radius dieses Kreises im Drehsinne des Uhrzeigers mit der konstanten Winkelgeschwindigkeit 2ω rotieren, so ist die momentane Leistung in jedem Augenblick durch die Ordinate ei des Vektors vom Anfangspunkte O nach dem Kreis gegeben. Für die Zeit $t = 0$ hat der Radius EJ die Lage $\overline{O_1 A}$ und seine Komponente in Richtung der Ordinatenachse ist

$$- EJ \cos(\varphi_1 + \varphi_2)$$

und in Richtung der Abszissenachse

$$- EJ \sin(\varphi_1 + \varphi_2).$$

Benutzt man für die EMKe und Ströme die graphische Darstellung (Fig. 46) und zerlegt die Vektoren in ihre Komponenten nach den Achsen, so entspricht dieser Darstellung die Schreibweise

$$e = \sqrt{2}\, E \cos\varphi_1 \sin\omega t + \sqrt{2}\, E \sin\varphi_1 \cos\omega t$$

und

$$i = \sqrt{2}\, J \cos\varphi_2 \sin\omega t + \sqrt{2}\, J \sin\varphi_2 \cos\omega t.$$

Da ferner

$$W = EJ \cos(\varphi_1 - \varphi_2) = EJ \cos\varphi_1 \cos\varphi_2 + EJ \sin\varphi_1 \sin\varphi_2$$

ist, so sieht man, daß die Leistung eines Stromes gleich der Summe der Leistungen der einzelnen Stromkomponenten ist. Aus der Fig. 46 folgt ferner, daß die Leistung eines Wechselstromes gleich der EMK mal der Projektion des Stromes auf die EMK oder gleich dem Strome mal der Projektion der EMK auf den Strom ist.

12. Darstellung der Leistung als Vektor.

Benutzt man für die EMKe und Ströme die symbolische Darstellung, so hat man für diese Größen (Fig. 46) die folgenden Ausdrücke:

$$\mathfrak{E} = E\cos\varphi_1 - jE\sin\varphi_1 = E\mathrm{e}^{-j\varphi_1}$$

und

$$\mathfrak{J} = J\cos\varphi_2 - jJ\sin\varphi_2 = J\mathrm{e}^{-j\varphi_2},$$

worin e die Grundzahl der natürlichen Logarithmen bezeichnet. E und J sind die absoluten Beträge, während $-\varphi_1$ und $-\varphi_2$ als Argumente der zwei komplexen Zahlen bezeichnet werden. Wie bekannt, multipliziert man zwei komplexe Zahlen, indem man die absoluten Beträge multipliziert und die Argumente addiert. Das Produkt der komplexen Ausdrücke für Strom und EMK wird also

$$EJ\mathrm{e}^{j(-\varphi_1-\varphi_2)} = EJ[\cos(\varphi_1+\varphi_2) - j\sin(\varphi_1+\varphi_2)],$$

woraus folgt, daß das Produkt der komplexen Ausdrücke für $\mathfrak{E}$ und $\mathfrak{J}$ nur den komplexen Ausdruck für den nach einer Sinuskurve mit doppelter Periodenzahl variierenden Teil der Momentanleistung (Fig. 45) ergibt und nichts mit der wirklichen Leistung des Stromes zu tun hat.

Für die Praxis handelt es sich aber nicht um die momentane Leistung, sondern darum, den Mittelwert der Leistung $EJ\cos\varphi$, die scheinbare Leistung EJ und den Leistungsfaktor $\cos\varphi$ graphisch darzustellen. Dieses Bedürfnis wird sich besonders geltend machen, wenn man diese Größen für Wechselströme beliebiger Kurvenform zu ermitteln hat.

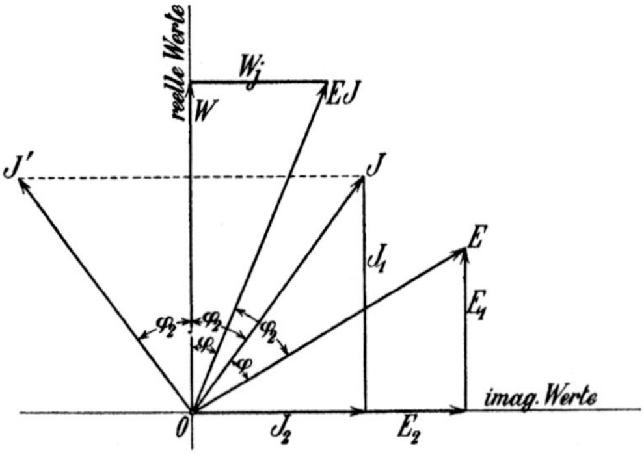

Fig. 47.

Man trägt zu dem Zwecke am besten die scheinbare Leistung EJ als Vektor unter dem Winkel $\varphi = \varphi_1 - \varphi_2$ zur Ordinatenachse ab (Fig. 47). Die Projektion dieses Vektors EJ auf die Ordinatenachse stellt dann die effektive Leistung $EJ\cos\varphi$ dar. Wählen wir wieder die Ordinatenachse als die

Achse der reellen und die Abszissenachse als die der imaginären Werte, so erhält man für den Leistungsvektor den symbolischen Ausdruck

$$(\mathfrak{E}\mathfrak{J}) = EJ\cos\varphi - jEJ\sin\varphi = EJe^{-j\varphi} = W + jW_j\,.$$

Diesen Leistungsvektor kann man sich aus dem EMK-Vektor in der Weise entstanden denken, daß man den EMK-Vektor um den Winkel φ_2 entgegengesetzt der Drehrichtung des Uhrzeigers dreht und ihn gleichzeitig mit dem Strom J multipliziert. Mit anderen Worten: der Leistungsvektor wird aus dem EMK-Vektor durch Multiplikation mit $Je^{j\varphi_2}$ erhalten. Der symbolische Ausdruck des Leistungsvektors wird deswegen durch Multiplikation des EMK-Vektors mit dem zu $\mathfrak{J}$ konjugierten Vektor $\mathfrak{J}' = Je^{j\varphi_2}$ erhalten, der das Spiegelbild des Stromvektors $\mathfrak{J}$ in der Achse der reellen Werte darstellt.

Ist $\qquad \mathfrak{E} = Ee^{-j\varphi_1} = E_1 - jE_2$

und $\qquad \mathfrak{J} = Je^{-j\varphi_2} = J_1 - jJ_2\,,$

so wird

$$(\mathfrak{E}\mathfrak{J}) = W + jW_j = (E_1 - jE_2)(J_1 + jJ_2)$$
$$= E_1J_1 + E_2J_2 + j(E_1J_2 - E_2J_1)\,.$$

$$\boldsymbol{W = E_1 J_1 + E_2 J_2} \quad \ldots\ldots \quad (22)$$

ist die effektive Leistung $EJ\cos\varphi$ des Stromes und

$$\boldsymbol{W_j = E_1 J_2 - E_2 J_1} \quad \ldots\ldots \quad (23)$$

die sogenannte imaginäre Leistung $-EJ\sin\varphi$ des Stromes. Die imaginäre Leistung ist in dieser Darstellungsweise, die wir im Folgenden benutzen wollen, positiv oder negativ, je nachdem der Strom der EMK in der Phase voreilt, bzw. nacheilt. Hätten wir umgekehrt die imaginäre Leistung positiv gerechnet bei Phasennacheilung des Stromes, so würde man den Leistungsvektor durch Multiplikation des Stromvektors mit dem zu der EMK konjugierten Vektor erhalten haben.

Wir können nun allgemein folgende Festsetzung treffen: Den symbolischen Ausdruck der Leistung erhält man durch Multiplikation des symbolischen Ausdruckes des **Spannungsvektors** mit dem symbolischen Ausdrucke des **Spiegelbildes des Stromvektors in der Achse der reellen Werte.**

Diese Einführung des Spiegelbildes des Stromvektors in den symbolischen Ausdruck der Leistung beruht lediglich auf der Art der Abbildung der EMK-, Strom- und Leistungsvektoren und nicht auf irgendwelchen physikalischen Beziehungen dieses Ausdruckes zu der Momentanleistung.

Zweites Kapitel.

Die physikalischen Vorgänge in Wechselstromkreisen.

13. Selbstinduktion. — 14. Kapazität. — 15. Die Spannungskomponenten in einem einfachen Stromkreis bei sinusförmigem Strom. — 16. Differentialgleichung eines einfachen Stromkreises. — 17. Graphische Darstellung der Vorgänge in einem Wechselstromkreise. — 18. Beispiele. — 19. Zerlegung des Stromes in die Wattkomponente und in die wattlose Komponente.

13. Selbstinduktion.

Ein Strom erzeugt in der Umgebung des Leiters ein magnetisches Feld, das den Leiter umschlingt. Besteht der Leiter aus w_x Windungen, die den Strom i führen, so ist der Kraftfluß Φ_x nach Formel (9)

$$\Phi_x = \frac{i\,w_x}{R_x},$$

worin R_x den Widerstand des magnetischen Kreises bedeutet.

Ändert der Strom seine Stärke oder seine Richtung, so ändert sich der Kraftfluß Φ_x im gleichen Sinne und damit auch die in ihm aufgespeicherte Energie

$$\tfrac{1}{2}\,i\,\Sigma(w_x\,\Phi_x).$$

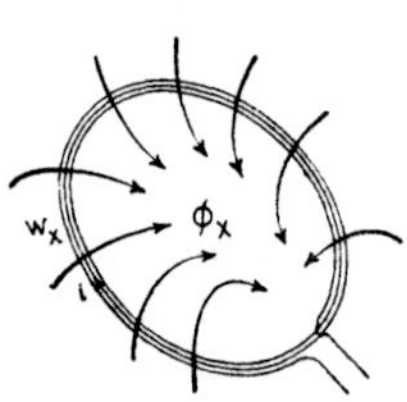

Fig. 48. Selbstinduktion einer Spule.

Ändert sich nun in irgend einem Leiter, z. B. in einer Schleife (Fig. 48), der Kraftfluß, der die Fläche der Schleife durchsetzt, so wird in dem Leiter eine EMK induziert. Nach dem Induktionsgesetze ist sie

$$= -\frac{d\,\Sigma(w_x\,\Phi_x)}{dt} = -\frac{d\,\Sigma(i\,w_x^{\,2})}{dt\,R_x}.$$

Man nennt sie die gegenelektromotorische Kraft (GEMK) der Selbstinduktion.

Da in allen Windungen des Stromkreises derselbe Strom fließt, so wird die in ihm selbstinduzierte EMK

$$e_s = -\frac{d}{dt} i \Sigma\left(\frac{w_x^2}{R_x}\right),$$

wobei die Summe über alle vom Strome i erzeugten Kraftflüsse auszudehnen ist. Allgemein schreibt man

$$\boldsymbol{e_s = -\frac{d(L i)}{d t}} \quad \ldots \ldots \ldots \quad (24)$$

$$\boldsymbol{L = \Sigma\left(\frac{w_x^2}{R_x}\right)} \quad \ldots \ldots \ldots \quad (25)$$

und nennt L den **Selbstinduktionskoeffizienten** des Stromkreises. Er hat dieselbe Dimension wie die magnetische Leitfähigkeit, also die Dimension einer Länge.

Der Kraftfluß Φ_x ist unter der Annahme eines konstanten magnetischen Widerstandes R_x in Phase mit dem Strome i. Ändert sich der Strom nach einem Sinusgesetz, so ändern sich unter dieser Annahme auch der Kraftfluß und die EMK nach einem Sinusgesetz,

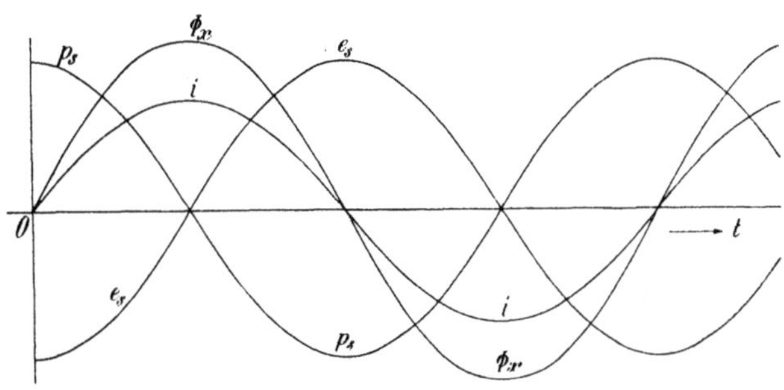

Fig. 49.

und da die induzierte EMK e_s gegen den Kraftfluß Φ_x um 90^0 phasenverzögert ist, so eilt sie auch dem Strom um 90^0 nach und man erhält die in Fig. 49 dargestellten Kurven für die Stromstärke und die EMK. p_s ist die von außen der Spule aufgedrückte Spannung, die der EMK e_s gleich aber entgegengesetzt gerichtet ist.

Die Tatsache, daß sich für e_s das entgegengesetzte Vorzeichen von $d(L i)$ ergibt, bedeutet, daß die induzierte EMK die Änderung des Stromes zu verhindern sucht. In einem Stromkreise wirkt die Selbstinduktion ebenso gegen jede Änderung des Stromes wie die Trägheit einer Masse jeder Bewegungsänderung entgegenwirkt.

Die dem magnetischen Kraftflusse während der Zeit dt zugeführte Arbeit ist:

$$dA = -e_s\, i\, dt = i\, d\, \Sigma (w_x\, \Phi_x)$$

$$= i\, di\, \Sigma\left(\frac{w_x^{\,2}}{R_x}\right) = L\, i\, di = \frac{L}{2}\, d\,(i^2).$$

Ist der Selbstinduktionskoeffizient L eine Konstante, so folgt hieraus, daß man außer der Jouleschen Wärme noch eine elektrische Arbeit

$$A = \frac{L i^2}{2} \quad \ldots\ldots\ldots\ldots \quad (26)$$

aufwenden muß, um den Strom in der Leitung von Null auf die Stärke i zu bringen. Diese Arbeit wird im Kraftflusse aufgespeichert und dem Stromkreise wieder zurückgegeben, wenn der Strom von i auf Null heruntergeht.

L wird in absoluten Einheiten (in cm) gemessen. Als praktische Einheit hat man ein Henry eingeführt, die 10^9mal größer ist als die absolute Einheit. Wir haben aber auf Seite 15 als magnetischen Widerstand eines sehr dünnen Kraftrohres C

$$R_x = \int\limits_C \frac{0{,}8\, dl}{\mu f_x} = 10 \int\limits_C \frac{dl}{4 \pi \mu f_x}$$

eingeführt, damit der Kraftfluß des Rohres direkt durch Division des magnetischen Widerstandes R_x in die mit dem Rohre verketteten Amperewindungen erhalten werden kann. Also wird R_x nicht in absoluten, sondern in 10mal kleineren Einheiten gemessen, und wir erhalten

$$\boldsymbol{L = \Sigma\left(\frac{w_x^{\,2}}{R_x}\right) 10^{-8} = \Sigma (w_x \Phi_x)\, 10^{-8}\ \text{Henry}} \qquad (27)$$

worin Φ_x den von einem Ampere erzeugten Kraftfluß bedeutet.

Bei der Berechnung von L kann die folgende Definition benutzt werden: Der Selbstinduktionskoeffizient L eines Stromkreises, in absoluten Einheiten, wird gemessen durch die Zahl der Kraftröhrenverkettungen $\Sigma(\Phi_x w_x)$, welche die Leiter des Stromkreises mit dem Kraftflusse bilden, der von einem Strome von 10 Ampere (einer absoluten Stromeinheit) erzeugt wird.

14. Kapazität.[1])

Legt man an die Belegungen eines Kondensators eine EMK, so nimmt er eine Ladung auf, und zwischen der aufgenommenen elektrischen Masse q und der Spannung an den Klemmen des Kondensators p_c besteht die Beziehung

$$q = C p_c.$$

C nennt man die Kapazität des Kondensators. Setzt man $p_c = 1$, so ist die Kapazität numerisch gleich der elektrischen Masse, die man dem Kondensator zuführen muß, um die Spannungsdifferenz Eins an seinen Klemmen herzustellen, bzw. die Spannungsdifferenz um die Einheit zu erhöhen.

Wird die Spannung in der Zeit dt um dp_c vergrößert oder verkleinert, so ist die hierdurch bedingte Zunahme bzw. Abnahme der Ladung, d. h. die in der Leitung fließende Elektrizitätsmenge

$$dq = i\,dt,$$

worin i der Strom in der Zuleitung ist.

Es ist daher

$$C\,dp_c = i\,dt$$

$$i = C\frac{dp_c}{dt}.$$

Ändert man die Klemmenspannung am Kondensator, so ist der Strom in der Leitung proportional der Änderungsgeschwindigkeit der Spannung.

Ist andererseits die zeitliche Änderung des Stromes i in der Zuleitung gegeben, so ergibt sich die Spannung am Kondensator

$$p_c = \int_{i=0}^{i=i} \frac{i\,dt}{C}.$$

Dem Kondensator wird daher in jedem Augenblick die folgende Energie zugeführt:

$$i p_c\,dt = i\,dt \int_{i=0}^{i=i} \frac{i\,dt}{C}.$$

Ändert sich die Stromstärke periodisch, so wird der Kondensator periodisch geladen und entladen, und die bei der Ladung

1) Ausführlicheres über Kondensatoren siehe Kap. XIX.

angesammelte Energie wird bei der Entladung wieder abgegeben, die Ladungsenergie wogt in dem Stromkreis hin und her.

Ändert sich der Strom nach einem Sinusgesetz

$$i = \sqrt{2}\, J \sin(\omega t)$$

so wird die Spannung

$$p_c = \int_{i=0}^{i=i} \frac{i\,dt}{C} = \frac{\sqrt{2}\, J}{\omega C} \sin\left(\omega t - \frac{\pi}{2}\right) = \sqrt{2}\, P_c \sin\left(\omega t - \frac{\pi}{2}\right).$$

In Fig. 50 ist der Verlauf von Strom und Spannung aufgezeichnet, und man sieht, daß die Spannungskurve der Stromkurve um 90° nacheilt. Dies ist auch ganz natürlich, denn die Spannung wächst so lange wie der Strom positiv ist und erreicht erst ihren Höchstwert, wenn der Strom i durch Null geht. Die Spannungskurve, die mit der Ladungskurve q zusammenfällt, ist die Integralkurve der Stromkurve.

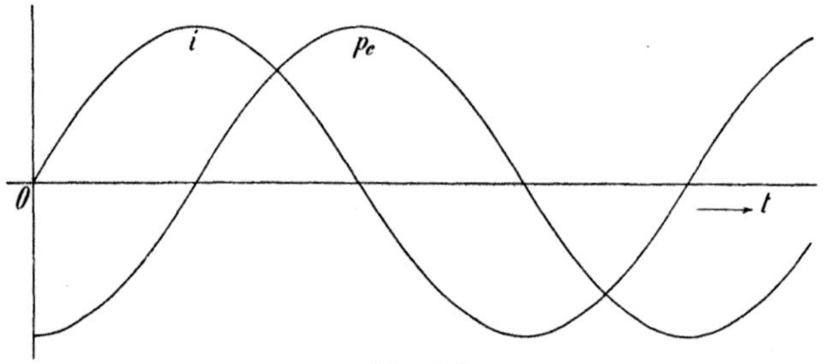

Fig. 50.

Als praktische Einheit der Kapazität kann die eines Kondensators dienen, an dessen Klemmen die Potentialdifferenz sich um ein Volt in der Sekunde erhöht, wenn der Ladestrom 1 Ampere beträgt.

Die praktische Einheit der Kapazität ist gleich 10^{-9} absoluten Einheiten und wird ein Farad genannt. Da ein Farad eine sehr große Kapazität darstellt, wird ein Milliontel eines Farad, das sogenannte Mikrofarad gleich 10^{-15} absoluten Einheiten allgemein benutzt.

15. Die Spannungskomponenten in einem einfachen Stromkreis bei sinusförmigem Strom.

Läßt man durch einen Leiter, der nur Ohmschen Widerstand r enthält, einen sinusförmigen Strom $i = \sqrt{2}\, J \sin \omega t$ fließen, so ist in jedem Augenblick die Klemmenspannung

$$p_r = i r = \sqrt{2}\, J r \sin \omega t = \sqrt{2}\, P_r \sin \omega t,$$

worin $P_r = J r$ ist.

Die Spannungskurve ist also eine Sinuskurve von derselben Phase wie die Stromkurve.

Anders liegen die Verhältnisse für einen Leiter, der Selbstinduktion enthält. Fließt durch einen solchen Leiter ein Strom

$$i = \sqrt{2}\, J \sin \omega t,$$

so ist, wenn kein Ohmscher Widerstand vorhanden ist, die Klemmenspannung

$$p_s = L \frac{di}{dt} = \sqrt{2}\, J \omega L \cos \omega t$$

$$= \sqrt{2}\, P_s \cos \omega t,$$

hierin ist

$$P_s = J \omega L = J x_s.$$

Hier eilt also die Klemmenspannung p_s dem Strome i um 90^0 voraus. An Stelle des Widerstandes tritt für die Berechnung der effektiven Spannung die Größe $x_s = \omega L = 2 \pi c L$.

Hat der Leiter sowohl Ohmschen Widerstand wie Selbstinduktion, so muß auf seine Klemmen in jedem Moment die Summe der beiden bestimmten Spannungen wirken. Die Klemmenspannung ist also dann

$$p_{zs} = p_r + p_s = \sqrt{2}\, J r \sin \omega t + \sqrt{2}\, J x_s \cos \omega t.$$

Nehmen wir hier die folgende Substitution vor:

$$\sqrt{r^2 + x_s^2} = \sqrt{r^2 + (\omega L)^2} = z_s$$

$$\frac{r}{\sqrt{r^2 + (\omega L)^2}} = \frac{r}{z_s} = \cos \varphi_s$$

$$\frac{\omega L}{\sqrt{r^2 + (\omega L)^2}} = \frac{x}{z_s} = \sin \varphi_s$$

wobei also

$$\operatorname{tg} \varphi_s = \frac{\omega L}{r} = \frac{x_s}{r}$$

wird, so erhalten wir

$$p_{zs} = \sqrt{2}\, J z_s \sin \omega t \cos \varphi_s + \sqrt{2}\, J z_s \cos \omega t \sin \varphi_s$$

$$p_{zs} = \sqrt{2}\, J z_s \sin (\omega t + \varphi_s)$$

oder

$$p_{zs} = \sqrt{2}\, P_{zs} \sin (\omega t + \varphi_s).$$

Der Effektivwert der Klemmenspannung wird also jetzt

$$P_{zs} = J z_s,$$

und die Spannung hat die Voreilung φ_s gegenüber dem Strom.

Ist in einen Stromkreis ein Kondensator geschaltet, so ist die Spannung an seinen Klemmen

$$p_c = \int_{i=0}^{i=i} \frac{i\,dt}{C}.$$

Der Strom sei wiederum $i = \sqrt{2}\,J \sin \omega t$,

so ist
$$p_c = -\frac{\sqrt{2}\,J}{\omega C} \cos \omega t = -\sqrt{2}\,P_c \cos \omega t.$$

Der Effektivwert der Kondensatorspannung ist also

$$P_c = \frac{J}{\omega C},$$

und diese Spannung ist um 90^0 gegen den Strom verzögert.

Fließt endlich der Strom i in einem Stromkreis, der, wie in Fig. 51 abgebildet ist, sowohl Widerstand wie Selbstinduktion und Kapazität in Serie geschaltet enthält, so ist die momentane Klemmenspannung gleich der Summe der Einzelspannungen p_r, p_s und p_c, also

$$p = p_r + p_s + p_c = i r + L \frac{di}{dt} + \int_{i=0}^{i=i} \frac{i\,dt}{C}$$

$$= \sqrt{2}\,J \left[r \sin \omega t + \left(\omega L - \frac{1}{\omega C} \right) \cos \omega t \right].$$

Substituieren wir
$$\sqrt{r^2 + \left(\omega L - \frac{1}{\omega C} \right)^2} = z$$

$$\frac{r}{\sqrt{r^2 + \left(\omega L - \frac{1}{\omega C} \right)^2}} = \cos \varphi$$

$$\frac{\omega L - \frac{1}{\omega C}}{\sqrt{r^2 + \left(\omega L - \frac{1}{\omega C} \right)^2}} = \sin \varphi,$$

so ergibt sich

$$p = \sqrt{2}\,J z \sin(\omega t + \varphi) = \sqrt{2}\,P \sin(\omega t + \varphi).$$

Die Spannung ist also auch hier von Sinusform und hat den Effektivwert

$$P = J \sqrt{r^2 + \left(\omega L - \frac{1}{\omega C} \right)^2} = J z.$$

Die Voreilung der Spannung gegen den Strom beträgt

$$\varphi = \operatorname{arc\,tg} \frac{\omega L - \frac{1}{\omega C}}{r}.$$

16. Differentialgleichung eines einfachen Stromkreises.

Für den in Fig. 51 abgebildeten Stromkreis mit Widerstand, Selbstinduktion und Kapazität erhält man die im vorigen Abschnitt abgeleitete Differentialgleichung der Spannung

$$p = ir + L\frac{di}{dt} + \int\frac{idt}{C}, \quad . \quad . \quad . \quad . \quad (28)$$

die das zweite Kirchhoffsche Gesetz in verallgemeinerter Form darstellt. Durch Multiplikation mit idt ergibt sich die Energiegleichung

$$pidt = i^2 rdt + Li\frac{di}{dt}dt + idt\int\frac{idt}{C}, \quad . \quad . \quad (28\text{a})$$

die besagt, daß die an den Klemmen des Stromkreises zugeführte Energie gleich der Summe der in den einzelnen Teilen verbrauchten oder abgegebenen Energiemengen ist. Durch Differentiation der Spannungsgleichung nach dt ergibt sich die Differentialgleichung des Stromes

$$\frac{d^2 i}{dt^2} + \frac{r}{L}\frac{di}{dt} + \frac{i}{LC} = \frac{1}{L}\frac{dp}{dt}, \quad . \quad . \quad . \quad . \quad (28\text{b})$$

die für jede beliebige Spannung gilt.

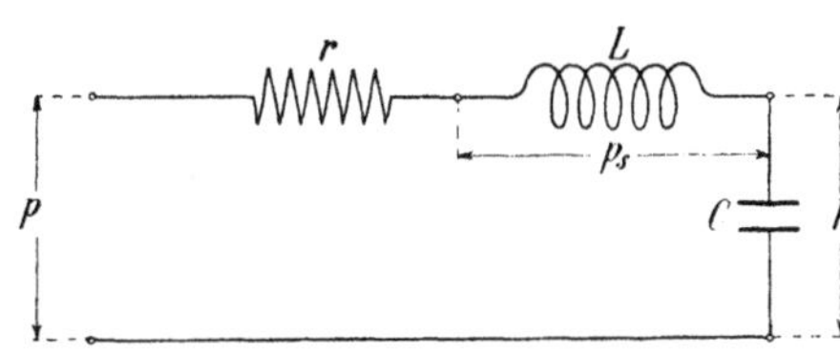

Fig. 51. Stromkreis mit Widerstand, Selbstinduktion und Kapazität in Reihe.

Wir haben im vorigen Abschnitt gesehen, daß ein sinusförmiger Strom bei konstanten Werten von r, L und C eine sinusförmige Spannung an den Klemmen des Stromkreises bedingt. Hieraus folgt umgekehrt, daß eine sinusförmige Klemmenspannung nur einen sinusförmigen Strom erzeugen kann. Es soll daher hier nicht auf die allgemeine Lösung der Differentialgleichung eingegangen werden, sondern nur die Lösung für den stationären Zustand hingeschrieben werden, der sich in kurzer Zeit nach dem Einschalten der Spannung einstellt. Für eine sinusförmige Klemmenspannung

$$p = \sqrt{2}\,P\sin\omega t$$

wird in Gl. 28b

$$\frac{1}{L}\frac{dp}{dt} = \sqrt{2}\,\frac{\omega}{L}P\cos\omega t.$$

Das besondere Integral dieser Gleichung lautet dann:

$$\boldsymbol{i} = \frac{\boldsymbol{P}_{max}}{\sqrt{r^2 + \left(\omega L - \frac{1}{\omega C}\right)^2}}\,\sin\left[\omega t - \operatorname{arc\,tg}\left(\frac{\omega L}{r} - \frac{1}{\omega C r}\right)\right] \quad (29)$$

Der Strom ist also von Sinusform, aber nicht in Phase mit der Spannung. Man kann schreiben

$$i = J_{max} \sin(\omega t - \varphi),$$

worin $J_{max} = \dfrac{P_{max}}{\sqrt{r^2 + \left(\omega L - \dfrac{1}{\omega C}\right)^2}}$ die Amplitude des Stromes

und

$\varphi = \operatorname{arc\,tg}\left(\dfrac{\omega L}{r} - \dfrac{1}{\omega C r}\right)$ der Phasenverschiebungswinkel ist.

Der Phasenverschiebungswinkel φ des Stromes ist positiv, null oder negativ, je nachdem

$$\omega L \gtreqless \frac{1}{\omega C} \quad \text{oder} \quad \omega \gtreqless \frac{1}{\sqrt{LC}}.$$

Ist φ negativ, so eilt der Strom der Spannung voraus, man hat Phasenvoreilung, ist dagegen φ positiv, so hat man Phasenverzögerung.

Wenn $$\omega = \frac{1}{\sqrt{LC}} \quad \ldots \ldots \quad (30)$$

ist, besteht Phasengleichheit, d. h. es ist

$$\varphi = 0.$$

Der Strom erreicht in diesem Falle seinen größten Wert

$$J = \frac{P}{r}.$$

Diesen Zustand, in dem sich die Wirkungen der Selbstinduktion und der Kapazität gegenseitig aufheben, bezeichnet man als **Resonanz**, und zwar als Spannungsresonanz, wenn wie hier die Selbstinduktion und Kapazität in Serie geschaltet sind.[1])

[1]) Die Periodenzahl für Resonanz stimmt nicht mit der für die Eigenschwingungszahl des Stromkreises überein, denn diese ist, wie später in Kap. XXIV gezeigt werden soll, gleich

$$c = \frac{1}{2\pi}\sqrt{\frac{1}{LC} - \frac{r^2}{4L^2}}.$$

Bei dieser Periodenzahl ist für eine gegebene Stromstärke die Kondensatorspannung P_c ein Maximum. Da

$$P_c = \frac{J}{\omega C} = \frac{P}{\omega C\sqrt{r^2 + \left(\omega L - \dfrac{1}{\omega C}\right)^2}}$$

ist, wird die Periodenzahl der Eigenschwingung erhalten, wenn

$$\omega C\sqrt{r^2 + \left(\omega L - \frac{1}{\omega C}\right)^2}$$

ein Minimum ist.

Führt man die effektiven Werte für Spannung und Strom ein, so bekommt man

$$J = \frac{P}{\sqrt{r^2 + \left(\omega L - \frac{1}{\omega C}\right)^2}}.$$

17. Graphische Darstellung der Vorgänge in einem Wechselstromkreise.

Wie in Abschn. 16 angegeben ist, kann die Lösung der Differentialgleichung umgangen werden, wenn man vom Strom ausgeht. Wie dieses Vorgehen zur graphischen Lösung führt, soll nun gezeigt werden. Man betrachtet die Stromstärke als gegeben und berechnet unter der Annahme, daß der Strom von Sinusform ist, die Klemmenspannung P.

Nach Gl. (28) ist der Momentanwert p der Klemmenspannung

$$p = ir + L\frac{di}{dt} + \int_{i=0}^{i=i} \frac{i\,dt}{C} = ir + p_s + p_c.$$

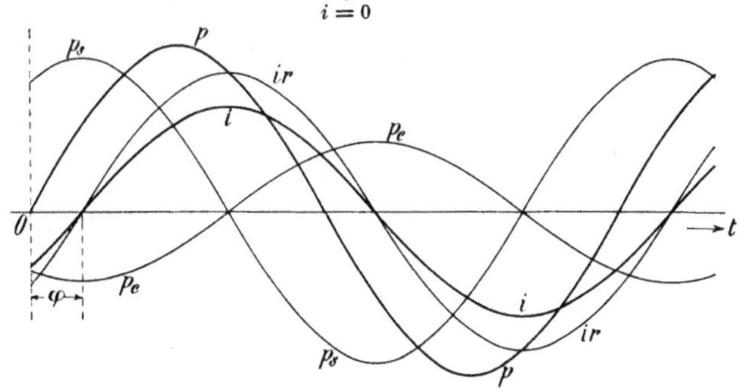

Fig. 52. Zeitliche Änderung der EMKe eines Stromkreises.

Die Klemmenspannung p läßt sich somit stets in drei Teile zerlegen, die zur Überwindung des Ohmschen Widerstandes, der GEMK der Selbstinduktion und der Kondensatorspannung dienen. Wenn der Strom i bekannt ist, können diese drei Größen je für sich berechnet werden. In Fig. 52 ist die Stromkurve

$$i = J\sqrt{2}\sin(\omega t - \varphi)$$

aufgezeichnet. In Phase mit ihr erhält man die Kurve ir, sie stellt die zur Überwindung des Ohmschen Widerstandes nötige Spannung dar und sie ist auch von Sinusform, weil r eine Konstante ist.

Die Spannung, die zur Überwindung der GEMK der Selbstinduktion dient, ist

$$p_s = -e_s = L\frac{di}{dt} = \omega L J\sqrt{2}\sin\left(\omega t - \varphi + \frac{\pi}{2}\right).$$

Sie ist der vom Strome selbstinduzierten EMK e_s gleich, aber entgegengesetzt gerichtet.

In Fig. 52 ist die Kurve für p_s eingezeichnet und wie ersichtlich ist sie bei einem sinusförmigen Strom auch eine Sinuskurve, die der Stromkurve um 90^0 voreilt.

Die zur Ladung des Kondensators nötige Spannung

$$p_c = \int_{i=0}^{i=i} \frac{i\,dt}{C} = \frac{J\sqrt{2}}{\omega C} \sin\left(\omega t - \varphi - \frac{\pi}{2}\right)$$

verläuft auch nach einer Sinuslinie und eilt dem Strome um 90^0 nach.

Durch Summation der drei Größen ir, p_s und p_c, die alle von Sinusform sind, erhält man die sinusförmige Klemmenspannung p, die der Stromkurve um den Winkel φ voreilt (Fig. 52).

Da eine Sinusgröße durch einen Vektor dargestellt werden kann, ist es nun möglich, die Vorgänge im Stromkreise durch Vektoren graphisch darzustellen, wie es auch in Fig. 53 geschehen ist. In dieser Figur ist der Stromvektor J unter dem Winkel φ gegen die Ordinatenachse abzutragen, und zwar entsprechend dem negativen Vorzeichen nach links.

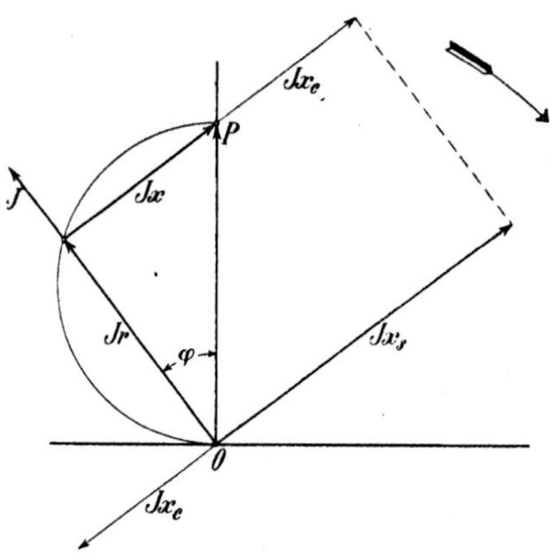

Fig. 53. Geometrische Addition der Spannungen eines Stromkreises.

Die zur Überwindung des Ohmschen Widerstandes nötige Spannung Jr ist in Phase mit J, und ihr Vektor wird auf $\overline{OJ}$ abgetragen.

Der Vektor, der die Spannung zur Überwindung der Selbstinduktion darstellen soll, ist durch $\omega L J$ gegeben und eilt dem Strome um 90^0 vor.

$$\omega L = 2\pi c L = x_s$$

nennt man induktive Reaktanz, sie hat dieselbe Dimension wie der Ohmsche Widerstand und wird deswegen in praktischen Einheiten in Ohm gemessen. Wenn L in Henry und c in Perioden pro Sekunde angegeben sind, erhält man x_s direkt in Ohm, es ist somit

$$x_s = \frac{2\pi c}{10^8} \Sigma\left(\frac{w_x^2}{R_x}\right) \text{Ohm} \quad . \quad . \quad . \quad . \quad (31)$$

Jx_s trägt man normal zu J, und zwar gegen J voreilend ab.

Der Vektor, der die Spannung zur Ladung des Kondensators darstellen soll, ist durch $\frac{J}{\omega C}$ gegeben und eilt dem Strome um 90^{0} nach.

Die Kapazitätsreaktanz (oder Kapazitanz), die gleich ist

$$\frac{1}{\omega C} = \frac{1}{2\pi c C} = x_c ,$$

wird auch in Ohm gemessen.

Jx_c trägt man ebenfalls normal zu J ab, aber im entgegengesetzten Sinne von Jx_s. Deswegen bildet man $J(x_s - x_c) = Jx$.

$$\boldsymbol{x = \omega L - \frac{1}{\omega C}} \quad \ldots\ldots \quad (32)$$

heißt man die resultierende Reaktanz.

Resonanz der Spannung tritt somit ein, wenn $x = 0$ oder $x_s = x_c$ ist.

Man setzt jetzt die beiden Vektoren Jr und Jx zusammen, so daß deren Resultante der Vektor P ist, der in der Fig. 53 mit der Ordinatenachse zusammenfällt. Aus der Fig. 53 folgt:

$$(Jr)^2 + (Jx)^2 = P^2 ,$$

also

$$\boldsymbol{J = \frac{P}{\sqrt{r^2 + x^2}} = \frac{P}{z}} \quad \ldots\ldots \quad (29\,a)$$

z heißt man die Impedanz oder den scheinbaren Widerstand des Stromkreises. Aus der Fig. 53 ergibt sich ferner:

$$\boldsymbol{\operatorname{tg} \varphi = \frac{x}{r}} \quad \ldots\ldots\ldots \quad (29\,b)$$

wie früher gefunden.

Sind P, r und $x = x_s - x_c$ gegeben, so findet man J, indem man einen Halbkreis über P beschreibt, den Winkel φ abträgt und das vom Halbkreise abgeschnittene Stück des Vektors $\overline{OJ}$ durch r dividiert.

Im allgemeinen zerlegt man die Spannung in die beiden Komponenten Jr und Jx, die aufeinander senkrecht stehen. Jr heißt man oft die Widerstands-Spannung und Jx die Reaktanz-Spannung.

Der Effektivwert von e_s ist $-Jx_s$, diese Größe wird allgemein die GEMK der Selbstinduktion genannt und analog

$-Jr =$ GEMK des Widerstandes

$Jx_c =$ GEMK des Kondensators

und $-Jz =$ GEMK der Impedanz oder des Stromkreises.

Zeichnet man nach **Bedell und Crehore** die Fig. 54, so kann man in sehr übersichtlicher Weise den Einfluß der Veränderung der Konstanten r und $x = x_s - x_c$ auf die Stromstärke J bei konstanter Spannung P studieren. Aus dem Spannungsdreieck der Fig. 53 lassen sich die beiden ähnlichen Dreiecke OBC und OAB dadurch ableiten, daß man einmal alle Seiten des Spannungsdreiecks durch r dividiert und ein anderes Mal durch x. Hieraus folgt, daß

$$\overline{OA} = \frac{P}{x}, \quad \overline{OB} = J, \quad \overline{OC} = \frac{P}{r}, \quad \overline{AB} = \frac{Jr}{x} \quad \text{und} \quad \overline{BC} = \frac{Jx}{r} \quad \text{ist.}$$

Der Vektor $\overline{OB}$ stellt somit die Stromstärke J dar. Ist x konstant und r veränderlich, so bewegt sich der Punkt B auf dem Halbkreise über $\overline{OA}$ von O bis A, wenn r von ∞ bis 0 abnimmt. Es bleibt nämlich für konstantes x der Punkt A fest, während für veränderliches r der Punkt C sich auf der Ordinatenachse bewegt.

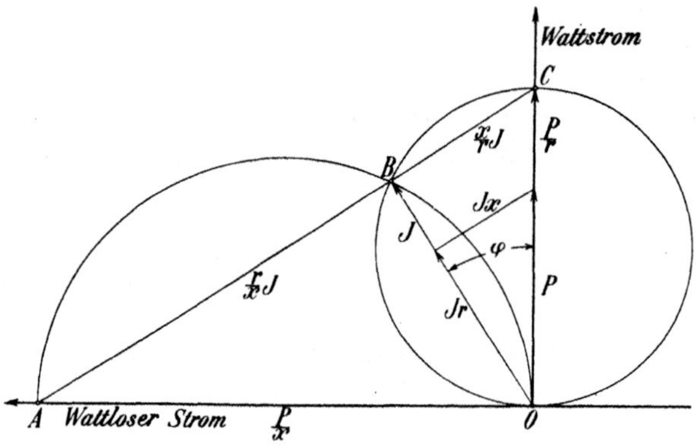

Fig. 54. Stromdiagramm eines Stromkreises bei Veränderung einer der Konstanten r oder x.

Die Phasenverschiebung φ ändert sich dabei von 0^0 bis 90^0. Für ein positives x fällt $\overline{OA}$ nach links, für ein negatives x dagegen nach rechts von $\overline{OC}$. Läßt man nun r konstant, während x sich von Null bis ∞ nach Null zurück ändert, indem es im Unendlichen von $+\infty$ zu $-\infty$ übergeht, so bewegt sich B auf dem Kreise über $\overline{OC}$ von C durch O und zurück nach C. Für den Fall $x = 0$ und konstantes r erreicht J sein Maximum in $\overline{OC}$; wir haben dann Resonanz, und die beiden Spannungskurven p_s und p_c in Fig. 52 haben dieselbe Amplitude.

Eine Kurve, die die Veränderung einer Größe als Funktion von einer zweiten darstellt, heißt man gewöhnlich in der Technik ein **Diagramm** der ersten Größe; also ist Fig. 54 ein **Stromdiagramm**.

18. Beispiele.

1. Gegeben ist die Klemmenspannung P eines Stromkreises, der sowohl Selbstinduktion als auch Kapazität und Widerstand enthält.

$$P = 100 \text{ Volt}, \quad r = 20\,\Omega,$$
$$L = 0{,}159 \text{ Henry und } C = 50 \text{ Mikrofarad.}$$

Es sind die Stromstärke J, der Phasenverschiebungswinkel φ und die Spannungen P_c und P_{zs} am Kondensator resp. an der Impedanz $z_s = \sqrt{r^2 + x_s^2}$ als Funktion der Periodenzahl c zu bestimmen und graphisch aufzutragen.

Für die Periodenzahl $c = 50$ wird

$$x_s = 2\pi c L = 2\pi\, 50 \cdot 0{,}159 = 50\,\Omega$$

und

$$x_c = \frac{1}{2\pi c C} = \frac{1 \cdot 10^6}{2\pi\, 50 \cdot 0{,}159} = 63{,}8\,\Omega$$

also

$$x = x_s - x_c = -13{,}8\,\Omega$$

und die gesamte Impedanz wird in diesem Falle

$$z = \sqrt{r^2 + x^2} = \sqrt{20^2 + 13{,}8^2} = 24{,}15\,\Omega,$$

die Impedanz z_s wird

$$z_s = \sqrt{r^2 + x_s^2} = \sqrt{20^2 + 50^2} = 53{,}8\,\Omega,$$

somit der Strom J

$$J = \frac{P}{z} = \frac{100}{24{,}15} = 4{,}15 \text{ Ampere}$$

$$\operatorname{tg}\varphi = \frac{x}{r} = \frac{-13{,}8}{20} = -0{,}64 \quad \text{und} \quad \varphi = -32^0\,40'$$

$$P_c = J x_c = 4{,}15 \cdot 63{,}8 = 264 \text{ Volt}$$
$$P_{zs} = J z_s = 4{,}15 \cdot 53{,}8 = 223{,}5 \text{ Volt.}$$

In dieser Weise sind J, φ, P_c und P_{zs} für verschiedene Periodenzahlen berechnet und in der Fig. 55 aufgetragen worden.

Resonanz tritt ein bei

$$c = \frac{1}{2\pi\sqrt{LC}} = \frac{1}{2\pi\sqrt{0{,}159 \cdot 50 \cdot 10^{-6}}} = 56{,}5.$$

Bei dieser Periodenzahl wird $\varphi = 0$ und J ein Maximum. Mit zunehmender Periodenzahl nehmen die Spannungen P_c und P_{zs} bis in die Nähe des Resonanzpunktes zu und dann ab. Das Maximum von P_c tritt bei etwas kleinerer, das von P_{zs} (und P_{xs}) bei etwas größerer Periodenzahl auf als die Resonanz.

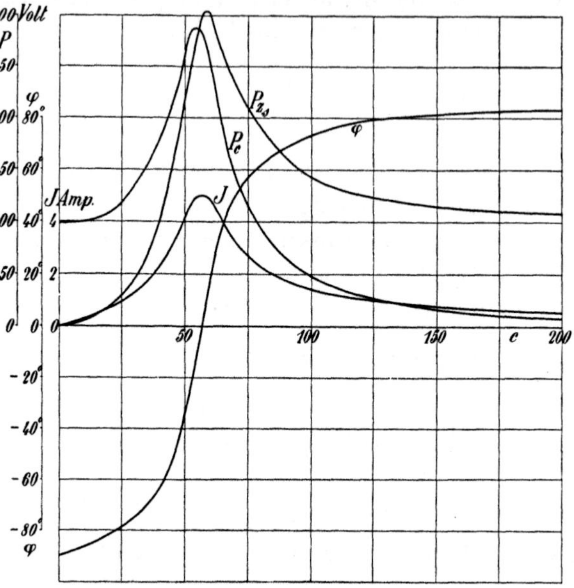

Fig. 55.

2. Klemmenspannung, Widerstand und Kapazität seien dieselben wie unter 1., die Periodenzahl $c = 50$ sei konstant, die

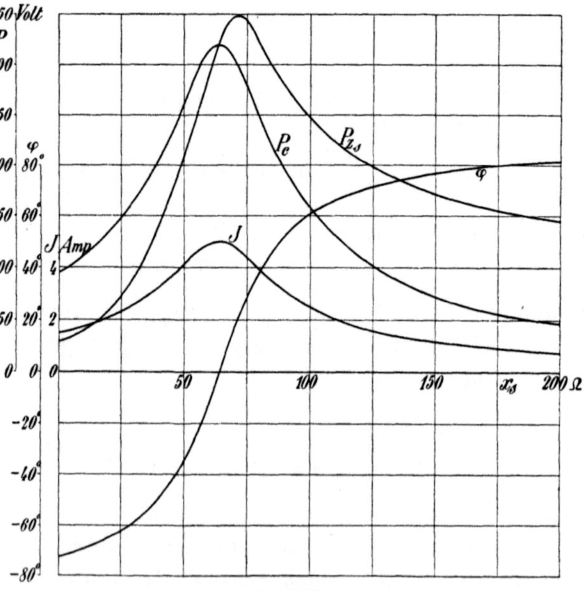

Fig. 56.

Reaktanz x_s veränderlich. In Fig. 56 sind der Strom J, der Phasenverschiebungswinkel φ sowie die Spannungen P_c und P_{zs} als Funktionen von x_s aufgetragen.

Für $x_s = x_c = 63{,}8\ \Omega$ ist wieder Resonanz vorhanden, der Strom erreicht denselben Maximalwert wie unter 1., φ wird 0. Hier tritt $P_{c\,max}$ in dem Resonanzpunkt auf.

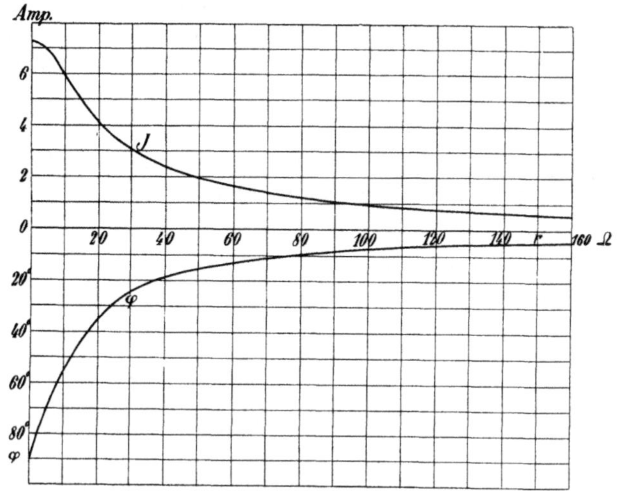

Fig. 57.

3. Es sei r veränderlich, P, L und C habe die unter 1. angegebenen Werte, c sei konstant 50. Mit Hilfe der Fig. 54 sind für verschiedene Werte von r, die Stromstärke J und der Phasenverschiebungswinkel φ zu bestimmen und graphisch aufzutragen, was in Fig. 57 geschehen ist.

19. Zerlegung des Stromes in die Wattkomponente und in die wattlose Komponente.

Statt die Spannung P in zwei Komponenten zu zerlegen, kann man auch den Strom J in zwei zueinander senkrechte Komponenten zerlegen, von denen die eine mit der Spannung P in Phase ist. Es ist nämlich:

$$i = \frac{\sqrt{2}\,P}{z} \sin\left[\omega t - \operatorname{arc\,tg}\left(\frac{x}{r}\right)\right]$$

$$= \frac{\sqrt{2}\,P}{z}\left[\cos\left(\operatorname{arc\,tg}\frac{x}{r}\right)\sin\omega t - \sin\left(\operatorname{arc\,tg}\frac{x}{r}\right)\cos\omega t\right]$$

$$= \sqrt{2}\,P\left(\frac{r}{z^2}\sin\omega t - \frac{x}{z^2}\cos\omega t\right).$$

Der Einfachheit halber setzt man

$$\frac{r}{z^2} = \frac{r}{r^2 + x^2} = g = \text{Konduktanz des Stromkreises} \qquad (33)$$

$$\frac{x}{z^2} = \frac{x}{r^2 + x^2} = b = \text{Suszeptanz des Stromkreises} \qquad (34)$$

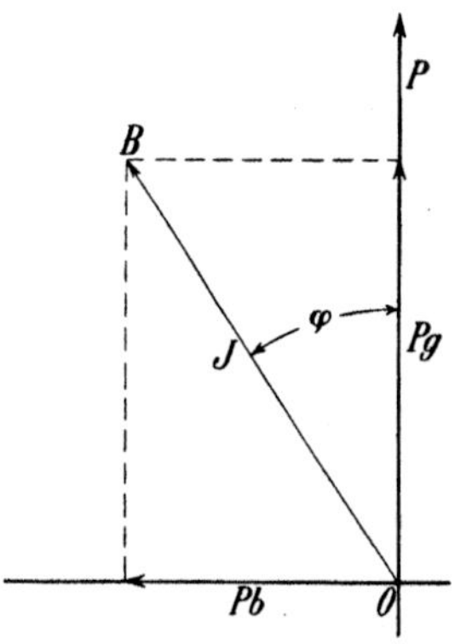

Fig. 58. Dreieck der Ströme.

Die Konduktanz und Suszeptanz haben die reziproke Dimension eines Widerstandes und werden in Mho (℧) gemessen. Also wird der Strom

$$i = \sqrt{2}\, P (g \sin \omega t - b \cos \omega t),$$

d. h. der Stromvektor $\overline{OB}$ in den Fig. 53 und 54 wird durch zwei Komponenten

$$Pg \text{ und } Pb$$

dargestellt.

Aus der Fig. 58 folgt:

$$\operatorname{tg} \varphi = \frac{b}{g},$$

ferner $$J = P \sqrt{g^2 + b^2} = Py,$$

worin $y = \frac{1}{z}$ die Admittanz des Stromkreises ist. . (35)

Drehen wir die Fig. 58 um den Winkel φ im Sinne des Uhrzeigers, so bekommen wir eine zu Fig. 53 analoge Darstellung (Fig. 59).

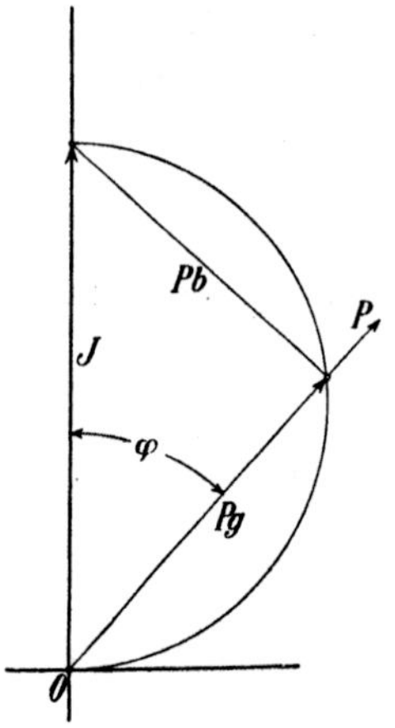

Fig. 59. Dreieck der Ströme.

Verlangt man, daß die Stromstärke bei verschiedenen Konstanten g und b eines Stromkreises konstant sein soll, so muß man die Spannung nach Größe und Phase entsprechend ändern.

Aus der Fig. 60 (analog zu Fig. 54) kann man sofort die Spannung $P = \overline{OB}$ entnehmen. Ist b konstant und g veränderlich, so bewegt sich der Punkt B auf dem Halbkreise über $\overline{OA}$ und es ist $\overline{OA} = \frac{J}{b}$. Ist b positiv, so fällt A nach rechts, und ist b negativ, nach links von O. Läßt man g konstant, während b sich ändert, so ist der Kreis mit dem Durchmesser $\overline{OC}$ der geometrische Ort für den Punkt B.

Von den beiden Komponenten Pg und Pb leistet nur die Komponente Pg des Stromes, die in Phase mit der Spannung ist, Arbeit. Sie wird deswegen die Wattkomponente des Stromes oder kürzer der Wattstrom genannt; die Leistung des Stromes ist somit

$$W = PPg = P^2 g \quad . \quad . \quad . \quad . \quad . \quad . \quad (36)$$

Die zweite Komponente Pb des Stromes, die der Spannung um 90^0 nacheilt und somit die Leistung Null ergibt, heißt man die wattlose Komponente des Stromes oder kürzer den wattlosen Strom.

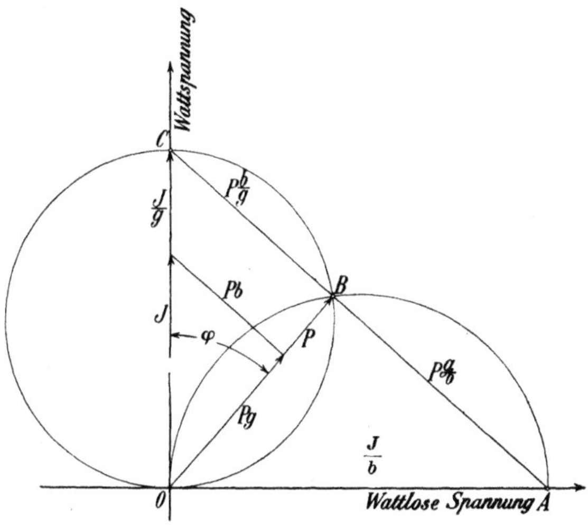

Fig. 60. Spannungsdiagramm eines Stromkreises bei Änderung einer der Konstanten g oder b.

Wir haben auf Seite 59 gesehen, daß der Momentanwert des Stromes gleich der algebraischen Summe der Momentanwerte der beiden Stromkomponenten ist. Hier sehen wir nun, daß der Effektivwert des Stromes gleich der geometrischen Summe der Effektivwerte der Wattkomponente und der wattlosen Komponente des Stromes ist.

Ganz allgemein kann man bei Stromkreisen, die beliebige konstante Reaktanzen und Energie verbrauchende Apparate enthalten, die zugeführte sinusförmige Spannung in zwei Komponenten zerlegen, nämlich in Jr, die in Phase mit dem Strome ist und deswegen die Wattkomponente genannt wird, und in Jx, die dem Strome um 90^0 voreilt und die wattlose Komponente der Spannung genannt wird. Analog kann der Strom immer in eine Wattkomponente Pg in Phase mit der Spannung und in eine wattlose Komponente Pb, 90^0 nacheilend, zerlegt werden.

Die Konstanten eines solchen Stromkreises sind dann die folgenden:

$$\frac{\text{Wattkomponente der Spannung}}{\text{Strom}} = r = \frac{g}{g^2 + b^2} = \text{effektiver Widerstand in Ohm } (\Omega) \quad (37)$$

$$\frac{\text{Wattlose Komponente der Spannung}}{\text{Strom}} = x = \frac{b}{g^2 + b^2} = \text{effektive Reaktanz in Ohm } (\Omega) \quad (38)$$

$$\frac{\text{Wattkomponente des Stromes}}{\text{Spannung}} = g = \frac{r}{r^2 + x^2} = \text{effektive Konduktanz in Mho } (\mho).$$

$$\frac{\text{Wattlose Komponente des Stromes}}{\text{Spannung}} = b = \frac{x}{r^2 + x^2} = \text{effektive Suszeptanz in Mho } (\mho).$$

$$\frac{\text{Spannung}}{\text{Strom}} = z = \sqrt{r^2 + x^2} = \frac{1}{y} = \text{effektive Impedanz in Ohm } (\Omega).$$

und

$$\frac{\text{Strom}}{\text{Spannung}} = y = \frac{1}{\sqrt{r^2 + x^2}} = \frac{1}{z} = \text{effektive Admittanz in Mho } (\mho).$$

Die Konstanten r, x und z sind am einfachsten dort anzuwenden, wo mehrere Widerstände und Reaktanzen in Reihe geschaltet sind, weil dort die entsprechenden Komponenten der Spannung sich direkt addieren.

Dagegen sind die Konstanten g, b und y bequem anzuwenden, wenn man einen Stromkreis mit mehreren parallel geschalteten Stromzweigen hat, weil dort die Stromkomponenten sich nach dem ersten Kirchhoffschen Gesetz addieren.

Drittes Kapitel.

Analytische und graphische Methoden.

20. Die symbolische Methode.

Wählt man den Zeitmoment $t = 0$ so, daß der Vektor des Stromes J mit der positiven Richtung der Ordinatenachse zusammenfällt, so bekommt man das in Fig. 61 dargestellte Bild der Vektoren. Trägt man alle reellen Werte in Richtung der Ordinatenachse und alle imaginären Werte in der negativen Richtung der Abszissenachse auf, so erhält man, wie früher gezeigt, ein Koordinatensystem, das aus dem in der Mathematik gebräuchlichen durch eine Drehung um 90° entsteht.

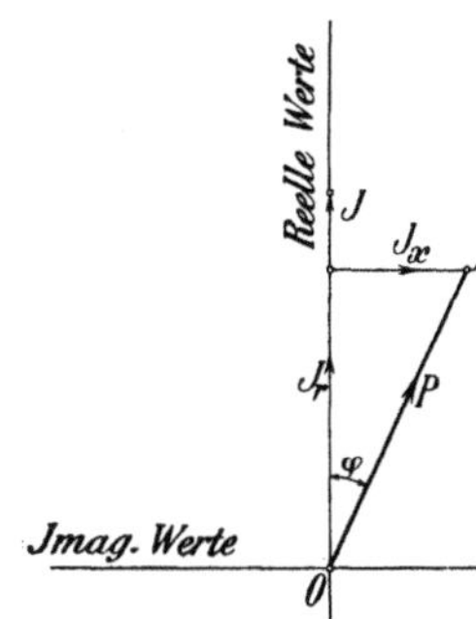

Fig. 61.

Der Vektor der Spannung P ist gegeben durch die Koordinaten des Punktes A (Jr und Jx), also in symbolischer Schreibweise

$$\mathfrak{P} = \mathfrak{J} r - j \mathfrak{J} x = \mathfrak{J}(r - jx).$$

Um die Bedeutung dieses Ausdruckes für den allgemeinen Fall zu erkennen, bei dem $\mathfrak{J}$ selbst eine komplexe Größe ist, betrachten wir das Produkt der komplexen Größen

$$\mathfrak{J} = J \cos \varphi_2 - jJ \sin \varphi_2 = J(\cos \varphi_2 - j \sin \varphi_2) = J e^{-j\varphi_2}$$

und $$\mathfrak{Z} = r - jx = z(\cos \varphi - j \sin \varphi) = z e^{-j\varphi}.$$

Das Produkt dieser beiden Größen ist

$$\mathfrak{J}\mathfrak{Z} = Jz[\cos(\varphi_2 + \varphi) - j \sin(\varphi_2 + \varphi)] = Jz e^{-j(\varphi_2 + \varphi)}$$

und stellt einen Vektor dar, der dem Stromvektor um den Winkel φ voreilt und dessen absoluter Betrag gleich dem Produkt der absoluten Beträge der beiden komplexen Größen ist. Dieser Vektor fällt mit dem Spannungsvektor zusammen, so daß man symbolisch schreiben kann

$$\mathfrak{P} = \mathfrak{J}\mathfrak{Z} \quad \ldots\ldots\ldots \quad (39)$$

wenn der symbolische Ausdruck der Impedanz gleich

$$\mathfrak{Z} = r - jx \quad \ldots\ldots\ldots \quad (40)$$

gesetzt wird. Umgekehrt ist $\mathfrak{J} = \frac{\mathfrak{P}}{\mathfrak{Z}}$.

Man kann nun alle Rechnungsoperationen mit diesen symbolischen Ausdrücken ganz wie mit reellen Größen durchführen, und wenn die Rechnung zu Ende ist, führt man die komplexen Größen statt der symbolischen ein.

Die komplexen Ausdrücke lassen sich wieder gleich durch die reellen Ausdrücke der Momentanwerte ersetzen. Ist wie oben

$$\mathfrak{J} = J e^{-j\varphi_2}$$
$$\mathfrak{Z} = z e^{-j\varphi}$$
$$\mathfrak{P} = \mathfrak{J}\mathfrak{Z} = Jz\, e^{-j(\varphi_2 + \varphi)} = P e^{-j(\varphi_2 + \varphi)},$$

so sind die entsprechenden Momentanwerte

$$i = J_{max} \sin(\omega t + \varphi_2) = \sqrt{2} J \sin(\omega t + \varphi_2)$$

und $$p = P_{max} \sin(\omega t + \varphi_2 + \varphi) = \sqrt{2} P \sin(\omega t + \varphi_2 + \varphi).$$

Während die Momentanwerte direkt Aufschluß über die Amplitude, Periodenzahl und Phase eines Stromes geben, geben die komplexen Ausdrücke nur Aufschluß über die Amplitude und die Phase dagegen ebenso wenig wie die graphische Darstellung Aufschluß über die Periodenzahl. Es ist deswegen selbstverständlich, daß keine **direkte** mathematische Beziehung zwischen den Momentanwerten und den komplexen Ausdrücken bestehen kann.

In der symbolischen Schreibweise gibt der Ausdruck

$$\mathfrak{P} = \mathfrak{J}\mathfrak{Z} = \mathfrak{J}(r - jx)$$

an, daß die Spannung in zwei Komponenten zerlegt werden kann, $\mathfrak{J}r$ in Phase mit dem Strom und $\mathfrak{J}x$ mit 90^0 Voreilung dagegen.

Das negative Vorzeichen in $\mathfrak{Z} = r - jx$ rührt daher, daß die Drehrichtung der Figur mit der des Uhrzeigers übereinstimmt, ändert man die Drehrichtung, so ändert sich auch das negative Vorzeichen in $r - jx$ zu plus.

Statt algebraisch symbolisch zu rechnen, kann auch graphisch verfahren werden.

Die graphische Darstellung ist wie die durch komplexe Größen eine rein symbolische, in der die Vektoren sich auch addieren, multiplizieren und dividieren lassen. Die Vektoren wurden bis jetzt nur als Symbole der Ströme und Spannungen benutzt. Um aber fernerhin alle Operationen graphisch ausführen und erklären zu können, ist es zweckmäßig, die Impedanzen und Admittanzen auch durch Vektoren darzustellen. In Fig. 62 stellt der Vektor $\overline{OC}$ mit der Ordinate r und der Abszisse x die Impedanz $\mathfrak{Z} = r - jx$ dar. Ist ferner der Strom durch den Vektor $\overline{OB}$ gegeben, so erhält man den Spannungsvektor $\overline{OA}$ dadurch, daß man den Stromvektor $\overline{OB}$ um den Winkel φ dreht und gleichzeitig im Verhältnis z wachsen läßt. Trägt man die Einheit gleich $\overline{OD}$ ab, so werden die beiden Dreiecke OCD und OAB ähnlich, und man kann sich den Spannungsvektor in derselben Weise aus dem Stromvektor entstanden denken wie den Impedanzvektor aus der Einheit.

Kann der Strom J sich nur nach einem bestimmten Gesetz ändern, so heißt das graphisch: Der Endpunkt B des Stromvektors ist an einen geometrischen Ort gebunden. Dieser Ort kann z. B. durch die Kurve K (Fig. 62) gegeben sein. Dann muß der Spannungsvektor $\mathfrak{P} = \mathfrak{J}\mathfrak{Z}$ auch ein gewisses Gesetz befolgen, und man findet die Kurve K_1, welche der Endpunkt A dieses Vektors beschreiben muß, durch Multiplikation aller Vektoren der Kurve K mit der konstanten Impedanz $\mathfrak{Z} = z e^{-j\varphi}$. Die Kurve K_1 muß der Kurve K ähnlich sein. Denn man kann sich diese graphische Multiplikation in der Weise durchgeführt denken, daß man zuerst die Kurve K um den Winkel φ in bezug auf den Ursprung O dreht, wodurch die Kurve K' entsteht, und nachher alle Vektoren der Kurve K' im Verhältnis z vergrößert. Ein Punkt B der Kurve K geht durch die Multiplikation in einen Punkt A der Kurve K_1 über. Für zwei beliebig entsprechende Punkte B und A muß das Dreieck OAB dieselbe Form haben, da der Winkel $BOA = \varphi$ und $\frac{\overline{OA}}{\overline{OB}} = z$ konstant sind. Man kann deshalb auch sagen, daß die Kurve K_1 von dem einen Eckpunkt A eines Dreieckes AOB beschrieben wird, das sich unter Beibehaltung seiner Form um seinen anderen Eckpunkt O dreht, während der dritte Eckpunkt B die gegebene Kurve K durchläuft. Besteht die Kurve K aus einem System von geraden Linien und Kreisbögen, so läßt sich mit Zirkel und Lineal das entsprechende Kurvensystem K_1 konstruieren.

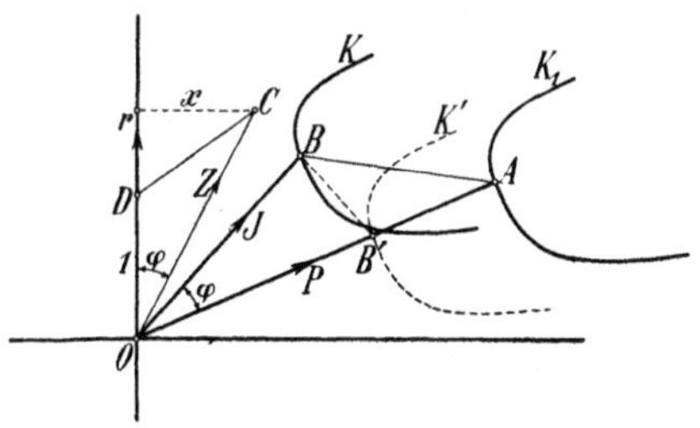

Fig. 62.

Eine gerade Linie wird multipliziert, indem man einen ihrer Punkte multipliziert und den Winkel, den sie mit dem Vektor von diesem Punkte bis zum Ursprunge bildet, unverändert läßt, wie vor der Multiplikation. Ein Kreis wird multipliziert, indem man seinen Mittelpunkt und den Radius oder den Mittelpunkt und einen beliebigen Punkt des Kreisumfanges multipliziert.

Wählt man den Zeitmoment $t = o$ so, daß der Vektor der Spannung $P = \overline{OA}$ mit der positiven Richtung der Ordinatenachse (Fig. 63) zusammenfällt, so kann man symbolisch schreiben

$$\mathfrak{J} = \mathfrak{P}\mathfrak{Y} = \mathfrak{P}g + j\mathfrak{P}b \quad . \; . \; . \; . \quad (39\text{a})$$

Also gibt $\qquad \mathfrak{Y} = g + jb \quad . \; . \; . \; . \; . \; . \quad (41)$

an, daß der Strom in zwei zueinander senkrechte Komponenten zerlegt werden kann, von denen die eine in Phase mit der Spannung ist. In Fig. 64 ist gezeigt, daß der Stromvektor in derselben Weise aus dem Spannungsvektor entsteht wie die Admittanz y aus der Einheit. Während der Endpunkt des Spannungsvektors den Kreis K durchläuft, beschreibt der Endpunkt B des Stromvektors den Kreis K_1. Es ist in den Figuren 62 und 64 vorausgesetzt, daß P, J, z und y alle in demselben Maßstabe aufgetragen sind, d. h., daß 1 Volt, 1 Ampere, 1 Ohm und 1 Mho alle von derselben Länge, z. B. 1 mm, sind. Denn nur in dem Falle sind die Dreiecke OCD und OBA ähnlich.

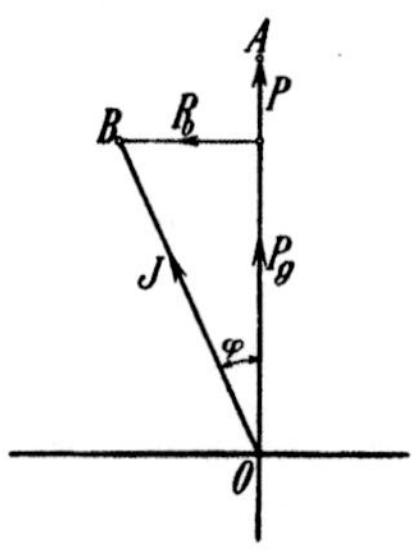

Fig. 63.

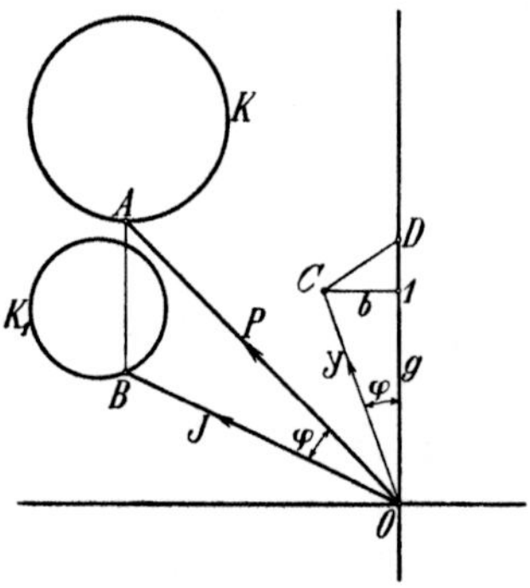

Fig. 64.

Es ist bei der graphischen Multiplikation darauf zu achten, daß die Drehung der multiplizierten Vektoren in der Drehrichtung oder entgegengesetzt der Drehrichtung des Uhrzeigers auszuführen ist, je nachdem das Argument des zweiten Faktors negativ oder positiv ist.

21. Transformation der Koordinaten.

Aus Fig. 62 folgt direkt, wie man aus der Kurve K des Stromvektors J durch graphische Multiplikation eine der Kurve K ähnliche Kurve K_1 erhalten kann, welche den Vektor der Spannung P_1 an den Enden einer konstanten Impedanz $\mathfrak{Z}_1 = r_1 - jx_1$ darstellt. Die Zeitpunkte $t = 0$ für die Stromvektoren und die Spannungsvektoren fallen hier zusammen, sind aber sonst beliebig gewählt. Der Maßstab, in dem die Spannungskurve erscheint, hängt erstens von dem Maßstabe der Stromkurve K und zweitens von dem der Impedanz $\mathfrak{Z}_1$ ab. Wählt man den Maßstab der Impedanz so, daß 1 cm z_1 Ohm entspricht, so haben in der Zeichnung die Vektoren, welche die Spannung P_1 darstellen, die gleiche Länge wie die des Stromes. Die Spannungskurve K_1 wird dann erhalten durch eine Drehung der Stromkurve K um den Winkel $\varphi_1 = \operatorname{arc}\operatorname{tg}\frac{x_1}{r_1}$ in der Drehrichtung des Uhrzeigers. An Stelle dieser Drehung der Vektoren kann man auch die Koordinatenachsen um den Winkel φ_1 gegen die Drehrichtung des Uhrzeigers drehen. Ist die Kurve des Stromes so gezeichnet, daß 1 cm m Ampere entspricht, so erscheint dieselbe Kurve als Spannungskurve in bezug auf das transformierte Koordinatensystem in einem Maßstabe, in dem 1 cm $z_1 m$ Volt entspricht. Diese Koordinatentransformation bedeutet, daß man den Nullpunkt der Zeit für die Spannungen um $\frac{\varphi_1}{2\pi} T$ früher legt als den für die Ströme. Das Verfahren ist in Fig. 65 gezeigt.

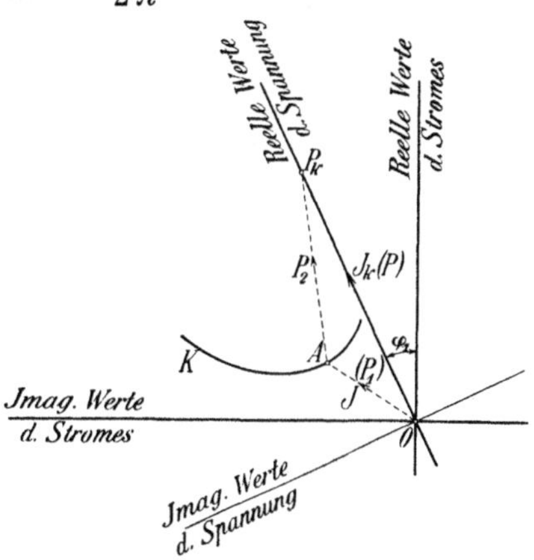

Fig. 65.

Nehmen wir den speziellen Fall, daß auf den betrachteten Teil eines Stromkreises, der den durch Kurve K gegebenen Strom J führt, eine konstante Klemmenspannung P wirkt, und daß sie in der Richtung der reellen Stromachse aufgetragen wurde. Wenn der betrachtete Teil des Stromkreises unter anderem die konstante Impedanz z_1 enthält, ist die Spannung an ihren Enden $\mathfrak{P}_1 = \mathfrak{J}\mathfrak{Z}_1$ dargestellt durch die Stromkurve K in dem transformierten Koordinatensystem. Die Richtung und den Maßstab der transformierten reellen Achse (Spannungsachse) erhält man durch Auftragen des Stromvektors für den Fall, daß zwischen den Klemmen nur die Impedanz z_1 vorhanden ist. Dieser Strom (Kurzschlußstrom) ist

$$\mathfrak{J}_k = \frac{\mathfrak{P}}{\mathfrak{Z}_1} = \frac{P}{z_1} e^{j\varphi_1}$$

und hat somit die Richtung der transformierten reellen Achse (Spannungsachse). Nun stellt, wie gezeigt, 1 cm in dem transformierten System z_1 mal so viele Volt wie in dem alten System Ampere dar. Trägt man also $\mathfrak{J}_k$ in dem ursprünglichen System auf, so stellt dieser Vektor die Klemmenspannung P in dem transformierten System nach Größe und Richtung dar, und diese Richtung ist, sofern die Klemmenspannung als reell angenommen wurde, die der reellen Achse des transformierten Systems.

Die Spannung $\mathfrak{P}_2$, die von der zugeführten Klemmenspannung $\mathfrak{P}$ übrig bleibt, nachdem $\mathfrak{P}_1$ für die Impedanz $\mathfrak{Z}_1$ abgezogen wurde, ist

$$\mathfrak{P}_2 = \mathfrak{P} - \mathfrak{P}_1,$$

also in dem transformierten System gegeben durch den Abstand eines Punktes A auf der Kurve K vom Punkte P_k (Kurzschlußpunkt, siehe Fig. 65).

Mit anderen Worten: die Punkte der Stromkurve K stellen in dem transformierten System die dritte Ecke des Spannungsdreieckes dar, dessen zwei erste Ecken durch Anfangs- und Kurzschlußpunkt gegeben sind.

In vielen Fällen ist es vorteilhaft, im transformierten System die entgegengesetzte Richtung der Vektoren als positiv zu zählen. Das wird erreicht durch Drehung des Koordinatensystems um den Winkel $\varphi_1 + 180^0$ gegen die Drehrichtung des Uhrzeigers und Verlegung des Anfangspunktes nach dem Kurzschlußpunkte P_k (Fig. 66). Ein solches Diagramm nennt man ein bipolares. O ist der Pol für die Ströme und P_k der Pol für die Spannungen.

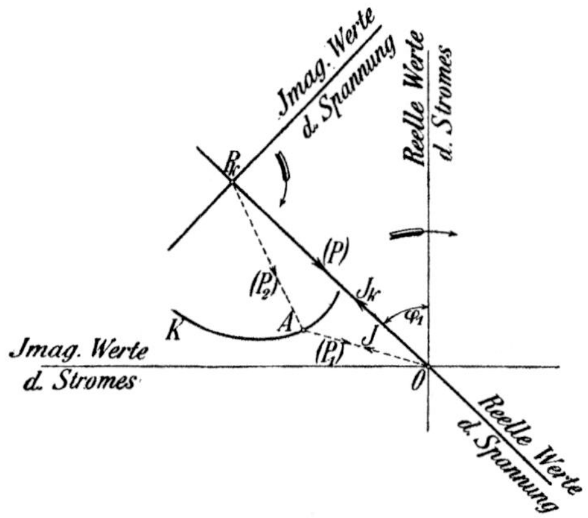

Fig. 66.

In Fig. 64 ist ferner gezeigt, wie aus einer gegebenen Spannungskurve K durch Multiplikation mit einer konstanten Admittanz $\mathfrak{Y}_1 = g_1 + jb_1$ eine der Spannungskurve ähnliche Stromkurve K_1 entsteht. Auch hier kann man sich die Zeichnung einer neuen Kurve ersparen, wenn man wie in Fig. 65 die Kurve K auf ein neues transformiertes Koordinatensystem bezieht. Die Achsen des neuen Systems sind um den Winkel $\varphi_1 = \operatorname{arc\,tg} \frac{b_1}{g_1}$ in der Richtung der Drehung der Vektoren, d. h. in der Drehrichtung des Uhrzeigers gegen die ursprünglichen Achsen gedreht, und der Strommaßstab in dem transformierten System ist 1 cm $= y_1\, m$ Amp., wenn in dem ursprünglichen System 1 cm $= m$ Volt war.

Ein wichtiger Fall ist der, daß die Spannungskurve K für eine konstante Stromstärke J zwischen den Klemmen, denen die Spannung P zugeführt wird, bestimmt wurde. Eine solche Kurve sei K in Fig. 67. Zwischen den betrachteten Klemmen befindet sich außer anderen Leitern auch eine konstante Admittanz y_1. Denken wir uns die übrigen Verbindungen für einen Moment unterbrochen. Die notwendige Spannung zur Erzeugung des konstanten Stromes J wäre dann

$$\mathfrak{P}_0 = \frac{\mathfrak{J}}{\mathfrak{Y}_1} = \frac{J}{y_1} e^{-j\varphi_1}.$$

$\mathfrak{P}_0$ kann als Leerlaufspannung des Systems bezeichnet werden und fällt mit der Achse der reellen Werte in dem transformierten System zusammen. Weil außerdem eine Strecke in dem transformierten System y_1 mal so viele Ampere wie in dem ursprünglichen System Volt darstellt, so gibt der Vektor der Leerlaufspannung $\mathfrak{P}_0$, im ursprünglichen System aufgetragen, die Größe und Richtung des konstanten Stromes J im transformierten System an.

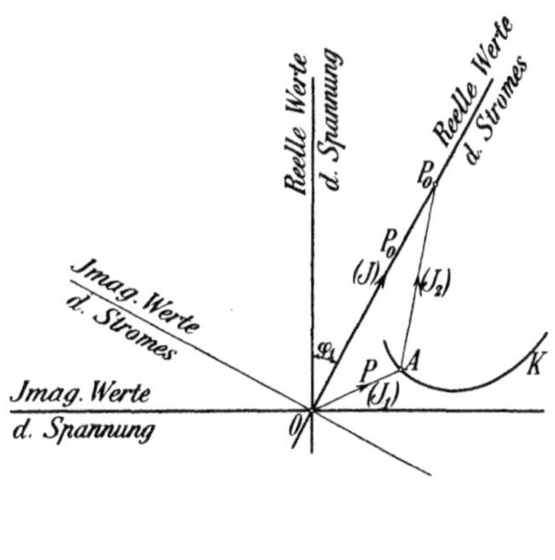

Fig. 67.

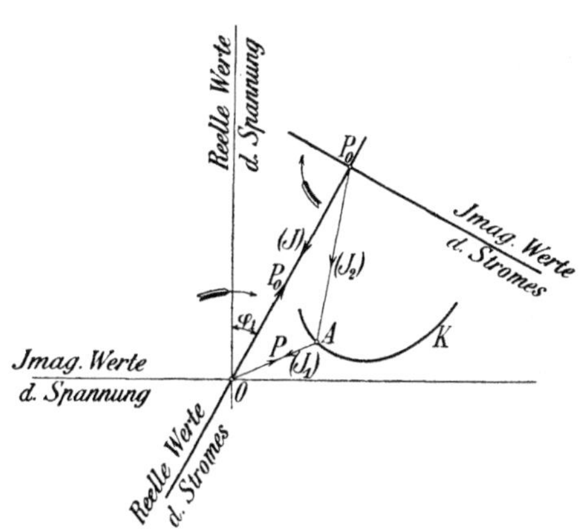

Fig. 68.

Der Strom $\mathfrak{J}_2 = \mathfrak{J} - \mathfrak{J}_1$, der von dem konstanten zugeführten Strome $\mathfrak{J}$ übrig bleibt nach Abzug des Stromes $\mathfrak{J}_1$ für die Admittanz $\mathfrak{Y}_1$, ist nun in dem transformierten System gegeben durch den Abstand eines Punktes A der Kurve K vom Leerlaufpunkte P_0 in Fig. 67. Die Punkte der Spannungskurve stellen somit in dem transformierten System die dritte Ecke des Stromdreieckes dar, dessen zwei erste Ecken durch Anfangs- und Leerlaufpunkt gegeben sind.

Durch Verschiebung des Anfangspunktes des transformierten Systems nach dem Punkte P_0 und Drehung um 180^0 erhält man das in Fig. 68 dargestellte bipolare Diagramm, in dem O der Pol für die Spannungsvektoren und P_0 der Pol für die Stromvektoren ist.

22. Inversion.

In Fig. 69 stellt der Vektor $\overline{OC}$ eine Impedanz z und $\overline{OE}$ die entsprechende Admittanz $y = 1/z$ dar. Sie bilden beide denselben Winkel φ mit der Ordinatenachse. In dieser Darstellung werden Widerstand und Konduktanz in Richtung der Ordinatenachse aufgetragen, Reaktanz und Suszeptanz in Richtung der Abszissenachse.

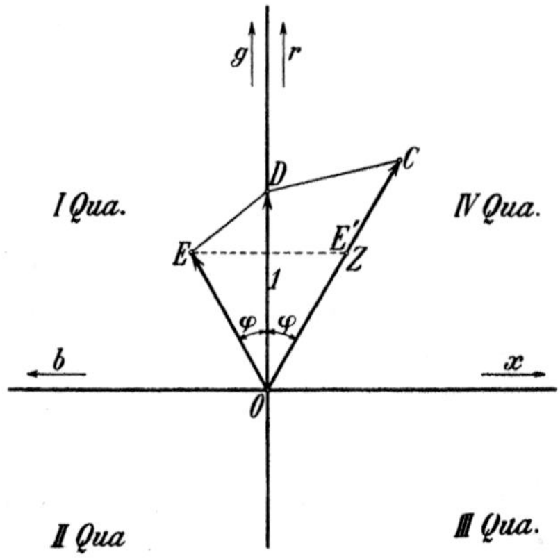

Fig. 69.

Die beiden Dreiecke ODC und OED sind ähnlich, wenn z und y in demselben Maßstabe aufgetragen werden. Trägt man $\overline{OE'} = \overline{OE}$ auf dem Impedanzvektor $\overline{OC}$ ab, so besteht zwischen den beiden Punkten C und E', der das Spiegelbild von E in bezug auf die Ordinatenachse ist, eine einfache Beziehung. Es ist

$$\overline{OC} \cdot \overline{OE'} = z \cdot y = 1 .$$

Zwei derartige Punkte heißt man invers und zwar in bezug auf den Ursprung O als Inversionszentrum.

Sind allgemein zwei Kurven K und K_1 gegeben, die auf Geraden durch einen festen Punkt O (das Inversionszentrum) derartige Stücke $\overline{OA}$ und $\overline{OA_1}$ abschneiden, daß

$$\overline{OA} \cdot \overline{OA_1} = I \quad \text{ist,}$$

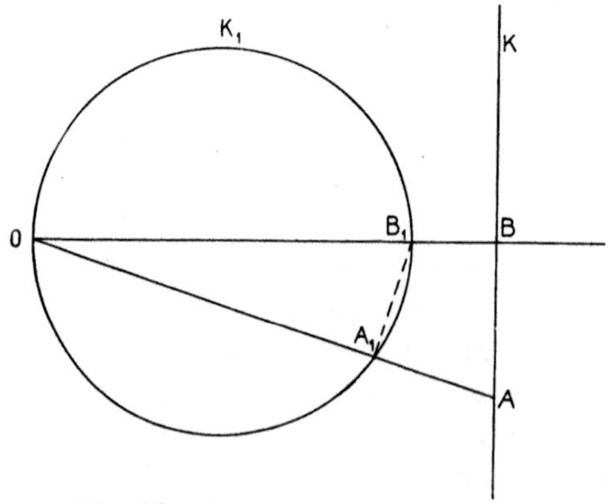

Fig. 70. Inversion einer Geraden.

worin I, die Inversionspotenz, konstant ist, so heißt man die eine die inverse Kurve der anderen oder die durch reziproke Radien transformierte Kurve. A und A_1 heißen korrespondierende Punkte.

Die inverse Kurve einer Geraden ist ein Kreis durch das Inversionszentrum. Denn die beiden Dreiecke OA_1B_1 und OBA (Fig. 70) sind ähnlich, also ist $\overline{OA_1} : \overline{OB_1} = \overline{OB} : \overline{OA}$

oder für einen beliebigen Strahl $\overline{OA}$

$$\overline{OA} \cdot \overline{OA_1} = \overline{OB} \cdot \overline{OB_1} = I.$$

Umgekehrt ist die inverse Kurve eines Kreises, der durch das Inversionszentrum geht, eine gerade Linie.

Die inverse Kurve eines Kreises, der nicht durch das Inversionszentrum geht, ist ein Kreis (Fig. 71), und das Inversionszentrum ist ein Ähnlichkeitspunkt für diesen und den gegebenen Kreis.

Beweis: $\overline{OD_1} : \overline{OB} = \overline{OB_1} : \overline{OD}$

oder $\overline{OD} \cdot \overline{OD_1} = \overline{OB} \cdot \overline{OB_1} = \overline{OA} \cdot \overline{OA_1} = I.$

Fallen beide Kreise zusammen, so daß der Kreis seine eigene inverse Kurve ist, so wird die Inversionspotenz

$$I = \overline{OA}^2.$$

Der Satz bleibt unverändert, selbst wenn der Punkt O innerhalb eines Kreises liegt, denn der Beweis ist ganz unabhängig von der Lage des Punktes O. Der Punkt O liegt dann auch innerhalb des inversen Kreises.

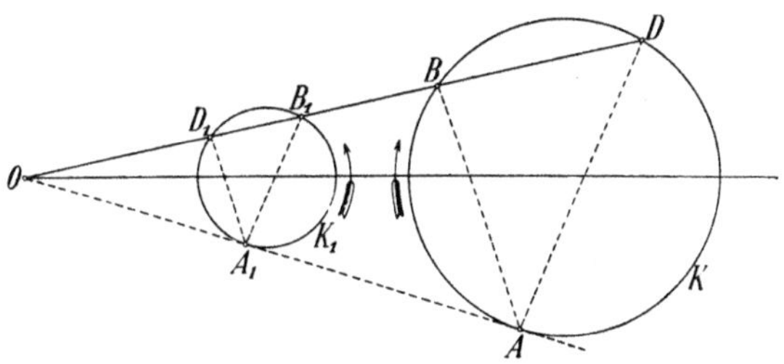

Fig. 71. Inverse Kurve eines Kreises.

Es ist zu bemerken, daß, wenn A die Kurve K in einem Sinne durchläuft, der zu A korrespondierende Punkt A_1 auf der Kurve K_1 sich im entgegengesetzten Sinne bewegt.

Falls zwei Kurven sich in A schneiden oder berühren, werden die inversen Kurven sich in dem mit A korrespondierenden Punkte A_1 schneiden oder berühren.

Schneiden die zwei Kurven sich in A unter einem gewissen Winkel, so werden die inversen Kurven sich in A_1 unter demselben Winkel schneiden.

Um die Anwendung der Inversion zur Lösung von Wechselstromproblemen zu zeigen, betrachten wir einen Stromkreis, der von einem konstanten Wechselstrom J durchflossen ist. Die Klemmenspannung P wird sich dann bei Veränderung der Konstanten des Stromkreises ändern, und der Endpunkt A des Spannungsvektors $\overline{OA}$ irgend eine Kurve K (Fig. 72) beschreiben. Die Abszisse eines

Punktes der Kurve stellt die wattlose Komponente und die Ordinate die Wattkomponente der entsprechenden Spannung dar.

Weil die Form der Kurve von der Größe der Stromstärke unabhängig ist und auch für $J=1$ gilt, stellt der Vektor $\overline{OA}$ in einem anderen Maßstabe die Impedanz z des Stromkreises dar. In der Koordinatenebene wird die Impedanz

$$\mathfrak{Z}=r-jx=z(\cos\varphi-j\sin\varphi)=z\,e^{-j\varphi}$$

durch einen Radius-Vektor von der Länge z dargestellt, der mit der Achse der reellen Werte den Winkel $-\varphi$ bildet.

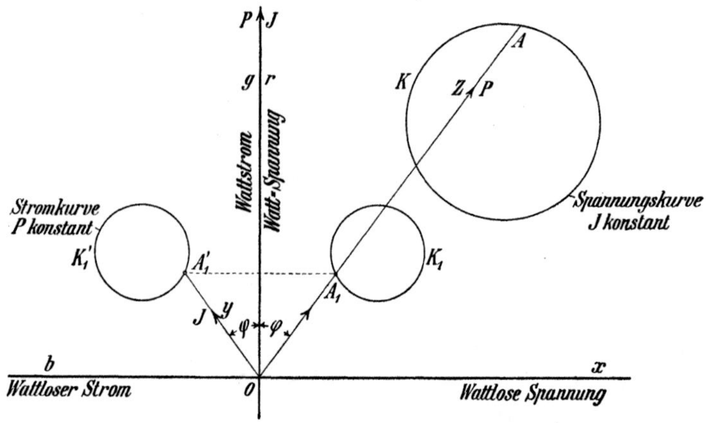

Fig. 72.

Da $yz=1$ ist, findet man durch Inversion die Kurve K_1, die der Endpunkt A_1 des Admittanzvektors y beschreibt, wenn der Endpunkt A des Impedanzvektors z die Kurve K durchläuft. Aus der Beziehung $\frac{b}{g}=\frac{x}{r}$ folgt ferner, daß die zwei Radiivektoren y und z dieselbe Richtung haben, wenn man als Ordinate die Konduktanz und als Abszisse die Suszeptanz abträgt (siehe Fig. 72). Multipliziert man die Radiivektoren der Admittanzkurve mit einer konstanten Spannung P, so geben in einem bestimmten Maßstabe die Vektoren $\overline{OA_1}$ die Stromstärken des Stromkreises an. Die Ordinaten sind dann Wattströme und die Abszissen wattlose Ströme.

Dem Impedanzvektor $\mathfrak{Z}=z\,e^{-j\varphi}$ entspricht die Admittanz

$$\mathfrak{Y}=\frac{1}{\mathfrak{Z}}=\frac{1}{z\,e^{-j\varphi}}=y\,e^{j\varphi}=g+jb\,,$$

es liegt also der Admittanzvektor $\mathfrak{Y}$ im I. Quadranten, wenn $\mathfrak{Z}$ im IV. Quadranten liegt, und umgekehrt. Liegt $\mathfrak{Z}$ im III. Quadranten, so fällt $\mathfrak{Y}$ in den II. Quadranten, und umgekehrt. Wir sehen somit, daß der Vektor $\mathfrak{Y}$ nicht mit dem Vektor $\mathfrak{Z}$ zusammenfallen kann, wenn wir für Admittanz- und Stromvektoren dasselbe Koordinatensystem benutzen, das für die Impedanz- und Spannungsvektoren zur Anwendung kommt.

Die Richtung des $\mathfrak{Y}$-Vektors ist das Spiegelbild des $\mathfrak{Z}$-Vektors in der Ordinatenachse. Wollen wir nun die graphische Inversion in der Wechselstromtheorie verwerten, so müssen wir jedesmal nach einer Inversion die erhaltene inverse Kurve K_1 durch ihr Spiegelbild K_1' in der Ordinatenachse ersetzen.

Bei der praktischen Ausführung der Inversion ist es jedoch günstig, die folgenden Vereinfachungen vorzunehmen.

Ist die Admittanzkurve oder das Stromdiagramm eines Stromkreises gesucht und wünscht man sie nur durch eine Inversion zu erhalten, indem man von der Impedanzkurve ausgeht, so zeichnet man nicht die Impedanzkurve selbst, sondern ihr Spiegelbild in bezug auf die Ordinatenachse auf und erhält dann direkt durch Inversion die gewünschte Admittanzkurve oder das Stromdiagramm. Das Verfahren werden wir gleich an einem Beispiel erläutern.

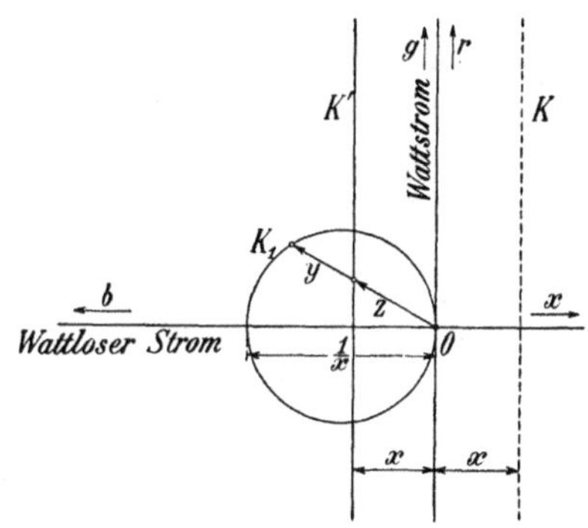

Fig. 73.

Es ist ein einfacher Stromkreis gegeben, der eine konstante Reaktanz x in Serie mit einem veränderlichen Widerstand r enthält. Die Impedanzkurve ist also eine gerade Linie K parallel zur Ordinatenachse im Abstande x (Fig. 73). Das Spiegelbild dieser Geraden in bezug auf die Ordinatenachse ist die Linie K', und die inverse Kurve dieser Geraden ist der Kreis K_1 mit dem Durchmesser $\frac{1}{x}$. Dieser Kreis, dessen Mittelpunkt in der Abszissenachse liegt, ist somit die Admittanzkurve, und wenn wir alle Vektoren mit P multiplizieren, erhalten wir das Stromdiagramm, das mit dem in der Fig. 54 in anderer Weise abgeleiteten übereinstimmt. Beide Kreise haben denselben Durchmesser $\frac{P}{x}$.

Wünscht man in analoger Weise die Impedanzkurve oder das Spannungsdiagramm eines Stromkreises zu konstruieren, und zwar durch einmalige Inversion, so zeichnet man das Spiegelbild K' der Admittanzkurve K auf und inversiert es. Für einen Stromkreis, der eine konstante Suszeptanz und parallel dazu eine veränderliche Konduktanz enthält, werden diese Kurven K und K' gerade Linien parallel zur Ordinatenachse (Fig. 74). Die inverse Kurve K_1, die die Impedanzkurve darstellt, ist ein Kreis vom Durchmesser $\frac{1}{b}$, dessen Mittelpunkt in der Abszissenachse liegt. Durch Multiplikation aller Vektoren mit J erhält man dasselbe Spannungsdiagramm wie in Fig. 60, denn beide Kreise haben denselben Durchmesser $\frac{J}{b}$.

Es kommt oft vor, daß man, um ein gewünschtes Diagramm zu bekommen, zweimal inversieren muß. In dem Falle ist es nicht notwendig, jedesmal das Spiegelbild der inversierten Kurve aufzuzeichnen. Denn liegt z. B. die erste Kurve im vierten Quadranten, so wird die inversierte im ersten und die nach zwei Inversionen erhaltene Kurve wieder im vierten Quadranten liegen. Da sowohl die Kurve, von der man ausgeht, wie die, zu der man gelangt, in demselben Quadranten liegen, ist es bequemer, nur in diesem Quadranten zu arbeiten, wodurch die Figuren übersichtlich werden. Man kann allgemein wie folgt verfahren:

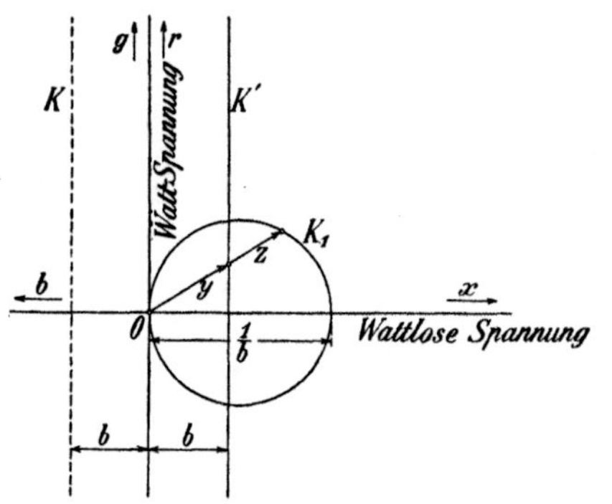

Fig. 74.

Je nachdem eine gerade bzw. ungerade Anzahl Inversionen auszuführen sind, um ein gewünschtes Diagramm zu erhalten, ist es zweckmäßig, von dem wahren Bild bzw. Spiegelbild der ursprünglichen Kurve auszugehen.

Von den Kurven, welche die Impedanzen und die Admittanzen eines Stromkreises in Polarkoordinaten darstellen, ist die eine stets die inverse der andern. Die Inversionspotenz ist abhängig von den Maßstäben für y und z.

Da die Inversionspotenz eine Funktion der Maßstäbe ist, so kann man, nachdem die primäre Darstellung in einem bequemen Maßstabe gezeichnet ist, die Inversionspotenz I so wählen, daß die inverse oder sekundäre Figur auch in einem passenden Maßstabe erscheint. Ein Beispiel wird dies Verfahren am besten erläutern.

Ist z. B. in Fig. 72 die Admittanz y so abgetragen, daß 1 cm gleich m Mho ist, und wünscht man alle Impedanzen z in einem solchen Maßstabe, daß 1 cm gleich n Ohm wird, so ist

$$y = m\,\overline{OA_1}\text{ Mho}$$

$$z = n\,\overline{OA}\text{ Ohm}$$

und

$$yz = mn\,\overline{OA}\;\overline{OA_1} = 1$$

oder die Inversionspotenz der Figuren ist

$$\boldsymbol{I = \overline{OA}\cdot\overline{OA_1} = \frac{1}{mn}} \quad . \quad . \quad . \quad . \quad (42)$$

Wäre die Fig. 72 für Ströme und Spannungen gezeichnet, und zwar so, daß 1 cm gleich m Amp. und 1 cm gleich n Volt ist, und seien J_0 und P_0 die entsprechenden konstanten Größen, so wäre

$$J = m\,\overline{OA_1} = P_0 y\text{ Amp.}$$

und

$$P = n\,\overline{OA} = J_0 z\text{ Volt,}$$

also

$$mn\,\overline{OA}\;\overline{OA_1} = J_0 P_0 yz = J_0 P_0,$$

woraus die Inversionspotenz

$$\boldsymbol{I = \overline{OA}\cdot\overline{OA_1} = \frac{J_0 P_0}{mn}} \quad . \quad . \quad . \quad . \quad (42\text{a})$$

sich ergibt.

Bevor wir die Inversion verlassen, möge der folgende Satz erwähnt werden:

Es läßt sich beweisen, daß zwei Systeme, in denen Punkt und Punkt, Kreis und Kreis sich gegenseitig entsprechen, immer durch Multiplikation und Inversion ineinander transformiert werden können.

Aus diesem Satze folgt, daß man mittels der hier gegebenen Methoden jeden geradlinigen oder kreisförmigen geometrischen Ort aus anderen geradlinigen bzw. kreisförmigen Örtern ableiten kann.

Da die inverse Kurve eines Kreises wieder ein Kreis ist, ist es bei der Ausführung der Inversion von Kreisen bequemer, statt punktweise zu inversieren, die Mittelpunktskoordinaten und den Radius des neuen Kreises zu berechnen.

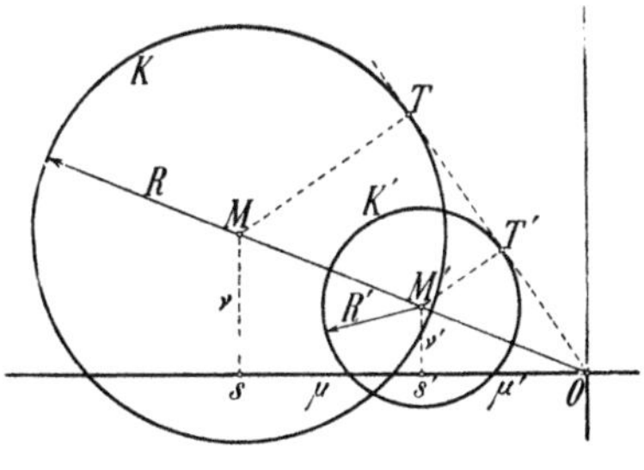

Fig. 75.

Es sei ein Kreis K mit dem Radius R gegeben (s. Fig. 75), dessen Mittelpunkt M die Koordinaten ν und μ hat. Es sollen der Radius R' und die Koordinaten μ' und ν' des Mittelpunktes M' des zu K inversen Kreises K' für die Inversionspotenz I berechnet werden. Zieht man die gemeinschaftliche Tangente $\overline{OTT'}$ an die beiden Kreise, so ist

$$\overline{OT'} = \frac{I}{\overline{OT}}$$

und

$$\overline{OT} = \sqrt{\mu^2 + \nu^2 - R^2}.$$

Da die Dreiecke $OM'S'$ und OMS und ebenso OTM und $OT'M'$ ähnlich sind, findet man leicht

$$\nu' = \nu \frac{I}{\overline{OT}^2} \qquad \text{oder} \qquad \nu' = I \frac{\nu}{\mu^2 + \nu^2 - R^2}$$

$$\mu' = \mu \frac{I}{\overline{OT}^2} \qquad \mu' = I \frac{\mu}{\mu^2 + \nu^2 - R^2}$$

$$R' = R \frac{I}{\overline{OT}^2} \qquad R' = I \frac{R}{\mu^2 + \nu^2 - R^2}.$$

Hiermit ist der neue Kreis nach Größe und Lage bestimmt.

Zwei Kreise, die durch Multiplikation und Drehung auseinander entstehen, korrespondieren sich Punkt für Punkt in bezug auf den Koordinatenanfangspunkt, denn man gelangt von zwei korrespondierenden Punkten A_1 und A_2 (Fig. 76) auf den beiden Kreisen, zu zwei weiteren korrespondierenden Punkten B_1 B_2 durch Drehung der Vektoren durch O um denselben Winkel α.

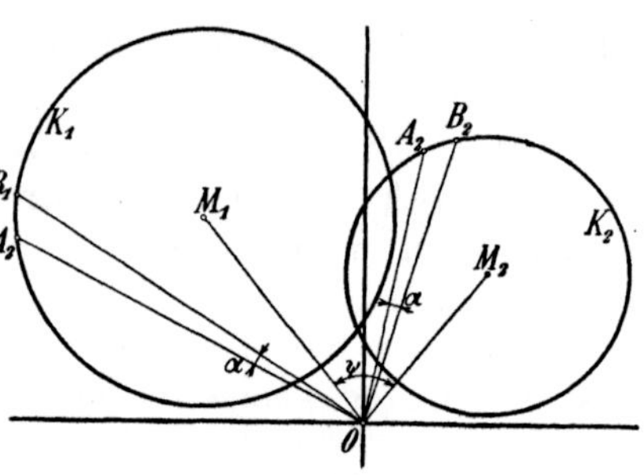

Fig. 76.

Der Ort der Summe der korrespondierenden Vektoren zweier derartig korrespondierender Kreise ist wiederum ein Kreis. Denn wenn der Kreis K_2 aus K_1 durch Multiplikation mit einer konstanten Größe k und Drehung um einen konstanten Winkel ψ entstanden ist, gilt für korrespondierende Vektoren a_1 und a_2 nach diesen Kreisen

$$a_2 = a_1\, k\, e^{-j\psi}.$$

Daher ist die Summe der beiden Vektoren $a_1 (1 + k e^{-j\psi})$ stets proportional a_1 und gegen a_1 um einen konstanten Winkel verschoben und beschreibt daher auch einen Kreis.

Korrespondieren sich zwei Kreise in bezug auf zwei auf ihrem Umfange liegende Punkte, so ist der Ort der Summe der Vektoren korrespondierender Punkte wiederum ein Kreis.

In Fig. 77 sind K_1 und K_2 die beiden Kreise, D_1 und D_2 zwei korrespondierende Punkte. Sollen ebenfalls A_1 und A_2 korrespondierende Punkte sein, so wird

$$\sphericalangle D_1 M_1 A_1 = \sphericalangle D_2 M_2 A_2 = \alpha.$$

Wir addieren die Mittelpunkte M_1 und M_2 und bekommen den Punkt M. Macht man nun

$$\overline{MA'} \text{ gleich und parallel } \overline{M_1 A_1}$$
$$\overline{A'A} \quad \text{"} \quad \text{"} \quad \text{"} \quad \overline{M_2 A_2},$$

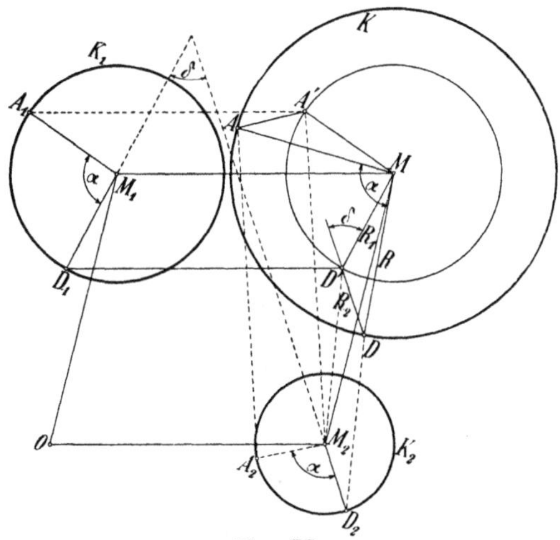

Fig. 77.

so ist A die Summe der beiden Punkte A_1 und A_2. Ebenso wird D als Summe der beiden Punkte D_1 und D_2 erhalten. Hierbei ist

$$\sphericalangle DMA = \alpha.$$

Die Summe der Kreise K_1 und K_2 ist also wiederum ein Kreis K, sein Radius ist

$$R = \sqrt{R_1^2 + R_2^2 + 2 R_1 R_2 \cos \delta}.$$

Hierbei ist δ der Winkel zwischen zwei korrespondierenden Radien der Kreise K_1 und K_2.

23. Graphische Darstellung des Verlustes in einer vorgeschalteten Impedanz.

Soll ein Strom J über eine Impedanz $\mathfrak{Z} = r - jx$ übertragen werden, so wird die Leistung $V = J^2 r$ in der Impedanz verbraucht. Wir werden nun zeigen, wie man diese als Stromwärmeverlust bezeichnete Leistung graphisch darstellen kann für den Fall, daß das Stromdiagramm ein Kreis ist. In Fig. 78 sind μ und ν die Mittelpunktskoordinaten eines Kreises mit dem Radius R, u und v die Koordinaten eines Kreispunktes. Die Gleichung dieses Kreises ist

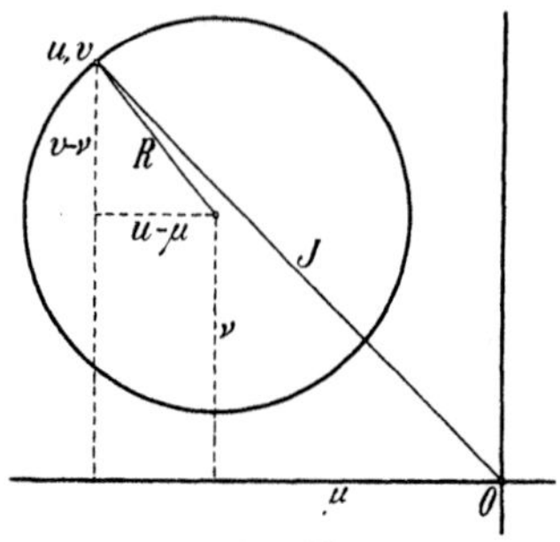

Fig. 78.

$$(u-\mu)^2+(v-\nu)^2=R^2$$

oder

$$u^2+v^2-2\mu u-2\nu v=R^2-\mu^2-\nu^2=-\varrho^2.$$

Der Stromwärmeverlust ist

$$V=J^2 r=r(u^2+v^2)$$
$$=2r\left(\mu u+\nu v-\frac{\varrho^2}{2}\right).$$

Schreiben wir zur Abkürzung

$$\mu u+\nu v-\frac{\varrho^2}{2}=\mathfrak{B},$$

so stellt die Gleichung $\mathfrak{B}=0$ mit den laufenden Koordinaten u und v eine gerade Linie dar. Die Polare des Kreises in bezug auf den Anfangspunkt O hat die Gleichung

$$\mu u+\nu v-\varrho^2=0.$$

Man sieht beispielweise dadurch, daß man die Abschnitte der beiden Geraden auf den Koordinatenachsen bestimmt, daß die Gerade $\mathfrak{B}=0$ parallel zur Polaren liegt und den Abstand zwischen der Polaren und dem Anfangspunkte halbiert. Wir bezeichnen deswegen im folgenden die Gerade $\mathfrak{B}=0$ auch als Halbpolare des Kreises in bezug auf den Anfangspunkt O.

Die Konstruktion der Halbpolaren $\mathfrak{B}=0$ erfolgt in der Weise (s. Fig. 79), daß man über der Zentrale $\overline{OM}$ als Durchmesser einen Kreis konstruiert und durch die Schnittpunkte mit dem Stromkreise die Polare zieht. Die Halbpolare $\mathfrak{B}=0$ ist dann die Parallele zur Polaren durch den Mittelpunkt der Strecke $\overline{OP}$.

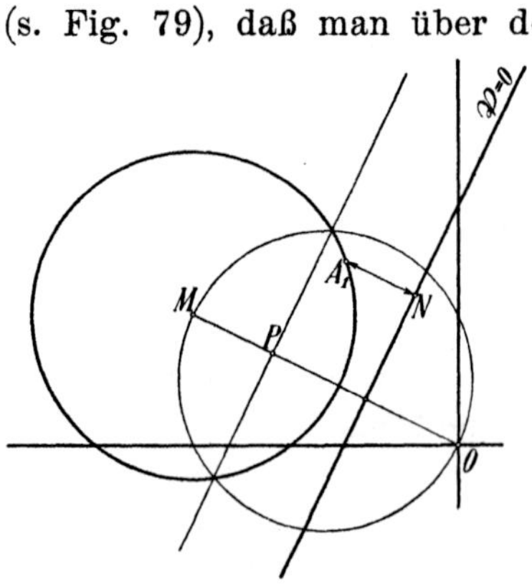

Fig. 79.

Liegt ein Punkt mit den Koordinaten u, v auf der Halbpolaren, so ist für ihn der Ausdruck

$$\mathfrak{B}=\mu u+\nu v-\frac{\varrho^2}{2}=0.$$

Für Punkte u, v, die nicht auf der Halbpolaren liegen, erhalten wir den Wert des Ausdruckes $\mathfrak{V}$ durch die folgende Überlegung:

Die Gerade I (Fig. 80) habe die Gleichung

$$\frac{u}{a}+\frac{v}{b}-1=0.$$

Außerdem ist

$$p:a=b:\sqrt{a^2+b^2}$$

$$p=\frac{ab}{\sqrt{a^2+b^2}}.$$

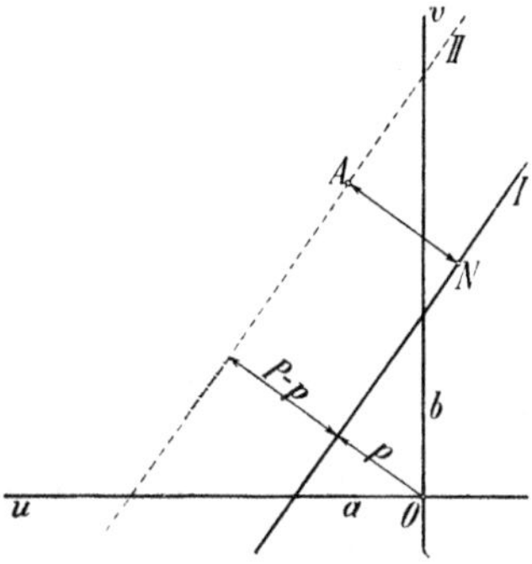

Fig. 80.

Die Gleichung der Geraden I kann also auch geschrieben werden

$$bu+av-p\sqrt{a^2+b^2}=0.$$

Eine parallele Gerade II im Abstande P von dem Anfangspunkte hat die Gleichung

$$bu+av-P\sqrt{a^2+b^2}=0.$$

Für einen Punkt $u_1 v_1$ auf der Geraden II ist

$$bu_1+av_1-P\sqrt{a^2+b^2}=0.$$

Die Gleichung der Geraden I kann also auch geschrieben werden

$$b(u-u_1)+a(v-v_1)+(P-p)\sqrt{a^2+b^2}=0.$$

Führt man nun in diese Gleichung der Geraden I die Koordinaten $u_1 v_1$ eines Punktes der Geraden II ein, so gibt die Gleichung den Wert

$$(P-p)\sqrt{a^2+b^2}=\overline{AN}\sqrt{a^2+b^2}.$$

Kehren wir zu dem vorliegenden Fall zurück, so sehen wir, daß der lineare Ausdruck

$$\mu u+\nu v-\frac{\varrho^2}{2}=\mathfrak{V}$$

für irgendeinen Punkt u, v der Ebene einen Wert hat, der proportional ist dem Abstande dieses Punktes von der Geraden, deren Gleichung erhalten wird, wenn wir den linearen Ausdruck der Koordinaten gleich Null setzen. Der Proportionalitätsfaktor ist $\sqrt{\mu^2+\nu^2}$ gleich dem Abstand des Kreismittelpunktes M von dem Anfangspunkte O. Für irgend einen Punkt A_1 des Kreises (Fig. 79) erhalten wir somit den Verlust in der vorgeschalteten Impedanz

$$V = J^2 r = 2 r \mathfrak{V} = 2 r \cdot \overline{OM} \cdot \overline{A_1 N} \quad . \quad . \quad . \quad . \quad (43)$$

wobei $\overline{A_1 N}$ den Abstand des Punktes A_1 von der Halbpolaren bedeutet. Wir wollen im folgenden die Halbpolare auch als Verlustlinie des Diagrammes bezeichnen.

Stellt der Kreis den Strom für eine konstante Klemmenspannung P dar, so ist für den Punkt A_1 die gesamte zugeführte Leistung

$$W = P \cdot J \cos \varphi = P \times \text{Ordinate des Punktes } A_1.$$

Bis jetzt ist angenommen, daß der Strommaßstab 1 ist, so daß 1 cm 1 Amp. entspricht. Ist das Diagramm im Strommaßstabe m gezeichnet, derart, daß 1 cm m Amp. entspricht, so ist der Verlust

$$V = 2 m^2 r \, \overline{OM} \cdot \overline{A_1 N} \text{ Watt} \quad . \quad . \quad . \quad . \quad (43\text{a})$$

und die Leistung

$$W = P m \times \text{Ordinate des Punktes } A_1.$$

Also verhalten sich die Maßstäbe für Verlust und Leistung wie

$$\frac{2 m r \overline{OM}}{P}.$$

Liegt der Anfangspunkt O, von dem die Stromvektoren ausgehen, auf dem Kreise, so fällt die Verlustlinie $\mathfrak{V} = 0$ mit der Kreistangente in diesem Punkte zusammen.

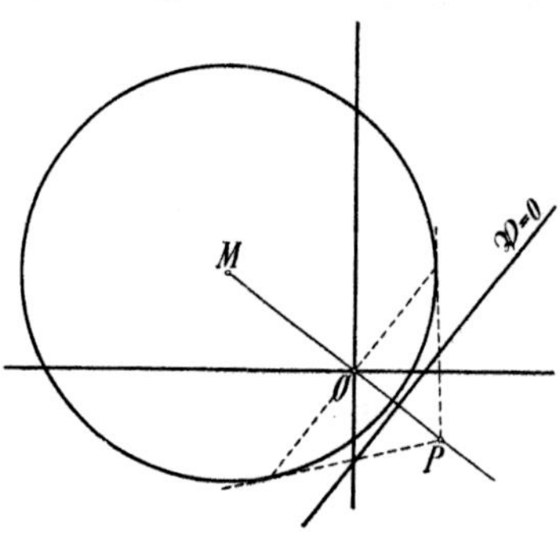

Fig. 81.

Für den Fall, daß der Anfangspunkt O wie in Fig. 81 innerhalb des Kreises liegt, wird der Pol P des Anfangspunktes erhalten als Schnitt der beiden Kreistangenten in jenen Punkten, in denen das Lot in O auf der Zentralen den Kreis schneidet. Die Verlustlinie des Punktes O ist die Senkrechte im Mittelpunkte der Strecke $\overline{OP}$.

Jeder Punkt hat also dieselbe Verlustlinie wie sein Pol.

Ist das Diagramm der Spannung P zwischen zwei Punkten in einem Stromkreise durch einen Kreis dargestellt und soll der Verlust in einer zwischen diesen Punkten geschalteten konstanten Admittanz $\mathfrak{Y} = g + jb$ bestimmt werden, so erhalten wir dieselbe Konstruktion wie oben. Denn der Verlust in der Admittanz $\mathfrak{Y}$ ist

$$V = P^2 g,$$

wobei P^2 ebenso wie früher J^2 durch die Entfernungen der Kreispunkte von einer Verlustlinie $\mathfrak{V} = 0$ dargestellt werden kann. Der Verlust ist also für einen Punkt A_1 des Spannungskreises mit dem Mittelpunkt M

$$V = 2\,g\,\mathfrak{V} = 2\,g \cdot \overline{OM} \cdot \overline{A_1 N} \quad . \quad . \quad . \quad . \quad . \quad (44)$$

wobei O der Anfangspunkt der Spannungsvektoren, $\overline{A_1 N}$ der Abstand des Kreispunktes von der Geraden $\mathfrak{V} = 0$ ist.

24. Graphische Darstellung der Nutzleistung bei vorgeschalteter Impedanz.

Die Leistung, die einem Stromkreise bei konstanter Klemmenspannung P zugeführt wird, ist gegeben durch

$$W = P \times \text{Wattstrom} = P v,$$

wobei v die Ordinate der Stromkurve bedeutet. Die Differenz zwischen dieser zugeführten Leistung und dem Stromwärmeverlust in einer vorgeschalteten Impedanz wollen wir als die Nutzleistung betrachten und können sie nun auch graphisch darstellen. Sie ist nämlich gleich

$$W_1 = W - J^2 r = P v - 2\,r\,\mathfrak{V} = 2\,r\left(\frac{P}{2\,r}\,v - \mathfrak{V}\right),$$

worin $\mathfrak{V} = \mu u + \nu v - \frac{\varrho^2}{2}$ ist.

Setzen wir in ähnlicher Weise

$$\mathfrak{W} = \frac{P}{2\,r}\,v \qquad \text{und} \qquad W = 2\,r\,\mathfrak{W},$$

so ist $\mathfrak{W} = 0$ die Gleichung der Abszissenachse des Koordinatensystems. Dann ist

$$W_1 = 2\,r(\mathfrak{W} - \mathfrak{V}) = 2\,r\,\mathfrak{W}_1\,.$$

Hierin ist

$$\mathfrak{W}_1 = -\mu u - \left(\nu - \frac{P}{2\,r}\right) v + \frac{\varrho^2}{2} = 0$$

die Gleichung einer Geraden durch den Schnittpunkt der Verlustlinie mit der Abszissenachse. Für irgend einen Punkt der Ebene mit den Koordinaten u und v besitzt der Ausdruck $\mathfrak{W}_1$ einen Wert, der dem Abstande des betrachteten Punktes (u, v) von der Geraden $\mathfrak{W}_1 = 0$ proportional ist. Bezeichnen wir diesen Abstand mit $\overline{A_1 N}$, so ist

$$\mathfrak{W}_1 = \sqrt{\mu^2 + \left(\nu - \frac{P}{2\,r}\right)^2}\;\overline{A_1 N}.$$

Die Differenz W_1 zwischen der zugeführten Leistung W und dem Verluste V in einer vorgeschalteten Impedanz ist somit gegeben durch den Abstand des betreffenden Punktes der Stromkurve von der Geraden $\mathfrak{W}_1 = 0$. Diese Gerade wollen wir die Leistungslinie des Diagrammes nennen.

Die Gleichung der Leistungslinie kann erhalten werden durch Subtraktion der Kreisgleichung

$$u^2 + v^2 - \frac{P}{r} v = 0$$

von der Gleichung der Stromkurve

$$u^2 + v^2 - 2\mu u - 2\nu v + \varrho^2 = 0.$$

Die Leistungslinie geht deswegen durch die Schnittpunkte dieser beiden Kreise und kann, wie in Fig. 82 gezeigt ist, konstruiert werden, sobald die Stromkurve und der Widerstand r bekannt sind.

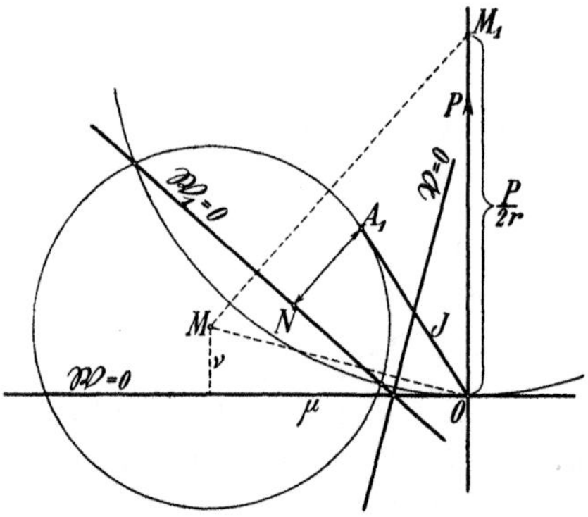

Fig. 82. Darstellung der Nutzleistung bei vorgeschalteter Impedanz.

Für einen Punkt A_1 der Stromkurve ist

$$\mathfrak{W}_1 = \sqrt{\mu^2 + \left(\nu - \frac{P}{2r}\right)^2} \cdot \overline{A_1 N} = \overline{MM_1} \cdot \overline{A_1 N}$$

und die Leistung

$$W_1 = 2r\mathfrak{W}_1 = 2r \cdot \overline{MM_1} \cdot \overline{A_1 N} \quad . \quad . \quad . \quad . \quad (45)$$

oder für den Strommaßstab m

$$W_1 = 2m^2 r\, \overline{MM_1} \cdot \overline{A_1 N} \text{ Watt} \quad . \quad . \quad . \quad . \quad (45\text{a})$$

Die Schnittpunkte der Leistungslinie mit der Stromkurve haben eine bestimmte physikalische Bedeutung, die wir jetzt betrachten wollen. Wie in Kap. II, S. 56 gezeigt ist, würde der Kreis um den Mittelpunkt M_1 mit dem Radius $\frac{P}{2r}$ das Stromdiagramm darstellen für den Fall, daß zwischen den Klemmen des Stromkreises nur der Widerstand r und eine beliebig veränderliche Reaktanz x wirksam sind. Die Schnittpunkte der Leistungslinie mit der Stromkurve liegen nun wie bewiesen, auf dem Kreise um M_1. In diesen Punkten wird also die ganze zugeführte Leistung in dem Widerstande r verbraucht, und die Nutzleistung ist somit Null. Das eine Mal ist dies der Fall, wenn der Stromkreis hinter der vorgeschalteten Impedanz z kurzgeschlossen wird (Kurzschlußpunkt). Der zweite Fall ist, daß die Belastung hinter der vorgeschalteten Impedanz z rein wattlos ist (Leerlaufpunkt).

Wir können nun die Maßstäbe für die Leistungen im Diagramm in einfacher Weise bestimmen.

Die Stromkurve sei in einem Maßstabe gezeichnet, in dem 1 cm der Ordinate eines Punktes m_w Watt entspricht. Für einen Punkt P_1 ist also die zugeführte Leistung (Fig. 83)

$$W = m_w \cdot \overline{P_1 N_w} = m_w \cdot \overline{P_1 O} \sin(\mathfrak{W}\mathfrak{W}_1).$$

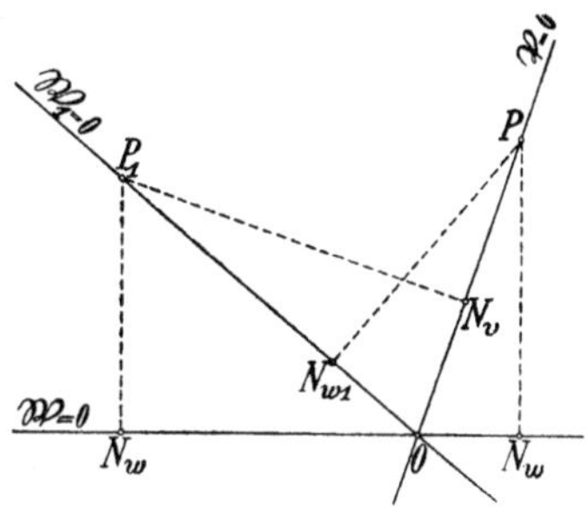

Fig. 83.

Die Leistungslinie enthält die Punkte, für welche die zugeführte Leistung gleich dem Verlust ist. Liegt der Punkt P_1 auf der Leistungslinie $\mathfrak{W}_1 = 0$, so ist also auch

$$W = V = m_v \cdot \overline{P_1 N_v} = m_v \cdot \overline{P_1 O} \sin(\mathfrak{W}_1 \mathfrak{V}),$$

wobei m_v der Maßstab der Verluste ist. Folglich ist

$$\frac{m_v}{m_w} = \frac{\sin(\mathfrak{W}\mathfrak{W}_1)}{\sin(\mathfrak{W}_1 \mathfrak{V})} \quad \ldots \ldots \quad (46)$$

Weil ebenso die Verlustlinie $\mathfrak{V} = 0$ die Punkte enthält, für welche die Nutzleistung W_1 gleich der zugeführten Leistung W ist, so hat man für einen Punkt P auf ihr

$$m_w \cdot \overline{PN_w} = m_{w1} \cdot \overline{PN_{w1}}$$

$$m_w \sin(\mathfrak{W}\mathfrak{V}) = m_{w1} \sin(\mathfrak{W}_1 \mathfrak{V})$$

$$\frac{m_{w1}}{m_w} = \frac{\sin(\mathfrak{W}\mathfrak{V})}{\sin(\mathfrak{W}_1 \mathfrak{V})} \quad \ldots \ldots \quad (46\text{a})$$

wobei m_{w1} den Maßstab für die Nutzleistung W_1 bedeutet. Hieraus ergibt sich die folgende Regel für die Bestimmung der Maßstäbe für die Leistungen im Diagramm: Mißt man zwei Leistungen durch die senkrechten Abstände eines Punktes von den entsprechenden Geraden, so sind die Maßstäbe umgekehrt proportional den Sinussen der Winkel, welche die betreffenden Geraden mit der Linie einschließen, für welche die beiden gemessenen Leistungen gleich sind.

Weil die senkrechte Entfernung eines Punktes von einer Geraden immer proportional der unter einem konstanten Winkel gegen die Gerade gemessenen Entfernung bleibt, folgt aus Fig. 84 ohne weiteres die Regel: Mißt man zwei Leistungen durch die Strecken von einem Punkte bis zu den entsprechenden

Geraden in einer Richtung parallel zu der Linie, für welche die beiden Leistungen gleich werden, so erscheinen die beiden Leistungen in dem gleichen Maßstabe.

In Fig. 84 ist somit für einen beliebigen Punkt P

$$\frac{W_1}{W}=\frac{\overline{PA}}{\overline{PB}};\qquad \frac{V}{W}=\frac{\overline{PC}}{\overline{PD}};\qquad \frac{V}{W_1}=\frac{\overline{PE}}{\overline{PF}}.$$

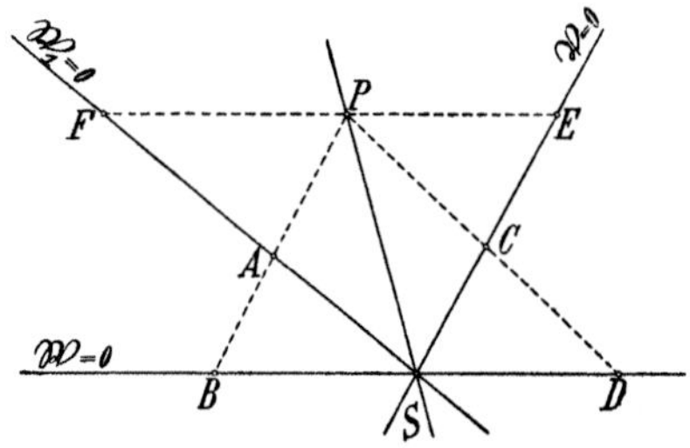

Fig. 84.

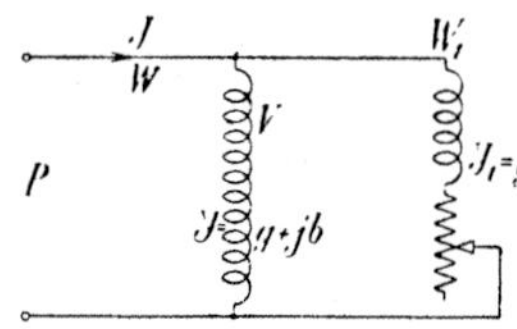

Fig. 85.

Tritt der Verlust nicht in einer der Belastung vorgeschalteten Impedanz, sondern, wie in der Schaltung Fig. 85 dargestellt ist, in einer zu der Belastung parallel geschalteten konstanten Admittanz $\mathfrak{Y}=g+jb$ auf, so ist die Nutzleistung

$$W_1=W-P^2g\,.$$

Verändert sich der Vektor der Spannung P nach einem Kreise K in Fig. 86, dessen Gleichung

$$u^2+v^2-2\mu u-2\nu v=R^2-\mu^2-\nu^2=-\varrho^2$$

ist, und setzen wir den Strom $\mathfrak{J}=J$ reell, so können wir auch schreiben

$$W_1=2g\left(\frac{J}{2g}v-\mathfrak{V}\right)=2g\,(\mathfrak{W}-\mathfrak{V}),$$

worin $\mathfrak{V}=\mu u+\nu v-\frac{\varrho^2}{2}$

ist, und $\mathfrak{V}=0$ die Gleichung der Halbpolaren des Spannungskreises in Bezug auf den Anfangspunkt oder der Verlustlinie bedeutet. Ferner ist

$$\frac{J}{2g}v=\mathfrak{W}$$

und $\mathfrak{W}=0$ die Gleichung der Abszissenachse. Wir gehen nun genau wie früher vor und setzen

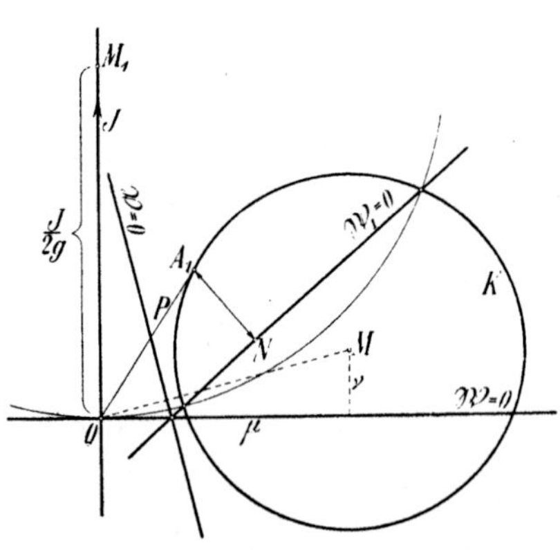

Fig. 86. Darstellung der Nutzleistung bei parallelgeschalteter Admittanz.

$$\mathfrak{W}_1 = \mathfrak{W} - \mathfrak{V} = -\mu u - \left(\nu - \frac{J}{2g}\right) v + \frac{\varrho^2}{2}.$$

Man sieht, daß für einen konstanten Strom J die Gleichung

$$\mathfrak{W}_1 = 0$$

eine gerade Linie darstellt. Diese Gerade ist die Leistungslinie des Stromkreises.

Die Leistungslinie muß durch die Punkte des Kreises K gehen, für welche die abgegebene Leistung W_1 gleich Null wird. Für diese Punkte ist $g_1 = 0$ und folglich wird die ganze Konduktanz zwischen den Klemmen gleich g. Nun liegen alle Spannungsvektoren für einen Stromkreis mit dem konstanten Strome J und der Konduktanz g auf dem in Fig. 86 eingezeichneten Kreise mit dem Radius $\frac{J}{2g}$ um den Punkt M_1. Die Leistungslinie $\mathfrak{W}_1 = 0$ geht folglich durch die Schnittpunkte dieses Kreises mit dem Spannungskreise K.

Für einen Punkt A_1 des Spannungskreises K ist

$$\mathfrak{W}_1 = \sqrt{\mu^2 + \left(\nu - \frac{J}{2g}\right)^2} \cdot \overline{A_1 N} = \overline{MM_1} \cdot \overline{A_1 N}$$

und die Leistung

$$W_1 = 2g \cdot \overline{MM_1} \cdot \overline{A_1 N} \quad . \quad . \quad . \quad . \quad . \quad . \quad (47)$$

Wenn die Punkte M, M_1 und A_1 in dem Spannungsmaßstab 1 cm $= n$ Volt eingetragen sind, wird

$$W_1 = 2n^2 g \cdot \overline{MM_1} \cdot \overline{A_1 N} \text{ Watt} \quad . \quad . \quad . \quad . \quad (47\text{a})$$

25. Graphische Darstellung von Wirkungsgraden.

Denken wir uns in Fig. 87 eine Gerade durch den Punkt P und den Schnittpunkt S der drei Geraden $\mathfrak{W} = 0$, $\mathfrak{W}_1 = 0$ und $\mathfrak{V} = 0$ gelegt, so bleiben für alle Punkte auf dieser Geraden $\overline{SP}$ alle Verhältnisse zwischen den Leistungen konstant, was sich ohne weiteres aus der graphischen Darstellung dieser Verhältnisse ergibt. Hieraus folgt das in Fig. 87 gezeigte Verfahren, den Wirkungsgrad eines Stromkreises darzustellen.

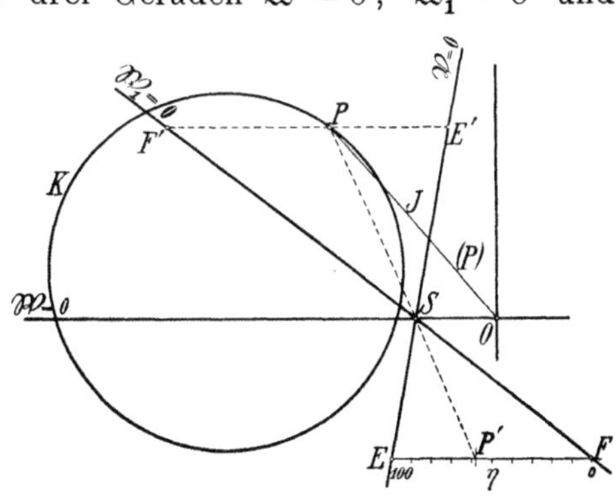

Fig. 87.

Man zieht eine Strecke

$\overline{EF}$ parallel zu der Linie der zugeführten Leistung $\mathfrak{W} = 0$ zwischen der Leistungslinie $\mathfrak{W}_1 = 0$ und der Verlustlinie $\mathfrak{V} = 0$ und teilt von der Leistungslinie anfangend die Strecke $\overline{EF}$ in hundert gleiche Teile. Für einen Punkt P auf dem kreisförmigen Strom- (oder Spannungs-)diagramm wird der Wirkungsgrad η in Prozenten durch den Strahl $\overline{PS}$ auf der Strecke $\overline{EF}$ abgeschnitten; denn es ist für jeden Punkt P auf dem Strahle $\overline{SP}$ nach Fig. 87

$$\frac{V}{W_1} = \frac{\overline{PE'}}{\overline{PF'}}$$

$$\frac{W_1}{W_1} = \frac{\overline{PF'}}{\overline{PF'}}$$

$$\frac{W_1 + V}{W_1} = \frac{W}{W_1} = \frac{\overline{PE'} + \overline{PF'}}{\overline{PF'}} = \frac{\overline{E'F'}}{\overline{PF'}}.$$

Also

$$\eta\,\% = 100\,\frac{W_1}{W} = \frac{100}{\overline{E'F'}}\,\overline{PF'} = \frac{100}{\overline{EF}}\,\overline{P'F}.$$

Wenn die auf zwei Klemmen eines Stromkreises wirkende Spannung geändert wird, ohne daß die Konstanten des zwischen den Klemmen liegenden Teils des Stromkreises sich ändern, so ändert sich der Strom proportional der Spannung, und das Verhältnis zwischen den in den einzelnen Teilen auftretenden Leistungen bleibt ungeändert. Hieraus ergibt sich, daß die abgeleitete Methode zur Bestimmung des Verhältnisses zweier Leistungen für ein kreisförmiges Stromdiagramm gültig ist, selbst wenn die Spannung dem Betrage nach veränderlich ist. Ebenso ist die analoge Methode anwendbar für ein kreisförmiges Spannungsdiagramm, selbst wenn der Strom veränderlich ist.

Viertes Kapitel.

Reihenschaltung von Stromkreisen.

26. Stromkreis mit zwei Impedanzen in Reihenschaltung.

Diese Aufgabe liegt z. B. vor bei einer Kraftübertragung, wie sie in der Fig. 88 dargestellt ist. Da diese Aufgabe eine der einfachsten ist und praktisches Interesse hat, werden wir sie eingehend behandeln.

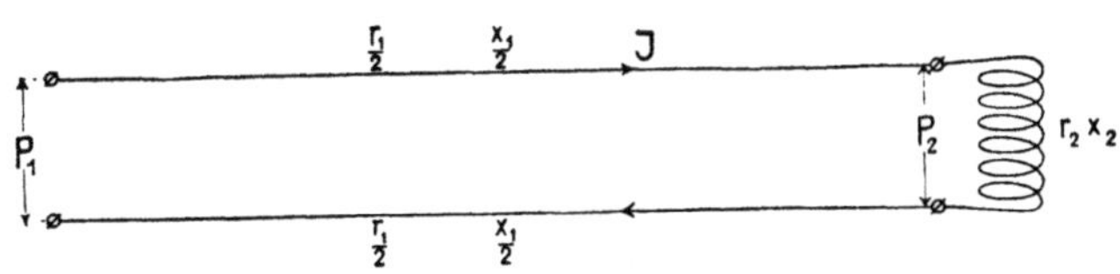

Fig. 88.

An den Klemmen der Primärstation wirkt eine Spannung P_1, die in den Widerständen und Reaktanzen der Zuleitung und in den Stromverbrauchern verzehrt wird, die an die Klemmen der Sekundärstation angeschlossen sind. Da die Spannung zur Überwindung der EMK der Selbstinduktion in den Arbeitsübertragungsleitungen dem Strome um 90^0 voreilt, während die Spannung zur Überwindung des Ohmschen Widerstandes mit dem Strome in Phase ist, so ist leicht einzusehen, daß bei konstanter Primärspannung P_1 die Sekundärspannung P_2 in hohem Grade von der Phasenverschiebung des Stromes gegenüber P_2 oder mit anderen Worten von der Phasenverschiebung in den Stromverbrauchern abhängig ist. Die Sekundärspannung P_2 kann in zwei Komponenten zerlegt werden, eine Jr_2 in Phase mit dem Strome und eine zweite Jx_2, die dem Strome um 90^0 voreilt. r_2 und x_2 sind die Konstanten des stromverbrauchenden Apparates. Umgekehrt läßt sich der Strom in zwei Komponenten zerlegen, die erste ist $P_2 g_2$ in Phase mit der Sekundärspannung und die zweite $P_2 b_2$ um 90^0 gegen sie verzögert.

Nimmt man die Stromstärke J als gegeben an, so kann man die Klemmenspannung P_2 aus den Komponenten $J r_2$ und $J x_2$ und ferner den Spannungsabfall in der Zuleitung $J z_1$ aus seinen Komponenten $J r_1$ und $J x_1$ finden. P_1 ist die geometrische Summe dieser beiden Spannungen (s. Fig. 89).

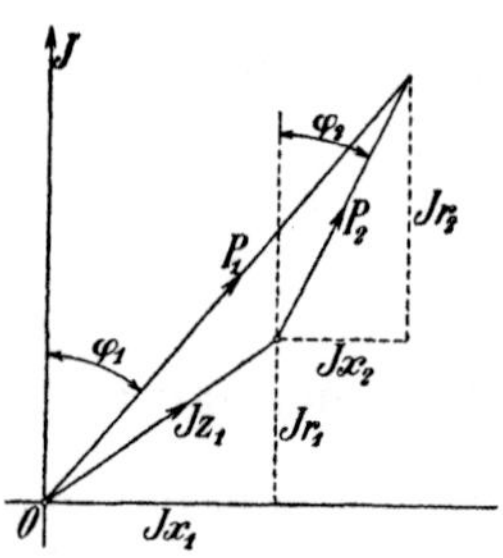

Fig. 89.

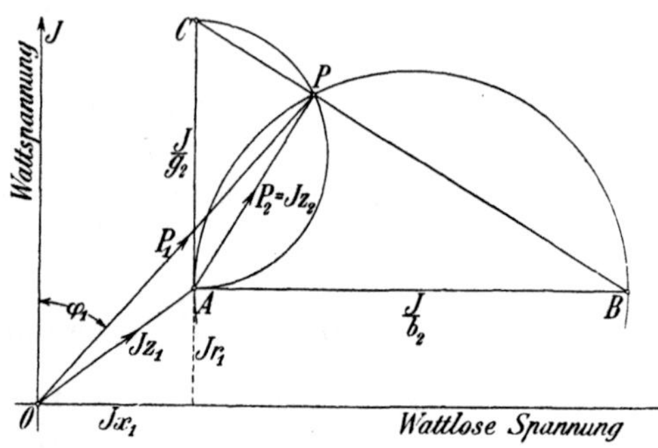

Fig. 90.

Fig. 89 und 90. Spannungsdiagramme zweier Stromkreise in Reihenschaltung.

Die Fig. 90 ergibt sich sofort durch Vergleich mit Fig. 60.

Da r_1 und x_1 konstante Größen sind, bleibt $J z_1$ immer konstant für konstante Stromstärke. Läßt man auch b_2 konstant und macht g_2 veränderlich, so bewegt sich der Endpunkt P der Spannung P_2 auf dem Halbkreise über $\overline{AB} = \frac{J}{b_2}$. Bei veränderlichem b_2 und konstantem g_2 ist der geometrische Ort für P der Kreis mit dem Durchmesser $\overline{AC} = \frac{J}{g_2}$.

Gewöhnlich bietet dieser Fall, bei dem die Stromstärke konstant angenommen wird, weniger Interesse. Wichtiger ist dagegen der Fall, bei dem P_1 oder P_2 konstant gehalten wird.

Weil alle Strecken in Fig. 90 J direkt proportional sind, kann man sich die Figur für $J = 1$ gezeichnet denken, wobei der Vektor $\overline{OP}$ die totale Impedanz z des Stromkreises darstellt.

Aus Fig. 89 folgt direkt

$$z = \sqrt{(r_2 + r_1)^2 + (x_2 + x_1)^2}$$

$$\operatorname{tg} \varphi_2 = \frac{x_2}{r_2} = \frac{b_2}{g_2}$$

$$\cos \varphi_2 = \frac{g_2}{\sqrt{g_2^2 + b_2^2}}$$

$$\operatorname{tg} \varphi_1 = \frac{x_1 + x_2}{r_1 + r_2}$$

$$J = \frac{P_1}{z} = \frac{P_1}{\sqrt{(r_1 + r_2)^2 + (x_1 + x_2)^2}}$$

$$P_2 = \frac{J}{y_2} = z_2 \frac{P_1}{\sqrt{z_2^2 + z_1^2 + 2 r_1 r_2 + 2 x_1 x_2}}$$

$$= \frac{P_1}{\sqrt{1 + (r_1^2 + x_1^2)(g_2^2 + b_2^2) + 2 r_1 g_2 + 2 x_1 b_2}}$$

oder durch eine kleine Umrechnung

$$P_2 = \frac{P_1}{\sqrt{(1 + r_1 g_2 + x_1 b_2)^2 + (x_1 g_2 - r_1 b_2)^2}} = P_1 \alpha \quad . \quad . \quad . \quad (48)$$

Der Strom wird dann gleich

$$J = P y_2 = P_1 \sqrt{\frac{g_2^2 + b_2^2}{(1 + r_1 g_2 + x_1 b_2)^2 + (x_1 g_2 - r_1 b_2)^2}}$$

und die an der Sekundärstation abgegebene Leistung

$$W_2 = P_2 \times \text{Wattkomponente des Stromes}$$
$$= P_2^2 g_2 = P_1^2 \alpha^2 g_2 .$$

Nehmen wir an, daß die Suszeptanz b_2 und die primäre Klemmenspannung P_1 konstant sind, so besitzt die abgegebene Leistung W_2 einen Maximalwert. Der Wert von g_2, bei dem diese Maximalleistung eintritt, wird gefunden aus

$$\frac{d W_2}{d g_2} = \frac{d (P_1^2 \alpha^2 g_2)}{d g_2} = 0$$

oder, da der reziproke Wert von W_2 dann ein Minimum wird, kann

$$\frac{d}{d g_2}\left(\frac{1}{\alpha^2 g_2}\right) = \frac{d}{d g_2}\left[\frac{(1 + r_1 g_2 + x_1 b_2)^2 + (x_1 g_2 - r_1 b_2)^2}{g_2}\right] = 0$$

gesetzt werden. Dies trifft zu, wenn

$$g_2 = \sqrt{g_1^2 + (b_1 + b_2)^2} \quad . \quad . \quad . \quad . \quad . \quad (49)$$

ist. Für diesen Fall wird

$$\frac{P_2}{P_1} = \alpha = \frac{1}{\sqrt{2 g_2 (g_2 z_1^2 + r_1)}}$$

und die maximale Leistung der Arbeitsübertragung ergibt sich zu

$$W_{2\,max} = \frac{P_1^2}{2 (g_2 z_1^2 + r_1)} \quad . \quad . \quad . \quad . \quad (50)$$

Da für alle Fälle die abgegebene Leistung

$$W_2 = J^2 r_2 \text{ Watt}$$

und die zugeführte Leistung

$$W_1 = J^2 (r_1 + r_2)$$

ist, so ist allgemein der Wirkungsgrad

$$\eta\,\% = 100 \frac{r_2}{r_1 + r_2}\,\%$$

oder

$$\eta\,\% = 100 \frac{1}{1 + \frac{r_1}{r_2}}\,\%.$$

Der Wirkungsgrad wird aber ein Maximum, wenn $\frac{r_1}{r_2}$ sein Minimum erreicht. Das Verhältnis

$$\frac{r_1}{r_2} = \frac{r_1 (b_2^2 + g_2^2)}{g_2}$$

hat bei konstanter Suszeptanz b_2 seinen Minimalwert, wenn

$$\frac{d}{dg_2}\left(\frac{b_2^2 + g_2^2}{g_2}\right) = 0,$$

d. h. wenn

$$g_2 = b_2$$

ist, und es wird somit der maximale Wirkungsgrad:

$$\eta_{max}\,\% = \frac{100}{1 + r_1 \frac{2 g_2^2}{g_2}} = \frac{100}{1 + 2 r_1 b_2} \quad . \quad . \quad (51)$$

27. Beispiel I.

Es seien durch eine lange Leitung einige Stromverbraucher (z. B. Asynchronmotoren) mit Strom zu versorgen, die eine annähernd konstante Suszeptanz b_2 besitzen, während ihre Konduktanz g_2 sich mit der Belastung ändert. Die Leitung besitze sowohl Ohmschen Widerstand wie Selbstinduktion, und um den Einfluß dieser Größen auf die Sekundärspannung P_2 deutlich zu machen, sind sie größer gewählt, als es ein wirtschaftlicher Betrieb erlauben würde.

Es sei nun gegeben (s. Fig. 91)

$P_1 = 2000$ Volt, $r_1 = 2{,}0$ Ohm, $x_1 = 5{,}0$ Ohm und $b_2 = 0{,}05$ Mho.

Zu bestimmen ist erstens der Verlauf der Klemmenspannung P_2 an der Sekundärstation und der Stromstärke J in Abhängigkeit von der Belastung. Zweitens ist es von Interesse, den Wirkungsgrad η und den Leistungsfaktor $\cos\varphi_1$ der ganzen Anlage zu kennen.

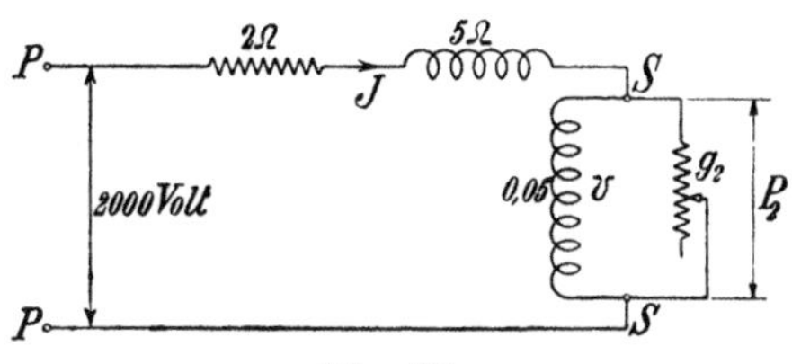

Fig. 91.

Um ein übersichtliches Bild von der Wirkungsweise der Anlage zu gewinnen und die gesuchten Größen in einfacher Weise zu erhalten, verfahren wir graphisch derart, daß wir mittels Inversion und Koordinatentransformation die Strom- und Spannungskurve der Anlage herleiten.

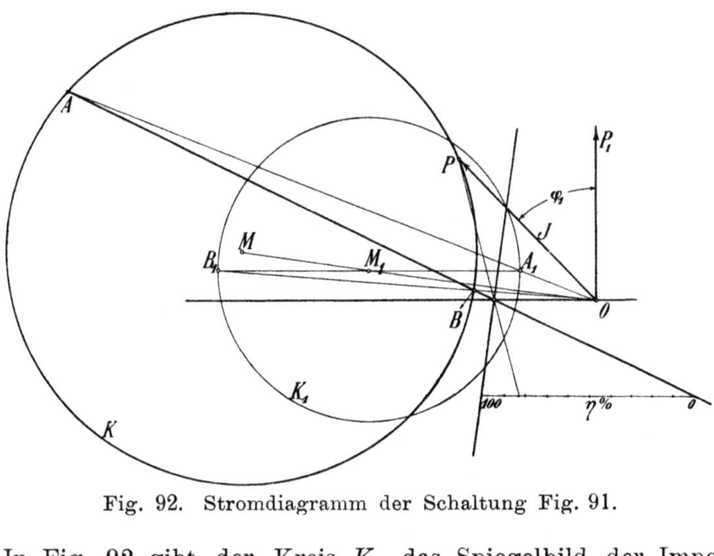

Fig. 92. Stromdiagramm der Schaltung Fig. 91.

In Fig. 92 gibt der Kreis K_1 das Spiegelbild der Impedanz der Anlage für veränderliches g_2 im Maßstabe 1 cm = 5 Ω. Es ist also

$$\overline{OA_1} = \frac{z_1}{5} = \frac{5{,}38}{5} = 1{,}076 \text{ cm}$$

$$\overline{A_1 B_1} = \frac{1}{5}\,\frac{1}{b_2} = \frac{1}{5}\,\frac{1}{0{,}05} = 4 \text{ cm}.$$

Die Stromkurve für eine konstante Spannung P_1 an den primären Klemmen ist, wie schon erläutert, die inverse Kurve K zu dem Spiegelbilde der Impedanzkurve. Die Inversionspotenz ist hierbei so zu wählen, daß die Stromkurve in einem passenden

Maßstab erscheint. Setzen wir 1 cm = 50 Amp., so ergibt sich für zwei entsprechende Punkte P_1 und P, die auf der Impedanz- bzw. auf der Stromkurve liegen,

$$\overline{OP_1} = \frac{1}{5} z$$

$$\overline{OP} = \frac{1}{50} J = \frac{1}{50} \frac{P_1}{z} = \frac{40}{z}$$

$$\overline{OP_1} \cdot \overline{OP} = 8 = \text{Inversionspotenz.}$$

Hiermit erhält man als Stromkurve den Kreis K um den Mittelpunkt M. Auf ihm liegen die Punkte A und B. Der Vektor $\overline{OA}$ stellt den Strom dar für $g_2 = \infty$ oder $r_2 = 0$, also für kurz geschlossene Sekundärklemmen (Kurzschlußpunkt). Hierbei ist der Strom

$$\mathfrak{J}_k = \frac{\mathfrak{P}_1}{\mathfrak{Z}_1} = P_1 \left(\frac{r_1}{z_1^2} + j \frac{x_1}{z_1^2} \right).$$

Der Vektor $\overline{OB}$ stellt den Strom dar für $g_2 = 0$ oder $r_2 = \infty$, also wenn die sekundäre Belastung rein induktiv ist und die Suszeptanz b_2 besitzt (Leerlaufpunkt). Der Leerlaufstrom ist

$$\mathfrak{J}_0 = \frac{\mathfrak{P}_1}{\mathfrak{Z}_1 - j\frac{1}{b_2}} = \frac{\mathfrak{P}_1}{r_1^2 + \left(x_1 + \frac{1}{b_2}\right)^2} \left[r_1 + j \left(x_1 + \frac{1}{b_2} \right) \right].$$

Für einen beliebigen Wert r_2 des Belastungswiderstandes gibt der Vektor $\overline{OP}$ den Strom J nach Größe und Phase φ_1 gegenüber der Primärspannung.

Die Spannung P_2 zwischen den Sekundärklemmen wird am einfachsten nach der im Abschnitt 21 angegebenen Methode dadurch dargestellt, daß man sich ein neues Koordinatensystem mit dem Anfangspunkte in A und mit der reellen Achse durch O denkt. Dann wählt man den Spannungsmaßstab so, daß die Strecke $\overline{AO}$ die Primärspannung P_1 darstellt (s. Fig. 93). Es ist

$$\overline{AO} = \frac{1}{50} J_k = \frac{1}{50} \frac{P_1}{z_1},$$

also ergibt sich der Spannungsmaßstab so, daß

$$1 \text{ cm} = 50\, z_1 = 50 \cdot 5{,}38 = 269 \text{ Volt ist.}$$

Für einen Belastungspunkt P gibt der Vektor $\overline{AP}$ in dem transformierten Koordinatensystem die Sekundärspannung P_2 an, während die Verlustspannung Jz_1 in der Zuleitung durch den Vektor $\overline{PO}$ dargestellt wird. Der Spannungsverlust ist gegeben durch die arithmetische Differenz der primären und sekundären Spannung.

Er ist bei Leerlauf $\overline{AO} - \overline{AB} = \overline{B'O}$

„ Belastung $\overline{AO} - \overline{AP} = \overline{P'O}$.

Die Zunahme des Spannungsverlustes von Leerlauf bis Belastung ist

$$\overline{AB} - \overline{AP} = \overline{P'B'}.$$

Die wattlose Komponente des Belastungsstromes ist

$$\begin{aligned}\mathfrak{J}_{wl} &= j\,\mathfrak{P}_2 b_2 = j b_2 (\mathfrak{P}_1 - \mathfrak{J}\,\mathfrak{Z}_1)\\ &= j b_2 \mathfrak{Z}_1 (\mathfrak{J}_k - \mathfrak{J}).\end{aligned}$$

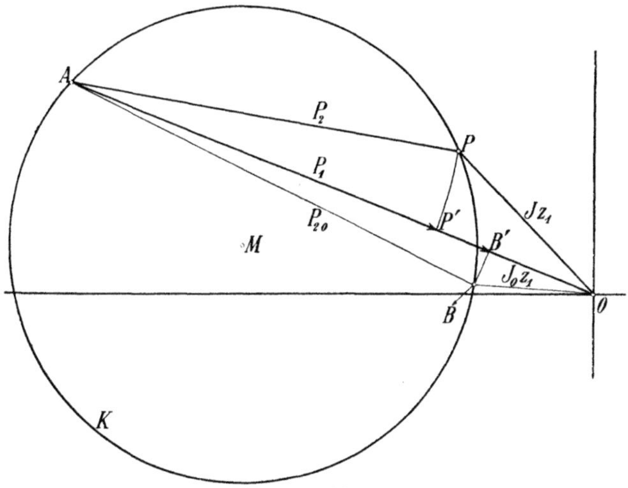

Fig. 93.

Die Wattkomponente des Belastungsstromes ist daher

$$\mathfrak{J}_w = \mathfrak{J} - \mathfrak{J}_{wl} = \mathfrak{J} - j b_2 \mathfrak{Z}_1 (\mathfrak{J}_k - \mathfrak{J}).$$

Für den Leerlaufpunkt ist $\mathfrak{J}_w = 0$ und $\mathfrak{J} = \mathfrak{J}_0$, folglich

$$0 = \mathfrak{J}_0 - j b_2 \mathfrak{Z}_1 (\mathfrak{J}_k - \mathfrak{J}_0).$$

Subtrahiert man die letzte Gleichung von der vorhergehenden, so wird

$$\mathfrak{J}_w = (1 + j b_2 \mathfrak{Z}_1)(\mathfrak{J} - \mathfrak{J}_0).$$

Während die wattlose Komponente $\mathfrak{J}_{wl}$ des Belastungsstromes ihren Betrag und ihre Phase proportional dem Vektor $\overline{PA}$ ändert, ändert sich also die Wattkomponente $\mathfrak{J}_w$ proportional mit dem Vektor $\overline{BP}$.

Nach dem vorhergehenden Kapitel ist die Verlustlinie des Diagrammes durch die Halbpolare des Kreises K_1 in bezug auf den Anfangspunkt gegeben, während die Leistungslinie durch den Kurzschlußpunkt A und den Leerlaufpunkt B geht. Der Wirkungsgrad wird somit wie in Fig. 92 dargestellt.

Der Punkt des Kreises K, für den die übertragene Leistung ein Maximum wird, ist durch die größte Entfernung des Kreises K von der Leistungslinie bestimmt. Für diesen Punkt sind die Beträge der Vektoren $(\mathfrak{J}_k - \mathfrak{J})$ und $(\mathfrak{J} - \mathfrak{J}_0)$ einander gleich, es muß sich daher dem Betrage nach verhalten

$$\frac{J_w}{J_{wl}} = \frac{g_2}{b_2} = \frac{\text{Betrag von } (1 + j\, b_2\, \mathfrak{z}_1)}{\text{Betrag von } j\, b_2\, \mathfrak{z}_1} = \frac{\sqrt{r_1^{\,2} + \left(x_1 + \frac{1}{b_2}\right)^2}}{z_1}.$$

Die Bedingung für maximale Leistung ist daher

$$g_2 = \frac{b_2}{z_1} \sqrt{z_1^{\,2} + 2\, x_1 \frac{1}{b_2} + \frac{1}{b_2^{\,2}}}$$
$$= \sqrt{b_2^{\,2} + 2\, b_1\, b_2 + y_1^{\,2}}$$
$$= \sqrt{g_1^{\,2} + (b_1 + b_2)^2}.$$

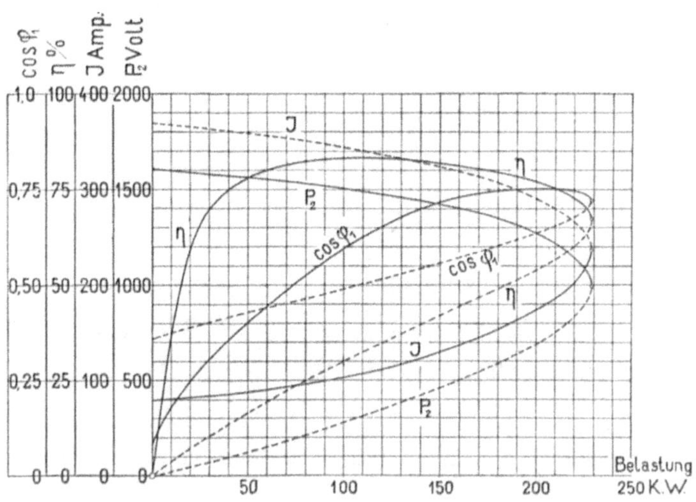

Fig. 94. **Arbeitskurven für den Stromkreis Fig. 91.**

Das ist dieselbe Bedingung, die wir früher (Gl. 49, S. 89) auf andere Weise abgeleitet haben.

Aus dem Diagramm können nun die einzelnen Größen wie P_2, J, η und $\cos\varphi_1$ in rechtwinkligen Koordinaten als Funktion beispielsweise der abgegebenen Leistung abgetragen werden. Dies ist in Fig. 94 geschehen.

In unserem Zahlenbeispiel ist

$$g_1 = \frac{2}{29}$$

$$b_1 = \frac{5}{29}$$

für maximale Leistung ist daher

$$g_2 = \sqrt{g_1^2 + (b_1 + b_2)^2} = 0{,}232\,\mho,$$

und es wird

$$W_{max} = \frac{P_1^2}{2\,(g_2 z_1^2 + r_1)} = 229\ \text{KW}.$$

Der maximale Wirkungsgrad tritt nach der abgeleiteten Beziehung für

$$g_2 = b_2 = 0{,}05\,\mho$$

ein und ist

$$\eta_{max}\,\% = \frac{100}{1 + 2\,r_1 b_2} = \frac{100}{1{,}2} = 83{,}3\,\%.$$

Wie aus dem Diagramm und den Kurven ersichtlich ist, erhält man für jeden Wert der abgegebenen Leistung zwei Werte von P_2, η und $\cos\varphi_1$. Die Kurven gelten alle für positive Konduktanzen g_2, also für jene Punkte des Kreises, die oberhalb der Leistungslinie liegen. Für sie ist die abgegebene Leistung positiv. Die Punkte des Stromdiagrammes, die unterhalb der Leistungslinie liegen, entsprechen den negativen Werten von g_2. Hier ist die abgegebene Leistung negativ, d. h. die Maschinen in der Sekundärstation wirken generatorisch. Die Kurven für negatives g_2 sind in Fig 94 nicht abgebildet, weil sie für uns hier weniger Interesse besitzen.

28. Beispiel II.

Wir betrachten nun eine Arbeitsübertragung über eine Leitung mit Widerstand und Selbstinduktion, bei der die Stromempfänger unabhängig von der Belastung mit konstantem Leistungsfaktor $\cos\varphi_2$ arbeiten. Für eine solche Anlage gelten dieselben Formeln, die auf S. 89 abgeleitet wurden. Nur ist hier die einzige Variable nicht mehr g_2 sondern y_2. Wir können daher schreiben

$$P_2 = \alpha P_1 = \frac{P_1}{\sqrt{(1 + r_1 g_2 + x_1 b_2)^2 + (x_1 g_2 - r_1 b_2)^2}}$$

$$= \frac{P_1}{\sqrt{(1 + r_1 y_2 \cos\varphi_2 + x_1 y_2 \sin\varphi_2)^2 + (x_1 y_2 \cos\varphi_2 - r_1 y_2 \sin\varphi_2)^2}}$$

und weil $J = P_2 y_2$ ist, können wir schreiben

$$P_1 = \sqrt{[P_2 + J(r_1 \cos\varphi_2 + x_1 \sin\varphi_2)]^2 + J^2(x_1 \cos\varphi_2 - r_1 \sin\varphi_2)^2}.$$

Hieraus erhält man durch Umrechnung

$$P_2 = \sqrt{P_1^2 - J^2(x_1 \cos\varphi_2 - r_1 \sin\varphi_2)^2} - J(r_1 \cos\varphi_2 + x_1 \sin\varphi_2).$$

Die Kurve der sekundären Klemmenspannung P_2 als Funktion des Stromes ist ein Teil einer Ellipse.

Die abgegebene Leistung ist

$$\begin{aligned} W_2 &= P_2 J \cos\varphi_2 \\ &= J\cos\varphi_2\left[\sqrt{P_1^2 - J^2(x_1\cos\varphi_2 - r_1\sin\varphi_2)^2} - J(r_1\cos\varphi_2 + x_1\sin\varphi_2)\right] \\ &= J^2 r_2 \\ &= \frac{P_1^2 z_2 \cos\varphi_2}{(r_1 + z_2\cos\varphi_2)^2 + (x_1 + z_2 \sin\varphi_2)^2} \\ &= \frac{P_1^2 z_2 \cos\varphi_2}{z_1^2 + z_2^2 + 2 z_2 (r_1 \cos\varphi_2 + x_1 \sin\varphi_2)}. \end{aligned}$$

Die maximale abgegebene Leistung erhält man für

$$\frac{dW_2}{dz_2} = 0.$$

Dies ist der Fall, wenn

$$\begin{aligned} z_1^2 + z_2^2 &+ 2 z_2 (r_1 \cos\varphi_2 + x_1 \sin\varphi_2) \\ &- z_2 [2 z_2 + 2(r_1 \cos\varphi_2 + x_1 \sin\varphi_2)] = 0, \end{aligned}$$

also wenn

$$z_2 = z_1 \quad \ldots\ldots\ldots \quad (52)$$

ist, d. h. wenn der Betrag der Impedanz der Stromempfänger gleich dem Betrag der Impedanz der Leitung ist.

Durch Einsetzen dieses Wertes von z_2 erhält man die maximale Leistung

$$W_{2\,max} = \frac{P_1^2 \cos\varphi_2}{2(z_1 + r_1 \cos\varphi_2 + x_1 \sin\varphi_2)} \quad \ldots \quad (53)$$

Wir wählen dieselbe Leitung wie im vorhergehenden Beispiel und setzen

$P_1 = 2000$ Volt, $\quad r_1 = 2{,}0$ Ohm, $\quad x_1 = 5{,}0$ Ohm.

Die Diagramme sollen zum Vergleich für die folgenden drei Fälle entwickelt werden

$\cos\varphi_2' = 0{,}9$ Verzögerung des Stromes
$\cos\varphi_2'' = 1$
$\cos\varphi_2''' = 0{,}9$ Voreilung des Stromes.

In Fig. 95 ist $\overline{OA_1}$ das Spiegelbild der Impedanz z_1 im Maßstabe 1 cm = 2 Ω. Durch den Punkt A_1 legen wir die drei Geraden K_1', K_1'' und K_1''', sie bilden die Winkel φ_2', φ_2'' und φ_2''' mit der Vertikalen. Diese Geraden sind die Spiegelbilder für die Summe der Impedanzen $\mathfrak{Z}_1 + \mathfrak{Z}_2$ in den drei betrachteten Fällen,

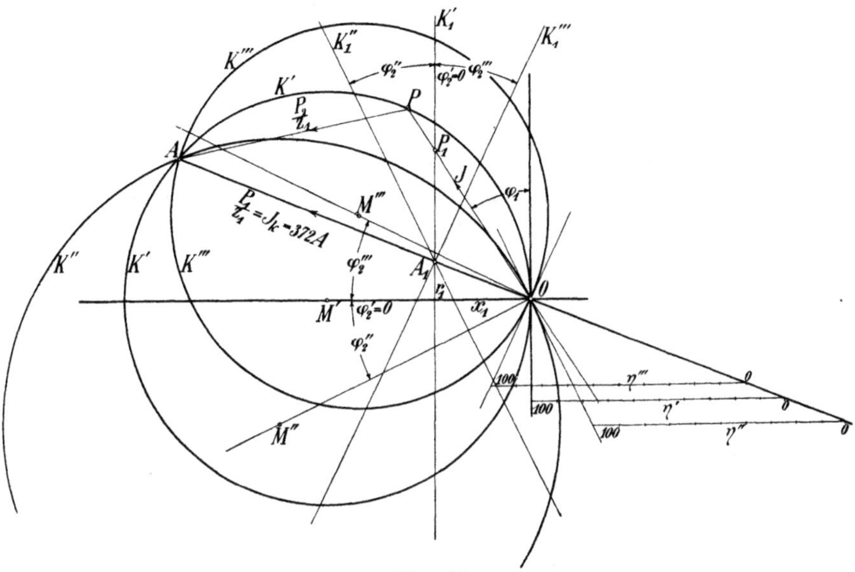

Fig. 95.

Durch Inversion der Impedanzkurven K_1', K_1'' und K_1''' erhält man die drei Kreise K', K'' und K''', welche die Stromkurven der Anlage sind. Der Strommaßstab ist so gewählt, daß 1 cm = 75 Amp. ist. Sind P_1 und P zwei entsprechende Punkte, von denen der erste auf der Impedanz-, der zweite auf einer Stromkurve liegt, so ist

$$\overline{OP_1} = \frac{1}{2} z$$

$$\overline{OP} = \frac{1}{75} J = \frac{1}{75} \frac{2000}{z} = \frac{2000}{75 \cdot 2 \cdot \overline{OP_1}},$$

folglich ist die Inversionspotenz

$$\overline{OP_1} \cdot \overline{OP} = 13,3.$$

Noch leichter lassen sich die Kreise durch die einfache Überlegung bestimmen, daß sie alle durch den gemeinschaftlichen Kurzschlußpunkt A und durch den Anfangspunkt der Koordinaten O gehen müssen. Die Kreismittelpunkte M', M'' und M''' müssen daher alle auf der Senkrechten durch den Mittelpunkt der Strecke $\overline{OA}$

liegen. Ferner bilden die Strahlen $\overline{OM'}$, $\overline{OM''}$ und $\overline{OM'''}$ die Winkel φ_2', φ_2'' und φ_2''' mit der Abszissenachse. Für $\varphi_2' = 0$ (induktionsfreie Belastung) liegt der Mittelpunkt M' daher auf der Abszissenachse.

Die Sekundärspannung $\mathfrak{P}_2$ ist

$$\mathfrak{P}_2 = \mathfrak{P}_1 - \mathfrak{J}\mathfrak{Z}_1 = \mathfrak{Z}_1\left(\frac{\mathfrak{P}_1}{\mathfrak{Z}_1} - \mathfrak{J}\right) = \mathfrak{Z}_1(\mathfrak{J}_k - \mathfrak{J}),$$

wobei der Kurzschlußstrom $\mathfrak{J}_k$ durch den Vektor $\overline{OA}$ gegeben ist. Für einen Punkt P der Stromkurve ist der Strom $\mathfrak{J}_k - \mathfrak{J}$ dargestellt durch den Vektor $\overline{PA}$. Wenn wir den Spannungsmaßstab so wählen, daß die Strecke $\overline{AO}$ die Primärspannung $P_1 = 2000$ Volt darstellt, so gibt uns für irgendeine Belastung der Abstand $\overline{AP}$ des Kurz-

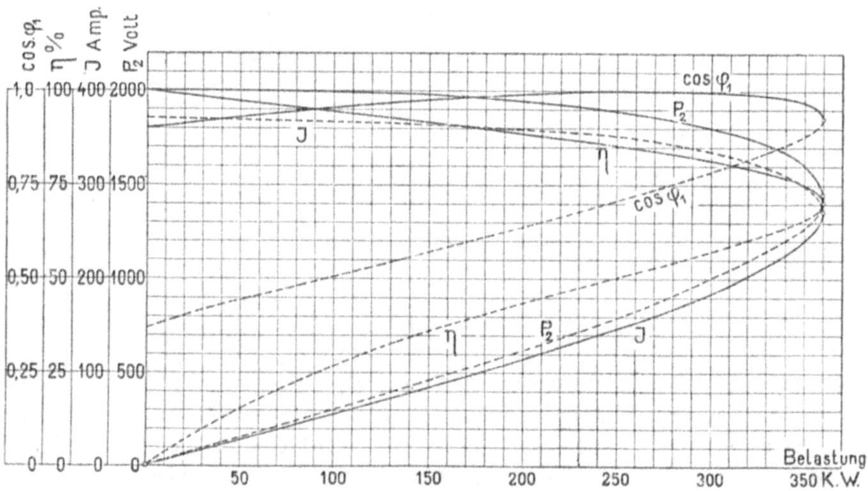

Fig. 96. **Arbeitskurven für Phasenvoreilung an den sekundären Klemmen.**

schlußpunktes von dem betreffenden Punkt der Stromkurve die Sekundärspannung P_2. Man sieht, daß der Spannungsabfall für induktive Belastung am größten ist, kleiner ist er für induktionsfreie Belastung, während eine kapazitive Belastung sogar für kleine Belastungen eine Spannungserhöhung bewirkt, wenn $\varphi_2 > \varphi_1$ ist.

Der primäre Leistungsfaktor $\cos\varphi_1$ setzt bei Leerlauf mit dem Werte $\cos\varphi_2$ ein, da hierbei der Einfluß der Leitung verschwindet. Bei zunehmender Belastung macht sich der Einfluß der Reaktanz der Leitung bemerkbar, und der Leistungsfaktor nimmt bei induktiver und induktionsfreier Sekundärbelastung ab, bei kapazitiver Belastung dagegen zunächst zu, bis er den Wert eins erreicht und dann abnimmt.

Alle Kreise haben dieselbe Leistungslinie $\overline{OA}$. Die maximale Leistung wird abgegeben, wenn der Endpunkt des Stromvektors auf der Stromkurve in der Mitte zwischen O und A liegt. Für

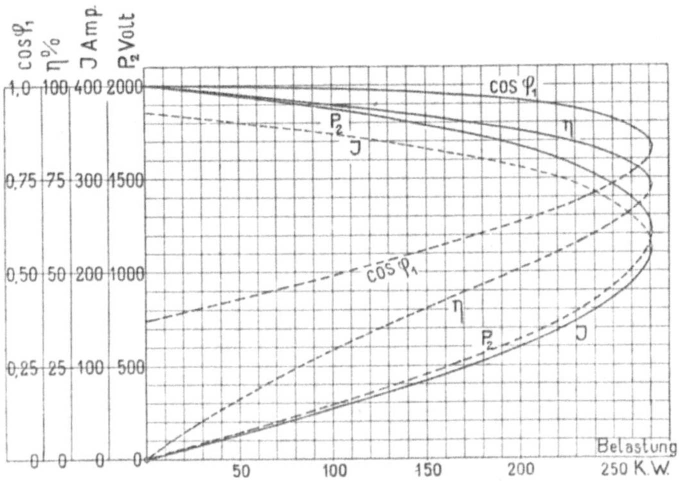

Fig. 97 a. Arbeitskurven für Phasengleichheit an den sekundären Klemmen.

diesen Punkt ist der Spannungsabfall in der Leitung dem Betrage nach gleich der Spannung in der Sekundärstation, also

$$Jz_1 = Jz_2 ,$$

d. h.

$$z_1 = z_2$$

wie früher auf anderem Wege gefunden wurde.

Jede Stromkurve hat ihre eigene Verlustlinie, die durch die Kreistangente im Anfangspunkte bestimmt ist. Der Wirkungsgrad für jede Belastungsart findet sich hieraus in der üblichen Weise (siehe Fig. 95).

In den Fig. 96, 97 a und 97 b sind die Kurven für P_2, J, η und $\cos\varphi_1$ in rechtwinkligen Koordinaten aus dem Diagramm aufgetragen.

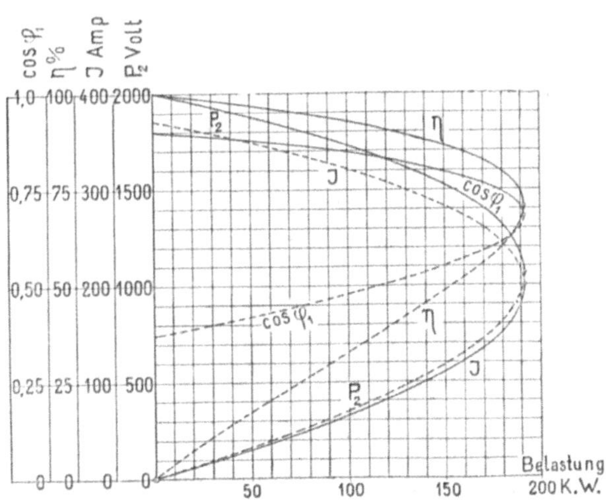

Fig. 97 b. Arbeitskurven für Phasenverzögerung an den sekundären Klemmen.

Man sieht z. B., daß die Maximalleistung für die kapazitive Belastung am größten und für die induktive am kleinsten ist. Auch hier wird jede Belastung ebenso wie im Beispiel I bei zwei verschiedenen Werten der in den Kurven dargestellten Größen erhalten. Von diesen beiden Belastungszuständen ist der durch die voll ausgezogenen Kurvenzweige charakterisierte der gewöhnliche. Ihm entsprechen auf den Stromkurven die Punkte, die zwischen dem Koordinatenanfangspunkte und dem Punkte der maximalen Leistung liegen.

Die Punkte der Stromkurven, die unterhalb der Leistungslinie liegen, beziehen sich auf generative Wirkung der Sekundärstation. Dieser Teil des Diagrammes ist nicht in rechtwinklige Koordinaten übertragen.

29. Reihenschaltung von mehreren Impedanzen.

Sind mehrere Impedanzen mit den Konstanten r_1, x_1, r_2, x_2, r_3, x_3 usw. hintereinander geschaltet, so bedingt der Widerstand jedes Teiles des Stromkreises eine Spannungskomponente in Phase mit dem Strome und die Reaktanz eine Komponente, die dem Stromvektor um 90^0 voreilt. Um einen Strom durch alle diese Impedanzen zu treiben, ist eine Klemmenspannung

$$\mathfrak{P} = \mathfrak{J}(r_1 - jx_1) + \mathfrak{J}(r_2 - jx_2) + \mathfrak{J}(r_3 - jx_3) + \ldots$$
$$= \mathfrak{J}(r_t - jx_t) = \mathfrak{J}\mathfrak{Z}_t,$$

erforderlich, worin $r_t = r_1 + r_2 + r_3 + \ldots = \Sigma(r)$

und $x_t = x_1 + x_2 + x_3 + \ldots = \Sigma(x)$ ist.

Die Totalimpedanz eines Stromkreises mit hintereinander geschalteten Impedanzen ist gleich der geometrischen Summe der einzelnen Impedanzen, also in symbolischer Schreibweise ausgedrückt:

$$\mathfrak{Z}_t = \mathfrak{Z}_1 + \mathfrak{Z}_2 + \mathfrak{Z}_3 + \ldots \quad (54)$$

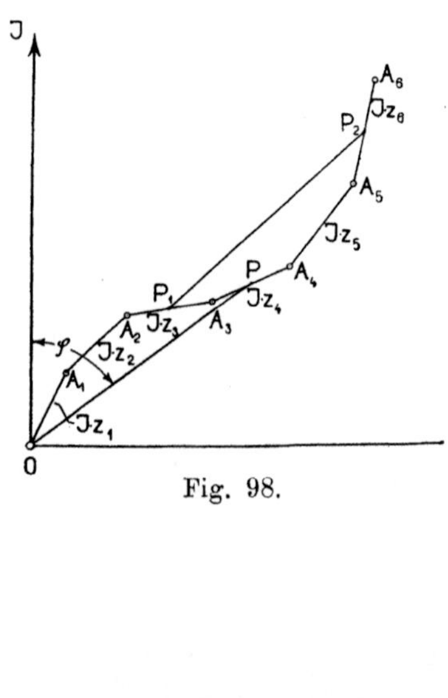

Fig. 98.

Fig. 98 zeigt die graphische Zusammensetzung der EMKe, die nötig sind, um den Strom J durch die einzelnen Impedanzen zu treiben. Da der Strom im ganzen Stromkreis konstant ist, so könnte man auch die Impedanzen statt der EMKe graphisch zusammensetzen.

Macht man die Annahme, daß jeder Teil des Stromkreises für sich ein homogener Leiter ist, d. h. daß r und x sich gleichmäßig über den betreffenden Teil des Stromkreises verteilen, und nimmt man ferner an, daß die eine Klemme des Stromkreises das Potential Null besitzt, so gibt uns der Linienzug $O A_1 A_2 A_3$ usw. ein Bild der Verteilung des Potentiales über den ganzen Stromkreis. Der irgend einem Punkte P des Linienzuges entsprechende Punkt des Stromkreises bekommt ein Potential, das gleich dem Abstand des Punktes P von dem Ursprung ist, und die Phasenverschiebung dieses Potentiales gegen den Strom J ist gleich dem Winkel φ zwischen diesem Vektor $\overline{OP}$ und der Ordinatenachse. Für zwei Punkte P_1 und P_2 des Stromkreises ist die Potentialdifferenz gleich dem Abstande der beiden Punkte des Linienzuges. Diese Potentialdifferenz ist durch die Gerade $\overline{P_1 P_2}$ nach Größe und Richtung gegeben.

Fünftes Kapitel.

Parallelschaltung von Stromkreisen.

30. Stromkreis mit parallel geschalteten Admittanzen. — 31. Stromresonanz. — 32. Die zu zwei parallel geschalteten Impedanzen äquivalente Impedanz.

30. Stromkreis mit parallel geschalteten Admittanzen.

Die zwischen den beiden Verzweigungspunkten A und B der Fig. 99 herrschende Spannung sei

$$p = \sqrt{2}\, P \sin \omega t.$$

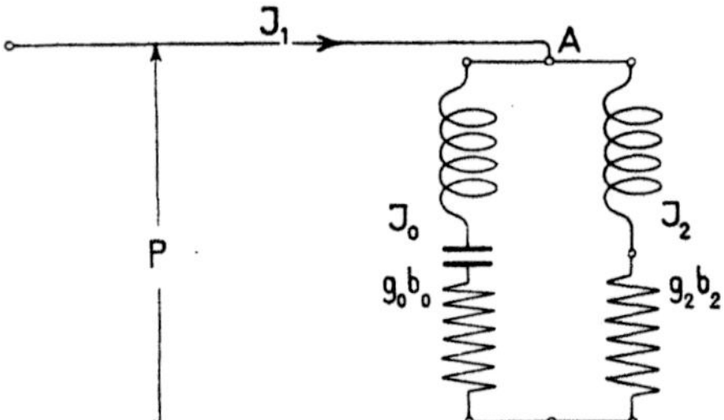

Fig. 99. Stromkreis mit zwei parallelgeschalteten Admittanzen.

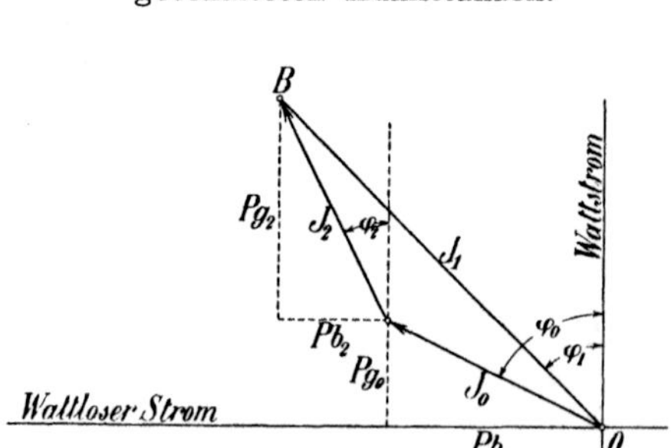

Fig. 100. Graphische Addition der Ströme zweier parallel geschalteter Stromkreise.

Die Ströme in den beiden Stromzweigen werden dann J_0 und J_2 und sind nach Früherem durch ihre Komponenten

$$Pg_0,\ Pb_0 \text{ und } Pg_2,\ Pb_2$$

gegeben.

Durch Aufzeichnung dieser Komponenten erhalten wir in Fig. 100 die Ströme J_0 und J_2 sowie ihre geometrische Summe, den resultierenden Strom J_1.

Betrachten wir den Fall, daß P, g_0 und b_0 konstante Größen sind, so kann man durch Vergleich mit Fig. 54 die Vorgänge im Stromkreise durch die Fig. 101 darstellen. Läßt man einmal x_2 konstant, während r_2 veränderlich ist, so wird der geometrische Ort des Stromvektors J_1 der Halbkreis O_1BA. Wird ein anderes Mal r_2 konstant gehalten, während x_2 sich ändert, so ist der geometrische Ort des Endpunktes des Stromvektors der Kreis O_1BC. Dabei gilt der rechts von O_1C liegende Halbkreis, wenn x_2 eine Kapazitätsreaktanz ist.

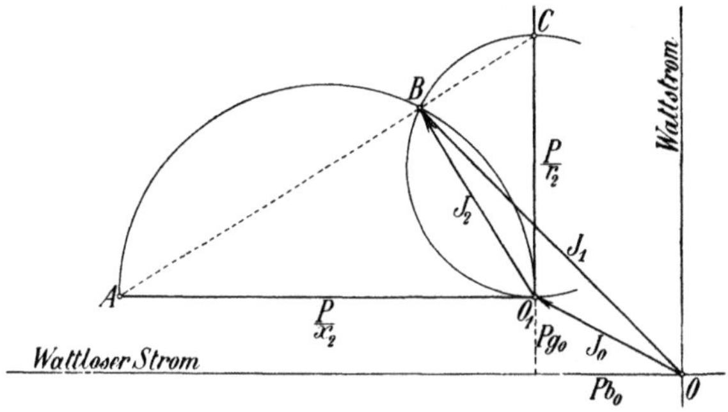

Fig. 101. Stromdiagramm für zwei parallel geschaltete Stromkreise.

Sind mehrere Admittanzen mit den Konstanten g_1, b_1, g_2, b_2, g_3, b_3 usw. parallel geschaltet, so wird die an ihren Klemmen wirkende Spannung P durch jede Admittanz eine Stromkomponente Pg in Phase mit der Spannung und eine wattlose Stromkomponente Pb, die dem Spannungsvektor um 90^0 nacheilt, hindurchtreiben. Es ist somit der durch den ganzen Stromkreis fließende Strom

$$\begin{aligned}\mathfrak{J} &= \mathfrak{P}(g_1 + jb_1) + \mathfrak{P}(g_2 + jb_2) + \mathfrak{P}(g_3 + jb_3) + \ldots . \\ &= \mathfrak{P}(g_t + jb_t) = \mathfrak{P}\mathfrak{Y}_t,\end{aligned}$$

worin

$$g_t = g_1 + g_2 + g_3 + \ldots . = \Sigma(g)$$

$$b_t = b_1 + b_2 + b_3 + \ldots . = \Sigma(b) \text{ ist.}$$

Hieraus folgt, daß die Totaladmittanz $\mathfrak{Y}_t$ eines Stromkreises mit mehreren parallel geschalteten Admittanzen gleich ist der geometrischen Summe der einzelnen Admittanzen, d. h. in symbolischer Schreibweise ausgedrückt ist

$$\mathfrak{Y}_t = \mathfrak{Y}_1 + \mathfrak{Y}_2 + \mathfrak{Y}_3 + \ldots .$$

31. Stromresonanz.

Sind zwei Stromzweige parallel geschaltet, von denen der eine Kapazität und der andere Selbstinduktion enthält, so nimmt der erste einen voreilenden und der zweite einen nacheilenden Strom auf. Die wattlose Komponente des resultierenden Stromes wird daher kleiner als die wattlose Komponente jedes Zweigstromes.

Sind die wattlosen Ströme der beiden Zweige gleich groß mit entgegengesetztem Vorzeichen, so ist der resultierende Strom mit der Spannung in Phase. Man sagt, daß **Resonanz** im Stromkreise herrscht, und zwar bezeichnet man diese Art von Resonanz bei Parallelschaltung als **Stromresonanz** im Gegensatz zu der auf Seite 52 besprochenen Spannungsresonanz.

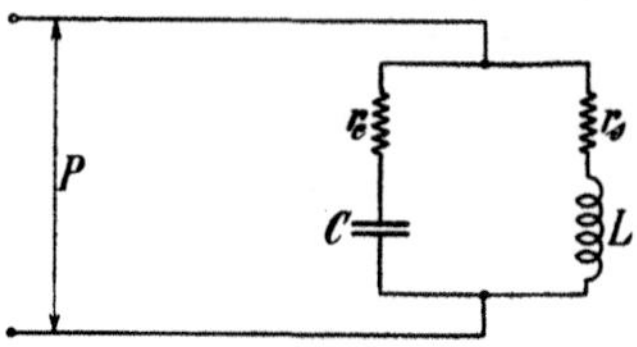

Fig. 102. Schaltung für Stromresonanz.

Die Reaktanzen der beiden Stromzweige in Fig. 102 sind

$$x_c = \frac{1}{\omega C} \quad \text{und} \quad x_s = \omega L.$$

Die Resonanzbedingung lautet

$$b_c = b_s$$

$$\frac{x_c}{r_c^2 + \frac{1}{\omega^2 C^2}} = \frac{x_s}{r_s^2 + \omega^2 L^2}.$$

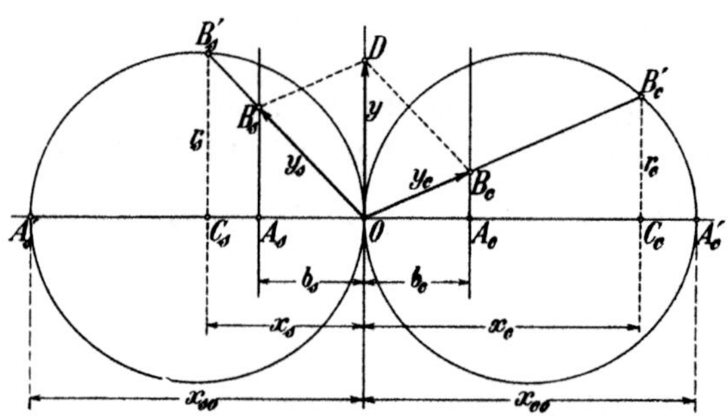

Fig. 103. Diagramm für Stromresonanz.

Trägt man in Fig. 103 $\overline{OA_c} = \overline{OA_s} = b_c = b_s$ auf, so ist die Bedingung der Resonanz erfüllt, sobald der Endpunkt B_c des Vektors $\mathfrak{Y}_c$ auf der Vertikalen durch A_c und der Endpunkt B_s des Vektors $\mathfrak{Y}_s$ auf der Vertikalen durch A_s liegt, denn dann fällt die resultierende Admittanz $\mathfrak{Y} = \overline{OD}$ mit der Ordinatenachse zusammen. Die Kreise über $\overline{OA_c'}$ und $\overline{OA_s'}$ sind die geometrischen Örter der Spiegelbilder der Impedanzen $\mathfrak{Z}_c$ bzw. $\mathfrak{Z}_s$.

Für $r_c = r_s = 0$ findet man die gleiche Bedingung für Stromresonanz wie für Spannungsresonanz (s. Abschn. 16). Es ergibt sich dann

$$\omega L_0 = \frac{1}{\omega C_0} = x_{s0} = x_{c0} = x_0$$

$$L_0 C_0 = \frac{1}{\omega^2} \quad . \quad . \quad . \quad . \quad . \quad . \quad . \quad . \qquad (55)$$

Für $r_c = r_s = r_1 \lesseqgtr 0$ tritt Resonanz in zwei Fällen ein, nämlich

1. für
$$x_s = x_c = x_1$$
$$\omega L = \frac{1}{\omega C}$$
$$LC = \frac{1}{\omega^2} \quad . \quad . \quad . \quad . \quad . \quad . \quad . \quad . \quad . \qquad (56)$$

Hierbei ist die resultierende Konduktanz der beiden Zweige
$$g = g_s + g_c$$
oder, weil
$$g_s = g_c = g_1 \text{ ist,}$$
$$g = 2\, g_1$$
gleich der doppelten Konduktanz im einen Zweig.

2. Für
$$r_1^2 = x_s (x_{s0} - x_s) = x_s x_c = \frac{L}{C} \quad . \quad . \quad . \quad . \qquad (56\text{a})$$

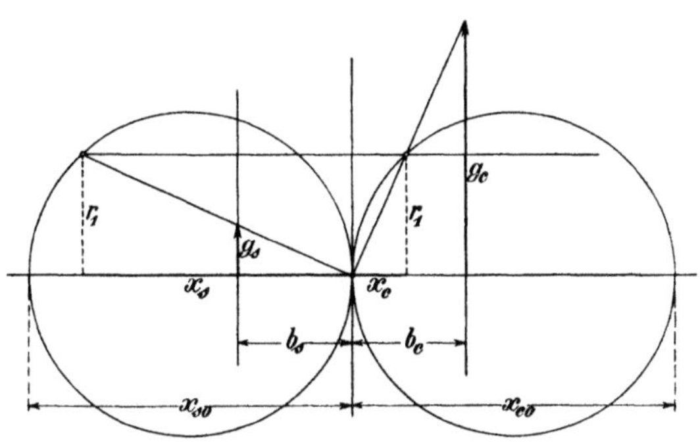

Fig. 104. Diagramm für Resonanz unabhängig von der Periodenzahl.

Dieser Fall ist in Fig. 104 dargestellt. Die resultierende Konduktanz der beiden Zweige ist hier
$$g = g_s + g_c = b_s \frac{r_1}{x_s} + b_c \frac{r_1}{x_c}.$$

Weil hier
$$b_s = b_c = b_1$$
ist, hat man auch
$$g = r_1 b_1 \left(\frac{1}{x_s} + \frac{1}{x_c}\right) = r_1 b_1 \left(\frac{1}{x_s} + \frac{x_s}{r_1^2}\right)$$
$$= r_1 b_1 \frac{r_1^2 + x_s^2}{x_s r_1^2} = r_1 b_1 \frac{1}{r_1^2} \frac{1}{b_1} = \frac{1}{r_1}.$$

Der resultierende Widerstand zwischen den Klemmen ist somit

$$r = \frac{1}{g} = r_1$$

gleich dem Widerstand in dem einen Zweig.

Dieser letzte Fall der Resonanz ist besonders interessant, weil er von der Periodenzahl unabhängig ist.

32. Die zu zwei parallel geschalteten Impedanzen äquivalente Impedanz.

Sind zwei Impedanzen $\mathfrak{Z}_1$ und $\mathfrak{Z}_2$ parallel geschaltet und setzen wir in symbolischer Schreibweise

$$\mathfrak{Z}_1 = \frac{1}{\mathfrak{Y}_1}, \quad \mathfrak{Z}_2 = \frac{1}{\mathfrak{Y}_2},$$

so ist die Impedanz der Parallelschaltung

$$\mathfrak{Z} = \frac{1}{\mathfrak{Y}},$$

wobei

$$\mathfrak{Y} = \mathfrak{Y}_1 + \mathfrak{Y}_2 = \frac{1}{\mathfrak{Z}} = \frac{1}{\mathfrak{Z}_1} + \frac{1}{\mathfrak{Z}_2}$$

oder

$$\mathfrak{Z} = \frac{1}{\mathfrak{Y}_1 + \mathfrak{Y}_2} = \frac{\mathfrak{Z}_1 \mathfrak{Z}_2}{\mathfrak{Z}_1 + \mathfrak{Z}_2} \quad . \quad . \quad . \quad . \quad . \quad (57)$$

ist.

Dieser Ausdruck ist von derselben Form wie der für den resultierenden Widerstand von zwei parallel geschalteten Ohmschen Widerständen.

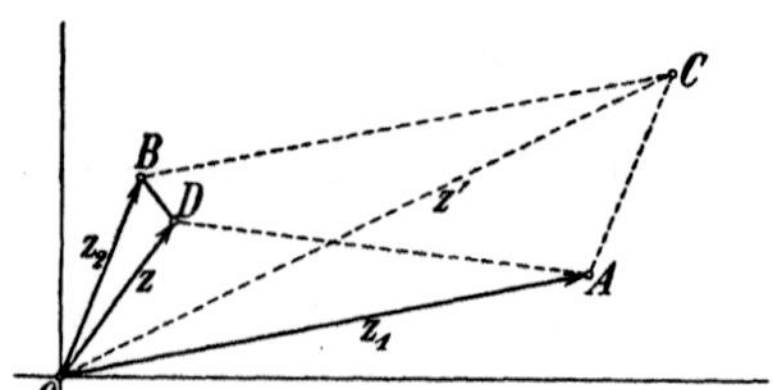

Fig. 105. Graphische Konstruktion der zu zwei parallel geschalteten Impedanzen äquivalenten Impedanz.

Die Impedanz $\mathfrak{Z}$ kann leicht graphisch konstruiert werden, wenn die beiden Impedanzen $\mathfrak{Z}_1$ und $\mathfrak{Z}_2$ gegeben sind. Ist in Fig. 105

$$\overline{OA} = \mathfrak{Z}_1 \text{ und } \overline{OB} = \mathfrak{Z}_2,$$

so ist

$$\overline{OC} = \mathfrak{Z}_1 + \mathfrak{Z}_2 = \mathfrak{Z}'.$$

Wir konstruieren

$$\Delta ODB \sim \Delta OAC,$$

so ist auch

$$\Delta ODA \sim \Delta OBC$$

und die gesuchte Impedanz $\mathfrak{Z}$ ist gegeben durch den Vektor $\overline{OD}$. Schreibt man nämlich die Gl. 57 in der Form

$$\frac{\mathfrak{Z}}{\mathfrak{Z}_2} = \frac{\mathfrak{Z}_1}{\mathfrak{Z}_1 + \mathfrak{Z}_2} = \frac{\mathfrak{Z}_1}{\mathfrak{Z}'} = \frac{z e^{-j\varphi}}{z_2 e^{-j\varphi_2}} = \frac{z_1 e^{-j\varphi_1}}{z' e^{-j\varphi'}},$$

so muß einerseits für die Beträge gelten

$$\frac{z}{z_2} = \frac{z_1}{z'},$$

andererseits müssen die Winkel

$$\varphi - \varphi_2 = \varphi_1 - \varphi'$$

oder

$$\angle BOD = \angle COA \text{ sein.}$$

Hieraus geht die Richtigkeit der Konstruktion in Fig. 105 hervor.

Der Punkt D kann auch mit Hilfe der folgenden Konstruktion bestimmt werden (s. Fig. 106):

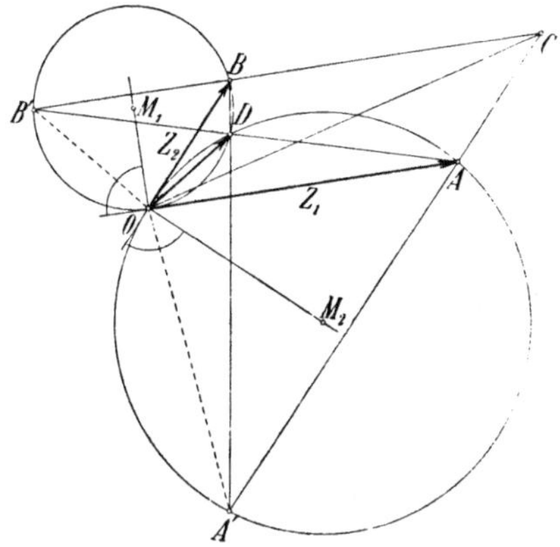

Fig. 106. Impedanzdiagramm für zwei Impedanzen in Parallelschaltung.

Wir bestimmen die Punkte A' und B' als Spiegelbilder der Punkte A bzw. B in den Senkrechten $\overline{OM_2}$ und $\overline{OM_1}$ auf den Impedanzen $\mathfrak{Z}_2$ und $\mathfrak{Z}_1$. Dann ergibt sich

$$\Delta\, OAB' \cong \Delta\, OA'B \cong \Delta\, BCO$$

und folglich

$$\angle OAB' = \angle BCO = \angle DAO$$

$$\angle OBA' = \angle BOC = \angle DBO.$$

Der gesuchte Punkt D liegt also auf den beiden Linien $\overline{AB'}$ und $\overline{BA'}$, d. h. er ist ihr Schnittpunkt.

Für den Fall, daß die Impedanz z_2 bei konstanter Richtung ihren absoluten Betrag ändert, bewegt sich der Punkt B auf einer Geraden durch O und B. Hierbei bleibt

$$\angle OBC = \angle ODA = \text{konstant.}$$

Der Punkt D bewegt sich dann auf dem Kreise um den Mittelpunkt M_2 durch die Punkte O, A und A'. Ist umgekehrt z_2 konstant und z_1 dem Betrage nach veränderlich, so bleiben die Punkte B und B' fest und der Punkt D bewegt sich auf dem Kreise um M_1 durch O, B und B'.

Sechstes Kapitel.

Stromkreise allgemeineren Charakters.

33. Impedanz in Reihenschaltung mit zwei parallelen Stromkreisen.

Die Schaltung eines derartigen Stromkreises zeigt Fig. 107. Er kann z. B. aus einer Kraftübertragungsleitung mit Widerstand und Selbstinduktion und zwei an der Sekundärstation parallel geschalteten Admittanzen bestehen. In diesen beiden Zweigen sollen y_a und x_2 konstant bleiben, während der Belastungswiderstand r_2 beliebig verändert werden kann.

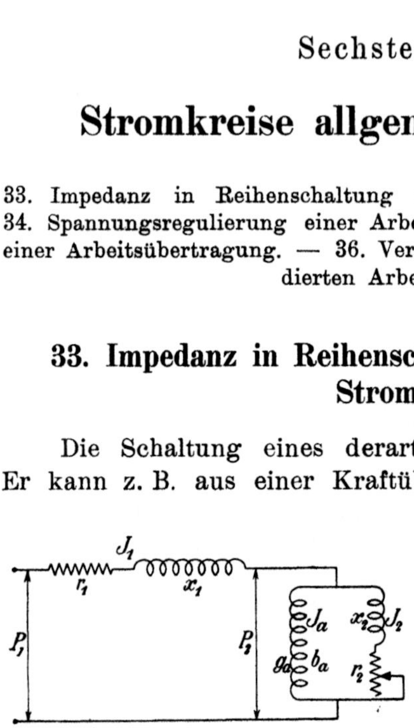

Fig. 107. Stromkreis mit einer Impedanz in Reihenschaltung mit zwei parallel geschalteten Stromkreisen.

Um das Stromdiagramm dieses Stromkreises für eine konstante Primärspannung P_1 zu ermitteln, geht man von der Admittanzkurve der beiden parallelen Stromzweige aus, die man nach Fig. 101, S. 103 erhält. Diese Admittanzkurve geht durch Inversion in die Impedanzkurve über, zu der man die Leitungsimpedanz z_1 addiert. Durch nochmalige Inversion erhält man schließlich die Kurve der Admittanz zwischen den Primärklemmen oder das Stromdiagramm der Schaltung.

Die Fig. 108 ist mit den folgenden Zahlenwerten gezeichnet:

$$\mathfrak{Z}_1 = 2 - j\,5\,\Omega \qquad \mathfrak{Z}_2 = r_2 - j\,4\,\Omega$$

$$\mathfrak{Y}_a = 0{,}0033 + j\,0{,}02\,\mho$$

$$P_1 = 1000 \text{ Volt.}$$

Wir nehmen 1 cm $= 0{,}05\,\mho$ und gehen von O' um $\frac{b_a}{0{,}05} = 0{,}4$ cm nach links und um $\frac{g_a}{0{,}05} = 0{,}066$ cm nach oben zum Punkte P_0'. Der Vektor $\overline{O'P_0'}$ stellt dann die Admittanz $\mathfrak{Y}_a$ dar. Parallel zur Abszissenachse legen wir

$$\overline{P_0'P_k'} = \frac{1}{0{,}05} \cdot \frac{1}{x_2} = 5 \text{ cm}$$

und konstruieren darüber als Durchmesser den Kreis K', er ist der geometrische Ort der Admittanz $\mathfrak{Y}_a + \frac{1}{\mathfrak{Z}_2}$.

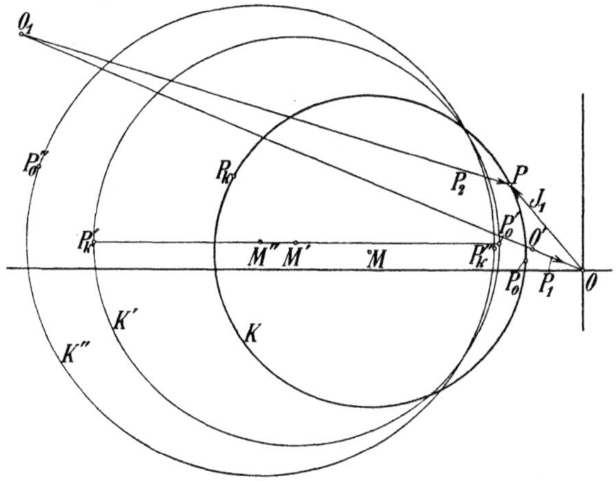

Fig. 108. Konstruktion des Stromdiagramms für den Stromkreis Fig. 107.

Durch Inversion dieses Kreises in Bezug auf O' erhalten wir den geometrischen Ort der Impedanz

$$\frac{1}{\mathfrak{Y}_a + \frac{1}{\mathfrak{Z}_2}} = \frac{\mathfrak{Z}_2}{1 + \mathfrak{Z}_2 \mathfrak{Y}_a}.$$

Der Maßstab der Impedanzen sei 1 cm $= 8\ \Omega$, folglich ist die Inversionspotenz

$$I = \frac{1}{0{,}05 \cdot 8} = 2{,}5 .$$

Der inversierte Kreis ist K''.

Gehen wir von dem Punkte O' um $\frac{x_1}{8} = 0{,}625$ cm nach rechts und um $\frac{r_1}{8} = 0{,}25$ cm nach unten, so kommen wir zum Punkte O.

Der Kreis K'' stellt auf diesen Punkt bezogen die Impedanz zwischen den Primärklemmen dar. Wollen wir die Admittanz zwischen den Primärklemmen im Maßstabe 1 cm = 0,025 ℧ erhalten, so haben wir schließlich den Kreis K'' mit der Inversionspotenz

$$I = \frac{1}{8 \cdot 0{,}025} = 5$$

in bezug auf O zu inversieren. Der neue Kreis ist K. Weil die Primärspannung $P_1 = 1000$ Volt ist, stellt der Kreis K den Strom J_1 dar im Maßstabe 1 cm $= 0{,}025 \cdot 1000 = 25$ Amp.

Der Punkt P_0 entspricht dem Belastungszustande $r_2 = \infty$ und wird als Leerlaufpunkt der Anlage bezeichnet. Der Leerlaufstrom J_{10} ist somit gegeben durch den Vektor $\overline{OP_0}$. Der Punkt P_k ist der Kurzschlußpunkt und entspricht dem Belastungszustand $r_2 = 0$. Der Kurzschlußstrom J_{1k} ist gegeben durch den Vektor $\overline{OP_k}$.

Ist O_1 der mit der Inversionspotenz 5 bestimmte inverse Punkt des ersten Anfangspunktes O', so entspricht der Vektor $\overline{OO_1}$ dem Strome $\frac{P_1}{z_1}$. O_1 ist also der Kurzschlußpunkt für den Fall, daß die Sekundärklemmen direkt miteinander verbunden sind. Ist P irgendein Punkt auf dem Stromkreise K, so stellt der Vektor $\overline{PO_1}$ einen Strom dar gleich

$$\frac{\mathfrak{P}_1}{\mathfrak{Z}_1} - \mathfrak{J}_1 = \frac{\mathfrak{P}_1 - \mathfrak{J}_1 \mathfrak{Z}_1}{\mathfrak{Z}_1} = \frac{\mathfrak{P}_2}{\mathfrak{Z}_1}.$$

Konstruieren wir also ein neues Koordinatensystem mit dem Anfangspunkte in O_1 und mit der rellen Achse durch O, wählen wir außerdem den Spannungsmaßstab so, daß $\overline{O_1 O}$ gleich P_1 Volt wird, so stellt in diesem neuen System der Vektor $\overline{O_1 P}$ die Sekundärspannung P_2 dar (siehe Kap. III, Abschn. 21). In diesem Koordinatensystem ist somit das Dreieck $O_1 P O$ das Spannungsdreieck der Anlage. Der Spannungsverlust in der Zuleitung ist gleich der algebraischen Differenz $\overline{O_1 O} - \overline{O_1 P}$. Bei Leerlauf ist der Spannungsabfall $\overline{O_1 O} - \overline{O_1 P_0}$. Von Leerlauf bis Belastung fällt somit die Spannung um $\overline{O_1 P_0} - \overline{O_1 P}$.

Der Strom J_a in der konstanten Admittanz y_a ändert sich proportional mit der Spannung P_2. Es wird also

$$J_a = \frac{P_2}{P_{20}} J_{a0} = \frac{P_2}{P_{20}} J_0,$$

wobei $J_{a0} = J_0$ den Leerlaufstrom, P_{20} die Sekundärspannung bei Leerlauf bedeutet. Aus dem Diagramm folgt

$$\frac{P_2}{P_{20}} = \frac{O_1 P}{O_1 P_0}, \qquad J_0 = \overline{O P_0},$$

folglich ist in dem ursprünglichen Strommaßstab:

$$J_a = \frac{\overline{O P_0}}{O_1 P_0} O_1 P.$$

Um das Diagramm zu vervollständigen, können wir nun die Verlust- und Leistungslinien hineinzeichnen. Für den Verlust in der Impedanz z_1 können wir setzen

$$V_1 = J_1^2 r_1 = B_1 \mathfrak{V}_1,$$

wobei $\mathfrak{V}_1 = 0$ nach Abschn. 23 abgekürzt die Gleichung der Verlustlinie bedeutet Diese Linie ist die Halbpolare des Anfangspunktes O in Bezug auf den Kreis und wird wie angegeben konstruiert.

Der Verlust in der parallel geschalteten Admittanz y_a ist

$$V_a = P_2^2 g_a.$$

Weil P_2 dargestellt werden kann durch die Vektoren $\overline{O_1 P}$, ist die Linie für die Verluste V_a die Halbpolare des Punktes O_1 in Bezug auf den Kreis. Schreiben wir die Gleichung dieser Geraden abgekürzt $\mathfrak{V}_a = 0$, so sind die Verluste

$$V_a = P_2^2 g_a = B_a \mathfrak{V}_a,$$

hierin ist B_a eine Konstante, und in den linearen Ausdruck $\mathfrak{V}_a$ sind die Koordinaten des Punktes P einzusetzen. Schreiben wir analog hierzu die Gleichung der Abszissenachse $\mathfrak{W}_1 = 0$ und bezeichne A_1 eine Konstante, so kann die zugeführte Leistung in der Form geschrieben werden

$$W_1 = P_1 J_1 \cos \varphi_1 = A_1 \mathfrak{W}_1.$$

In diesem besonderen Falle ist A_1 einfach gleich der primären Spannung und $\mathfrak{W}_1$ gleich dem Wattstrome oder gleich der Ordinate des Punktes P zu setzen. Die in den Stromzweig 2 abgegebene Leistung ist:

$$W_2 = W_1 - V_1 - V_a = W_1 - V_{1a} =$$
$$A_2 \mathfrak{W}_2 = A_1 \mathfrak{W}_1 - B_1 \mathfrak{V}_1 - B_a \mathfrak{V}_a = A_1 \mathfrak{W}_1 - B_{1a} \mathfrak{V}_{1a}$$

Weil also einerseits

$$B_{1a} \mathfrak{V}_{1a} = B_1 \mathfrak{V}_1 + B_a \mathfrak{V}_a \text{ ist,}$$

wird $\mathfrak{V}_{1a} = 0$ die Gleichung einer geraden Linie, die durch den Schnittpunkt der Geraden $\mathfrak{V}_1 = 0$ und $\mathfrak{V}_a = 0$ geht. $\mathfrak{V}_{1a} = 0$ ist also die resultierende Verlustlinie des Stromkreises. Da andererseits

$$A_2 \mathfrak{W}_2 = A_1 \mathfrak{W}_1 - B_{1a} \mathfrak{V}_{1a}$$

ist, so ist $\mathfrak{W}_2 = 0$ die Gleichung der Linie der abgegebenen Leistung des Stromkeises, und zwar geht sie durch den Schnittpunkt der Abszissenachse ($\mathfrak{W}_1 = 0$) mit der resultierenden Verlustlinie ($\mathfrak{V}_{1a} = 0$). Weil die Leistungslinie $\mathfrak{W}_2 = 0$ die Punkte enthält, für welche die in den Belastungswiderstand r_2 abgegebene Leistung Null wird, so muß sie durch den Leerlaufpunkt P_0 und den Kurzschlußpunkt P_k gehen und kann ohne weiteres gezeichnet werden. Durch den Schnittpunkt dieser Leistungslinie mit der Abszissenachse einerseits und durch den Schnittpunkt der beiden Verlustlinien $\mathfrak{V}_1 = 0$ und $\mathfrak{V}_a = 0$ andererseits ist nun auch die resultierende Verlustlinie $\mathfrak{V}_{1a} = 0$ bestimmt, und man kann die Konstruktion zur Bestimmung des Wirkungsgrades ausführen wie in Fig. 109 gezeigt ist. Diese Figur ist für dieselben Konstanten und mit denselben Maßstäben wie Fig. 108 gezeichnet.

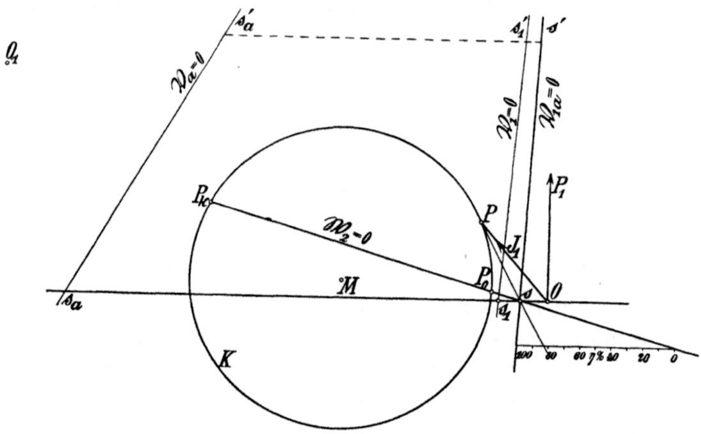

Fig. 109. Vollständiges Stromdiagramm.

Weil die Geraden $\mathfrak{V}_1 = 0$, $\mathfrak{V}_a = 0$ und $\mathfrak{V}_{1a} = 0$ sich in einem Punkte schneiden müssen, kann man die Richtung der Geraden $\mathfrak{V}_{1a} = 0$ dadurch bestimmen, daß zwischen den Abschnitten der drei Linien auf irgend einer horizontalen Geraden dasselbe Verhältnis bestehen muß wie zwischen den Abschnitten auf der Abszissenachse. Es verhält sich also

$$\overline{s_1' s'} : \overline{s_1 s} = \overline{s_a' s_1'} : \overline{s_a s_1} .$$

34. Spannungsregulierung einer Arbeitsübertragung.

Bis jetzt haben wir immer angenommen, daß die Spannung in der Primärstation konstant gehalten wird, und haben die Spannung in der Sekundärstation für die verschiedenen Belastungen ermittelt.

In der Praxis wird oft eine konstante Spannung an der Sekundärstation verlangt. Dies kann dadurch geschehen, daß man die Primärspannung entsprechend reguliert. Ist beispielsweise eine Sekundärstation mit Strom bei konstanter Spannung P_2 zu versorgen über eine Leitung von der Impedanz $\mathfrak{Z}_1$, so ist die Spannung in der Primärstation

$$\mathfrak{P}_1 = \mathfrak{P}_2 + \mathfrak{J}_1 \mathfrak{Z}_1 .$$

Der Belastungsstrom $\mathfrak{J}_1 = \mathfrak{P}_2 \mathfrak{Y} = \mathfrak{P}_2 (g + jb)$ sei durch irgendeine Stromkurve gegeben, die in einem anderen Maßstab auch die Admittanzkurve der Belastung ist. Diese Stromkurve sei K in Fig. 110. Hierbei ist die konstante Sekundärspannung P_2 längs der Ordinatenachse abgetragen.

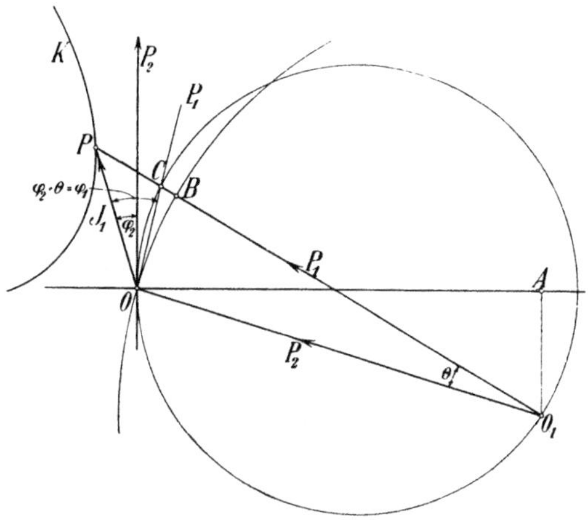

Fig. 110. Spannungsregulierung einer Arbeitsübertragung.

Setzen wir hier

$$\mathfrak{P}_1 = \mathfrak{Z}_1 \left(\frac{\mathfrak{P}_2}{\mathfrak{Z}_1} + \mathfrak{J}_1 \right),$$

worin

$$\frac{\mathfrak{P}_2}{\mathfrak{Z}_1} = \mathfrak{P}_2 \left(\frac{r_1}{z_1^{\,2}} + j \frac{x_1}{z_1^{\,2}} \right)$$

den Kurzschlußstrom der Leitung bei der Spannung P_2 bezeichnet, und verschieben wir den Anfangspunkt nach O_1, indem wir machen

$$\overline{OA} = P_2 \frac{x_1}{z_1^{\,2}} \qquad \text{und} \qquad \overline{AO_1} = P_2 \frac{r_1}{z_1^{\,2}},$$

so ist der Strom $\frac{\mathfrak{P}_2}{\mathfrak{Z}_1} + \mathfrak{J}_1$ durch den Vektor $\overline{O_1 P}$ gegeben. Wählen wir also den Spannungsmaßstab derart, daß die Strecke $\overline{O_1 O}$ die konstante Sekundärspannung P_2 bedeutet, so gibt uns die Strecke $\overline{O_1 P}$ die dem Stromvektor $\overline{OP}$ entsprechende Primärspannung, und die Spannungserhöhung ist $\overline{BP}$.

Die Primärspannung P_1 eilt der Sekundärspannung P_2 um den Winkel Θ voraus, während der Strom J_1 gegen die Sekundärspannung P_2 um den Winkel φ_2 verzögert ist. Die Phasenverschiebung an den Primärklemmen ist daher $\varphi_1 = (\varphi_2 + \Theta)$. Legt man einen Kreis mit dem Mittelpunkte auf der Abszissenachse durch die Punkte O und O_1, so ist

$$\angle P_2OC = \Theta \quad \text{und} \quad \angle POC = (\varphi_2 + \Theta) = \varphi_1.$$

Wir wollen jetzt wie gewöhnlich die Annahme machen, daß die Stromkurve der Stromverbraucher bei der Sekundärspannung P_2 durch den Kreis K in Fig. 111 dargestellt sei, und wollen für diesen Fall den Verlust und den Wirkungsgrad der Übertragung graphisch bestimmen.

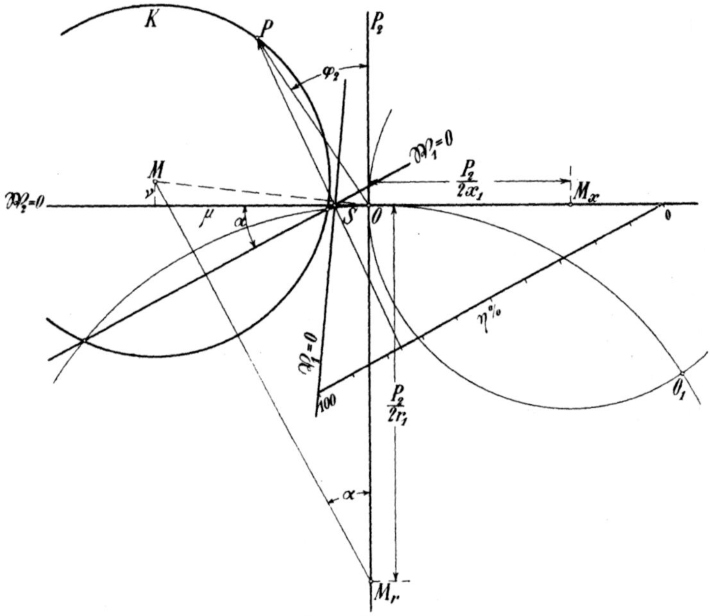

Fig. 111.

Der Leitungsverlust ist

$$V_1 = J^2 r_1$$

und wird wie gewöhnlich durch die Verlustlinie $\mathfrak{V}_1 = 0$ dargestellt welche die Halbpolare des Kreises in bezug auf den Anfangspunkt O ist.

Die sekundär abgegebene Leistung ist

$$P_2 J_w = P_2 v,$$

wobei wir mit u und v die Koordinaten eines Punktes P auf dem Kreise K bezeichnen. Die Leistungslinie $\mathfrak{W}_2 = 0$ ist also hier die Abszissenachse.

Die primär zugeführte Leistung ist

$$W_1 = W_2 + V_1 = P_2 v + J^2 r_1 = P_2 v + (u^2 + v^2) r_1.$$

Weil die Kreisgleichung

$$(u-\mu)^2+(v-\nu)^2=R^2$$

oder

$$u^2+v^2=2\,\mu u+2\,\nu v-\varrho^2$$

ist, erhält man die Primärleistung

$$W_1=P_2 v+2\,r_1\mu u+2\,r_1\nu v-r_1\varrho^2=A_1\mathfrak{W}_1,$$

wobei $\mathfrak{W}_1=0$ abgekürzt die Gleichung der Leistungslinie bedeutet. Bezeichnen wir mit α den Winkel, den diese Linie mit der Abszissenachse einschließt, so wird

$$\operatorname{tg}\alpha=-\frac{2\,r_1\mu}{P_2+2\,r_1\nu}=-\frac{\mu}{\dfrac{P_2}{2\,r_1}+\nu}.$$

Weil die Linie $\mathfrak{W}_1=0$ ferner durch den Schnittpunkt der Verlustlinie mit der Abszissenachse gehen muß, kann sie nun sofort, wie in Fig. 111 gezeigt, konstruiert werden. Die Leistungslinie steht senkrecht auf der Linie $\overline{M_r M}$. Zeichnet man um den Punkt M_r einen Kreis mit dem Radius $\frac{P_2}{2\,r_1}$, so sieht man, daß er durch den Kurzschlußpunkt O_1 geht und daß die Leistungslinie $\mathfrak{W}_1=0$ den Kreis K in denselben Punkten schneidet wie der Kreis um M_r.

Der Wirkungsgrad der Leitung für irgend einen Punkt P der Stromkurve wird nun in der üblichen Weise bestimmt, indem man eine Strecke 0 — 100 parallel zur Leistungslinie $\mathfrak{W}_1=0$ zwischen Verlust- und Leistungslinie $\mathfrak{W}_2=0$ konstruiert und durch den Punkt P und den Schnittpunkt S einen Strahl legt.

35. Kompoundierung einer Arbeitsübertragung.

Aus der Fig. 110 geht hervor, daß die Spannungserhöhung P_1-P_2 nur durch die Größe und Richtung des Stromvektors $\mathfrak{J}_1$ bestimmt wird und daß P_1 und somit auch P_1-P_2 konstant wird, sobald der Endpunkt P des Stromvektors $\mathfrak{J}_1$ auf einem Kreise um den Mittelpunkt O_1 sich bewegt. Die Stromkurve K der Belastung der Anlage wird zwar selten eine solche Kreisform annehmen, man kann sich aber dadurch helfen, daß man parallel zu der Belastung, also zwischen die Klemmen der Sekundärstation, einen Stromverbraucher bzw. Stromerzeuger schaltet, dessen Strom $\mathfrak{J}_0$ so einreguliert wird, daß der Vektor des Leitungsstromes $\mathfrak{J}_1=\mathfrak{J}_2+\mathfrak{J}_0$ einen Kreis um den Mittelpunkt O_1 beschreibt. Eine Arbeitsübertragung, bei der dies erreicht ist, nennt man kompoundiert. Der Strom $\mathfrak{J}_0$ kann rein wattlos sein. Eine solche zwischen die Sekundärklemmen geschaltete Maschine, die den wattlosen Strom $\mathfrak{J}_0$ zu führen hat, wird ein **Phasenregler** genannt.

In Fig. 112 stelle die Kurve K_2 die Stromkurve der Belastung für die konstante Sekundärspannung P_2 dar, der Strom ist

$$\mathfrak{J}_2 = J_2 (\cos \varphi_2 + j \sin \varphi_2) = P_2 (g_2 + j b_2) = J_w + j J_{wl}.$$

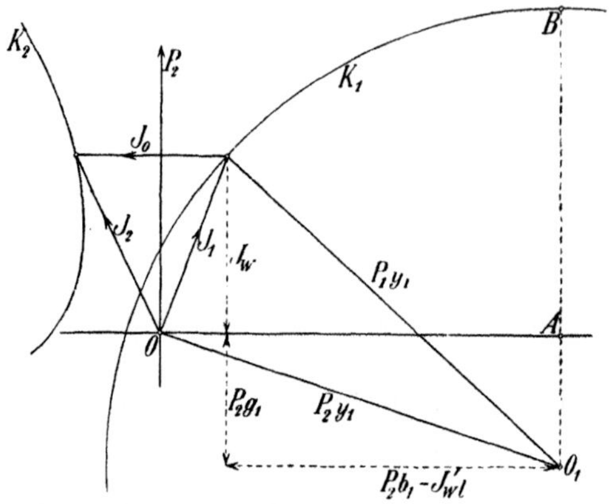

Fig. 112. Kompoundierung einer Arbeitsübertragung.

O_1 ist der Kurzschlußpunkt der Leitung mit der Impedanz z_1.

$$\overline{OA} = P_2 \frac{x_1}{z_1^2} = P_2 b_1$$

$$\overline{AO_1} = P_2 \frac{r_1}{z_1^2} = P_2 g_1 .$$

Ist K_1 ein Kreis um O_1 mit der gewählten konstanten Primärspannung P_1 als Radius, so muß der Leitungsstrom J_1 und der von dem Phasenregler abgegebene nacheilende wattlose Strom J_0 sein.

Der Leitungsstrom $\mathfrak{J}_1$ hat dieselbe Wattkomponente J_w wie der Belastungsstrom $\mathfrak{J}_2$. Ferner besitzt er eine voreilende wattlose Komponente J'_{wl}, die aus der Fig. 112 wie folgt gefunden wird:

$$(J_w + P_2 g_1)^2 + (P_2 b_1 - J'_{wl})^2 = P_1^2 y_1^2$$

$$J'_{wl} = P_2 b_1 - \sqrt{P_1^2 y_1^2 - (P_2 g_1 + J_w)^2} .$$

Der abgegebene nacheilende wattlose Strom des Phasenreglers wird daher gleich

$$\boldsymbol{J_0 = J_{wl} + P_2 b_1 - \sqrt{P_1^2 y_1^2 - (P_2 g_1 + J_w)^2}} \quad (58)$$

Dividieren wir überall mit P_2 und setzen ähnlich wie früher $\frac{P_2}{P_1} = \alpha$, so erhalten wir auch

$$-b_0 = b_2 + b_1 - \sqrt{\frac{y_1^2}{\alpha^2} - (g_1 + g_2)^2} \quad . \quad . \quad (58\,\mathrm{a})$$

b_0 ist die Suszeptanz des Phasenreglers. Hier muß $-b_0$ gesetzt werden, weil J_0 nicht einen verbrauchten, sondern einen von dem Phasenregler erzeugten nacheilenden wattlosen Strom bedeutet. Der Phasenregler verhält sich also, solange die rechte Seite der Gleichung positiv ist, wie eine Kapazität.

Der von dem Phasenregler abgegebene wattlose Strom besteht aus zwei Teilen. Der eine Teil J_{wl} ist der wattlose Strom der Belastung und als Funktion des Wattstromes der Belastung durch die Stromkurve K_2 gegeben. Der zweite Teil J'_{wl} ist der voreilende wattlose Strom, der für die Leitung verlangt wird. Er ist ebenfalls als Funktion des Wattstromes gegeben, und zwar durch den Kreis K_1. Dieser letzte Teil hängt somit von der gewählten Primärspannung P_1 ab. Ist $P_1 > P_2$, so wird er für einen gewissen Wattstrom gleich Null und wird für kleinere Belastungen nacheilend. Ein Teil des wattlosen Stromes der Belastung kann dann durch den Leitungsstrom gedeckt werden, und der Strom des Phasenreglers wird entsprechend kleiner. Immer ist der wattlose Strom des Phasenreglers durch die horizontale Entfernung der beiden Kurven K_2 und K_1 gegeben. Schneiden sie sich, so wird in diesem Punkte $J_0 = 0$, wenn sie sich überschneiden, wird J_0 negativ, d. h. der vom Phasenregler abgegebene Strom wird voreilend oder der aufgenommene nacheilend, der Phasenregler wirkt als eine Induktanz und b_0 wird positiv.

Für eine gegebene Leitung hat bei gegebenen Spannungen P_1 und P_2 die übertragbare Leistung ein Maximum, das durch den Scheitelpunkt B des Kreises K_1 bestimmt ist. Für diesen Punkt ist

$$\left.\begin{aligned} J_w &= P_1 y_1 - P_2 g_1 = P_2\left(\frac{y_1}{a} - g_1\right) \\ g_2 &= \frac{y_1}{a} - g_1 \end{aligned}\right\} \quad . \quad . \quad . \quad (59)$$

Aus der Gl. 58a ergibt sich dieselbe Bedingung für maximale Leistung, denn für größere Werte von g_2 wird die Wurzel imaginär. Der wattlose Strom des Phasenreglers ist für diesen Fall

$$J_0 = J_{wl} + P_2 b_1$$

$$-b_0 = b_2 + b_1 .$$

Die Maximalleistung ist

$$\boldsymbol{W_{max}} = \boldsymbol{P_2}^2 \boldsymbol{g_2} = \boldsymbol{P_1}^2 a^2 \boldsymbol{g_2} = \boldsymbol{P_1}^2 a^2 \left(\frac{\boldsymbol{y_1}}{a} - \boldsymbol{g_1}\right) . \quad (60)$$

Wird die Primärspannung P_1 konstant gehalten, während die Sekundärspannung P_2 geändert wird, so erhält man verschiedene Kreise K_1, die alle den gleichen Radius haben, deren Mittelpunkte aber alle auf der Geraden $\overline{OO_1}$ liegen, und deren Entfernungen von dem Anfangspunkte O proportional P_2 sind. Die Scheitelpunkte B dieser Kreise und somit die Wattströme bei Maximalbelastung liegen auf einer Parallelen zu der Geraden OO_1.

Während also P_2 nach einer geradlinigen Funktion zunimmt, nimmt der Wattstrom J_w nach einer geradlinigen Funktion ab. Es gibt daher ein Verhältnis $\alpha = \frac{P_2}{P_1}$, für welches bei gegebenen Leitungskonstanten r_1 und x_1 die maximal übertragbare Leistung einen größten Wert erreicht. Dieser Wert von α wird aus der Bedingung gefunden

$$\frac{dW_{max}}{d\alpha} = P_1^2 (y_1 - 2\alpha g_1) = 0$$

oder

$$\alpha = \frac{y_1}{2 g_1} = \frac{z_1}{2 r_1}.$$

Die Bedingung für dieses Maximum ist also

$$\left.\begin{aligned} g_2 &= \frac{y_1}{\alpha} - g_1 = g_1 \\ -b_0 &= b_1 + b_2 \end{aligned}\right\} \quad \ldots\ldots \quad (61)$$

Die maximale Leistung selbst ist

$$\boldsymbol{W_m = P_1^2 \frac{z_1^2}{4 r_1^2} g_1 = \frac{P_1^2}{4 r_1}} \quad \ldots\ldots \quad (62)$$

und gleich der maximalen Leistung, welche durch die Leitung bei einer Gleichspannung P_1 übertragen werden kann.

Es ist noch von Interesse, die Phasenverschiebung zwischen den primären Klemmen einer kompoundierten Arbeitsübertragung zu bestimmen. Fig. 113 stellt dasselbe Diagramm wie Fig. 112 dar, nur ist die Stromkurve K_2 der Belastung und der Belastungsstrom J_2 weggelassen. Die Endpunkte C der Vektoren des Leitungsstromes J_1 liegen alle auf dem Kreise K_1 mit dem Mittelpunkte O_1. Dieser Kreis ist also die Stromkurve des Leitungsstromes. Hierbei fällt die Sekundärspannung P_2 mit der Ordinatenachse zusammen. Der Winkel P_2OC ist somit der Voreilungswinkel des Leitungsstromes gegen

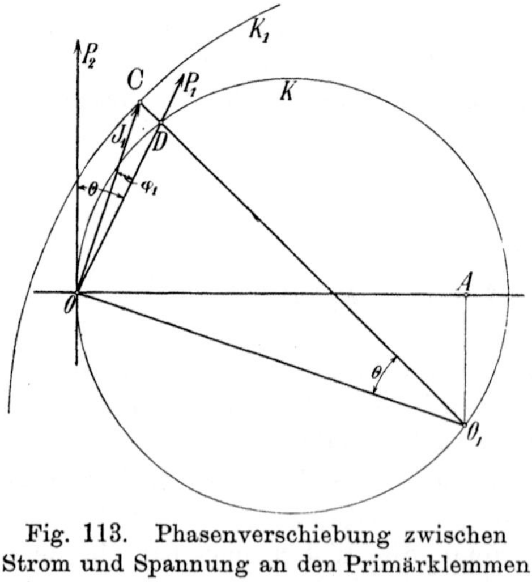

Fig. 113. Phasenverschiebung zwischen Strom und Spannung an den Primärklemmen einer kompoundierten Arbeitsübertragung.

die Sekundärspannung. Betrachtet man andererseits $\overline{O_1 O}$ als die reelle Achse eines neuen Koordinatensystems mit dem Anfangspunkte O_1, so ist, wie gezeigt, $\mathfrak{P}_2$ dargestellt durch den Vektor $\overline{O_1 O}$ und $\mathfrak{P}_1$ durch $\overline{O_1 C}$. Der Voreilungswinkel der Primärspannung $\mathfrak{P}_1$ gegen die Sekundärspannung $\mathfrak{P}_2$ ist also $O O_1 C = \Theta$. Konstruiert man einen Kreis K durch O und O_1, dessen Mittelpunkt auf der Abszissenachse liegt, so sieht man, daß

$$\angle O O_1 C = \angle P_2 O D = \angle \Theta$$

ist, und der Winkel COD gibt die Phasenverschiebung φ_1 an den Primärklemmen der Arbeitsübertragung an.

Der Radius des Kreises K ist, wie schon mehrmals gezeigt, gleich $\frac{P_2}{2 x_1}$. Weil $\overline{O_1 C} = P_1 y_1$ ist, kann die primäre Phasenverschiebung nicht Null werden, ohne daß

$$P_1 y_1 \overline{\overline{<}} \frac{P_2}{x_1}$$

ist, oder

$$\frac{P_2}{P_1} = a > x_1 y_1 = \frac{x_1}{z_1} = \sin \varphi_1 .$$

Wenn das Gleichheitszeichen gilt, verschwindet die Phasenverschiebung nur für die eine Belastung, bei der $g_2 = g_1$ ist. Gilt das Ungleichheitszeichen, so verschwindet die primäre Phasenverschiebung für zwei Belastungen, die graphisch durch die Schnittpunkte der beiden Kreise K_1 und K bestimmt sind. Zwischen diesen beiden Belastungspunkten hat der Strom in der Primärstation Voreilung, sonst Nacheilung.

Wird eine Überkompoundierung der Anlage verlangt, so sind P_1, r_1 und x_1 konstante Größen, während die Sekundärspannung P_2 mit der Belastung wächst. Man kann z. B. setzen

$$P_2 = P_{2,0} + J_w r_w ,$$

worin $P_{2,0}$ die Sekundärspannung bei Leerlauf und r_w ein Widerstand ist. Man erhält in diesem Falle den wattlosen Strom J_0 ähnlich wie durch Gl. 58 zu.

$$\begin{aligned} \boldsymbol{J_0 = J_{wl} + (P_{2,0} + J_w r_w) b_1} \\ \boldsymbol{- \sqrt{P_1^2 y_1^2 - [P_{2,0} g_1 + (r_w g_1 + 1) J_w]^2}} \end{aligned} \quad . \quad . \quad . \quad (63)$$

Bei Überkompoundierung erzielt man also, wenn

$$J_w = \frac{P_1 y_1 - P_{2,0} g_1}{r_w g_1 + 1} = \frac{P_1 z_1 - P_{2,0} r_1}{r_w r_1 + z_1^2}$$

ist, eine maximale Leistung

$$W_{max} = P_2 J_w = (P_{2,0} + J_w r_w) J_w$$

oder

$$W_{max} = P_{2,0} \frac{P_1 z_1 - P_{2,0} r_1}{r_w r_1 + z_1^2} + \left(\frac{P_1 z_1 - P_{2,0} r_1}{r_w r_1 + z_1^2}\right)^2 r_w \quad (64)$$

36. Verlust und Wirkungsgrad einer kompoundierten Arbeitsübertragung.

Weil die Kurve des Leitungsstromes einer kompoundierten Arbeitsübertragung, ein Kreis ist, können wir die Leistungen und Verluste, wie in den Abschnitten 23 bis 25 gezeigt, durch gerade Linien darstellen. Weil wir aber dort von dem Diagramm für die primären Klemmen ausgingen, erhielten wir als Gerade der zugeführten Leistung die Abszissenachse. Hier dagegen, wo wir von dem Diagramm an den sekundären Klemmen ausgehen, ist die Abszissenachse die Linie der abgegebenen Leistung.

Der Verlust in der Leitung ist

$$V_1 = J_1^2 r_1$$

und die Verlustlinie ist die Halbpolare des Anfangspunktes in Bezug auf den Kreis. Bezeichnen wir die laufenden Koordinaten der Stromkurve K_1 in Fig. 112 mit (u, v), indem wir die Abszissen nach rechts positiv rechnen, so ist die Gleichung des Kreises K_1

$$(u - P_2 b_1)^2 + (v + P_2 g_1)^2 = P_1^2 y_1^2 = P_2^2 y_1^2 \frac{1}{\alpha^2}$$

oder

$$u^2 + v^2 - 2 P_2 b_1 u + 2 P_2 g_1 v = P_2^2 y_1^2 \left(\frac{1}{\alpha^2} - 1\right).$$

Der Stromwärmeverlust in der Leitung ist daher

$$(u^2 + v^2) r_1 = 2 P_2 r_1 y_1^2 \left[x_1 u - r_1 v + \frac{P_2}{2}\left(\frac{1}{\alpha^2} - 1\right)\right] = B_1 \mathfrak{B}_1 .$$

Hier ist

$$B_1 = 2 P_2 g_1$$

und

$$\mathfrak{B}_1 = x_1 u - r_1 v + \frac{P_2}{2}\left(\frac{1}{\alpha^2} - 1\right) = 0$$

die Gleichung der Verlustlinie. Die abgegebene Leistung ist

$$W_2 = P_2 v$$

und die zugeführte

$$W_1 = W_2 + V_1 = P_2 v + B_1 \mathfrak{B}_1$$
$$= 2 P_2 g_1 x_1 u - 2 P_2 g_1 r_1 v + P_2 v + P_2^2 \left(\frac{1}{\alpha^2} - 1\right) g_1 = A_1 \mathfrak{W}_1 .$$

Die Gerade mit der Gleichung $\mathfrak{W}_1 = 0$ ist somit die Linie der zugeführten Leistung. Diese Gerade geht, wie die Form ihrer Gleichung zeigt, durch den Schnittpunkt der Verlustlinie $\mathfrak{V}_1 = 0$ mit der Abszissenachse $v = 0$. Um zu sehen, wie die Linie weiter verläuft, bestimmen wir die Tangente des Winkels, den sie mit der Ordinatenachse bildet. Es ist

$$\operatorname{tg} \alpha = \frac{g_1 r_1 - \frac{1}{2}}{g_1 x_1} = - \frac{\frac{1}{2 r_1} - g_1}{b_1}.$$

Wie früher gezeigt, kann O_1 als Schnittpunkt zweier Kreise erhalten werden mit den Radien $\frac{P_2}{2 r_1}$ und $\frac{P_2}{2 x_1}$.

Diese beiden Kreise schneiden sich unter einem rechten Winkel in dem Anfangspunkte O und in dem Punkte O_1. In Fig. 114

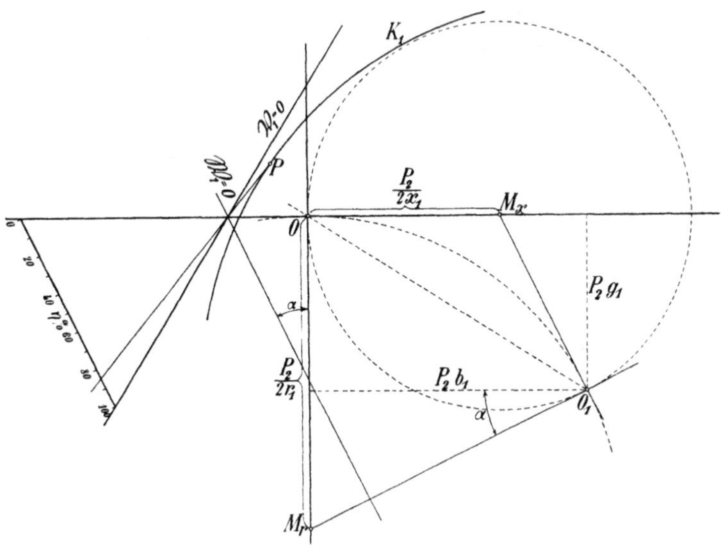

Fig. 114.

sind die Mittelpunkte der beiden Kreise mit M_r und M_x bezeichnet. Wie aus dieser Figur zu sehen ist, steht die Leistungslinie $\mathfrak{W}_1 = 0$ senkrecht auf der Linie $\overline{M_r O_1}$ und verläuft folglich parallel zu der Linie $\overline{M_x O_1}$. Aus der Verlustlinie und den beiden Leistungslinien läßt sich nun in bekannter Weise der Wirkungsgrad der Übertragung durch Konstruktion finden (s. Fig. 114).

Der Wirkungsgrad der Leitung ist abhängig von den Konstanten r_1 und x_1 der Leitung, ferner von dem Verhältnis $\alpha = \frac{P_2}{P_1}$

und von dem Wattstrome der Belastung; er ist dagegen von dem wattlosen Strome der Belastung unabhängig.

Als Phasenregler kommen in der Praxis Synchronmaschinen[1]) zur Anwendung. Sie haben die Eigenschaft, einen verzögerten oder einen voreilenden wattlosen Strom abzugeben, je nachdem sie übererregt oder untererregt sind. Im ersten Falle wirken sie also ähnlich wie ein Kondensator, im zweiten Falle wie eine Selbstinduktion. Neben dem wattlosen Strom nimmt natürlich ein solcher leerlaufender Phasenregler einen Wattstrom zur Deckung seiner Verluste auf, der als eine Vergrößerung der Belastung der Anlage wirkt. Der Phasenregler kann auch nebenbei für andere Zwecke benutzt werden, z. B. als Motor zur Leistung mechanischer Arbeit, ferner kann er auch als Generator zur Erzeugung von Wattstrom dienen.

Mit Hilfe der angegebenen Diagramme lassen sich eine Reihe von Aufgaben über Kompoundierung von Anlagen lösen. Ein Vergleich dieser Diagramme mit dem Arbeitsdiagramm eines konstant erregten Synchronmotors[2]) zeigt die große Ähnlichkeit zwischen beiden.

---

[1]) Näheres über die Synchronmaschine als Phasenregler s. Wechselstromtechnik Bd. IV, S. 447.

[2]) Wechselstromtechnik Bd. IV, S. 418.

Siebentes Kapitel.

Magnetisch verkettete Stromkreise.

37. Magnetische Verkettung zweier Stromkreise.

Wir haben bis jetzt nur die Erscheinungen untersucht, die in einem geschlossenen Stromkreis allein vor sich gehen. Da aber die EMKe in einem Stromkreis gewöhnlich durch Induktion erzeugt werden, wie es z. B. in allen elektrischen Maschinen und Transformatoren der Fall ist, so ist es von großem Interesse, das gegenseitige Verhalten zweier Stromkreise genau zu studieren. Der einfachste aller dieser technischen Apparate ist der Einphasentransformator, der aus zwei elektrischen Stromkreisen, einem primären und einem sekundären, besteht, welche durch einen magnetischen Kreislauf miteinander verkettet sind. In Fig. 115 ist das Schaltungsschema eines derartigen Transformators, und zwar das eines Manteltransformators, schematisch dargestellt, und Fig. 116a und b zeigen die Photographie eines Transformators dieser Type. Die primäre und die sekundäre Wicklung sind auf die mittlere Säule, den sog. Kern, isoliert aufgewickelt, während die beiden äußeren Säulen, der sog. Mantel, als Rückleitung für den magnetischen Kraftfluß dienen. Die primäre Wicklung dient zur Aufnahme des zugeführten Wechselstromes, während die sekundäre zur Abgabe des transformierten Stromes dient. In Fig. 116b ist ein Teil der Blechpakete entfernt, um die Spulen deutlicher zu zeigen.

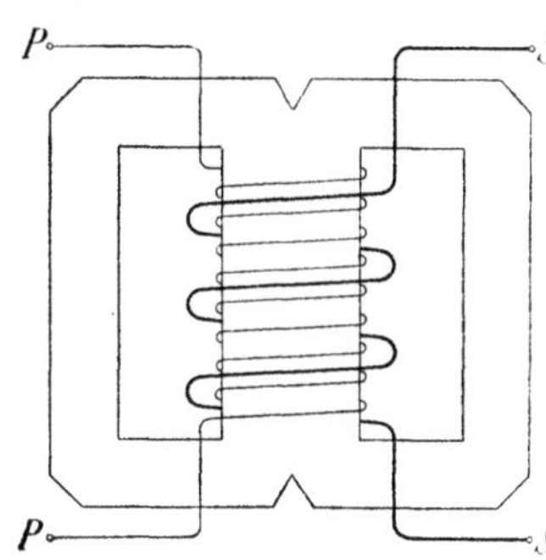

Fig. 115. Schema eines Manteltransformators.

Fig. 117a zeigt das Bild des magnetischen Feldes dieses Transformators, *I* ist die primäre und *II* die sekundäre Wicklung. Sie können beide dieselbe Windungszahl w haben, was jedoch gewöhnlich nicht der Fall ist. Der größte Teil des Kraftflusses verläuft durch den lamellierten Eisenkörper und umschlingt somit sämtliche Windungen beider Wicklungen. Andere Teile dieses Kraftflusses umschlingen nur sekundäre oder nur primäre Windungen, jedoch selten alle zugleich, und wieder andere Teile des Kraftflusses sind mit einzelnen sekundären und vielen primären Windungen verkettet

Fig. 116a.

Fig. 116b.

und umgekehrt. Die magnetische Feldstärke im Luftzwischenraume für den Schnitt aa ist durch die Kurve c in Fig. 117b dargestellt.

Man zerlegt am besten das ganze Feld in Kraftröhren und betrachtet eine einzige Röhre, welche w_{1x} primäre und w_{2x} sekundäre Windungen umschlingt. Der Kraftfluß dieser Röhre ist proportional $i_1 w_{1x} + i_2 w_{2x}$. i_1 und i_2 sind die Ströme in der primären bzw. der sekundären Wicklung. Sie sind bei gleicher Windungszahl beider Wicklungen einander fast gleich, aber entgegengesetzt gerichtet. Da

$$i_1 w_{1x} + i_2 w_{2x} = (i_1 + i_2) w_{2x} + i_1 (w_{1x} - w_{2x})$$

oder

$$i_1 w_{1x} + i_2 w_{2x} = (i_1 + i_2) w_{1x} + i_2 (w_{2x} - w_{1x})$$

ist, kann der Fluß in zwei Teile zerlegt werden, von denen der eine Teil dem Magnetisierungsstrom $(i_1 + i_2)$ proportional und der übrige Teil entweder dem Primärstrome oder dem Sekundärstrome proportional ist. Der erste Teil des Flusses wird als **Hauptfluß** und der zweite Teil als **Streufluß** bezeichnet. Der Fluß eines Rohres induziert in der Primärwicklung eine EMK die proportional ist:

$$\frac{d\,w_{1x}(i_1 w_{1x} + i_2 w_{2x})}{dt} = d\,\frac{(i_1 + i_2)\, w_{1x} w_{2x} + i_1 w_{1x}(w_{1x} - w_{2x})}{dt},$$

und in der Sekundärwicklung ist die EMK proportional:

$$\frac{d\,w_{2x}(i_1 w_{1x} + i_2 w_{2x})}{dt} = d\,\frac{(i_1 + i_2)\, w_{1x} w_{2x} + i_2 w_{2x}(w_{2x} - w_{1x})}{dt}.$$

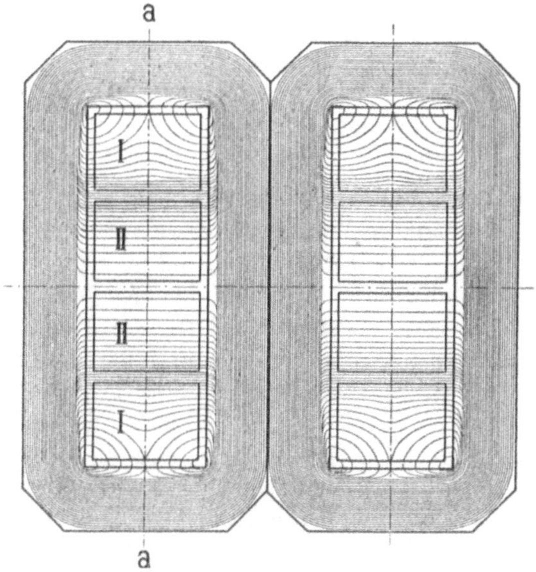

Fig. 117a. Bild der Kraftröhren eines Manteltransformators.

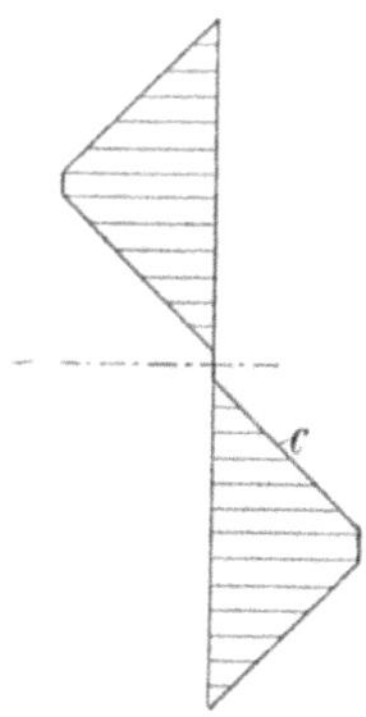

Fig. 117b.

Wir sehen somit, daß der Hauptfluß jeder Kraftröhre in der Primär- und Sekundärwicklung stets dieselbe EMK induziert, während die Streuflüsse verschiedene EMKe induzieren, und zwar solche, die dem Strome der betreffenden Wicklung proportional sind. Die Streuflüsse durchlaufen fast alle eine größere Luftstrecke und sind deswegen in Phase mit den Strömen, von denen sie erzeugt werden. Der größte Teil des Hauptflusses verläuft im Eisen und wird deswegen durch die Hysteresis gegen den ihn erzeugenden Magnetisierungsstrom $(i_1 + i_2)$ verspätet.

Summiert man nun die EMKe, die in jeder Wicklung induziert werden, so lautet die Differentialgleichung für den primären Stromkreis:

$$P_1\sqrt{2}\sin(\omega t+\Theta_1)=i_1 r_1+S_1\frac{d i_1}{d t}+w\frac{d\Phi_h}{d t} \quad . \quad (65\,a)$$

und für den sekundären Stromkreis:

$$O=P_2\sqrt{2}\sin(\omega t+\Theta_2)+i_2 r_2+S_2\frac{d i_2}{d t}+w\frac{d\Phi_h}{d t} \quad (65\,b)$$

Hier sind P_1 und P_2 die Spannungen zwischen den primären, bzw. den sekundären Klemmen des Transformators. $i_1 S_1$ und $i_2 S_2$ sind die Summen der Streuflußverkettungen der primären, bzw. der sekundären Wicklungen. S_1 und S_2 werden die Streuinduktionskoeffizienten genannt, sie sind gleich:

und

$$\left.\begin{aligned} S_1 &= \sum\frac{w_{1x}(w_{1x}-w_{2x})}{R_x} \\ S_2 &= \sum\frac{w_{2x}(w_{2x}-w_{1x})}{R_x} \end{aligned}\right\} \quad . \quad . \quad . \quad . \quad (66)$$

worin R_x = der magnetische Widerstand der Kraftröhre ist, die mit w_{1x} primären und w_{2x} sekundären Windungen verkettet ist. Φ_h ist der ideelle Hauptkraftfluß, der sowohl die primäre als auch die sekundäre Wicklung vollständig umschlingt und in beiden Wicklungen dieselbe EMK wie die Summe aller Hauptflußverkettungen $\Sigma(\Phi_h w_x)$ induziert.

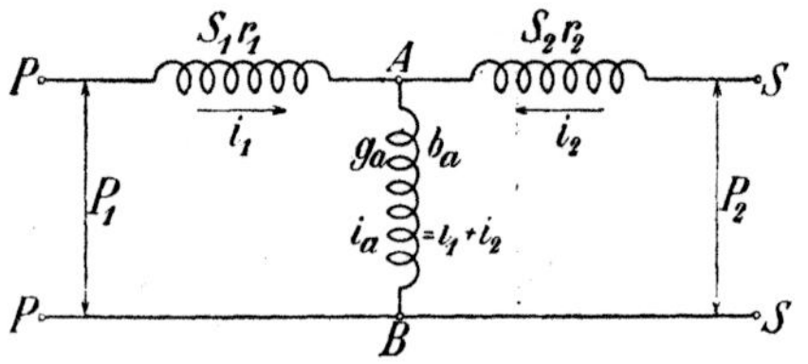

Fig. 118. Ersatzstromkreis eines Transformators.

Die beiden Differentialgleichungen 65a und 65b gelten sowohl für den Transformator (Fig. 115), als auch für den in Fig. 118 dargestellten Stromkreis.

In dem Stromzweig AB fließt der Strom $i_1+i_2=i_a$ und erfordert zwischen den Klemmen A und B die Spannung:

$$e=w\frac{d\Phi_h}{d t},$$

welche der vom Hauptkraftfluß induzierten EMK $-e$ der beiden Stromkreise gleich und entgegengesetzt gerichtet ist. Sie hat natürlich in beiden Stromkreisen dieselbe Periodenzahl c, weil beide Kreise von demselben Kraftfluß durchsetzt werden und einander gegenüber sich in Ruhe befinden. Da Φ_h dem Magnetisierungsstrom i_a um den Winkel $\frac{\pi}{2}-\psi_a$ nacheilt, so eilt die Spannung e dem Magnetisierungsstrome i_a um ψ_a voraus. Man darf also setzen:

$$\mathfrak{J}_a=\mathfrak{E}\,\mathfrak{Y}_a=\mathfrak{E}(g_a+j\,b_a),$$

worin $$\operatorname{tg} \psi_a = \frac{b_a}{g_a} \text{ ist.}$$

Wir haben somit den Transformator auf den in Fig. 118 dargestellten Stromkreis zurückgeführt und können die Vorgänge im Transformator rechnerisch verfolgen, wie in jedem anderen Stromkreis, der aus einer Impedanz in Serie mit zwei parallel geschalteten Stromkreisen besteht. Bezeichnen wir $2\pi c S_1$ mit x_1 und $2\pi c S_2$ mit x_2, so lassen sich die Differentialgleichungen 65a und 65b schreiben:

$$\left.\begin{aligned} \mathfrak{P}_1 - \mathfrak{E} &= \mathfrak{J}_1 r_1 - j\,\mathfrak{J}_1 x_1 = \mathfrak{J}_1 \mathfrak{Z}_1 \\ -\mathfrak{E} - \mathfrak{P}_2 &= \mathfrak{J}_2 r_2 - j\,\mathfrak{J}_2 x_2 = \mathfrak{J}_2 \mathfrak{Z}_2 \end{aligned}\right\} \quad . \quad . \quad (67)$$

worin

$$\mathfrak{J}_1 = \mathfrak{J}_a - \mathfrak{J}_2 = \mathfrak{E}\,\mathfrak{Y}_a - \mathfrak{J}_2$$

und $$\mathfrak{Z}_1 = r_1 - j x_1, \quad \mathfrak{Z}_2 = r_2 - j x_2 \text{ ist.}$$

Bei offenem Sekundärstromkreis, d. h. bei Leerlauf des Transformators ist $J_2 = 0$ und der Primärstrom J_1 somit gleich dem Magnetisierungsstrom J_a. Da die Widerstände und die Reaktanzen eines normal gebauten Transformators, sowie der Magnetisierungsstrom gewöhnlich sehr kleine Größen sind, so ist bei Leerlauf die Sekundärspannung $P_2 = E$ auch fast gleich der Primärspannung P_1. Dies gilt natürlich unter der gemachten Voraussetzung, daß die Windungszahlen primär und sekundär gleich groß sind. Graphisch lassen sich die Ströme und Spannungen eines Transformators wie in Fig. 119 am besten darstellen. Man trägt den Hauptkraftfluß Φ_h in der negativen Richtung der Abszissenachse auf und erhält dann die EMK $-E$ in der negativen Richtung der Ordinatenachse, weil sie dem pulsierenden Kraftfluß um 90^0 nacheilt. Der Kraftfluß selbst eilt dem Magnetisierungsstrom um den magnetischen Verzögerungswinkel $\frac{\pi}{2} - \psi_a$ nach. Diese Verspätung rührt von dem im Eisenkörper auftretenden Hysteresis-

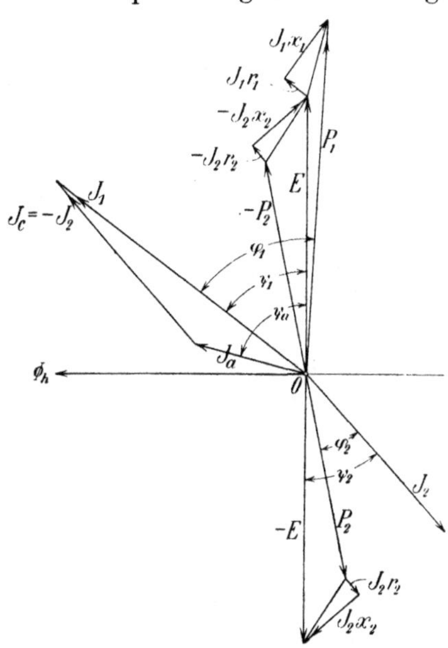

Fig. 119. Vektordiagramm der Ströme und Spannungen eines Transformators.

und Wirbelstromverluste her, die durch das Ummagnetisieren des Eisens entstehen und später im Kap. XVIII näher behandelt werden sollen.

Wir können somit den Magnetisierungsstrom J_a, dessen Größe sich aus dem magnetischen Kreis berechnen läßt, in die Figur einzeichnen. Ist nun der Sekundärstrom J_2 bekannt, so ergibt sich die Sekundärspannung P_2 durch geometrische Subtraktion der sekundären Impedanzspannung $J_2 z_2$ von der induzierten EMK $-E$. Da der vom Kraftfluß Φ_h in der Sekundärwicklung induzierte Strom J_2 immer so gerichtet ist, daß er das Feld, welches ihn erzeugt, zu schwächen sucht, und da der Kraftfluß Φ_h erhalten bleiben soll, so ist es klar, daß man primär einen Strom $-J_2$ zuführen muß, der die Rückwirkung des Sekundärstromes J_2 auf das Feld aufhebt. Primär muß man deswegen einen Strom zuführen, der sich aus zwei Komponenten zusammensetzt. Die eine dieser Komponenten ist der Magnetisierungsstrom J_a, der zur Erzeugung des Feldes dient, und die zweite ist der Kompensationsstrom $-J_2$, der zur Kompensierung der Rückwirkung des Sekundärstromes J_2 auf das Hauptfeld dient. Der Primärstrom J_1 ergibt sich somit einfach als Resultierende der Ströme J_a und $-J_2$. Addiert man nun die Impedanzspannung $J_1 z_1$ zu der Spannung E, welche der vom Hauptkraftfluß induzierten EMK $-E$ gleich und entgegengesetzt gerichtet ist, so erhält man die Primärspannung P_1. Dreht man ferner die Vektoren der Spannungen $-E$ und P_2 um 180^0 in die Lage E und $-P_2$, so erhält man ein übersichtliches Bild über den Spannungsabfall von den Primärklemmen mit P_1 bis zu den Sekundärklemmen mit $-P_2$. Die Spannung E, auch oft die gegenelektromotorische Kraft genannt, zwingt dem magnetischen Kreis den Kraftfluß Φ_h auf und eilt deswegen auch dem Magnetisierungsstrom J_a um den Winkel ψ_a vor, wie sich aus der Figur ergibt.

Die Leistung

$$E J_a \cos\psi_a = E^2 g_a$$

dient in dem magnetischen Kreis zur Deckung der Eisenverluste, die in Wärme übergehen.

Die Vorgänge, die sich in einem Transformator abspielen, treten auch in jeder anderen elektromagnetischen Maschine auf, obwohl in etwas veränderter Form. Man hat aber stets den sekundär vom Hauptfluß induzierten Strom und den ihm entsprechenden Kompensationsstrom, der mit dem zur Erzeugung des Kraftflusses erforderlichen Magnetisierungsstrom den Primärstrom bildet. Der Hauptkraftfluß ist das Mittel der Arbeitsübertragung.

Im stationären Transformator wird die Leistung $EJ_1 \cos\psi_1$ von dem Primärkreis auf den Hauptkraftfluß übertragen. Der Hauptkraftfluß bedingt einen Verlust im Eisen $EJ_a \cos\psi_a$ und auf den Sekundärkreis wird die Leistung $EJ_2 \cos\psi_2 = EJ_1 \cos\psi_1 - EJ_a \cos\psi_a$ übertragen, und da $EJ_a \cos\psi_a$ gewöhnlich sehr klein ist, so wird fast die ganze Leistung von dem Primärkreis in den Sekundärkreis überführt.

Die Periodenzahl ist primär und sekundär dieselbe. Der einzige Zweck des stationären Transformators ist deswegen eine Änderung der Spannung von primär auf sekundär, was durch Wahl verschiedener Windungszahlen der Primär- und Sekundärwicklung erreicht wird. Besitzt die Primärwicklung w_1 Windungen und die Sekundärwicklung w_2 Windungen, so wird in der Sekundärwicklung eine EMK

$$E_2 = \frac{w_2}{w_1} E_1 = \frac{E_1}{u}$$

induziert, weil der Kraftfluß Φ_h in jeder Windung gleich große EMKe induziert. Der Sekundärstrom ist gleich

$$J_2 = \frac{w_1}{w_2} J_c = u J_c ,$$

worin J_c der Kompensationsstrom der Primärwicklung ist. Dies folgt daraus, daß die Amperewindungszahlen dieser beiden Ströme einander gleich und entgegengesetzt gerichtet sein müssen. u ist das Übersetzungsverhältnis des Transformators. Im äquivalenten Stromkreis, in dem der primäre und sekundäre Stromkreis elektrisch verkettet sind, muß man deswegen alle Sekundärspannungen auf den Primärkreis durch Multiplikation mit u reduzieren. Die Sekundärströme werden durch Division mit u reduziert. Die Leistungen bleiben unverändert, denn es ist

$$(E_2 J_2) = \left(\frac{E_1}{u} \cdot u J_c\right) = (E_1 J_c) .$$

Die Impedanzen dagegen haben das Übersetzungsverhältnis u^2, weil

$$\frac{E_2}{J_2} = \frac{E_1}{u} \cdot \frac{1}{u J_c} = \frac{E_1}{u^2 J_c} \text{ ist.}$$

Durch diese Reduktionen können der äquivalente Stromkreis und alle Rechenoperationen von dem Übersetzungsverhältnis des Transformators unabhängig gemacht werden.

38. Gegenseitige Induktion, Streuinduktion und Selbstinduktion zweier Stromkreise.

Vernachlässigt man in einem Transformator die Eisenverluste, so kann bei Leerlauf der Hauptkraftfluß

$$\Phi_h = \frac{i_{10} w_1}{R}$$

gesetzt werden, worin w_1 die primäre Windungszahl und R den magnetischen Widerstand für den ideellen magnetischen Kraftfluss bedeutet, den sowohl die primäre als auch die sekundäre Wicklung vollständig umschlingt. Die in der Sekundärwicklung induzierte EMK ist dann

$$e_2 = -w_2 \frac{d\Phi_h}{dt} = -\frac{w_1 w_2}{R} \frac{di_{10}}{dt} = -M \frac{di_{10}}{dt}.$$

$M = \frac{w_1 w_2}{R}$ nennt man den Koeffizienten der gegenseitigen Induktion der primären und sekundären Wicklung. Die Gl. 65a geht unter Einführung dieses Koeffizienten bei Leerlauf, d. h. $i_2 = 0$, in die folgende Form über

$$P_1 \sqrt{2} \sin(\omega t + \Theta_{10}) = i_{10} r_1 + \left(S_1 + M \frac{w_1}{w_2}\right) \frac{di_{10}}{dt} = i_{10} r_1 + L_1 \frac{di_{10}}{dt},$$

worin L_1 der Selbstinduktionskoeffizient der Primärwicklung ist. Zwischen den Koeffizienten der Selbstinduktion, Streuinduktion und gegenseitigen Induktion besteht somit die folgende Beziehung

$$L_1 = S_1 + M \frac{w_1}{w_2} \quad \ldots \ldots \quad (68\text{a})$$

für die Primärwicklung und analog

$$L_2 = S_2 + M \frac{w_2}{w_1} \quad \ldots \ldots \quad (68\text{b})$$

für die Sekundärwicklung.

Durch Multiplikation dieser beiden Gleichungen ergibt sich weiter

$$M^2 = (L_1 - S_1)(L_2 - S_2) \quad \ldots \quad (68\text{c})$$

Von dem von der Primärwicklung erzeugten und mit ihr verketteten Kraftfluß ist ein Teil entsprechend $M \frac{w_1}{w_2}$ mit der Sekundärwicklung und ein Teil entsprechend S_1 mit der Primärwicklung allein verkettet.

In der Technik wird das Verhältnis

$$\frac{L_1}{M \frac{w_1}{w_2}} = \frac{L_1}{L_1 - S_1} = \sigma$$

nach dem Vorschlag von J. Hopkinson Streuungskoeffizient genannt. σ ist stets größer als 1 und stellt das Verhältnis zwischen dem gesamten Kraftfluß und dem Teil dar, der mit der Sekundärwicklung verkettet und somit als nutzbar zu betrachten ist. Die Kraftflüsse, die hauptsächlich nur mit einer Wicklung verkettet sind, heißt man Streuflüsse, und es gibt sowohl primäre als auch sekundäre Streuflüsse.

Bei elektromagnetischen Maschinen rechnet man meistens mit Kraftflüssen und Streuflüssen oder mit den entsprechenden Größen, nämlich den Koeffizienten der gegenseitigen Induktion und Streuinduktion. Dies rührt daher, daß diese Flüsse in den Maschinen tatsächlich vorhanden sind, während die den Selbstinduktionskoeffizienten entsprechenden Flüsse meist gar nicht existieren und deswegen schwierig zu berechnen sind. Ferner hat diese Rechnungsweise den Vorteil, daß man alle Maschinen durch äquivalente Stromkreise rechnerisch ersetzen kann, weil in den äquivalenten Stromkreisen nur die Konstanten

$$b_a = \frac{1}{2\pi c M \frac{w_1}{w_2}}, \qquad x_1 = 2\pi c S_1 \qquad \text{und} \qquad x_2 = 2\pi c S_2$$

vorkommen. Die Reaktanz $2\pi c L_1$ dagegen kommt in einem Stromkreise gar nicht vor, sondern ist auf zwei Stromkreise, in denen verschiedene Ströme fließen, verteilt. Es ist deswegen nicht bequem, mit der Reaktanz der Selbstinduktion in Maschinen zu rechnen. Bei Leitungen und anderen ähnlichen Stromkreisen, die wenig oder gar kein Eisen enthalten, liegen die Verhältnisse anders. Hier ist nämlich die Rückwirkung von Strömen in benachbarten Leitern oft so klein, daß die Streuflüsse größer sind als die Hauptflüsse. In solchen Fällen rechnet man am besten mit Selbstinduktionskoeffizienten und sucht durch angenäherte Berechnungen und Versuche den dämpfenden Einfluß von Sekundärströmen in der Umgebung der Leiter oder in den Leitern selbst schätzungsweise festzulegen.

Für Stromkreise, in deren Nähe sich geschlossene sekundäre Stromkreise befinden, gehen die Differentialgleichungen 65a und b in die folgende Form über:

$$p_1 = i_1 r_1 + S_1 \frac{d i_1}{d t} + M \frac{w_1}{w_2} \frac{d i_1}{d t} + M \frac{d i_2}{d t} = i_1 r_1 + L_1 \frac{d i_1}{d t} + M \frac{d i_2}{d t} \qquad (65\text{c})$$

und

$$0 = i_2 r_2 + S_2 \frac{d i_2}{d t} + M \frac{w_2}{w_1} \frac{d i_2}{d t} + M \frac{d i_1}{d t} = i_2 r_2 + L_2 \frac{d i_2}{d t} + M \frac{d i_1}{d t} \qquad (65\text{d})$$

Anstatt diese beiden Gleichungen mit den Unbekannten i_1 und i_2 zu lösen, was uns auf je eine Differentialgleichung zweiter Ordnung für i_1 allein oder für i_2 allein führen würde, werden wir durch einfache Überlegungen den dämpfenden Einfluß von sekundären Stromkreisen nachweisen. Wir nehmen vorläufig an, daß die Widerstände r_1 und r_2 der Ersatzstromkreise verschwindend klein gegen die Reaktanzen sind. In dem Fall ergibt sich der Stromkreis Fig. 120. Die totale Reaktanz dieses Stromkreises ist

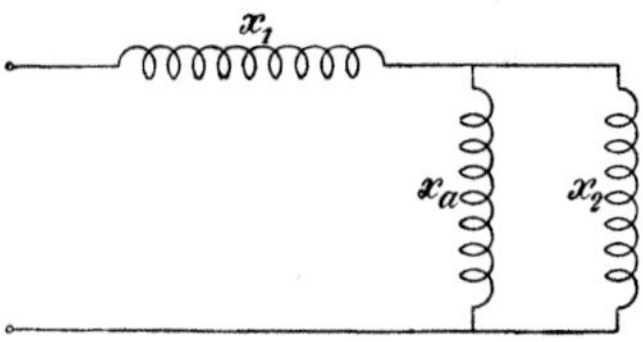

Fig. 120.

$$x_t = x_1 + \frac{1}{\frac{1}{x_a} + \frac{1}{x_2}} = x_1 + \frac{x_a x_2}{x_a + x_2}$$

$$= 2\pi c \left[S_1 + \frac{\frac{w_1}{w_2} M \left(\frac{w_1}{w_2}\right)^2 S_2}{\frac{w_1}{w_2}\left(M + \frac{w_1}{w_2} S_2\right)} \right] = 2\pi c \left(L_1 - \frac{M^2}{L_2}\right).$$

Also haben die Sekundärströme eine Verminderung der Selbstinduktion des Hauptleiters zur Folge, die um so kleiner ist, je kleiner die gegenseitige Induktion im Verhältnis zur Selbstinduktion der Sekundärleiter sind. Für $w_1 = w_2$ ist M stets kleiner als L_2, und setzen wir z. B. $M = \frac{1}{2} L_2 = \frac{1}{8} L_1$, so wird die totale Reaktanz des Hauptleiters

$$x_t = 2\pi c L_1 \left[1 - \frac{\left(\frac{1}{8}\right)^2}{\frac{1}{4}} \right] = 2\pi c L_1 \frac{15}{16},$$

d. h. ca. 6% kleiner, als wenn die Sekundärleiter gar nicht existierten.

Berücksichtigen wir nun die Widerstände r_1 und r_2 und führen ferner die Bezeichnungen

$$x_{L_1} = 2\pi c L_1 \qquad \text{und} \qquad x_{L_2} = 2\pi c L_2$$

ein, so ergibt sich die totale Impetanz eines Stromkreises

$$\mathfrak{Z}_t = \mathfrak{Z}_1 + \frac{1}{\mathfrak{Y}_a + \frac{1}{\mathfrak{Z}_2}} = \mathfrak{Z}_1 + \frac{\mathfrak{Z}_2}{1 + \mathfrak{Y}_a \mathfrak{Z}_2}.$$

Durch Umrechnung unter Vernachlässigung von g_a wird

$$\mathfrak{Z}_t = r_t - j x_t$$

mit dem Widerstand

und der Reaktanz

$$\left.\begin{aligned} r_t &= r_1 + \frac{x_a^2 \cdot r_2}{r_2^2 + x_{L2}^2} \\ x_t &= x_{L1} - \frac{x_a^2 \cdot x_{L2}}{r_2^2 + x_{L2}^2} \end{aligned}\right\} \quad . \quad . \quad . \quad . \quad (69)$$

Die Sekundärströme in benachbarten Leitern und die Wirbelströme im Leiter selbst haben somit eine scheinbare Vergrößerung des Widerstandes und eine Verringerung der Selbstinduktion des Hauptleiters zur Folge. Dies ist auch leicht verständlich. In einem runden Leiter z. B. sind die Wirbelströme so gerichtet, daß sie in der Mitte des Leiters gegen den Hauptstrom und an der Oberfläche in der Richtung des Hauptstromes fließen. Durch diese ungleichförmige Stromverteilung über den Querschnitt des Leiters werden natürlich die Verluste erhöht, und weil die Stromdichte in dem mittleren Teil des Leiters, der die größte Selbstinduktion besitzt, am kleinsten ist, wird die totale Selbstinduktion des Leiters kleiner als berechnet, wenn die Wirbelströme nicht in Betracht gezogen sind. Es soll später im Kapitel XXIII gezeigt werden, wie man den Einfluß der Wirbelströme auf die Konstanten verschiedener Leiter rechnerisch feststellen kann.

Aus den Formeln 69 ist ferner leicht ersichtlich, daß die Einflüsse der Sekundär- und Wirbelströme um so kräftiger sind, je größer die Periodenzahl des Hauptstromes ist und je größere Dimensionen die Leiter haben.

39. Energiewandlungen im allgemeinen Transformator.

Im vorhergehenden Abschnitt haben wir das Verhalten von zwei magnetisch verketteten Stromkreisen betrachtet und gesehen, daß der magnetische Kraftfluß als Träger der Energie von einem Stromkreise zum anderen dient. Sind die primären und sekundären Stromkreise miteinander fest verbunden, so wird die ganze Energie, die von dem Primärkreis abgegeben wird, vom sekundären aufgenommen, wenn die Eisenverluste im magnetischen Kreise vernachlässigt werden. Es lassen sich zwei Wicklungssysteme aber auch so anordnen, daß sie sich relativ zueinander bewegen. Man kann z. B. das primäre Wicklungssystem fest und das sekundäre um eine Achse drehbar anordnen, jedoch so, daß es das magnetische Feld der feststehenden Wicklung nicht verläßt. Dies wird dadurch erreicht, daß die drehbaren sekundären Windungen in Löchern am Umfang eines Zylinders aus unterteiltem Eisenblech untergebracht sind, während die primären Windungen koaxial dazu in Löchern am inneren Umfang eines Hohlzylinders liegen, in dessen Höhlung der drehbare Zylinder rotiert.

Hier ändern sich die Kraftlinienverkettungen der beiden Wicklungssysteme mit dem in einer solchen Maschine rotierenden Feld mit verschiedenen Periodenzahlen c_1 und c_2.

Für die primären feststehenden Windungen ist die Periodenzahl c_1 proportional der Geschwindigkeit, mit der das Feld im Raume sich dreht, für die sekundären ist c_2 proportional der relativen Geschwindigkeit des Kraftflusses gegenüber den rotierenden Windungen.

Dann wird nicht die ganze von dem Primärkreise abgegebene Leistung von dem Sekundärkreise aufgenommen.

Induziert z. B. der Hauptkraftfluß Φ_h im Primärkreise eine EMK

$$E_1 = 4{,}44\, c_1 w_1 \Phi_h 10^{-8}$$

mit der Periodenzahl c_1 und im Sekundärkreise eine EMK

$$E_2 = 4{,}44\, c_2 w_2 \Phi_h 10^{-8}$$

von der Periodenzahl c_2, so verhalten sich die beiden EMKe

$$\frac{E_2}{E_1} = \frac{c_2 w_2}{c_1 w_1}$$

wie die Produkte von Windungszahl und Periodenzahl Da auch hier die kompensierenden Amperewindungen des Primärkreises gleich den Amperewindungen des Sekundärkreises sein müssen, so ist

$$m_1 J_c w_1 = m_2 J_2 w_2,$$

worin m_1 die Zahl der gleichartigen Primärkreise und m_2 die Zahl der gleichartigen Sekundärkreise bedeutet, oder es ist

$$\frac{w_1}{w_2} = \frac{m_2 J_2}{m_1 J_c}.$$

Setzt man diese Beziehung in das Verhältnis der EMKe ein, so wird

$$\frac{m_2 E_2 J_2}{m_1 E_1 J_c} = \frac{c_2}{c_1}. \quad . \quad . \quad . \quad . \quad . \quad . \quad . \quad (70)$$

Hier ist, wie aus dem Transformatordiagramm Fig. 119 zu sehen ist, $\sphericalangle(E_1 J_c) = \sphericalangle(E_2 J_2) = \psi_2$.

Die von dem Sekundärkreise aufgenommene Leistung ist folglich im selben Verhältnis kleiner als die von dem Primärkreise abgegebene, wie die Periodenzahl der Sekundärströme kleiner als die der Primärströme ist. Die Differenz

$$(m_1 E_1 J_c - m_2 E_2 J_2) \cos \psi_2 = \frac{(c_1 - c_2)}{c_1} m_1 E_1 J_c \cos \psi_2$$

zwischen der primär abgegebenen und der sekundär aufgenommenen Leistung muß also in irgend einer anderen Energieform wieder erscheinen, denn Energie geht ja nie verloren, und diese Differenzleistung tritt nicht mehr in Form elektrischer Energie auf. Sie erscheint deswegen als mechanische Leistung, und der allgemeine Transformator kann somit auch als Motor arbeiten. Die von den Primärkreisen an den magnetischen Kreis abgegebene Leistung erscheint teils als eine mechanische Leistung und teils als eine elektrische Leistung im Sekundärkreise. Der letzte Teil ist proportional

$$\frac{c_1 - c_2}{c_1} = 1 - \frac{c_2}{c_1},$$

d. h. proportional der Geschwindigkeit, um welche die Sekundärkreise hinter den Primärkreisen zurückbleiben, während der erste Teil proportional der Geschwindigkeit $\frac{c_2}{c_1}$ ist, mit welcher die Sekundärkreise vom Hauptkraftfluß geschnitten werden. Setzt man

$$c_2 = s c_1,$$

so wird

$$E_2 = s \frac{w_2}{w_1} E_1 \quad . \quad . \quad . \quad . \quad . \quad . \quad . \quad (71)$$

oder bei gleicher Windungszahl im Primär- und Sekundärkreis

$$E_2 = s E_1 \quad . \quad . \quad . \quad . \quad . \quad . \quad . \quad (71\text{a})$$

Nimmt man ferner dieselbe Anzahl Sekundärkreise wie Primärkreise an, so wird

$$J_2 = J_c$$

und

$$\mathfrak{Z}_2 = \frac{\mathfrak{E}_2}{\mathfrak{J}_2} = \frac{s \mathfrak{E}_1}{\mathfrak{J}_c} = s \mathfrak{Z}_2', \quad . \quad . \quad . \quad . \quad . \quad (72)$$

worin $\mathfrak{Z}_2'$ die auf den Primärkreis reduzierte Impedanz des Sekundärkreises bedeutet. Beziehen wir ferner die Reaktanz x_2 des Sekundärkreises auf die Periodenzahl c_1 des Primärkreises, so wird

$$\mathfrak{Z}_2 = r_2 - j \frac{c_2}{c_1} x_2 = r_2 - j s x_2$$

und $$\mathfrak{Z}_2' = \frac{\mathfrak{Z}_2}{s} = \frac{r_2 - j s x_2}{s} = \frac{r_2}{s} - j x_2 .$$

Wir können nun den allgemeinen Transformator mit gegenseitig beweglichen Primär- und Sekundärkreisen auch durch einen äquivalenten Stromkreis Fig. 121 ersetzen, denn durch die Reduktion der Periodenzahl des Sekundärkreises auf die des Primärkreises bleibt die Kontinuität der Energieübertragung bewahrt. Es ist nämlich in der Ersatzschaltung die an einen Sekundärkreis abgegebene Leistung gleich

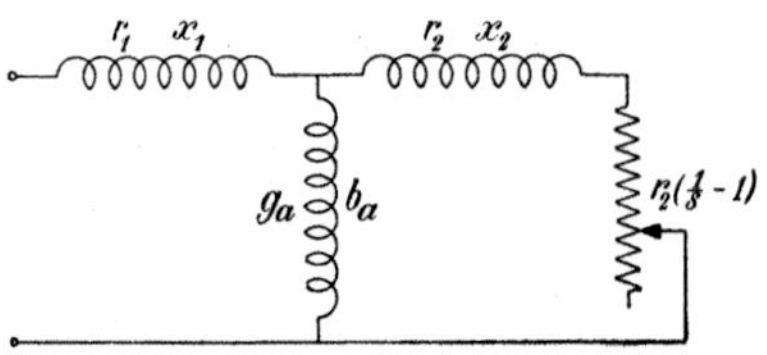

Fig. 121. Ersatzstromkreis des allgemeinen Transformators.

$$J_2^2 \frac{r_2}{s} = J_2 \frac{E_2}{s} \cos \psi_2 = J_c E_1 \cos \psi_2 .$$

Da aber nur die Leistung

$$V_2 = J_2^2 r_2$$

in dem Sekundärkreise als elektrische Energie erscheint, so muß

$$W_2 = J_2^2 \frac{r_2}{s} - J_2^2 r_2 = J_2^2 r_2 \left(\frac{1}{s} - 1\right) \quad . \quad . \quad (73)$$

in Form mechanischer Leistung erscheinen. Es repräsentiert somit in der Ersatzschaltung der Widerstand

$$r_2 \left(\frac{1}{s} - 1\right) \quad . \quad . \quad . \quad . \quad . \quad . \quad . \quad . \quad (73\text{a})$$

die motorische Belastung des allgemeinen Transformators, die ganz selbstverständlich induktionsfrei ist. Wir haben somit den allgemeinen Transformator trotz der gegenseitigen Verschiebung der Primär- und Sekundärwicklungen durch einen einfachen äquivalenten Stromkreis ersetzt, dessen Periodenzahl und Spannung gleich der des Primärkreises ist, und alle für den äquivalenten Stromkreis abgeleiteten Sätze gelten auch für den allgemeinen Transformator. Das Übersetzungsverhältnis der Spannungen ist unter Annahme derselben Periodenzahl im Primär- und Sekundärkreise

$$u_e = \frac{E_1}{E_2} = \frac{w_1}{w_2} ,$$

während das Übersetzungsverhältnis der Ströme

$$u_i = \frac{J_2}{J_c} = \frac{m_1 w_1}{m_2 w_2} \quad \text{ist,}$$

und da

$$\left(\frac{E_2}{J_2}\right) = \frac{E_1}{u_e} \frac{1}{u_i J_c} = \frac{E_1}{u_i u_e J_c}$$

ist, ergibt sich das Übersetzungsverhältnis der Impedanzen

$$u_e u_i = \frac{m_1 w_1^2}{m_2 w_2^2} \quad \ldots \ldots \quad (74)$$

worin w_1 und w_2 die Zahl der effektiven primären und sekundären Windungen bedeuten.

Fig. 122. Asynchronmotor.

Die gewöhnlichste Form des allgemeinen Transformators ist der Asynchronmotor, der aus einem stationären lamellierten Eisenkörper mit den Primärwicklungen und aus einem rotierenden lamellierten Körper mit den Sekundärwicklungen besteht. Die beiden Wicklungen sind in Nuten im Eisen eingebettet und liegen einander gerade gegenüber so nahe wie möglich an der Oberfläche, um die Streuinduktionen auf ein Minimum zu reduzieren. Fig. 122 zeigt die Photographie eines Asynchronmotors mit abgenommenem Lagerschild.

Beispiel: Für $P_1 = 500$ Volt

$r_1 = r_2 = 1\ \Omega$

$x_1 = 5\ \Omega$

$x_2 = 2{,}5\ \Omega$

$g_a = 0{,}002\ \mho$

$b_a = 0{,}01\ \mho$

sind in Fig. 123a und 123b die folgenden Leistungen als Funktionen der Schlüpfung s aufgetragen:

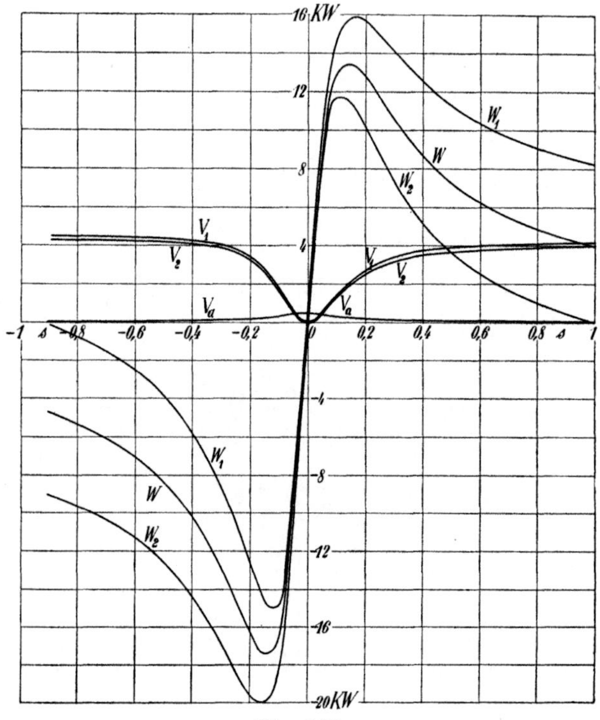

Fig. 123a.

1. Die primär zugeführte Leistung $W_1 = P_1 J_1 \cos \varphi_1$.
2. Der primäre Stromwärmeverlust $V_1 = J_1^2 r_1$.
3. Der Eisenverlust $V_a = E^2 g_a$.
4. Die auf die Sekundärleistung übertragene Leistung $W = W_1 - V_1 - V_a = E J_2 \cos \psi_2$.
5. Der sekundäre Stromwärmeverlust $V_2 = J_2^2 r_2$.
6. Die mechanische Leistung $W_2 = J_2^2 r_2 \left(\frac{1}{s} - 1\right) = W(1 - s)$.

In Fig. 123b ist, um die Vorgänge in der Nähe des Synchronismus deutlicher darstellen zu können, der Abszissenmaßstab vergrößert.

Wie aus den Figuren ersichtlich ist, wirkt der allgemeine Transformator als Motor zwischen $s = 0$ und $s = 1$, d. h. zwischen der Tourenzahl, bei der keine EMKe in den Sekundärkreisen induziert werden, und Stillstand. Die erste Tourenzahl (für $s = 0$), bei welcher die Sekundärkreise sich gegenüber dem Hauptkraftfluß in Ruhe verhalten, heißt die synchrone Tourenzahl, weil bei ihr die Sekundärkreise synchron mit dem Hauptkraftfluß rotieren. s heißt die Schlüpfung des Rotors.

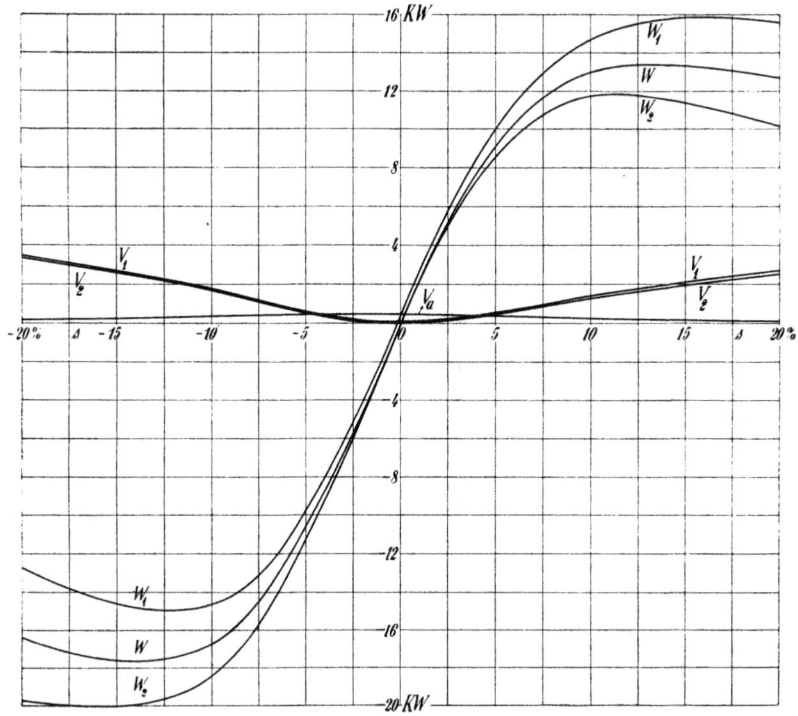

Fig. 123b.

Rotiert der Rotor schneller als der Hauptkraftfluß, so ist s negativ (Übersynchronismus). Der allgemeine Transformator arbeitet dann als Generator und gibt also elektrische Leistung ab. Dreht sich der Rotor in entgegengesetzter Richtung wie der Kraftfluß, so ist s positiv und größer als 1. In diesem Fall arbeitet der allgemeine Transformator als Bremse und nimmt sowohl elektrische wie mechanische Leistung auf, die beide in dem Transformator vernichtet werden.

Achtes Kapitel.

Stromkreise mit Kapazität.

40. Arbeitsübertragung durch Leitungen mit Kapazität.

Zur Übertragung von Wechselströmen auf große Entfernungen werden gewöhnlich oberirdische Leitungen angewandt, die verhältnismäßig wenig Kapazitätswirkung zeigen, wenn die Betriebsspannung nicht außerordentlich hoch ist. Es kommt aber auch häufig vor, daß der Strom eine Strecke lang unterirdisch in Kabeln fortgeleitet werden muß, wo oberirdische Leitungen nicht zulässig sind. Diese Strecke besitzt dann eine größere Kapazitätswirkung. Um die Vorgänge in allen derartigen Leitungen annäherungsweise und leicht rechnerisch zu verfolgen, denkt man sich die ganze Kapazität der Leitungen und Kabel in dem Schwerpunkt der über die Leitungen verteilten Kapazitäten zwischen ihnen angebracht. Man erhält dann den Ersatzstromkreis Fig. 124, der in derselben Weise wie die in Kap. VII beschriebenen Stromkreise behandelt werden kann.

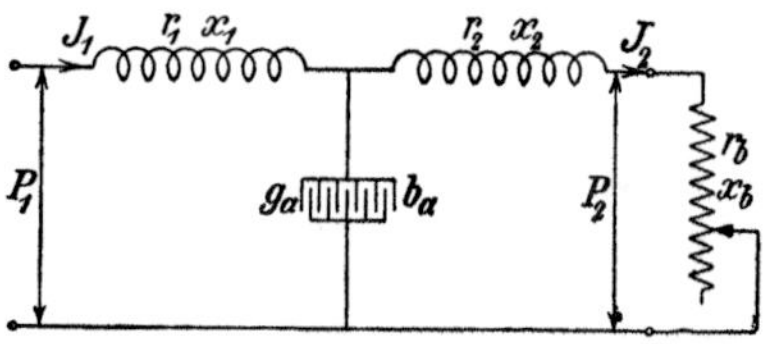

Fig. 124.

Als Beispiel wollen wir hier den Fall betrachten, daß der Belastungsstrom, der an der Sekundärstation abgegeben wird, hauptsächlich zum Betrieb von Induktionsmotoren benutzt wird. Es wird dann der Endpunkt des Stromvektors sich annähernd auf einem Kreis bewegen, wenn alle Motoren eingeschaltet und gleichmäßig belastet sind. Dieser Kreis möge durch K_b in Fig. 125 und die Leistungslinie durch $\overline{P_0^b P_k^b}$ dargestellt sein.

Durch Inversion erhält man die Belastungsimpedanz Z_b, zu der man Z_2 addiert. Dieser Kreis wird wieder inversiert und gibt die zu Y_a parallel geschaltete Admittanz Y''. Nach Addition von Y_a inversiert man wieder und erhält eine mit Z_1 in Serie geschaltete Impedanz Z', zu der man Z_1 addiert. Durch nochmalige Inversion

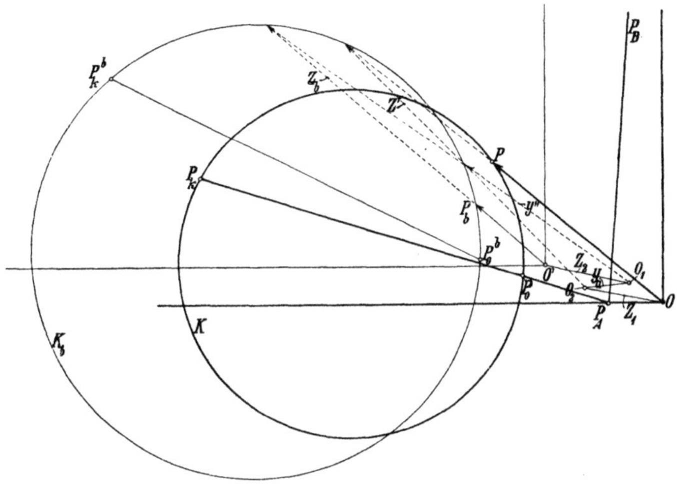

Fig. 125.

erhält man endlich den Belastungsstrom der Primärstation, der durch den Kreis K dargestellt wird. In diesen Kreis lassen sich alle Verlust- und Leistungslinien eintragen. Hier soll jedoch nur die totale Verlustlinie $\overline{P_A P_B}$ und die endgültige Leistungslinie $\overline{P_0 P_k}$ angegeben werden, die zur Bestimmung des Wirkungsgrades und der maximalen Leistung der Arbeitsübertragung nötig sind.

41. Kondensator-Transformatoren.

Im Jahre 1891 schlug P. Boucherot die Anwendung von Kondensatoren zur Transformierunng einer konstanten Spannung in einen konstanten Strom oder umgekehrt vor. Diese Art von Transformatoren, die unter dem Namen „Kondensator-Transformatoren“ bekannt sind, wandte Boucherot zur Speisung von Stromverbrauchern in Reihenschaltung an. Wenn z. B. Tunnels, Kanäle oder Gartenanlagen von Bogenlampen oder Glühlampen in Hintereinanderschaltung beleuchtet werden sollen, so können diese Schaltungen mit Vorteil verwendet werden.

In den Fig. 126a—c sind drei von Boucherot vorgeschlagene Schaltungsschemata dargestellt, die alle denselben Zweck haben, nämlich bei konstanter Primärspannung P_1 einen konstanten Strom in dem Belastungsstromkreis, der zwischen A und B unabhängig von der Belastung zu liefern. Betrachten wir zuerst die Schaltung Fig. 126a, so ergibt sich

$$\mathfrak{J}_2 = \frac{\mathfrak{E}}{r_2 - j x_2} \qquad , \qquad \mathfrak{J}_a = \frac{\mathfrak{E}}{j x_a}$$

und der totale Strom

$$\mathfrak{J}_1 = \mathfrak{J}_a + \mathfrak{J}_2 = \mathfrak{E}\left(\frac{1}{r_2 - j x_2} + \frac{1}{j x_a}\right).$$

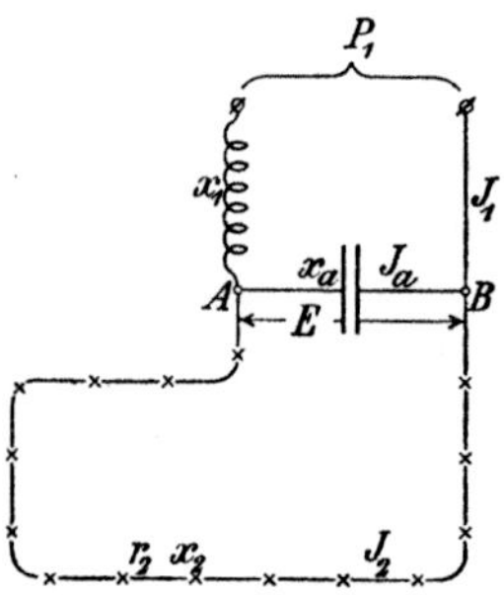

Fig. 126a.

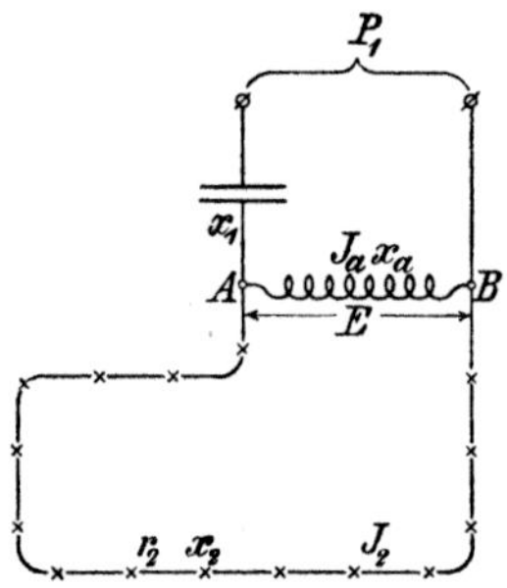

Fig. 126b.

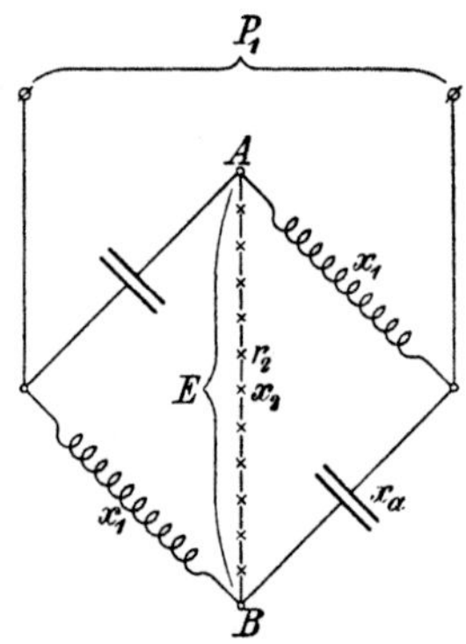

Fig. 126c.

Die Klemmenspannung ist also

$$\mathfrak{P}_1 = \mathfrak{E} - \mathfrak{J}_1 j x_1 = \mathfrak{E}\left(1 - \frac{j x_1}{r_2 - j x_2} - \frac{j x_1}{j x_a}\right)$$

oder

$$\mathfrak{P}_1 = \mathfrak{E}\left(1 - \frac{x_1}{x_a}\right) - j x_1 \mathfrak{J}_2 .$$

Macht man nun die Reaktanzen x_1 und x_a gleich groß, so wird der Sekundärstrom

$$\mathfrak{J}_2 = j \frac{\mathfrak{P}_1}{x_1}, \qquad \text{oder sein Betrag} \qquad J_2 = \frac{P_1}{x_1},$$

d. h. bei konstanter Klemmenspannung P_1 ist der Strom J_2 im Belastungsstromkreis auch konstant und unabhängig von dessen Widerstand. Der totale Strom $\mathfrak{J}_1$ wird gleich

$$\mathfrak{J}_1 = \mathfrak{E}\left(\frac{1}{r_2 - j x_2} + \frac{1}{j x_1}\right),$$

und da
$$\mathfrak{E} = \frac{r_2 - j x_2}{-j x_1} \mathfrak{P}_1 \quad \text{ist,}$$

wird $$\mathfrak{J}_1 = \frac{r_2 - j x_2}{x_1^2}\mathfrak{P}_1 + j\frac{\mathfrak{P}_1}{x_1} = \frac{\mathfrak{P}_1}{x_1^2}[r_2 - j(x_2 - x_1)]$$

und der Betrag $$J_1 = \frac{P_1}{x_1^2}\sqrt{r_2^2 + (x_2 - x_1)^2}.$$

Der totale Strom ist somit ein Minimum, wenn $x_2 = x_1$ ist, und es wird

$$J_{1\,min} = \frac{P_1 r_2}{x_1^2} = \frac{P_1 r_2}{x_2^2}.$$

Bei offenem Belastungsstromkreis (Leerlauf) wird $r_2 = \infty$ und somit auch J_1 unendlich groß, während bei kurzgeschlossenem Belastungswiderstand $r_2 = 0$ folglich auch $J_1 = 0$ wird. Mit anderen Worten: der Leerlauf des Belastungsstromkreises wirkt wie ein Kurzschluß an den Primärklemmen der Leitung und umgekehrt ein Kurzschluß im Belastungsstromkreis wirkt wie Leerlauf der Übertragung. Aus diesem Grunde muß dafür gesorgt werden, daß beim Erlöschen einer Lampe der Stromkreis nicht unterbrochen wird. Dies geschieht durch Parallelschalten von Drosselspulen zu den Lampen oder besser durch Einschaltung von kleinen Transformatoren für jede Lampe. Im letzten Falle können die Lampen gefahrlos bedient werden.

Von den verschiedenen Schaltungen ist die letzte, Fig. 126c, die vorteilhafteste, weil hier der Strom J_1 bei kurzgeschlossenem Belastungsstromkreis ($z_2 = 0$) Null ist, statt $J_1 = \frac{P_1}{x_1}$ wie bei den beiden anderen Schaltungen.

Neuerdings wird der Kondensator-Transformator auch benutzt, um elektrische Schwingungen von großer Spannung und Periodenzahl zu erzeugen. Schaltet man nämlich parallel zu dem Kondensator einen Stromkreis, der Selbstinduktion, Widerstand und eine Funkenstrecke enthält (s. Fig. 127), so werden in diesem Kreise elektrische Schwingungen entstehen können, wenn die Selbstinduktion L_2 genügend groß gewählt ist im Verhältnis zum Widerstande r_2. Legt man eine Wechselspannung P_1 an die Primärklemmen, so wird, da der Sekundärkreis offen ist, eine große Spannung zwischen den Enden der Funkenstrecke entstehen und ein Funke überschlagen. Dadurch sinkt die Spannung sofort und der Funke erlischt unter dem Einfluß der aufsteigenden Luft, die von dem Funken erwärmt worden ist. Aber der Funke ist kaum erloschen, ehe die Spannung wieder in die Höhe schnellt und einen neuen

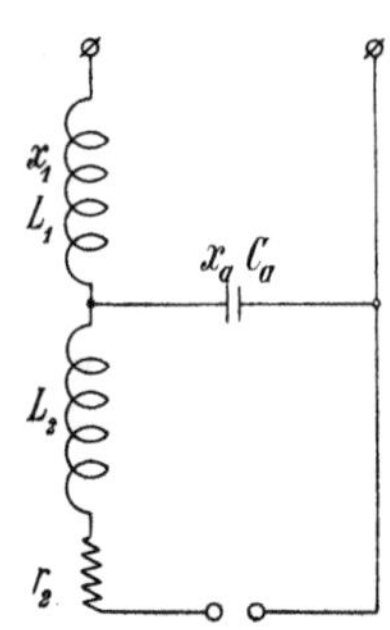

Fig. 127.

Funken hervorbringt. In dieser Weise setzt sich das Spiel in der Funkenstrecke fort, und zwar mit der Periodenzahl c_{ei}, die nur von den Konstanten des Sekundärkreises abhängt und, wie wir später sehen werden, gleich der Eigenschwingungszahl des Kreises ist

$$c_{ei} = \frac{1}{2\pi}\sqrt{\frac{1}{L_2 C_a} - \left(\frac{r_2}{2 L_2}\right)^2}.$$

Diese Periodenzahl wird fast immer viel größer als die der aufgedrückten Primärspannung. Die Oszillationen im Sekundärkreise rufen auch solche in dem Primärkreise hervor. Wenn die Eigenschwingungszahl viel größer ist als die Periodenzahl der Primärspannung, so verschwinden die Oszillationen während der Zeit, in der der Kondensator sich entladet.

42. Arbeitsübertragung durch Leitungen mit verteilter Kapazität.

Wir gehen nun zu dem allgemeinsten Falle der Wechselstromarbeitsübertragung über und betrachten vorerst die physikalischen Vorgänge in den Leitungen und den ihnen benachbarten Körpern.

Schaltet man zwischen die Primärklemmen einer langen Doppelleitung, die zur Arbeitsübertragung eines Einphasen-Wechselstromes dient, und an deren Sekundärklemmen (Endklemmen) Stromempfänger angeschlossen sind, eine gegebene konstante Wechsel-EMK, so stellt sich in irgendeinem Zeitmomente in jedem Punkt der Leitung ein bestimmtes Potential ein. Das Potential der Erde wird dabei Null gesetzt. — Um die verschiedenen Punkte der Leitung auf diese Potentiale zu bringen, ist ein Ladestrom nötig. In dem elektrischen Felde, das diese Ladungen hervorrufen, befinden sich sowohl elektrisch leitende wie dielektrische Körper, und daher ist der Ladestrom von den Konstanten dieser Körper abhängig und kann ziemlich bedeutend sein. Ferner besitzt jeder Leiter Isolationsfehler, durch die eine Elektrizitätsmenge abgeleitet wird, die der Potentialdifferenz proportional ist. Hierher gehört auch das Entweichen von Elektrizität in die Luft, das als „stille Entladung“ bezeichnet wird.

Das längs der Leitung variierende Potential bedingt einen Strom durch die Leitung, der ein elektromagnetisches Feld um die Leiter erzeugt. Dieser Strom hat nicht in allen Querschnitten der Leitung dieselbe Größe, sondern sie ändert sich infolge der Ladungsströme und der durch Isolationsfehler und stille Entladungen in die Luft bedingten Ableitungen.

Bisher wurde nur der Zustand für einen beliebigen Zeitmoment betrachtet. Nun ist die EMK an den Primärklemmen nicht konstant, sondern mit der Zeit veränderlich, und zwar nehmen wir vorläufig eine nach dem Sinusgesetz variierende EMK an.

Das elektrische Feld sowohl als auch das elektromagnetische ändert sich mit der Zeit. Durch das Wechseln des elektrischen Feldes wird Energie in den isolierenden Medien verbraucht. Sie bedingt einen Verluststrom, der in Phase mit der Potentialdifferenz an der betreffenden Stelle ist. Durch die Anwesenheit fremder Körper im Felde werden die Verschiebungsströme vergrößert, hierher gehört auch die elektrostatische Influenz. Die Verschiebungsströme können in zwei Komponenten zerlegt werden, von denen die eine in Phase mit der Potentialdifferenz und die andere um 90^0 dagegen verschoben ist.

Das elektromagnetische Wechselfeld induziert sowohl in den Leitern selbst als auch in fremden Leitern EMKe. Die in den Leitern selbstinduzierten EMKe, die EMKe der Selbstinduktion, können unter Umständen zu einer ungleichen Verteilung des Stromes über den Querschnitt führen, die wie eine Erhöhung des Ohmschen Widerstandes wirkt (Oberflächenwirkung). Die im elektromagnetischen Felde liegenden geschlossenen Leiter verhalten sich den Hauptleitern gegenüber wie die Sekundärwicklung eines Transformators zu seiner Primärwicklung. In den sekundären Leitern werden deshalb Ströme fließen, die auf die Hauptleiter zurück induzierend wirken (gegenseitige Induktion).

Die EMKe der gegenseitigen Induktion können nun wieder in eine Wattkomponente in Phase mit dem Strome und in eine um 90^0 dagegen verschobene wattlose Komponente zerlegt werden. Die letzte verkleinert die scheinbare Selbstinduktion in der Hauptleitung. Zu den Strömen in benachbarten Leitern zählen auch die Wirbelströme.

Das elektromagnetische Feld erzeugt in magnetisierbaren Materialien magnetische Hysteresisverluste, die angenähert durch eine Erhöhung des Ohmschen Widerstandes berücksichtigt werden können, denn die magnetische Feldstärke ist bei schwachen Feldern der Stromstärke ungefähr proportional.

Nach dem Vorhergehenden gibt das Schema der Fig. 128 ein der Doppelleitung einer Arbeitsübertragung äquivalentes Bild.

Wir machen jetzt die Annahme, ohne die eine Rechnung nicht gut möglich ist, daß die betrachtete Leitung überall homogen ist, also daß die Konstanten für die Längeneinheit der Leitung angegeben werden können. Die Berechnung dieser Konstanten ist, da sie von der Periodenzahl, der Spannung und der Witterung abhängen, kompliziert und ungenau.

Franke[1]) und Breisig[2]) haben aber gezeigt, wie sich die Konstanten aus einfachen Messungen bestimmen lassen. Eine Leitung ist durch vier Konstante gegeben, die wir uns experimentell bestimmt denken.

Für die Vorausberechnung einer Anlage müssen sie auf Grund früherer Messungen und Berechnungen bestimmt werden, weshalb wir hier die Konstanten für die Längeneinheit und die verschiedenen Einflüsse, denen sie unterliegen, kurz anführen.

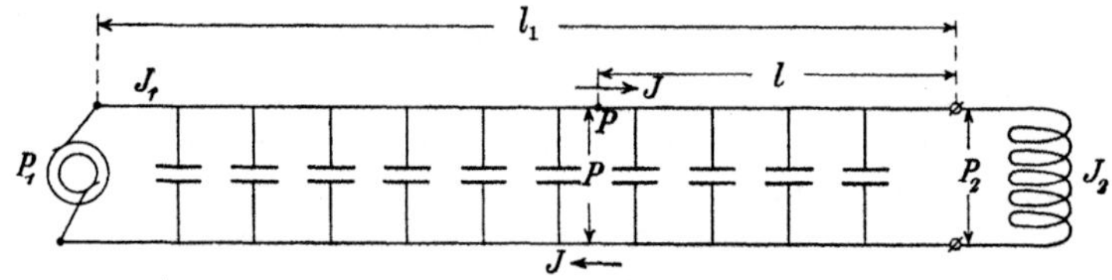

Fig. 128. Einphasen-Arbeitsübertragungsleitung mit verteilter Kapazität.

r_d bedeutet den äquivalenten Ohmschen Widerstand für einen Kilometer, mit dem der Strom J multipliziert werden muß, um die Spannung zu erhalten, die in Phase mit dem Strome ist. Diese Spannung rührt her von dem Ohmschen Widerstand der Leitung und den Wattkomponenten der Spannungen, die von dem resultierenden elektromagnetischen Felde induziert werden.

x_d bedeutet die äquivalente Reaktanz für einen Kilometer, mit welcher der Strom J multipliziert werden muß, um die EMKe, die um 90° gegen den Strom in der Phase verspätet sind, zu erhalten. Diese EMKe sind die wattlosen Komponenten der von dem resultierenden elektromagnetischen Felde induzierten EMKe.

g_l bedeutet die äquivalente Konduktanz für einen Kilometer, mit der die Spannung P multipliziert werden muß, um die Ströme in Phase mit der Spannung zu erhalten. Diese Ströme rühren her von den Stromentweichungen durch die Isolation und durch die Luft und von den Wattkomponenten der von dem elektrischen Felde bedingten Verschiebungsströme.

b_l bedeutet die äquivalente Suszeptanz für einen Kilometer, mit der die Spannung P multipliziert werden muß, um die Ströme, die um 90° gegen die Spannung phasenverschoben sind, zu erhalten. Diese Ströme sind die wattlosen Komponenten der vom resultierenden elektrischen Felde bedingten Verschiebungsströme.

Symbolisch können wir schreiben

$$\mathfrak{Z}_d = (r_d - j\,x_d)\,l_1$$

[1]) ETZ 1891, Heft 35.
[2]) ETZ 1899, Heft 10.

und $$\mathfrak{Y}_l = (g_l - j\, b_l)\, l_1,$$

worin l_1 die einfache Länge der Leitung in Kilometern bedeutet.

Wir nehmen nun die Spannung an den Sekundärklemmen

$$p_2 = P_2 \sqrt{2} \sin(\omega t)$$

sowie die Konstanten der Leitungen und den Belastungszustand der Stromempfänger, d. h. g_2 und b_2 als gegeben an und wollen die Spannung, die Stromstärke und ihre Phasenverschiebung in irgend einem Punkte der Leitung berechnen. Wenn dies geschehen ist, kennen wir auch den Belastungszustand in der Primärstation.

In einem Punkt P in der Entfernung l von den Sekundärklemmen haben wir eine Spannung $p = P\sqrt{2}\sin(\omega t + \psi)$ und einen Strom $i = J\sqrt{2}\sin(\omega t + \psi - \varphi)$.

Da aber eine Klemmenspannung, die sich nach einer Sinuskurve ändert, im stationären Zustand immer Ströme und Spannungen von sinusförmigem Verlauf im ganzen System erzeugt, ist es nicht nötig, hier mit Momentanwerten zu rechnen, sondern wir werden der Übersichtlichkeit halber die symbolischen Ausdrücke $\mathfrak{P}$ und $\mathfrak{J}$ einführen und mit ihnen die ersten Rechnungsoperationen durchführen. In den abgeleiteten Formeln kann man dann später wieder zu den Momentanwerten zurückkehren, wenn dies für die Erläuterung der Formeln von Vorteil sein sollte.

Wird l in der Richtung des Energieflusses negativ und in der entgegengesetzten Richtung positiv gerechnet, so haben wir in dem Leitungselement dl die Stromzunahme

$$d\mathfrak{J} = \mathfrak{P}\frac{\mathfrak{Y}_l}{l_1}\, dl$$

oder

$$\frac{d\mathfrak{J}}{dl} = \mathfrak{P}\frac{\mathfrak{Y}_l}{l_1}.$$

Ferner ist die in dem Leitungselement dl durch den Strom J verursachte Spannungszunahme

$$d\mathfrak{P} = \mathfrak{J}\frac{\mathfrak{Z}_d}{l_1}\, dl$$

oder

$$\frac{d\mathfrak{P}}{dl} = \mathfrak{J}\frac{\mathfrak{Z}_d}{l_1}.$$

Durch Differentiation dieser beiden Gleichungen erhalten wir

$$\left.\begin{aligned} \frac{d^2 \mathfrak{J}}{dl^2} &= \frac{d\mathfrak{P}}{dl} \cdot \frac{\mathfrak{Y}_l}{l_1} = \mathfrak{J}\frac{\mathfrak{Z}_d \mathfrak{Y}_l}{l_1^2} \\ \text{und} \quad \frac{d^2 \mathfrak{P}}{dl^2} &= \frac{d\mathfrak{J}}{dl} \cdot \frac{\mathfrak{Z}_d}{l_1} = \mathfrak{P}\frac{\mathfrak{Z}_d \mathfrak{Y}_l}{l_1^2} \end{aligned}\right\} \quad . \; . \; . \; . \; . \quad (75)$$

Diese Gleichungen sind homogene lineare Differentialgleichungen zweiter Ordnung und ihre allgemeinen Integrale lauten:

$$\mathfrak{P} = \mathfrak{A}\, e^{\sqrt{\mathfrak{Y}_l \mathfrak{Z}_d}\frac{l}{l_1}} + \mathfrak{B}\, e^{-\sqrt{\mathfrak{Y}_l \mathfrak{Z}_d}\frac{l}{l_1}}$$

und

$$\mathfrak{J} = \sqrt{\frac{\mathfrak{Y}_l}{\mathfrak{Z}_d}}\left(\mathfrak{A}\, e^{\sqrt{\mathfrak{Y}_l \mathfrak{Z}_d}\frac{l}{l_1}} - \mathfrak{B}\, e^{-\sqrt{\mathfrak{Y}_l \mathfrak{Z}_d}\frac{l}{l_1}}\right),$$

worin $\mathfrak{A}$ und $\mathfrak{B}$ die Integrationskonstanten darstellen. Zu ihrer Bestimmung dienen die Grenzgleichungen

$$l = 0, \qquad \mathfrak{P} = \mathfrak{P}_2 \quad \text{und} \quad \mathfrak{J} = \mathfrak{J}_2 .$$

Setzt man diese Werte ein, so wird

$$\mathfrak{P}_2 = \mathfrak{A} + \mathfrak{B}$$

und

$$\mathfrak{J}_2 = \sqrt{\frac{\mathfrak{Y}_l}{\mathfrak{Z}_d}}(\mathfrak{A} - \mathfrak{B}),$$

oder

$$\mathfrak{A} = \frac{\mathfrak{P}_2 + \mathfrak{J}_2\sqrt{\frac{\mathfrak{Z}_d}{\mathfrak{Y}_l}}}{2},$$

$$\mathfrak{B} = \frac{\mathfrak{P}_2 - \mathfrak{J}_2\sqrt{\frac{\mathfrak{Z}_d}{\mathfrak{Y}_l}}}{2}.$$

Also wird

$$\mathfrak{P} = \frac{1}{2}\mathfrak{P}_2\left(e^{\sqrt{\mathfrak{Y}_l \mathfrak{Z}_d}\frac{l}{l_1}} + e^{-\sqrt{\mathfrak{Y}_l \mathfrak{Z}_d}\frac{l}{l_1}}\right) + \frac{1}{2}\mathfrak{J}_2\sqrt{\frac{\mathfrak{Z}_d}{\mathfrak{Y}_l}}\left(e^{\sqrt{\mathfrak{Y}_l \mathfrak{Z}_d}\frac{l}{l_1}} - e^{-\sqrt{\mathfrak{Y}_l \mathfrak{Z}_d}\frac{l}{l_1}}\right)$$

und (76)

$$\mathfrak{J} = \frac{1}{2}\mathfrak{J}_2\left(e^{\sqrt{\mathfrak{Y}_l \mathfrak{Z}_d}\frac{l}{l_1}} + e^{-\sqrt{\mathfrak{Y}_l \mathfrak{Z}_d}\frac{l}{l_1}}\right) + \frac{1}{2}\mathfrak{P}_2\sqrt{\frac{\mathfrak{Y}_l}{\mathfrak{Z}_d}}\left(e^{\sqrt{\mathfrak{Y}_l \mathfrak{Z}_d}\frac{l}{l_1}} - e^{-\sqrt{\mathfrak{Y}_l \mathfrak{Z}_d}\frac{l}{l_1}}\right)$$

(77)

Wir setzen nun der Einfachheit halber

$$\mathfrak{C} = \frac{1}{2}\left(e^{\sqrt{\mathfrak{Y}_l \mathfrak{Z}_d}} + e^{-\sqrt{\mathfrak{Y}_l \mathfrak{Z}_d}}\right)$$

und messen, wie von Ad. Franke angegeben, bei den folgenden zwei Zuständen die Werte $\mathfrak{P}_1$ und $\mathfrak{J}_1$ an den Primärklemmen, an denen $l = l_1$ zu setzen ist:

1) Bei Leerlauf ist die Leitung an den Sekundärklemmen unterbrochen, also $\mathfrak{J}_2 = 0$ und

$$\frac{\mathfrak{J}_{10}}{\mathfrak{P}_{10}} = \mathfrak{Y}_0 = \sqrt{\frac{\mathfrak{Y}_l}{\mathfrak{Z}_d}} \frac{e^{\sqrt{\mathfrak{Y}_l \mathfrak{Z}_d}} - e^{-\sqrt{\mathfrak{Y}_l \mathfrak{Z}_d}}}{e^{\sqrt{\mathfrak{Y}_l \mathfrak{Z}_d}} + e^{-\sqrt{\mathfrak{Y}_l \mathfrak{Z}_d}}}.$$

$\mathfrak{Y}_0$ kann man als scheinbare Leitfähigkeit (Admittanz) der Leitung bezeichnen. — Ferner finden wir die Spannung an den sekundären Klemmen bei Leerlauf

$$\mathfrak{P}_2 = \frac{\mathfrak{P}_{10}}{\mathfrak{C}} \quad . \quad . \quad . \quad . \quad . \quad . \quad . \quad . \quad (78)$$

2) Bei Kurzschluß sind beide Sekundärklemmen der Leitung widerstandsfrei verbunden, also $\mathfrak{P}_2 = 0$ und

$$\frac{\mathfrak{P}_{1k}}{\mathfrak{J}_{1k}} = \mathfrak{Z}_k = \sqrt{\frac{\mathfrak{Z}_d}{\mathfrak{Y}_l}} \frac{e^{\sqrt{\mathfrak{Y}_l \mathfrak{Z}_d}} - e^{-\sqrt{\mathfrak{Y}_l \mathfrak{Z}_d}}}{e^{\sqrt{\mathfrak{Y}_l \mathfrak{Z}_d}} + e^{-\sqrt{\mathfrak{Y}_l \mathfrak{Z}_d}}}.$$

$\mathfrak{Z}_k$ kann als scheinbare Impedanz der Leitung bezeichnet werden. — Der Kurzschlußstrom an den Sekundärklemmen ist

$$\mathfrak{J}_2 = \frac{\mathfrak{J}_{1k}}{\mathfrak{C}} \quad . \quad . \quad . \quad . \quad . \quad . \quad . \quad . \quad (79)$$

Durch Division und Multiplikation von $\mathfrak{Z}_k$ und $\mathfrak{Y}_0$ findet man

$$\frac{\mathfrak{Z}_k}{\mathfrak{Y}_0} = \frac{\mathfrak{Z}_d}{\mathfrak{Y}_l} \quad \text{und} \quad \mathfrak{Z}_k \mathfrak{Y}_0 = 1 - \frac{1}{\mathfrak{C}^2} \quad . \quad . \quad . \quad . \quad (80)$$

Für die Primärklemmen der Leitung bekommen wir nach Einführung von $\mathfrak{C}$, $\mathfrak{Y}_0$ und $\mathfrak{Z}_k$ die Gleichungen

$$\mathfrak{P}_1 = \mathfrak{C}\,(\mathfrak{P}_2 + \mathfrak{Z}_k \mathfrak{J}_2) = \mathfrak{C}\,\mathfrak{P}_2 (1 - \mathfrak{Z}_k \mathfrak{Y}_0) + \mathfrak{Z}_k \mathfrak{J}_1 = \frac{\mathfrak{P}_2}{\mathfrak{C}} + \mathfrak{Z}_k \mathfrak{J}_1 \quad (81)$$

und

$$\mathfrak{J}_1 = \mathfrak{C}\,(\mathfrak{J}_2 + \mathfrak{Y}_0 \mathfrak{P}_2) = \mathfrak{C}\,\mathfrak{J}_2 (1 - \mathfrak{Z}_k \mathfrak{Y}_0) + \mathfrak{Y}_0 \mathfrak{P}_1 = \frac{\mathfrak{J}_2}{\mathfrak{C}} + \mathfrak{Y}_0 \mathfrak{P}_1 \quad (82)$$

oder

$$\left.\begin{aligned} \mathfrak{P}_2 &= \mathfrak{C}\,(\mathfrak{P}_1 - \mathfrak{Z}_k \mathfrak{J}_1) \\ \text{und} \qquad \mathfrak{J}_2 &= \mathfrak{C}\,(\mathfrak{J}_1 - \mathfrak{Y}_0 \mathfrak{P}_1) \end{aligned}\right\} \quad . \quad . \quad . \quad . \quad . \quad (83)$$

Da diese Gleichungen allgemein für die Spannungen und Ströme zwischen zwei Grenzen irgend einer Strecke der Leitung gelten und die Konstanten $\mathfrak{C}$, $\mathfrak{Y}_0$ und $\mathfrak{Z}_k$ des zwischen diesen Grenzen liegenden Stückes der Leitung unabhängig von den Zuständen der

Leitungsstrecken sind, die zu beiden Seiten der betrachteten Strecke liegen, so genügen diese Gleichungen, um den elektrischen Zustand in irgend einem Punkte der Leitung zu berechnen.

Es genügt somit, die Konstanten r_d, x_d, g_l, b_l oder $\mathfrak{C}$, $\mathfrak{Y}_0$, $\mathfrak{Z}_k$ und den elektrischen Zustand in irgend einem Punkte der Leitung zu kennen, um den Zustand für jeden anderen Punkt der Leitung berechnen zu können. — Die drei charakteristischen Größen einer Leitung $\mathfrak{C}$, $\mathfrak{Y}_0$ und $\mathfrak{Z}_k$ sind experimentell durch den Kurzschluß- und den Leerlaufversuch zu ermitteln.

Die Berechnung dieser drei Größen kann entweder graphisch oder analytisch geschehen. In beiden Fällen geht man jedoch von $e^{\sqrt{\mathfrak{Y}_l \mathfrak{Z}_d}}$ aus.

Es ist

$$e^{\sqrt{\mathfrak{Y}_l \mathfrak{Z}_d}} = e^{\sqrt{(g_l - j b_l)(r_d - j x_d)}\, l_1} = e^{(\lambda - j\mu) l_1}.$$

Durch Ausrechnung dieser Wurzel ergibt sich

$$\lambda^2 - \mu^2 = g_l r_d - b_l x_d,$$

$$2\lambda\mu = g_l x_d + b_l r_d$$

und

$$\lambda^2 + \mu^2 = \sqrt{(g_l^2 + b_l^2)(r_d^2 + x_d^2)},$$

woraus man wieder folgende Ausdrücke für λ und μ findet.

$$\left.\begin{aligned} \lambda &= \sqrt{\frac{1}{2}\left[\sqrt{(g_l^2 + b_l^2)(r_d^2 + x_d^2)} + (g_l r_d - b_l x_d)\right]} \\ &\text{und} \\ \mu &= \sqrt{\frac{1}{2}\left[\sqrt{(g_l^2 + b_l^2)(r_d^2 + x_d^2)} - (g_l r_d - b_l x_d)\right]} \end{aligned}\right\} \quad (84)$$

Diese Größen λ und μ sind nur abhängig von den elektrischen Eigenschaften der Leitungsanlage pro Längeneinheit und der Periodenzahl und können für eine Anlage mit homogenen Leitungen ein für allemal berechnet werden.

Weil b_l eine Kapazitätssusceptanz ist, und $\mathfrak{Y}_l = (g_l - j b_l)\, l_1$ eingesetzt ist, ist b_l stets positiv. μ, dessen Vorzeichen sich aus dem Produkt $2\lambda\mu$ ergibt, wird für gewöhnlich dann positiv.

Von Interesse für die Berechnung der Vorgänge in langen Leitungen ist außerdem das Verhältnis

$$\sqrt{\frac{\mathfrak{Y}_l}{\mathfrak{Z}_d}} = \sqrt{\frac{y_l\, e^{j\psi_l}}{z_d\, e^{-j\psi_d}}} = \sqrt{\frac{y_l}{z_d}}\, e^{j\frac{1}{2}(\psi_d - \psi_l)},$$

worin ψ_l ein positiver Winkel ist.

43. Strom- und Spannungsverteilung über eine Leitung mit gleichmäßig verteilter Kapazität.

Mittels der Konstanten λ und μ läßt sich nun auch der Verlauf der Spannung und der Stromstärke längs der Leitungen bestimmen. Hierbei gehen wir am besten von den Gleichungen

$$\mathfrak{P} = \mathfrak{A}\,e^{\sqrt{\mathfrak{Y}_l \mathfrak{Z}_d}\frac{l}{l_1}} + \mathfrak{B}\,e^{-\sqrt{\mathfrak{Y}_l \mathfrak{Z}_d}\frac{l}{l_1}} = \mathfrak{A}\,e^{(\lambda - j\mu)l} + \mathfrak{B}\,e^{-(\lambda - j\mu)l}$$

und

$$\mathfrak{J} = \sqrt{\frac{\mathfrak{Y}_l}{\mathfrak{Z}_d}}\left(\mathfrak{A}\,e^{\sqrt{\mathfrak{Y}_l \mathfrak{Z}_d}\frac{l}{l_1}} - \mathfrak{B}\,e^{-\sqrt{\mathfrak{Y}_l \mathfrak{Z}_d}\frac{l}{l_1}}\right)$$

$$= \sqrt{\frac{\mathfrak{Y}_l}{\mathfrak{Z}_d}}\left(\mathfrak{A}\,e^{(\lambda - j\mu)l} - \mathfrak{B}\,e^{-(\lambda - j\mu)l}\right)$$

aus und benutzen die Umformung

$$e^{\pm(\lambda - j\mu)l} = e^{\pm\lambda l}\,e^{\mp j\mu l} = e^{\pm\lambda l}(\cos\mu l \mp j\sin\mu l).$$

Man erhält dann für Spannung und Strom in einem beliebigen Punkte der Leitung die folgenden Ausdrücke:

$$\mathfrak{P} = (\mathfrak{A}\,e^{\lambda l} + \mathfrak{B}\,e^{-\lambda l})\cos\mu l - j\,(\mathfrak{A}\,e^{\lambda l} - \mathfrak{B}\,e^{-\lambda l})\sin\mu l$$

und

$$\mathfrak{J} = \sqrt{\frac{\mathfrak{Y}_l}{\mathfrak{Z}_d}}\left[\mathfrak{A}\,e^{\lambda l} - \mathfrak{B}\,e^{-\lambda l})\cos\mu l - j\,(\mathfrak{A}\,e^{\lambda l} + \mathfrak{B}\,e^{-\lambda l})\sin\mu l\right].$$

Die beiden Konstanten $\mathfrak{A}$ und $\mathfrak{B}$ stellen Spannungsvektoren dar und lassen sich wie folgt schreiben

$$\mathfrak{A} = \frac{\mathfrak{P}_2 + \sqrt{\frac{\mathfrak{Z}_d}{\mathfrak{Y}_l}}\,\mathfrak{J}_2}{2} = P_A\,e^{j\psi_A}$$

und

$$\mathfrak{B} = \frac{\mathfrak{P}_2 - \sqrt{\frac{\mathfrak{Z}_d}{\mathfrak{Y}_l}}\,\mathfrak{J}_2}{2} = P_B\,e^{j\psi_B}.$$

Führt man diese Ausdrücke in die Formeln für $\mathfrak{P}$ und $\mathfrak{J}$ ein, so wird

$$\mathfrak{P} = P_A\,e^{(\lambda - j\mu)l + j\psi_A} + P_B\,e^{-(\lambda - j\mu)l + j\psi_B}$$

$$= P_A\,e^{\lambda l}\,e^{-j(\mu l - \psi_A)} + P_B\,e^{-\lambda l}\,e^{j(\mu l + \psi_B)}$$

und

$$\mathfrak{J} = \sqrt{\frac{\mathfrak{Y}_l}{\mathfrak{Z}_d}}\left[P_A\,e^{(\lambda - j\mu)l + j\psi_A} - P_B\,e^{-(\lambda - j\mu)l + j\psi_B}\right]$$

$$= \sqrt{\frac{y_l}{z_d}}\left[P_A\,e^{\lambda l}\,e^{-j[\mu l - \psi_A - \frac{1}{2}(\psi_d - \psi)]} - P_B\,e^{-\lambda l}\,e^{j[\mu l + \psi_B + \frac{1}{2}(\psi_d - \psi)]}\right].$$

Gehen wir nun von den symbolischen Ausdrücken zu den Momentanwerten über, so wird die Spannung

$$p = P_A\,e^{\lambda l}\sin(\omega t + \mu l - \psi_A) + P_B\,e^{-\lambda l}\sin(\omega t - \mu l - \psi_B)$$

und der Strom $i = P_A \sqrt{\frac{y_l}{z_d}}\, e^{\lambda l} \sin\left[\omega t + \mu l - \psi_A) - \frac{1}{2}(\psi_d - \psi_l)\right]$

$$- P_B \sqrt{\frac{y_l}{z_d}}\, e^{-\lambda l} \sin\left[\omega t - \mu l - \psi_B - \frac{1}{2}(\psi_d - \psi_l)\right].$$

Man ersieht aus diesen Gleichungen, daß in einem beliebigen Momente sowohl p als auch i längs der Leitung sich nach sinusartigen Wellen ändern. Betrachten wir die Momentanwerte am Ende der Übertragung und in der Entfernung $\frac{\pi}{\mu}$ davon, so sieht man, daß sie von entgegengesetzten Vorzeichen sind. Hieraus ergibt sich, daß an verschiedenen Punkten sehr langer Leitungen die Spannungen in entgegengesetzten Richtungen wirken und die Ströme in entgegengesetzten Richtungen fließen.

Da die Ströme und Spannungen in solchen Punkten der Leitung, die um $l = \frac{2\pi}{\mu}$ voneinander entfernt liegen, gleiche Phase haben, ist die Länge der Strom- und Spannungswellen durch $\frac{2\pi}{\mu}$ gegeben. Hieraus sieht man ferner, daß die Wellen eine volle Periode $\left(T = \frac{1}{c}\right)$ gebrauchen, um sich über die Strecke $\frac{2\pi}{\mu}$ fortzupflanzen, und da die Periodenzahl in einer Sekunde c ist, ist die Fortpflanzungsgeschwindigkeit der Welle $v = \frac{2\pi c}{\mu} = \frac{\omega}{\mu}$.

Die Ströme und Spannungen in langen Leitungen pflanzen sich daher mit einer endlichen Geschwindigkeit fort, die nur von den Konstanten der Leitung abhängt.

Vernachlässigt man die Verluste in den Leitungen, d. h. setzt man $g_l = 0$ und $r_d = 0$, so wird

$$\mu = \sqrt{b_l x_d} = 2\pi c \sqrt{L_d C_l}$$

und die Fortpflanzungsgeschwindigkeit der elektrischen Wellen ist

$$v = \frac{2\pi c}{\mu} = \frac{1}{\sqrt{L_d C_l}} \text{ km i. d. Sek.}$$

Hierin bezeichnen L_d und C_l die Selbstinduktion bzw. die Kapazität der Leitungen für einen Kilometer.

Wie wir später sehen werden, nähert sich die Fortpflanzungsgeschwindigkeit der elektrischen Wellen längs einer Leitung dem Werte der Lichtgeschwindigkeit von 300000 km in der Sekunde.

Also durchlaufen die Strom- und Spannungswellen eine lange Arbeitsübertragung von 100 km Länge in $^1/_{3000}$ Sekunde, d. h. bei einem Strome von 50 Perioden während $\frac{c}{3000} = {}^1/_{60}$ Periode, was einer Phasenverschiebung zwischen den Momentanwerten an den beiden Enden von 6° entspricht.

Die Ausdrücke für p und i setzen sich aus zwei Teilen zusammen, von denen der eine mit dem Abstand l von den Sekundärklemmen, d. h. gegen die Generatorstation hin zunimmt, während der andere in derselben Richtung abnimmt.

Die Phasenverschiebung zwischen diesen beiden Wellen ist in einem Punkte der Leitung $\psi_B - \psi_A + 2\mu l$, d. h. sie nimmt mit dem Abstand von der Sekundärstation zu.

Die zweite Welle kann deswegen als reflektierte Welle der ersten betrachtet werden, und zwar liegt der Umkehrpunkt hinter den Sekundärklemmen. Die zweite Welle ist nämlich gegen die erste um $\psi_B - \psi_A$ mehr phasenverspätet als der Zeit entspricht, während der die elektrische Welle sich von dem betreffenden Punkte der Leitung bis zu den Sekundärklemmen und von dort wieder zurück fortpflanzt.

Von Interesse ist auch, zu bemerken, daß die resultierende Spannungswelle aus der Summe der eintretenden und der reflektierten Spannungswellen gebildet ist, während die resultierende Stromwelle gleich der Differenz der eintretenden und der reflektierten Stromwelle ist.

Dies ist auch einleuchtend, denn in einem Punkte der Leitung müssen sich die Spannungen addieren, während sich der Strom in dem betr. Punkte als Differenz von dem nach der Sekundärstation fließenden und dem von dort reflektierten Strome, der nach der Generatorstation zurückfließt, ergeben muß.

Jede Stromwelle ist außerdem gegen die sie erzeugende Spannungswelle um $\frac{1}{2}(\psi_d - \psi_l)$ in der Phase verschoben.

Da die beiden Einzelwellen sich längs der Leitung wie eine Welle über eine Wasserfläche fortbewegen, kann man sie als fortschreitende Wellen bezeichnen, während die resultierenden Wellen sich in ihrem Charakter einer stehenden Welle nähern.

a) In dem besonderen Falle, in dem die Sekundärklemmen offen sind und die Verluste in den Leitungen vernachlässigt werden können, ist

$$\lambda = 0, \qquad \mu = 2\pi c\sqrt{L_d C_l}$$

$$\mathfrak{J}_2 = 0, \qquad \mathfrak{P}_A = \mathfrak{P}_B = \frac{\mathfrak{P}_2}{2} = \frac{1}{2} P_2$$

und

$$\sqrt{\frac{\mathfrak{Y}_l}{\mathfrak{Z}_d}} = \sqrt{\frac{j\,b_l}{-j x_d}} = \sqrt{\frac{C_l}{L_d}},$$

also in einem beliebigen Punkte der Leitung

$$p = P_2 \sin(\omega t + \mu l) + \tfrac{1}{2} P_2 \sin(\omega t - \mu l) = P_2 \sin\omega t \cos\mu l$$

und $i = \frac{1}{2} P_2 \sqrt{\frac{C_l}{L_d}} [\sin(\omega t + \mu l) - \sin(\omega t - \mu l)] = P_2 \sqrt{\frac{C_l}{L_d}} \cos \omega t \sin \mu l,$

woraus weiter folgt

$$J = P \sqrt{\frac{C_l}{L_d}} \operatorname{tg} \mu l.$$

Die resultierenden Strom- und Spannungswellen besitzen somit in diesem besonderen Falle dieselben Eigenschaften wie die aus der Schallehre bekannten stehenden Wellen mit Knoten und Bäuchen. Für die Punkte $l = 0, \frac{\pi}{\mu}, \frac{2\pi}{\mu}, \frac{3\pi}{\mu}, \frac{4\pi}{\mu} \ldots$ ist der Strom stets Null, während er in den dazwischenliegenden Punkten zwischen einem Minimum und einem Maximum schwingt. An den ersten Stellen haben wir somit Knoten, an den anderen Bäuche der Stromwelle.

Die Spannungswelle, die der Stromwelle zeitlich und räumlich um 90^0 voreilt, hat ihre Knoten an den Stellen $l = \frac{\pi}{2\mu}, \frac{3\pi}{2\mu}, \frac{5\pi}{2\mu} \ldots$ und die Bäuche bei $l = 0, \frac{\pi}{\mu}, \frac{2\pi}{\mu}, \frac{3\pi}{\mu} \ldots$

Ist die Leitungslänge $l_1 = \frac{5\pi}{2\mu}$, wie in Fig. 129, so ist in dem besonderen Falle, bei dem $\lambda = 0$ und $J_2 = 0$ ist, keine Primärspannung erforderlich, um starke Strom- und Spannungswellen in der Leitung zu erzeugen, ein Zustand, den wir früher als Spannungsresonanz bezeichnet haben.

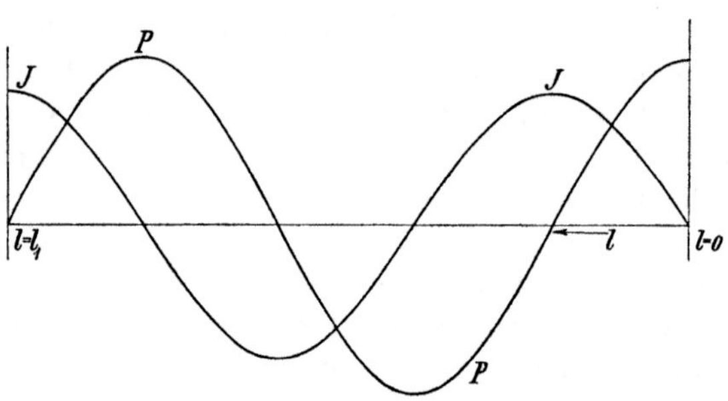

Fig. 129.

Bemerkenswert ist auch, daß das Verhältnis der Strom- und Spannungswellen überall dasselbe ist, nämlich $\sqrt{\frac{C_l}{L_d}}$.

b) Betrachten wir den dem Leerlauf an der Sekundärstation entgegengesetzten Fall, nämlich den, bei dem die Sekundärklemmen kurzgeschlossen sind und die Leitungsverluste vernachlässigbar klein, so wird

$$\lambda = 0, \qquad \mu = 2\pi c \sqrt{L_d C_l}, \qquad P_2 = 0,$$

$$\mathfrak{P}_A = -\mathfrak{P}_B = \frac{1}{2} \sqrt{\frac{\mathfrak{Z}_d}{\mathfrak{Y}_l}} \mathfrak{J}_2 = \frac{1}{2} \sqrt{\frac{L_d}{C_l}} J_2,$$

also
$$p = J_2 \sqrt{\frac{L_d}{C_l}} \cos \omega t \sin \mu l$$

$$i = J_2 \sin \omega t \cos \mu l$$

und

$$P = J \sqrt{\frac{L_d}{C_l}} \operatorname{tg} \mu l.$$

Hier erhält man also auch stehende Wellen, und zwar die in Fig. 130 dargestellten, bei denen die Strombäuche an den Stellen $l = 0, \frac{\pi}{\mu}, \frac{2\pi}{\mu}, \frac{3\pi}{\mu}$ usw. und Spannungsbäuche bei $l = \frac{\pi}{2\mu}, \frac{3\pi}{2\mu}, \frac{5\pi}{2\mu}$ usw. liegen. Für eine Leitungslänge, die gleich $^5/_4$ der Wellenlänge ist, tritt also bei einer großen Primärspannung gar kein Strom in eine kurzgeschlossene Leitung. Dieser Zustand entspricht der früher beschriebenen Stromresonanz.

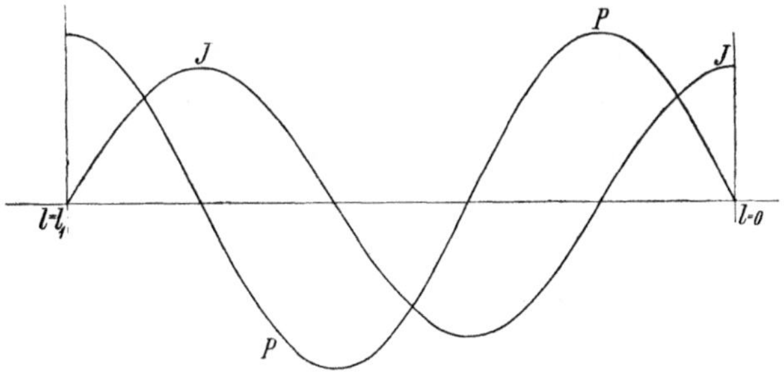

Fig. 130.

Aus dem Gesagten geht ferner hervor, daß stehende Wellen nur bei offenen oder kurzgeschlossenen Sekundärklemmen und bei verschwindend kleinen Leitungsverlusten erzeugt werden können. Sobald eine dieser Bedingungen nicht erfüllt ist, schreiten die Strom- und Spannungswellen längs der Leitung mit einer Geschwindigkeit fort, die sich der Lichtgeschwindigkeit im leeren Raume nähert.

Bei normalen Belastungen rechnen wir deswegen besser mit den eintretenden und reflektierten Wellen und suchen aus dem Verhältnisse zwischen der Amplitude dieser beiden Wellen in der Sekundärstation sowie aus ihrer Phasenverschiebung $(\psi_B - \psi_A)$ Anhaltspunkte für den Verlauf der Strom- und Spannungswellen über die ganze Leitung zu erhalten. In der Sekundärstation, für die $l = 0$ ist, verhalten sich die Amplituden der reflektierten und eintretenden Wellen wie

$$\frac{\mathfrak{P}_B}{\mathfrak{P}_A} = \frac{\mathfrak{P}_2 - \sqrt{\frac{\mathfrak{Z}_d}{\mathfrak{Y}_l}}\,\mathfrak{J}_2}{\mathfrak{P}_2 + \sqrt{\frac{\mathfrak{Z}_d}{\mathfrak{Y}_l}}\,\mathfrak{J}_2} = \frac{P_B}{P_A}\,e^{j(\psi_B - \psi_A)}$$

oder
$$\frac{\mathfrak{P}_B}{\mathfrak{P}_A} = \frac{P_B}{P_A}\left[\cos(\psi_B - \psi_A) + j\sin(\psi_B - \psi_A)\right].$$

Diese Formel zeigt auch, daß die Reflexion nur dann vollständig ist, wenn $P_A = \pm P_B$ und $\psi_B = \psi_A$ ist, was nur bei Leerlauf bzw. bei Kurzschluß der Fall ist.

Die Art der Reflexion hängt unter normalen Verhältnissen sowohl von der Belastung der Sekundärstation wie von den Leitungskonstanten ab. — Für den Fall, daß der Widerstand der Leitung in demselben Verhältnis zur Selbstinduktion wie die Ableitung zur Kapazität steht, d. h. wenn $\frac{r_d}{x_d} = \frac{g_l}{b_l}$ ist, wird

$$\sqrt{\frac{\mathfrak{Z}_d}{\mathfrak{Y}_l}} = \sqrt{\frac{z_d}{y_l}} = \sqrt{\frac{x_d}{b_l}} = \sqrt{\frac{L_d}{C_l}},$$

und $\psi_d - \psi_l = 0$. Eine derartige Leitung wird nach O. Heaviside oft als störungsfrei bezeichnet.

Nehmen wir ferner an, daß die Belastung der Sekundärstation induktionsfrei ist, so wird

$$\frac{\mathfrak{P}_B}{\mathfrak{P}_A} = \frac{P_2 - J_2\sqrt{\frac{L_d}{C_l}}}{P_2 + J_2\sqrt{\frac{L_d}{C_l}}} \quad \text{und} \quad \psi_B = \psi_A = \psi_2 = 0.$$

Bei diesem häufig vorkommenden Verhältnisse werden die eintretenden Wellen unter demselben Winkel reflektiert, unter dem sie an die Sekundärstation ankommen. Die reflektierten Wellen werden aber um so schwächer, je größer die Belastung ist, und verschwinden ganz, wenn

$$P_2^2 C_l = J_2^2 L_d$$

ist, d. h. wenn die durch die Sekundärspannung bedingte elektrostatische Energie gleich der durch den Sekundärstrom bedingten elektromagnetischen Energie ist, die um die Leitungen herum aufgespeichert werden. Für diesen besonderen Fall, bei dem die reflektierten Wellen verschwunden sind, wird

$$p = \left(P_2 + J_2\sqrt{\frac{L_d}{C_l}}\right) e^{\lambda l}\sin(\omega t + \mu l)$$

$$i = \left(J_2 + P_2\sqrt{\frac{C_l}{L_d}}\right) e^{\lambda l}\sin(\omega t + \mu l)$$

und

$$\frac{P}{J} = \frac{P_2 + J_2\sqrt{\frac{L_d}{C_l}}}{J_2 + P_2\sqrt{\frac{C_l}{L_d}}} = \sqrt{\frac{L_d}{C_l}}.$$

Es folgt ferner, daß der Phasenverschiebungswinkel zwischen Strom und Spannung Null ist, d. h. $\cos\varphi = 1$ in jedem Punkte der Leitung, was die fortschreitende Welle in dem störungsfreien Stromkreise eben von der stehenden Welle unterscheidet. Ferner können wir hieraus den Schluß ziehen, daß der Phasenverschiebungswinkel in erster Linie von der sekundären Phasenverschiebung abhängt und in zweiter Linie von dem Verhältnis zwischen den elektrostatischen und elektromagnetischen Energien, die in den Feldern um die Leitungen bei der gegebenen Sekundärbelastung aufgespeichert sind. Hält man diese beiden Energien gleich groß, so wird die Phasenverschiebung sich von der Sekundärstation bis zur Generatorstation nicht viel ändern: Überwiegt die elektrostatische Energie, so wird die Phasenverschiebung kleiner, und umgekehrt wird sie größer, wenn die elektromagnetische Energie überwiegt. Beim Entwurf von langen Leitungen ist es deswegen nötig, diese beiden Energiemengen so gegeneinander abzuwägen, daß die Betriebsverhältnisse am günstigsten ausfallen. Im Kapitel IX werden wir sehen, daß der Wirkungsgrad einer derartigen Leitung am größten wird, wenn $P_2^2 g_l = J_2^2 r_d$, d. h. wenn die Leerlaufverluste bei normaler Sekundärspannung gleich den Kurzschlußverlusten bei normalem Sekundärstrome sind, und dies ist eben der Fall, wenn wie oben der Leistungsfaktor in jedem Punkte der Leitung gleich Eins ist.

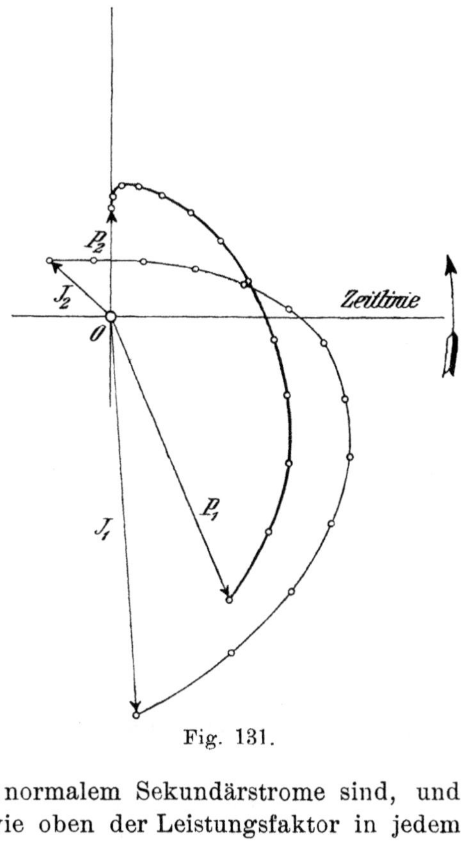

Fig. 131.

In dem Polarkoordinatensystem Fig. 131 sind die Werte von

J und P nach Größe und Richtung für eine Kraftübertragung mit abnormalen Verhältnissen aufgetragen. Die eingetragenen Punkte entsprechen einem Abstand $\mu l = 15^0$. Die Spannung P_2 am Ende der Leitung fällt mit der Ordinatenachse zusammen. Der Vektor J_2 ist gegen P_2 um den Winkel φ_2 phasenverspätet. Durch Projektion der Radienvektoren dieser beiden Kurven auf die rotierende Zeitlinie erhalten wir die Momentanwerte der Spannungen und Ströme in jedem Punkte der Leitung. Diese Momentanwerte sind in der Fig. 132 als Funktion der Länge der Leitungen für sechs verschiedene Momente dargestellt, die je um ein Zwölftel einer ganzen Periode auseinander liegen.

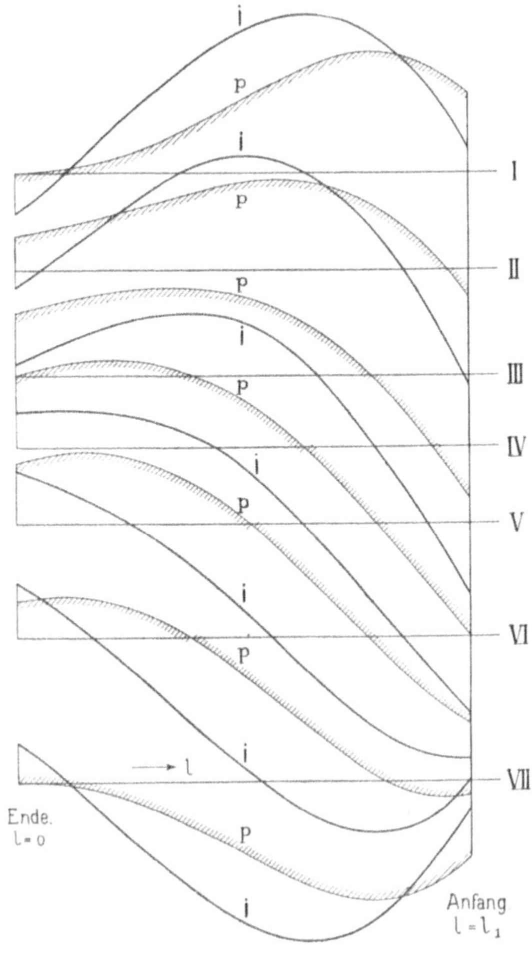

Fig. 132.

Aus dieser Figur geht deutlich hervor, daß die Spannung und der Strom längs der Leitung nach sinusartigen Kurven verlaufen, und man sieht, wie die Spannungs- und Stromwellen längs der Leitung fortschreiten.

44. Arbeitsübertragung mittels Viertel- und Halbwellenleitungen.

Wir haben soeben gesehen, daß sehr lange Leitungen mit verschwindend kleinen Leitungsverlusten ein besonderes Verhalten zeigen. Die Strom- und Spannungswellen sind stehende Wellen, wenn die Sekundärklemmen entweder offen oder kurzgeschlossen sind. Wir wollen nun untersuchen, wie diese Leitungen sich unter Berücksichtigung der Leitungsverluste verhalten.

Viertelwellenleitungen: Zuerst wollen wir eine Leitung betrachten, deren Länge gleich einem Viertel der Wellenlänge der Strom- und Spannungswellen ist. Eine solche Leitung kann man Viertelwellenleitung heißen. Es ist somit

$$\mu l_1 = \frac{\pi}{2},$$

während λ von 0 verschieden ist.

Hieraus folgt

$$e^{\pm(\lambda l_1 - j\mu l_1)} = e^{\pm\lambda l_1}(\cos\mu l_1 + j\sin\mu l_1) = \pm j e^{\pm\lambda l_1}$$

und die Konstante $\mathfrak{C}$ der Leitung wird

$$\mathfrak{C} = \frac{e^{(\lambda - j\mu)l_1} + e^{-(\lambda - j\mu)l_1}}{2} = j\frac{e^{\lambda l_1} - e^{-\lambda l_1}}{2} = \sin(j\lambda l_1),$$

während

$$\mathfrak{C}\mathfrak{Z}_k = \sqrt{\frac{\mathfrak{Z}_d}{\mathfrak{Y}_l}}\frac{e^{(\lambda - j\mu)l_1} - e^{-(\lambda - j\mu)l_1}}{2}$$

$$= \sqrt{\frac{\mathfrak{Z}_d}{\mathfrak{Y}_l}}\, j\frac{e^{\lambda l_1} + e^{-\lambda l_1}}{2} = \sqrt{\frac{\mathfrak{Z}_d}{\mathfrak{Y}_l}}\, j\cos(j\lambda l_1)$$

und

$$\mathfrak{C}\mathfrak{Y}_0 = \sqrt{\frac{\mathfrak{Y}_l}{\mathfrak{Z}_d}}\frac{e^{(\lambda - j\mu)l_1} - e^{-(\lambda - j\mu)l_1}}{2} = \sqrt{\frac{\mathfrak{Y}_l}{\mathfrak{Z}_d}}\, j\cos(j\lambda l_1).$$

Es werden somit die Spannung und der Strom an den Primärklemmen nach Gl. 81 und 82:

$$\mathfrak{P}_1 = \mathfrak{C}\mathfrak{P}_2 + \mathfrak{C}\mathfrak{Z}_k\mathfrak{J}_2 = \mathfrak{P}_2\sin(j\lambda l_1) + j\mathfrak{J}_2\sqrt{\frac{\mathfrak{Z}_d}{\mathfrak{Y}_l}}\cos(j\lambda l_1)$$

und

$$\mathfrak{J}_1 = \mathfrak{C}\mathfrak{J}_2 + \mathfrak{C}\mathfrak{Y}_0\mathfrak{P}_2 = \mathfrak{J}_2\sin(j\lambda l) + j\mathfrak{P}_2\sqrt{\frac{\mathfrak{Y}_l}{\mathfrak{Z}_d}}\cos(j\lambda l_1).$$

Hieraus ist leicht zu übersehen, welchen Einfluß die sekundäre Belastung und welchen die Leitungsverluste auf die Belastung in der Primärstation haben. Setzen wir nämlich $\lambda = 0$, indem wir die Leitungsverluste vernachlässigen, so wird

$$\mathfrak{P}_1 = j\mathfrak{J}_2\sqrt{\frac{\mathfrak{Z}_d}{\mathfrak{Y}_l}} = j\mathfrak{J}_2\sqrt{\frac{L_d}{C_l}},$$

$$\mathfrak{J}_1 = j\mathfrak{P}_2\sqrt{\frac{\mathfrak{Y}_l}{\mathfrak{Z}_d}} = j\mathfrak{P}_2\sqrt{\frac{C_l}{L_d}}$$

und

$$\frac{\mathfrak{P}_1}{\mathfrak{J}_1} = \frac{\mathfrak{J}_2}{\mathfrak{P}_2}\frac{L_d}{C_l}.$$

Die Leitung verhält sich somit wie einer von Boucherots Kondensator-Transformatoren, die eine konstante Spannung in einen konstanten Strom umwandeln und umgekehrt. Will man also den Sekundärstrom erhöhen, so muß man die Primärspannung erhöhen, und will man die Sekundärspannung erhöhen, so kann dies nur unter einer entsprechenden primären Stromerhöhung geschehen. Da keine Verluste in der Leitung auftreten, ist die zugeführte Leistung gleich der abgegebenen Leistung, und da ferner

$$\mathfrak{P}_1 \mathfrak{J}_1 = -\mathfrak{P}_2 \mathfrak{J}_2$$

ist, so ist die Phasenverschiebung in der Primärstation gleich der in der Sekundärstation.

Was nun den Einfluß der Leitungsverluste auf die primäre Belastung anbetrifft, so kommen sie in den beiden ersten Gliedern von $\mathfrak{P}_1$ und $\mathfrak{J}_1$ zum Ausdruck, nämlich durch die Glieder

$$\mathfrak{P}_2 \sin(j\lambda l_1) \quad \text{und} \quad \mathfrak{J}_2 \sin(j\lambda l_1).$$

Da λl_1 verhältnismäßig klein ist, so kann der Sinus mit großer Annäherung gleich dem Winkel gesetzt werden und man erhält für die beiden Verlustkomponenten $\mathfrak{P}_2 j\lambda l_1$ und $\mathfrak{J}_2 j\lambda l_1$. Die Leitungsverluste sind also λl_1 direkt proportional, eine Größe, die wie folgt berechnet werden kann

$$\lambda l_1 = \frac{\lambda l_1}{\mu l_1} \mu l_1 = \frac{\lambda}{\mu} \frac{\pi}{2}.$$

Da

$$2\lambda\mu = g_l x_d + b_l r_d$$

und

$$\mu^2 \cong b_l x_d$$

ist, wird

$$\frac{2\lambda}{\mu} \cong \frac{r_d}{x_d} + \frac{g_l}{b_l},$$

also

$$\lambda l_1 = \frac{\pi}{4}\left(\frac{r_d}{x_d} + \frac{g_l}{b_l}\right),$$

worin b_l positiv zu nehmen ist. Indem wir außerdem $\cos(j\lambda l_1) = 1{,}0$ setzen, wird

$$\mathfrak{P}_1 = j\left[\mathfrak{P}_2 \frac{\pi}{4}\left(\frac{r_d}{x_d} + \frac{g_l}{b_l}\right) + \mathfrak{J}_2 \sqrt{\frac{\mathfrak{Z}_d}{\mathfrak{Y}_l}}\right]$$

und

$$\mathfrak{J}_1 = j\left[\mathfrak{J}_2 \frac{\pi}{4}\left(\frac{r_d}{x_d} + \frac{g_l}{b_l}\right) + \mathfrak{P}_2 \sqrt{\frac{\mathfrak{Z}_d}{\mathfrak{Y}_l}}\right].$$

Ist die Belastung der Sekundärstation induktionsfrei, wie es bei so langen Leitungen am vorteilhaftesten ist, und nimmt man an, daß $\frac{r_d}{x_d} = + \frac{g_l}{b_l}$ ist, so wird $\sqrt{\frac{\mathfrak{Z}_d}{\mathfrak{Y}_l}} = \sqrt{\frac{L_d}{C_l}}$, und die Phasenverschiebung an der Primärstation wird also auch gleich Null sein, d. h. es ist $\cos\varphi = 1$ sowohl in der Primärstation als auch in der Sekundärstation.

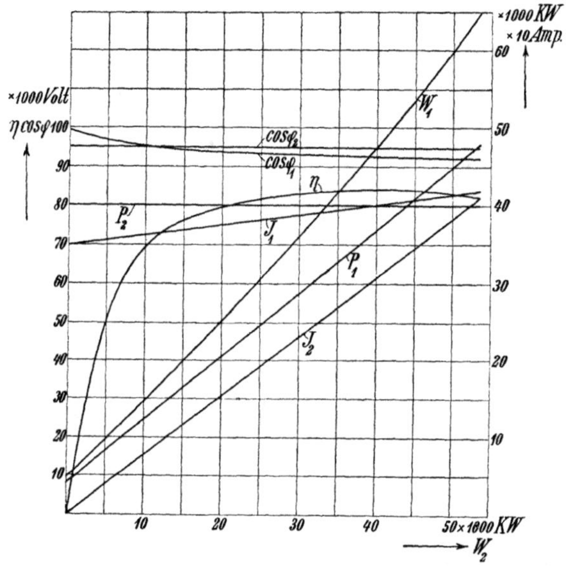

Fig. 133. Arbeitskurven einer Viertelwellenübertragung.

In Fig. 133 sind die Arbeitskurven der Primär- und der Sekundärstation einer Viertelwellen-Arbeitsübertragung für konstante Sekundärspannung und $\cos\varphi_2 = 0{,}95$ aufgetragen. Die Primärspannung nimmt mit zunehmender Belastung nach einer geraden Linie stark zu, während der Primärstrom nur schwach, aber auch nach einer geraden Linie ansteigt. Die Zunahme der Stromstärke dient zur Deckung der mit der Belastung zunehmenden Leitungsverluste. Diese Art der Arbeitsübertragung ist neuerdings von Ch. P. Steinmetz ausführlich behandelt worden und er hat ihren praktischen Wert für sehr lange Arbeitsübertragungen erläutert. Für 50 Perioden wird die Länge der Übertragung mittels Viertelwellenleitungen ca. $\frac{300000}{4 \times 50} = 1500$ km.

Halbwellenleitungen: Hier ist die Leitungslänge gleich einer halben Wellenlänge, also

$$\mu l_1 = \pi,$$

während λ von Null verschieden ist.

Hieraus folgt

$$e^{\pm(\lambda l_1 - j\mu l_1)} = e^{\pm\lambda l_1}(\cos\mu l_1 \mp j\sin\mu l_1) = -e^{\pm\lambda l_1}.$$

Es wird somit die Leitungskonstante

$$\mathfrak{C} = \frac{e^{(\lambda - j\mu)l_1} + e^{-(\lambda - j\mu)l_1}}{2} = -\frac{e^{\lambda l_1} + e^{-\lambda l_1}}{2} = -\cos(j\lambda l_1),$$

während

$$\mathfrak{C}\mathfrak{Z}_k = \sqrt{\frac{\mathfrak{Z}_d}{\mathfrak{Y}_l}}\frac{e^{(\lambda - j\mu)l_1} - e^{-(\lambda - j\mu)l_1}}{2} = -\sqrt{\frac{\mathfrak{Z}_d}{\mathfrak{Y}_l}}\frac{e^{\lambda l_1} - e^{-\lambda l_1}}{2}$$

$$= j\sqrt{\frac{\mathfrak{Z}_d}{\mathfrak{Y}_l}}\sin(j\lambda l_1)$$

und

$$\mathfrak{C}\mathfrak{Y}_0 = j\sqrt{\frac{\mathfrak{Y}_l}{\mathfrak{Z}_d}}\sin(j\lambda l_1).$$

Es werden somit die Spannung und der Strom an den Primärklemmen

$$\mathfrak{P}_1 = \mathfrak{C}\mathfrak{P}_2 + \mathfrak{C}\mathfrak{Z}_k\mathfrak{J}_2 = -\mathfrak{P}_2\cos(j\lambda l_1) + j\mathfrak{J}_2\sqrt{\frac{\mathfrak{Z}_d}{\mathfrak{Y}_l}}\sin(j\lambda l_1)$$

und

$$\mathfrak{J}_1 = \mathfrak{C}\mathfrak{J}_2 + \mathfrak{C}\mathfrak{Y}_0\mathfrak{P}_2 = -\mathfrak{J}_2\cos(j\lambda l_1) + j\mathfrak{P}_2\sqrt{\frac{\mathfrak{Y}_l}{\mathfrak{Z}_d}}\sin(j\lambda l_1).$$

Werden die Leitungsverluste vernachlässigt, d. h. $\lambda = 0$ gesetzt, so wird

$$\mathfrak{P}_1 = -\mathfrak{P}_2 \quad \text{und} \quad \mathfrak{J}_1 = -\mathfrak{J}_2.$$

Die Leitung verhält sich somit beim stationären Betriebe wie eine Leitung ohne Widerstand, Selbstinduktion und Kapazität. Berücksichtigen wir die Leitungsverluste und benutzen dieselben Annäherungen wie oben, $\cos(j\lambda l_1) = 1{,}0$ und $\sin(j\lambda l_1) \cong j\lambda l_1 = j\frac{\pi}{2}\left(\frac{r_d}{x_d} + \frac{g_l}{b_l}\right)$, so wird

$$\mathfrak{P}_1 = -\mathfrak{P}_2 - \mathfrak{J}_2\sqrt{\frac{\mathfrak{Z}_d}{\mathfrak{Y}_l}}\frac{\pi}{2}\left(\frac{r_d}{x_d} + \frac{g_l}{b_l}\right),$$

$$\mathfrak{J}_1 = -\mathfrak{J}_2 - \mathfrak{P}_2\sqrt{\frac{\mathfrak{Y}_l}{\mathfrak{Z}_d}}\frac{\pi}{2}\left(\frac{r_d}{x_d} + \frac{g_l}{b_l}\right),$$

welche in sich selbstverständlich sind. Bei 50 Perioden wird die Länge einer Halbwellenleitung ca. $\frac{300000}{2 \times 50} = 3000$ km lang. Die in Fig. 131 dargestellten Strom- und Spannungsvektoren entsprechen etwa denen einer Halbwellenleitung mit überwiegender elektrostatischer Energie. Der Sekundärstrom ist nämlich phasenverspätet, während der Primärstrom in der Phase voreilt. Die Verluste in dieser Leitung sind unnatürlich groß gewählt, was ja deutlich aus dem Verhältnis zwischen $\mathfrak{J}_2\ \mathfrak{P}_2$ und $\mathfrak{J}_1\ \mathfrak{P}_1$ hervorgeht.

45. Ersatzstromkreise einer Arbeitsübertragung durch Leitungen mit gleichmäßig verteilter Kapazität.

Erste Form des Ersatzstromkreises.

Im § 40 haben wir die ganze Kapazität einer Übertragungsleitung durch eine in dem Schwerpunkt konzentriert angeordnete Kapazität ersetzt. Daß dies in der Tat gestattet ist, wenn die Kapazität und die Impedanzen der Ersatzschaltung richtig gewählt sind, soll nun hier für eine homogene Leitung gezeigt werden.

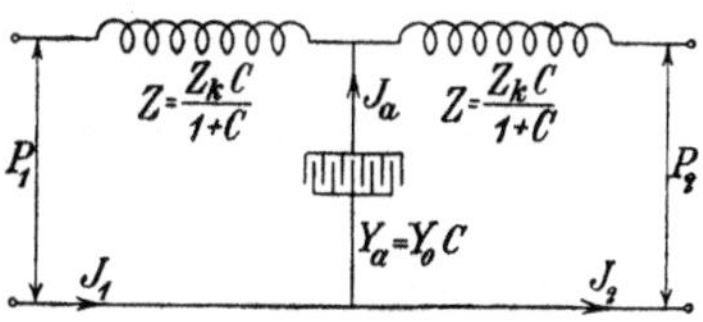

Fig. 134.

Betrachten wir nämlich den Stromkreis Fig. 134, so ergeben sich die folgenden Gleichungen:

$$\mathfrak{J}_a = \mathfrak{Y}_0 \mathfrak{C} \left(\mathfrak{P}_2 + \mathfrak{J}_2 \frac{\mathfrak{Z}_k \mathfrak{C}}{1+\mathfrak{C}}\right)$$

und
$$\mathfrak{J}_1 = \mathfrak{J}_a + \mathfrak{J}_2 = \mathfrak{C}\,\mathfrak{Y}_0 \mathfrak{P}_2 + \mathfrak{J}_2 \frac{\mathfrak{Y}_0 \mathfrak{Z}_k \mathfrak{C}^2}{1+\mathfrak{C}} + \mathfrak{J}_2$$

oder
$$\mathfrak{J}_1 = \mathfrak{C}\,(\mathfrak{J}_2 + \mathfrak{P}_2 \mathfrak{Y}_0)$$

und in ähnlicher Weise für die Primärspannung

$$\mathfrak{P}_1 = \mathfrak{P}_2 + \mathfrak{J}_2 \frac{\mathfrak{Z}_k \mathfrak{C}}{1+\mathfrak{C}} + \mathfrak{J}_1 \frac{\mathfrak{Z}_k \mathfrak{C}}{1+\mathfrak{C}}$$

$$= \mathfrak{P}_2 + \mathfrak{J}_2 \frac{\mathfrak{Z}_k \mathfrak{C}}{1+\mathfrak{C}} + \mathfrak{P}_2 \frac{\mathfrak{Z}_k \mathfrak{Y}_0 \mathfrak{C}^2}{1+\mathfrak{C}} + \mathfrak{J}_2 \frac{\mathfrak{Z}_k \mathfrak{C}^2}{1+\mathfrak{C}}.$$

Setzt man hierin $\quad \mathfrak{Z}_k \mathfrak{Y}_0 = 1 - \frac{1}{\mathfrak{C}^2},$

so ergibt sich $\quad \mathfrak{P}_1 = \mathfrak{C}\,(\mathfrak{P}_2 + \mathfrak{J}_2 \mathfrak{Z}_k).$

Wir erhalten somit für den Stromkreis Fig. 134 dieselben Gleichungen wie für die homogene Arbeitsübertragungsleitung mit gleichmäßig verteilter Kapazität (s. Gl. 81 und 82), und die Erscheinungen in dieser Leitung lassen sich aus dem Ersatzstromkreis fast alle leicht ableiten. Die Admittanz $\mathfrak{Y}_a$ des Ersatzstromkreises ist

$$\mathfrak{Y}_a = \mathfrak{C}\,\mathfrak{Y}_0 = \frac{1}{2} \sqrt{\frac{\mathfrak{Y}_l}{\mathfrak{Z}_d}} \left(e^{\sqrt{\mathfrak{Y}_l \mathfrak{Z}_d}} - e^{-\sqrt{\mathfrak{Y}_l \mathfrak{Z}_d}}\right) \quad . \quad . \quad (85)$$

und die Impedanz $\mathfrak{Z}$ der Leitung ist

$$\mathfrak{Z} = \frac{\mathfrak{C}\mathfrak{Z}_k}{1+\mathfrak{C}} = \frac{\sqrt{\frac{\mathfrak{Z}_d}{\mathfrak{Y}_l}}\left(e^{\sqrt{\mathfrak{Y}_l\mathfrak{Z}_d}} - e^{-\sqrt{\mathfrak{Y}_l\mathfrak{Z}_d}}\right)}{2+e^{\sqrt{\mathfrak{Y}_l\mathfrak{Z}_d}}+e^{-\sqrt{\mathfrak{Y}_l\mathfrak{Z}_d}}} \quad . \quad . \quad (86)$$

Zweite Form des Ersatzstromkreises.

Der eben abgeleitete Ersatzstromkreis besitzt die Gestalt, die wir später im Kapitel XVII unter dem Namen eines dreiphasigen Sterns kennen lernen werden. Dort ist allgemein gezeigt, daß jede solche Sternschaltung auf eine äquivalente Dreieckschaltung reduziert werden kann. Eine solche Dreieckschaltung zeigt Fig. 135. Jede homogene Arbeitsübertragung kann also auch ersetzt werden durch einen Stromkreis von der in Fig. 135 abgebildeten Form. Die drei Zweige dieses Stromkreises haben die Konstanten:

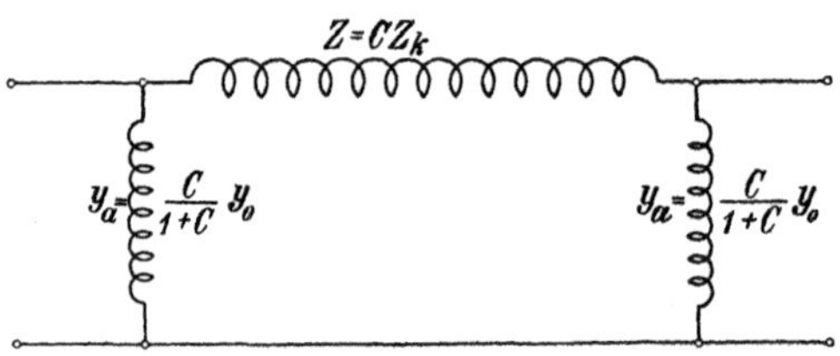

Fig. 135.

$$\mathfrak{Z} = \mathfrak{C}\mathfrak{Z}_k$$

$$\mathfrak{Y}_a = \mathfrak{Y}_a = \frac{\mathfrak{C}}{1+\mathfrak{C}}\mathfrak{Y}_0.$$

Um dies zu beweisen, stellen wir die folgenden Gleichungen für den Ersatzstromkreis auf:

$$\begin{aligned}\mathfrak{I}_1 &= \mathfrak{I}_2 + \mathfrak{P}_2\mathfrak{Y}_a + [(\mathfrak{I}_2 + \mathfrak{P}_2\mathfrak{Y}_a)\mathfrak{Z} + \mathfrak{P}_2]\mathfrak{Y}_a \\ &= \mathfrak{I}_2(1+\mathfrak{Z}\mathfrak{Y}_a) + \mathfrak{P}_2\mathfrak{Y}_a(2+\mathfrak{Z}\mathfrak{Y}_a).\end{aligned}$$

Hier ist

$$1 + \mathfrak{Z}\mathfrak{Y}_a = 1 + \mathfrak{Z}_k\mathfrak{Y}_0\frac{\mathfrak{C}^2}{1+\mathfrak{C}}. \qquad \text{(s. Gl. 80.)}$$

Folglich wird

$$\mathfrak{I}_1 = \mathfrak{C}\mathfrak{I}_2 + (1+\mathfrak{C})\mathfrak{P}_2\mathfrak{Y}_a = \mathfrak{C}(\mathfrak{I}_2 + \mathfrak{P}_2\mathfrak{Y}_0).$$

Ähnlich ist für die Primärspannung

$$\begin{aligned}\mathfrak{P}_1 &= \mathfrak{P}_2 + (\mathfrak{I}_2 + \mathfrak{P}_2\mathfrak{Y}_a)\mathfrak{Z} \\ &= \mathfrak{C}\mathfrak{P}_2 + \mathfrak{I}_2\mathfrak{Z} = \mathfrak{C}(\mathfrak{P}_2 + \mathfrak{I}_2\mathfrak{Z}_k).\end{aligned}$$

Wir erhalten also auch für diesen Stromkreis dieselben Gleichungen (81 und 82), die für die Arbeitsübertragungsleitung abgeleitet sind. Zur Bestimmung der Konstanten dieses Ersatzstromkreises dienen die folgenden Gleichungen:

$$\left.\begin{aligned} \mathfrak{Z} &= \mathfrak{C}\,\mathfrak{Z}_k = \frac{1}{2}\sqrt{\frac{\mathfrak{Z}_d}{\mathfrak{Y}_l}}\left(e^{\sqrt{\mathfrak{Y}_l \mathfrak{Z}_d}} - e^{-\sqrt{\mathfrak{Y}_l \mathfrak{Z}_d}}\right) \\ \mathfrak{Y}_a &= \frac{\mathfrak{C}}{1+\mathfrak{C}}\,\mathfrak{Y}_0 = \frac{\sqrt{\frac{\mathfrak{Y}_l}{\mathfrak{Z}_d}}\left(e^{\sqrt{\mathfrak{Y}_l \mathfrak{Z}_d}} - e^{-\sqrt{\mathfrak{Y}_l \mathfrak{Z}_d}}\right)}{2 + e^{\sqrt{\mathfrak{Y}_l \mathfrak{Z}_d}} + e^{-\sqrt{\mathfrak{Y}_l \mathfrak{Z}_d}}} \end{aligned}\right\} \quad . \quad (87)$$

wobei wie immer nach Gl. 80

$$\mathfrak{C}^2 = \frac{1}{1 - \mathfrak{Z}_k \mathfrak{Y}_0} \quad \text{ist.}$$

Aus diesem Ersatzstromkreis sieht man, daß jede homogene Arbeitsübertragungsleitung mit Selbstinduktion, Widerstand und Kapazität sich ebenso verhält wie eine Leitung, die nur Selbstinduktion und Widerstand besitzt, vorausgesetzt, daß man sich parallel zu der Belastung und parallel zu den Generatoren zwei gleiche kapazitive Stromkreise angeordnet denkt.

Ist nun für eine solche Leitung das Stromdiagramm der Belastung für ein bestimmtes P_2 gegeben, so hat man zuerst zu dem Belastungsstrom den konstanten Strom $P_2 y_a$ zu addieren, die so erhaltene Stromkurve wird nach den gegebenen Regeln inversiert und die Impedanz z hinzuaddiert. Durch nochmaliges Inversieren und nach Addition des Stromes $P_1 y_a$ wird dann das Stromdiagramm für die Primärklemmen bei einer konstanten primären Spannung P_1 gefunden. Ein Vorteil dieses Ersatzstromkreises dem früher abgeleiteten gegenüber besteht darin, daß man bei Stromdiagrammen nur zwei Inversionen auszuführen braucht, während bei der früheren vier notwendig sind. Will man dagegen aus dem Spannungsdiagramm der Belastung das Spannungsdiagramm für die Generatoren finden, so ist der zuerst abgeleitete Ersatzstromkreis vorzuziehen.

46. Gleichmäßig verteilte Kapazität in Transformatoren und Wechselstrommaschinen.

Nicht allein in den Leitungen von Hochspannungs-Arbeitsübertragungen, sondern auch in den Hochspannungswicklungen von elektromagnetischen Apparaten kommt die verteilte Kapazität zur Geltung. Dies ist unter normalen Betriebsverhältnissen jedoch hauptsächlich bei Transformatoren für sehr hohe Spannung der Fall. Bei Maschinen macht sich die verteilte Kapazität nur beim Einschalten und bei schnellen Belastungsänderungen unangenehm bemerkbar. Da wir uns aber vorläufig nur mit den stationären Zuständen befassen, so kommen hier nur die Hochspannungs-Transformatoren in Betracht.

a) Einzelne Spulen der Transformatorwicklungen nehmen im stationären Betriebe Potentiale an, die weit über dem der umgebenden Eisenmassen liegen, welche gewöhnlich mit der Erde verbunden sind; es treten deswegen Kondensatorwirkungen zwischen den Hochspannungsspulen und den gegenüberliegenden geerdeten Eisenteilen ein. Die Isolation der Wicklung und der von Öl oder Luft erfüllte Zwischenraum dienen als Dielektrikum. Nehmen wir an, daß der Mittelpunkt der Hochspannungswicklung des Transformators mit der Erde verbunden ist, so erhalten wir das folgende äquivalente Bild der verteilten Kapazität im Transformator (Fig. 136) wenn die Kapazität zwischen den einzelnen Teilen der Wicklung vernachlässigt ist.

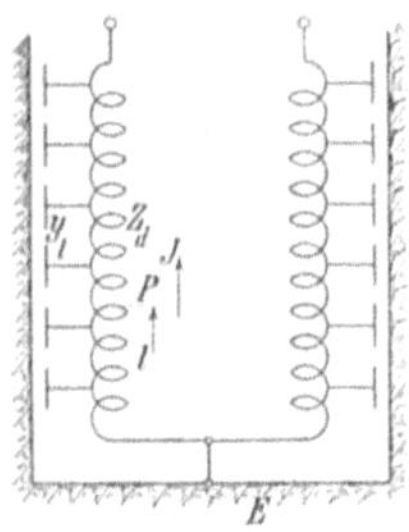

Fig. 136.

Wie bei den Hochspannungsleitungen bezeichnen wir die Impedanz für die Längeneinheit der Wicklung mit $r_d - jx_d = \frac{\mathfrak{Z}_d}{l_1}$ und die Admittanz für die Längeneinheit der Wicklung mit

$$g_l - jb_l = \frac{\mathfrak{Y}_l}{l_1}.$$

Hier wird außerdem in der Längeneinheit der Wicklung eine EMK E_d induziert. Bezeichnen wir die Spannung im Abstande l von dem mit der Erde verbundenen Punkt mit P und den Strom an derselben Stelle mit $\mathfrak{J}$, so haben wir in dem Leitungselement dl die Stromzunahme

$$d\mathfrak{J} = \mp \mathfrak{P} \frac{\mathfrak{Y}_l}{l_1} dl$$

und die Spannungszunahme

$$d\mathfrak{P} = \left(\mathfrak{E}_d \mp \mathfrak{J} \frac{\mathfrak{Z}_d}{l_1}\right) dl,$$

wobei die oberen Vorzeichen für die Sekundärwicklung eines Transformators und für die Ankerwicklungen eines Generators zu benutzen sind. Die unteren Vorzeichen beziehen sich dagegen auf die Primärwicklung eines Transformators und die Statorwicklung eines Motors. Durch Differentiation der letzten Gleichung und Elimination von J erhalten wir

$$\frac{d^2\mathfrak{P}}{dl^2} = \mathfrak{P} \frac{\mathfrak{Z}_d \mathfrak{Y}_l}{l_1^2},$$

also dieselbe Differentialgleichung wie für Arbeitsübertragungsleitungen. Die in der Wicklung von außen induzierte EMK $\mathfrak{E}_d$ hat also keinen Einfluß auf die Form der Differentialgleichung, sondern muß in den Grenzbedingungen zur Geltung kommen. Analog erhalten wir durch Differentiation der ersten Gleichung

$$\frac{d^2 \mathfrak{J}}{d l^2} = \mathfrak{J} \frac{\mathfrak{Z}_d \mathfrak{Y}_l}{l_1} \mp \mathfrak{E}_d \frac{\mathfrak{Y}_l}{l_1},$$

die von der Stromgleichung für Leitungen abweicht.

Wir gehen deswegen am besten von der Spannungsgleichung aus. Ihre Lösung lautet nach S. 148

$$\mathfrak{P} = \mathfrak{A} e^{\sqrt{\mathfrak{Y}_l \mathfrak{Z}_d} \frac{l}{l_1}} + \mathfrak{B} e^{-\sqrt{\mathfrak{Y}_l \mathfrak{Z}_d} \frac{l}{l_1}}.$$

Die Grenzbedingungen sind $l = 0$, $\mathfrak{P} = 0$,

$l = l_1$, $\mathfrak{P} = \mathfrak{P}_1$,

und ergeben

$$0 = \mathfrak{A} + \mathfrak{B}$$

$$\mathfrak{P}_1 = \mathfrak{A} \left(e^{\sqrt{\mathfrak{Y}_l \mathfrak{Z}_d}} - e^{-\sqrt{\mathfrak{Y}_l \mathfrak{Z}_d}} \right),$$

also

$$\mathfrak{A} = \frac{\mathfrak{P}_1}{e^{\sqrt{\mathfrak{Y}_l \mathfrak{Z}_d}} - e^{-\sqrt{\mathfrak{Y}_l \mathfrak{Z}_d}}}$$

und

$$\mathfrak{P} = \mathfrak{P}_1 \frac{e^{\sqrt{\mathfrak{Y}_l \mathfrak{Z}_d} \frac{l}{l_1}} - e^{-\sqrt{\mathfrak{Y}_l \mathfrak{Z}_d} \frac{l}{l_1}}}{e^{\sqrt{\mathfrak{Y}_l \mathfrak{Z}_d}} - e^{-\sqrt{\mathfrak{Y}_l \mathfrak{Z}_d}}}.$$

Setzt man diesen Wert von $\mathfrak{P}$ in die Gleichung

$$\mathfrak{J} \frac{\mathfrak{Z}_d}{l_1} = \mp \left(\frac{d \mathfrak{P}}{d l} - \mathfrak{E}_d \right)$$

ein, so ergibt sich der folgende Ausdruck für $\mathfrak{J}$

$$\mathfrak{J} = \mp \mathfrak{P}_1 \sqrt{\frac{\mathfrak{Y}_l}{\mathfrak{Z}_d}} \frac{e^{\sqrt{\mathfrak{Y}_l \mathfrak{Z}_d} \frac{l}{l_1}} + e^{-\sqrt{\mathfrak{Y}_l \mathfrak{Z}_d} \frac{l}{l_1}}}{e^{\sqrt{\mathfrak{Y}_l \mathfrak{Z}_d}} - e^{-\sqrt{\mathfrak{Y}_l \mathfrak{Z}_d}}} + \frac{\mathfrak{E}_d l_1}{\mathfrak{Z}_d}.$$

War die Transformatorwicklung an keiner Stelle an Erde gelegt, so würde doch irgendein Punkt von ihr das Potential der Erde annehmen und von dieser aus wären dann sowohl l wie P zu rechnen.

In diesem Zusammenhange ist jedoch zu beachten, daß die einzelnen Teile der Niederspannungswicklung eines Hochspannungstransformators statisch geladen werden, weil sie ja als zweite Belegung eines Kondensators dient, dessen erste Belegung die Hochspannungswicklung bildet. Die Ladungen gleichen sich jedoch aus, wenn das Potential der Hochspannungswicklung sich symmetrisch um den Neutralpunkt verteilt. Ist die Hochspannungswicklung nicht geerdet und sein Potential um den Mittelpunkt unsymmetrisch verteilt, so gleichen sich die elektrostatischen Ladungen der Sekundärspulen nicht aus und die ganze Sekundärwicklung kann eine ziemlich hohe statische Spannung gegen Erde annehmen, wenn die Sekundärwicklung von Erde gut isoliert ist. Wenn Niederspannungswicklungen von Hochspannungstransformatoren nicht geerdet werden, so ist es jedoch ratsam, ihren Neutralpunkt durch eine Spannungssicherung mit der Erde zu verbinden, die auch in der Form eines Wasserstrahlapparates ausgeführt sein kann.

Nehmen wir ferner an, daß die Wicklung die sekundäre eines leerlaufenden Transformators ist, so wird der Strom an den Klemmen

$$\mathfrak{J}_1 = 0,$$

d. h.

$$0 = -\mathfrak{P}_{1,0}\sqrt{\frac{\mathfrak{Y}_l}{\mathfrak{Z}_d}}\,\frac{e^{\sqrt{\mathfrak{Y}_l\mathfrak{Z}_d}}+e^{-\sqrt{\mathfrak{Y}_l\mathfrak{Z}_d}}}{e^{\sqrt{\mathfrak{Y}_l\mathfrak{Z}_d}}-e^{-\sqrt{\mathfrak{Y}_l\mathfrak{Z}_d}}}+\frac{\mathfrak{E}_d l_1}{\mathfrak{Z}_d},$$

also wird die Spannung an den Sekundärklemmen eines leerlaufenden Transformators, der verteilte Kapazität besitzt,

$$\mathfrak{P}_{1,0} = \frac{\mathfrak{E}_d l_1}{\sqrt{\mathfrak{Y}_l\mathfrak{Z}_d}}\,\frac{e^{\sqrt{\mathfrak{Y}_l\mathfrak{Z}_d}}+e^{-\sqrt{\mathfrak{Y}_l\mathfrak{Z}_d}}}{e^{\sqrt{\mathfrak{Y}_l\mathfrak{Z}_d}}-e^{-\sqrt{\mathfrak{Y}_l\mathfrak{Z}_d}}}.$$

Betrachten wir den einfachen Fall, daß der Widerstand r_d und die Konduktanz g_l der Wicklung vernachlässigbar klein sind, so wird

$$\sqrt{\mathfrak{Y}_l\mathfrak{Z}_d} = \sqrt{(-j\omega C)(-j\omega L)} = j\omega\sqrt{LC}$$

und

$$P_{1,0} = \frac{E_d l_1}{\omega\sqrt{LC}}\operatorname{tg}\omega\sqrt{LC}.$$

Da $\operatorname{tg}\omega\sqrt{LC}$ größer als $\omega\sqrt{LC}$ ist für Werte von $\omega\sqrt{LC}$, die kleiner als $\frac{\pi}{2}$ sind, so ist die Spannung an den Klemmen stets größer als die in der Wicklung induzierte EMK.

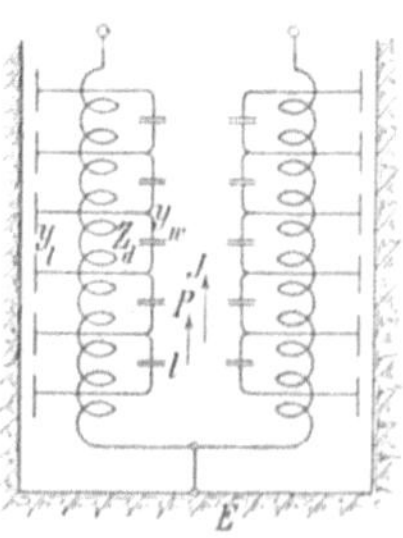

Fig. 137.

b) Wir gehen nun einen Schritt weiter und berücksichtigen auch die zwischen den einzelnen Windungen und Spulen auftretenden Kapazitäten; sie wirken wie Kondensatoren im Nebenschluß zu den Wicklungselementen, wie in Fig. 137 bildlich dargestellt ist. Lassen diese Kondensatoren sich durch die Admittanzen $g_w - j b_w = \frac{\mathfrak{Y}_w}{l_1}$ pro Längeneinheit ausdrücken, so wird die Stromzunahme in einem Wicklungselement

$$d\mathfrak{J} = \mp\left(\mathfrak{P}\frac{\mathfrak{Y}_l}{l_1} - \frac{\mathfrak{Y}_w}{l_1}\frac{d^2\mathfrak{P}}{dl^2}\right)dl$$

und die Spannungszunahme

$$d\mathfrak{P} = \left(\mathfrak{E}_d \mp \mathfrak{J}\frac{\mathfrak{Z}_d}{l_1}\right)dl,$$

also lauten die beiden Differentialgleichungen für Spannung und Strom

$$\left(1 + \frac{\mathfrak{Y}_w \mathfrak{Z}_d}{l_1^2}\right)\frac{d^2\mathfrak{P}}{dl^2} = \mathfrak{P}\frac{\mathfrak{Z}_d \mathfrak{Y}_l}{l_1^2}$$

oder

$$\frac{d^2\mathfrak{P}}{dl^2} = \mathfrak{P}\frac{\mathfrak{Z}_d}{l_1}\frac{\frac{\mathfrak{Y}_l}{l_1}}{1 + \frac{\mathfrak{Y}_w \mathfrak{Z}_d}{l_1^2}}$$

und analog

$$\frac{d^2\mathfrak{J}}{dl^2} = \mathfrak{J}\frac{\mathfrak{Z}_d}{l_1}\frac{\frac{\mathfrak{Y}_l}{l_1}}{1 + \frac{\mathfrak{Y}_w \mathfrak{Z}_d}{l_1^2}} \mp \mathfrak{E}_d\frac{\frac{\mathfrak{Y}_l}{l_1}}{1 + \frac{\mathfrak{Y}_w \mathfrak{Z}_d}{l_1^2}}.$$

Da diese beiden Differentialgleichungen sich von der ersten nur durch den Faktor

$$\frac{\mathfrak{Y}_l'}{l_1} = \frac{\frac{\mathfrak{Y}_l}{l_1}}{1 + \frac{\mathfrak{Y}_w \mathfrak{Z}_d}{l_1^2}}$$

unterscheiden, der an Stelle von $\frac{\mathfrak{Y}_l}{l_1}$ getreten ist, so lassen sich alle oben abgeleiteten Formeln auch für diesen Fall anwenden, indem man nur $\mathfrak{Y}_l'$ statt $\mathfrak{Y}_l$ einführt.

Die Kapazität C_w zwischen den Windungen und Spulen wirkt also wie eine Vergrößerung der Kapazität C gegen Erde. Es ist in allen Formeln

$$\mathfrak{Y}_l' = \frac{\mathfrak{Y}_l}{1 + \frac{\mathfrak{Y}_w}{l_1}\cdot\frac{\mathfrak{Z}_d}{l_1}} = \frac{\mathfrak{Y}_l}{1 + (g_w - j b_w)(r_d - j x_d)}$$

anstatt $\mathfrak{Y}_l$ einzusetzen. Für den Fall, daß g_w und r_d vernachlässigbar klein sind, wird

$$\mathfrak{Y}_l' = \frac{\mathfrak{Y}_l}{1 - x_d b_w} = -j\frac{\omega C}{1 - \omega^2 L C_w},$$

und die Sekundärspannung des leerlaufenden Transformators

$$P_{1,0} = \frac{E_d l_1 \sqrt{1 - \omega^2 L C_w}}{\omega \sqrt{LC}} \operatorname{tg} \frac{\omega \sqrt{LC}}{\sqrt{1 - \omega^2 L C_w}},$$

welcher Ausdruck, so lange $\omega^2 L C_w < 1$ ist, von gleicher Natur ist wie der ohne Berücksichtigung der Kapazität zwischen den Drähten gefundene.

Bei Transformatoren ist die Kapazität C_w zwischen den Windungen gewöhnlich bedeutend größer als die Kapazität gegen Erde, während bei Hochspannungsmaschinen C im Verhältnis zu C_w ganz große Werte erreichen kann.

47. Verteilte Kapazität in Blitzschutzapparaten.

Die von der General Electric Co. in Schenectady eingeführten Rollenblitzableiter, wie sie in Fig. 138 dargestellt sind, bestehen aus einer oder mehreren Reihen voneinander isolierter Metallzylinder, von denen der erste mit der zu schützenden Leitung und der letzte entweder direkt oder durch einen Widerstand mit der Erde verbunden ist. Wird die Leitung durch atmosphärische Elektrizität auf ein hohes Potential geladen, so laden sich alle Rollen, die als Elemente mehrerer in Reihe geschalteter Kondensatoren aufgefaßt werden können. Wird hierbei die Spannung zwischen zwei Rollen größer als die Durchschlagsspannung für die zwischenliegende Luftstrecke, so schlägt ein Funke zwischen ihnen über und nachher zwischen den anderen Zylindern, wodurch die Leitung sich auf ein kleineres zulässiges Potential entladet. War das Potential der Leitung und mit ihr die Ladung des ersten Zylinders eine stationäre gleichgerichtete, so nehmen alle Zylinder die gleiche stationäre Ladung an, und die Spannung zwischen Leitung und Erde verteilt sich gleichmäßig über alle Luftstrecken, so daß man das Potential über alle Rollen durch die in

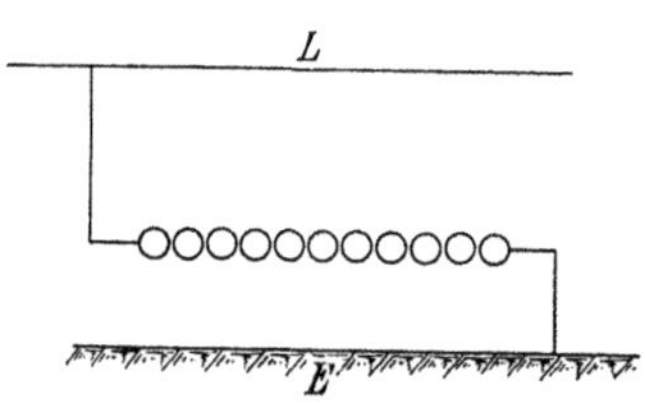

Fig. 138.

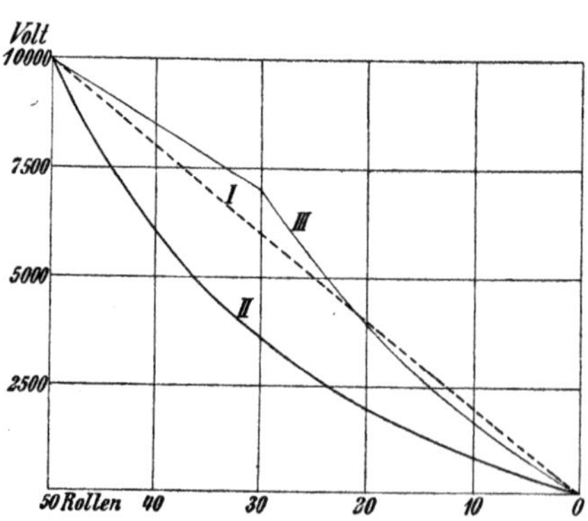

Fig. 139.

Fig. 139 einpunktierte gerade Linie I darstellen kann. Da aber die Metallzylinder nicht allein gegenseitige Kapazität, sondern auch eine solche gegen Erde besitzen, so nehmen die Zylinder nicht alle die gleiche Ladung an, sondern die Ladung der Zylinder nimmt gegen Erde hin ab und deswegen erhält man nicht die punktierte geradlinige, sondern die vollgezogene gekrümmte Potentialkurve II. Soll neben den Kapazitäten auch die Ableitung von Rolle zu Rolle und die Ableitung von den Rollen zur Erde berücksichtigt werden, so erhält man als vollständiges Bild für die Vorgänge im Blitzableiter den in Fig. 140 dargestellten Stromkreis.

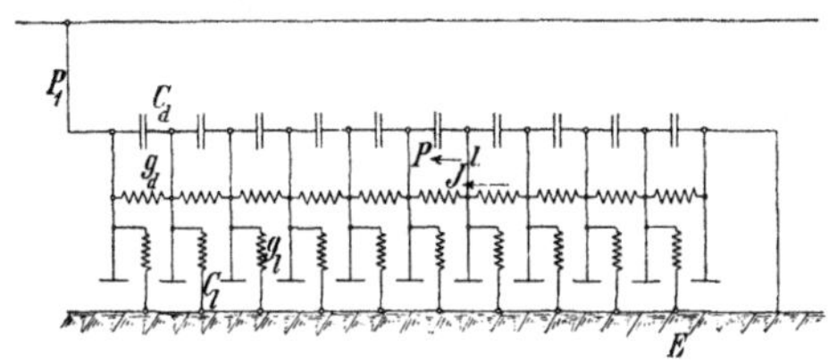

Fig. 140.

a) Dieser Stromkreis stimmt im Charakter mit dem der Arbeitsübertragung Fig. 128 überein. Die für ihn geltenden Gleichungen lassen sich deswegen für die mathematische Untersuchung des Rollenblitzableiters heranziehen. Zwar beziehen sich die Differentialgleichungen der Arbeitsübertragung auf ein wechselndes Potential P_1 in der Leitung und nicht auf ein gleichgerichtetes. Da aber ein wechselndes Potential wenigstens ebenso häufig wie ein gleichgerichtetes vorkommt und da die Differentialgleichungen für wechselndes Potential sich durch passende Vereinfachungen auch für den Fall eines gleichgerichteten anpassen lassen, so gehen wir von den allgemeinen Differentialgleichungen für wechselndes Potential aus.

Sie lauten

$$\frac{d^2\mathfrak{P}}{dl^2} = \mathfrak{P}\,\frac{\mathfrak{Z}_d\,\mathfrak{Y}_l}{l_1^{\,2}}$$

und

$$\frac{d^2\mathfrak{J}}{dl^2} = \mathfrak{J}\,\frac{\mathfrak{Z}_d\,\mathfrak{Y}_l}{l_1^{\,2}}.$$

Hier ist

$$\mathfrak{Y}_l = (g_l - j\,b_l)\,l_1 = (g_l - j\,\omega\,C_l)\,l_1$$

und

$$\mathfrak{Z}_d = \frac{1}{\mathfrak{Y}_d} = \frac{1}{(g_d - j\,b_d)\,l_1} = \frac{1}{(g_d - j\,\omega\,C_d)\,l_1},$$

worin alle Konstanten für eine Rolle gelten und also l in Anzahl von Rollen ausgedrückt ist, um die der betreffende Punkt von der an Erde angeschlossenen Rolle entfernt ist. Es hat gewöhnlich C_d die Größenordnung 10^{-11} Farad, während C_l ca. $\frac{1}{400}$ von C_d ist. Wie aus den Ausdrücken direkt hervorgeht, haben wir die kleine

Selbstinduktion L der Rollen vernachlässigt, sie ist von der Größenordnung $2 \cdot 10^{-8}$ Henry und fängt deswegen erst an, einen Einfluß auf die Spannungsverhältnisse zu erhalten, wenn die Periodenzahl $c = \frac{\omega}{2\pi}$ sich der Größenordnung $\frac{1}{2\pi\sqrt{L C_d}}$, d. h. von ca. 35 Millionen nähert.

Man kann also die Selbstinduktion ruhig vernachlässigen und erhält die Differentialgleichungen

$$\frac{d^2 \mathfrak{P}}{d l^2} = \mathfrak{P} \frac{g_l - j \omega C_l}{g_d - j \omega C_d}$$

und

$$\frac{d^2 \mathfrak{J}}{d l^2} = \mathfrak{J} \frac{g_l - j \omega C_l}{g_d - j \omega C_d}.$$

Die Lösungen dieser Gleichungen sind

$$\mathfrak{P} = \mathfrak{A} e^{\sqrt{\frac{\mathfrak{Y}_l}{\mathfrak{Y}_d}} l} + \mathfrak{B} e^{-\sqrt{\frac{\mathfrak{Y}_l}{\mathfrak{Y}_d}} l}$$

$$\mathfrak{J} = \sqrt{\mathfrak{Y}_l \mathfrak{Y}_d} \left(\mathfrak{A} e^{\sqrt{\frac{\mathfrak{Y}_l}{\mathfrak{Y}_d}} l} - \mathfrak{B} e^{-\sqrt{\frac{\mathfrak{Y}_l}{\mathfrak{Y}_d}} l} \right).$$

Setzen wir hierin die Grenzbedingungen ein

$$l = 0, \quad \mathfrak{P} = 0,$$

$$l = l_1, \quad \mathfrak{P} = \mathfrak{P}_1,$$

so erhalten wir

$$0 = \mathfrak{A} + \mathfrak{B}$$

und

$$\mathfrak{P}_1 = \mathfrak{A} e^{\sqrt{\frac{\mathfrak{Y}_l}{\mathfrak{Y}_d}} l_1} + \mathfrak{B} e^{-\sqrt{\frac{\mathfrak{Y}_l}{\mathfrak{Y}_d}} l_1},$$

also wird

$$\mathfrak{P} = \mathfrak{P}_1 \frac{e^{\sqrt{\frac{\mathfrak{Y}_l}{\mathfrak{Y}_d}} l} - e^{-\sqrt{\frac{\mathfrak{Y}_l}{\mathfrak{Y}_d}} l}}{e^{\sqrt{\frac{\mathfrak{Y}_l}{\mathfrak{Y}_d}} l_1} - e^{-\sqrt{\frac{\mathfrak{Y}_l}{\mathfrak{Y}_d}} l_1}}$$

und

$$\mathfrak{J} = \mathfrak{P}_1 \sqrt{\mathfrak{Y}_l \mathfrak{Y}_d} \frac{e^{\sqrt{\frac{\mathfrak{Y}_l}{\mathfrak{Y}_d}} l} + e^{-\sqrt{\frac{\mathfrak{Y}_l}{\mathfrak{Y}_d}} l}}{e^{\sqrt{\frac{\mathfrak{Y}_l}{\mathfrak{Y}_d}} l_1} - e^{-\sqrt{\frac{\mathfrak{Y}_l}{\mathfrak{Y}_d}} l_1}}.$$

b) Betrachten wir zuerst den einfachen Fall, bei dem die Ableitung g_l im gleichen Verhältnis zur Kapazität C_l steht wie die Ableitung g_d zur Kapazität C_d, so wird das Verhältnis

$$\frac{\mathfrak{Y}_l}{\mathfrak{Y}_d} = \frac{C_l}{C_d} = \frac{g_l}{g_d}$$

eine positive reelle Zahl und

$$\mathfrak{P} = \mathfrak{P}_1 \frac{e^{\sqrt{\frac{C_l}{C_d}}l} - e^{-\sqrt{\frac{C_l}{C_d}}l}}{e^{\sqrt{\frac{C_l}{C_d}}l_1} - e^{-\sqrt{\frac{C_l}{C_d}}l_1}}.$$

Die Spannung verläuft somit nach einer von der Periodenzahl unabhängigen Potentialkurve, welche also auch für ein gleichgerichtetes Potential Gültigkeit bekommt.

In Fig. 139 ist die Potentialkurve II eines Rollenblitzableiters für den Fall berechnet, daß $C_d = 400\,C$ und $l_1 = 50$ Rollen, also

$$\sqrt{\frac{C}{C_d}}\,l_1 = \frac{50}{\sqrt{400}} = 2{,}5$$

ist.

Unter der Annahme $\frac{g_l}{C_l} = \frac{g_d}{C_d}$ wird der Strom

$$\mathfrak{J} = \mathfrak{P}_1 (g_d - j\omega C_d) \sqrt{\frac{C_l}{C_d}} \frac{e^{\sqrt{\frac{C_l}{C_d}}l} + e^{-\sqrt{\frac{C_l}{C_d}}l}}{e^{\sqrt{\frac{C_l}{C_d}}l_1} - e^{-\sqrt{\frac{C_l}{C_d}}l_1}}.$$

Er wächst mit der Periodenzahl, d. h. mit ω.

Für ein gleichgerichtetes Potential wird $\omega = 0$ und der Strom ein Minimum

$$J = P_1 \sqrt{g_l g_d} \frac{e^{\sqrt{\frac{g_l}{g_d}}l} + e^{-\sqrt{\frac{g_l}{g_d}}l}}{e^{\sqrt{\frac{g_l}{g_d}}l_1} - e^{-\sqrt{\frac{g_l}{g_d}}l_1}}.$$

Die Spannung zwischen zwei Zylindern ist allgemein

$$\varDelta P = -\frac{dP}{dl} = -P_1 \sqrt{\frac{C_l}{C_d}} \frac{e^{\sqrt{\frac{C_l}{C_d}}l} + e^{-\sqrt{\frac{C_l}{C_d}}l}}{e^{\sqrt{\frac{C_l}{C_d}}l_1} - e^{-\sqrt{\frac{C_l}{C_d}}l_1}},$$

sie ist zwischen den zwei ersten Zylindern, die der Leitung am nächsten liegen, am größten, und zwar für das Beispiel nahezu gleich $P_1 \sqrt{\frac{C_l}{C_d}} = \frac{P_1}{20}$. Überschreitet diese Spannung die Durchschlagsspannung, so schlägt ein Funke erst zwischen den beiden ersten Rollen und der Reihe nach bei den anderen über, weil beim Überschlagen des Funkens zwischen den zwei ersten die Spannung zwischen der zweiten und dritten vergrößert wird. Bei Blitzableitern, die aus vielen Rollen bestehen, ist oft beobachtet worden, daß die Funken verschwinden, bevor sie alle Rollen des Ableiters passiert haben, was darauf beruht, daß die Ladung, welche der Funke mit sich führt, von Rolle zu Rolle kleiner wird. Dies rührt teils von der Ableitung zur Erde und teils von der Kapazität der Rollen gegenüber Erde her.

Aus dem Vorhergehenden folgt, daß abweichend von der häufig vorkommenden Anschauung die Verteilung des Potentiales über die Luftstrecken des Rollenblitzableiters nicht allein bei sehr schnell wechselnden Potentialen, sondern auch bei gleichgerichteten Potentialen sehr ungleichmäßig ist, und daß die Potentialkurve also in beiden Fällen von der geraden Linie stark abweichen kann.

c) Kehren wir wieder zu dem allgemeinen Fall zurück, bei dem kein bestimmtes Verhältnis zwischen Kapazität und Ableitung besteht. Hier verläuft das Potential nicht immer wie oben nach Differenzen zweier Exponentialkurven, sondern unter Umständen nach Differenzen sinusförmiger Kurven, deren Amplituden nach einer Exponentialkurve abnehmen. Es ist nämlich in dem Falle

$$e^{\sqrt{\frac{\mathfrak{Y}_l}{\mathfrak{Y}_d}}\,l} = e^{(\lambda - j\mu)l} = e^{\lambda l}(\cos\mu l - j\sin\mu l),$$

wo

$$\lambda = \sqrt{\frac{1}{2}\left(\sqrt{\frac{g_l^2 + b_l^2}{g_d^2 + b_d^2}} + \frac{g_l g_d + b_l b_d}{g_d^2 + b_d^2}\right)}$$

und

$$\mu = \sqrt{\frac{1}{2}\left(\sqrt{\frac{g_l^2 + b_l^2}{g_d^2 + b_d^2}} - \frac{g_l g_d + b_l b_d}{g_d^2 + b_d^2}\right)}.$$

Es gibt jedoch einen Fall, bei dem die Potentialkurve fast geradlinig verläuft, und das ist, wenn $\mathfrak{Y}_l$ im Verhältnis zu $\mathfrak{Y}_d$ sehr klein ist; denn dann kann $\frac{d^2\mathfrak{P}}{dl^2} = 0$ und also $\mathfrak{P} = \mathfrak{P}_1 \frac{l}{l_1}$ gesetzt werden. Dies tritt ein, wenn entweder die Ableitung und Kapazität gegen Erde äußerst klein ist, oder wenn die Ableitung von Rolle zu Rolle sehr groß ist. Der letzte Fall tritt ein, wenn Funken zwischen den Rollen überschlagen und in bekannter Weise durch Ionisierung der Luft den Widerstand der Luftstrecke auf ein Minimum reduzieren. Über die Rollen, zwischen denen kleine Funken überspringen, erhält man deswegen einen geradlinigen Verlauf der Potentialkurve. Sie hört jedoch dort auf geradlinig zu sein, wo die Funken verschwinden, von dort ab folgt die Kurve dem durch die allgemeine Gleichung gegebenen Verlauf. — Auf diese Erscheinung, welche durch die Kurve III (Fig. 139) dargestellt ist, haben Rushmore und Dubois[1]) zuerst aufmerksam gemacht.

[1]) Procedings of the American Institute of Electrical Engineers 1907.

Im allgemeinen ist die Ableitung g_l zur Erde im Verhältnis zur Kapazität C_l bedeutend kleiner als g_d im Verhältnis zu C_d. Deswegen nimmt λ und mit ihr das Potentialgefälle ΔP zwischen den ersten Zylindern mit der Periodenzahl c zu; hierdurch wird es erklärlich, daß ein Potential von großer Periodenzahl sich leichter als ein solches von kleiner Periodenzahl über einen Rollenblitzableiter entladet.

Nach Rushmore und Dubois soll ein idealer Blitzableiter sich gegenüber allen Potentialen gleich verhalten, gleichgültig, von welcher Periodenzahl sie sind. Dies wird mit einem Rollenblitzableiter erreicht, wenn die Potentialkurve geradlinig verläuft. Diesen Verlauf kann man nach dem Verfahren der General Electric Co. in der Weise erreichen, daß man von der Leitung aus parallel zu den ersten Rollen mehrere Widerstände von verschiedener Größe einschaltet, wie in Fig. 141 gezeigt ist. Dadurch wird nämlich Y_d viel größer als Y_l und die Potentialkurve verläuft nach einem gebrochenen Kurvenzug, der von der geraden Linie I (Fig. 139) nicht stark abzuweichen braucht.

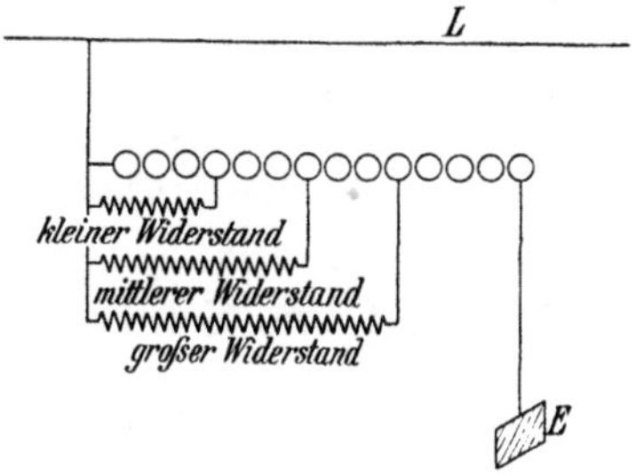

Fig. 141.

Nach Rushmore und Dubois nehmen die Entladungsströme von kleiner Periodenzahl den Weg durch den größten Widerstand, während die Entladungsströme der größten Periodenzahl den Weg über alle Rollen nehmen. Hier soll jedoch nicht näher auf den Wert derartiger mit Widerständen ausgerüsteter Rollenblitzableiter eingegangen werden.

Neuntes Kapitel.

Leerlauf und Kurzschlußdiagramm.

48. Leerlauf und Kurzschluß eines elektrischen Stromkreises.

a) Hauptgleichungen des allgemeinen Stromkreises.

Wir haben in den vorhergehenden Kapiteln Stromkreise verschiedenster Art betrachtet, nämlich ganz gewöhnliche Stromleiter, die Widerstand und Selbstinduktion enthalten, dann elektromagnetische Apparate, deren Stromkreise mit anderen magnetisch verkettet sind, und endlich Stromkreise, die gleichmäßig verteilte Kapazität besitzen. Hierbei haben wir gesehen, daß sie sich alle auf einen ganz einfachen Stromkreis zurückführen lassen, der eine Impedanz in Serie mit zwei parallel geschalteten Admittanzen enthält.

Dies führt unwillkürlich auf den Gedanken, daß für alle Stromkreise dieselben Gesetze gelten, was in der Tat auch der Fall ist. Zur Ableitung dieser Gesetze wollen wir im Folgenden nur die erweiterten Kirchhoffschen Gesetze und das Gesetz der Superposition anwenden.

Wir werden im Folgenden die Bedeutung des Leerlauf- und des Kurzschlußversuches für einen Stromkreis allgemeinster Art ableiten, und zwar unter der Annahme, daß das Gesetz der Superposition überall angewandt werden kann, d. h. daß die von irgendeiner Ursache im Stromkreise herbeigeführte Wirkung davon unabhängig ist, ob noch andere Ursachen vorhanden sind oder nicht. Eine Spannung erzeugt somit dieselben Ströme im Stromkreise, gleichviel, ob noch andere Spannungen vorhanden sind oder nicht, und ein Strom erzeugt denselben Spannungsabfall im Stromkreise, gleichviel, ob noch andere Ströme vorhanden sind oder nicht. — Ferner nehmen wir vorläufig an, daß die primäre Spannung des Stromkreises sinusförmig und durch den Vektor $\mathfrak{P}_1$ gegeben ist.

Fig. 142 zeigt das Schema eines derartigen allgemeinen Stromkreises, der sowohl Transformatoren als auch Umformer und andere elektrische Maschinen enthalten kann.

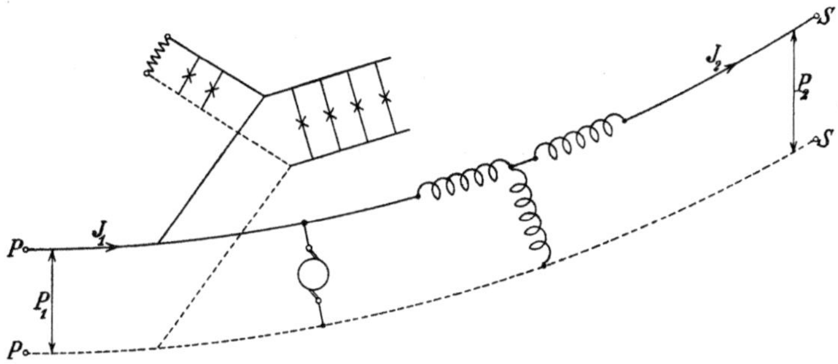

Fig. 142.

Zwischen den Klemmen PP kann man sich die primäre Spannung $\mathfrak{P}_1$ wirksam denken, während zwischen den Klemmen SS an irgend einer Stelle des Stromkreises eine Belastung W_2 angebracht ist. Wir werden nun den Einfluß dieser Belastung, die durch den Spannungsvektor $\mathfrak{P}_2$ und den Stromvektor $\mathfrak{J}_2$ gegeben ist, auf den elektrischen Zustand des Stromkreises studieren. Die beiden Vektoren $\mathfrak{P}_2$ nnd $\mathfrak{J}_2$ bilden den Winkel φ_2 miteinander, so daß $W_2 = P_2 J_2 \cos\varphi_2$ ist.

Zunächst möge der ganze Stromkreis unbelastet und ferner die Klemmen SS offen bleiben. Die primäre Klemmenspannung $\mathfrak{P}_{10}$ werde dann so reguliert, daß sich zwischen den Klemmen SS die der Belastung W_2 entsprechende Spannung $\mathfrak{P}_2$ einstellt. Es wird bei diesem Zustand der Anlage, der als Leerlauf bezeichnet wird, der Stromquelle ein Strom J_0 entnommen. Man kann setzen:

$$\mathfrak{P}_{10} = \mathfrak{C}_1 \mathfrak{P}_2$$

und

$$\mathfrak{J}_0 = \mathfrak{P}_{10} \mathfrak{Y}_0 ,$$

worin alle Größen symbolisch aufzufassen sind. $\mathfrak{C}_1 = C_1 e^{j\psi_1}$ ist eine komplexe Zahl, die das Verhältnis zwischen den beiden Vektoren $\mathfrak{P}_{10}$ und $\mathfrak{P}_2$ angibt. $\mathfrak{Y}_0$ ist ein Maß für die elektrische Leitfähigkeit des Stromkreises und kann als seine Admittanz bezeichnet werden. Es ist:

$$\mathfrak{Y}_0 = g_0 + j b_0 = y_0 e^{j\varphi_0} .$$

J_0 ist der Leerlaufstrom des Stromkreises und hat die Wattkomponente $P_{10} g_0$ und die wattlose Komponente $P_{10} b_0$. Der durch den Leerlaufstrom J_0 bedingte Verlust wird somit gleich:

$$W_0 = P_{10}^2 g_0 .$$

Jetzt schaffen wir einen zweiten Zustand im Stromkreise, indem die Klemmen SS durch eine widerstandslose Verbindung kurzgeschlossen werden und die primäre Klemmenspannung P_k so reguliert wird, daß durch die Klemmen SS ein der Belastung entsprechender Strom J_2 fließt. Es wird bei diesem Zustand des Stromkreises, der als Kurzschluß bezeichnet wird, der Stromquelle ein Strom J_{1k} entnommen. Es ist symbolisch:

$$\mathfrak{J}_{1k} = \mathfrak{C}_2 \mathfrak{J}_2$$

und

$$\mathfrak{P}_k = \mathfrak{J}_{1k} \mathfrak{Z}_k .$$

$\mathfrak{C}_2 = C_2 e^{j\psi_2}$ ist wie $\mathfrak{C}_1$ eine komplexe Zahl, die das Verhältnis zwischen den Stromvektoren $\mathfrak{J}_{1k}$ und $\mathfrak{J}_2$ angibt. $\mathfrak{Z}_k$ gibt ein Maß für den scheinbaren elektrischen Widerstand des Stromkreises und kann als seine Impedanz bezeichnet werden. Es ist:

$$\mathfrak{Z}_k = r_k - j x_k = z_k e^{-j\varphi_k} .$$

$\mathfrak{P}_k$ ist die Kurzschlußspannung des Stromkreises in bezug auf die Klemmen SS, sie hat die Wattkomponente $J_{1k} r_k$ und die wattlose Komponente $J_{1k} x_k$. Der durch den Kurzschlußstrom bedingte Verlust wird gleich

$$W_k = J_{1k}^2 r_k .$$

Nachdem wir diese beiden Zustände, Leerlauf und Kurzschluß des Stromkreises, betrachtet haben, gehen wir zu dem normalen Belastungszustand über. Zu ihm gelangt man, indem man, vom Leerlauf, $J_2 = 0$, ausgehend, ohne die Spannung P_2 zu verändern, den die Klemmen S durchfließenden Strom allmählich erhöht, oder indem man, vom Kurzschluß ausgehend, ohne den Strom J_2 zu verändern, die Spannung zwischen den Klemmen S allmählich steigert. Die Spannung $\mathfrak{P}_2$ zwischen den Klemmen S bedingt an den Klemmen P einen Spannungsvektor $\mathfrak{C}_1 \mathfrak{P}_2$ und einen Stromvektor $\mathfrak{J}_0 = \mathfrak{P}_{10} \mathfrak{Y}_0$. Der Strom $\mathfrak{J}_2$ durch die Klemmen S bedingt in gleicher Weise an den Klemmen P einen Stromvektor $\mathfrak{C}_2 \mathfrak{J}_2$ und einen Spannungsvektor $\mathfrak{P}_k = \mathfrak{J}_{1k} \mathfrak{Z}_k$. Da zwei Zustände im Stromkreise sich nicht beeinflussen, so erhält man durch Übereinanderlagerung der beiden Zustände bei Leerlauf und Kurzschluß den Belastungszustand. An den Primärklemmen ergibt sich somit bei Belastung der Spannungsvektor

$$\mathfrak{P}_1 = \mathfrak{P}_{10} + \mathfrak{P}_k = \mathfrak{C}_1 \mathfrak{P}_2 + \mathfrak{J}_{1k} \mathfrak{Z}_k$$

und der Stromvektor

$$\mathfrak{J}_1 = \mathfrak{J}_0 + \mathfrak{J}_{1k} = \mathfrak{P}_{10}\,\mathfrak{Y}_0 + \mathfrak{C}_2\mathfrak{J}_2,$$

oder da

$$\mathfrak{J}_{1k} = \mathfrak{C}_2\mathfrak{J}_2 \quad \text{und} \quad \mathfrak{P}_{10} = \mathfrak{C}_1\mathfrak{P}_2 \quad \text{ist,}$$

$$\boldsymbol{\mathfrak{P}_1 = \mathfrak{C}_1\mathfrak{P}_2 + \mathfrak{C}_2\mathfrak{J}_2\mathfrak{Z}_k} \quad . \quad . \quad . \quad . \quad . \quad (88)$$

und

$$\boldsymbol{\mathfrak{J}_1 = \mathfrak{C}_2\mathfrak{J}_2 + \mathfrak{C}_1\mathfrak{P}_2\mathfrak{Y}_0} \quad . \quad . \quad . \quad . \quad . \quad (89)$$

Diese beiden Gleichungen sind die Hauptgleichungen des Stromkreises und ermöglichen stets dessen Zustand für jede beliebige Belastung $W_2(\mathfrak{P}_2, \mathfrak{J}_2)$ zu bestimmen. Wie aus den Gl. 88 und 89 hervorgeht, ist jeder Stromkreis durch vier Konstante $\mathfrak{C}_1$, $\mathfrak{C}_2$, $\mathfrak{Y}_0$ und $\mathfrak{Z}_k$ bestimmt. Es läßt sich aber nachweisen, daß zwischen diesen vier Größen stets eine bestimmte Beziehung besteht, so daß drei Konstanten genügen, um einen Stromkreis zu charakterisieren. Betrachten wir zuerst den in Fig. 143 dargestellten Stromkreis mit den eingeschriebenen Konstanten $\mathfrak{Z}_1$, $\mathfrak{Z}_2$ und $\mathfrak{Y}_a$, so kann man für ihn die Konstanten $\mathfrak{Z}_k$, $\mathfrak{Y}_0$, $\mathfrak{C}_1$ und $\mathfrak{C}_2$ berechnen.

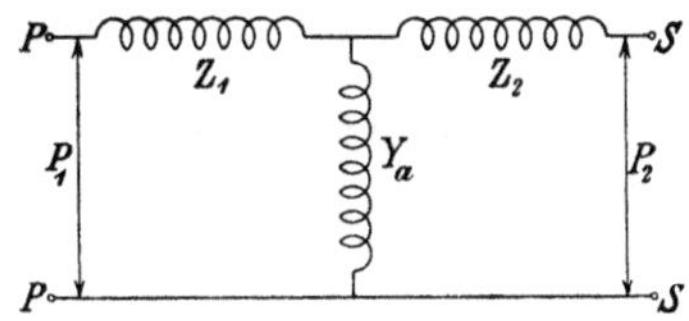

Fig. 143.

Bei Leerlauf nimmt dieser Stromkreis einen Strom J_0 auf; es ist:

$$\mathfrak{J}_0 = \frac{\mathfrak{P}_{10}}{\mathfrak{Z}_1 + \dfrac{1}{\mathfrak{Y}_a}} = \frac{\mathfrak{P}_{10}\,\mathfrak{Y}_a}{1 + \mathfrak{Z}_1\mathfrak{Y}_a} = \mathfrak{P}_{10}\,\mathfrak{Y}_0.$$

Die Sekundärspannung P_2 ist gleich:

$$\mathfrak{P}_2 = \mathfrak{P}_{10} - \mathfrak{J}_0\mathfrak{Z}_1 = \mathfrak{P}_{10} - \frac{\mathfrak{P}_{10}\mathfrak{Y}_a\mathfrak{Z}_1}{1 + \mathfrak{Z}_1\mathfrak{Y}_a} = \frac{\mathfrak{P}_{10}}{1 + \mathfrak{Z}_1\mathfrak{Y}_a} = \frac{\mathfrak{P}_{10}}{\mathfrak{C}_1}.$$

Es ist somit für diesen Stromkreis:

$$\mathfrak{C}_1 = 1 + \mathfrak{Z}_1\mathfrak{Y}_a \quad . \quad . \quad . \quad . \quad . \quad . \quad (90)$$

und

$$\mathfrak{Y}_0 = \frac{\mathfrak{Y}_a}{\mathfrak{C}_1} \quad . \quad . \quad . \quad . \quad . \quad . \quad . \quad . \quad . \quad . \quad (91)$$

Bei Kurzschluß ergibt sich der Primärstrom:

$$\mathfrak{J}_{1k} = \mathfrak{J}_2 + \mathfrak{J}_2\mathfrak{Z}_2\mathfrak{Y}_a = \mathfrak{J}_2(1 + \mathfrak{Z}_2\mathfrak{Y}_a) = \mathfrak{J}_2\mathfrak{C}_2$$

und die Kurzschlußspannung:

$$\mathfrak{P}_k = \mathfrak{J}_2\mathfrak{Z}_2 + \mathfrak{J}_{1k}\mathfrak{Z}_1 = \mathfrak{J}_{1k}\left(\mathfrak{Z}_1 + \frac{\mathfrak{Z}_2}{\mathfrak{C}_2}\right) = \mathfrak{J}_{1k}\,\mathfrak{Z}_k.$$

Es ist also:
$$\mathfrak{E}_2 = 1 + \mathfrak{Z}_2 \mathfrak{Y}_a \quad . \quad . \quad . \quad . \quad . \quad . \quad . \quad (92)$$

und
$$\mathfrak{Z}_k = \mathfrak{Z}_1 + \frac{\mathfrak{Z}_2}{\mathfrak{E}_2} \quad . \quad . \quad . \quad . \quad . \quad . \quad . \quad . \quad (93)$$

Aus den Gl. 90 bis 93 ergibt sich durch Multiplikation von $\mathfrak{Z}_k$ und $\mathfrak{Y}_0$:

$$\mathfrak{Z}_k \mathfrak{Y}_0 = \left(\mathfrak{Z}_1 + \frac{\mathfrak{Z}_2}{\mathfrak{E}_2}\right) \frac{\mathfrak{Y}_a}{\mathfrak{E}_1} = \frac{\mathfrak{Y}_a \mathfrak{Z}_1}{\mathfrak{E}_1} + \frac{\mathfrak{Y}_a \mathfrak{Z}_2}{\mathfrak{E}_1 \mathfrak{E}_2}$$
$$= \frac{\mathfrak{E}_1 - 1}{\mathfrak{E}_1} + \frac{\mathfrak{E}_2 - 1}{\mathfrak{E}_1 \mathfrak{E}_2} = 1 - \frac{1}{\mathfrak{E}_1 \mathfrak{E}_2}$$

oder
$$\boldsymbol{\mathfrak{E}_1 \mathfrak{E}_2 (1 - \mathfrak{Y}_0 \mathfrak{Z}_k) = 1} \quad . \quad . \quad . \quad . \quad . \quad (94)$$

Wir haben somit eine Beziehung zwischen $\mathfrak{Y}_0$, $\mathfrak{Z}_k$, $\mathfrak{E}_1$ und $\mathfrak{E}_2$ erhalten. Dies war auch vorauszusehen, denn es können die vier Konstanten $\mathfrak{Y}_0$, $\mathfrak{Z}_k$, $\mathfrak{E}_1$ und $\mathfrak{E}_2$ durch die drei Größen $\mathfrak{Z}_1$, $\mathfrak{Z}_2$ und $\mathfrak{Y}_a$ ausgedrückt werden.

b) Bestimmung der Konstanten eines allgemeinen Stromkreises durch Messung.

Jeder Stromkreis ist durch die vier Konstanten $\mathfrak{E}_1$, $\mathfrak{E}_2$, $\mathfrak{Y}_0$ und $\mathfrak{Z}_k$ bestimmt. Da diese vier Größen sich durch drei andere unabhängige Konstanten $\mathfrak{Z}_1$, $\mathfrak{Z}_2$ und $\mathfrak{Y}_a$ ausdrücken lassen, so läßt sich jeder elektrische Stromkreis stets durch einen äquivalenten Stromkreis nach dem Schema der Fig. 143 ersetzen. Für diesen Stromkreis gilt die Beziehung (Gl. 94), die deswegen allgemeine Gültigkeit enthält.

$$\mathfrak{E}_1 \mathfrak{E}_2 (1 - \mathfrak{Y}_0 \mathfrak{Z}_k) = 1$$

ist somit die dritte Hauptgleichung eines elektrischen Stromkreises. Aus dieser Gleichung folgt, daß nur drei Messungen erforderlich sind, um die Konstanten $\mathfrak{E}_1$, $\mathfrak{E}_2$, $\mathfrak{Y}_0$ und $\mathfrak{Z}_k$ zu bestimmen.

Aus Gl. 94 folgt:

$$\mathfrak{E}_1 \mathfrak{E}_2 = C_1 C_2 e^{j(\psi_1 + \psi_2)} = \frac{\dfrac{\mathfrak{P}_1}{\mathfrak{Z}_k}}{\dfrac{\mathfrak{P}_1}{\mathfrak{Z}_k} - \mathfrak{P}_1 \mathfrak{Y}_0} = \frac{\mathfrak{J}_k}{\mathfrak{J}_k - \mathfrak{J}_0},$$

wobei $\mathfrak{J}_0$ und $\mathfrak{J}_k$ Leerlauf- bzw. Kurzschlußstrom für eine und dieselbe Primärspannung $\mathfrak{P}_1$ bedeuten.

Es stelle in Fig. 144 $\overline{OP_0}$ den Leerlaufstrom und $\overline{OP_k}$ den Kurzschlußstrom dar, so hat man

$$C_1 C_2 = \frac{\overline{OP_k}}{\overline{P_0 P_k}} \simeq \frac{J_k}{J_k - J_0 \cos(\varphi_0 - \varphi_k)} \quad . \quad . \quad (95)$$

$$\left.\begin{aligned}\psi_1+\psi_2 &= \angle\, O P_k P_0\\ \operatorname{tg}(\psi_1+\psi_2) &= \frac{J_0 \sin(\varphi_0-\varphi_k)}{J_k - J_0\cos(\varphi_0-\varphi_k)}\\ \psi_1+\psi_2 &\cong \frac{57{,}3\, J_0 \sin(\varphi_0-\varphi_k)}{J_k - J_0\cos(\varphi_0-\varphi_k)}\end{aligned}\right\} \quad \ldots\ldots \quad (96)$$

Wie hieraus hervorgeht, ist $C_1 C_2$ um so größer, je größer der Leerlaufstrom J_0 im Verhältnis zum Kurzschlußstrome J_k ist. Der Winkel $\psi_1+\psi_2$ hängt dagegen hauptsächlich von der Differenz $(\varphi_0-\varphi_k)$ der beiden Phasenverschiebungswinkel bei Leerlauf und bei Kurzschluß ab. Wird außer $\mathfrak{Y}_0$ und $\mathfrak{Z}_k$ entweder $\mathfrak{C}_1 = C_1 e^{j\psi_1}$ oder $\mathfrak{C}_2 = C_2 e^{j\psi_2}$ gemessen, so läßt die andere Konstante sich leicht mittels der Formeln 94 und 95 berechnen.

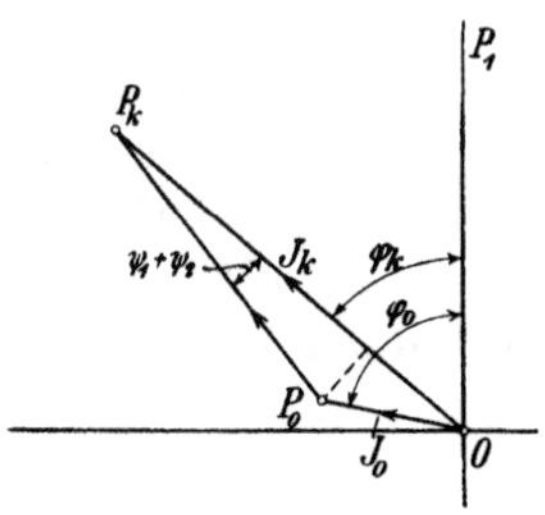

Fig. 144.

Es ist in vielen Fällen unmöglich und unter allen Umständen schwierig, $\mathfrak{C}_1$ und $\mathfrak{C}_2$ direkt zu messen, da die beiden Größen komplexe Zahlen sind. Ihre absoluten Beträge ergeben sich aus dem Leerlauf- und dem Kurzschlußversuch:

$$C_1 = \frac{P_{10}}{P_2} \quad \text{und} \quad C_2 = \frac{J_{1k}}{J_2}.$$

Der Winkel ψ_1 ist der Phasenverschiebungswinkel zwischen der primären und der sekundären Spannung bei Leerlauf und der Winkel ψ_2 der Phasenverschiebungswinkel zwischen dem Primär- und dem Sekundärstrom bei Kurzschluß. Diese Phasenverschiebungswinkel sind klein und deswegen schwierig zu messen. Bei großen Entfernungen zwischen den Primär- und Sekundärklemmen ist es sogar ganz unmöglich, diese Winkel genau experimentell zu bestimmen. — Es soll deswegen im folgenden gezeigt werden, wie man diese beiden Winkel am einfachsten experimentell bestimmen kann.

Aus den drei Hauptgleichungen erhält man durch einfache Rechnungen:

$$\mathfrak{P}_1 - \mathfrak{J}_1 \mathfrak{Z}_k = \mathfrak{C}_1 \mathfrak{P}_2 (1 - \mathfrak{Y}_0 \mathfrak{Z}_k) = \frac{\mathfrak{P}_2}{\mathfrak{C}_2}$$

oder

$$\mathfrak{P}_2 = \mathfrak{C}_2 (\mathfrak{P}_1 - \mathfrak{J}_1 \mathfrak{Z}_k) \quad \ldots\ldots \quad (88\,a)$$

und

$$\mathfrak{J}_1 - \mathfrak{P}_1 \mathfrak{Y}_0 = \mathfrak{C}_2 \mathfrak{J}_2 (1 - \mathfrak{Y}_0 \mathfrak{Z}_k) = \frac{\mathfrak{J}_2}{\mathfrak{C}_1}$$

oder

$$\mathfrak{J}_2 = \mathfrak{C}_1 (\mathfrak{J}_1 - \mathfrak{P}_1 \mathfrak{Y}_0) \quad \ldots\ldots \quad (89\,a)$$

Diese beiden Gleichungen sind den Hauptgl. 88 und 89 vollständig äquivalent und analog. Während es aber mittels der Gl. 88 und 89 möglich ist, bei gegebener Sekundärbelastung $(\mathfrak{P}_2, \mathfrak{J}_2)$ die Primärspannung $\mathfrak{P}_1$ und den Primärstrom $\mathfrak{J}_1$ zu berechnen, so können die beiden Gl. 88a und 89a zur Berechnung von $\mathfrak{P}_2$ und $\mathfrak{J}_2$ dienen, wenn die Belastung $(\mathfrak{P}_1, \mathfrak{J}_1)$ an der Primärstation bekannt ist. Setzen wir den Primärstrom $J_1 = 0$, so wird den Sekundärklemmen ein Strom

$$\mathfrak{J}_2 = -\mathfrak{C}_1 \mathfrak{P}_1 \mathfrak{Y}_0$$

zufließen, und die Sekundärspannung ist $\mathfrak{P}_2 = \mathfrak{C}_2 \mathfrak{P}_1$.

Dieser Zustand des Stromkreises wird erhalten, wenn man die Spannung $\mathfrak{P}_2$ auf die Sekundärklemmen einwirken läßt, während die Primärklemmen offen bleiben. Von den Sekundärklemmen wird dann ein Strom

$$\mathfrak{J}_{2\,0} = -\mathfrak{J}_2 = \mathfrak{C}_1 \mathfrak{P}_1 \mathfrak{Y}_0 = \mathfrak{P}_{2\,0} \frac{\mathfrak{C}_1}{\mathfrak{C}_2} \mathfrak{Y}_0 = \mathfrak{P}_{2\,0} \mathfrak{Y}_0'$$

in den Stromkreis hineinfließen, und die Spannung an den Sekundärklemmen ist

$$\mathfrak{P}_{2\,0} = \mathfrak{C}_2 \mathfrak{P}_1.$$

Hieraus folgt, daß
$$\frac{\mathfrak{C}_1}{\mathfrak{C}_2} = \frac{\mathfrak{Y}_0'}{\mathfrak{Y}_0}$$

ist, worin $\mathfrak{Y}_0'$ die Admittanz des Stromkreises bei offenen Primärklemmen bedeutet.

Schließt man nun die Primärklemmen kurz $(\mathfrak{P}_1 = 0)$ und setzt Spannung auf die Sekundärklemmen, so wird ein Strom

$$\mathfrak{J}_{2\,k} = \mathfrak{C}_1 \mathfrak{J}_1$$

in den Stromkreis hineinfließen, und es ist die Kurzschlußspannung an den Sekundärklemmen:

$$\mathfrak{P}_{2\,k} = -\mathfrak{P}_2 = \mathfrak{C}_2 \mathfrak{J}_1 \mathfrak{Z}_k = \mathfrak{J}_{2\,k} \frac{\mathfrak{C}_2 \mathfrak{Z}_k}{\mathfrak{C}_1} = \mathfrak{J}_{2\,k} \mathfrak{Z}_k'.$$

$\mathfrak{Z}_k'$ ist die Impedanz des Stromkreises bei kurzgeschlossenen Primärklemmen, und es ist

$$\frac{\mathfrak{C}_1}{\mathfrak{C}_2} = \frac{\mathfrak{Z}_k}{\mathfrak{Z}_k'}.$$

Aus den drei Hauptgleichungen haben wir somit die folgende Beziehung

$$\frac{\mathfrak{C}_1}{\mathfrak{C}_2} = \frac{\mathfrak{Z}_k}{\mathfrak{Z}_k'} = \frac{\mathfrak{Y}_0'}{\mathfrak{Y}_0} \quad . \; . \; . \; . \; . \; . \; . \; . \quad (97)$$

abgeleitet, woraus folgt:

$$\Delta\psi = \psi_1 - \psi_2 = \varphi_k - \varphi_k' = \varphi_0' - \varphi_0 \quad . \; . \quad (98)$$

oder
$$\Delta\psi = \tfrac{1}{2}(\varphi_k - \varphi_k' + \varphi_0' - \varphi_0) \quad . \; . \; . \quad (98\text{a})$$

Aus den Formeln 96 und 98 lassen sich jetzt ψ_1 und ψ_2 leicht berechnen. Es ist nämlich:

$$\psi_1 = \tfrac{1}{2}(\psi_1 + \psi_2 + \Delta\psi)$$

und

$$\psi_2 = \tfrac{1}{2}(\psi_1 + \psi_2 - \Delta\psi).$$

Um $\mathfrak{C}_1$, $\mathfrak{C}_2$, $\mathfrak{Y}_0$ und $\mathfrak{Z}_k$ zu bestimmen, führt man am zweckmäßigsten drei von den folgenden vier Messungen aus. Zur Kontrolle ist es auch günstig, alle vier Messungen durchzuführen.

1. Zuerst mißt man bei offenen Sekundärklemmen die Primärspannung P_{10}, den Leerlaufstrom J_0, den Leerlaufverlust W_0 und die Sekundärspannung P_2. Hieraus ergibt sich:

$$\mathfrak{Y}_0 = g_0 + j b_0 = y_0 e^{j\varphi_0},$$

denn es ist

$$y_0 = \frac{J_0}{P_{10}}$$

und

$$\varphi_0 = \text{arc cos}\left(\frac{W_0}{J_0 P_{10}}\right).$$

Ferner ist

$$C_1 = \frac{P_{10}}{P_2}.$$

2. Alsdann mißt man bei kurzgeschlossenen Sekundärklemmen die Primärspannung P_k, den Kurzschlußstrom J_{1k}, den Kurzschlußverlust W_k und den Sekundärstrom J_2. Aus diesen Größen ergibt sich:

$$\mathfrak{Z}_k = r_k - j x_k = z_k e^{-j\varphi_k},$$

denn es ist

$$z_k = \frac{P_k}{J_{1k}}$$

und

$$\varphi_k = \text{arc cos}\left(\frac{W_k}{P_k J_{1k}}\right).$$

Ferner ist

$$C_2 = \frac{J_{1k}}{J_2}.$$

3. Hierauf mißt man bei offenen Primärklemmen die Spannung P_{20}, den Strom J_{20} und die Leistung W_0' an den Sekundärklemmen und die Primärspannung P_1. Aus den drei ersten Größen ergibt sich:

$$\varphi_0' = \text{arc cos}\left(\frac{W_0'}{P_{20} J_{20}}\right);$$

ferner ist

$$C_2 = \frac{P_{20}}{P_1}.$$

4. Zuletzt mißt man noch bei kurzgeschlossenen Primärklemmen die Spannung P_{2k}, den Strom J_{2k} und die Leistung W_k' an den Sekundärklemmen und den Primärstrom J_1. Man erhält aus diesen Größen

$$\varphi_k' = \operatorname{arc\,cos}\left(\frac{W_k'}{P_{2k} J_{2k}}\right)$$

und

$$C_1 = \frac{J_{2k}}{J_1}.$$

Aus den vier Phasenverschiebungswinkeln φ_0, φ_k, φ_0' und φ_k ergibt sich der Winkel $\Delta\psi$ nach der Formel 98.

Oft wird die Spannung zwischen den Primärklemmen und Sekundärklemmen transformiert. Dann bedeuten in den Formeln P_2 und J_2 die sekundäre Spannung und Stromstärke auf das primäre System reduziert. In dieser Weise kann das Übersetzungsverhältnis u der Transformation in den weiteren Rechnungen überall vermieden werden.

c) Hauptgleichungen des symmetrischen Stromkreises.

Für den in Fig. 143 dargestellten Stromkreis mit den Konstanten $\mathfrak{Z}_1$, $\mathfrak{Z}_2$ und $\mathfrak{Y}_a$, folgt aus den Formeln 90 und 92, daß

$$\mathfrak{C}_1 = 1 + \mathfrak{Z}_1 \mathfrak{Y}_a = 1 + \mathfrak{Z}\mathfrak{Y}_a = \mathfrak{C}$$

und

$$\mathfrak{C}_2 = 1 + \mathfrak{Z}_2 \mathfrak{Y}_a = 1 + \mathfrak{Z}\mathfrak{Y}_a = \mathfrak{C}$$

gleich groß sind, wenn $\mathfrak{Z}_1 = \mathfrak{Z}_2 = \mathfrak{Z}$ ist, d. h. wenn der Stromkreis in bezug auf die Mitte symmetrisch ist. Dies gilt auch allgemein für kompliziertere Stromkreise, und es ist dann

$$\mathfrak{C}^2 (1 - \mathfrak{Y}_0 \mathfrak{Z}_k) = 1 \quad . \; . \; . \; . \; . \; . \quad (94\,\text{b})$$

oder

$$\mathfrak{C}^2 = \frac{1}{1 - \mathfrak{Y}_0 \mathfrak{Z}_k}.$$

Durch diese Beziehung zwischen $\mathfrak{Y}_0$, $\mathfrak{Z}_k$ und $\mathfrak{C}$ läßt sich $\mathfrak{C} = Ce^{j\psi}$ rechnerisch bestimmen, wenn z_k und y_0 bekannt sind. Diese beiden Größen lassen sich leicht durch Messung von Spannung, Strom und Leistung bei Leerlauf und Kurzschluß bestimmen.

Es ist

$$C \cong \frac{1}{\sqrt{1 - y_0 z_k \cos(\varphi_0 - \varphi_k)}} = \sqrt{\frac{J_k}{J_k - J_0 \cos(\varphi_0 - \varphi_k)}} \qquad (99)$$

und

$$\operatorname{tg} 2\psi = \frac{y_0 z_k \sin(\varphi_0 - \varphi_k)}{1 - y_0 z_k \cos(\varphi_0 - \varphi_k)} = \frac{J_0 \sin(\varphi_0 - \varphi_k)}{J_k - J_0 \cos(\varphi_0 - \varphi_k)} \qquad (100)$$

oder ψ in Graden gemessen

$$\psi^0 \cong 28{,}65 \frac{J_0 \sin(\varphi_0 - \varphi_k)}{J_k - J_0 \cos(\varphi_0 - \varphi_k)}.$$

Für diesen symmetrischen Stromkreis lauten die Hauptgleichungen

$$\mathfrak{P}_1 = \mathfrak{C}(\mathfrak{P}_2 + \mathfrak{J}_2 \mathfrak{Z}_k) \quad . \quad . \quad . \quad . \quad . \quad (88\,\text{b})$$

$$\mathfrak{J}_1 = \mathfrak{C}(\mathfrak{J}_2 + \mathfrak{P}_2 \mathfrak{Y}_0) \quad . \quad . \quad . \quad . \quad . \quad (89\,\text{b})$$

und

$$\mathfrak{C}^2(1 - \mathfrak{Y}_0 \mathfrak{Z}_k) = 1 \quad . \quad . \quad . \quad . \quad . \quad (94\,\text{b})$$

und sie gelten angenähert für die meisten Stromkreise der Praxis, z. B. Transformatoren, Induktionsmotoren und viele Kraftübertragungen.

Wir werden nun im Folgenden zeigen, wie die beim Kurzschlußversuch ermittelten Größen P_k, J_{1k} und φ_k zur Bestimmung der prozentualen Spannungserhöhung, und die bei Leerlauf gemessenen Größen P_{10}, J_0 und φ_0 zur Bestimmung der prozentualen Stromänderung benutzt werden, während beide zur Bestimmung der Änderung des Phasenverschiebungswinkels φ dienen.

49. Kurzschlußdiagramm zur Bestimmung der prozentualen Spannungsänderung.

Wünscht man, daß die Spannung zwischen den Sekundärklemmen S von Leerlauf bis Normallast W_2 konstant bleiben soll, so muß die Primärspannung mit der Belastung geändert werden. Diese Spannungsänderung drücken wir am besten in Prozenten von der Leerlaufspannung P_{10} aus. Die Änderung ist gewöhnlich eine Erhöhung, aus welchem Grunde man auch

$$\frac{P_1 - P_{10}}{P_{10}} 100 = \varepsilon\,\%$$

die prozentuale Spannungserhöhung nennt.

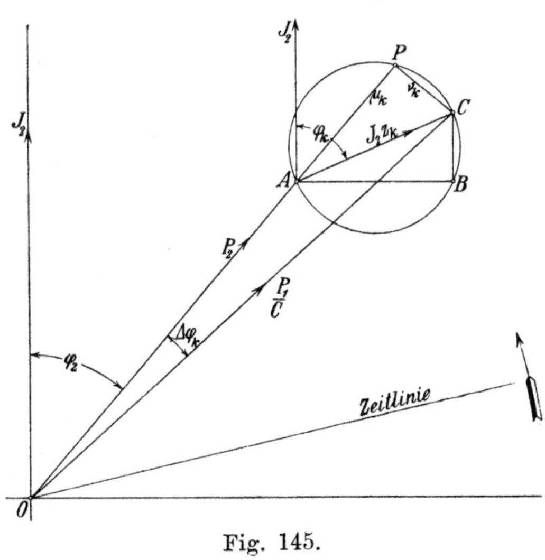

Fig. 145.

Um sie für einen symmetrischen Stromkreis mit $C_1 = C_2$ zu berechnen, gehen wir am besten graphisch vor, wie in Fig. 145 gezeigt ist. In dieser Figur ist J_2 in der Richtung der Ordinatenachse und $P_2 = \overline{OA}$ unter dem Winkel φ_2 dagegen aufgetragen. Von A nach C unter dem Winkel $\varphi_k = \operatorname{arc\,tg} \frac{x_k}{r_k}$ zur Ordinatenachse ist der Vektor $J_2 z_k$ aufgetragen, so daß

$$\overline{OC} = \mathfrak{P}_2 + \mathfrak{J}_2 \mathfrak{Z}_k = \frac{\mathfrak{P}_1}{\mathfrak{C}} \quad . \quad . \quad . \quad \text{(s. Gl. 88 b)}$$

wird. Da ferner

$$\overline{OA} = \mathfrak{P}_2 = \frac{\mathfrak{P}_{10}}{\mathfrak{C}}$$

ist, kann die prozentuale Spannungserhöhung $\varepsilon\,{}^0\!/_0$ folgendermaßen ausgedrückt werden:

$$\varepsilon\,{}^0\!/_0 = \frac{P_1 - P_{10}}{P_{10}}\,100 = \frac{\overline{OC} - \overline{OA}}{\overline{OA}}\,100.$$

Über $\overline{AC}$ als Durchmesser beschreibt man einen Kreis und verlängert den Strahl $\overline{OA}$ bis zum Schnittpunkte P mit diesem Kreis, es wird dann $\overline{AB} = J_2 x_k$ und $\overline{BC} = J_2 r_k$.

Setzen wir vorläufig die Strecken

$$\overline{AP} = \mu_k \overline{OA} \quad \text{und} \quad \overline{CP} = \nu_k \overline{OA},$$

so ergibt sich in einfacher Weise aus der Fig. 145

$$\varepsilon = \frac{\overline{OC} - \overline{OA}}{\overline{OA}} = \sqrt{(1 \pm \mu_k)^2 + \nu_k^2} - 1 = \sqrt{1 \pm 2\mu_k + \mu_k^2 + \nu_k^2} - 1.$$

Bei Entwicklung dieser Wurzel in eine Reihe ergibt sich

$$\varepsilon = \frac{\pm 2\mu_k + \mu_k^2 + \nu_k^2}{2} - \frac{4\mu_k^2 \pm 4\mu_k(\mu_k^2 + \nu_k^2) + (\mu_k^2 + \nu_k^2)^2}{8} + \ldots.$$

$$= \pm \mu_k + \frac{\nu_k^2}{2} \pm \frac{\mu_k(\mu_k^2 + \nu_k^2)}{2} - \ldots.$$

Für $\mu_k = \nu_k = 0{,}2$ wird das letzte Glied $\mu_k^3 = \frac{8}{1000}$ und kann somit in den meisten Fällen vernachlässigt werden.

Setzen wir

$$\overline{AP} = \frac{\mu_k}{100}\overline{OA} \quad \text{und} \quad \overline{CP} = \frac{\nu_k}{100} OA,$$

indem μ_k und ν_k nicht als Verhältnisse, sondern als Prozente aufzufassen sind, so wird die prozentuale Spannungserhöhung

$$\varepsilon\,{}^0\!/_0 = \frac{P_1 - P_{10}}{P_{10}}\,100 = \pm \boldsymbol{\mu_k} + \frac{\boldsymbol{\nu_k^2}}{\mathbf{200}} \quad . \quad . \quad (101)$$

Das negative Vorzeichen von μ_k bezieht sich auf Phasenvoreilungswinkel φ_2, die größer als $\frac{\pi}{2} - \varphi_k$ sind. Um also die prozentuale Spannungserhöhung zu bestimmen, trägt man (s. Fig. 146) die Strecke $\overline{AC} = J_2 z_k$ in Prozenten von P_2 unter dem Winkel φ_k zur Ordinatenachse auf, beschreibt um $\overline{AC}$ als Durchmesser einen Kreis und zieht einen Strahl $\overline{AP}$ unter dem Winkel φ_2 zur Ordinatenachse. Es wird also

$$\overline{AB} = \frac{J_2 x_k}{P_2} 100,$$

$$\overline{BC} = \frac{J_2 r_k}{P_2} 100,$$

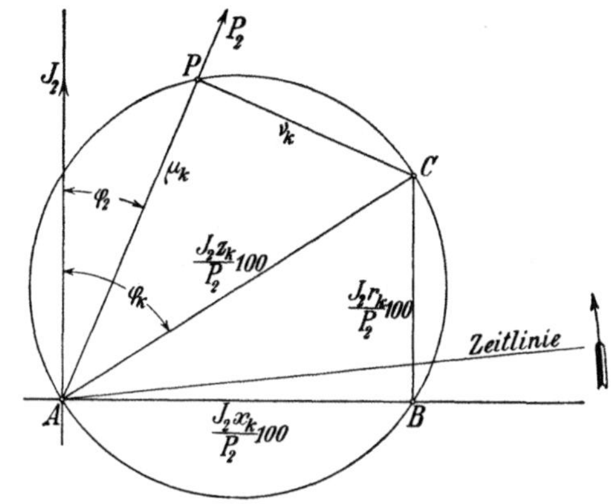

Fig. 146. Kurzschlußdiagramm eines symmetrischen Stromkreises zur Bestimmung der prozentualen Spannungserhöhung.

und die prozentuale Spannungserhöhung

$$\varepsilon\,^0/_0 = \pm \overline{AP} + \frac{\overline{CP}^2}{200}.$$

Sie wird ein Maximum, wenn $\varphi_2 = \varphi_k$ ist. Bei $\varphi_2 = 0$ wird

$$\mu_k = \frac{J_2 r_k}{P_2} 100 \quad \text{und} \quad \nu_k = \frac{J_2 x_k}{P_2} 100;$$

in diesem Falle ist also

$$\varepsilon\,^0/_0 = 100 \left[\frac{J_2 r_k}{P_2} + \frac{1}{2} \left(\frac{J_2 x_k}{P_2} \right)^2 \right].$$

Die Fig. 146 kann passend als Kurzschlußdiagramm bezeichnet werden.

Haben wir es nicht mit einem symmetrischen, sondern mit einem allgemeinen unsymmetrischen Stromkreise zu tun, für den die Konstanten C_1 und C_2 verschieden sind, so ersetzen wir die wirkliche Sekundärspannung P_2 mit dem Phasenverschiebungswinkel φ_2 durch eine gedachte Spannung $\mathfrak{P}_2' = \frac{\mathfrak{C}_1}{\mathfrak{C}_2} \mathfrak{P}_2$, die gegen den Sekundärstrom J_2 um den Winkel $\varphi_2 - \Delta\psi$ phasenverschoben ist. Da nach Gl. 88

$$\frac{\mathfrak{P}_1}{\mathfrak{C}_2} = \frac{\mathfrak{C}_1}{\mathfrak{C}_2} \mathfrak{P}_2 + \mathfrak{J}_2 \mathfrak{z}_k = \mathfrak{P}_2' + \mathfrak{J}_2 \mathfrak{z}_k$$

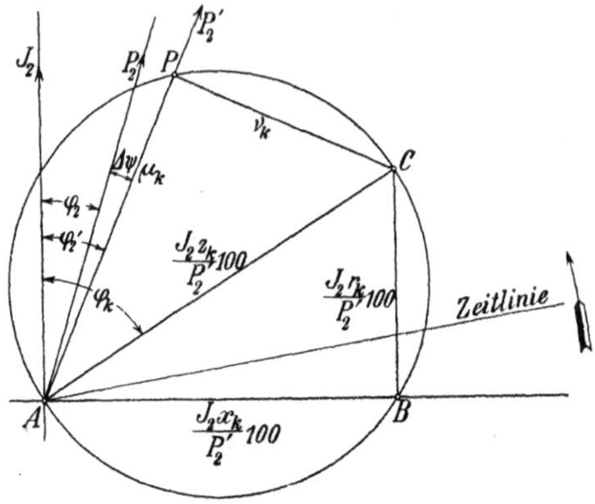

Fig. 147. Kurzschlußdiagramm eines allgemeinen Stromkreises.

ist, gilt die Formel 101 auch für die Spannungserhöhung eines allgemeinen Stromkreises, wenn man in dem Kurzschlußdiagramm $P_2' = P_2 \frac{C_1}{C_2}$ anstatt P_2 und

$$\varphi_2' = \varphi_2 - \Delta\psi$$

anstatt φ_2 einführt. Fig. 147 stellt das Kurzschlußdiagramm eines allgemeinen Stromkreises dar, in das $J_2 z_k$ in Prozenten von P_2' eingetragen ist.

50. Leerlaufdiagramm zur Bestimmung der prozentualen Stromänderung.

Die Spannung P_2 zwischen den Klemmen S bedingt, wie wir gesehen haben, einen Leerlaufstrom. Durch diesen Leerlaufstrom wird der Belastungsstrom J_1 größer als der Kurzschlußstrom J_{1k}. Läßt man, vom Kurzschlußzustand der Anlage ausgehend, die Spannung allmählich zunehmen, so nimmt J_1 auch zu, und unsere Aufgabe ist jetzt, die prozentuale Stromzunahme von Kurzschluß bis Normallast zu berechnen. Sie ist

$$j\,{}^0\!/_0 = \frac{J_1 - J_{1k}}{J_{1k}} 100 .$$

Für einen symmetrischen Stromkreis ist nach Gl. 89b

$$\frac{\mathfrak{J}_1}{\mathfrak{C}} = \mathfrak{J}_2 + \mathfrak{P}_2 \mathfrak{Y}_0 .$$

Auch diese Gleichung läßt sich graphisch ausdrücken. In Fig. 148 ist P_2 in Richtung der Ordinatenachse und $J_2 = \overline{OD}$ unter dem Winkel φ_2 dagegen aufgetragen. Von D nach F, unter dem Winkel $\varphi_0 = \operatorname{arc\,tg} \frac{b_0}{g_0}$ gegen die Ordinatenachse, ist der Vektor $P_2 y_0$ aufgetragen, so daß

$$\overline{OF} = \frac{J_1}{C}$$

ist. Da ferner $$\overline{OD} = J_2 = \frac{J_{1k}}{C}$$

ist, kann die prozentuale Stromzunahme $j^0/_0$ gesetzt werden:

$$j^0/_0 = \frac{J_1 - J_{1k}}{J_{1k}} 100 = \frac{\overline{OF} - \overline{OD}}{\overline{OD}} 100.$$

Über $\overline{DF}$ beschreibt man einen Kreis und verlängert den Strahl $\overline{OD}$ bis zum Schnittpunkte Q. Es wird dann:

$$\overline{DE} = P_2 b_0 \qquad \text{und} \qquad \overline{EF} = P_2 g_0.$$

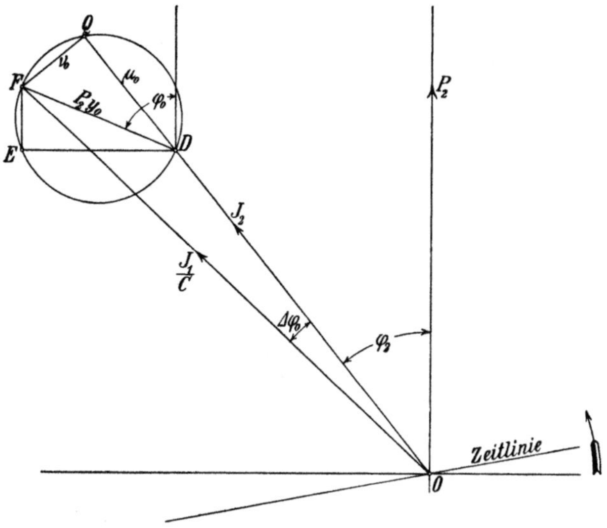

Fig. 148.

Setzen wir hier die Strecken

$$\overline{DQ} = \frac{\mu_0}{100} \overline{OD} \qquad \text{und} \qquad \overline{FQ} = \frac{\nu_0}{100} \overline{OD},$$

so wird die prozentuale Stromzunahme:

$$j^0/_0 = \frac{J_1 - J_{1k}}{J_{1k}} 100 = \pm \mu_0 + \frac{\nu_0^2}{200} \quad . \quad . \quad . \quad (102)$$

Das negative Vorzeichen von μ_0 bezieht sich auf Phasenvoreilungswinkel φ_2, die größer als $\frac{\pi}{2} - \varphi_0$ sind.

Um also die prozentuale Stromzunahme zu bestimmen, trägt man in Fig. 149 die Strecke $\overline{DF} = P_2 y_0$ in Prozenten von J_2 unter dem Winkel φ_0 zur Ordinatenachse auf, beschreibt um $\overline{DF}$ als Durchmesser einen Kreis und zieht einen Strahl $\overline{DQ}$ unter dem Winkel φ_2 zur Ordinatenachse. Es wird also:

$$\overline{DE} = \frac{P_2 b_0}{J_2} 100, \qquad \overline{EF} = \frac{P_2 g_0}{J_2} 100,$$

und die prozentuale Stromzunahme:

$$j\,\%_0 = \frac{J_1 - J_{1k}}{J_{1k}} 100 = \pm \overline{DQ} + \frac{\overline{FQ}^2}{200}.$$

Sie wird ein Maximum, wenn $\varphi_2 = \varphi_0$ ist. Bei $\varphi_2 = 0$ wird:

$$\mu_0 = \frac{P_2 g_0}{J_2} 100 \qquad \text{und} \qquad \nu_0 = \frac{P_2 b_0}{J_2} 100.$$

Also ist in diesem Falle

$$j\,\%_0 = 100 \left[\frac{P_2 g_0}{J_2} + \frac{1}{2} \left(\frac{P_2 b_0}{J_2} \right)^2 \right].$$

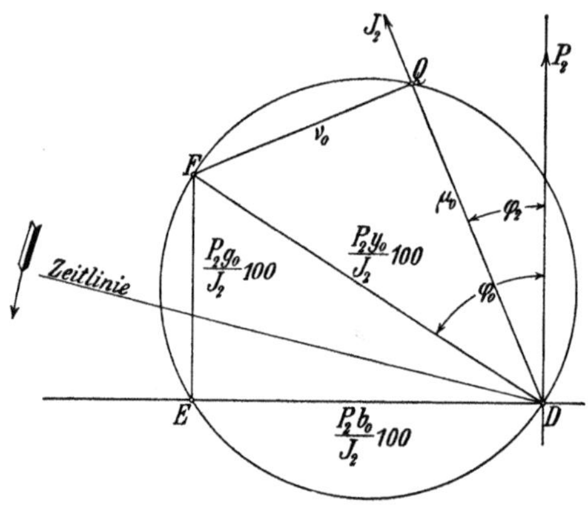

Fig. 149. Leerlaufdiagramm eines symmetrischen Stromkreises zur Bestimmung der prozentualen Stromänderung.

Die Fig. 149 kann passend als Leerlaufdiagramm des Stromkreises bezeichnet werden. Es ist noch zu bemerken, daß man in den Fällen, in denen die Leerlauf- und Kurzschlußdiagramme ungenaue Werte ergeben würden, die Primärspannung P_1 und den Primärstrom J_1 graphisch ermitteln kann, wie in Fig. 145 und 148 gezeigt ist.

Für einen unsymmetrischen Stromkreis ist

$$\frac{\mathfrak{J}_1}{\mathfrak{C}_2} = \mathfrak{J}_2 + \frac{\mathfrak{C}_1}{\mathfrak{C}_2} \mathfrak{P}_2 \mathfrak{Y}_0$$
$$= \mathfrak{J}_2 + \mathfrak{P}_2{}' \mathfrak{Y}_0.$$

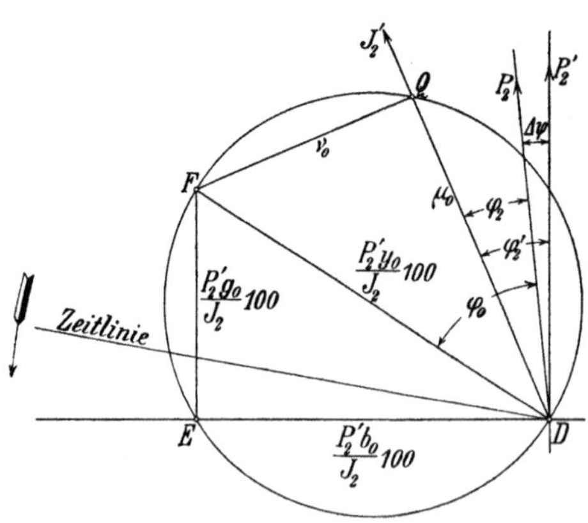

Fig. 150. Leerlaufdiagramm eines allgemeinen Stromkreises.

Es gelten somit das Leerlaufdiagramm und die Formel 102 für jeden beliebigen Stromkreis, wenn darin $P_2{}' = \frac{C_1}{C_2} P_2$ anstatt P_2 und $\varphi_2{}' = \varphi_2 - \Delta\psi$ anstatt φ_2 eingetragen werden. Dies ist in dem Leerlaufdiagramm Fig. 150 geschehen, das somit allgemeine Gültigkeit besitzt.

51. Änderung der Phasenverschiebung.

Von den Sekundärklemmen bis zu den Primärklemmen eines Stromkreises ändert sich die Phasenverschiebung zwischen Spannung und Strom. Diese Verschiebung ist durch den Vektor $\mathfrak{P}_k = \mathfrak{C}_2 \mathfrak{J}_2 \mathfrak{Z}_k$ der Kurzschlußspannung und durch den Vektor $\mathfrak{J}_0 = \mathfrak{C}_1 \mathfrak{P}_2 \mathfrak{Y}_0$ des Leerlaufstromes zu bestimmen. Den Phasenverschiebungswinkel der Belastung bei S haben wir mit φ_2 bezeichnet, den an den Primärklemmen P werden wir mit φ_1 bezeichnen.

Es ist dann:

$$\varphi_1 = \sphericalangle(\mathfrak{P}_1, \mathfrak{J}_1) = \sphericalangle\left(\frac{\mathfrak{P}_1}{\mathfrak{C}}, \frac{\mathfrak{J}_1}{\mathfrak{C}}\right),$$

denn die beiden Vektoren $\frac{\mathfrak{P}_1}{\mathfrak{C}}$ und $\frac{\mathfrak{J}_1}{\mathfrak{C}}$ sind gegen die beiden Vektoren $\mathfrak{P}_1$ bzw. $\mathfrak{J}_1$ um denselben Winkel gedreht.

Aus den Fig. 145 und 148 ist ersichtlich, daß

$$\sphericalangle\left(\frac{\mathfrak{P}_1}{\mathfrak{C}}, \frac{\mathfrak{J}_1}{\mathfrak{C}}\right) = \sphericalangle\left(\frac{\mathfrak{P}_1}{\mathfrak{C}}, \mathfrak{P}_2\right) + \sphericalangle(\mathfrak{P}_2 \mathfrak{J}_2) + \sphericalangle\left(\mathfrak{J}_2, \frac{\mathfrak{J}_1}{\mathfrak{C}}\right)$$

oder

$$\varphi_1 = \Delta\varphi_k + \varphi_2 + \Delta\varphi_0 \text{ ist.}$$

Um den primären Phasenverschiebungswinkel eines symmetrischen Stromkreises zu bestimmen, müssen wir also die zwei Winkel $\Delta\varphi_k$ und $\Delta\varphi_0$ berechnen.

Aus Fig. 145 ergibt sich $\sin(\Delta\varphi_k) = \frac{\overline{PC}}{\overline{OC}}$.

Bezeichnen wir das Verhältnis $\frac{\overline{OA}}{\overline{OC}} = \frac{P_{10}}{P_1}$ mit α, so ergibt sich:

$$\alpha = \frac{1}{1 + \frac{\varepsilon^0/_0}{100}} = \frac{1}{1+\varepsilon}$$

und

$$\sin(\Delta\varphi_k) = \frac{\overline{PC}}{\overline{OA}}\,\alpha = \frac{\nu_k \alpha}{100}.$$

Wir entwickeln $\sin(\Delta\varphi_k)$ in eine Reihe:

$$\sin(\Delta\varphi_k) = \Delta\varphi_k - \frac{(\Delta\varphi_k)^3}{3!} + \ldots\ldots = \frac{\nu_k \alpha}{100}.$$

$\frac{(\Delta\varphi_k)^3}{6}$ ist gegenüber $\Delta\varphi_k$ vernachlässigbar, solange $\Delta\varphi_k \leqq 0{,}25$ ist, wobei $\Delta\varphi_k$ im Bogenmaß ausgedrückt ist. Wünscht man $\Delta\varphi_k$ in Graden zu erhalten, so wird:

$$\Delta \varphi_k = \frac{\nu_k \alpha}{100} \cdot \frac{180}{\pi},$$

d. h.

$$\Delta \varphi_k = 0{,}573\, \nu_k\, \alpha = \frac{0{,}573\, \nu_k}{1+\varepsilon}.$$

In gleicher Weise ergibt sich aus Fig. 148:

$$\sin (\Delta \varphi_0) = \frac{\overline{QF}}{\overline{OF}},$$

oder, wenn wir das Verhältnis $\frac{\overline{OD}}{\overline{OF}} = \frac{J_{1k}}{J_1}$ mit β bezeichnen, so ergibt sich:

$$\beta = \frac{1}{1 + \frac{j\,^0\!/_0}{100}} = \frac{1}{1+j}$$

und

$$\Delta \varphi_0 = 0{,}573\, \nu_0\, \beta = \frac{0{,}573\, \nu_0}{1+j}.$$

Also ergibt sich der primäre Phasenverschiebungswinkel

$$\boldsymbol{\varphi_1 = \varphi_2 + 0{,}573 \left(\frac{\nu_k}{1+\varepsilon} + \frac{\nu_0}{1+j}\right)} \quad . \; . \; . \quad (103)$$

In der Formel 103 sind ν_k und ν_0 als negative Größen einzusetzen, wenn der Punkt P bzw. Q auf den Kreisbögen BC bzw. EF liegt; dies ist der Fall bei Phasenverspätungswinkeln φ_2, die größer als φ_k bzw. φ_0 sind.

Im Fall eines allgemeinen unsymmetrischen Stromkreises muß man in der Formel 103 φ_2 durch den Winkel $\varphi_2' = \varphi_2 - \Delta \psi$ ersetzen, den die gedachte Sekundärspannung P_2' mit dem Sekundärstrom J_2 einschließt.

Es ist früher gezeigt, daß $\Delta \psi = \psi_1 - \psi_2$ ist, und es wird somit für jeden beliebigen Stromkreis der primäre Phasenverschiebungswinkel

$$\varphi_1 = \varphi_2 + (\psi_2 - \psi_1) + 0{,}573 \left(\frac{\nu_k}{1+\varepsilon} + \frac{\nu_0}{1+j}\right) \qquad (103\,\text{a})$$

52. Maximale Leistung und Wirkungsgrad.

Bei konstanter Primärspannung P_1 und gegebener Belastungsart, d. h. $\cos \varphi_2 =$ konstant, ist die größte Leistung, die an den Sekundärklemmen eines Stromkreises abgegeben werden kann, begrenzt. Versucht man nämlich, sie durch Vergrößerung der Belastungsadmittanz y_2 zu erhöhen, so wird die Sekundärspannung P_2 schneller abnehmen, als der Sekundärstrom J_2 zunimmt. Dies wird der Fall sein, wenn der Spannungsabfall $J_2 z_k$ im Stromkreis selbst gleich der Spannung $\mathfrak{P}_2' = \frac{\mathfrak{C}_1}{\mathfrak{C}_2} \mathfrak{P}_2$ wird. Aus der Gleichung

$$\frac{\mathfrak{P}_1}{\mathfrak{C}_2} = \frac{\mathfrak{C}_1}{\mathfrak{C}_2} \mathfrak{P}_2 + \mathfrak{J}_2 \mathfrak{Z}_k = \frac{\mathfrak{C}_1}{\mathfrak{C}_2} \mathfrak{J}_2 \mathfrak{Z}_2 + \mathfrak{J}_2 \mathfrak{Z}_k$$

folgt nämlich, daß die abgegebene Leistung

$$W_2 = J_2 P_2 \cos \varphi_2$$

bei konstantem φ_2 gleichzeitig mit dem Produkt der beiden Beträge $\frac{C_1}{C_2} J_2 z_2$ und $J_2 z_k$ ein Maximum wird. Weil diese beiden Vektoren die konstante Summe $\frac{\mathfrak{P}_1}{\mathfrak{C}_2}$ besitzen, ist das Produkt ihrer Beträge ein Maximum, wenn sie gleich sind. Die Bedingung für maximale abgegebene Leistung lautet daher

$$\frac{\mathfrak{C}_1}{\mathfrak{C}_2} \mathfrak{P}_2 = \mathfrak{J}_2 \mathfrak{Z}_k$$

oder

$$\frac{\mathfrak{C}_1}{\mathfrak{C}_2} \mathfrak{Z}_2 = \mathfrak{Z}_k .$$

In diesem Falle ist der sekundäre Strom

$$\mathfrak{J}_2 = \frac{\frac{1}{\mathfrak{C}_2} \mathfrak{P}_1}{\frac{\mathfrak{C}_1}{\mathfrak{C}_2} \mathfrak{Z}_2 + \mathfrak{Z}_k} .$$

Die Vektoren $\mathfrak{Z}_k$ und $\frac{\mathfrak{C}_1}{\mathfrak{C}_2} \mathfrak{Z}_2$ schließen miteinander den Winkel $\varphi_k - \varphi_2 + \Delta\psi$ ein. Der Sekundärstrom bei Maximalleistung wird deswegen

$$J_2 = \frac{P_1}{2\, C_2 z_k \cos \frac{1}{2} (\varphi_k - \varphi_2 + \Delta\psi)}$$

und folglich

$$W_{2\,max} = J_2^2 z_2 \cos \varphi_2 = J_2^2 \frac{C_2}{C_1} z_k \cos \varphi_2$$

$$= \frac{P_1^2 \cos \varphi_2}{2\, C_1 C_2 z_k [1 + \cos (\varphi_k - \varphi_2 + \Delta\psi)]} .$$

Hier ist nach Gl. 95 S. 180

$$\frac{1}{C_1 C_2} \cong \frac{J_k - J_0 \cos (\varphi_0 - \varphi_k)}{J_k} ,$$

also wird auch

$$W_{2max} = \frac{P_1 [J_k - J_0 \cos(\varphi_0 - \varphi_k)] \cos \varphi_2}{2 [1 + \cos(\varphi_k - \varphi_2 + \Delta \psi)]} \quad . \quad (104)$$

Da $P_2' = \frac{P_{10}}{C_2}$ ist und $J_2 z_k = \frac{P_k}{C_2}$, so kann die Bedingung für maximale Leistung auch wie folgt ausgedrückt werden: Bei konstanter Primärspannung und gegebener Belastungsart tritt die maximale Leistung bei einer Belastung auf, deren Leerlauf- und Kurzschlußspannungen einander gleich sind.

Gehen wir nun weiter und untersuchen, bei welcher Belastungsart, d. h. bei welchem Leistungsfaktor $\cos \varphi_2$ die größte Leistung an den Sekundärklemmen abgegeben werden kann, so finden wir durch Differentiieren der Gl. 104 nach φ_2 die Bedingung:

$$-[1 + \cos(\varphi_k - \varphi_2 + \Delta \psi)] \sin \varphi_2 - \cos \varphi_2 \sin(\varphi_k - \varphi_2 + \Delta \psi) = 0$$

oder

$$-\varphi_2 = \varphi_k + \Delta \psi .$$

Führen wir diesen Wert von φ_2 in den Ausdruck für $W_{2\,max}$ ein, so wird er

$$W_{2\,max} = \frac{P_1^2 \cos \varphi_2}{2\, C_1 C_2 z_k (1 + \cos 2\, \varphi_2)}$$

$$= \frac{P_1^2}{4\, C_1^2 z_2 \cos \varphi_2} = \frac{P_1^2}{4\, C_1^2 r_2} \quad . \quad . \quad (104\,a)$$

Um den Wirkungsgrad eines allgemeinen Stromkreises zu bestimmen, berechnen wir die dem Stromkreis an den Primärklemmen P zugeführte Leistung W_1 und bilden das Verhältnis der an den Sekundärklemmen abgegebenen Leistung W_2 zur primären Leistung. Die Primärleistung ergibt sich am einfachsten aus dem reellen Teile des Produktes von P_1 und dem zu J_1 konjugierten Vektor. Es wird die zugeführte Leistung

$$W_1 = W_0 + W_k + s\, P_2 J_2 .$$

Hierin ist

$$W_0 = P_{10}^2\, g_0 = C_1^2 P_2^2 g_0$$

der Leerlaufverlust, der bei der Sekundärspannung P_2 auftritt.

$$W_k = J_{1k}^2 r_k = C_2^2 J_2^2 r_k$$

ist der Kurzschlußverlust, der bei dem Sekundärstrome J_2 auftritt.

s ist gleich

$$s = p \cos \varphi_2 + q \sin \varphi_2 ,$$

hierin ist

$$p = \frac{J_k + J_0 \cos(\varphi_0 + \varphi_k)}{J_k - J_0 \cos(\varphi_0 - \varphi_k)}$$

und
$$q = \frac{J_0 \sin(\varphi_0 + \varphi_k)}{J_k - J_0 \cos(\varphi_0 - \varphi_k)}.$$

Es kann also auch s wie folgt geschrieben werden
$$s = \frac{J_k \cos(\varphi_2 - \Delta\psi) + J_0 \cos(\varphi_0 + \varphi_k - \varphi_2 + \Delta\psi)}{J_k - J_0 \cos(\varphi_0 - \varphi_k)},$$
und ist eine Größe, die nur von der Art der Belastung, d. h. von $\cos\varphi_2$ abhängt. Da die abgegebene Leistung an den Sekundärklemmen gleich
$$W_2 = J_2^2 r_2$$
ist, erhalten wir den Wirkungsgrad in Prozenten
$$\eta\,\% = \frac{W_2}{W_1} 100 = \frac{W_2}{W_0 + W_k + \frac{s}{\cos\varphi_2} W_2} 100 \qquad (105)$$

Sowohl bei Leerlauf als auch bei Kurzschluß ist der Wirkungsgrad Null, denn im ersten Fall hat man keinen Nutzstrom und im zweiten Fall keine Nutzspannung. Im ersten Fall ist die Summe aller Verluste gleich W_0 und im zweiten Fall gleich W_k.

Geht man nun von Leerlauf aus und vergrößert allmählich die Belastung, ohne ihre Art zu ändern, so steigen der Wirkungsgrad und die Stromwärmeverluste W_k allmählich an, während der Leerlaufverlust W_0 abnimmt. Wenn $W_k = W_0$ wird, ist der Wirkungsgrad ein Maximum; denn bei gegebenem Verlust $W_0 + W_k =$ konstant ist das Produkt $W_0 W_k = C_1^2 C_2^2 g_0 r_k P_2^2 J_2^2$ ein Maximum, wenn die beiden Verluste gleich groß sind. Wir sehen somit:

Bei gegebener Belastungsart eines Stromkreises ist der Wirkungsgrad ein Maximum, wenn der dem Belastungsstrome entsprechende Kurzschlußverlust dem Leerlaufverlust bei der Belastungsspannung gleichkommt.

Der maximale Wirkungsgrad bei gegebener Belastungsart ist
$$\eta'_{max}\,\% = \frac{W_2}{2 W_0 + \frac{s}{\cos\varphi_2} W_2} 100 \quad . \quad . \quad (106)$$

Gehen wir nun weiter und untersuchen, bei welcher Belastungsart, d. h. bei welchem $\cos\varphi_2$ der Wirkungsgrad ein Maximum ist, so findet man durch Differentieren, daß dieser Fall eintritt, wenn
$$W_0 = W_k$$
und
$$(W_0 + W_k) \sin\varphi_2 = 2 W_0 \sin\varphi_2 = - P_2 J_2 [p \sin(\Delta\psi) + q \cos(\Delta\psi)]$$
ist.

Der maximale Wirkungsgrad ist

$$\eta_{max}\,{}^0\!/_0 = \frac{W_2}{W_2\,[p\cos(\Delta\psi) - q\sin(\Delta\psi)] + 2\,W_0\cos^2\varphi_2} \qquad (107)$$

Durch nähere Betrachtung der Gl. 107 sieht man, daß der Belastungsstrom J_2 für das absolute Maximum des Wirkungsgrades gegen die Sekundärspannung phasenverschoben ist, und zwar wird man finden, daß J_2 im allgemeinen fast um ebenso viel gegen P_2 verspätet, bzw. phasenverfrüht ist, wie J_1 gegen P_1 phasenverfrüht, bzw. phasenverspätet ist.

53. Eine Arbeitsübertragung.

Als Beispiel für die Anwendung der Leerlauf- und Kurzschlußdiagramme auf einen symmetrischen Stromkreis soll eine Arbeitsübertragung betrachtet werden. Sie besteht aus einer Primärstation zur Hinauftransformierung der Spannung, aus den Fernleitungen und aus der Sekundärstation, in der die Spannung wieder heruntertransformiert wird. Die primären und die sekundären Transformatoren sollen dasselbe Übersetzungsverhältnis haben.

Es wurde gemessen: 1. bei Leerlauf:

$P_1 = 1000$ Volt, $J_0 = 100$ Amp., $W_0 = 40$ KW, $P_2 = 985$ Volt.

2. Bei Kurzschluß:

$J_k = 1000$ Amp., $P_k = 250$ Volt, $W_k = 80$ KW, $J_2 = 985$ Amp.

Hieraus ergibt sich

$$C_1 = C_2 = C = \frac{1}{0{,}985} = 1{,}015$$

$$\psi_1 + \psi_2 = 2\,\psi = 57{,}3\,\frac{J_0\sin(\varphi_0 - \varphi_k)}{J_k - J_0\cos(\varphi_0 - \varphi_k)} = 0{,}12^0.$$

Für einen Belastungsstrom $J_2 = 985$ Amp. findet man die Watt-, bzw. die wattlose Komponente des Leerlaufstromes in Prozenten

$$J_{0w}\,{}^0\!/_0 = \frac{1}{9{,}85}\,\frac{W_0}{P_0} = 4{,}06\,{}^0\!/_0$$

$$J_{0wl}\,{}^0\!/_0 = \frac{1}{9{,}85}\sqrt{100^2 - 40^2} = 9{,}31\,{}^0\!/_0.$$

Hiermit ist das Leerlaufdiagramm in Fig. 151a gezeichnet. Für einen sekundären Leistungsfaktor $\cos\varphi_2 = 0{,}9$ ist die prozentuale Stromzunahme

$$j\,{}^0\!/_0 = \mu_0 + \frac{\nu_0^2}{200} = 7{,}95\,{}^0\!/_0.$$

Bei Kurzschluß ist die Wattkomponente der Primärspannung

$$P_{kw} = \frac{W_k}{J_k} = 80 \text{ Volt}$$

oder

$$\frac{80}{9{,}85} = 8{,}12\,\%$$

von der konstanten Sekundärspannung $P_2 = 985$ Volt. Die wattlose Komponente ist

$$P_{kwl} = \sqrt{250^2 - 80^0} = 237 \text{ Volt},$$

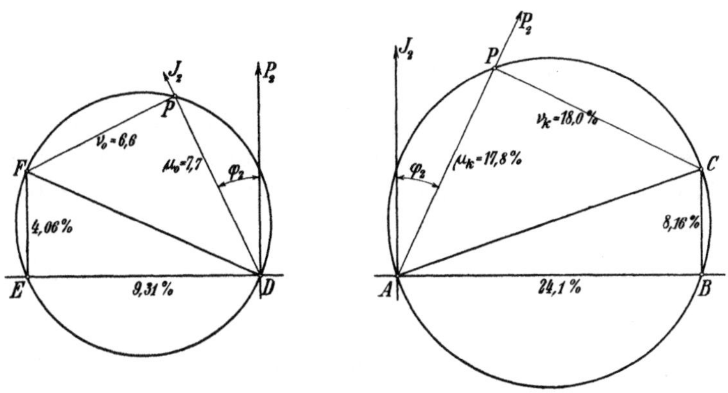

Fig. 151a. Fig. 151b.

Fig. 151a und b. Leerlauf- und Kurzschlußdiagramme einer Arbeitsübertragung.

entsprechend $24{,}1\,\%$ von P_2. Das Kurzschlußdiagramm ist nun in Fig. 151b aufgezeichnet. Die prozentuale Spannungszunahme bei $\cos\varphi_2 = 0{,}9$ wird

$$\varepsilon\,\% = \mu_k + \frac{\nu_k^2}{200} = 19{,}4\,\%.$$

In der Arbeitsübertragung wird die Phasenverschiebung zwischen Strom und Spannung um den Winkel

$$\Delta\varphi_0 + \Delta\varphi_k = 0{,}573\left(\frac{\nu_0}{1+j} + \frac{\nu_k}{1+\varepsilon}\right) = 12{,}25^0$$

vergrößert. Also ist die primäre Phasenverschiebung

$$\varphi_1 = \varphi_2 + \Delta\varphi_0 + \Delta\varphi_k = 25{,}85^0 + 12{,}25^0 = 38{,}1^0$$

und der Leistungsfaktor an den Primärklemmen

$$\cos\varphi_1 = 0{,}785\,.$$

Der Wirkungsgrad der Übertragung wird

$$\eta = \frac{P_2 J_2 \cos\varphi_2}{W_0 + W_k + s P_2 J_2},$$

hierin ist
$$s=\frac{J_k\cos\varphi_2+J_0\cos(\varphi_0+\varphi_k-\varphi_2)}{J_k-J_0\cos(\varphi_0-\varphi_k)}$$
$$=\frac{4000\cdot 0{,}9+100\cos 111{,}85^0}{4000-100\cos 4{,}9^0}=0{,}945\,.$$

Es wird also
$$\eta^0/_0=\frac{985\cdot 985\cdot 0{,}9}{40000+80000+0{,}945\cdot 985\cdot 985}$$
$$=\frac{873}{1035}=84{,}2\,^0/_0\,.$$

54. Ein Einphasentransformator.

Als weiteres Beispiel wollen wir den einphasigen Tranformator betrachten, der die einfachste Form aller elektromagnetischen Apparate und Maschinen darstellt. An einem 50 KVA Einphasentransformator wurde bei Leerlauf gemessen:

$P_{10}=5000$ Volt, $J_0=0{,}4$ Amp. und $W_0=750$ Watt

und bei Kurzschluß

$J_{1k}=10$ Amp., $P_k=250$ Volt und $W_k=1000$ Watt.

Es ist somit der Wattstrom bei Leerlauf:
$$J_{0w}=\frac{W_0}{P_{10}}=\frac{750}{5000}=0{,}15 \text{ Amp.}$$

und der wattlose Strom bei Leerlauf
$$J_{0wl}=\sqrt{J_0^2-J_{0w}^2}=\sqrt{0{,}4^2-0{,}15^2}=0{,}37 \text{ Amp.}$$

J_{0w} ist $1{,}5\,^0/_0$ und J_{0wl} ist $3{,}7\,^0/_0$ des Belastungsstromes (10 Amp.); aus diesen beiden Größen ergibt sich das Leerlaufdiagramm (Fig. 152a). Bei $\cos\varphi_2=0{,}9$ wird die prozentuale Stromzunahme:
$$j^0/_0=\mu_0+\frac{\nu_0^2}{200}=2{,}97+\frac{2{,}67^2}{200}=3{,}0\,^0/_0\,.$$

Bei normalem Kurzschlußstrom ist die Wattkomponente der Primärspannung
$$P_{kw}=\frac{W_k}{J_{1k}}=\frac{1000}{10}=100 \text{ Volt},$$

d. h. $2\,^0/_0$ der Normalspannung, und die wattlose Komponente ist
$$P_{kwl}=\sqrt{P_k^2-P_{kw}^2}=\sqrt{250^2-100^2}=229 \text{ Volt},$$

also $4{,}58\,^0/_0$ der Normalspannung. Aus diesen beiden Werten ergibt sich das Kurzschlußdiagramm Fig. 152b. Bei $\cos\varphi_2 = 0{,}9$ wird die prozentuale Spannungserhöhung:

$$\varepsilon\,{}^0\!/_0 = \mu_k + \frac{\nu_k^{\,2}}{200} = 3{,}79 + \frac{3{,}25^2}{200} = 3{,}84\,{}^0\!/_0.$$

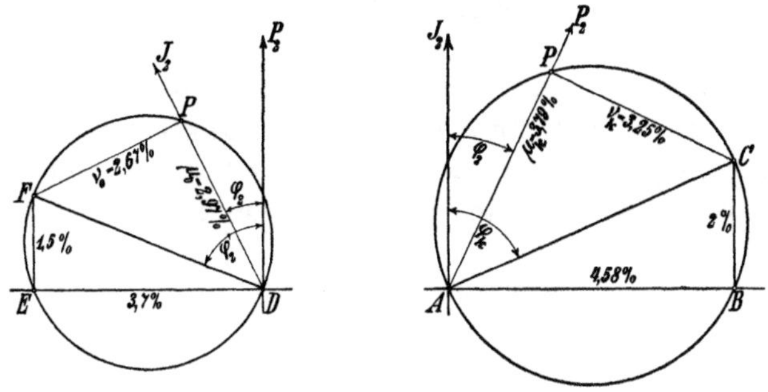

Fig. 152a und b. Leerlauf- und Kurzschlußdiagramme eines Einphasentransformators.

Durch die Transformation des Stromes wird der Phasenverschiebungswinkel zwischen Strom und Spannung vergrößert, und zwar um den Winkel:

$$\varDelta\varphi_0 + \varDelta\varphi_k = 0{,}573\left(\frac{\nu_0\,{}^0\!/_0}{1+j} + \frac{\nu_k\,{}^0\!/_0}{1+\varepsilon}\right) = 3{,}28^0.$$

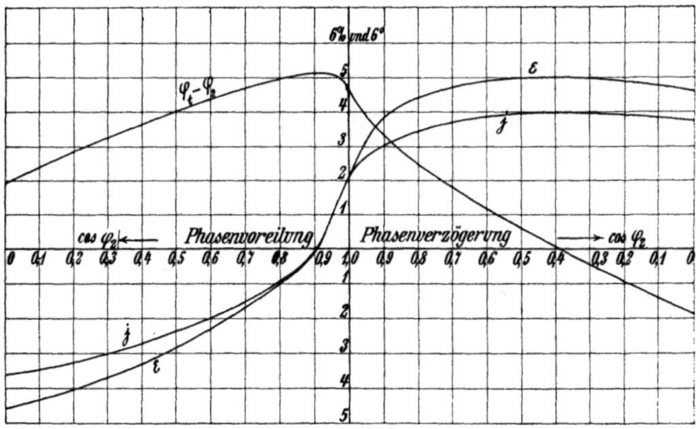

Fig. 153.

Es wird somit der primäre Phasenverschiebungswinkel:

$$\varphi_1 = \varphi_2 + \varDelta\varphi_0 + \varDelta\varphi_k = 25{,}85^0 + 3{,}28^0 = 29{,}13^0$$

und der Leistungsfaktor an den Primärklemmen

$$\cos\varphi_1 = 0{,}871\,,$$

während

$$\cos\varphi_2 = 0{,}900$$

ist. In Fig. 153 sind außerdem die prozentualen Spannungs- und Stromerhöhungen und die Vergrößerung des Phasenverschiebungswinkels desselben Transformators bei konstanter Spannung und Stromstärke an der Sekundärseite als Funktion der Phasenverschiebung $\cos\varphi_2$ aufgetragen. Wie zu ersehen ist, ändern alle drei Größen sich am meisten in der Nähe von Phasengleichheit, d. h. bei $\cos\varphi_2 = 1$.

Zehntes Kapitel.

Arbeitsdiagramm.

55. Arbeitsdiagramm eines elektrischen Stromkreises. — 56. Einfache Konstruktion des Arbeitsdiagrammes. — 57. Arbeitsdiagramm einer Kraftübertragung. — 58. Arbeitsdiagramm des allgemeinen Transformators.

55. Arbeitsdiagramm eines elektrischen Stromkreises.

Zur Beurteilung der Arbeitsweise einer kurzen Kraftübertragung oder eines modernen Transformators genügen das Leerlauf- und das Kurzschlußdiagramm. Zur Darstellung der Vorgänge in langen Kraftübertragungen und in Motoren, bei denen elektrische Energie in mechanische umgewandelt wird, sind diese Diagramme weniger geeignet. Belastet man z. B. einen Motor, der an ein Netz von konstanter Spannung angeschlossen ist, so wünscht man aus dem Diagramm direkt zu sehen, einen wie großen Wattstrom und einen wie großen wattlosen Strom der Motor bei gegebener Belastung verbraucht. Ferner wünscht man zu wissen, wie groß der Wirkungsgrad und die Tourenzahl bei der betreffenden Belastung ist und wie stark der Motor überlastet werden kann. Es soll im folgenden gezeigt werden, daß es möglich ist, ein Diagramm zu konstruieren, aus dem alle diese Größen vollständig exakt ermittelt werden können. Wir gehen auch hierbei von den Gl. 88 und 89 des allgemeinen Stromkreises aus. Es ist

$$\mathfrak{P}_1 = \mathfrak{C}_1 \mathfrak{P}_2 + \mathfrak{C}_2 \mathfrak{J}_2 \mathfrak{Z}_k$$

und

$$\mathfrak{J}_1 = \mathfrak{C}_2 \mathfrak{J}_2 + \mathfrak{C}_1 \mathfrak{P}_2 \mathfrak{Y}_0 .$$

Hieraus folgt:

$$\mathfrak{P}_1 - \mathfrak{J}_1 \mathfrak{Z}_k = \mathfrak{C}_1 \mathfrak{P}_2 (1 - \mathfrak{Y}_0 \mathfrak{Z}_k) = \frac{\mathfrak{P}_2}{\mathfrak{C}_2},$$

und da $\mathfrak{J}_2 = \frac{\mathfrak{P}_2}{\mathfrak{Z}_2}$ ist, wird die primäre Stromstärke:

$$\mathfrak{J}_1 = \mathfrak{C}_1 \mathfrak{P}_2 \left(\frac{\mathfrak{C}_2}{\mathfrak{C}_1 \mathfrak{Z}_2} + \mathfrak{Y}_0\right) = (\mathfrak{P}_1 - \mathfrak{J}_1 \mathfrak{Z}_k) \frac{\mathfrak{J}_0 + \dfrac{\mathfrak{C}_2}{\mathfrak{C}_1 \mathfrak{Z}_2}}{1 - \mathfrak{Y}_0 \mathfrak{Z}_k}.$$

Setzen wir:

$$\frac{\mathfrak{Y}_0}{1 - \mathfrak{Y}_0 \mathfrak{Z}_k} = \mathfrak{Y}_0 \mathfrak{C}_1 \mathfrak{C}_2 = \mathfrak{Y}_a$$

und

$$\frac{\mathfrak{C}_2}{\mathfrak{C}_1 \mathfrak{Z}_2 (1 - \mathfrak{Y}_0 \mathfrak{Z}_k)} = \frac{\mathfrak{C}_2^2}{\mathfrak{Z}_2} = \mathfrak{Y}_b,$$

so kann die primäre Stromstärke wie folgt geschrieben werden:

$$\boldsymbol{\mathfrak{J}_1 = (\mathfrak{P}_1 - \mathfrak{J}_1 \mathfrak{Z}_k)(\mathfrak{Y}_a + \mathfrak{Y}_b)} \quad . \quad . \quad . \quad (108)$$

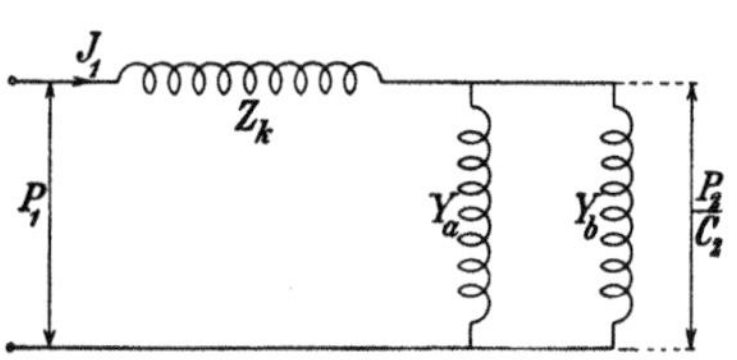

Fig. 154. Ersatzstromkreis eines allgemeinen Stromkreises.

Aus dieser Gleichung folgt direkt, daß jeder Stromkreis durch den folgenden (Fig. 154) ersetzt werden kann, denn für diesen hat die Formel 108 auch Gültigkeit. Wir müssen aber noch untersuchen, was den beiden parallelen Stromzweigen in dem ursprünglichen Stromkreis entspricht. Dem Stromzweige mit der Admittanz y_b führen wir eine Leistung zu:

$$W_b = P_2 J_2 \cos(\varphi_2 + 2\psi_2) = P_2 J_2 \cos\varphi_2 \frac{\cos(\varphi_2 + 2\psi_2)}{\cos\varphi_2}$$
$$= W_2 \frac{\cos(\varphi_2 + 2\psi_2)}{\cos\varphi_2},$$

d. h. der Stromzweig mit der Admittanz y_b entspricht in bezug auf Leistung dem Belastungsstromkreis mit der Impedanz z_2.

Dem zweiten Stromkreis mit der Admittanz y_a wird, symbolisch ausgedrückt, eine Leistung:

$$\mathfrak{W}_a = (\mathfrak{P}_1 - \mathfrak{J}_1 \mathfrak{Z}_k)^2 \mathfrak{Y}_a = \frac{\mathfrak{P}_2^2}{\mathfrak{C}_2^2} \mathfrak{C}_1 \mathfrak{C}_2 \mathfrak{Y}_0 = \frac{\mathfrak{C}_1}{\mathfrak{C}_2} \mathfrak{P}_2^2 \mathfrak{Y}_0$$

zugeführt. Sie entspricht einem Verlust, der proportional dem Quadrate der Spannung ist. Zu diesem Verlust zählen z. B. die im Eisen und in den Dielektrika elektrischer Maschinen und Apparate auftretenden Verluste. In dem Stromzweig mit der Impedanz z_k besteht endlich ein Verlust:

$$\mathfrak{W}_1 = \mathfrak{J}_1^2 \mathfrak{Z}_k.$$

Er wird durch den Strom bedingt und stellt somit die im Kupfer in Stromwärme umgesetzte elektrische Energie dar.

Um die Stromstärke J_1 für eine gegebene Impedanz z_2 zu ermitteln, berechnen wir zuerst y_a und y_b und tragen diese beiden Admittanzen in einem rechtwinkligen Koordinatensystem (Fig. 155) ein. Wir lassen dabei die Achse der imaginären Werte mit dem negativen Teil der Abszissenachse zusammenfallen. Die aus y_a und y_b resultierende Admittanz y_r ergibt sich bekanntlich durch geometrische Addition. Da die Admittanzen y_a und y_b mit der Impedanz z_k in Serie geschaltet sind, ermitteln wir zuerst die y_r entsprechende Impedanz z_r. Es ist:

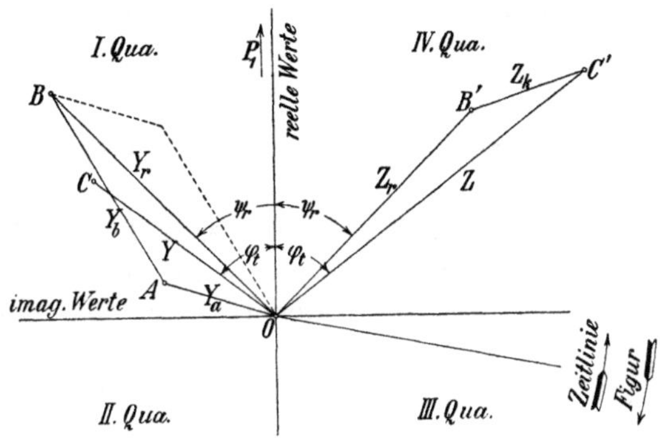

Fig. 155. Diagramm des Ersatzstromkreises Fig. 154.

$$\mathfrak{Y}_r = g_r + j b_r = y_r e^{j\psi_r}$$

und

$$\mathfrak{Z}_r = \frac{1}{\mathfrak{Y}_r} = \frac{g_r}{y_r^2} - j\frac{b_r}{y_r^2} = r_r - j x_r .$$

Addieren wir nun zu z_r die Kurzschlußimpedanz z_k, so erhalten wir die resultierende Impedanz z. Die ihr inverse Admittanz ist gleich y und liegt im ersten Quadranten. Multipliziert man schließlich die Admittanz y mit der Klemmenspannung P_1, so ergibt sich die primäre Stromstärke J_1. Wie gewöhnlich lassen wir den Spannungsvektor P_1 mit der Ordinatenachse zusammenfallen, so daß der Stromvektor J_1 mit dem Vektor der Admittanz y zusammenfällt. Der Vektor $\overline{OC}$ gibt dann nicht allein die Richtung des Primärstromes, sondern auch in einem bestimmten Maßstab seine Größe an.

Um den geometrischen Ort des Stromvektors J_1 zu erhalten, ermitteln wir also zuerst die Kurve, die von den Endpunkten der Radii-Vektoren y_b beschrieben wird, wenn die Belastung z_2 sich ändert. Es ist:

$$\mathfrak{Y}_b = \frac{\mathfrak{C}_2^2}{\mathfrak{Z}_2} = \mathfrak{C}_2^2 \mathfrak{Y}_2 = C_2^2 y_2 e^{j(\varphi_2 + 2\psi_2)} .$$

Hier können wir beispielsweise annehmen, daß die Belastung bei konstantem Phasenverschiebungswinkel φ_2 arbeitet. Der geometrische Ort der Admittanz:

$$\mathfrak{Y}_b = C_2^2 y_2 e^{j(\varphi_2 + 2\psi_2)}$$

ist somit eine gerade Linie K_B (Fig. 156), welche den Winkel $(\varphi_2 + 2\psi_2)$ mit der Ordinatenachse einschließt. Um das Arbeitsdiagramm für diesen Fall zu konstruieren, tragen wir zuerst die konstante Admittanz:

$$\overline{OA} = \mathfrak{Y}_a = \mathfrak{C}_1 \mathfrak{C}_2 \mathfrak{Y}_0 = g_a + j b_a$$

auf und ziehen alsdann durch A eine gerade Linie K_B unter dem Winkel $(\varphi_2 + 2\psi_2)$ zur Ordinatenachse. Die Admittanz y_r wird somit durch die Radii-Vektoren $\overline{OB}$ nach dieser Geraden dargestellt. Um nun ferner die entsprechende Impedanz z_r zu erhalten, zeichnen wir das inverse Bild der Geraden K_B mit dem Ursprunge O als

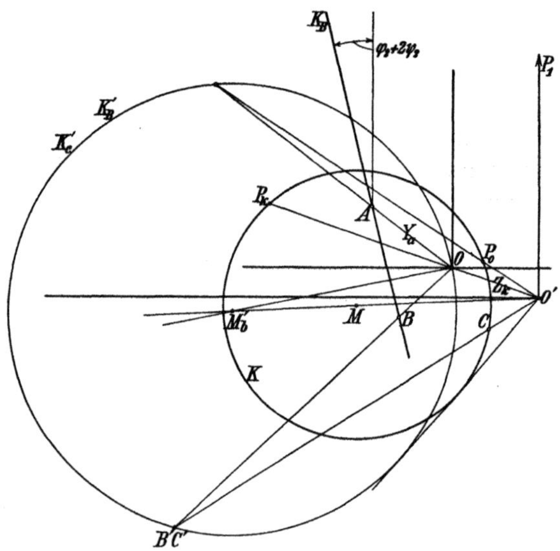

Fig. 156. Konstruktion des Stromdiagrammes.

Inversionszentrum. Das inverse Bild zeichnen wir aber nicht im vierten, sondern im ersten Quadranten, weil wir doch durch eine spätere Inversion zum ersten Quadranten zurückkehren müssen. Die inverse Kurve einer geraden Linie ist bekanntlich ein Kreis K_B' durch das Inversionszentrum, also hier durch den Ursprung O. Der Mittelpunkt des Kreises liegt auf einer Geraden, die durch das Inversionszentrum geht und senkrecht auf der Geraden K_B steht. Die Radii-Vektoren von O nach dem Kreis K_B' geben uns somit die Impedanz z_r an. Zu ihr addieren wir die Kurzschlußimpedanz z_k, indem wir das Koordinatensystem um die Strecke z_k parallel zu ihr nach rechts verschieben. Der Ursprung O' des neuen Koordinatensystems fällt somit in den dritten Quadranten. Die Radii-Vektoren von O nach dem Kreis K_B' oder jetzt K_C' stellen somit die gesamte Impedanz z dar. Um die gesamte Admittanz y zu erhalten, inversieren wir den Kreis K_C' in bezug auf den neuen Koordinatenanfangspunkt O', wobei wir wieder in demselben Quadranten bleiben. Die inverse Kurve des Kreises K_C' ist wieder ein Kreis K, dessen Mittelpunkt M auf der Zentralen $\overline{O'M_b'}$ liegt.

Die Vektoren von O' nach dem Kreis K stellen nun die Admittanz y und in entsprechendem Maßstab die Ströme nach Größe und Phase dar, wenn der Vektor der Klemmenspannung P_1 in die Ordinatenachse fällt.

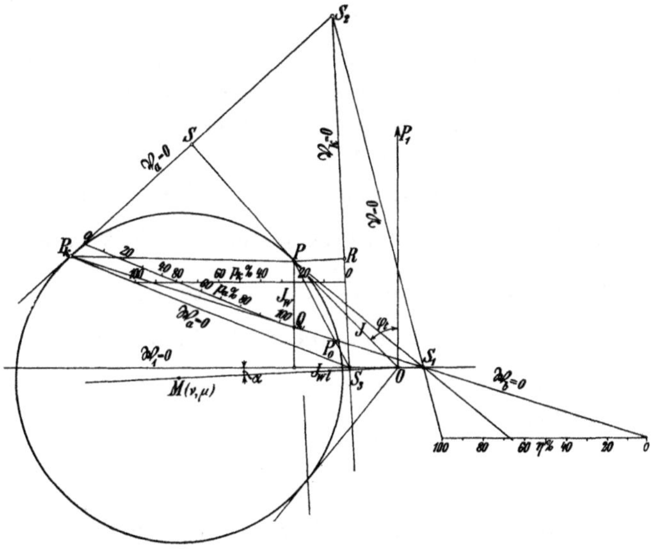

Fig. 157. Stromdiagramm des Ersatzstromkreises Fig. 154.

Auf dem Kreise K liegen der Kurzschlußpunkt P_k und der Leerlaufpunkt P_0. Der erste ist der zu O inverse Punkt, während der letzte durch zweimalige Inversion aus dem Punkte A hervorgeht.

In Fig. 157 ist das endgültige Stromdiagramm K in einem anderen Maßstab nochmals aufgezeichnet. Alle Punkte des Kreises, die zwischen P_k und P_0 auf dem oberen Kreisbogen liegen, entsprechen Punkten auf der Geraden K_B, die oberhalb A liegen, d. h. Belastung im Stromzweige y_b. Punkte auf dem unteren Teil des Kreises dagegen entsprechen Punkten der Geraden K_B, die unterhalb A liegen. Für sie ist y_b negativ, d. h. dieser Stromzweig arbeitet dann generativ. Die Ordinaten des Kreises K stellen direkt die Wattströme J_w, die der Stromkreis aufnimmt oder abgibt, dar. Diese Ströme ergeben mit P_1 multipliziert die im Stromkreise verbrauchte Leistung.

Die Verlust- und Leistungslinien werden nun ganz ähnlich wie früher gefunden. Die Linie der zugeführten Leistung $W_1 = P_1 J_w$ ist zunächst einfach durch die Abszissenachse gegeben. Der Stromwärmeverlust kann geschrieben werden

$$V_k = J_1^2 r_k = B_k \mathfrak{B}_k,$$

wobei $\mathfrak{B}_k = 0$ die Gleichung der Verlustlinie und B_k eine Konstante ist. Diese Verlustlinie ist, wie früher gezeigt, die Halbpolare des Kreises in bezug auf den Anfangspunkt. Für einen Punkt P auf dem Kreise ist der Abstand $\overline{PR}$ bis zu dieser Verlustlinie dem Stromwärmeverlust proportional.

Betrachten wir das Dreieck OP_kP, so stellen die zwei Seiten $\overline{OP_k}$ und $\overline{OP}$ den Kurzschlußstrom J_k, bzw. den Primärstrom J_1 dar. Denken wir uns alle drei Seiten des Dreieckes mit z_k multipliziert, so stellen jetzt $\overline{OP_k} = J_k z_k$ die Klemmenspannung P_1 und $\overline{OP} = J_1 z_k$ den Vektor der Verlustspannung $J_1 z_k$ dar. Da die drei Spannungsvektoren P_1, $J_1 z_k$ und $\frac{P_2}{C_2}$ ein geschlossenes Dreieck bilden, so stellt in demselben Spannungsmaßstab die Strecke $\overline{P_kP}$ den Spannungsvektor $\frac{P_2}{C_2}$ dar. Diese Spannung bedingt einen Verlust V_a in dem Stromzweige mit der Admittanz $y_a = C_1 C_2 y_0$. Für V_a können wir ähnlich wie früher setzen

$$V_a = \left(\frac{P_2}{C_2}\right)^2 g_a = B_a \mathfrak{B}_a,$$

wobei $\mathfrak{B}_a = 0$ die Gleichung der Verlustlinie bedeutet. Diese Verlustlinie ist die Kreistangente im Kurzschlußpunkte P_k. Der Verlust V_a ist für einen Punkt P des Kreises proportional dem Abstande $\overline{PS}$ des Punktes von dieser Verlustlinie.

Die Leistungslinien sind nun leicht zu bestimmen. Bezeichnen wir $W_1 - V_k$ mit W_a, so wird

$$W_a = A_1 \mathfrak{W}_1 - B_k \mathfrak{B}_k = A_a \mathfrak{W}_a,$$

wobei wegen der Symmetrie

$$W_1 = A_1 \mathfrak{W}_1$$

gesetzt ist. In dieser Schreibweise ist $\mathfrak{W}_1 = 0$ die Gleichung der Abszissenachse.

Die Linie $\mathfrak{W}_a = 0$ für die Leistung, die nach Abzug der Stromwärmeverluste übrigbleibt, geht, wie hieraus ersichtlich, durch den Schnittpunkt S_3 der Abszissenachse mit der Linie der Stromwärmeverluste $\mathfrak{B}_k = 0$. Weil ferner W_a bei Kurzschluß gleich Null wird, geht die Leistungslinie $\mathfrak{W}_a = 0$ durch den Kurzschlußpunkt P_k.

Die dem Zweige mit der Admittanz y_b zugeführte Leistung ist

$$W_b = W_1 - V_k - V_a = A_1 \mathfrak{W}_1 - B\mathfrak{V} = A_b \mathfrak{W}_b,$$

wobei

$$B\mathfrak{V} = B_k \mathfrak{V}_k + B_a \mathfrak{V}_a = V$$

die Summe der Verluste bedeutet, die durch die Linie $\mathfrak{V} = 0$ dargestellt sind. Diese resultierende Verlustlinie muß, wie die Gleichungen zeigen, einerseits durch den Schnittpunkt S_2 der beiden Verlustlinien $\mathfrak{V}_k = 0$ und $\mathfrak{V}_a = 0$ gehen. Diesen Punkt kennen wir schon, weil wir die beiden Verlustlinien gefunden haben. Andererseits geht aber auch die resultierende Verlustlinie $\mathfrak{V} = 0$ durch den Schnittpunkt der Abszissenachse $\mathfrak{W}_1 = 0$ mit der resultierenden Leistungslinie $\mathfrak{W}_b = 0$. Diese resultierende Leistungslinie enthält die Punkte, für welche die Leistung im Zweige y_b gleich Null ist. Dies ist nur bei Leerlauf und bei Kurzschluß der Fall. Die resultierende Leistungslinie geht also durch die Punkte P_0 und P_k. Hierdurch ist der Schnittpunkt S_1 der Leistungslinie $\mathfrak{W}_b = 0$ mit der Abszissenachse bekannt, und die resultierende Verlustlinie $\mathfrak{V} = 0$ kann durch die Punkte S_1 und S_2 gelegt werden.

Drei Linien stellen für einen Zweig im Ersatzstromkreise immer drei Leistungen dar, nämlich die zugeführte Leistung, den im Zweige auftretenden Verlust und die Differenz von beiden, nämlich die abgegebene Leistung. Diese drei Linien schneiden sich in einem Punkte. In Abschn. 25 ist gezeigt worden, daß eine Strecke, die zwischen zwei dieser Linien parallel zu der dritten gezogen wird, von einem Strahl von dem gemeinschaftlichen Schnittpunkt bis zu einem Punkt des Kreises im Verhältnis der ersten beiden Leistungen geteilt wird. Eine solche Strecke kann daher immer benutzt werden, um den Wirkungsgrad oder den prozentualen Verlust eines Zweiges des Ersatzstromkreises darzustellen. In Fig. 157 ist eine Parallele zur Abszissenachse zwischen den Linien $\mathfrak{V}_k = 0$ und $\mathfrak{W}_a = 0$ gezogen. Ein Strahl $\overline{S_3 P}$ schneidet dann diese Strecke im Verhältnis $\frac{V_k}{W_a}$, der Teil bis zur Verlustlinie verhält sich zur ganzen Strecke wie $\frac{V_k}{W_a + V_k} = \frac{V_k}{W_1}$, der Teil bis zur Leistungslinie dagegen verhält sich zur ganzen Strecke wie $\frac{W_a}{W_a + V_k} = \frac{W_a}{W_1}$. Teilt man die Strecke in 100 Teile, indem man bei der Verlustlinie $\mathfrak{V}_k = 0$ anfängt, so gibt der Teilstrich im Schnittpunkte mit dem Strahl $\overline{S_3 P}$ den prozentualen Verlust im Zweige z_k

$$p_k\,{}^0\!/_0 = \frac{V_k}{W_a + V_k} 100 = \frac{V_k}{W_1} 100.$$

Ebenso ist in Fig. 157 eine Strecke parallel zu $\mathfrak{W}_a = 0$ zwischen $\mathfrak{V}_a = 0$ und $\mathfrak{W}_b = 0$ gezogen. Der Schnittpunkt mit einem Strahl $\overline{P_k P}$ gibt hier

$$p_a\,{}^0/_0 = \frac{V_a}{W_b + V_a}\,100 = \frac{V_a}{W_a}\,100,$$

d. h. den prozentualen Verlust im Stromzweige y_a.

Um den Wirkungsgrad des ganzen Ersatzstromkreises zu bekommen, verfährt man ganz ähnlich, indem man eine Parallele zu der Abszissenachse zwischen den Linien $\mathfrak{W}_b = 0$ und $\mathfrak{V} = 0$ legt. Teilt man diese Strecke in 100 gleiche Teile von der Leistungslinie $\mathfrak{W}_b = 0$ anfangend, so zeigt der Teilpunkt im Schnitte des Strahles $\overline{S_1 P}$ den Wirkungsgrad

$$\eta'\,{}^0/_0 = \frac{W_b}{W_b + V}\,100 = \frac{W_b}{W_1}\,100.$$

Wir haben nun zu untersuchen, wie die Leistung W_b im Ersatzstromkreis sich zu der abgegebenen Leistung W_2 des ursprünglichen allgemeinen Stromkreises verhält. Die Impedanz der Belastung dieses ursprünglichen Stromkreises haben wir am Anfang dieses Abschnittes mit $z_2 = \frac{1}{y_2}$ bezeichnet. Es war

$$\mathfrak{Y}_b = \mathfrak{C}_2{}^2\,\mathfrak{Y}_2 = C_2{}^2 y_2 e^{j(\varphi_2 + 2\psi_2)}$$

und

$$\mathfrak{J}_b = \frac{\mathfrak{P}_2}{\mathfrak{C}_2}\,\mathfrak{Y}_b = \mathfrak{P}_2\,\mathfrak{C}_2\,\mathfrak{Y}_2 = \mathfrak{C}_2\,\mathfrak{J}_2,$$

folglich wird

$$W_b = \frac{P_2}{C_2}\,J_b \cos\varphi_b = P_2 J_2 \cos(\varphi_2 + 2\psi_2),$$

und

$$W_2 = P_2 J_2 \cos\varphi_2 = W_b\,\frac{\cos\varphi_2}{\cos(\varphi_2 + 2\psi_2)}.$$

Der Wirkungsgrad des allgemeinen Stromkreises wird daher

$$\eta\,{}^0/_0 = \frac{W_b}{W_1}\,100\,\frac{\cos\varphi_2}{\cos(\varphi_2 + 2\psi_2)} = \eta'\,\frac{\cos\varphi_2}{\cos(\varphi_2 + 2\psi_2)}.$$

Weil $2\psi_2$ gewöhnlich ein sehr kleiner Winkel ist, wird η nur wenig größer als η'. Ist $2\psi_2$ bekannt, so teilt man die horizontale Strecke zwischen Leistungslinie $\mathfrak{W}_b = 0$ und Verlustlinie $\mathfrak{V} = 0$ in $100\,\frac{\cos\varphi_2}{\cos(\varphi_2 + 2\psi_2)}$ gleiche Teile ein und kann dann auf dieser Strecke direkt η anstatt η' ablesen.

Die Strecke $\overline{P_k P}$ kann, wie gezeigt, zur Ablesung der Sekundärspannung für irgendeine Belastung dienen. Ebenso leicht läßt sich die sekundäre Stromstärke J_2 aus dem Diagramm bestimmen. Es ist für einen Punkt P

$$J_2 = C_1 \overline{P_0 P}.$$

Bei irgend einer Belastung ist nämlich

$$\mathfrak{J}_b = \mathfrak{C}_2 \mathfrak{J}_2 = \mathfrak{J}_1 - (\mathfrak{P}_1 - \mathfrak{J}_1 \mathfrak{Z}_k)\mathfrak{Y}_a.$$

Bei Leerlauf hat man

$$0 = \mathfrak{J}_0 - (\mathfrak{P}_1 - \mathfrak{J}_0 \mathfrak{Z}_k)\mathfrak{Y}_a.$$

Subtrahiert man die zweite Gleichung von der ersten, so bekommt man

$$\mathfrak{C}_2 \mathfrak{J}_2 = (1 + \mathfrak{Z}_k \mathfrak{Y}_a)(\mathfrak{J}_1 - \mathfrak{J}_0).$$

Weil

$$\mathfrak{Z}_a + \mathfrak{Z}_k = \mathfrak{Z}_0 \text{ ist,}$$

wird

$$1 + \mathfrak{Z}_k \mathfrak{Y}_a = \frac{1}{1 - \mathfrak{Z}_k \mathfrak{Y}_0} = \mathfrak{C}_1 \mathfrak{C}_2$$

und folglich

$$\mathfrak{J}_2 = \mathfrak{C}_1 (\mathfrak{J}_1 - \mathfrak{J}_0)$$

oder für die Beträge

$$J_2 = C_1 \overline{P_0 P}.$$

Dieses Diagramm, welches das Verhalten jedes Stromkreises bei allen Belastungen darstellt, heißen wir das Arbeitsdiagramm des Stromkreises. Aus ihm lassen sich für jeden Belastungszustand folgende Werte direkt entnehmen: der Primärstrom J_1, die Sekundärspannung P_2, der primäre Phasenverschiebungswinkel φ_1, die dem Stromkreise zugeführte Leistung W_1, die abgegebene Leistung W_2, der Wirkungsgrad η und die prozentualen Verluste im Kupfer, im Eisen und in den Dielektrika.

56. Einfache Konstruktion des Arbeitsdiagrammes aus Kurzschluß- und Leerlaufpunkt.

Ist der Kurzschlußpunkt P_k und der Leerlaufpunkt P_0 für einen Stromkreis beispielsweise durch Versuch ermittelt, so läßt sich hieraus das Kreisdiagramm leicht konstruieren. Zunächst wissen wir, daß das Lot im Mittelpunkt der Verbindungslinie $\overline{P_k P_0}$ zwischen Kurzschluß- und Leerlaufpunkt durch den Kreismittelpunkt M gehen muß. Außerdem können wir leicht die Richtung des Strahles $\overline{P_0 M}$ vom Leerlaufpunkt bis zum Kreismittelpunkt M bestimmen.

In Fig. 158 stellt die Gerade K_B die aus y_a und y_b resultierende Admittanz dar. Die Gerade ist, wie gezeigt, um den Winkel

$\varphi_2 + 2\psi_2$ gegen die Ordinatenachse nach links geneigt. Die entsprechende Impedanz ist durch den Kreis K'_B dargestellt. Der Strahl $\overline{OM_b'}$ bildet mit der Abszissenachse den Winkel $\varphi_2 + 2\psi_2$ nach unten. Nachdem $\overline{OO'} = z_k$ aufgetragen und der Kreis K'_B mit

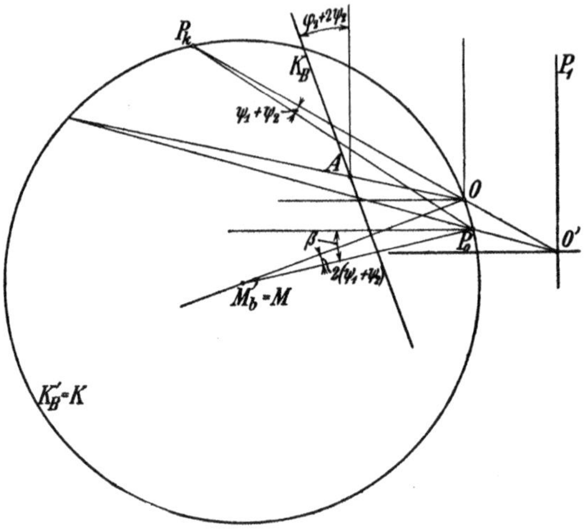

Fig. 158. Aufzeichnung des Stromdiagrammes.

einer solchen Inversionspotenz inversiert wurde, daß er seine eigene inverse Kurve K darstellt, geben P_k und P_0 bzw. Kurzschluß- und Leerlaufpunkt des Stromkreises. Wie in Abschn. 46 S. 180 gezeigt ist, wird nun

$$\sphericalangle\, OP_kP_0 = \psi_1 + \psi_2 = \tfrac{1}{2} \sphericalangle\, OMP_0 .$$

Folglich ist der Winkel β, den der Strahl $\overline{P_0M}$ mit der Abszissenachse nach unten bildet,

$$\begin{aligned} \beta &= \varphi_2 + 2\psi_2 - 2(\psi_1 + \psi_2) = \varphi_2 - 2\psi_1 \\ &= \varphi_2 - (\psi_1 + \psi_2) - \Delta\psi \\ &= \varphi_2 - \angle\, OP_kP_0 - \Delta\psi . \end{aligned}$$

Hier ist $\Delta\psi = \psi_1 - \psi_2$ für gewöhnlich sehr klein und kann vernachlässigt werden. Für $\varphi_2 = 0$ (induktionsfreie Belastung) bildet der Radius $\overline{P_0M}$ den Winkel $OP_kP_0 + \Delta\psi$ mit der Abszissenachse nach oben.

Liegt der Punkt P_0 auf dem Kreise oberhalb O, so ist der Winkel OP_kP_0 mit dem umgekehrten Vorzeichen zu nehmen. Dies ist der Fall, wenn die Phasenverschiebung bei Leerlauf kleiner ist als bei Kurzschluß.

In Fig. 159 sind der Deutlichkeit halber nur die Linien eingezeichnet, die für die Bestimmung des Kreismittelpunktes M erforderlich sind, und die, wenn $\Delta\psi$ bekannt bzw. vernachlässigbar klein ist, direkt aus Kurzschluß- und Leerlaufpunkt erhalten werden.

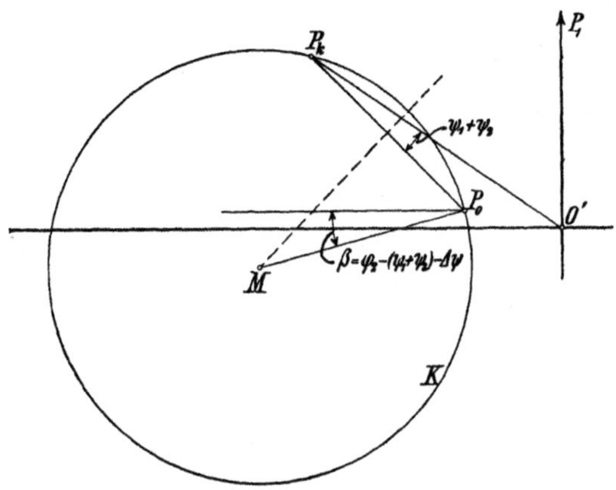

Fig. 159. Konstruktion des Kreismittelpunktes.

Ist φ_2 und $\Delta\psi$ gleich Null, so vereinfacht sich die Konstruktion des Kreismittelpunktes, wie in Fig. 160 gezeigt ist. Hier ist von dem Leerlaufpunkte P_0 eine vertikale Strecke bis zum Schnitt mit dem Strahl $\overline{OP_k}$ gezogen. Der Mittelpunkt dieser Strecke liegt in gleicher Höhe über der Abszissenachse wie der Kreismittelpunkt M.

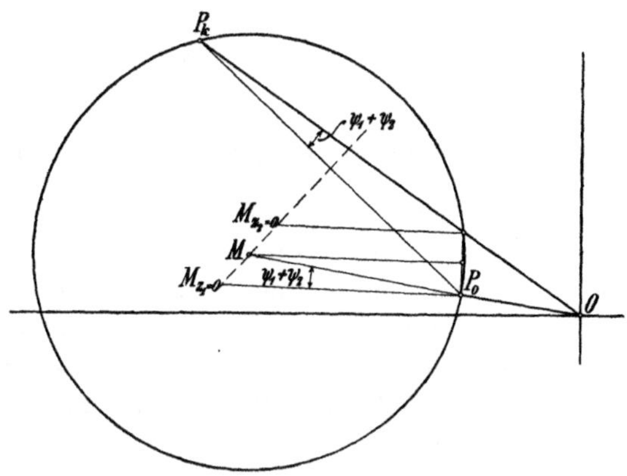

Fig. 160. Einfache Bestimmung des Kreismittelpunktes für $\varphi_2 = 0$.

Aus dieser Konstruktion sieht man auch leicht den Einfluß der Unsymmetrie des Stromkreises auf die Lage des Kreismittelpunktes M. Die größte Unsymmetrie tritt ein, entweder wenn

$$z_1 = 0 \text{ also } \psi_1 = 0 \text{ ist, dann ist } -(\psi_1 + \psi_2) - \Delta\psi = 0$$

und der Kreismittelpunkt liegt in $M_{(z_1=0)}$, oder wenn

$$z_2 = 0, \quad \psi_2 = 0, \quad -(\psi_1 + \psi_2) - \Delta\psi = -2\psi_1$$

ist, dann liegt der Kreismittelpunkt in $M_{(z_2=0)}$.

Der Kreismittelpunkt M des allgemeinen Arbeitsdiagrammes läßt sich auch nach einem anderen analytisch-graphischen Verfahren bestimmen, wobei man außer der Mittelsenkrechten auf der Verbindungslinie $\overline{P_0P_k}$ die Zentrale $\overline{MO'}$ durch den Ursprung benutzt. Sie bildet nämlich mit der Abszissenachse einen Winkel α, dessen Tangente sich rechnerisch nach der folgenden Formel bestimmen läßt, die aus der Fig. 156 abgeleitet worden ist.

$$\operatorname{tg}\alpha = \frac{-J_k \sin(\varphi_2 - \Delta\psi) + J_{0w} \sin(\varphi_k - \varphi_2 + \Delta\psi) + J_{0wl} \cos(\varphi_k - \varphi_2 + \Delta\psi)}{J_k \cos(\varphi_2 - \Delta\psi) + J_{0wl} \sin(\varphi_k - \varphi_2 + \Delta\psi) - J_{0w} \cos(\varphi_k - \varphi_2 + \Delta\psi)}$$

In den meisten Fällen weichen C_1 und C_2 sehr wenig von der Einheit und noch weniger voneinander selbst ab. Es ist deswegen $\Delta\psi = \psi_1 - \psi_2$ ein sehr kleiner Winkel, höchstens 5^0. Vernachlässigen wir ihn, so erhalten wir die folgende einfache Formel für $\operatorname{tg}\alpha$:

$$\operatorname{tg}\alpha = \frac{-J_k \sin\varphi_2 + J_{0w} \sin(\varphi_k - \varphi_2) + J_{0wl} \cos(\varphi_k - \varphi_2)}{J_k \cos\varphi_2 + J_{0wl} \sin(\varphi_k - \varphi_2) - J_{0w} \cos(\varphi_k - \varphi_2)}.$$

Für induktionsfreie Belastung wird $\varphi_2 = 0$ und

$$\operatorname{tg}\alpha = \frac{J_{0w} \sin\varphi_k + J_{0wl} \cos\varphi_k}{J_k + J_{0wl} \sin\varphi_k - J_{0w} \cos\varphi_k}$$

$$= \frac{J_0 \sin(\varphi_0 + \varphi_k)}{J_k - J_0 \cos(\varphi_0 + \varphi_k)}.$$

57. Arbeitsdiagramm einer Kraftübertragung.

Als Beispiel für die Anwendung des Arbeitsdiagrammes soll zuerst eine Kraftübertragung, bestehend aus einer primären Transformatoranlage zum Hinauftransformieren der Spannung, aus einer Fernleitung und einer sekundären Transformatoranlage zum Herabtransformieren der Spannung, behandelt werden.

Aus Kurzschluß- und Leerlaufmessung seien die folgenden Werte bekannt:

1. Leerlauf:

$P_1 = 1000$ Volt, $J_0 = 325$ Amp., $W_0 = 40$ KW.

2. Kurzschluß:

$P_k = 1000$ Volt, $J_k = 3000$ Amp., $W_k = 900$ KW.

Die Kraftübertragung soll mit einem konstanten sekundären Leistungsfaktor $\cos\varphi_2 = 0{,}95$ arbeiten.

In Fig. 161 ist das Arbeitsdiagramm im Strommaßstabe 1 mm = 60 Amp. aufgezeichnet.

Da eine solche Anlage im allgemeinen als symmetrisch zu betrachten ist, kann man durch einfaches Abmessen in der Figur bestimmen:

$$C_1 C_2 = C^2 = \frac{\overline{OP_k}}{\overline{P_0 P_k}} = 1{,}12$$

$$C = 1{,}06.$$

Die Strecke $\overline{OP_k}$, welche 50 mm lang ist, stellt die Primärspannung $P_1 = 1000$ Volt im Maßstabe 1 mm = 20 Volt dar. Die Sekundärspannung bei Leerlauf ist

$$P_{20} = 20 \cdot C \cdot \overline{P_0 P_k} = 20 \cdot 1{,}06 \cdot 44{,}5 = 945 \text{ Volt.}$$

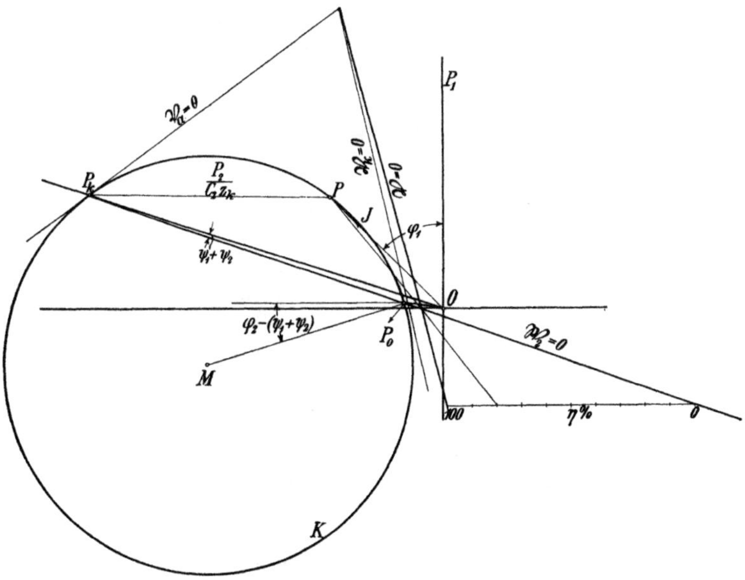

Fig. 161. Arbeitsdiagramm einer Kraftübertragung.

Im Punkte P ist die Sekundärspannung

$$P_2 = 20 \cdot 1{,}06 \cdot 32{,}7 = 695 \text{ Volt.}$$

Der sekundäre Kurzschlußstrom ist

$$J_{2k} = C \cdot \overline{P_0 P_k} = 1{,}06 \cdot 60 \cdot 44{,}5 = 2830 \text{ Amp.}$$

58. Arbeitsdiagramm des allgemeinen Transformators.

Der allgemeine Transformator, dessen Wirkungsweise im Abschnitt 39 beschrieben ist, läßt sich durch den äquivalenten Stromkreis Fig. 121 Seite 136 ersetzen. r_1 und r_2 sind der primäre bzw. der sekundäre effektive Widerstand. S_1 und S_2 sind der primäre bzw. der sekundäre Streuinduktions-Koeffizient des Transformators. Die Konstanten r_2 und $x_2 = 2\pi c S_2$ sind beide auf den Primärkreis reduziert.

Der gewöhnliche Fall eines allgemeinen Transformators ist der dreiphasige Induktionsmotor. Die sekundär abgegebene Leistung W_2 ist hier eine mechanische, und es ist

$$W_2 = J_2^{\,2} r_2 \left(\frac{1}{s} - 1\right),$$

wobei $r_2 \left(\frac{1}{s} - 1\right)$ einen zwischen den Sekundärklemmen des Ersatzstromkreises als Belastung gedachten Ohmschen Widerstand bedeutet. Die Schlüpfung s gibt die relative Geschwindigkeit zwischen der Sekundärwicklung und dem Drehfelde an. Da im Sekundärkreis (Rotorwiderstand eines Motors) der Verlust $J_2^{\,2} r_2$ auftritt, ist die dem Sekundärkreis zugeführte Leistung $W = J_2^{\,2} \frac{r_2}{s}$.

In einem Mehrphasenmotor sind alle Phasen gleich, und wir brauchen daher im folgenden nur eine Phase zu betrachten.

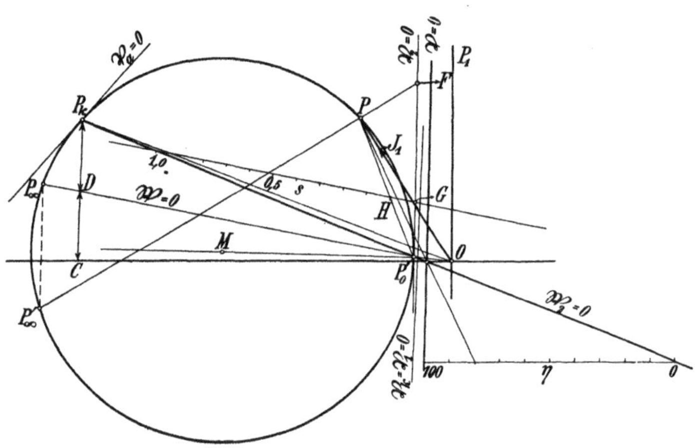

Fig. 162. Arbeitsdiagramm eines allgemeinen Transformators.

Es wurden an einem solchen Motor die folgenden Messungen ausgeführt:

1. Leerlauf, d. h. Synchronismus ($s = 0$), weil der gedachte Belastungswiderstand $r_2 \left(\frac{1}{s} - 1\right)$ dann unendlich wird:

$$J_0 = 10{,}1 \text{ Amp.}, \quad P_1 = 110 \text{ Volt}, \quad W_0 = 146{,}5 \text{ Watt}.$$

2. Kurzschluß, d. h. Stillstand oder $s = 1$, weil $r_2 \left(\frac{1}{s} - 1\right)$ dann Null wird:

$$J_k = 105 \text{ Amp.}, \quad P_1 = 110 \text{ Volt}, \quad W_k = 4040 \text{ Watt}.$$

Hieraus hat man

$$\cos\varphi_0 = \frac{146,5}{110\cdot 10,1} = 0,132$$

$$\cos\varphi_k = \frac{4040}{110\cdot 105} = 0,35\,.$$

In Fig. 162 sind Leerlaufpunkt P_0 und Kurzschlußpunkt P_k mit dem Strommaßstabe 1 mm = 2 Amp. eingezeichnet. Für normal gebaute Mehrphasenmotoren darf $\Delta\psi = 0$ gesetzt werden, und weil ferner $\varphi_2 = 0$ ist, findet man den Kreismittelpunkt nach der in Fig. 160 angegebenen Konstruktion.

Die Linien der abgegebenen Leistung $\mathfrak{W}_2 = 0$ und des Gesamtverlustes $\mathfrak{V} = 0$ werden nun nach Fig. 157 bestimmt, und hieraus erhält man den Wirkungsgrad η.

Es ist noch die Schlüpfung s des Motors aus dem Diagramm zu bestimmen, denn hieraus ergibt sich direkt seine Umdrehungszahl. Es ist

$$s = \frac{J_2^2\, r_2}{J_2^2\,\frac{r_2}{s}} = \frac{V_2}{W}\,.$$

Hier bedeutet W die dem Sekundärkreis zugeführte Leistung. Die Schlüpfung in Prozenten ist daher gleich dem prozentualen Stromwärmeverlust in der Sekundärwicklung und kann analog, wie in Fig. 157 gezeigt, konstruiert werden.

Zu diesem Zwecke haben wir die Verlustlinie $\mathfrak{V}_2 = 0$ für den Verlust $V_2 = J_2^2\, r_2$ und die Leistungslinie $\mathfrak{W} = 0$ für die dem Sekundärkreis zugeführte Leistung W zu konstruieren.

Die Verlustlinie $\mathfrak{V}_2 = 0$ ist die Kreistangente im Leerlaufpunkte P_0, denn wir haben bewiesen, daß die Sekundärströme J_2 den Vektoren $\overline{P_0 P}$ proportional sind.

Die Leistungslinie $\mathfrak{W} = 0$ geht durch den Leerlaufpunkt P_0, denn hier ist $W = J_2^2\,\frac{r_2}{s} = 0$, weil $J_2 = 0$ ist. Außerdem geht sie durch den Punkt des Kreises, für den die Schlüpfung $s = \infty$ wird. Da wir diesen Punkt nicht experimentell bestimmen können, verwenden wir die folgende Annäherung:

Die Linie $\mathfrak{V}_1 = 0$ für den primären Stromwärmeverlust $J_1^2\, r_1$ ist mit der Verlustlinie $\mathfrak{V}_k = 0$ identisch. Vernachlässigen wir die Eisenverluste bei Kurzschluß, so wird für den Kurzschlußpunkt

$$W_1 = V_1 + V_2 = V_1 + W.$$

Ziehen wir also durch den Kurzschlußpunkt eine Parallele $\overline{P_k C}$ zur Verlustlinie $\mathfrak{V}_1 = 0$, d. h. eine Senkrechte auf die Zentrale $\overline{OM}$, so erhalten wir durch die Schnittpunkte mit der Abszissenachse ($\mathfrak{W}_1 = 0$) und der Leistungslinie $\mathfrak{W} = 0$ Abschnitte, die sich wie $W_1 : W$ verhalten. Es verhält sich also in Fig. 162

$$\frac{\overline{P_k C}}{\overline{P_k D}} = \frac{W_1}{W} = \frac{J_k^2 r_k}{J_k^2 r_k - J_k^2 r_1} = \frac{r_k}{r_k - r_1}.$$

Hier können wir setzen

$$r_k \cong r_1 + r_2,$$

woraus folgt

$$\frac{\overline{P_k D}}{\overline{D C}} = \frac{r_2}{r_1}.$$

Wir finden also die Leistungslinie $\mathfrak{W} = 0$ dadurch, daß wir $\overline{P_k C} \perp \overline{OM}$ ziehen und diese Strecke im Punkte D im Verhältnis $\frac{r_2}{r_1}$ teilen. Durch den Punkt D und den Leerlaufpunkt P_0 legen wir die gesuchte Leistungslinie $\mathfrak{W} = 0$.

Die Schlüpfung s oder der prozentuale sekundäre Stromwärmeverlust wird nun, wie im Diagramm gezeigt, durch die Abschnitte der Strahlen von P_0 auf einer Parallelen zu der Linie $\mathfrak{W} = 0$ abgelesen.

Bestimmt man das Spiegelbild P'_∞ des Punktes P_∞ in der Verlängerung der Linie $\overline{P_0 M}$, so kann man auch die Schlüpfung messen durch die Abschnitte $\overline{P_0 F}$, welche die Strahlen $\overline{P'_\infty P}$ auf der Verlustlinie $\mathfrak{V}_2 = 0$ abschneiden. Die Einteilung auf der Verlustlinie erfolgt am besten dadurch, daß man für einen Belastungspunkt die Schlüpfung nach der zuerst angegebenen Methode bestimmt und auf die Verlustlinie $\mathfrak{V}_2 = 0$ überträgt. Die Richtigkeit dieser Konstruktion zur Ablesung der Schlüpfung wird einfach dadurch bewiesen, daß man die Ähnlichkeit der beiden Dreiecke

$$P'_\infty P_0 F \qquad \text{und} \qquad P_0 G H$$

nachweist.

Die zuletzt angegebene Methode zur Bestimmung der Schlüpfung s ist besonders genau und bequem für kleine Schlüpfungen.

Elftes Kapitel.

Wechselströme von zusammengesetzter Kurvenform.

59. Spannungskurven normaler Wechselstromgeneratoren.

In den vorhergehenden Abschnitten haben wir uns mit Wechselströmen beschäftigt, deren Welle sinusförmig ist. Derartige Ströme kommen streng genommen in der Praxis selten vor, weil die heutigen Wechselstromgeneratoren viel zu teuer würden, wenn sie bei allen Arten der Belastung genaue Sinusströme erzeugen sollten. Man begnügt sich vielmehr damit, daß die Wellenform der erzeugten Ströme nur eine gewisse prozentuale Abweichung von der reinen Sinuswelle besitzt. Vor etwa 15 Jahren stritt man sich in vielen technischen Kreisen darüber, welche Gestalt der Spannungskurve die günstigste sei. Einige behaupteten, daß die spitze Kurvenform, etwa nach Fig. 172 (Seite 226), für Trans-

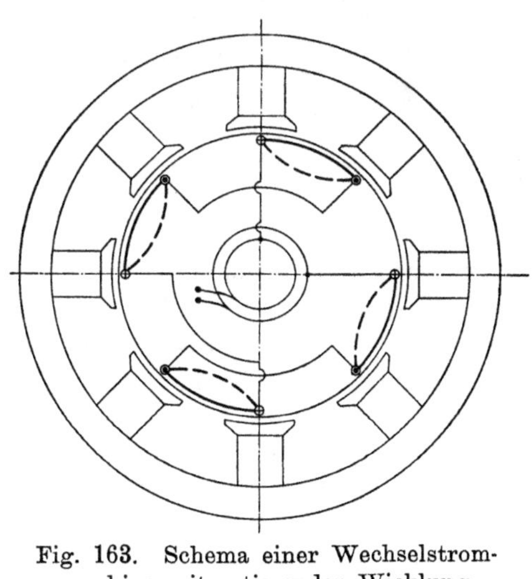

Fig. 163. Schema einer Wechselstrommaschine mit rotierender Wicklung.

formatoren am günstigsten sei, weil bei gegebener effektiver Spannung die Hysteresisverluste am kleinsten werden und somit der Wirkungsgrad am größten ist. Dies ist zwar zweifelhaft, weil jede Abweichung der Stromkurve von der Sinusform die Wirbelstromverluste im Eisen und Kupfer erhöht. Andere dagegen behaupteten, daß die spitze Kurvenform für die Isolationsmaterialien am gefährlichsten sei, weil bei gegebener effektiver Spannung die maximale Spannung bei dieser

Fig. 164.

Kurvenform am größten sei. Diese Behauptung wurde zwar von vielen Forschern damals als grundlos zurückgewiesen, heute denkt man aber anders darüber. Für Beleuchtungszwecke wurde die flache Kurvenform Fig. 172c (Seite 226) allgemein als die günstigste hingestellt, weil der Strom hier am längsten in der Nähe seines Maximalwertes bleibt und deswegen ein ruhigeres Licht gibt.

Heute ist man jedoch so ziemlich von diesen Gesichtspunkten abgekommen und betrachtet die sinusförmige Spannungskurve als die erstrebenswerteste. Bei neuen Generatoren erlaubt man gewöhnlich keine größere Abweichung in der Spannungskurve als

3 bis 5 % von der Grundwelle. In Fig. 31 wurde gezeigt, wie eine reine Sinusspannung erzeugt werden kann. Es läßt sich aber

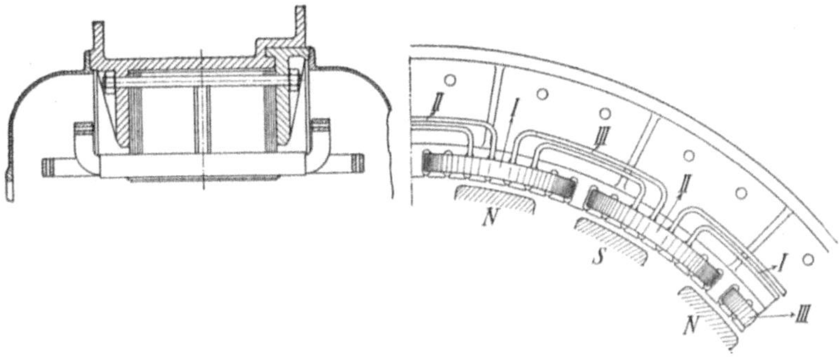

Fig. 165. Schema einer Wechselstrommaschine mit ruhender Wicklung.

kein wirtschaftlicher Generator nach dieser Konstruktion bauen. Um ein starkes magnetisches Feld zu erzeugen, ist es nötig, die

Fig. 166.

Wicklung, in der man den Strom induzieren will, in Eisen einzubetten, wie in Fig. 163 schematisch dargestellt ist. Die induzierte Wicklung, die auf einem lamellierten Anker angeordnet ist, rotiert hier in einem vielpoligen Felde, und der Strom wird ihr mittels Schleifringen und Bürsten entnommen. Die Fig. 164 zeigt die Photographie eines derartigen Wechselstromgenerators mit rotierendem Anker. Man kann aber auch den Anker stillstehen und das Magnetfeld rotieren lassen, in welchem Falle man die Anordnung Fig. 165 erhält, von der die Fig. 166 eine Abbildung zeigt. Die Magnetspulen erhalten hier den Erregerstrom durch Schleifringe zugeführt.

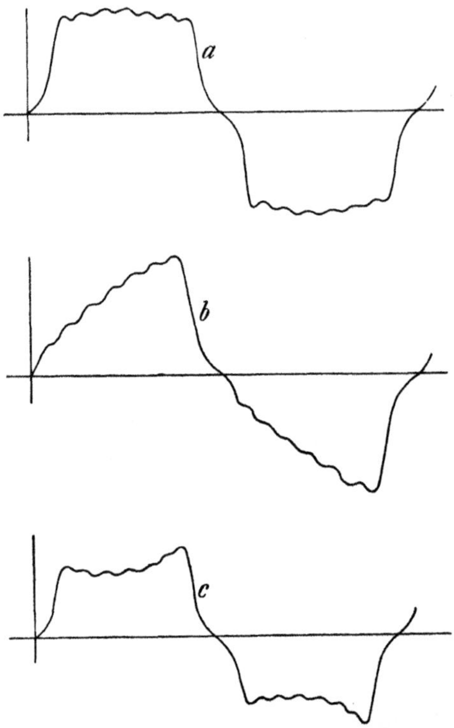

Fig. 167. Feldkurve eines Wechselstromgenerators. a) bei Leerlauf, b) bei induktionsfreier Belastung, c) bei induktiver Belastung.

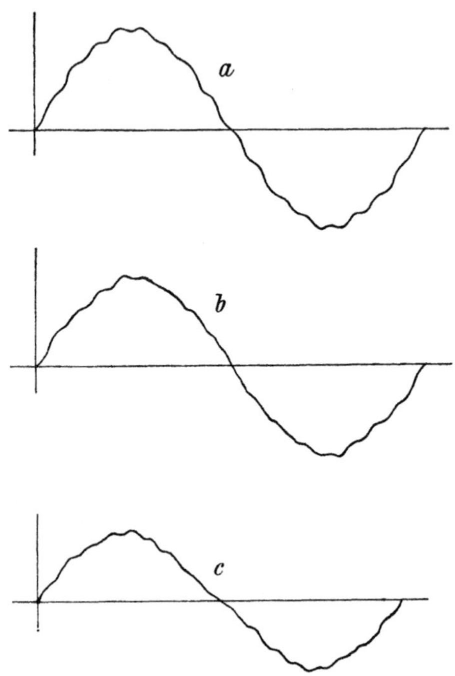

Fig. 168. Spannungskurven eines Wechselstromgenerators. a) bei Leerlauf, b) bei induktionsfreier Belastung, c) bei induktiver Belastung.

Bei dieser Anordnung, die sich besonders zur Erzeugung von hochgespannten Strömen eignet, wird der stillstehende Anker auch Stator genannt.

Die Spannungskurve dieser Generatoren hängt erstens von der Form der Polschuhe des Magnetfeldes und zweitens von der Ankerwicklung ab. Ist die Wicklung in einer großen geschlossenen Nut für jede Polteilung konzentriert und stehen die Nuten um eine Polteilung auseinander, so erhält die Spannungskurve dieselbe Form wie die Feldkurve. Sie ist in den Fig. 167a, b, c für verschiedenartige

Belastungen dargestellt. Besonders interessant ist die Abweichung zwischen den beiden Feldformen bei Leerlauf und induktionsfreier Belastung. Die Feldkurve bei Leerlauf ist symmetrisch, während sie bei Belastung verzerrt ist. Die Verzerrung rührt natürlich von dem Ankerstrom her, der auf das erzeugende Feld zurückwirkt, und die Differenz stellt die sogenannte Ankerreaktion dar. Verteilt man die Ankerwicklung auf mehrere Nuten, so wird die Spannungskurve sich von der Feldkurve entfernen und sich der Sinuskurve nähern, was aus den Kurven Fig. 168 ersichtlich ist. Diese Kurven sind unter denselben Bedingungen und an der gleichen Maschine, wie die in Fig. 167 dargestellten, aufgenommen. Nur ist die Spannung der ganzen Wicklung entnommen, während die Spannungen Fig. 167 von einer einzigen konzentrierten Spule herrühren.

Die letzten Kurven geben ein deutliches Bild von Spannungskurven in modernen Wechselstromgeneratoren. Wie ersichtlich, weichen sie nur wenig von der Sinusform ab.

60. Reihenentwicklung nach Fourier.

Wie wir gesehen haben, hat man es in der Technik mit Wechselströmen zu tun, deren Momentanwerte als Funktion der Zeit nicht nach einer Sinusfunktion, sondern nach anderen beliebigen periodischen Funktionen variieren. Um für diese Ströme exakte Rechnungen leicht ausführen zu können, zerlegt man am besten jede beliebige Spannungskurve in eine Summe reiner Sinusfunktionen von verschiedenen Periodenzahlen. Die Sinusfunktion mit kleinster Periodenzahl nennt man die erste Harmonische oder die Grundwelle, alle anderen Sinusfunktionen, deren Periodenzahlen ein Vielfaches von jener der Grundwelle sind, werden die höheren Harmonischen oder die Oberwellen genannt. Da Fourier zuerst gezeigt hat, wie jede periodische Funktion in eine Reihe von Sinusfunktionen zerlegt werden kann, so nennt man sie allgemein die Fouriersche Reihe.

Bevor wir zu ihrer Ableitung übergehen, sollen noch einige Formeln aus der Integralrechnung zusammengestellt werden. Sie sind:

$$\int_{-\pi}^{+\pi} \sin mx \sin nx\, dx = \begin{cases} 0 \text{ für } m \lessgtr n \\ 0 \text{ für } m = n = 0 \\ \pi \text{ für } m = n > 0 \end{cases} \quad . \quad . \quad . \quad (109)$$

worin m und n Null oder positive ganze Zahlen sein können.

Ferner
$$\int_{-\pi}^{+\pi} \cos mx \sin nx\, dx = 0 \quad . \quad . \quad . \quad . \quad . \quad (110)$$

und
$$\int_{-\pi}^{+\pi} \cos mx \cos nx\, dx = \begin{cases} 2\pi \text{ für } m = n = 0 \\ \pi \text{ für } m = n > 0 \\ 0 \text{ für } m \gtrless n \end{cases} \quad . \quad . \quad (111)$$

Sei $f(x)$ im Intervalle $-\pi$ bis $+\pi$ eine eindeutige periodische Funktion, so kann sie in die folgende Reihe, die sogenannte Fouriersche Reihe, entwickelt werden:

$$f(x) = a_1 \cos x + b_1 \sin x + a_2 \cos 2x + b_2 \sin 2x + \ldots + a_n \cos nx + b_n \sin nx + \ldots$$

Die konstanten Koeffizienten $a_1, a_2, a_3 \ldots$ und $b_1, b_2, b_3 \ldots$ bestimmt man dadurch, daß man die Gleichung zuerst beiderseits mit $\cos(nx)\,dx$ multipliziert und von $-\pi$ bis $+\pi$ integriert, wodurch alle Glieder der rechten Seite bis auf eines verschwinden. Man erhält dann

$$\int_{-\pi}^{+\pi} f(x) \cos nx\, dx = a_n \int_{-\pi}^{+\pi} \cos^2(nx)\, dx = a_n \pi$$

oder

$$a_n = \frac{1}{\pi} \int_{-\pi}^{+\pi} f(x) \cos nx\, dx.$$

Dann multipliziert man auf beiden Seiten mit $\sin(nx)\,dx$ und integriert abermals von $-\pi$ bis $+\pi$, wodurch sich aus dem gleichen Grunde ergibt

$$b_n = \frac{1}{\pi} \int_{-\pi}^{+\pi} f(x) \sin(nx)\, dx.$$

Diese beiden Ausdrücke für a_n und b_n können etwas umgeformt werden, indem man zuerst von $-\pi$ bis 0 und dann von 0 bis $+\pi$ integriert:

$$a_n = \frac{1}{\pi} \int_{-\pi}^{+\pi} f(x) \cos(nx)\, dx = \frac{1}{\pi} \left\{ \int_{-\pi}^{0} f(x) \cos(nx)\, dx + \int_{0}^{+\pi} f(x) \cos(nx)\, dx \right\}.$$

In dem ersten Integral substituieren wir

$$x = -y,$$

also

$$\int_{-\pi}^{0} f(x) \cos(nx)\, dx = \int_{-\pi}^{0} f(-y) \cos(-ny)\, d(-y) = \int_{0}^{\pi} f(-y) \cos(ny)\, dy$$

oder
$$\int_{-\pi}^{0} f(x) \cos(nx)\, dx = \int_{0}^{\pi} f(-x) \cos(nx)\, dx,$$

und es ist

$$a_n = \frac{1}{\pi}\int_0^{\pi}[f(x) + f(-x)]\cos(nx)\,dx\,.$$

Ähnlich findet man auch

$$b_n = \frac{1}{\pi}\int_0^{\pi}[f(x) - f(-x)\sin nx\,dx\,.$$

Beispiel I: Das geometrische Bild der Funktion $i = f(\omega t)$ ist die in Fig. 169 dargestellte rechteckige Kurve.

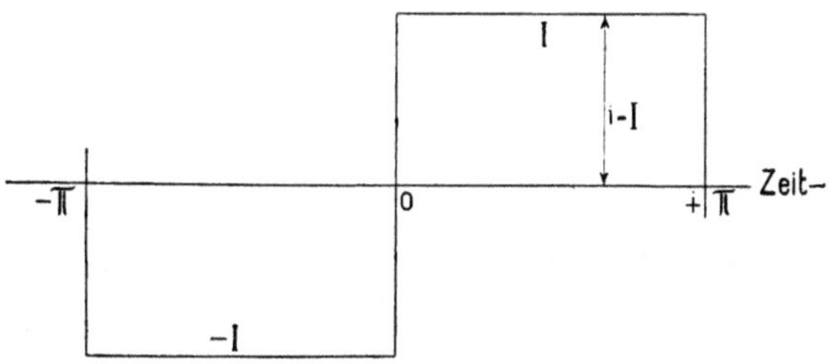

Fig. 169. Rechteckige Wechselstromkurve.

Es ist für $\omega t = 0$ bis π, $i = I$

und für $\omega t = 0$ bis $-\pi$, $i = -I$

$$a_n = \frac{1}{\pi}\int_{-\pi}^{+\pi} i\cos n\omega t\,d(\omega t) = \frac{1}{\pi}\int_0^{\pi}[I + (-I)]\cos n\omega t(\omega t) = 0$$

und

$$b_n = \frac{1}{\pi}\int_{-\pi}^{+\pi} i\sin n\omega t\,d(\omega t) = \frac{1}{\pi}\int_0^{\pi}[I - (-I)]\sin n\omega t\,d(\omega t)$$

$$= \begin{cases} 0 \ (n \text{ gerade}) \\ \dfrac{4I}{nx} \ (n \text{ ungerade})\,. \end{cases}$$

Also

$$i = \frac{4I}{\pi}\left[\frac{\sin\omega t}{1} + \frac{\sin 3\omega t}{3} + \frac{\sin 5\omega t}{5} + \ldots + \frac{\sin n\omega t}{n} + \ldots\right]$$

Beispiel II: Hier ist das geometrische Bild der Funktion $i = f(\omega t)$ die in Fig. 170 dargestellte dreieckige Kurve.

Hier ist für

$$\omega t = 0 \text{ bis } \frac{\pi}{2} \qquad i = \frac{2}{\pi} I(\omega t)$$

$$\omega t = 0 \text{ bis } -\frac{\pi}{2} \qquad i = -\frac{2}{\pi} I(\omega t)$$

und für

$$\omega t = \frac{\pi}{2} \text{ bis } \pi \qquad i = \frac{2}{\pi} I(\pi - \omega t).$$

$$\omega t = -\frac{\pi}{2} \text{ bis } -\pi \quad i = -\frac{2}{\pi} I(\pi - \omega t).$$

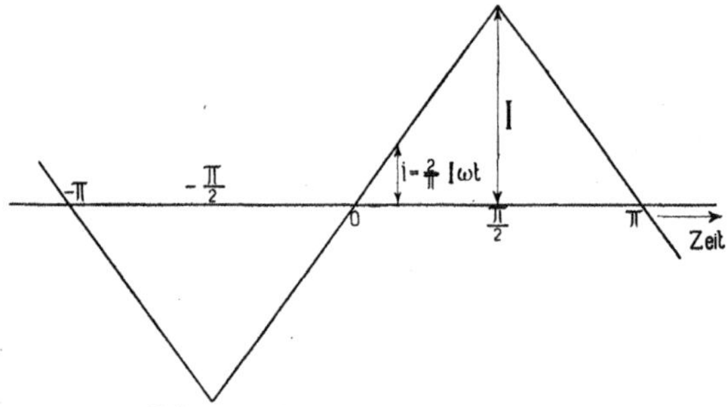

Fig. 170. Dreieckige Wechselstromkurve.

Es ist somit

$$a_n = \frac{1}{\pi}\int_{-\pi}^{+\pi} i \cos n\omega t\, dt = \frac{1}{\pi}\left\{\int_0^{\frac{\pi}{2}} I\omega t + (-I\omega t)] \cos n\omega t\, d(\omega t)\right.$$

$$\left. + \int_{\frac{\pi}{2}}^{\pi} [I(\pi - \omega t) + \{-I(\pi - \omega t)\}] \cos n\omega t\, d(\omega t)\right\} = 0$$

und

$$b_n = \frac{1}{\pi}\int_{-\pi}^{+\pi} i \sin n\,\omega\, t\, d\,(\omega\, t) = \frac{2}{\pi^2}\int_0^{\frac{\pi}{2}} [I\omega\, t - (-I\omega\, t)] \sin n\omega t\, d\,(\omega t)$$

$$+ \frac{2}{\pi^2}\int_{\frac{\pi}{2}}^{\pi} [I(\pi - \omega\, t) - \{-I(\pi - \omega\, t)\}] \sin n\,\omega\, t\, d\,(\omega\, t).$$

Durch die Substitution

$$\omega\, t' = \pi - \omega\, t$$

geht das letzte Integral über in

$$+ \frac{2}{\pi^2}\int_0^{\frac{\pi}{2}} (I\omega t' + I\omega\, t') \sin(n\,\pi - n\,\omega\, t')\, d\,(\omega\, t').$$

Für alle geraden n ist $\sin(n\pi - n\omega t') = -\sin n\omega t'$ und für alle ungeraden n ist $\sin(n\pi - n\omega t') = \sin n\omega t'$.

Es wird somit

$$b_n = \frac{4}{\pi^2}\int_0^{\frac{\pi}{2}} 2\, I\omega t \sin n\omega t\, d(\omega t),$$

worin n nunmehr nur eine ungerade Zahl sein kann, also

$$b_n = \frac{8\,I}{\pi^2 n}\left\{-\omega t \cos n\omega t + \frac{\sin n\omega t}{n}\right\}_0^{\frac{\pi}{2}}$$

$$= \frac{8\,I}{\pi^2}\,\frac{\sin n\frac{\pi}{2}}{n^2},$$

d. h.

$$b_1 = \frac{8\,I}{\pi^2}, \qquad b_3 = -\frac{8\,I}{\pi^2}\frac{1}{9};$$

$$b_5 = \frac{8\,I}{\pi^2}\frac{1}{25} \quad \text{und} \quad b_7 = -\frac{8\,I}{\pi^2}\frac{1}{49};$$

also

$$i = \frac{8\,I}{\pi^2}\left[\frac{\sin\omega t}{1} - \frac{\sin 3\omega t}{9} + \frac{\sin 5\omega t}{25} - \frac{\sin 7\omega t}{49} + \dots\right]$$

In diesen Beispielen sind nicht allein die Glieder $\cos n\omega t$ verschwunden, sondern auch die Glieder $\sin n\omega t$, für die n eine gerade Zahl ist.

Die letzte Eigenschaft besitzt jede Kurve, deren zwei Hälften in Bezug auf die Abszissenachse symmetrisch sind, wenn man sie so verschiebt, daß sie übereinander zu liegen kommen, wie Fig. 171 zeigt. Betrachtet man nämlich die Ausdrücke

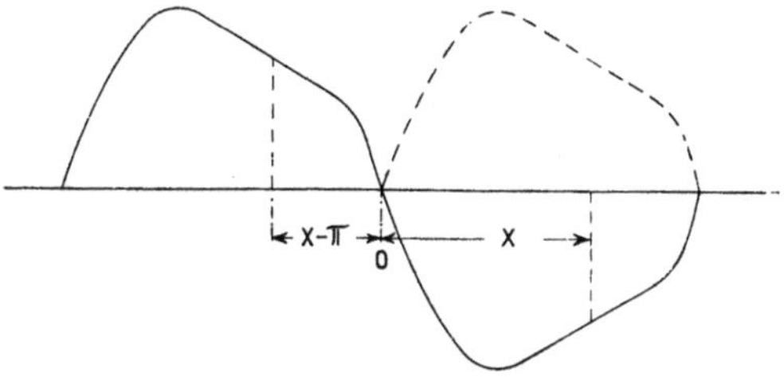

Fig. 171. Eine in bezug auf die Abszissenachse symmetrische Kurve.

$$a_n = \frac{1}{\pi}\int_{-\pi}^{+\pi} f(x)\cos nx\,dx = \frac{1}{\pi}\int_0^{+\pi}[f(x) + f(x-\pi)\cos n\pi]\cos nx\,dx$$

und

$$b_n = \frac{1}{\pi}\int_{-\pi}^{+\pi} f(x)\sin nx\,dx = \frac{1}{\pi}\int_0^{\pi}[f(x) + f(x-\pi)\cos n\pi]\sin nx\,dx,$$

so sieht man, daß für alle geraden n, weil $\cos \pi = +1$ ist, $a_n = 0$ und $b_n = 0$ werden, für den Fall

$$f(x) = -f(x - \pi).$$

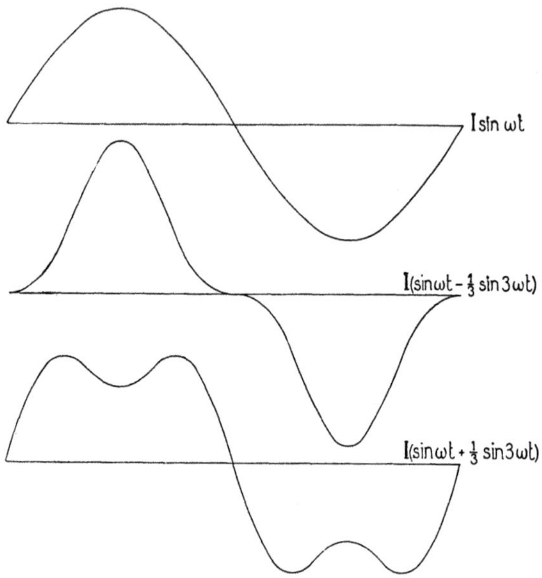

Fig. 172. Einfluß der dritten Harmonischen auf die Kurvenform.

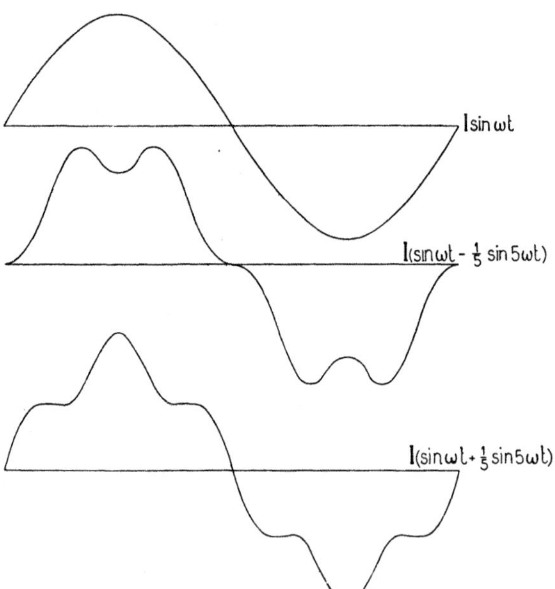

Fig. 173. Einfluß der fünften Harmonischen auf die Kurvenform.

In der Technik kommen beinahe nur Kurven mit dieser Eigenschaft vor. Deswegen kann man stets alle Glieder, deren Periodenzahl ein gerades Vielfache von jener der Grundwelle ist, weglassen. Eine Ausnahme davon machen die Spannungskurven von Maschinen mit Folgepolen, die selten vorkommen.

Betrachtet man wieder den Ausdruck

$$a_n = \frac{1}{\pi}\int_{-\pi}^{+\pi} f(x)\cos nx\,dx = \frac{1}{\pi}\int_{0}^{+\pi} [f(x) + f(-x)]\cos nx\,dx,$$

so sieht man, daß a_n immer gleich 0 wird für

$$f(x) = -f(-x),$$

d. h. a_n und somit alle Kosinus-Glieder der Reihenentwicklung verschwinden, wenn die Spannungskurve mit Bezug auf den Ursprung symmetrisch ist.

Die Kurven in den Fig. 172 und 173 geben ein Bild von dem Einfluß der Oberwellen auf die Form einer Kurve. Besonders oft kommen in der Praxis Spannungskurven von den in Fig. 172 und 173 gezeigten Formen vor.

61. Analytische Methode zur Zerlegung einer periodischen Kurve in ihre harmonischen Glieder.

Hat man eine beliebige periodische Kurve experimentell entweder punktweise oder kontinuierlich aufgenommen, so kann man sie gewöhnlich nicht durch eine endliche Formel analytisch ausdrücken und deswegen nicht die gegebene Methode zur Bestimmung der Amplituden a_n und b_n benutzen.

Ist die Kurve punktweise aufgenommen und hat man über eine ganze Periode, entsprechend 2π, $2m$ gleich weit voneinander entfernte Punkte aufgenommen, so macht man den Ansatz

$$i = a_1 \cos\omega t + b_1 \sin\omega t + a_3 \cos 3\omega t + b_3 \sin 3\omega t + \ldots$$

und wendet nun das Prinzip der kleinsten Quadrate an, wonach man die Konstanten a_n und b_n so bestimmen muß, daß (i berechnet $-i$ beobachtet)^2 gleich einem Minimum ist.

Daraus folgt, daß

$$\frac{\partial(i \text{ berech.} - i \text{ beob.})^2}{\partial a_n} = 0$$

und

$$\frac{\partial(i \text{ berech.} - i \text{ beob.})^2}{\partial b_n} = 0$$

sein müssen, wodurch man ebenso viele lineare Gleichungen erhält wie Unbekannte. Sind die $2m$ beobachteten Werte $i_1, i_2, i_3 \ldots i_{2m}$, so werden

$$a_1 = \frac{2}{m}\left[i_1 \cos\frac{2\pi}{2m} + i_2 \cos\frac{4\pi}{2m} + i_3 \cos\frac{6\pi}{2m} + \ldots + i_{m-1} \cos\frac{2(m-1)\pi}{2m} - i_m\right]$$

$$b_1 = \frac{2}{m}\left[i_1 \sin\frac{2\pi}{2m} + i_2 \sin\frac{4\pi}{2m} + i_3 \sin\frac{6\pi}{2m} + \ldots + i_{m-1} \sin\frac{2(m-1)\pi}{2m}\right]$$

und allgemein

$$a_n = \frac{2}{m}\left[i_1 \cos n\frac{2\pi}{2m} + i_2 \cos n\frac{4\pi}{2m} + i_3 \cos n\frac{6\pi}{2m} + \ldots + i_{m-1} \cos n\frac{2(m-1)\pi}{2m} - i_m\right]$$

$$b_n = \frac{2}{m}\left[i_1 \sin n\frac{2\pi}{2m} + i_2 \sin n\frac{4\pi}{2m} + i_3 \sin n\frac{6\pi}{2m} + \ldots + i_{m-1} \sin n\frac{2(m-1)\pi}{2m}\right].$$

Um die Methode besser im Gedächtnis zu behalten, kann man sich die mathematische Ableitung durch die folgende, für den Elektrotechniker geläufigere, physikalische Vorstellung ersetzt denken:

In einem Stromkreise, für dessen Stromkurve

$$i = a_1 \cos\omega t + b_1 \sin\omega t + a_3 \cos 3\omega t + b_3 \sin 3\omega t + \ldots$$

die $n$te Harmonische der Kosinusglieder bestimmt werden soll, wirke eine EMK $e_n = \cos n\omega t$. Dann sind alle Stromharmonischen, mit Ausnahme von der zu bestimmenden, wattlos, und die Leistung ist im Mittel

$$w_{an} = \tfrac{1}{2} a_n.$$

Andererseits ist aber auch die mittlere Leistung

$$w_{an} = \frac{1}{T}\int_0^T e_n i\,dt = \frac{1}{T}\int_0^T i\cos n\omega t\,dt$$

$$= \text{Mittelwert von } [i \cos n\omega t].$$

Folglich ist

$$a_n = 2 \text{ Mittelwert von } [i\cos n\omega t].$$

Analog wird

$$b_n = 2 \text{ Mittelwert von } [i\sin n\omega t].$$

Dies ist das gleiche Resultat, das eben in anderer Weise abgeleitet wurde.

Wählt man z. B. $2m = 24$, so kann die Rechnung wie folgt tabellarisch durchgeführt werden. In die erste Kolonne schreibt man die experimentell gefundenen Momentanwerte, die um 15^0 auseinander liegen. In der zweiten Kolonne stehen die Kosinuswerte,

Experimentell gefundene Momentanwerte	Koeffizienten zur Bestimmung der Amplituden							
	a_1	b_1	a_3	b_3	a_5	b_5	a_7	b_7
i_1	0,966	0,259	0,707	0,707	0,259	0,966	— 0,259	0,966
i_2	0,866	0,5	0	1,0	— 0,866	0,5	— 0,866	— 0,5
i_3	0,707	0,707	— 0,707	0,707	— 0,707	— 0,707	0,707	— 0,707
i_4	0,5	0,866	— 1,0	0	0,5	— 0,866	0,5	0,866
i_5	0,259	0,966	— 0,707	— 0,707	0,966	0,259	— 0,966	0,259
i_6	0	1	0	— 1,0	0	1,0	0	— 1
i_7	— 0,259	0,966	0,707	— 0,707	— 0,966	0,259	0,966	0,259
i_8	— 0,5	0,866	1,0	0	— 0,5	— 0,866	— 0,5	0,866
i_9	— 0,707	0,707	0,707	0,707	0,707	— 0,707	— 0,707	— 0,707
i_{10}	— 0,866	0,5	0	1,0	0,866	0,5	0,866	— 0,5
i_{11}	— 0,966	0,259	— 0,707	0,707	— 0,259	0,966	0,259	0,966
i_{12}	— 1,0	0	— 1,0	0	— 1,0	0	— 1,0	0

mit denen i_1, i_2 . . . bis i_m multipliziert werden müssen, um a_1 zu bestimmen, in der dritten Kolonne die Sinuswerte, mit denen die Momentanwerte i_1, i_2 usw. zu multiplizieren sind, um b_1 zu erhalten usw., in den nächsten Kolonnen die Koeffizienten zur Bestimmung von a_3, b_3, a_5, b_5 und a_7, b_7.

Wir haben hier vorausgesetzt, daß die zu untersuchende Kurve in bezug auf die Abszissenachse symmetrisch ist, wonach $i_1 = - i_{m+1}$, $i_2 = - i_{m+2}$ usw. sein sollte; trifft das nicht genau zu, so muß man für i_1 den Mittelwert von i_1 und $-i_{m+1}$ oben einsetzen. Ferner kann man für symmetrische Kurven immer den Anfangspunkt so wählen, daß $i_m = 0$ ist.

62. Graphische Methode zur Zerlegung einer periodischen Kurve in ihre harmonischen Glieder.

Statt nach der erläuterten analytischen Methode kann man auch graphisch verfahren, was besonders bequem ist, wenn man eine kontinuierliche Kurve aufgenommen hat. Eine solche Methode ist z. B. die von Houston und Kennely, El. World 1898, angegebene, die auf dem folgenden Satze beruht:

„Wenn man eine ungerade Anzahl w halber Wellen einer Sinuslinie durch p senkrechte Linien in p gleich breite Flächenstücke teilt, so ist, wenn $p > 1$ und Primzahl gegenüber w ist, die Summe dieser Flächenstücke in den ungeraden Abschnitten gleich der Summe der Flächenstücke in den geraden Abschnitten." Bei der Summation hat man alle Flächen oberhalb der Nullinie als positiv und alle Flächen unterhalb der Nullinie als negativ zu rechnen.

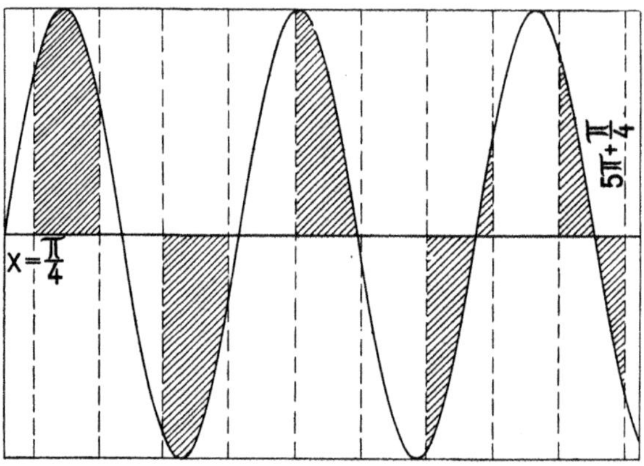

Fig. 174.

Um diesen Satz zu beweisen, teilen wir die Abszissenachse der Sinuskurve von x bis $x + w\pi$ in p gleiche Teile, ziehen die Ordinaten in diesen Teilpunkten und finden für jeden Abschnitt die Fläche (siehe Fig. 174).

$$\int_{\alpha}^{\beta} \sin x \, dx = \cos \alpha - \cos \beta .$$

Bilden wir nun die Summen der Flächen der geraden und der ungeraden Abschnitte und subtrahieren diese zwei Summen voneinander, so soll diese Differenz gleich Null sein. Also muß der folgende Ausdruck F gleich Null werden:

$$\begin{aligned} F = {} & \cos x - 2 \cos\left(x + \frac{w\pi}{p}\right) + 2 \cos\left(x + 2\frac{w\pi}{p}\right) - \ldots \\ & + 2 \cos\left[x + (p-1)\frac{w\pi}{p}\right] - \cos(x + w\pi) \\ = {} & \cos x - 2 \cos\left(x + \frac{w\pi}{p}\right) + 2 \cos\left(x + 2\frac{w\pi}{p}\right) - \ldots \\ & \pm 2 \cos\left(x + \frac{(p-1)\,w\pi}{2p}\right) + \cos x - 2 \cos\left(x - \frac{w\pi}{p}\right) \\ & + 2 \cos\left(x - 2\frac{w\pi}{p}\right) - \ldots \pm 2 \cos\left(x - \frac{(p-1)\,w\pi}{2p}\right) \\ = {} & 2 \cos x \left[1 - 2 \cos w\frac{\pi}{p} + 2 \cos 2w\frac{\pi}{p} - \ldots \pm 2 \cos \frac{(p-1)\,w\pi}{2p}\right]. \end{aligned}$$

Multipliziert man nun auf beiden Seiten mit $\cos\frac{w\pi}{p}$, so heben sich alle Glieder auf der rechten Seite bis auf das letzte auf, indem man alle Produkte der cos nach der Formel

$$2\cos x\cos y = \cos(x+y) + \cos(x-y)$$

umformt.

Also wird

$$F\cos\frac{w\pi}{2p} = 2\cos x\cos\left(\frac{p-1}{2}+\frac{1}{2}\right)\frac{w\pi}{p} = 2\cos x\cos\frac{w\pi}{p} = 0,$$

und weil p gegenüber w eine Primzahl ist, muß $F=0$ sein.

Ist dagegen $w=p$ und läßt man die Teilung in einem Nullpunkte der Sinuslinie beginnen, wodurch $x=0$ wird, so ist

$$F = 2p,$$

d. h. das p-fache des Inhaltes einer halben Wellenfläche, was auch direkt aus Fig. 174 ersichtlich ist.

Aus diesen Sätzen ergibt sich die folgende Regel:

Eine Wellenlinie, deren Verlauf graphisch festgesetzt ist, und die eine halbe Periode eines Wechselstromes umfaßt, soll durch den Ausdruck

$$a_1\cos x + b_1\sin x + a_3\cos 3x + b_3\sin 3x + \ldots$$

bestimmt werden.

Um einen der Koeffizienten b_n der Sinusreihe zu bestimmen, teile man, vom Nullpunkte ausgehend, das Intervall der halben Wellenlänge in n gleiche Teile, und bestimme auf irgendeine Weise die Differenz F zwischen den Summen der geraden und der ungeraden Flächenstücke. Es ist dann

$$b_n = \frac{\pi F}{2\tau},$$

worin τ die halbe Wellenlänge der gegebenen Welle bedeutet, denn F ist gleich der Mittelordinate der Sinusflächen mit der Amplitude b_n mal τ, oder gleich $b_n\frac{2}{\pi}\tau$.

Um einen Koeffizienten a_n der Kosinusreihe zu bestimmen, muß man wiederum das Intervall der halben Wellenlänge in n gleiche Streifen einteilen, aber mit dem Unterschiede, daß man um ein Viertel der Wellenlänge der zu bestimmenden n-ten Oberwelle, also um $\frac{1}{2n}$ des Intervalles der gegebenen halben Welle, vom Nullpunkte aus anfängt. Mit anderen Worten, man legt die Teilungslinien für die Koeffizienten a in die Mitte zwischen die schon vorhandenen Teilungslinien für die Koeffizienten b. Aus der in derselben Weise wie oben gebildeten Differenz F_1 der Summen ergibt sich

$$a_n = -\frac{\pi F_1}{2\tau}.$$

Diese Methode ist nicht streng genau, weil in den gemessenen Flächen für eine Harmonische auch die Flächen der Oberwellen auftreten, deren Periodenzahlen ein Vielfaches der Grundwelle sind. Also spielt die Ungenauigkeit erst eine Rolle, wenn man die neunte Oberwelle berücksichtigen wollte.

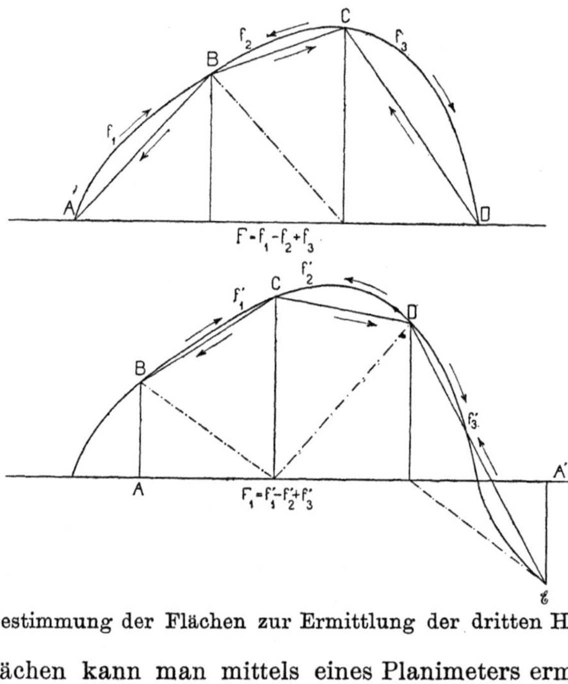

Fig. 175. Bestimmung der Flächen zur Ermittlung der dritten Harmonischen.

Die Flächen kann man mittels eines Planimeters ermitteln. Um aber dabei größere Genauigkeit zu erreichen, kann man folgenden Kunstgriff anwenden: man teilt die zu messenden Inhalte der gegebenen Polygone $ABCDA$ und $ABCDEA'A$ (Fig. 175) in gleich große gerade und ungerade Abschnitte, die ohne weiteres weggelassen werden können, so daß nur noch kleinere Flächen zu planimetrieren übrig bleiben; diese hat man dann mit dem Planimeter im richtigen Sinne zu umlaufen, worauf man sofort das Resultat ablesen kann.

In Fig. 175 ermittelt man also mittels eines Planimeters direkt die gesuchten Flächen F und F_1, indem man die erwähnten kleinen Flächen f_1, f_2, f_3 bzw. f_1', f_2', f_3' in dem von den Pfeilen angedeuteten Sinne umläuft, da $F = f_1 - f_2 + f_3$ und $F_1 = f_1' - f_2' + f_3'$ ist.

Nachdem man in dieser Weise die Koeffizienten a_3, a_5, a_7 ... b_3, b_5, b_7 ... der Oberwellen bestimmt hat, kann man auch die Koeffizienten a_1 und b_1 der Grundwelle bestimmen, indem man die ganze Fläche planimetriert, einmal von dem Punkte $x = 0$ und das andere Mal von dem Punkte $x = \frac{\tau}{2}$ ausgehend. Um a_1 und b_1 zu erhalten, darf man aber die gemessenen Flächen F und F_1 nicht direkt in die Formel für a_n und b_n einsetzen, weil außer dem Inhalte einer halben Wellenfläche der Grundwelle auch die Summe der Inhalte je einer halben Wellenfläche aller Oberwellen gleich

$$\sum_3^\infty b_n \frac{2}{\pi} \frac{\tau}{n}$$

darin mitgemessen ist. Also wird

$$b_1 = \frac{\pi F}{2\tau} - \sum_3^\infty \frac{b_n}{n}$$

und ähnlich findet man

$$a_1 = -\frac{\pi F_1}{2\tau} - \sum_3^\infty \frac{a_n}{n} \cos(n-1)\frac{\pi}{2}$$

$$= -\frac{\pi F_1}{2\tau} + \frac{a_3}{3} - \frac{a_5}{5} + \frac{a_7}{7} - \dots$$

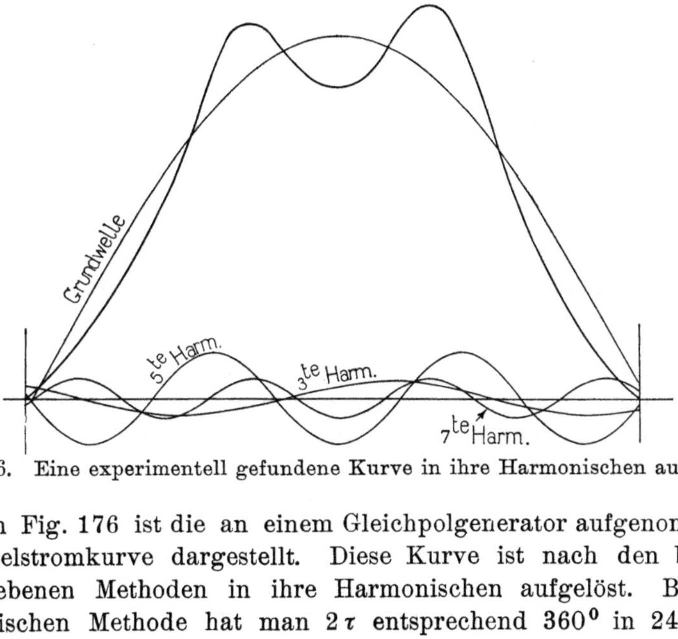

Fig. 176. Eine experimentell gefundene Kurve in ihre Harmonischen aufgelöst.

In Fig. 176 ist die an einem Gleichpolgenerator aufgenommene Wechselstromkurve dargestellt. Diese Kurve ist nach den beiden angegebenen Methoden in ihre Harmonischen aufgelöst. Bei der analytischen Methode hat man 2τ entsprechend 360^0 in 24 Teile geteilt, ein Teil ist $\frac{2\pi}{m}$ gleich 15^0. Die auf diese Weise gefundene

Gleichung, deren Harmonischen auch in Fig. 176 dargestellt sind, lautet:

$$i = -3{,}7 \cos \omega t + 99{,}9 \sin \omega t + 2{,}96 \cos 3\omega t - 3{,}54 \sin 3\omega t$$
$$+ 2{,}57 \cos 5\omega t - 12{,}8 \sin 5\omega t - 1{,}73 \cos 7\omega t + 5{,}46 \sin 7\omega t.$$

Die nach der graphischen Methode gefundene Gleichung ist der ersten fast gleich und lautet:

$$i = -3{,}82 \cos \omega t + 99{,}2 \sin \omega t + 2{,}94 \cos 3\omega t - 3{,}29 \sin 2\omega t$$
$$+ 2{,}38 \cos 5\omega t - 13{,}4 \sin 5\omega t - 1{,}98 \cos 7\omega t + 5{,}79 \sin 7\omega t.$$

Man sieht hieraus, daß diese Methode bis auf ein Prozent der Amplitude der Grundwelle richtig ist.

Bei der Aufzeichnung der analytisch gefundenen Gleichung hat man die Kosinus- und die Sinuswelle jeder Harmonischen kombiniert und in richtiger Lage in bezug auf die anderen Wellen aufgetragen. Die Amplitude i_n und der Phasenwinkel φ_n einer solchen kombinierten Welle sind durch die folgenden Gleichungen bestimmt:

$$a_n \cos n\omega t + b_n \sin n\omega t = \sqrt{a_n^2 + b_n^2} \sin\left(n\omega t + \operatorname{arctg} \frac{a_n}{b_n}\right)$$
$$= i_n \sin(n\omega t + \varphi_n)$$

indem man

$$a_n = i_n \sin \varphi_n$$
$$b_n = i_n \cos \varphi_n$$

setzt.

In dieser Schreibweise lautet die Gleichung der Kurve (Fig. 176)

$$i = 100 \sin(\omega t + 358^0) + 4{,}61 \sin(3\omega t + 140^0)$$
$$+ 13{,}05 \sin(5\omega t + 169^0) + 5{,}71 \sin(7\omega t + 342{,}5^0).$$

63. Wechselströme von zusammengesetzter Kurvenform.

Im zweiten Kapitel haben wir gesehen, daß bei einer beliebigen veränderlichen Spannung p an den Klemmen eines Stromkreises, der sowohl Ohmschen Widerstand wie Selbstinduktion und Kapazität enthält, das zweite Kirchhoffsche Gesetz oder die Spannungsgleichung

$$p = ir + L\frac{di}{dt} + \frac{1}{C}\int i\,dt$$

oder

$$\frac{1}{L}\frac{dp}{dt} = \frac{d^2 i}{dt^2} + \frac{r}{L}\frac{di}{dt} + \frac{1}{LC}$$

stets gültig ist. Ferner haben wir gesehen, daß für konstante r,

L und C eine sinusförmige Spannung immer einen sinusförmigen Strom von derselben Periodenzahl im Stromkreise erzeugt.

Da die Spannungsgleichung eine lineare ist, so läßt sich hier das Gesetz der Superposition anwenden. Und da ein Strom einer Periodenzahl immer Spannungen der gleichen Periodenzahl bedingt, so ist es einleuchtend, daß bei einer zusammengesetzten Spannungskurve jede Harmonische dieser Spannung einen Strom von derselben Periodenzahl erzeugt, der von den anderen Harmonischen ganz unabhängig ist. Wenn also

$$\begin{aligned} p &= p_1 + p_3 + p_5 + \ldots \\ &= P_{1\,max} \sin(\omega t + \psi_1) + P_{3\,max} \sin(3\omega t + \psi_3) + \ldots \end{aligned}$$

ist, so wird

$$\begin{aligned} i &= i_1 + i_3 + i_5 \ldots \\ &= \frac{P_{1\,max}}{\sqrt{r^2 + \left(\omega L - \frac{1}{\omega C}\right)^2}} \sin\left[\omega t + \psi_1 - \operatorname{arc\,tg}\left(\frac{\omega L}{r} - \frac{1}{\omega C r}\right)\right] \\ &+ \frac{P_{3\,max}}{\sqrt{r^2 + \left(3\omega L - \frac{1}{3\omega C}\right)^2}} \sin\left[3\omega t + \psi_3 - \operatorname{arc\,tg}\left(\frac{3\omega L}{r} - \frac{1}{3\omega C r}\right)\right] \\ &+ \ldots \\ &+ \frac{P_{n\,max}}{\sqrt{r^2 + \left(n\omega L - \frac{1}{n\omega C}\right)^2}} \sin\left[n\omega t + \psi_n - \operatorname{arc\,tg}\left(\frac{n\omega L}{r} - \frac{1}{n\omega C r}\right)\right]. \end{aligned}$$

Oder man kann schreiben:

$$\begin{aligned} \boldsymbol{i} &= \boldsymbol{J_{1\,max} \sin(\omega t + \psi_1 - \varphi_1) + J_{3\,max} \sin(3\omega t + \psi_3 - \varphi_3)} \\ &+ \ldots + \boldsymbol{J_{n\,max} \sin(n\omega t + w_n - \varphi_n)} \quad \ldots\ldots \quad (112) \end{aligned}$$

wobei

$$\boldsymbol{J_{n\,max} = \frac{P_{n\,max}}{\sqrt{r^2 + \left(n\omega L - \frac{1}{n\omega C}\right)^2}}} \quad \ldots \quad (113)$$

die Amplitude des n-ten Oberstromes ist und

$$\boldsymbol{\varphi_n = \operatorname{arc\,tg}\left(\frac{n\omega L}{r} - \frac{1}{n\omega C r}\right)} \quad \ldots \quad (114)$$

Der Phasenverschiebungswinkel φ_n der n-ten Oberwelle ist positiv, null oder negativ, je nachdem

$$n\omega L \gtreqless \frac{1}{n\omega C}$$

oder

$$n \gtreqless \frac{1}{\omega\sqrt{LC}} \text{ ist.}$$

Wir sehen somit, daß jede Harmonische der Spannungskurve einen besonderen Strom erzeugt, und daß alle diese Ströme infolge des Gesetzes der Superposition vollständig voneinander unabhängig sind. Die Amplituden der Ströme stehen nicht alle in demselben Verhältnis zu den Amplituden der Harmonischen der Spannung, denn

$$\frac{P_{n\,max}}{J_{n\,max}} = \sqrt{r^2 + \left(n\omega L - \frac{1}{n\omega C}\right)^2} = z_n \quad . \quad . \quad (115)$$

ist die Impedanz der betreffenden Harmonischen und eine von n abhängige Größe. Ebenso ist die Phasenverschiebung φ_n auch eine Funktion von n, weshalb nicht gleichzeitig Resonanz bei mehreren Harmonischen auftreten kann. Da dieser Zustand häufig bei den Oberwellen vorkommt, genügt es bei solchen Anlagen, bei denen die Kapazität eine Rolle spielt, nicht, die Grundwelle allein in bezug auf Resonanz zu untersuchen.

Da die Beziehungen zwischen einer Spannung und ihrem Strome für alle Harmonischen sowohl in bezug auf Größe als auch auf Zeit verschieden sind, bekommt die Stromkurve im allgemeinen eine ganz andere Form als die Spannungskurve. Wir werden deswegen kurz untersuchen, welchen Einfluß die einzelnen Größen r, L und C auf die Form der Stromkurve ausüben.

Betrachten wir zuerst den einfachsten Fall, für den der Stromkreis nur Ohmschen Widerstand enthält, so wird

$$J_{n\,max} = \frac{P_{n\,max}}{r} \qquad \text{und} \qquad \varphi_n = 0,$$

d. h. die Stromkurve ist genau von gleicher Form wie die Spannungskurve und in Phase mit ihr, was man auch direkt aus der Differentialgleichung ersehen konnte, denn es ist $p = ir$.

Enthält der Stromkreis dagegen Widerstand und Selbstinduktion, so wird

$$J_{n\,max} = \frac{P_{n\,max}}{\sqrt{r^2 + (n\omega L)^2}} \qquad \text{und} \qquad \varphi_n = \operatorname{arc\,tg} \frac{n\omega L}{r}.$$

Also ist $\frac{J_{n\,max}}{P_{n\,max}}$ um so kleiner und φ_n um so größer, je größer n ist, d. h. in der Stromkurve kommen die höheren Harmonischen nicht so stark zur Geltung wie in der Spannungskurve, wenn der Stromkreis Ohmschen Widerstand und Selbstinduktion enthält. Die Selbstinduktion bewirkt somit, daß die Stromkurve sich der Sinusform nähert.

Das Umgekehrte ist der Fall, wenn der Stromkreis Widerstand und Kapazität enthält, denn dann wird

$$J_{n\,max} = \frac{P_{n\,max}}{\sqrt{r^2 + \frac{1}{(n\omega C)^2}}} \quad \text{und} \quad \varphi_n = \operatorname{arc\,tg}\left(-\frac{1}{n\omega C r}\right).$$

Die höheren Harmonischen treten in der Stromkurve deutlicher hervor als in der Spannungskurve, und die Stromkurve kann unter Umständen ganz deformiert werden, wenn der Stromkreis genügend Kapazität enthält.

64. Die Leistung eines Wechselstromes von zusammengesetzter Kurvenform.

Die der Jouleschen Wärme entsprechende Leistung eines Stromkreises ist

$$\frac{1}{T}\int_0^T i^2 r\,dt.$$

Setzt man hier

$$i = J_{1\,max}\sin(\omega t + \psi_1 - \varphi_1) + J_{3\,max}\sin(3\omega t + \psi_3 - \varphi_3) + \dots$$

und beachtet, daß

$$\int_{-\pi}^{+\pi}\sin mx \sin nx\,dx = \begin{cases} 0 & \text{für } m \lessgtr n \\ 0 & \text{„} \quad m = n = 0 \\ \pi & \text{„} \quad m = n > 0, \end{cases}$$

ist, so sieht man, daß bei der Integration über $i^2 dt$ nur die Glieder von i^2, die einen Sinus im Quadrat enthalten, ein von Null verschiedenes Integral liefern, und es wird

$$\frac{1}{T}\int_0^T i^2 r\,dt = \frac{r}{2}\left[J_{1\,max}^2 + J_{3\,max}^2 + J_{5\,max}^2 + \dots\right].$$

Setzen wir wie früher diese Leistung gleich $J^2 r$, so wird der effektive Strom

$$J = \sqrt{\frac{1}{T}\int_0^T i^2\,dt} = \sqrt{\frac{1}{2}\left(J_{1\,max}^2 + J_{3\,max}^2 + J_{5\,max}^2 + \dots\right)}$$

oder

$$\boldsymbol{J} = \sqrt{\boldsymbol{J}_1^2 + \boldsymbol{J}_3^2 + \boldsymbol{J}_5^2 + \dots} \quad . \quad . \quad . \quad (116)$$

Hieraus folgt, daß jede Harmonische der Stromkurve eine von den anderen unabhängige Wärme in dem durchströmten Stromkreise erzeugt; der totale Wärmeverlust ist nämlich gleich der Summe der Wärmeverluste der einzelnen Harmonischen.

Analog der effektiven Stromstärke hat man auch den Begriff effektive Spannung

$$P = \sqrt{\frac{1}{T}\int_0^T p^2\,dt} = \sqrt{\frac{1}{2}(P_{1\,max}^2 + P_{3\,max}^2 + P_{5\,max}^2 + \ldots)}$$

oder

$$\boldsymbol{P} = \sqrt{\boldsymbol{P}_1^2 + \boldsymbol{P}_3^2 + \boldsymbol{P}_5^2 + \ldots} \quad . \quad . \quad . \quad (117)$$

eingeführt.

Ferner wissen wir, daß die Leistung eines Stromes

$$W = \frac{1}{T}\int_0^T p\,i\,dt$$

ist. Führen wir hier die Werte von p und i ein und bilden das Produkt, so verschwinden bei der Integration alle Glieder bis auf jene, die einen Sinus im Quadrat enthalten, und wir bekommen das Resultat

$$W = \tfrac{1}{2}\left[P_{1\,max} J_{1\,max} \cos\varphi_1 + P_{3\,max} J_{3\,max} \cos\varphi_3 + \ldots\right]$$

oder

$$\boldsymbol{W} = \boldsymbol{P}_1 \boldsymbol{J}_1 \cos\varphi_1 + \boldsymbol{P}_3 \boldsymbol{J}_3 \cos\varphi_3 + \ldots \quad . \quad (118)$$

Wir sehen somit, daß auch in bezug auf die Leistung alle Harmonischen voneinander unabhängig sind, indem jede für sich eine Leistung erzeugt, während der Strom der einen Harmonischen mit der Spannung einer anderen Harmonischen keine Leistung hervorbringt. Der Strom einer Harmonischen ist in bezug auf die Spannungen der anderen Harmonischen wattlos.

Wir haben jetzt gesehen, daß alle Harmonischen in jeder Beziehung vollständig voneinander unabhängig sind, und daß man die totale Leistung des Stromes durch Summation der Leistungen der einzelnen Harmonischen erhält. Man kann also jede Harmonische für sich behandeln, und für eine solche gelten alle die Gesetze und graphischen Konstruktionen, die wir früher abgeleitet haben.

Liegt eine Aufgabe vor, bei der die Spannungskurve von zusammengesetzter Form ist, so zerlegt man sie in ihre Harmonischen und behandelt jede für sich nach den früheren Beispielen. Man findet in dieser Weise den Strom und die Leistung der Harmonischen, woraus sich wieder der effektive Strom, die totale Leistung und der Wirkungsgrad ergeben. Bei vielen Aufgaben, bei denen man graphische Konstruktionen verwendet, ist es möglich, einzelne Teile der Figur mit Vorteil für alle Harmonischen zu benutzen.

65. Einfluß der Kurvenform auf Messungen.

I. Messung von Induktionskoeffizienten.

In der Technik liegt oft die Aufgabe vor, den Selbstinduktionskoeffizienten eines Stromkreises mit vernachlässigbarem effektiven Widerstand zu bestimmen. Dies geschieht gewöhnlich dadurch, daß man einen Wechselstrom durch den Stromkreis schickt und die effektive Spannung und Stromstärke mißt. Da man jedoch nicht immer eine sinusförmige Spannung zur Verfügung hat, so ist es von Interesse, zu untersuchen, ob man aus diesen beiden Messungen selbst dann noch den Selbstinduktionskoeffizienten genügend genau bestimmen kann, wenn die Kurvenform der angewendeten Spannung zusammengesetzt ist.

Ist

$$p = P_{1\,max} \sin(\omega t + \psi_1) + P_{3\,max} \sin(3\omega t + \psi_3) + \ldots,$$

so wird

$$i = \frac{P_{1\,max}}{\omega L} \sin\left(\omega t + \psi_1 - \frac{\pi}{2}\right) + \frac{P_{3\,max}}{3\omega L} \sin\left(3\omega t + \psi_3 - 3\frac{\pi}{2}\right) + \ldots$$

Die effektiven Werte sind dann

$$P = \sqrt{P_1^2 + P_3^2 + \ldots}$$

und

$$J = \frac{1}{\omega L}\sqrt{P_1^2 + \frac{1}{9}P_3^2 + \frac{1}{25}P_5^2 + \ldots};$$

hieraus folgt durch Division

$$L = \frac{P}{\omega J}\sqrt{\frac{1 + \frac{1}{9}\frac{P_3^2}{P_1^2} + \frac{1}{25}\frac{P_5^2}{P_1^2} + \ldots}{1 + \frac{P_3^2}{P_1^2} + \frac{P_5^2}{P_1^2} + \ldots}}. \tag{119}$$

Aus dieser Formel ist leicht ersichtlich, daß die Oberspannungen P_3, P_5 usw. im Verhältnis zur Grundwelle P_1 sehr groß sein müssen, wenn die Wurzel sich stark von der Einheit entfernen soll. Es ist deswegen in den meisten Fällen für praktische Zwecke genau genug, wenn man den Selbstinduktionskoeffizienten L aus den gemessenen effektiven Werten der Spannung und Stromstärke mittels der Gleichung

$$L = \frac{P}{\omega J}$$

berechnet. Darin ist die Form der Spannungskurve nicht berücksichtigt. Hätte man z. B. eine Spannungskurve mit einer dritten Oberwelle, deren Amplitude ein Drittel der Grundspannung ist, so würde die Wurzel den Wert 0,96 bekommen. Der Fehler bei Vernachlässigung der Korrektur beträgt also nur 4%.

Ist der Ohmsche Widerstand des Stromkreises, dessen Selbstinduktionskoeffizient gemessen werden soll, nicht zu vernachlässigen, so darf die Formel 119 nicht angewendet werden, sondern die Formel 124 auf Seite 250.

II. Messung von Kapazität.

a) Eine analoge Aufgabe, nämlich die Bestimmung der Kapazität eines Stromkreises mit sehr kleinem Ohmschen Widerstand durch Messung von effektiver Spannung und Stromstärke, kann dagegen zu fehlerhaften Resultaten führen, wenn die Spannungskurve von der Sinusform stark abweicht. Denn ist

$$p = P_{1\,max} \sin(\omega t + \psi_1) + P_{3\,max} \sin(3\omega t + \psi_3) + \ldots\ldots,$$

so wird

$$i = C\omega P_{1\,max} \sin\left(\omega t + \psi_1 + \frac{\pi}{2}\right)$$

$$+ 3\,C\omega P_{3\,max} \sin\left(3\omega t + \psi_3 + 3\frac{\pi}{2}\right) + \ldots\ldots$$

$$P = \sqrt{P_1^2 + P_3^2 + \ldots\ldots}$$

und

$$J = \omega C \sqrt{P_1^2 + 9P_3^2 + \ldots\ldots},$$

woraus durch Division folgt

$$C = \frac{J}{\omega P} \sqrt{\frac{1 + \left(\frac{P_3}{P_1}\right)^2 + \left(\frac{P_5}{P_1}\right)^2 + \ldots\ldots}{1 + 9\left(\frac{P_3}{P_1}\right)^2 + 25\left(\frac{P_5}{P_1}\right)^2 + \ldots\ldots}} \quad . \quad (120)$$

Anstatt der Faktoren $\frac{1}{3^2}, \frac{1}{5^2}, \frac{1}{7^2}$ treten unter dieser Wurzel die Faktoren 3^2, 5^2, 7^2 .... auf, welche den Einfluß der Oberwellen auf das Meßresultat sehr störend beeinflussen. Ist z. B. P_3 ein Drittel von P_1, so wird

$$C = \frac{J}{\omega P}\sqrt{0{,}555} = \frac{J}{\omega P} 0{,}75 \quad \text{und nicht} \quad \frac{J}{\omega P}.$$

Es genügt also in diesem Falle nicht allein, die effektiven Werte von Strom und Spannung zu kennen, sondern man muß auch die Kurvenform berücksichtigen.

b) Dies läßt sich jedoch durch das folgende Verfahren leicht umgehen. Man schaltet nämlich in Serie mit der Kapazität eine Induktionsspule L und einen großen Widerstand R nach dem Schaltungsschema Fig. 177. Die Induktionsspule darf kein Eisen enthalten und muß mit genügend Anzapfungen versehen werden zur Regulierung der Selbstinduktion, deren Reaktanz $x_s = \omega L$ in der Nähe der Kapazitanz $x_c = \frac{1}{\omega C}$ liegen soll. Man ändert die Windungszahl der Induktionsspule so lange, bis die Spannung P fast Null wird.

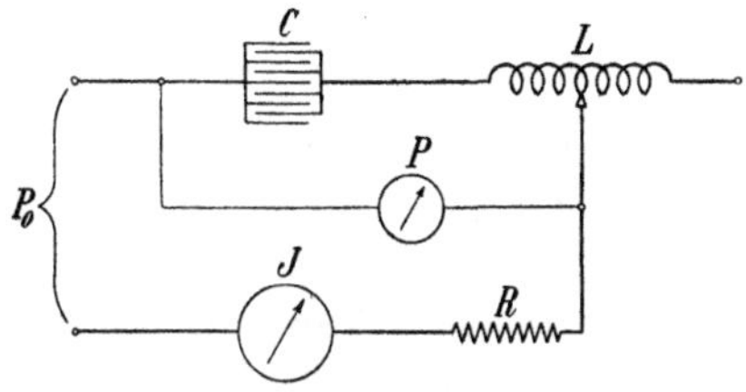

Fig. 177. Schaltung für Kapazitätsmessung.

Hat man in dieser Weise die Windungszahl gefunden, bei der die Spannung am kleinsten ist, so weiß man, daß Resonanz besteht, d. h. es ist

$$\frac{1}{\omega C} = \omega L = x_s .$$

Natürlich muß man sich überzeugen, daß die Resonanz sich auf die Grundwelle bezieht. Mißt man ferner besonders den Selbstinduktionskoeffizienten L der Spule für dieselbe Windungszahl ohne den Widerstand und die Kapazität im Stromkreise, so erhält man ziemlich genau

$$L = \frac{P_s}{\omega J_s}$$

und somit

$$C = \frac{1}{\omega^2 L} = \frac{J_s}{\omega P_s} .$$

Durch diesen Umweg eliminiert man den störenden Einfluß aller Oberwellen auf die Kapazitätsmessungen.

66. Resonanzerscheinungen bei Wechselströmen von zusammengesetzter Kurvenform.

Läßt man eine Spannung, die mehrere höhere Harmonische enthält, auf einen Stromkreis einwirken, so wird für mehrere Zustände eine teilweise Resonanz entstehen. Dies läßt sich am besten an Hand eines Beispieles erläutern. Betrachten wir z. B. den Stromkreis Fig. 178, der hauptsächlich Selbstinduktion und Kapazität enthält, so wird

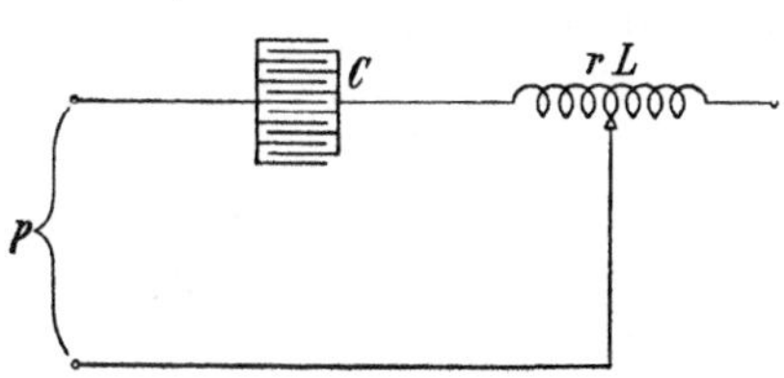

Fig. 178.

er eine partielle Resonanz für die Welle der Periodenzahl c zeigen, wenn die Selbstinduktion L so eingestellt wird, daß

$$L = \frac{1}{n^2 \omega^2 C}.$$

Verändert man deswegen L und trägt die effektive Stromstärke J als Funktion des Selbstinduktionskoeffizienten L auf, so erhält man eine wellenförmige Kurve wie in Fig. 179, die man oft als Resonanzkurve bezeichnet. Sie bezieht sich auf eine Spannungskurve von der Gleichung

$$p = 100 \sin(\omega t + \psi_1) + 30 \sin(3\omega t + \psi_3)$$
$$+ 15 \sin(5\omega t + \psi_5) + 20 \sin(7\omega t + \psi_7).$$

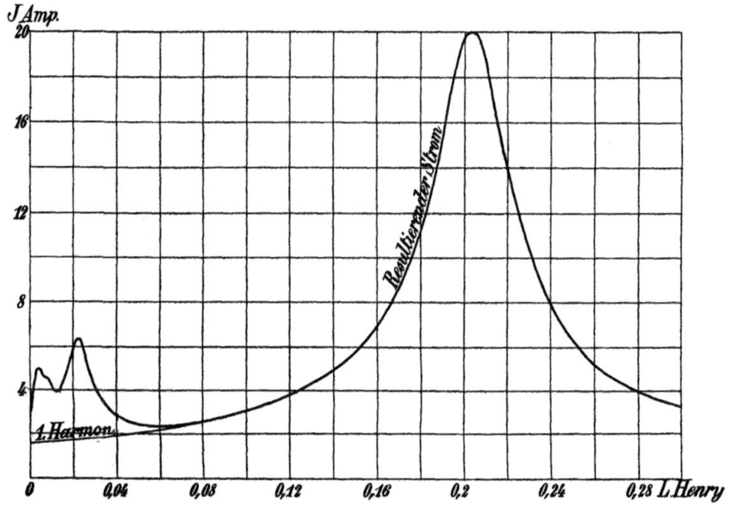

Fig. 179. Resonanzkurve.

Die Periodenzahl der Grundwelle ist $c = 50$, der Widerstand $r = 5\,\Omega$, die Kapazität $C = 50$ MF, während die Selbstinduktion L von 0 bis 0,3 Henry verändert wurde. Das Maximum der effektiven Stromstärke tritt bei den verschiedenen L ein, für die Resonanz vorhanden ist. Das letzte und größte Maximum bezieht sich auf den Resonanzpunkt der Grundwelle, das nächste auf den der dritten Harmonischen usw.

In Fig. 180 sind die einzelnen Harmonischen des Stromes als Funktion der Selbstinduktion L aufgetragen. Um die Verhältnisse für die höheren Harmonischen deutlicher zu zeigen, sind die Maßstäbe gegenüber der Kurve Fig. 179 vergrößert worden. Man sieht, daß die Maximalwerte der Ströme der einzelnen Harmonischen, die bei Resonanz eintreten, sich ebenso verhalten wie die Amplituden der Oberspannungen. Durch geometrische Addition der Harmonischen erhält man die Kurve für den „resultierenden Strom“. Bei größerer Selbstinduktion fällt diese Kurve fast mit jener der Grundharmonischen zusammen. Bei kleiner Selbstinduktion liegt sie dagegen bedeutend höher und auch höher als die Stromkurven der anderen Harmonischen. Die Winkel ψ, welche die Lage der Harmonischen gegenüber der Grundwelle angeben, sind, wie man sieht, ohne Einfluß auf die Resonanzkurve.

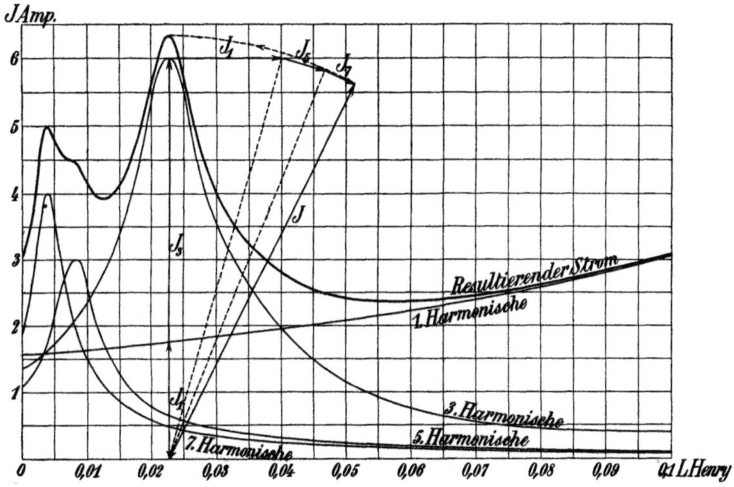

Fig. 180. Resonanzkurve.

Es ist aber auch von Interesse zu sehen, wie die eine Stromkurve in die andere übergeht, wenn man die Selbstinduktion der Drosselspule ändert. Wir wollen deswegen den Fall rechnerisch verfolgen, wenn

$$n = \frac{1}{\omega \sqrt{LC}}$$

eine gerade Zahl ist. Dieser Zustand liegt nämlich direkt zwischen zwei Resonanzzuständen, nämlich dem der $(n-1)$ten und dem der $(n+1)$ten Oberwelle. Der vorherrschende Strom wird somit

$$i_{n-1} + i_{n+1} = J_{(n-1)\,max} \sin\left[(n-1)\,\omega t + \psi_a\right] + J_{(n+1)\,max} \sin\left[(n+1)\,\omega t + \psi_b\right].$$

Nehmen wir vorläufig an, daß $J_{n-1} = J_{n+1} = J_n$ ist, so kann der vorherrschende Strom i_n wie folgt geschrieben werden:

$$i_n = i_{n-1} + i_{n+1} = 2 J_{n\,max} \sin\left(n\,\omega t + \frac{\psi_a + \psi_b}{2}\right) \cos\left(\omega t - \frac{\psi_a - \psi_b}{2}\right).$$

Dieser Strom ist für $\psi_a = \psi_b = 0$ und $n = 4$ in der Fig. 181 aufgezeichnet. Wie ersichtlich, bildet er eine Sinuskurve von der mittleren Periodenzahl beider Ströme mit einer nach einer Sinuskurve variierenden Amplitude. Man erhält um so mehr Perioden für jede Periode des Grundstromes, je höher die Periodenzahl der Oberwelle ist. Durch die Interferenz zweier benachbarter Oberwellen wird also ein Strom erzeugt, der denselben Charakter besitzt wie die durch Schwebungen hervorgerufenen Ströme, auf die wir im Kap. XXIV zurückkommen werden. Sind die Oberströme J_{n-1} und J_{n+1} einander nicht gleich so erhält man auch einen Strom von der mittleren Periodenzahl n. Die Amplitude dieses Stromes variiert aber nicht zwischen Null und einem Maximum, sondern weniger, und zwar nur zwischen einem Minimal- und einem Maximalwert, wie Fig. 181 zeigt.

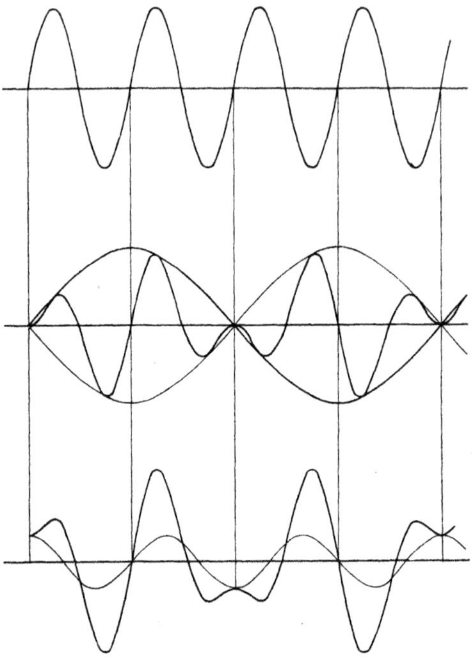

Fig. 181.

Aus dem vorhergehenden ist ersichtlich, daß man nicht alle Schwingungen wie die in Fig. 181 dargestellten als Schwebungen zwischen freien und erzwungenen Schwingungen ansehen darf.

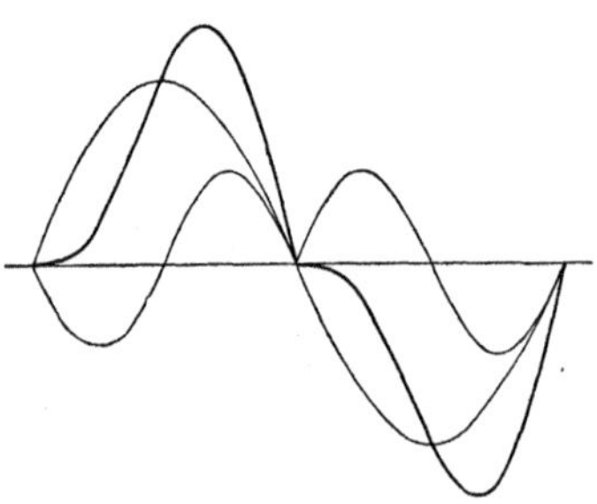

Fig. 182.

B. Strasser und J. Zenneck[1]), die zuerst auf die Oberströme geradzahliger Periodenzahl aufmerksam gemacht haben, schlagen vor, sie als eigenartige Ströme zu behandeln. Sie ersetzen einen großen Teil der ungeradzahligen Oberwellen durch solche geradzahlige Oberwellen, die ihre Richtung für jede halbe

[1]) Annalen der Physik, Bd. 20, S. 759.

Periode der Grundwelle umkehren. Derartige Oberwellen sind in Fig. 182 dargestellt. Durch Betrachtung der Feldkurven Fig. 167a und b eines Generators bei Leerlauf und bei induktionsfreier Belastung ist leicht zu sehen, daß der deformierende Einfluß des Ankerstromes geradzahlige Oberwellen in der Statorwicklung induzieren kann. Die Rückwirkung des Ankerstromes ergibt sich als die Differenz zwischen den beiden Kurven 167a und b und diese Differenzkurve hat viel Ähnlichkeit mit der zweiten Oberwelle in Fig. 182, während die Feldkurve Fig. 167b selbst der stark ausgezogenen Kurve in Fig. 182 ähnlich ist. B. Strasser und J. Zenneck nennen diese Oberwellen phasenwechselnde, weil sie ihre Phase je nach einer halben Periode der Grundwelle um 180° ändern. Da es aber nicht gut möglich ist, phasenwechselnde Ströme und Spannungen rechnerisch zu verfolgen, soll hier nicht weiter auf diese Darstellungsweise eingegangen werden. Alle Phänomene lassen sich nämlich mittels der ungeradzahligen Oberwellen auch ganz wohl erklären.

67. Formfaktor, Scheitelfaktor und Kurvenfaktor eines Wechselstromes.

Da der Effektivwert eines periodischen Stromes oder einer periodischen EMK oft gebraucht wird, und da es umständlich ist, aus einer gegebenen Kurve erst die höheren Harmonischen zu bestimmen, um wieder daraus den Effektivwert zu berechnen, so werden wir im folgenden eine von Fleming angegebene Methode zur direkten Bestimmung des Effektivwertes einer periodischen Kurve anführen.

In Fig. 183 sei z. B. eine solche Kurve gegeben. Sie wird mit einem beliebigen Punkt der Abszissenachse als Anfangspunkt in Polarkoordinaten dargestellt. Die Fläche der Polarkurve wird nun gleich

$$\int_0^{\pi} \frac{y^2}{2}\, d(\omega t) = \frac{\pi}{T} \int_0^{\frac{T}{2}} y^2\, dt,$$

worin y die Ordinate der periodischen Kurve ist. Zeichnet man jetzt

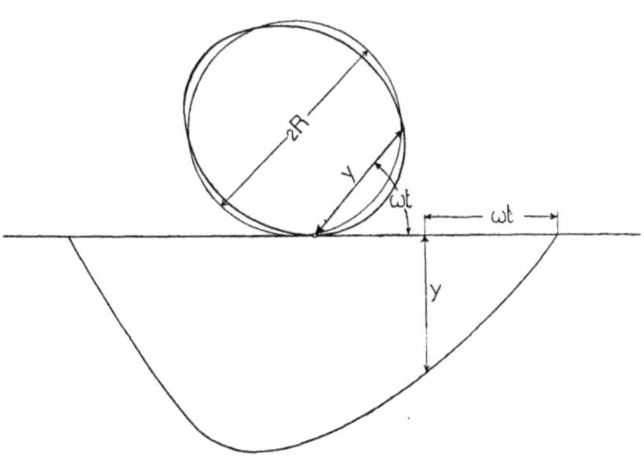

Fig. 183. Konstruktion des Effektivwertes einer periodischen Kurve nach Fleming.

einen Kreis mit der gleichen Fläche wie die Polarkurve, und sei R sein Radius, so wird

$$R^2 \pi = \frac{\pi}{T} \int_0^{\frac{T}{2}} y^2 dt$$

oder

$$\sqrt{2}\, R = \sqrt{\frac{2}{T} \int_0^{\frac{T}{2}} y^2 dt} = \text{Effektivwert der Kurve.}$$

Die Polarkurve einer Sinuswelle ist ein Kreis. Andere periodische Kurven ergeben dagegen andere Polarkurven, die von der Kreisform mehr oder weniger abweichen. Den Kreis von gleichem Flächeninhalt wie die Polarkurve kann man, wenn kein Planimeter vorhanden ist, nach Augenmaß einzeichnen und hat hierdurch eine einfache Methode zur angenäherten Bestimmung des Effektivwertes einer beliebigen periodischen Kurve.

Das Verhältnis zwischen dem Effektivwert einer periodischen Kurve und dem wahren Mittelwert wird oft gebraucht und trägt den Namen Formfaktor, weil er sich mit der Form der Kurve ändert. Je spitzer die Kurve ist, desto größer ist der Formfaktor. Für eine Spannungskurve ist der Formfaktor

$$f_e = \frac{\sqrt{\frac{2}{T} \int_0^{\frac{T}{2}} p^2 dt}}{\frac{2}{T} \int_0^{\frac{T}{2}} p\, dt} \quad \ldots\ldots \quad (121)$$

Für die Spannungskurven Fig. 169, 170 und 172a erhält man die Formfaktoren 1,0, 1,15 und 1,11. Der Formfaktor einer Sinuskurve ist nämlich gleich

$$\frac{1}{\sqrt{2}} : \frac{2}{\pi} = \frac{\pi}{2\sqrt{2}} = 1{,}11\,.$$

Ein anderer charakteristischer Faktor, dem man auch hie und da in der Literatur begegnet, ist der Scheitelfaktor f_s, der das Verhältnis zwischen Maximalwert und Mittelwert angibt. Er hat aber nur Interesse für Spannungskurven, bei denen er ein Maß für die Beanspruchung der Isoliermaterialien ist. Der Maximalwert von Strömen und Spannungen von zusammengesetzter Kurvenform steht dagegen in keinem direkten Verhältnis zu den Verlusten im Eisen und im Kupfer einer elektromagnetischen Maschine und hat deswegen nicht viel Bedeutung in der Technik. Es ist

$$f_s = \frac{\text{Maximalwert}}{\text{Mittelwert}} = \frac{P_{max}}{\frac{2}{T}\int\limits_0^{\frac{T}{2}} p\,dt}$$

und wird $\frac{\pi}{2}$ für Sinuskurven.

Ein dritter Faktor, der besonders bei Motoren von großem Nutzen ist, ist der Kurvenfaktor

$$\sigma_p = \frac{\text{Effektivwert}}{\text{Grundspannung}} = \frac{P}{P_1} = \sqrt{1 + \left(\frac{P_3}{P_1}\right)^2 + \left(\frac{P_5}{P_1}\right)^2 + \dots}$$

Da nur die Grundspannung eine effektive Kraftübertragung von dem Statorkreis auf das rotierende Feld ausüben kann, so ist die Leistungsfähigkeit eines Motors hauptsächlich von der Grundspannung

$$P_1 = \frac{P}{\sigma_p}$$

abhängig. Darin liegt die Bedeutung dieses Faktors.

Zwölftes Kapitel.

Graphische Darstellung von Wechselströmen zusammengesetzter Kurvenform.

68. Der äquivalente Sinusstrom und der Leistungsfaktor. — 69. Der Induktionsfaktor. — 70. Graphische Zusammensetzung der Vektoren äquivalenter Sinusströme. — 71. Einfluß der Kurvenform auf die Arbeitsweise elektrischer Maschinen und Apparate.

68. Der äquivalente Sinusstrom und der Leistungsfaktor.

Man könnte, wie früher gezeigt, jede Harmonische eines Stromkreises für sich graphisch darstellen. Da aber eine solche Darstellung nicht bequem ist, verfährt man einfacher in der Weise, daß man, wie bei den Leistungsdiagrammen gezeigt wurde, die scheinbare Leistung PJ unter einem solchen Winkel φ gegen die Ordinatenachse abträgt, daß die Ordinate gleich der Leistung $PJ\cos\varphi$ wird. $\cos\varphi$ heißt man den Leistungsfaktor. Dieses Diagramm kann man nach Messung von Spannung, Strom und Leistung mit gewünschter Genauigkeit direkt aufzeichnen.

In dem früheren Leistungsdiagramm Kap. I Abschn. 12 waren Spannung und Strom von Sinusform, hier dagegen können sie beide von ganz beliebiger Kurvenform sein, und φ ist somit keine wirklich auftretende Phasenverschiebung, sondern nur eine gedachte, nämlich die Phasenverschiebung zwischen einer Spannung und einem Strome, die beide von Sinusform und in bezug auf den Effektivwert der wirklichen Spannung und dem wirklichen Strome äquivalent sind und dieselbe Leistung ergeben. Diesen gedachten sinusförmigen Wechselstrom heißt man den äquivalenten Sinusstrom. Mit ihm wird in der Praxis gewöhnlich gerechnet, und in den meisten Fällen ist dies auch für praktische Zwecke genau genug. In anderen Fällen, z. B. wenn man es mit Kondensatoren und stark verzerrten Spannungskurven (d. h. Kurven, die von der Sinusform stark abweichen) zu tun hat, genügt diese Rechnungsweise nicht.

Wir werden zuerst untersuchen, welche Bedeutung der Leistungsfaktor $\cos\varphi$ eigentlich hat. Die Leistung ist

$$W = PJ\cos\varphi = J^2 r,$$

worin r der effektive Widerstand des Stromkreises ist, also

$$\cos\varphi = \frac{Jr}{P}$$

$$= r\,\frac{\sqrt{\dfrac{P_1^2}{r^2+\left(\omega L-\dfrac{1}{\omega C}\right)^2}+\dfrac{P_3^2}{r^2+\left(3\omega L-\dfrac{1}{3\omega C}\right)^2}+\ldots}}{\sqrt{P_1^2+P_3^2+\ldots}}$$

oder

$$\boldsymbol{\cos\varphi = \sqrt{\frac{\cos^2\varphi_1+\left(\frac{P_3}{P_1}\right)^2\cos^2\varphi_3+\left(\frac{P_5}{P_1}\right)^2\cos^2\varphi_5+\ldots}{1+\left(\frac{P_3}{P_1}\right)^2+\left(\frac{P_5}{P_1}\right)^2+\ldots}}} \qquad (122)$$

wobei φ_1, φ_3, φ_5 usw. wie früher die Phasenverschiebungen der einzelnen Harmonischen sind.

Da

$$r = \frac{P_1\cos\varphi_1}{J_1}$$

ist, wird $\cos\varphi$ auch gleich

$$\cos\varphi = \cos\varphi_1\frac{P_1 J}{P J_1} \quad . \quad . \quad . \quad . \quad . \quad . \quad (122\text{a})$$

Sowohl die Formel 122 als auch 122a sind abgeleitet unter der Annahme, daß der effektive Widerstand r von der Periodenzahl unabhängig ist. Das ist häufig der Fall, aber nicht immer. Ist der effektive Widerstand für die erste Harmonische r_1, für die dritte r_3, für die fünfte r_5 usw., so wird

$$\cos\varphi = \frac{J_1^2 r_1 + J_3^2 r_3 + \ldots}{PJ}.$$

Ferner findet man aus der Formel 122

$$\sin\varphi = \sqrt{1-\cos^2\varphi} = \sqrt{\frac{\sin^2\varphi_1+\left(\frac{P_3}{P_1}\right)^2\sin^2\varphi_3+\ldots}{1+\left(\frac{P_3}{P_1}\right)^2+\ldots}} \qquad (123)$$

und

$$P\sin\varphi = \sqrt{P_1^2\sin^2\varphi_1+P_3^2\sin^2\varphi_3+P_5^2\sin^2\varphi_5+\ldots}$$

oder, da

$$P_1 \sin\varphi_1 = xJ_1$$
$$P_3 \sin\varphi_3 = 3xJ_3$$
$$P_5 \sin\varphi_5 = 5xJ_5$$

ist, wird

$$\sin\varphi = \sin\varphi_1 \frac{P_1}{PJ_1}\sqrt{J_1^2 + 9J_3^2 + 25J_5^2 + \ldots}$$

Diese Formel ist unter der Annahme abgeleitet, daß r für alle Harmonischen denselben Wert beibehält und daß die Reaktanz proportional der Periodenzahl wächst.

Es ist noch eine Frage zu beantworten: Welcher Fehler in der experimentellen Bestimmung des effektiven Widerstandes und der effektiven Reaktanz eines induktiven Stromkreises wird durch Anwendung einer deformierten Spannungskurve verursacht, wenn man mit äquivalenten Sinuswellen rechnet?

Die Leistung, die dem Stromkreis zugeführt wird, wenn der effektive Strom J in ihm fließt, ist stets gleich

$$W = J^2 r,$$

wenn der effektive Widerstand r von der Kurvenform unabhängig ist. In diesem Falle ist also die Bestimmung von r von der Kurvenform unabhängig. Dies trifft aber bei der effektiven Reaktanz x_s nicht zu, denn jede Harmonische der Klemmenspannung

$$P = \sqrt{P_1^2 + P_3^2 + P_5^2 + \ldots}$$

erzeugt einen Strom von ihrer Periodenzahl.

Es ist

$$J_1 = \frac{P_1}{\sqrt{r^2 + x_s^2}}; \qquad J_3 = \frac{P_3}{\sqrt{r^2 + (3x_s)^2}}; \ldots$$

wenn die Reaktanz x_s der Periodenzahl proportional ist.

$$J = \sqrt{J_1^2 + J_3^2 + J_5^2 + \ldots} = \frac{1}{x_s}\sqrt{\frac{P_1^2 x_s^2}{r^2 + x_s^2} + \frac{\frac{1}{9}P_3^2 \cdot 9x_s^2}{r^2 + 9x_s^2} + \ldots}$$

$$= \frac{1}{x_s}\sqrt{P_1^2 \sin^2\varphi_1 + \frac{1}{9}P_3^2 \sin^2\varphi_3 + \ldots}$$

Es ist aber auch

$$P\sin\varphi = \sqrt{P_1^2 \sin^2\varphi_1 + P_3^2 \sin^2\varphi_3 + \ldots}$$

Diese Gleichung gibt mit dem Ausdruck für J kombiniert

$$x_s = \frac{P\sin\varphi}{J}\sqrt{\frac{P_1^2 \sin^2\varphi_1 + \frac{1}{9}P_3^2 \sin^2\varphi_3 + \frac{1}{25}P_5^2 \sin^2\varphi_5 \ldots}{P_1^2 \sin^2\varphi_1 + P_3^2 \sin^2\varphi_3 + P_5^2 \sin^2\varphi_5 + \ldots}} \qquad (124)$$

Im allgemeinen sind die Oberwellen der Spannungskurve und die Konstanten r und x_s des Stromkreises, der zu untersuchen ist, nicht bekannt. Deshalb sieht man von der Kurvenform ab und rechnet mit der äquivalenten Sinuskurve. Es ist dann

$$x_s = \frac{P \sin\varphi}{J}.$$

Hierdurch begeht man einen kleinen Fehler, indem man die Wurzel gleich Eins setzt. Diese Wurzel ist stets ein wenig kleiner als 1, woraus folgt, daß die angenäherte Formel einen zu großen Wert für x ergibt. Der Fehler ist aber nicht groß, denn für die stark verzerrte Spannungskurve $P_1 = 100$, $P_3 = 10$ und $P_5 = 31{,}65$ wird die Wurzel 0,943 für $\frac{x}{r} = 1{,}5$, und 0,948 für $\frac{x}{r} = 2{,}5$, d. h. der Fehler macht in diesem Falle nur 5% aus.

Enthält der zu untersuchende Stromkreis keine Selbstinduktion, sondern nur Widerstand und Kapazität, so wird die Kapazitätsreaktanz

$$x_c = \frac{P \sin\varphi}{J} \sqrt{\frac{P_1^2 \sin^2\varphi_1 + 9 P_3^2 \sin^2\varphi_3 + 25 P_5^2 \sin^2\varphi_5 + \ldots}{P_1^2 \sin^2\varphi_1 + P_3^2 \sin^2\varphi_3 + P_5^2 \sin^2\varphi_5 + \ldots}} \tag{125}$$

und die Wurzel nähert sich in diesem Falle nicht dem Werte Eins.

69. Induktionsfaktor.

In dem früheren Leistungsdiagramm Kapitel I. stellte die Abszisse $PJ \sin\varphi$ die sog. imaginäre Leistung dar. Hier liegt die Sache etwas anders. Denn bildet man den Ausdruck: Summe der imaginären Leistungen aller Harmonischen, d. h.

$$W_j = P_1 J_1 \sin\varphi_1 + P_3 J_3 \sin\varphi_3 + \ldots,$$

so wird er nicht gleich $PJ \sin\varphi$ sondern immer kleiner, wie jetzt gezeigt werden soll.

Weil

$$\operatorname{tg}\varphi_n = \frac{n\omega L}{r} - \frac{1}{n\omega C r} = \frac{x_n}{r}$$

ist, worin x_n die Reaktanz der $n$ten Oberwelle ist, wird

$$\cos\varphi_n = \frac{1}{\sqrt{1 + \operatorname{tg}^2\varphi_n}} = \frac{r}{\sqrt{r^2 + x_n^2}} = \frac{r J_n}{P_n}$$

und hieraus

$$W_j = \frac{1}{r}\left(P_1^2 \sin\varphi_1 \cos\varphi_1 + P_3^2 \sin\varphi_3 \cos\varphi_3 + \ldots\right),$$

während man aus der Formel für $\sin\varphi$ erhält

$$PJ\sin\varphi = \frac{1}{r}\sqrt{P_1^2\sin^2\varphi_1 + P_3^2\sin^2\varphi_3 + \dots}$$
$$\cdot\sqrt{P_1^2\cos^2\varphi_1 + P_3^2\cos^2\varphi_3 + \dots}$$

Also wird

$$\frac{W_j}{PJ\sin\varphi} =$$
$$\frac{P_1\sin\varphi_1\cdot P_1\cos\varphi_1 + P_3\sin\varphi_3\cdot P_3\cos\varphi_3 + \dots}{\sqrt{P_1^2\sin^2\varphi_1 + P_3^2\sin^2\varphi_3 + \dots}\cdot\sqrt{P_1^2\cos^2\varphi_1 + P_3^2\cos^2\varphi_3 + \dots}} = f. \tag{126}$$

Setzt man

$$P_3\sin\varphi_3 = 3xJ_3,\quad P_5\sin\varphi_5 = 5xJ_5,\quad \dots,$$

so wird

$$f\sin\varphi = \frac{W_j}{PJ} = \frac{P_1J_1\sin\varphi_1 + P_3J_3\sin\varphi_3 + \dots}{PJ}$$
$$= \sin\varphi_1\frac{P_1}{PJ_1}\cdot\frac{J_1^2 + 3J_3^2 + 5J_5^2 + \dots}{J},$$

und da

$$\sin\varphi = \sin\varphi_1\frac{P_1}{PJ_1}\sqrt{J_1^2 + 9J_3^2 + 25J_5^2 + \dots}$$

ist, wird f auch gleich

$$f = \frac{W_j}{PJ\sin\varphi} = \frac{J_1^2 + 3J_3^2 + 5J_5^2 + \dots}{J\sqrt{J_1^2 + 9J_3^2 + 25J_5^2 + \dots}} \tag{126a}$$

Enthält der zu untersuchende Stromkreis keine Selbstinduktion, sondern nur Widerstand und Kapazität, so werden die Reaktanzen für die einzelnen Harmonischen

$$x \qquad \frac{x}{3} \qquad \frac{x}{5} \quad \text{usw.},$$

und es wird also in diesem Falle

$$f = \frac{W_j}{PJ\sin\varphi} = \frac{J_1^2 + \frac{J_3^2}{3} + \frac{J_5^2}{5} + \dots}{J\sqrt{J_1^2 + \frac{J_3^2}{9} + \frac{J_5^2}{25} + \dots}}. \tag{126b}$$

Dieser Faktor f ist stets kleiner als 1.

Betrachten wir die Summe der reellen Leistungen aller Harmonischen. Sie muß infolge der Definition des Leistungsfaktors natürlich gleich der wirklichen Leistung $PJ\cos\varphi$ sein, was sich auch durch Rechnung ergibt. Wir wissen somit, daß der Leistungsfaktor

$$\cos\varphi = \frac{W}{PJ} \quad \ldots\ldots \quad (127)$$

und daß

$$\frac{W_j}{PJ} = f\sin\varphi < \sin\varphi \quad \ldots\ldots \quad (128)$$

ist. $f\sin\varphi$ ist eine für den Stromkreis charakteristische Größe und wird Induktionsfaktor genannt.

Dieser Faktor hat aber nur bei Strömen von Sinusform für die graphische Darstellung eine Bedeutung, denn hier ist er gleich $\sin\varphi$, weil $f = 1$ ist.

70. Graphische Zusammensetzung der Vektoren äquivalenter Sinusströme.

Sind P_I, P_{II} und P_{III} die Klemmenspannungen von zusammengesetzter Kurvenform an mehreren Stromkreisen in denen die effektiven Ströme J_I, J_{II} und J_{III} fließen, so kann man in einem Leistungsdiagramm die scheinbaren Leistungen $P_I J_I$, $P_{II} J_{II}$ und $P_{III} J_{III}$ unter solchen Winkeln φ_I, φ_{II}, φ_{III} zu der Ordinatenachse abtragen, daß die Ordinaten dieser Vektoren die wahren Leistungen W_I, W_{II} und W_{III} darstellen. Nun ist die Frage: Darf man diese Leistungsvektoren immer graphisch zusammensetzen? Man wird finden, daß es nur in einzelnen Fällen gestattet ist, wie jetzt gezeigt werden soll.

Die Ordinate jedes Vektors stellt die wahre Leistung des betreffenden Stromkreises dar, also muß die algebraische Summe W der drei Ordinaten

$$W_I = P_I J_I \cos\varphi_I,$$
$$W_{II} = P_{II} J_{II} \cos\varphi_{II} \quad \text{und}$$
$$W_{III} = P_{III} J_{III} \cos\varphi_{III}$$

die wahre Leistung aller drei Stromkreise ergeben. Dasselbe Resultat wird durch eine Rechnung erhalten, die fernerhin ergibt, daß die imaginäre Leistung W_j aller drei Stromkreise gleich der algebraischen Summe der einzelnen imaginären Leistungen W_{Ij}, W_{IIj} und W_{IIIj} ist. Man erhält also

$$W = W_I + W_{II} + W_{III} = P_I J_I \cos\varphi_I + P_{II} J_{II} \cos\varphi_{II} + P_{III} J_{III} \cos\varphi_{III}$$

und

$$f P J \sin\varphi = W_j = W_{Ij} + W_{IIj} + W_{IIIj}$$
$$= f_I P_I J_I \sin\varphi_I + f_{II} P_{II} J_{II} \sin\varphi_{II} + f_{III} P_{III} J_{III} \sin\varphi_{III}.$$

Damit eine geometrische Zusammensetzung der Leistungsvektoren erlaubt ist, müssen aber die folgenden zwei Gleichungen bestehen

$$W = PJ\cos\varphi = P_I J_I \cos\varphi_I + P_{II} J_{II} \cos\varphi_{II} + P_{III} J_{III} \cos\varphi_{III}$$

und

$$\frac{1}{f} W_j = PJ\sin\varphi = P_I J_I \sin\varphi_I + P_{II} J_{II} \sin\varphi_{II} + P_{III} J_{III} \sin\varphi_{III}\,.$$

Man sieht sofort, daß die erste dieser Gleichungen mit der ersten der beiden früheren Gleichungen identisch und somit erfüllt ist, dagegen stimmen die zwei anderen Gleichungen, nämlich die für die imaginären Leistungen und die für die Abszissen der Vektoren, nicht immer überein, und wir finden, daß eine Zusammensetzung der Leistungsvektoren nur dann zulässig ist, wenn

$$P_I J_I \sin\varphi_I + P_{II} J_{II} \sin\varphi_{II} + P_{III} J_{III} \sin\varphi_{III}$$
$$= PJ\sin\varphi = \frac{f_I}{f} P_I J_I \sin\varphi_I + \frac{f_{II}}{f} P_{II} J_{II} \sin\varphi_{II} + \frac{f_{III}}{f} P_{III} J_{III} \sin\varphi_{III}$$

ist.

Die allgemeine Bedingungsgleichung für die Zulässigkeit der graphischen Zusammensetzung von Leistungsvektoren lautet somit

$$\boldsymbol{(f - f_I)\, P_I J_I \sin\varphi_I + (f - f_{II})\, P_{II} J_{II} \sin\varphi_{II}}$$
$$\boldsymbol{+ (f - f_{III})\, P_{III} J_{III} \sin\varphi_{III} = 0}\,. \quad (129)$$

Die allgemeine Lösung dieser Aufgabe hat jedoch weniger Interesse als die Behandlung der beiden Aufgaben, bei denen entweder alle P für eine Parallelschaltung der drei Stromkreise oder alle J für eine Hintereinanderschaltung gleich groß sind. Man bekommt dann einmal die Bedingung für die Zulässigkeit einer geometrischen Zusammensetzung effektiver Ströme ohne Rücksicht auf ihre Kurvenform, und das andere Mal die Bedingung für die Zulässigkeit einer geometrischen Addition effektiver Spannungen gleichfalls ohne Rücksicht auf die Kurvenform. Alles, was für den einen Fall gilt, gilt aber nicht für den zweiten, weshalb diese beiden Fälle getrennt behandelt werden müssen.

Zuerst betrachten wir die **Hintereinanderschaltung** von Stromkreisen beliebigen Charakters. Hier ist die Stromstärke in sämtlichen Stromkreisen dieselbe, so daß die Bedingungsgleichung für die graphische Zusammensetzung der Leistungsvektoren durch Kürzung mit J in folgende Form übergeht

$$(f - f_I)\, P_I \sin\varphi_I + (f - f_{II})\, P_{II} \sin\varphi_{II} + (f - f_{III})\, P_{III} \sin\varphi_{III} = 0\,.$$

Diese Gleichung gibt gleichzeitig auch die Bedingung für die Zulässigkeit der graphischen Zusammensetzung von Spannungs-Vektoren an, wenn die Stromkreise, auf die sie wirken, in Serie geschaltet sind. Wir werden nicht näher auf diese allgemeine Aufgabe eingehen, sondern nur den einen Fall betrachten, für den man direkt sehen kann, daß diese Bedingungsgleichung erfüllt ist. Er tritt ein, wenn

$$f = f_I = f_{II} = f_{III} \text{ ist,}$$

und dies ist **erstens** der Fall, wenn in den drei betrachteten Stromkreisen die Verhältnisse zwischen r, L und C dieselben sind. Solche drei Stromkreise kann man ähnliche heißen, weil ihre Diagramme immer ähnliche Figuren liefern. Daß man in diesem Falle die Vektoren, die denselben Winkel φ mit der Ordinatenachse einschließen, geometrisch addieren darf, ist auch ohne Rechnung einzusehen.

Wenn nun im zweiten Falle derselbe Strom J alle hintereinandergeschalteten Stromkreise durchfließt, so wird nach Formel 126a auch $f = f_I = f_{II} = f_{III}$, wenn r von der Periodenzahl unabhängig ist und wenn die Reaktanz x für alle Stromkreise dieselbe Funktion der Periodenzahl ist. Dies tritt z. B. dann ein, wenn alle x sich mit der Periodenzahl proportional oder wenn alle x sich mit der Periodenzahl umgekehrt proportional ändern.

Ein Spezialfall hiervon, bei dem die Zusammensetzung also auch möglich ist, ist der, bei dem alle Teile des Stromkreises bis auf einen die Reaktanz Null haben, denn dann muß selbstverständlich $f = f_x$ und also

$$J \sin \varphi = J_x \sin \varphi_x$$

sein, worin J_x und φ_x sich auf den $x$ten Stromkreis beziehen.

Als Beispiel dieses Spezialfalles kann das Diagramm eines Generators dienen, der auf einen äußeren induktionsfreien Stromkreis arbeitet. Denn hier hat man zwei Spannungen geometrisch zu addieren, von denen die eine in Phase mit dem Strom ist, nämlich die Klemmenspannung, während der Spannungsabfall im Anker eine ganz willkürliche Form haben kann. Man erhält dann das Diagramm Fig. 184, in dem P_k die Klemmenspannung ist und E_a die EMK des Generators. P_i ist der Spannungsabfall in der Ankerwicklung.

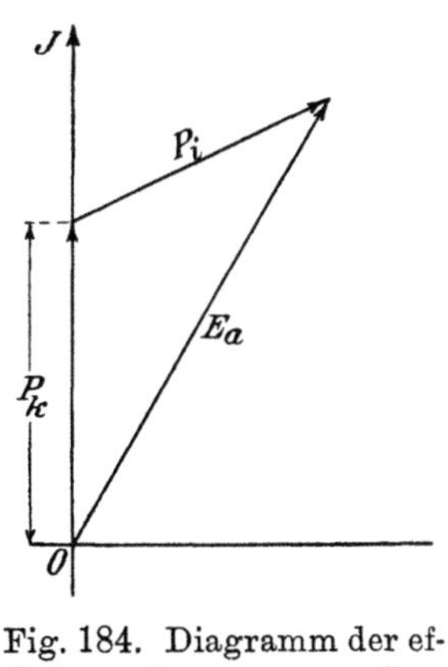

Fig. 184. Diagramm der effektiven Spannungen eines Generators für $\cos \varphi = 1$.

Bei **Parallelschaltung von Stromkreisen beliebigen Charakters** wird die Klemmenspannung für alle Stromkreise dieselbe sein. In der Formel 129 fallen P_I, P_{II}, P_{III} heraus, und die Bedingungsgleichung für die graphische Zusammensetzung von Stromvektoren wird folgendermaßen lauten

$$(f - f_I) J_I \sin \varphi_I + (f - f_{II}) J_{II} \sin \varphi_{II} + (f - f_{III}) J_{III} \sin \varphi_{III} = 0 .$$

Diese Gleichung ist erfüllt, wenn $f = f_I = f_{II} = f_{III}$ ist. Dies ist erstens der Fall, wenn die parallelgeschalteten Stromkreise ähnlich sind, d. h. wenn alle Stromkreise dasselbe Verhältnis zwischen r, L und C besitzen. Zweitens ist es auch der Fall, wenn für die parallelgeschalteten Stromkreise die Konduktanz g von der Periodenzahl unabhängig ist, und wenn ferner die Suszeptanz sich als Funktion der Periodenzahl für alle Stromkreise nach demselben Gesetz ändert. Dieser zweite Fall ist indessen nur von mathematischem Interesse und hat keine praktische Bedeutung, weil g fast immer eine Funktion der Periodenzahl ist. Aus diesem Grunde wird der Beweis hier ausgelassen.

Ein weiterer Fall, bei dem die graphische Zusammensetzung der Ströme parallelgeschalteter Stromkreise ebenfalls zulässig ist, ist der, bei dem alle Stromkreise bis auf einen die Reaktanz Null haben, denn dann ist leicht einzusehen, daß $f = f_x$ wird, also

$$J \sin \varphi = J_x \sin \varphi_x$$

ist, worin J_x, φ_x und f_x sich auf den $x$ten Stromkreis, der Selbstinduktion und Kapazität enthalten kann, beziehen.

Den Beweis für diesen letzten Fall bringen wir aber erst auf Seite 354 bei der Drei-Amperemeter-Methode, da er sich bequemer in anderer Weise, als der hier eingeschlagenen, durchführen läßt.

Um den Einfluß der höheren Harmonischen auf die Größe des Fehlers zu zeigen, den man durch graphische Zusammensetzung von Strömen parallelgeschalteter Stromkreise begeht, sind in den nachfolgenden Tabellen die Werte f, $\cos \varphi$ und $\cos \varphi_1$ in Abhängigkeit von $\frac{x_{s1}}{r}$ für drei verschiedene Spannungskurven angegeben, und zwar für

1. $P_1 = 100$; $P_3 = 31{,}65$; $P_5 = 10$
2. $P_1 = 100$; $P_3 = 22{,}4$; $P_5 = 22{,}4$

und 3. $P_1 = 100$; $P_3 = 10$; $P_5 = 31{,}65$.

x_{s1} ist die induktive Reaktanz des Stromkreises in bezug auf die Grundwelle. Wenn dieses Verhältnis gegeben ist, kann man nämlich leicht mit der Annahme, daß x_s der Periodenzahl proportional ist, die entsprechenden $\sin \varphi_1$, $\cos \varphi_1$, $\sin \varphi_3$, $\cos \varphi_3$ usw. berechnen und aus diesen Größen wieder den Faktor f.

Tabelle a) $\frac{x_{c1}}{r} = 0$

$\frac{x_{s1}}{r} =$	0	0,1	0,2	0,5	1	10
f 1.	0,874	0,878	0,895	0,934	0,960	0,909
f 2.	0,815	0,823	0,854	0,921	0,956	0,918
f 3.	0,766	0,776	0,802	0,898	0,945	0,909
$\cos\varphi$ 1.	1	0,992	0,970	0,865	0,679	0,100
$\cos\varphi$ 2.	1	0,989	0,967	0,865	0,679	0,100
$\cos\varphi$ 3.	1	0,985	0,958	0,858	0,676	0,100
$\cos\varphi_1$	1	0,995	0,981	0,894	0,707	0,100

Die Tabelle a) bezieht sich auf einen Stromkreis, dessen Kapazitanz gleich Null ist, die Tabelle b) dagegen auf einen, dessen Kapazitanz x_{c1} im Verhältnis zu r gleich 0,2 ist; es ist also im zweiten Falle

$$\frac{x_{c1}}{r} = 0{,}2; \qquad \frac{x_{c3}}{r} = 0{,}066\ldots \text{ und } \frac{x_{c5}}{r} = 0{,}04.$$

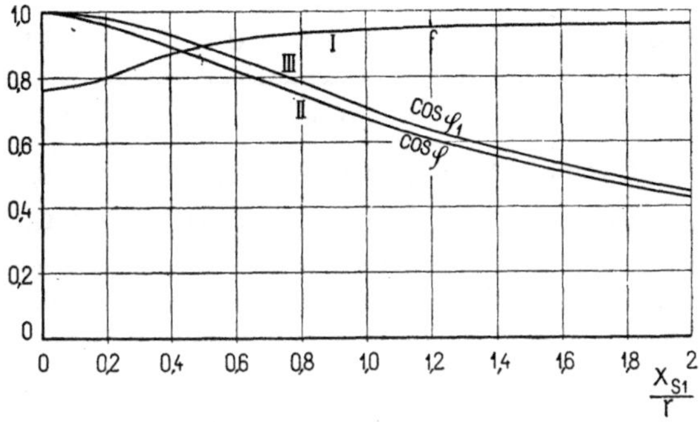

Fig. 185. Annahme: $\frac{x_{c1}}{r} = 0$.

In den Fig. 185 und 186 sind für die Spannungskurve 3 die Verhältnisse f (Kurve I), $\cos\varphi$ (Kurve II) und $\cos\varphi_1$ (Kurve III) als Funktion von $\frac{x_{s1}}{r}$ aufgetragen, und aus der Tabelle b) für f und aus der Kurve I, Fig. 186, ist ersichtlich, daß es mehrere Stromkreise gibt, die nicht ähnlich sind, und deren Ströme doch ohne

Fehler zu begehen geometrisch addiert werden können, weil die Stromkreise bei der gegebenen Klemmenspannung dasselbe Verhältnis f besitzen.

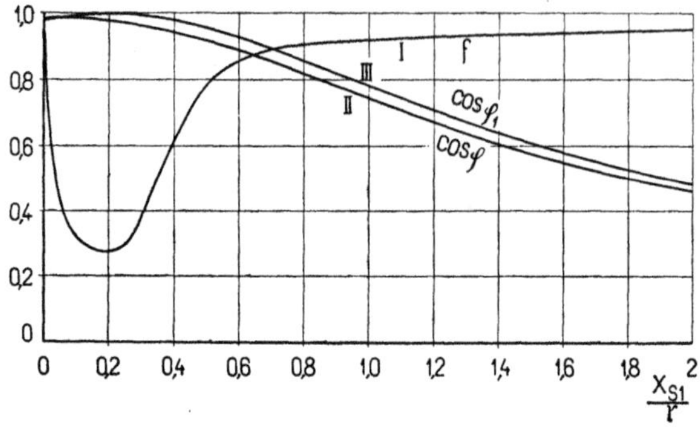

Fig. 186. Annahme: $\frac{x_{c1}}{r} = 0{,}2$.

Tabelle b) $\frac{x_{c1}}{r} = 0{,}2$

$\frac{x_{s1}}{r} =$	0	0,1	0,2	0,5	1	10
f 1.	0,945	0,521	0,235	0,838	0,943	0,909
2.	0,948	0,434	0,237	0,817	9,938	0,918
3.	0,946	0,322	0,273	0,780	0,922	0,909
$\cos\varphi$ 1.	0,984	0,992	0,988	0,928	0,748	0,101
2.	0,984	0,989	0,985	0,926	0,748	0,101
3.	0,984	0,985	0,978	0,918	0,745	0,101
$\cos\varphi_1$	0,982	0,995	1	0,958	0,782	0,1015

Durch graphische Zusammensetzung parallelgeschalteter Ströme wird die Wattkomponente der Resultierenden aller Ströme stets gleich der Summe der Wattkomponenten der einzelnen Ströme. Dies ist aber bei den wattlosen Komponenten nicht der Fall, und die Differenz der wattlosen Komponente des resultierenden Stromes und der Summe der einzelnen wattlosen Komponenten ist gleich

$$\triangle J_{wl} = (f_I - f)\, J_I \sin\varphi_1 + (f_{II} - f)\, J_{II} \sin\varphi_{II} + (f_{III} - f)\, J_{III} \sin\varphi_{III}.$$

Lassen wir z. B. die Spannung 3) auf drei parallelgeschaltete Stromkreise mit dem Verhältnis $\frac{x_{c1}}{r} = 0$ und $\frac{x_{s1}}{r} = 0{,}1,\ 0{,}2$ und $0{,}5$

einwirken, von denen der erste den Strom $J_I = 100$ Amp. und die beiden anderen je 50 Amp. aufnehmen, so wird $f_I = 0{,}776$, $f_{II} = 0{,}802$ und $f_{III} = 0{,}898$, während eine Rechnung $f = 0{,}805$ ergibt. Also wird hier

$$\triangle J_{wl} = (0{,}776 - 0{,}805)\,100 \cdot 0{,}173 + (0{,}802 - 0{,}805)\,50 \cdot 0{,}286 + (0{,}898 - 0{,}805)\,50 \cdot 0{,}526 = 1{,}9 \text{ Amp.}$$

Die wattlose Komponente des resultierenden Stromes ist gleich 59,8 Amp., der prozentuale Fehler wird somit in diesem extremen Falle

$$100\,\frac{1{,}9}{59{,}8} = 3{,}17\,\%.$$

Aus diesem Zahlenbeispiel und aus der Kurve I (Fig. 185) ist ersichtlich, daß bei allen induktiven Stromkreisen, deren Reaktanzen fast proportional der Periodenzahl sind, die graphische Zusammensetzung der äquivalenten Sinusströme zulässig ist. Die Addition der äquivalenten Ströme anderer parallelgeschalteter Stromkreise, deren Reaktanzen nicht alle in der gleichen Abhängigkeit von der Periodenzahl stehen oder deren Widerstand sich mit dem Momentanwert des Stromes ändert, kann zu großen Fehlern führen. Solche Stromkreise hat man z. B. in dem Lichtbogen, den Kondensatoren, den Polarisationszellen (und zwar oberhalb der Spannung, bei der Dissoziation eintritt) und in den Hochspannungsleitungen (in denen die maximale Spannungsdifferenz die Grenze überschreitet, bei der dunkle Entladungen auftreten).

In den Kurven II und III der Fig. 185 und 186 haben wir ein Bild von dem Einfluß der Form der Spannungskurve auf den Leistungsfaktor $\cos\varphi$, und wie ersichtlich, liegt er bei der verzerrten Kurvenform bedeutend tiefer als bei Sinusstrom. Es ist deshalb nicht gestattet, eine Klemmenspannung von verzerrter Kurvenform durch die äquivalente sinusförmige Spannung zu ersetzen, und mit dieser den Strom und Leistungsfaktor des Stromkreises zu berechnen. In der Praxis verfährt man aber oft in dieser Weise und würde bei der angenommenen Spannungskurve somit für $\frac{x_{s1}}{r} = 0{,}5$ statt $\cos\varphi = 0{,}858$ den Wert $\cos\varphi_1 = 0{,}894$ erhalten. Dieser Fehler ist aber zu groß, um vernachlässigt werden zu können. — Noch größere Fehler können begangen werden, wenn man ähnlich rechnet bei Stromkreisen, die Kapazität oder Apparate mit ähnlichen Reaktanzen enthalten.

71. Einfluß der Kurvenform auf die Arbeitsweise elektrischer Maschinen und Apparate.

In der Einleitung zum vorhergehenden Kapitel haben wir schon auf den schädlichen Einfluß höherer Harmonischen aufmerksam gemacht. Dies soll nun hier durch einige Beispiele und Kurven deutlicher illustriert werden.

a) Lichtquellen. — Wie eingangs erwähnt, ist für Lichtquellen die flache Kurvenform am günstigsten, weil hier der Strom am längsten in der Nähe seines Maximums bleibt. Man wird deswegen mit der Periodenzahl eines Stromes flacher Kurvenform wie die in Fig. 187 weiter heruntergehen können als mit einem solchen

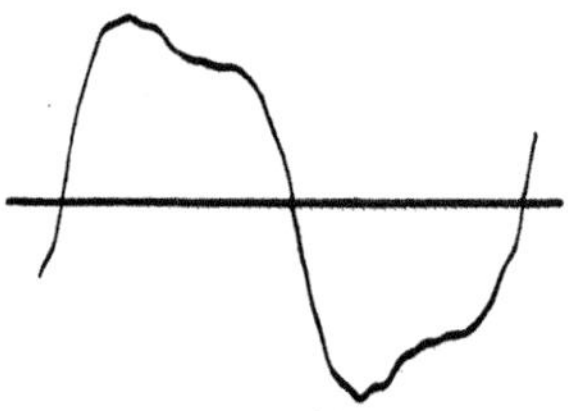

Fig. 187.

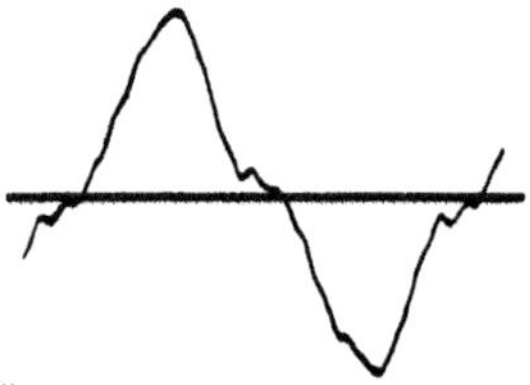

Fig. 188.

spitzer Kurvenform, wie die in Fig. 188, bevor die Lichtstärke zu schwanken beginnt. Die Verfasser fanden bei Experimenten in der Dunkelkammer, daß das Licht einer 16 NK-Kohlefadenglühlampe für 110 Volt zu fluktuieren anfing, wenn die Periodenzahl der Stromkurve (Fig. 188) unter 23,3 ging, während dieselbe Erscheinung bei der flachen Kurvenform (Fig. 187) sich erst bei der Periodenzahl 20 zeigt. Bei einer 25 NK-Metallfadenlampe für 115 Volt waren die Schwankungen bei denselben Spannungskurven schon bei 28,3 bzw. 23,7 Perioden i. d. Sek. bemerkbar. Diese Grenze hängt aber auch von der Lampenspannung ab, sie liegt um so niedriger, je kleiner die Spannung ist.

Über das Verhalten der Bogenlampen in bezug auf die Spannungskurve siehe Kap. XXII.

Man hat öfters in der Praxis beobachtet, daß Bogenlampen sehr leicht Geräusch machen, wenn die Spannungskurve viele Zacken enthält. Das Geräusch, das von Schwingungen herrührt, in die das Lichtbogenvolumen und die umgebende Luft geraten, kann jedoch bei Strömen von 50 Perioden genügend stark gedämpft werden durch

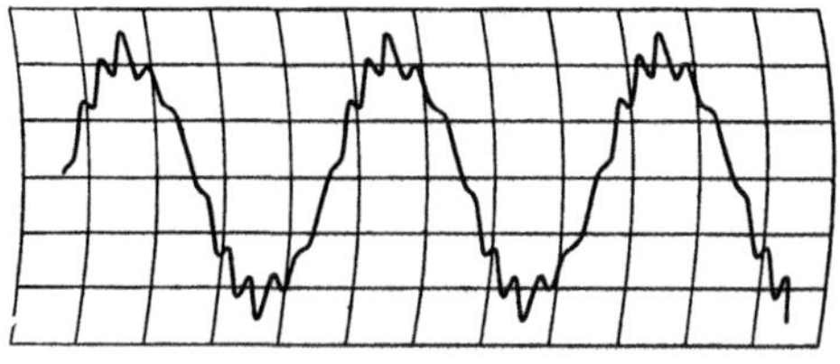

Fig. 189.

Vorschaltung von Drosselspulen, welche die Harmonischen der Stromkurven dämpfen. Fig. 189 stellt die Spannungskurve einer größeren Dreiphasenzentrale dar, die nach dem Bericht des Herrn C. Zorawski[1]) in Bogenlampen ein derartiges Geräusch verursachte, daß Drosselspulen vorgeschaltet werden mußten. Die Drosselspulen verkleinern jedoch den Leistungsfaktor der ganzen Anlage.

b) Transformatoren. — Professor G. Rößler[2]) hat den Einfluß der Form der Spannungskurve auf den Spannungsabfall eines kleinen Transformators von ca. $^1/_2$ KW Leistung, der verhältnismäßig viel Widerstand und Reaktanz besaß, experimentell untersucht. Die Resultate seiner Untersuchungen sind durch die Kurven der Fig. 190 dargestellt. Die Kurve I stellt den Verlauf der Sekundärspannung bei induktionsfreier Belastung unter Benutzung der primären spitzen Spannungskurve e_0 der Fig. 191 dar, während die

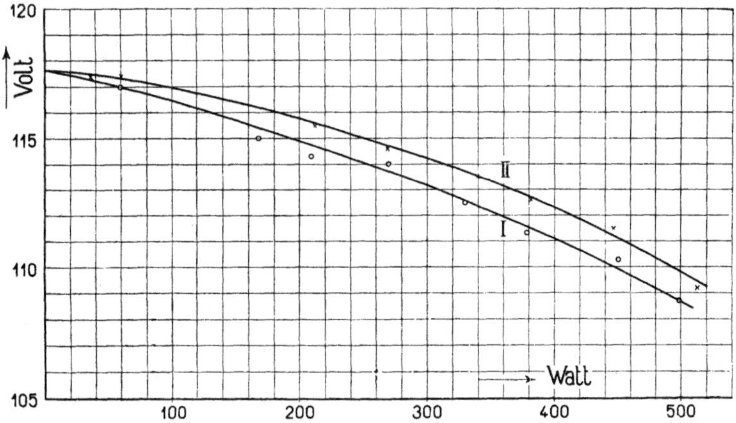

Fig. 190.

Kurve II unter Benutzung der fast sinusförmigen Spannungskurve $e_{0,1}$ derselben Figur aufgenommen wurde. Die spitze Spannungskurve gibt bei $^1/_2$ KW induktionsfreier Belastung 7,65 % Spannungsabfall, während die andere fast sinusförmige Kurve nur 6,65 %, also ca. 13 % weniger Spannungsabfall ergibt. Diese Messungen stimmen auch überein mit analytischen Rechnungen, die zeigen, daß die sinusförmige Spannungskurve in bezug auf den Spannungsabfall in einem Transformator sowie in Leitungen die günstigste ist. Eine Spannungskurve bewirkt bei induktionsfreier und schwach induktiver Belastung einen desto größeren Spannungsabfall, je größer und von je höherer Periodenzahl die größte der Oberwellen

[1]) ETZ 1906, S. 607.
[2]) ETZ 1895, S. 488.

dieser Kurve ist. Dies ist auch ganz natürlich; denn ein elektromagnetischer Apparat wie ein Transformator wird für eine ganz bestimmte Periodenzahl gebaut und eignet sich deswegen um so weniger für eine andere Periodenzahl, je mehr sie von der Periodenzahl abweicht,

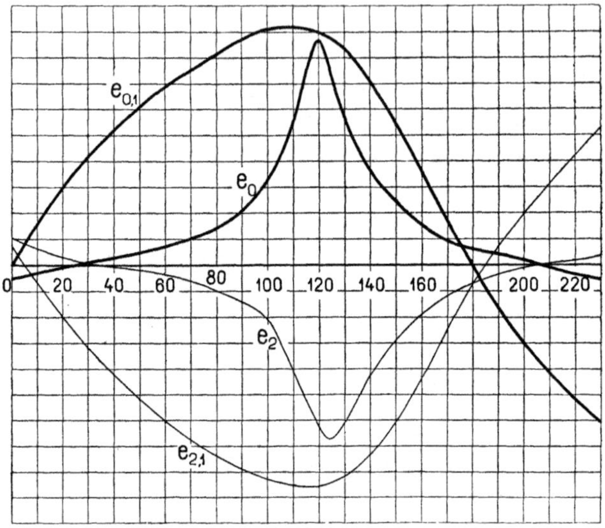

Fig. 191.

für die der Transformator gebaut ist, d. h. von der Periodenzahl der Grundwelle.

Um den Einfluß der Kurvenform auf die Verluste eines Transformators zu untersuchen, haben die Verfasser die Leerlaufverluste

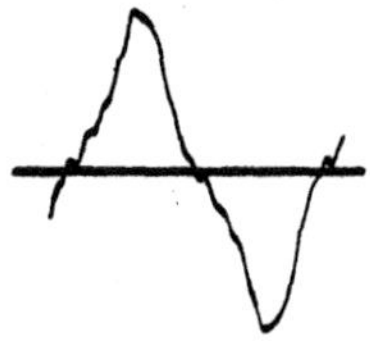

Fig. 192a.

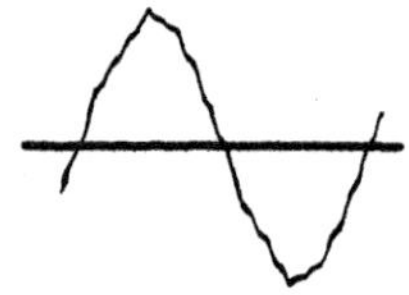

Fig. 192b.

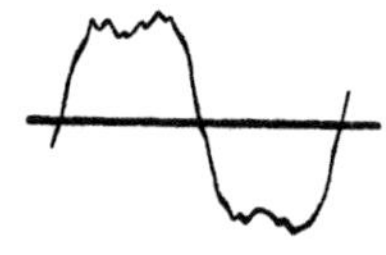

Fig. 192c.

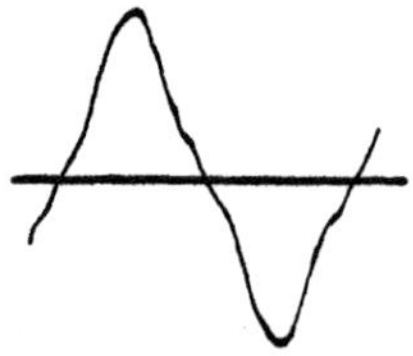

Fig. 192d.

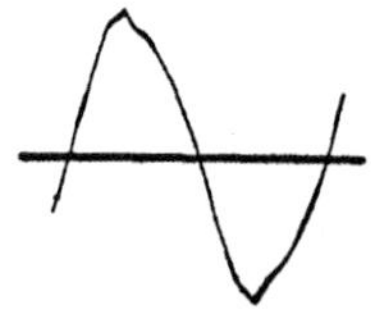

Fig. 192e.

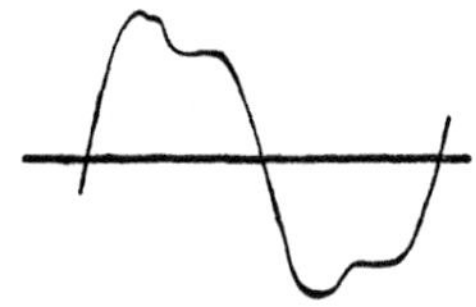

Fig. 192f.

eines Transformators bei den drei Spannungskurven Fig. 192a bis c und die Kurzschlußverluste bei den drei Stromkurven Fig. 192d bis f gemessen und erhielten die in der folgenden Tabelle zusammengestellten Werte, die zeigen, daß die Leerlaufverluste um so kleiner sind, je spitzer die Kurve ist, während die Kurzschlußverluste um so größer sind, je mehr die Kurvenform von der Sinusform abweicht.

1 KVA-Einphasentransformator.

a) Leerlauf.

Spannungskurve	Fig. 192a	Fig. 192b	Fig. 192c
P_0 = Volt	110	110	110
J_0 = Amp.	0,423	0,447	0,452
W_0 = Watt	31,4	33,6	34,9

b) Kurzschluß.

Stromkurve	Fig. 192d	Fig. 192e	Fig. 192f
J_k = Amp.	10	10	10
P_k = Volt	7,44	7,36	8,05
W_k = Watt	46,4	44,0	45,4

c) Induktionsmotoren. — Wie beim Transformator haben die Verfasser auch bei einem 2 PS-Dreiphasenmotor die Leerlauf-

Fig. 193a.

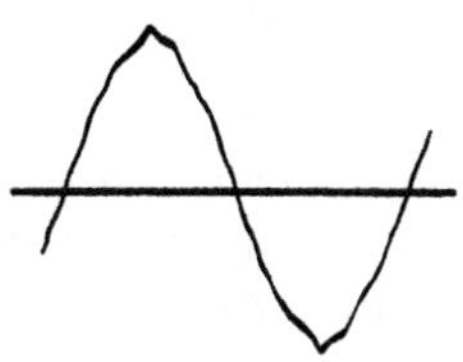

Fig. 193b.

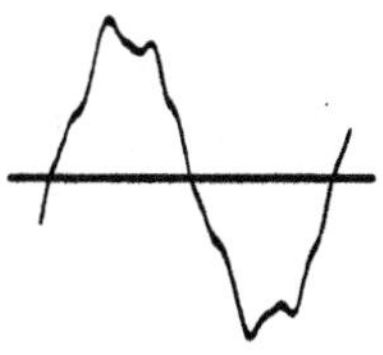

Fig. 193c.

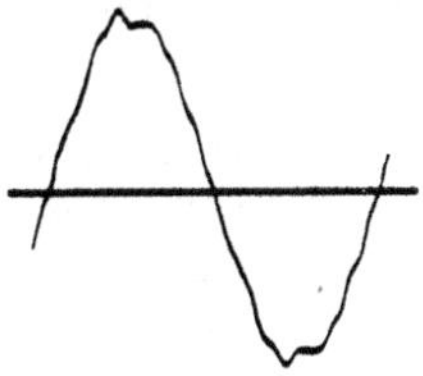

Fig. 193d.

verluste bei den Spannungskurven Fig. 193a und b und die Kurzschlußverluste bei den Kurvenformen Fig. 193c und d gemessen. Die Resultate sind in der folgenden Tabelle zusammengestellt.

2 PS-Dreiphasenmotor.

a) Leerlauf.

Spannungskurve	Fig. 193a	Fig. 193b
P_0 = Volt	112	112
J_0 = Amp.	3,7	3,65
W_0 = Watt	156	152

b) Kurzschluß.

Stromkurve	Fig. 193c	Fig. 193d
J_k = Amp.	10	10
P_k = Volt	25,8	25,0
W_k = Watt	204	198

Die Leerlaufverluste sind fast dieselben, während die Kurzschlußverluste und noch mehr die Kurzschlußreaktanz bei derselben effektiven Stromkurve um so größer sind, je größer die Oberströme sind. Es ist auch der Wirkungsgrad eines Motors bei sinusförmiger Spannungskurve am größten. Dasselbe ist der Fall beim Leistungsfaktor und der maximalen Leistung. Denn bei gegebener Primärspannung ist der Kurzschlußstrom kleiner, wenn er bei langsam drehendem Rotor gemessen wird. Dies rührt daher, daß nur die Spannung der Grundwelle $P_1 = \frac{P}{\sigma_p}$ Arbeit von dem Primärstromkreis des Stators auf den Sekundärkreis des Rotors überträgt. Man erhält also hier wieder dasselbe Resultat wie beim Transformator, nämlich daß der Induktionsmotor sich am günstigsten bei sinusförmigen Spannungskurven verhält. Dasselbe ist auch der Fall bei Kommutatormotoren, denn die flache Spannungskurve verschlechtert die Kommutation und die spitze Spannungskurve verringert die Leistungsfähigkeit eines solchen Motors.

d) Synchronmaschinen. — Laufen mehrere Synchronmaschinen mit verschiedenen Spannungskurven parallel, so werden zwischen ihnen große Oberströme fließen, weil die Oberspannungen nicht in Phase zu sein brauchen, wenn dies mit den Grundspannungen der Fall ist. Wenn die Reaktanzen der Synchronmaschinen sehr klein sind, so können die Oberströme derartige Werte annehmen, daß der Betrieb gestört wird und die Maschinen außer Tritt fallen. Die Fig. 194 bis 197 zeigen am besten die Art und Größe derartiger Ströme, sie sind von Dr.-Ing. Bloch im Elektrotechnischen Institut der Technischen Hochschule in Karlsruhe aufgenommen. Die beiden Fig. 194 und 195 geben die Spannungskurve der Zentrale und die eines 5 PS-Einphasenmotors, während

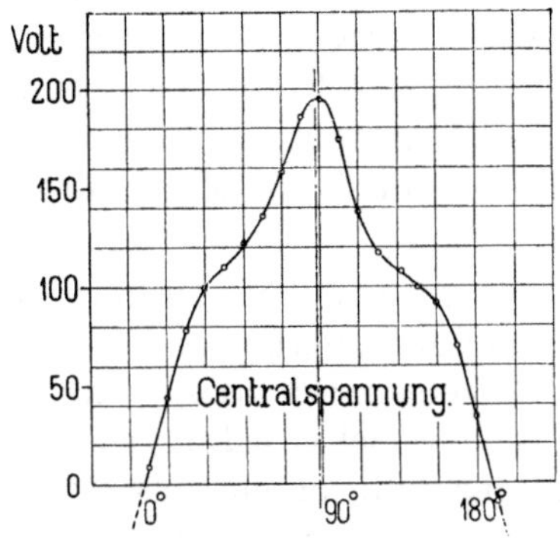

Fig. 194.

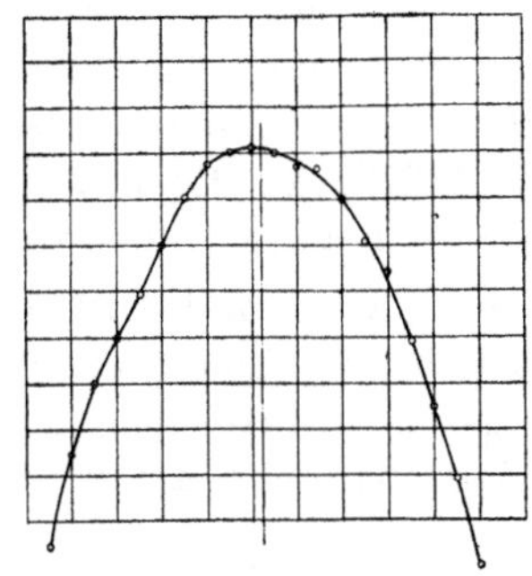

Fig. 195.

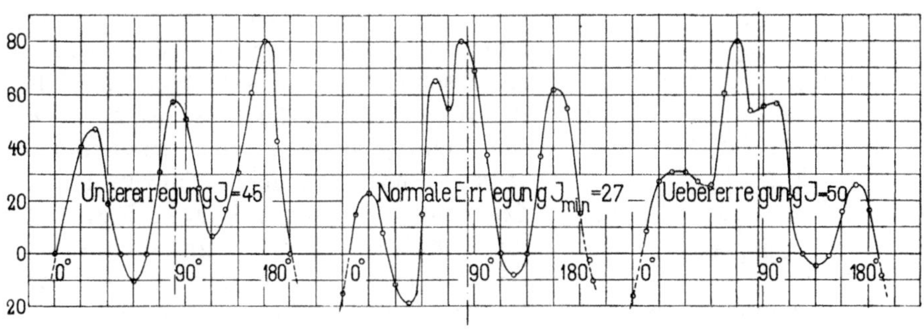

Fig. 196.

die Kurven Fig. 196 die von dem Motor aufgenommenen Ströme darstellen. Bei Vorschaltung einer großen Reaktanz erhält man die

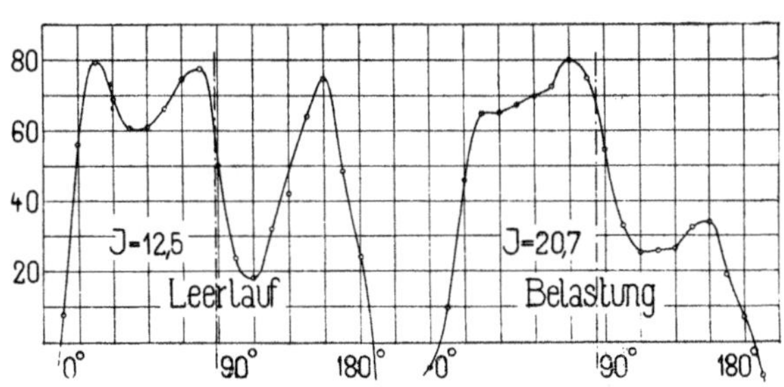

Fig. 197.

Stromkurven Fig. 197. Hier ist wieder die dämpfende Wirkung einer Drosselspule auf die Oberströme leicht zu erkennen. Das Auftreten der Oberströme in Synchronmaschinen kann natürlich dadurch begrenzt werden, daß man allen Synchronmaschinen, die an dasselbe Netz angeschlossen sind, dieselbe Kurvenform bei Leerlauf gibt. Da aber die Kurvenform sich mit der Belastung ändert, so lassen sich die Oberströme im Betriebe mit Synchronmaschinen doch nicht ganz vermeiden. Das beste Mittel, um sie klein zu halten, ist, die Spannungskurven aller Synchronmaschinen so nahe wie möglich an die Sinusform zu halten und den Maschinen eine passende Reaktanz zu geben.

e) Kabel und Leitungen. — Die flache Spannungskurve wird natürlich die Isolatoren und das Isolationsmaterial der Kabel am wenigsten beanspruchen, weil bei derselben Effektivspannung die Maximalspannung am kleinsten ist. Andererseits bedingt sie höhere Harmonische, die unter Umständen zu Resonanzerscheinungen Anlaß geben können. Da derartige Phänome störend auf die Spannungsregulierung einer Anlage einwirken und rechnerisch schwieriger zu verfolgen sind als die reinen Sinusströme, so ist es auch für Leitungsanlagen stets empfehlenswert, Sinusspannungen anzuwenden. Die beiden Spannungskurven Fig. 194 und 198 sind die eines größeren Elektrizitätswerkes. Die zweite ist die Tagesspannung, während die erste die Nachtspannung darstellt. Wie ersichtlich, sind die Oberspannungen in der Tageskurve mehr ausgeprägt als in der Nachtkurve, weil am Tage die Belastung klein ist und Abends eine größere induktionsfreie Belastung vorhanden ist.

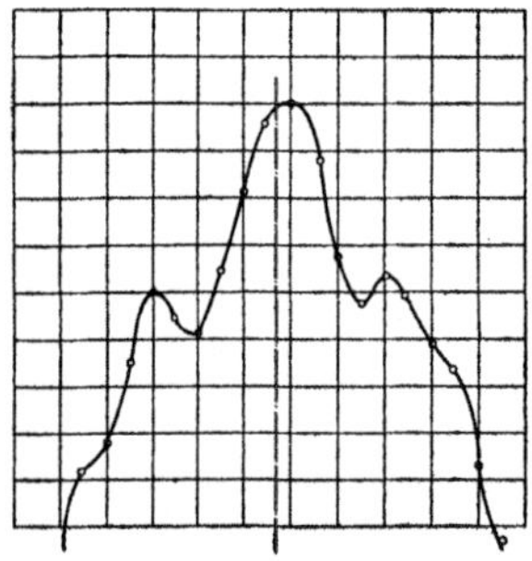

Fig. 198.

Dreizehntes Kapitel.

Mehrphasenströme.

72. Mehrphasensysteme. — 73. Symmetrische Mehrphasensysteme. — 74. Verkettete Mehrphasensysteme. — 75. Balancierte und unbalancierte Systeme. — 76. Vergleich des Kupferaufwandes der Wechselstromsysteme mit dem der Gleichstromsysteme.

72. Mehrphasensysteme.

Ordnet man auf dem Anker eines Generators drei Spulen an, s. Fig. 199, die alle räumlich gegeneinander verschoben sind, so werden in diesen drei Spulen die EMKe

$$p_I = P_{I\,max} \sin \omega t$$
$$p_{II} = P_{II\,max} \sin (\omega t - \alpha)$$
$$p_{III} = P_{III\,max} \sin (\omega t - \beta)$$

induziert. Sie haben alle dieselbe Periodenzahl c, weil alle Spulen sich mit derselben Geschwindigkeit bewegen. Sie sind aber alle gegeneinander phasenverschoben, und zwar um denselben Winkel, den die Spulén miteinander im Raume einschließen. Läßt man jede der drei Spulen auf ihren eigenen Stromkreis wirken, so erhält man in jeder Spule einen Strom, der unabhängig von dem in den anderen Spulen ist. Alle drei Ströme zusammen heißt man einen Dreiphasenstrom, und ein derartiges System von Wechselströmen, in dem mehrere gegeneinander phasenverschobene EMKe von gleicher Periodenzahl phasenverschobene Ströme erzeugen, heißt man allgemein ein Mehrphasensystem.

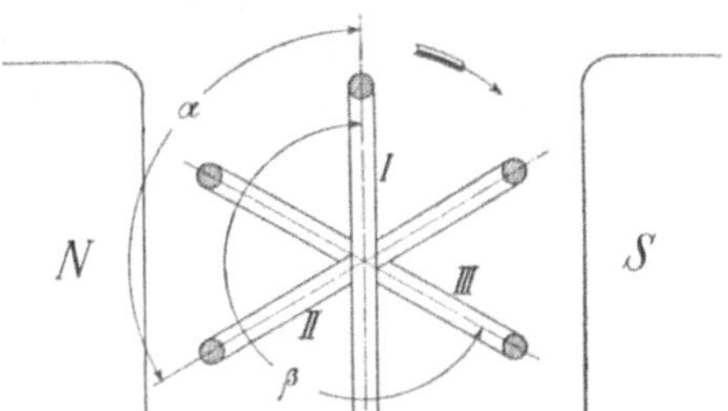

Fig. 199. Erzeugung eines Mehrphasenstromes.

Äußerlich sieht der Mehrphasengenerator aus wie ein Einphasengenerator, nur die Ankerwicklung ist verschieden. In Fig. 163 wurde die Ankerwicklung eines modernen Einphasen- und in Fig. 165 die eines Dreiphasengenerators dargestellt.

Im allgemeinen kann man ein Mehrphasensystem untersuchen, indem man es in seine einzelnen Stromzweige, die Phasen, zerlegt. Die in jedem von diesen Stromzweigen wirksame EMK erzeugt im System Ströme, die man unabhängig von den EMKen der anderen Phasen berechnen kann. Die von allen EMKen erzeugten Ströme müssen dann superponiert werden, wenn die Phasen leitend miteinander verbunden sind. Die verschiedenen Systeme lassen sich wie folgt einteilen:

1. in symmetrische und unsymmetrische Systeme,

2. in abhängige oder verkettete und unabhängige Systeme

und 3. in balancierte und unbalancierte Systeme.

Die abhängigen oder verketteten Systeme zerfallen wieder in Sternsysteme, Ringsysteme und Systeme, die durch Kombination der beiden ersten entstehen.

73. Symmetrische Mehrphasensysteme.

Wenn in einem Mehrphasensystem n Spannungen wirken, die von gleicher Größe und um $\frac{1}{n}$ Periode gegeneinander phasenverschoben sind, so heißt man dieses System symmetrisch, andernfalls unsymmetrisch. Man kann ein solches System auch ein symmetrisches n-Phasensystem nennen, weil es n Phasen besitzt. Verändern sich die Spannungen zeitlich nach einer Sinusfunktion, so werden sie durch die folgenden Ausdrücke dargestellt:

$$p_I = P \sin \omega t$$

$$p_{II} = P \sin \left(\omega t - \frac{2\pi}{n}\right)$$

$$p_{III} = P \sin \left(\omega t - 2\frac{2\pi}{n}\right)$$

$$\cdots\cdots\cdots\cdots$$

$$p_n = P \sin \left[\omega t - (n-1)\frac{2\pi}{n}\right].$$

Summiert man die Momentanwerte dieser n EMKe, so bekommt man das Resultat, daß die Summe der Momentanwerte der EMKe eines symmetrischen Mehrphasensystems stets gleich Null ist.

Man kann nun hieraus die verschiedenen symmetrischen Mehrphasensysteme ableiten, indem man für n verschiedene Werte einsetzt.

Beispiel 1. Für $n=1$ wird $p_I = P\sin\omega t$

und man erhält das Einphasenzweileitersystem Fig. 200.

Für $n=2$ wird $p_I = P\sin\omega t$

$$p_{II} = P\sin(\omega t - 180^0) = -p_I.$$

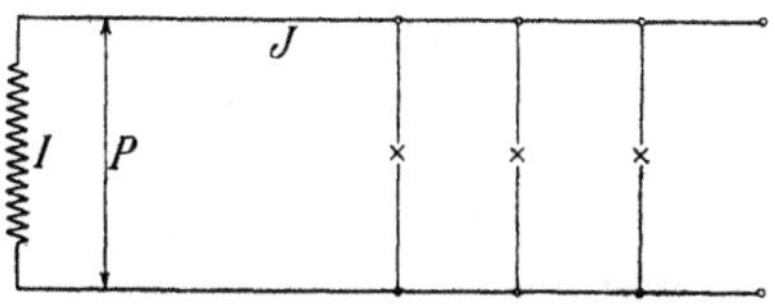

Fig. 200. Einphasen-Zweileitersystem.

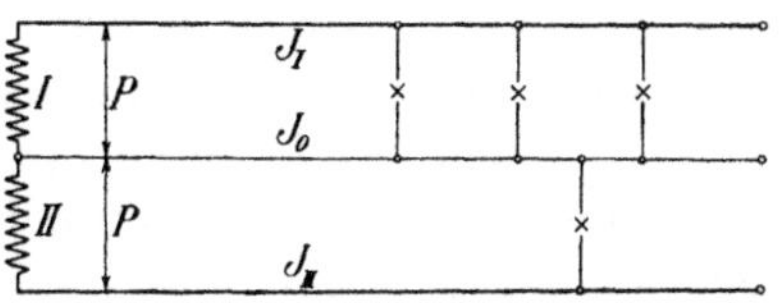

Fig. 201. Einphasen-Dreileitersystem.

Dies gibt uns das Einphasendreileitersystem Fig. 201, bei dem die Spannungen von dem Mittelpunkte 0 aus gerechnet sind. Bei gleicher Belastung der beiden Hälften des Generators fließt im Mittelleiter kein Strom. Er braucht deswegen nur schwach bemessen zu werden.

Beispiel 2. $n=3$ gibt uns

$$p_I = P\sin\omega t$$

$$p_{II} = P\sin\left(\omega t - \frac{2\pi}{3}\right)$$

$$p_{III} = P\sin\left(\omega t - \frac{4\pi}{3}\right).$$

Dieses ist das symmetrische Dreiphasensystem, bei dem drei Spannungen um 120^0 in der Phase gegeneinander verschoben sind, und das somit das symmetrische Mehrphasensystem von kleinster Phasenzahl darstellt.

Beispiel 3. $n=4$ ergibt das symmetrische Vierphasensystem, bei dem

$$p_I = P\sin\omega t$$

$$p_{II} = P\sin\left(\omega t - \frac{\pi}{2}\right)$$

$$p_{III} = P\sin(\omega t - \pi) = -p_I$$

$$p_{IV} = P\sin\left(\omega t - \frac{3\pi}{2}\right) = -p_{II} \text{ ist.}$$

p_I und p_{III} treten somit in demselben Stromzweige auf und ebenso p_{II} und p_{IV}. Man hat deswegen nur zwei Spannungen, die um 90^0 gegeneinander verschoben sind.

74. Verkettete Mehrphasensysteme.

In den Mehrphasensystemen können die Phasen, und zwar jede für sich, vollständig geschlossene Stromkreise bilden, und es besteht ein solches Mehrphasensystem dann aus n ganz getrennten Einphasensystemen, die nur die einzige Bedingung erfüllen müssen, daß die Periodenzahl und die gegenseitige Phasenverschiebung zwischen den EMKen der einzelnen Phasen stets dieselben sind. Die Generatoren der Einphasenströme müssen deswegen vollständig miteinander synchron laufen, was am besten dadurch erreicht wird, daß die verschiedenen Wicklungen, in denen die EMKe erzeugt werden, auf dieselbe Armatur gebracht werden. Man kann nun einen Schritt weiter gehen und die Wicklungen der einzelnen Phasen miteinander leitend verbinden, d. h. die Phasen verketten. Dadurch beeinflussen sich aber die einzelnen Phasen gegenseitig, wenn nicht das System sowohl in bezug auf die Erzeugung der EMKe als auch in bezug auf die Belastung symmetrisch ist.

Bei der Darstellung von Mehrphasensystemen zeichnet man gewöhnlich die induzierten Wicklungen der einzelnen Phasen unter dem Winkel der gegenseitigen Phasenverschiebung zueinander auf.

Man kann die Phasen in verschiedener Weise miteinander verketten, nur muß man dabei darauf achten, das keine geschlossenen Kreise entstehen, in denen die Summe der induzierten EMKe von Null verschieden ist. Denn dann würde ein solcher Kreis sich wie ein kurzgeschlossener Stromkreis mit einer induzierten EMK verhalten, und es würde ein großer Strom in ihm fließen.

Die am häufigsten vorkommenden verketteten Schaltungen bilden die Stern- und die Ringsysteme.

Die Sternsysteme entstehen dadurch, daß man die Anfangspunkte aller Phasen zu einem einzigen Punkte verbindet. Dieser Punkt wird dann der neutrale Punkt genannt, weil er sich bei den symmetrischen Sternsystemen tatsächlich neutral verhält und das Potential der Umgebung besitzt. Man kann diesen Punkt mit der Erde oder mit einem anderen neutralen Punkt verbinden oder auch isolieren und setzt sein Potential gewöhnlich gleich Null. Zwischen dem Ende (Klemme) einer Phase, z. B. der $x$ten, und dem neutralen Punkte mißt man die Phasenspannung $P \sin\left[\omega t - (x-1)\frac{2\pi}{n}\right]$, während dagegen zwischen den Klemmen zweier benachbarter Phasen eine Spannung herrscht, die sogenannte verkettete Spannung, deren Momentanwert gleich der Differenz der Momentanwerte der Spannungen der zwei betrachteten Phasen ist. Der Momentanwert der verketteten Spannungen zwischen den Klemmen der $x$ten und der $(x+1)$ten Phase wird also

$$p_l = P\sin\left[\omega t - (x-1)\frac{2\pi}{n}\right] - P\sin\left[\omega t - x\frac{2\pi}{n}\right]$$
$$= 2P\sin\frac{\pi}{n}\cos\left[\omega t - (2x-1)\frac{\pi}{n}\right],$$

woraus folgt, daß die effektive verkettete Spannung

$$\boldsymbol{P_l = 2\sin\frac{\pi}{n}P_p} \quad \text{. . . . . .} \quad (130)$$

ist, wenn P_p die effektive Phasenspannung bezeichnet.

Für die Sternschaltung ist also die Linienspannung gleich der verketteten Spannung und der Linienstrom gleich dem Phasenstrom.

Eine Ringschaltung entsteht, wenn man das Ende einer Phase mit dem Anfange der nächsten verbindet, wodurch alle Phasen in Serie geschaltet werden. Deshalb ist diese Schaltung nur zulässig, wenn die Summe der EMKe aller Phasen für jeden Moment gleich Null ist, was bei den symmetrischen Mehrphasensystemen mit sinusförmigen EMKen der Fall ist.

Von den Verbindungspunkten je zwei benachbarter Phasen nimmt man die Ströme ab, wodurch die Zahl der Leitungen gleich der Phasenzahl wird. Durch jede Leitung fließt dann nach dem ersten Kirchhoffschen Gesetz die Differenz der Ströme zweier benachbarter Phasen. Der Linienstrom ist also hier nicht gleich dem Phasenstrom, sondern, weil die Ströme in zwei benachbarten Phasen um $\frac{2\pi}{n}$ gegeneinander verschoben sind, gleich

$$i_l = J\sin\left[\omega t - (x-1)\frac{2\pi}{n}\right] - J\sin\left(\omega t - x\frac{2\pi}{n}\right)$$
$$= 2J\sin\frac{\pi}{n}\cos\left[\omega t - (2x-1)\frac{\pi}{n}\right],$$

also

$$\boldsymbol{J_l = 2\sin\frac{\pi}{n}J_p} \quad \text{. . . . . .} \quad (131)$$

wenn der Phasenstrom mit J_p bezeichnet wird.

Die Linienspannung stimmt hier mit der Phasenspannung überein.

Für die Ringschaltung ist also die Linienspannung gleich der Phasenspannung und der Linienstrom gleich dem verketteten Strom.

Im folgenden bezeichnen wir alle auf die Leitungen bezogenen

Größen mit dem Index l und alle auf die Phasen bezogenen mit dem Index p.

Für ein symmetrisches Dreiphasensystem sind die folgenden Schaltungen die gebräuchlichsten:

a) Dreiphasen-Sternsystem.

Fig. 202 ist ein unabhängiges Dreiphasensystem, bei dem der Phasenstrom gleich dem Linienstrom und die Phasenspannung gleich der Linienspannung ist. Läßt man jetzt die drei Anfangspunkte a_1, a_2 und a_3

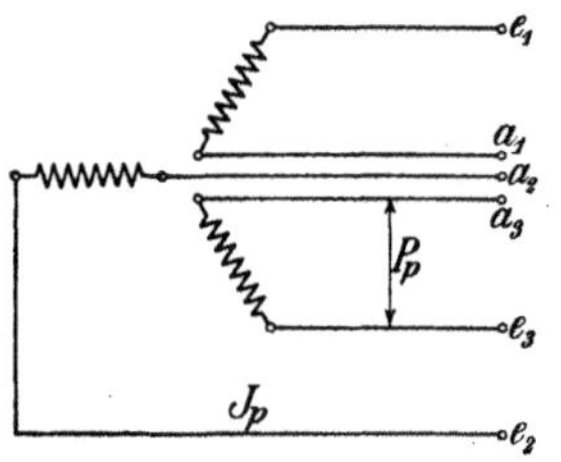

Fig. 202.
Unverkettetes Dreiphasensystem.

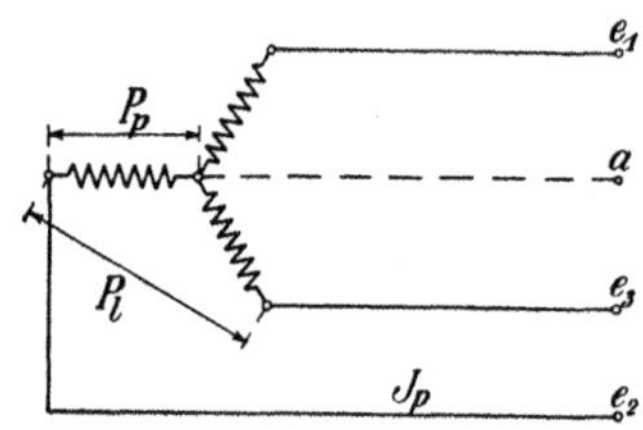

Fig. 203.
Dreiphasensternschaltung.

der Leitungen Fig. 202 zusammenfallen, so entsteht das in Fig. 203 dargestellte Dreiphasen-Sternsystem mit vier Leitungen, woraus sich wieder ein solches mit nur drei Leitungen ableiten läßt, wenn man den Mittelleiter oder den neutralen Leiter a, der bei symmetrischer Belastung stromlos ist, wegläßt. Hier wird die verkettete Spannung

$$\boldsymbol{P_l} = 2 \sin 60^0 \, P_p = \sqrt{3}\, \boldsymbol{P_p} \quad \ldots \quad (132)$$

und

$$\boldsymbol{J_l} = \boldsymbol{J_p} \quad \ldots \quad (133)$$

b) Dreiphasen-Ringsystem.

Fig. 204 stellt das Dreiphasen-Ringsystem oder die sogenannte Dreieckschaltung dar. Hier ist

$$\boldsymbol{P_l} = \boldsymbol{P_p} \quad \ldots \quad (134)$$

und

$$\boldsymbol{J_l} = 2 \sin 60^0 \, J_p = \sqrt{3}\, \boldsymbol{J_p} \quad \ldots \quad (135)$$

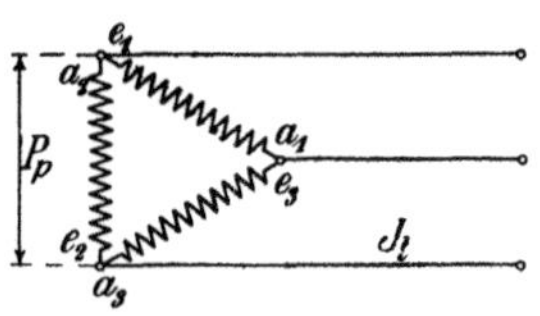

Fig. 204.
Dreiphasendreieckschaltung.

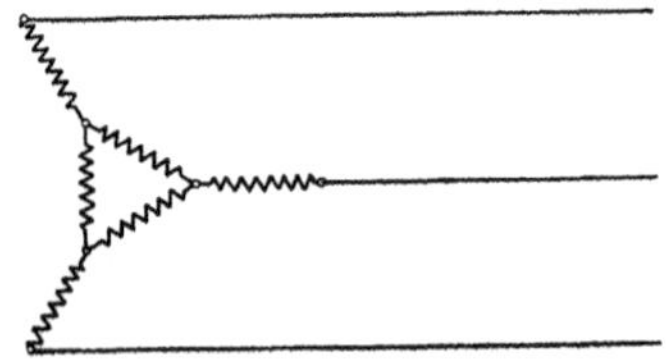

Fig. 205. Kombinierte Schaltung für Dreiphasenstrom nach Dolivo von Dobrowolsky.

Fig. 205 stellt eine Kombinationsschaltung nach Dolivo von Dobrowolsky dar.

Ist $n = 4$, so kann man die folgenden Schaltungen ausführen:

c) Das unverkettete Vierphasensystem oder Zweiphasensystem.

Es ist durch Fig. 206 mit $J_l = J_p$ und $P_l = P_p$ dargestellt.

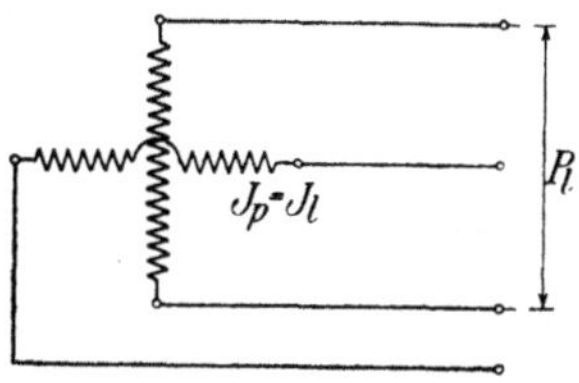

Fig. 206.
Unverkettetes Vierphasensystem.

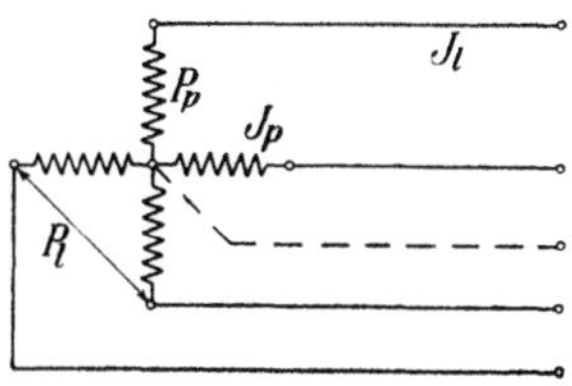

Fig. 207.
Vierphasensternschaltung.

d) Vierphasen-Sternsystem.

Fig. 207 stellt die Schaltung dieses Systems dar. Hier ist

$$\boldsymbol{J}_l = \boldsymbol{J}_p \quad \ldots \ldots \quad (136)$$

und

$$\boldsymbol{P}_l = 2 \sin 45^0 \, \boldsymbol{P}_p = \sqrt{2}\, \boldsymbol{P}_p \quad \ldots \quad (137)$$

während für das Vierphasen-Ringsystem (Fig. 208)

$$\boldsymbol{J}_l = \sqrt{2}\, \boldsymbol{J}_p \quad \ldots \ldots \quad (138)$$

und

$$\boldsymbol{P}_l = \boldsymbol{P}_p \quad \ldots \ldots \quad (139)$$

gilt.

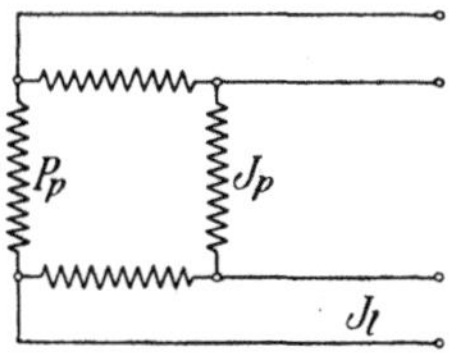

Fig. 208.
Vierphasenviereckschaltung.

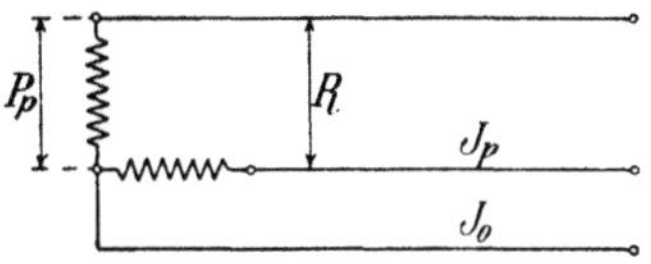

Fig. 209. Zweiphasendreileiter- oder verkettetes Zweiphasensystem.

e) Das verkettete Zweiphasensystem.

Die Schaltung in Fig. 207 wird seltener ausgeführt, statt dessen benutzt man die daraus ableitbare und in Fig. 209 dargestellte Schaltung, welche die Hälfte eines verketteten Vierphasensystems mit Mittelleiter ist. Dieses System, das nicht symmetrisch ist, wird gewöhnlich das verkettete Zweiphasensystem oder das Zweiphasen-Dreileitersystem genannt. Hierfür gilt

$$P_l = \sqrt{2}\, P_p \quad . \quad . \quad . \quad . \quad . \quad . \quad . \quad (140)$$

$$J_0 = \sqrt{2}\, J_p \quad . \quad . \quad . \quad . \quad . \quad . \quad . \quad (141)$$

f) Die Scottsche Schaltung.

Zu den verketteten Mehrphasensystemen gehört auch die Scottsche Schaltung (Fig. 210). Sie dient zur Erzeugung von Dreiphasenstrom mittels einer zweiphasigen Wicklung. Gibt man der einen Phase $\sqrt{\frac{3}{4}}$ der Windungen der anderen Phase und verbindet den Anfang dieser Phase mit der Mitte der zweiten, so erhält man eine symmetrische Dreiphasenspannung zwischen den Klemmen A, B und C. Denn es ist die Spannung zwischen den Klemmen A und B und zwischen A und C (Fig. 210) gleich

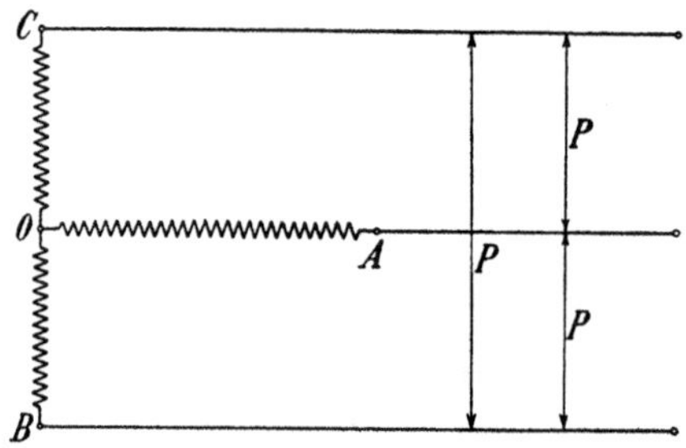

Fig. 210. Scottsche Schaltung.

$$\sqrt{\left(\frac{1}{2}\right)^2 + \frac{3}{4}} = 1$$

gleich der Spannung zwischen B und C. Es ist also möglich, einen symmetrischen Dreiphasenstrom mittels eines unsymmetrischen Zweiphasensystems zu erzeugen. Die drei Phasenspannungen sind

$$P_A = \overline{OA} = \sqrt{\frac{3}{4}}\,\overline{BC} = \sqrt{\frac{3}{4}}\,P_l$$

$$P_B = P_C = \overline{OB} = \overline{OC} = \frac{1}{2}\,\overline{BC} = \frac{1}{2}\,P_l$$

während die Phasenströme gleich den Linienströmen sind.

g) Die unvollkommenen Mehrphasensysteme.

Diese Systeme gehören auch zu den verketteten Mehrphasensystemen und bestehen aus einer Hauptphase und einer damit verketteten Hilfsphase. Sie wurden alle anfangs der neunziger Jahre ins Leben gerufen. Denn in Erkenntnis der Einfachheit des Einphasensystems suchte man seine Mängel durch Anwendung von Hilfsphasen zu beseitigen.

Das einfachste dieser Systeme ist das unvollkommene Dreiphasensystem Fig. 211, das aus zwei um 120° gegeneinander verschobenen Phasen besteht. Die Hilfsphase, die hauptsächlich zum Anlassen von Asynchronmotoren benutzt wird, hat eine Phasenspannung, die gleich dem Abstand des Punktes O von der Verbindungslinie $\overline{BC}$ ist. Diese Hilfsspannung P_h, der das Anlaufmoment der Motoren proportional ist, beträgt

$$P_h = \frac{1}{2} P_p .$$

Bei symmetrischer Belastung der beiden Phasen werden die Ströme in allen drei Leitungen gleich groß, aber um 60° gegeneinander phasenverschoben. Da dieses System aus dem angegebenen Grunde kein großes Anlaßmoment für Motoren erzielt, schlug C. P. Steinmetz ein der Scottschen Schaltung ähnliches System vor, das unter dem unzutreffenden Namen „monozyklisches System" bekannt ist. Es ist dreiphasig und dient zur Erzeugung eines unsymmetrischen Dreiphasenstromes. Steinmetz wählte die Hilfsspannung $\overline{OA}$ an den Motoren gleich $\sqrt{\frac{3}{4}}$ der Hauptspannung $\overline{BC}$, wodurch die Motoren eine symmetrische Dreiphasenspannung erhielten. Die Hilfsspannung $\overline{OA}$ der Generatoren wählte er aber nur zu ca. ein Viertel der Spannung der Hauptphase. Das Übersetzungsverhältnis der Transformatoren für die Hauptphase unterscheidet sich somit um $\frac{4}{\sqrt{3}}$ von dem der Transformatoren für die Hilfsphase.

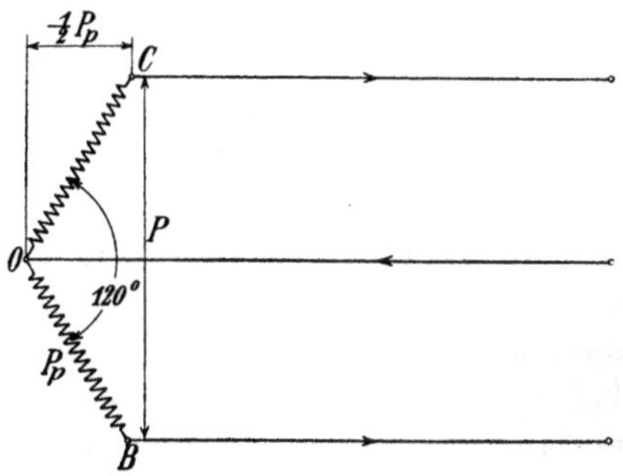

Fig. 211. Unvollkommenes Dreiphasensystem.

Alle diese unvollkommenen Mehrphasensysteme haben aber keine Existenzberechtigung, weil sie alle, wie das symmetrische Dreiphasensystem, drei Leitungen brauchen, und es liegt kein Grund vor, warum man nicht gleich dieses verwenden und dann das Material der Generatoren wie das der Motoren vollständig ausnützen sollte.

75. Balancierte und unbalancierte Systeme.

Im Abschnitte 11 haben wir gesehen, daß der von der Spannung

$$p = P\sqrt{2}\sin\omega t$$

erzeugte Strom

$$i = J\sqrt{2}\sin(\omega t - \varphi)$$

eine momentane Leistung

$$w = PJ[\cos\varphi - \cos(2\omega t - \varphi)]$$

liefert. Da der Mittelwert der Leistung

$$W = PJ\cos\varphi$$

ist, wird

$$w = W\left[1 - \frac{\cos(2\omega t + \varphi)}{\cos\varphi}\right].$$

Während diese Pulsation der Leistung eines Einphasenstromes, die in den Fig. 43 und 44 für einen beliebigen Winkel φ und $\varphi = 90^0$ dargestellt ist, seine Verwendung für viele Zwecke, z. B. Glühlichtbeleuchtung, nicht beeinträchtigt, falls die Periodenzahl groß genug gewählt wird, macht gerade diese Eigenschaft den Einphasenstrom für motorische Zwecke ungeeignet. Dagegen besitzt ein symmetrisches Mehrphasensystem, wie später gezeigt werden soll, die Eigenschaft, daß die momentane Leistung des ganzen Systems stets konstant ist, weshalb solche Systeme für motorische Zwecke vielfach verwendet werden. Aber nicht allein symmetrische Systeme, sondern auch andere Mehrphasensysteme können in gewissen Fällen eine konstante Leistung liefern; deswegen bezeichnet man alle Systeme mit dieser Eigenschaft als balanciert, alle anderen als unbalanciert.

Die Leistung eines Mehrphasensystems ist gleich der Summe der Leistungen der einzelnen Phasen. Erzeugen die Spannungen der einzelnen Phasen $p_I, p_{II}, p_{III} \ldots$ die Phasenströme $i_I, i_{II}, i_{III} \ldots$, so ist die momentane Leistung des Systems

$$w = p_I i_I + p_{II} i_{II} + p_{III} i_{III} + \ldots$$

und die mittlere Leistung

$$W = P_I J_I \cos\varphi_I + P_{II} J_{II} \cos\varphi_{II} + \ldots$$

Ist nun das n-Phasensystem symmetrisch mit gleicher Phasenbelastung, so haben wir z. B. für die $x$te Phase

$$p_x = P\sqrt{2}\sin\left(\omega t - 2\pi\frac{x}{n}\right)$$

und

$$i_x = J\sqrt{2}\sin\left(\omega t - \varphi - 2\pi\frac{x}{n}\right),$$

worin φ die Phasenverschiebung des Stromes einer Phase gegenüber ihrer Spannung ist. Hieraus folgt die momentane Leistung des symmetrischen n-Phasensystems

$$w = \sum_1^n p_x i_x = 2PJ\sum_1^n \sin\left(\omega t - 2\pi\frac{x}{n}\right)\sin\left(\omega t - \varphi - 2\pi\frac{x}{n}\right)$$

$$= PJ\left[n\cos\varphi - \sum_1^n \cos\left(2\omega t - \varphi - 4\pi\frac{x}{n}\right)\right] = PJn\cos\varphi$$

$$\boldsymbol{W = nPJ\cos\varphi} \quad . \quad . \quad . \quad . \quad . \quad . \quad (142)$$

Die momentane Leistung w ist somit für jedes symmetrische n-Phasensystem konstant und gleich der $n$fachen mittleren Leistung einer Phase.

Für das Dreileiter-Zweiphasensystem (Fig. 209) sind die Spannungen

$$p_I = P_p\sqrt{2}\sin\omega t$$

und

$$p_{II} = P_p\sqrt{2}\sin\left(\omega t - \frac{\pi}{2}\right).$$

Sind die beiden Phasen in bezug auf Strom und Phasenverschiebung gleich belastet, so werden

$$i_I = J_p\sqrt{2}\sin(\omega t - \varphi)$$

und

$$i_{II} = J_p\sqrt{2}\sin\left(\omega t - \varphi - \frac{\pi}{2}\right)$$

und somit

$$w = 2P_pJ_p\left[\sin\omega t\sin(\omega t - \varphi) + \sin\left(\omega t - \frac{\pi}{2}\right)\sin\left(\omega t - \varphi - \frac{\pi}{2}\right)\right]$$

$$= 2P_pJ_p\cos\varphi - P_pJ_p[\cos(2\omega t - \varphi) + \cos(2\omega t - \varphi - \pi)]$$

$$w = 2P_pJ_p\cos\varphi = \text{konst.}$$

und die mittlere Leistung

$$\boldsymbol{W = 2P_pJ_p\cos\varphi} \quad . \quad . \quad . \quad . \quad . \quad . \quad (143)$$

oder, da

$$P_p = \frac{P_l}{\sqrt{2}} \quad \text{und} \quad J_p = \frac{J_0}{\sqrt{2}}$$

ist, wird auch

$$W = P_lJ_0\cos\varphi \quad . \quad . \quad . \quad . \quad . \quad . \quad . \quad (143\,\text{a})$$

Das Dreileiter-Zweiphasensystem gehört somit zu den balancierten, unsymmetrischen Mehrphasensystemen.

Die Leistung eines symmetrischen Dreiphasensystems ist nach der Formel 142 gleich

$$W = 3\, P_p\, J_p \cos\varphi$$

oder da in einem Sternsystem

$$P_p = \frac{P_l}{\sqrt{3}} \quad \text{und} \quad J_p = J_l$$

und in einem Dreiecksystem

$$P_p = P_l \quad \text{und} \quad J_p = \frac{J_l}{\sqrt{3}}$$

ist, wird für jedes symmetrische und verkettete Dreiphasensystem die Leistung

$$\boldsymbol{W = \sqrt{3}\, P_l\, J_l \cos\varphi} \quad . \; . \; . \; . \; . \quad (144)$$

Aus den Formeln 136 und 139 folgt in gleicher Weise, daß die Leistung eines symmetrischen, verketteten Vierphasensystems stets gleich

$$\boldsymbol{W = 4\, P_p\, J_p \cos\varphi = 2\sqrt{2}\, P_l\, J_l \cos\varphi} \quad . \; . \quad (145)$$

ist.

Die Scottsche Schaltung gehört auch zu den balancierten unsymmetrischen Mehrphasensystemen

76. Vergleich des Kupferaufwandes der Wechselstromsysteme mit dem der Gleichstromsysteme.

Um eine gewisse elektrische Leistung über eine bestimmte Strecke bei gegebener Maximalspannung und gegebenem Wirkungsgrad zu übertragen, ist eine gewisse Kupfermenge nötig. Sie ist um so kleiner, je höher die Spannung und je kleiner der Wirkungsgrad gewählt wird. Da die Spannung eine gewisse Grenze nicht überschreiten darf wegen der Gefahr für die Beschädigung der Isolation oder des Bedienungspersonals, so ist die Spannung, die hierbei in Frage kommt, die maximale Spannung, die zwischen irgendeinem Teile der Anlage und der Erde auftritt. Ist der neutrale Punkt des Systems geerdet, so ist es die maximale Spannung zwischen einer Klemme und diesem Punkte, welche die Grenze setzt. Ist der neutrale Punkt nicht geerdet und das System überall vollkommen isoliert, so hängt die Stärke des elektrischen Schlages, den man bei Berührung der Leitung erhält, von der Spannung und den Kapazitätsverhältnissen des Systems ab. Sind die Spannungen hoch und die Kapazitäten groß, wie es bei ausgedehnten Leitungsanlagen der Fall ist, so kann die Berührung schon tötlich wirken. Deswegen soll man Maschinen und Apparate, die unter Spannung stehen, nie anfassen, wenn man nicht seine eigene Person der Spannung gegenüber entsprechend isoliert hat. Die Isolation eines nicht geerdeten Systems muß aber stärker gehalten werden als die eines geerdeten Systems, weil im letzten Falle die Isolation aller im System frei werdender Energie den Weg zur Erde verbieten soll. Die geerdeten und die ungeerdeten Systeme lassen sich deswegen nicht gut vergleichen, weil die Isolation der letzten für ganz andere Spannungen berechnet werden muß, worauf wir an anderer Stelle zurückkommen werden.

Wir betrachten deswegen hier nur die geerdeten Systeme und setzen den Kupferverbrauch eines symmetrischen Mehrphasensystems mit geerdetem neutralen Punkt gleich

$$\frac{100}{\cos^2\varphi}.$$

Ferner nehmen wir die effektive Stromdichte in allen Leitern gleich groß und die Spannungskurve als sinusförmig an. Der Querschnitt des stromlosen Mittelleiter wird gleich dem halben Querschnitt der Außenleiter gewählt. In dieser Weise erhalten wir nun die folgenden Resultate.

a) Symmetrische Mehrphasensysteme mit geerdetem neutralen Punkt.

Bei einem symmetrischen Dreiphasensystem übertragen alle drei Phasen denselben Strom J unter derselben Maximalspannung P_{max} über die Strecke l. Ist der Querschnitt eines Leiters q, so ist der Stromwärmeverlust im Kupfer in jeder Phase

$$J^2 r = J^2 \frac{l\varrho}{q} = J s l \varrho,$$

d. h. im Verhältnis zur übertragenen Leistung

$$p_k = \frac{J^2 r}{\frac{1}{\sqrt{2}} P_{max} J \cos\varphi} = \frac{\sqrt{2}\, s l \varrho}{P_{max} \cos\varphi}$$

und das totale Kupfervolumen ist $3lq$.

Mittels des Einphasen-Zweileitersystems und jeden anderen symmetrischen Mehrphasensystems mit n Phasen könnte man auch dieselbe Leistung $\frac{3}{\sqrt{2}} P_{max} J \cos\varphi$ unter Zulassung desselben prozentualen Verlustes und bei Aufwand derselben Kupfermenge übertragen.

Denn man erhält in jedem Leiter den Strom $\frac{3}{n} J$ und macht den Querschnitt der Leiter in demselben Verhältnis kleiner. Dadurch ändert sich die Stromdichte s und auch der prozentuale Kupferverlust p_k nicht, während das Kupfergewicht auch unverändert bleibt.

Es sind somit alle symmetrischen Mehrphasensysteme und das Einphasen-Zweileitersystem mit geerdetem neutralen Punkt in bezug auf Kupferverbrauch gleichwertig.

In der Praxis hat sich aber nur das Dreiphasensystem eingebürgert, weil es von den symmetrischen Mehrphasensystemen die wenigsten Leiter und somit die wenigsten Isolatoren erfordert.

b) Symmetrische Mehrphasensysteme mit geerdetem neutralen Leiter.

Wir betrachten zuerst das Einphasen-Dreileitersystem mit geerdetem Mittelleiter, das theoretisch ein symmetrisches Zweiphasensystem ist. Da der Mittelleiter bei symmetrischer Belastung stromlos ist, so bleiben bei demselben Querschnitt der Außenleiter wie vorhin die Kupferverluste dieselben wie beim Einphasen-Zweileitersystem. Der Kupferaufwand dieses Systems wird also um den des Mittelleiters größer als der Kupferverbrauch des Zweileitersystems. Wählen wir deswegen, wie erwähnt, den Querschnitt des Mittelleiters halb so groß wie für den Außenleiter, so braucht dieses System 25 % mehr Kupfer als das Einphasen-Zweileitersystem, um dieselbe Leistung bei demselben Verlust zu übertragen. Der Kupferverbrauch des Einphasen-Dreileitersystems ist somit

$$\frac{100}{\cos^2 \varphi}\left(1+\frac{1}{2}\cdot\frac{1}{2}\right)=\frac{125}{\cos^2 \varphi}.$$

In analoger Weise erhält man den Kupferverbrauch des Dreiphasen-Vierleitersystems zu

$$\frac{100}{\cos^2 \varphi}\left(1+\frac{1}{3}\cdot\frac{1}{2}\right)=\frac{116,7}{\cos^2 \varphi}$$

und den des Vierphasen-Fünfleitersystems zu

$$\frac{100}{\cos^2 \varphi}\left(1+\frac{1}{4}\cdot\frac{1}{2}\right)=\frac{112,5}{\cos^2 \varphi}.$$

c) Einphasen-Zweileitersystem mit geerdetem Außenleiter.

Dieses System kann als eine Phase eines Mehrphasensystems mit einem neutralen Leiter von demselben Querschnitt wie der

Außenleiter aufgefaßt werden. Dieses System hat somit für den geerdeten Leiter ebensoviel Kupfer und ebensoviel Verluste wie für den Außenleiter. Ist der Kupferquerschnitt des Außenleiters ebenso groß wie der totale Querschnitt aller Außenleiter eines Mehrphasensystems mit geerdetem neutralen Punkt, so erhalten wir beim Einphasen-Zweileitersystem mit geerdetem Außenleiter, um dieselbe Leistung bei gegebener Maximalspannung zu übertragen, die doppelten Verluste. Um sie auf denselben Wert zu reduzieren wie beim Mehrphasensystem, muß man den Querschnitt des Außenleiters und somit auch den des geerdeten Leiters verdoppeln. Der Kupferverbrauch des Einphasensystems mit geerdetem Außenleiter ist somit

$$\frac{100}{\cos^2\varphi}(1+1)^2=\frac{400}{\cos^2\varphi}$$

oder mit anderen Worten viermal so groß wie der eines Mehrphasensystems mit geerdetem neutralen Punkt.

d) Zweiphasen-Dreileitersystem mit geerdetem Mittelleiter.

Dieses System kann auch als zwei Phasen eines Mehrphasensystems mit einem Mittelleiter von $\sqrt{2}$ mal so großem Querschnitt wie der eines Außenleiters betrachtet werden. Es braucht somit für den geerdeten Mittelleiter

$$\frac{\sqrt{2}}{2}=\frac{1}{\sqrt{2}}$$

von dem Kupfer der beiden Außenleiter, und analog wie beim Einphasen-Zweileitersystem muß man auch hier den Querschnitt eines jeden Außenleiters vergrößern, um bei denselben Verlusten dieselbe Leistung zu übertragen. Die Erhöhung des Querschnittes der Außenleiter und somit auch des Mittelleiters ist natürlich gleich der prozentualen Erhöhung des Kupfergewichtes bei dem Vorhandensein des Mittelleiters, d. h. proportional $\left(1+\frac{1}{\sqrt{2}}\right)$. Der Kupferverbrauch des Zweiphasen-Dreileitersystems mit geerdetem Mittelleiter ist somit

$$\frac{100}{\cos^2\varphi}\left(1+\frac{1}{\sqrt{2}}\right)^2=\frac{291{,}4}{\cos^2\varphi}$$

oder fast dreimal so groß wie der eines Mehrphasensystems mit geerdetem neutralen Punkt.

e) Unvollkommenes Dreiphasensystem mit geerdetem Mittelleiter.

Bei diesem System ist der Strom im Mittelleiter gleich dem in jedem der beiden Außenleiter. Also erhält man in ähnlicher Weise wie beim Zweiphasen-Dreileitersystem einen Kupferverbrauch

$$\frac{100}{\cos^2\varphi}(1+0{,}5)^2 = \frac{225}{\cos^2\varphi},$$

d. h. zwei und ein viertel mal so groß wie der eines Mehrphasensystems mit geerdetem neutralen Punkt.

f) Gleichstrom-Dreileitersystem mit geerdetem Mittelleiter.

Dieses System verhält sich im Kupferverbrauch ähnlich wie das Einphasen-Dreileitersystem. Nur ist die Maximalspannung P_{max} gleich der Arbeitsspannung P und nicht $\sqrt{2}$ mal größer, wie beim Wechselstromsystem. Ferner haben wir hier keine Phasenverschiebung zwischen Strom und Spannung, also ist hier der prozentuale Verlust

$$p_k = \frac{sl\varrho}{P_{max}}100,$$

d. h. bei gleicher effektiver Stromdichte $\frac{\cos\varphi}{\sqrt{2}}$ von dem eines Einphasen-Dreileitersystems. Da aber beim Gleichstromsystem der Strom $\frac{\cos\varphi}{\sqrt{2}}$ mal kleiner ist, und da man ferner die Stromdichte $\frac{\sqrt{2}}{\cos\varphi}$ mal größer wählen kann als beim Einphasensystem, um dieselben Verluste zu erhalten, so muß man den Kupferquerschnitt beim Gleichstromsystem

$$\left(\frac{\cos\varphi}{\sqrt{2}}\right)^2 = \frac{\cos^2\varphi}{2}$$

von dem eines Einphasensystems machen, um bei denselben Verlusten und bei derselben Maximalspannung dieselbe Leistung zu übertragen. Der Kupferverbrauch eines Gleichstrom-Dreileitersystems ist somit $\frac{\cos^2\varphi}{2}$ von dem eines Einphasen-Dreileitersystems, d. h.

$$\frac{125}{\cos^2\varphi}\,\frac{\cos^2\varphi}{2} = 62{,}5$$

von dem eines Mehrphasensystems mit geerdetem neutralen Punkt.

g) Gleichstrom-Zweileitersystem mit geerdetem Außenleiter.

Dieses System steht in demselben Verhältnis zu dem Einphasen-Zweileitersystem wie das Gleichstrom-Dreileitersystem zu dem Einphasen-Dreileitersystem. Es braucht also

$$\frac{400}{\cos^2\varphi}\cdot\frac{\cos^2\varphi}{2}=200$$

oder zweimal so viel Kupfer wie ein Mehrphasensystem mit geerdetem neutralen Punkt.

Stellen wir nun die Resultate zusammen, so erhalten wir die folgende Tabelle:

Gleichstrom-Zweileitersystem mit geerdetem Mittelpunkt .	50
Gleichstrom-Dreileitersystem mit geerdetem Mittelleiter . .	62,5
Gleichstrom-Zweileitersystem mit geerdetem Außenleiter . .	200
Symmetrische Mehrphasensysteme und das Einphasen-Zweileitersystem mit geerdetem neutralen Punkte . . .	$\frac{100}{\cos^2\varphi}$
Einphasen-Dreileitersystem mit geerdetem Mittelleiter . .	$\frac{125}{\cos^2\varphi}$
Dreiphasen-Vierleitersystem mit geerdetem Mittelleiter . .	$\frac{116,7}{\cos^2\varphi}$
Vierphasen-Fünfleitersystem mit geerdetem Mittelleiter . .	$\frac{112,5}{\cos^2\varphi}$
Einphasen-Zweileitersystem mit geerdetem Außenleiter . .	$\frac{400}{\cos^2\varphi}$
Symmetrisches Dreiphasensystem mit geerdetem Außenleiter	$\frac{300}{\cos^2\varphi}$
Zweiphasen-Dreileitersystem mit geerdetem Mittelleiter . .	$\frac{291,4}{\cos^2\varphi}$
Unvollkommenes Dreiphasensystem mit geerdetem Mittelleiter	$\frac{225}{\cos^2\varphi}$

Wie hieraus folgt, sind die Systeme mit geerdetem neutralen Punkt die ökonomischsten, dann folgen die Systeme mit geerdetem Mittelleiter, die eben nur wegen des zum Teil unwirksamen Mittelleiters mehr Kupfer verbrauchen. Als sehr unökonomisch folgen dann zuletzt die Systeme mit geerdetem Außenleiter. Zu diesen gehören auch die meisten modernen Bahnanlagen. Der Vorteil eines Dreileitersystems ist aber bei ihnen sehr beschränkt, weil die Schienen, die zur Rückleitung des Stromes dienen, beim Dreileitersystem unbenutzt bleiben würden. Da ferner die Verluste in den Schienen sehr klein sind im Verhältnis zu den Verlusten in der Oberleitung, sind die Gesamtverluste in den Leitungen beim Zweileitersystem nicht viel größer als die beim Dreileitersystem, wenn die Schienen als Rückleitung benutzt werden können.

Vierzehntes Kapitel.

Spannungen und Ströme eines Mehrphasensystems.

77. Die topographische Darstellungsmethode von Potentialen.

Bei der Betrachtung der Sternsysteme haben wir gesehen, daß sie einen Knotenpunkt, den sog. neutralen Punkt, besitzen. Wir legen ihm ganz willkürlich das Potential Null bei, denn nicht die Potentiale, sondern nur ihre Differenzen sind meßbar.

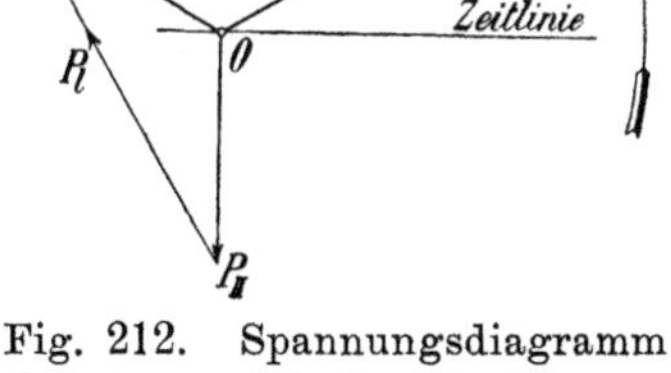

Fig. 212. Spannungsdiagramm eines symmetrischen Dreiphasen-Sternsystems.

In Fig. 212 stellen die drei Vektoren $\overline{OP_I}$, $\overline{OP_{II}}$ und $\overline{OP_{III}}$ die drei gleich großen Phasenspannungen eines symmetrischen Dreiphasen-Sternsystems dar. Da die Drehrichtung der Zeitlinie entgegengesetzt der Drehrichtung des Uhrzeigers gewählt wurde, muß $\overline{OP_{II}}$ um 120^0 in der entgegengesetzten Drehrichtung des Uhrzeigers von $\overline{OP_I}$ entfernt sein, denn die Spannung der Phase II eilt der Spannung der Phase I um 120^0 nach. Ein Vektor ist, wie in Abschn. 6 S. 21 gezeigt ist, nach Größe und Richtung durch seine zwei Komponenten, also durch seinen Endpunkt gegeben, und ein Punkt der Ebene stellt die Spannung zwischen einem Punkte des Systems und dem neutralen Punkte nach Größe und Phase dar. Nun haben wir ferner gesehen, daß die verkettete Spannung gleich der Differenz zweier Phasenspannungen ist. Diese Differenz P_l wird durch geometrische Subtraktion der zwei Vektoren $\overline{OP_I}$ und $\overline{OP_{II}}$ bestimmt, und man erhält

$$P_l = \overline{OP_I} - \overline{OP_{II}} = \overline{P_{II}O} + \overline{OP_I} = \overline{P_{II}P_I},$$

woraus folgt, daß der Abstand der Endpunkte der zwei Vektoren die Linienspannung P_l der Größe und Richtung nach angibt. Allgemein ergibt sich nun die folgende Darstellungsweise, die man bei Steinmetz und Berg und ferner in dem Aufsatz von H. Görges: ETZ 1898 S. 164 finden kann, und die hier wiedergegeben ist.

Setzt man das Potential irgendeines Punktes eines vorhandenen Systems gleich Null, so ist das Potential eines zweiten Punktes (gleich der Spannung zwischen diesem Punkt und dem Punkte mit dem Potential Null) nach Größe und Phase durch einen Punkt der Ebene dargestellt. In dieser Weise wird jedem Punkte des Systems ein Punkt der Ebene zugeordnet, und da das Potential längs eines Leiters sich kontinuierlich ändert, so wird es in der Ebene durch eine Kurve abgebildet werden. Dies ist schon auf Seite 101 Abschn. 29 erläutert worden. Die Form der Kurve hängt natürlich lediglich von den elektromotorischen Kräften im Leiter ab. Die Kurve kann eine gerade Linie, eine kontinuierlich gekrümmte Kurve oder ein gebrochener Linienzug sein. Ist der Leiter stromlos, so ist das Potential in einem Punkte gleich der Summe aller EMKe vom Punkte mit dem Potential Null bis zu dem betrachteten Punkte. Ist der Leiter stromlos und sind keine EMKe vorhanden, so besitzt der Leiter überall dasselbe Potential, so daß ihm in der Ebene nur ein einziger Punkt entspricht. Führt der Leiter dagegen einen durch einen Vektor dargestellten Strom J, so wird das Potential infolge des Ohmschen Widerstandes r in der entgegengesetzten Richtung des Stromes um die Strecke Jr verschoben, und infolge der totalen Reaktanz $x = x_s - x_c$ in einer Richtung normal zum Strom um die Strecke Jx im Sinne der Nacheilung. Die Kurve des Potentiales längs des Leiters läßt sich in dieser Weise Punkt für Punkt konstruieren, indem man also von einem Punkte mit gegebenem Potential ausgeht.

Diese Darstellungsmethode ist sehr geeignet, die Spannungsverhältnisse in Mehrphasensystemen klar zu legen, indem der Abstand zweier Punkte der Koordinatenebene direkt die effektive Spannung zwischen den entsprechenden Punkten des Systems angibt. Aus der Fig. 212 sieht man sofort, daß die verkettete Spannung eines Dreiphasensystems $\sqrt{3}$ mal der Phasenspannung ist, und ebenso ist aus der Fig. 215 direkt ersichtlich, daß in einem verketteten Zweiphasensystem die verkettete Spannung bei Leerlauf $\sqrt{2}$ mal der Spannung einer Phase ist, usw.

Als erstes Beispiel dieser Darstellungsweise behandeln wir ein Dreiphasensystem, bei dem der Stromerzeuger in Stern und die Stromverbraucher in Dreieck geschaltet sind. In dem hier zu betrachtenden Falle belasten wir nur zwei Phasen der Dreieckschaltung und lassen die dritte offen (Fig. 213).

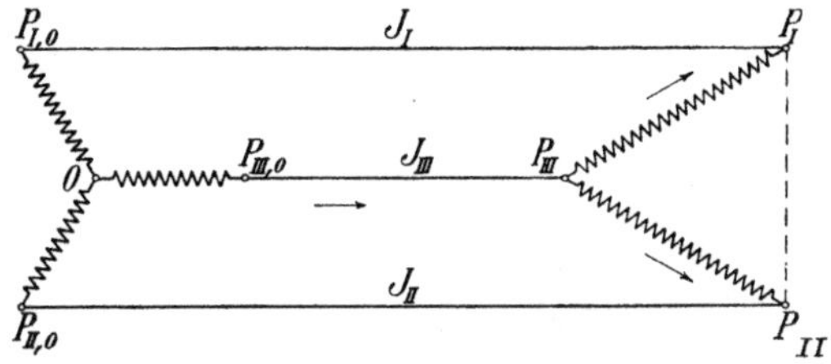

Fig. 213. Symmetrisches Dreiphasensystem bei unsymmetrischer Belastung.

Ist das System nicht belastet, so stellen die drei gleich weit voneinander liegenden Punkte $P_{I,0}$, $P_{II,0}$ und $P_{III,0}$ (Fig. 214) die drei Potentiale an den Klemmen des symmetrischen Dreiphasen-Sternsystems unter der Voraussetzung dar, daß das Potential des

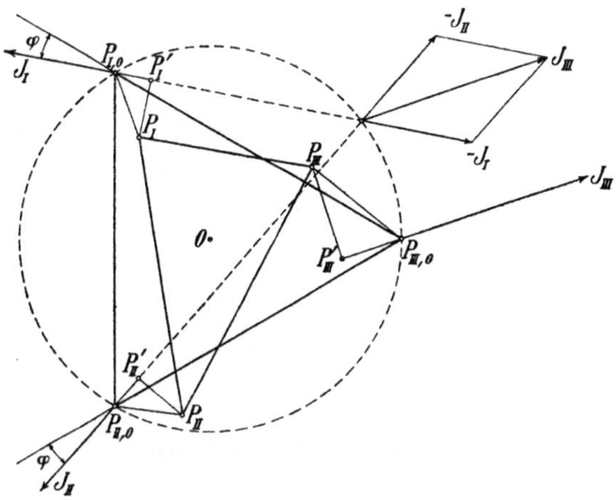

Fig. 214. Symmetrisches Dreiphasensystem bei unsymmetrischer Belastung.

neutralen Punktes in den Mittelpunkt 0 des Kreises fällt. Belasten wir nun die Phasen I und II gleich, so werden die Ströme J_I und $J_{II} = J_I$ durch zwei gleich große Vektoren unter dem gleichen Winkel φ gegen die sie erzeugenden EMKe $\overline{P_{I,0} P_{III,0}}$ und $\overline{P_{II,0} P_{III,0}}$ dargestellt. Der in der dritten Phase fließende Strom J_{III} ist die geometrische Summe von $-J_I$ und $-J_{II}$. Die Ströme in den Phasen bedingen eine Veränderung der Potentiale an den Klemmen von $P_{I,0}$, $P_{II,0}$ und $P_{III,0}$ nach P_I, P_{II} und P_{III}. Hierin ist z. B.

$\overline{P_{I,0}P_I'} = J_I r$ dem Strome J_I entgegengerichtet und $\overline{P_I'P_I} = J_I x$ dem Strome um 90^0 nacheilend, es ist also $\overline{P_{I,0}P_I} = J_I z$ usw. Wir sehen somit, daß ein symmetrisches Dreiphasensystem bei unsymmetrischer Belastung nicht mehr ein gleichseitiges Spannungsdreieck, wie $P_{I,0}$ $P_{II,0}$ $P_{III,0}$ bei Leerlauf, sondern ein schiefwinkliges (unbalanciertes) Dreieck P_I P_{II} P_{III} ergibt.

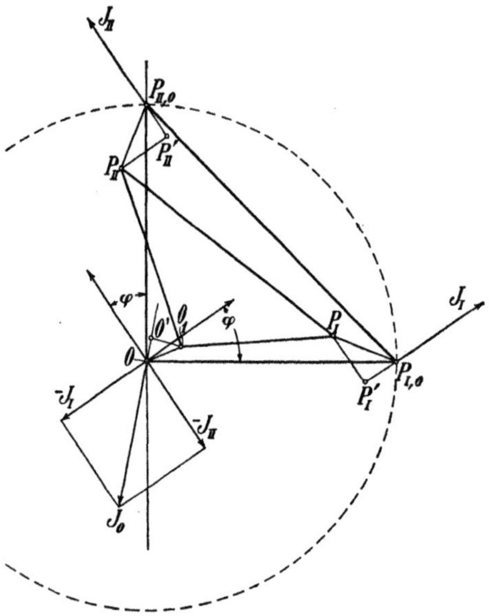

Fig. 215. Unsymmetrisches Zweiphasen-Dreileitersystem mit symmetrischer Belastung.

Als zweites Beispiel betrachten wir das unsymmetrische Zweiphasen-Dreileitersystem mit symmetrischer Belastung (Fig. 215). $P_{I,0}$, $P_{II,0}$ und O geben die Klemmenpotentiale bei Leerlauf. J_I und J_{II} sind die Phasenströme, während J_0 (der Strom im Mittelleiter) die geometrische Summe von $-J_I$ und $-J_{II}$ ist. Die Potentiale $P_{I,0}$, $P_{II,0}$ und O werden durch diese Ströme nach den Punkten P_I, P_{II} und O_1 verschoben. Da das Spannungsdreieck $P_I P_{II} O_1$ kein rechtwinkliges ist, sieht man, daß selbst bei symmetrischer Belastung das verkettete Zweiphasensystem nicht ganz genau balanciert ist.

78. Graphische Stromberechnung eines Sternsystems.
(Methode I.)

Im vorhergehenden Abschnitt haben wir der Einfachheit halber angenommen, daß die Strombelastung der einzelnen Phasen nach Größe und Phase bekannt war. Dies wird genau genommen fast nie der Fall sein. In der Praxis kann man aber sehr oft mit großer Annäherung die Ströme in den einzelnen Phasen schätzen und damit die Spannungsabfälle der verschiedenen Phasen nach der angegebenen Methode bestimmen. Handelt es sich aber um die unsymmetrische Belastung einer Anlage mit großen Spannungsabfällen in Generatoren, Leitungen und Transformatoren, so ist es unter Umständen nötig, sie genauer zu berechnen, als es nach der beschriebenen Methode möglich ist. Wir legen uns deshalb die folgende Aufgabe vor:

Zu berechnen sind die Ströme und Spannungen eines Sternsystems, dessen Generatoren und Belastungsadmittanzen alle in Stern geschaltet sind. Bekannt sind die in den einzelnen Phasen induzierten EMKe, die Widerstände und Reaktanzen und die Belastungsadmittanzen der verschiedenen Phasen.

Wir nehmen wie vorhin an, daß der neutrale Punkt des Stromerzeugers das Potential Null besitzt. Es haben dann bei Leerlauf die Klemmen der verschiedenen Phasen ein Potential, das den in den Phasen induzierten EMKen entspricht. Diese EMKe mögen von beliebiger Größe und Phase sein. Nehmen wir vorläufig das

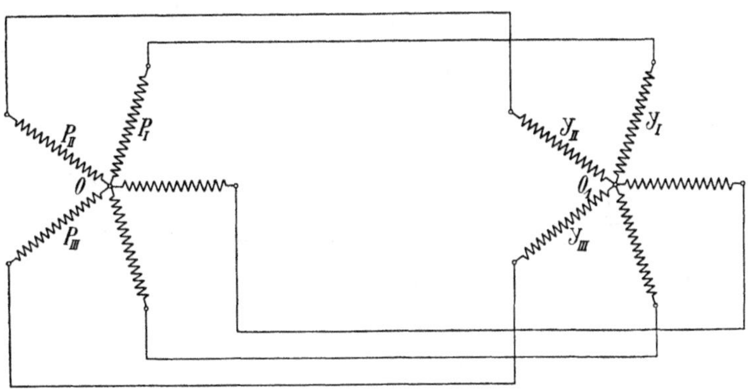

Fig. 216. Schema eines mehrphasigen Stromerzeugers, dessen einzelne Phasen in Sternschaltung sind.

Potential des neutralen Punktes der Stromverbraucher bei Belastung als bekannt an, so ist auch die treibende Potentialdifferenz für jede Phase bekannt. Sie ist nämlich gleich der Differenz zwischen den Potentialen an den Klemmen der Phasen bei Leerlauf und dem Potential des neutralen Punktes der Stromverbraucher. Der Strom ist dann für irgendeine Phase gleich dem Quotienten aus der treibenden Potentialdifferenz und der totalen Impedanz der Phase. Ist in dieser Weise der Strom nach Größe und Phase bekannt, so läßt sich in der gezeigten Weise das Potential in irgendeinem Punkte des ganzen Systems leicht konstruieren. Also kann der Spannungsabfall von Leerlauf bis Belastung auch in einfacher Weise für jede Phase ermittelt werden.

Die Kenntnis des Potentials in dem neutralen Punkte der Stromverbraucher hat somit die ganze Aufgabe sehr vereinfacht, denn jede Phase kann dann ganz unabhängig von der anderen behandelt werden.

Die Bestimmung des Potentials in diesem neutralen Punkte bietet aber eben einige Schwierigkeiten, die man am besten durch die folgenden Überlegungen überwindet. Betrachten wir als Beispiel das in Fig. 216 dargestellte Sternsystem, so können die induzierten EMKe der einzelnen Phasen durch die Vektoren $\overline{OP_{I0}}$, $\overline{OP_{II0}}$, $\overline{OP_{III0}}$, $\overline{OP_{IV0}}$ und $\overline{OP_{V0}}$ in Fig. 217 dargestellt werden. Die Punkte P_{I0} P_{II0} ... P_{V0} geben die Leerlaufpotentiale an den Klemmen des Stromerzeugers. Die Totaladmittanzen der 5 Phasen

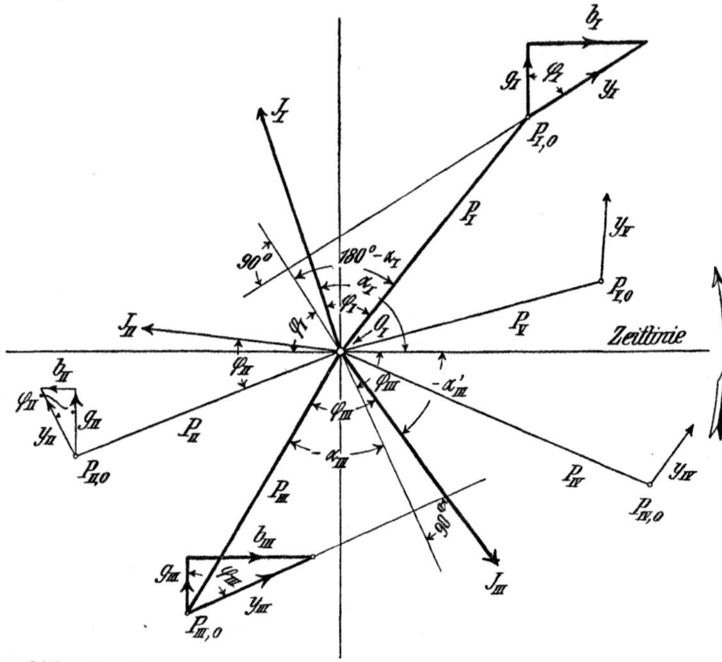

Fig. 217. Bestimmung des Spannungsmittelpunktes eines Sternsystemes.

mögen durch die Leitfähigkeiten $g_I\, b_I$, $g_{II}\, b_{II}$ usw. gegeben sein. Darin sind auch die Widerstände und die Reaktanzen der Wicklungen der einzelnen Phasen des Stromerzeugers berücksichtigt. An den Endpunkten der Spannungsvektoren tragen wir nun die Konduktanzen g der betreffenden Phasen parallel zur Ordinatenachse ab und von ihren Endpunkten in horizontaler Richtung die Suszeptanzen b. Dadurch erscheinen die verschiedenen Admittanzen y als Strecken, die gegen die Ordinatenachse um den Phasenverschiebungswinkel φ der einzelnen Phasenströme verschoben sind. Wir denken uns die Aufgabe gelöst, wobei als neutraler Punkt des Belastungsstromkreises O_1 gefunden sei. Dann sind die in den einzelnen Phasen wirksamen EMKe durch die Vektoren $\overline{O_1 P_{I0}}$, $\overline{O_1 P_{II0}}$ usw. dargestellt, während die Ströme in den Phasen gegen die EMKe um die Winkel φ verschoben sind. Nach dem ersten Kirchhoffschen Gesetz muß in jedem Moment die Summe der Ströme aller Phasen gleich Null sein, wenn alle in demselben Sinne nach dem neutralen Punkte hinfließend als positiv gerechnet werden.

Betrachten wir jetzt z. B. die in Phase *III* wirksame EMK $\overline{O_1 P_{III0}}$ gleich P_{III} und den um den Winkel φ_{III} phasenverzögerten Strom J_{III}, so wissen wir, daß J_{III} gleich $P_{III}\, y_{III}$ ist. Wählen wir die Zeitlinie parallel der Abszissenachse, so ist der Momentanwert

$$i_{III} = \sqrt{2}\, J_{III} \cos \alpha_{III} = \sqrt{2}\, y_{III}\, P_{III} \cos \alpha_{III}.$$

Ziehen wir die Normale von O_1 auf y_{III}, so bildet sie mit $\overline{O_1 P_{III0}}$ auch den Winkel α_{III}, und der kürzeste Abstand des Punktes O_1 von y_{III} wird gleich $\overline{O_1 P_{III0}} \cos \alpha_{III}$. Denkt man sich y_{III} als eine Kraft wirkend, so stellt, abgesehen vom Faktor $\sqrt{2}$, das Moment dieser Kraft, in bezug auf den Pol O_1, den Momentanwert i_{III} des Stromes J_{III} dar. Die Bedingung, daß die Summe der Ströme aller Phasen in jedem Moment gleich Null sein soll, lautet jetzt: die Summe der Momente aller Kräfte y in bezug auf den Punkt O_1 muß gleich Null sein, oder O_1 muß auf der Resultante aller Kräfte y liegen. Läßt man die Zeitlinie mit der Winkelgeschwindigkeit ω rotieren, so müssen die Kräfte y mit derselben Geschwindigkeit rotieren, damit die Strecken g immer normal zur Zeitlinie und die Momentanwerte der Ströme proportional dem Momente der Kräfte y in bezug auf O_1 bleiben. Fassen wir nun das ganze Gebilde $O_1 P_{I0} P_{II0} P_{III0} P_{IV0} P_{V0}$ als ein starres System auf, an dessen Endpunkten die entsprechenden Kräfte y angreifen, so wissen wir, daß wenn die Kräfte um gleich große Winkel um ihre Angriffspunkte gedreht werden, die Resultante dieser Kräfte sich ebenfalls um denselben Winkel um einen festen Punkt dreht. Dieser Mittelpunkt der Kräfte muß mit O_1 übereinstimmen, damit die Bedingung „Summe aller Momente gleich Null“ erfüllt sein kann. Hieraus folgt sofort die Konstruktion des Punktes O_1, indem man einfach die Resultierenden der Kräfte y für zwei Richtungen, die z. B. 90^0 miteinander bilden mögen, konstruiert; ihr Schnittpunkt ist dann der Spannungsmittelpunkt O_1.

In der Fig. 217 ist der Momentanwert des Stromes J_{III} positiv, und das Moment der Kraft y_{III} in bezug auf den Spannungsmittelpunkt O_1 muß somit auch positiv sein. Das Moment der Admittanz, das eine Stromstärke darstellt, soll im folgenden auch Strommoment genannt werden. Der Momentanwert des Stromes J_I in der Fig. 217 ist negativ und gleich

$$i_I = \sqrt{2}\, J_I \cos \alpha_I = -\sqrt{2}\, J_I \cos(180^0 - \alpha_I)$$
$$= -\sqrt{2}\, P_I\, y_I \cos(180^0 - \alpha_I)\,.$$

$\sqrt{2}\, P_I y_I \cos(180^0 - \alpha_I)$ ist gleich dem Moment der Kraft y_I in bezug auf O_1. Dieses Moment, das in der Drehrichtung des Uhrzeigers, mit negativem Vorzeichen genommen, wirkt, gibt mit dem entsprechenden Vorzeichen den Momentanwert des Stromes J_I (abgesehen von dem Faktor $\sqrt{2}$). — Hieraus folgt, daß alle Strommomente, die in der entgegengesetzten Drehrichtung des Uhrzeigers wirken, als positiv, und alle, die in der Drehrichtung des Uhrzeigers wirken, als negativ zu rechnen sind. — Dieser positive Sinn der Strommomente rührt von dem gewählten Drehsinn der Zeitlinie her, mit dem er übereinstimmt.

In der Fig. 217 sind die Ströme J_I und J_{III} gegenüber den ihnen entsprechenden Spannungen P_I und P_{III} phasenverspätet; trotzdem sind die Suszeptanzen b_I und b_{III} in der positiven Richtung der Abszissenachse abzutragen, wenn die Konduktanzen in der positiven Richtung der Ordinatenachse abgetragen werden, damit die ganze Konstruktion richtig wird. Der Strom J_{II} ist gegenüber P_{II} phasenverfrüht, weshalb b_{II} negativ wird und in der negativen Richtung der Abszissenachse abgetragen werden muß. Diese bestimmte Richtung der Admittanzkräfte y ist durch die gewählte Drehrichtung der Zeitlinie bedingt.

Nachdem wir nun so das Potential des neutralen Punktes des Belastungssystems bestimmt haben, sind uns auch die in jeder Phase wirksamen Spannungen und EMKe bekannt, und wir können somit den Strom in jeder Phase bestimmen. Diese Ströme bewirken einen Spannungsabfall in den Wicklungen des Stromerzeugers und in den Leitungen, wodurch die Potentiale an den Klemmen der Stromverbraucher verschoben werden. Diese Verschiebung ist in der Richtung des Stromes gleich Jr und normal zum Strom gleich Jx, wie früher erläutert wurde. Sind die EMKe und die Belastungen der Phasen nicht alle gleich groß, so können die Spannungen der Stromverbraucher sehr verschieden sein.

Die soeben beschriebene Methode zur Bestimmung des neutralen Punktes ist zuerst von Kennelly, Electrical World and Engineer, 1899, S. 268 angedeutet worden.

In dem speziellen Falle eines symmetrischen Sternsystems mit symmetrischer Belastung der Phasen fällt der neutrale Punkt O_1 der Stromverbraucher mit dem neutralen Punkte O des Stromerzeugers zusammen, was sich sofort aus der Symmetrie ergibt. In allen Phasen fließt der gleiche Strom, und die Leerlaufpotentiale P_{I0}, P_{II0}, P_{III0} usw. der Klemmen der Stromempfänger werden um dieselben Strecken verschoben; das System bleibt symmetrisch und balanciert.

Liegt ein Sternsystem mit neutralem Leiter vor, so kann man zur Bestimmung des neutralen Punktes O_1 in derselben Weise wie oben verfahren. Es ist dazu nur nötig, in dem Punkte O eine Kraft y_0 entsprechend der Admittanz des neutralen Leiters anzubringen, um den Einfluß der neutralen Leitung auf das Potential des Punktes O_1 zu berücksichtigen. Während y_0 gleich Null dem Nichtvorhandensein der neutralen Leitung entspricht, bekommen

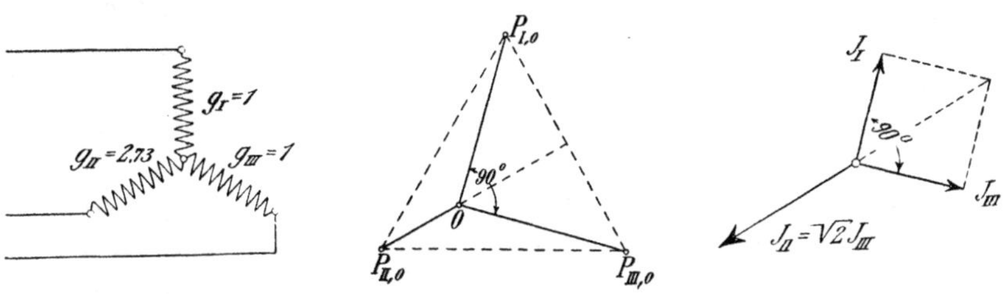

Fig. 218 a. Fig. 218 b. Fig. 218 c.

Fig. 218 a—c. Diagramm eines symmetrischen Dreiphasensystems zur Entnahme eines Zweiphasenstromes.

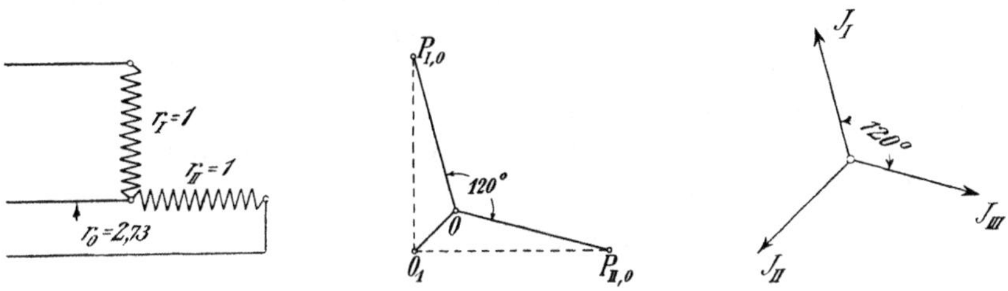

Fig. 219 a. Fig. 219 b. Fig. 219 c.

Fig. 219 a—c. Diagramm eines verketteten Zweiphasensystems zur Entnahme eines symmetrischen Dreiphasenstromes.

für den Fall y_0 gleich unendlich O_1 und O dasselbe Potential. Die Punkte sind alsdann kurz geschlossen oder widerstandslos verbunden, so daß der Strom und der Potentialabfall in einer solchen Phase für die Belastungen in den übrigen Phasen ohne Einfluß bleiben.

Ganz interessant ist auch das von Kennelly in dem erwähnten Aufsatze behandelte Transformationsproblem, denn es zeigt, wie man durch zweckmäßige Wahl der drei Belastungswiderstände einem symmetrischen Dreiphasensystem einen Zweiphasenstrom entnehmen kann. Die Leitfähigkeiten der drei Belastungswiderstände (Fig. 218 a) müssen sich nämlich wie 1 : 1 : 2,73 verhalten. Die Fig. 218 b zeigt die Spannungen der einzelnen Phasen, $\overline{OP_{I0}}$ und $\overline{OP_{III0}}$ stehen aufeinander senkrecht. Fig. 218 c zeigt das Diagramm der Ströme.

Umgekehrt kann man einem verketteten Zweiphasensystem einen symmetrischen Dreiphasenstrom entnehmen, wenn die Belastungswiderstände der zwei Phasen gleich sind und sich zu dem Widerstande der neutralen Leitung Fig. 219a wie $1:(1+\sqrt{3})$ verhalten. Hierzu gibt ferner Fig. 219b das Spannungsdiagramm und Fig. 219c das Stromdiagramm.

79. Analytische Stromberechnung eines Sternsystems.

Das in Abschnitt 78 beschriebene graphische Verfahren zur Bestimmung des Spannungsmittelpunktes O_1 ist nicht immer bequem und besonders nicht bei Sternsystemen mit neutraler Leitung, die gewöhnlich eine viel größere Konduktanz als eine der belasteten Phasen hat.

Ferner werden die Admittanzen oft fast parallel, so daß eine graphische Zusammensetzung unbequem und ungenau wird, wenn man nicht die Resultante der Kräfte y mittels Kräfte- und Seilpolygon konstruieren will, wie es in der graphischen Statik üblich ist.

Es soll hier deshalb zuerst gezeigt werden, wie man die Ströme und den Spannungsmittelpunkt O_1 eines Sternsystems mit und ohne neutraler Leitung rechnerisch bestimmen kann.

Die Leerlaufpotentiale P_{I0}, P_{II0} usw. der einzelnen Phasen, die gleich den induzierten EMKen sind, sollen allgemein für eine Phase mit $\mathfrak{P}_{X0}$, die Admittanzen der Phasen allgemein mit $\mathfrak{Y}$ bezeichnet werden. Dann ist

$$\Sigma(\mathfrak{P}_{X0}-\mathfrak{P}_0)\mathfrak{Y}=\mathfrak{J}_0=\mathfrak{P}_0\mathfrak{Y}_0,$$

wobei $\mathfrak{P}_0$ das Potential des Spannungsmittelpunktes O_1, $\mathfrak{J}_0$ den Strom und $\mathfrak{Y}_0$ die Admittanz in der neutralen Leitung bedeuten. Hieraus hat man

$$\Sigma(\mathfrak{P}_{X0}\mathfrak{Y})=\mathfrak{P}_0\Sigma(\mathfrak{Y})+\mathfrak{P}_0\mathfrak{Y}_0.$$

Hier ist $\Sigma(\mathfrak{P}_{X0}\mathfrak{Y})=\mathfrak{J}_{0k}=\mathfrak{J}'_I+\mathfrak{J}'_{II}+\mathfrak{J}'_{III}$ usw.

$\mathfrak{J}_{0k}$ ist der Strom, der in der neutralen Leitung fließen würde, wenn die beiden neutralen Punkte widerstandslos miteinander verbunden wären, während $\mathfrak{J}'_I$, $\mathfrak{J}'_{II}$ usw. die Phasenströme unter dieser Annahme sind. Sind diese Ströme berechnet, so findet man

$$\mathfrak{P}_0=\frac{\mathfrak{J}_{0k}}{\Sigma(\mathfrak{Y})+\mathfrak{Y}_0}=\mathfrak{J}_{0k}\frac{\Sigma(g)+g_0-j[\Sigma(b)+b_0]}{[\Sigma(g)+g_0]^2+[\Sigma(b)+b_0]^2}.$$

Ist $\mathfrak{P}_0$ bekannt, so berechnet man

$$\mathfrak{J}_{I0}=\mathfrak{P}_0\mathfrak{Y}_I$$

$$\mathfrak{J}_{II0}=\mathfrak{P}_0\mathfrak{Y}_{II} \text{ usw.,}$$

schließlich

$$\mathfrak{J}_0 = \mathfrak{P}_0 \mathfrak{Y}_0 ,$$

wobei

$$\mathfrak{J}_{I0} + \mathfrak{J}_{II0} + \mathfrak{J}_{III0} + \cdots + \mathfrak{J}_0 = \mathfrak{J}_{0k}$$

sein muß.

Die Phasenströme sind also nun leicht zu finden, denn es ist

$$\mathfrak{J}_I = \mathfrak{P}_{I0} \mathfrak{Y}_I - \mathfrak{P}_0 \mathfrak{Y}_I = \mathfrak{J}'_I - \mathfrak{J}_{I0} ,$$

ebenso ist

$$\mathfrak{J}_{II} = \mathfrak{J}'_{II} - \mathfrak{J}_{II0} \text{ usw.}$$

Für ein beliebiges Sternsystem denken wir uns also zuerst die beiden neutralen Punkte, wie in Fig. 220 gezeigt, miteinander verbunden und berechnen die Stromverteilung (also für $\mathfrak{P}_0 = 0$). Hierbei wird

$$\mathfrak{J}'_I + \mathfrak{J}'_{II} + \cdots = \mathfrak{J}_{0k} .$$

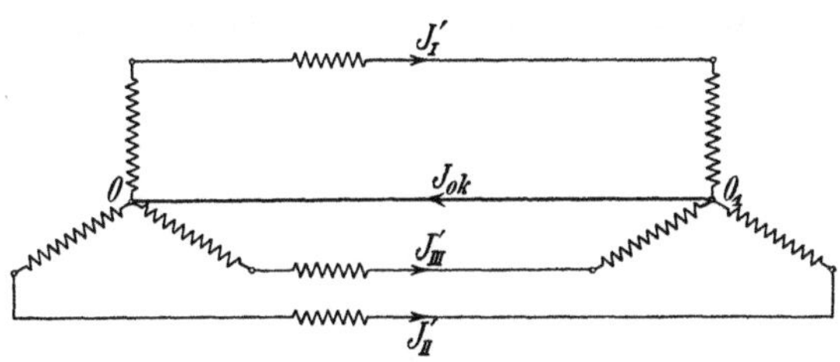

Fig. 220.

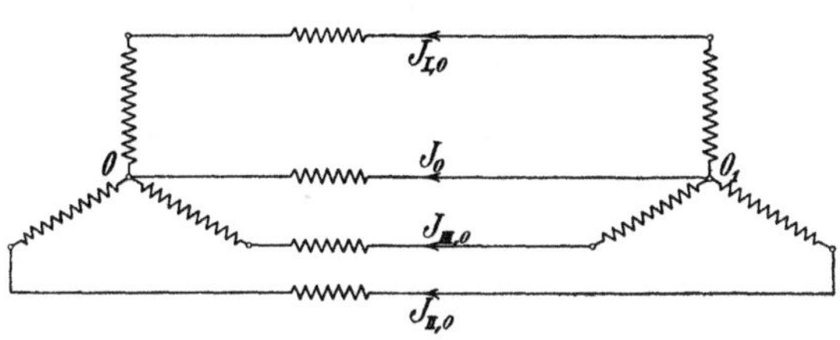

Fig. 221.

Zweitens denken wir uns den Strom $\mathfrak{J}_{0k}$ auf alle parallel geschaltete Leiter des Systems nach Maßgabe ihrer Admittanzen verteilt, indem wir die Phasenspannungen $\mathfrak{P}_{I0}$, $\mathfrak{P}_{II0}$ usw. gleich Null setzen und die Ströme $\mathfrak{J}_{I0}$, $\mathfrak{J}_{II0}$, ... $\mathfrak{J}_0$ so berechnen, als ob $\mathfrak{P}_0$ allein vorhanden wäre (s. Fig. 221).

Hier ist also

$$\mathfrak{J}_{I0} + \mathfrak{J}_{II0} + \cdots + \mathfrak{J}_0 = \mathfrak{J}_{0k} .$$

Die Phasenströme ergeben sich nun durch Superposition der beiden Stromverteilungen in Fig. 220 und Fig. 221.

An Hand eines praktischen Beispieles soll die Behandlung eines Sternsystems vollständig durchgeführt werden. — Ein Dreiphasengenerator mit Sternschaltung und 100 Volt Phasenspannung speise ein Lichtverteilungsnetz. Die Lampen sind in Stern geschaltet

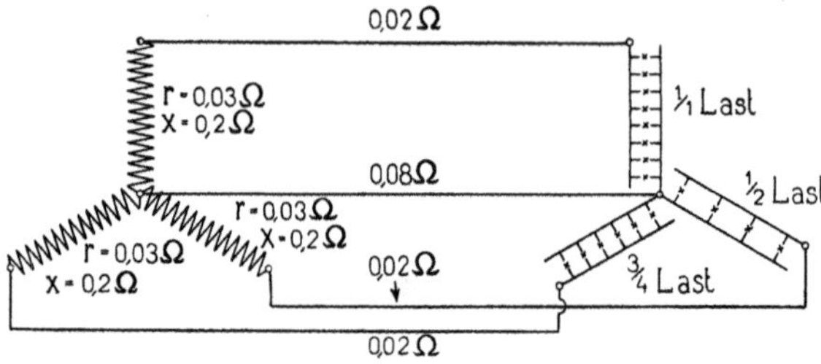

Fig. 222.

wie die Fig. 222 zeigt. Bei normaler und symmetrischer Belastung des Netzes ist die Stromstärke einer Phase gleich 100 Ampere.

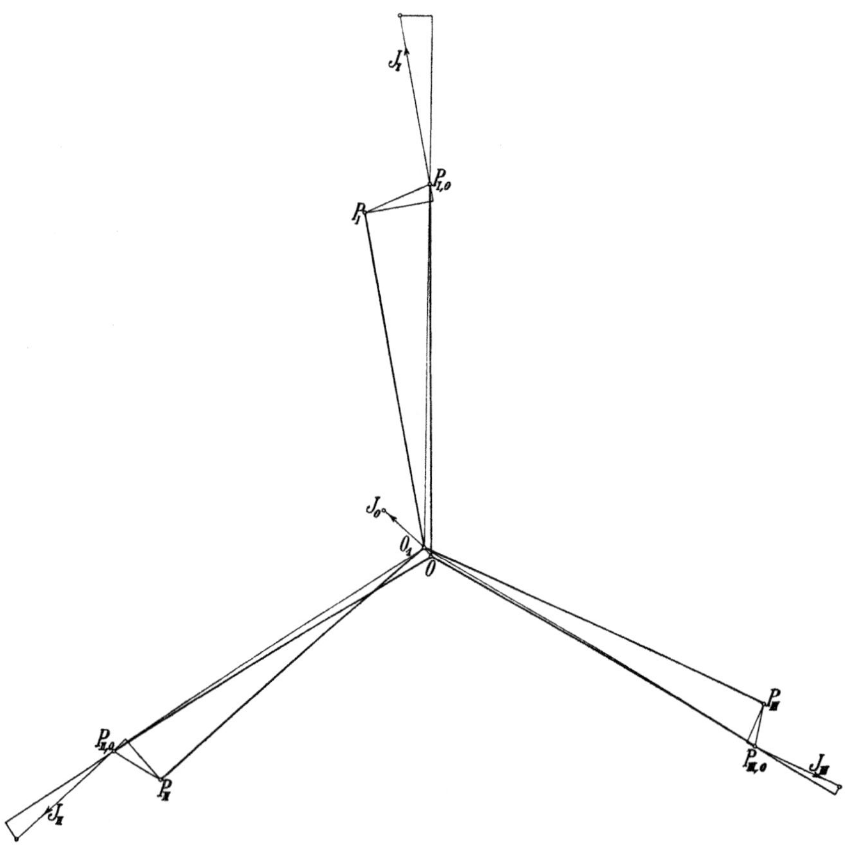

Fig. 223.

Die Armaturwicklung des Generators besitzt in jeder Phase einen effektiven Widerstand von 0,03 Ohm und eine Reaktanz von 0,2 Ohm. Die Leitungen zwischen Generator und den Stromverbrauchern haben in jeder Phase einen Widerstand von 0,02 Ohm, während die neutrale Leitung den Widerstand 0,08 Ohm besitzt. Die Selbstinduktion der Leitungen und der Glühlampen ist vernachlässigbar klein.

Es ist nun die Strom- und Spannungsverteilung im System unter der Annahme zu bestimmen, daß die erste Phase vollbelastet ist, während die zweite bei $^3/_4$ Last und die dritte Phase bei Halblast arbeitet. In jeder der drei Phasen des Generators wird eine effektive EMK von 100 Volt induziert. Die Potentiale der vier Klemmen des Generators sind somit bei Leerlauf durch die Punkte O, P_{I0}, P_{II0} und P_{III0} dargestellt (Fig. 223). — Die erste Phase des Belastungsnetzes hat die Leitfähigkeit 1 Mho oder den Widerstand 1 Ohm, die zweite Phase $^3/_4$ Mho oder 1,333 Ohm und die dritte Phase $^1/_2$ Mho oder 2 Ohm. Dazu sind noch die Widerstände der drei Leitungen und Phasen des Generators zu addieren, so daß man erhält

$$r_I = 1{,}05 \quad x_I = 0{,}2 \quad \text{oder} \quad g_I = 0{,}922 \quad b_I = 0{,}1755$$
$$r_{II} = 1{,}38 \quad x_{II} = 0{,}2 \qquad\qquad g_{II} = 0{,}710 \quad b_{II} = 0{,}103$$
$$r_{III} = 2{,}05 \quad x_{III} = 0{,}2 \qquad\qquad g_{III} = 0{,}484 \quad b_{III} = 0{,}0473$$

und

$$r_0 = 0{,}08\,\Omega \quad \text{oder} \quad g_0 = 12{,}5\,\mho.$$

Die Impedanz zwischen den neutralen Punkten ist

$$r - jx = \frac{g_0 + g_I + g_{II} + g_{III} - j(b_0 + b_I + b_{II} + b_{III})}{(g_0 + g_I + g_{II} + g_{III})^2 + (b_0 + b_I + b_{II} + b_{III})^2}$$
$$= 0{,}0684 - j\,0{,}00152 \text{ Ohm}.$$

Wir berechnen jetzt

$$\mathfrak{J}_I' = \mathfrak{P}_{I0}\mathfrak{Y}_I = 100\,(0{,}922 + j\,0{,}1755) = 92{,}2 + j\,17{,}55 \text{ Amp.}$$
$$\mathfrak{J}_{II}' = \mathfrak{P}_{II0}\mathfrak{Y}_{II} = (-50 + j\,86{,}6)(0{,}710 + j\,0{,}103)$$
$$= -44{,}4 + j\,56{,}4 \text{ Amp.}$$
$$\mathfrak{J}_{III}' = \mathfrak{P}_{III0}\mathfrak{Y}_{III} = (-50\,j\,86{,}6)(0{,}484 + j\,0{,}0473)$$
$$= -20{,}1 - j\,44{,}3 \text{ Amp.}$$

Hieraus finden wir

$$\mathfrak{J}_{0k} = 27{,}7 + j\,29{,}7 \text{ Amp.}$$
$$\mathfrak{P}_0 = (0{,}0684 - j\,0{,}00152)(27{,}7 + j\,29{,}7)$$
$$= 1{,}94 + j\,1{,}99 \text{ Volt.}$$

Diese Potentialdifferenz erzeugt nun die folgenden Ströme:

$$\mathfrak{J}_{I0} = \mathfrak{P}_0 \mathfrak{Y}_I = 1{,}44 + j\,2{,}18 \text{ Amp.}$$
$$\mathfrak{J}_{II0} = \mathfrak{P}_0 \mathfrak{Y}_{II} = 1{,}17 + j\,1{,}61 \text{ Amp.}$$
$$\mathfrak{J}_{III0} = \mathfrak{P}_0 \mathfrak{Y}_{III} = 0{,}85 + j\,1{,}06 \text{ Amp.}$$
$$\mathfrak{J}_0 = \mathfrak{P}_0 \mathfrak{Y}_0 = 24{,}22 + j\,24{,}85 \text{ Amp.}$$

Endlich findet man

$$\mathfrak{J}_I = \mathfrak{J}_I' - \mathfrak{J}_{I0} = -90{,}76 + j\,15{,}37 \text{ Amp.}$$
$$\mathfrak{J}_{II} = \mathfrak{J}_{II}' - \mathfrak{J}_{II0} = -45{,}57 + j\,54{,}79 \text{ „}$$
$$\mathfrak{J}_{III} = \mathfrak{J}_{III}' - \mathfrak{J}_{III0} = -20{,}95 - j\,45{,}36 \text{ „}$$

Die Beträge der Phasenströme sind

$$J_I = 92{,}0 \text{ Amp.}$$
$$J_{II} = 71{,}5 \text{ „}$$
$$J_{III} = 49{,}8 \text{ „}$$

Der Strom J_1 erzeugt in der Ankerwicklung des Generators und in der Leitung einen Ohmschen Spannungsabfall $J_I \cdot r = J_I \cdot 0{,}05$, der dem Strom entgegengesetzt gerichtet ist, und einen induktiven Spannungsabfall $J_I \cdot x = J_I \cdot 0{,}2$, der zum Strome senkrecht steht, wie die Fig. 223 zeigt. Durch diese beiden Spannungsabfälle verschiebt sich das Potential an den Lampen der Phase I von P_{I0} nach P_I und die Lampenspannung ist nunmehr $\overline{O_1 P_I}$ statt wie bei Leerlauf $\overline{OP_{I0}}$. Aus der Fig. 223 ergibt sich die Lampenspannung der drei Phasen zu

$$\overline{O_1 P_I} = J_I \cdot 1 = 92{,}0 \text{ Volt}$$
$$\overline{O_1 P_{II}} = J_{II} \cdot 1{,}33 = 95{,}0 \text{ „}$$
$$\overline{O_1 P_{III}} = J_{III} \cdot 2 = 99{,}6 \text{ „}$$

Werte, die wegen der unsymmetrischen Belastung der drei Phasen sehr verschieden sind. Hätte man alle Phasen gleich belastet, und zwar jede mit 100 Ampere, so würden alle Lampenspannungen von 100 auf 93 Volt gefallen sein.

80. Graphische Stromberechnung eines Mehrphasensystems.

(Methode II.)

An Hand des im Abschn. 79 erläuterten analytischen Verfahrens kann die folgende sehr einfache graphische Methode abgeleitet werden. Wir wollen sie an Hand eines symmetrischen, unsymmetrisch belasteten Dreiphasen-Sternsystems ohne neutrale Leitung erläutern.

In Fig. 224 sind die Leerlaufpotentiale P_{x0} für alle Phasen in der gleichen Richtung und zwar längs der Ordinatenachse aufgetragen gedacht. J'_I, J'_{II} und J'_{III} sind die Ströme, welche diese Potentiale erzeugen würden bei einer direkten Verbindung der neutralen Punkte im Generator und in der Belastung. Weil bei einem symmetrischen System alle Leerlaufpotentiale dem Betrag nach gleich sind, sind in einem solchen die Ströme $\mathfrak{J}_I'$, $\mathfrak{J}_{II}'$ und $\mathfrak{J}_{III}'$ den Admittanzen $\mathfrak{Y}_I$, $\mathfrak{Y}_{II}$ und $\mathfrak{Y}_{III}$ der drei Phasen proportional. In demselben Maßstab stellt der Vektor $\overline{OA} = \mathfrak{J}_I' + \mathfrak{J}_{II}' + \mathfrak{J}_{III}'$ die Gesamtadmittanz $\mathfrak{Y} = \mathfrak{Y}_I + \mathfrak{Y}_{II} + \mathfrak{Y}_{III}$ zwischen den neutralen Punkten dar.

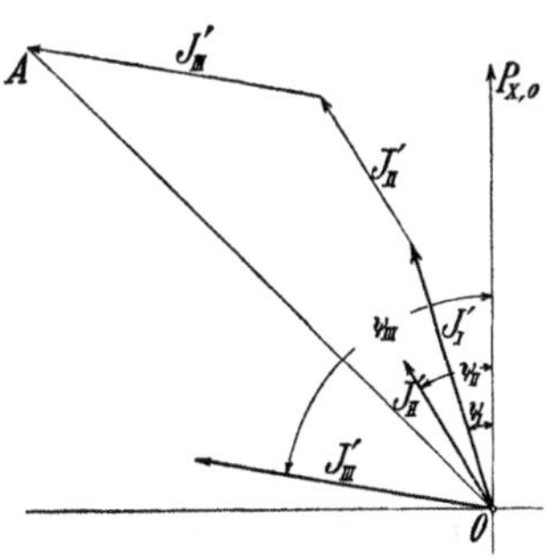

Fig. 224.

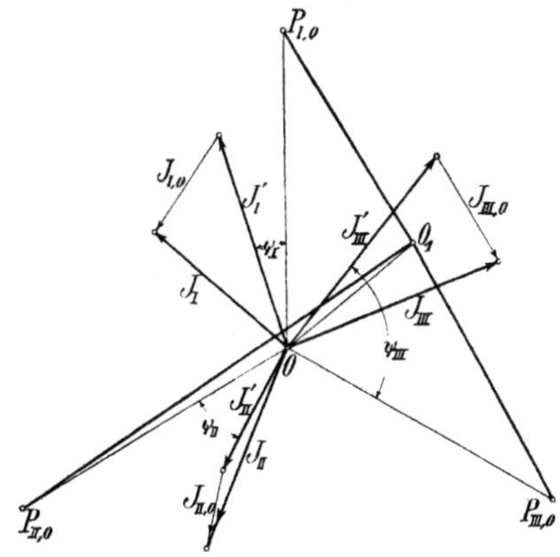

Fig. 225.

In Fig. 225 sind die Ströme $\mathfrak{J}_I'$, $\mathfrak{J}_{II}'$ und $\mathfrak{J}_{III}'$ unter ihren richtigen Phasenwinkeln ψ_I, ψ_{II} und ψ_{III} gegen die Leerlaufpotentiale $\mathfrak{P}_{I0}$, $\mathfrak{P}_{II0}$ und $\mathfrak{P}_{III0}$ eingetragen.

Wir zeichnen nun schließlich Fig. 226, in welcher die Ströme $\mathfrak{J}_I'$, $\mathfrak{J}_{II}'$ und $\mathfrak{J}_{III}'$ geometrisch zusammengesetzt sind. Dadurch erhalten wir den Strom $\mathfrak{J}_{0k} = \mathfrak{J}_I' + \mathfrak{J}_{II}' + \mathfrak{J}_{III}'$, der zwischen den neutralen Punkten fließen muß, und zwar in der Richtung von der Belastung zum Generator. Wir verteilen nun den Strom $\mathfrak{J}_{0k}$ auf die einzelnen Phasen entsprechend ihrer Admittanz. Das geschieht dadurch, daß wir über die Strecke $\mathfrak{J}_{0k}$ ein Polygon bilden in ähnlicher Weise, wie in Fig. 225 die Ströme $\mathfrak{J}_I'$, $\mathfrak{J}_{II}'$ und $\mathfrak{J}_{III}'$ ein Polygon über der Strecke $\overline{OA}$ bilden. $\mathfrak{J}_{I0}$, $\mathfrak{J}_{II0}$ und $\mathfrak{J}_{III0}$ sind die Komponenten von $\mathfrak{J}_{0k}$, die auf die einzelnen Phasen fallen. Durch Ziehen von Parallelen setzen wir nun in Fig. 225 $\mathfrak{J}_I'$ mit $-\mathfrak{J}_{0I}$ zusammen und erhalten als

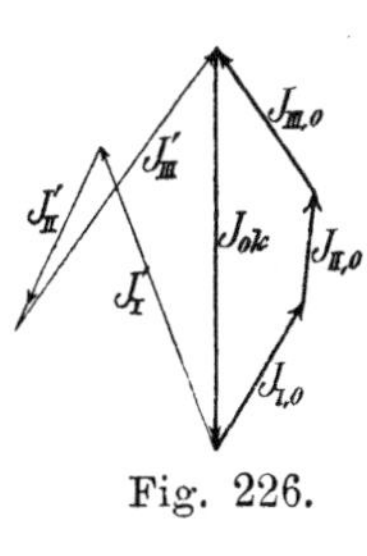

Fig. 226.

Resultierende den Strom $\mathfrak{J}_I$ in der Phase I. Für die übrigen Phasen hat man ebenso zu verfahren.

Wir haben so die Phasenströme bestimmt, ohne das Potential des neutralen Punktes O_1 der Belastung zu kennen, es kann aber jetzt ohne weiteres bestimmt werden, denn die Potentialdifferenzen müssen sich verhalten wie die Ströme, die sie erzeugen. Wir haben also z. B. für die Phase I:

$$\overline{O_1 P_{I0}} : \overline{O P_{I0}} = J_I' : J_I$$

$$\overline{O_1 P_{I0}} = \frac{J_I}{J_I'} P_{I0}.$$

Analog ist für die übrigen Phasen:

$$\overline{O_1 P_{II0}} = \frac{J_{II}}{J_{II}'} P_{II0}$$

$$\overline{O_1 P_{III0}} = \frac{J_{III}}{J_{III}'} P_{III0}.$$

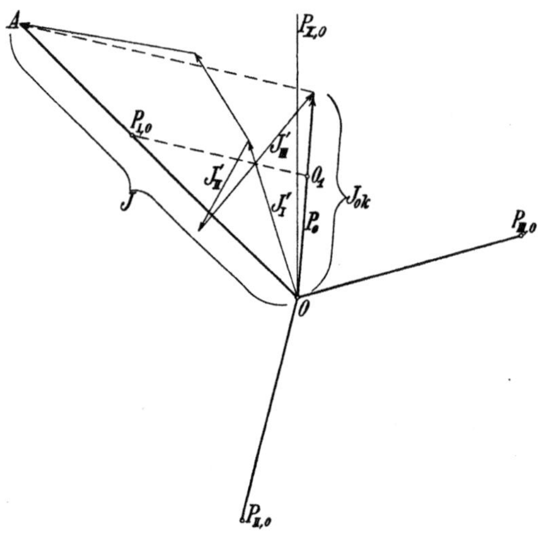

Fig. 227.

Schlagen wir mit diesen Radien Kreisbögen um die Punkte P_{I0}, P_{II0} und P_{III0} in Fig. 225, so werden sie sich alle in dem einen Punkte O_1 schneiden. Er ist der Spannungsmittelpunkt der Belastung. Für jede Phase erhalten wir ein Spannungsdreieck, das dem Stromdreieck derselben Phase ähnlich ist.

Will man den Punkt O_1 direkt bestimmen, so ist die in Fig. 227 gezeigte Konstruktion am einfachsten. Hier ist wiederum

$$\mathfrak{P}_{I0}(\mathfrak{Y}_I + \mathfrak{Y}_{II} + \ldots) = \mathfrak{P}_{I0}\mathfrak{Y} = \mathfrak{J}$$

dargestellt durch den Vektor $\overline{OA}$. Ferner ist

$$\mathfrak{P}_{I0}\mathfrak{Y}_I + \mathfrak{P}_{II0}\mathfrak{Y}_{II} + \ldots = \mathfrak{J}_I' + \mathfrak{J}_{II}' + \ldots = \mathfrak{J}_{0k}.$$

Andererseits ist auch

$$\mathfrak{J}_{0k} = \mathfrak{P}_0\mathfrak{Y} = \frac{\mathfrak{J}}{\mathfrak{P}_{I0}}\mathfrak{P}_0$$

oder
$$\frac{\mathfrak{J}_{0k}}{\mathfrak{P}_0} = \frac{\mathfrak{J}}{\mathfrak{P}_{I0}},$$

d. h. drehen wir das Koordinatensystem der Potentiale, so daß die Richtung von $\mathfrak{P}_{I0}$ mit der von $\mathfrak{J}$ zusammenfällt, so liegt $\mathfrak{P}_0$ in der Richtung von $\mathfrak{J}_{0k}$, und man hat in Fig. 227, um den Punkt O_1 zu finden, nur die vierte Proportionale zu konstruieren.

81. Transfigurierung einer Dreieckschaltung in eine Sternschaltung.

Von den Ringschaltungen hat sich fast nur die Dreieckschaltung in der Technik eingebürgert, weshalb wir uns hier speziell mit ihr beschäftigen wollen.

Im vorhergehenden Abschnitt ist gezeigt, wie der Spannungsmittelpunkt einer Sternschaltung leicht bestimmt werden kann, und dadurch ist die Stromberechnung eines Sternsystems auf die Behandlung von einfachen Stromleitern zurückgeführt worden. Um bei Dreieckschaltung dieselbe Vereinfachung zu erreichen, kann man die folgende von A. E. Kennelly in Electrical World, Vol. 34, Seite 413, angegebene Transfigurierungsmethode einer Dreieckschaltung für eine in bezug auf den äußeren Stromkreis äquivalente Sternschaltung verwenden.

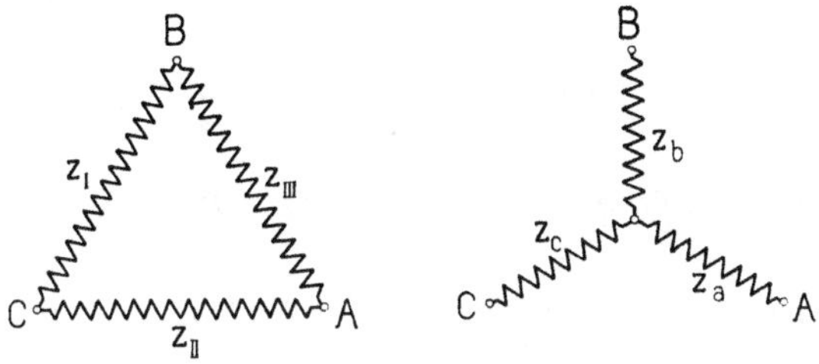

Fig. 228. Dreieckschaltung und die dazu äquivalente Sternschaltung.

Fig. 228a stelle ein Dreiecksystem mit den Impedanzen z_I, z_{II}, z_{III} der einzelnen Zweige dar. Die dazu äquivalente Sternschaltung (Fig. 228b) habe die Impedanzen z_a, z_b und z_c. Damit nun das Dreieck durch den Stern ersetzt werden kann, ohne die Verhältnisse in den äußeren Stromkreisen zu ändern, müssen die Impedanzen zwischen den drei Endpunkten ABC der in Stern geschalteten Impedanzen gleich den Impedanzen zwischen den Eckpunkten des Dreieckes sein. Wir haben somit in symbolischer Schreibweise, bei der die Impedanzen komplexe Größen sind,

$$\mathfrak{Z}_a + \mathfrak{Z}_b = \frac{\mathfrak{Z}_{III}(\mathfrak{Z}_I + \mathfrak{Z}_{II})}{\mathfrak{Z}_I + \mathfrak{Z}_{II} + \mathfrak{Z}_{III}}$$

$$\mathfrak{Z}_b + \mathfrak{Z}_c = \frac{\mathfrak{Z}_I(\mathfrak{Z}_{II} + \mathfrak{Z}_{III})}{\mathfrak{Z}_I + \mathfrak{Z}_{II} + \mathfrak{Z}_{III}}$$

$$\mathfrak{Z}_c + \mathfrak{Z}_a = \frac{\mathfrak{Z}_{II}(\mathfrak{Z}_{III} + \mathfrak{Z}_I)}{\mathfrak{Z}_I + \mathfrak{Z}_{II} + \mathfrak{Z}_{III}}$$

Addiert man alle diese Gleichungen, nachdem die eine mit — 1 multipliziert ist, so erhält man

$$\left.\begin{aligned} \mathfrak{Z}_a &= \frac{\mathfrak{Z}_{II}\mathfrak{Z}_{III}}{\mathfrak{Z}_I + \mathfrak{Z}_{II} + \mathfrak{Z}_{III}} \\ \mathfrak{Z}_b &= \frac{\mathfrak{Z}_{III}\mathfrak{Z}_I}{\mathfrak{Z}_I + \mathfrak{Z}_{II} + \mathfrak{Z}_{III}} \\ \mathfrak{Z}_c &= \frac{\mathfrak{Z}_I\mathfrak{Z}_{II}}{\mathfrak{Z}_I + \mathfrak{Z}_{II} + \mathfrak{Z}_{III}} \end{aligned}\right\} \quad . \; . \; . \; . \; . \quad (146)$$

Führt man in diese symbolischen Formeln die komplexen Ausdrücke für $\mathfrak{Z}_I$, $\mathfrak{Z}_{II}$ und $\mathfrak{Z}_{III}$ ein und zerlegt die Ausdrücke für $\mathfrak{Z}_a$, $\mathfrak{Z}_b$ und $\mathfrak{Z}_c$, die man in dieser Weise erhält, in ihre reellen und imaginären Teile, so bekommt man die Widerstände und Reaktanzen der äquivalenten Sternschaltung durch die Größen der Dreieckschaltung ausgedrückt.

$$r_a - j x_a = \frac{(r_{II} - j x_{II})(r_{III} - j x_{III})}{r_I + r_{II} + r_{III} - j(x_I + x_{II} + x_{III})}$$

$$= \frac{(r_{II} - j x_{II})(r_{III} - j x_{III})}{r - j x} = \frac{(r_{II} - j x_{II})(r_{III} - j x_{III})(r + j x)}{r^2 + x^2}$$

$$= \frac{r(r_{II} r_{III} - x_{II} x_{III}) + x(r_{II} x_{III} + r_{III} x_{II})}{z^2}$$

$$- j \frac{r(r_{II} x_{III} + r_{III} x_{II}) - x(r_{II} r_{III} - x_{II} x_{III})}{z^2}.$$

Durch zyklische Vertauschung ergeben sich ferner die analogen Ausdrücke

$$r_b - j x_b = \frac{r(r_{III} r_I - x_{III} x_I) + x(r_{III} x_I + r_I x_{III})}{z^2}$$

$$- j \frac{r(r_{III} x_I + r_I x_{III}) - x(r_{III} r_I - x_{III} x_I)}{z^2}$$

$$r_c - j x_c = \frac{r(r_I r_{II} - x_I x_{II}) + x(r_I x_{II} + r_{II} x_I)}{z^2}$$

$$- j \frac{r(r_I x_{II} + r_{II} x_I) - x(r_I r_{II} - x_I x_{II})}{z^2}.$$

Ist umgekehrt eine Sternschaltung gegeben, so läßt sie sich durch eine Dreieckschaltung ersetzen. Hier nehmen wir die Admittanzen der Sternschaltung als gegeben an, während die Admittanzen der Dreieckschaltung zu bestimmen sind.

Sind die beiden Schaltungen in Fig. 228a und 228b äquivalent, so werden sie auch äquivalent bleiben, wenn zwischen zwei gleichen Klemmen in den beiden Schaltungen gleiche Stromkreise hinzugefügt werden. Die Schaltungen bleiben also unter sich äquivalent, wenn wir in beiden zwischen A und B einen Stromkreis von der Impedanz $z = 0$ einschalten, d. h. wenn wir diese beiden Klemmen kurz schließen. Damit dies der Fall sein soll, muß aber

$$\mathfrak{Y}_I + \mathfrak{Y}_{II} = \frac{\mathfrak{Y}_c(\mathfrak{Y}_a + \mathfrak{Y}_b)}{\mathfrak{Y}_a + \mathfrak{Y}_b + \mathfrak{Y}_c}$$

sein. Verbinden wir ebenso zuerst B und C und dann C und A miteinander, so erhalten wir die beiden folgenden Gleichungen:

$$\mathfrak{Y}_{II} + \mathfrak{Y}_{III} = \frac{\mathfrak{Y}_a(\mathfrak{Y}_b + \mathfrak{Y}_c)}{\mathfrak{Y}_a + \mathfrak{Y}_b + \mathfrak{Y}_c}$$

$$\mathfrak{Y}_{III} + \mathfrak{Y}_I = \frac{\mathfrak{Y}_b(\mathfrak{Y}_c + \mathfrak{Y}_a)}{\mathfrak{Y}_a + \mathfrak{Y}_b + \mathfrak{Y}_c}.$$

Aus den letzten drei Gleichungen erhalten wir dann:

$$\left.\begin{aligned} \mathfrak{Y}_I &= \frac{\mathfrak{Y}_b\mathfrak{Y}_c}{\mathfrak{Y}_a + \mathfrak{Y}_b + \mathfrak{Y}_c} \\ \mathfrak{Y}_{II} &= \frac{\mathfrak{Y}_c\mathfrak{Y}_a}{\mathfrak{Y}_a + \mathfrak{Y}_b + \mathfrak{Y}_c} \\ \mathfrak{Y}_{III} &= \frac{\mathfrak{Y}_a\mathfrak{Y}_b}{\mathfrak{Y}_a + \mathfrak{Y}_b + \mathfrak{Y}_c} \end{aligned}\right\} \quad . \quad . \quad . \quad . \quad (147)$$

Mittels dieser drei Gleichungen, die auch in komplexen Größen ausgedrückt werden können, kann zu jeder Sternschaltung die äquivalente Dreieckschaltung berechnet werden.

Graphisch lassen sich die Transfigurierungsaufgaben gleichfalls leicht lösen. In Fig. 229 stellen die Vektoren $\overline{OZ_I}$, $\overline{OZ_{II}}$ und $\overline{OZ_{III}}$ die Impedanzen $\mathfrak{Z}_I$, $\mathfrak{Z}_{II}$ und $\mathfrak{Z}_{III}$ einer Dreieckschaltung dar. Zu bestimmen sind die Impedanzen $\mathfrak{Z}_a$, $\mathfrak{Z}_b$ und $\mathfrak{Z}_c$ der äquivalenten Sternschaltung. Wir konstruieren dann zuerst $\overline{OZ}$ als den Vektor der resultierenden Impedanz $\mathfrak{Z} = \mathfrak{Z}_I + \mathfrak{Z}_{II} + \mathfrak{Z}_{III}$. Konstruieren wir nun das Dreieck

$$OZ_a Z_{II} \sim OZ_{III} Z,$$

so ist $\overline{OZ_a}$ nach Größe und Richtung die gesuchte Impedanz $\mathfrak{Z}_a$; denn es gilt die geometrische Proportion

$$\frac{\mathfrak{Z}_a}{\mathfrak{Z}_{II}} = \frac{\mathfrak{Z}_{III}}{\mathfrak{Z}_I + \mathfrak{Z}_{II} + \mathfrak{Z}_{III}},$$

welche nach Gl. 146 zu erfüllen ist. Ganz analog erfolgt die Konstruktion von $\mathfrak{Z}_b$ und $\mathfrak{Z}_c$.

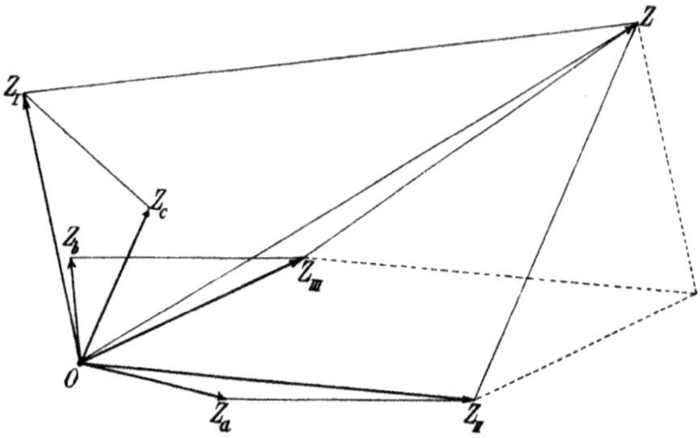

Fig. 229. Graphische Transfigurierung.

Die graphische Ermittelung der Admittanzen einer äquivalenten Dreieckschaltung aus den Admittanzen einer Sternschaltung ist, wie die Ausdrücke (Gl. 147) zeigen, der in Fig. 229 dargestellten Konstruktion vollständig analog.

Beispiel: Es seien $g_I = 1$, $g_{II} = \frac{3}{4}$ und $g_{III} = \frac{1}{2}$ Mho oder $r_I = 1$, $r_{II} = 1{,}333$ und $r_{III} = 2$ Ohm. Wie groß sind $r_a = z_a$, $r_b = z_b$ und $r_c = z_c$?

$$r_a = \frac{r_{II} \cdot r_{III}}{r_I + r_{II} + r_{III}} = \frac{1{,}33 \cdot 2}{1 + 1{,}33 + 2} = \frac{2{,}66}{4{,}33} = 0{,}614\ \Omega$$

oder $$g_a = 1{,}63 \text{ Mho}$$

$$r_b = \frac{r_{III} \cdot r_I}{r_I + r_{II} + r_{III}} = \frac{2}{4{,}33} = 0{,}462\ \Omega$$

oder $$g_b = 2{,}16 \text{ Mho}$$

und $$r_c = \frac{r_I \cdot r_{II}}{r_I + r_{II} + r_{III}} = \frac{2{,}33}{4{,}33} = 0{,}539\ \Omega$$

oder $$g_c = 1{,}86 \text{ Mho}.$$

Eine Dreieckschaltung, deren Phasenbelastungen g_I, g_{II} und g_{III} sich wie 4 : 3 : 2 verhalten, ist somit äquivalent einer Sternschaltung, deren Phasenbelastungen g_b, g_c und g_a sich wie 4 : 3,45 : 3,02 verhalten. Hieraus folgt, daß eine unsymmetrische Belastung sich bei einem Sternsystem viel fühlbarer macht, als bei einer Dreieckschaltung.

82. Transfigurierung von Stern- und Dreieckschaltungen, deren Phasen der Sitz induzierter EMKe sind.

Bis jetzt haben wir angenommen, daß in den Phasen der Dreieck- und Sternschaltungen, die transfiguriert werden, keine EMKe enthalten sind. Sind solche vorhanden, so hat man ganz genau wie früher zu verfahren. In Fig. 230 seien in den Zweigen der Dreieckschaltung sowohl EMKe als auch Impedanzen z_I, z_{II}, z_{III} enthalten. Wir können uns zuerst einen Zustand denken, bei dem gar keine Ströme fließen, weil in den Phasen der Sternschaltung EMKe vorhanden sind, die den ersten das Gleichgewicht halten, was bei parallelgeschalteten Generatoren vorkommen kann. Ändert man nun die EMK in einer oder mehreren Phasen der Sternschaltung, so werden sofort Ströme entstehen, die nur abhängig sind von den Impedanzen des ganzen Systems und von der Größe der Änderung der EMKe dieser Sternschaltung, während es vollständig gleichgültig ist, welche EMKe sich früher das Gleichgewicht gehalten haben. Hieraus folgt, daß die Impedanzen der zur Dreieckschaltung äquivalenten Sternschaltung dieselben bleiben, ob EMKe in den Zweigen der Dreieckschaltung vorhanden sind oder nicht. In gleicher Weise ist es bei der Transfigurierung von Sternschaltungen gleichgültig, ob hier EMKe vorhanden sind oder nicht.

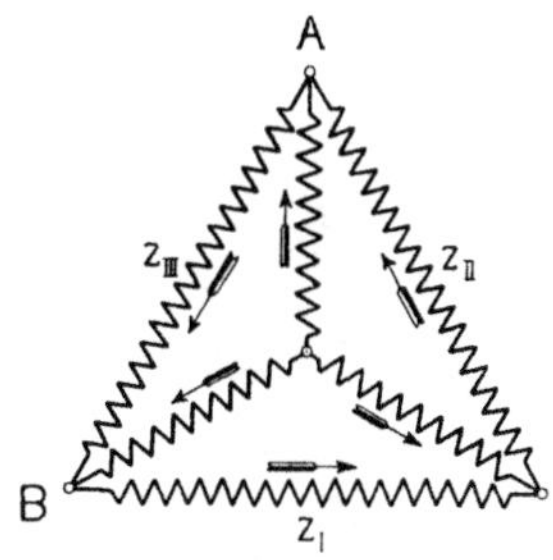

Fig. 230. Transfigurierung einer Dreieckschaltung, in deren Phasen induzierte EMKe vorhanden sind.

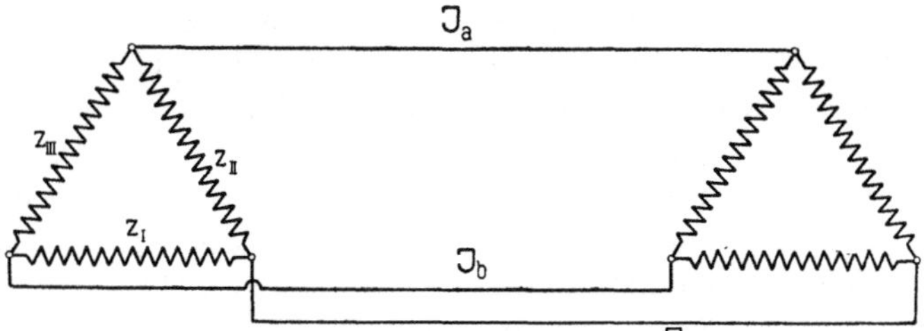

Fig. 231.

Als Beispiel zur Erläuterung des ganzen Verfahrens kann ein System dienen, in dem sowohl der Stromerzeuger als auch die Stromverbraucher in Dreieck geschaltet sind, wie dies in Fig. 231 dargestellt ist. Zunächst berechnet man die Impedanzen der äquivalenten Sternschaltungen, hierauf bildet man die Summe der

Admittanzen jeder Phase und zeichnet das Spannungsdreieck des Stromerzeugers bei Leerlauf (Fig. 232) auf. An jede Ecke dieses Dreieckes trägt man die Admittanz der entsprechenden Phase als eine Kraft an. Der Mittelpunkt dieser Kräfte ist dann der Spannungsmittelpunkt O_1 der Belastung, und die Abstände dieses Punktes von den Eckpunkten des Spannungsdreieckes geben uns die EMKe der einzelnen Phasen. Multipliziert man diese mit den betreffenden Phasenadmittanzen, so erhält man die Linienströme gleich den Phasenströmen, die mit $\overline{O_1 P_0}$ den Winkel arc tg $\frac{b}{g}$ bilden. Diese Ströme

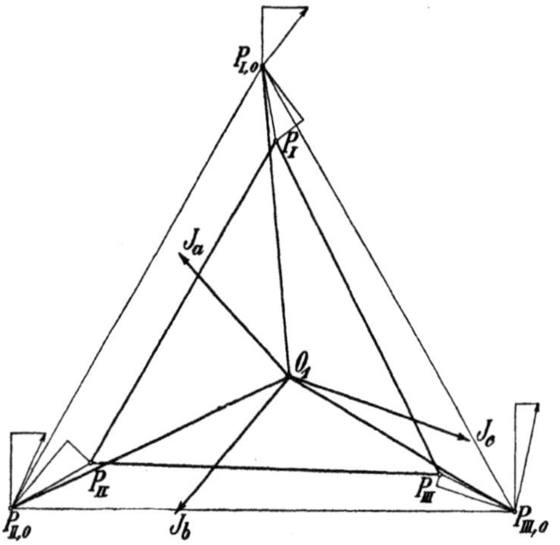

Fig. 232.

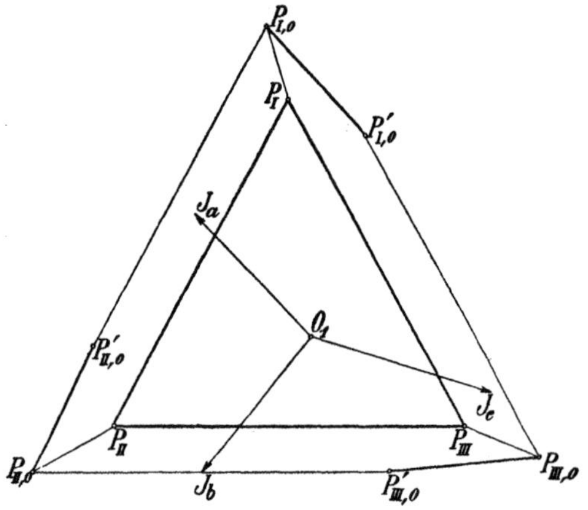

Fig. 233.

bewirken eine Verschiebung der Potentiale der Eckpunkte des Spannungsdreieckes, das die Klemmenspannungen des Generators bei Leerlauf angibt. Die Verschiebung jedes Eckpunktes ist gleich der entsprechenden Phasenimpedanz der äquivalenten Sternschaltung des Generators multipliziert mit dem Linienstrom. Die Verschiebung Jr geschieht entgegengesetzt zur Richtung des Stromes, während Jx normal zur Stromrichtung steht und dem Strome um 90^0 nacheilt. In dieser Weise bekommt man die drei neuen Eckpunkte P_I, P_{II}, P_{III} (Fig. 232) des Spannungsdreieckes des Generators bei Belastung.

In Fig. 233 stellen die drei Strahlen J_a, J_b, J_c die drei Linienströme dar. Oft hat es aber auch Interesse, die Netzströme, d. h. die Ströme in den Dreieckzweigen, zu kennen. Man findet sie für den Generator dadurch, daß man $\overline{P_I P_{III}}$ von $\overline{P_{I0} P_{III0}}$ geometrisch subtrahiert und die Differenz $\overline{P_{I0} P_{I0}'}$ durch die Impedanz z_{II} (Fig. 234) des zwischenliegenden Zweiges dividiert. Will man die Ströme des Belastungsdreieckes bestimmen, so konstruiert man zuerst das

Spannungsdreieck für die Klemmenspannungen der Stromempfänger. Seine Seiten sind die Spannungen der Zweige, die durch die Impedanz des betreffenden Zweiges dividiert die Netzströme des Belastungsdreieckes ergeben.

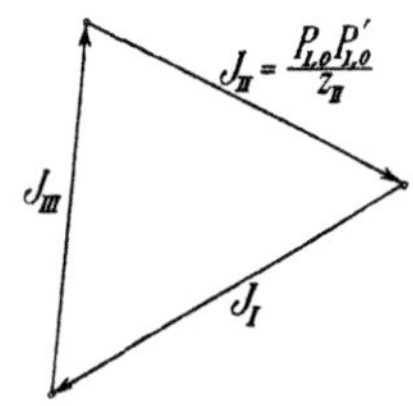

Fig. 234.

Wir haben hiermit die gestellte Aufgabe vollständig gelöst, und zwar ohne das Potential des neutralen Punktes der äquivalenten Sternschaltung des Generators zu kennen. Dieser Punkt ist nämlich ohne Bedeutung für die Konstruktion und zudem unbestimmbar.

Beispiel I. Die Belastungsadmittanzen der Dreieckschaltung sind alle gleich groß und gleichartig. Da

$$\mathfrak{Z}_a = \frac{\mathfrak{Z}_{III}\,\mathfrak{Z}_{II}}{\mathfrak{Z}_I + \mathfrak{Z}_{II} + \mathfrak{Z}_{III}}$$

ist, wird für $\mathfrak{Z}_I = \mathfrak{Z}_{II} = \mathfrak{Z}_{III} = \mathfrak{Z}$

$$\mathfrak{Z}_a = \mathfrak{Z}_b = \mathfrak{Z}_c = \frac{1}{3}\,\mathfrak{Z},$$

d. h. eine Dreieckschaltung mit gleichen Impedanzen in allen drei Zweigen kann ersetzt werden durch eine Sternschaltung, deren Phasenimpedanz gleich einem Drittel der Phasenimpedanz der Dreieckschaltung ist. Dies ist auch leicht einzusehen. Denn bei Sternschaltung ist die Spannung einer Phase $\sqrt{3}$ mal kleiner und der Strom $\sqrt{3}$ mal größer als bei der äquivalenten Dreieckschaltung. Es muß die Impedanz des Sterns also $\frac{1}{(\sqrt{3})^2} = \frac{1}{3}$ von der Dreieckimpedanz sein.

Beispiel II. In Dreiphasensystemen kommen oft mehrere parallelgeschaltete Sterne vor. Da die Admittanzen der einzelnen Zweige der Sterne bei unsymmetrischer Belastung nicht direkt addiert werden können, so muß man erst jeden Stern durch ein äquivalentes Dreieck ersetzen. Die Admittanzen der verschiedenen Dreiecke werden dann für jeden Zweig einfach addiert, was erlaubt ist, weil die Admittanzen alle parallel zwischen denselben beiden Klemmen liegen. Man erhält somit nur eine resultierende Admittanz für jeden Zweig, und die resultierenden Admittanzen der drei Zweige bilden ein einziges Dreieck, das all den parallel geschalteten Sternschaltungen äquivalent ist. Dieses Dreieck kann wieder durch einen äquivalenten Stern ersetzt werden, wodurch es also gelungen ist, mehrere verschiedene Sternschaltungen auf einen einzigen äquivalenten zu reduzieren. In analoger Weise läßt sich jede beliebige Belastung eines Dreiphasensystems rechnerisch verfolgen.

83. Symbolische Stromberechnung von Mehrphasensystemen.

In einem symmetrischen Mehrphasensystem mit n Phasen wird in der $x$ten Phase eine EMK p_x induziert. Es ist

$$p_x = \sqrt{2}\,P \sin\left[\omega t - (x-1)\frac{2\pi}{n}\right]$$

$$= \sqrt{2}\,P\left[\sin\omega t \cos(x-1)\frac{2\pi}{n} - \cos\omega t \sin(x-1)\frac{2\pi}{n}\right]$$

oder vektoriell

$$\mathfrak{P}_x = P\left[\cos(x-1)\frac{2\pi}{n} + j\sin(x-1)\frac{2\pi}{n}\right] = P e^{j(x-1)\frac{2\pi}{n}}$$

Es ist $p_I = \sqrt{2}\,P\sin\omega t$, d. i. symbolisch $\mathfrak{P}_I = \mathfrak{P}$, und wenn wir

$$e^{j\frac{2\pi}{n}} = \cos\frac{2\pi}{n} + j\sin\frac{2\pi}{n} = \sqrt[n]{1} = \varepsilon$$

setzen, lassen sich die in einzelnen Phasen induzierten EMKe wie folgt schreiben:

$$\mathfrak{P}_I = \mathfrak{P}$$
$$\mathfrak{P}_{II} = \mathfrak{P}\,\varepsilon$$
$$\mathfrak{P}_x = \mathfrak{P}\,\varepsilon^{x-1}$$
$$\mathfrak{P}_n = \mathfrak{P}\,\varepsilon^{n-1}.$$

Betrachten wir zunächst das verkettete Vierphasensystem (Fig. 235) mit Sternschaltung des Generators und mit Viereckschaltung der Belastungsadmittanzen, so wenden wir am besten hier die zwei Kirchhoffschen Gesetze an, die sagen, daß die Summe aller Ströme in einem Knotenpunkt gleich Null ist und daß die Summe aller EMKe in einem geschlossenen Kreis gleich Null sein muß. Für ein derartiges System besteht nämlich bis jetzt kein graphisches Verfahren und darum ist es angebracht, die symbolische Rechnungsweise an diesem in der Praxis selten vorkommenden Beispiel zu erläutern. Nach dem ersten Kirchhoffschen Gesetz erhalten wir für die fünf Knotenpunkte des Systems:

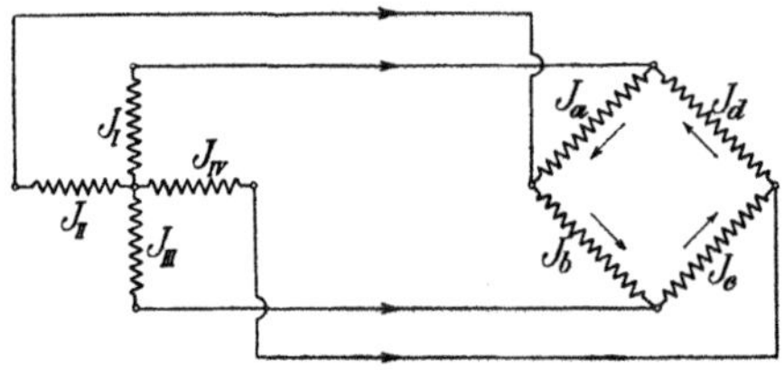

Fig. 235.

$$\mathfrak{J}_I + \mathfrak{J}_d - \mathfrak{J}_a = 0$$
$$\mathfrak{J}_{II} + \mathfrak{J}_a - \mathfrak{J}_b = 0$$

$$\mathfrak{J}_{III} + \mathfrak{J}_b - \mathfrak{J}_c = 0$$
$$\mathfrak{J}_{IV} + \mathfrak{J}_c - \mathfrak{J}_d = 0$$

und

$$\mathfrak{J}_I + \mathfrak{J}_{II} + \mathfrak{J}_{III} + \mathfrak{J}_{IV} = 0 .$$

Da die letzte Gleichung sich auch aus den vier ersten durch Addition ergeben würde, so ist das eine Identitätsgleichung und kann in der weiteren Rechnung außer acht gelassen werden.

In gleicher Weise erhalten wir nach dem zweiten Kirchhoffschen Gesetz für die fünf geschlossenen Kreise des Systems:

$$\begin{aligned}
\mathfrak{P}_I - \mathfrak{P}_{II} - \mathfrak{J}_I \mathfrak{Z}_I - \mathfrak{J}_a \mathfrak{Z}_a + \mathfrak{J}_{II} \mathfrak{Z}_{II} &= 0 \\
\mathfrak{P}_{II} - \mathfrak{P}_{III} - \mathfrak{J}_{II} \mathfrak{Z}_{II} - \mathfrak{J}_b \mathfrak{Z}_b + \mathfrak{J}_{III} \mathfrak{Z}_{III} &= 0 \\
\mathfrak{P}_{III} - \mathfrak{P}_{IV} - \mathfrak{J}_{III} \mathfrak{Z}_{III} - \mathfrak{J}_c \mathfrak{Z}_c + \mathfrak{J}_{IV} \mathfrak{Z}_{IV} &= 0 \\
\mathfrak{P}_{IV} - \mathfrak{P}_I - \mathfrak{J}_{IV} \mathfrak{Z}_{IV} - \mathfrak{J}_d \mathfrak{Z}_d + \mathfrak{J}_I \mathfrak{Z}_I &= 0
\end{aligned}$$

und

$$\mathfrak{J}_a \mathfrak{Z}_a + \mathfrak{J}_b \mathfrak{Z}_b + \mathfrak{J}_c \mathfrak{Z}_c + \mathfrak{J}_d \mathfrak{Z}_d = 0 .$$

Die letzte Gleichung ergibt sich aber auch durch Addition der vier ersten, so daß sie außer acht gelassen werden kann.

Substituieren wir nun in den Spannungsgleichungen alle Phasenströme $\mathfrak{J}_I$, $\mathfrak{J}_{II}$, $\mathfrak{J}_{III}$ und $\mathfrak{J}_{IV}$ durch die Linienströme $\mathfrak{J}_a$, $\mathfrak{J}_b$, $\mathfrak{J}_c$ und $\mathfrak{J}_d$, so erhalten wir die folgenden vier linearen Gleichungen mit den vier unbekannten Strömen $\mathfrak{J}_a$, $\mathfrak{J}_b$, $\mathfrak{J}_c$ und $\mathfrak{J}_d$.

$$\begin{aligned}
\mathfrak{P}_I - \mathfrak{P}_{II} - \mathfrak{J}_a (\mathfrak{Z}_1 + \mathfrak{Z}_a + \mathfrak{Z}_{II}) + \mathfrak{J}_b \mathfrak{Z}_{II} + \mathfrak{J}_d \mathfrak{Z}_I &= 0 \\
\mathfrak{P}_{II} - \mathfrak{P}_{III} - \mathfrak{J}_b (\mathfrak{Z}_{II} + \mathfrak{Z}_b + \mathfrak{Z}_{III}) + \mathfrak{J}_c \mathfrak{Z}_{III} + \mathfrak{J}_a \mathfrak{Z}_{II} &= 0 \\
\mathfrak{P}_{III} - \mathfrak{P}_{IV} - \mathfrak{J}_c (\mathfrak{Z}_{III} + \mathfrak{Z}_c + \mathfrak{Z}_{IV}) + \mathfrak{J}_d \mathfrak{Z}_{IV} + \mathfrak{J}_b \mathfrak{Z}_{III} &= 0 \\
\mathfrak{P}_{IV} - \mathfrak{P}_I - \mathfrak{J}_d (\mathfrak{Z}_{IV} + \mathfrak{Z}_d + \mathfrak{Z}_I) + \mathfrak{J}_a \mathfrak{Z}_I + \mathfrak{J}_c \mathfrak{Z}_{IV} &= 0 .
\end{aligned}$$

Hieraus ergeben sich in bekannter Weise die Ströme

$$\mathfrak{J}_a = \frac{D_1}{D}, \qquad \mathfrak{J}_b = \frac{D_2}{D}, \qquad \mathfrak{J}_c = \frac{D_3}{D} \quad \text{und} \quad \mathfrak{J}_d = \frac{D_4}{D},$$

worin

$$D = \begin{vmatrix}
-(\mathfrak{Z}_I + \mathfrak{Z}_a + \mathfrak{Z}_{II}), & \mathfrak{Z}_{II}, & 0, & \mathfrak{Z}_I \\
\mathfrak{Z}_{II}, & -(\mathfrak{Z}_{II} + \mathfrak{Z}_b + \mathfrak{Z}_{III}), & \mathfrak{Z}_{III}, & 0 \\
0, & \mathfrak{Z}_{III}, & -(\mathfrak{Z}_{III} + \mathfrak{Z}_c + \mathfrak{Z}_{IV}, & \mathfrak{Z}_{IV} \\
\mathfrak{Z}_I, & 0, & \mathfrak{Z}_{IV}, & -(\mathfrak{Z}_{IV} + \mathfrak{Z}_d + \mathfrak{Z}_I)
\end{vmatrix} =$$

$$= \begin{vmatrix}
0, & \mathfrak{Z}_{III}, & -(\mathfrak{Z}_{III} + \mathfrak{Z}_c + \mathfrak{Z}_{IV}), & \mathfrak{Z}_{IV} \\
\mathfrak{Z}_I, & 0, & \mathfrak{Z}_{IV}, & -(\mathfrak{Z}_{IV} + \mathfrak{Z}_d + \mathfrak{Z}_I) \\
-(\mathfrak{Z}_I + \mathfrak{Z}_a + \mathfrak{Z}_{II}), & \mathfrak{Z}_{II}, & 0, & \mathfrak{Z}_I \\
\mathfrak{Z}_{II}, & -(\mathfrak{Z}_{II} + \mathfrak{Z}_b + \mathfrak{Z}_{III}), & \mathfrak{Z}_{III}, & 0
\end{vmatrix}$$

die Determinante der vier Gleichungen ist, während D_1, D_2, D_3 und D_4 sich aus D ergeben, wenn die Koeffizienten der Unbekannten $\mathfrak{J}_a$ resp. $\mathfrak{J}_b$, $\mathfrak{J}_c$ und $\mathfrak{J}_d$ gegen die konstanten Glieder $\mathfrak{P}_I - \mathfrak{P}_{II}$, $\mathfrak{P}_{II} - \mathfrak{P}_{III}$, $\mathfrak{P}_{III} - \mathfrak{P}_{IV}$ und $\mathfrak{P}_{IV} - \mathfrak{P}_I$ der vier Gleichungen vertauscht werden. Hat man in dieser Weise die vier Ströme J_a, J_b, J_c und J_d bestimmt, so ergeben sich die vier Klemmenspannungen

$$\mathfrak{J}_a \mathfrak{Z}_a, \quad \mathfrak{J}_b \mathfrak{Z}_b, \quad \mathfrak{J}_c \mathfrak{Z}_c, \quad \mathfrak{J}_d \mathfrak{Z}_d$$

und die vier Phasenströme

$$\mathfrak{J}_I, \quad \mathfrak{J}_{II}, \quad \mathfrak{J}_{III}, \quad \mathfrak{J}_{IV}$$

in einfacher Weise.

Die Aufgabe ist somit gelöst, und zwar durch äußerst einfache Überlegungen. Man erhält aber durch diese symbolische Anschauungsweise gar keinen Überblick über das erreichte Resultat, da man erst die Determinanten ausrechnen und dann von den symbolischen Ausdrücken zu den komplexen zurückkehren muß. Das Endresultat wird immer sehr lang und kompliziert.

In der Praxis kommen gewöhnlich das unverkettete Zwei- oder Vierphasensystem und das Zweiphasen-Dreileitersystem vor. Das erste läßt sich in derselben Weise wie jedes Einphasensystem graphisch und analytisch behandeln. Das Zweiphasen-Dreileitersystem läßt sich graphisch und analytisch am besten nach der Methode des Spannungsmittelpunktes rechnerisch untersuchen. Wir werden es jedoch hier nach der symbolischen Rechnungsweise behandeln und durch ein Beispiel die Operation mit komplexen Größen etwas ausführlicher erläutern. In Fig. 215 wurde ein Zweiphasen-Dreileitersystem mit gleichem Strom in beiden Phasen graphisch untersucht, und es stellte sich heraus, daß die Spannungsabfälle der beiden Phasen ungleich waren. Betrachten wir dasselbe System unter Voraussetzung von gleichen Belastungsadmittanzen der beiden Phasen, so finden wir auch hier ungleiche Spannungsabfälle. Das Zweiphasen-Dreileitersystem ist somit stets trotz symmetrischer Belastung unsymmetrisch in bezug auf Ströme und Spannungen. Um dies zu zeigen, setzen wir

$\mathfrak{P}_{I0} = P$ = induzierte EMK in der ersten Phase des Generators,
$\mathfrak{P}_{II0} = jP$ = induzierte EMK in der zweiten Phase des Generators,
$\mathfrak{J}$ = Strom in Phase I und II,
$\mathfrak{J}_0$ = Strom in der neutralen Leitung,
$\mathfrak{Z}$ = Impedanz der Phasenleitungen,
$\mathfrak{Z}_0$ = Impedanz der neutralen Leitung,
$\mathfrak{Y}$ = Belastungsadmittanz beider Phasen.

$\mathfrak{P}_I$ und $\mathfrak{P}_{II}$ sind die Klemmenspannungen zwischen den Phasenklemmen und dem Mittelleiter.

Es ist somit

$$\mathfrak{J}_I + \mathfrak{J}_{II} = -\mathfrak{J}_0,$$

da alle Ströme vom neutralen Punkte aus positiv gerechnet werden.

$$\mathfrak{J}_I = \mathfrak{Y}\mathfrak{P}_I \quad \text{und} \quad \mathfrak{J}_{II} = \mathfrak{Y}\mathfrak{P}_{II}$$

$$\mathfrak{P}_I = \mathfrak{P}_{I0} - \mathfrak{J}_I \mathfrak{Z} + \mathfrak{J}_0 \mathfrak{Z}_0 = P - \mathfrak{J}_I(\mathfrak{Z} + \mathfrak{Z}_0) - \mathfrak{J}_{II}\mathfrak{Z}_0$$

und

$$\mathfrak{P}_{II} = \mathfrak{P}_{II0} - \mathfrak{J}_{II} \mathfrak{Z} + \mathfrak{J}_0 \mathfrak{Z}_0 = jP - \mathfrak{J}_{II}(\mathfrak{Z} + \mathfrak{Z}_0) - \mathfrak{J}_I\mathfrak{Z}_0$$

oder

$$\mathfrak{P}_I[1 + \mathfrak{Y}(\mathfrak{Z} + \mathfrak{Z}_0)] + \mathfrak{Y}\mathfrak{Z}_0\mathfrak{P}_{II} = P$$

$$\mathfrak{P}_I\mathfrak{Y}\mathfrak{Z}_0 + [1 + \mathfrak{Y}(\mathfrak{Z} + \mathfrak{Z}_0)]\mathfrak{P}_{II} = jP,$$

woraus folgt

$$\mathfrak{P}_I = \frac{1 + \mathfrak{Y}(\mathfrak{Z} + \mathfrak{Z}_0) - j\mathfrak{Y}\mathfrak{Z}_0}{[1 + \mathfrak{Y}(\mathfrak{Z} + \mathfrak{Z}_0)]^2 - (\mathfrak{Y}\mathfrak{Z}_0)^2} P \quad . \quad . \quad . \quad (148)$$

und

$$\mathfrak{P}_{II} = \frac{\mathfrak{Y}\mathfrak{Z}_0 - j[1 + \mathfrak{Y}(\mathfrak{Z} + \mathfrak{Z}_0)]}{[1 + \mathfrak{Y}(\mathfrak{Z} + \mathfrak{Z}_0)]^2 - (\mathfrak{Y}\mathfrak{Z}_0)^2} P \quad . \quad . \quad . \quad (149)$$

Macht man z. B.

$$\mathfrak{Z} = \mathfrak{Z}_0\sqrt{2},$$

so wird

$$\mathfrak{P}_I = \frac{1 + (1{,}707 - 0{,}707j)\mathfrak{Y}\mathfrak{Z}}{1 + 3{,}414\,\mathfrak{Y}\mathfrak{Z} + 2{,}414\,\mathfrak{Y}^2\mathfrak{Z}^2} P$$

und

$$\mathfrak{P}_{II} = \frac{1 + (1{,}707 + 0{,}707j)\mathfrak{Y}\mathfrak{Z}}{1 + 3{,}414\,\mathfrak{Y}\mathfrak{Z} + 2{,}414\,\mathfrak{Y}^2\mathfrak{Z}^2} jP.$$

Weitere derartige Rechnungen: siehe Steinmetz und Berg.

Die Unsymmetrie in Strömen und Spannungen rührt daher, daß die erste voreilende Phase eines derartigen Systems anders auf die zweite nacheilende Phase zurückwirkt, als die zweite auf die erste. Es ist deswegen nicht zu empfehlen, ein derartiges System für Stromverteilung anzuwenden, sondern man verwendet am besten das unverkettete Zweiphasensystem, dessen Spannungsregelung ebenso einfach ist wie die eines gewöhnlichen Einphasensystems. Für die Kraftübertragung ist das verkettete Zweiphasensystem jedoch öfters zur Anwendung gelangt, weil es nur drei Leiter besitzt, von denen der Mittelleiter geerdet werden kann. In diesem Falle kommen dann gewöhnlich zwei konzentrische Kabel mit blankem Außenleiter zur Verwendung.

84. Graphische Darstellung der Momentanleistung eines Mehrphasensystems.

In Fig. 45 Seite 41 ist der Momentanwert der Leistung eines Wechselstromes

$$pi = PJ\left\{\cos(\varphi_1 - \varphi_2) + \sin\left[2\omega t + \left(\varphi_1 + \varphi_2 - \frac{\pi}{2}\right)\right]\right\}$$

graphisch dargestellt. Diese Darstellungsweise eignet sich aber nicht für Mehrphasenströme. Wir tragen deshalb nach Steinmetz und Berg[1]) die momentane Leistung als Vektor unter dem Winkel $\left(\omega t - \frac{\psi}{2}\right)$ zur Abszissenachse auf. Bezeichnen wir

$$PJ\cos(\varphi_1 - \varphi_2) = PJ\cos\varphi \text{ mit } W$$

und

$$\frac{\pi}{2} - (\varphi_1 + \varphi_2) \text{ mit } \psi,$$

so wird

$$w = W\left(1 + \frac{\sin(2\omega t - \psi)}{\cos\varphi}\right)$$

durch eine geschlossene symmetrische Kurve, die sog. Leistungskurve dargestellt, deren Nullpunkt ein Punkt vierter Ordnung ist. Da die Leistung jeder Phase eines Mehrphasensystems mit der doppelten Periodenzahl des Stromes variiert, so läßt sich die totale Leistung des Mehrphasensystems auch durch einen Ausdruck von der folgenden Form darstellen

$$w = W[1 + \varepsilon\sin(2\omega t - \psi)]$$

εW ist hier die Amplitude der mit der doppelten Periodenzahl variierenden Leistung. Gehen wir nun zu den rechtwinkligen Koordinaten x und y zurück, indem wir

$$w = \sqrt{x^2 + y^2}$$

und

$$\operatorname{tg}\left(\omega t - \frac{\psi}{2}\right) = \frac{y}{x}$$

setzen, so erhalten wir die folgende Gleichung der Leistungskurve

$$(x^2 + y^2)^3 - W^2(x^2 + y^2 + 2\varepsilon xy)^2 = 0,$$

die eine Kurve sechsten Grades gibt. Setzt man in dieser Gleichung

$$w_{max} = (1 + \varepsilon)W = \text{Maximalleistung}$$

und

$$w_{min} = (1 - \varepsilon)W = \text{Minimalleistung},$$

[1]) Alternating current phenomena.

so ist

$$W = \frac{w_{max} + w_{min}}{2}$$

und

$$\varepsilon = \frac{w_{max} - w_{min}}{w_{max} + w_{min}}.$$

Setzt man diese Werte in die Gleichung der Leistungskurve ein, so wird

$$(x^2 + y^2)^3 - \tfrac{1}{4}\left[w_{max}(x+y)^2 + w_{min}(x-y)^2\right]^2 = 0$$

die endgültige Gleichung dieser Kurve, deren Hauptachsen w_{max} und w_{min} sind. Das Verhältnis $w_{max} : w_{min}$ wird oft der Balancierungs-

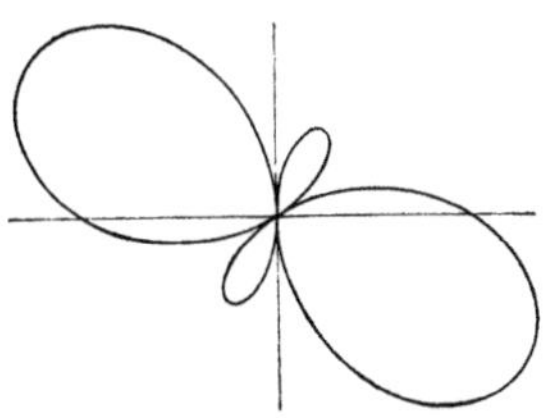

Fig. 236. Einphasensystem bei induktiver Belastung $\varphi = 60^0$.

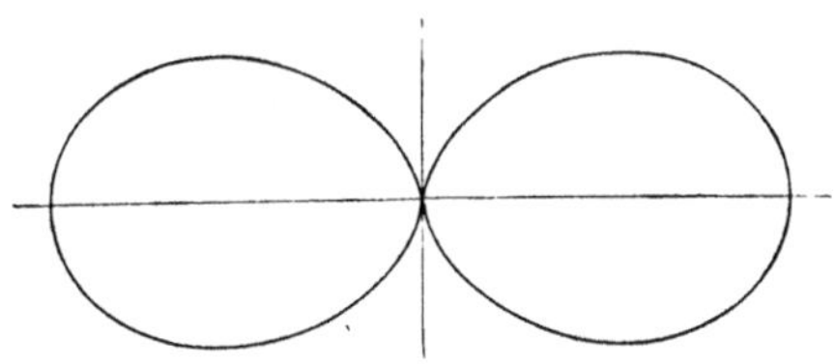

Fig. 237. Einphasensystem bei induktionsfreier Belastung $\varphi = 0$.

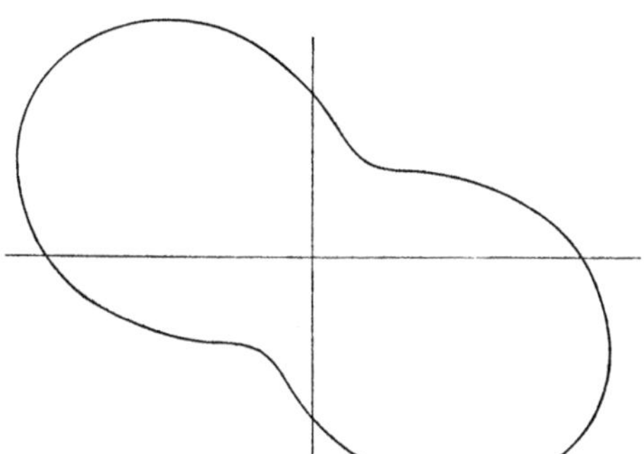

Fig. 238. Umgekehrtes Dreiphasensystem bei induktionsfreier Belastung $\varphi = 0$.

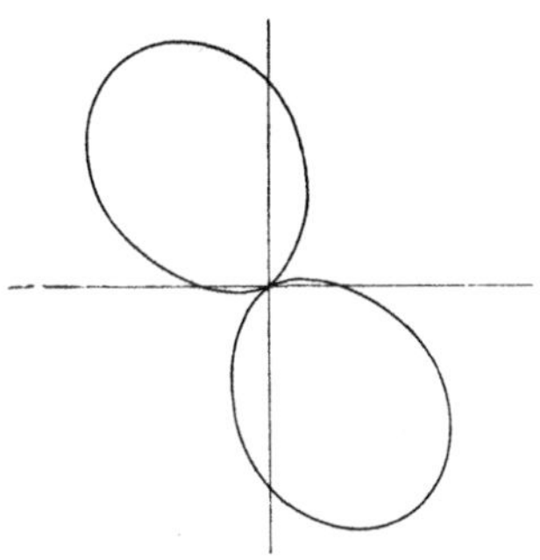

Fig. 239. Umgekehrtes Dreiphasensystem bei induktiver Belastung $\varphi = 60^0$.

faktor des Systems genannt. In den Fig. 236 bis 239 sind nun die Leistungskurven einiger Wechselstromsysteme dargestellt.

Das Einphasensystem mit induktionsfreier Belastung, d. h. $\cos\varphi = 1$, hat die folgende Leistungsgleichung

$$w = W\left[1 + \sin\,(2\omega t - \psi)\right]$$

oder da $w_{max} = 2W$, $w_{min} = 0$ und $\varepsilon = 1$ ist, im rechtwinkligen Koordinatensystem

$$(x^2 + y^2)^3 - W^2 (x + y)^4 = 0.$$

Die Leistungskurve ist in Fig. 237 dargestellt.

Wie aus den Figuren ersichtlich ist, ist die Leistung eines Wechselstromsystems vollständig durch die beiden Hauptachsen w_{max} und w_{min} charakterisiert. Die symmetrischen Mehrphasensysteme mit drei oder mehr Phasen geben symmetrisch belastet alle einen Kreis als Leistungskurve. Diese Systeme übertragen deswegen ihre Leistung ganz gleichförmig, weshalb sie auch für Kraftzwecke alle anderen unbalancierten Wechselstromsysteme beinahe vollständig verdrängt haben.

Fünfzehntes Kapitel.

Leerlauf-, Kurzschluß- und Arbeitsdiagramm eines Mehrphasenstromes.

85. Leerlaufdiagramm. — 86. Kurzschlußdiagramm. — 87. Arbeitsdiagramm.

85. Leerlaufdiagramm.

(Prozentuale Stromänderung.)

Bei symmetrischer Belastung eines symmetrischen Mehrphasensystems verhält sich jede Phase wie beim Einphasensystem. Das für

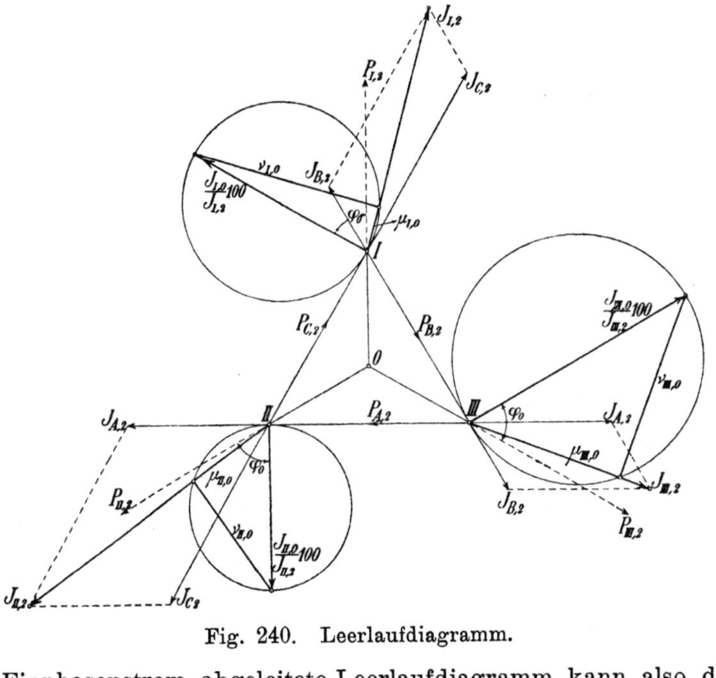

Fig. 240. Leerlaufdiagramm.

den Einphasenstrom abgeleitete Leerlaufdiagramm kann also direkt auf symmetrisch belastete Mehrphasensysteme angewandt werden.

In der Praxis kommen fast ausschließlich Mehrphasensysteme vor, und von ihnen ist das Dreiphasensystem das wichtigste. Es soll deswegen das Leerlaufdiagramm an Hand eines symmetrischen Dreiphasensystems mit unsymmetrischer Belastung in Dreieckschaltung und gleichen Leerlaufströmen in den drei Phasen erläutert werden.

Das Leerlaufdiagramm dient zur Bestimmung der prozentualen Stromänderung von den Sekundärklemmen bis zu den Primärklemmen. Diese prozentuale Stromänderung ist fast gleich der Stromänderung an den Sekundärklemmen von Kurzschluß bis Belastung, wenn der Primärstrom konstant gehalten wird.

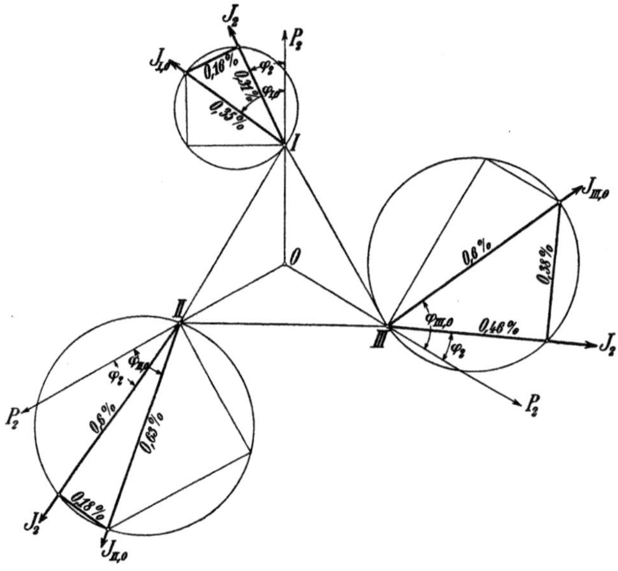

Fig. 241.

Ist das System unsymmetrisch belastet, so ermittelt man zuerst die Linienströme J_{I2}, J_{II2} und J_{III2}, indem man je zwei der drei Belastungsströme J_{A2}, J_{B2} und J_{C2} geometrisch addiert. Alsdann zeichnet man das Spannungsdreieck Fig. 240 an den Sekundärklemmen als gleichseitiges Dreieck auf, was ja nicht ganz korrekt ist, und trägt die Leerlaufströme

$$\frac{J_{I0}}{J_{I2}} 100 \quad \text{usw.}$$

in Prozenten der Linienströme unter dem Winkel φ_0 zu den Phasenspannungen P_{I2} usw. auf. Über die Leerlaufströme als Durchmesser beschreiben wir Kreise und erhalten die Änderungen der drei Linienströme beim Übergang von den Sekundärklemmen zu den Primärklemmen gleich

$$j_I\,{}^0/_0 = \pm\,\mu_{I0} + \frac{\nu_{I0}^2}{200}$$

$$j_{II}\,{}^0/_0 = \pm\,\mu_{II0} + \frac{\nu_{II0}^2}{200}$$

und

$$j_{III}\,{}^0/_0 = \pm\,\mu_{III0} + \frac{\nu_{III0}^2}{200}.$$

Fig. 241 zeigt in derselben Weise das Leerlaufdiagramm für ein Dreiphasennetz, an das viele unsymmetrische Dreiphasentransformatoren von der in Fig. 242 dargestellten Form angeschlossen sind. Die Belastung ist symmetrisch und induktiv mit einem Leistungsfaktor von 0,9. Da die Leerlaufströme in den verschiedenen Phasen der unsymmetrischen Transformatoren ziemlich verschieden sind, so erhält man, wie die Fig. 241 zeigt, große Unterschiede zwischen den Durchmessern der drei Kreisdiagramme.

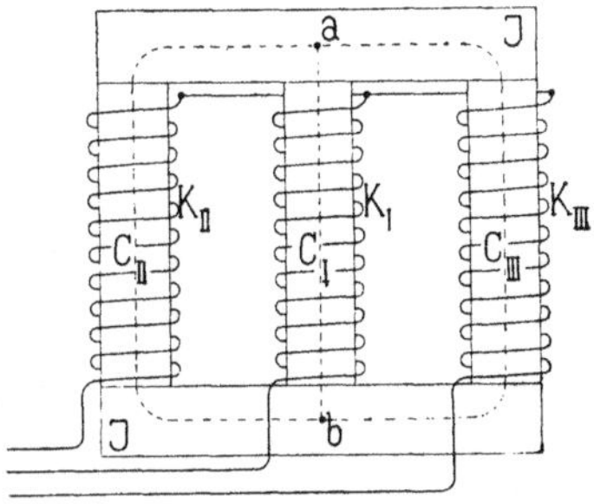

Fig. 242. Dreiphasentransformator.

86. Kurzschlußdiagramm.

(Prozentuale Spannungsänderung.)

Das Kurzschlußdiagramm dient zur Bestimmung der prozentualen Änderung der Primärspannungen, wenn die Spannungen an den Sekundärklemmen von Leerlauf bis Belastung konstant gehalten werden. Diese prozentuale Spannungsänderung ist fast genau gleich der Spannungsänderung, die an den Sekundärklemmen auftritt, wenn die Primärspannungen konstant gehalten werden.

Bei symmetrischer Belastung eines symmetrischen Mehrphasensystems verhält sich jede Phase wie ein Einphasensystem. Das Kurzschlußdiagramm eines symmetrischen Dreiphasensystems ergibt sich deswegen direkt aus dem eines Einphasensystems. Wir haben aber hier drei sekundäre Klemmenspannungen, deren Richtungen wir durch die drei Seiten P_{A2}, P_{B2} und P_{C2} eines gleichseitigen Dreiecks darstellen. Bei symmetrischer Belastung werden alle Linienströme J_{I2}, J_{II2} und J_{III2} gleich groß und schließen mit den Phasenspannungen P_{I2}, P_{II2} und P_{III2} alle denselben

Winkel φ_2 ein. Jeder dieser Linienströme macht eine Verschiebung des Potentials der Primärklemmen um $J_2 z_k$ von Leerlauf bis Belastung erforderlich. Wir tragen deswegen unter dem Winkel φ_k zu den Linienströmen die Impedanzspannungen

$$\frac{J_2 z_k}{P_2} 100$$

in Prozenten der sekundären Klemmenspannung P_2 auf. Über diesen Strecken als Durchmesser beschreiben wir einen Kreis und

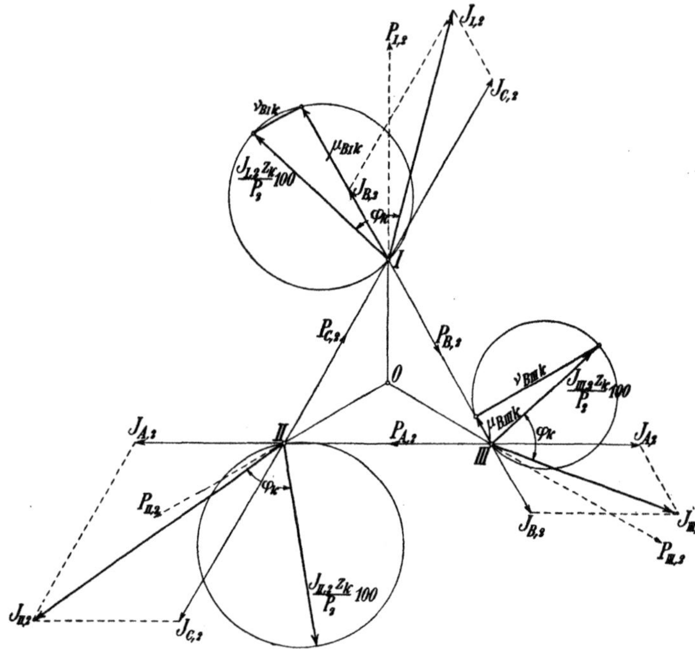

Fig. 243. Kurzschlußdiagramm eines Dreiphasensystems.

ermitteln die Strecken μ_k und ν_k, welche die drei Klemmenspannungen in diesen Kreisen ergeben. $J_2 z_k$ ist hier die Kurzschlußspannung einer Phase, also bei symmetrischer Belastung gleich P_{Ak}, wobei P_{Ak} die Klemmenspannung bei Kurzschluß bedeutet. Die Richtung jeder Klemmenspannung schneidet eine Strecke μ_k und ν_k aus zwei Kreisen heraus. Wir erhalten somit als prozentuale Änderung der Spannung zwischen den Primärklemmen von Leerlauf bis Belastung:

$$\varepsilon_A\,{}^0/_0 = \varepsilon_B\,{}^0/_0 = \varepsilon_C\,{}^0/_0 = \pm \mu_k \pm \mu_k' + \frac{(\nu_k + \nu_k')^2}{200}.$$

Wird das Dreiphasensystem unsymmetrisch belastet, so ermittelt man zuerst, wie Fig. 243 zeigt, die Linienströme J_{I2}, J_{II2} und

J_{III2}, indem man je zwei der drei Belastungsströme J_{A2}, J_{B2} und J_{C2} geometrisch addiert.

Dem Kurzschlußdiagramm Fig. 243 ist eine unsymmetrische, induktionsfreie Belastung zugrunde gelegt. Es fallen also in dieser Figur die Belastungsströme mit den Richtungen der betreffenden Klemmenspannungen P_{A2}, P_{B2} und P_{C2} zusammen. Unter dem Winkel φ_k zu den Linienströmen tragen wir nun die Impedanzspannungen

$$\frac{J_{I2} z_k}{P_2} 100$$

in Prozenten der sekundären Klemmenspannung auf. Über diese Strecken als Durchmesser beschreiben wir wieder Kreise und erhalten die prozentualen Änderungen der Primärspannungen. Für die Phase B ist diese Änderung gleich

$$\varepsilon_B\,{}^0\!/_0 = \mu_{BIk} - \mu_{BIIIk} + \frac{(\nu_{BIk} + \nu_{BIIIk})^2}{200}$$

und analog für die übrigen zwei Phasen.

87. Arbeitsdiagramm.

Bei symmetrischer Belastung verhält sich jede Phase eines symmetrischen Mehrphasensystems wie ein Einphasensystem. Man kann deswegen das Arbeitsdiagramm für Einphasenströme direkt für Mehrphasenströme anwenden, indem man alle Rechnungen für eine Phase ausführt und nachträglich die Leistungen einer Phase mit der Phasenzahl des Systems multipliziert.

Verwickelter liegen die Verhältnisse, wenn man es mit unsymmetrischen Systemen oder mit unsymmetrisch belasteten Systemen zu tun hat, weil die Ströme in den verschiedenen Phasen sich gegenseitig in verschiedener Weise beeinflussen. Da stark unsymmetrische und unsymmetrisch belastete Systeme sehr selten in der Praxis vorkommen, so werden wir uns mit ihnen hier nicht eingehend beschäftigen, sondern nur eine Andeutung zur Konstruktion des Arbeitsdiagrammes solcher Systeme geben.

a) Bei Sternsystemen sucht man am besten den Spannungsmittelpunkt bei verschiedenen Belastungen auf. Verschiebt dieser Punkt sich wenig mit der Größe der Belastung, so können die Spannungen zwischen den Klemmen und dem Spannungsmittelpunkt als konstant angesehen werden, und man konstruiert nun in gewöhnlicher Weise das Arbeitsdiagramm für jede Phase und addiert ihre Leistungen. Sind in allen Diagrammen die Leitfähigkeiten gleich, so können sie durch ein äquivalentes Diagramm ersetzt werden, dessen Spannung P gleich der Wurzel aus der Summe der Quadrate aller Phasenspannungen P_I, P_{II}, P_{III} usw. ist, d. h.

$$P = \sqrt{P_I^2 + P_{II}^2 + P_{III}^2 + \ldots}$$

und der Strom J des äquivalenten Diagramms steht im selben Verhältnis zu den Phasenströmen

$$J = \sqrt{J_I^2 + J_{II}^2 + J_{II}^2 + \ldots}$$

Ein verkettetes Vierphasensystem, dessen eine Doppelphase um 90^0 gegen die andere Doppelphase verschoben ist, aber eine andere Größe hat, ergibt z. B. ein äquivalentes Diagramm, wenn beide Phasen Stromkreise gleicher Leitfähigkeit y speisen. Die Ersatzspannung wird dann

$$P = \sqrt{P_I^2 + P_{II}^2}$$

und der Ersatzstrom

$$J = \sqrt{J_I^2 + J_{II}^2}.$$

Speisen aber die beiden Phasen Stromkreise, deren Diagramme zwar ähnlich, aber deren Leitfähigkeiten verschieden sind, so kann man auch in diesem Falle mit einem äquivalenten Diagramm rechnen, dessen Spannung gleich

$$P = \sqrt{P_I^2 \frac{y_I}{y} + P_{II}^2 \frac{y_{II}}{y}}$$

und dessen Strom

$$J = \sqrt{J_I^2 \frac{y}{y_I} + J_{II}^2 \frac{y}{y_{II}}}$$

ist, wenn die Leitfähigkeit y des äquivalenten Diagramms gleich der Wurzel aus dem Produkte der beiden Phasenadmittanzen y_I und y_{II} gesetzt wird, also

$$y = \sqrt{y_I \, y_{II}}.$$

Dasselbe läßt sich natürlich auch für ein m-phasiges System durchführen, nur muß man hier die äquivalente Admittanz

$$y = \sqrt[m]{y_I \, y_{II} \ldots y_m}$$

setzen. Es wird dann die Ersatzspannung

$$P = \sqrt{P_I^2 \frac{y_I}{y} + P_{II}^2 \frac{y_{II}}{y} + \ldots + P_m^2 \frac{y_m}{y}}$$

und der Ersatzstrom

$$J = \sqrt{J_I^2 \frac{y}{y_I} + J_{II}^2 \frac{y}{y_{II}} + \ldots + J_m^2 \frac{y}{y_m}}.$$

Da die Verhältnisse der Leitfähigkeit für alle Belastungen gleich sind, so lassen diese sich leicht für irgendeine Belastung, wie z. B. für Leerlauf, berechnen und in die Formeln einsetzen.

b) Bei Ringsystemen bleiben die Phasenspannungen gewöhnlich bei allen Belastungen konstant, so daß für sie dasselbe gilt, was wir soeben für Sternsysteme abgeleitet haben.

c) Als Beispiel für ein symmetrisch belastetes Dreiphasensystem betrachten wir das Arbeitsdiagramm eines 75 PS dreiphasigen Asynchronmotors, der 580 Umdrehungen in der Min. bei $c = 50$ Perioden macht. Er wurde bei Leerlauf und bei Kurzschluß untersucht und man erhielt für jede der drei Phasen die folgenden Mittelwerte:

Bei Leerlauf:

$P_1 = 289$ Volt $\quad J_0 = 21$ Amp. $\quad W_0 = 1{,}0$ KW

und bei Kurzschluß:

$P_k = 61$ Volt $\quad J_{1k} = 80$ Amp. $\quad W_k = 1{,}72$ KW.

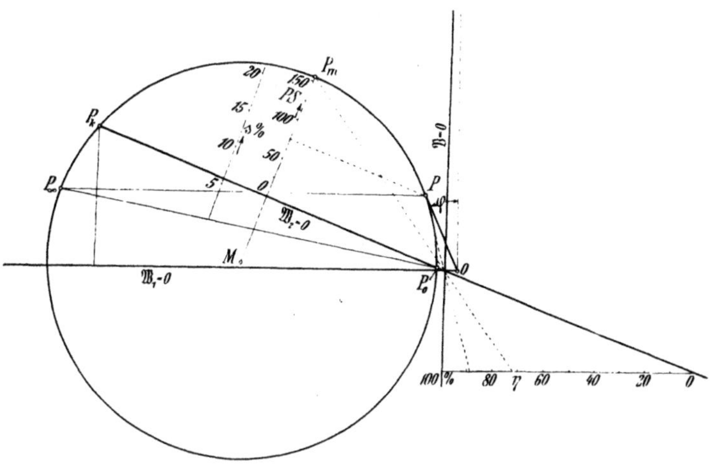

Fig. 244. Arbeitsdiagramm eines dreiphasigen Induktionsmotors.

Hieraus ergibt sich dann:

$$\cos\varphi_0 = \frac{W_0}{P_1 J_0} = 0{,}165, \qquad \varphi_0 = 80^0\,30'$$

der Kurzschlußstrom bezogen auf die volle Phasenspannung

$$J_k = J_{1k}\frac{P_1}{P_k} = 379 \text{ Amp.}$$

$$\cos\varphi_k = \frac{W_k}{P_k J_{1k}} = 0{,}352, \qquad \varphi_k = 69^0\,20'.$$

Hiermit ist das Arbeitsdiagramm für eine Phase im Maßstab 1 cm = 75 Amp. in Fig. 244 nebst den Leistungslinien und Verlustlinien nach den in Abschn. 58 angegebenen Regeln aufgezeichnet.

Für die maximale Leistung (Punkt P_m) ergibt sich aus dem Diagramm

die zugeführte Leistung $W_1 = 53{,}3$ KW

der Wirkungsgrad $\eta = 72\,\%$,

hieraus $W_{2\,max} = 0{,}72 \cdot 3 \cdot 53{,}3 = 115$ KW

für alle drei Phasen oder

$$\frac{115}{0{,}736} = 156 \text{ PS.}$$

Mit diesem Maßstab finden wir für die Leistung von 75 PS (Punkt P) $J = 80$ Amp., $\eta = 89\,\%$, $\cos\varphi = 0{,}9$, $s = 3{,}9$. Nach Formel 104 beträgt die maximale Leistung für $\varphi_2 = 0$, $\Delta\psi \cong 0$

$$W_{2\,max} = m \frac{P_1 \left[J_k - J_0 \cos(\varphi_0 - \varphi_k)\right]}{2(1 + \cos\varphi_k)}$$

$$= 3 \frac{289(379 - 21 \cdot 0{,}981)}{2(1 + 0{,}352)}$$

$$= 115 \text{ KW} \quad \text{oder} \quad 156 \text{ PS.}$$

Sechzehntes Kapitel.

Mehrphasenströme von zusammengesetzter Kurvenform.

88. Oberströme und Oberspannungen in Mehrphasensystemen. — 89. Polyzyklische Systeme.

88. Oberströme und Oberspannungen in Mehrphasensystemen.

Wie bei Einphasenstrom kann auch bei Mehrphasenströmen jede Harmonische (Grund- und Oberwellen) für sich getrennt behandelt werden. Ebenso wie man die resultierende EMK der Grundwelle zweier Phasen durch geometrische Addition findet, können auch die Oberwellen von gleicher Periodenzahl zusammengesetzt werden, nur sind die Winkel, unter denen sie zusammenzusetzen sind, für die einzelnen Oberwellen verschieden. Die Oberwellen von gleicher Periodenzahl eines n-Phasensystems bilden je für sich ein Spannungs-n-Eck, und die für ein solches abgeleiteten Gesetze gelten ganz allgemein. Die effektive Spannung zwischen zwei Punkten und den effektiven Strom in einem Leiter findet man ebenfalls wie früher als die Quadratwurzel aus der Summe der Quadrate der effektiven Spannungen oder Ströme der einzelnen Periodenzahlen. Die totale Leistung des Systems ist die algebraische Summe der Leistungen der einzelnen Oberströme. In einem unsymmetrischen System hat man eine solche Mannigfaltigkeit, daß es vorläufig nur von Interesse sein kann, die Oberwellen der symmetrischen Systeme zu behandeln. Jeder einzelne unsymmetrische Fall kann dann leicht für sich studiert werden.

Als Beispiel eines symmetrischen n-Phasensystems werden wir hier das am häufigsten vorkommende, nämlich das Dreiphasensystem, untersuchen.

Die Phasenspannungen der drei Phasen sind

$$p_I = P_{p1}\sqrt{2}\sin(\omega t + \psi_1) + P_{p3}\sqrt{2}\sin(3\omega t + \psi_3)$$
$$+ P_{p5}\sqrt{2}\sin(5\omega t + \psi_5) + \dots$$

$$p_{II} = P_{p1}\sqrt{2}\sin(\omega t + \psi_1 - 120^0) + P_{p3}\sqrt{2}\sin(3\,\omega t + \psi_3 - 3\cdot 120^0)$$
$$+ P_{p5}\sqrt{2}\sin(5\,\omega t + \psi_5 - 5\cdot 120^0) + \ldots$$
$$p_{III} = P_{p1}\sqrt{2}\sin(\omega t + \psi_1 - 240^0) + P_{p3}\sqrt{2}\sin(3\,\omega t + \psi_3 - 3\cdot 240^0)$$
$$+ P_{p5}\sqrt{2}\sin(5\,\omega t + \psi_5 - 5\cdot 240^0) + \ldots$$

und ausgerechnet

$$p_I = P_{p1}\sqrt{2}\sin(\omega t + \psi_1) + P_{p3}\sqrt{2}\sin(3\,\omega t + \psi_3)$$
$$+ P_{p5}\sqrt{2}\sin(5\,\omega t + \psi_5) + \ldots$$
$$p_{II} = P_{p1}\sqrt{2}\sin(\omega t + \psi_1 - 120^0) + P_{p3}\sqrt{2}\sin(3\,\omega t + \psi_3)$$
$$+ P_{p5}\sqrt{2}\sin(5\,\omega t + \psi_5 - 240^0) + \ldots$$
$$p_{III} = P_{p1}\sqrt{2}\sin(\omega t + \psi_1 - 240^0) + P_{p3}\sqrt{2}\sin(3\,\omega t + \psi_3)$$
$$+ P_{p5}\sqrt{2}\sin(5\,\omega t + \psi_5 - 120^0) + \ldots$$

Man ersieht hieraus, daß alle Oberwellen, deren Periodenzahlen ein Vielfaches der dreifachen Periodenzahl sind, in allen Phasen gleich sind, d. h. sie sind alle in demselben Moment gleich groß und vom neutralen Punkte aus gleich gerichtet, während alle anderen Oberwellen der drei Phasen um 120^0 gegeneinander verschoben sind und somit als gewöhnliche symmetrische Dreiphasenströme behandelt werden können. Es ist dabei jedoch zu beachten, daß die zeitliche Reihenfolge, in welcher die Phasen aufeinander folgen, nicht immer dieselbe ist, wie bei der Grundwelle; z. B. ist für die fünfte Oberwelle die zeitliche Reihenfolge 1 — 3 — 2 statt 1 — 2 — 3 wie bei der Grundwelle.

Aus den Momentanwerten p_I, p_{II} und p_{III} der in den drei Phasen induzierten EMKe ergeben sich die Momentanwerte p_a, p_b und p_c der verketteten Spannungen eines Sternsystems. Es ist

$$p_c = p_I - p_{II} = \sqrt{3}\,P_{p1}\sqrt{2}\sin(\omega t + \psi_1 + 30^0)$$
$$+ \sqrt{3}\,P_{p5}\sqrt{2}\sin(5\,\omega t + \psi_5 - 30^0) + \ldots$$
$$p_a = p_{II} - p_{III} = \sqrt{3}\,P_{p1}\sqrt{2}\sin(\omega t + \psi_1 - 90^0)$$
$$+ \sqrt{3}\,P_{p5}\sqrt{2}\sin(5\,\omega t + \psi_5 + 90^0) + \ldots$$

und

$$p_b = p_{III} - p_I = \sqrt{3}\,P_{p1}\sqrt{2}\sin(\omega t + \psi_1 - 210^0)$$
$$+ \sqrt{3}\,P_{p5}\sqrt{2}\sin(5\,\omega t + \psi_5 - 150^0) + \ldots$$

Wird die Zeit t von einem anderen Zeitpunkte aus gerechnet, indem man $\omega t + 30^0 = \omega t'$ setzt, so werden

$$p_c = \sqrt{3}\,P_{p1}\sqrt{2}\sin(\omega t' + \psi_1) - \sqrt{3}\,P_{p5}\sqrt{2}\sin(5\,\omega t' + \psi_5)$$
$$+ \sqrt{3}\,P_{p7}\sqrt{2}\sin(7\,\omega t' + \psi_7) + \ldots$$

$$p_a = \sqrt{3}P_{p1}\sqrt{2}\sin(\omega t' + \psi_1 - 120^0) - \sqrt{3}P_{p5}\sqrt{2}\sin(5\omega t' + \psi_5 - 240^0)$$
$$+ \sqrt{3}P_{p7}\sqrt{2}\sin(7\omega t' + \psi_7 - 120^0) + \ldots$$

und

$$p_b = \sqrt{3}P_{p1}\sqrt{2}\sin(\omega t' + \psi_1 - 240^0) - \sqrt{3}P_{p5}\sqrt{2}\sin(5\omega t' + \psi_5 - 120^0)$$
$$+ \sqrt{3}P_{p7}\sqrt{2}\sin(7\omega t' + \psi_7 - 240^0) + \ldots$$

Diese Form der Momentanwerte der verketteten Spannungen stimmt mit jener der Phasenspannungen überein, nur ist an Stelle von P_{p1} überall $\sqrt{3}P_{p1}$, an Stelle von P_{p3} 0 und an Stelle von P_{p5} und P_{p7}, $-\sqrt{3}P_{p5}$ bzw. $\sqrt{3}P_{p7}$ getreten. Wird also in bezug auf die verketteten Spannungen eines Dreiphasensystems mit der Zeit t' gerechnet, wobei

$$\omega t' = \omega t + 30^0$$

ist, so erhält man die Effektivwerte der verketteten Spannung der einzelnen Oberwellen des Systems durch folgende Formeln ausgedrückt:

$$\left.\begin{array}{lll} P_{l1} = \sqrt{3}P_{p1}; & P_{l3} = 0; & P_{l5} = -\sqrt{3}P_{p5} \\ P_{l7} = \sqrt{3}P_{p7}; & P_{l9} = 0; & P_{l11} = -\sqrt{3}P_{p11} \end{array}\right\} \quad (150)$$

Eine Dreieckschaltung mit den Effektivwerten der Phasenspannungen P_{l1}, P_{l3}, P_{l5} usw. ist somit einer Sternschaltung mit den Phasenspannungen P_{p1}, P_{p3}, P_{p5} usw. äquivalent, wenn die Phasenspannungen des Sternsystemes denen des Dreiecksystemes um 30^0 nacheilt.

Auf die Spannung zwischen zwei Klemmen haben die dreifachen, neunfachen usw. Oberwellen keinen Einfluß, sie sind in den einzelnen Phasen von gleichem Sinne und heben sich deshalb in bezug auf die äußeren Klemmen auf. Aus diesem Grunde ist die effektive Klemmenspannung

$$P_l = \sqrt{P_{l1}^2 + P_{l5}^2 + P_{l7}^2 + \ldots} = \sqrt{3(P_{p1}^2 + P_{p5}^2 + P_{p7}^2 + \ldots)},$$

während die Phasenspannung

$$P_p = \sqrt{P_{p1}^2 + P_{p3}^2 + P_{p5}^2 + P_{p7}^2 + \ldots}$$

ist. Daraus folgt das Verhältnis

$$\frac{P_l}{P_p} = \sqrt{3}\sqrt{\frac{1 + \left(\frac{P_{p5}}{P_{p1}}\right)^2 + \left(\frac{P_{p7}}{P_{p1}}\right)^2 + \ldots}{1 + \left(\frac{P_{p3}}{P_{p1}}\right)^2 + \left(\frac{P_{p5}}{P_{p1}}\right)^2 + \ldots}} \quad . \quad . \quad (151)$$

Ist z. B. $P_{p1} = 100$, $P_{p3} = 31,65$ und $P_{p5} = 10$, so wird

$$\frac{P_l}{P_p} = \sqrt{3}\sqrt{\frac{1+(0,1)^2}{1+(0,3165)^2+(0,1)^2}} = \sqrt{3}\cdot 0,954 = 1,655\,.$$

Sind P_{p1}, P_{p3}, P_{p5} usw. die Effektivwerte der einzelnen Oberwellen einer Phasenspannung eines verketteten Zwei- oder Vierphasensystems, so erhält man analog wie oben die Effektivwerte der verketteten Spannungen:

$$\left.\begin{array}{lll} P_{l1} = \sqrt{2}\,P_{p1}\,; & P_{l3} = -\sqrt{2}\,P_{p3}\,; & P_{l5} = \sqrt{2}\,P_{p5}\,; \\ P_{l7} = -\sqrt{2}\,P_{p7}\,; & P_{l9} = \sqrt{2}\,P_{p9} \quad \text{und} & P_{l11} = -\sqrt{2}\,P_{p11}; \end{array}\right\} \quad (152)$$

hieraus folgt

$$P_l = \sqrt{2}\,P_p \quad \ldots\ldots\ldots \quad (153)$$

Ist ferner der Momentanwert einer Phasenspannung

$$p_p = P_{p1}\sqrt{2}\sin(\omega t + \psi_1) + P_{p3}\sqrt{2}\sin(3\,\omega t + \psi_3) \\ + P_{p5}\sqrt{2}\sin(5\,\omega t + \psi_5) + \ldots;$$

so ist der Momentanwert einer verketteten Spannung

$$p_l = P_{l1}\sqrt{2}\sin(\omega t' + \psi_1) + P_{l3}\sqrt{2}\sin(3\,\omega t' + \psi_3) \\ + P_{l5}\sqrt{2}\sin(5\,\omega t' + \psi_5) + \ldots;$$

wenn

$$\omega t' = \omega t + 45^0$$

ist. Hieraus sind die Momentanwerte der übrigen Phasenspannungen und verketteten Spannungen leicht zu ermitteln.

Um die Ströme der einzelnen Oberwellen eines Dreiphasensternsystems zu bestimmen, können die Spannungsdreiecke jeder Oberwelle für sich aufgezeichnet und der Spannungsmittelpunkt der Belastung für jedes Dreieck bestimmt werden. Die Dreiecke der dreifachen, neunfachen usw. Oberwellen fallen je in einen Punkt zusammen, in den auch der Spannungsmittelpunkt der Belastung fällt, und der um die Phasenspannung von dem neutralen Punkte der Ebene der betreffenden Oberwellen entfernt ist. Es besteht also in einem symmetrischen Dreiphasensystem zwischen dem neutralen Punkte des Stromerzeugers und dem der Belastung eine Potentialdifferenz, die gleich der effektiven EMK der dreifachen, neunfachen usw. Oberwellen ist. Diese Potentialdifferenz kann nur dann einen Strom erzeugen, wenn der neutrale Leiter zwischen den neutralen Punkten gezogen wird, so daß die Potentialdifferenz sich auf diesem Wege ausgleichen kann. In einem Dreiphasensystem ohne neutralen Leiter fließen also nur Ströme der ersten, fünften, siebenten usw. Oberwellen, und es treten zwischen den äußeren Leitern nur Spannungen dieser Periodenzahlen auf. Andererseits kann stets in einem symmetrischen Dreiphasensystem mit dreifachen Oberwellen ein Strom dieser Periodenzahl durch Verbinden der neutralen Punkte (Fig. 245) erhalten werden. Allgemein gilt die folgende Regel:

Ein symmetrisches n-Phasen-Sternsystem ohne neutralen Leiter verhält sich gegenüber allen Oberwellen der Periodenzahlen, die ein Vielfaches der $n$ten sind, wie ein offenes System (System bei Leerlauf); denn es können weder Ströme dieser Periodenzahlen in den äußeren Leitungen fließen, noch von diesen Oberwellen herrührende Spannungen zwischen ihnen entstehen. Ist n eine Primzahl oder nur durch eine Potenz von 2 teilbar, so wird man finden, daß alle anderen Oberwellen des n-Phasen-Sternsystems sich wie die Grundwelle verhalten, wenn man von der zeitlichen Reihenfolge der Phasen absieht. Im anderen Falle, wenn n keine Primzahl ist, werden die Phasen-EMKe der Oberwellen, deren Ordnung mit n einen gemeinschaftlichen Teiler hat, zum Teil zusammenfallen, Z. B. bei n gleich 9 wird man nur drei verschiedene dreifache Oberwellen bekommen, indem das Neuneck sich auf ein Dreieck reduziert.

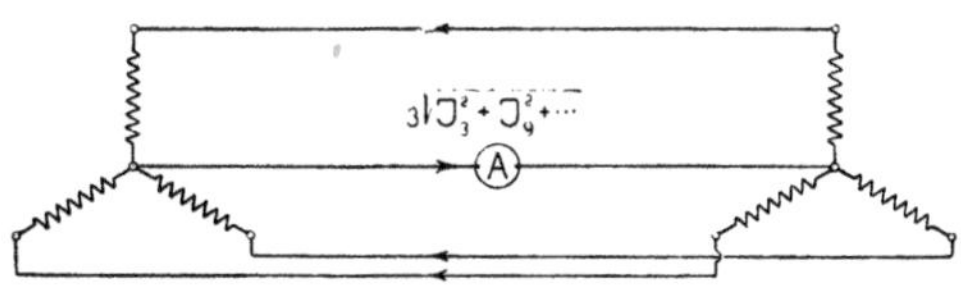

Fig. 245.

Werden die drei Phasen eines symmetrischen Dreiphasensystems zu einem Dreieck verbunden, so wird die Summe der drei momentanen EMKe nicht gleich Null sein, sondern

$$p_I + p_{II} + p_{III} = 3\,P_3\sqrt{2}\sin(3\,\omega t + \psi_3) + 3\,P_9\sqrt{2}\sin(9\,\omega t + \psi_9) + \ldots$$

Also erfüllt ein solches System mit dreifachen und neunfachen Oberwellen nicht die früher gestellte Forderung, daß die Summe der EMKe der zu einem geschlossenen Kreise verbundenen Phasen gleich Null sein soll. Diese EMKe der dreifachen, neunfachen usw. Oberwellen werden selbst bei Leerlauf einen Strom in dem Dreieck und nur in diesem erzeugen, der unter Umständen bedeutend sein kann. Denn die Dreieckschaltung verhält sich diesen Oberwellen gegenüber wie ein kurzgeschlossener Generator, und wie bei einem solchen die Klemmenspannung Null ist, können diese Oberwellen auch auf die Spannung zwischen den äußeren Klemmen keinen Einfluß haben. Öffnet man die Dreieckschaltung an irgendeinem Punkt und

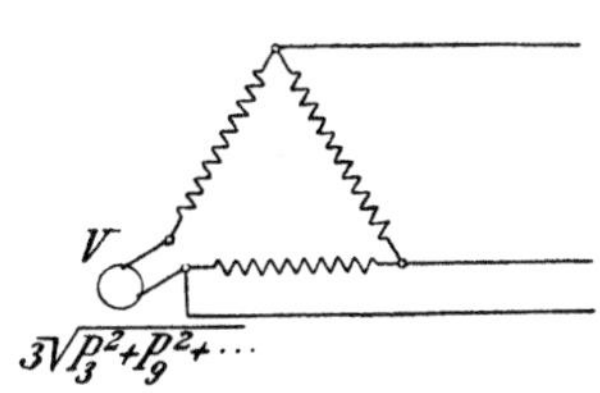

Fig. 246.

schaltet in die Öffnungsstelle ein Voltmeter ein (Fig. 246), so zeigt es die effektive Spannung

$$3\sqrt{P_3^2+P_9^2+\ldots}$$

an, die als eine innere Spannung bezeichnet werden kann.

Bei dieser Schaltung erzeugt sie einen inneren Strom, den man durch Einschalten eines Amperemeters in das Dreieck messen kann. Bei der Sternschaltung kann die innere Spannung keinen Strom erzeugen. Die dreifachen, neunfachen usw. Oberwellen liefern somit keine Ströme in den äußeren Leitungen und keine Spannungen zwischen den äußeren Klemmen. Dasselbe gilt bei einem symmetrischen n-Phasensystem für die Oberwellen, deren Periodenzahlen ein Vielfaches von n sind.

89. Polyzyklische Systeme.

Bei jeder Wechselstromanlage, die gleichzeitig für Licht- und Kraftzwecke dienen soll, bietet die Wahl der geeigneten Phasen- und Periodenzahlen oft nicht geringe Schwierigkeiten. Eine Bedingung für ein gutes Funktionieren aller bekannten elektrischen Lichtquellen ist eine hohe Periodenzahl, während die Ein- und Mehrphasenmotoren sowie die rotierenden Umformer besser und überlastungsfähiger bei niedriger Periodenzahl werden.

Für reinen Motorenbetrieb ist ein Mehrphasensystem vorzuziehen, während für Lichtbetrieb ein Einphasenstrom wegen der besseren Spannungsregulierung und wegen der einfacheren Installation den Vorzug verdient.

Auch in bezug auf die Spannungen sind für Licht andere Bedingungen zu erfüllen als für Kraft. Die Lichtspannung, von der die Kosten des sekundären Leitungsnetzes abhängen, muß mit Rücksicht auf die zurzeit bekannten elektrischen Lampen niedrig gehalten werden, während die Motorspannung mit Vorteil größer als die gebräuchlichen Lichtspannungen gewählt werden könnte.

Mit Rücksicht auf die Empfindlichkeit der elektrischen Lampen gegenüber Spannungsschwankungen im Netze ist man bei Anlagen, die gleichzeitig Strom für Licht und Kraft abgeben, gezwungen, den maximalen Spannungsabfall im Verteilungsnetz und in den Generatoren viel kleiner zu halten, als es bei reinem Motorbetrieb erforderlich wäre. Hierdurch erhöht sich der Kupferaufwand und somit der Preis des Verteilungsnetzes und der Stromerzeuger einer Anlage für Licht- und Motorstrom.

Das polyzyklische System bezweckt nun, die elektrische Energie mittels Strömen von verschiedener Spannung und Periodenzahl durch ein und dasselbe Leitungsnetz gleichzeitig zu übertragen und zu verteilen, ohne daß sie sich gegenseitig beeinflussen. Daß dies möglich ist, geht ja daraus hervor, daß Ströme verschiedener Periodenzahl einander nicht gegenseitig beeinflussen.

In einem symmetrischen Dreiphasensystem (Fig. 247), herrscht zwischen den neutralen Punkten O und O_1 unter Annahme sinusförmiger Ströme von gleicher Amplitude keine Spannung. Also darf man ein solches Sternsystem (Hauptsystem) als Ganzes betrachtet als eine Leitung zur Übertragung anderer Ströme zwischen seinen neutralen Punkten benutzen, indem man z. B. eine Stromquelle G_s in die Verbindungsleitung OO_1 einschaltet. Diese Ströme, welche die Phasen des Hauptsystems in demselben Sinne gleichphasig durchströmen und sich über die im Hauptsystem vorhandenen Ströme (Hauptströme) superponieren, erzeugen in den Generatoren, Motoren oder Transformatoren des Hauptsystems keine merkbaren motorischen oder induktiven Wirkungen. Dieser superponierte Strom kann ein Wechselstrom von beliebiger Periodenzahl oder ein Gleichstrom sein. Die beiden Ströme, der Dreiphasenstrom und der superponierte Einphasenstrom, der in dem Generator G_s (Fig. 247) erzeugt wird, sind vollständig voneinander unabhängig, und der superponierte Einphasenstrom wird die Leitungen des Systems in der Weise durchströmen, wie die Pfeile in der Fig. 247 angeben, ganz so, als ob der Dreiphasenstrom nicht vorhanden wäre.

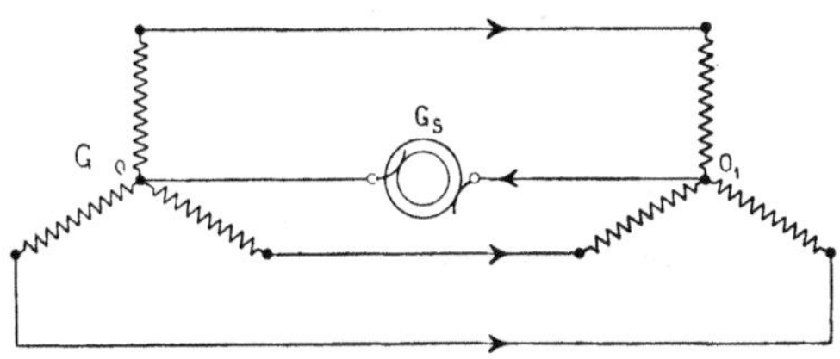

Fig. 247.

Statt eines Dreiphasensystemes könnte man auch, wie die Fig. 248 zeigt, ein Einphasensystem als Hauptsystem verwenden; denn ein Einphasensystem kann immer als ein Zweiphasensystem mit um 180° verschobenen Phasen aufgefaßt werden.

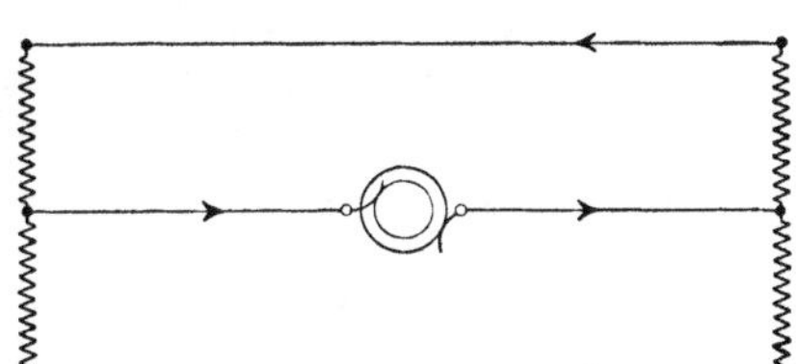
Fig. 248.

Dr. Fr. Bedell hat gezeigt, wie man in Punkten von gleichem Potential einer Kraftübertragungsanlage Ströme von verschiedenem Charakter, hauptsächlich Gleichstrom, hinein- und hinausleiten kann, ohne dadurch die vorhandenen Ströme zu beeinflussen.

Es ist aber leicht einzusehen, daß der im neutralen Punkte

eingeleitete superponierte Wechselstrom einen sehr großen induktiven Spannungsabfall in den Wicklungen der Generatoren und Transformatoren erleiden muß, weshalb auch die Anordnung von Bedell zur Einleitung und Abnahme des superponierten Stromes für die Praxis nicht geeignet ist.

Die Verfasser haben jedoch diese Nachteile bei der Bedellschen Anordnung überwunden und ein polyzyklisches System zusammen mit Prof. E. Arnold ausgearbeitet. Dieses System beruht auf der Anwendung von bifilar gewickelten Drosselspulen und auf der Einführung und Abnahme des superponierten Stromes mittels spezieller Transformatoren und Generatoren. Das System hat jedoch wegen seiner scheinbar komplizierten Schaltungen keinen Eingang in die Praxis gefunden.

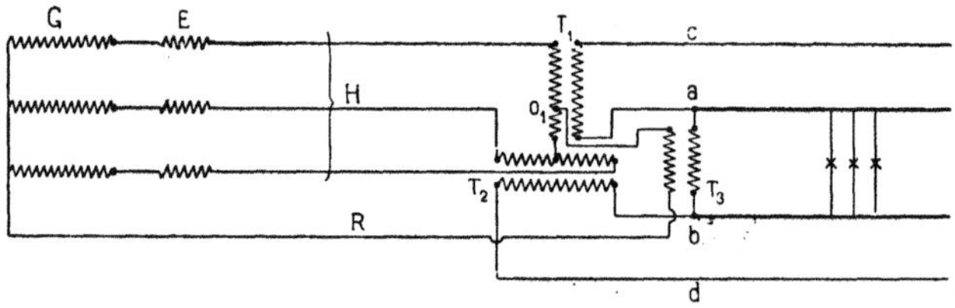

Fig. 249.

Um eine Vorstellung von der Gesamtanordnung einer Anlage zur Übertragung und Verteilung polyzyklischer Ströme zu geben, kann die in Fig. 249 dargestellte Schaltung dienen. In dem Doppelgenerator *G* und *E* mit derselben Armatur und zwei Polsystemen, welche die in Fig. 250 gezeigte relative Lage zueinander einnehmen, wird der Dreiphasenstrom und der superponierte Einphasenstrom gleichzeitig erzeugt. Der Einphasenstrom, der die dreifache Harmonische des Dreiphasenstromes ist, ist in der Weise über den Hauptstrom superponiert, daß die maximale momentane Spannung zwischen der Rückleitung *R* und den übrigen Drähten der Fernleitung möglichst klein wird. In der Sekundärstation wird der Dreiphasenstrom mittels zweier Einphasentransformatoren nach der Scottschen Schaltung in Zweiphasenstrom umgewandelt, der für ein polyzyklisches Sekundärnetz in bezug auf die Symmetrie günstiger ist als der Dreiphasenstrom.

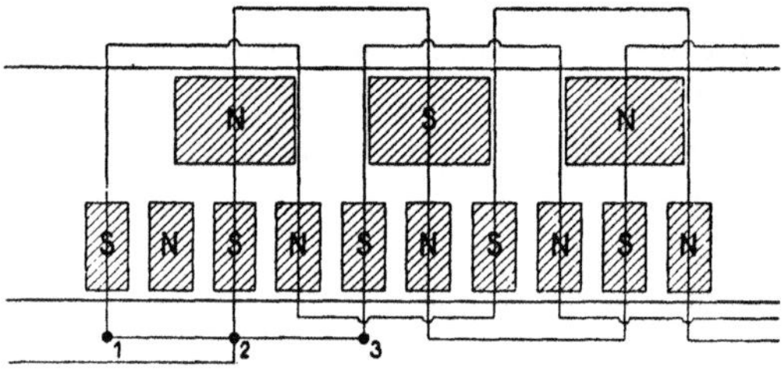

Fig. 250.

Der superponierte Wechselstrom erzeugt keinen Kraftfluß in den beiden Transformatoren und kann somit durch den Punkt O_1 der Primärwicklung des Transformators T_1 entnommen werden. In dem Transformator T_3 wird der superponierte Einphasenstrom transformiert, und da die Sekundärwicklung zwischen den zwei Leitungen a und b des Zweiphasensystems geschaltet ist, können die Glühlampen zwischen diese beiden Leitungen direkt eingeschaltet werden.

Mit einem unverketteten Zweiphasensystem als Grundsystem beträgt das Kupfergewicht 66,7 $^0/_0$ von dem bei einem Einphasensystem erforderlichen Kupfergewicht, um dieselbe totale Leistung bei gleicher effektiver Spannung zwischen den Leitungen und bei gleichem prozentualen Wattverlust über dieselbe Strecke zu übertragen, wenn die Leistung des Einphasenstromes 50 $^0/_0$ von der des Dreiphasenstromes beträgt.

Das polyzyklische System kann dort Bedeutung erlangen, wo durch ein gemeinsames Netz Licht und Kraft verteilt werden sollen und die Lichtabgabe den geringeren Anteil besitzt. Man vereinigt dann in einem Netze alle Vorteile getrennter Leitungsnetze mit verschiedenen Periodenzahlen, ohne irgendeine wesentliche Komplikation mit in Kauf zu nehmen.

Siebzehntes Kapitel.

Messung von elektrischen Strömen.

90. Maßsysteme und Einheiten.

Auf Grund der Arbeiten von Gauß und Weber (1833—1852) konnte im Jahre 1869 das Committee of the British Association on electrical standards ein auf dem absoluten elektromagnetischen Maßsystem beruhendes praktisches System von Einheiten der elektrischen Größen vorlegen. Auf dem internationalen Kongreß in Paris 1881 wurden diese Einheiten mit den jetzigen Namen Ohm, Volt, Ampere, Coulomb und Farad allgemein angenommen.

Weil diese praktischen Einheiten nur durch sehr sorgfältige und kostspielige, in das Gebiet der praktischen Physik fallende Messungen, aus den Fundamentaleinheiten Zentimeter, Gramm und Sekunde des CGS-Systems hergestellt werden können, hat sich das Bedürfnis nach möglichst konstanten, leicht reproduzierbaren Etalons der elektrischen Größen herausgestellt. Den aus dem absoluten CGS-System abgeleiteten Einheiten kommen die folgenden, gegenwärtig gebrauchten Etalons möglichst nahe und sind im Verkehr und vor Gericht maßgebend.

Das internationale Ohm ist der Widerstand einer Quecksilbersäule von 1 mm^2 Querschnitt und 106,3 cm Länge bei 0° C. Diese Säule soll 14,4521 g wiegen.

Das internationale Ampere ist der konstante Strom, der in einem Silbervoltameter in der Sekunde 1,118 mg Silber abscheidet.

Aus diesen beiden Einheiten ergeben sich die übrigen von selbst. Doch sind außerdem noch die folgenden beiden Spannungsetalons (sog. Normalelemente) im Gebrauch.

Das Clarkelement. Es enthält eine positive Elektrode aus Quecksilber und eine negative Elektrode aus amalgamiertem Zink. Der Elektrolyt besteht aus einer konzentrierten Lösung von Zinksulfat und schwefelsaurem Quecksilberoxydul. Die Spannung des Elementes im stromlosen Zustande beträgt bei Temperaturen zwischen 0^0 und 30^0 C bei t^0 C

$$1{,}4292 - 0{,}00123\,(t - 18) - 0{,}000007\,(t - 18)^2 \text{ Volt.}$$

Das Weston- oder Kadmium-Element. Dieses Element ist wie das Clarkelement zusammengesetzt, nur ist Kadmium und Kadmiumsulfat anstatt Zink und Zinksulfat verwendet. Bei gesättigter Lösung von $CdSO_4$ ist die Spannung zwischen 10^0 und 30^0 C bei t^0 C

$$1{,}0187 - 0{,}000035\,(t - 18) - 0{,}00000065\,(t - 18)^2 \text{ Volt.}$$

Die Weston-Gesellschaft fertigt Elemente an, deren $CdSO_4$-Lösung bei 4^0 C gesättigt ist. Sie haben eine von der Temperatur fast unabhängige Spannung von

$$1{,}0190 \text{ Volt.}$$

91. Meßinstrumente.

Die im letzten Abschnitte angegebenen Etalons sind für die Messungen der Praxis meistens nicht direkt zu gebrauchen, weil sie zu umständliche Meßmethoden erfordern. Für die Messungen der Praxis werden deshalb besondere Meßinstrumente verwendet, die gestatten, die zu messende Größe direkt durch die Einstellung eines Zeigers auf einer Skala abzulesen. Solche Instrumente werden mit Hilfe der Etalons geeicht oder graduiert.

Die älteren Instrumente besaßen im allgemeinen ein mit dem Zeiger verbundenes bewegliches und ein mit der Skala verbundenes festes System. Die elektrische Messung wurde auf die Messung der zwischen den beiden Systemen auftretenden mechanischen Kraft zurückgeführt. Zur Messung von gleichgerichteten Strömen und Spannungen kann das feste System aus einem permanenten Magneten und das bewegliche System aus einer vom elektrischen Strome durchflossenen Spule bestehen. Bei der Messung von Wechselströmen und Wechselspannungen müssen dagegen sowohl das feste wie das bewegliche System aus Drahtspulen bestehen. Bei den älteren Torsionsinstrumenten (Torsionsgalvanometer und Torsionsdynamometer von Siemens & Halske) wird die Kraftwirkung immer bei ein und derselben Lage des beweglichen Systems gemessen, indem es durch Tordieren einer Spiralfeder in seiner Nulllage gehalten wird. Die Kraft ist dem Torsionswinkel proportional. Auch bei den Stromwagen von Lord Kelvin wird das bewegliche System in seiner ursprünglichen Lage gehalten. Die Kraftmessung erfolgt hier durch Wägung.

Im allgemeinen ist für eine und dieselbe relative Lage der beiden Systeme die Kraftwirkung entweder der ersten (wenn das feste System aus einem Magnet besteht) oder der zweiten Potenz der zu messenden elektrischen Größe proportional. Bezeichnen wir daher mit α den Torsionswinkel der Spiralfeder des Torsionsinstrumentes oder das statische Moment des Gegengewichtes der Stromwage, so ist die zu messende elektrische Größe x entweder

$$x = k_1 \alpha \qquad \text{oder} \qquad x = k_2 \sqrt{\alpha}.$$

Der Vorteil dieser Instrumente liegt darin, daß ihr Reduktionsfaktor k_1 bzw. k_2 durch eine einzige Messung (Eichung) bestimmt werden kann und für das ganze Meßintervall des Instrumentes unverändert bleibt. Ein Nachteil dieser Anordnung ist die erforderliche Einstellung der Torsionsfeder bzw. des Gewichtes von Hand, denn dadurch kann man nur sehr langsam mit den Instrumenten arbeiten. Ganz unmöglich wird das Arbeiten mit derartigen Instrumenten, wenn die zu messenden Größen einigermaßen schnelle Schwankungen durchmachen.

Aus diesem Grunde sind die für die Praxis bestimmten modernen Instrumente durchweg so eingerichtet, daß das bewegliche System mit dem Zeiger aus der Nullage geht und eine Stellung einnimmt, die dem Betrage der zu messenden elektrischen Größe entspricht. Selbst wenn auch hierbei die Richtkraft, welche das bewegliche System in der Nullage zu halten sucht, sich mit der Abweichung von dieser Lage ändert, was durch Anwendung von Federn leicht erreicht werden kann, so folgen die Ausschläge doch nicht mehr dem Proportionalitäts- bzw. dem quadratischen Gesetz, weil die Kraftwirkung zwischen den beiden Systemen durch Änderung ihrer relativen Lage sich ändert. Solche Instrumente müssen daher in möglichst vielen über die ganze Skala verteilten Punkten mit dem Normaletalon verglichen werden (Graduierung). Für zwischenliegende Skalenpunkte wird interpoliert.

Für Wechselstrom sind nur solche Instrumente verwendbar, die auf dem quadratischen Gesetz beruhen, denn nur bei solchen ändert sich die Richtung des Ausschlages bei Änderung der Stromrichtung nicht. Bei genügender Masse des beweglichen Systems und großer Periodenzahl der zu messenden elektrischen Größe bleibt dann der Ausschlag des Instrumentes praktisch konstant entsprechend der mittleren Drehkraft, die auf das bewegliche System wirkt.

92. Elektrostatische Instrumente.

Die elektrostatischen Instrumente, die zuerst von Lord Kelvin angegeben sind, können für absolute Messungen gebaut werden, in der Technik werden jedoch nur empirisch graduierte Zeigerinstrumente verwendet und hauptsächlich für Spannungsmessungen benutzt. Ein statisches Voltmeter kann im Prinzip als ein kleiner Luftkondensator angesehen werden, dessen einer Teil fest ist und aus einer oder mehreren Platten bestehen kann, während der zweite bewegliche Teil, die sogenannte Nadel, auch als Platte oder Flügel ausgebildet ist und einen Zeiger trägt. Der feste Teil des Instrumentes besteht aus einem oder zwei voneinander isolierten Plattensystemen, den sog. Quadranten. Ist nur ein festes Plattensystem vorhanden, so wird es mit einer Klemme und die Nadel mit der zweiten Klemme verbunden. Die zwischen Platte und Nadel auftretende Kraft ist ein Maß für das Quadrat der zwischen den Belegungen herrschenden Spannung und somit auch für die effektive Spannung zwischen den Klemmen, gleichgültig nach welcher Kurvenform und Periodenzahl der Wechselstrom variiert. Sind zwei feste Plattensysteme vorhanden, so wird das eine mit der einen Klemme, die Nadel und das zweite System mit der zweiten Klemme verbunden, wodurch die Kraftwirkung auf die Nadel gegenüber dem ersten Falle ungefähr verdoppelt wird.

Die elektrostatischen Instrumente eignen sich vorzüglich zur Messung von hohen Spannungen, weil sie nur einen äußerst geringen Strom verbrauchen. Die Kapazität derartiger Instrumente ist von der Größenordnung 0,00001 Mikrofarad.

Fig. 251 zeigt ein Instrument für 60 bis 120 Volt der Firma Hartmann & Braun, und um bei diesen kleinen Spannungen genügende Kraftwirkung zu erhalten, sind mehrere Quadrantenpaare und mehrere Flügel angewandt. Daher tragen diese Instrumente den Namen Multizellularinstrumente. Zum Zweck der Dämpfung trägt die drehbare Achse unten eine Metallscheibe, die sich zwischen den Polen eines Hufeisenmagneten dreht.

Für Spannungen von mehr als etwa 10000 Volt ist die entgegengesetzt wie die Nadel geladene Platte ganz in Hartgummi eingebettet, so daß ein Funkenübergang nicht auftreten kann. Bei Instrumenten für Spannungen unter 10000 Volt ist eine besondere Funkenentziehvorrichtung vorgesehen, deren Kontakte eine geringere Entfernung besitzen als die kleinste zwischen Nadel und Platte vorkommende; dadurch werden die Funken von der Nadel ferngehalten. Damit die übertretende Elektrizitätsmenge keinen zu großen Wert erhält, sind doppelpolig hohe Widerstände vorgeschaltet, in Form von Röhren, die mit einer Flüssigkeit gefüllt sind.

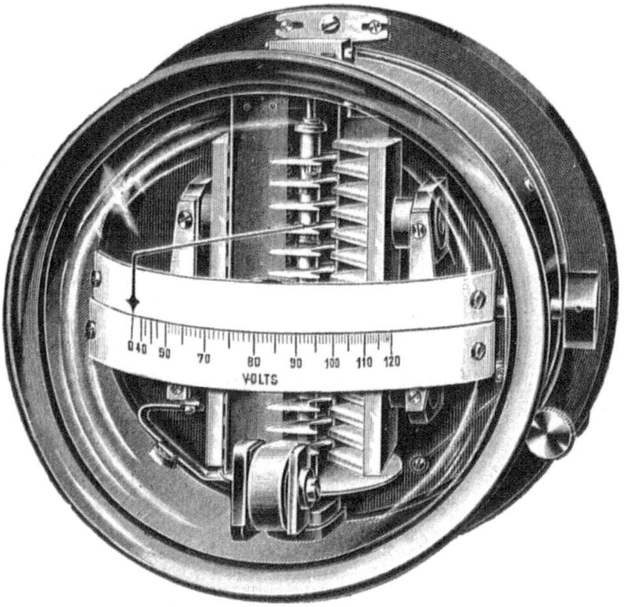

Fig. 251. Multizellularvoltmeter von Hartmann & Braun.

Es werden auch statische Voltmeter für verschiedene Meßbereiche unter Verwendung von zwei oder mehr in Serie geschalteten Kondensatoren gebaut; im Nebenschluß zu einem von diesen wird das Voltmeter gelegt, um den größeren Meßbereich auszunützen. Der abgelesene Wert würde bei gleichen Kondensatoren dann mit deren Anzahl zu multiplizieren sein. Die Abstimmung der Kondensatoren ist jedoch so umständlich, daß meistens die Skalen besonders geeicht werden. Das Dielektrikum dieser Kondensatoren besteht aus Mikanit. Diese Anordnung kann sehr gut bis zu 40000 Volt ausgeführt werden.

Für Laboratorienzwecke werden die Instrumente mit horizontaler Skala versehen; für Schaltbretter dagegen erscheint die vertikale Anordnung passender.

In neuerer Zeit werden auch elektrostatische Wattmeter gebaut, welche als Laboratoriumsinstrumente öfters gute Dienste leisten können. Als hauptsächlichste Vorteile können genannt werden:

1. daß genaue Effektbestimmungen auch bei kleinen Leistungsfaktoren erzielt werden können,
2. daß die Instrumente für Hochspannung besonders geeignet sind, weil sie keine großen induktionsfreien Widerstände erfordern,
3. daß eine Überlastung das Instrument nicht so leicht gefährdet wie ein gewöhnliches Wattmeter, und
4. daß die Konstruktion billig und einfach ist.

Die Einrichtung des Instruments ist genau wie die des Quadrant-Voltmeters.

Bezeichnet P_0 das Potential der Nadel,
P_1 das Potential des ersten Quadranten
und
P_2 das Potential des zweiten Quadranten,
so ergibt sich der Ausschlag α der Nadel aus

$$k\alpha = (P_1 - P_2)\left(P_0 - \frac{P_1 + P_2}{2}\right),$$

worin k eine Konstante ist.

Setzen wir

$$P_0 - P_1 = P$$
$$P_0 - P_2 = P + \Delta P,$$

übereinstimmend mit der Schaltung nach Fig. 252, dann müssen wir für P und ΔP bei Verwendung von Wechselstrom die Momentanwerte $P\sqrt{2}\sin\omega t$ und $\Delta P\sqrt{2}\sin(\omega t + \varphi)$ einführen, worin φ den Winkel der Phasenverschiebung zwischen Strom und Spannung darstellt, Nach Integration über eine halbe Periode erhalten wir als Mittelwert für den Ausschlag α

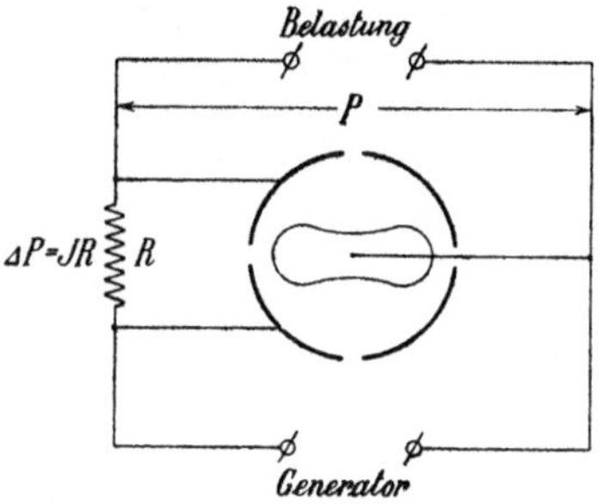

Fig. 252.

$$k\alpha = [2P\Delta P\cos\varphi + \overline{\Delta P^2}].$$

Vernachlässigen wir hierin $\overline{\Delta P^2}$ als klein gegenüber dem ersten Gliede und bedenken, daß ΔP proportional dem Strome ist, der durch den induktionsfreien Widerstand R fließt, so ist offenbar α proportional $2PJR\cos\varphi$ d. h. proportional der Leistung $PJ\cos\varphi$.

93. Elektromagnetische Instrumente.

Diese Instrumente beruhen auf der Kraftwirkung zwischen einer stromdurchflossenen Spule und einem Magneten. Bei Spannungsmessern (Voltmetern) wird die Spule in Serie mit einem induktionsfreien Widerstand zwischen die Klemmen der zu messenden Spannung geschaltet. Bei Strommessern (Amperemetern) wird die Spule von dem zu messenden Strom oder einem ihm proportionalen Teilstrom durchflossen. Große Ströme lassen sich nämlich nicht gut durch die bewegliche Spule leiten, weshalb man zu ihr parallel einen geeichten Widerstand (Shunt) schaltet.

Fig. 253. Drehspulinstrument von Hartmann & Braun.

a) Besitzt das Instrument einen permanenten Magneten, dessen Stärke durch den Strom in dem Stromleiter nicht merkbar beeinflußt wird, so ist die Kraftwirkung in einer gegebenen relativen Lage von Magnet und Spule dem Strome einfach proportional. Solche Instrumente sind deswegen nur für Gleichstrom geeignet. Meistens bildet der Magnet das feste und der Stromleiter das bewegliche System (Instrumente von Weston und Deprez-d'Arsonval).

Fig. 253 zeigt die innere Einrichtung eines solchen Drehspul-Instrumentes von Hartmann & Braun. *M* ist ein Hufeisenmagnet mit den zylindrich ausgedrehten Polschuhen *P*. In dem Hohlraum sitzt konzentrisch ein Weicheisen-Vollzylinder *E* von kleinerem Durchmesser und in dem Luftzwischenraum schwingt die rechteckige Spule *S*, welcher der Strom durch zwei Spiralen zugeführt wird, die gleichzeitig als Gegenkraft dienen. Eisenkern und Spule können herausgezogen werden, dadurch sind sie in der Abbildung sichtbar gemacht. Da das Feld in dem Luftschlitz annähernd konstant ist, bekommt das Instrument eine fast gleichmäßig geteilte Skala. Eine starke Dämpfung wird dadurch erreicht, daß der Rahmen, auf den die Stromspule gewickelt wird, aus Metall hergestellt ist.

b) Bei einigen elektromagnetischen Instrumenten besteht der Magnet aus weichem Eisen, das durch die Stromspule magnetisiert wird (sog. Weicheiseninstrumente). Bei ihnen gilt das quadratische Gesetz nur annähernd, weil der Magnetismus des Eisenstückes nicht vollständig proportional der Stromstärke der Spule ist, und weil schirmwirkende Wirbelströme im Eisen auftreten, die von der Periodenzahl des Stromes abhängig sind. Solche Instrumente zeigen deswegen bei Wechselstrom weniger als bei Gleichstrom und können nicht direkt mit Gleichstrom graduiert werden. Die Graduierung eines solchen Instrumentes erfolgt daher durch Vergleich mit einem anderen mit Gleichstrom eich- oder graduierbarem Wechselstrominstrument unter Anwendung des Wechselstromes, zu dessen Messung es benutzt werden soll.

Trotz dieser Unannehmlichkeit der Weicheiseninstrumente werden sie doch oft in der Praxis wegen ihrer Billigkeit und Einfachheit verwendet. Sie können ferner für große Empfindlichkeit, also mit kleinem Effektverbrauch, hergestellt werden.

94. Elektrodynamische Instrumente.

Sie beruhen auf der Kraftwirkung zwischen zwei stromdurchflossenen Drahtspulen. Bei den elektrodynamischen Strom- und Spannungsmessern sind die beiden Leiter, der feste und der bewegliche, meistens hintereinander geschaltet. Fig. 254 zeigt ein Torsionsdynamometer von Siemens & Halske. Die bewegliche Spule, die aus einem rechteckigen Kupferrahmen von einer Windung besteht und auf der festen Spule senkrecht steht, ist mittels eines Kokonfadens und einer Spiralfeder an dem drehbaren Knopfe aufgehängt. Sowohl der Knopf wie die Spule tragen je einen Zeiger. Bei stromlosem Instrument sollen die beiden Zeiger auf dem Nullpunkte der Skala einspielen. Die Stromzuführung zu der beweglichen Spule erfolgt durch Quecksilbernäpfe. Das abgebildete Instrument ist durch Anbringung von zwei festen Spulen von verschiedenen Windungszahlen und Querschnitten für zwei Empfindlichkeiten eingerichtet. Beim Messen mit dem Instrument wird die bewegliche Spule durch Einstellung des drehbaren Kopfes in der Nullage gehalten. Weil in dieser konstanten Lage das Drehmoment dem Quadrat des Stromes proportional ist, gibt die Verdrehung des Knopfes ein Maß für das Quadrat des Stromes. Das Instrument ist folglich sowohl für Gleichstrom als auch für Wechselstrom geeignet und mißt im letzten Fall den Effektivwert des Wechselstromes unabhängig von Kurvenform und Periodenzahl.

Für Spannungsmessung werden die beiden Spulen aus vielen Windungen dünnen Drahtes ausgeführt. Die verschiedenen Meßbereiche werden durch Vorschaltung von induktionsfreien Widerständen in verschiedenen Stufen erhalten. Ist die Selbstinduktion eines solchen Instrumentes gegen den Ohmschen Widerstand zu vernachlässigen, so ist die durchfließende Stromstärke gleich der Spannung dividiert durch den Ohmschen Widerstand. Das Instrument kann also direkt als Spannungsmesser gebraucht werden. Ist die Selbstinduktion nicht zu vernachlässigen, so verhalten sich die Widerstände für Wechselstrom und Gleichstrom wie

$$\frac{\sqrt{r^2 + \omega^2 L^2}}{r},$$

worin r den Ohmschen Widerstand in den Spulen und im Vorschaltwiderstand bedeutet. Die Ablesungen an der durch Eichung mit Gleichstrom erhaltenen Skala müssen dann bei Wechselstrom mit diesem Korrektionsfaktor multipliziert werden. Die Ablesungen sind außerdem abhängig von Kurvenform und Periodenzahl, weil in dem Korrektionsglied die Periodenzahl in ω enthalten ist.

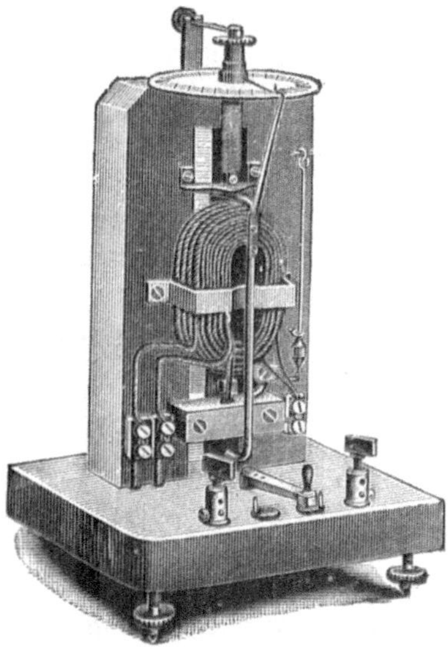

Fig. 254. Torsionsdynamometer von Siemens & Halske.

a) Die neueren elektrodynamischen Strom- und Spannungsmesser sind für direkte Ablesung eingerichtet, indem die Verdrehung des an der beweglichen Spule befestigten Zeigers direkt gemessen wird. Weil in diesem Falle für die Kraftwirkung zwischen den Spulensystemen kein einfaches Gesetz bekannt ist, muß die Skala dieser Instrumente durch Graduierung mittels Gleichstrom eingeteilt werden. Fig. 255 zeigt einen solchen Spannungsmesser mit direkter Ablesung in der Ausführung von Weston.

Die Drehung der beweglichen Spule unter dem Einfluß des

hindurchgeleiteten Stromes erfolgt immer in der Weise, daß die gesamte Selbstinduktion L der beiden hintereinander geschalteten Spulen vergrößert wird. Der Korrektionsfaktor $\frac{\sqrt{r^2 + \omega^2 L^2}}{r}$ ist also hier nicht vollständig konstant. Indessen kommt für praktische Messungen diese Fehlerquelle bei den Spannungsdynamometern nicht in Betracht.

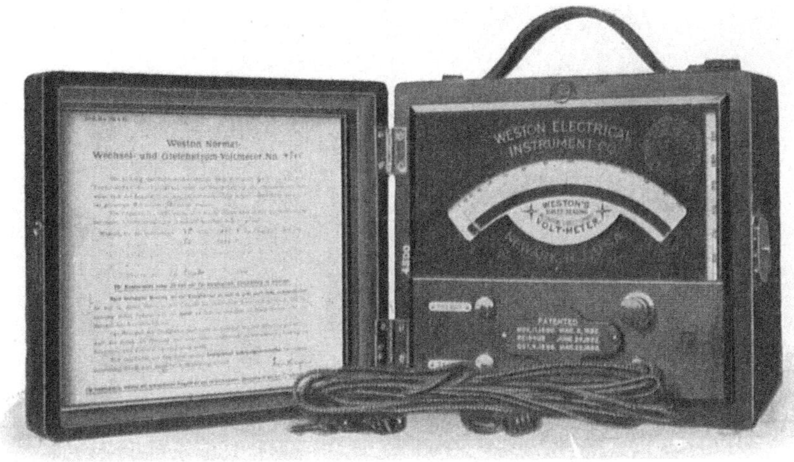

Fig. 255. Elektrodynamisches Voltmeter von Weston für direkte Ablesung.

In Fig. 256 ist ein elektrodynamischer Strommesser von Siemens & Halske dargestellt. Die bewegliche Spule wird hier ähnlich wie bei den Spannungsdynamometern und den elektromagnetischen Instrumenten von Weston in Zapfen gelagert und durch Spiralfedern, die gleichzeitig als Stromzuführung dienen, gehalten. Weil durch diese Federn nur ein ganz schwacher Strom geleitet werden kann, sind in diesen Instrumenten die feste und die bewegliche Spule parallel geschaltet. Fig. 257 zeigt das Schaltungsschema eines solchen Instrumentes. SS bedeutet die feste, s die bewegliche Spule. P_k ist ein Stöpselkontakt, der dazu dient, das Instrument kurz zu schließen. Die beiden Stöpselkontakte P_1 und P_2 dienen zur Änderung des Meßbereiches. Gewöhnlich messen die Instrumente, wenn P_2 gestöpselt ist, einen doppelt so starken Strom wie mit dem Stöpsel P_1. Der Strom muß sich möglichst unabhängig von der Erwärmung der Spulen immer in gleichem Verhältnis auf die beiden parallelen Zweige verteilen. Dies wird erreicht durch Anbringung von Widerständen R_1, R_2 und r aus Material von sehr kleinem Temperaturkoeffizient. Damit die Instrumente mit Gleichstrom graduiert werden können, muß auch die Stromverteilung

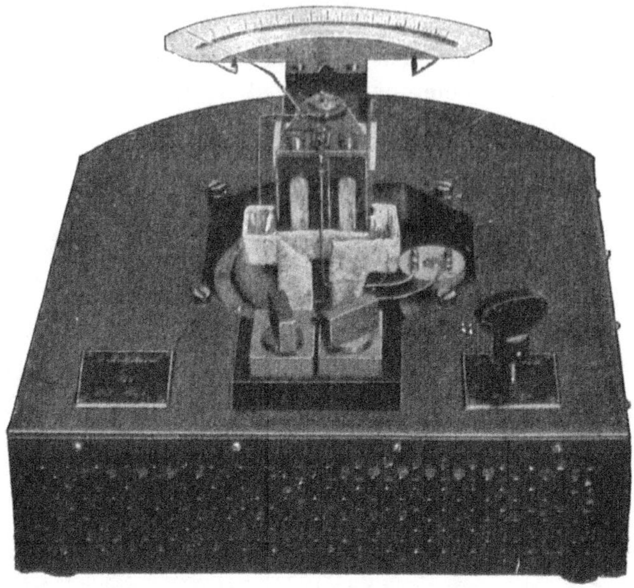

Fig. 256. Elektrodynamischer Strommesser von Siemens & Halske.

zwischen den beiden Spulensystemen mit Wechselstrom dieselbe sein wie mit Gleichstrom. Es sollte deshalb das Verhältnis

$$\frac{\text{Ohmscher Widerstand}}{\text{Scheinbare Selbstinduktion}}$$

in den beiden Zweigen gleich groß sein. Die scheinbare Selbstinduktion einer Spule ist gleich der reinen Selbstinduktion der Spule vermehrt um die gegenseitige Induktion gegen die zweite, also für die feste Spule

$$L_s = L + M$$

und für die bewegliche Spule

$$l_s = l + M.$$

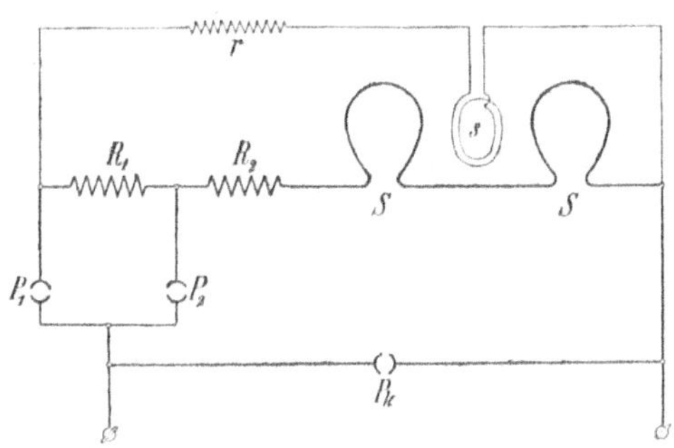

Fig. 257. Schaltungsschema des elektrodynamischen Strommessers von Siemens & Halske.

Es soll somit $$\frac{R}{r} = \frac{L_s}{l_s} = \frac{L + M}{l + M}$$

sein, wobei R und r die Ohmschen Widerstände in den beiden Zweigen bedeuten.

Hier ist aber M veränderlich, weil die Spulen sich gegeneinander verdrehen. In der Nähe der Nullstellung der Skala ist M negativ; wenn die Spulen senkrecht aufeinander stehen, ist M gleich Null und für größere Ausschläge ist M positiv. Die Bedingung kann also nur annähernd erfüllt werden, indem man M klein macht, was jedoch aus mechanischen Gründen nicht zu weit getrieben werden darf, denn die Änderung von M entspricht der bei der Zeigerbewegung aufgewendeten Arbeit. Ein zweiter Ausweg, der gewöhnlich eingeschlagen wird, ist der, daß man L_s und l_s klein gegen R bzw. r macht; denn dann haben diese Größen und folglich eine Änderung von ihnen nur wenig Einfluß auf die Stromverteilung.

$$\frac{\sqrt{R^2 + \omega^2 L_s^2}}{\sqrt{r^2 + \omega^2 l_s^2}} \simeq \frac{\sqrt{R^2 + \omega^2 L^2}}{\sqrt{r^2 + \omega^2 l^2}} \simeq \frac{R}{r}.$$

Hieraus folgt, daß diese Strommesser verhältnismäßig hohe Verluste erhalten müssen. Trotzdem sind sie wegen ihrer genauen und bequemen Ablesung für exaktere Laboratoriumsarbeit äußerst wertvoll.

b) Eine besondere Art der elektrodynamischen Instrumente bilden die sog. Induktionsinstrumente. Die Ströme in dem beweglichen System werden hier durch elektromagnetische Induktion von dem festen System aus erzeugt. Fig. 258 zeigt die prinzipielle Anordnung eines Induktionsinstrumentes von Siemens & Halske.[1]) Es beruht auf dem von Ferraris angegebenen Prinzip der Erzeugung eines Drehfeldes durch Aufspaltung eines Einphasenstromes in zwei senkrechte Komponenten. Der lamellierte Eisenring a trägt die Polansätze ee und ff. Zwischen ihnen befindet sich der ebenfalls lamellierte Eisenzylinder c. In dem Luftraum befindet sich eine drehbare mit dem Zeiger des Instrumentes verbundene Aluminiumtrommel b, welche dem rotierenden Felde zu folgen sucht. Soll das Instrument als Spannungsmesser dienen, so wird der Wicklung der Pole ee so viel induktionsfreier Widerstand vor-

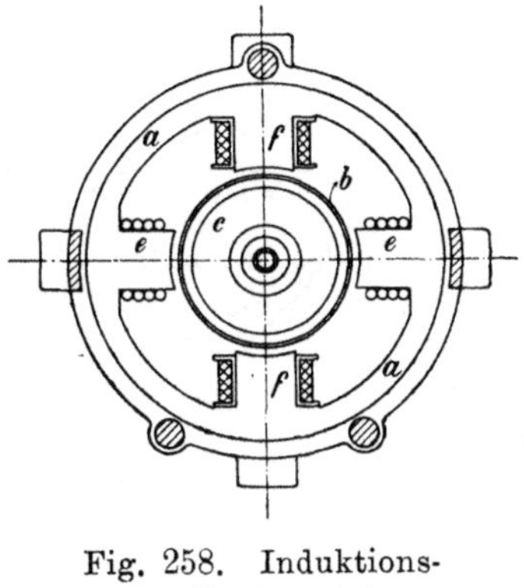

Fig. 258. Induktionsmeßinstrument.

1) ETZ 1901, S. 657.

geschaltet, daß der Strom mit der zu messenden Spannung annähernd in Phase kommt. Die Wicklungen der Pole ff bilden die Zweige SS der in Fig. 259 dargestellten Brückenanordnung. Die zu messende Spannung wirkt zwischen den Klemmen A und C. Zwischen C und B ist eine Drosselspule von der Impedanz Z_d geschaltet. Durch geeignete Wahl der beiden gleichen Widerstände rr und des Widerstandes in der Brücke r_b wird erreicht, daß die beiden einander gleichen Ströme in den Brückenzweigen SS eine Phasenverschiebung von 90^0 gegen die zwischen A und C wirkende Spannung bekommen.

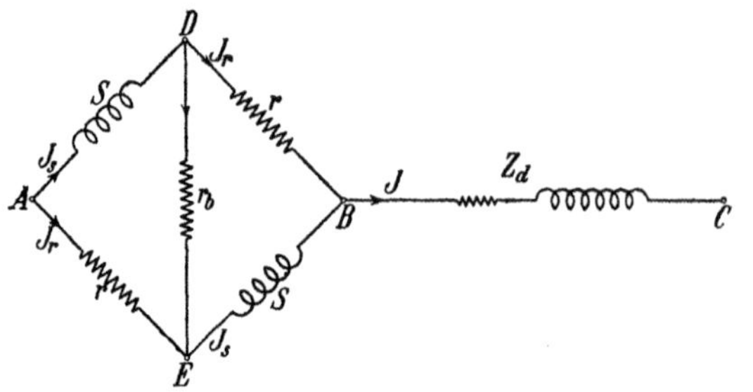

Fig. 259. Schaltung des Induktionsmeßinstruments.

In Fig. 260 ist das Vektordiagramm der Schaltung aufgezeichnet. Der Gesamtstrom J erzeugt den Spannungsabfall $\overline{BC}$ in der Drosselspule. Die Spannung $\overline{AB}$ setzt sich zusammen einmal aus $\overline{AD}$ und $\overline{DB}$, das andere Mal aus $\overline{AE}$ und $\overline{EB}$. Weil die Spannungen in diagonalen Zweigen der Brücke gleich groß und gleich gerichtet sind, bilden ihre Vektoren ein Parallelogramm. Dasselbe ist mit den Strömen in den vier Zweigen der Fall. Außerdem soll laut Aufgabe J_s senkrecht auf $\overline{AC}$ stehen.

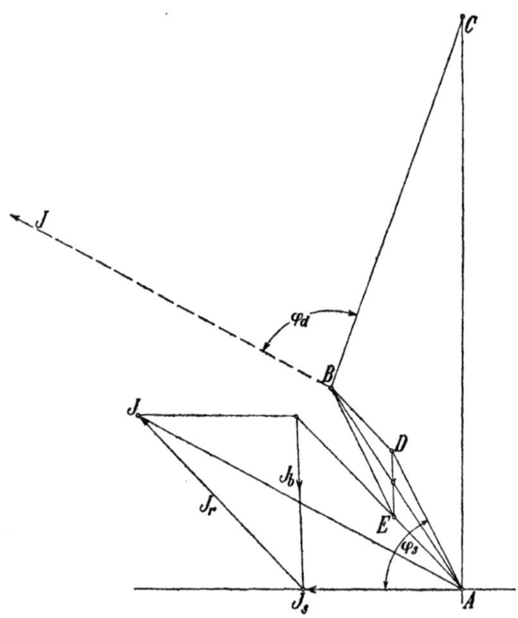

Fig. 260. Vektordiagramm.

Weil die Zweige $\overline{rr}$ und r_b induktionsfrei sind, hat man ferner J_r parallel $\overline{AE}$ parallel $\overline{DB}$ und J_b parallel $\overline{DE}$. φ_s ist die Phasenverschiebung des Stromes in den Spulen SS des Instrumentes. Das Diagramm gilt nur für eine Periodenzahl und nur für diese zeigt das Instrument richtig an. Aus demselben Grunde sind die Angaben dieser Art von Instrumenten von der Kurvenform der zu messenden Spannung abhängig. Sie müssen mit Wechselstrom graduiert werden, und zwar mit solchem von derselben Kurvenform wie der zu messende.

Die Induktionsinstrumente der Allgemeinen Elektrizitäts-Gesellschaft beruhen ebenfalls auf der Erzeugung eines drehenden Feldes. Allerdings ist es hier nur ein lokales und sehr unsymmetrisches. Fig. 261 zeigt die prinzipielle Anordnung eines solchen Instrumentes. Eine Aluminiumscheibe *S*, welche den Zeiger des Instrumentes trägt, kann sich zwischen den Polen des Hufeisenmagneten *M* drehen.

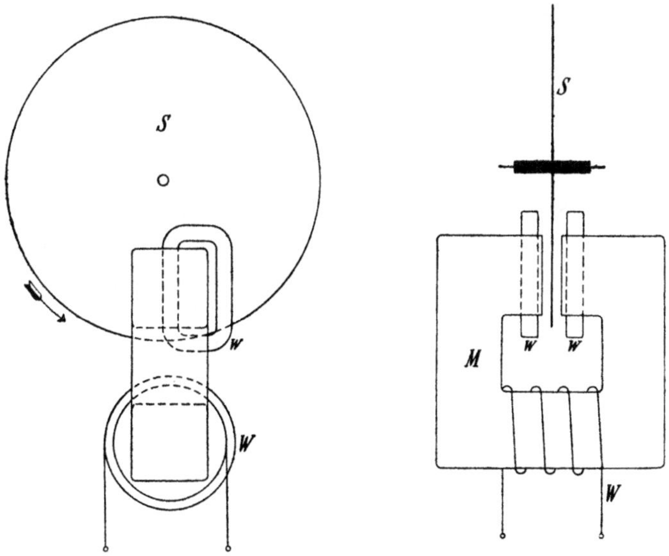

Fig. 261. Anordnung eines Induktionsmeßinstrumentes der Allgemeinen Elektrizitätsgesellschaft.

Der zu messende Strom wird durch die Wicklung *W* geleitet. Die Polflächen des Hufeisenmagnets tragen Nuten, in denen die Spulen *w* liegen. In den Spulen *w* werden Ströme induziert, die auf das resultierende Feld zwischen den Polflächen zurückwirken, und zwar so, daß es an der rechten Polkante (also innerhalb der Spulen *w*) in der Phase verzögert wird gegenüber dem Felde an der linken Polkante. Wir erhalten somit ein lokales von links nach rechts wanderndes Drehfeld, das die Scheibe *S* im gleichen Sinn zu drehen sucht.

Zu den elektrodynamischen Instrumenten gehören ferner noch die allgemein gebräuchlichen Leistungsmesser oder Wattmeter, die jedoch in einem besonderen Abschnitte behandelt werden sollen.

95. Hitzdrahtinstrumente.

Die Wärmeentwicklung in einem stromdurchflossenen Drahte ist dem Quadrat der effektiven Stromstärke proportional, dagegen von der Periodenzahl und der Kurvenform des Stromes unabhängig. Bei den Hitzdrahtinstrumenten wird die Wärmeentwicklung nach einem zuerst von Cardew angewendeten Verfahren durch die Ausdehnung des Hitzdrahtes gemessen.

In Fig. 262 ist ein Hitzdrahtinstrument von Hartmann & Braun schematisch dargestellt. Die Ausdehnung des verhältnismäßig kurzen Hitzdrahtes *h* bewirkt eine Änderung seines Durchhanges, und diese wird, wie die Figur zeigt, zur Bewegung des Zeigers benutzt.

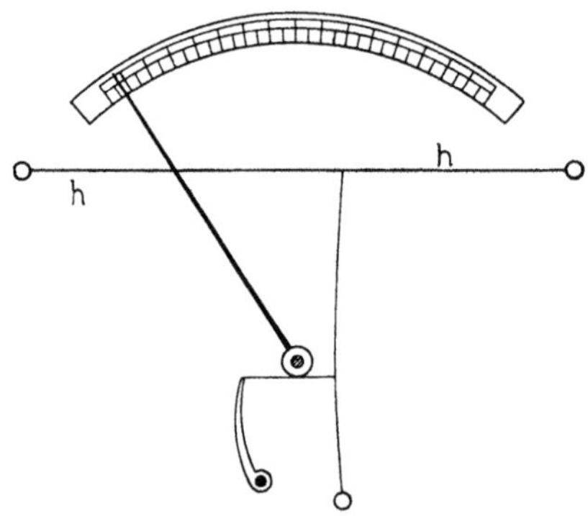

Fig. 262. Hitzdrahtinstrument von Hartmann & Braun.

Die Achse des Zeigers ist mit einer Aluminiumscheibe versehen, welche sich zwischen den Polen eines starken Stahlmagneten dreht; dadurch sind die Instrumente völlig aperiodisch.

Das System ist auf eine Platte montiert, welche derart aus Messing und Eisen zusammengestellt ist, daß sie denselben Ausdehnungskoeffizient wie die Drähte hat. Dadurch hat man sich fast unabhängig von Temperaturänderungen der Umgebung gemacht.

Falls aus irgend einem Grunde der Zeiger beim stromlosen Instrument sich nicht genau auf Null einstellt, kann man das eine Ende des Hitzdrahtes mittels einer Korrektionsschraube etwas verschieben, bis diese Bedingung erfüllt ist.

Die Instrumente werden als Spannungs- und als Strommesser gebaut. Der Hitzdraht wird beim maximalen Ausschlag als Spannungsmesser von einem Strome von ca. 0,22 Amp. durchflossen, der einen Spannungsabfall von 3 Volt verursacht.

Für höhere Spannungen wird ein Widerstand aus Konstantandraht vorgeschaltet, der bei Spannungsmessern mit Meßbereichen bis zu 400 Volt in das Instrument selbst eingebaut wird, während bei noch höheren Spannungen besondere Widerstände vorgeschaltet werden.

Der Spannungsverlust von 3 Volt ist für Strommesser viel zu groß und deshalb verwendet man bei diesen Instrumenten dickere Hitzdrähte und schaltet mehrere parallel. Dadurch wird der Spannungsverlust auf ca. 0,26 Volt heruntergedrückt. Ströme über

4—5 Ampere würden jedoch zu dicke Hitzdrähte erfordern. Deshalb legt man dann einen Nebenschluß aus Konstantanblech zum Hitzdraht. Diese Nebenschlüsse befinden sich für Ströme bis zu 100 Amp. im Strommesser selbst, über diesen Meßbereich hinaus werden sie als besondere Apparate gebaut.

Gegenüber dem Nachteile eines großen Stromverbrauchs bieten die Hitzdrahtinstrumente mehrere Vorteile. Zunächst ist die entwickelte Wärme unabhängig von der Kurvenform und Frequenz des Stromes, und dann sind diese Instrumente unempfindlich gegen magnetische Einflüsse von außen, weil sie keine magnetischen Felder oder Solenoide enthalten. Sie sind also für Gleich- und Wechselstrom verwendbar und mittels Gleichstrom zu eichen.

Die Spannungsmesser über 10 Volt können durch im Instrument angebrachte Abschmelzsicherungen mit von außen auswechselbaren Patronen geschützt werden; für kleinere Spannungen ist die Sicherung ihres hohen Widerstandes wegen nicht ausführbar.

Die Strommesser können durch eine automatisch wirkende Kurzschlußvorrichtung in einfacher Weise vor Beschädigung bewahrt werden.

Die Hitzdrahtwattmeter sind bis jetzt in der Praxis nicht eingeführt. Sie beruhen auf der Formel

$$(i+i')^2-(i-i')^2=4\,i\,i',$$

worin i proportional dem zu messenden Strom, i' proportional der zu messenden Spannung ist. Ordnet man zwei Hitzdrähte in einem Apparate so an, daß der eine von dem Summenstrom $(i+i')$, der andere von dem Differenzstrom $(i-i')$ durchflossen wird, während der Zeigerausschlag der Differenz der Erwärmungen beider Drähte entspricht, so zeigt das Instrument die Leistung des Stromkreises an.

96. Leistungsmesser.

Die in der Technik gebräuchlichen Leistungsmesser oder **Wattmeter** beruhen alle auf dem elektrodynamischen Prinzip. Von den beiden aufeinander wirkenden Spulen des Wattmeters ist die eine, die feste, in Reihe mit dem zu messenden Stromkreis geschaltet und somit von dem Nutzstrome durchflossen, während die zweite, die bewegliche Spule, im

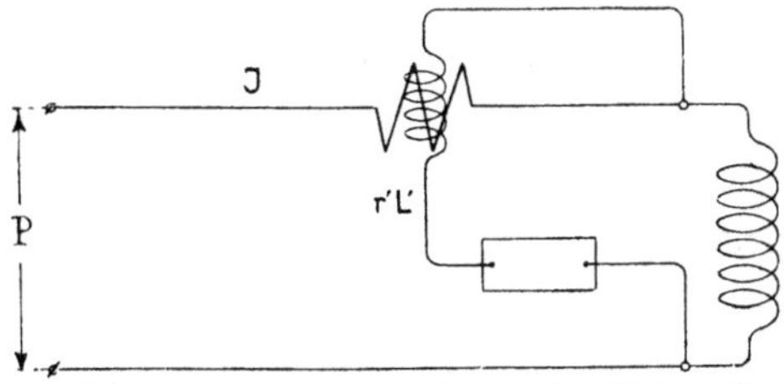

Fig. 263. Wattmeterschaltung für kleine Spannung und großen Strom.

Nebenschluß zu dem Stromkreise liegt, dessen Leistung man zu messen hat. Die Schaltung ist nach Fig. 263 auszuführen.

Nehmen wir vorläufig an, daß die Klemmenspannung p sich nach einer Sinuskurve ändert, also

$$p = P_{max} \sin \omega t \quad \text{und} \quad P = \frac{P_{max}}{\sqrt{2}},$$

so wird der Hauptstrom

$$i = J_{max} \sin(\omega t - \varphi),$$

worin

$$J_{max} = \frac{P_{max}}{\sqrt{r^2 + \left(\omega L - \frac{1}{\omega C}\right)^2}} \quad \text{und} \quad \varphi = \operatorname{arc\,tg}\left(\frac{\omega L}{r} - \frac{1}{\omega C r}\right)$$

ist, und ebenso die Stromstärke des Nebenschlusses

$$i' = J'_{max} \sin(\omega t - \varphi'),$$

hierin ist $J'_{max} = \frac{P_{max}}{\sqrt{r'^2 + \omega^2 L'^2}}$ und $\varphi' = \operatorname{arc\,tg} \frac{\omega L'}{r'}$.

Das auf die bewegliche Spule einwirkende Drehmoment ist proportional dem Produkt der beiden Ströme i und i', vorausgesetzt, daß die Spule immer mittels einer Torsionsfeder in derselben Lage gehalten wird. Die Ablesung α, die der Spannung der Feder proportional ist, wird also proportional dem mittleren Drehmoment. Ist k_1 eine Konstante, so wird

$$k_1 \alpha = \frac{1}{T}\int_0^T i i' dt$$

$$= J J' \cos(\varphi - \varphi') = J \frac{P}{\sqrt{r'^2 + \omega^2 L'^2}} \cos(\varphi - \varphi')$$

$$= J \frac{P}{r'} \cos(\varphi - \varphi') \cos \varphi'.$$

Die zu messende Leistung ist aber

$$W = \frac{1}{T}\int_0^T p i dt = P J \cos \varphi.$$

Setzt man PJ aus der ersten Gleichung in die zweite ein, so wird

$$W = k_1 \alpha r' \frac{\cos \varphi}{\cos(\varphi - \varphi') \cos \varphi'}$$

$$= k_1 \alpha r' \frac{1 + \operatorname{tg}^2 \varphi'}{1 + \operatorname{tg} \varphi \operatorname{tg} \varphi'}.$$

Durch passende Anordnung und Wahl des Widerstandes r' sorgt man immer dafür, daß $\operatorname{tg}\varphi' = \frac{\omega L'}{r'}$ verschwindend klein wird, damit

$$W = k_1 r' \alpha = \text{Konstante mal Ablesung ist.}$$

Ist die Klemmenspannung nicht von Sinusform, sondern

$$p = P_{1\,max} \sin(\omega t + \psi_1) + P_{3\,max} \sin(3\,\omega t + \psi_3) + \ldots,$$

so ergibt sich, wie Professor H. F. Weber in dem offiziellen Bericht über die Frankfurter Ausstellung 1891 angegeben hat,

$$W = k_1 \alpha r' \frac{1 + \operatorname{tg}^2 \varphi'}{1 + \operatorname{tg}\varphi \operatorname{tg}\varphi'} \cdot \frac{1 + \dfrac{P_3 J_3 \cos\varphi_3}{P_1 J_1 \cos\varphi_1} + \dfrac{P_5 J_5 \cos\varphi_5}{P_1 J_1 \cos\varphi_1} + \ldots}{1 + \dfrac{P_3 J_3 \cos\varphi_3 \cos^2\varphi'_3}{P_1 J_1 \cos\varphi_1 \cos^2\varphi'_1} \cdot \dfrac{1 + \operatorname{tg}\varphi_3 \operatorname{tg}\varphi'_3}{1 + \operatorname{tg}\varphi_1 \operatorname{tg}\varphi'_1} + \ldots}$$

Die Phasenverschiebungen φ bzw. φ' beziehen sich auf die Ströme in dem zu messenden Stromkreise bzw. auf die Ströme im Spannungsstromkreise.

Der erste Korrektionsfaktor ist

$$\frac{1 + \operatorname{tg}^2\varphi'}{1 + \operatorname{tg}\varphi \operatorname{tg}\varphi'} \cong \frac{1}{1 - \operatorname{tg}\varphi \operatorname{tg}\varphi'} \begin{matrix} > \\ = \\ < \end{matrix} 1 \begin{cases} \text{für } \operatorname{tg}\varphi > 0 \\ \text{„ } \operatorname{tg}\varphi = 0 \\ \text{„ } \operatorname{tg}\varphi < 0 \end{cases}$$

Der zweite Korrektionsfaktor ist dagegen immer größer als 1, aber selbst bei komplizierten Kurvenformen nur um einige Zehntausendstel größer und deswegen immer gleich 1 zu setzen. Also gilt für alle Formen von Wechselströmen

$$\boldsymbol{W = k_1 \alpha r' \frac{1}{1 - \operatorname{tg}\varphi \operatorname{tg}\varphi'}} \quad . \quad . \quad . \quad . \quad (154)$$

Die gemessene Leistung W ist nicht genau gleich der an den Belastungsstromkreis abgegebenen Leistung, sondern etwas größer, weil der Stromwärmeverlust in der Spannungsspule des Wattmeters gleich $\frac{P^2}{r'}$ mitgemessen wird. Also ist die wahre Leistung $W - \frac{P^2}{r'}$ wenn r' der Widerstand der Spannungsspule des Wattmeters ist. — Man kann das Wattmeter auch so schalten, wie die Fig. 264 zeigt.

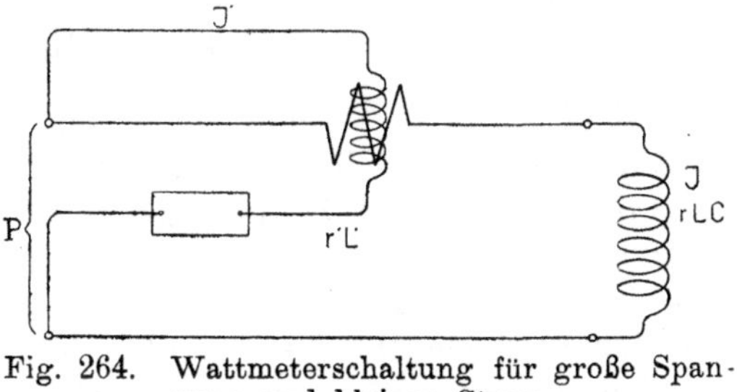

Fig. 264. Wattmeterschaltung für große Spannung und kleinen Strom.

Hier mißt man ebenfalls eine zu große Leistung, nämlich die

abgegebene Leistung vermehrt um den Verlust in der Stromspule gleich $J^2 r''$, wenn r'' der Widerstand der Stromspule des Wattmeters ist.

Ist der betrachtete Stromkreis in den beiden vorhergehenden Schaltungen kein Stromverbraucher, sondern ein Stromerzeuger, so sind die Leistungsverluste $J^2 r''$ resp. $\frac{P^2}{r'}$ zu der gemessenen Leistung W zu addieren, um die erzeugte Leistung zu erhalten.

Der Fehler wird am kleinsten, wenn man die letzte Schaltung bei kleinen Stromstärken und hohen Spannungen und die erste Schaltung bei kleinen Spannungen und großen Stromstärken verwendet. Bei der Messung der Leistung bei hohen Spannungen muß bei der Einschaltung des Widerstandskastens im Nebenschlußkreise darauf gesehen werden, daß die Spannungsdifferenz zwischen den zwei Wattmeterspulen möglichst klein wird, wie in Fig. 263 und 264.

Außer den alten Wattmetern mit Torsionsfedern sind in der letzten Zeit neuere und bequemere Apparate von mehreren Firmen, z. B. von Weston und Siemens & Halske, gebaut worden. Hier ist der Zeiger direkt mit der beweglichen Spule verbunden, welche also ihre Lage gegenüber der festen Spule mit dem Ausschlage ändert. Hieraus folgt, daß diese direkt zeigenden Instrumente keine gleichmäßige Skala haben, weshalb sie empirisch graduiert werden müssen.

Die Instrumente von Weston für kleinere Leistungen besitzen eine sogenannte Kompensationsspule, welche über die Stromspule gewickelt den Strom der Spannungsspule führt, und zwar verlaufen die Ströme dieser beiden übereinander gelagerten Spulen in entgegengesetzter Richtung. Die Zahl der Windungen der Kompensationsspule ist so gewählt, daß der abgelesene Wert mit der zu messenden Nutzleistung direkt übereinstimmt.

Zur direkten Einschaltung in Hochspannungsstromkreise eignet sich besonders das Wattmeter von Lord Kelvin.

97. Direkte Messung der Effektivwerte der einzelnen Harmonischen.

Die Wattmeter können aber auch zu anderen Zwecken als zu Leistungsmessungen dienen. Man kann z. B. mit zwei Wattmetern die Effektivwerte der Spannungen und Ströme der einzelnen Harmonischen irgendeines Wechselstromes direkt messen. — Zu diesem Zwecke benötigt man noch außerdem sinusförmige Hilfsspannungen von der Periodenzahl des Grundstromes und von der Periodenzahl des dritten, des fünften und des siebenten Oberstromes.

Der zu untersuchende Strom geht durch die Stromspule des einen Wattmeters, während die Stromspule des zweiten Wattmeters, das für kleine Ströme und große Spannungen gebaut sein muß, im Nebenschluß liegt. Die Spannungsspulen der beiden Wattmeter sind an die Wechselstromquelle, welche die sinusförmigen Spannungen liefert, angeschlossen.

In der Fig. 265 stellen H_1 und H_2 die Stromspulen und N_1 und N_2 die Spannungsspulen der beiden Wattmeter dar. Das Voltmeter V gibt die Spannung P_h der Hilfsstromquelle an, deren Spannungskurve von Sinusform ist und deren Periodenzahl der Reihe nach gleich der des Grundstromes und der des dritten, fünften und siebenten Oberstromes gemacht werden kann.

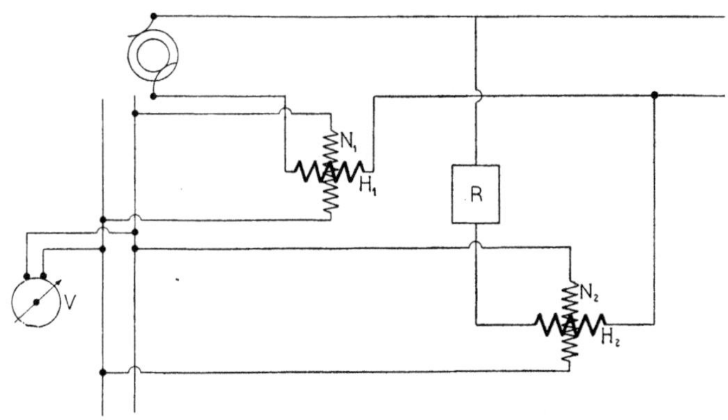

Fig. 265. Anordnung zur direkten Messung der Effektivwerte der einzelnen Harmonischen eines Stromkreises.

Wir wissen aus Abschn. 64, daß nur zwei Ströme von gleicher Periodenzahl elektrodynamisch aufeinander einwirken können und daß die Wirkung am größten ist, wenn die beiden Ströme in Phase sind. Wünschen wir nun die Größe des Grundstromes zu messen, so geben wir dem Hilfsstrom die Periodenzahl des Grundstromes und ändern die Phase des Hilfsstromes so lange, bis er in Phase mit dem Hauptstrome kommt; es ist dann der Ausschlag des Wattmeters ein Maximum. Entspricht dem maximalen Ausschlag des Wattmeters die Leistung W_1 Watt und zeigt gleichzeitig das Voltmeter V die Hilfsspannung P_{h1}, so ist der Effektivwert des Grundstromes einfach

$$J_1 = \frac{W_1}{P_{h1}}.$$

Um die effektive Spannung P_1 des Grundstromes zu bestimmen, verschiebt man die Phase des Hilfsstromes so lange, bis der Zeiger des zweiten Wattmeters den größten Ausschlag ergibt. Ist dieser

Ausschlag in Watt gleich V_1 und die Spannung des Hilfsstromes wieder P_{h1}, so ist die effektive Spannung P_1 des Grundstromes

$$P_1 = k \frac{V_1}{P_{h1}},$$

worin k eine von dem Vorschaltwiderstand R abhängige Konstante ist.

Wir können auch eine dritte Größe messen, nämlich den Phasenverschiebungswinkel φ_1 zwischen Grundspannung P_1 und Grundstrom J_1. Dies geschieht am genauesten dadurch, daß man die Phase des Hilfsstromes so einstellt, daß der Zeiger des ersten Wattmeters keinen Ausschlag gibt; der Winkel, um den man von dieser Stellung aus die Phase des Hilfsstromes ändern muß, damit der Ausschlag des zweiten Wattmeters verschwindet, ist direkt gleich dem Phasenverschiebungswinkel φ_1 zwischen P_1 und J_1.

Geben wir der Hilfsspannung die Periodenzahl des dritten Oberstromes, so erhalten wir in ganz analoger Weise die effektive Spannung und Stromstärke des dritten Oberstromes

$$P_3 = k \frac{V_3}{P_{h3}} \quad \text{und} \quad J_3 = \frac{W_3}{P_{h3}},$$

worin W_3 die maximale Leistung des ersten und V_3 die des zweiten Wattmeters bedeutet, während P_{h3} die effektive Spannung des Hilfsstromes für diese Periodenzahl ist. — Der Phasenverschiebungswinkel φ_3 zwischen P_3 und J_3 wird in genau derselben Weise wie φ_1 bestimmt.

Wir können somit durch das beschriebene Verfahren die Effektivwerte der Spannungen und Ströme sowie die Phasenverschiebungen zwischen ihnen für die einzelnen Harmonischen direkt ermitteln und bekommen somit Aufschluß über die Arbeitsweise der einzelnen Harmonischen. Bei fast allen Maschinen interessieren uns hauptsächlich nur die Wirkungen der einzelnen Harmonischen ohne Rücksicht auf ihre gegenseitige Lage, d. h. auf die Kurvenform der Spannung und des Stromes. In diesen Fällen reicht also die beschriebene Meßmethode zur Untersuchung des Stromes aus. In anderen Fällen, z. B. bei Bogenlampen, Untersuchungen von Isoliermaterialien und leerlaufenden Transformatoren, bei denen die Form der Spannungskurve und nicht die Größe der einzelnen Harmonischen die Hauptrolle spielt, wird die gezeigte Bestimmung der einzelnen Harmonischen nicht ausreichen. In solchen Fällen wird aber der Oszillograph gute Dienste leisten können, weil man bei ihm die ganze Kurve vor Augen hat.

98. Leistungsmessungen mittels dreier Voltmeter oder dreier Amperemeter.

Außer der Leistungsmessung mittels Wattmeter sollen noch zwei andere bekannte Leistungsmeßmethoden erwähnt werden, nämlich die Drei-Voltmeter-Methode von Ayrton, Swinburne und Sumpner und die Drei-Amperemeter-Methode von Fleming.

Die erste kann nach der folgenden Schaltung ausgeführt werden (siehe Fig. 266). Hierin bedeutet r einen induktionsfreien Widerstand in Serie mit dem Stromkreis, dessen Leistung W man

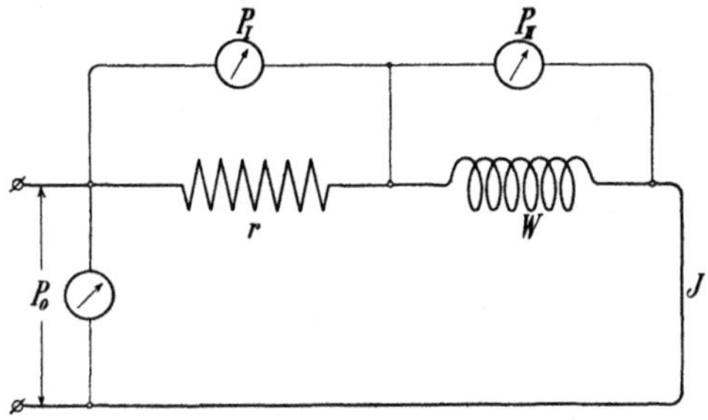

Fig. 266. Schaltung bei der Drei-Voltmeter-Methode.

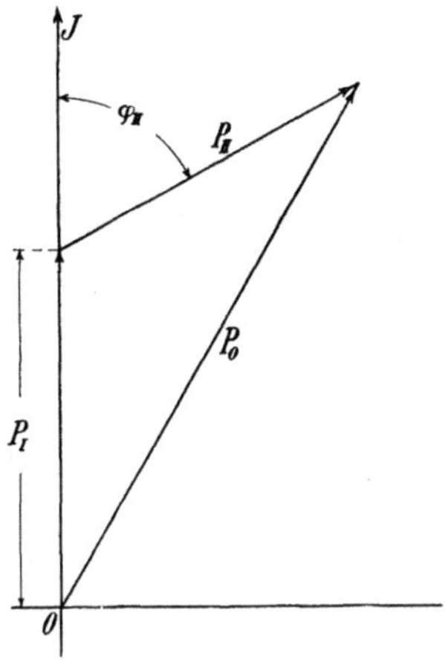

Fig. 267. Spannungsdiagramm bei der Drei-Voltmeter-Methode.

messen will. Da die Spannung P_I in Phase mit dem Strome J ist, darf man P_I und P_{II} unabhängig von ihrer Kurvenform geometrisch addieren. Wenn P_0 die Resultante von P_I und P_{II} darstellt, erhält man für diese Schaltung das Diagramm Fig. 267.

Die von P_{II} herrührende Leistung ist

$$W = P_{II} J \cos\varphi_{II}$$

$$= P_{II} \frac{P_I}{r} \cos\varphi_{II}$$

$$= \frac{1}{2r}(P_0{}^2 - P_I^2 - P_{II}^2) \quad . \quad . \quad . \quad (155)$$

Diese Meßmethode hat aber keine praktische Bedeutung, da man keine große Genauigkeit erzielen kann, ohne den Leistungsverbrauch im Vorschaltwiderstand ziemlich groß zu machen.

Die zweite Methode, die Drei-Amperemeter-Methode, hat auch keine große Bedeutung, aber immerhin den Vorteil gegenüber der vorhergehenden, daß man dem Belastungsstromkreis die volle Spannung geben kann, weil hier der induktionsfreie Widerstand dem zu untersuchenden Stromkreis parallel geschaltet ist (siehe Fig. 268). Das Diagramm ist in Fig. 269 dargestellt, und seine Richtigkeit läßt sich wie folgt leicht nachweisen:

Aus dem Diagramm (Fig. 269) ergibt sich nämlich erstens die Leistung

$$W = P J_{II} \cos \varphi_{II} = r J_I J_{II} \cos \varphi_{II}$$

$$= \frac{r}{2}(J_0^2 - J_I^2 - J_{II}^2) \quad \ldots \ldots \quad (156)$$

Indem wir zweitens mit p, i_0, i_I und i_{II} die Momentanwerte der Spannung und Ströme bezeichnen, erhalten wir unabhängig von der Kurvenform

$$i_0 = i_I + i_{II}, \qquad i_I = \frac{p}{r}.$$

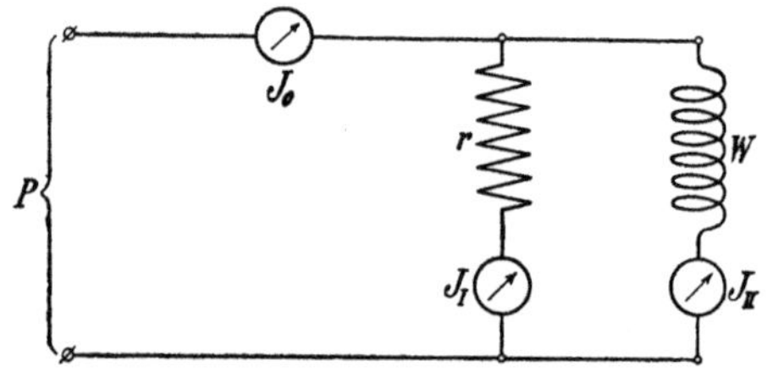

Fig. 268. Schaltung der Drei-Amperemeter-Methode.

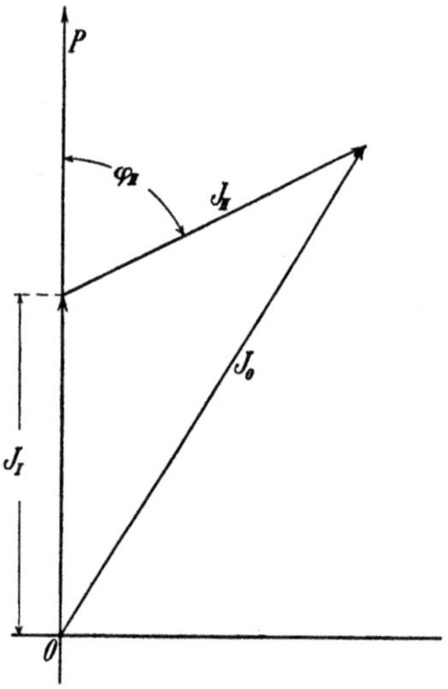

Fig. 269. Stromdiagramm bei der Drei-Amperemeter-Methode.

Die momentane Leistung in dem zu untersuchenden Stromkreis ist

$$w = p i_{II} = i_I i_{II} r;$$

und da

$$i_0^2 = i_I^2 + i_{II}^2 + 2 i_I i_{II}$$

ist, wird

$$w = \frac{r}{2}(i_0^2 - i_I^2 - i_{II}^2);$$

die mittlere Leistung ist somit

$$W = \frac{1}{T}\int_0^T w\,dt = \frac{r}{2}(J_0^2 - J_I^2 - J_{II}^2).$$

Dies ist aber dasselbe Resultat, zu dem wir oben gelangten, woraus die Richtigkeit des Diagramms Fig. 269 sich ergibt.

Es folgt allgemein hieraus, daß die graphische Zusammensetzung von Stromvektoren parallel geschalteter Stromkreise immer zulässig ist, wenn alle Stromkreise bis auf einen die Reaktanz Null haben.

Eine Methode zur experimentellen Untersuchung der Zulässigkeit, effektive EMKe beliebiger Kurvenform geometrisch zu addieren, hat Fr. Bedell in The Electrical World, Bd. 28, Nr. 3, angegeben. Es seien gegeben zwei Spannungen P_I und P_{II} von beliebiger Kurvenform; gemessen sei ihre Summe P_s und ihre Differenz P_d (siehe Fig. 270).

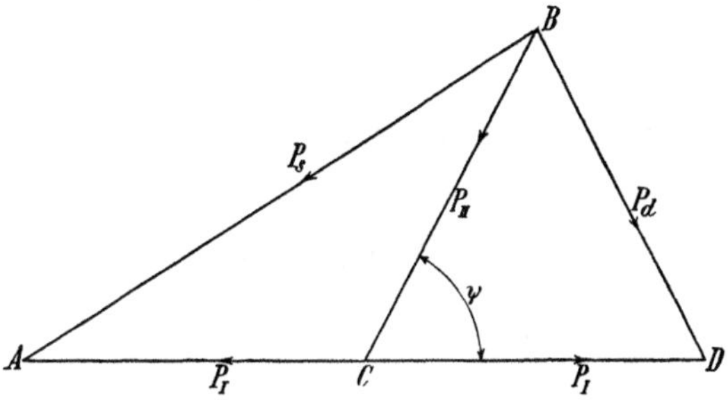

Fig. 270. Experimentelle Untersuchung der Zulässigkeit der Addition zweier Spannungen.

Es ist
$$P_s^2 = \frac{1}{T}\int_0^T (p_I + p_{II})^2\,dt$$

und
$$P_d^2 = \frac{1}{T}\int_0^T (p_I - p_{II})^2\,dt,$$

woraus durch Addition folgt
$$P_s^2 + P_d^2 = 2P_I^2 + 2P_{II}^2$$

oder
$$P_{II}^2 = \tfrac{1}{2}(P_s^2 + P_d^2 - 2P_I^2),$$

d. h. P_{II} ist die Schwerlinie eines Dreieckes mit den Seiten P_s, P_d und $2P_I$, oder mit anderen Worten, ACD muß eine gerade Linie sein, wenn es erlaubt sein soll, P_I und P_{II} geometrisch zu addieren.

Mit Hilfe dieses Beweises kann man sich durch Messung von P_I, P_{II}, P_s und P_d über die Zulässigkeit der Zusammensetzung von P_I und P_{II} überzeugen.

Statt der Drei-Voltmeter-Methode zur Messung von Leistungen kann nun auch die folgende Methode angewendet werden. Zu messen sei die Leistung
$$W = P_{II}\,J\cos\varphi_{II}.$$

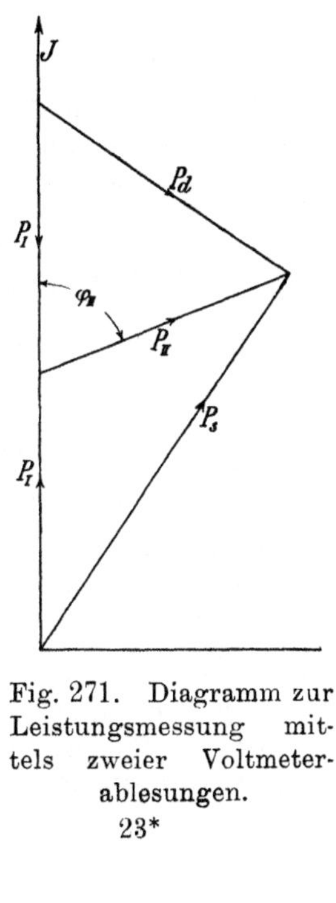

Fig. 271. Diagramm zur Leistungsmessung mittels zweier Voltmeterablesungen.

Da die Spannung $P_I = Jr$ (Fig. 271) in Phase mit dem Strome J ist, ergibt sich

$$W = \frac{1}{T}\int_0^T p_{II}\, i\, dt = \frac{1}{T}\int_0^T \frac{p_I p_{II}}{r}\, dt.$$

Durch Subtraktion der Ausdrücke für P_s^2 und P_d^2 erhalten wir

$$P_s^2 - P_d^2 = \frac{1}{T}\int_0^T [(p_I + p_{II})^2 - (p_I - p_{II})^2]\, dt = \frac{4}{T}\int_0^T p_I p_{II}\, dt,$$

also

$$W = \frac{P_s^2 - P_d^2}{4r} \quad \ldots\ldots \quad (157)$$

Diese Meßmethode ist neuerdings von verschiedenen Autoren für solche Fälle empfohlen worden, bei denen der Phasenverschiebungswinkel φ_{II} einen großen Wert erreicht. Aber gerade in solchen Fällen ist sowohl diese Methode wie die mit den drei Voltmetern sehr ungenau. — Um die Leistung von Stromkreisen mit großer Phasenverschiebung zwischen Spannung und Strom zu messen, empfiehlt es sich eher, besondere Wattmeter zu bauen, deren Skala nur $^1/_3$ bis $^1/_5$ von der eines gewöhnlichen Wattmeters ausmacht. Ist ein solches Wattmeter z. B. für 60 Ampere und 100 Volt gebaut, so wird die Torsionsfeder, die auf die bewegliche Spule des Wattmeters wirkt, so schwach gespannt, daß es nur für Leistungen bis 2000 statt bis 6000 Watt benutzt werden kann. Oder man verwendet ein gewöhnliches Wattmeter und überlastet die Spannungsspule, was natürlich nur vorübergehend geschehen darf.

99. Leistungsmessung eines Mehrphasenstromes.

Bei einem symmetrischen n-Phasensystem mit symmetrischer Belastung ist nach Kap. XIII die Leistung aller Phasen gleich groß und $\frac{1}{n}$ tel der totalen Leistung. Daraus geht hervor, daß man die Leistung eines solchen Systems mittels eines Wattmeters messen kann, das in eine beliebige Phase eingeschaltet ist. Diese Messung ist auch bei dem balancierten Zweiphasen-Dreileitersystem möglich, da hier beide Phasen ebenfalls gleichgroße Leistungen hervorbringen. Diese Messung läßt sich aber nur dann einfach ausführen, wenn das System unverkettet oder wenn der neutrale Punkt einer Sternschaltung für die Anbringung des Spannungsdrahtes zugänglich ist. Damit die Messung bei einem Ringsystem ausführbar sein soll, muß man den Ring an einer Stelle öffnen, um die Stromspule des Wattmeters in die eine Phase einschalten zu können, während die Spannungsspule an die Enden dieser Phase angeschlossen wird.

In den übrigen Fällen, bei denen nur die n-Klemmen des n-Phasensystems zugänglich und die angegebenen Schaltungen deswegen nicht möglich sind, muß man anders verfahren. Eine Meßmethode für diesen Fall ist von Behn-Eschenburg in der ETZ 1896, S. 182, angegeben. Sie besteht darin, daß die Stromspule in eine der Hauptleitungen und die Spannungsspule zwischen diese Hauptleitung und einen mittels Widerständen künstlich gebildeten neutralen Punkt O_1 gelegt wird, wie Fig. 272 für ein Dreiphasensystem darstellt.

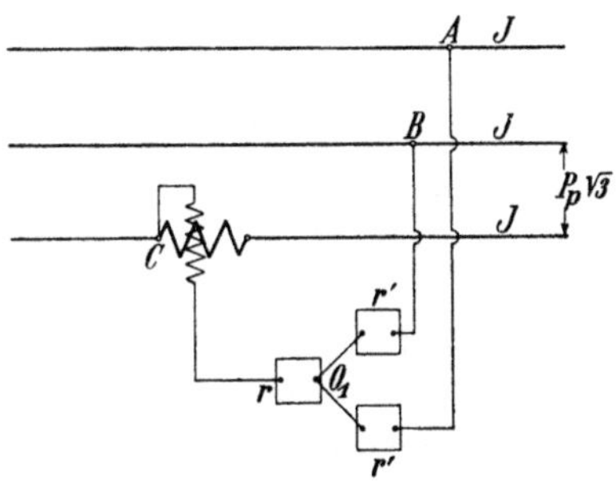

Fig. 272. Leistungsmessung eines symmetrischen Dreiphasenstromes mittels eines Wattmeters.

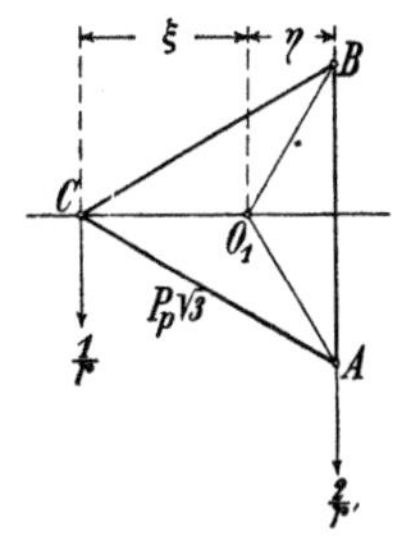

Fig. 273.

Wählt man die Widerstände r' zwischen A und B einerseits und O_1 andererseits gleich groß, so wird der neutrale Punkt O_1 in dem gleichseitigen Spannungsdreieck (Fig. 273) in die Normale von C auf $\overline{AB}$ fallen, und es bildet somit die Spannung $\overline{O_1 C}$ den Phasenverschiebungswinkel φ mit dem Strom in der Stromspule des Wattmeters. Faßt man die Spannung zwischen zwei Leitungen als eine verkettete auf, so ist die Leistung des Systems

$$W = 3 P J \cos\varphi .$$

In der Spannungsspule hat man aber nicht die Spannung $3P$, sondern ξ, weshalb die Ablesung mit dem Verhältnis $f_r = \frac{3P}{\xi}$ multipliziert werden muß. In dem Spannungsdreieck (Fig. 273) wird der Punkt O_1 nach der Methode des Spannungsmittelpunktes bestimmt und somit

$$\frac{\xi}{r} = \frac{2\eta}{r'} = \frac{\eta}{\frac{r'}{2}} = \frac{\xi + \eta}{r + \frac{r'}{2}} .$$

Nun ist $\xi + \eta$ nichts anderes als $\frac{3}{2}P$, da die Seite des Dreieckes gleich $P\sqrt{3}$ ist. Hieraus folgt

$$\frac{\xi}{r} = \frac{3P}{2r + r'}$$

oder

$$\frac{3P}{\xi} = \frac{2r + r'}{r} = 2 + \frac{r'}{r} = k_r$$

und die Leistung des Systems ist

$$W = k_r \text{ mal abgelesene Leistung.}$$

Macht man $r = r'$, so bekommt man, wie erforderlich, den Faktor

$$k_r = \frac{3P}{\xi} = 3$$

und

$$W = 3 \text{ mal abgelesene Leistung.}$$

Ist ein Mehrphasensystem nicht vollständig symmetrisch oder symmetrisch belastet, so können die Leistungen der einzelnen Phasen sehr verschieden sein. Aus diesem Grunde darf ein solches System nicht als balanciert betrachtet werden, und seine Leistung kann nur ähnlich wie die eines beliebigen unbalancierten Systems bestimmt werden, wie die im folgenden beschriebenen zwei Methoden zeigen.

a) Für die gewöhnliche Methode der Leistungsmessung eines beliebigen n-Phasensystems mit n Leitungen braucht man nur $n-1$ Wattmeter; denn irgendeiner der n Leiter kann als Rückleitung für die $n-1$ Ströme der anderen Leitungen angesehen werden, da die Summe der Ströme aller Leitungen gleich 0 ist. Die Stromspulen der $n-1$ Wattmeter werden alle in demselben Sinne in die $n-1$ Leitungen, die Spannungsspulen zwischen die betreffende Leitung und die Leitung ohne Stromspule eingeschaltet. Fig. 274 zeigt die Schaltung für ein Dreiphasensystem.

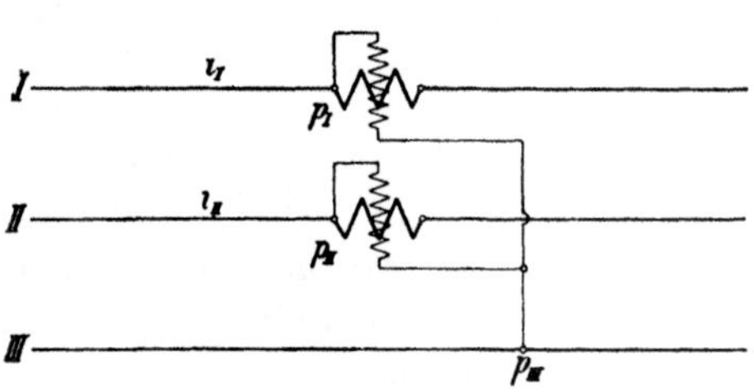

Fig. 274. Leistungsmessung eines Dreileiter-Dreiphasensystems mittels zweier Wattmeter.

Die verschiedenen Wattmeter zeigen ungleiche Leistungen an. Wird eine negativ, so muß das Wattmeter umgeschaltet und die abgelesene Leistung mit negativem Vorzeichen genommen werden. Die algebraische Summe der so gemessenen Leistungen gibt uns dann die totale Leistung des Systems.

Mißt man die Leistung eines symmetrischen Dreiphasensystems mit zwei Wattmetern, so kann man auch die Phasenverschiebung der Ströme aus den Ablesungen der Wattmeter bestimmen. Sind die Phasenspannungen der drei Phasen

$$p_I = P\sqrt{2}\sin\omega t$$
$$p_{II} = P\sqrt{2}\sin(\omega t - 120^0),$$
$$p_{III} = P\sqrt{2}\sin(\omega t - 240^0),$$

und ferner die Ströme

$$i_I = J\sqrt{2}\sin(\omega t - \varphi),$$
$$i_{II} = J\sqrt{2}\sin(\omega t - \varphi - 120^0),$$

so wird

$$w_I = (p_I - p_{III})\, i_I$$

und

$$w_{II} = (p_{II} - p_{III})\, i_{II},$$

woraus

$$W_I = \sqrt{3}PJ\cos(\varphi - 30^0),$$
$$W_{II} = \sqrt{3}PJ\cos(\varphi + 30^0).$$

Für $\varphi \lesseqgtr 60^0$ wird $W_{II} \gtreqless 0$

$$\operatorname{tg}\varphi = \frac{W_I - W_{II}}{W_I + W_{II}}\sqrt{3} \quad . \quad . \quad . \quad . \quad . \quad (158)$$

Hierbei ist jedoch vorausgesetzt, daß Ströme und Spannungen sinusförmig und alle Phasen gleich belastet sind.

b) Die zweite Methode der Leistungsmessung eines beliebigen n-Phasensystems besteht in der Benutzung von n Wattmetern, von denen jedes in eine Leitung gelegt ist. Die Spannungsspulen können zwischen die betreffende Leitung und den neutralen Leiter ein-

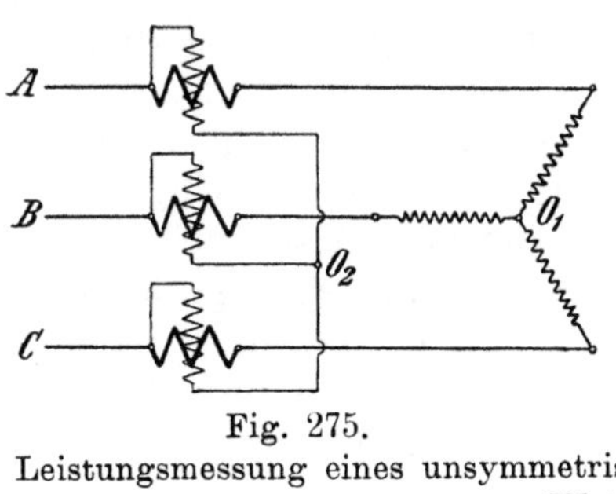

Fig. 275.

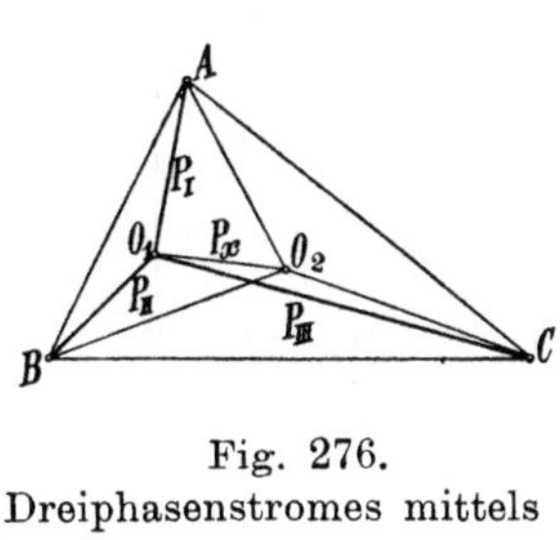

Fig. 276.

Leistungsmessung eines unsymmetrischen Dreiphasenstromes mittels dreier Wattmeter.

geschaltet werden. Ist kein solcher vorhanden, so verbindet man die Enden aller Spannungsspulen zu einem neutralen Punkte. Im ersten Falle, wenn ein neutraler Leiter vorhanden ist, mißt jedes Wattmeter die Leistung der betreffenden Phase. Im zweiten Falle dagegen ist die Summe der gemessenen Leistungen zwar gleich der totalen Leistung, aber die gemessenen Einzelleistungen sind im allgemeinen von den Leistungen der einzelnen Phasen verschieden. Betrachten wir z. B. ein Dreiphasensystem ohne neutralen Leiter (Fig. 275), so kann in Fig. 276 ABC das Spannungsdreieck mit dem Spannungsmittelpunkte der Belastung in O_1 darstellen. Die Spannungen der drei Belastungen sind P_I, P_{II}, P_{III}; ist ferner O_2 der Spannungsmittelpunkt der Spannungsspulen mit ihren Vorschaltwiderständen und $\overline{O_1 O_2}$ gleich P_x, so sind die Momentanwerte der drei gemessenen Leistungen

$$w_I = (p_I - p_x)\, i_I,$$
$$w_{II} = (p_{II} - p_x)\, i_{II},$$
$$w_{III} = (p_{III} - p_x)\, i_{III}$$

und also

$$w_I + w_{II} + w_{III} = p_I i_I + p_{II} i_{II} + p_{III} i_{III},$$

woraus die Richtigkeit der Messung hervorgeht.

100. Messung der wattlosen Komponente eines Wechselstromes.

Wenn wir den wattlosen Strom in irgendeinem Stromkreise bestimmen wollen, können wir durch Spannung, Strom und Leistungsmessung $\cos\varphi = \frac{W}{PJ}$ berechnen und daraus $\sin\varphi$ bzw. den wattlosen Strom ableiten. Eine solche Messung gibt aber bei kleinen Phasenverschiebungen niemals genaue Resultate, wie aus Fig. 277 hervorgeht, in der $\sin\varphi$ und $\cos\varphi$ als Funktion von $1 - \cos\varphi$ aufgetragen sind. Ein kleiner Fehler im Ausschlag oder in der Ablesung der Instrumente, also auch in $\cos\varphi$, ruft nämlich einen großen Fehler in $\sin\varphi$ hervor. Ist z. B. $\cos\varphi = 0{,}99$, während man den Wert Eins aus der Messung entnommen hat, so daß der Fehler nur 1 % beträgt, so würde man einen wattlosen Strom von 14 % überhaupt nicht bemerkt haben. Besonders wenn es sich darum handelt, mittels Kondensatoren oder Synchronmotoren Phasengleichheit herzustellen, empfiehlt sich also

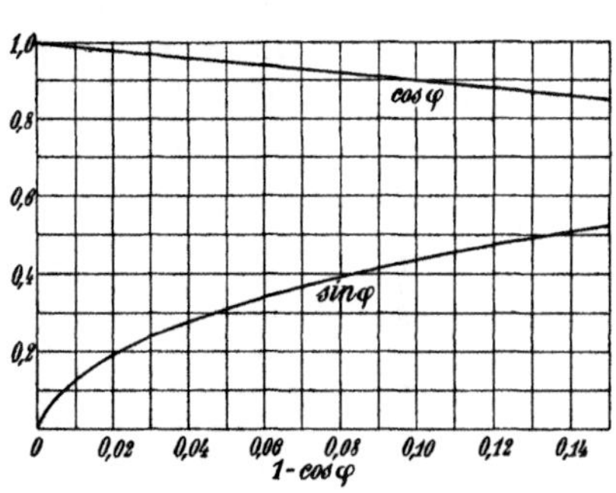

Fig. 277.

die Anwendung von Instrumenten, welche eine genauere Bestimmung der wattlosen Komponente des Stromes vorzunehmen gestatten.

Von den verschiedenen Methoden, welche veröffentlicht worden sind, sollen hier nur einige in der Praxis verwendete angegeben werden.

a) Das Prinzip eines solchen Instrumentes, das von Hartmann & Braun gebaut wird, soll durch Fig. 278 veranschaulicht werden.

Die Spule AB wird vom Strome $i = J \sin(\omega t - \varphi)$ durchflossen und erzeugt ein Feld $\Phi = \Phi_0 \sin(\omega t - \varphi)$. Durch die Spule D wird ein Strom $i' = J' \sin \omega t$ in Phase mit der Spannung und durch die Spule C, welche räumlich einen Winkel von 90^0 mit D bildet ein Strom $i' = J' \sin\left(\omega t - \frac{\pi}{2}\right)$, also in Quadratur mit der Spannung, geschickt.

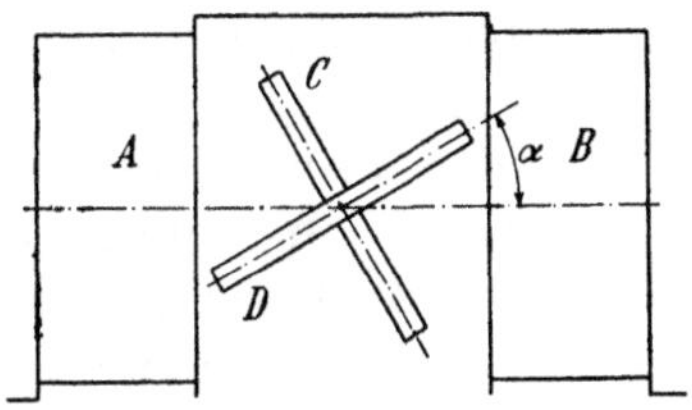

Fig. 278.

Wenn D um einen Winkel α gegen das Feld verschoben ist, sind die auf die Spulen ausgeübten Drehmomente:

$$\vartheta_1 = \frac{\Phi_0 J'}{2} \sin\alpha \cos\varphi$$

und

$$\vartheta_2 = \frac{\Phi_0 J'}{2} \sin\varphi \cos\alpha .$$

Es wird sich das bewegliche System unter einem solchen Winkel einstellen, daß $\vartheta_1 = \vartheta_2$ ist, also $\operatorname{tg}\alpha = \operatorname{tg}\varphi$. Wir messen hier also $\operatorname{tg}\varphi$, welche Funktion in der Nähe von Phasengleichheit ebenso empfindlich gegen Änderungen von φ ist wie $\sin\varphi$ selbst.

Dieser Apparat hat große Bedeutung als Synchronisator erhalten, der zur Angabe von Phasengleichheit und des Synchronismus beim Parallelschalten von Generatoren dient. Wenn wir durch die Spule AB einen Strom schicken, der der Spannung eines Generators (bzw. der Sammelschienen) proportional und mit ihr in Phase ist, durch die Spule D einen Strom in Phase mit der Spannung eines anderen Generators, welcher parallel zu dem vorigen geschaltet werden soll, und durch die Spule C einen um 90^0 gegen diese Spannung verschobenen Strom schicken, so wird offenbar durch die Lage der beweglichen Spule die Phasendifferenz zwischen den Spannungen der beiden Generatoren angegeben.

Bei größeren Generatoren, bei denen es bei der Parallelschaltung genauer darauf ankommt, den Moment der Phasengleichheit zu bestimmen, kann ein solcher Apparat gute Dienste leisten. Die Methode der Parallelschaltung mittels Glühlampen oder Phasenvoltmeter kann wegen ihrer Unempfindlichkeit namentlich bei größeren Generatoren zu starken Stößen bei der Parallelschaltung Veranlassung geben. Dieses Instrument ist zuerst in der Kraftstation der Niagara-Fälle in größerem Maßstab angewendet worden.

Es kann noch bemerkt werden, daß weder der räumliche Winkel zwischen C und D, noch die Phasenverschiebung der durch diese Spulen fließenden Ströme genau 90^0 zu sein braucht. So lange eine räumliche und zeitliche Winkeldifferenz besteht, wird das Instrument auf Phasenverschiebungen reagieren.

b) Das Prinzip der Verschiebung des Spannungsstromes um 90^0 gegen die Spannung kann, bei einem gewöhnlichen Wattmeter angewandt, auch zur Messung der sog. imaginären Leistung, oder bei konstanter Spannung zur Messung des wattlosen Stromes verwendet werden. Dann wird das Instrument somit den Wert $PJ \sin\varphi$ anstatt $PJ \cos\varphi$ angeben. Durch Vorschaltung einer großen Kapazität vor die Spannungsspule erreicht man sehr leicht eine Phasenverschiebung von annähernd 90^0.

c) Es bleibt noch übrig die Anwendung von Wattmetern als Phasenindikatoren für Mehrphasensysteme zu behandeln.

Sind die drei Phasen eines Dreiphasensystems gleich belastet und haben wir es mit einer sinusförmigen Spannungskurve zu tun, so können wir durch zwei Messungen mit einem Wattmeter den Phasenverschiebungswinkel aus der Formel 158 (Seite 359)

$$\operatorname{tg}\varphi = \sqrt{3}\,\frac{W_I - W_{II}}{W_I + W_{II}}$$

erhalten.

Wenn wir die Empfindlichkeit des Instrumentes während der Messung nicht ändern, so brauchen wir die Konstante sogar nicht zu kennen, indem die Anzahl der Skalenteile des Ausschlages anstelle der Leistungen eingesetzt werden können.

Die General Electric Company in Schenectady hat Instrumente gebaut, die zwei Spannungsspulen enthalten (Fig. 279); der Zeiger nimmt dann eine der Phasenverschiebung entsprechende Stellung ein. Die Skala wird empirisch geeicht und gibt den Leistungsfaktor $\cos\varphi$ an.

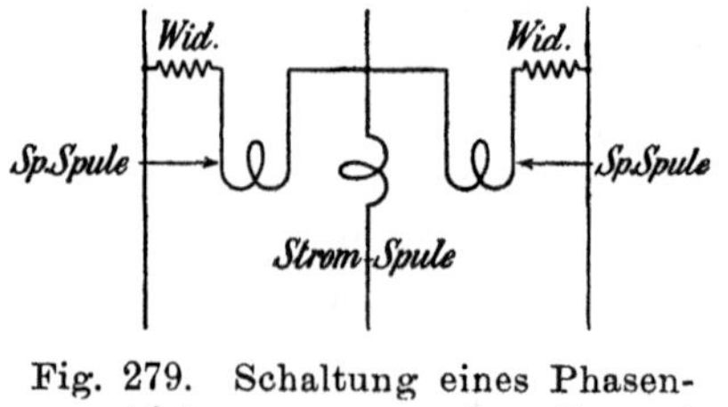

Fig. 279. Schaltung eines Phasenverschiebungsmessers der General Electric Co.

Es dürfte jedoch die Anschaffung solcher Apparate nur in besonderen Fällen empfehlenswert sein, wo eine genaue Kontrolle der wattlosen Ströme nötig ist.

Das Phasometer der A. E. G. (nach Dolivo von Dobrowolsky) beruht auf dem Prinzip der Induktionsinstrumente (s. Fig. 258, Seite 343). Hier muß jedoch das eine Spulensystem von einem Strom in Phase mit der Spannung durchflossen werden, die auf Seite 362 erwähnte Phasenverschiebung von 90^0 ist also hier nicht nötig. Das Instrument zeigt $PJ \sin \varphi$, oder bei konstanter Spannung den wattlosen Strom $J \sin \varphi$ an.

Alle Instrumente, welche auf Induktionswirkungen beruhen, haben jedoch den Nachteil, daß ihre Angaben in hohem Grade von der Periodenzahl und der Kurvenform des Stromes abhängen.

101. Bestimmung der Kurvenform einer Spannung oder eines Wechselstromes mittels Kontaktapparat und Galvanometer.

Um die Momentanwerte einer veränderlichen Spannung oder eines Wechselstromes zu bestimmen, muß man dafür sorgen, daß nur ein und derselbe Momentanwert auf das Meßinstrument zur Einwirkung gelangt, was mittels der Joubertschen Scheibe und einer Kontaktfeder erreicht wird. Man bekommt nämlich bei jeder Umdrehung des rotierenden Kontaktapparates einen Stromstoß von gleicher Größe. Die Anordnung des Kontaktapparates und der Apparate zur Messung der Stromstöße kann in verschiedener Weise erfolgen, wir werden aber hier nur zwei dieser Meßmethoden angeben, von denen die eine eine Nullmethode ist und sich besonders für genauere Aufnahmen eignet, während die andere, die zuerst von Blondel angegeben ist, etwas schneller und bequemer durchzuführen ist.

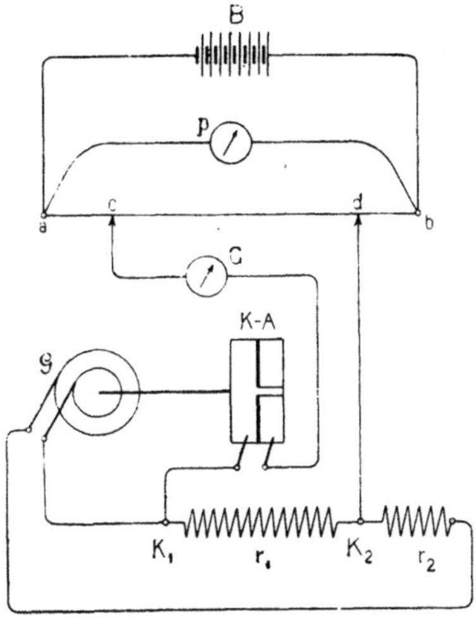

Fig. 280. Aufnahme von Spannungs- und Stromkurven nach der Nullmethode.

Die Null- oder Kompensationsmethode ist in Fig. 280 angegeben.

G ist der Generator, von dem ein Strom durch die Widerstände r_1 und r_2 geschickt wird. Parallel zum Widerstande r_1 schaltet man über den Kontaktapparat K-A und ein Galvanometer ein Stück c-d eines Meßdrahtes a-b, der an eine Batterie B angeschlossen ist. Verschiebt man die Kontakte c-d am Meßdraht solange bis das

Galvanometer keinen Ausschlag zeigt, so ist die Spannung an dem Stück *c-d* gleich dem zu messenden Momentanwert. Sie verhält sich zur Spannung p am ganzen Meßdraht, wie die Längen cd und ab, der gesuchte Wert ist also $\frac{cd}{ab} \times p$. Das Galvanometer muß ein ziemlich stark gedämpftes Deprez-Galvanometer von großer Schwingungsdauer und Empfindlichkeit sein.

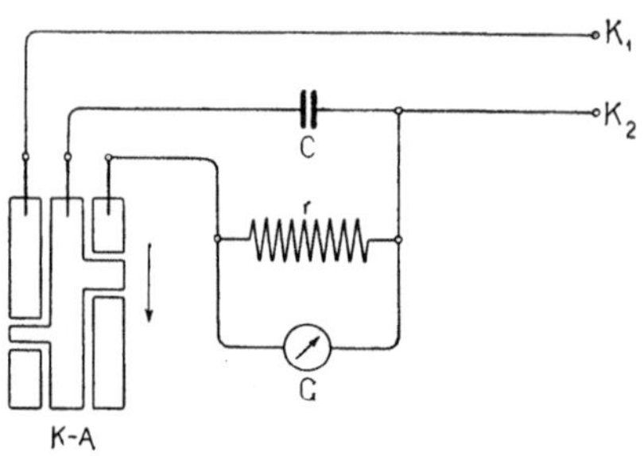

Fig. 281. Aufnahme von Spannungs- und Stromkurven nach der Methode von Blondel.

Die Blondelsche Methode mit der von Siemens & Halske ausgeführten Vorrichtung an einem Synchronmotor ist für viele Zwecke der Technik sehr bequem, weil der Apparat überall angeschlossen werden kann. Die Fig. 281 gibt uns das Schema dafür.

Zwischen den Klemmen K_1 und K_2 liegt die Spannung, deren Kurve aufgenommen werden soll. Mittels des Kontaktapparates *K-A*, der von einem Synchronmotor angetrieben wird, der an die zu untersuchende Stromquelle angeschlossen ist, wird der Kondensator C von jedem Stromstoße geladen und entladet sich in dem darauf folgenden Momente durch das Galvanometer G, dessen Ausschlag der betreffenden Momentanspannung proportional ist. Es kann auch ein gut gedämpftes Millivoltmeter zur Messung dieser Momentanspannung dienen, aber es zeigt sich, daß der Ausschlag dem Momentanwert nicht proportional ist, so daß die Skala des Millivoltmeters mittels einer Gleichstromspannung, die zwischen den Klemmen K_1 und K_2 eingeschaltet wird, geeicht werden muß.

Das führt uns zu der dritten Methode nach Fig. 282, bei der die Kapazität weggelassen ist und genügend große Ausschläge am Millivoltmeter dadurch erhalten werden, daß man einen entsprechend kleinen Widerstand vorschaltet. Allerdings wird dann das Instrument während der kleinen Kontaktzeit innerhalb der Periode stark beansprucht, was jedoch während der kurzen Zeit nicht schadet. Natürlich ist darauf zu achten, daß das Instrument abgeschaltet ist, bevor der Synchronmotor außer Betrieb gesetzt wird, weil sonst zufälligerweise

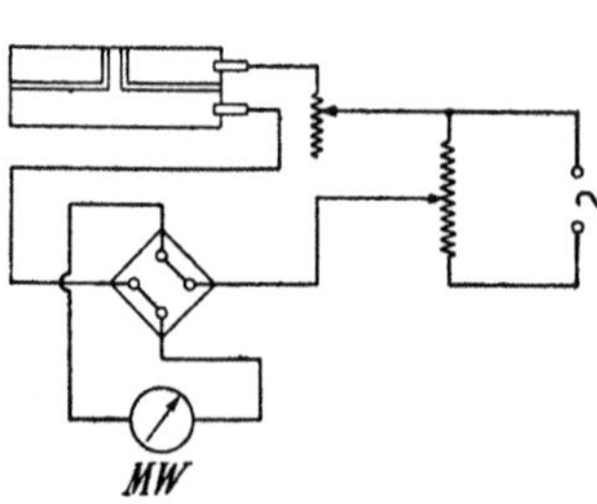

Fig. 282. Aufnahme von Spannungs- und Stromkurven mittels Millivoltmeter.

der Motor in einer solchen Stellung zur Ruhe kommen könnte, daß dauernd Kontakt vorhanden ist, wobei das Instrument durchbrennen würde. Man soll, um ruhige Ausschläge zu erhalten, sich mit einem Meßbereiche von 30 bis 40 Skalenteilen begnügen. Bei größeren Ausschlägen erhält man unsichere Werte, da dann der vom Kontaktgeber unterbrochene Strom zu stark wird. Auf einen guten Zustand des Kontaktgebers ist besonders Wert zu legen, da beim Auftreten von Fünkchen keine guten Resultate mehr erhalten werden. Deshalb soll man auch bei der Aufnahme von Spannungskurven nur eine Teilspannung verwenden.

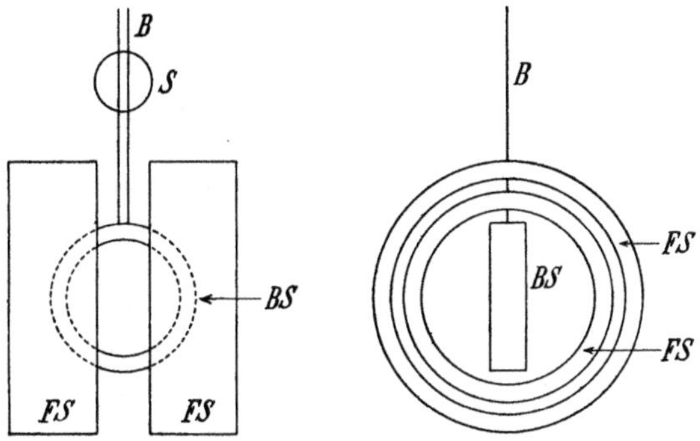

Fig. 283. Differentialgalvanometer von R. B. Owens zur Aufnahme von Wechselstromkurven.

Die Aufnahme der Stromkurven geschieht ebenso wie bei den angegebenen Methoden dadurch, daß man den Strom durch einen induktionsfreien Widerstand von passender Größe schickt und die Spannungskurve an den Klemmen dieses Widerstandes aufnimmt. Eine Eichung mittels Gleichstrom erscheint auch hier wünschenswert; Abweichungen von der Proportionalität bis zu 20°/₀ können durch Veränderung des Übergangswiderstandes der Schleifbürsten eintreten. Es empfiehlt sich, die Kontaktscheibe mittels Vulkanöl sauber zu machen.

Bei den bisher beschriebenen Methoden sind es besonders die an den Kontaktbürsten auftretenden Funken, welche die Richtigkeit der Kurvenaufnahme beeinträchtigen. Dieser Übelstand wird völlig vermieden bei einer Anordnung von R. B. Owens.[1]) Das Instrument (Fig. 283) ist wie ein Differential-Galvanometer gebaut. Der zu untersuchende Wechselstrom wird z. B. durch die zwei äußeren festen Spulen und ein Gleichstrom durch die zwei inneren geschickt oder umgekehrt. Ein Synchronmotor, der von dem zu untersuchenden

[1]) Transactions of the American Inst. of El. Engin. 1902, S. 753.

Strome betrieben wird, trägt einen Kontaktgeber, der periodisch einen Gleichstromkreis schließt, welcher die beweglichen Windungen enthält. Nur beim Stromschluß wirken die vier festen Spulen drehend auf die beweglichen Windungen ein. Indem man also den durch die inneren festen Spulen fließenden Gleichstrom ändert, kann man den Momentanwert des Wechselstroms kompensieren, der im Augenblicke des Stromstoßes in den beweglichen Windungen herrscht, dann wird die Spule keinen Ausschlag mehr erhalten. Es ist eine Eichung vorzunehmen, damit man weiß, in welcher Beziehung die eingestellten Gleichstromwerte zu den jeweiligen Momentanwerten des Wechselstromes stehen.

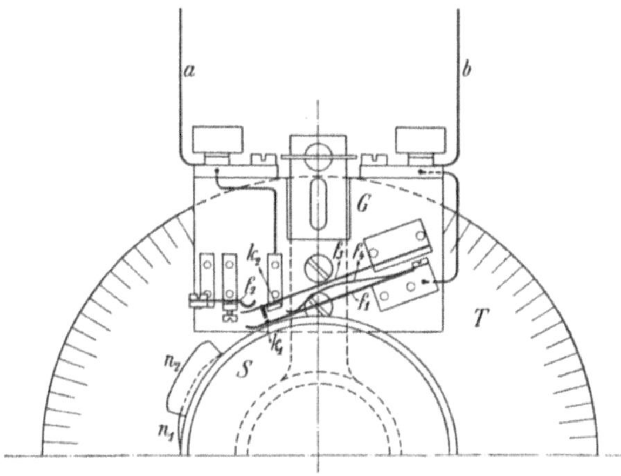

Fig. 284a.

Für feinere Messungen hat sich der in Fig. 284a und b abgebildete, von Mechaniker G. Schade im elektrot. Institut der Hochschule Karlsruhe gebaute Kontaktgeber ganz vorzüglich bewährt. Es kommen hier keine Schleifkontakte, sondern Druckkontakte zur Anwendung. Die Kontaktdauer ist sehr kurz gemacht, so daß schnelle Änderungen in der aufzunehmenden Kurve scharf gemessen werden können. Er besteht im Prinzip aus der mit der Maschinenwelle gekuppelten Kontaktscheibe *S*, einer Teilscheibe *T* und dem darauf verschiebbaren Gleitstück *G* aus Ebonit. Auf *G* sitzen isoliert die beiden Kontaktfedern f_1, f_3 und die Gegenfedern f_2, f_4. *S* hat einen Kontaktnocken n_1. Der Kontakt zwischen den Leitern *a* und *b* wird

Fig. 284b.
Kontaktgeber von G. Schade zur Aufnahme von Wechselstromkurven.

einmal bei jeder Umdrehung hergestellt, wenn n_1 unter f_1 zu liegen kommt. f_1 wird dadurch bis zum Anschlag der Kontaktfläche k_1 an f_3 gehoben. Der so gebildete Kontakt zwischen den Leitern *a* und *b* wird im nächsten Moment wieder unterbrochen, indem f_1 und f_3 gemeinsam in die Höhe gehen und dadurch die Kontaktfläche k_2 von ihrem Sitz getrennt wird. Damit beim Weitergehen von n_1 nicht noch einmal Kontakt gemacht wird, ist ein zweiter, vor n_1 sitzender Nocken n_2 vorgesehen. Er hebt f_3 so lange hoch, bis f_1 in die ursprüngliche Lage zurückgekehrt ist.

102. Der Oszillograph.

Die beschriebenen Methoden zur punktweisen Aufnahme von Wechselstromkurven, auch kurz Punktmethoden genannt, haben viele und große Nachteile. Erstens nehmen sie sehr viel Zeit in Anspruch und zweitens sind die Resultate oft ungenau. Ganz unbrauchbar sind die Punktmethoden selbstverständlich, wenn die aufeinanderfolgenden Wellen nicht gleich sind, sondern Formveränderungen aufweisen. In diesem Falle kann man zur Aufnahme von Wechselstromkurven die sog. Oszillographen verwenden, welche sich für derartige Messungen sehr gut eignen, namentlich seit sie neuerdings bedeutend verbessert worden sind. Im „Journal of the institution of electrical engineers“ Vol. XXVIII 1899 haben Duddell und Marchant einen Oszillographen beschrieben, der nach einem von Blondel ausgesprochenen Gedanken konstruiert wurde. Im folgenden ist diese Beschreibung im Auszuge wiedergegeben:

In Fig. 285 ist das Instrument schematisch dargestellt. In der engen Öffnung zwischen den Polen *NS* eines kräftigen Elektromagneten sind zwei parallele Leiter *ll* angebracht, die aus einem über die kleine Scheibe *S* gespannten Metallstreifen gebildet sind. Unten sind die Streifen bei *b* befestigt und oben pressen sie gegen eine Brücke *C*. Der zu messende Strom fließt durch den einen Leiter hinauf und durch den anderen wieder zurück. Durch die elektromagnetische Wechselwirkung wird der eine Leiter etwas nach vorn, der andere etwas nach hinten bewegt, wodurch der an den beiden Drähten befestigte Spiegel *d* um einen Winkel gedreht wird, der bei kleinen Ausschlägen dem durchfließenden Strom proportional ist. Ein brauchbarer Oszillograph muß folgenden Bedingungen entsprechen:

1. muß die Dauer der Eigenschwingung der Leiter *ll* im Verhältnis zur Periode des aufzunehmenden Wechselstromes sehr klein sein;

2. muß das Instrument eine derartige Dämpfung besitzen, bei der die Bewegung gerade aufhört oszillatorisch zu sein;

3. muß der Apparat eine vernachlässigbare Selbstinduktion haben, und schließlich

4. muß die Empfindlichkeit genügend groß sein.

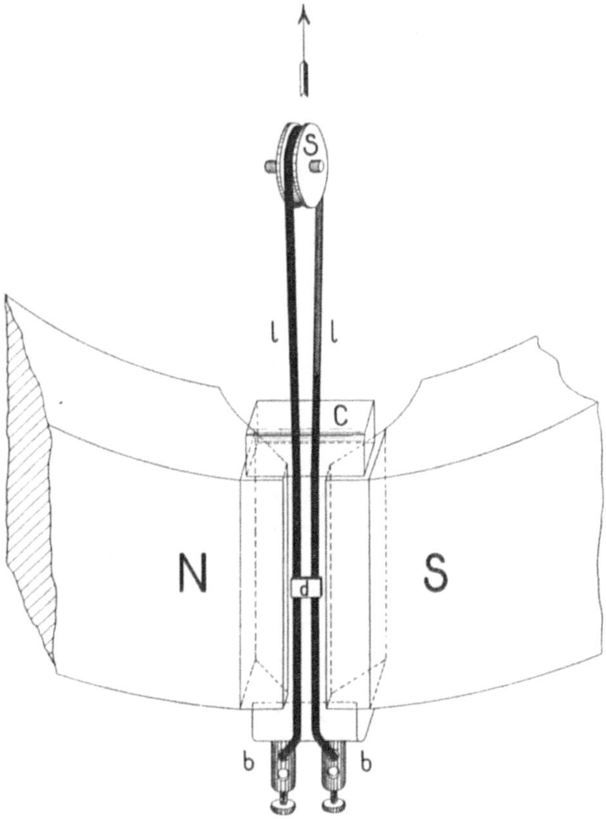

Fig. 285. Der Oszillograph in schematischer Darstellung.

Die erforderliche Dämpfung wird dadurch erreicht, daß die Leiter und der Spiegel in einem Öl enthaltenden Kasten angebracht werden, dessen Seitenwände von dem Elektromagneten, dessen Rück- und Vorderwand von einer Messingplatte bzw. von einer Linse gebildet werden.

Um die Bewegungen des Spiegels beobachten zu können, wird ein von dem Spiegel reflektierter Lichtstrahl durch einen anderen rotierenden Spiegel betrachtet; um jedoch besser ein dauerndes Bild zu erhalten, werden die Bewegungen des Lichtstrahles auf schnell bewegten photographischen Platten oder Films aufgenommen.

Die Instrumente werden nun in Wirklichkeit mit zwei Paar Metallstreifen ausgerüstet, indem jedes Paar in einer besonderen Öffnung in dem magnetischen Kreise angebracht ist. Hierdurch erreicht man, daß Spannungs- und Stromkurve gleichzeitig mit einem Instrumente aufgenommen werden können. Außerdem sind diese Instrumente mit einem feststehenden, zwischen den beiden beweglichen Spiegeln angebrachten Spiegel versehen. Der von diesem festen Spiegel reflektierte Lichtstrahl fixiert dann die Nullinie.

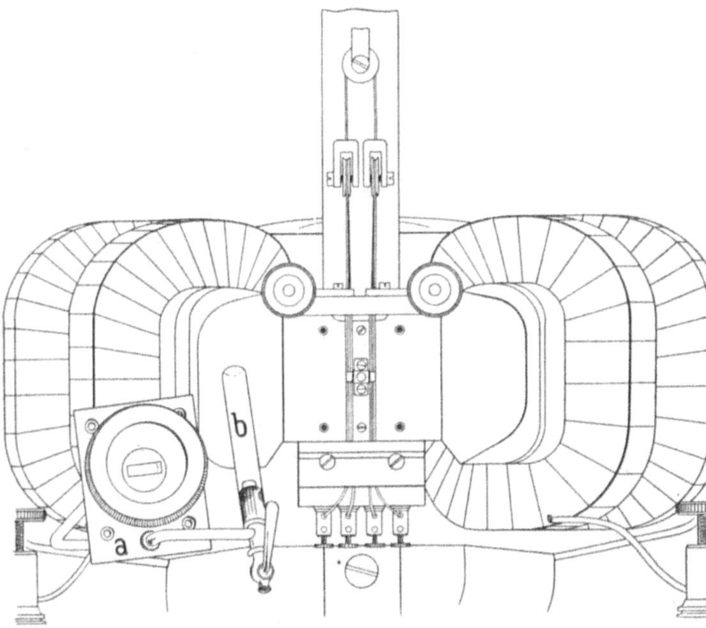

Fig. 286a. Der Oszillograph von Duddell und Marchant.

In Fig. 286a ist der Oszillograph in der Ansicht dargestellt. Die ganze Vorderseite mit der Linse ist entfernt und links (bei *a*) hingestellt. Das an diesem Teil befestigte Glasrohr *b* dient zur Einführung der dämpfenden Flüssigkeit (Öl). Die optische Anordnung der Apparate ist in Fig. 286b gezeigt. Hier ist *O* der Oszillograph mit den zwei schwingenden Spiegeln s_1 und s_2, während s_3 der feste Spiegel ist, der, wie erwähnt, die Nullinie fixiert, *l* ist die Linse des Oszillographen. Als Lichtquelle benutzt man einen in eine Laterne *L* eingeschlossenen Gleichstromlichtbogen, der sein Licht durch ein Linsensystem und einen vertikalen, ca. 1,5 mm breiten Schlitz *d* auf den Oszillographen sendet. Der Abstand dieses Schlitzes *d* von der Linse *l* ist ca. 270 cm.

Die photographische Platte läßt man durch eine lange vertikale Führung S aus einer Kassette, welche oben an dieser Führung befestigt sind, herabfallen. Während ihrer Bewegung gelangt sie an einem ca. 6 mm breiten horizontalen Schlitz vorbei, durch den das Licht von den Spiegeln auf die Platte fällt. Der vertikale Abstand dieser Kassette von dem horizontalen Schlitz ist dabei so bemessen, daß die mittlere Geschwindigkeit der Platte beim Vorübergleiten vor dem Schlitze 640 cm in der Sekunde beträgt.

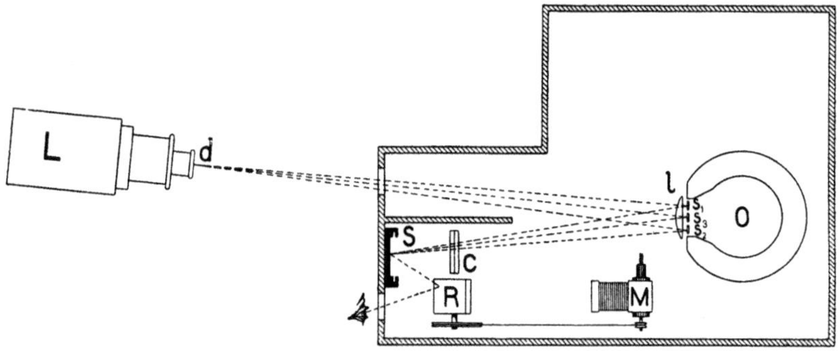

Fig. 286 b. Versuchsanordnung des Oszillographen O.

Eine Bremsvorrichtung dient dazu, die Platte zum Stillstand zu bringen, nachdem sie an dem Lichtschlitz vorübergelangt ist. Es preßt ein Gleitbacken gegen die Rückseite der Platte an, wodurch deren Geschwindigkeit allmählich verringert wird.

Die Platten werden mittels lichtdichter Bälge und hölzerner Kassetten in den Apparat hineingebracht und wieder daraus entnommen.

Vor dem Schlitz in der vertikalen Führung ist eine zylindrische Linse C mit horizontaler Achse angebracht, welche dazu dient, das Licht von dem vertikalen Schlitz d in vertikaler Richtung zu konzentrieren und intensive Lichtpunkte bei S hervorzubringen. R ist der rotierende Spiegel, der durch den kleinen Gleichstrommotor M angetrieben wird.

Zur Aufnahme von Kurven während einer längeren Zeitdauer werden Filmstreifen an dem Lichtschlitz vorbeigeführt.

Um die Kurvenform fortwährend beobachten zu können, ist bei S ein weißer Schirm gerade hinter der fallenden Platte angebracht. Die von den kleinen Spiegeln s, s_1 und s_2 reflektierten Lichtstrahlen fallen auf diesen weißen Schirm, und die Kurvenformen können durch den rotierenden Spiegel gleichzeitig mit dem Photographieren betrachtet werden.

Die Cambridge Scientific Instrument Company hat einen solchen

Oszillographen konstruiert, bei dem die Dauer der Eigenschwingung kleiner als $\frac{1}{10000}$ Sekunde ist.

Die maximal zulässige Stromstärke bei diesen Oszillographen beträgt 0,1 Ampere. Gewöhnlich bekommt man jedoch schon bei erheblich kleinerem Strom die gewünschte Größe des Ausschlages. Ein großer Vorteil ist ferner der, daß man die Form der Wechselstromkurven betrachten kann, bevor man sie aufnimmt.

Fig. 287.

Die Firma Siemens & Halske baut auch einen Oszillographen nach demselben Prinzip, von dem Fig. 287 eine Abbildung zeigt.

103. Die Braunsche Röhre.

Die Kathodenstrahlen, die in einer evakuierten Röhre von den Stellen der Kathodenoberfläche ausgehen, an denen die von der Anode kommenden Stromlinien auftreffen, werden durch ein magnetisches Feld in einer zur Kraftlinienrichtung senkrechten Ebene abgelenkt. In einem Drehfeld von konstanter Intensität wird also der Kathodenstrahl den Mantel eines Kreiskegels beschreiben. Da ein Kathodenstrahl Kreide, Balmainsche Leuchtfarbe und viele andere Körper, auf die er trifft, zum lebhaften Selbst- und Nachleuchten anregt, kann man das Magnetfeld in Form einer leuchtenden Kurve darstellen, die man photographisch fixieren kann. Schwankt der das Drehfeld darstellende Vektor periodisch, so wird die leuchtende Kurve das Polardiagramm dieses Vektors sein. Diese Methode ist sehr empfindlich; die Anordnung kann nämlich so getroffen werden, daß Felder von $\frac{1}{10}$ CGS-Einheiten noch merkliche Ablenkungen hervorrufen.

Haben wir es mit einem Wechselfelde zu tun, so wird der Strahl nur in einer Ebene abgelenkt, und zwar wird er mit der Periodenzahl des Stromes schwingen. Der so erhaltene Lumineszenzstrich wird auf einem mit konstanter Geschwindigkeit rotierenden Spiegel eine Kurve darstellen. Man kann jedoch die Kurve auch direkt auf dem Schirme erhalten, wenn man dem Kathodenstrahl senkrecht zu seiner Schwingungsebene noch eine gleichförmige Geschwindigkeit mittels eines veränderlichen Hilfsstromes erteilt. Dieser Hilfsstrom kann z. B. dadurch erhalten werden, daß man einen Kontakt C (Fig. 288) auf dem Drahte AB mit konstanter Geschwindigkeit verschiebt. Der Strom, der die Spule S durchfließt, wird dann sehr annähernd proportional der Zeit sein. In einfachster Weise wird das dadurch erhalten, daß man den Draht AB auf dem Umfange einer Scheibe anbringt, die man synchron mit dem Wechselstrome rotieren läßt, während C stillsteht. Es ist dann zugleich erreicht, daß entsprechende Punkte der Stromkurve immer wieder auf dieselben Punkte des lumineszierenden Schirmes fallen, so daß die Kurve auf dem Schirme stationär erscheint und photographisch aufgenommen werden kann.

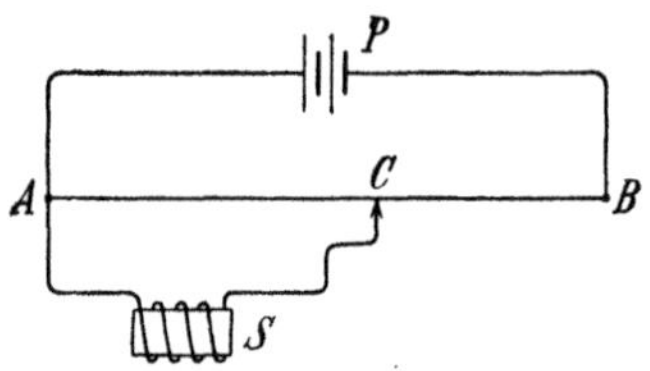

Fig. 288.

104. Messung der Periodenzahl eines Wechselstromes.

a) Zur Messung der Periodenzahl eines Wechselstromes können Resonanzwirkungen benutzt werden, denn diese Erscheinungen sind immer von der Periodenzahl abhängig, einerlei, ob es sich um eine Resonanz zwischen einem Strome und einer Stimmgabel oder ob es sich um elektrische Resonanz handelt.

In Fig. 289 ist eine unter dem Einfluß eines Wechselstrommagneten schwingende Stahlzunge schematisch dargestellt. Bei einem solchen Apparat treten zwischen dem erzeugten magnetischen Wechselfelde und der als Anker dienenden Stahlzunge Resonanzerscheinungen auf, wenn die Eigenschwingungszahl der Stahlzunge ein ganzes Vielfaches der Periodenzahl des Stromes ist. Ändert sich eine der beiden Zahlen, so hören die Schwingungen und somit der von der Stahlzunge gegebene Ton auf.

In der ETZ 1899, S. 873, ist ein derartiges Instrument zur Ermittelung der Periodenzahl in einem Aufsatz von E. Stöckhart beschrieben. Den Hauptbestandteil bildet eine schmiedeeiserne Stimmgabel, die an ihren Schenkeln zur Veränderung der Schwingungsdauer verschiebbare Gewichte trägt. Zwischen den Enden der Gabel befindet sich die vom Wechselstrom durchflossene Spule mit einem Kern aus weichem Eisen. Die beiden Laufgewichte, an denen je ein Index angebracht ist, bewegen sich entlang einer feststehenden Skala, die für die betreffende Stellung der Gewichte die Periodenzahl des Stromes direkt angibt. Man sucht nun durch Verschieben der Gewichte das Tonmaximum der Gabel auf und liest die Periodenzahl ab.

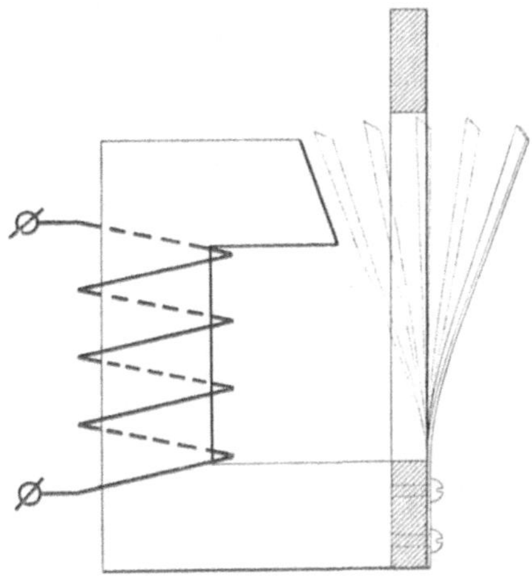

Fig. 289. Schematische Darstellung einer von einem Wechselstrommagneten in Schwingung versetzten Stahlzunge.

In der ETZ 1901, S. 9, hat R. Kempf-Hartmann eine andere Anordnung zur direkten Messung der Periodenzahl beschrieben. Das Instrument besitzt 32 Stahlzungen (Fig. 289) von verschiedener Schwingungszahl, die alle mit den freien Enden nach oben um einen Radkranz befestigt sind. Durch Drehen eines Knopfes können die Zungen vor den Polen eines Wechselstrommagnetsystems vorübergeführt werden. Sobald die der herrschenden Periodenzahl entsprechende Zunge in das magnetische Feld eintritt, beginnt sie laut zu tönen. Auf der Skala wird die Periodenzahl direkt abgelesen. Für den Messenden ist die Tonhöhe ganz gleichgültig, es genügt, wenn er den Ton überhaupt wahrnimmt. Zudem ist das Schwingen der Zunge durch eine Glasplatte hindurch deutlich sichtbar, und es wird deshalb genügen, die Einstellung auf die maximale Schwingungsweite vorzunehmen.

Mit diesen akustischen Instrumenten ist es möglich, die Periodenzahl mit einer Genauigkeit von ca. einem Fünftel einer ganzen Periode zu bestimmen.

Die Fig. 290a und b zeigen den Frahmschen Frequenzmesser.[1]) Eine Reihe von Federn *f* aus Uhrfederstahl sind für verschiedene Eigenschwingungszahlen abgestimmt und an einem gemeinschaftlichen Steg *s* festgeschraubt. Der Steg wird durch zwei Stahlfedern *bb*

---

[1]) Siehe ETZ 1905, S. 264.

(die sog. Brücken) mit der Unterlagsplatte *p* derartig federnd verbunden, daß er sich etwas um seine Längsachse verdrehen kann. Auf dem Steg ist ferner ein Flacheisenstück *a* befestigt, das den Anker für den Magneten *m* bildet. Sein Magnetismus wird abwechselnd verstärkt und geschwächt durch den Strom, dessen Periodenzahl gemessen werden soll, und der durch die Stromspulen *cc* geleitet wird. Der Steg und die von ihm gehaltenen Federn kommen hierbei synchron mit dem Wechselstrom in Schwingungen, und die Feder, deren Eigenschwingungszahl hiermit übereinstimmt, gerät in starke Mitschwingungen, die an dem Kopfe *k* der Feder deutlich zu sehen sind.

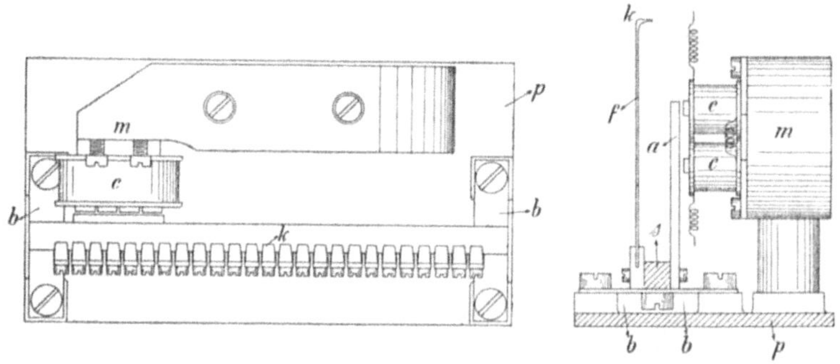

Fig. 290a und b. Frahmscher Frequenzmesser.

b) Zur stroboskopischen Messung der Periodenzahl verwendet man eine schwarze Scheibe mit einem radialen weißen Strich. Die Scheibe ist auf der Welle eines Motors befestigt und wird von einer Wechselstrombogenlampe beleuchtet, die von dem zu untersuchenden Strom gespeist wird. Das Licht der Bogenlampe schwankt periodisch mit der Wechselzahl des Stromes, und wenn die Umdrehungszahl der stroboskopischen Scheibe ebenso groß ist wie die Wechselzahl, wird der weiße Strich immer in derselben Lage beleuchtet und erscheint stillstehend.

Ist die Umdrehungszahl kleiner, so scheint der Strich gegen die Drehrichtung der Scheibe zurückzulaufen, ist sie größer, so scheint er vorwärts zu laufen.

Den Methoden zur Messung der Periodenzahl ähnlich sind die Methoden zur Bestimmung der Schlüpfung eines asynchronen Motors, die in Band V der Wechselstromtechnik, 1. Teil, Abschn. 74, ausführlich besprochen werden.

105. Meßtransformatoren.

Bei der Messung von sehr starken Wechselströmen oder sehr hohen Wechselspannungen können oft die Meßinstrumente nicht direkt in den zu messenden Stromkreis eingeschaltet werden, weil Instrumente für extreme Werte von Strom und Spannung zu teuer und unhandlich werden. Ferner würde das Arbeiten mit solchen direkt eingeschalteten Instrumenten bei hoher Spannung mit Gefahr verbunden sein. In solchen Fällen werden die Instrumente durch Meßtransformatoren mit dem zu messenden Kreis verbunden.

In Fig. 291 zeigt T_V die Schaltung eines Spannungstransformators zur Messung der Spannung zwischen den Sammelschienen S. T_A ist ein Stromtransformator (Stromwandler) zur Messung des durch die Leitung L fließenden Stromes.

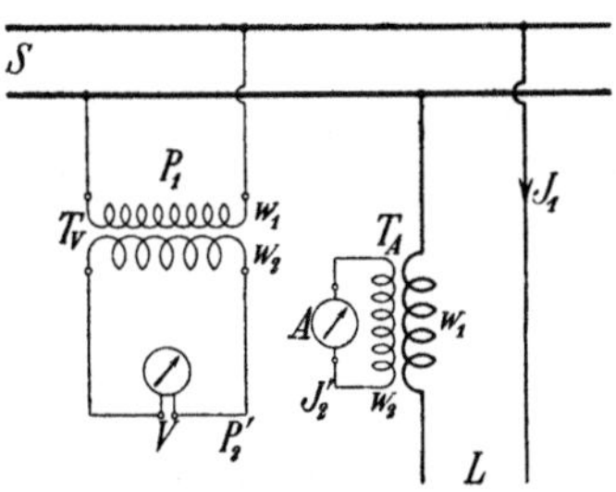

Fig. 291. Schaltung von Spannungs- und Stromtransformatoren.

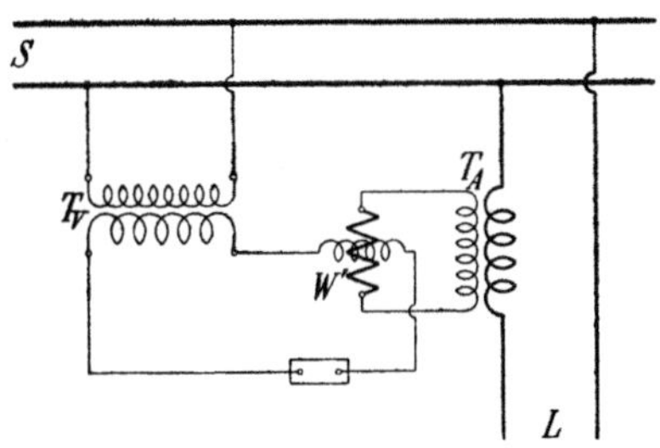

Fig. 292. Wattmeterschaltung mit Meßtransformatoren.

In erster Annäherung, wenn wir von den verschiedenen Verlusten in den Transformatoren absehen, verhalten sich die Spannungen wie die Windungszahlen und die Ströme umgekehrt wie die Windungszahlen, also

$$P_1 \simeq \frac{w_1}{w_2} P_2' = u_e P_2' \qquad J_1 \simeq \frac{w_2}{w_1} J_2' = \frac{1}{u_i} J_2'.$$

Gewöhnlich werden die Instrumente mit entsprechenden Skalen versehen, so daß die primären Werte direkt abgelesen werden können.

Verbindet man die Meßtransformatoren, wie Fig. 292 zeigt, mit einem Wattmeter, so folgt wiederum unter Vernachlässigung der Verluste in den Transformatoren für die der Leitung L zugeführte Leistung

$$W = \frac{u_e}{u_i} W',$$

wobei W' den an dem Wattmeter abgelesenen Wert bedeutet.

In bezug auf seinen Belastungszustand befindet sich der Spannungstransformator in der Nähe des Leerlaufes, weil der Voltmeterstrom sehr klein sein muß. Der Stromtransformator dagegen befindet sich annähernd im Kurzschlußzustand, denn die Klemmenspannung des Amperemeters wird sehr klein sein.

Der Meßbereich eines Voltmeters kann bekanntlich durch Vorschaltung von Widerstand, der eines Amperemeters durch Parallelschaltung von Widerstand erweitert werden. Hierbei nehmen aber die Verluste proportional mit der Erhöhung des Meßbereiches zu. Die Meßtransformatoren dagegen ermöglichen extreme Werte von Spannung und Strom zu messen, wobei, abgesehen von den Verlusten in den Transformatoren selbst, keine größeren Verluste entstehen, als wenn die Meßinstrumente für ihren eigentlichen Meßbereich verwendet werden.

a) Der Spannungstransformator.

Um die Meßtransformatoren untersuchen zu können, führen wir die auf primär reduzierten sekundären Werte von Strom, Spannung und Impedanz ein und setzen

$$J_2 = \frac{w_2}{w_1} J_2' \qquad P_2 = \frac{w_1}{w_2} P_2' \qquad Z_2 = \left(\frac{w_1}{w_2}\right)^2 Z_2'.$$

Aus Gl. 88 S. 179 folgt dann für den Spannungstransformator

$$\frac{\mathfrak{P}_1}{\mathfrak{P}_2} = \mathfrak{E}_1 + \mathfrak{E}_2 \frac{\mathfrak{J}_2}{\mathfrak{P}_2} \mathfrak{Z}_{k1} = \mathfrak{E}_1 + \mathfrak{E}_2 \mathfrak{Z}_{k1} \mathfrak{Y}_v.$$

Hierbei ist $\mathfrak{Y}_v$ die auf primär reduzierte Admittanz des Voltmeters. Hier bedeutet, wie früher gezeigt,

$$\mathfrak{E}_1 = 1 + \mathfrak{Z}_1 \mathfrak{Y}_a$$

$$\mathfrak{E}_2 = 1 + \mathfrak{Z}_2 \mathfrak{Y}_a$$

$$\mathfrak{Z}_{k1} = \mathfrak{Z}_1 + \frac{\mathfrak{Z}_2}{\mathfrak{E}_2}.$$

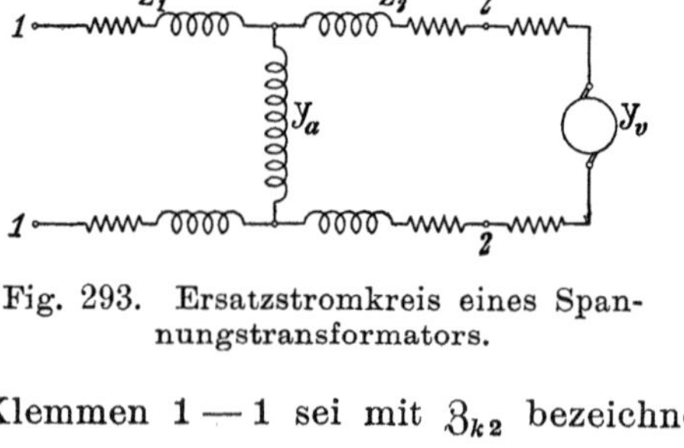

Fig. 293. Ersatzstromkreis eines Spannungstransformators.

$\mathfrak{Z}_{k1}$ ist in dem Ersatzstromkreis (Fig. 293) die Kurzschlußimpedanz, gemessen zwischen den Klemmen 1 — 1, wenn die Klemmen 2 — 2 kurzgeschlossen sind. Die Kurzschlußimpedanz zwischen den Klemmen 2 — 2 bei Kurzschluß der Klemmen 1 — 1 sei mit $\mathfrak{Z}_{k2}$ bezeichnet. Dann ist

$$\mathfrak{E}_2 \mathfrak{Z}_{k1} = \mathfrak{E}_1 \mathfrak{Z}_{k2}$$

$$\frac{\mathfrak{P}_1}{\mathfrak{P}_2} = \mathfrak{E}_1 (1 + \mathfrak{Z}_{k2} \mathfrak{Y}_v) = (1 + \mathfrak{Z}_1 \mathfrak{Y}_a)(1 + \mathfrak{Z}_{k2} \mathfrak{Y}_v)$$
$$= 1 + \varepsilon - j\varepsilon_i \quad \ldots \ldots \ldots \ldots \quad (158)$$

wobei ε die prozentuale Spannungserhöhung in Phase mit P_2, ε_i die prozentuale Spannungserhöhung mit 90^0 Voreilung gegen P_2 bedeutet (siehe Fig. 294).

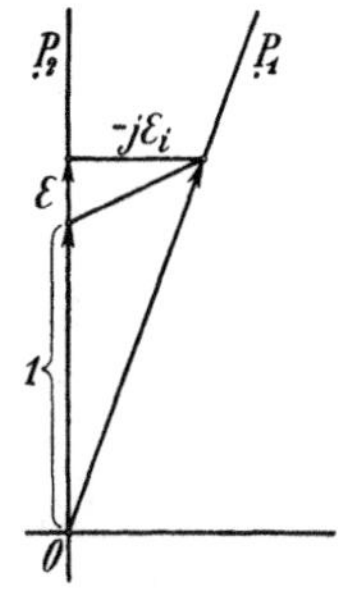

Fig. 294. Spannungsdiagramm.

Weil $\mathfrak{Y}_v$ sehr klein gemacht werden muß, kann mit genügender Annäherung gesetzt werden

$$\frac{\mathfrak{P}_1}{\mathfrak{P}_2} \cong 1 + \mathfrak{Z}_1 \mathfrak{Y}_a + \mathfrak{Z}_{k2} \mathfrak{Y}_v$$
$$= 1 + \mathfrak{Z}_1 \mathfrak{Y}_a + (\mathfrak{Z}_1 + \mathfrak{Z}_2) \mathfrak{Y}_v ,$$

und

$$\left.\begin{aligned} \varepsilon &\cong r_1 (g_a + g_v) + x_1 (b_a + b_v) + r_2 g_v + x_2 b_v \\ \varepsilon_i &\cong - r_1 (b_a + b_v) - r_2 b_v + x_1 (g_a + g_v) + x_2 g_v \end{aligned}\right\} \quad . \quad (159)$$

Weil der imaginäre Teil dieses Ausdruckes gegen den reellen sehr klein ist, kann das Verhältnis zwischen den Effektivwerten der Spannungen auch gesetzt werden:

$$\frac{P_1}{P_2} \cong 1 + r_1 (g_a + g_v) + x_1 (b_a + b_v) + r_2 g_v + x_2 b_v , \quad . \quad . \quad (158a)$$

oder wenn der Stromverbrauch des Voltmeters sehr klein, also $\mathfrak{Y}_v$ sehr klein ist:

$$\frac{P_1}{P_2} \cong 1 + r_1 g_a + x_1 b_a \quad . \quad . \quad . \quad . \quad (160a)$$

Es sollte daher der Spannungstransformator so ausgeführt werden, daß $1 + \mathfrak{Z}_1 \mathfrak{Y}_a$ möglichst gleich 1, also $\mathfrak{Z}_1 \mathfrak{Y}_a$ möglichst klein wird, denn dann stimmen die Spannungen möglichst nahe mit dem Übersetzungsverhältnis überein. Dies ist auch noch dann, wenn der Transformator graduiert werden kann, vorteilhaft, weil die mit Änderung von Sättigung und Periodenzahl auftretenden Änderungen von g_a und $x_1 b_a$ dann die kleinste Rolle spielen. Dagegen kommt der sekundäre Widerstand r_2 und die sekundäre Reaktanz x_2, wenn der Voltmeterstrom klein ist, gar nicht in Betracht.

Die Konduktanz g_a rührt von den Hysteresis- und Wirbelstromverlusten im Eisen her. Während der letzte Teil von der Spannung unabhängig ist, ändert sich der von Hysteresis herrührende Teil umgekehrt wie die 0,4 Potenz der Spannung. Infolge dieser Abnahme der Hysteresiskonduktanz bei zunehmender Spannung ist die Abweichung der Sekundärspannung, bei kleinen Spannungen beträchtlicher als bei großen. Um den Fehler möglichst klein zu machen, muß der primäre Widerstand r_1 möglichst klein sein.

Die Suszeptanz b_a ändert sich bei veränderlicher Spannung umgekehrt wie die Permeabilität. Sie ist also bei kleiner Spannung groß, erreicht ein Minimum bei einer Induktion $B = 7000$ bis 9000 und steigt dann wieder an. Bei kleiner Spannung, wenn die Induktion unter 7000 bis 9000 ist, ändert sich somit b_a mit der Spannung im gleichen Sinne wie g_a und bewirkt bei zunehmender Spannung Vergrößerung der Sekundärspannung im Verhältnis zur Primärspannung. Bei höherer Spannung wirkt die Zunahme von b_a der Abnahme von g_a entgegen, und das Verhältnis der Spannungen wird mehr konstant.

Bei Änderung der Periodenzahl c ändert sich die Hysteresiskonduktanz umgekehrt proportional $c^{0,6}$. Es treten also qualitativ dieselben Änderungen auf wie bei Änderung der Spannung.

b) Der Stromtransformator.

Aus Gl. 89 folgt für den Stromtransformator

$$\frac{\mathfrak{J}_1}{\mathfrak{J}_2} = \mathfrak{C}_2 + \mathfrak{C}_1 \frac{\mathfrak{P}_2}{\mathfrak{J}_2} \mathfrak{Y}_{01} = \mathfrak{C}_2 + \mathfrak{C}_1 \mathfrak{Y}_{01} \mathfrak{Z}_A .$$

Hier bedeutet $\mathfrak{Z}_A$ die auf primär reduzierte Impedanz des Amperemeters. Es ist

$$\mathfrak{Y}_{01} = \frac{\mathfrak{Y}_a}{\mathfrak{C}_1} \quad \text{und} \quad \mathfrak{Y}_{02} = \frac{\mathfrak{Y}_a}{\mathfrak{C}_2},$$

wobei $\mathfrak{Y}_{02}$ die zwischen den Sekundärklemmen gemessene Leerlaufadmittanz bedeutet, daher

$$\frac{\mathfrak{J}_1}{\mathfrak{J}_2} = \mathfrak{C}_2 (1 + \mathfrak{Y}_{02} \mathfrak{Z}_A) = \mathfrak{C}_2 + \mathfrak{Y}_a \mathfrak{Z}_A = 1 + (\mathfrak{Z}_2 + \mathfrak{Z}_A) \mathfrak{Y}_a$$
$$= 1 + j + j \cdot j_i \quad \ldots \ldots \ldots \ldots \quad (161)$$

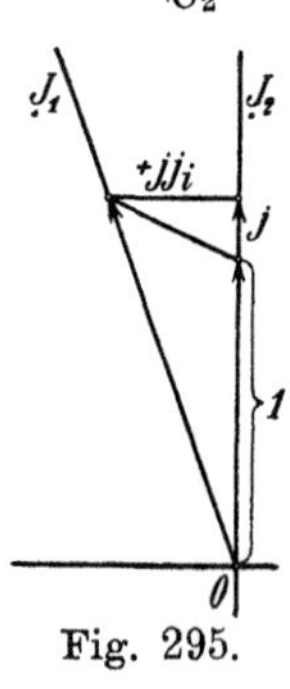

Fig. 295.

Hierbei ist

$$j = (r_2 + r_A) g_a + (x_2 + x_A) b_a \quad \ldots \quad (162\,a)$$

die prozentuale Stromerhöhung in Phase mit J_2 und

$$j_i = (r_2 + r_A) b_a - (x_2 + x_A) g_a \quad \ldots \quad (162\,b)$$

die prozentuale Stromerhöhung mit 90^0 Nacheilung gegen J_2 (siehe Fig. 295).

Weil hier der imaginäre Teil dem reellen gegenüber sehr klein ist, kann man setzen

$$\frac{J_1}{J_2} \cong 1 + (r_2 + r_A)\, g_a + (x_2 + x_A)\, b_a \quad . \quad . \quad . \quad (163)$$

Hieraus geht zunächst hervor, daß die primäre Impedanz des Stromtransformators vollständig ohne Belang für das Meßresultat ist. Dagegen ist hier umgekehrt wie bei dem Spannungstransformator auf einen möglichst kleinen sekundären Widerstand und eine möglichst kleine sekundäre Reaktanz Rücksicht zu nehmen. Es ist also gleichgültig, wo die Primärspule angeordnet wird; oft wird nur eine Sammelschiene irgendwo durch den Eisenring geführt, wobei die primäre Windungszahl 1 wird. Um den Einfluß der Änderung von g_a und b_a möglichst gering zu machen, muß die auf primär reduzierte Impedanz des Amperemeters $\mathfrak{Z}_A$ so klein wie möglich gemacht werden. Der scheinbare Verbrauch des Amperemeters in Volt-Ampere sollte also so klein wie möglich sein, damit der Stromtransformator sich fast im Kurzschlußzustand befindet.

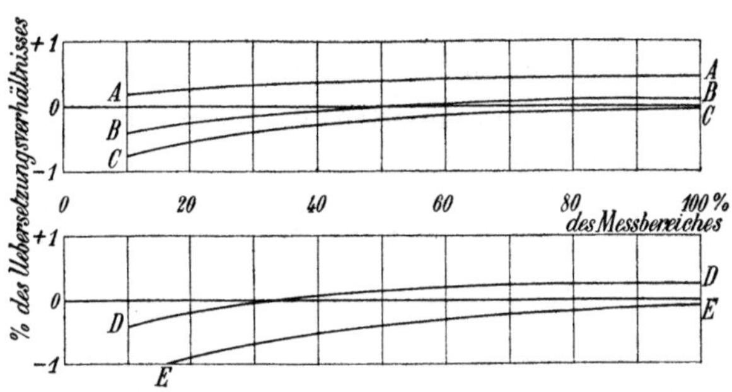

Fig. 296a und b.

Um möglichst kleine Werte für g_a und b_a zu erhalten, sollte die Induktion nicht zu klein angenommen werden. Da die induzierte EMK nur sehr klein ist, wird deshalb nur ein kleiner Eisenquerschnitt gebraucht.

Weil die EMK bei zunehmendem Strome gerade so wie in einem Spannungstransformator mit zunehmender Spannung zunimmt, steigt infolge der Abnahme von g_a und b_a der Sekundärstrom im Verhältnis zum Primärstrom mit zunehmendem Strom. Fig. 296a zeigt das Ansteigen dieses Verhältnisses sehr deutlich für einen Stromtransformator von Siemens & Halske. Hier ist als Abszisse die Stromstärke in Prozenten von dem Meßbereich, als Ordinate die Abweichung des Stromverhältnisses von seinem Mittelwert in Prozenten aufgetragen. Die Kurven *A*, *B* und *C* gelten für verschiedene Impedanzen $\mathfrak{Z}_A$. Wie die Formel 161 auch zeigt, nimmt der Sekundärstrom ab für größere $\mathfrak{Z}_A$. Gleichzeitig wird der Einfluß der Änderung von g_a und b_a vergrößert, so daß die tieferen Kurven B und C größere Steigung bekommen als die obere A.

Wie beim Spannungstransformator erwähnt ist, muß eine Verkleinerung der Periodenzahl c auch hier qualitativ so wirken wie eine Vergrößerung von $\mathfrak{Z}_A$. Dies ist sehr deutlich aus den Kurven D und E (Fig. 296b) zu sehen, welche für die Periodenzahlen 50 und 25 gelten.

c) Die Wattmetertransformatoren.

Für Leistungsmessung werden Strom- und Spannungstransformatoren gebraucht. Wir bezeichnen wie früher mit $\mathfrak{Y}_v$ die sekundär eingeschaltete Admittanz des Spannungstransformators und mit $\mathfrak{Z}_A$ die sekundär eingeschaltete Impedanz des Stromtransformators. Ferner soll ganz allgemein der Index V sich auf die Konstanten des Spannungstransformators, der Index A sich auf die des Stromtransformators beziehen. Die als Vektoren dargestellten Leistungen sind primär und sekundär:

$$\mathfrak{W}_1 = \mathfrak{P}_1 \mathfrak{J}_1' ; \qquad \mathfrak{W}_2 = \mathfrak{P}_2 \mathfrak{J}_2' ,$$

wobei $\mathfrak{J}_1'$ und $\mathfrak{J}_2'$ die konjugierten Vektoren von $\mathfrak{J}_1$ bzw. $\mathfrak{J}_2$ bezeichnen. Wir haben also

$$\begin{aligned}\frac{\mathfrak{W}_1}{\mathfrak{W}_2} = \frac{\mathfrak{P}_1}{\mathfrak{P}_2}\frac{\mathfrak{J}_1'}{\mathfrak{J}_2'} &= (\mathfrak{E}_1 + \mathfrak{E}_2 \mathfrak{Z}_{k1} \mathfrak{Y}_V)_V (\mathfrak{E}_2 + \mathfrak{E}_1 \mathfrak{Y}_{01} \mathfrak{Z}_A)'_A \\ &= \mathfrak{E}_1 \mathfrak{E}_2' (1 + \mathfrak{Z}_{k2} \mathfrak{Y}_V)_V (1 + \mathfrak{Y}'_{02} \mathfrak{Z}'_A)_A .\end{aligned}$$

Die mit einem $'$ versehenen Symbole bezeichnen hier die konjugierten Vektoren. Mit Hilfe der Gl. 158 und 161 ergibt sich auch

$$\left.\begin{aligned}\frac{\mathfrak{W}_1}{\mathfrak{W}_2} &= (1 + \varepsilon - j\,\varepsilon_i)(1 + j - j \cdot j_i) \\ &\cong 1 + \varepsilon + j - j(\varepsilon_i + j_i)\end{aligned}\right\} \quad . \; . \; . \quad (164)$$

Wird ein Amperemeter in Serie mit der Stromspule und ein Voltmeter parallel (oder in Serie) zur Spannungsspule des Wattmeters geschaltet, so kann man gleichzeitig den reellen Teil W_2 der Sekundärleistung und auch den Sekundärstrom und die Sekundärspannung P_2 messen. Wir erhalten dann

$$\mathfrak{W}_2 = W_2 + j\,W_{2i} ,$$

wobei

$$W_{2i} = \sqrt{(J_2 P_2)^2 - W_2^2} .$$

Setzen wir analog

$$\mathfrak{W}_1 = W_1 + j\,W_{1i} ,$$

so wird
$$\left.\begin{aligned} W_1 &= (1+\varepsilon+j)\,W_2 + (\varepsilon_i + j_i)\,W_{2i} \\ W_{1i} &= (1+\varepsilon+j)\,W_{2i} - (\varepsilon_i + j_i)\,W_2 \end{aligned}\right\} \quad . \quad . \quad (165)$$

Ist die sekundäre Phasenverschiebung klein (also W_{2i} klein), so erhält man die zu messende primäre Leistung W_1, indem man die abgelesene Leistung W_2 um den prozentualen Spannungsabfall und den prozentualen Stromabfall erhöht. Die Messung der primären imaginären Leistung W_{1i} oder der primären Phasenverschiebung ist dann ungenau, weil das Glied $-(\varepsilon_i + j_i)\,W_2$ groß sein kann.

Bei sehr großer Phasenverschiebung erhält man die imaginäre primäre Leistung W_{1i}, indem man die sekundär gemessene imaginäre Leistung W_{2i} um den prozentualen Spannungsabfall und den prozentualen Stromabfall erhöht. Die Messung der reellen primären Leistung W_1 wird dann ungenau, weil das Glied $(\varepsilon_i + j_i)\,W_{2i}$ verhältnismäßig groß werden kann.

106. Elektrizitätszähler.

Die in irgendeinem Stromkreise verbrauchte Arbeit ist
$$A = \int p\,i\,dt = \int P\,J \cos\varphi\, dt.$$

Bleibt die Spannung konstant, so ist:
$$A = P \int J \cos\varphi\, dt;$$

bleiben J und φ konstant, so ist:
$$A = J \cos\varphi \int P\, dt,$$

und ist schließlich die momentane Leistung konstant, so ist:
$$A = P\,J \cos\varphi \int dt.$$

Wir können also, diesen Gleichungen entsprechend, unterscheiden Wattstundenzähler, Amperestundenzähler, Voltstundenzähler und Elektrizitätszeitzähler. Weil es nun Schwierigkeiten bietet, Apparate zu konstruieren, die nur auf die Wattkomponente des Stromes ansprechen, kommen bei Verwendung von Wechselstrom die Amperestundenzähler weniger in Betracht. Wir wenden uns deswegen speziell zu den Wattstundenzählern. Sie beruhen teilweise auf dem Dynamometerprinzip und teilweise auf dem Induktionsgesetze. Wir können unterscheiden zwischen Motorzählern, bei denen der zu messende Strom selbst eine Bewegung hervorbringt, deren Geschwindigkeit dem Stromverbrauche direkt proportional ist, und Pendelzählern, bei denen die Wechselwirkung zweier stromdurchflossener Spulen zur Beeinflussung einer bereits bestehenden Bewegung verwendet wird.

Die letzten haben den Nachteil, daß sie wegen der vielen Achsen und bewegten Teile kompliziert sind, und daß sie ständig in Bewegung sind und daher sehr der Abnützung unterliegen. Außerdem ist die jederzeit mögliche Kontrolle der Motorzähler ein nicht zu unterschätzender Vorteil. Während sich die Motorzähler also als betriebssicherer erweisen als die Pendelzähler, gewährleisten die Induktionszähler, bei denen alle beweglichen Stromzuführungen und Schleifkontakte fortfallen, eine noch größere Sicherheit ihres Wirkens. Als Beispiel eines Pendelzählers betrachten wir den Wattstundenzähler nach Aron.

Er besitzt zwei mit Spannungsspulen versehene Pendel. Setzt man unter jedes Pendel eine Spule, durch die der Verbrauchsstrom fließt, dann kann man die Verbindungen so machen, daß das eine Pendel beschleunigt, das andere verzögert wird. Wenn die Pendel im stromlosen Zustand synchron schwingen und derart auf ein Zählwerk einwirken, daß nur die Differenz ihrer Schwingungszahlen angegeben wird, so ist die Ablesung am Zifferblatt annähernd proportional dem Verbrauche im Stromkreise.

Die Schwingungsdauer t eines Pendels, dessen Länge l ist, ist bekanntlich:

$$t = \pi \sqrt{\frac{l}{g}},$$

worin g die Beschleunigung der Schwere bedeutet. Wenn Strom durch die Spulen fließt, können wir schreiben:

$$t_1 = \pi \sqrt{\frac{l}{g + g_1}} \quad \text{und} \quad t_2 = \pi \sqrt{\frac{l}{g - g_1}}.$$

Rückt der Zeiger am Zifferblatt um einen Teilstrich weiter, wenn das eine Pendel N Schwingungen mehr als das andere vollbracht hat, so entspricht ein Teilstrich also $N \frac{t_1 t_2}{t_2 - t_1}$ Sekunden und der Verbrauch für einen Teilstrich oder die sogenannte Konstante des Instruments ist:

$$K = \frac{t_1 t_2}{t_2 - t_1} N \frac{PJ}{3600 \times 1000} \text{ Kilowattstunden}$$

oder entwickelt
$$K = \frac{NPJt}{1000 \times 3600} \frac{g}{g_1},$$

wobei die höheren Potenzen von $\frac{g_1}{g}$ vernachlässigt sind.

Daß diese Zähler für Wechselstrom richtig anzeigen, leuchtet direkt ein, wenn wir bedenken, daß die dynamometrische Wirkung nur von der Wattkomponente des Stromes herrührt. Nebst dem Nachteile der vielen Achsen und bewegten Teile, bieten diese Instrumente jedoch viele Vorteile, weil sie unabhängig von der Periodenzahl und der Kurvenform, und ferner sehr empfindlich sind und keine permanenten Magnete enthalten, deren Magnetismus auf die Dauer sich ändern könnte.

Motorzähler sind in großer Zahl konstruiert und auf den Markt gebracht worden. Sie bestehen im wesentlichen aus einer oder mehreren feststehenden Stromspulen, einem Anker, dem ein der Spannung proportionaler Strom zugeführt wird, und einer Bremsscheibe, die gewöhnlich aus Kupfer oder Aluminium hergestellt ist und sich zwischen den Polen eines permanenten Magneten dreht. Soll das Instrument für Wechselstrom richtig anzeigen, so darf kein Eisen verwendet werden. Weil nun dem Anker ein hoher Widerstand vorgeschaltet ist, wird die induzierte EMK klein sein gegen die Netzspannung und der im Anker fließende Strom sehr annähernd proportional der Spannung. Das Drehmoment wird also proportional $P J_w$ und die Leistung proportional $P J_w n$ sein, wenn n die Tourenzahl bedeutet.

In der Bremsscheibe werden EMKe induziert, die der Tourenzahl proportional sind, deshalb wird die in dieser Scheibe vernichtete Leistung dem Quadrate der Tourenzahl proportional sein.

Weil nun, unter Vernachlässigung der Verluste, die abgebremste Leistung gleich der zugeführten sein muß, so ist $P J n = C n^2$ oder der Verbrauch im Stromkreise proportional der Tourenzahl des Motors. Ein mit der Achse des Motors gekuppeltes Zählwerk kann also direkt die Leistung anzeigen.

Ganz einwandsfrei ist das Prinzip der Motorzähler nur dann, wenn die Spannungsspule vollständig induktionsfrei ist; eine Phasenverschiebung zwischen Spannung und Strom in der Spannungsspule um den Winkel ψ würde zur Folge haben, daß die Formel $W = P J \cos\varphi$ übergeht in:

$$W = P J \cos\varphi \cos\psi \frac{\cos(\varphi - \psi)}{\cos\varphi},$$

worin:

$$\psi = \operatorname{arc\,tg} \frac{\omega L}{r};$$

hierin ist

L der Selbstinduktionskoeffizient,
und r der Widerstand der Spannungsspule.

Weil jedoch die Vorrichtungen, welche diesen Fehler zu beseitigen imstande sind, die Instrumente wesentlich verteuern, werden sie wohl nur bei Normalinstrumenten Verwendung finden. Im allgemeinen wird bei nicht zu großen Phasenverschiebungen φ und bei genügend großen induktionsfreien Vorschaltwiderständen die Genauigkeit nur ganz wenig beeinflußt werden, so daß wir in der Praxis auf eine Korrektion verzichten können.

Man kann den durch die Reibungsverluste bedingten Fehler wegschaffen, wenn man so viele vom Spannungsstrome durchflossene Windungen auf der Stromspule anbringt, daß die gegenseitige Wirkung eben die Reibungsverluste kompensiert. Die Reibungswiderstände, die durch die Zapfen, Räderreibung usw. entstehen, bleiben sich jedoch nicht gleich; es kann vorkommen, daß sie sich mit der Zeit durch Einlaufen vermindern, und dann ist der Zähler mit dem schwersten Fehler behaftet, den er in den Augen des Konsumenten haben kann; er läuft nämlich, auch wenn kein Strom entnommen wird.

Deshalb fügt man öfters Reibungswiderstände hinzu, deren Größe gleichbleibt und gegen die ursprünglich vorhandenen Reibungen beträchtlich ist. Diese künstlichen Reibungen haben außerdem den Vorteil, daß sie je nach Bedarf eingestellt werden können. Diese zusätzlichen Widerstände können in verschiedener Weise erhalten werden. Eine ausführliche Beschreibung der vielen vorkommenden Anordnungen würde hier zu weit führen. Nur sei darauf hingewiesen, daß eine Anordnung sich als praktisch erwiesen hat, die darin besteht, daß ein Anschlag an der sich drehenden Achse bei jeder Umdrehung gegen einen oder mehrere federnde Pinsel streift.

Die Induktionszähler sind ihrem Prinzip nach nur für Wechselstrom verwendbar. Sie beruhen ebenso wie die früher beschriebenen Induktionsinstrumente für Strom- und Spannungsmessung auf der Wechselwirkung von zwei in der Phase verschobenen Magnetfeldern auf einen geschlossenen drehbaren Leiter (Fig. 297). Wird die eine Spule vom Verbrauchsstrome J und die andere von einem der Spannung proportionalen Strome i durchflossen, so ist bei der angegebenen Anordnung das auf den drehbaren Leiter ausgeübte Drehmoment proportional $Ji \sin\varphi$, wenn φ den Phasenverschiebungswinkel zwischen den beiden Strömen darstellt.

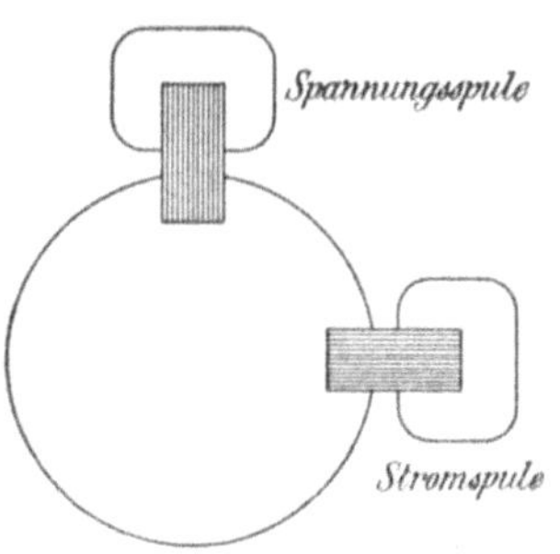

Fig. 297.

Da nun die Leistung eines Wechselstromes proportional dem Cosinus des Phasenverschiebungswinkels zwischen Spannung und

Strom ist, folgt, daß wir den Strom in der Spannungsspule von vornherein um 90° gegen seine Spannung verschieben müssen, um mit einem solchen Apparate den Energieverbrauch direkt messen zu können. Es gibt nun mehrere Methoden, nach welchen man ein solches Sinusmeßgerät in ein Cosinusmeßgerät überführen kann. Die einfachste Anordnung würde darin bestehen, daß man den Spannungskreis möglichst rein induktiv macht, so daß der Ohmsche Widerstand dieses Kreises gegen seine Reaktanz verschwindet (s. Fig. 298). Da dies aber nicht mit genügender Annäherung praktisch zu erreichen ist, kommen noch andere Schaltungen zur Anwendung, auf die jedoch hier nicht weiter eingegangen werden soll.

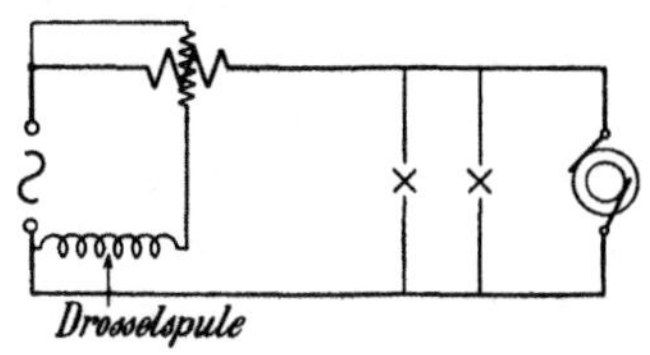

Fig. 298.

107. Eichung von Wechselstrominstrumenten.

Bei der Beschreibung der Instrumente ist angegeben, welche mittels Gleichstrom geeicht werden können. Bei ihnen können wir also entweder die Vergleichung mit einem geeichten Normalinstrument vornehmen oder auch die Kompensationsmethode zur Bestimmung von Spannungen benutzen. Ströme sind dabei aus den Klemmenspannungen an Normalwiderständen zu berechnen. Die übrigen, nicht mit Gleichstrom eichbaren Instrumente müssen jedoch immer verglichen werden mit einem solchen, das sowohl für Gleich- als auch für Wechselstrom verwendbar ist. Bei Eichungen von Strommessern wird man wohl immer die Spannung heruntertransformieren, um nicht unnötig große Leistungen in vorgeschalteten Widerständen vernichten zu müssen. Auch bei den Stromspulen von Wattmetern wird man dieses Prinzip zweckmäßig durchführen. Um zwischen Strom und Spannung jede beliebige Phasenverschiebung erhalten zu können, werden sogenannte Phasenregler benutzt.

Als solchen verwendet man einen dreiphasigen Induktionsmotor, dessen Anker in einer willkürlichen Lage festgehalten werden kann. Mit Hilfe dieser Vorrichtung ist man imstande zu kontrollieren, ob das betreffende Wattmeter auch bei Phasenverschiebung zwischen Strom und Spannung richtig anzeigt.

Die Eichung von Elektrizitätszählern kann durch Vergleich mit einem früher geeichten Instrumente vorgenommen werden oder besser durch Bestimmung der Zeit, während welcher ein konstanter Strom und eine konstante Spannung auf das Instrument eingewirkt haben und durch Vergleich des daraus berechneten Energieverbrauchs mit der Angabe des Instruments.

Weil jedoch die Räder immer etwas Spiel haben, so würde dadurch die Genauigkeit der Messung erheblich beeinträchtigt werden können. Es ist vorzuziehen, alsdann nur die Bewegung eines solchen Teiles des Zählers zu betrachten, der direkt vom Strome beeinflußt wird (Schwingungsdauer bei Pendelzählern, Anzahl der Umdrehungen der Bremsscheibe bei Motorzählern), und dann die Angabe des Instruments mittels des Übersetzungsverhältnisses, das sich leicht bestimmen läßt, zu ermitteln.

Achtzehntes Kapitel.

Magnetische Eigenschaften des Eisens.

108. Magnetisierung durch Gleichstrom.

Wird ein lamellierter oder aus Draht bestehender Eisenring (Fig. 299), dessen remanenter Magnetismus vollständig entfernt ist, ganz langsam mittels Gleichstrom magnetisiert, indem die magnetisierenden Amperewindungen von Null ab gleichmäßig erhöht werden, so steigt die magnetische Induktion im Ringe entsprechend der magnetisierenden Kraft an. Ewing und Lord Rayleigh haben gefunden, daß bei sehr kleiner magnetisierender Kraft H die Induktion noch längere Zeit — bis zu einigen Minuten — weiter ansteigt, nachdem H seinen Maximalwert erreicht hat. Es hat sich durch zahlreiche Versuche gezeigt, daß dieses sog. „Kriechen des Magnetismus“ um so geringer wird, je dünner die Eisenbleche oder der Draht, je härter das Eisen und je größer H ist. In neuerer Zeit hat Kle-

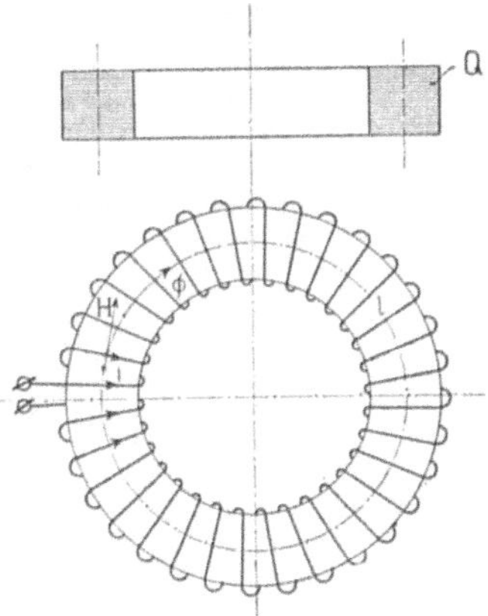

Fig. 299. Toroid.

menčič nachgewiesen, daß diese Erscheinung, welche er „magnetische Nachwirkung“ nennt, auch bei ganz dünnem Eisendraht (0,3 mm) noch vorhanden ist. Jedoch scheint die magnetische Nachwirkung erst nach einer gewissen Zeit (einigen Hundertstel Sekunden) zu beginnen, so daß sie bei sehr schnellen Änderungen von H nicht in Betracht kommen kann.

Ewing erklärt diese Eigenschaft durch das Beharrungsvermögen der magnetischen Moleküle, wenn sie zu größeren Gruppen vereinigt sind. Die Auflösung dieser Gruppen nimmt Zeit in Anspruch; sie beginnt bei den weniger gebundenen und darum beweglichen Molekülen an der Oberfläche des Drahtes und setzt sich nach dem Inneren fort. Bei den dünneren Drähten sind verhältnismäßig mehr solcher beweglicher Oberflächenmoleküle vorhanden. Infolgedessen geht bei ihnen die Auflösung der ganzen Anordnung der Moleküle schneller vor sich.

Trägt man die magnetische Induktion B als Funktion der Feldstärke H ab, so erhält man die statische Magnetisierungskurve des Materiales, die man am genauesten mittels eines ballistischen Galvanometers aufnehmen kann.

Da

$$\int H dl = 0{,}4 \pi i w$$

ist, werden die Amperewindungen für einen Zentimeter Länge

$$aw = \frac{iw}{l} = 0{,}8\, H.$$

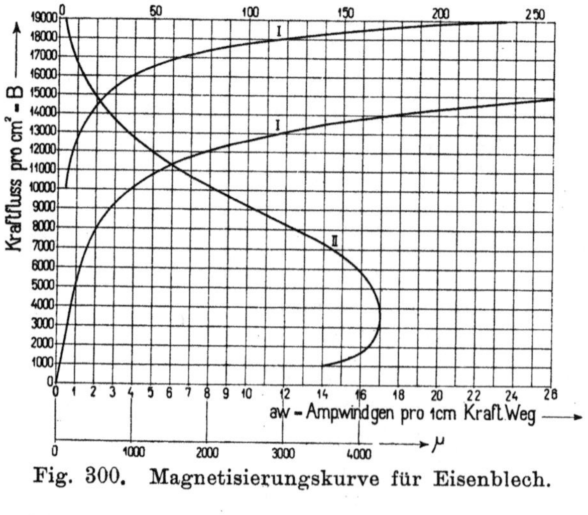

Fig. 300. Magnetisierungskurve für Eisenblech.

Für praktische Zwecke ist es bequemer, B als Funktion von aw, statt von H, in der Kurve aufzutragen. — Eine solche Magnetisierungskurve für Eisenblech ist in Fig. 300 durch die Kurve I dargestellt. Die Kurve II gibt ein Bild von der Permeabilität

$$\mu = \frac{B}{H} = \frac{B}{1{,}25\,aw}$$

als Funktion von B.

Magnetisiert man den Eisenring zyklisch, indem man die magnetisierende Kraft gleichmäßig zwischen den zwei Werten $-H_{max}$ und $+H_{max}$ ändert, so kann B wieder ballistisch bestimmt und als Funktion von H oder von aw aufgetragen werden. Anstatt eines Eisenringes (Toroid) kann auch das sog. Hopkinsonsche Joch (Fig. 301) verwendet werden. Der Probestab S wird hier mit den Enden in ein Joch aus Weicheisen J mit geringem magnetischen Widerstand eingeklemmt, wodurch ein eisengeschlossener magnetischer Kreis gebildet wird. Da die Induktion nicht allein von der in dem betrachteten Moment wirksamen magnetisierenden Kraft, sondern auch wegen der Remanenz des Eisens von der magnetischen Induktion im Momente vorher abhängt, so ist die zyklische Magnetisierungskurve für Eisen eine geschlossene Kurve, die sog. Hysteresisschleife H_y (Fig. 302). Die hier erhaltene Kurve ist bei statischer Magnetisierung gefunden.

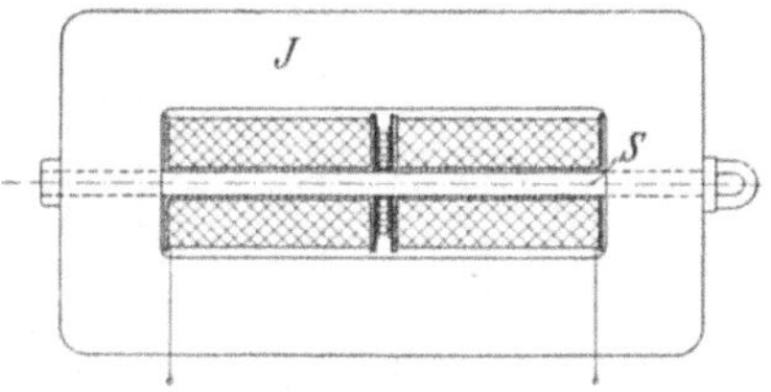

Fig. 301. Hopkinsonsches Joch.

Die Induktion im Eisen ist also eine mehrwertige Funktion der magnetisierenden Kraft. Daher ist bei einer Magnetisierungskurve, wie sie Fig. 300 zeigt, der Wert der Induktion für eine magnetisierende Kraft abhängig von der Art und Weise, wie sie gemessen wurde.

Gewöhnlich werden solche Kurven mit dem ballistischen Galvanometer dadurch aufgenommen, daß der Ausschlag beim Kommutieren des magnetisierenden Stromes gemessen wird. Nach einigen Kommutierungen bleibt dieser ballistische Ausschlag konstant, weil die Induktion sich von einem positiven Wert zu einem gleichgroßen negativen Wert oder umgekehrt ändert. Man führt die Messung für verschiedene Feldstärken aus, indem man den magnetisierenden Strom mit dem kleinsten Werte anfangend stufenweise erhöht und für jede Stufe nach einer gewissen Anzahl von Kommutierungen den ballistischen Ausschlag bestimmt. Vor der Messung sollte das Eisen möglichst vollständig entmagnetisiert werden. Es ist wichtig, mit den kleineren Induktionen anfangend allmählich zu den höheren

Werten zu gehen, denn eine höhere Magnetisierung wischt leichter die Nachwirkung einer kleineren Magnetisierung aus als umgekehrt.

Die in dieser Weise aufgenommene Magnetisierungskurve (die sogenannte aufsteigende Magetisierungskurve) stellt, wie man leicht sieht, den geometrischen Ort für die Spitzen der statischen Hysteresisschleifen des Eisens dar.

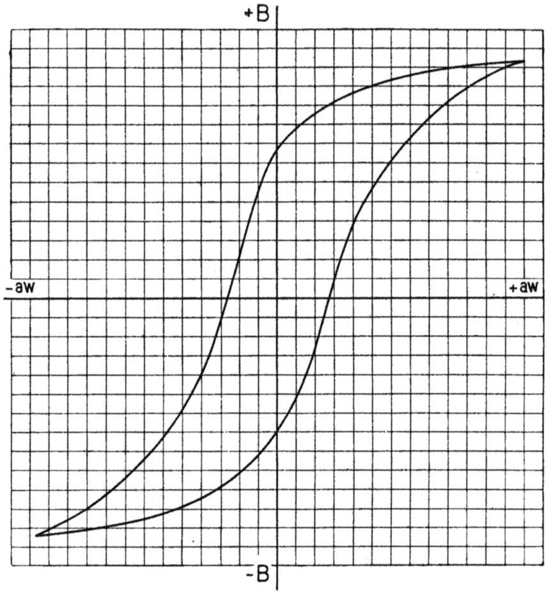

Fig. 302. Hysteresisschleife.

Der Flächeninhalt der Hysteresisschleife stellt einen Energieverlust dar, denn gemäß der Definition der potentiellen Energie eines elektrischen Stromes (Seite 18) ist die in einem Zeitelement geleistete Arbeit in Erg gleich

$$\frac{iw}{10} d\Phi,$$

wenn iw die Amperewindungen bedeuten, die mit dem Kraftflusse Φ verkettet sind. — Hat der Eisenring (Fig. 299) einen konstanten Querschnitt Q und die mittlere Länge l, so wird

$$\frac{iw}{10} d\Phi = \frac{aw}{10} \cdot l \cdot Q \cdot dB = \frac{aw}{10} dB \cdot V,$$

worin $V = Q \cdot l$ das Volumen des Eisenringes in cm^3 bedeutet.

Die während einer Periode geleistete Arbeit ist somit gleich

$$V\int_{H_y}\frac{a\,w}{10}\,dB = V\cdot W_h$$

und der Hysteresisverlust in Erg für einen cm^3

$$W_h = \int_{H_y}\frac{aw}{10}\,dB = \frac{1}{4\pi}\int_{H_y} H\cdot dB \quad . \quad . \quad . \quad (166)$$

ist also gleich dem Flächeninhalt der Hysteresisschleife H_y.

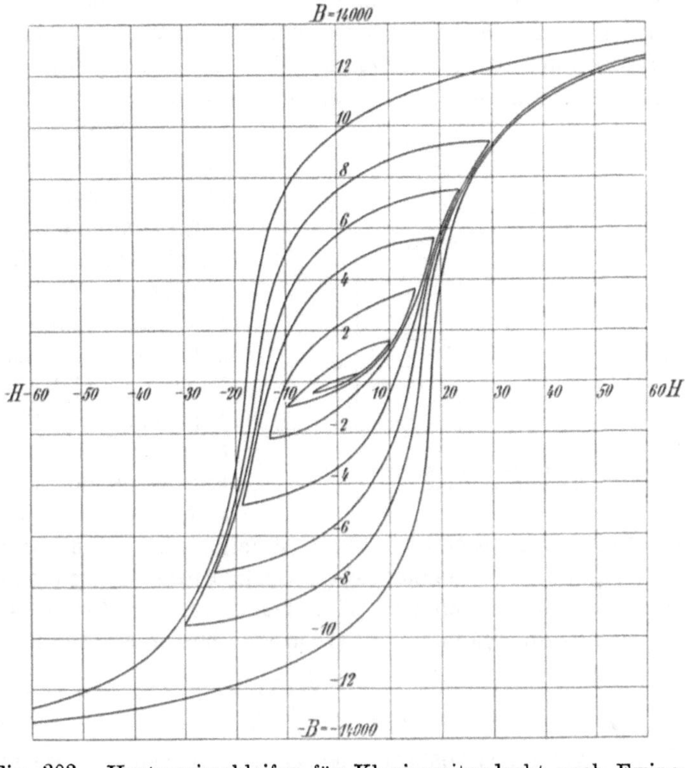

Fig. 303. Hysteresisschleifen für Klaviersaitendraht nach Ewing.

Die Formel 166 ist abgeleitet unter Voraussetzung gleichförmiger Magnetisierung des betrachteten Eisenstückes und unter der Annahme, daß die magnetisierende Kraft von dem elektrischen Strome allein herrührt. Wie leicht nachzuweisen ist, gilt diese Formel ganz allgemein, d. h. auch dann, wenn in den einzelnen Teilen des Eisenstückes verschiedene Induktionen auftreten und andere magnetisierende Kräfte als die von elektrischen Strömen herrührenden auf das Eisenstück einwirken. Man muß aber dann den Verlust in jedem Teile des Eisens für sich bestimmen. Ferner ist zu bemerken, daß die durch die Hysteresis verloren gegangene Energie nicht allein durch die elektrischen Ströme, sondern auch durch äußere mechanische Kräfte, wie in Generatoren, zugeführt werden kann.

Magnetisiert man ein Eisenstück zyklisch zwischen einem positiven und einem gleichgroßen negativen Wert der maximalen Induktion, so findet man, daß die Form und der Inhalt der Hysteresisschleife sich mit der Maximalinduktion ändern. Die Art dieser Änderung zeigt Fig. 303, in der von Ewing angegebene Hysteresisschleifen für ausgeglühten Klaviersaitendraht dargestellt sind. Hier ist die Induktion immer von einem Wert zu einem etwas größeren Wert mit entgegengesetztem Vorzeichen geändert.

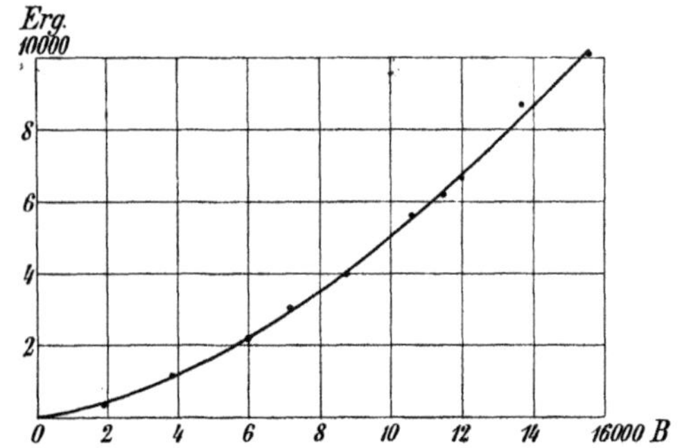

Fig. 304. Hysteresisarbeit für einen Zyklus als Funktion der Induktion.

Trägt man den Flächeninhalt der mit verschiedenen Maximalinduktionen aufgenommenen Hysteresisschleifen durch 4π dividiert als Funktion dieser Maximalinduktionen auf, so erhält man eine Kurve, welche die in Erg gemessene Hysteresisarbeit für einen Zyklus und einen cm³ für das betreffende Eisen als Funktion der Induktion darstellt. Fig. 304 zeigt eine solche Kurve, wie sie von Ewing für weiches Eisenblech durch magnetometrische Messung gefunden worden ist. Man sieht, daß der Verlust schneller als die Induktion wächst. Steinmetz hat für die Kurve die folgende empirische Gleichung aufgestellt:

$$A_h = \eta B^{1,6}\,\text{Erg} \quad . \quad . \quad . \quad . \quad . \quad . \quad (167)$$

η wird die Hysteresiskonstante genannt. Für weiches, ausgeglühtes Dynamoblech findet man für η Werte zwischen 0,001 und 0,003.

Ist die Periodenzahl der Ummagnetisierungen in der Sekunde gleich c, so wird der Verlust durch Hysteresis

$$W_h = \eta c B^{1,6}\,\text{Erg in der Sekunde}$$
$$= \eta c B^{1,6}\, 10^{-7}\,\text{Watt.}$$

Der Verlust für einen dm³ ist

$$W_h = \eta c B^{1,6}\, 10^{-4}\,\text{Watt} \quad . \quad . \quad . \quad . \quad . \quad . \quad (167\text{a})$$

In Fig. 305 sind Kurven gegeben, welche den Hysteresisverlust für den dm^3 bei einer Periode in der Sekunde in Watt, also den Wert

$$W_h = \eta B^{1,6} 10^{-4}$$

als Funktion von B darstellen. Die Kurven sind für $\eta = 0{,}0012$ und $\eta = 0{,}0016$ berechnet.

Wenn wir die Formel 167a mit $1000^{1,6} = 63\,100$ dividieren und multiplizieren, so bekommen wir für den Hysteresisverlust in einem Kubikdezimeter die folgende für die Rechnung bequemere Formel

$$W_h = (631\,\eta)\frac{c}{100}\left(\frac{B}{1000}\right)^{1,6} = \sigma_h\left(\frac{c}{100}\right)\left(\frac{B}{1000}\right)^{1,6} \text{Watt} \quad (168)$$

Hierin ist

$$\sigma_h = 631\,\eta.$$

Bei der Ableitung der Gleichung für den Verlust ist angenommen, daß der Hysteresisverlust für einen Zyklus der Ummagnetisierung unabhängig ist von der Geschwindigkeit, mit der er durchlaufen wird. Dies ist nun, wie neuere Untersuchungen zeigen, nicht ganz richtig.

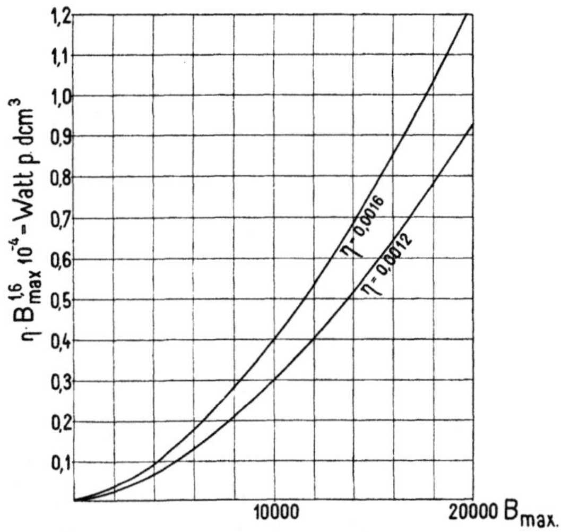

Fig. 305. Hysteresisverlust für eine Periode in einer Sekunde für verschiedene Eisensorten.

Als erste Ursache zu Unterschieden zwischen den magnetischen Verhältnissen bei statischer Magnetisierung und bei Magnetisierung mit Wechselstrom sind die Wirbelströme zu erwähnen, die im Eisen auftreten. Wenn nämlich die Induktion ihre Größe schnell ändert, werden im Eisen EMKe induziert, die Ströme von einer solchen Richtung erzeugen, daß sie bestrebt sind, das Wechseln des Kraftflusses zu verhindern. Hierdurch wird der Kraftfluß bei gegebenem Magnetisierungsstrom verkleinert oder der Magnetisierungsstrom muß für einen gegebenen Kraftfluß bei wechselnder Magnetisierung höher ausfallen als bei statischer Magnetisierung. Außerdem bedingen die Wirbelströme in den Eisenblechen einen Verlust, der proportional dem Quadrate der Wirbelströme ist.

109. Magnetisierung durch Wechselstrom.

Lassen wir auf die Wicklung des Eisenringes in Fig. 299 eine Spannung

$$p = P\sqrt{2}\sin\omega t$$

wirken, so fließt ein Strom, der sogenannte Magnetisierungsstrom, der in dem Eisenring einen magnetischen Kraftfluß Φ erregt und in der Wicklung eine EMK

$$e = -\frac{d(w\Phi)}{dt}$$

induziert. Ist r der Ohmsche Widerstand der Wicklung, so gilt die Gleichung

$$p + e = ir.$$

Wählen wir die Verhältnisse so, daß i und r klein sind, so können wir auch mit großer Annäherung schreiben

$$p = -e = \frac{d(w\Phi)}{dt} = \sqrt{2}\,P\sin\omega t.$$

Hieraus folgt

$$w\Phi = -\sqrt{2}\,\frac{P}{\omega}\cos\omega t = \sqrt{2}\,\frac{P}{\omega}\sin\left(\omega t - \frac{\pi}{2}\right)$$

$$\Phi = \sqrt{2}\,\frac{P}{\omega w}\sin\left(\omega t - \frac{\pi}{2}\right).$$

Wir sehen hieraus, daß, wenn die eingeleitete Spannung p sich nach einer Sinusfunktion ändert, der Kraftfluß Φ sich auch nach demselben Gesetz ändert. Der Kraftfluß ist hierbei um 90^0 gegenüber der eingeleiteten Spannung phasenverzögert.

Der Maximalwert des Kraftflusses ist

$$\Phi_{max} = \sqrt{2}\,\frac{P}{\omega w} = \frac{\sqrt{2}}{2\pi}\,\frac{P}{cw} = \frac{P}{4{,}44\,cw},$$

wobei die Spannung P in absoluten Einheiten gemessen ist. Für die effektive Klemmenspannung P in Volt wird

$$\Phi_{max} = \frac{P\cdot 10^8}{4{,}44\,cw}\ \text{Maxwell} \quad . \; . \; . \; . \; . \quad (169)$$

$$P = 4{,}44\,cw\,\Phi_{max}\,10^{-8}\ \text{Volt} \quad . \; . \; . \quad (170)$$

Die induzierte EMK E ist der Klemmenspannung P numerisch gleich und entgegengesetzt gerichtet, sie ist also gegen den Kraftfluß um 90^0 verzögert.

Wir wollen nun die Annahme, daß die eingeleitete Spannung

Sinusform haben soll, fallen lassen und dafür eine beliebige periodische Funktion der Zeit voraussetzen. Nur sollen immer solche Momentanwerte, die um eine halbe Periode auseinanderliegen, numerisch gleich sein und entgegengesetztes Vorzeichen haben. Die Spannungskurve hat dann nur ungerade Harmonische. In diesem Falle hat die Kraftflußkurve auch keine geraden Harmonischen, d. h. ihre Momentanwerte, die um eine halbe Periode auseinanderliegen, sind einander ebenfalls gleich, aber mit entgegengesetztem Vorzeichen. Weil ganz allgemein

$$p = -e = w\frac{d\Phi}{dt}$$

$$p\,dt = w\,d\Phi$$

oder

$$\Phi = \frac{1}{w}\int p\,dt$$

ist, wird die Kurve für den Kraftfluß Φ als Funktion der Zeit erhalten als Integralkurve der Spannungskurve über die Zeit. Integriert man $p\,dt$ über eine halbe Periode, und legt man die Grenzen so, daß das Integral ein Maximum wird, so bezeichnet man

$$\frac{2}{T}\int_t^{t+\frac{T}{2}} p\,dt = P_{mittel}$$

den Mittelwert der periodischen Spannung, und dieselbe durchläuft während der Zeit von t bis $t+\frac{T}{2}$ eine positive Halbwelle. Hierbei ist T die Zeit einer Periode. Bezeichnen wir die Größe des Kraftflusses zur Zeit t mit Φ_{min} und zur Zeit $t+\frac{T}{2}$ mit Φ_{max}, so ist

$$\Phi_{max} - \Phi_{min} = \frac{T}{2}\frac{1}{w}P_{mittel}$$

die größte Zunahme, die der Kraftfluß während einer halben Periode erfahren kann. Weil außerdem, wie gezeigt,

$$\Phi_{min} = -\Phi_{max}$$

ist, ist Φ_{min} ein absolutes Minimum und Φ_{max} ein absolutes Maximum des Kraftflusses. Also ist

$$\Phi_{max} = \frac{T}{4}\frac{1}{w}P_{mittel},$$

wobei die Spannung in absoluten Einheiten gemessen ist. Weil $T = \frac{1}{c}$ ist, wird

$$P_{mittel} = 4cw\Phi_{max}10^{-8}\text{ Volt} \quad . \quad . \quad . \quad . \quad (171)$$

ganz unabhängig von der Kurvenform. Auf S. 246 ist der Formfaktor einer Wechselstromkurve definiert als das Verhältnis

$$f_\varepsilon = \frac{\text{Effektivwert}}{\text{Mittelwert}} = \frac{P}{P_{mittel}}.$$

Für eine beliebige Kurvenform ergibt sich somit die folgende Formel

$$P = 4 f_\varepsilon c w \Phi_{max} 10^{-8} \text{ Volt} \quad . \quad . \quad . \quad . \quad . \quad (172)$$

Für eine sinusförmige Spannung ist $f_\varepsilon = 1{,}11$, und wir erhalten die Formel 170.

110. Magnetisierungsstrom bei sinusförmiger EMK.

Wir betrachten wieder die Magnetisierung eines Eisenringes von der in Fig. 299 abgebildeten Art, dessen Wicklung eine sinusförmige Spannung zugeführt wird. Den Spannungsverlust in der Wicklung nehmen wir so klein an, daß ohne merklichen Fehler die induzierte EMK in jedem Moment der eingeleiteten Spannung gleich und entgegengesetzt gerichtet angenommen werden kann. Dann muß, wie gezeigt, der Kraftfluß Φ in dem Eisenring sich auch nach einem Sinusgesetz ändern. Um nun einen solchen Kraftfluß zu erzeugen, braucht man einen Magnetisierungsstrom, der mit der Induktion in dem Kern des Eisenringes periodisch wechselt.

Zu jedem Punkt der sinusförmig verlaufenden Kraftflußkurve oder Induktionskurve kann man mittels der Hysteresisschleife den zugehörigen Momentanwert des Magnetisierungsstromes bestimmen. Wie gezeigt, gibt uns der Inhalt dieser Schleife ein Maß für die Arbeit, die in einer Periode aufgewendet werden muß, um das Eisenstück zu magnetisieren. Diese Energie, die von außen durch den Strom zugeführt wird, setzt sich in Wärme um.

Die Kurve des Magnetisierungsstromes, die man für einen sinusförmigen Kraftfluß aus der Hysteresisschleife berechnet, wird nicht sinusförmig und nicht symmetrisch in bezug auf die Maximalordinate.

In Fig. 306 ist eine Hysteresisschleife dargestellt, während in Fig. 307 e die induzierte EMK-Kurve, Φ die zugehörige Kraftflußkurve und i_0 die Kurve des Magnetisierungsstromes darstellt, die sich aus der Hysteresisschleife (Fig. 306) ergibt.

Die Kurve des Magnetisierungsstromes i_0 kann in eine erste Harmonische i_1 und in eine Kurve i_d, welche die höheren Harmonischen enthält, zerlegt werden. Die Effektivwerte dieser beiden Kurven seien bzw. J_1 und J_d. Man konstruiert die Kurve der zugeführten Spannung $p = -e$ und zerlegt die Sinuskurve i_1 in die Komponenten i_{1w}, welche mit p in Phase ist, und in i_{1wl}, welche der zugeführten Spannung um 90^0 nacheilt. Weil die Stromkurve i_d in bezug auf die sinusförmige zugeführte Spannung wattlos ist, stellt i_{1w} den ganzen Wattstrom des Magnetisierungsstromes dar und der Hysteresisverlust ist

$$W = P J_{1w},$$

wobei J_{1w} der Effektivwert des Stromes i_{1w} ist.

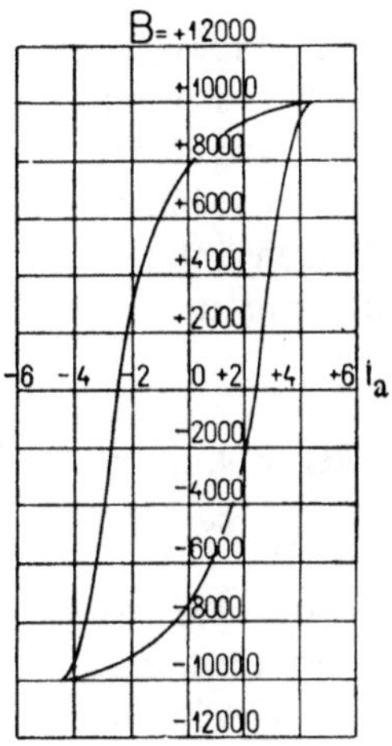

Fig. 306.

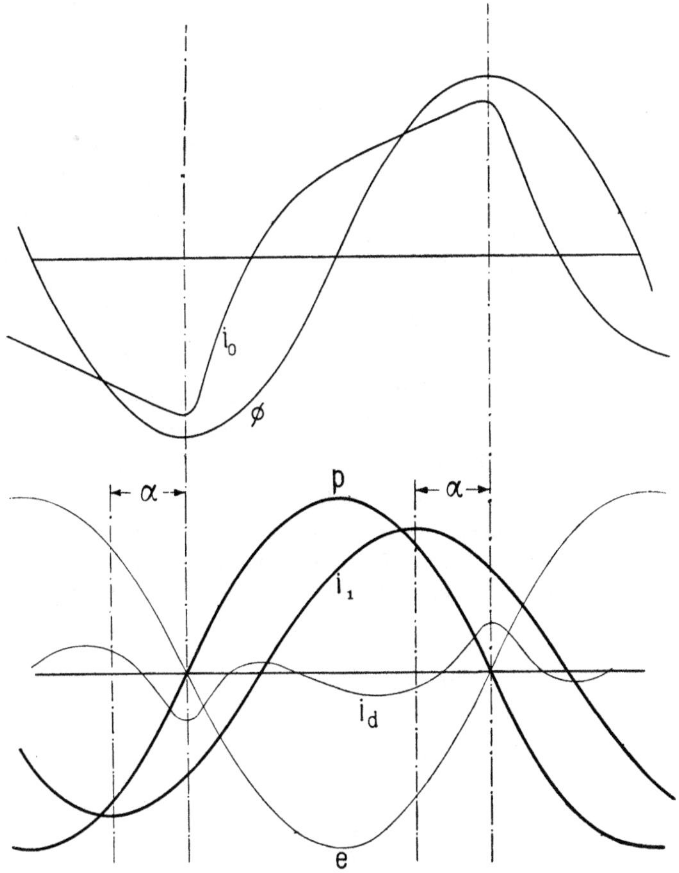

Fig. 307. Ermittlung des Magnetisierungsstromes bei sinusförmiger Spannung aus der Hysteresisschleife.

Die wattlose Komponente des Magnetisierungsstromes setzt sich zusammen aus der wattlosen Komponente der ersten Harmonischen J_{1wl} und aus dem Effektivwerte der höheren Harmonischen J_d. Diese Komponente kann daher ersetzt werden durch einen äquivalenten Sinusstrom von dem Effektivwerte

$$J_{wl} = \sqrt{J_{1wl}^2 + J_d^2}.$$

Der ganze Magnetisierungsstrom kann nun ersetzt werden durch einen äquivalenten Sinusstrom von dem Effektivwert J. Er ist in komplexer Schreibweise:

$$\mathfrak{J} = J_w + j J_{wl},$$

hierin ist

$$J_w = J_{1w}$$

$$J = \sqrt{J_w^2 + J_{wl}^2} = \sqrt{J_{1w}^2 + J_{1wl}^2 + J_d^2}.$$

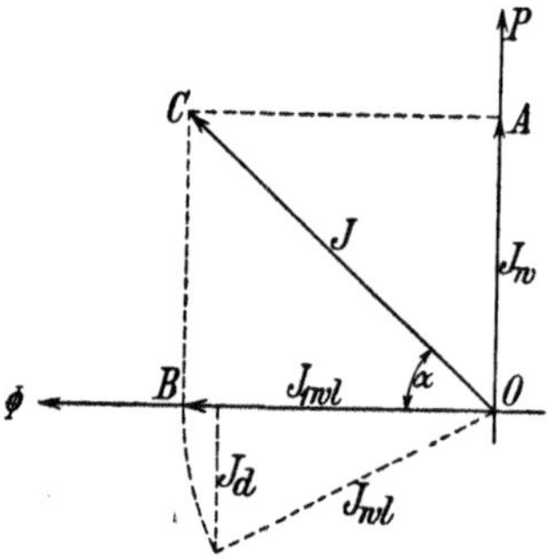

Fig. 308. Diagramm des Magnetisierungsstromes.

Graphisch kann der Magnetisierungsstrom wie in Fig. 308 dargestellt werden. Hier ist die zugeführte Spannung P längs der Ordinatenachse, der Kraftfluß Φ nach links auf die Abszissenachse abgetragen.

$$\overline{OA} = J_w = J_{1w}$$

wird in die Richtung der Spannung,

$$\overline{OB} = J_{wl} = \sqrt{J_{1wl}^2 + J_d^2}$$

in die Richtung des Kraftflusses abgetragen. Der dem Magnetisierungsstrome äquivalente Sinusstrom J ist dargestellt nach Größe und Richtung durch den Vektor $\overline{OC}$.

Mißt man die zugeführte Leistung W, die effektive Spannung P und den effektiven Magnetisierungsstrom J, so kann man den Vektor des äquivalenten Sinusstromes gleich bestimmen, denn es ist

$$W = PJ\cos(90 - \alpha) = PJ\sin\alpha = PJ_w$$

$$\sin\alpha = \frac{W}{PJ}$$

$$J_w = \frac{W}{P}$$

$$J_{wl} = \sqrt{J^2 - \left(\frac{W}{P}\right)^2}$$

Den Winkel α, um den der äquivalente Sinusstrom des Magnetisierungsstromes dem Kraftflusse vorauseilt, nennt man den **magnetischen Verzögerungswinkel** oder kurz **Hysteresiswinkel**.

Das Verhältnis

$$\frac{J}{P} = y$$

ist die **Admittanz** der magnetisierenden Wicklung. Ebenso setzt man die wattlose Komponente des Magnetisierungsstromes

$$J_{wl} = J\cos\alpha = Pb$$

und seine Wattkomponente

$$J_w = J \sin \alpha = Pg ,$$

wobei b die effektive Suszeptanz, g die effektive Konduktanz bedeuten. Der Hysteresisverlust ist somit gleich

$$W = P^2 g .$$

Berechnet man zu g, b und y den entsprechenden effektiven Widerstand und die entsprechende effektive Reaktanz nach den Formeln 37 und 38 Seite 62

$$r = \frac{g}{y^2} = \frac{g}{g^2 + b^2}$$

$$x = \frac{b}{y^2} = \frac{b}{g^2 + b^2} ,$$

so stellt r einen effektiven Widerstand dar, der von dem Ohmschen Widerstand in der stromdurchflossenen Wicklung selbst unabhängig auftritt. Dieser effektive Widerstand ist gleich dem Ohmschen Widerstande, den die magnetisierende Wicklung haben müßte, wenn der Hysteresisverlust W von dem Magnetisierungsstrome J in dem Widerstand der Wicklung geleistet würde, d. h. es ist

$$W = J^2 r$$

oder

$$r = \frac{W}{J^2}$$

und die effektive Reaktanz wird

$$x = \sqrt{\left(\frac{P}{J}\right)^2 - r^2} .$$

Ist, wie angenommen, der Ohmsche Widerstand in der Wicklung zu vernachlässigen, so stellen P, J und W die gemessenen Werte dar.

Im Vorhergehenden haben wir den Einfluß der Wirbelströme vernachlässigt. Sie lassen sich jedoch experimentell leicht berücksichtigen; denn bei sinusförmiger Spannung ändert sich der Kraftfluß und somit auch die Wirbelströme nach einer Sinuskurve. Die Wirbelströme erhöhen sowohl den Magnetisierungstrom wie die Verluste und bedingen somit sowohl eine Erhöhung der wattlosen Komponente wie der Wattkomponente des sinusförmigen Teiles des Magnetisierungsstromes. An den angeführten Rechnungen und Überlegungen ändert sich somit nichts, selbst wenn die Wirbelströme berücksichtigt werden, und man kann die mittels Wechselstrommagnetisierung auf experimentellem Wege ermittelten Größen nach denselben Diagrammen behandeln. Die rechnerische Berücksichtigung der Wirbelströme folgt in den Abschnitten 111 und 112.

In Fig. 309 stellt die Kurve B die Induktion in einem gewöhnlichen Dynamoblech mittlerer Güte in Abhängigkeit von dem momentanen Wert der Amperewindungen für 1 cm Kraftlinienweg dar.

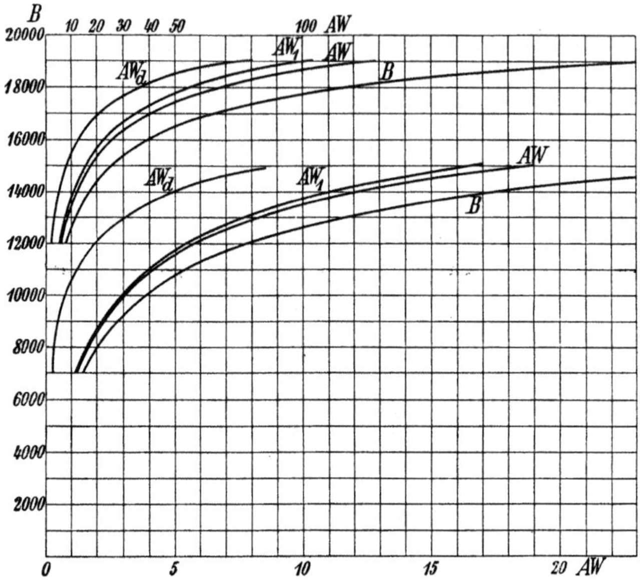

Fig. 309. Kurven für die Induktion in Dynamoblech in Abhängigkeit von den erregenden Amperewindungen für 1 cm Kraftlinienweg.

Kurve AW gibt die maximale Induktion in Abhängigkeit von dem Effektivwert der Amperewindung für 1 cm bei sinusförmiger Magnetisierung. Kurve AW_1 zeigt den Effektivwert der ersten Harmonischen, AW_d den Effektivwert aller Harmonischen höherer Ordnungszahl.

111. Die Verluste durch Wirbelströme im Eisen.

Bei der Magnetisierung des Eisens mittels Wechselstrom treten im Eisen immer Wirbel- oder Foucaultströme auf. In einer geschlossenen Kurve in einer Ebene senkrecht zur Richtung der Induktion wird bei der Änderung des Kraftflusses eine EMK induziert, die gleich der Änderungsgeschwindigkeit des eingeschlossenen Kraftflusses ist. Die hierdurch erzeugten Ströme sind so gerichtet, daß sie der Änderung des Kraftflusses entgegenwirken, sie bewirken eine Erwärmung des Eisens unter entsprechender Energieaufnahme von dem magnetisierenden Strome. Erfolgt die Ummagnetisierung des Eisens durch relative Bewegung gegen das Feld, so wird der Verlust durch die mechanischen Kräfte, welche die Bewegung bewirken, geleistet. In einigen Fällen werden die Verluste teils elektrisch, teils mechanisch geleistet.

Das wirksamste Mittel, die Wirbelströme zu vermindern, besteht darin, daß man das Eisen stark unterteilt. Die Teilfugen müssen parallel zu den Induktionslinien verlaufen.

Im folgenden sollen nun die Wirbelstromverluste für einige besonderen Fälle unter der Annahme berechnet werden, daß die Induktion sich gleichmäßig über den ganzen Querschnitt verteilt.

Das Eisen sei aus Drähten zusammengesetzt. Der Kraftfluß sei über den Drahtquerschnitt gleichmäßig verteilt und der zeitliche Maximalwert der Induktion sei B. In einem Ring vom Radius x wird induziert (s. Fig. 310).

$$E_x = 4 f_\varepsilon c B \pi x^2 10^{-8} \text{ Volt.}$$

Hier ist f_ε der Formfaktor der EMK. Für eine Drahtlänge von 1 cm ist der Widerstand des Ringes von der Stärke dx

$$\varrho \frac{2\pi x}{dx},$$

wobei ϱ der Widerstand in Ohm für 1 cm³ des Eisens ist.

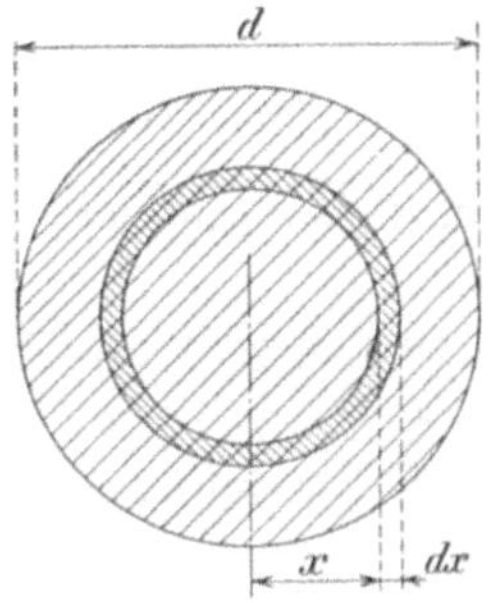

Fig. 310. Wirbelstrombahn in rundem Draht.

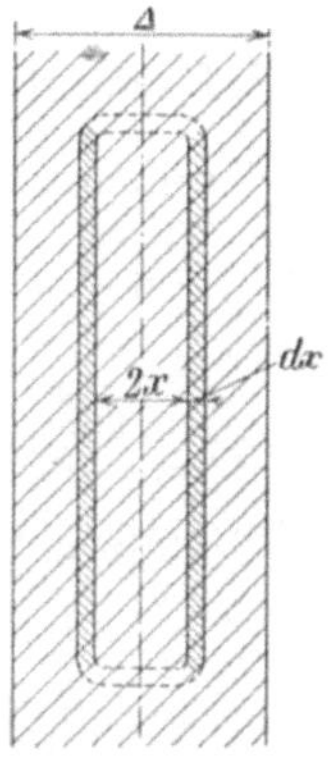

Fig. 311. Wirbelstrombahn in Eisenblech.

Der Stromwärmeverlust in dem betrachteten Ring ist dann

$$E_x^2 \frac{1}{\varrho} \frac{dx}{2\pi x} = 8\pi f_\varepsilon^2 \frac{1}{\varrho} B^2 x^3 dx \, 10^{-16} \text{ Watt}$$

Hieraus findet man den Stromwärmeverlust für 1 cm Drahtlänge gleich

$$\frac{\pi}{8} \frac{1}{\varrho} c^2 f_\varepsilon^2 B^2 d^4 10^{-16} \text{ Watt,}$$

also für 1 cm^3

$$w_w = \frac{1}{2} \cdot \frac{1}{\varrho} c^2 f_\varepsilon^2 B^2 d^2 \, 10^{-16} \text{ Watt.}$$

Für das Volumen V_e dm^3 wird, wenn d in Millimetern gemessen ist

$$W_w = \frac{1}{2} \cdot \frac{10^{-5}}{\varrho} \left(d \frac{c}{100} \frac{f_\varepsilon B}{1000} \right)^2 V_e \text{ Watt}$$

$$= \sigma_w \left(d \frac{c}{100} \frac{f_\varepsilon B}{1000} \right)^2 V_e \text{ Watt} \quad . \; . \; . \; . \; (174)$$

Für Schmiedeeisen ist

$$\varrho = 5 \cdot 10^{-5} \text{ bis } 10^{-5} \text{ Ohm.}$$

Hieraus folgt

$$\sigma_w = 0{,}1 \text{ bis } 0{,}5.$$

Wir nehmen zweitens an, daß das Eisen aus dünnen Blechen zusammengesetzt sei. Fig. 311 zeigt einen Schnitt durch ein Blech senkrecht zu den Induktionslinien. In einem Stromfaden von 1 cm Länge im Abstande x von der Mittellinie des Bleches wird eine EMK induziert

$$E_x = 4 f_\varepsilon c B x \, 10^{-8} \text{ Volt.}$$

Der Widerstand eines Streifens von der Blechtiefe 1 cm (senkrecht zur Schnittebene gemessen) ist $\frac{\varrho}{dx}$ Ohm. Der Verlust in einem Stromfaden von 1 cm Länge, 1 cm Tiefe und dx cm Stärke ist

$$E_x^2 \frac{dx}{\varrho} = \frac{16}{\varrho} c^2 f_\varepsilon^2 B^2 x^2 dx \, 10^{-16} \text{ Watt.}$$

Für die ganze Blechstärke ist der Verlust

$$2 \int_0^{\frac{\Delta}{2}} E_x^2 \frac{dx}{\varrho} = \frac{4}{3} \frac{c^2}{\varrho} f_\varepsilon^2 B^2 \Delta^3 \, 10^{-16} \text{ Watt.}$$

Der Verlust in einem Kubikzentimeter ist daher, wenn Δ in Zentimetern gemessen wird,

$$w_w = \frac{4}{3} \frac{c^2}{\varrho} f_\varepsilon^2 B^2 \Delta^2 \, 10^{-16} \text{ Watt} \quad . \; . \; . \; . \; (175)$$

Für ein Volumen V_e dm^3 wird, wenn Δ in Millimetern gemessen ist

$$W_w = \frac{4}{3}\frac{10^{-5}}{\varrho}\left(\Delta\frac{c}{100}\frac{f_\varepsilon B}{1000}\right)^2 V_e \text{ Watt}$$

$$= \sigma_w\left(\Delta\frac{c}{100}\frac{f_\varepsilon B}{1000}\right)^2 V_e \text{ Watt} \quad . \quad . \quad . \quad . \quad . \quad (176)$$

worin $\sigma_w = \frac{4}{3}\frac{10^{-5}}{\varrho}$ der Wirbelstromkoeffizient des Bleches ist.

Setzen wir wie oben $\varrho = 5 \cdot 10^{-5}$ bis 10^{-5} Ohm, so wird

$$\sigma_w = 0{,}267 \text{ bis } 1{,}33.$$

112. Einfluß der Wirbelströme auf die Stärke und Verteilung der Induktion in magnetisierten Eisenkernen.

In einem Eisenstück von kreisförmigem oder rechteckigem Querschnitt (Fig. 310 und 311) sei Φ_m der Wechselkraftfluß, den der Magnetisierungsstrom i_m allein erzeugen würde, d. h. wenn keine Wirbelströme vorhanden wären. Er induziert in dem schraffierten Stromkreis eine EMK e_w, die für sinusförmige Änderung des Kraftflusses durch einen Vektor dargestellt werden kann, der dem Vektor des Kraftflusses um 90° nacheilt (s. Fig. 312). Die EMK e_w erzeugt einen Wirbelstrom i_w, der seinerseits einen Kraftfluß erzeugt, der in Fig. 312 durch den Vektor Φ_w dargestellt ist, der Wirbelstromkreis besitzt also eine Selbstinduktion, die dem Kraftfluß Φ_w entspricht, und i_w ist gegen e_w phasenverzögert.

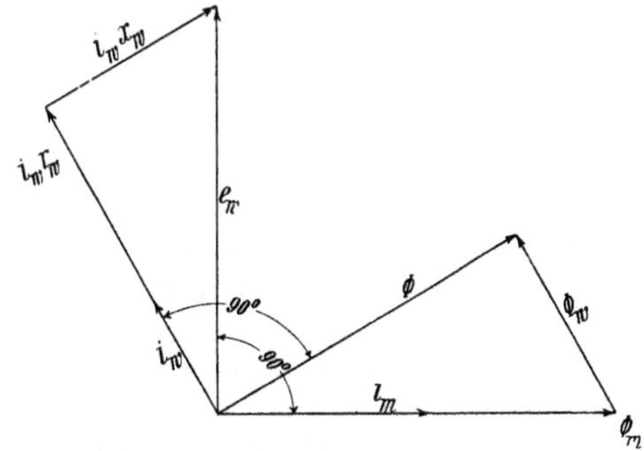

Fig. 312. Rückwirkung der Wirbelströme.

Der aus Φ_m und Φ_w resultierende Kraftfluß ist Φ, und wir sehen, daß durch die Wirkung aller Wirbelströme der resultierende Kraftfluß Φ erstens gegen den Magnetisierungsstrom i_m in der Phase verzögert wird, und daß zweitens der Kraftfluß von dem Werte Φ_m auf den Wert Φ geschwächt wird.

Sowohl die Schwächung wie die Phasenverspätung der Induktion ist am stärksten in der Mitte des Eisens und nimmt nach der Oberfläche hin ab, wo sie Null ist. Oberbeck und J. J. Thomson haben Rechnungen angestellt, um die Schwächung der Induktion, herrührend von den Wirbelströmen (nicht wie oben von einem einzigen Wirbelstromfaden) in Eisenkernen zu bestimmen. Das Resultat dieser Rechnungen ergab, daß die Schwächung bei sehr dünnen Drähten und Blechen vollständig vernachlässigt werden kann, während bei dickeren Kernen die Schwächung mit ihrer Dicke schnell zunimmt. Eine kleine Rechnung wird das am besten zeigen. In dem Kreis vom Radius x (Fig. 310) wird eine maximale EMK $2\pi c \Phi_x 10^{-8}$ Volt induziert und im Kreise vom Radius $x + dx$ wird eine maximale EMK

$$2\pi c(\Phi_x + 2\pi x B_x dx) 10^{-8} \text{ Volt}$$

induziert. Also wird in dem äußeren Kreise eine um

$$dE_x = 2\pi c B_x dx 10^{-8} \text{ Volt}$$

größere EMK für 1 cm Länge induziert. Um hieraus die Induktion B_x zu bestimmen, müssen wir eine zweite Beziehung zwischen E_x und B_x suchen. Diese ergibt sich aus dem elektromagnetischen Grundgesetz, welches sagt, daß die Induktion B_x vom Radius x bis auf Radius $x + dx$ sich um den Betrag vergrößert, der der MMK des im Kreisringe induzierten Stromes entspricht. Der Maximalwert dieses Stromes ist

$$J_x = \frac{E_x}{\varrho} dx,$$

worin ϱ der spez. elektrische Widerstand des Eisens ist. Diesem Strom entspricht eine Zunahme der Induktion von

$$dB_x = 0{,}4\pi J_x \mu = 0{,}4\pi \frac{\mu}{\varrho} E_x dx$$

worin μ die Permeabilität des Eisens ist. Gehen wir zu den symbolischen Werten über und berücksichtigen die Phase der verschiedenen Größen, so erhalten wir die beiden Gleichungen

$$d\mathfrak{E}_x = j 2\pi c \mathfrak{B}_x dx 10^{-8}$$

und

$$d\mathfrak{B}_x = -0{,}4\pi \frac{\mu}{\varrho} \mathfrak{E}_x dx.$$

Durch Einführung von $\mathfrak{E}_x$ aus der zweiten Gleichung in die erste erhalten wir

$$\frac{d^2\mathfrak{B}_x}{dx^2} = -j\, 0{,}8\pi^2 c \frac{\mu}{\varrho} 10^{-8} \mathfrak{B}_x.$$

Dies ist eine homogene lineare Differentialgleichung zweiter Ordnung. Ihre Lösung lautet

$$\mathfrak{B}_x = \mathfrak{A} e^{\sqrt{-j\,0{,}8\pi^2 c \frac{\mu}{\varrho} 10^{-8}}\,x} + \mathfrak{B} e^{-\sqrt{-j\,0{,}8\pi^2 c \frac{\mu}{\varrho} 10^{-8}}\,x}.$$

$\mathfrak{A}$ und $\mathfrak{B}$ sind zwei Konstanten, die hier gleich groß werden, weil $\mathfrak{B}_x$ in zwei diametralen Punkten denselben Wert hat, für die x gleich, aber mit entgegengesetztem Vorzeichen ist. Setzen wir ferner $B_x = B_{max}$ für $x = r$, d. h. an der Oberfläche des Zylinders, so erhalten wir

$$\mathfrak{B}_x = \mathfrak{A}\left(e^{\sqrt{-j\,0{,}8\,\pi^2 c \frac{\mu}{\varrho} 10^{-8}}\,x} + e^{-\sqrt{-j\,0{,}8\,\pi^2 c \frac{\mu}{\varrho} 10^{-8}}\,x}\right)$$

$$\mathfrak{B}_{max} = \mathfrak{A}\left(e^{\sqrt{-j\,0{,}8\,\pi^2 c \frac{\mu}{\varrho} 10^{-8}}\,r} + e^{-\sqrt{-j\,0{,}8\,\pi^2 c \frac{\mu}{\varrho} 10^{-8}}\,r}\right)$$

und hieraus durch Division

$$\mathfrak{B}_x = \mathfrak{B}_{max} \frac{e^{\sqrt{-j\,0{,}8\,\pi^2 c \frac{\mu}{\varrho} 10^{-8}}\,x} + e^{-\sqrt{-j\,0{,}8\,\pi^2 c \frac{\mu}{\varrho} 10^{-8}}\,x}}{e^{\sqrt{-j\,0{,}8\,\pi^2 c \frac{\mu}{\varrho} 10^{-8}}\,r} + e^{-\sqrt{-j\,0{,}8\,\pi^2 c \frac{\mu}{\varrho} 10^{-8}}\,r}}$$

Da
$$e^{\sqrt{-2j}\,x} = e^{(1-j)\,x} = e^{x\,(\cos x - j \sin x)}$$

ist, und indem wir zur Abkürzung

$$\frac{2\pi}{10^4}\sqrt{\frac{c\mu}{10\varrho}} = \lambda \quad \ldots \ldots \ldots \quad (177)$$

setzen, kann die Induktion $\mathfrak{B}_x$ auch wie folgt geschrieben werden

$$\mathfrak{B}_x = \mathfrak{B}_{max} \frac{e^{(1-j)\lambda x} + e^{-(1-j)\lambda x}}{e^{(1-j)\lambda r} + e^{-(1-j)\lambda r}}$$

oder

$$\mathfrak{B}_x = \mathfrak{B}_{max} \frac{(e^{\lambda x} + e^{-\lambda x}) \cos \lambda x - j\,(e^{\lambda x} - e^{-\lambda x}) \sin \lambda x}{(e^{\lambda r} + e^{-\lambda r}) \cos \lambda r - j\,(e^{\lambda r} - e^{-\lambda r}) \sin \lambda r}.$$

Durch Vergleich dieses Ausdruckes mit der Formel Seite 151 für die Verteilung der Spannung über eine lange Kraftleitung sehen wir gleich, daß die Induktion sich nach einer sinusähnlichen Welle von der Oberfläche des Zylinders in das Innere fortpflanzt. Die Länge einer vollständigen Welle ergibt sich aus $\lambda x = 2\pi$ zu

$$\frac{2\pi}{\lambda} = \frac{10^4}{\sqrt{\frac{c\mu}{10\varrho}}}.$$

Über eine solche Wellenlänge ändert sich die Phase der Induktion um 360°.

Da
$$J_x = \frac{dB_x}{0{,}4\pi\mu} = \frac{E_x}{\varrho} \cdot dx$$

ist, so pflanzen sich die Wirbelströme nach demselben Exponentialgesetz wie die Induktion in dem Eisen fort.

Für eine Eisenplatte (Fig. 311) erhält man dieselbe Differentialgleichung für B_x und somit dieselbe Verteilung der Induktion über den Querschnitt wie beim Zylinder. Nur bedeuten x und $r = \frac{\Delta}{2}$ hier nicht Radien, sondern die Abstände der betrachteten Punkte resp. der Oberfläche von der Mittelebene der Platte.

Fig. 313 zeigt die Verteilung der Induktion ihrer Größe nach in den Schichten eines Bleches bei derselben Periodenzahl $c = 100$ und verschiedenen Blechstärken. Eine Vorstellung von der Phasenänderung der Induktion in den verschiedenen Schichten erhält man außerdem, wenn man bedenkt, daß die Wellenlänge für $c = 100$, $\mu = 2000$ und $\varrho = 10^{-5}$ gleich ist

$$\frac{10^4}{\sqrt{\frac{c\mu}{10\varrho}}} = \frac{10^4}{\sqrt{0,1 \cdot 100 \cdot 2000 \cdot 10^5}} = 0,224 \text{ cm} = 2,24 \text{ mm}.$$

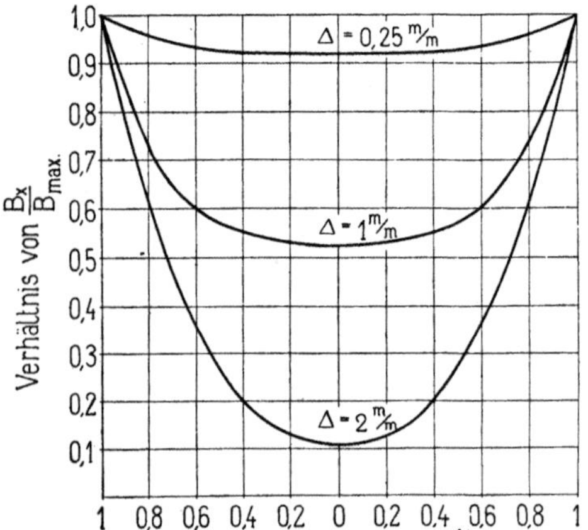

Fig. 313. Verteilung der Induktion über die Blechbreite bei 100 Perioden i. d. Sek.

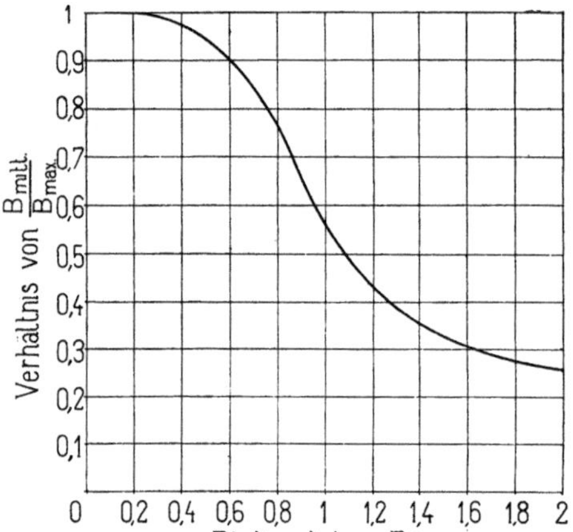

Fig. 314. Verhältnis der maximalen zur mittleren Induktion für verschiedene Blechdicken bei 100 Per. i. d. Sek.

In der Mitte eines 2 mm dicken Bleches ist die Induktion somit um $\frac{360^0}{2,24} = 160^0$ gegen die Induktion an der Oberfläche in der Phase verschoben, d. h. ihr fast entgegengesetzt. Die Induktion B_{max} an der Oberfläche entspricht nur dem Einfluß der äußeren magnetisierenden Kräfte, die wir uns in diesem Falle gleichmäßig über die ganze Länge des Zylinders, resp. der Platte wirkend denken. Ermitteln wir nun den größten Mittelwert B_{mitt} der Induktion, welche in irgendeinem Augenblicke auftreten kann, so muß dieser kleiner sein als der Mittelwert aus den Amplituden der Induktion in den verschiedenen Schichten, die sich aus den Kurven Fig. 313 ergibt. In Fig. 314 ist das Verhältnis des maximalen Mittelwertes B_{mitt} zu der maximalen Induktion B_{max} als Funktion der Plattendicke aufgetragen; den Kurven ist die Periodenzahl $c = 100$ wieder zugrunde gelegt. Aus der Figur geht deutlich hervor, daß eine Platte von 1 mm Stärke nur zu ca. 55%, eine solche von $^1/_2$ mm Stärke zu ca. 95% ausgenutzt wird. Die 1 mm starke Platte wird also nur im Verhältnis 55 zu 47,5 mehr Kraftfluß bei derselben Maximalinduktion durchlassen. Dies stimmt mit der Behauptung von J. J. Thomson überein, daß eine dicke Eisenplatte einen Wechselkraftfluß von 100 Perioden nicht besser leitet als zwei dünne Platten von je $^1/_4$ mm Stärke, d. h. die totale Leitfähigkeit einer dicken Platte reduziert sich bei dieser Periodenzahl auf die $^1/_4$ mm dicken äußeren Schichten der Platte. Für diese Schicht läßt sich eine einfache Formel ableiten, welche bei Platten von großer magnetischer Leitfähigkeit ziemlich genaue Werte liefert. Wenn λ sehr groß ist, so kann nämlich $e^{-\lambda x}$ gegenüber $e^{\lambda x}$ vernachlässigt werden. Es ist dann

$$\mathfrak{B}_{mitt} = \frac{2}{\Delta}\int_{x=0}^{x=\frac{\Delta}{2}} \mathfrak{B}_x \, dx$$

$$= \frac{2}{\Delta}\int_{x=0}^{x=\frac{\Delta}{2}} \mathfrak{B}_{max} \frac{e^{(1-j)\lambda x}}{e^{(1-j)\lambda \frac{\Delta}{2}}} \, dx$$

$$= \frac{2\,\mathfrak{B}_{max}}{(1-j)\lambda\Delta}\left(1 - e^{-(1-j)\lambda\frac{\Delta}{2}}\right) \cong \frac{\mathfrak{B}_{max}}{(1-j)\lambda\frac{\Delta}{2}}.$$

Geht man zu den Beträgen über, so wird

$$B_{mitt} = \frac{B_{max}}{\sqrt{2}\,\lambda\frac{\Delta}{2}}$$

oder

$$\frac{\Delta}{2} B_{mitt} = \frac{B_{max}}{\sqrt{2}\,\lambda},$$

woraus folgt, daß die Stärke der äquivalenten Schicht anstatt $\frac{\Delta}{2}$ nur

$$\delta = \frac{1}{\lambda\sqrt{2}} = \frac{10^4}{2\pi}\sqrt{\frac{5\varrho}{c\mu}} \text{ cm ist.}$$

Für $c = 100$, $\mu = 2000$ und $\varrho = 10^{-5}$ ergibt sich $\delta = 0{,}253$ mm, was mit der Angabe von Thomson übereinstimmt. Daß die Induktion nach innen schnell abnimmt, geht auch daraus hervor, daß, wenn x gleich einer Wellenlänge ist, $e^{-\lambda x} = e^{-2\pi} = 0{,}0019$ ist, d. h. daß die Amplitude einer magnetischen Welle für jede Wellenlänge, um die sie im Eisen fortschreitet, auf zwei Tausendstel ihres vorhergehenden Wertes reduziert wird.

Für die Wirbelstromverluste folgt nun, daß sie durch die ungleichmäßige Verteilung der Induktion bei ein und demselben Mittelwert B_{mitt} vergrößert werden. In elektrischen Maschinen wendet man aber so dünne Bleche an, daß die Induktion fast gleichmäßig über den ganzen Eisenkern verteilt wird, wodurch es zulässig ist, die Verluste durch Wirbelströme nach den Formeln 174 und 176 zu rechnen.

113. Einfluß der Periodenzahl sowie andere Einflüsse auf die Eisenverluste.

Soll die in einem elektromagnetischen Apparat induzierte effektive EMK E konstant sein, so ist

$$cB = \frac{E \cdot 10^8}{4 f_\varepsilon w Q_e} = \text{konstant}.$$

Nun ist nach Gl. 176 der Wirbelstromverlust proportional

$$(c f_\varepsilon B)^2 = \left(\frac{E \cdot 10^8}{4 w Q_e}\right)^2 \quad . \quad . \quad . \quad . \quad . \quad . \quad (178)$$

Hieraus folgt, daß der Wirbelstromverlust dem Quadrate der effektiven induzierten EMK proportional, aber unabhängig von der Periodenzahl und der Kurvenform ist.

Dies trifft jedoch nur bis zu einer gewissen Größe der Periodenzahl zu, nämlich bis die Induktion sich ungleichmäßig über die Blechquerschnitte verteilt.

Der Hysteresisverlust ist nach Gl. 167a proportional

$$cB^{1,6} = \frac{(cB)^{1,6}}{c^{0,6}} = \left(\frac{10^8}{4 w Q_e}\right)^{1,6} \frac{E^{1,6}}{f_\varepsilon^{1,6}\, c^{0,6}} \quad . \quad . \quad . \quad (179)$$

Hieraus sieht man erstens: der Hysteresisverlust ist der 0,6ten Potenz der Periodenzahl umgekehrt proportional. Je größer die Periodenzahl bei gleicher Spannung ist, um so kleiner ist der Hysteresisverlust, und bis zu einer gewissen Grenze gilt dies auch für die gesamten Eisenverluste. Es gibt nämlich bei steigender Periodenzahl eine Grenze, bei der die Wirbelstromverluste wegen ungleichmäßiger Verteilung der Induktion schneller zunehmen, als die Hysteresisverluste abnehmen.

Außerdem wird noch behauptet, daß es außer den Wirbelströmen noch weitere Differenzen zwischen statischen und Wechselstrommagnetisierung gibt. Max Wien hat in Wiedemanns Annalen Bd. 66 gesucht, experimentell nachzuweisen, daß die sogenannte magnetische Trägheit (auch Viskosität genannt) bei schneller Ummagnetisierung sowohl eine Verkleinerung der Permeabilität als auch eine Vergrößerung der Hysteresisverluste pro Periode bei einer konstanten Maximalinduktion bewirkt. Der magnetischen Trägheit wird somit eine gleiche Wirkung wie die der Wirbelströme zugeschrieben. Um dies zu beweisen, sorgte Max Wien bei diesen Versuchen dafür, daß die Wirbelströme in jeder Beziehung zu vernachlässigen waren, und ferner wurden die Untersuchungen mit fast sinusförmigen EMKen und bei sehr verschiedenen Periodenzahlen durchgeführt. Aus den Fig. 315 und 316, die Max Wien auf Grund experimenteller Beobachtungen aufge-

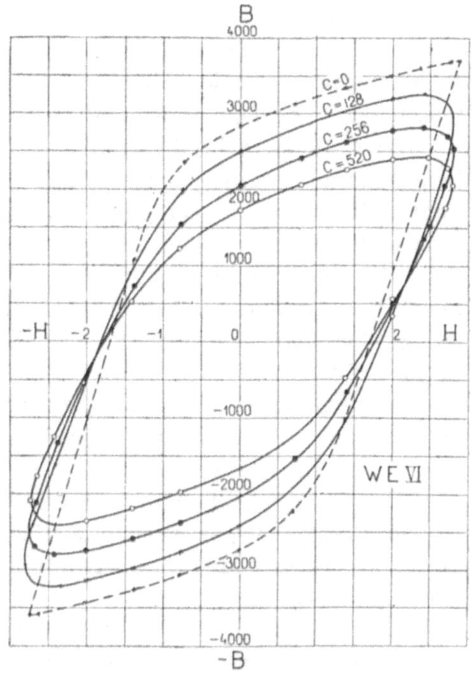

Fig. 315. Verkürzung der Hysteresisschleife bei zunehmender Periodenzahl.

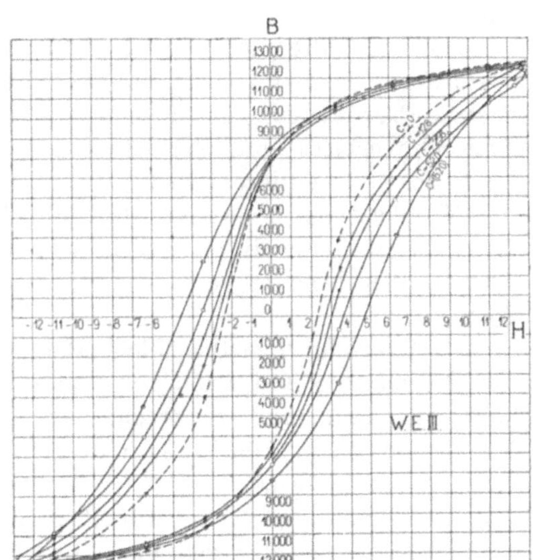

Fig. 316. Verbreiterung der Hysteresisschleife bei zunehmender Periodenzahl.

zeichnet hat, geht deutlich hervor, daß die magnetische Induktion schnellen Änderungen der magnetisierenden Kraft nicht ganz zu folgen vermag, weshalb auch die Hysteresisschleifen für schnelle magnetische Kreisprozesse anders aussehen als für langsame.

Max Wien schreibt im Anschluß an seine Versuche über die Beziehungen zwischen magnetischer Nachwirkung und Trägheit wie folgt: „Während die Trägheit bei Änderungen der Induktion, die innerhalb eines Tausendstel einer Sekunde vor sich gehen, merklich wird, beginnt die magnetische Nachwirkung erst nach mehreren Zehntel Sekunden (Klemenčič-Martens). Die Nachwirkung ist am größten für schwache Felder, bei denen die Differenzen der Permeabilität und des Hysteresisverlustes für die verschiedenen Schwingungszahlen überhaupt noch kaum merklich sind. Diese Differenzen erreichen ihren größten Wert erst für das Maximum der Permeabilität, bei dem die magnetische Nachwirkung schon verschwindend ist. Andererseits sind auch manche Analogien zwischen beiden Erscheinungen vorhanden, vor allem die Abhängigkeit von dem Durchmesser des magnetisierten Drahtes und die Abnahme mit der Härte des Eisens."

Wie die magnetische Trägheit, so lassen sich auch andere magnetische Erscheinungen durch die Molekulartheorie von Ewing erklären.

Erschütterungen verringern die Hysteresisverluste. Dies ist besonders bei weichem Eisen und schwachen Feldern deutlich zu bemerken.

Man ist allgemein zu der Überzeugung gelangt, daß der Hysteresisverlust viel mehr von der physikalischen als von der chemischen Natur des Eisens abhängt. Druck vergrößert die Hysteresisverluste und verkleinert die Permeabilität, selbst wenn die Druckkraft entfernt wird.

Mordey hat gefunden, daß ein Druck von 270 kg pro cm^2 einen Zuwachs der Hysteresisverluste um 20% bewirkte; bei Entfernung des Druckes sank der Verlust auf seinen ursprünglichen Wert.

In einer und derselben Blechtafel schwankt der Hysteresisverlust von Ort zu Ort, und seine Schwankungen können 28% erreichen. Nahe am Rand und senkrecht zur Walzrichtung des Bleches ist der Verlust am größten und in dem inneren Teil parallel zur Walzrichtung am kleinsten.

Die Oxydschichten des Eisenbleches, die eine kleine Permeabilität besitzen, tragen dazu bei, die Hysteresisverluste zu erhöhen. Die Eisenbleche werden ausgeglüht, um den Hysteresisverlust zu verkleinern. Trägt man den Verlust als Funktion von der Ausglühtemperatur auf, so ergibt sich eine Kurve, deren Minimum bei 950° C liegt. Sowie man darüber hinauskommt, steigt die Verlustkurve schnell an. Bei höheren Temperaturen können die Bleche leicht zusammenkleben und zerstört werden.

Bis ca. 200° C ist der Hysteresisverlust von der Temperatur fast unabhängig, während zwischen 200° und 700° C der Verlust um 10 bis 20% abnimmt.

Bei stetiger Erwärmung nehmen die Hysteresisverluste jedoch zu; man bezeichnet diese Erscheinung als „Altern". Je höher die Ausglühtemperatur ist, desto mehr tritt diese Eigenschaft hervor.

Die Kurven Fig. 317 sind von A. H. Ford an vier verschiedenen Transformatoren von 1 bis 2 KW aufgenommen. Die Transformatoren waren während der ganzen Versuchszeit voll belastet. Ford behauptet, daß das Altern durch rasches Abkühlen der rotglühenden Bleche verkleinert werden kann.

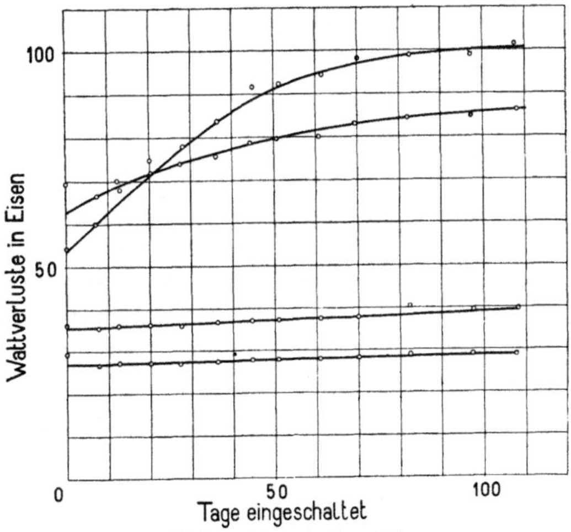

Fig. 317. Altern des Eisens.

Mauermann[1]) hat eine Anzahl Bleche auf Altern untersucht, von denen einige bei 700 bis 750° C, andere bei 950 bis 1000° C ausgeglüht waren. Die Bleche, die bei 950 bis 1000° C ausgeglüht waren, zeigten nach Erwärmung auf 56° C während einer Woche eine merkliche Zunahme des Hysteresisverlustes, während die schwächer geglühten keine merkliche Änderung zeigten. Nach Erwärmung auf 77° C während zwei Wochen hatten die schwächer geglühten Bleche sich nur wenig geändert. Die Verschlechterung der stark geglühten Bleche war etwa wie im ersten Fall.

Demnach scheint es mit Rücksicht auf das Altern geboten, die Bleche nicht bei zu hoher Temperatur auszuglühen.

Die Untersuchungen einiger Mitglieder der vom Verband deutscher Elektrotechniker berufenen Hysteresiskommission gaben das folgende Resultat (ETZ 1904, S. 501):

1. „Die Transformatoren geben zum Teil schon nach mehr-

[1]) ETZ 1901, S. 861.

monatlichem Liegen im Laboratorium (Zimmertemperatur) eine höhere Verlustziffer[1]) als gleich nach Eingang, dagegen weisen die Verlustziffern der bei Zimmertemperatur gehaltenen Kontroll-Transformatoren während der $2^1/_2$ Monate dauernden Untersuchung keine Veränderung mehr auf, so daß es den Anschein hat, als ob die Verschlechterung der Verlustziffer bei Zimmertemperatur in der ersten Zeit nach Anlieferung eintritt und dann beendet ist.

2. Gar keine Alterung wies nur ein Blech auf, während die übrigen Bleche sämtlich eine Tendenz zum Altern zeigten, und zwar die 0,35 mm starken Bleche mehr als die 0,5 mm starken; doch ist die Alterung im allgemeinen sehr gering (3 bis $8^0/_0$) mit Ausnahme eines Bleches, das schon bei der Lieferung als von nicht gleichmäßiger Beschaffenheit festgestellt wurde. Hier betrug die Verlustzunahme $25^0/_0$.

3. Eine starke Alterung zeigen dagegen die legierten Bleche, und zwar wurde sie größer bei den $2^0/_0$ Al. haltigen ($33^0/_0$) als bei dem $1^0/_0$ Al. haltigen ($15^0/_0$) gefunden.

4. Die Verschlechterung der Verlustziffer erfolgte stets durch Vergrößerung des Hysteresisverlustes (Verschlechterung von η bis um $47^0/_0$), während der Wirbelstromverlust im allgemeinen konstant blieb und bei den legierten Blechen eher abnahm (12 bzw. $17^0/_0$). Die auf statischem Wege erhaltenen Zahlen stimmen im allgemeinen, soweit es wegen der Unsicherheit der Trennung zu erwarten war, mit der wattmetrisch ermittelten überein."

Nach neueren Versuchen von Dr. E. Kolben über den Einfluß des Siliziumgehalts auf das Eisen nimmt die Erscheinung des Alterns bei legierten Blechen mit dem Siliziumgehalt schnell ab und ist fast ganz verschwunden bei einem Si-Gehalt von $3{,}5^0/_0$.

Die Kurvenform der Spannung hat, wie die Periodenzahl bei kleinen und mittleren Periodenzahlen, keinen Einfluß auf die Wirbelstromverluste. Bei größeren Periodenzahlen werden jedoch die Wirbelstromverluste größer bei Kurvenformen, die von der Sinusform abweichen, weil eben die Oberwellen größere Wirbelstromverluste bedingen als die Grundwelle. Aus Formel 179 geht hervor, daß der Hysteresisverlust sich umgekehrt proportional mit der 1,6ten Potenz des Formfaktors ändert. Weil die spitzen Spannungskurven die größten Formfaktoren besitzen, ist für solche der Hysteresisverlust kleiner als für flache. Es folgt dies auch daraus, daß die Maximalinduktion B dem Flächeninhalt der Spannungskurve proportional, während dieser Inhalt bei gleichem Effektivwert dem Formfaktor umgekehrt proportional ist. Folglich wird die Maximal-

[1]) Totale Eisenverluste in 1 kg Eisen bei 50 Perioden und $B = 10000$.

induktion dem Formfaktor und der Hysteresisverlust der 1,6ten Potenz des Formfaktors umgekehrt proportional.

Um ein Bild von dem Einfluß der Kurvenform auf die Hysteresisverluste zu geben, sind die Hysteresisverluste bei den verschiedenen Formfaktoren unter Voraussetzung konstanter Klemmenspannung in Prozenten von dem Hysteresisverluste bei sinusförmiger Spannungskurve berechnet und in Fig. 318 als Funktion des Formfaktors f_ε aufgetragen.

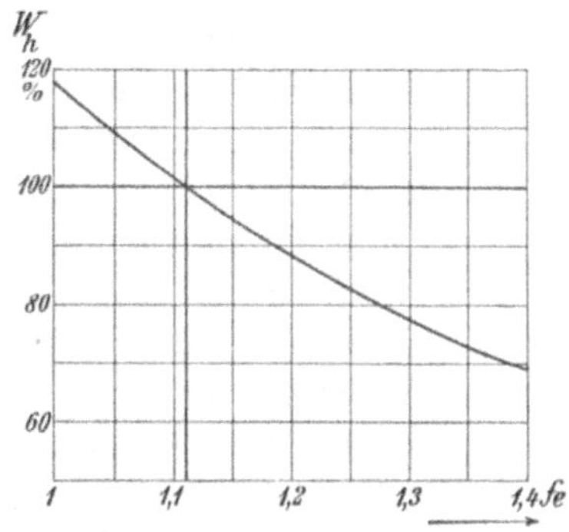

Fig. 318. Einfluß des Formfaktors auf die Hysteresisverluste.

Gewöhnlich findet man keine Spannungskurven mit einem Formfaktor, der größer als 1,3 bis 1,35 ist; bei solchen können also ca. 25 % Hysteresisverluste erspart werden. Doch sind so spitze Kurven aus anderen Gründen, besonders wegen der starken Beanspruchung der Isolation, nachteilig. Außerdem nehmen auch die Wirbelstromverluste bei stark abweichender Kurvenform etwas zu, so daß auch aus diesem Grunde die spitzen Kurven in bezug auf Eisenverluste nicht so günstig sind wie die Kurve Fig. 318 angibt.

114. Verlauf der Induktionslinien in Dynamoankern.

In den meisten elektrischen Maschinen wird das Eisen nicht fortwährend nach zwei diametralen Richtungen magnetisiert und entmagnetisiert, sondern oft bleibt die Induktion mehr oder weniger konstant bestehen, während ihre Richtung sich dreht. Eine solche Magnetisierung findet z. B. in dem Anker der in Fig. 319 gezeichneten vierpoligen Dynamomaschine statt, der in dem feststehenden Polsystem rotiert. Eine solche rotierende Induktion kann immer zerlegt werden in zwei Komponenten, welche im Raume senkrecht aufeinander stehen.

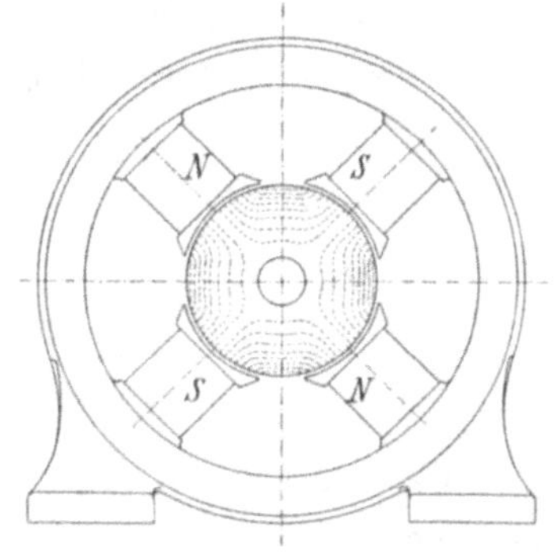

Fig. 319. Ummagnetisierung des Ankers einer vierpoligen Dynamomaschine.

Um diese Komponenten zu bestimmen, gehen wir von der Annahme aus, daß die Induktion an der Oberfläche des Ankers nach einer Sinuskurve verteilt ist. Ein solches Feld, dessen Feldkurve eine Sinuskurve ist, wird ein Sinusfeld genannt.

Um die Verteilung der Induktion im Inneren des Ankers zu berechnen, kann man sich an der Oberfläche des Ankers magnetische Belegungen denken, deren Dichte $J \cong \frac{B}{4\pi}$ sich auch nach einer Sinuskurve ändert. Diese magnetischen Massen üben im Inneren des Ankers magnetisierende Kräfte H nach dem Gesetze des magnetischen Potentials aus, welche Kräfte die magnetische Induktion B wieder zur Folge haben.

R. Rüdenberg[1]) hat die Komponenten dieser Induktionen aus den Differentialgleichungen des magnetischen Potentiales berechnet, und zwar unter der Voraussetzung, daß die Permeabilität μ des Eisenblechs in allen Punkten und Richtungen konstant ist und daß die Wirbelströme die Verteilung der Induktion nicht beeinflussen.

Es ist in Polarkoordinaten die radiale Komponente

$$b_r = \frac{1}{r}(A r^p - B r^{-p}) \cos p\varphi$$

und die tangentiale Komponente

$$b_\varphi = -\frac{1}{r}(A r^p + B r^{-p}) \sin p\varphi,$$

worin p die Polpaarzahl der Maschine bedeutet und A und B zwei Konstanten sind. Diese ergeben sich aus den beiden Grenzbedingungen, für den inneren und äußeren Radius

$$1)\quad r = r_i, \qquad b_r \cong 0$$

$$2)\quad r = r_a, \qquad b_r = B_l \cos p\varphi,$$

indem wir sinusförmige Verteilung der Induktion im Luftspalte B_l voraussetzen. Hieraus folgt

$$A = B_l \frac{r_a^{1-p}}{1 - \left(\frac{r_i}{r_a}\right)^{2p}}$$

und

$$B = B_l \frac{r_a^{1+p}}{\left(\frac{r_a}{r_i}\right)^{2p} - 1}.$$

Vertauscht man in diesen Formeln r_i und r_a, so gelten sie natürlich ohne weiteres auch für Innenpolmaschinen. In Fig. 320 ist der Verlauf der Induktionslinien für die vierpolige Maschine (Fig. 319) dargestellt, wie R. Rüdenberg sie aus den angegebenen Formeln konstruiert hat.

[1]) ETZ 1905 und R. Rüdenberg. Energie der Wirbelströme. Sammlung elektr. Vorträge (Stuttgart) 1906.

Aus den Formeln sehen wir somit, daß die Induktion in jedem Punkte eines rotierenden Ankers sich aus zwei Komponenten zusammensetzt, von denen die eine mit $\cos p\varphi$ und die andere mit $\sin p\varphi$ sich ändert. Macht der $2p$-polige Anker n Umdrehungen in der Minute, so werden in den Ankerdrähten EMKe von der Periodenzahl np in der Minute oder von $c = \frac{np}{60}$ Perioden in der Sekunde induziert. Es ist außerdem

$$\varphi = \frac{2\pi n}{60} t,$$

worin t die Zeit in Sekunden ist, während welcher der Anker sich um den Winkel φ dreht, also

$$p\varphi = \frac{2\pi p n}{60} t = 2\pi c t = \omega t.$$

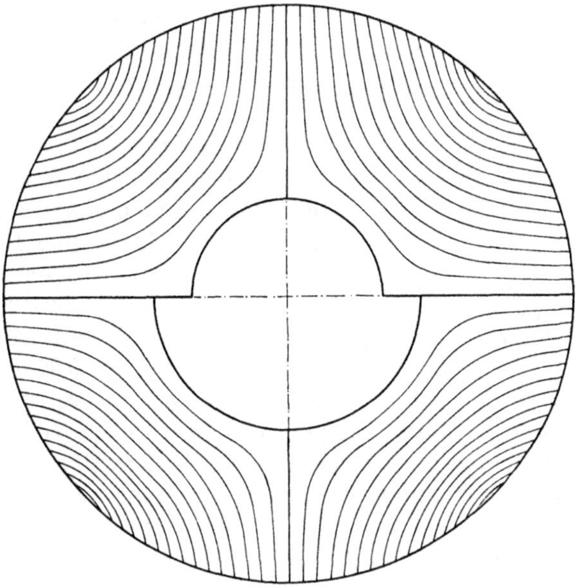

Fig. 320. Verlauf der Induktionskurven in einer vierpoligen Dynamomaschine.

Die beiden Komponenten lassen sich somit wie folgt ausdrücken

$$b_r = B_r \cos \omega t$$

$$b_\varphi = B_\varphi \sin \omega t$$

und die resultierende Induktion läßt sich wie in Fig. 321 durch einen um O rotierenden Vektor $\overline{OB}$ darstellen.

Die Winkelgeschwindigkeit dieser Rotation ist veränderlich und im Mittel gleich ω. Der Endpunkt B der rotierenden Strecke bewegt sich auf einer Ellipse. (Elliptische Induktion, elliptisches Drehfeld.) In der Nähe der äußeren Oberfläche des Ankers ist $B_r = B_l$ und

$$B_\varphi = \frac{r_a^{2p} + r_i^{2p}}{r_a^{2p} - r_i^{2p}} B_l ,$$

also für $r_i = 0$, oder wenn p sehr groß ist, an der Außenfläche, wo $r = r_a$ ist:

$$B_r = B_\varphi = B_l .$$

An der Innenfläche des Ankers, wo $r = r_i$ ist, wird $B_r = 0$ und

$$B_\varphi = B_l \frac{2\, r_a^{1+p}\, r_i^{p-1}}{r_a^{2p} - r_i^{2p}} .$$

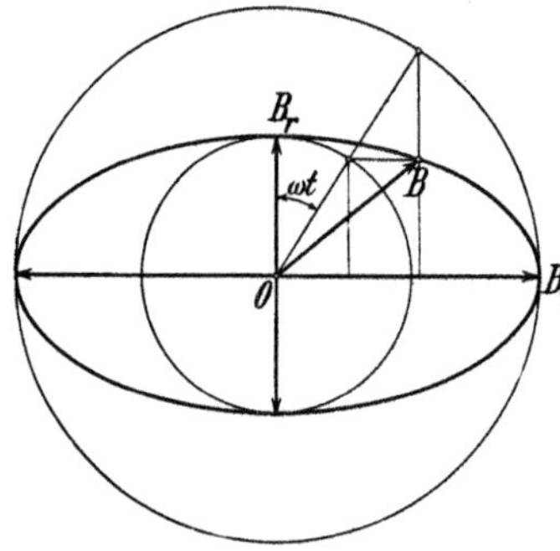

Fig. 321. Darstellung der radialen und tangentialen Komponenten der Induktion.

Während die radiale Komponente immer von der äußeren bis an die innere Oberfläche des Ankers abnimmt, ist dies für die tangentiale Komponente nur der Fall, wenn die Polzahl größer als zwei ist. Die Ellipsen, nach denen die Induktion sich ändert, werden um so flacher, je weiter man in den Anker hineinkommt. An der Innenfläche ist sie zu einer Linie zusammengeschrumpft, was darauf hinauskommt, daß die Induktion hier nach zwei diametralen Richtungen sich ändert ganz wie in dem Eisenkern eines Transformators. Die Ellipse geht nur in dem theoretischen Falle in einen Kreis über, wenn der Innendurchmesser gleich Null ist, und nur die Induktion in der äußeren Schicht eines derartigen Ankers führt eine gleichmäßige Drehung wie ein Kreisvektor aus (vollkommenes Drehfeld). Nimmt man an, daß die magnetische Molekulartheorie den physikalischen Vorgängen im Eisenkörper entspricht, so sieht man, daß die einzelnen Moleküle das Bestreben haben, zu rotieren, wenn der Anker rotiert, und zwar mit einer mittleren Geschwindigkeit, entsprechend der Periodenzahl der in der Ankerwicklung induzierten EMKe.

Weicht das Feld im Luftraume von der Sinusform ab, so kann man die Feldkurve nach Fourier in eine Grundwelle von Sinusform und Oberwellen von drei-, fünffacher usw. Polzahl zerlegen und für jedes Feld die Berechnungen wiederholen. Durch Superposition der Induktionen, die von den verschiedenen Feldern herrühren, erhält man das resultierende Bild der Verteilung der

Induktionslinien im Anker. Natürlich dringen die Felder höherer Polzahl am wenigsten in das Ankereisen ein.

Ist p sehr groß oder ∞, so gehen die Gleichungen unter Einführung von rechtwinkligen Koordinaten in die folgende Form über. Die tangentiale Komponente wird

$$b_x = \left(A\,e^{\frac{\pi}{\tau}y} + B\,e^{-\frac{\pi}{\tau}y}\right)\sin\frac{\pi}{\tau}x$$

und die radiale

$$b_y = -\left(A\,e^{\frac{\pi}{\tau}y} - B\,e^{-\frac{\pi}{\tau}y}\right)\cos\frac{\pi}{\tau}x,$$

worin τ die Polteilung bedeutet und A und B zwei Konstanten, die sich aus den beiden Grenzbedingungen ergeben

$$1.\quad y = h \qquad b_y = 0$$

$$2.\quad y = 0 \qquad b_y = B_l\cos\frac{\pi}{\tau}x.$$

Man erhält somit

$$A = \frac{B_l}{e^{2\frac{\pi}{\tau}h} - 1},$$

$$B = \frac{B_l}{1 - e^{-2\frac{\pi}{\tau}h}}.$$

h ist die Eisentiefe des Ankers. In den ersten Formeln war also $h = r_a - r_i$ und $\tau = \frac{\pi r_a}{p}$. Die letzten Formeln geben Aufschluß über die Verteilung der Induktion in den lamellierten Polschuhen einer Gleich- oder Wechselstrommaschine, deren Anker offene oder halboffene Nuten besitzt. Denn über die mittlere Induktion B_l lagert sich eine magnetische Welle, deren Maximalinduktion B_n gegenüber den Zähnen und deren Minimalinduktion $-B_n$ gegenüber den Nutenöffnungen liegt (Fig. 322).

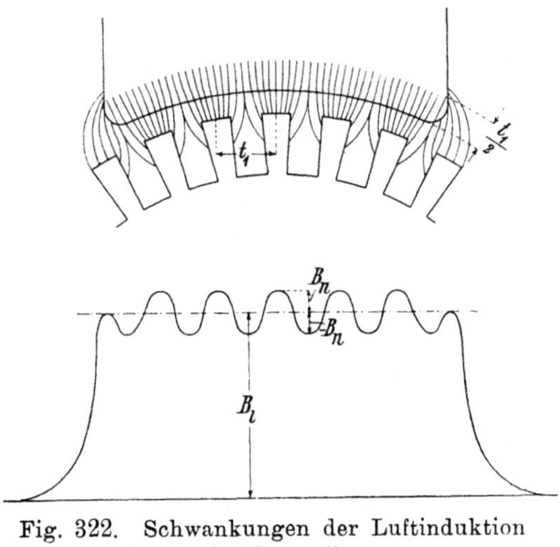

Fig. 322. Schwankungen der Luftinduktion durch die Nutenöffnungen.

In der Tiefe $y = \frac{t_1}{2} = \tau$ sind die magnetischen Wellen fast verschwunden, weil sie bis hier sich auf

$$e^{-\frac{\pi}{\tau}y} = e^{-\pi} = 0{,}0435,$$

d. h. auf ca. 4,5 % ihres Anfangswertes verringert haben.

Die beiden Annahmen, die wir allen Rechnungen zugrunde gelegt haben, nämlich, daß die Permeabilität überall konstant ist, und daß die Wirbelströme die Verteilung der Induktion nicht beeinträchtigen, trifft nicht ganz zu. Da aber die Permeabilität nach innen zunimmt, wird die Induktion in den inneren Schichten etwas größer als die Formeln ergeben. Die Wirbelströme haben aber das entgegengesetzte Bestreben, nämlich die Induktionslinien mehr nach außen hin zu drängen. Die Figuren 323 und 324 zeigen die

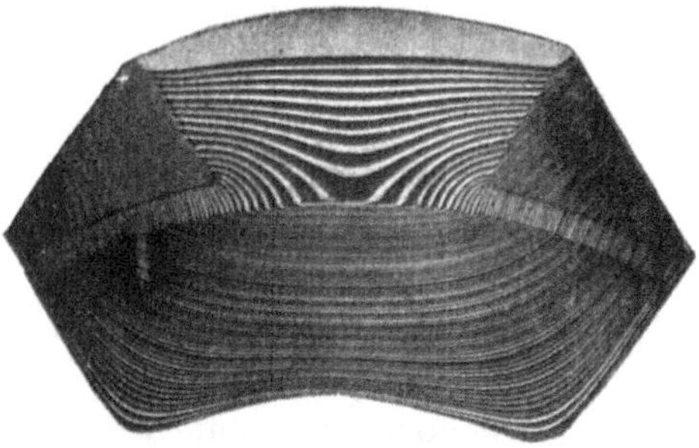

Fig. 323. Kraftlinienverlauf in einem glatten Anker.

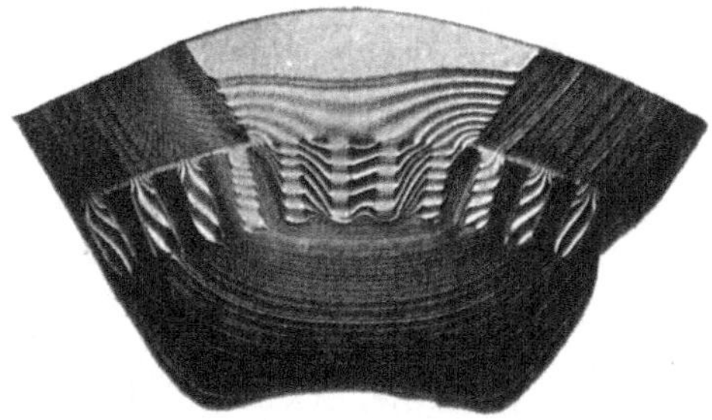

Fig. 324. Kraftlinienverlauf in einem gezahnten Anker.

Verteilung der Induktionslinien in einem glatten und in einem Zahnanker. Diese Kraftlinienbilder sind nach den Aufnahmen von W. M. Thornton[1]) gezeichnet, welche nach der Methode von Hele Shaw, Hay and Powell in folgender Weise durchgeführt werden. Die Methode beruht darauf, daß die Grundgleichungen für die magnetischen Induktionslinien mit den Grundgleichungen für die zweidimensionale Strömung einer idealen, d. h. reibungslosen und inkompressiblen Flüssigkeit übereinstimmen. Da eine vollständig reibungslose Flüssigkeit nicht existiert, genügt es auch, eine gewöhnliche Flüssigkeit zu nehmen, wenn sie in sehr dünner Schicht zwischen zwei parallelen Flächen gleitet. Durch Hindurchpressen einer in Streifen gefärbten Flüssigkeit zwischen zwei parallelen Glasplatten gelang es nun Hele-Shaw u. a., Strömungslinien herzustellen, die mit den Induktionslinien eines magnetischen Feldes übereinstimmen. Die Färbung der Flüssigkeit geschah in der

[1]) Electrician 1905/06 Seite 959.

Weise, daß aus einem Röhrchen, in dem eine große Zahl feiner Löcher in gleichmäßigen, sehr geringen Abständen voneinander angebracht waren, ein Anilinfarbstoff in die Flüssigkeit eingepreßt wurde, der sich zu scharf abgegrenzten Stromfäden von außerordentlicher Regelmäßigkeit ausbildete.

Weiter läßt sich beweisen, daß die Geschwindigkeit der Flüssigkeit unter sonst gleichen Verhältnissen proportional der dritten Potenz der Schichtdicke ist. Dieser Umstand gibt ein geeignetes Mittel an die Hand, um für die verschiedenen Permeabilitäten der einzelnen Teile des Stromweges ein mechanisches Analogon zu schaffen. Die Teile der einen Platte, welche den Luftraum vorstellen sollten, wurden mit einer Wachsschicht bedeckt und die andere Platte soweit genähert, daß nur ein minimaler Zwischenraum übrig blieb; betrug dieser beispielsweise ein Zehntel des Wertes an den nicht mit Wachs bedeckten Stellen, so war die „Permeabilität" an den letzten das tausendfache. Als Flüssigkeit wurde bei den Versuchen Glyzerin verwendet, das an einem Pole eingeführt und am anderen wieder abgeleitet wurde. Wie die Photographien zeigen, stimmt der Verlauf der „Kraftlinien" ganz überein mit den Kraftlinienbildern, die man sich durch komplizierte Rechnungen konstruieren kann.

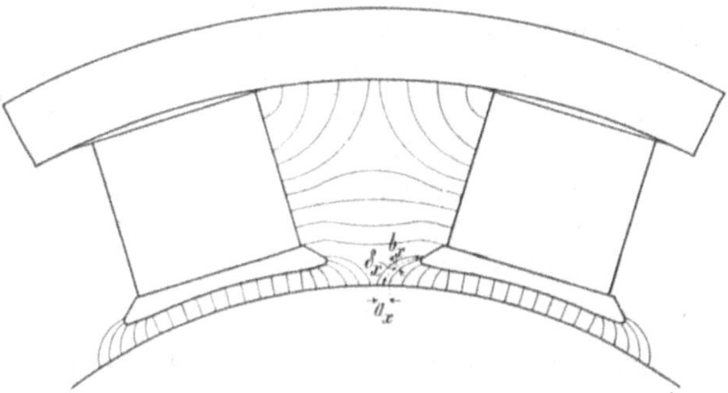

Fig. 325.

Für die Berechnung und Konstruktion von Kraftlinienbildern entwirft man erst nach bestem Ermessen mehrere Kraftlinienbilder, zerlegt den betrachteten Raum in Kraftröhren und berechnet die magnetische Leitfähigkeit der Röhren. Da die Kraftlinien stets einen solchen Verlauf einnehmen, daß der totale Kraftfluß ein Maximum wird, so darf das Kraftlinienbild, welches die größte Leitfähigkeit ergibt, als das richtigste angesehen werden. Oft ist es von Vorteil, die Äquipotentiallinien vor den Kraftlinien aufzuzeichnen, um dann mit Hilfe der Äquipotentiallinien die Kraftlinien zu entwerfen. Dies lohnt sich jedoch nur in solchen Fällen, bei denen die Äquipotentiallinien von vornherein leichter und genauer als die Kraftlinien entworfen werden können. Hat man nun das Kraftlinienbild, wie z. B. das zwischen einer Polfläche und einer Ankeroberfläche in Fig. 325, entworfen und sich überzeugt, daß es die größte Leitfähigkeit besitzt, so geht man dazu über, den Kraftfluß zwischen Pol und Ankeroberfläche genau zu berechnen. Die Leitfähigkeit λ_x einer Kraftröhre ergibt sich zu

$$\lambda_x \simeq \frac{b_x}{0{,}8\,\delta_x},$$

worin b_x die mittlere Weite und δ_x die mittlere Länge der Kraftröhre bezeichnet. Die Breite der Kraftröhre senkrecht zur Papierebene ist zu 1 cm angenommen. Ist die magnetische Potentialdifferenz zwischen Pol und Ankeroberfläche gleich AW_δ, so erhält man einen Kraftfluß Φ_x durch die betrachtete Röhre gleich

$$\Phi_x = \frac{b_x}{0{,}8\,\delta_x} AW_\delta,$$

und die Feldstärke an der Ankeroberfläche wird

$$B_x = \frac{\Phi_x}{a_x} = \frac{b_x\,AW_\delta}{0{,}8\,a_x\,\delta_x},$$

weil die Kraftlinien stets senkrecht in die Eisenoberfläche eintreten. Wäre die Feldstärke an einer Stelle im Luftraum zu bestimmen, so wäre Φ_x durch den Teil der Niveaufläche an der betreffenden Stelle zu dividieren, den die betrachtete Kraftröhre abschneidet. In dieser Weise können nun die Kraftflüsse aller Röhren und die magnetische Feldstärke in jedem beliebigen Punkte des Raumes mit ziemlicher Genauigkeit bestimmt werden.

115. Eisenverluste bei drehender Magnetisierung.

a) Die Wirbelstromverluste, die bei drehender Magnetisierung im Eisen auftreten, werden einfach durch Addition der von den beiden Komponenten der Induktion erzeugten Verluste erhalten. Bezeichnen wir mit $f_{\varepsilon r}$ und $f_{\varepsilon \varphi}$ die Formfaktoren der EMKe, die von B_r bzw. B_φ durch ihre Pulsation induziert werden, so finden wir die Wirbelstromverluste ähnlich wie nach Gl. 176:

$$W_w = \sigma_w \left(\Delta \frac{c}{100}\right)^2 \left[\left(\frac{f_{\varepsilon r} B_r}{1000}\right)^2 + \left(\frac{f_{\varepsilon \varphi} B_\varphi}{1000}\right)^2\right] V_e \text{ Watt} \quad . \quad (180)$$

Hierbei haben wir σ_w und Δ für die beiden Richtungen r und φ gleich groß angenommen. Dies wird immer zutreffen, wenn die

Ebene, in der die Induktion rotiert, parallel zu den Trennungsfugen der Eisenbleche verläuft.

Wird das Eisen in einem reinen Drehfeld magnetisiert, so ist $B_r = B_\varphi = B$ und wir erhalten gerade den doppelten Wirbelstromverlust wie bei linearer Magnetisierung (Wechselstrommagnetisierung) auf denselben Wert B.

Ausgehend von den Formeln im Abschnitt 114 für die Verteilung der Induktion hat R. Rüdenberg auch die Wirbelströme in rotierenden Ankern analytisch untersucht und das interessante Resultat erhalten, daß die Stromlinien der Wirbelströme mit den Induktionslinien des Magnetfeldes identisch sind, bis auf die Randschichten, wo eben ein Umkehren der Ströme stattfindet. Der Stromverlauf ist durch die Fig. 326 erläutert. Für Wirbelstromverluste erhielt Rüdenberg ferner dieselbe Formel wie oben

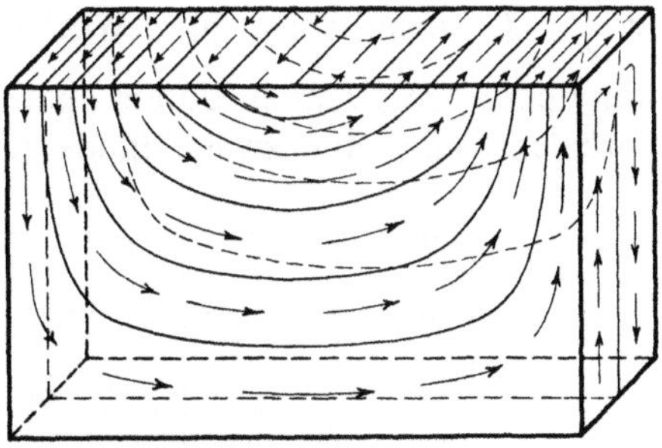

Fig. 326. Verlauf der Wirbelströme bei drehender Magnetisierung.

$$W_w = \sigma_w \left(\varDelta \cdot \frac{c}{100} \cdot \frac{B_{mitt}}{1000}\right)^2 V_e \text{ Watt.}$$

Hierin ist $B_{mitt} = \frac{\tau}{\pi h} B_l$ die mittlere tangentiale Induktion in der neutralen Zone, in welcher $b_r = 0$ ist. Nur ist der Wirbelstromkoeffizient für drehende Magnetisierung größer als für die lineare Magnetisierung, und wie aus den folgenden Formeln ersichtlich, hängt er wesentlich von den Ankerdimensionen ab. Es ist nämlich für rotierende Anker

$$\sigma_w = \frac{\pi^2}{6} \frac{\pi h}{\tau} \frac{1 + \left(1 - \frac{\pi}{p} \frac{h}{\tau}\right)^{2p}}{1 - \left(1 - \frac{\pi}{p} \frac{h}{\tau}\right)^{2p}} \quad \ldots\ldots (181)$$

für $p = \infty$, d. h. für eine ebene Ankerfläche

$$\sigma_w = \frac{\pi^2}{6} \frac{\pi \frac{h}{\tau}}{\mathfrak{Tg}\, \frac{\pi h}{\tau}} \quad \ldots\ldots\ldots (182)$$

und für hohle Ankerkerne wie bei Statoren

$$\sigma_w = \frac{\pi^2}{6}\pi\frac{h}{\tau}\frac{\left(1+\frac{\pi}{p}\frac{h}{\tau}\right)^{2p}+1}{\left(1+\frac{\pi}{p}\frac{h}{\tau}\right)^{2p}-1} \quad \ldots\ldots (183)$$

In Fig. 327 sind die Werte von σ_w für verschiedene Polzahlen als Funktion von $\frac{h}{\tau}$ aufgetragen; diese Kurven gehen alle von $\frac{\pi^2}{6}$ für $\frac{h}{\tau}=0$ entsprechend der Wechselstrommagnetisierung aus. Die zweipoligen rotierenden Anker haben den kleinsten Wirbelstromkoeffizient und die zweipoligen Statorkerne den größten. Diese

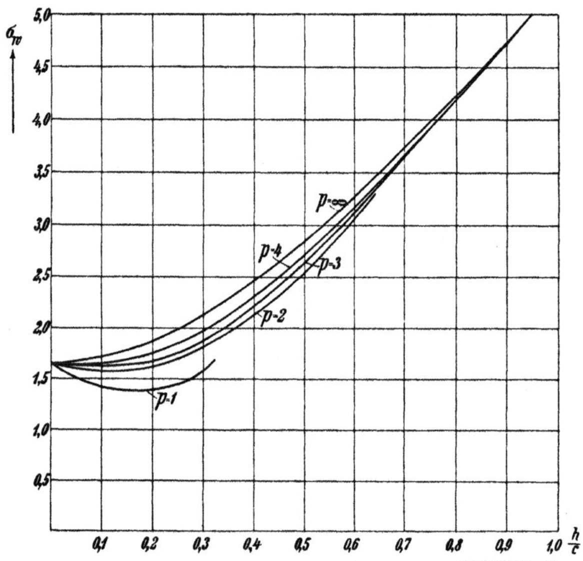

Fig. 327. Abhängigkeit des Wirbelstromkoeffizienten σ_w von der Ankertiefe für verschiedene Polzahlen.

Formeln sind unter Annahme von gleichmäßig verteilter Induktion über die Dicke jedes Bleches und für konstante Permeabilität μ abgeleitet. Diese Voraussetzungen treffen jedoch nur angenähert zu, und die Wirbelstromverluste sind deswegen immer etwas größer als die Formeln angeben. Eine weitere Erhöhung erfahren sie auch durch Bearbeitung der Oberfläche der Anker, so daß die experimentell ermittelten Wirbelstromkoeffizienten meist zwischen 5 und 10 liegen und bei Gleichstrommaschinen noch höher sein können. Dies kommt jedoch zum großen Teil daher, daß man zu den Wirbelstromverlusten in den Ankerblechen auch die Verluste hinzuschlägt, die von den Nuten in den Polschuhflächen oder in der gegenüberliegenden Ankeroberfläche (bei Induktionsmotoren) erzeugt werden. Diese müssen natürlich getrennt berechnet werden, was im letzten Teil dieses Abschnitts geschehen soll.

b) Über den Hysteresisverlust bei drehender Magnetisierung (sogenannte drehende Hysteresis) liegen noch wenige Untersuchungen vor. Wie gezeigt, haben die Eisenmoleküle eines rotierenden Ankers das Bestreben, mit einer der Periodenzahl c entsprechenden mittleren Winkelgeschwindigkeit ω zu rotieren, werden aber bei der entgegengesetzten Bewegungsrichtung der benachbarten Moleküle durch Reibung verhindert, der magnetisierenden Kraft zu folgen. Es treten deswegen hier Verluste auf, die a priori nicht gleich dem Hysteresisverlust bei Wechselstrommagnetisierung zu sein brauchen; dort ändert die magnetisierende Kraft nämlich nicht ihre Richtung sondern nur ihre Stärke. Die neuesten Untersuchungen deuten jedoch daraufhin, daß der Hysteresisverlust bei drehender Magnetisierung ungefähr den gleichen Wert hat wie bei Wechselstrommagnetisierung für kleine Induktionen bis ca. 10000. Bei größeren Induktionen dagegen wird der Hysteresisverlust bei drehender Magnetisierung etwas kleiner als bei der Wechselstrommagnetisierung. Es wird von verschiedener Seite sogar behauptet, daß der Hysteresisverlust bei drehender Magnetisierung ein Maximum bei einer Induktion von 16000 bis 20000 erreicht, um bei noch höheren Werten sehr schnell auf einen sehr kleinen Betrag zu sinken. Man hat versucht, diese Erscheinung aus der Molekulartheorie von Ewing zu erklären, jedoch scheinen sowohl die Erklärung als auch die Versuche nicht ganz einwandfrei zu sein. Es werden deswegen auch allgemein die bei der Wechselstrommagnetisierung ermittelten Hysteresisverluste direkt auf die Fälle der drehenden Magnetisierung übertragen, indem man die Hysteresisverluste nach der Formel 168 und für die mittlere tangentiale Induktion $B_{mitt} = \frac{\tau}{\pi h} B_l$ berechnet.

c) Polschuhverluste. Bei einem Nutenanker ist die Induktion längs der Oberfläche des Polschuhes nicht konstant, sondern ändert sich nach einer Welle entsprechend den Nuten und Zähnen. Rotiert der Anker, so verschieben sich die Maxima und Minima dieser magnetischen Welle gegenüber den Polschuhen und an einer und derselben Stelle des Polschuhes schwankt somit die Induktion zeitlich nach Maßgabe der in einer Sekunde vorbeiwandernden Zähnezahl Z. Hierdurch werden in dem Polschuh Wirbelströme von der Periodenzahl $c_n = \frac{Z n}{60}$ induziert, die sich bis zu einer Tiefe h erstrecken, bei der die Induktion konstant ist. Die Ströme sind so gerichtet, daß sie die Schwankung des Feldes dämpfen, d. h. sie üben eine Schirmwirkung aus, sie werden daher hauptsächlich an der Oberfläche des Polschuhes verlaufen und nach innen schnell abgedämpft.

Sind die Polschuhe der Maschine lamelliert, so lassen sich die von den Nuten erzeugten Wirbelstromverluste nach der Formel 176 für $p = \infty$ berechnen. Jedoch muß hierbei beobachtet werden, daß die Luftinduktion B_l durch die Amplitude B_n der Induktionsschwankung an der Poloberfläche und die Polteilung τ durch die halbe Nutenteilung zu ersetzen ist. Die Tiefe der Lamellierung setzen wir auch gleich $\frac{t_1}{2}$, denn wenn sie auch tiefer wäre, so würde das keinen großen Einfluß auf unsere Rechnung haben, weil die magnetischen Wellen, wie gezeigt, in dieser Tiefe fast ganz abgedämpft sind. In einem Polschuh von der Länge l cm, der Breite b cm und der Tiefe $\frac{t_1}{2}$ cm treten somit die folgenden Wirbelstromverluste auf

$$W_w = \sigma_w \left(\Delta \frac{c_n}{100} \frac{B_n}{\pi 1000}\right)^2 \frac{b l t_1}{2000} \text{ Watt},$$

weil

$$B_{mitt} = \frac{B_n}{\pi}.$$

Hier ist

$$\sigma_w = \frac{\pi^2}{6} \frac{\frac{\pi h}{\tau}}{\mathfrak{Tg}\frac{\pi h}{\tau}} = \frac{\pi^2}{6} \frac{\pi}{\mathfrak{Tg}\,\pi} = \frac{\pi^3}{6}$$

und die Periodenzahl

$$c_n = \frac{100 v}{t_1},$$

wenn v die Umfangsgeschwindigkeit des Ankers in Meter in der Sekunde bedeutet. Mit diesen Werten wird die Formel

$$W_w = \frac{\pi^3}{6}\left(\Delta v \frac{B_n}{1000}\right)^2 \frac{l b t_1}{2000 \pi^2 t_1^2} \text{ Watt}$$

$$= \frac{\pi}{120 t_1}\left(\Delta \frac{v}{10} \frac{B_n}{1000}\right)^2 l b \text{ Watt. . . . . (184)}$$

worin l, b und t_1 in cm, dagegen Δ in mm einzusetzen sind. Die Hysteresisverluste ergeben sich in angenäherter Weise zu

$$W_h = \sigma_h \frac{c_n}{100} \left(\frac{B_n}{\pi 1000}\right)^{1,6} \frac{l b t_1}{2000} \text{ Watt}$$

$$= \frac{\sigma_h}{400 \pi} \frac{v}{10} \left(\frac{B_n}{1000}\right)^{1,6} l b \text{ Watt.}$$

In dieser Formel ist wie in den früheren die Verteilung der Induktion über die Dicke eines Bleches als konstant angenommen. Dies wird für die meisten Polschuhe jedoch nicht zutreffen, teils weil die Blechstärke oft 1 mm betragen kann und teils weil die Periodenzahl c_n zwischen 500 und 1500 schwankt. Die Stärke δ der äquivalenten Schicht eines Bleches in einem Polschuh für $c = 1000$, $\varrho = 10^{-5}$ und $\mu = 2000$ ist

$$\delta = \frac{10^4}{\pi} \sqrt{\frac{\varrho}{0,8 c_n \mu}} = \frac{1}{40 \pi} \text{ cm} = 0,08 \text{ mm},$$

also viel dünner als die halbe Blechstärke. In solchen Fällen geben die Formeln zu kleine Werte. Man sieht aber, daß es äußerst wichtig ist, nicht zu dicke Bleche in den Polschuhen anzuwenden. Es ist deswegen von Interesse, die Wirbelstromverluste unter Annahme eines massiven Polschuhes zu berechnen und sie mit den ersten Werten zu vergleichen. Diese Rechnung werden wir nach dem von R. Rüdenberg in der ETZ 1905, S. 182 angegebenen Verfahren durchführen.

Die magnetische Welle, welche den Polschuh trifft, soll wieder durch

$$b_n = B_n \cos \frac{2\pi}{t_1} x$$

gegeben sein. In jedem Element an der Oberfläche des Polschuhes und parallel zur Achse wird für 1 cm Länge eine EMK

$$e_w = v b_n 10^{-6} \text{ Volt}$$

induziert, wenn v die Umfangsgeschwindigkeit des Ankers in Meter in der Sekunde ist. Diese EMK erzeugt nahe an der Oberfläche einen Wirbelstrom

$$i_w = \frac{e_w}{\varrho} = v \frac{b_n}{\varrho} 10^{-6} \text{ Amp.}$$

Im Abschnitte 112 sahen wir, daß die Wirbelströme sich im massiven Eisen nach der Exponentialfunktion $e^{-\lambda y}$ fortpflanzen, worin

$$\lambda = \frac{2\pi}{10^4} \sqrt{\frac{c_n \mu}{10 \varrho}}$$

eine von den Konstanten des Eisens abhängige Größe ist, und y den Abstand des betrachteten Punktes von der Oberfläche bedeutet.

Es kann somit der allgemeine Ausdruck für die Wirbelströme wie folgt hingeschrieben werden

$$i_w = \frac{v}{\varrho} B_n e^{-\lambda y} \cos \frac{2\pi}{t_1} x 10^{-6}.$$

Bilden wir nun den Ausdruck $i_w^2 \varrho\, dv$, der den Wirbelstromverlust in dem Volumenelement dv darstellt, und integrieren über die Polschuhfläche $t_1 l$. Die Integration nach der Tiefe y erstrecken wir bis ins Unendliche, was nur der Bequemlichkeit halber geschieht, weil die magnetischen Wellen sich so wie so nicht über eine Wellenlänge ins Eisen fortpflanzen, und erhalten den totalen Wirbelstromverlust für eine Nutenteilung

$$w_w = \int_0^{t_1} dx \int_0^{\infty} dy \int_0^{l} dz\, i_w^2 \varrho = \int_0^{t_1} dx \int_0^{\infty} dy \int_0^{l} dz \frac{v^2 B_n^2}{\varrho 10^{12}} e^{-2\lambda y} \cos^2 \frac{2\pi}{t_1} x,$$

also

$$w_w = \frac{v^2 B_n^2}{\varrho 10^{12}} \frac{t_1}{2} \frac{l}{2\lambda}.$$

Integrieren wir anstatt über die Nutenteilung t_1 über den ganzen Polbogen b, so erhalten wir den ganzen Wirbelstromverlust

$$W_w = \frac{v^2 B_n^2}{\varrho 10^{12}} \frac{bl}{4\lambda} \text{ Watt}$$

$$= \frac{v^2 B_n^2}{10^8 2\pi\varrho \sqrt{\frac{c_n \mu}{10\varrho}}} bl \text{ Watt},$$

und mit $c_n = \frac{100 v}{t_1}$ wird

$$W_w = \frac{1}{80\pi} \left(\frac{B_n}{1000}\right)^2 \left(\frac{v}{10}\right) \sqrt[1,5]{\frac{t_1}{\varrho\mu}}\, bl \text{ Watt}, \quad . \; . \; . \; (185)$$

worin b, l und t_1 in Zentimeter und v in Meter in der Sekunde einzusetzen sind.

Wie ersichtlich, weicht dieser Ausdruck beträchtlich von dem für lamellierte Pole ab.

Sie stehen in dem Verhältnis

$$\frac{\pi^2}{1,5 t_1^{1,5}} v^{0,5} \Delta^2 \sqrt{\mu\varrho} = \frac{6,6\,\Delta^2}{t_1} \sqrt{\frac{v\mu\varrho}{t_1}}$$

zueinander. Für $\Delta = 0,5$ mm, $t_1 = 2$ cm, $v = 20$ Meter in der Sekunde, $\mu = 2000$ und $\varrho = 10^{-5}$ wird dieses Verhältnis

$$\frac{6,6 \cdot 0,5^2}{2} \sqrt{\frac{20 \cdot 2000}{2 \cdot 10^5}} = 0,37.$$

Also geben in diesem Falle die lamellierten Polschuhe nur etwas mehr als ein Drittel der Wirbelstromverluste in den massiven Polschuhen. Dabei dürfen aber die Bleche der lamellierten Polschuhe nicht stärker sein als $2d = 0{,}16$ mm, denn es ist

$$c_n = \frac{100\,v}{t_1} = 1000 \text{ Perioden.}$$

Da dies aus praktischen Rücksichten nicht möglich ist, werden die Wirbelstromverluste in den lamellierten Polschuhen einen Wert annehmen, der zwischen den beiden berechneten liegt.

116. Prüfung und Vorausberechnung von Verlusten in Eisenblechen.

Zur Eisenuntersuchung werden besondere Apparate verwendet, deren magnetische Kreise ausschließlich Eisen der zu prüfenden Qualität enthalten sollen.

Der Verband Deutscher Elektrotechniker schlägt in seinen Normalien für die Prüfung von Eisenblechen die in Fig. 328 dargestellte Anordnung vor.

Der magnetische Kreis wird aus vier Kernen von je 500 mm Länge, 30 mm Breite und mindestens $2^1/_2$ kg Gewicht zusammengesetzt. Die einzelnen Bleche sind durch Seidenpapier voneinander isoliert. Die Eisenkerne werden durch Holzbacken in ihrer Lage gehalten. An den Stoßstellen sind sie durch eine Preßspanschicht von 0,15 mm getrennt. Bei dem Zusammenbau ist darauf zu achten daß die Kerne möglichst gut aneinander passen. Die richtige Montierung gibt bei Stromschluß das geringste Geräusch und erfordert den geringsten Magnetisierungsstrom. Die Magnetspulen bestehen aus Preßspanhülsen, auf die je 150 Windungen von 14 mm^2 Drahtquerschnitt aufgebracht sind.

Die Blechkerne sollen nach diesen Vorschriften aus einer Probe von vier Tafeln entnommen werden, die zusammen mindestens 10 kg wiegen. Von den mittels Wattmeter gemessenen Totalverlusten sind die Verluste in der Wicklung abzuziehen, um den auf die Eisenverluste entfallenden Teil W_e zu erhalten. Nach den Formeln 168 und 176 sind die gesamten Eisenverluste

$$W_e = W_h + W_w = \left[\sigma_h \frac{c}{100}\left(\frac{B}{1000}\right)^{1,6} + \sigma_w \left(\Delta \frac{c}{100}\,\frac{f_\varepsilon B}{1000}\right)^2\right] V_e \quad (186)$$

Die Koeffizienten σ_h und σ_w können nun durch Versuche bestimmt werden, indem man die Eisenprobe mittels Wechselstrom bei konstanter Induktion B und veränderlicher Periodenzahl c

magnetisiert. Zu dem Zweck hat man nur die Erregung des als Stromquelle dienenden Generators konstant zu halten und seine Umdrehungszahl zu verändern; denn dann ändert sich die EMK der Periodenzahl proportional und der Kraftfluß bleibt konstant. Die mittels Wattmeter gemessenen Verluste werden durch Division durch das Eisenvolumen auf 1 dm³ umgerechnet. Diese Werte werden durch die jeweilige Periodenzahl c dividiert und als Funktion der Induktion B aufgetragen, sie müssen nach der Gleichung für die Verluste auf einer Geraden liegen.

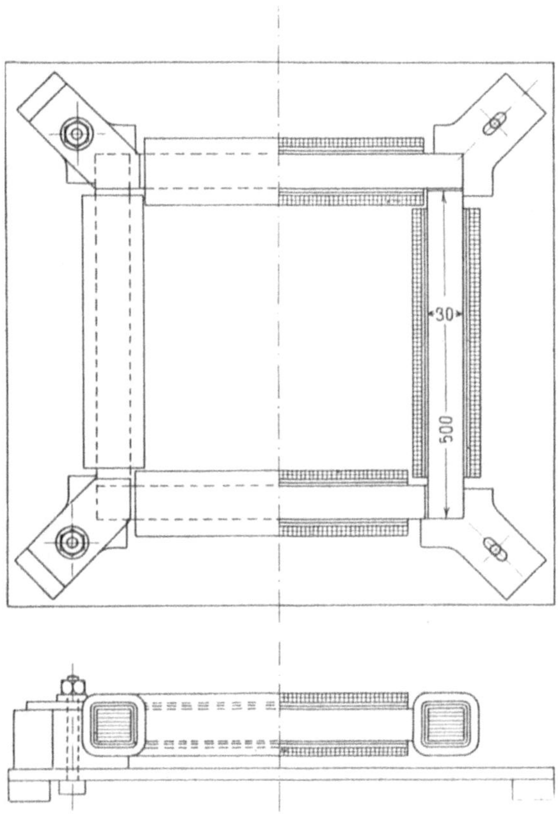

Fig. 328. Apparat zur Untersuchung von Eisenblechen.

Der Abschnitt dieser Geraden auf der Ordinatenachse ist gleich $\frac{\sigma_h}{100}\left(\frac{B}{1000}\right)^{1,6}$, während die Höhe eines Punktes der Geraden über diesem Schnittpunkt mit der Ordinatenachse den Wert

$$c\,\sigma_w\left(\frac{\Delta}{100}\,\frac{f_\varepsilon B}{1000}\right)^2 \quad \text{ergibt.}$$

In Fig. 329 sind für ein Dynamoblech von $\Delta = 0{,}5$ mm für die drei Induktionen $B = 6000$, 10000 und 15000 die genannten Geraden bestimmt und die hieraus berechneten Werte von σ_h und σ_w angegeben.

Diese Methode der Trennung der Hysteresis- und Wirbelstromverluste beruht auf der Annahme, daß der Hysteresisverlust für eine Periode von der Periodenzahl unabhängig ist. Dies ist, wie wir gesehen haben, nicht genau richtig, sondern er nimmt mit zunehmender Periodenzahl gewöhnlich etwas zu. Der Wirbelstromverlust wird deshalb bei der Trennung etwas größer, der Hysteresisverlust etwas kleiner erscheinen, als es der Wirklichkeit entspricht. Aber jedenfalls gibt diese Trennungsmethode uns Aufschluß darüber, ein wie großer Teil der Verluste proportional der Periodenzahl und ein wie großer Teil proportional dem Quadrate der Periodenzahl zunimmt, was für die Vorausberechnung der Verluste und für die experimentelle Bestimmung der Koeffizienten σ_h und σ_w von Bedeutung ist. Ferner haben wir gesehen, daß die Wirbelströme, besonders bei hoher Periodenzahl, eine ungleichförmige Verteilung der Induktion über den Blechquerschnitt bewirken. Hierdurch wird auch der Hysteresisverlust mit zunehmender Periodenzahl vergrößert, was bei der Trennung als eine Vergrößerung des Wirbelstromkoeffizienten σ_w erscheint. Dieser Koeffizient wird daher durch den Versuch meistens bedeutend größer gefunden, als die Ableitung aus der Blechstärke und der Leitfähigkeit des Eisens ergibt. Ist die Papierzwischenlage zwischen den Blechen nicht gut isolierend, oder tritt beim Zusammenbau oder bei der Bearbeitung der Bleche ein direkter Schluß zwischen ihnen ein, wie es oft in der Praxis unvermeidlich ist, so kann der Wirbelstromkoeffizient noch bedeutend größer werden.

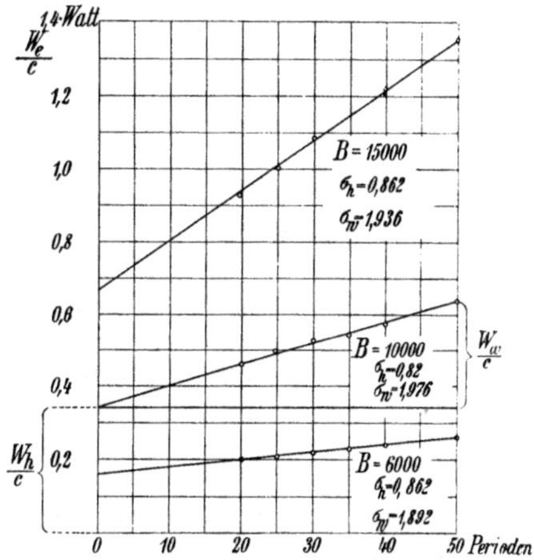

Fig. 329. Trennung der Eisenverluste nach der Periodenzahl.

Der Gesamtverlust in 1 kg Eisen in Watt bei einer Induktion von 10000 und bei der Periodenzahl 50 wird allgemein als die Verlustziffer des Eisens bezeichnet. Unter der Annahme eines spezifischen Gewichts von 7,77 hat das in Fig. 329 untersuchte Eisen eine Verlustziffer von 4,1.

Das von **Ewing** als das beste befundene Eisen hatte die folgende Zusammensetzung:

Kohle	0,02 %	Phosphor	0,02 %
Silizium	0,032 %	Schwefel	0,003 %
Spuren von Mangan		Eisen	99,925 %

Dieses Eisen altert aber sehr schnell. Durch Zugabe von 3 % Silizium oder Aluminium ist es neuerdings gelungen, ein Eisen herzustellen, dessen Hysteresisverlust kleiner ist als der des besten schwedischen Eisens, und bei dem das Altern bedeutend geringer ist. Die Permeabilität eines derartig unreinen Eisens ist aber auch niedriger als die eines gewöhnlichen Eisens.

Da Bleche aus derartigen Legierungen, sogenannte legierte Bleche, einen 4 bis 5mal größeren elektrischen Widerstand als die gewöhnlichen Bleche und infolgedessen kleinere Wirbelstromverluste haben, eignen sie sich vorzüglich für Transformatoren und andere elektromagnetische Apparate mit großen Eisenverlusten und schlechter Abkühlung.

Für die Verlustziffer garantiert die Bismarckhütte, deren Eisenbleche in Deutschland viel verwendet werden:

für $\Delta = 0,3$ mm Spezialqualität 2,8 Watt pro kg
„ $\Delta = 0,3$ „ Normalqualität 3,1 „ „ „
„ $\Delta = 0,5$ „ Normalqualität 3,6 „ „ „

Für verschiedene Proben legierter Bleche von Capito & Klein in Benrath a. Rh. ergaben sich die unten angeführten Werte. Das Eisenblech hatte eine Stärke $\Delta = 0,35$ mm und ein spez. Gew. von 7,5.

Untersucht von	Verlustziffer	η	σ_h	σ_w	Spez. Widerstand
El. Institut Karlsruhe .	2,06	0,00105	0,665	0,88	
Ph. T. Reichsanstalt . .	1,64	0,00089	0,56	0,72	0,535 Ω
„ . .	1,45	0,00072	0,455	0,68	

Die Legierung derartiger Bleche hat gewöhnlich die folgende Zusammensetzung:

Kohle	0,03 %	Phosphor	0,01 %
Silizium	3,4 %	Schwefel	0,04 %
Mangan	0,3 %	Eisen	96,2 %.

117. Vorausberechnung der erregenden Amperewindungen bei Gleich- und Wechselstrom.

Bei der Vorausberechnung der Amperewindungen eines mit Gleichstrom erregten magnetischen Kreises teilt man den magnetischen Kreis in Stücke von gleichem Material und von annähernd konstanter Induktion ein. Man geht nun beispielsweise von dem Werte Φ_1 des Kraftflusses in dem ersten Stück aus und berechnet die dort vorhandene Induktion $B_1 = \frac{\Phi_1}{Q_1}$, wobei Q_1 den mittleren Querschnitt dieses Stückes bedeutet. Ähnlich findet man die Induktion in einem anderen Stück $B_x = \frac{\Phi_x}{Q_x} = \sigma_x \frac{\Phi_1}{Q_x}$.

Hier bedeutet σ_x den Streuungskoeffizienten des Stückes x gegenüber dem Stücke 1. Es müssen nun die sogenannten Magnetisierungskurven der betreffenden Materialien vorhanden sein. Diese Kurven enthalten für die verschiedenen Materialien die Induktionen B als Funktion der Amperewindungszahl aw für 1 cm Kraftlinienweg. Diese Kurven sind durch die früher besprochene ballistische Messung oder mittels des von Siemens & Halske gebauten Köpselschen Apparates bestimmt und nehmen daher auf die durch die Hysteresis bedingte Vieldeutigkeit dieser Funktion keine Rücksicht. Der hierdurch entstehende Fehler ist im allgemeinen nicht beträchtlich. In Fig. 330 sind die Magnetisierungskurven für die am häufigsten verwendeten magnetischen Materialien mittlerer Güte angegeben. Bis zu ca. 0,25% Kohlegehalt ist die Permeabilität von gutem Gußstahl fast unabhängig von dem Kohlegehalt. Darüber hinaus wird der Stahl gleichzeitig mechanisch und magnetisch härter und seine Permeabilität nimmt schnell ab.

Sind aw_1, aw_2 usw. die aus den Kurven abgelesenen Werte der Amperewindungszahlen für 1 cm Kraftlinienweg, welche den Induktionen B_1, B_2 usw. der einzelnen Stücke entsprechen, so hat man als Amperewindungszahl für den ganzen magnetischen Kreis

$$AW_k = aw_1 L_1 + aw_2 L_2 + \ldots ,$$

wobei L_1, L_2 usw. die Längen der einzelnen Stücke bezeichnen.

Führt man dieses Verfahren für eine Anzahl Werte des Kraftflusses Φ_1 aus, so kann man eine Kurve für Φ_1 als Funktion der Amperewindungszahl AW_k erhalten (Magnetisierungskurve, Leerlaufcharakteristik von Maschinen).

Bei der Berechnung von magnetischen Kreisen mit Wechselkraftflüssen, wie sie bei Transformatoren und Asynchronmotoren vorkommen, ist die Aufgabe eine ähnliche. Hier ist gewöhnlich

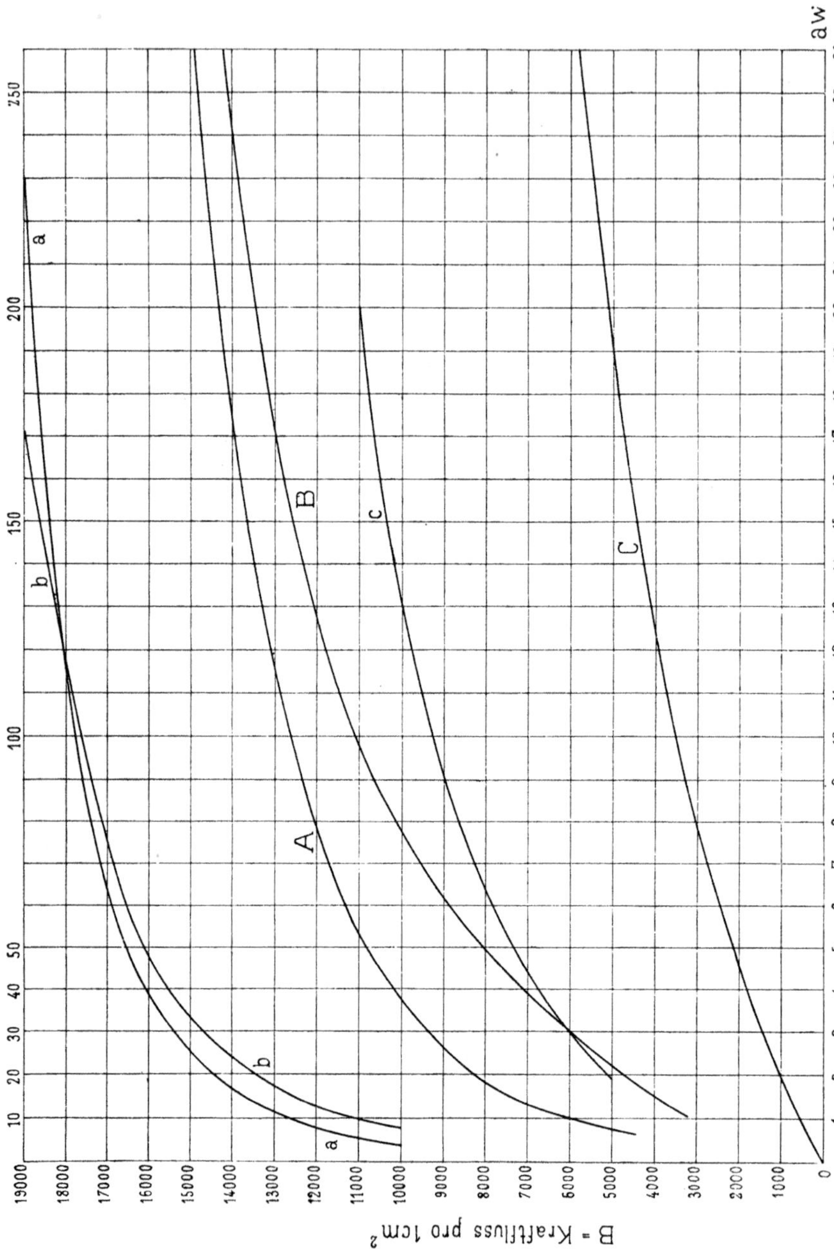

Fig. 330. Magnetisierungskurven für A, a Ankerblech; B, b Stahlguß; C, c Gußeisen.

der Maximalwert des sinusartig wechselnden Kraftflusses gegeben oder angenommen, während der Effektivwert der magnetisierenden Amperewindungen oder des Magnetisierungsstromes zu berechnen ist. Ferner ist dieser Effektivwert in eine Wattkomponente und eine wattlose Komponente zu zerlegen. Hat man einen aus mehreren Stücken bestehenden magnetischen Kreis, so läßt sich die Aufgabe nicht streng lösen, ohne daß man für die gewünschten Induktionen in den einzelnen Stücken die Hysteresisschleife kennt. Hieraus könnte man die Hysteresisschleife des ganzen magnetischen Kreises punktweise konstruieren und ähnlich, wie in Fig. 307 gezeigt, die Kurve des Magnetisierungsstromes bestimmen.

Weil dieser Weg für praktische Zwecke zu umständlich ist, schlägt man besser das folgende Näherungsverfahren ein:

Bei einem Probering aus dem betreffenden Material, etwa nach Fig. 299, mißt man für verschiedene Klemmenspannungen P den eingeleiteten effektiven Strom J und die zugeführte Leistung W. Ist die Spannung von Sinusform, so ist

$$\Phi_{max} = \frac{P \cdot 10^8}{4{,}44\, c w}$$

und die maximale Induktion

$$B = \frac{P \cdot 10^8}{4{,}44\, c w Q},$$

wobei Q den Eisenquerschnitt bezeichnet. Der Effektivwert der magnetisierenden Amperewindungen für 1 cm Ringlänge ist

$$aw = \frac{J \cdot w}{L_m},$$

worin L_m die mittlere Länge des Ringes ist. Ferner ist die Wattkomponente des Magnetisierungsstromes

$$J_w = \frac{W}{P}$$

und die der Wattkomponente entsprechenden Amperewindungen für 1 cm Kraftlinienweg

$$aw_w = \frac{J_w \cdot w}{L_m} = \frac{W \cdot w}{P \cdot L_m}.$$

Die wattlose Komponente des Magnetisierungsstromes und die ihr entsprechenden Amperewindungen für 1 cm Kraftlinienweg sind:

$$J_{wl} = \sqrt{J^2 - J_w^{\,2}}$$

$$aw_{wl} = \frac{J_{wl} \cdot w}{L_m} = \frac{w}{L_m}\sqrt{J^2 - J_w^{\,2}} = \sqrt{aw^2 - aw_w^{\,2}}.$$

In Fig. 331 sind die Werte von aw_w und aw_{wl} für verschiedene Induktionen B bei 50 Perioden in Kurven aufgetragen. Die Kurven gelten für Eisenbleche von verschiedenen Stärken und Qualitäten, und zwar die Kurven I und II für Dynamoblech von 0,5 und

0,35 mm Blechstärke, Kurve III für legiertes Blech von 0,33 mm Stärke.

Hat man nun einen magnetischen Kreis zu berechnen, so kann ein ähnliches Verfahren eingeschlagen werden wie bei Gleichstrom. Nachdem der Kreis in Stücke von demselben Material und mit annähernd konstanten Induktionen B_1, B_2 usw. eingeteilt ist, erhält man mit Hilfe der Kurve die Wattamperewindungen AW_{kw} für den ganzen Kreis

$$AW_{kw} = aw_{w1} L_1 + aw_{w2} L_2 + \dots \quad (187)$$

und ebenso die wattlosen Amperewindungen

$$AW_{kwl} = aw_{wl1} L_1 + aw_{wl2} L_2 + \dots \quad (188)$$

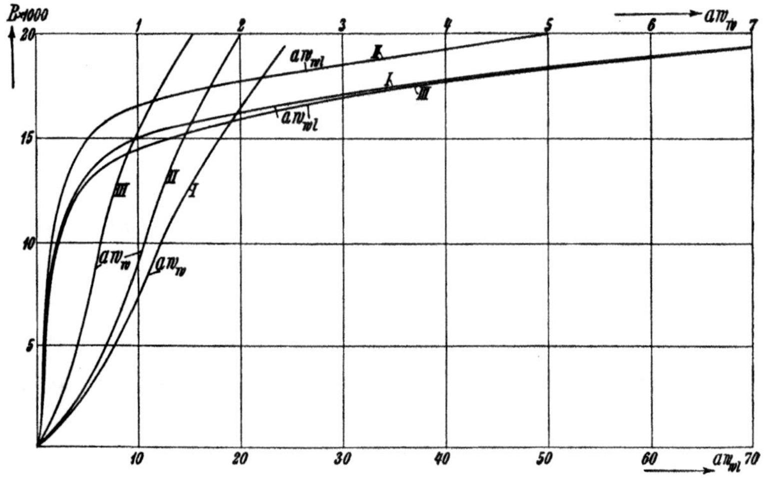

Fig. 331. Wattlosen und Wattamperewindungen für Eisenblech.

Die resultierenden Amperewindungen sind nun

$$AW_k = \sqrt{(AW_{kw})^2 + (AW_{kwl})^2} \quad (189)$$

Durch diese Methode wird nicht nur der Einfluß der magnetischen Hysteresis, sondern auch der des Wirbelstromverlustes auf den Magnetisierungsstrom berücksichtigt.

Die Berechnung der Wattamperewindungen ist streng richtig, weil sie von Sinusform sind, sie ergibt den ganzen Verlust des Kreises

$$W = J_w P = J_w 4{,}44\, c w\, \Phi_{max} 10^{-8} = AW_{kw} \cdot 4{,}44\, c\, \Phi_{max} 10^{-8} \text{ Watt.}$$

Die Berechnung der wattlosen Amperewindungen des ganzen Kreises durch Addition der wattlosen Amperewindungen der einzelnen Stücke ist nicht ganz genau, weil diese Komponenten höhere

Harmonische enthalten, welche in den verschiedenen Stücken in verschiedenem Verhältnis zu der Grundwelle stehen. Die Methode gibt deshalb einen etwas zu großen Wert für die wattlosen Amperewindungen, besonders wenn sehr stark gesättigte Eisenmassen mit wenig gesättigten oder mit Luft hintereinander geschaltet sind.

Der Fehler kann dadurch etwas verkleinert werden, daß die Amperewindungszahl aw_{wl} in eine Grundwelle $aw_{1\,wl}$ und in eine aus höheren Harmonischen bestehende Komponente aw_d zerlegt wird. Die letzte wird bestimmt aus der Gleichung

$$aw_d = \sqrt{(aw_{wl})^2 - (aw_{1\,wl})^2}.$$

In Fig. 332 sind die Kurven für $aw_{1\,wl}$ und aw_d berechnet für dieselbe Blechsorte wie in Fig. 331 Kurve I aufgetragen.

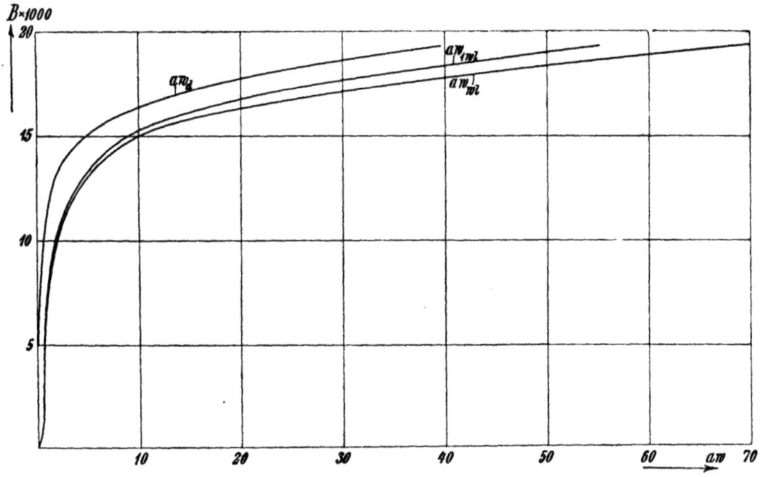

Fig. 332. Aufteilung der wattlosen Amperewindungen nach der Periodenzahl.

Ähnlich wie oben kann nun aus den Kurven für den ganzen magnetischen Kreis berechnet werden

$$AW_{kw} = aw_{w1} L_1 + aw_{w2} L_2 + \ldots.$$

$$AW_{1\,kwl} = aw_{1\,wl1} L_1 + aw_{1\,wl2} L_2 + \ldots.$$

$$AW_{dk} = aw_{d1} L_1 + aw_{d2} L_2 + \ldots.$$

hieraus

$$AW_{kwl} = \sqrt{aw_{1\,kwl}^2 + aw_{dk}^2}$$

und

$$AW_k = \sqrt{AW_{kw}^2 + AW_{kwl}^2} = \sqrt{AW_{kw}^2 + AW_{1\,kwl}^2 + AW_{dk}^2}. \quad (190)$$

In neuerer Zeit werden sehr häufig Eisenbleche von kleinen Verlusten in stationären Transformatoren verwendet, wodurch ihre

Beanspruchung auf große Sättigung ermöglicht wird. Außerdem wird gewöhnlich bei diesen sogenannten Spezialblechen die Sättigung verhältnismäßig früh erreicht, so daß leicht eine große Verzerrung des Magnetisierungsstromes eintritt. Es darf deswegen der Magnetisierungsstrom im Diagramm eines derartigen modernen Transformators nicht als Sinusgröße betrachtet werden und mit den sinusförmigen Belastungsströmen in gewöhnlicher Weise geometrisch addiert werden. Sondern man muß analog wie oben zuerst den sinusförmigen Teil des wattlosen Magnetisierungsstromes zu der wattlosen Komponente des Belastungsstromes direkt addieren und dann dazu unter 90^0 die Komponente der höheren Harmonischen geometrisch addieren, um die totale wattlose Komponente des dem Transformator zugeführten Primärstromes zu erhalten. Durch dieses genaue Verfahren wird die wattlose Komponente des Primärstromes kleiner als die Summe der wattlosen Komponente des Magnetisierungsstromes und des sekundären Belastungsstromes, mit welcher gewöhnlich gerechnet wird. Jedoch ist der Fehler, den man durch das letzte einfache Verfahren begeht, meistens vernachlässigbar klein.

118. Das magnetische Feld eines Mehrphasenmotors.

Es soll der Einfachheit halber der konkrete Fall eines symmetrischen zweipoligen Dreiphasenmotors betrachtet werden. Bei einem solchen Motor sind die Statorspulen der drei Phasen räumlich um 120^0 gegeneinander am Umfange verschoben. Den Spulen der drei Phasen führen wir die symmetrischen Spannungen

$$p_I = P_{max} \sin(\omega t + \psi)$$

$$p_{II} = P_{max} \sin(\omega t + \psi - 120^0)$$

$$p_{III} = P_{max} \sin(\omega t + \psi - 240^0)$$

zu. Diese Spannungen rufen die folgenden Kraftflüsse hervor, welche die Spulen der drei Phasen durchsetzen:

$$\Phi_I = -\Phi_{max} \cos(\omega t + \psi)$$

$$\Phi_{II} = -\Phi_{max} \cos(\omega t + \psi - 120^0)$$

und

$$\Phi_{III} = -\Phi_{max} \cos(\omega t + \psi - 240^0).$$

Diese drei Kraftflüsse sind räumlich um 120^0, resp. 240^0 gegen einander verschoben, während sie zeitlich mit einer Verschiebung von einem Drittel einer vollen Periode aufeinander folgen.

Der resultierende Kraftfluß in einer Richtung x, die mit der

Spulennormalen der ersten Phase den Winkel x einschließt, läßt sich somit durch

$$\Phi_x = -\Phi_{max} \cos(\omega t + \psi - x)$$

ausdrücken. Denken wir uns nun, daß die Richtung x sich mit der Winkelgeschwindigkeit ω dreht, so können wir schreiben

$$x = x_0 + \omega t$$

und es wird dann

$$\Phi_x = -\Phi_{max} \cos(\psi - x_0), \quad \ldots \ldots (191)$$

d. h. der Kraftfluß in der Richtung einer mit der Winkelgeschwindigkeit des Stromes rotierenden Achse ist konstant. Ein derartiges Feld wird als Drehfeld bezeichnet, und da es von einem Mehrphasenstrom erzeugt wird, nannte man ihn früher oft Drehstrom. Jetzt wird dieser Name nur noch auf den gewöhnlichsten Mehrphasenstrom, nämlich den Dreiphasenstrom, angewendet; die letzte Bezeichnung ist aber besser.

Wählt man die Anfangslage $x_0 = \psi$, d. h. so, daß der Kraftfluß zur Zeit $t = 0$ in der Richtung x_0 ein Maximum ist, so fällt diese Richtung x in jedem Momente mit der des maximalen Kraftflusses zusammen.

In einem Mehrphasenmotor erhält man somit ein mit konstanter Winkelgeschwindigkeit ω rotierendes konstantes Feld, dessen Richtung mit der Spulennormale jeder Phase in dem Momente zusammenfällt, in dem die Spannung der betreffenden Phase gleich Null ist. Das Feld verteilt sich im Luftspalte längs des Ankerumfangs fast nach einer Sinuskurve.

Um nun den Magnetisierungsstrom jeder Phase zu berechnen, muß berücksichtigt werden, daß alle drei Phasen zur Erzeugung des gemeinsamen Drehfeldes zum Teil mit helfen. Betrachten wir z. B. den Augenblick, in dem der Kraftfluß durch die erste Phase ein Maximum ist, so sind die resultierenden magnetisierenden Amperewindungen in der Richtung der Spulennormale der ersten Phase auch ein Maximum, und zwar

$$AW_{max} = i_I w \cos 0 + i_{II} w \cos 120^0 + i_{III} w \cos 240^0,$$

und diese maximale Amperewindungszahl hat die maximale Luftinduktion B_l in der Spulennormale der ersten Phase zu erzeugen. w ist die Windungszahl pro Pol und Phase. Da die Magnetisierungsströme fast ausschließlich wattlos sind, so ist i_I ein Maximum, weil die Phasenspannung im betrachteten Momente Null ist. Es wird somit

$$AW_{max} = w\left[J_{max}\cos 0 \sin\frac{\pi}{2} + J_{max}\cos 120^0 \sin\left(\frac{\pi}{2}+\frac{2}{3}\pi\right) + J_{max}\cos 240^0\sin\left(\frac{\pi}{2}+\frac{4}{3}\pi\right)\right]$$
$$= J_{max}\, w\,(\cos^2 0 + \cos^2 120^0 + \cos^2 240^0)$$
$$= \tfrac{3}{2} J_{max}\, w,$$

d. h. der Magnetisierungsstrom einer Phase wird in einem Dreiphasenmotor nur $^2/_3$ von dem für die Erzeugung des magnetischen Drehfeldes nötigen Strom. Wäre der Motor $n$phasig, so hätten wir

$$AW_{max} = J_{max}\, w\left(\cos^2 0 + \cos^2\frac{2\pi}{n} + \cos^2\frac{4\pi}{n} + \cdots + \cos^2\frac{2(n-1)\pi}{n}\right)$$
$$= \frac{n}{2} J_{max}\, w \quad \text{. . . . . (192)}$$

Also wird bei einem $n$phasigen Motor der Magnetisierungsstrom jeder Phase nur $\frac{2}{n}$ von dem zur Erzeugung des Drehfeldes nötigen Magnetisierungsstrom.

Beim Zweiphasenmotor, bei dem $n = 2$ ist, wird

$$AW_{max} = J_{max}\, w.$$

Bei diesem Motor wird nämlich der ganze Kraftfluß von einer Phase erzeugt, wenn der Kraftfluß in der Richtung der Spulennormale dieser Phase ein Maximum ist. Denken wir uns, daß die beiden Phasen des Zweiphasenmotors je ein wechselndes Feld b_I und b_{II} von derselben maximalen Stärke B_l erzeugen, die sowohl räumlich wie zeitlich um 90^0 verschoben sind, so setzen diese sich, wie in Fig. 333 gezeigt, stets zu einem Drehfelde von der konstanten Stärke B_l zusammen.

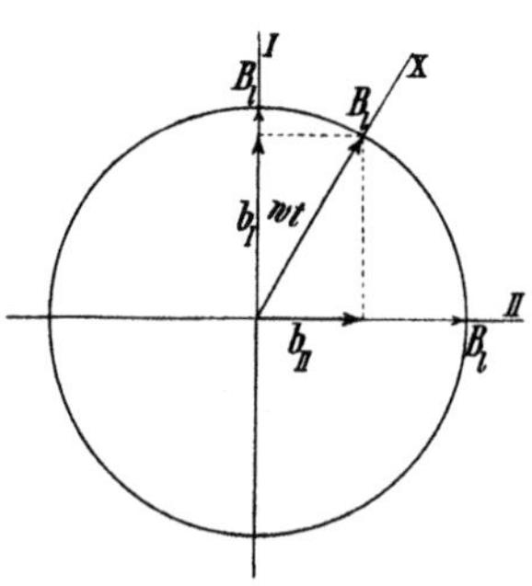

Fig. 333. Konstruktion des Drehfeldes eines Zweiphasenmotors.

Aus dem Vorhergehenden geht ferner hervor, daß zur Erzeugung eines Drehfeldes doppelt so viele Amperewindungen nötig sind, wie zur Erzeugung eines Wechselfeldes. Daraus folgt weiter, daß ein Einphaseninduktionsmotor bei Leerlauf einen doppelt so großen Magnetisierungsstrom aufnimmt, wie bei Stillstand, weil er bei Stillstand ein Wechselfeld und bei Leerlauf ein Drehfeld besitzt.

Ist die Wicklung eines Dreiphasenmotors für p Polpaare am Umfang ausgeführt, so wird sich das Drehfeld wieder in einer Periode um eine doppelte Polteilung fortbewegen, was dem $p$ten Teil einer Umdrehung entspricht. Das Drehfeld rotiert also in dem $2p$poligen Motor $p$mal langsamer als in dem zweipoligen Motor, d. h. mit der Winkelgeschwindigkeit $\frac{\omega}{p}$. Der $2p$polige Motor erfordert außerdem bei gleichem magnetischem Widerstand einen $p$mal so großen Magnetisierungsstrom als der zweipolige, weil $p$mal so viele Felder zu erzeugen sind.

Neunzehntes Kapitel.

Grundbegriffe der Elektrostatik.

119. Das elektrische Feld. — 120. Kapazität. — 121. Spezifisches Induktionsvermögen. — 122. Die elektrische Feldenergie. — 123. Die elektrische Verschiebung.

119. Das elektrische Feld.

a) Unter einem elektrischen Felde versteht man einen Raum, in dem elektrische Wirkungen beobachtet werden können. Das elektrische Feld hat viele Eigenschaften mit dem magnetischen Felde gemeinsam, in mehreren Punkten weichen sie jedoch voneinander wesentlich ab. Es ist z. B. die gesamte Menge von Magnetismus, die ein Magnet enthält, stets gleich Null. Dies ist bei Körpern in elektrischen Feldern nicht immer der Fall; ein Körper kann z. B. nur positive elektrische Massen enthalten und heißt dann positiv elektrisiert oder positiv geladen. Körper, die mit Elektrizität geladen sind, erzeugen in ihrer Umgebung ein elektrisches Feld, das um so schwächer ist, je weiter man sich von dem Körper entfernt. Die abstoßende Kraft, die zwei kleine Körper mit den Elektrizitätsmengen q_1 und q_2 aufeinander in Luft oder im Vakuum ausüben, läßt sich nach dem Coulombschen Gesetz

$$K = \frac{q_1 q_2}{r^2} \quad \ldots\ldots\ldots \quad (193)$$

berechnen, worin r der Abstand der Körper in Zentimetern ist. Werden die Elektrizitätsmengen in dem elektrostatischen Maßsystem bestimmt, so erhält man die Kraft K in Dynen. Im elektrostatischen Maßsystem erhält somit die elektrische Masse dieselbe Dimension $(L^{\frac{3}{2}} M^{\frac{1}{2}} T^{-1})$ wie die magnetische Masse im elektromagnetischen Maßsystem. Befindet sich die elektrische Masse $+1$ in einem elektrischen Felde, so übt das Feld auf sie die mechanische Kraft f aus. Diese Kraft f wird die elektrische Feldstärke genannt, sie hat im elektrostatischen Maßsystem dieselbe Dimension $(L^{-\frac{1}{2}} M^{\frac{1}{2}} T^{-1})$ wie die magnetische Feldstärke im elektromagnetischen Maßsystem.

Wie es im magnetischen Felde magnetische Kraftlinien und Kraftröhren gibt, so gibt es auch im elektrischen Felde elektrische Kraftlinien und Kraftröhren. Eine elektrische Kraftlinie nennt man eine Linie, in deren sämtlichen Punkten die Richtung der dort herrschenden Feldstärke mit der Tangente an die Linie zusammenfällt. Die Anzahl der Einheitsröhren, die durch ein zur Kraftrichtung senkrechtes Flächenstück von 1 cm² Größe hindurchtreten, wird numerisch gleich der Feldstärke in dem betreffenden Punkte gesetzt.

b) Die elektrischen Kräfte besitzen auch ein Potential. Für einen beliebigen Punkt des Feldes ist das Potential

$$P = \Sigma \frac{q}{r}, \quad \ldots\ldots\ldots \quad (194)$$

worin q die elektrische Masse des Feldes und r ihr Abstand vom betrachteten Punkte ist. Die Summation hat sich über sämtliche elektrische Massen des Feldes zu erstrecken.

Berechnen wir die Arbeit A, die geleistet wird, wenn die elektrische Masse $+1$ im Abstand r_1 von der elektrischen Masse q_1 sich bis ins Unendliche bewegt, so ergibt sich

$$A = \int_{r=r_1}^{r=\infty} K\,dr = \int_{r_1}^{\infty} \frac{q_1}{r^2}\,dr = \left(-\frac{q_1}{r}\right)_{r_1}^{\infty} = \frac{q_1}{r_1} = P_1.$$

Diese Arbeit ist also gleich dem Potential der Masse q_1 im Abstande r_1. Da diese Arbeit unabhängig von der Bahn s ist, auf der die Einheitsmasse sich fortbewegt hat, so wird das Potential

$$P = \int_{r_1}^{\infty} f_s\,ds = \int_{\infty}^{r_1} -f_s\,ds,$$

und durch Differentiation erhält man die elektrische Feldstärke

$$f_s = -\frac{dP}{ds} \quad \ldots\ldots\ldots \quad (195)$$

in der Richtung s gleich dem Potentialgefälle in dieser Richtung. Es ergibt sich hieraus die Potentialdifferenz zweier Punkte A und B zu $P_A - P_B = \int_A^B f_s\,ds$.

Eine in jedem ihrer Punkte zur Richtung der Feldstärke des betreffenden Punktes senkrechte Fläche nennt man Niveaufläche; eine solche Fläche ist außerdem der geometrische Ort aller Punkte, die dasselbe Potential besitzen, deswegen ist eine Niveaufläche auch eine Äquipotentialfläche. Das Potential der Erde wird gewöhnlich gleich Null gesetzt. Dann kann das Potential eines Punktes als die Arbeit berechnet werden, die bei der Bewegung der Einheitsmasse $+1$ von der Erde bis zum betrachteten Punkte aufgewendet wird.

c) Nach dem Satze von Gauß und Green ist der gesamte, aus einer beliebigen geschlossenen Oberfläche F austretende elektrische Kraftfluß φ gleich dem 4πfachen der Summe der innerhalb der Oberfläche sich befindenden elektrischen Masse q. Dieser Satz läßt sich direkt aus dem Coulombschen Gesetz ableiten. Es ist also

$$\varphi = \int_F f_n \, dF = 4\pi \Sigma q \quad . \quad . \quad . \quad . \quad . \quad . \quad (196)$$

Hier ist f_n die nach außen wirkende Normalkomponente der elektrischen Feldstärke in dem Flächenelement dF, und das Integral ist über die ganze geschlossene Fläche F zu erstrecken.

Innerhalb eines soliden Leiters ist die elektrische Feldstärke f des Gleichgewichtes halber überall gleich Null. Legen wir nun die geschlossene Fläche innerhalb eines Leiters, wo überall $f = 0$ ist, so wird folglich $\Sigma q = 0$, d. h. es treten keine Elektrizitätsmengen innerhalb eines geladenen Leiters auf. Die Elektrizitätsmassen innerhalb eines Leiters würden sich auch gegenseitig abstoßen und sich nach der Oberfläche hindrängen. Die ganze Elektrizitätsmenge eines geladenen Leiters muß sich also auf der Oberfläche befinden, und die Elektrizitätsmenge auf der Flächeneinheit nennt man die Flächendichte σ der elektrischen Belegung.

Auf dem Flächenelement dF befindet sich die Masse

$$dq = \sigma dF.$$

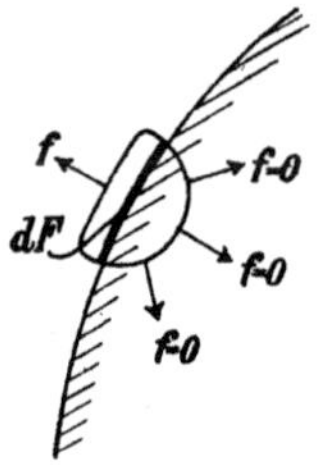

Fig. 334.

Legen wir nun eine geschlossene Fläche, wie in Fig. 334 gezeigt, sehr eng um das Flächenelement dF herum, so ist die elektrische Feldstärke an dem Teil der Fläche innerhalb des Leiters Null und es wird nach dem Gaußschen Satz

$$\int f_n dF = f dF = 4\pi \Sigma q = 4\pi\sigma dF$$

oder

$$f = 4\pi\sigma \quad . \quad . \quad . \quad . \quad (197)$$

Es ist somit die elektrische Feldstärke in einem der Oberfläche eines geladenen Leiters nahen Punkte gleich 4πmal der Flächendichte. Hieraus folgt also, daß die Oberfläche eines Leiters eine

Äquipotentialfläche bildet und daß die elektrischen Kraftlinien senkrecht aus der Oberfläche austreten, wenn sie positiv geladen ist, während sie senkrecht in sie eintreten, wenn sie negativ geladen ist. Die positiven und die negativen Elektrizitätsmengen bilden die Anfangs- bzw. Endpunkte der elektrischen Kraftröhren.

d) Die elektrische Feldstärke in einem Punkte der Oberfläche eines Leiters ist nicht gleich der Feldstärke in einem Punkte dicht außerhalb.

Dicht außerhalb der Oberfläche üben nämlich sowohl die elektrische Ladung σdF wie alle anderen elektrischen Massen des Leiters ihre Wirkung aus, weshalb man $f_a = f_1 + f_2$ setzen kann, worin die Feldstärke f_2 von der Ladung σdF herrührt. In dem Punkte der Oberfläche übt die Ladung σdF keine Kraft f_2 aus und es wird somit die resultierende Feldstärke hier $f_0 = f_1$. In einem Punkte dicht innerhalb der Oberfläche übt die Ladung σdF die nach innen gerichtete Kraft $-f_2$ aus, weil der Punkt sich jetzt auf der entgegengesetzten Seite des Flächenelementes befindet. Da die elektrische Feldstärke innerhalb des Leiters Null ist, so wird $f_i = f_1 - f_2 = 0$, d. h. $f_1 = f_2 = \frac{1}{2} f_a$. Es ist somit die elektrische Feldstärke in einem Punkte der Oberfläche

$$f_0 = \tfrac{1}{2} f_a = 2\pi\sigma .$$

In einem Felde von dieser Stärke greift an jeder Flächeneinheit mit der Dichte σ die mechanische Kraft

$$K = f_0 \sigma = 2\pi\sigma^2 = \frac{f_0^2}{2\pi} = \frac{f_a^2}{8\pi} \quad . \quad . \quad . \quad (198)$$

an, die immer nach außen gerichtet ist und die man den elektrostatischen Druck heißt. Sein Vorhandensein kann man bei Elektrisierung einer Seifenblase beobachten, die dadurch anschwillt und zuletzt platzt.

Ist der Leiter ein fester Körper und wird der elektrostatische Druck zu groß, so entladet sich der Leiter von selbst durch die Luft. Bei gewöhnlichen Verhältnissen von Luftdruck und Temperatur findet eine solche Entladung statt etwa bei $K = 400$ bis 500 Dynen. Diesem Drucke entspricht eine Quecksilbersäule von 0,3 mm Höhe.

Die Verteilung der Flächendichte σ über eine Oberfläche ist im allgemeinen ungleichmäßig. Auf einem Leiter, der sich in großem Abstande von anderen Ladungen befindet, ist sie nur von der Form der Oberfläche abhängig; die Dichte ist in jedem Punkte umgekehrt proportional dem Krümmungsradius an dem betreffenden Punkte. Die größte Dichte tritt deswegen an den Spitzen und Kanten des Leiters auf, so daß die Entladung durch elektrische Zerstreuung zuerst an diesen Stellen anfängt.

e) Elektrische Leiter werden bekanntlich nicht allein durch direkte Zuführung der Elektrizität geladen, sondern auch durch elektrostatische Induktion. Bringt man einen Leiter in ein elektrisches Feld, so werden sich negative Ladungen auf dem Teile seiner Oberfläche ansammeln, an dem die Kraftlinien in den Leiter eintreten, und positive Ladungen auf dem Teile der Oberfläche, an dem Kraftlinien aus dem Leiter austreten. Die algebraische Summe der hervorgebrachten Elektrizitätsmenge ist hierbei immer gleich Null.

Um einen Körper gegen statische Induktion zu schützen, kann man ihn mit einem leitenden Hohlkörper umgeben. Da keine Kraftlinien in den Hohlraum hineintreten, wirkt der leitende Hohlkörper wie ein elektrischer Schirm gegen äußere elektrische Kräfte. Diese Eigenschaft findet wichtige Anwendung bei den elektrostatischen Meßinstrumenten. In dem Hohlraum irgendeines Leiters befindet sich keine Elektrizität.

120. Kapazität.

Unter der Kapazität C eines Leiters versteht man das Verhältnis seiner Ladung Q zu seinem Potentiale P, also

$$Q = CP \quad \ldots\ldots\ldots\ldots (199)$$

Da das Potential $P = \Sigma \frac{q}{r}$ ist, hat die Kapazität C im elektrostatischen Maßsystem die Dimension einer Länge.

a) Denkt man sich in einem Punkte die elektrische Masse Q konzentriert, so ist die elektrische Feldstärke im Abstande ϱ davon

$$f = \frac{Q}{\varrho^2},$$

und das Potential P in dem betreffenden Punkte ergibt sich aus

$$\frac{dP}{d\varrho} = -f$$

zu

$$P = -\int f d\varrho = -\int \frac{Q}{\varrho^2} d\varrho = \frac{Q}{\varrho} + \text{Konst.}$$

Da für $\varrho = \infty$, $P = 0$ wird, verschwindet die Konstante und es wird das Potential

$$P = \frac{Q}{\varrho}.$$

Die Flächen gleichen Potentials ergeben sich aus $P =$ konst. zu $\varrho =$ konst. Die Äquipotentialflächen sind somit Kugelflächen um den geladenen Punkt als Mittelpunkt. Denkt man sich nun den von einer dieser Kugelflächen begrenzten Raum metallisch verkörpert, so geht die ganze Ladung Q auf die Oberfläche der Kugel über, ohne daß das elektrische Feld sich dadurch in irgendeiner Weise ändert. Denn nach dem Gaußschen Satz ändert sich der elektrische Fluß φ durch die einzelnen Äquipotentialflächen nicht; er ist

$$\varphi = 4\pi Q = 4\pi \varrho^2 f,$$

und die Flächendichte auf einer Kugelfläche ist

$$\sigma = \frac{f}{4\pi} = \frac{Q}{4\pi\varrho^2} = \frac{\varphi}{16\pi^2\varrho^2}.$$

Das Potential an der Oberfläche einer mit der Elektrizitätsmenge Q geladenen Kugel vom Radius r ist somit

$$P = \frac{Q}{r} \quad . \; . \; . \; . \; . \; . \; . \; . \; . \; . \; . \; (200)$$

Hieraus folgt, daß die Kapazität einer Kugel in Luft gleich ihrem Radius ist. Innerhalb der Kugel ist das Potential überall gleich, unabhängig davon, ob die Kugel hohl oder solid ist.

Betrachten wir nun eine unendlich lange Gerade (Fig. 335) mit der elektrischen Ladung Q auf der Längeneinheit. Die von ihr erzeugte Feldstärke in einem Punkte im Abstande ϱ von der Geraden ist

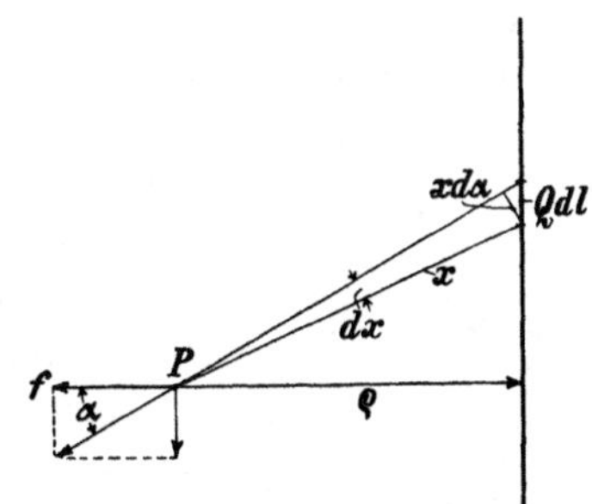

Fig. 335. Elektrisches Feld einer geraden Linie.

$$f = \int_{\alpha=-\frac{\pi}{2}}^{\alpha=+\frac{\pi}{2}} \frac{Q\,dl}{x^2}\cos\alpha = \int_{\alpha=-\frac{\pi}{2}}^{\alpha=+\frac{\pi}{2}} \frac{Q\,x\,d\alpha}{x^2} = \int_{\alpha=-\frac{\pi}{2}}^{\alpha=+\frac{\pi}{2}} \frac{Q\cos\alpha}{\varrho}\,d\alpha = \frac{2Q}{\varrho} \quad . \; (201)$$

Das Potential in diesem Punkte wird

$$P = -\int f\,d\varrho = -\int \frac{2Q}{\varrho}\,d\varrho = \text{Konst.} - 2Q\ln\varrho\,.$$

Die Äquipotentialflächen genügen somit auch hier der Gleichung $\varrho = \text{konst.}$, d. h. sie sind Zylinderflächen um die Gerade als Mittellinie. Denkt man sich wieder den Raum innerhalb einer Äquipotentialfläche metallisch verkörpert, so wird die Ladung Q auf die Oberfläche dieses Metallzylinders übergehen, ohne daß das elektrische

Feld sich dadurch in irgendeiner Weise ändert. Der elektrische Kraftfluß ist hier für die Länge l des Zylinders

$$\varphi = 4\pi Q l = 4\pi\varrho \frac{f}{2} l = 2\pi\varrho l f,$$

und die Flächendichte ist

$$\sigma = \frac{f}{4\pi} = \frac{2Q}{4\pi\varrho} = \frac{Q}{2\pi\varrho} = \frac{\varphi}{8\pi^2\varrho l}.$$

Das Potential und die Kapazität des unendlich langen Zylinders lassen sich nicht durch endliche Ausdrücke bestimmen, weil keine Grenzbedingungen zur Bestimmung der Konstante vorliegen. Später werden wir jedoch solche für besondere Fälle erhalten.

Betrachten wir schließlich eine unendlich große Ebene mit der Flächendichte σ; die Feldstärke in einem Punkte unweit der Ebene ist $f = 2\pi\sigma$, weil von jeder Flächeneinheit $4\pi\sigma$ Kraftlinien zur Hälfte nach jeder Seite und senkrecht zur Fläche ausgehen. An der Oberfläche selbst ist $f_0 = 0$.

b) Um die Kapazität eines Leiters rechnerisch zu bestimmen, verfährt man am besten in folgender Weise. Man geht davon aus, daß der Leiter eine gewisse Ladung Q besitzt und berechnet sein Potential, indem man die Arbeit berechnet, welche aufgewendet werden muß, um die Einheitsmaße $+1$ aus unendlicher Entfernung oder von der Erde zum Leiter zu bewegen. Wie diese Bewegung geschieht, ist, wie gezeigt, gleichgültig.

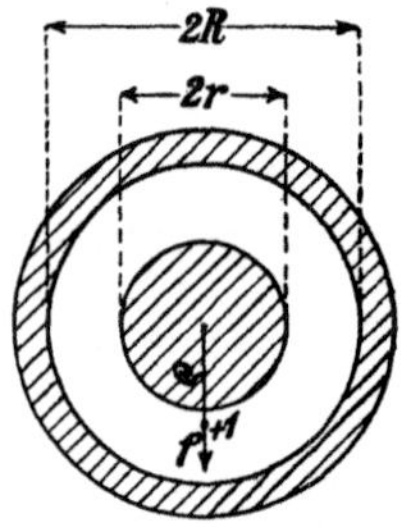

Fig. 336. Zylinderkondensator.

Als Beispiel berechnen wir in dieser Weise die Kapazität C eines Zylinders vom Durchmesser $2r$ (Fig. 336) und der Länge l, der von einem koaxialen geerdeten Hohlzylinder vom Innendurchmesser $2R$ umgeben ist. Der Hohlzylinder hat das Potential Null, und das Potential des inneren Zylinders ergibt sich als die Arbeit $\int_{\varrho=R}^{\varrho=r} -f d\varrho$, welche nötig ist, um die Einheitsmasse von den äußeren auf den inneren Zylinder zu überführen. Für einen sehr langen Zylinder war

$$f = \frac{2Q}{\varrho},$$

worin Q die elektrische Ladung der Längeneinheit bedeutet; es ist somit

$$P = \int_{\varrho=R}^{\varrho=r} -\frac{2Q}{\varrho} d\varrho = -2Q(\ln r - \ln R) = 2Q \ln\frac{R}{r}$$

und die Kapazität C des Zylinderpaares ist

$$C = \frac{lQ}{P} = \frac{l}{2\ln\frac{R}{r}} \quad \ldots\ldots\ldots \quad (202)$$

In gleicher Weise erhalten wir die Kapazität einer Kugel vom Radius r, die von einer geerdeten Hohlkugel vom Innenradius R konzentrisch umgeben ist. Hier ist

$$P = -\int_{\varrho=R}^{\varrho=r} \frac{Q}{\varrho^2} d\varrho = Q\left(\frac{1}{r} - \frac{1}{R}\right) = Q\frac{R-r}{Rr}$$

also die Kapazität $C = \frac{Q}{P} = \frac{Rr}{R-r}$, die von der Kapazität einer von fremden Körpern weit entfernten Kugel sehr verschieden sein kann. Die Ladung an der Innenfläche der Hohlkugel ist gleich der Ladung Q an der Außenfläche der inneren Kugel.

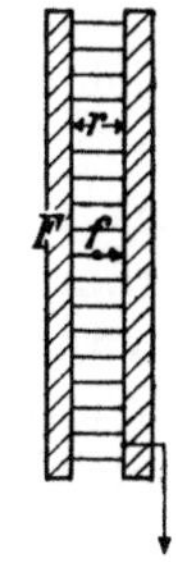

Fig. 337. Plattenkondensator.

Befindet sich eine mit der Elektrizitätsmenge Q geladene Fläche F gegenüber einer geerdeten Fläche im Abstande r, so ist die Feldstärke zwischen den beiden Platten (Fig. 337) überall konstant, wenn die Flächendimensionen sehr groß sind im Verhältnis zum Abstande r. Die Feldstärke ist senkrecht zu den Platten gerichtet und

$$f = 4\pi\sigma = \frac{4\pi Q}{F} \quad \ldots\ldots\ldots \quad (203)$$

An der Oberfläche der geladenen Platte ist die Feldstärke f_0 jedoch nur die Hälfte, weil hier nur die Ladung der geerdeten Platte eine Kraftkomponente erzeugen kann; also

$$f_0 = 2\pi\sigma = \frac{2\pi Q}{F}.$$

Das Potential der geladenen Platte ist

$$P = -\int_{\varrho=r}^{\varrho=0} f d\varrho = \frac{4\pi Q}{F} r = fr$$

und die Kapazität des Plattenpaares

$$C = \frac{Q}{P} = \frac{F}{4\pi r} \quad \ldots\ldots\ldots \quad (204)$$

Derartige Systeme zweier Leiter, welche große, in kleinem Abstande einander gegenüberliegende Flächen besitzen, nennt man

Kondensatoren, und die metallischen Begrenzungen des Zwischenraumes nennt man die Belegungen des Kondensators. Kondensatoren dienen zur Ansammlung großer elektrischer Ladungen mittels mäßiger Potentialdifferenzen.

Bei allen praktischen Kondensatoren liegen die Belegungen so dicht nebeneinander, daß sie stets dieselbe Ladung aufnehmen, die nur von der Potentialdifferenz zwischen den Belegungen abhängt und fast vollständig unabhängig ist von äußeren Einflüssen, wie z. B. von dem Vorhandensein starker elektrischer Felder oder anderer Kondensatoren. Meistens bestehen die Belegungen aus Staniolpapier, während das Dielektrikum aus paraffiniertem Wachspapier oder aus dünnen Glimmerschichten besteht. Neuerdings sind auch Hochspannungskondensatoren aus Glasröhren mit Metallbelegungen, ähnlich wie die Leydener Flaschen, auf den Markt gebracht.

Die Kapazität C eines Kondensators ist numerisch gleich der Ladung Q, die sich auf der einen Belegung ansammelt, wenn man sie auf das Potential Eins bringt, während die andere Belegung an Erde liegt, oder in anderen Worten ausgedrückt, wenn die Potentialdifferenz der Belegungen gleich Eins ist.

Schaltet man mehrere Kondensatoren parallel, so nimmt jeder eine Ladung auf, die seiner Kapazität und der gemeinsamen Potentialdifferenz proportional ist, und die totale Ladung aller Kondensatoren ist gleich der Summe der Ladungen der einzelnen Kondensatoren. Also ist die Kapazität parallelgeschalteter Kondensatoren gleich der Summe der Kapazitäten der einzelnen Kondensatoren, wenn diese voneinander unabhängig sind. Schaltet man mehrere Kondensatoren in Reihe, so werden alle dieselbe Ladung Q aufnehmen, und die Potentialdifferenz P zwischen Anfang und Ende wird sich auf die einzelnen Kondensatoren im umgekehrten Verhältnis zu ihrer Kapazität verteilen. Es wird somit

$$P = P_1 + P_2 + P_3 + \cdots = \frac{Q}{C_1} + \frac{Q}{C_2} + \frac{Q}{C_3} + \cdots = \frac{Q}{C},$$

woraus folgt, daß der reziproke Wert der Kapazität mehrerer in Reihe geschalteter Kondensatoren gleich der Summe der reziproken Werte der Kapazitäten der einzelnen Kondensatoren ist.

c) Wir haben gesehen, daß wenn sich fremde Leiter, z. B. die Erde, in der Nähe des betrachteten Leiters befinden, die Kapazität dieses Leiters sich ändert. Jeder fremde Leiter vom Potential Null, der in das elektrische Feld des betrachteten Leiters gebracht wird, erhöht dessen elektrische Ladung und dadurch dessen Kapazität.

Maxwell hat die Kapazität eines Leiters als Verhältnis zwischen seiner Ladung und seinem Potential definiert, wenn das Potential aller benachbarten Leiter gleich Null ist oder, was dasselbe bedeutet, wenn sie geerdet sind. Enthält das elektrische Feld mehrere Leiter K_1, K_2 ... mit den Ladungen Q_1, Q_2 ..., so ist das Potential in irgendeinem Punkte gleich der Summe der Potentiale, die man für diesen Punkt bekommt, wenn man jedem Leiter einzeln seine Ladung gibt, während die anderen Leiter ungeladen bleiben. Wir haben also eine Superposition der elektrischen Wirkungen.

Hat der erste Leiter K_1 die Ladung Q_1, während die übrigen ungeladen und isoliert bleiben, so sind die Potentiale der Leiter K_1, K_2 ... bzw.

$$p_{11}\,Q_1; \quad p_{12}\,Q_1; \quad p_{13}\,Q_1 \text{ usf.}$$

Hierin sind p_{11}, p_{12} usw. konstante Größen, die nur von der Lage und den Abmessungen der Leiter abhängig sind, sie werden **Potentialkoeffizienten** genannt. Ist der Leiter K_2 mit der Elektrizitätsmenge Q_2 geladen, während die übrigen isoliert und ungeladen sind, so haben die Leiter die Potentiale

$$p_{21}\,Q_2; \quad p_{22}\,Q_2; \quad p_{23}\,Q_2 \text{ usf.}$$

Wenn also die Leiter gleichzeitig die Ladungen Q_1, Q_2 usw. haben, so sind ihre Potentiale

$$\left.\begin{aligned} P_1 &= p_{11}\,Q_1 + p_{21}\,Q_2 + p_{31}\,Q_3 + \dots \\ P_2 &= p_{12}\,Q_1 + p_{22}\,Q_2 + p_{32}\,Q_3 + \dots \\ &\vdots \end{aligned}\right\} \quad . \quad . \quad (205)$$

Aus diesen Gleichungen erhält man

$$\left.\begin{aligned} Q_1 &= c_{11}\,P_1 + c_{21}\,P_2 + c_{31}\,P_3 + \dots \\ Q_2 &= c_{12}\,P_1 + c_{22}\,P_2 + c_{32}\,P_3 + \dots \\ &\vdots \end{aligned}\right\} \quad . \quad . \quad (206)$$

Hier sind die Größen c Funktionen der Größen p und ebenso wie diese durch die Lage und Abmessungen der Leiter bestimmt. Die Größen c werden, wenn die beiden Indizes gleich sind, **Kapazitätskoeffizienten** oder auch einfach die **Kapazitäten** der betreffenden Leiter genannt. So ist c_{11} der Kapazitätskoeffizient oder die Kapazität des Leiters K_1, c_{22} derselbe Koeffizient für den Leiter K_2 usw. Die Größen c, für welche die beiden Indizes verschieden sind, werden **gegenseitige Kapazitätskoeffizienten** der betreffenden Leiter genannt. Hierbei ist $c_{mn} = c_{nm}$. So ist c_{12} der gegenseitige Kapazitätskoeffizient der Leiter K_1 und K_2 usw.

Aus dem letzten Gleichungssystem folgt:

Die Kapazität oder der Kapazitätskoeffizient eines Leiters ist numerisch gleich der Elektrizitätsmenge, welche der Leiter annimmt, wenn sein Potential gleich Eins

gemacht wird, und wenn das Potential aller anderen Leiter Null ist.

Der gegenseitige Kapazitätskoeffizient eines Leiters K_1 auf einen Leiter K_2 ist numerisch gleich der Elektrizitätsmenge, welche sich auf dem Leiter K_2 ansammelt, wenn alle Leiter mit Ausnahme von K_1 das Potential Null haben, und wenn K_1 auf das Potential Eins gebracht wird.

Hat der Leiter K_1 eine positive Ladung, während die anderen Leiter des Feldes mit der Erde verbunden sind, so treten die Kraftlinien aus dem Leiter K_1 aus und in die anderen Leiter und die Erde ein. Jedenfalls können Kraftlinien aus den anderen Leitern nicht austreten, weil es im Felde keinen Punkt von niedrigerem Potential gibt. Auf den anderen Leitern kann somit keine positive Ladung sein. Die Summe der negativen Ladungen auf den mit der Erde verbundenen Leitern kann deshalb nie numerisch größer werden als die positive Ladung auf dem Leiter K_1. Hieraus sieht man, daß die gegenseitigen Kapazitätskoeffizienten immer negativ (oder Null) sein müssen, und daß die Summe der gegenseitigen Kapazitätskoeffizienten numerisch kleiner (oder höchstens gleich) dem Kapazitätskoeffizienten ist.

d) Um die Kapazitätskoeffizienten experimentell zu bestimmen, verfährt man am besten nach der von Prof. Schleiermacher[1]) angegebenen Methode. Man verbindet erst alle Leiter bis auf den $x$ten mit der Erde und mißt die Kapazität dieses Leiters; sie ist nach der vorstehenden Definition gleich dem Koeffizienten c_{xx}. Danach verfährt man ebenso für alle anderen Leiter, wodurch c_{yy} gleich der Kapazität des $y$ten Leiters erhalten wird. Verbindet man nun alle Leiter bis auf den $x$ten und $y$ten wieder mit Erde, während diese beiden Leiter parallel geladen werden, so erhält man nicht die Kapazität $c_{xx} + c_{yy}$ wie für parallelgeschaltete unabhängige Kondensatoren angegeben, sondern, weil die beiden Leiter sich gegenseitig beeinflussen, eine Kapazität $c_{(x+y)}$. Stellen wir das Gleichungssystem (185) für die beiden Leiter x und y unter der Annahme auf, daß alle übrigen Leiter geerdet sind, während sie beide dasselbe Potential P besitzen, so wird

$$Q_x = c_{xx} P + c_{yx} P$$

$$Q_y = c_{yy} P + c_{xy} P$$

und

$$Q_x + Q_y = P c_{(x+y)}.$$

---

[1]) ETZ 1905 S. 1043.

Durch Elimination von Q_x und Q_y aus diesen drei Gleichungen ergibt sich

$$c_{xy} = c_{yx} = -\frac{c_{xx} + c_{yy} - c_{(x+y)}}{2} \quad . \; . \; . \; . \; . \; (207)$$

Ist $c_{(x+y)}$ gleich $c_{xx} + c_{yy}$, wie bei den unabhängigen Kondensatoren, so wird $c_{xy} = 0$, was eben besagt, daß die beiden Leiter x und y keine Ladungen aufeinander induzieren.

Es folgt nun ferner, daß die drei Kapazitätskoeffizienten zweier Leiter durch drei Kapazitätsmessungen experimentell bestimmt werden können. Für drei Leiter sind sechs und für n Leiter sind $(1 + 2 + 3 + \ldots + n)$ Kapazitätsmessungen nötig, um alle Koeffizienten zu ermitteln.

Bildet von zwei Leitern der eine den Schirm des andern, wie bei zwei konzentrischen Kugelschalen, so verlaufen Kraftlinien teils zwischen den beiden gegenüberliegenden Kugelflächen und teils zwischen der äußeren Kugelfläche und dem Außenraum. Die letzten Linien treten jedoch nur auf, wenn der äußere Leiter geladen ist. Der äußere Leiter besitzt deswegen eine Kapazität, die gleich der des Innenleiters ist, vermehrt um die Kapazität, welche er haben würde, wenn der innere Leiter nicht vorhanden wäre. Bei zwei Kugelschalen mit den Radien r_1 und r_2 bzw. R_1 und R_2 (Fig. 338) hat die innere Kugelschale die Kapazität

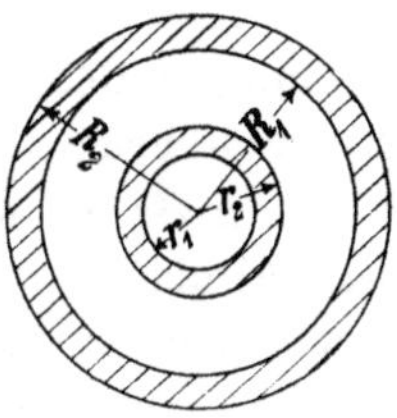

Fig. 338. Kugelkondensator.

$$c_{11} = \frac{r_2 R_1}{R_1 - r_2}$$

und die äußere Kugelschale

$$c_{22} = c_{11} + R_2 = \frac{r_2 R_1}{R_1 - r_2} + R_2 .$$

Hieraus folgt, daß der gegenseitige Kapazitätskoeffizient

$$c_{12} = -c_{11} = \frac{r_2 R_1}{R_1 - r_2}$$

und

$$c_{(1+2)} = 2 c_{12} + c_{11} + c_{22} = c_{22} - c_{11} = R_2 .$$

Ladet man die äußere Kugelschale, so wird sich sowohl an der Innenfläche als auch an der Außenfläche eine Ladung einstellen, wenn die innere Kugel mit der Erde verbunden ist. An der Oberfläche der inneren Kugel erhält man dann die gleiche Ladung wie an der Innenfläche der großen Schale.

e) Die Formeln 206 zur Berechnung der Kapazität sind für viele praktische Rechnungen unbequem. Denn bei Leitungsanlagen, bei denen z. B. mehrere Leiter auf denselben Masten aufgehängt sind, kann jede Leitung ein anderes und von dem der Erde verschiedenes Potential besitzen. In einem solchen Falle ist die Vorausberechnung der Ladung eines Leiters nach Formel 206 umständlich.

Wir definieren deswegen allgemein als wirksame oder effektive Kapazität eines Leiters das Verhältnis zwischen seiner Ladung und seinem Potential.

Da die effektive Kapazität eines Leiters von den Potentialen der übrigen Leiter abhängt, so sind stets, gleichzeitig mit der Kapazität, die Potentiale der benachbarten Leiter anzugeben. Wir können dann allgemein die Kapazität eines Leiters in der gleichen Weise wie vorher durch Berechnung der Arbeit bestimmen, die bei der Bewegung der Einheitsmaße $+1$ von der Erde bis zur Oberfläche des Leiters geleistet wird.

Bei der Berechnung dieser Arbeit sind nun nicht allein die Ladungen des Leiters, sondern alle elektrischen Ladungen, die im Felde überhaupt vorkommen, zu berücksichtigen.

An Hand eines Beispieles soll nun gezeigt werden, in welchem Verhältnis die effektive oder wirksame Kapazität zu den Kapazitätskoeffizienten stehen.

Es ist der Ladestrom einer langen Doppelleitung eines einphasigen Wechselstromsystems mit geerdetem Nullpunkt zu bestimmen. Die Potentiale der beiden Leitungen über Erde sind p_1 und p_2, wobei

$$p_1 = -p_2 = \tfrac{1}{2} P_{max} \sin \omega t.$$

Es sind die Ladungen

$$q_1 = c_{11} p_1 + c_{21} p_2 = (c_{11} - c_{21}) \tfrac{1}{2} P_{max} \sin \omega t$$

$$q_2 = c_{22} p_2 + c_{12} p_1 = -(c_{22} - c_{12}) \tfrac{1}{2} P_{max} \sin \omega t$$

und die Ladungsströme

$$i_1 = \frac{d q_1}{d t} = (c_{11} - c_{21}) \frac{\omega}{2} P_{max} \cos \omega t = \frac{\omega}{2} C_1 P_{max} \cos \omega t$$

$$i_2 = \frac{d q_2}{d t} = -(c_{22} - c_{12}) \frac{\omega}{2} P_{max} \cos \omega t = -\frac{\omega}{2} C_2 P_{max} \cos \omega t,$$

worin $C_1 = c_{11} - c_{12}$ und $C_2 = c_{22} - c_{12}$ die wirksamen Kapazitäten jeder der beiden Leitungen bedeuten.

Ist der Nullpunkt des Systems nicht geerdet, so fließt in den Leitungen derselbe Strom, d. i. $i_1 = -i_2 = i$, und es ist

$$i_1 = (c_{11} - c_{21}) \omega P_{1\,max} \cos \omega t = \omega C_1 P_{1\,max} \cos \omega t$$

$$i_2 = -(c_{22} - c_{12}) \omega P_{2\,max} \cos \omega t = \omega C_2 P_{2\,max} \cos \omega t$$

woraus folgt

$$\omega (P_{1\,max} + P_{2\,max}) \cos \omega t = \frac{i_1}{C_1} - \frac{i_2}{C_2} = i_1 \left(\frac{1}{C_1} + \frac{1}{C_2}\right)$$

oder

$$\omega P_{max} \cos \omega t = i \left(\frac{1}{C_1} + \frac{1}{C_2}\right) = \frac{i}{C}.$$

Hierin ist C die wirksame Kapazität der Doppelleitung. Aus

$$\frac{1}{C} = \frac{1}{C_1} + \frac{1}{C_2} = \frac{1}{c_{11} - c_{12}} + \frac{1}{c_{22} - c_{12}}$$

folgt

$$C = \frac{(c_{11} - c_{12})(c_{22} - c_{12})}{c_{11} + c_{22} - 2c_{12}}.$$

Bei der Vorausberechnung der wirksamen Kapazitäten braucht man jedoch nicht zuerst alle die Kapazitätskoeffizienten zu bestimmen, sondern man berechnet gleich für die gegebenen Verhältnisse die wirksame Kapazität, wie im Kapitel XXIII gezeigt werden soll.

121. Spezifisches Induktionsvermögen.

Bis jetzt haben wir immer angenommen, daß die Leiter von der Atmosphäre umgeben sind. Bringt man in den Zwischenraum zwischen den Belegungen eines Kondensators anstatt atmosphärischer Luft irgend einen anderen flüssigen oder festen Isolator, so findet man immer, daß seine Kapazität vergrößert wird. Selbst in der atmosphärischen Luft ist die Kapazität etwas — wenn auch sehr wenig — größer als im luftleeren Raum.

a) Das Verhältnis der Kapazität eines Kondensators, bei dem die Zwischenräume zwischen den Belegungen mit einem Isolator ausgefüllt sind, zu der Kapazität desselben Kondensators, wenn die Zwischenräume mit atmosphärischer Luft gefüllt (oder leer) sind, nennt man spezifisches Induktionsvermögen des betreffenden Isolators. Weil die Isolatoren in diesem Zusammenhange oft Dielektrika genannt werden, bezeichnet man auch das genannte Verhältnis als die Dielektrizitätskonstante des betreffenden Dielektrikums. Wir bezeichnen diese Konstante im folgenden mit ε.

Für die gewöhnlichen Gase unterscheidet sich ε nur sehr wenig von der Einheit und kann für alle praktischen Zwecke gleich Eins gesetzt werden.

Alle festen und flüssigen Dielektrika haben Dielektrizätskonstanten, die größer als Eins sind.

In der folgenden Tabelle sind die Dielektrizitätskonstanten für einige häufig angewandte feste und flüssige Dielektrika zusammengestellt. Die Werte schwanken ziemlich stark, was darauf zurückzuführen ist, daß die Materialien verschiedene Zusammensetzung haben und unter verschiedenen physikalischen Bedingungen untersucht worden sind.

Äther	3,4—4,7
Äthyl-Alkohol	24,3—27,4
Amyl-Alkohol	15
Anilin	7,1
Benzin	1,9
Benzol	2,2—2,4
Methyl-Alkohol	32,7
Olivenöl	3—3,16
Schmieröl	2,16
Paraffinöl	1,9
Petroleum	2
Rapsöl	1,47
Rizinusöl	4,53
Schwefelkohlenstoff	1,7—2,7
Terpentinöl	2,2
Wasser (destilliert)	76—82
Xylol	2,4

Ebonit	2,1—3,1
Eis	3,0
Glas, schweres, leicht schmelzbar	2,0—5,0
Glas, leichtes, schwer schmelzbar	5,0—10,0
Glimmer	5,0—7,0
Gummi (elastisch)	2,35
Gummi (vulkanisiert)	2,5—3,5
Guttapercha	3,0—5,0 (gewöhnlich 4,2)
Imprägniertes Papier oder Jute	4,3
Kolophonium	2,5
Manillapapier	1,8
Marmor	6,0
Papier mit Terpentinöl getränkt	2,4
Paraffin	2,3
Porzellan	5,3
Schellack	2,75
Schwefel	4,0
Seide	1,6

Bei zunehmender Temperatur nimmt die Dielektrizitätskonstante ab. Ist ε_0 die Dielektrizitätskonstante eines Isolators bei $t_0{}^0$, so kann man bei t^0 setzen

$$\varepsilon = \varepsilon_0 + a(t_0{}^0 - t^0).$$

Der Wert von a beträgt für:

Glimmer	(zwischen	11°	und	110°)	0,0003
Ebonit	(,,	11°	,,	63°)	0,0004
Glas	(,,	17°	,,	60°)	0,0012 bis 0,002
Benzol und Toluol					0,0035

Bei einigen Medien tritt auch eine Änderung der Dielelektrizitätskonstante mit der Feldstärke auf.

b) Bei gleicher Ladung ist die Potentialdifferenz eines Kondensators mit einem Dielektrikum, dessen spezifisches Induktionsvermögen ε ist, nur $\frac{1}{\varepsilon}$ mal so groß wie in atmosphärischer Luft.

Weil nach Gleichung 195

$$P_A - P_B = \int_A^B f_s ds$$

ist, folgt, daß in einem Dielektrikum bei gleichen Ladungen die elektrische Feldstärke f nur $\frac{1}{\varepsilon}$ mal so groß ist wie in der Luft. Zwei Elektrizitätsmengen q_1 und q_2 stoßen sich deswegen in einem Dielektrikum mit einer Kraft

$$K = \frac{1}{\varepsilon}\frac{q_1 q_2}{r^2} \quad . \; . \; . \; . \; . \; . \; . \; . \; . \quad (208)$$

ab. Denkt man sich die elektrische Feldstärke im Dielektrikum durch Kraftlinien dargestellt, so gehen hier von der positiven Einheitsmasse $\frac{4\pi}{\varepsilon}$ Kraftlinien aus.

Zwischen zwei parallelen, leitenden Platten mit der Flächenbelegung σ, die durch ein Dielektrikum getrennt sind, ist die elektrische Feldstärke

$$f = \frac{4\pi\sigma}{\varepsilon} = \frac{P}{r} \quad . \; . \; . \; . \; . \; . \; . \; . \; . \quad (209)$$

wobei P die Potentialdifferenz der Platten bedeutet.

Die auf die Flächeneinheit einer der Platten wirkende Kraft ist

$$f_0\sigma = \tfrac{1}{2} f\sigma = \frac{2\pi\sigma^2}{\varepsilon} = \frac{\varepsilon}{8\pi}\frac{P^2}{r^2} \quad . \; . \; . \; . \quad (210)$$

Sind also die Flächendichten σ gegeben, so ist die Anziehung zwischen den Platten der Dielektrizitätskonstante umgekehrt proportional. Für eine gegebene Potentialdifferenz dagegen ist die Anziehung zwischen den Platten der Dielektrizitätskonstante direkt proportional.

Die Kapazität für $F\,\text{cm}^2$ der wirksamen Oberfläche des einen Plattensystems eines Plattenkondensators wird, wenn ε die Dielektrizitätskonstante des Dielektrikums ist:

$$C = \varepsilon \frac{F}{4\pi r}, \quad \ldots\ldots\ldots \quad (211)$$

also ε mal größer als in Luft.

c) Der Gaußsche Satz Gl. 196 geht für eine in einem Dielektrikum gelegene geschlossene Fläche in die folgende Form über:

$$\varepsilon \int_F f_n \, dF = 4\pi \Sigma q \quad \ldots\ldots \quad (196\text{a})$$

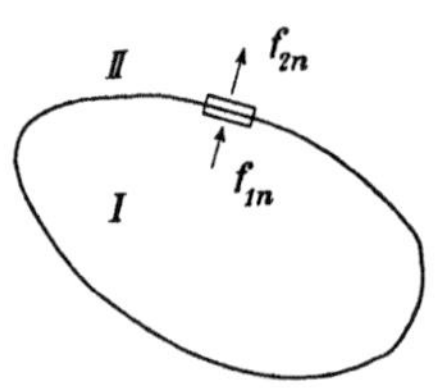

Fig. 339.

Die Fläche F sei die Grenzfläche zwischen zwei Dielektrika I und II (Fig. 339) mit den Dielektrizitätskonstanten ε_1 und ε_2. Die positive Richtung der Feldstärke f soll von dem Dielektrikum I nach II angenommen werden.

Erst läßt sich aus dem Prinzip der Erhaltung der Energie genau so wie für die magnetische Feldstärke zeigen, daß die Tangentialkomponente f_t der elektrischen Feldstärke beim Durchgang durch die Fläche F stetig ist. Bezeichnen wir also mit f_{1t} und f_{2t} diese Tangentialkomponenten in zwei Punkten, die einander sehr nahe, aber auf verschiedenen Seiten der Grenzfläche liegen, so ist

$$f_{1t} = f_{2t}.$$

Betrachten wir nun die Normalkomponenten der elektrischen Feldstärke f_{1n} und f_{2n} in zwei solchen Punkten. Wir denken uns um die Punkte einen sehr kurzen Zylinder senkrecht zur Fläche F derart gelegt, daß die Punkte in je einer Stirnfläche liegen (s. Fig. 339). Diese Stirnflächen liegen parallel zu dem ausgeschnittenen Element dF der betrachteten Fläche und ihr Inhalt ist gleich dF. Ist σ die Flächendichte auf dem Element, so folgt

$$\varepsilon_2 f_{2n} \, dF - \varepsilon_1 f_{1n} \, dF = 4\pi\sigma \, dF$$

$$\varepsilon_2 f_{2n} - \varepsilon_1 f_{1n} = 4\pi\sigma.$$

Ist die Fläche ungeladen ($\sigma = 0$), so folgt

$$\frac{f_{1n}}{f_{2n}} = \frac{\varepsilon_2}{\varepsilon_1} \quad \ldots\ldots\ldots\ldots \quad (212)$$

Beim Übergang vom einen Dielektrikum zum anderen verhalten sich die Normalkomponenten der elektrischen Feldstärke umgekehrt wie die Dielektrizitätskonstanten der beiden Dielektrika. Hieraus hat man für die elektrischen Kraftlinien ein analoges Brechungsgesetz wie für die magnetischen. Ebenso gehen elektrische Kraftlinien von der Grenzfläche aus, welche deshalb als Sitz scheinbarer elektrischer Ladungen angesehen werden kann.

In Fig. 340 ist der Übergang der elektrischen Kraftlinien aus einem Medium I in ein Medium II mit der doppelten Dielektrizitätskonstante dargestellt. Die eine Hälfte der Linien endet auf der Fläche, die andere geht mit einem Neigungswinkel gegen die Normale weiter, dessen Tangente doppelt so groß ist wie im Medium I.

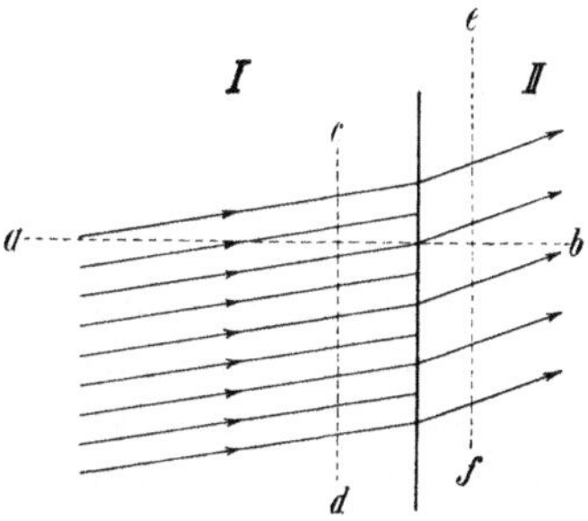

Fig. 340. Brechung elektrischer Kraftlinien.

Eine horizontale Ebene *a*—*b* wird in beiden Medien von derselben Zahl von Kraftlinien pro Flächeneinheit geschnitten. Eine vertikale Ebene *c*—*d* in I wird pro Flächeneinheit von doppelt so vielen Linien geschnitten wie eine vertikale Ebene *e*—*f* in II. Die auf der Grenzfläche der beiden Isolatoren auftretende scheinbare elektrische Flächenbelegung besitzt die Dichte σ_s, welche sich aus den folgenden Gleichungen ergibt:

$$\varepsilon_2 f_{2n} - \varepsilon_1 f_{1n} = 0$$

$$f_{2n} - f_{1n} = 4\pi\sigma_s,$$

also

$$\sigma_s = \frac{\varepsilon_1 - \varepsilon_2}{\varepsilon_2} \frac{1}{4\pi} f_{1n} = \frac{\varepsilon_1 - \varepsilon_2}{\varepsilon_1} \frac{1}{4\pi} f_{2n}.$$

Bringt man einen Isolator in ein isolierendes Medium von kleinerer Dielektrizitätskonstante, so hat er dort, wo die elektrischen Kraftlinien in ihn eintreten, eine scheinbare negative, dort wo die Kraftlinien aus ihm austreten, eine scheinbare positive Flächenbelegung. Man nennt diese scheinbaren elektrischen Massen die Influenzelektrizität der Isolatoren. Sie entspricht der magnetischen Flächenbelegung der paramagnetischen Stoffe. Sie verschwindet, sobald man den Isolator aus dem elektrischen Feld herausnimmt. Sie verschwindet auch, wenn man den Isolator, während er sich im Felde befindet, in zwei Teile teilt, von denen der eine die positive, der andere die negative scheinbare Belegung hat, und die Teile einzeln aus dem Felde herausnimmt. Analoges gilt bekanntlich für die magnetische Flächenbelegung. Ein Leiter dagegen behält in diesem Falle die Ladung.

d) Unter Induktionsfluß durch ein Flächenelement dF versteht man die Größe

$$d\varphi = \varepsilon f_n dF, \quad \ldots \ldots \ldots \quad (213)$$

wobei f_n die elektrische Feldstärke normal zu dem Flächenelement bedeutet. Das Verhältnis

$$b_n = \frac{d\varphi}{dF} = \varepsilon f_n \quad \ldots \ldots \ldots \quad (214)$$

kann man als die Induktion oder Polarisation in der Richtung normal zum Flächenelement dF an der betreffenden Stelle bezeichnen. Für Luft und im Vakuum fällt die Induktion mit der Feldstärke f_n zusammen. In Dielektrika ist b immer größer als f. Von der positiven Einheit der Elektrizitätsmenge treten 4π Induktionslinien aus und in die negative Einheit treten 4π solcher Linien ein, unabhängig davon, ob die Elektrizitätsmenge sich in Luft oder einem anderen Isolator befindet. Die Induktionslinien beginnen und enden nur an wahren elektrischen Ladungen, nicht an den scheinbaren Belegungen der Isolatoren. Beim Durchgang durch die Grenzfläche zwischen zwei Isolatoren bleibt die Normalkomponente der Induktion stetig, die Tangentialkomponente ändert sich proportional den Dielektrizitätskonstanten. Man hat also

$$\left.\begin{aligned} b_{1n} &= b_{2n} \\ \frac{b_{1t}}{b_{2t}} &= \frac{\varepsilon_1}{\varepsilon_2} \end{aligned}\right\} \quad \ldots \ldots \ldots \quad (215)$$

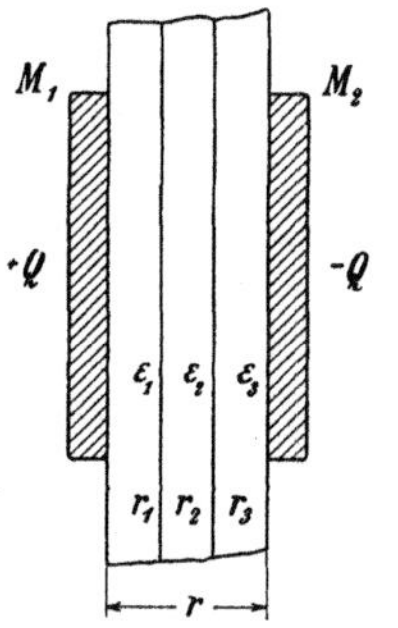

Fig. 341.

An einer solchen Grenzfläche enden keine Induktionslinien, sofern sie keine wahre elektrische Ladung besitzt.

e) Zwei leitende Platten M_1 und M_2 (Fig. 341) mit den Ladungen $+Q$ und $-Q$ seien durch Isolatoren von verschiedenen Dielektrizitätskonstanten ε_1, ε_2, ε_3 und von den Stärken r_1, r_2, r_3 voneinander getrennt. Die Dichte der elektrischen Belegung ist

$$\sigma = \frac{Q}{F},$$

worin F den Inhalt der wirksamen Fläche einer Platte bedeutet. Die Induktion zwischen den Platten kann überall als konstant gleich

$$b = 4\pi\sigma$$

gesetzt werden. Weil die elektrische Feldstärke der Dielelektrizitätskonstante umgekehrt proportional ist, hat man

$$f_1 = \frac{b}{\varepsilon_1}; \qquad f_2 = \frac{b}{\varepsilon_2}; \qquad f_3 = \frac{b}{\varepsilon_3} \quad . \; . \; . \quad (216)$$

Ist P die gesamte Potentialdifferenz zwischen den leitenden Platten, und sind die Potentialdifferenzen zwischen den einzelnen Grenzflächen P_1, P_2 und P_3, so folgt:

$$P = P_1 + P_2 + P_3 = b\left(\frac{r_1}{\varepsilon_1} + \frac{r_2}{\varepsilon_2} + \frac{r_3}{\varepsilon_3}\right) = 4\pi\sigma\left(\frac{r_1}{\varepsilon_1} + \frac{r_2}{\varepsilon_2} + \frac{r_3}{\varepsilon_3}\right).$$

Die Kapazität des Systems für die Einheit der wirksamen Oberfläche einer Platte ist somit

$$C = \frac{1}{4\pi\left(\frac{r_1}{\varepsilon_1} + \frac{r_2}{\varepsilon_2} + \frac{r_3}{\varepsilon_3}\right)} \quad . \; . \; . \; . \; . \; . \quad (217)$$

Setzen wir hier

$$\frac{4\pi r_1}{\varepsilon_1} = \frac{1}{C_1}; \qquad \frac{4\pi r_2}{\varepsilon_2} = \frac{1}{C_2}; \qquad \frac{4\pi r_3}{\varepsilon_3} = \frac{1}{C_3},$$

so bedeuten C_1, C_2, C_3 die Kapazitäten für einen cm^3 bei den einzelnen Dielektrika und den gegebenen Stärken und es ist

$$\frac{1}{C} = \frac{1}{C_1} + \frac{1}{C_2} + \frac{1}{C_3} \quad . \; . \; . \; . \; . \; . \; . \quad (217\text{a})$$

d. h. die Kapazität eines Kondensators, dessen Dielektrikum aus mehreren Schichten besteht, ist gleich der resultierenden Kapazität, die man erhält, wenn man die Kapazitäten der einzelnen Schichten hintereinander schaltet. Die Potentialdifferenzen P_1, P_2, P_3 zwischen den einzelnen Grenzflächen sind gleich den Klemmenspannungen, welche sich bei der Gesamtspannung P an den einzelnen Kondensatoren C_1, C_2 und C_3 einstellen.

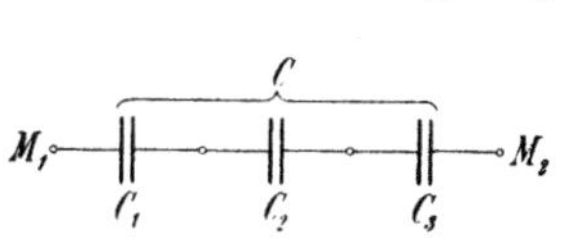

Fig. 342.

Der Kondensator (Fig. 341) kann also ersetzt werden durch die Schaltung Fig. 342. Ist C_l die Kapazität für Luft zwischen den Platten, so hat man das Verhältnis:

$$\frac{C}{C_l} = \frac{r_1 + r_2 + r_3}{\frac{r_1}{\varepsilon_1} + \frac{r_2}{\varepsilon_2} + \frac{r_3}{\varepsilon_3}} = \frac{r}{\frac{r_1}{\varepsilon_1} + \frac{r_2}{\varepsilon_2} + \frac{r_3}{\varepsilon_3}}.$$

Die Kapazität wird also durch die Anwesenheit der Dielektrika im Feld vergrößert.

Setzen wir $\varepsilon_2 = \varepsilon_3 = 1$ und $r_2 + r_3 = r_0$, d. h. wir bringen zwischen den Platten nur das eine Dielektrikum ε_1 von der Stärke r_1 an, während sonst im Feld die Luft bleibt, so ist bei gleicher Ladung Q die Feldstärke in der Luft ungeändert dieselbe, wie wenn der ganze Zwischenraum mit Luft gefüllt wäre. Die Potentialdifferenz der Platten ist aber

$$P' = 4\pi\sigma\left(\frac{r_1}{\varepsilon_1} + r_0\right),$$

also um $4\pi\sigma\left(1 - \frac{1}{\varepsilon_1}\right) r_1$ kleiner, als wenn die Platten nur durch Luft getrennt wären. Die Einbringung des Dielektrikums mit der Dicke r_1 hat folglich dieselbe Wirkung, wie wenn die Platten einander um den Betrag

$$\left(1 - \frac{1}{\varepsilon_1}\right) r_1$$

genähert werden. Bei gleicher Potentialdifferenz zwischen den Platten steigt die elektrische Feldstärke in der Luft im Verhältnis

$$\frac{\frac{r}{r_1}}{\frac{r}{r_1} - 1 + \frac{1}{\varepsilon_1}}.$$

In demselben Verhältnis nimmt die Kapazität der Platten zu beim Einbringen des Dielektrikums. Die elektrische Feldstärke in dem hineingebrachten Dielektrikum ist $\frac{1}{\varepsilon_1}$ mal so groß wie die in der Luft und also gleich

$$\frac{\frac{1}{\varepsilon_1}\frac{r}{r_1}}{\frac{r}{r_1} - 1 + \frac{1}{\varepsilon_1}}$$

mal der Feldstärke in der Luft vor Anbringung des Dielektrikums.

Für den Fall, daß zwischen den beiden plattenförmigen Leitern eine leitende Platte von der Dicke r_1 angebracht wird, hat man nur $\varepsilon_1 = \infty$ zu setzen. Die beiden geladenen Platten verhalten sich also dann genau so, wie wenn sie einander um den Betrag r_1 genähert wären. Ist die zwischengeschobene leitende Platte isoliert, so ist es ebenso wie bei einem zwischengeschobenen Dielektrikum gleichgültig, welche Lage sie zwischen den parallelen Ebenen einnimmt.

122. Die elektrische Feldenergie.

Analog der magnetischen Feldenergie $\frac{1}{2}\Sigma i\Phi$ ist die zur Erzeugung des elektrischen Feldes notwendige Energie

$$\left.\begin{aligned} A &= \tfrac{1}{2}\Sigma QP = \tfrac{1}{2}(Q_1 P_1 + Q_2 P_2 + Q_3 P_3 + \ldots.) \\ &= \tfrac{1}{2}(p_{11} Q_1^2 + p_{22} Q_2^2 + \ldots) + (p_{12} Q_1 Q_2 + p_{13} Q_1 Q_3 + \ldots.) \\ &= \tfrac{1}{2}(c_{11} P_1^2 + c_{22} P_2^2 + \ldots.) + (c_{12} P_1 P_2 + c_{13} P_1 P_3 + \ldots.) \end{aligned}\right\} \quad (218)$$

Wenn die Leiter isoliert sind, so daß ihre Ladungen konstant bleiben, so ist die bei einer Verschiebung der Leiter von dem Felde geleistete Arbeit gleich der Abnahme der Energie des Systems infolge der Verschiebung. Die auf die Leiter von dem Felde ausgeübten Kräfte suchen die Leiter so zu bewegen, daß die Energie des Feldes ein Minimum wird.

Wenn andererseits die Potentiale der Leiter konstant gehalten werden, was z. B. dadurch geschehen kann, daß sie mit galvanischen Batterien verbunden werden, so hat das System das Bestreben, unter dem Einfluß der auf die Leiter wirkenden Kräfte sich so zu verschieben, daß die Energie des Feldes ein Maximum wird. Es wird dann von den Kräften des Feldes durch die Verschiebung ebensoviel Arbeit von dem System geleistet wie seine Energie zunimmt. Sowohl die mechanische Arbeit als auch die Vergrößerung der Feldenergie werden von den mit dem System verbundenen Elektrizitätsquellen geleistet.

Die Gleichung für die Energie eines Systems von Leitern gilt auch, wenn die Leiter sich in einem beliebigen Dielektrikum befinden.

a) Haben zwei planparallele leitende Platten eine Flächendichte σ und eine Potentialdifferenz P, so ist die Energie für 1 cm² der inneren Fläche einer der beiden Platten gleich

$$\tfrac{1}{2}\sigma P.$$

Die konstante elektrische Feldstärke in dem Raume zwischen den Platten ist

$$f = \frac{P}{r},$$

wenn r die Entfernung der Platten bedeutet. Befindet sich im Zwischenraum ein Dielektrikum von der Dielektrizitätskonstante ε, so ist

$$\sigma = \frac{\varepsilon f}{4\pi} \quad \ldots\ldots\ldots\ldots \quad (197\text{a})$$

Die Energie pro Volumeneinheit des Dielektrikums ist somit

$$\frac{1}{2}\frac{\sigma P}{r} = \varepsilon \frac{f_n^2}{8\pi} \quad \ldots\ldots\ldots \quad (219)$$

Diese Gleichung gilt ganz allgemein für ein Feld f_n in einem Dielektrikum. Bei gegebener elektrischer Feldstärke (oder Potentialdifferenz) ist somit die Energie im Dielektrikum der Dielektrizitätskonstante proportional.

Weil die Induktion

$$b = f\varepsilon$$

ist, folgt andererseits auch für die Energie der Ausdruck

$$\frac{bf}{8\pi} = \frac{b^2}{8\pi\varepsilon} \quad \ldots \ldots \ldots \quad (219\,a)$$

Bei gegebener Induktion (bzw. Ladung) ist die Energie im Dielektrikum der Dielektrizitätskonstante umgekehrt proportional.

Die beiden Flächen des Plattenkondensators werden mit einer Kraft

$$f_0\sigma = \tfrac{1}{2}\sigma f = \tfrac{1}{2}\sigma\frac{P}{r}$$

pro cm^2 angezogen und üben somit einen Druck auf das Dielektrikum aus, der gleich der darin aufgespeicherten Energie pro Volumeneinheit ist. Wir sehen somit, daß ähnlich wie die im magnetischen Felde aufgespeicherte magnetische Feldenergie auch die in einem elektrischen Felde aufgespeicherte Energie die betreffenden Körper in einen mechanischen Spannungszustand versetzt. Die magnetischen und elektrischen Feldenergien haben somit nicht ihren Sitz in den magnetischen und elektrischen Massen, wie man nach den Formeln zu ihrer Berechnung glauben könnte, sondern, wie zuerst von Maxwell angegeben ist, in den Medien der Felder.

b) Aus dem Gesetz der minimalen Feldenergie folgt, daß ein kleiner ungeladener Leiter, der auf die Feldverteilung in dem ihn umgebenden Raum keinen merkbaren Einfluß ausübt, sich dorthin zu bewegen sucht, wo das Feld die größte Stärke besitzt.

Ein ungeladener Leiter in einem homogenen Feld erfährt keine resultierende Transversalkraft; doch sucht er sich, ähnlich wie ein Stück Eisen in einem homogenen magnetischen Feld, so einzustellen, daß seine Längsrichtung mit der Richtung des elektrischen Feldes zusammenfällt. Dies kommt daher, daß der Körper in dieser Stellung pro Volumeneinheit die größte Anzahl Kraftlinien in sich aufnehmen und vernichten kann.

Auf dieser Erscheinung beruht die folgende, oft angewendete Methode, elektrische Kraftlinien bildlich darzustellen, und die der Darstellung magnetischer Kraftlinien durch Eisenfeilspäne ähnlich ist. Wird eine isolierende Flüssigkeit mit einem nicht lösbaren Pulver von größerer Dielektrizitätskonstante als die Flüssigkeit gemischt und das Ganze in ein elektrisches Feld gebracht, so ordnet sich das Pulver in Linien, welche den elektrischen Kraftlinien parallel verlaufen.

Ein positiv geladener Leiter in einem homogenen Felde erfährt eine resultierende Kraftwirkung in der positiven Feldrichtung, weil in dieser Richtung das Feld stark, in der umgekehrten schwach ist. Bei der Bewegung in dieser Richtung wird der Raum, wo das Feld stark ist, verkleinert und der, wo das Feld schwach ist, vergrößert, so daß die gesamte Feldenergie abnimmt (s. Fig. 343).

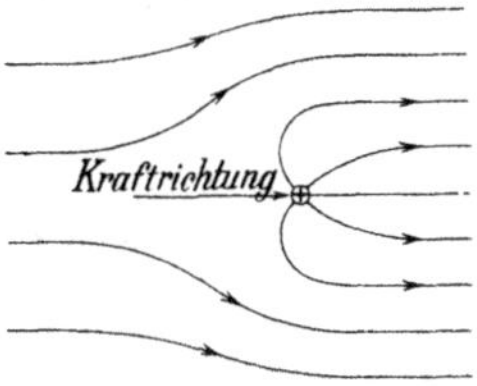

Fig. 343.

c) Ähnlich wie der Leiter sucht auch der Isolator infolge des Prinzipes der minimalen Feldenergie möglichst viel Induktionslinien in sich aufzunehmen, wenn er sich in einer Umgebung von kleinerer Dielektrizitätskonstante befindet.

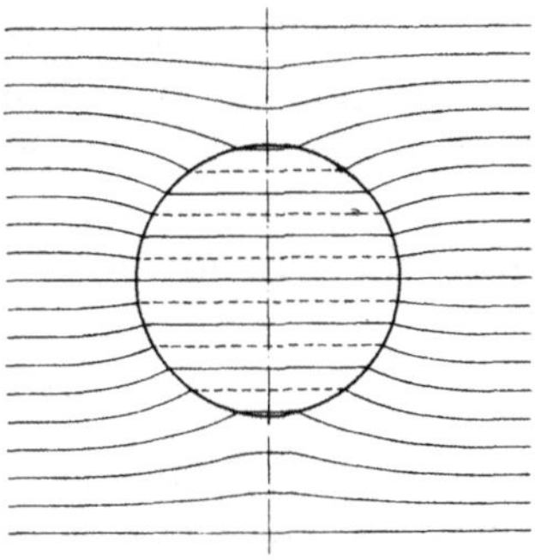

Fig. 344. Kugel aus isolierendem Material in einem Medium mit kleinerer Dielektrizitätskonstante.

Hat er eine längliche Form, so sucht er sich mit seiner Längsrichtung parallel zu den elektrischen Kraftlinien zu stellen. Ist das Feld nicht homogen, so sucht er sich dorthin zu bewegen, wo das Feld am stärksten ist.

Bringt man eine isolierende Kugel in ein homogenes Feld in einem Medium, dessen Induktionskapazität halb so groß ist wie das der Kugel, so bekommt man etwa das in Fig. 344 dargestellte Bild. Hier sind Kraft- und Induktionslinien voll ausgezogen; Induktionslinien allein sind punktiert.

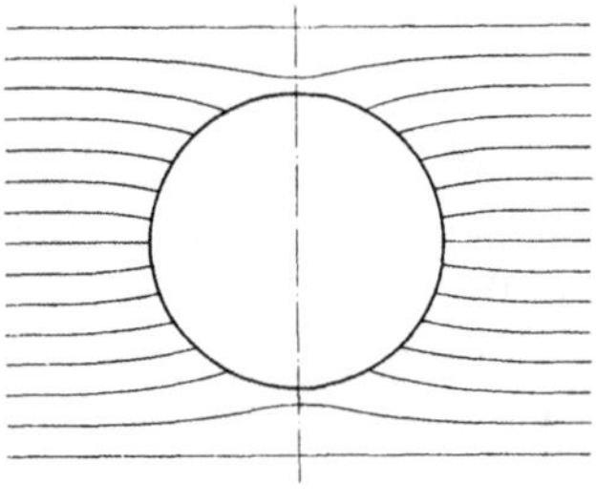

Fig. 345. Leitende Kugel in einem elektrischen Felde.

Zum Vergleich hiermit ist in Fig. 345 der Einfluß einer leitenden Kugel auf ein homogenes Feld dargestellt. Hier enden alle Kraft- und Induktionslinien in den influenzierten Belegungen auf der Oberfläche der Kugel.

123. Die elektrische Verschiebung.

a) Unter der elektrischen Verschiebung in einem Punkte eines Mediums versteht man einen Vektor von dem Betrage

$$j = \frac{\varepsilon}{4\pi} f = \frac{b}{4\pi}, \qquad (220)$$

dessen Richtung mit jener der elektrischen Feldstärke f zusammenfällt.

Dicht außerhalb einer mit der Flächendichte σ geladenen Oberfläche eines Leiters ist die Verschiebung

$$j = \sigma \qquad (221)$$

und ist bei einer positiven Ladung nach außen, bei einer negativen Ladung nach dem Inneren des Leiters gerichtet.

Im Inneren eines Konduktors wird, weil hier $f = 0$ ist, j gleich Null gesetzt. Beim Übergang von einem Dielektrikum ε_1 zu einem anderen ε_2 bleibt, wenn die Grenzfläche keine wahre Ladung besitzt, die Normalkomponente der elektrischen Verschiebung konstant:

$$j_{n1} = j_{n2} = \frac{\varepsilon_1 f_{n1}}{4\pi} = \frac{\varepsilon_2 f_{n2}}{4\pi} \qquad (222)$$

Dagegen ändert sich die Tangentialkomponente der elektrischen Verschiebung, denn es ist

$$j_{t1} = \frac{\varepsilon_1 f_{t1}}{4\pi}; \qquad j_{t2} = \frac{\varepsilon_2 f_{t2}}{4\pi},$$

und da

$$f_{t1} = f_{t2} = f_t,$$

ist, wird

$$\frac{j_{t1}}{j_{t2}} = \frac{\varepsilon_1}{\varepsilon_2} \qquad (223)$$

Für die elektrische Verschiebung gilt daher dasselbe Brechungsgesetz wie für die elektrische Feldstärke und die elektrische Induktion.

Eine Einheitsröhre der elektrischen Verschiebung umschließt 4π Einheitsröhren der elektrischen Induktion, sie entspringt der positiven und mündet in der negativen elektrischen Masseneinheit.

Der Verschiebungsfluß durch eine geschlossene Oberfläche F ist nach dem Satze von Gauß

$$\varphi = \int_F j_n \, dF = \frac{\varepsilon}{4\pi} \int f_n \, dF = \Sigma q \qquad (224)$$

wobei Σq die von der Fläche eingeschlossene Elektrizitätsmenge bedeutet.

b) Bekanntlich kann eine elektrische Potentialdifferenz nur in metallischen Leitern einen konstanten elektrischen Fluß, d. h. einen Gleichstrom erzeugen, während sie wie gezeigt die Dielektrika in einen Spannungszustand versetzt, den man sich als eine elastische Verschiebung vorstellt. Deswegen kann kein Gleichstrom in einer Leitung fließen, in die ein Kondensator geschaltet ist, wenn erst der Zustand stationär geworden ist, d. h. der Ladestrom verschwunden ist. Bei Wechselströmen liegt die Sache anders, weil die Kondensatoren hier unaufhörlich geladen und entladen werden, wodurch das Dielektrikum abwechselnd entgegengesetzt gerichteten Verschiebungen ausgesetzt ist. In einem Wechselstromkreis, der einen Kondensator enthält, fließt deswegen der Ladestrom des Kondensators. Die Ströme im Kondensator nannte Maxwell Verschiebungsströme und stellte die Behauptung auf, daß die Verschiebungsströme genau denselben Gesetzen unterworfen sind wie die gewöhnlichen elektrischen Ströme. Nur treten keine Stromwärmeverluste im Dielektrikum auf. Dies gilt nicht allein für den Verschiebungsstrom im Kondensator, sondern auch für alle anderen Verschiebungsströme in den Dielektrika der elektrischen Felder. Der Verschiebungsstrom i ist der Größe nach durch die Elektrizitätsmenge gemessen, welche in dem Momente, in welchem die Polarisation des Dielektrikums stattfindet, die Einheit der zu ihrer Richtung senkrechten Fläche durchsetzt. Der Verschiebungsstrom $\frac{d\varphi}{dt}$ hat somit die Dimension $\frac{\text{Elektrischer Kraftfluß}}{\text{Zeit}}$ oder $\frac{\text{Elektrische Masse}}{\text{Zeit}}$, d. h. $(L^{\frac{3}{2}} M^{\frac{1}{2}} T^{-2})$ im elektrostatischen Maßsystem. Soll der Verschiebungsstrom wie ein gewöhnlicher Strom behandelt werden, so müssen wir ihn im elektromagnetischen Maßsystem ausdrücken, und in diesem hat der elektrische Strom die Dimension $(L^{\frac{1}{2}} M^{\frac{1}{2}} T^{-1})$. Das Verhältnis der Stromstärke im elektrostatischen zu der im elektromagnetischen System muß somit die Dimension (LT^{-1}), d. h. die Dimension einer Geschwindigkeit haben. Der Wert dieses Verhältnisses ist durch Messungen zu ca. $3 \cdot 10^{10}$ cm/sec gefunden worden. Er stimmt mit der Lichtgeschwindigkeit v im leeren Raum überein, was Maxwell dadurch erklärte, daß man die elektrischen Massen mit sehr großer Geschwindigkeit bewegen muß, damit sie dieselben Wirkungen wie ein gewöhnlicher Strom auf Magneten ausüben.

Aus diesem Verhältnis v zwischen Strömen in den beiden Systemen folgt nun weiter, daß die praktische Stromeinheit

$$1 \text{ Amp.} = 0{,}1 \text{ CGS elektromagn.} = 3 \cdot 10^9 \text{ CGS elektrostat.} \quad (225)$$

Das gleiche Verhältnis besteht auch zwischen den Einheiten der Elektrizitätsmengen in den beiden Systemen:

$$1 \text{ Coulomb} = 0{,}1 \text{ CGS elektromagn.} = 3 \cdot 10^9 \text{ CGS elektrostat.} \quad (226)$$

Das Verhältnis zwischen den Einheiten des Potentials in den verschiedenen Maßsystemen ergibt sich aus der Überlegung, daß der Ausdruck für die Energie aus den beiden Faktoren Elektrizitätsmenge und Potential besteht, d. h. die Einheiten für Potential müssen sich umgekehrt verhalten wie die Einheiten für Elektrizitätsmenge. Wir haben also:

$$1 \text{ Volt} = 10^8 \text{ CGS elektromagn.} = \frac{1}{300} \text{ CGS elektrostat.} \quad (227)$$

oder

$$1 \text{ CGS elektrostat.} = 300 \text{ Volt.}$$

Für die Einheiten der Kapazität findet man:

$$1 \text{ Farad} = \frac{1 \text{ Coul.}}{1 \text{ Volt}} = \frac{3 \cdot 10^9}{\frac{1}{300}} = 9 \cdot 10^{11} \text{ CGS elektrostat.} \quad (228)$$

oder

$$1 \text{ Mikrofarad} = 9 \cdot 10^5 \text{ CGS elektrostat.} = 9 \text{ Kilometer,} \quad (229)$$

d. h. eine Kugel vom Radius 9 km besitzt die Kapazität 1 Mikrofarad.

Für den Verschiebungsfluß im elektromagnetischen Maßsystem erhalten wir nun den Ausdruck

$$\varphi = \int \frac{j_n \, dF}{v} = \frac{\varepsilon}{4\pi v} \int f_n \, dF \quad . \; . \; . \; . \; . \quad (224\text{a})$$

und der Verschiebungstrom ist $i = \frac{d\varphi}{dt}$.

c) Ausgehend von der Hypothese, daß der Verschiebungsstrom demselben Gesetze folgt, wie der gewöhnliche Strom, stellte nun Maxwell seine bekannten Gleichungen auf für die Verteilung der elektrischen und magnetischen Kräfte und der Fortpflanzung ihrer Änderungen im Raume fort. Es soll hier nur erwähnt werden, daß die Maxwellschen Gleichungen sich ableiten lassen aus dem elektromagnetischen Grundgesetze

$$4\pi i = \int_{C_1} H_l \, dl,$$

worin C_1 eine geschlossene, mit dem Strome i verkettete Kurve ist, und aus dem Maxwellschen Grundgesetz der elektromagnetischen Induktion.

Dieses lautet nach Einführung der elektrischen Feldstärke

$$-\frac{d\varphi}{dt} = e = \int_{C_2} f_s ds, \quad \ldots \ldots \quad (230)$$

wo C_2 eine geschlossene Kurve ist, durch welche der magnetische Kraftfluß φ hindurchgeht. Dieser Weg zur Ableitung der Maxwellschen Gleichungen ist der von Galileo Ferraris[1]) angegebene. Eine Folge der Maxwellschen Gleichungen ist, daß die elektrischen und magnetischen Kräfte sich im leeren Raume mit derselben Geschwindigkeit wie das Licht fortpflanzen. Hierbei bilden die elektrischen und magnetischen Kräfte einen Winkel von 90° miteinander und sind beide transversal in bezug auf die Fortpflanzungsrichtung; sie breiten sich durch Schwingungen aus genau wie die Wärme- und Lichtschwingungen. Als strenge Folge der Maxwellschen Gleichungen gilt die Hypothese von Poynting, welche lautet: „Die Energie wandert immer in einer Richtung durch das elektromagnetische Feld, welche zu den Richtungen der magnetischen und der elektrischen Feldstärke senkrecht steht; durch jede Flächeneinheit einer zur Wanderungsrichtung senkrecht gelegten Ebene geht in einer Sekunde eine Energiemenge hindurch, die gleich ist dem Flächeninhalte des Parallelogramms (Fig. 346), dessen Seiten die elektrische und die magnetische Feldstärke sind, dividiert durch 4π.

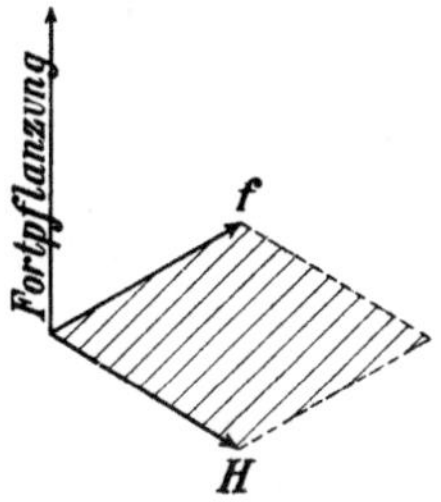

Fig. 346.

Nach der Hypothese von Poynting pflanzt sich die Energie bei einer Kraftübertragung nicht in den Leitungen fort, sondern in dem umgebenden Dielektrikum. Der Leiter stellt nicht einen Kanal dar, in welchem die Energie fortwandert, sondern einen Raum, nach dem hin ein Teil der Energie konvergiert und in dem dieser Teil in Wärme umgesetzt wird.

[1]) Wissenschaftliche Grundlagen der Elektrotechnik.

Zwanzigstes Kapitel.

Elektrische Eigenschaften der Dielektrika.

Im Kapitel XIX ist auf den Unterschied der Dielektrika betreffs ihrer Induktionskapazität aufmerksam gemacht. Außerdem besitzen aber die Dielektrika noch andere elektrische Eigenschaften, deren Berücksichtigung für die Praxis oft ebenso wichtig ist, und welche im folgenden deshalb kurz angegeben werden sollen.

124. Leitfähigkeit und Absorptionsfähigkeit.

a) Verbindet man zwei Leiter eines elektrischen Kabels oder die beiden Belegungen eines aus einem festen oder flüssigen Dieletrikum hergestellten Kondensators durch ein Galvanometer mit den Klemmen einer Gleichstrommaschine von konstanter Spannung, so findet man im ersten Moment einen starken Strom, der den Kondensator ladet. Dieser Ladestrom sinkt nicht plötzlich auf Null, sondern nimmt verhältnismäßig langsam ab, um erst nach längerer Zeit auf einen fast konstanten, meist sehr kleinen Wert zu sinken. Die Ursache dieses Verhaltens liegt teilweise daran, daß die Dielektrika auch eine gewisse kleine elektrische Leitfähigkeit besitzen, so daß über den eigentlichen Ladestrom sich ein gewisser Leitungsstrom superponiert. Die Leitung der Dielektrika kann rein metallisch oder auch von Elektrolyse begleitet sein. Der letzte Fall ist mit Rücksicht auf die Haltbarkeit der Isolationsmaterialien möglichst zu vermeiden. Betrachten wir die Leitfähigkeit des Dielektrikums als konstant, so kann ein wirklicher Kondensator durch einen ideellen mit einem vollständig isolierenden Dielektrikum und einem parallel geschalteten Ohmschen Widerstand ersetzt werden. Ein solches Ersatzschema zeigt Fig. 347, das zur Berechnung der Entladezeit eines sich selbst überlassenen (d. h. allseitig isolierten) geladenen Kondensators benutzt werden kann. Die Entladung erfolgt nach der in Kap. XXIV abgeleiteten Beziehung

$$q = Q e^{-\frac{t}{rC}}, \quad \ldots \quad (231)$$

worin Q die Anfangsladung und t die Zeit in Sekunden bezeichnet.

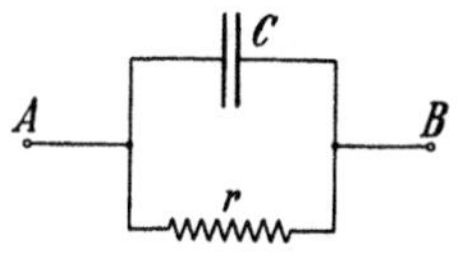

Fig. 347.

Die Leitfähigkeit der Dielektrika nimmt meistens mit der Temperatur und mit der elektrischen Beanspruchung zu. Medien, welche bei höherer Temperatur noch chemisch beständig sind, wie Glas, Porzellan usw., werden in der Glühtemperatur verhältnismäßig gute Leiter. Eine interessante Anwendung dieses Verhaltens bietet die Nernst-Glühlampe. Das Dielektrikum, das den Glühfaden der Lampe bildet, besteht hier aus Magnesia, das durch eine besondere Wärmequelle erhitzt wird. Hierdurch wächst die Leitfähigkeit so sehr, daß ein beträchtlicher Strom durch den Glühfaden zu fließen beginnt und die Lampe zum Leuchten bringt.

Die Dielektrika haben also im allgemeinen einen negativen Temperaturkoeffizienten.

Ferner ist der Widerstand der Dielektrika in hohem Maße von der elektrischen Beanspruchung (also von der elektrischen Feldstärke) abhängig, und zwar nimmt er mit zunehmender Beanspruchung ab.

Die folgende Tabelle enthält den spezifischen Widerstand für einige Isolationsmaterialien bei gewöhnlichen Temperaturen und für mittlere elektrische Beanspruchungen.

Material.	Spezifischer Widerstand ϱ_i in Megohm pro cm/cm²	Grad Celsius
Guttapercha	$7 \cdot 10^9$	0
	$0{,}45 \cdot 10^9$	24
mit Guttapercha isolierte Drähte	$0{,}2 \cdot 10^9$	24
Reiner Gummi	$10{,}9 \cdot 10^9$	24
Vulkanisierter Gummi	$1{,}5 \cdot 10^9$	15
Papier mit Terpentinöl getränkt	$3 \cdot 10^9$	15
Jute mit Terpentinöl getränkt	$11{,}9 \cdot 10^9$	15
Schellack	$9 \cdot 10^9$	28
Paraffinwachs	$24 \cdot 10^9$	
Mika	$0{,}084 \cdot 10^9$	

In der Fig. 348 ist der Einfluß der Temperatur auf den Isolationswiderstand eines Transformators durch die Kurve A und auf den von trockenem Tuchstoff durch die Kurve B dargestellt. Bei dem Tuchstoffe steigt der Widerstand anfangs mit der Temperatur, bis die Feuchtigkeit entwichen ist. Bei noch höheren Temperaturen sinkt dann wieder der Isolationswiderstand bis auf einige Megohm herunter.

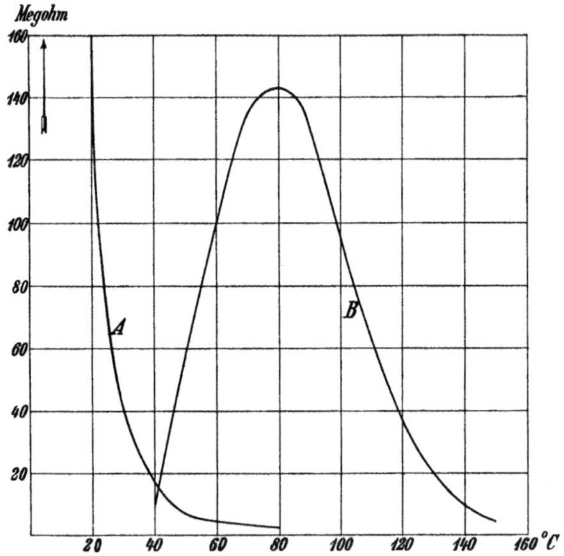

Fig. 348. Abhängigkeit des Isolationswiderstandes von der Temperatur. A für einen Transformator, B für trockenen Tuchstoff.

b) Für die Ableitungsströme hat Prof. Schleiermacher[1]) dieselbe Ausdrucksweise vorgeschlagen, die nach dem Verfahren von Maxwell für die Ladungen angewandt wird, wenn mehrere Leiter von verschiedenem Potentiale sich in dem elektrischen Felde befinden. Es sind die Leitungsströme, die von den einzelnen Leitern ausgehen:

$$i_1 = g_{11} P_1 + g_{12} P_2 + g_{13} P_3 + \cdots$$
$$i_2 = g_{12} P_1 + g_{22} P_2 + g_{23} P_3 + \cdots$$
$$\cdots\cdots\cdots\cdots$$

Hierin bedeuten die Koeffizienten mit gleichen Indizes g_{11}, g_{22}, g_{33} ... das Verhältnis des Ableitungsstromes zum Potential gegen Erde, wenn alle übrigen Leiter mit der Erde verbunden sind. Die Koeffizienten mit ungleichen Indizes sind entsprechend den gegen-

[1]) ETZ 1905, S. 1043.

seitigen Kapazitätskoeffizienten wie folgt definiert: g_{xy} bedeutet den Ableitungsstrom vom Leiter y nach dem Leiter x, wenn der erste das Potential 1 besitzt und alle anderen Leiter auf dem Potential 0 gehalten werden. Die experimentelle Bestimmung dieser Koeffizienten erfolgt in ganz analoger Weise wie bei den Kapazitäten.

Um g_{xx} zu bestimmen, legt man alle übrigen Leiter an Erde und mißt das Verhältnis zwischen dem Ableitungsstrom i des $x$ten Leiters und seinem Potential P

$$g_{xx} = \frac{i}{P}.$$

In derselben Weise bestimmt man den Koeffizienten g_{yy} für den $y$ten Leiter und den Koeffizienten $g_{(x+y)}$ für den $x$ten und $y$ten Leiter zusammen. Es ist dann der Koeffizient

$$g_{xy} = g_{yx} = -\frac{g_{xx} + g_{yy} - g_{(x+y)}}{2} \quad . \; . \; . \; . \quad (232)$$

c) Die langsame Abnahme des Ladestromes mit der Zeit wird durch die Annahme einer konstanten Leitfähigkeit des Dielektrikums nicht erklärt, sondern muß im Zusammenhange mit den Erscheinungen betrachtet werden, welche bei der Entladung eines Kondensators auftreten.

Verbindet man die Belegungen eines geladenen Kondensators durch ein Galvanometer, so fließt zunächst ein starker Strom, der erst allmählich und erst nach längerer Zeit ganz verschwindet. Unterbricht man die Verbindung, nachdem der erste Stromstoß verlaufen ist, so kann durch eine nochmalige Verbindung nach einiger Zeit ein neuer, aber schwächerer Stromstoß in derselben Richtung wie der erste erhalten werden. So ist der Kondensator im Stande, wiederholt neue Stromstöße, die allerdings immer schwächer werden, abzugeben. Diese Erscheinung beruht auf der Bildung eines sogenannten Rückstandes (Residuum) im Dielektrikum. Eine Erklärung der Erscheinung ist zuerst von Maxwell gegeben. Hiernach beruht die Rückstandsbildung auf der heterogenen Beschaffenheit der meisten Dielektrika.

Fig. 349 zeigt einen Schnitt durch das Dielektrikum eines Kondensators, dessen Belegungen A und B sind. Wir nehmen an, daß das Dielektrikum aus Schichten D und D' von verschiedenen Eigenschaften besteht. Wie auf Seite 459 gezeigt ist, kann ein solcher Kondensator durch zwei hintereinander

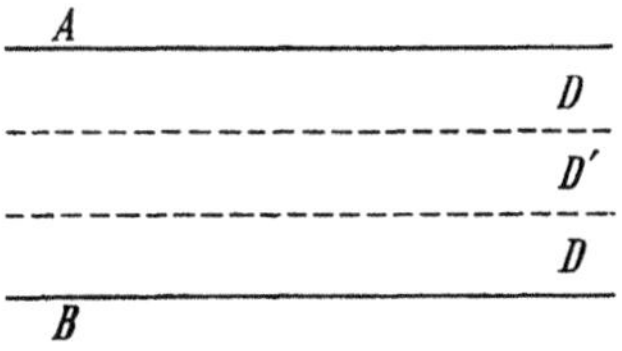

Fig. 349.

geschaltete Kondensatoren C und C' (Fig. 350) ersetzt werden. Ist das Dielektrikum D' kein vollständiger Isolator, so haben wir uns parallel zu dem Kondensator C' einen Ohmschen Widerstand r' zu denken. Fig. 350 gibt somit das Ersatzschema des Kondensators für den Fall, daß das Dielektrikum D ein vollständiger Isolator ist. In Kap. XXIV ist diese Schaltung ausführlich behandelt. Die Lade- und Entladeströme zeigen hier einen ähnlichen Verlauf wie für einen Kondensator mit einem unvollkommenen Dielektrikum.

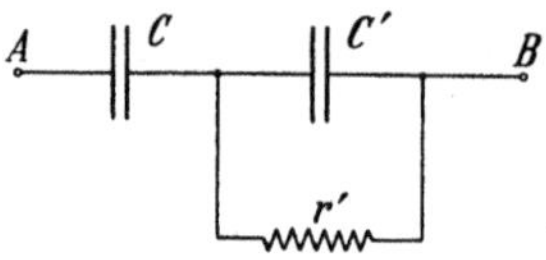

Fig. 350.

Ob die eben dargestellte Wirkung der einzelnen Schichten eines Dielektrikums die einzige Ursache der Rückstandsbildung ist, oder ob auch andere, z. B. chemische Vorgänge (etwa ähnlich wie in einem chemischen Akkumulator) auftreten, steht noch nicht fest. Zwar neigen die stark heterogenen Dielektrika besonders zur Rückstandsbildung, aber selbst scheinbar ganz homogene, flüssige Dielektrika sind nicht ohne Spuren davon.

Weil jede Leitung und jeder elektrische Apparat, in dem hohe Spannungsdifferenzen auftreten, als ein Kondensator wirkt, sollte die Bildung von Rückständen oder die sogenannte Absorption der Dielektrika beim Arbeiten mit hochgespannten Strömen nie außer acht gelassen werden, weil sonst sehr ernste Folgen eintreten können. Ist beispielsweise ein Kabel oder ein Transformator von den Hochspannungsklemmen abgeschaltet, so wird, ehe die abgeschalteten Teile berührt werden dürfen, eine etwaige Ladung auf ihnen durch Verbindung mit der Erde abgeleitet. Eine einmalige Ableitung ist aber nicht immer genügend, weil sich nachträglich durch Rückstandsbildung Ladungen ansammeln können, die bei Berührung gefährliche Schläge geben. Besonders zu berücksichtigen sind diese Verhältnisse bei hohen Gleichspannungen, weil sich hier die Rückstände besonders leicht bilden.

Für einen praktischen Fall, bei dem alle Teile des Dielektrikums Leitfähigkeit besitzen, wird die Ersatzschaltung etwa durch Fig. 351 gezeigt.

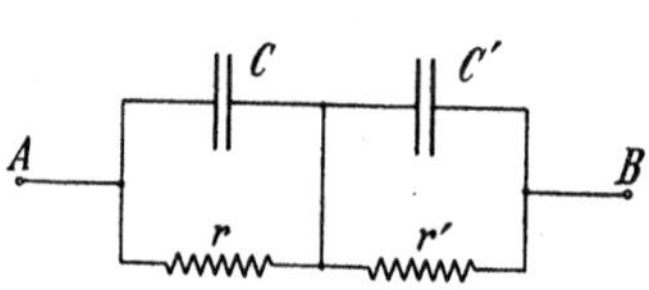

Fig. 351.

Eine Rückstandsbildung sollte nach dem Vorstehenden nicht auftreten, wenn in allen Punkten des Dielektrikums das Verhältnis von Dielektrizitätskonstante zu elektrischer Leitfähigkeit dasselbe ist.

125. Energieverlust im Dielektrikum.

a) Der Effektverlust im Dielektrikum in einem konstanten Feld ist durch den Isolationsstrom gegeben. Erfolgt die Elektrisierung dagegen abwechselnd in der einen und der anderen Richtung, wie z. B. in einem Kondensator, dem man einen Wechselstrom zuführt, so treten im allgemeinen viel größere Verluste auf als dem Isolationswiderstand entspricht. Die Ursache dieses zusätzlichen Verlustes ist noch wenig erforscht. Sie kann in der im vorhergehenden Abschnitte besprochenen Absorptionsfähigkeit der heterogenen Dielektrika liegen.[1]) In dem durch das Schema (Fig. 350) charakterisierten Dielektrikum würde bei Wechselstrom ein Verlust auftreten; bei Gleichstrom dagegen nicht. Auch in dem Schema Fig. 351 tritt bei Wechselstrom ein größerer Verlust auf als bei Gleichstrom, sobald $\frac{C}{r} \gtrless \frac{C'}{r'}$, d. h. wenn das Verhältnis zwischen spezifischer Induktionskapazität und Widerstand der einzelnen Teilchen des Dielektrikums verschieden ist. Oft stellt man sich vor, daß die Verluste durch eine sogenannte dielektrische Hysteresis entstehen, die von ähnlicher Natur sein soll, wie die magnetische Hysteresis.

Steinmetz[2]) hat für technische Kondensatoren aus paraffiniertem Papier mit Stanniolbelegung, die im Vakuum-Trockenofen getrocknet und mit Paraffin imprägniert waren, gefunden, daß die Verluste bei konstanter Periodenzahl mit dem Quadrate der Spannung zunehmen, was einer konstanten Konduktanz g des Kondensators entspricht. Weil die Dielektrizitätskonstante und damit die Kapazität oder die Suszeptanz b des Kondensators bei mäßiger Beanspruchung ebenfalls von der Spannung unabhängig ist, bleibt die Phasenverschiebung des Ladestromes bei konstanter Periodenzahl konstant. Vergrößert man die Dicke des Dielektrikums eines Kondensators, so bleibt bei gleicher elektrischer Feldstärke der Ladestrom derselbe, während die Spannung proportional der Dicke zunimmt. Die Verluste wachsen dann proportional der Dicke des Dielektrikums, so daß die Phasenverschiebung des Ladestromes bei gleicher Periodenzahl konstant bleibt. So hat jedes Dielektrikum bei gegebener Periodenzahl eine konstante Phasenverschiebung. Steinmetz fand für die erwähnten Papierkondensatoren $\cos\varphi = 0{,}0038$ bis $0{,}0068$ je nach der Periodenzahl.

Für den Leistungsfaktor des Ladestromes bei elektrischen Kabeln findet man die folgenden Werte:

---

[1]) Hess: L'Eclairage. Electr. 1895, Bd. 4, S. 205.
[2]) El. World 1901, Bd. 37, S. 1065.

0,01 bis 0,025 für Papier- und Jutekabel,
0,02 „ 0,04 „ Gummikabel,
0,03 „ 0,07 „ Guttaperchakabel.

b) Die Kapazität nimmt bei zunehmender Periodenzahl gewöhnlich etwas ab, was sich leicht durch die im vorhergehenden Abschnitte besprochene Wirkung der heterogenen Beschaffenheit des Dielektrikums erklären läßt. In dem Schema Fig. 350 ist z. B. die Kapazität bei dauernder Ladung C, bei sehr schneller Ladung und Entladung dagegen $\frac{CC'}{C+C'}$. Ein von Eisler[1]) untersuchter Kondensator aus paraffiniertem Papier hatte bei Dauerladung 2,5 MF., bei $c=18$ Perioden 2,15 MF., und bei $c=45$ Perioden 2,01 MF.

Die Abnahme der wirksamen Kapazität der Kondensatoren mit zunehmender Periodenzahl ist bei Messungen als besonders wichtig zu beachten. Es folgt auch hieraus, daß die Angabe der Dielektrizitätskonstante für ein Dielektrikum verschieden ausfallen wird je nach der Periodenzahl, bei der die Bestimmung ausgeführt worden ist. Um Absorptionserscheinungen möglichst zu eliminieren, werden solche Bestimmungen oft mit sehr hohen Schwingungszahlen untersucht, wie sie in Hertzschen Schwingungskreisen entstehen.

Bei konstanter Spannung nehmen die Verluste im Dielektrikum mit wachsender Periodenzahl zu. Die während einer Periode aufgewendete Arbeit nimmt gewöhnlich mit Vergrößerung der Periodenzahl erst etwas zu, erreicht ein Maximum und kann bei größerer Periodenzahl abfallen. Eisler fand von 18 bis 45 Perioden eine Zunahme der Verluste pro Periode von ca. 17%. In dem auf Seite 473 erwähnten Versuch von Steinmetz nahm der Verlust pro Periode bis ca. 100 Perioden zu und fiel bei höherer Periodenzahl etwas ab.

Weil für einen Kondensator die Konduktanz g gegen die Suszeptanz b immer klein ist, kann man setzen

$$\cos\varphi = \frac{g}{\sqrt{g^2+b^2}} \cong \frac{g}{b} = \frac{\frac{P^2 g}{c}}{P^2\, 2\pi C}.$$

Da sich hier C nur wenig mit der Periodenzahl ändert, wird sich der Leistungsfaktor etwa ähnlich wie die Verluste pro Periode ändern.

Die Inkonstanz der Verluste pro Periode wird von vielen durch eine Art viskoser Hysteresis erklärt. Aus dem Ersatzschema für inhomogene Dielektrika läßt sich ein ähnliches Verhalten ebenfalls ableiten.

---

[1]) Zeitschr. f. Elektr. 1895, H. 12, S. 345.

126. Einfluß der spezifischen Induktionskapazität und Leitfähigkeit der Dielektrika auf die Verteilung der elektrischen Feldstärke.

a) Bringen wir zwischen die Belegungen eines Kondensators Lagen verschiedener Dielektrika, so wird sich, wenn keine Leitfähigkeit vorhanden ist, die elektrische Feldstärke umgekehrt wie die Dielektrizitätskonstanten verteilen. Ein ursprünglich homogenes Feld kann so durch verschiedene Dielektrika in ein nicht homogenes abgeändert werden. Umgekehrt kann ein nicht homogenes Feld in ein mehr oder weniger homogenes abgeändert werden.

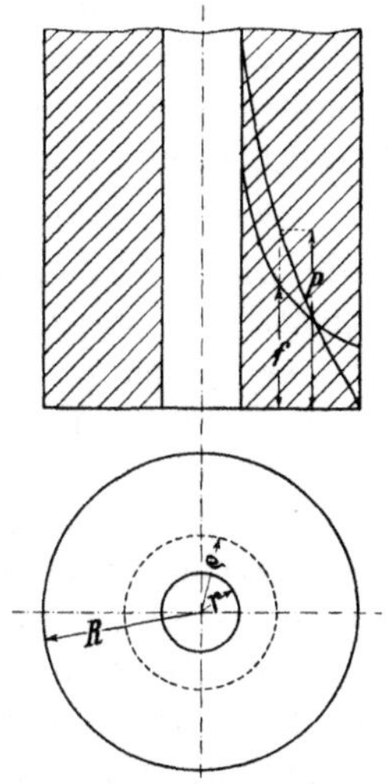

Fig. 352. Verteilung der elektrischen Feldstärke in einem Dielektrikum.

Betrachten wir einen langen Draht von dem Radius r (Fig. 352) und von dem Potential P, welcher von einem leitenden koaxialen Zylinder vom Radius R und von dem Potential Null umgeben ist. In irgendeiner Entfernung ϱ von der Achse sei die Dielektrizitätskonstante des Dielektrikums ε. Die elektrische Induktion in diesem Abstande ist nach dem Gaußschen Satze:

$$b = \frac{4\pi Q}{2\pi\varrho} = 2\frac{Q}{\varrho},$$

worin Q die elektrische Ladung pro Zentimeter des Drahtes bedeutet. Die elektrische Feldstärke ist somit

$$f = \frac{b}{\varepsilon} = \frac{2Q}{\varepsilon\varrho}, \quad \dots\dots\dots \quad (233)$$

d. h. hat das Dielektrikum überall dieselbe Dielektrizitätskonstante ε, so ändert sich die elektrische Feldstärke umgekehrt wie die Entfernung von der Achse des Drahtes wie die Figur zeigt; der Verlauf des Potentiales $P = \int\limits_{\varrho=R}^{\varrho} - f\,d\varrho$ ist durch die zweite Kurve P dargestellt. Will man dagegen die elektrische Feldstärke konstant halten, so ist ein Dielektrikum zu verwenden, bei dem die Dielektrizitätskonstante im umgekehrten Verhältnis zum Abstand von der Drahtachse steht. Dies kann z. B. dadurch erreicht werden, daß man verschiedene Isolationsmaterialien in mehreren Lagen übereinander anordnet.

Außerdem folgt hieraus, daß Luftblasen und andere Unhomogenitäten in Isoliermaterialien, besonders in Kompounden und Kabelmassen zu vermeiden sind. — Bei Litzenkabeln wird wegen der kleinen Radien der einzelnen Drähte die maximale elektrische Feldstärke 25 bis 40% größer als bei Kabeln mit Volldraht oder mit einem um die Litze umpreßten Bleimantel.

Auf Seite 462 haben wir gesehen, daß Teilchen eines Dielektrikums mit größerer Dielektrizitätskonstante als die Umgebung das Bestreben haben, sich nach den Stellen zu bewegen, an denen das Feld am stärksten ist. In einem flüssigen oder halbflüssigen Dielektrikum werden solche Teilchen eine gleichmäßigere Feldverteilung bewirken, was, wie später gezeigt werden soll, für die Durchschlagfestigkeit von Wichtigkeit ist und bei Kabeln verwendet werden kann.

b) Die Verteilung der elektrischen Feldstärke wird nur durch die Dielektrizitätskonstante bestimmt, wenn keine Leitung im Dielektrikum stattfindet, oder wenn das Feld ein Wechselfeld von so hoher Periodenzahl ist, daß die Leitungsströme gegenüber den Verschiebungsströmen (Verschiebungsänderungen) zu vernachlässigen sind. Sonst sind die spezifischen Widerstände für die Verteilung maßgebend. In einem homogenen und konstanten Felde verteilt sich die elektrische Feldstärke wie die spezifischen Widerstände auf die einzelnen Schichten des Dielektrikums. Herrscht beispielsweise zwischen den Klemmen A und B in Fig. 351 eine konstante Potentialdifferenz, so verhalten sich die Spannungen P und P' der Kondensatoren C und C' wie r zu r' unabhängig von der Größe der Kapazitäten C und C'.

In einem von einer Gleichspannung herrührenden nicht homogenen Felde kann eine konstante elektrische Feldstärke dadurch erhalten werden, daß man dem Dielektrikum in jedem Punkte eine spezifische Leitfähigkeit gibt, welche der Induktion im Felde an der betreffenden Stelle proportional ist. In Fig. 352 müßte z. B. die Leitfähigkeit des Dielektrikums in jedem Punkte umgekehrt proportional der Entfernung des Punktes von der Drahtachse sein. Bei der Isolation von Kabeln macht man hiervon Gebrauch, indem man die inneren Lagen der Isolation mit einer Masse von größerer Leitfähigkeit tränkt als die äußeren.[1])

In einigen Fällen kann eine annähernd gleichmäßige Beanspruchung des Dielektrikums nach den Vorschlägen der Siemens-Schuckert-Werke[2]) dadurch erreicht werden, daß man dasselbe aus dünnen Schichten herstellt, welche durch leitende Zwischenlagen (etwa Stanniol) voneinander getrennt sind. Fig. 353 stellt eine Wanddurchführung für hochgespannten Wechselstrom nach diesem Prinzip dar.

---

[1]) O'Gormon: Insulation of Cables Journ. Inst. El. Eng. 1900, XXX, 608.
[2]) R. Nagel, Elektr. Bahnen und Betriebe 1906, S. 278.

Die Stannioleinlagen sind als dicke Stricke, die isolierenden Schichten punktiert gezeichnet. Es ist

d_0 = Drahtdurchmesser,
l_0 = Länge der innersten Isolationsschicht,
d_n = Durchmesser der Wanddurchbohrung,
l_n = Länge der Wanddurchbohrung.

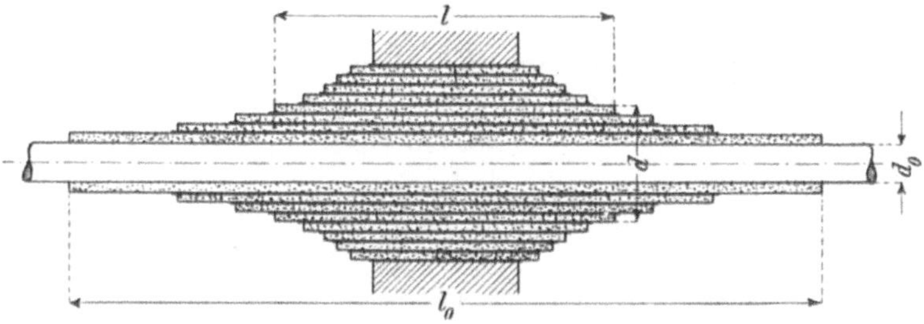

Fig. 353. Wanddurchführung für Hochspannungsleitungen.

Für eine Stannioleinlage von der Länge l und dem Durchmesser d gilt

$$l\,d = l_0\,d_0 = l_n\,d_n\,.$$

Die Einlagen wirken dann, abgesehen von der elektrischen Streuung, wie ebenso viele hintereinander geschaltete Kondensatoren von gleicher Kapazität und nehmen daher alle dieselbe Spannung auf.

Bei dieser Wanddurchführung erreicht man außerdem, daß die schädlichen Entladungen zwischen Wand und Leiter unterbleiben. Bei einer gewöhnlichen Wanddurchführung wie bei der in Fig. 354

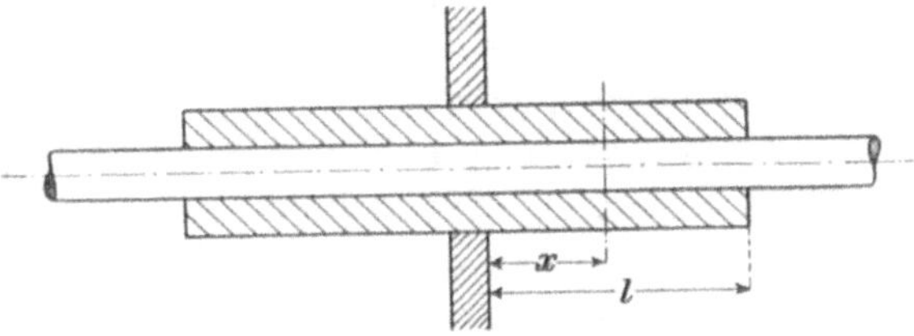

Fig. 354. Wanddurchführung für Niederspannungsleitungen.

dargestellten, treten die Randentladungen sehr stark auf und sind selbst bei sehr großen Isolatorlängen unvermeidlich. Dies läßt sich durch die folgende Überlegung erklären. Jedes Leiterelement mit Isolation bildet nämlich einen kleinen Kondensator, dessen primäre Belegungen alle gut leitend miteinander verbunden sind, während die sekundären Belegungen durch die Übergangswiderstände in Serie geschaltet sind, wie die Fig. 355 es schematisch darstellt. Bezeichnet r den Übergangswiderstand pro Längeneinheit des Isolators und C die Kapazität, so verteilt sich das Potential längs der ganzen Oberfläche nach demselben Exponentialgesetz

$$\mathfrak{P}_x = \mathfrak{P}\frac{e^{(1-j)\lambda x} - e^{-(1-j)\lambda x}}{e^{(1-j)\lambda l} - e^{-(1-j)\lambda l}}, \quad \ldots \ldots \quad (234)$$

nachdem das Potential sich längs eines langen Wechselstromkabels ohne Ableitung und Selbstinduktion sich verteilt, wenn das eine Ende mit der Erde verbunden ist. Hierin ist $\lambda = \sqrt{\frac{r\,b}{2}} = \sqrt{r\,\pi\,c\,C}$ und das Spannungsgefälle $\frac{d\,\mathfrak{P}_x}{d\,x}$ ist ein Maximum nahe dem Ende des Isolators, wo $x = l$ ist. Das Gefälle ist hier fast unabhängig von der Länge des Isolators, so daß die Randentladungen selbst bei

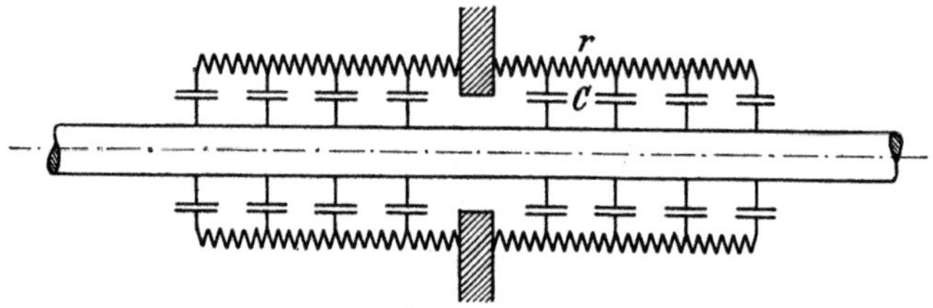

Fig. 355. Ersatzstromkreis einer Wanddurchführung.

langen Isolatoren stets auftreten, wenn das Spannungsgefälle ausreicht, um den Übergangswiderstand r pro Längeneinheit zu überwinden. Bei der in Fig. 353 dargestellten Wanddurchführung verteilt sich dagegen die Spannung geradlinig über die ganze Oberfläche des Isolators, und es treten keine schädlichen Randentladungen auf, bevor die Spannung ausreicht, um ein Überschlagen über die ganze Oberfläche zu bewerkstelligen.

c) Zur Bestimmung der elektrischen Feldstärke in einem Felde bedient man sich am besten derselben Methode wie bei magnetischen Feldern. Man zeichnet nämlich das Kraftlinienbild auf und berechnet daraus die Feldstärke f_n in jedem Punkte, die man aus dem elektrischen Fluß $d\varphi$ der Kraftröhre dividiert durch den Querschnitt dF der Röhre an der betreffenden Stelle erhält. Es ist $f_n = \frac{d\varphi}{\varepsilon\,d\,F}$, worin ε die Dielektrizitätskonstante bedeutet.

Als Anhaltspunkt für die Aufzeichnung der Kraftlinien bedient man sich des Brechungsgesetzes der Linien beim Übergang von einem Medium zu einem anderen und des Gesetzes der maximalen Feldenergie. Nach dem letzten stellen die Kraftlinien zwischen Leitern gegebenen Potentials sich so ein, daß der Verschiebungsfluß zwischen den Leitern ein Maximum wird. Wegen der kleinen Werte der Dielektrizitätskonstante im Vergleich mit der magnetischen Permeabilität lassen sich die elektrischen Kraftlinien jedoch viel schwerer genau aufzeichnen als die magnetischen, wenn im Felde Isolationsmaterialien verschiedener Dielektrizitätskonstanten vorhanden sind. Deswegen kommt hier die Hele-Shaw-Methode zur Darstellung von Kraftlinienbildern mittels Strömungslinien zwischen zwei ebenen Platten, wie sie Seite 418 beschrieben wurden, vorzüglich zur Anwendung. Aus solchen Bildern läßt sich der elektrische Fluß jeder Röhre in einfacher Weise ermitteln, und aus ihm ergibt sich wieder die Feldstärke in jedem Punkte. In Fig. 356a bis d sind die Kraftlinienbilder zweier Dreiphasenkabel wiedergegeben, die von W. M. Thornton und O. J. Williams[1]) aufgenommen sind. Die Dielektrizitätskonstante ist für die Leiter unendlich groß zu setzen, so daß der Zwischenraum zwischen den Platten an der Stelle, wo die Leiter sich befinden, möglichst groß gemacht werden muß. An den Stellen der Isolation wird der Zwischenraum zwischen den Platten direkt proportional der dritten Wurzel der Dielektrizitätskonstante. Die Flüssigkeit wird an den Stellen, wo die Leiter sich befinden würden, hinein- und herausgeleitet, und zwar wird die Flüssigkeitsmenge für jeden Leiter proportional der Spannung des Leiters in dem betrachteten Augenblicke gemacht. Die Figuren a und b entsprechen dem Fall, daß der eine Leiter das Potential Null besitzt, während die beiden anderen Leiter die Potentiale $\pm\sqrt{\frac{3}{4}}\,P_{max}$ besitzen. Die Figuren c und d entsprechen dem Fall, daß der eine Leiter das Potential P_{max} hat und die beiden anderen das Potential $-\frac{1}{2}\,P_{max}$ besitzen.

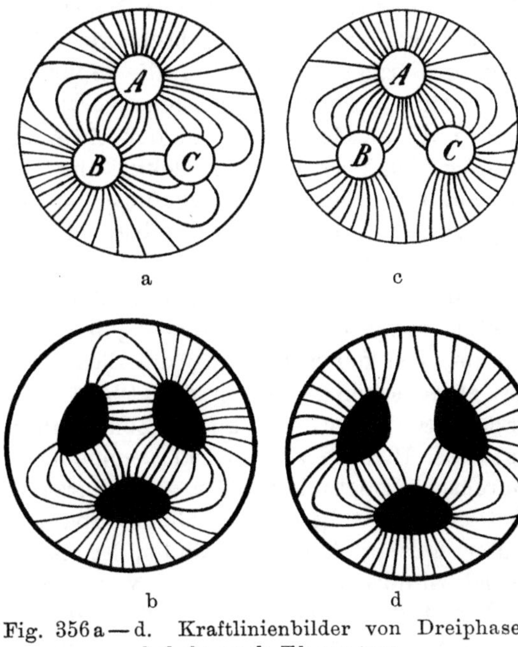

Fig. 356a—d. Kraftlinienbilder von Dreiphasenkabeln nach Thornton.

[1]) Engineering 1909, S. 297.

Der Kabelhülle ist in allen Figuren das Potential Null beigelegt. Wie aus diesen Bildern ersichtlich ist, ändert sich die Feldstärke von Punkt zu Punkt und in jedem Punkte mit der Zeit.

127. Die dielektrische Festigkeit.

Steigert man die Spannungsdifferenz zwischen zwei durch ein Dielektrikum voneinander isolierten Leitern (Elektroden), so treten nach und nach verschiedene Entladungsvorgänge[1]) durch das Dielektrikum oder längs seiner Oberfläche ein, bis schließlich ein plötzlicher Ausgleich durch das Dielektrikum stattfindet. Man sagt, das Dielektrikum wird durchschlagen. Ist das Dielektrikum flüssig oder gasförmig, so werden die Spuren, die der Durchgang der Elektrizität verursacht, meistens verwischt, ein festes Dielektrikum wird aber an der Stelle, an der ein Ausgleich erfolgt ist, dauernd zerstört (Punktieren des Dielektrikums). Wird den Elektroden genügend neue Elektrizität zugeführt, so bleibt der Ausgleich meistens in Form eines Lichtbogens selbst bei verhältnismäßig kleiner Elektrodenspannung bestehen.

Die Spannungsdifferenz der Elektroden, bei der der Ausgleich erfolgt, nennt man Durchschlagspannung. Sie ist von dem Dielektrikum, von der Entfernung der Elektroden und von der Verteilung des elektrischen Feldes in dem Dielektrikum (Form der Elektroden) abhängig. Außerdem hat die Zeit, während welcher die Spannung auf das Dielektrikum wirkt, einen bedeutenden Einfluß auf die Durchschlagspannung. Für ganz kurze Zeit können die Isolationsmaterialien oft bedeutend höhere Spannung aushalten als dauernd. Unter sonst gleichen Umständen ist die Durchschlagspannung eines Dielektrikums ein Maximum, wenn das Feld homogen ist, wie z. B. zwischen zwei parallelen Platten in genügender Entfernung von den Rändern, weil dann die maximale Feldstärke ein Minimum ist. Zwischen zwei Spitzen oder zwischen einer Spitze und einer großen Platte ist das Feld sehr ungleichmäßig verteilt, und folglich ist hier die Durchschlagspannung klein. Zwischen den Rändern von zwei parallelen ebenen Platten haben die elektrischen Kraftlinien einen bogenartigen Verlauf; dadurch wird die elektrische Feldstärke nahe der Oberfläche des Dielektrikums vergrößert und im Inneren verkleinert. Weil hierbei die maximale elektrische Feldstärke im Dielektrikum vergrößert wird, findet das Durchschlagen zwischen zwei solchen Platten gewöhnlich am Rande statt.

---

[1]) Für den Fall, daß das Dielektrikum Luft ist, sind diese Entladungsformen im folgenden Kapitel etwas näher beschrieben.

Hochspannungskondensatoren werden aus diesem Grunde oft so ausgeführt, daß das Dielektrikum zwischen den Rändern der Belegungen dicker gemacht wird als sonst.

Bei Wechselspannungen kommt für das Durchschlagen hauptsächlich die Amplitude in Betracht.

Die dielektrische Festigkeit eines Dielektrikums kann klein sein, trotzdem sein spezifischer Widerstand groß ist, und umgekehrt. Trockene Luft ist beispielsweise ein guter Isolator, aber ihre dielektrische Festigkeit ist gegen andere flüssige und feste Isolationsmaterialien klein.

Die Durchschlagspannung nimmt gewöhnlich etwas langsamer zu als die Dicke der isolierenden Schicht; in dünnen Schichten kann jedoch auch das Umgekehrte der Fall sein.

Fig. 357 zeigt beispielsweise nach Messungen von Steinmetz die Durchschlagspannung für Glimmer in Abhängigkeit von der Dicke. Es sind die Amplituden der Spannungen in Kilovolt, die Dicken in Hundertstel von Millimetern abgetragen.[1]) Eine Wechselspannung von 150 Perioden ist hier verwendet worden. Weil das Isolationsmaterial starke Erwärmung zeigte, konnte es nur ca. $^1/_4$ Minute lang unter Spannung gehalten werden. In der umstehenden Tabelle sind Durchschlagspannungen bezogen auf 1 mm Dicke der verschiedenen Isolationsmaterialien nach Steinmetz und Dr. Baur angeführt. Die Zahlen stellen Mittelwerte dar, welche durch Messung an Proben von verschiedenen Dicken erhalten sind und unter Annahme von Proportionalität zwischen Dicke und Durchschlagspannung auf 1 mm Dicke reduziert wurden. Da aber, wie gesagt, zwischen Dicke des Isolationsmaterials und Durchschlagspannung keine Proportionalitität besteht, können die Zahlen nur als Anhaltspunkte für ca. 1 mm starke Schichten dienen.

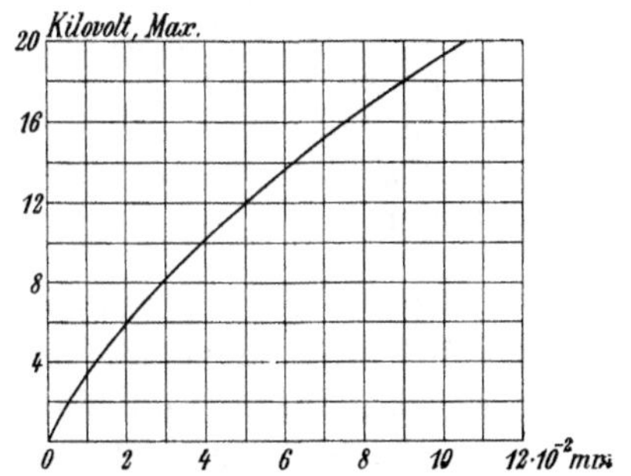

Fig. 357. Durchschlagspannungen für Glimmer.

Isolierende Öle zeigen für höhere Spannungen ein geradliniges Anwachsen der Durchschlagspannung mit der Elektrodenentfernung. Für ein mineralisches Transformatoröl wurde bei plattenförmigen Elektroden, welche die effektiven Wechselpotentiale $+\frac{P}{2}$ und $-\frac{P}{2}$ hatten, bei Schlagweiten d von mehr als 5 cm gefunden

$$P = 124000 + 9000\, d\,.$$

[1]) ETZ 1893, S. 251.

Dielektrikum	Durchschlagspannung bei 1 mm Stärke
Glimmer	58000
Micanit	ca. 35000
Paraffinplatten / Paraffinpapier	„ 30000
Trockene Holzfasern	„ 13000
Hartporzellan	„ 13000
Ölleinwand	„ 12500
Preßspan	„ 12000
Leatheroid	„ 10000
Vulkanisierter Gummi	„ 10000
Rotes Vulkanfiber	„ 5000
Asbestpapier	„ 4300
Vulkanasbest	„ 3500
Transformatoröl	„ 9000
Geschmolzenes Paraffin	„ 8000
Gekochtes Leinöl	„ 8000
Terpentinöl	„ 6500
Isolierlack	„ 5000
Schmieröl	„ 1500

Bei sehr ungleichmäßiger Verteilung des elektrischen Feldes ist die Durchschlagspannung bedeutend geringer. Zwischen einer geerdeten Platte und einer zugespitzten Elektrode vom Potential P ergab sich für das gleiche Öl wie oben:

$$P = 37000 + 7000\,d\,.$$

Setzt man hier die Schlagweiten d in Zentimeter ein, so ergeben sich die effektiven Spannnungen in Volt. Diese Spannungen können etwa 5 Minuten auf das Öl einwirken, ohne daß ein Durchschlagen erfolgt. Steigert man die Spannung ziemlich rasch, so kann man unter Umständen bedeutend höhere Spannungswerte erreichen, ehe das Öl durchschlagen wird; meistens erhält man aber dann ziemlich unregelmäßige Ergebnisse.

Sehr stark wird die Durchschlagfestigkeit der festen sowohl als auch der flüssigen Isolationsmaterialien durch aufgenommene Feuchtigkeit heruntergesetzt. Öle werden daher durch Erwärmen, durch Behandlung mit ungelöschtem Kalk usw. getrocknet. Hygroskopische feste Stoffe müssen im Vakuumofen getrocknet und mit Firnis, Lack usw. imprägniert werden, damit sie nicht Feuchtigkeit aus der Luft aufnehmen.

Gleichzeitige mechanische Beanspruchung des Isoliermaterials kann die dielektrische Festigkeit heruntersetzen.

Bei den meisten festen und flüssigen Isolierstoffen hat die Zeit der Einwirkung der Spannung sowohl auf die dielektrische Festigkeit als auch auf den Isolationswiderstand einen erheblichen Einfluß. Die dielektrische Festigkeit nimmt meistens in den ersten Minuten bedeutend ab, während der Isolationswiderstand gewöhnlich zunimmt. Eine gut ausgetrocknete Maschine zeigt gewöhnlich anfangs und in kaltem Zustande einen sehr großen Isolationswiderstand. In der ersten Betriebszeit fällt der Isolationswiderstand sehr stark ab, selbst nachdem die Temperatur konstant geworden ist, und erreicht oft nach mehreren Betriebstagen ein Minimum, um sich wieder nach noch längerem Betrieb langsam zu erholen. Isolationsmessungen an Maschinen und Apparaten sollten daher ausgeführt werden, nachdem die normale Temperaturerhöhung durch den Betrieb erreicht ist.

Von der Temperatur ist die dielektrische Festigkeit nur wenig abhängig, vorausgesetzt, daß die Stoffe dadurch nicht chemisch zersetzt werden. Dies ist jedoch oft der Fall selbst bei verhältnismäßig niedrigen Temperaturen.

Besteht das Dielektrikum aus mehreren zu den elektrischen Kraftlinien senkrecht stehenden Lagen aus verschiedenen Stoffen, so verteilt sich, wie im vorhergehenden Abschnitte gezeigt, die elektrische Feldstärke bei Gleichspannung auf die einzelnen Stoffe wie ihre spezifischen elektrischen Widerstände. Um bei Gleichspannung die verschiedenen Stoffe für die Isolation gleichmäßig ausnutzen zu können, sollten daher die dielektrischen Festigkeiten der einzelnen Stoffe sich wie ihre spezifischen Widerstände verhalten.

Bei Wechselspannung verteilt sich die elektrische Feldstärke auf die hintereinander geschalteten Isolierstoffe umgekehrt wie ihre Dielektrizitätskonstanten. Um bei Wechselstromapparaten die Isoliermaterialien am vorteilhaftesten ausnutzen zu können, sollten daher die dielektrischen Festigkeiten der übereinander gelagerten Stoffe sich umgekehrt wie ihre Dielektrizitätskonstanten verhalten.

Außer der dielektrischen Festigkeit der Isoliermaterialien selbst ist bei der Ausführung der Isolation für hohe Spannungen besonders auf die Vorgänge an der Grenzfläche zweier Dielektrika Rücksicht zu nehmen. Sind z. B. zwei Leiter von großer Spannungsdifferenz in Luft durch feste Isolatoren gehalten, so genügt es nicht, daß die Entfernung der beiden Leiter sowohl durch die Luft als auch durch den Isolator gemessen eine der Spannung entsprechende Größe hat, sondern es ist auch darauf zu achten, daß die längs der Oberfläche gemessene Entfernung groß genug ist.

Hier kann auch leicht durch Ansammlung von Feuchtigkeit und Schmutz ein Überschlagen begünstigt werden. Sind hierbei außerdem die Kapazitäten der beiden Elektroden verschieden, so bilden sich um die Elektrode, welche die kleinste Kapazität hat, strahlenartige Oberflächenentladungen, welche das Überschlagen zwischen den Elektroden begünstigen. Auch die Kapazität der beiden unter Spannung stehenden Leiter einem dritten, isolierten Leiter gegenüber kann die Überschlagspannung zwischen den beiden ersten Leitern stark beeinflussen. Stehen z. B. in Fig. 358 zwei Elektroden E_1 und E_2 auf einer isolierenden Platte J unter einer solchen Spannung, daß noch kein Überschlagen eintritt, und bringt man eine isolierte, leitende Platte P auf der anderen Seite des Dielektrikums J an, so bilden sich Oberflächenentladungen an den beiden Elektroden aus, und es findet ein Überschlagen von der einen zur anderen statt; diese Erscheinung ist ähnlich den Randentladungen bei Durchführungsklemmen. Bei noch kleinerer Spannung findet das Überschlagen statt, wenn die Platte P mit der einen der beiden Elektroden verbunden ist. Die strahlenförmigen Oberflächenentladungen finden dann nur um die mit P nicht verbundene Elektrode statt. Um bei kleiner Entfernung der Elektroden einen möglichst großen Weg über die Oberfläche zu haben und dadurch ein Überschlagen zu vermeiden, werden Glocken- und Rillenisolatoren verwendet.

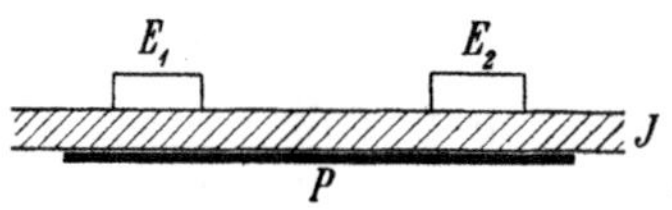

Fig. 358.

Nach den vom Verbande deutscher Elektrotechniker festgesetzten Normalien sollen elektrische Maschinen und Transformatoren auf Durchschlagfestigkeit in warmem Zustande während 1 Minute geprüft werden. Die Prüfspannung soll betragen:

für Betriebsspannungen	Prüfspannung
unter 40 Volt	wenigstens 100 Volt
40 bis zu 5000 Volt . .	$2^1/_2$ fache Betriebsspannung, jedoch nicht unter 1000 Volt.
5000 bis 7500 Volt . .	7500 Volt Überspannung.
7500 aufwärts	$2^1/_2$ fache Betriebsspannuug.

Zu prüfen ist die Durchschlagfestigkeit von Wicklungen gegen Gestell und von elektrisch getrennten Wicklungen gegeneinander. Im letzten Falle ist bei Wicklungen verschiedener Spannung immer die höchste sich ergebende Prüfspannung anzuwenden.

Einundzwanzigstes Kapitel.

Elektrische Eigenschaften der Elektrolyten.

128. Stromleitung in den Elektrolyten.

Die Elektrolyten sind feste, geschmolzene oder gelöste chemische Verbindungen, bei denen der Stromdurchgang von chemischen Vorgängen begleitet ist. Diese chemischen Vorgänge heißen Elektrolyse. Nach Faraday hat man sich in den Elektrolyten die elektrischen Ladungen an die chemischen Atome oder Atomgruppen (die sogenannten Ionen) gebunden zu denken. Die Ionen haben pro chemisches Grammäquivalent eine Ladung von $\pm 290 \cdot 10^{12}$ elektrostatischen CGS-Einheiten oder $\pm 96\,540$ Coulomb. Die positiv geladenen Ionen heißen Kationen, die negativen Anionen. Beim Stromdurchgang wandern die Kationen im Elektrolyt in der Stromrichtung, die Anionen gegen die Stromrichtung. Die Leitung der Elektrolyten wird deshalb auch konvektiv genannt. Der Leiter, durch den der Strom in den Elektrolyten eingeführt wird, heißt die Anode, und der, durch den er abgeführt wird, Kathode. Zusammen haben sie den Namen Elektroden. Die Anionen wandern also nach der Anode, die Kationen nach der Kathode. Die Wanderungsgeschwindigkeiten der Ionen (auf welche zuerst Hittorf hingewiesen hat) sind dem elektrischen Felde (d. h. dem Spannungsabfall für die Längeneinheit) proportional und betragen z. B. für die meisten Ionen in wässerigen Lösungen einige Zehntausendstel Zentimeter in der Sekunde für ein Spannungsgefälle von 1 Volt für 1 cm. Am schnellsten wandert das Wasserstoffion mit ca. 0,0035 cm in der Sekunde bei 1 Volt für 1 cm.

An den Elektroden vereinigen sich die Ionen entweder unter sich oder mit den ungeladenen (neutralen) Molekülen des Elektrolyten oder der Elektroden zu ungeladenen (neutralen) Molekülen, wobei ihre elektrischen Ladungen frei werden und durch die äußeren Verbindungsleitungen von den Elektroden abfließen können.

Da ein Grammäquivalent Silber z. B. 107,93 g wiegt und als Kation eine Ladung von — 96540 Coulomb enthält, können durch 1 Coulomb = 1 Amperesekunde an der Kathode

$$1000 \cdot \frac{107{,}93}{96\,540} = 1{,}113 \text{ mg}$$

neutrale Silbermoleküle abgeschieden werden.

Wasserstoff und die Metalle sind Kationen, die übrigbleibenden Reste der leitenden Verbindungen Anionen. Die von einem Strome von 1 Ampere in einer Stunde abgeschiedene Menge ist

$$m = \frac{3600\, i}{96\,540} \frac{A}{n} = \frac{i}{26{,}83} \frac{A}{n}, \quad . \quad . \quad . \quad . \quad (235)$$

wenn A das Atom- bzw. Molekulargewicht und n die chemische Valenz bezeichnet. In der folgenden Tabelle sind A, n und die Niederschlagsmenge m in Gramm für eine Ampere-Stunde für die wichtigsten Metalle angegeben.

Element	A	n	m
Aluminium	27,04	3	0,338
Blei	206,4	2	3,868
Chrom	52,4	2	0,982
Eisen	55,9	2	1,047
Gold	196,7	3	2,458
Kupfer	61,8	1	2,368
Mangan	51,8	2	1,027
Nickel	58,6	2	1,098
Platin	194,8	4	1,817
Silber	107,93	1	4,005
Zink	65,1	2	1,220
Zinn	118,8	2	2,226

Alle Elektrolyte enthalten, wie zuerst Arrhenius gezeigt hat, freie, durch Dissoziation von Molekülen entstandene Ionen, welche durch die auf sie wirkende elektrische Kraft bei der Elektrolyse in Wanderung nach den Elektroden versetzt werden. Unter Dissoziationsgrad versteht man die Zahl der dissoziierten Moleküle in einer Volumeneinheit des Elektrolyts. Wird der Verbrauch von Ionen durch Neudissoziation ersetzt, so bleibt der Dissoziationsgrad konstant, und das Ohmsche Gesetz hat für die elektrolytische Leitung dann Gültigkeit. Bei großer Stromdichte kommt es vor, daß die Nachlieferung von Ionen unzureichend ist, wobei Sättigungserscheinungen auftreten.

Im Gegensatz zu dem metallischen nimmt der elektrolytische Widerstand mit der Temperatur ab. Die Temperaturkoeffizienten sind ferner nicht annähernd konstant wie bei den Metallen, sondern nehmen mit der Temperatur im allgemeinen stark zu. Der Größenordnung nach beträgt die Widerstandsänderung ca. 2 bis 6 % für 1° C Temperaturänderung.

Auch bei festen Körpern tritt unter Umständen infolge von Dissoziation elektrolytische Leitung ein. So wird z. B. Glas bei ca. 300° ein Elektrolyt. Auch Glimmer und verschiedene feste Salze haben bei höheren Temperaturen elektrolytische Leitung. Auch der Magnesiafaden, aus dem die Nernst-Glühlampe besteht, leitet elektrolytisch. Wenn diese Lampe auch für Gleichstrom anwendbar ist, ohne daß eine dauernde Zersetzung des Glühfadens eintritt, so beruht das wahrscheinlich darauf, daß der Sauerstoff der Luft die Fähigkeit besitzt, den elektrolytischen Prozeß wieder rückgängig zu machen.

Bei niedriger Temperatur ist die Leitfähigkeit dieser Stoffe meistens sehr klein, so daß man sie als Isolatoren verwendet. Es wird daher angenommen, daß die Leitung der Isolatoren (Dielektrika) mehr einen elektrolytischen als einen metallischen Charakter hat. Diese Annahme wird durch verschiedene Eigenschaften der dielektrischen Leitung, z. B. den negativen Temperaturkoeffizienten unterstützt. Die früher erwähnte Rückstandsbildung wäre von diesem Standpunkte mit der Ladung eines chemischen Akkumulators vergleichbar. Die Eigentümlichkeit vieler Isolationsstoffe bei längerer Elektrisierung einen abnehmenden Isolationsstrom durchzulassen, läßt sich durch den Verbrauch der freien Ionen bei nicht genügender Nachlieferung erklären.

Viele Verbindungen leiten im geschmolzenen Zustande elektrolytisch. Die Elektrolyse von geschmolzenen Salzen wird oft zur Darstellung schwer reduzierbarer Metalle angewandt. Z. B. Elektrolyse von Chlormagnesium, Chlorkalcium, Chlornatrium usw.

129. Die elektrischen Primärelemente.

Die Elektrolyse ist mit einer Umwandlung von elektrischer in chemische Energie verbunden. Der umgekehrte Vorgang, nämlich Erzeugung elektrischer aus chemischer Energie findet in den sogenannten galvanischen Zellen oder Elementen[1]) statt.

---

[1]) Ursprünglich Element einer Batterie von galvanischen Zellen.

Diese Wirkung kommt dadurch zustande, daß das Metall, welches die eine Elektrode des Elementes bildet, eine stärkere Tendenz hat, in Lösung zu gehen als das Metall (oder Metalloid) der anderen Elektrode. Weil das Metall sich nach den Vorstellungen der Dissoziationstheorie nur dadurch auflösen kann, daß es in Ionenform übergeht, ist der chemische Prozeß der Auflösung mit einem Übergang von Elektrizität aus dem Metall in die Lösung verbunden. Wird ein reines Metallstück in einen Elektrolyten getaucht, in dem es löslich ist, so kann die Auflösung doch nur in unmerklicher Menge stattfinden, weil durch den Austritt der positiven Metallionen die Lösung gegen das Metall sofort positiv geladen wird. Die hierdurch entstehenden elektrostatischen Anziehungskräfte verhindern eine weitere Auflösung. Wird jedoch das Metall mit einer anderen Elektrode leitend verbunden, so kann die Elektrizität ausgeglichen werden, sofern nicht die zweite Elektrode die gleiche Lösungstension besitzt. Jede Kombination zweier ungleicher Leiter erster Klasse als Elektroden mit einem Leiter zweiter Klasse als Elektrolyten ist daher streng genommen stets als ein galvanisches Element aufzufassen. Es werden aber offenbar nur jene Kombinationen als brauchbare Stromerzeuger in Betracht kommen, deren beide Elektroden aus Leitern von sehr verschieden starker Lösungstension bestehen. Von den Elektroden bildet die mit dem schwächsten Lösungsdruck, also bei Metallen das edelste, immer den positiven Pol des Elementes.

Für die Kombinationen, bei denen die Umwandlung chemischer in elektrische Energie quantitativ erfolgt, gilt die Thomsonsche Regel. Nach dieser ist die EMK (E) der Zelle durch die Wärmetönung (Q) des in der Zelle stattfindenden chemischen Prozesses und der Valenz (n) der dabei wirksamen Metallionen gegeben. Es ist

$$1 \text{ Volt} \cdot \text{Coulomb} = \frac{1}{4{,}2} \text{ Grammkolorien,}$$

d. h.

$$n \cdot 96\,500\, E = 4{,}2\, Q$$

$$E = \frac{Q}{n \cdot 23\,000} \text{ Volt} \quad \ldots\ldots \quad (236)$$

Eine Zelle, bei der diese Beziehung sehr nahe erfüllt ist, ist z. B. das bekannte Daniell-Element. Es besteht aus einer Zinkanode in Zinksulfatlösung und einer Kupferkathode in Kupfersulfatlösung. Die beiden Lösungen sind durch einen porösen Tonzylinder verbunden. Bei diesem Element bildet Zink als das leichter lösliche Metall die negative Elektrode. Bei der Auflösung von Zink in

Zinksulfat werden 106090 Kal. frei. Auf der Kupferelektrode wird die äquivalente Menge Kupfer aus Kupfersulfat abgeschieden, wozu 55960 Kal. verbraucht werden. Es ist also

$$Q = 50130 \text{ Kal.}$$

und

$$E = \frac{50130}{2 \cdot 23000} = 1{,}09 \text{ Volt.}$$

Diese einfache Beziehung kann zur Berechnung der EMK nur dann benutzt werden, wenn der Temperaturkoeffizient der Reaktion vernachlässigt werden darf. Ist dies nicht der Fall, so ist die strenge, von Helmholtz angegebene Formel anzuwenden

$$E = \frac{Q}{n \cdot 23000} + T\frac{dE}{dT} \quad . \; . \; . \; . \; . \quad (236\text{a})$$

wobei T die absolute Temperatur, $\frac{dE}{dT}$ den Temperaturkoeffizienten der Zelle bedeutet. $n \cdot 23000\, T\frac{dE}{dT}$ ist die Wärmemenge, welche die Zelle pro Gramm Molekül von der Umgebung aufnehmen muß, damit ihre Temperatur konstant bleibt. Zellen mit positivem Temperaturkoeffizienten haben also eine größere EMK, als sich nach der Thomsonschen Regel aus der Wärmetönung der chemischen Prozesse berechnet, und kühlen sich durch Aufnahme von Wärme aus der Umgebung ab. Das Umgekehrte trifft zu für Zellen mit negativem Temperaturkoeffizienten.

Die elektromotorische Kraft einer galvanischen Kombination ist, wie die hauptsächlich von Nernst entwickelte Theorie zeigt, nicht nur von der chemischen Natur der wirksamen Bestandteile, sondern auch von der Konzentration im Elektrolyten abhängig. Beide ändern sich aber im allgemeinen durch den elektrolytischen Prozeß selbst in der Weise, daß die elektromotorische Wirksamkeit abnimmt. Dieser Vorgang, den man als Polarisation bezeichnet, wird bei den für praktische Zwecke allein brauchbaren Elementen durch Zufügung der sogenannten Depolarisatoren vermieden.

Betrachten wir z. B. das Voltasche Element, das die Kombination Zink-Schwefelsäure-Kupfer enthält. Bei der Stromlieferung würde ein komplizierter Vorgang stattfinden, der zur Bildung von Zinksulfat und zur Gasentwicklung an den Elektroden führen würde. Die EMK dieses Elementes ist infolgedessen unkonstant. Dadurch aber, daß man wie in dem Daniell-Element Zink in Zinksulfat, Kupfer in Kupfersulfat anordnet, erreicht man, daß sich bei nicht zu starker Stromentnahme die Zusammensetzung und hiermit die

EMK nicht ändert. Das Daniell-Element ist deshalb ein „konstantes" Element.

Wird durch ein Daniell-Element die gleiche Strommenge in umgekehrter Richtung geschickt, so wird auch der chemische Vorgang umgekehrt. Es scheidet sich die gleiche Zinkmenge ab, die vorher aufgelöst wurde, und es löst sich die gleiche Kupfermenge, die vorher abgeschieden wurde. Deshalb werden solche konstante oder unpolarisierbare Elemente auch als umkehrbare Elemente bezeichnet.

Als Beispiel eines Elementes mit Depolarisator betrachten wir ein Bunsen-Element. Es hat eine Zinkanode in verdünnter Schwefelsäure und eine Kohlenkathode in konzentrierter Salpetersäure. Die beiden Elektrolyten sind durch einen porösen Tonzylinder verbunden. Das Zink löst sich wie gewöhnlich zu Zinksulfat, während der Wasserstoff sich nach der Kathode begibt. Würde er sich hier auf der Kohle in Gasform abscheiden, so würde eine starke Polarisation auftreten. Dies wird aber durch die als Depolarisator wirkende Salpetersäure verhindert, die den Wasserstoff zu Wasser oxydiert und dabei selbst zu salpetriger Säure, Stickoxyd und schließlich zu Stickoxydul reduziert wird.

Ein bekanntes Element mit festem Depolarisator ist das Leclanché-Element. Die Anode ist Zink, die Kathode Kohle und der Elektrolyt eine konzentrierte Salmiaklösung (NH_4Cl). Als Depolarisator enthält die Kohlenkathode eine Beimengung von Mangansuperoxyd (MnO_2), das zur Oxydation des bei dem Stromdurchgang entwickelten Wasserstoffes dient. Durch die von dem Depolarisator bewirkte Oxydation des Wasserstoffes wird nicht allein die Gegen-EMK der Polarisation verhindert, sondern es wird auch die hierbei frei werdende Energie mehr oder weniger vollkommen in elektrische Energie umgewandelt, wobei die EMK dieser Elemente erhöht wird.

Für elektrolytische Vorgänge gilt allgemein, daß, wenn elektrische in chemische Energie umgewandelt wird, außer dem Ohmschen Spannungsabfall im Elektrolyten noch eine gewisse EMK, die sogenannte Zersetzungsspannung, aufzuwenden ist, damit die Elektrolyse stattfinden kann. Da diese EMK sich aus der Wärmetönung der chemischen Reaktion ergibt, so ist sie gleich der EMK, die oben für eine Primärzelle berechnet wurde. Während die Klemmenspannung einer Primärzelle

$$p = E - i r$$

ist, so ist die eines elektrolytischen Bades

$$p = E + i r .$$

130. Die elektrischen Sekundärelemente (Akkumulatoren[1]).

Der Bleiakkumulator ist ein Element mit festem, aus Bleisuperoxyd (PbO_2) bestehendem Depolarisator. Das Bleisuperoxyd ist hierfür besonders geeignet, weil es sehr leicht Sauerstoff abgibt, ferner bildet es eine lockere Masse, in welche der Elektrolyt und die Wasserstoffionen sehr leicht eindringen können.

Nach dem Verfahren von Planté werden Bleiplatten in einen Elektrolyten von verdünnter Schwefelsäure gestellt und Strom abwechselnd in der einen und der anderen Richtung durchgeschickt. Bei diesem sogenannten Formierungsverfahren wird das Blei gelockert, so daß die aktive, elektrolytisch wirksame Schicht immer tiefer und demgemäß die Kapazität immer größer wird.

Um das Formierungsverfahren abzukürzen, haben Faure und Volckmar die Platten direkt mit bereits aufgelockertem Blei in Form von Bleischwamm, Bleioxyden oder Bleisalzen bestrichen.

Im geladenen Zustande besteht die aktive Schicht der positiven Platte im wesentlichen aus Bleisuperoxyd, die der negativen Platte aus schwammigem Blei, das etwas Wasserstoff okkludiert enthält.

Bei der Entladung wird das Bleisuperoxyd der positiven Platte in Bleisulfat übergeführt gemäß der Formel

$$Pb + PbO_2 + 2\,H_2SO_4 = 2\,PbSO_4 + 2\,H_2O.$$

Das schwammige Blei der negativen Platte wird zunächst wahrscheinlich zu Bleioxyd (PbO) oxydiert, welches mit der verdünnten Schwefelsäure des Elektrolyts in Blei und Bleisulfat übergeht.

Bei der Ladung bildet sich an der positiven Platte das Superoxyd wieder, während an der negativen das Bleioxyd, bzw. Bleisulfat durch Wasserstoff in schwammiges Blei reduziert wird.

Der Prozeß ist somit umkehrbar. Bei der Entladung wird Elektrolyt (H_2SO_4) verbraucht, bei der Entladung wieder freigemacht.

Der Bleiakkumulator ist besonders für Traktionszwecke wenig geeignet, weil sein Gewicht im Verhältnis zu seiner Kapazität sehr groß ist, und weil er mechanische Erschütterungen sehr schlecht verträgt. Bis jetzt ist es aber doch nicht gelungen, einen geeigneten Ersatz zu finden. Von den verschiedenen neueren Versuchen beansprucht wohl der von Jungner im Jahre 1899 angegebene sogenannte alkalische Akkumulator (auch Jungner-Edison-Akkumulator genannt) das größte Interesse.[2]) Der Elektrolyt besteht aus Kali-

---

[1]) Ausführlicher über Akkumulatoren siehe: F. Dolezalek, Die Theorie des Bleiakkumulators, Halle 1901.

[2]) ETZ 1905, S. 311 und 769. — K. Elbes: Zeitschr. f. Elektrochemie 1905, S. 734.

lauge (KOH). Im geladenen Zustande besteht die aktive Masse der positiven Platte aus dem Hydroxyd des dreiwertigen Nickels ($Ni(OH)_3$), das mit Graphit vermengt ist; als negative Elektrode dient Eisenpulver. Bei der Entladung wird das $Ni(OH)_3$ der positiven Platte zu $Ni(OH)_2$ reduziert, das Eisen der negativen Platte zu $Fe(OH)_2$ oxydiert gemäß der Gleichung

$$Fe + 2\,Ni(OH)_3 = Fe(OH)_2 + 2\,Ni(OH)_2 .$$

Die Zusammensetzung des Elektrolyts ändert sich somit nicht. Der prinzipielle Vorteil dieser Anordnung liegt einerseits darin, daß man mit einer minimalen Menge von Elektrolyt auskommen kann. Andererseits spielen Konzentrationsunterschiede im Elektrolyten bei großer Stromentnahme keine so große Rolle wie in dem Bleiakkumulator. Die Spannung einer Zelle beträgt ca. 1,35 Volt. Vorderhand haben diese Akkumulatoren noch einen verhältnismäßig großen Widerstand und kleinen Wirkungsgrad.

131. Elektrolytische Prozesse.

Für die Bestimmung der erforderlichen Spannung bei elektrochemischen Betrieben kommen die Zersetzungsspannung E und der Ohmsche Widerstand r der Elektrolyten in Betracht. Der Strom i ergibt sich aus der auszuscheidenden Menge und ihrem elektrochemischen Äquivalent. Jedoch ist hierbei zu berücksichtigen, daß ein Teil der freiwerdenden Massen oft neue chemische Verbindungen sekundärer Art mit den Elektrolyten eingehen, wodurch die praktische Ausbeute für die Stromeinheit und Stunde kleiner ausfällt, als die theoretisch erreichbare. Dies bedeutet, daß man praktisch mehr Strom nötig hat, als sich aus der Formel 235 ergibt. Der Nutzeffekt ist das Verhältnis zwischen der praktisch erreichbaren und der theoretisch möglichen Ausbeute, und muß stets durch praktische Versuche festgestellt werden.

Von praktischer Bedeutung bei Elektrolysen ist ferner die Bestimmung der günstigsten Stromdichte und der günstigsten Konzentration des Elektrolyten. Die für die Elektrolyse nötige Leistung ergibt sich somit zu

$$W = \frac{i\,(E + i\,r)}{\eta},$$

worin η der Nutzeffekt ist. Wichtig ist bei den elektrochemischen Betrieben, daß der Widerstand r möglichst klein gehalten wird und daß der Nutzeffekt möglichst groß ausfällt.

Die Elektrolyse wird in Großbetrieben hauptsächlich zur Raffination von Rohkupfer, zur Behandlung von Alkalichloraten und zur Gewinnung von vielen Metallen direkt aus den Erzen angewandt. Bei der Raffination von Rohkupfer werden die Anoden von mehr oder minder reinem Kupfer gebildet, das schon vorher behandelt ist. Die Kathoden bestehen aus gefetteten Blei- oder Kupferplatten, auf denen sich das Elektrolytkupfer niederschlägt und dann in dünnen Blechen davon wieder abgezogen wird. Der Elektrolyt besteht aus Kupfervitriollösung. Man schaltet die Zellen entweder alle parallel nach dem Multiplensystem oder schiebt zwischen Kathode und Anode eine große Zahl von Rohkupferplatten ein, wodurch die Zellen in Serien gebracht werden. — Um dem Elektrolytkupfer möglichst große Festigkeit und Dichte des Gefüges zu geben, benutzt Elmore als Kathoden Eisen- oder Kupferwalzen, die im elektrolytischen Bade rotieren. Während des elektrolytischen Prozesses wird ein Achatstein in der Längsrichtung der Walze hin und her geführt, um das abgefällte Kupfer zu glätten und zu dichten. Das Elektrolytkupfer nach dem Elmoreprozeß besitzt ca. 57 % höhere Druckfestigkeit und ca. $4^1/_2$ % höheres Leitvermögen als gewöhnliches Elektrolytkupfer.

Die Alkalichloride werden hauptsächlich nach dem Verfahren Kellner-Castner und dem Diaphragmenverfahren von Matthes & Weber im Großbetriebe mit Vorteil bearbeitet. Nach diesen Verfahren werden metallisches Natrium und Kalium, sowie Ätzkali und Chlorgas oder Chlorkalk fabriziert. Bei dem Kellner-Castnerschen Verfahren werden außer Chlorgas 15 %ige Ätznatronlösung gewonnen. Die Kathoden werden von einem Quecksilberbad gebildet, während die Anodennetze aus Platiniridiumdraht bestehen. Der Nutzeffekt beträgt 98 % und das gewonnene Ätznatron kann wieder durch Elektrolyse in geschmolzenem Zustande zur Fabrikation von metallischem Natrium verwendet werden.

Während Gold, Blei, Zink und noch andere Metalle aus den Roherzen und Zinn aus den Weißblechabfällen bei reinen elektrolytischen Prozessen gewonnen werden, beruht die moderne Aluminiumdarstellung auf der Elektrolyse feurig-flüssiger Salze. Der elektrische Strom dient also hier nicht allein zur Elektrolyse, sondern auch zum Schmelzen der Aluminiumsalze. Die EMK E bei der Elektrolyse feurig-flüssiger Salze ist im allgemeinen kleiner als die bei wässerigen Lösungen. Sonst wird die erforderliche Klemmenspannung für das Verfahren nach dem gewöhnlichen Gesetze $p = E + ir$ für Elektrolyse gerechnet. Hérault war der erste, der ein günstiges Resultat zur Herstellung von Aluminium aus feurigflüssigen Salzen erzielte. Nach seinem Verfahren wird zunächst die Schmelzung von Aluminiumsalzen (Kryolith) durch den elektrischen Lichtbogen eingeleitet und dann ein so starker Strom durch die geschmolzene Masse geleitet, daß sie sich stets im feurigen Flusse hält. Die Anoden bestehen aus Kohlenstäben. Die Tiegel sind mit Aluminiumoxyd ausgekleidet, die Kathoden bestehen aus Kupfer und werden durch besonders wirksame Wasserkühlung vor dem Schmelzen geschützt.

Der elektrische Gleichstrom wird auch im großen Stile zur Darstellung von Sauerstoff und Wasserstoff angewandt. Für die Elektroden wird gewöhnlich Blei in verdünnter Schwefelsäure oder Eisen in Natronlauge verwendet. Der Wasserstoff wird hauptsächlich zur Füllung von Luftballons und zur Herstellung von Knallgas (Gemisch von Wasserstoff und Sauerstoff) angewandt. Der Sauerstoff andererseits findet vielseitige Verwendung in der chemischen Industrie.

132. Elektrolyse mit Wechselstrom.

Die Vorgänge, welche sich beim Durchschicken eines Wechselstromes durch eine elektrolytische Zersetzungszelle abspielen, haben in neuerer Zeit ein bedeutendes (wenn auch hauptsächlich theoretisches) Interesse erlangt. Indem wir auf die diesbezügliche Spezialliteratur verweisen[1], sollen hier nur die wesentlichsten Gesichtspunkte gegeben werden.

Der einfachste Fall tritt ein, wenn die Elektroden aus einem Metall bestehen, das bei Gleichstrom quantitativ (d. h. gemäß Faradays Gesetz) anodisch gelöst und kathodisch niedergeschlagen wird. Dies ist z. B. bei Silber in Silbernitrat, Kupfer in Kupfersulfat der Fall. Hier wird sich während der anodischen Halbwelle an einer Elektrode ebensoviel Metall auflösen, wie sich während der kathodischen Halbwelle abscheidet. Es findet daher im ganzen keine Elektrolyse statt, vorausgesetzt, daß die Stromdichte nicht größer ist, als daß genügend Metallionen sich an der Kathode befinden; andernfalls kann sich während der kathodischen Halbwelle Wasserstoff entwickeln.

Zweitens kann das Metall zwar anodisch aufgelöst, aber nicht kathodisch abgeschieden werden. Dies ist für Zinkelektroden in angesäuerter Zinksulfatlösung der Fall. Die anodische Halbwelle scheidet hier Metall, die kathodische Wasserstoff aus. Das Resultat ist, daß Metall aufgelöst wird.

Einige Metalle, wie Eisen, Nickel, Kobalt, Mangan, nehmen als Anode in gewissen Elektrolyten den sog. „passiven Zustand“ an,

---

[1]) Siehe H. Danneel, ETZ 1906, S. 221, wo ausführliches Literaturverzeichnis.

in dem sie nicht gelöst werden, sondern zur Abscheidung von Sauerstoff an der Anode Anlaß geben. Das Eisen wird z. B. als Anode in Nitratlösungen, sowie in ätzenden und kohlensauren Alkalien sehr leicht passiv. Während der kathodischen Halbwelle wird die Passivität aufgehoben. Bei jeder anodischen Halbwelle tritt deshalb nur eine kleine Auflösung von Metall ein, bis die Passivität hergestellt ist. Unter der Annahme, daß für die Herstellung der Passivität immer die gleiche Eisenmenge gelöst werden muß, wird der Bruchteil des Stromes, der auflösend wirkt, um so größer, je größer man die Periodenzahl macht, bis bei einer sehr großen Periodenzahl quantitative Metallauflösung stattfindet.

Zuweilen geht das während der anodischen Halbwelle gelöste Metall mit dem Elektrolyt oder dem Lösungsmittel Verbindungen ein, welche durch die kathodische Halbwelle nicht zerlegt werden können.

Beispielsweise bildet sich zwischen Bleielektroden in Schwefelsäure schwerlösliches Bleisulfat, das ausgefällt wird. Ähnlich verhalten sich Kupferelektroden in Zyankalilösung. Hier bildet das während der anodischen Halbwelle gelöste Kupfer sog. Komplexione von der Form $Cu(CN)_4$, die die kathodische Abscheidbarkeit erschweren. Während der kathodischen Halbwelle tritt daher statt Cu Wasserstoff auf. Diese Reaktion ist jedoch nur bei kleineren Periodenzahlen möglich; bei ganz hohen Periodenzahlen tritt qualitative anodische Auflösung und kathodische Abscheidung des Kupfers ein.[1])

Von großer technischer Wichtigkeit ist die Frage der elektrolytischen Zersetzung von in Erde verlegten Eisen- und Bleimassen durch Wechselstrom. Bei einem von Kinter[2]) angestellten Versuch wurden Röhren aus Eisen und Blei in die Erde gegraben und ein Jahr lang auf 25 Volt Spannungsunterschied gegeneinander gehalten. Die Spannung war eine Wechselspannung von 25 Perioden. Es konnte weder bei den Eisen- noch bei den Bleirohren eine Elektrolyse konstatiert werden. Dieser Versuch darf wohl kaum als ein allgemeiner Beweis für die Unzersetzbarkeit von Eisen und Blei in der Erde durch Wechselstrom gelten; denn die Beschaffenheit des Bodens spielt eine wichtige Rolle. Findet während der anodischen Stromphase eine Anreicherung an Kohlensäure und Chloriden an einem Eisenrohr statt, das ursprünglich durch alkalische Umgebung durch die Passivität geschützt war, so kann durch die kathodische

[1]) Le Blanc und Schick: Zeitschr. f. phys. Chemie 47, S. 213, 1903. Zeitschr. f. Elektrochem. 9, S. 636, 1903; 11, S. 705, 1905. — Brochet und Petit: Zeitschr. f. Elektrochem. 11, S. 441, 1905.

[2]) The Electr. Journal 1905, S. 668.

Stromphase der alkalische Zustand wieder herbeigeführt werden; es ist also eine Stromumkehr günstig. Bei ausgesprochen saurem Boden dürfte die Stromumkehr keinen ausreichenden Vorteil bieten.[1])

133. Elektrolytische Kondensatoren.

Im vorhergehenden Abschnitte wurde erwähnt, daß Eisen als Anode unter Umständen einen passiven Zustand annehmen kann, bei dem es gegen den entwickelten Sauerstoff widerstandsfähig wird und so eine beträchtliche Polarisationsspannung entwickelt. Die Erzeugung der Passivität, bzw. der Polarisation erfordert nur einen vorübergehenden Stromdurchgang, und bei Abnahme der anodischen Spannungsdifferenz des Eisens gegen den Elektrolyt wird der Strom zum Teil wieder zurückgegeben, ähnlich wie beim Laden und Entladen eines unvollkommenen Kondensators. Solche Kombinationen können deswegen verwendet werden, um mit verhältnismäßig kleinen Elektrodenflächen große Kapazitätswirkungen zu erhalten.

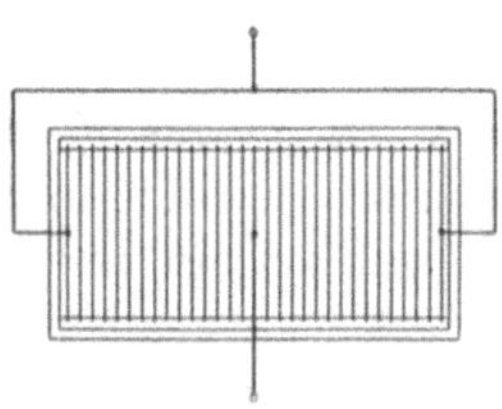

Fig. 359. Elektrolytischer Kondensator.

Fig. 359 zeigt einen Kondensator, der viel verwendet wird, um einen Einphasenstrom in zwei Ströme mit beträchtlicher Phasenverschiebung gegeneinander zu spalten, wie dies beim Anlassen von Einphasen-Induktionsmotoren mittels sog. Kunstphase geschieht. In einem mit Sodalösung gefüllten Holzkasten stehen 31 Eisenplatten mit ca. 2 mm Zwischenraum. Jede Platte ist ca. 8 $\times$ 12 cm groß. Die Platten sind gegen die Wände des Kastens abgedichtet, so daß 30 ziemlich abgetrennte, von dem Elektro-

Fig. 360. Elektrolytischer Kondensator von Grisson.

[1]) Siehe Haber u. Goldschmidt: Zeitschr. f. Elektrochem., 12, S. 49, 1906.

lyt gefüllte Zwischenräume entstehen. Dadurch, daß die eine Zuführungsleitung mit der mittleren, die andere mit den beiden äußeren Platten verbunden wird, werden 15 Elektrolytzellen hintereinander und zwei parallel geschaltet.

Eine noch stärkere Polarisation als bei dem passiven Eisen tritt an einer Aluminiumanode ein; denn diese wird durch eine sehr dünne, unlösliche, gut isolierende Schicht von Al_2O_3 überzogen. Kondensatoren mit Aluminiumelektroden können daher pro Zelle beträchtliche Spannungen aushalten. Fig. 360 zeigt einen Kondensator dieser Art von Grisson, Berlin. Der Elektrolyt besteht hier aus destilliertem Wasser. Der Kondensator hat eine Kapazität von 500 MF und ist bei 120 Volt verwendbar.

Neuerdings finden elektrolytische Kondensatoren in Hochspannungsanlagen als Überspannungssicherungen Verwendung.

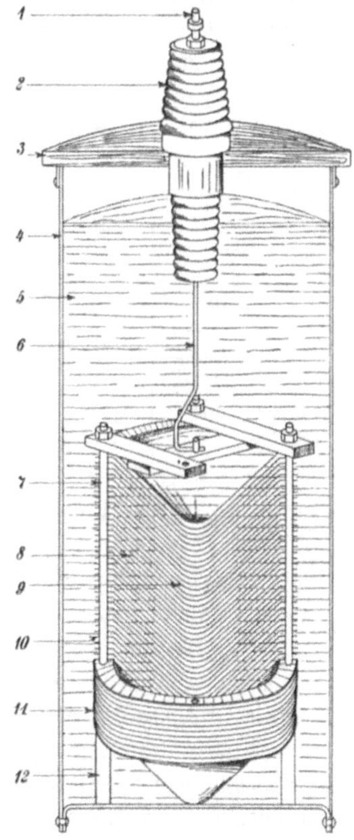

Fig. 361. Aluminiumkondensator der General Electric Co.
1. Anschluß zur Hörnerfunkenstrecke. 2. Porzellanisolator. 3. Hölzerner Deckel. 4. Blechgehäuse. 5. Öl. 6. Verbindungsleitung. 7. Träger. 8. Teller im Schnitt. 9. Elektrolyt. 10. Öl. 11. Teller in Ansicht. 12. Holzfuß.

Fig. 361 zeigt die Ausführung der Aluminiumkondensatoren, welche die General Electric Co. gegen Überspannungen anwenden. Die Elektroden bestehen hier aus Tellern, welche mit kleinen Zwischenräumen ineinandergeschachtelt sind; die Zwischenräume werden mit einem Elektrolyt ausgefüllt, und der ganze Kondensator ist in ein Ölbad gesetzt, welches eine vorzügliche Isolation gewährt.

Die Kurve (Fig. 362) zeigt die Arbeitscharakteristik eines solchen Aluminiumkondensators. Bis zu der kritischen Spannung von ca. 350 Volt pro Zelle läßt der Kondensator fast keinen Strom durch. Steigt die Spannung darüber hinaus, so kann sehr viel Strom durchgehen, und wenn die Spannung wieder sinkt, bildet sich wieder eine isolierende Schicht an den Elektroden, wodurch der Strom wieder aufhört. Wird deswegen ein derartiger Kondensator zwischen die zu schützende Leitung und Erde geschaltet, so werden die Überspannungen nur bis zu einer gewissen Grenze emporsteigen können, bevor die isolierende Schicht der Aluminiumelektroden durchbrochen wird, und es entladet sich die Leitung durch den Kondensator. Dieser bedarf aber ebenso wie alle anderen elektrolytischen Kondensatoren einer sorgfältigen Beaufsichtigung, damit er stets in Ordnung ist. Beim Einschalten eines derartigen Kondensators auf ein Netz nimmt er während der ersten Sekunden einen großen Strom auf, bis die isolierende Schicht sich gebildet

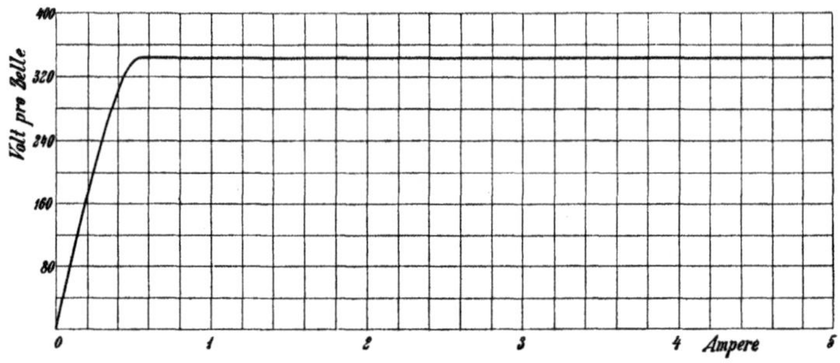

Fig. 362. Arbeitscharakteristik eines Aluminiumkondensators.

hat. Da es sich nicht als praktisch erwiesen hat, die Aluminiumkondensatoren stets eingeschaltet zu lassen, müssen sie von Zeit zu Zeit geladen werden, was zu Stromstößen beim Einschalten Anlaß gibt. Die übrige Zeit stehen die Kondensatoren nur durch die kleine Luftstrecke eines Hörnerblitzableiters in Verbindung mit der zu schützenden Leitung. Weil sie viel Wartung erfordern und wegen der kurzen Lebensdauer haben die Aluminiumkondensatoren noch keinen großen Eingang in die Praxis gefunden.

134. Aluminium-Elektrolytzellen (Gleichrichter).

Eine Zelle aus Aluminiumelektroden in einem oxydierenden Elektrolyten, z. B. verdünnter Schwefelsäure, Alaunlösung, Chromsäurelösung, Salmiak, doppeltkohlensaurem Natron usw., entwickelt an der Anode eine dünne, unlösliche, isolierende Schicht von Aluminiumsuperoxyd (Al_2O_3). Diese Schicht stellt dem Strome nur dann einen großen Widerstand entgegen, wenn er von der betreffenden Elektrode nach der Flüssigkeit gerichtet ist. Bei der umgekehrten Stromrichtung wird die Superoxydhaut schnell reduziert und der Strom tritt deshalb ohne großen Widerstand hindurch. Auf dieser sog. Ventilwirkung beruht der elektrolytische Gleichrichter zur Umwandlung von Wechselstrom in pulsierenden Gleichstrom. Die eine Elektrode besteht aus Aluminium oder dessen Legierungen, die andere aus Blei, Eisen usw. Verbindet man eine solche Zelle mit den Klemmen einer Wechselstrommaschine, so überzieht sich die Aluminiumelektrode im Anfang jeder anodischen Halbwelle sehr schnell mit dem Häutchen von großem Widerstand, wobei der Strom in dieser Richtung fast auf Null sinkt. Die andere Halbwelle des Stromes, bei der das Aluminium Kathode ist, kann dagegen durchgehen. Wir erhalten also einen pulsierenden Gleichstrom, bestehend

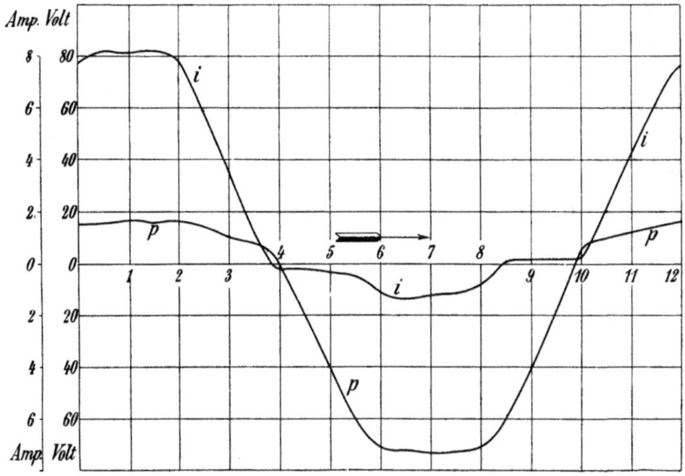

Fig. 363. Kurve des durch Aluminium-Elektrolytzelle gleichgerichteten Stromes.

aus einer Halbwelle pro Periode, wie dies in Fig. 363 gezeigt ist.[1]) Die Aluminiumelektrode hatte eine Fläche von 3140 mm^2; der Elektrolyt bestand aus 6$^0/_0$iger Lösung von $NaHCO_3$. Die Zelle war mit einem induktionsfreien Widerstand von 8,09 Ω und einem Wechselstromgenerator von 75 Volt bei $c = 25$ hintereinander geschaltet.

Um beide Halbwellen eines Wechselstromes auszunützen, haben Graetz und Pollak[2]) die in Fig. 364 wiedergegebene Schaltung angegeben. Man sieht, daß in dem Belastungswiderstand die beiden Halbwellen des Wechselstromes gleichgerichtet erscheinen.

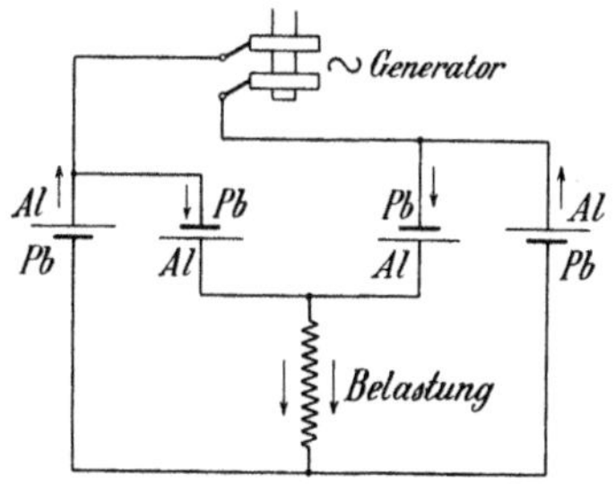

Fig. 364. Schaltung von Aluminium-Elektrolytzellen.

Wie aus den Kurven in Fig. 363 hervorgeht, ist neben der Ven-

[1]) Jakob: Untersuchungen von Aluminium-Elektrolytzellen. Sammlung elektrot. Vorträge, Bd. IX.

[2]) Graetz: ETZ 1897, S. 423. — Pollak: ETZ 1897, S. 359.

tilwirkung eine merkliche Kapazitätswirkung vorhanden, da die Zelle teilweise auch als ein elektrolytischer Kondensator wirkt. Ferner ist zu sehen, daß die anodische Halbwelle des Stromes in der isolierenden Schicht nicht vollständig aufgehalten wird, sondern bei dem hohen Werte der Spannung zum Teil durchgelassen wird. Die Ventilwirkung ist somit keine vollkommene. Die Spannung, bei der die isolierende Haut anfängt den Strom durchzulassen, ist besonders abhängig von der Temperatur und von dem Elektrolyt. Temperaturerhöhung erniedrigt die Haltbarkeit der isolierenden Haut, weshalb für gute Kühlung des Gleichrichters zu sorgen ist.

Die elektrolytischen Gleichrichter haben sich für größere Leistungen noch nicht eingebürgert, und zwar hauptsächlich, weil sie wenig dauerhaft sind und einen verhältnismäßig kleinen Wirkungsgrad besitzen.

Zweiundzwanzigstes Kapitel.

Elektrische Eigenschaften von Gasen und Dämpfen.

135. Stromleitung in Gasen und Dämpfen.

In den letzten Jahren haben die Untersuchungen über den Stromdurchgang durch Gase und Dämpfe zu wichtigen theoretischen und praktischen Resultaten geführt, für deren erschöpfende Behandlung wir auf Spezialarbeiten verweisen müssen.[1] Im folgenden sollen nur einige der wichtigsten Ergebnisse mitgeteilt werden.

Ähnlich wie die wägbare Materie denkt man sich die Elektrizität aus Elementarquanten (Elektrizitätsatomen) bestehend. Ein Elementarquantum hat ebenso wie ein elektrochemisches Ion eine Elektrizitätsmenge von etwa $4 \cdot 10^{-10}$ elektrostatischen Einheiten. Man weiß nicht, ob es positive und negative Elektrizität gibt, oder ob die positive Elektrizität nur als ein Mangel an negativer zu betrachten ist. Nehmen wir beide Arten an, so enthält ein neutrales Atom ebenso viele positive wie negative Elementarquanten. Besitzt ein Massenteilchen eines Gases ein oder mehrere Elementarquanta eines Vorzeichens im Überschuß, so heißt es ein Gasion oder kurz Ion. Ein Ion kann sich unter dem Antrieb einer elektrischen Kraft bewegen, wodurch eine elektrische Strömung entsteht. Ein Elektron besteht aus einem negativen Elementarquantum und besitzt eine scheinbare Masse von der Größenordnung $^1/_{1700}$ eines Wasserstoffatoms. Von einem neutralen Atom können ein oder mehrere

---

[1] J. J. Thomson: Die Entladung der Elektrizität durch Gase. — J. Stark: Die Elektrizität in Gasen.

negative Elektronen abgetrennt werden, wobei ein Ion mit einem oder mehreren positiven Elementarquanten in Überschuß zurückbleibt.

Das Zerlegen eines Teiles der neutralen Atome eines Gases in positive und negative Ionen bezeichnet man als Ionisieren. Die Zahl der positiven bzw. negativen Elementarquanta in der Volumeneinheit heißt die positive bzw. negative Ionisation des Gases. Durch die Ionisation wird das Gas leitend. In gewöhnlichem Zustande ist die Ionisation eines Gases sehr klein, die Leitfähigkeit ist infolgedessen auch klein, aber nicht Null. Unterbricht man die Ionisierung eines Gases, so nimmt die Ionisation infolge Molisierung, d. h. Wiedervereinigung freier positiver und negativer Ionen zu neutralen Teilchen, rasch ab.

Die Ionisierung nimmt Energie in Anspruch, die dem Gase durch die sogenannten Ionisatoren erteilt wird. Die wichtigsten Ionisatoren sind: Hohe Temperatur, Licht- und besonders ultraviolette Strahlen, Röntgenstrahlen, Kathodenstrahlen, Radiumstrahlen, chemische Prozesse usw. Von besonderer Wichtigkeit ist noch die Ionisierung durch Ionenstoß. Sie kommt dadurch zustande, daß Ionen, die sich infolge des Antriebs der elektrischen Kraft bewegen, von Zeit zu Zeit auf die neutralen Teilchen stoßen und dadurch kinetische Energie an diese abgeben, die so groß werden kann, daß sie zur Ionisierung ausreicht. Die maximale kinetische Energie, die ein so bewegtes Ion in sich aufnehmen kann, ist gleich seiner elektrischen Ladung multipliziert mit dem zwischen zwei Kollisionen durchlaufenen Spannungsgefälle. Sie wird also um so größer, je größer der Spannungsabfall (die elektrische Feldstärke) im Gas ist. Ferner ist sie um so größer, je größer die zwischen zwei Kollisionen durchlaufene freie Weglänge ist, d. h. je kleiner der Gasdruck ist. Diese kinetische Energie muß wenigstens so groß sein wie der Unterschied zwischen der potentiellen Energie der bei dem Stoß entstandenen Ionen und der des ursprünglich neutralen Teilchens. Diese sogenannte Ionenenergie ist um so kleiner, je größer die Energie des neutralen Teilchens, d. h. je höher seine Temperatur war. Auch das umgebende Medium hat auf die Ionenenergie Einfluß. In der Nähe von Metallen ist sie erfahrungsgemäß bedeutend kleiner als im Inneren eines Gases (katalytische Wirkung der Metalle).

Damit in einem bestimmten Fall ein Ion durch Strom ionisieren kann, muß das von ihm frei durchlaufene Spannungsgefälle größer als ein bestimmter Minimalwert sein. Dieser Minimalwert wird Ionisierungsspannung genannt. Die Ionisierungsspannung ist für das negative Ion, das meistens ein freies Elektron von sehr kleiner Masse ist, bedeutend kleiner als für das positive Ion. Sie beträgt für Luft ca. 50 Volt für das negative und ca. 530 Volt für das positive Ion. Infolge der Verschiedenheit der Ionisierungsspannungen der positiven und negativen Ionen erfolgt im Inneren eines stromdurchflossenen Gases die Ionisierung meistens nur von den negativen Ionen aus. Nur an besonderen Stellen, z. B. an der Kathode, wo die negativen Ionen eben erst austreten und folglich nur kleine Geschwindigkeit besitzen, erfolgt die Ionisierung durch die mit großer Geschwindigkeit ankommenden positiven Ionen.

Außer durch Ionisierung kann ein Gas noch freie Ionen durch Überführung aus einem angrenzenden Medium erhalten, die man als Elektrisierung des Gases bezeichnet. Um das Ion durch die Grenzfläche zu führen, ist die sogenannte Elektrisierungsarbeit aufzuwenden. Hört die elektrisierende Wirkung auf, so bewegen sich die Ionen infolge des Antriebs der Kontaktkraft wieder zu dem angrenzenden Medium, wobei die Elektrisierung verschwindet.

Zwischen einem festen oder flüssigen Körper und einem Gase ist bei gewöhnlicher Temperatur die Kontaktkraft sehr groß, so daß selbst eine sehr große elektrische Feldstärke im allgemeinen nicht ausreicht, um Ionen aus einem solchen Körper in das Gas übertreten zu lassen, weil die Entladung des Körpers schon früher dadurch erfolgt, daß das Gas infolge von Ionenstoß der ursprünglich in ihm vorhandenen freien Ionen ionisiert wird. Erst bei höherer Temperatur (Rotglut) wird ein Gas durch ein Metall elektrisiert. Hierbei wird das Gas gewöhnlich positiv, das Metall negativ.

Ein Gas kann von einem anderen ionisierten Gas leicht elektrisiert werden. Die in einer Flamme oder in einem Lichtbogen vorhandenen freien Ionen können beispielsweise durch eine elektrische Kraft in die benachbarte kalte Gasmenge geführt werden.

Die Leitung der Elektrizität durch Gase besteht in der Bewegung der freien Ionen des Gases. Hierbei wandern im allgemeinen wie in den Elektrolyten die positiven Ionen in der Stromrichtung, die negativen gegen sie. Ein Gas, das keine freien Ionen enthält, ist ein vollständiger Isolator. Durch die Strömungen wandern die freien Ionen aus dem Gase nach den Elektroden; es muß daher, wenn die Strömung bestehen bleiben soll, eine stetige Neubildung von Ionen (Ionisierung) stattfinden. Findet die Ionisierung durch fremde Ionisatoren statt, so nennt man die Strömung eine unselbständige. Eine solche erlischt, sobald der sekundäre Ionisator zu wirken aufhört, selbst wenn die Elektrodenspannung bestehen bleibt. Bei einem gegebenen Ionisator nimmt zunächst die unselbständige Strömung mit steigender Elektrodenspannung zu, weil die Wanderungsgeschwindigkeit der gebildeten Ionen mit ihr zunimmt. Weil aber nur so viele Ionen von dem Felde in Wanderung versetzt werden können, wie von dem Ionisator frei gemacht werden, erreicht die unselbständige Strömung bei steigender Spannung einen Sättigungswert, bei dem sie von der Spannung fast unabhängig wird. Der Sättigungsstrom ist um so größer, je stärker der Ionisatar und je größer das ionisierte Gasvolumen ist.

Erfolgt die Neubildung von Ionen durch die elektrische Strömung selbst, also durch Ionenstoß, so heißt sie selbständig. Die selbständige Strömung kann im allgemeinen nur bei höherer Elektrodenspannung auftreten, bei der die Ionen eine genügende Spannungsdifferenz frei durchlaufen können. Die unselbständige und die selbständige Strömung können auch gleichzeitig in einer und derselben Gasstrecke bestehen.

Die selbständige Strömung kann im wesentlichen die folgenden Formen annehmen, die sich durch die Zahl und Art der auftretenden Ionisierungspartien unterscheiden.

1. Spitzenstrom.

Er wird erhalten, wenn die eine Elektrode eine Spitze, die andere eine Platte von verhältnismäßig großer Ausdehnung ist. Es gibt einen positiven und einen negativen Spitzenstrom, je nachdem die Spitze die Anode oder die Kathode ist. Die Ionisierung findet

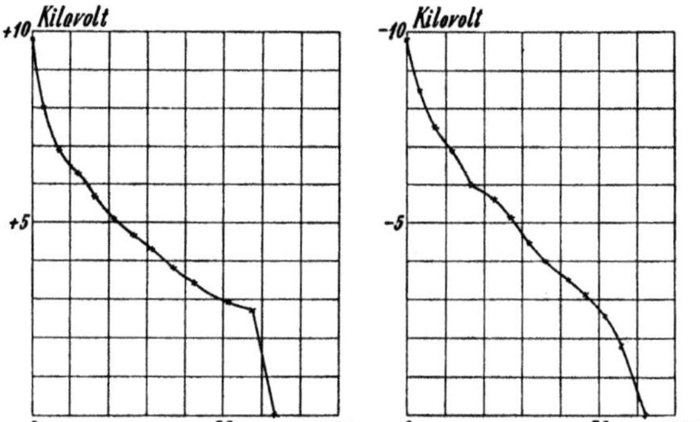

Fig. 365.

durch Ionenstoß, und zwar nur an der Spitze statt, weil nur dort ein genügendes Spannungsgefälle vorhanden ist. Hier leuchtet das Gas. Fig. 365 zeigt nach Messungen von Warburg das Potential als Funktion der Entfernung von der Spitze im positiven bzw. negativen Spitzenstrom. Man sieht, daß das Spannungsgefälle, das durch die Tangente an die Kurven dargestellt wird, besonders an der Spitze sehr groß ist.

Man stellt sich vor, daß an der Spitze zwei Ionisierungsschichten auftreten, die sich gegenseitig die zur Aufrechterhaltung der Strömung erforderlichen Ionen liefern. Ist die Spitze beispielsweise Kathode (negativer Spitzenstrom), so befindet sich an seiner Oberfläche die sogenannte erste Kathodenschicht, sie ist durch den dunklen Kathodenraum von der zweiten Ionisierungsschicht, der negativen Glimmschicht, getrennt. In verdünnten Gasen ist die Trennung der beiden Ionisierungsschichten durch den dunklen Kathodenraum sehr deutlich. In der ersten Kathodenschicht erfolgt die Ionisierung durch den Stoß der aus der negativen Glimmschicht kommenden positiven Ionen. Umgekehrt erfolgt die Ionisierung in der negativen Glimmschicht durch den Stoß der aus der ersten Kathodenschicht kommenden negativen Ionen. Der Spannungsabfall zwischen der negativen Glimmschicht und der Kathode wird Kathodenfall genannt, er wird von den positiven und negativen Ionen frei durchlaufen. Da die Ionisierungsspannung der positiven Ionen gegen die Kathode (bei Platinelektrode ca. 350 Volt) größer ist als die Ionisierungsspannung der negativen Ionen im Inneren des Gases (ca. 50 Volt), so ist die erste Spannung für den Kathodenfall maßgebend. Es müssen die positiven Ionen von der negativen Glimmschicht, wo sie entstehen, wenigstens ca. 350 Volt frei durchlaufen, um an der Kathode ionisierend wirken zu können. Die negativen Ionen wandern von der negativen Glimmschicht gegen die Anode, ohne die zur weiteren Ionisierung notwendige kinetische Energie in dem kleineren Spannungsgefälle in sich aufnehmen zu können. Nur an der Anode selbst kann infolge der katalytischen Wirkung des Metalles, die nur ca. 10 Volt Ionisierungsspannung erfordert, Ionisierung auftreten, die sich durch schwaches Leuchten bemerkbar macht.

In dem positiven Spitzenstrom spielen sich die analogen Vorgänge ab. Nur ist hier der Anodenfall durch die freie Spannung bestimmt, die die freien Ionen von der Anode aus durchlaufen müssen, bis sie die neutralen Gasmoleküle ionisieren können. Diese beträgt ca. 530 Volt.

Die Stromstärke im Spitzenstrom nimmt mit der Spannung zwischen den Elektroden zu. Damit der Spitzenstrom bestehen kann, ist eine Minimalspannung erforderlich, die für den positiven Spitzenstrom beträchtlich größer ist als für den negativen. Die Minimalspannung ist um so kleiner, je schärfer die Spitze, je kleiner der Gasdruck und je kleiner die Elektrodenentfernung ist.

Bei sehr kleiner Elektrodenentfernung geht die Minimalspannung in den Anoden- bzw. Kathodenfall über.

Um den Spitzenstrom anzulassen, ist eine sogenannte Anfangsspannung notwendig, die bedeutend größer als die Minimalspannung ist. Der Unterschied der beiden Spannungen rührt her von dem Unterschied in der Verteilung des elektrischen Spannungsgefälles vor dem Stromdurchgang und während dessen. Die erste wird als statische, die letzte als dynamische Verteilung bezeichnet. So lange nämlich als kein merklicher Strom durch die Gasstrecke geht, verhält sie sich wie ein homogenes Dielektrikum, und die Verteilung des Spannungsgefälles oder der elektrischen Feldstärke erfolgt nach den in Kap. XX gegebenen Grundsätzen, ist also im wesentlichen durch die Form der Elektroden bestimmt. Bei Stromdurchgang dagegen, wenn die Gasstrecke ionisiert ist, verhalten die einzelnen Ionisationsschichten sich ähnlich wie ein geschichtetes Dielektrikum, dessen einzelne Schichten verschiedene Induktionskapazitäten haben, und bei denen die elektrische Feldstärke sich umgekehrt wie die spezifische Induktionskapazität verteilt (siehe Kap. XX, Abs. 126). Besonders charakteristisch zeigt sich dieser Unterschied zwischen der statischen und dynamischen Kraftverteilung durch die Ausbildung von dem Anoden- bzw. Kathodenfall. Das eben Gesagte gilt nicht nur für den Spitzenstrom, sondern für die meisten Strömungen durch Gase, und hat zur Folge, daß für das Anlassen eine größere Spannung erforderlich ist als für die Aufrechterhaltung der schon eingeleiteten Strömung. Bei dem elektrischen Lichtbogen kommt hier außerdem der Einfluß der Elektrodendämpfe in Betracht, wie später ausführlicher gezeigt werden soll.

Läßt man auf einen Spitzenstrom eine Wechselspannung einwirken, so geht bei richtig gewählter Spannung nur die kathodische Halbwelle durch. Die Spitze wirkt dann als Gleichrichter.

2. Der Glimmstrom.

Verkleinert man die plattenförmige Anode eines negativen Spitzenstromes, so wächst das Spannungsgefälle zwischen der negativen Glimmschicht und der Anode, bis eine Innenionisierung durch den Stoß der negativen Ionen erfolgt. Der Raum vor der Anode, in dem diese Ionisierung erfolgt, wird dann leuchtend. Er wird als positive Lichtsäule bezeichnet. Die Strömung wird in diesem Falle als Glimmstrom bezeichnet. Ein solcher ist in Fig. 366 abgebildet. K ist die Kathode, A die Anode, 1 ist die erste Kathodenschicht, $n.$ $G.$ die negative Glimmschicht, dazwischen liegt der dunkle Kathodenraum. *p.L.* ist die positive Lichtsäule, welche durch den dunklen Zwischenraum von der negativen Glimmschicht getrennt ist. Verschiebt man die Anode gegen die Kathode, so bleiben die Schichten von der Kathode gerechnet ungeändert bestehen. Nur die positive Lichtsäule wird verlängert oder verkürzt, je nachdem die Elektrodenentfernung verlängert oder verkürzt wird.

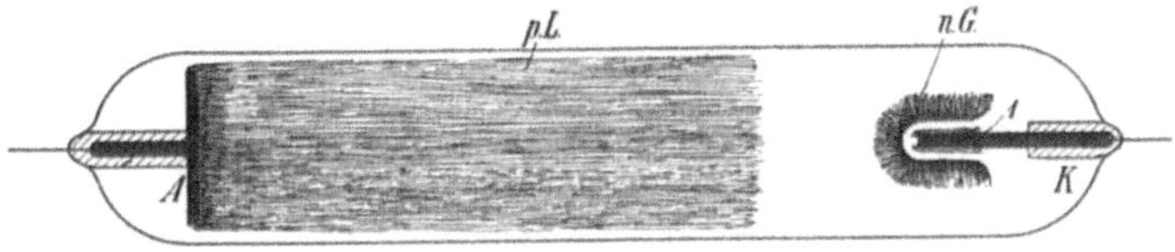

Fig. 366. Glimmstrom.

Die positive Lichtsäule kann entweder ungeschichtet sein, wie in Fig. 366, oder geschichtet, wie in Fig. 367 gezeigt. Im ersten Falle ist das Spannungsgefälle und die Ionisation in der positiven Lichtsäule konstant, im zweiten Falle wellenartig veränderlich. Im übrigen ist das Spannungsgefälle in den einzelnen Teilen des Glimmstromes stark verschieden und von vielen Veränderlichen, wie Stromstärke, Gasart, Gasdruck, Röhrenweite usw., abhängig.

Fig. 367. Glimmstrom mit geschichteter Lichtsäule.

In der Schicht unmittelbar vor der Anode (Anodenschicht) findet ein Spannungsabfall (der Anodenfall) statt. Zwischen der Kathode und der negativen Glimmschicht herrscht der Kathodenfall. Der normale Kathodenfall ist vorhanden, wenn nicht die ganze Kathode von der ersten Kathodenschicht bedeckt ist; er ist nur von der Art des Kathodenmetalles und des Gases abhängig. Er ist gleich der Ionisierungsspannung der positiven Ionen gegen das Kathodenmetall (für Luft etwa 350 Volt). Bedeckt die erste Kathodenschicht die ganze Kathodenfläche, die zur Wirkung kommen kann, so ist der Kathodenfall abnormal und größer als der normale. Er hängt dann von Stromstärke, Gasdruck, Gasart und Elektrodenfläche ab.

3. Der Büschelstrom.

Wenn man den positiven oder den negativen Spitzenstrom verstärkt, so kann in der Nähe der Spitze das Spannungsgefälle

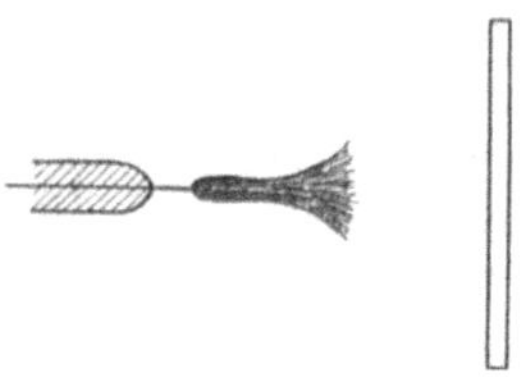

Fig. 368. Büschelstrom.

so groß werden, daß sich hier infolge von Innenionisationen ein Stück positiver Lichtsäule bildet. Diese schließt sich dann unmittelbar an die zwei Ionisationsschichten der Spitze an und bildet einen gegen die plattenförmige Elektrode gerichteten leuchtenden Büschel (Fig. 368).

4. Der Lichtbogen.

Der Lichtbogen beruht auf der ionisierenden Wirkung der glühenden Elektroden. Man denkt sich, daß die Erwärmung der Elektroden durch den Anprall der von der entgegengesetzten Elektrode mit großer Geschwindigkeit ankommenden Ionen erzeugt wird. Die elektrische Energie, die an den Elektroden aufgewendet wird, ist gleich dem Produkt aus dem Spannungsfall unmittelbar vor der Elektrode und der Stromstärke. Sie geht zum größten Teil in Wärme über. Für die Anode ist die größte Temperatur und der größte Spannungsfall zur Erzeugung der positiven Ionen erforderlich. In der meistens mit Elektrodendämpfen erfüllten Gasstrecke zwischen den Elektroden ist das Spannungsgefälle im allgemeinen nur klein (wenige Volt pro Millimeter). Die gesamte Spannung zwischen den Elektroden (Elektrodenspannung) ist bedeutend kleiner als bei den früher besprochenen Strömungen, und die für den Lichtbogen erforderliche elektrische Energie wird in Form von großem Strom bei kleiner Spannung geleistet. Im allgemeinen sind positive und negative Ionen an der Strömung im Lichtbogen beteiligt, doch kann man auch einen Strom zwischen einer zweiten kalten Anode und der Kathode erhalten. Dieser Strom rührt dann allein von den negativen Ionen her, welche von der Kathode nach der kalten Anode wandern. Die notwendige Erwärmung erhält die Kathode auch in diesem Falle von den positiven Ionen, welche von der ersten, warmen Anode ausgehen. Steigert man den Strom durch die zweite, kalte Anode, bis sie ins Glühen kommt, so kann die erste Anode ausgelöscht werden. In dieser Weise kann der Strom eines Lichtbogens von einer Anode auf eine zweite überführt werden. Das Entsprechende kann mit der Kathode nicht gemacht werden. Auf dieser Eigentümlichkeit des Lichtbogens beruht der später genauer zu behandelnde Quecksilber-Gleichrichter.

Einige Metalle geben als Elektroden Dämpfe ab, welche den Lichtbogen schlecht leiten.

Der Kathodenfall ist unabhängig, der Anodenfall nur wenig abhängig von der Lichtbogenlänge. Beide sind von der Stromstärke abhängig, und zwar nehmen sie mit zunehmender Stromstärke etwas ab. Für Anoden- und Kathodenfall hat Child die folgenden Zahlen gefunden:

Elektrodenmaterial	Anodenfall	Kathodenfall
Zink	12 Volt	14 Volt
Eisen	13 „	15 „
Kupfer	11 „	14 „
Kohle	23 „	9 „

Das Spannungsgefälle in der Lichtbogensäule nimmt mit Zunahme des Gasdruckes und mit Abnahme der Stromstärke zu.

Die Abhängigkeit zwischen Elektrodenspannung P, Stromstärke J und Länge l eines Gleichstromlichtbogens kann nach Ayrton[1]) für gegebene Elektroden durch die folgende Formel dargestellt werden:

$$P = \alpha + \frac{\beta}{J} + \left(\gamma + \frac{\delta}{J}\right) l \quad \ldots \ldots \quad (237)$$

wobei α, β, γ und δ Konstanten sind.

5. Dunkle Entladung.

Infolge der natürlichen Ionisation in jedem Gase tritt bei noch so kleiner Spannung ein Stromdurchgang auf. Diese Strömung ist unselbständig und hat eine sehr kleine Stromdichte. Bei höherer Spannung kann jedoch eine Eigenionisation durch die Strömung erfolgen, ohne daß sie ausreicht, Lichteffekte hervorzurufen. Die letzte Strömung ist dann eine selbständige. Man bezeichnet sie gewöhnlich als dunkle Entladung. Sie kann sich durch ein zischendes Geräusch bemerkbar machen. Ihre Stromdichte ist den früher erwähnten Strömungen gegenüber sehr klein.

Der eigentliche, voll ausgebildete Glimmstrom kommt meistens nur in Vakuumröhren vor. Der Spitzenstrom ist durch die schnelle Abnahme des Potentialgefälles in der Nähe der Elektroden bedingt und kann sich auch an beiden Elektroden ausbilden. Er kann sich auch über größere Elektrodenflächen ausbreiten und wird dann meistens Glimmentladung genannt. Sie konzentriert sich leicht auf einzelne Punkte der Elektroden und bildet dort strahlen- oder bürstenartige Büschelentladungen.

Die Abhängigkeit der Elektrodenspannung einer Entladungsform von ihrer Stromstärke kann als die Charakteristik der Entladung unter den gegebenen Verhältnissen bezeichnet werden. Glimm- und Büschelentladungen haben im allgemeinen ansteigende Charakteristiken; die Lichtbogencharakteristik dagegen ist wie ge-

[1]) The electric arc. London 1902.

zeigt abfallend. Verfolgt man also die Charakteristiken in der Richtung des zunehmenden Stromes, so sind bei Glimm- und Büschelentladungen die Spannungswerte, bei denen die Entladungen einsetzen (Anfangsspannungen) gewöhnlich niedriger als jene, bei denen die Entladung in die folgende mit größerem Strom übergeht (Grenzspannung). Beim Lichtbogen ist das Umgekehrte der Fall. Der Übergang von der Charakteristik einer Entladungsform in jene der Entladungsform mit nächst höherem Strom findet unter einem Spannungssprung statt. Ist der Sprung ein Abfall, so treten hier bei gegebenem Verhältnis von Kapazität und Selbstinduktion in dem Stromkreise, an dem die Elektroden angeschlossen sind, diskontinuierliche Entladungen (Funken) auf. Hiervon wird oft bei der Erzeugung von Wechselströmen hoher Periodenzahlen Gebrauch gemacht. Hierauf beruhen auch die zerstörenden Wirkungen, die solche Entladungen in großen Kraftverteilungssystemen anrichten können, da sie Schwingungen und Stöße auslösen, die sich auf Maschinen und Apparate fortpflanzen.

136. Durchschlagspannungen in Luft.

a) Unter Durchschlagspannung zwischen zwei Elektroden in Luft versteht man die Elektrodenspannung, bei der ein Lichtbogen oder Funke zwischen den Elektroden überspringt, wenn bei gleicher Elektrodenentfernung (Schlagweite) die Spannung allmählich gesteigert oder bei konstanter Elektrodenspannung die Elektrodenentfernung allmählich verkleinert wird. Unter „Elektroden“ sind hierbei die Teile der Leiter zu verstehen, an denen die elektrischen Kräfte besonders konzentriert sind. Unter Schlagweite versteht man die Entfernung der Punkte der Leiter, zwischen denen der Lichtbogen oder der Funke überspringt.

Die Durchschlagspannung ist außer von der Schlagweite noch von der Form der Elektroden und von der Verteilung des Potentials zwischen ihnen abhängig, weil diese beiden Veränderlichen auf die Verteilung und die Größe der elektrischen Feldstärke an den Elektroden Einfluß haben. Die Elektrodenform hat besonders bei kleiner Schlagweite Einfluß. Von den Elektrodenformen sind meistens Spitzen, Kugeln und die Kombination von einer dieser Formen mit einer Plattenelektrode untersucht. Bezüglich der Potentialverteilung erstrecken sich die Untersuchungen entweder auf den Fall, daß eine Elektrode geerdet ist, oder auf den, daß beide Elektroden numerisch gleiches und entgegengesetztes Potential haben.

Von Verunreinigungen wie Rauch und Wasserdampf in der Luft scheint die Durchschlagspannung wenig beeinflußt zu sein.

Durchschlagversuche über einem Rauch und Dampf aussendenden Lokomotivschornstein geben annähernd dieselben Werte der Durchschlagspannung wie die in gewöhnlicher Luft erhaltenen.

Je nach den erwähnten Umständen kann dem Funken oder Lichtbogen eine andere leuchtende Entladung an einer oder beiden Elektroden vorausgehen oder nicht. Das erste tritt vorzugsweise ein, wenn die Verteilung des elektrischen Feldes zwischen den

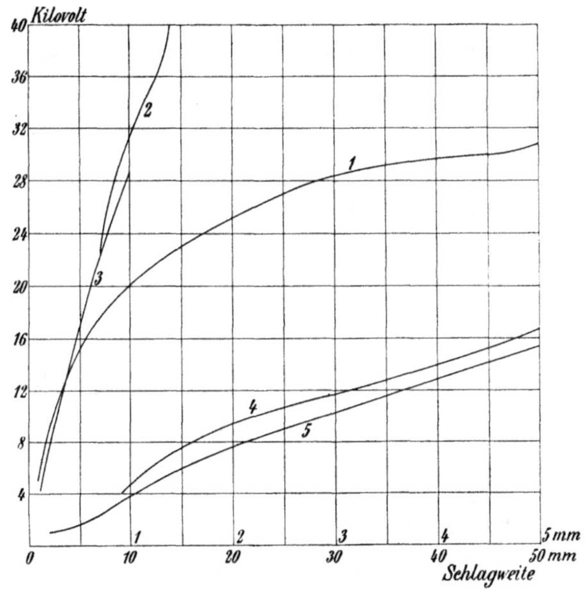

Fig. 369. Durchschlagspannungen in Luft bei Atmosphärendruck mit Gleichspannung.

1. Zwischen Kugeln von 5 mm Radius }
2. „ „ „ 60 „ „ } nach Freyberg
3. „ Platten }
4. „ Kugeln „ 10 „ „ }
5. „ Platten, nach de la Rue und Müller.

Elektroden sehr ungleichmäßig ist, also bei kleinen Elektroden und großer Entfernung zwischen ihnen. Bei kurzer Schlagweite und Kugeln oder Kugel und Platte erfolgt der Durchschlag meistens ohne vorherige leuchtende Entladung.[1]

In Fig. 369 sind einige Kurven für die Durchschlagspannungen in Luft bei Atmosphärendruck gegeben. Die Durchschlagspannungen sind in Kilovolt als Funktion der Schlagweite aufgezeichnet. Die Kurven sind mit Gleichspannung bestimmt.

---

[1]) Näheres hierüber: M. Toepler, ETZ 1907, S. 998 und 1025.

In Fig. 370 stellt Kurve 1 die Amplitude der Durchschlagspannung zwischen Spitzenelektroden bei Atmosphärendruck in Abhängigkeit von der Schlagweite dar.[1]) Für Schlagweiten d über 10 cm kann die Durchschlagspannung P gesetzt werden:

$$P = 4800\,d + 2400 \text{ Volt.}$$

Die Kurve 2 in Fig. 370 gibt die Durchschlagspannung zwischen Kugeln von 2 cm Durchmesser. Man sieht, daß die Durchschlagspannungen hier bei gleichen Schlagweiten bedeutend größer sind. Dies gilt, wie erläutert, besonders bei kleinen Schlagweiten.

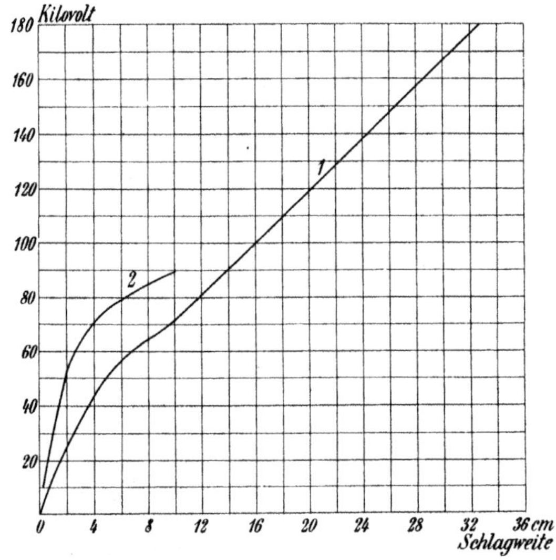

Fig. 370. Durchschlagsspannung in Luft.
1. Zwischen Spitzenelektroden. 2. Zwischen Kugeln von 2 cm Durchmesser.

Bei Wechselspannung ist für die Durchschlagspannung die Amplitude maßgebend. Die Periodenzahl ist innerhalb der in der Starkstromtechnik üblichen Grenzen von unwesentlicher Bedeutung.

Fig. 371 gibt die Kurve der Durchschlagswerte für Wechselspannung zwischen Nadelspitzen, die von der American Institution of Electrical Engineers aufgestellt ist, und die für die Messung hoher Spannungen empfohlen wird. Als Ordinaten sind hier die Effektivwerte aufgetragen. Es sind Sinusspannungen vorausgesetzt und die Elektroden sollen auf gleichem und entgegengesetztem Potential sein.

Ändert man den Luftdruck, so findet man, daß die Durchschlagspannung nach einem von Paschen aufgestellten Gesetz

[1]) Voege, Annalen der Physik, Bd. 14, 1904, S. 556. — ETZ 1904, S. 1033 und 1066.

eine Funktion des Produktes aus Gasdruck und Funkenlänge ist. Verdoppelt man z. B. den Druck, während man gleichzeitig die Schlagweite halbiert, so bleibt die Durchschlagspannung ungeändert. Verringert man den Luftdruck, so nimmt hiernach ihre dielektrische Festigkeit ab. Das Gesetz gilt nicht für sehr kleine Drücke, denn für solche nimmt wieder die dielektrische Festigkeit zu. Voege[1]) fand dieses Gesetz außer für Luft auch für Sauerstoff, Wasserstoff und Kohlensäure bei Spannungen von ca. 70000 bis 170000 Volt und für Gasdrücke von 30 bis 160 cm Quecksilber bestätigt. Apparate für sehr hohe Spannung werden

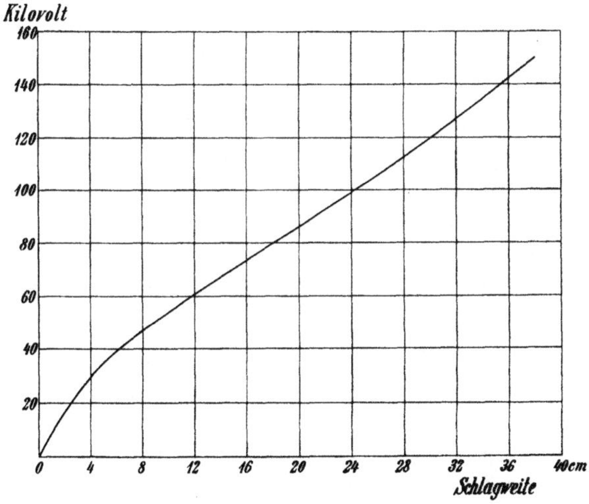

Fig. 371. Effektive Durchschlagspannungen zwischen Nadelspitzen.

deswegen neuerdings manchmal in Gefäßen mit komprimierten Gasen (Luft, Kohlensäure usw.) untergebracht, wobei unter Umständen größere dielektrische Festigkeit erreicht werden kann als z. B. in Öl. Diese Tatsache stimmt mit der früher erwähnten Hypothese der Ionisierung durch Ionenstoß überein; denn bei gleichem Spannungsgefälle ist die von den Ionen frei durchlaufene Spannungsdifferenz der Gasdichte umgekehrt proportional.

Ein bekanntes Beispiel der Funkenentladung in Luft bietet der Hörnerblitzableiter. Nachdem hier auf der kürzesten Entfernung der beiden Hörner die Funkenspannung erreicht ist, tritt hier die Entladung auf. Der Lichtbogen wandert dann an den Hörnern hinauf und erreicht ein Vielfaches der Länge, ehe er erlischt. Fig. 372 zeigt einen solchen Blitzableiter mit sogenanntem Anreger. Dieser

1) ETZ 1907, S. 578.

besteht aus einer unterhalb der geerdeten Elektrode sitzenden Spitze *s*, welche durch einen großen Widerstand *r* mit der Leitung verbunden ist. Die Entladung fängt an der Spitze an, bei der die Entfernung am kleinsten ist. Durch den Widerstand *r* wird die Stromstärke so klein gehalten, daß die Spitze nicht abbrennt. Der Raum zwischen den unteren Teilen der Hörner wird durch Elektrisierung schnell mit Ionen erfüllt, und die Spannungsverteilung stellt sich dort deshalb so ein, daß trotz der größeren Entfernung der Elektroden eine Funkenentladung entsteht. Hierbei muß die Leitungsspannung so viel abfallen, daß die Entladung an der Spitze erlischt.

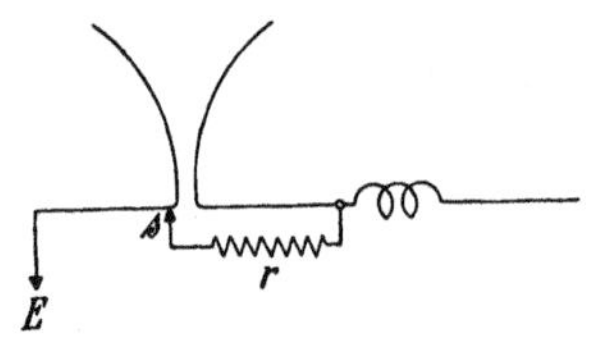

Fig. 372. Hörnerblitzableiter mit Anreger.

b) Die erwähnten, dem Lichtbogen vorausgehenden Entladungen sind besonders bei blanken Freileitungen bemerkbar und können hier die Ableitungsverluste wesentlich erhöhen. Besonders stark werden die Verluste, wenn eine Glimmschicht (auch Korona genannt) an den Leitungen auftritt, was um so eher der Fall ist, je dünner die Drähte und je kleiner die Entfernungen sind. Auf Seite 443 wurde darauf hingewiesen, daß statisch geladene Leiter anfangen, sich durch Zerstreuung der Elektrizität zu entladen, wenn der elektrostatische Druck 400 bis 500 Dynen überschreitet. Dies wird natürlich auch bei Wechselstrom der Fall sein, sobald der Momentanwert des elektrostatischen Druckes diesen Wert übersteigt. Der elektrostatische Druck ist gleich dem Quadrate der Feldstärke dicht außerhalb der Oberfläche des Leiters dividiert durch 8π. Diese Feldstärke ist angenähert

$$f_a = \frac{2Q}{r},$$

wenn Q die elektrische Ladung auf der Längeneinheit des Drahtes, r der Radius des Drahtes ist und wenn die beiden Drähte, wie stets bei Hochspannungsleitungen, weit voneinander entfernt sind. Die Ladung ist

$$Q = CP,$$

es muß also die Kapazität C des Drahtes bekannt sein, um die Feldstärke zu bestimmen. Sie ist nach Kap. XXIII für zwei parallele Drähte in elektrostatischen Einheiten

$$C = \frac{1}{4\ln\left(\frac{2a}{d}\right)},$$

wenn der Einfluß der Erde vernachlässigt wird; für einen Draht, dessen Rückleiter die Erde bildet, ist die Kapazität

$$C = \frac{1}{2 \ln\left(\frac{4a}{d}\right)}.$$

In diesen Formeln ist a der Abstand der Drähte voneinander, bzw. der Abstand des Drahtes von der Erde und d der Durchmesser des Drahtes. Mit diesen Werten für die Kapazität wird für eine Doppelleitung die Feldstärke

$$f_a = \frac{2P}{r\, 4 \ln\left(\frac{2a}{d}\right)} = \frac{P}{d \ln\left(\frac{2a}{d}\right)}$$

und für eine einfache Leitung

$$f_a = \frac{2P}{r\, 2 \ln\left(\frac{4a}{d}\right)} = \frac{2P}{d \ln\left(\frac{4a}{d}\right)}.$$

Bei einem elektrostatischen Druck $\frac{f_a^2}{8\pi} = 400$ bis 500 Dynen, d. h bei einer elektrischen Feldstärke

$$f_a = \sqrt{(400 \text{ bis } 500)\, 8\pi} = 100 \text{ bis } 112$$

elektrostatische Einheiten fängt die Zerstreuung der Elektrizität an. Daher darf die maximale Spannung P_{max} den Wert

$$P_{max} = (100 \text{ bis } 112)\, d \ln\left(\frac{2a}{d}\right),$$

resp.

$$P_{max} = (100 \text{ bis } 112) \frac{d}{2} \ln\left(\frac{4a}{d}\right)$$

elektrostatische Einheiten nicht überschreiten, wenn keine Zerstreuung stattfinden soll. Führen wir nun Effektivwerte für die Arbeitsspannung und Briggschen Logarithmen ein, und berücksichtigen, daß eine elektrostatische Spannungseinheit gleich 300 Volt ist, so erhalten wir für die größte zulässige Arbeitsspannung zwischen zwei runden Drähten

$$P \leqq (49000 \text{ bis } 55000)\, d \log\left(\frac{2a}{d}\right) \text{ Volt}, \quad . . . (238)$$

und zwischen einem Draht und Erde

$$P \leqq (24500 \text{ bis } 27500)\, d \log\left(\frac{4a}{d}\right) \text{ Volt}. \quad . . . (238a)$$

Wie ersichtlich, ist diese Spannung um so höher, je größer der Drahtdurchmesser und je größer der Abstand zwischen beiden Leitern ist. Soll bei der Doppelleitung auch der Einfluß der Erde berücksichtigt werden, so erhält man

$$P \leqq (49000 \text{ bis } 55000)\, d \left[\log \frac{2a}{d} - \log \sqrt{1 + \left(\frac{2h}{a}\right)^2}\right] \text{ Volt,}$$

worin h die Höhe der Drähte über den Erdboden bedeutet. Außerdem hängt diese kritische Spannung von dem Luftdruck und der Temperatur etwas ab; und zwar hat Prof. Ryan sie direkt proportional dem Barometerstand und umgekehrt proportional $(1 + 0{,}004\, t^0)$ gesetzt, welche Angaben natürlich nur für normale Verhältnisse gelten.

Befinden sich fremde Körper in der Umgebung der Leiter, so ändert sich ihr elektrisches Feld und damit die kritische Spannung. Die Masten für die Aufhängung der Drähte können z. B. in ihrer Nähe einen bemerkbaren Einfluß auf das elektrische Feld ausüben, so auch die Wände auf das Feld der Sammelschienen in Hochspannungsschaltanlagen und die Wände auf das Feld der ausgehenden Leitungen. — Außerdem hat sich gezeigt, daß die Koronaeffekte bei isolierten Drähten erst bei höheren Spannungen auftreten als bei nackten Leitern. Ist die Isolation jedoch nicht vollständig, sondern nur an gewissen Stellen angebracht, so zeigt sich das Glimmlicht zuerst am Ende der Isolationsschicht, weil hier das stärkste elektrische Feld auftritt. Man muß also bei sehr hohen Spannungen mit der Ausführungsart der Isolation und mit der Dimensionierung von Drähten vorsichtig sein. Es zeigt sich auch immer, daß, wenn Überspannungen in einem Netz oder in Maschinen auftreten, die Spannung zuerst von einem blanken Teil zur Erde überschlägt, selbst wenn andere ganz schwach isolierte Teile gleicher Spannung der Erde, oder mit der Erde leitend verbundenen Gegenständen, viel näher liegen.

Man isoliert deswegen neuerdings stets die Teile einer Maschine und Schaltanlage, bei denen man zuerst Überschläge befürchtet, wenn Überspannungen auftreten. Aus demselben Grunde geht man mehr und mehr von blanken Klemmen an Hochspannungsmaschinen ab und verwendet in letzter Zeit meistens gut isolierte Kabelausführungen. Unter Öl zeigen sich auch Glimmlichterscheinungen, aber erst bei viel höheren Spannungen und bei kleineren Drähten als in Luft. Das Glimmlicht ist hier von einer starken Bewegung des Öles an der Stelle der größten Feldstärke begleitet.

137. Der Lichtbogen zwischen Kohlenelektroden.

Der Lichtbogen zwischen Kohlenelektroden hat infolge seiner hohen Temperatur und Lichtausstrahlung die größte praktische Bedeutung erlangt. Die größte Temperatur, die gleich der Verflüchtigungstemperatur der Kohle (ca. 3500^0 C) ist, wird in dem Krater der positiven Kohle erreicht. Von ihm geht auch die stärkste Lichtwirkung aus. Der „Krater" der negativen Kohle ist kleiner und oft zugespitzt (also keine Kraterform). Zwischen den beiden Kratern erstreckt sich eine violett oder grünlich glühende Gassäule aus Kohlendampf. Im Inneren dieser Gassäule findet keine Verbrennung statt, erstens, weil die Luft nicht genügend Zutritt hat, und zweitens, weil die Temperatur oberhalb der Dissoziationstemperatur des Kohlenoxydes liegt. An der Oberfläche verbrennt jedoch die Gassäule zum größten Teil. Ein kleinerer Teil wird an der kälteren, negativen Kohle kondensiert, was zu der zugespitzten Form dieser Kohle beiträgt. Die äußeren Teile beider Kohlen verbrennen bei Luftzutritt ohne Verflüchtigung, und zwar die positive rascher als die negative. Um ein Herumflackern der Krater zu verhindern, werden oft die inneren Teile der Kohlen aus weicherem, leichter verflüchtigendem Material, dem sog. Docht, hergestellt. Die Lichtbogenspannung setzt sich aus dem Anodenfall, dem Kathodenfall und dem Abfall in der Lichtsäule zusammen. Nach Messungen von H. Ayrton kann man für den Anodenfall setzen

$$P_A = 31{,}28 + \frac{q + 3{,}1\,l}{J}\ \text{Volt}, \quad . \ . \ . \ . \quad (239)$$

wobei q = Lichtbogenquerschnitt,
l = Lichtbogenlänge,
J = Stromstärke.

Ferner ist der Kathodenfall

$$P_K = 7{,}6 + \frac{13{,}6}{J}\ \text{Volt}. \quad . \ . \ . \ . \ . \ . \quad (239\text{a})$$

Der Abfall in der Lichtsäule beträgt nur wenige Volt. Fig. 373 zeigt nach H. Ayrton die Kurven für die Elektrodenspannung im Gleichstromlichtbogen von verschiedenen Längen bei homogenen (dochtlosen) Kohlen, von denen die positive 11 mm, die negative 9 mm Durchmesser haben. Die Kurven zeigen, daß bei konstanter Lichtbogenlänge die Elektrodenspannung um so kleiner wird, je größer der Strom ist. Wenn eine gewisse Stromstärke erreicht ist, fällt die Spannung sprunghaft auf einen bedeutend kleineren Wert und bleibt von jetzt an annähernd konstant unabhängig von der

Stromstärke. Es treten dann von einem zischenden Geräusch begleitete disruptive Strom- und Volumenänderungen im Lichtbogen

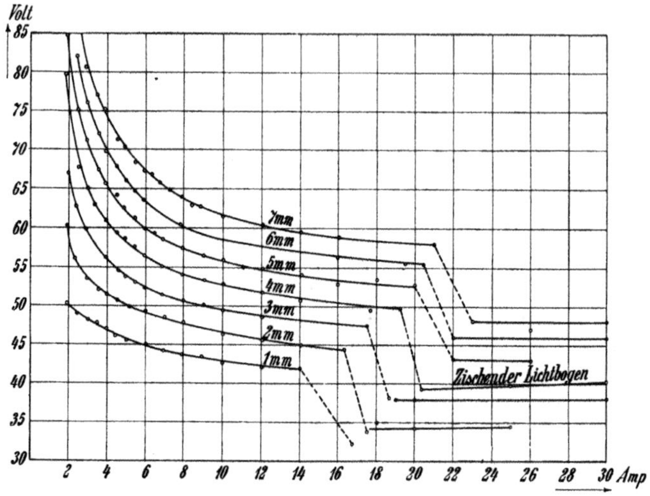

Fig. 373. Lichtbogencharakteristiken bei homogenen Kohlen. Positiv 11 mm, negativ 9 mm Durchmesser.

auf. Auf diese Vorgänge kommen wir später bei der Behandlung des „singenden" Lichtbogens zurück. Bestimmt man die Abhängig-

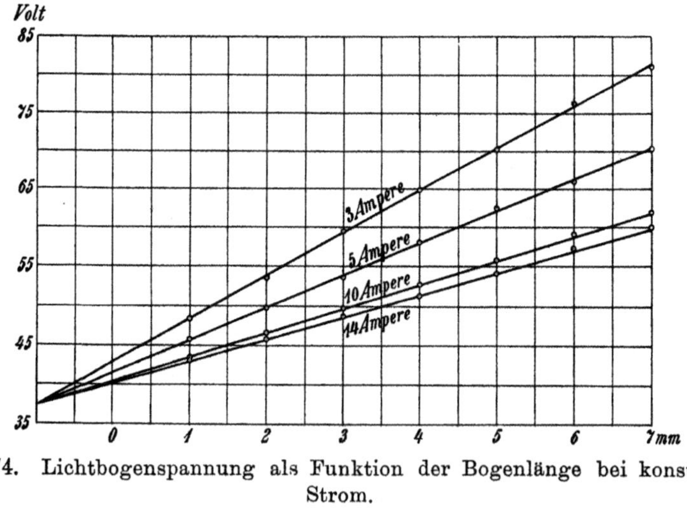

Fig. 374. Lichtbogenspannung als Funktion der Bogenlänge bei konstantem Strom.

keit zwischen Elektrodenspannung und Lichtbogenlänge für konstante Stromstärken, so erhält man die in Fig. 374 abgebildeten geraden Linien. Fig. 375 zeigt die Kurven für eine positive Dochtkohle von 13 mm und eine negative Homogenkohle von 11 mm

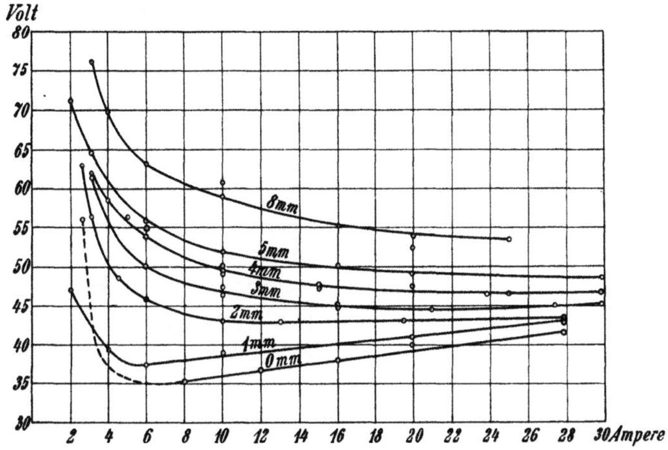

Fig. 375. Charakteristiken von Gleichstromlichtbögen mit positiver Dochtkohle von 13 mm und negativer Homogenkohle von 11 mm.

Durchmesser. In Fig. 376 sind beide Kohlen Dochtkohlen, die positive von 9 mm, die negative von 8 mm Durchmesser.

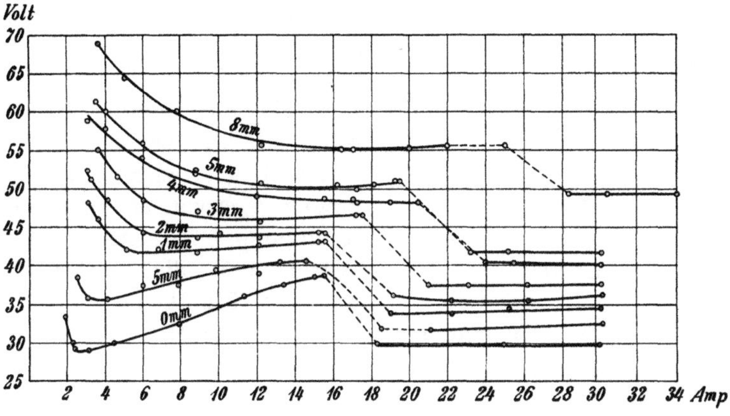

Fig. 376. Charakteristiken von Gleichstromlichtbögen mit positiver Dochtkohle von 9 mm und negativer Dochtkohle von 8 mm.

Wird der Luftzutritt zum Lichtbogen, wie z. B. in den Bogenlampen von Marks und Jandus, durch Einschließen in Glasglocken erschwert, so wird die Verbrennung der Kohlen sehr klein. Sie spitzen sich nicht zu, sondern bleiben stumpf mit parallelen Endflächen. Um das Licht von dem positiven Krater, das auf der Endfläche der positiven Kohle herumwandert, möglichst auszunutzen, muß der Lichtbogen länger gemacht werden als bei den offenen Bogenlampen. Die Lichtbogenspannung ist bei diesen Lampen größer als bei Lampen mit offenem Bogen (70—75 Volt). Auch der spezifische Wattverbrauch (Verbrauch pro Hefnerkerze) ist bei diesen Lampen etwas größer als bei solchen mit offenem Bogen.

Die Lichtwirkung des Bogens kann bedeutend erhöht werden durch Beimengung von mineralischen Substanzen in den Kohlen. Dies ist beispielsweise von Bremer praktisch verwertet worden. Zur Imprägnierung können Fluoride von Kalzium, Strontium und Barium benutzt werden. Die verschiedenen Beimengungen geben dem Lichtbogen verschiedene Farben. Weil durch diese Beimengungen viel Schlacke entsteht, werden Flußmittel verwendet, damit sie leichter in Tropfenform abfließen kann. Solche Flußmittel sind Glas, Borax und alkalische Silikate. Sehr wichtig sowohl für die Beseitigung der Schlacke aus dem Lichtbogen als auch für die bessere Ausnutzung des Lichtes ist die neuerdings oft gebräuchliche Stellung der Kohlen mit beiden Spitzen nach unten (Fig. 377). Damit der Bogen nicht in die Höhe steigt, wird ein sog. Blasemagnet verwendet, der ihm eine Krümmung nach unten gibt. Um die Wärme und die Verbrennungsgase um den Lichtbogen herum zu erhalten, ist er oben und seitlich von einem Metallkörper umgeben, der sich mit einer weißen Schlacke bedeckt und dann auch als Reflektor dient.

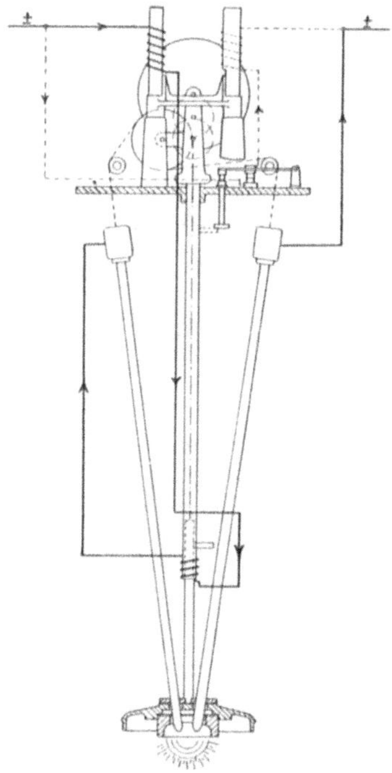

Fig. 377.

Anstatt die ganzen Kohlen zu imprägnieren, können sie auch Längskanäle oder Bohrungen erhalten, die mit Mineralsubstanzen oder imprägnierter Kohlenmasse gefüllt sind.

Infolge des abfallenden Verlaufes der Lichtbogencharakteristiken für konstante Bogenlänge kann ein solcher Bogen nicht mit einer konstanten Klemmenspannung stabil brennen, sondern es muß immer ein Vorschaltwiderstand im Stromkreise vorhanden sein. Ist beispielsweise in Fig. 378 die Kurve C_3 die Charakteristik für einen

Gleichstrombogen von 3 mm Länge zwischen einer positiven Dochtkohle und einer negativen Homogenkohle, ist die Gesamtspannung $P = 60$ Volt und der Vorschaltwiderstand $r_v = 1$ Ohm, so kann die Lichtbogenspannung $P_b = P - Jr_v$ auch durch die gerade Linie AB dargestellt werden. Es sind also zunächst die beiden Ströme $J_1 = 3{,}7$ und $J_2 = 15$ Amp. für den Strom möglich. Bei dem Strome J_1 ist jedoch der Bogen labil; er wird entweder auslöschen, oder der Strom wird auf J_2 anwachsen. Die minimale Gesamtspannung $P_{min} = 56$ Volt und der entsprechende Strom $J_m = 7$ Amp. werden erhalten, indem man parallel zu AB eine Tangente an die Lichtbogencharakteristik konstruiert. Zeichnet man Tangenten an die Lichtbogencharakteristik, so kann, wie in Fig. 378 gezeigt, eine Kurve S gezeichnet werden, welche die Abhängigkeit der minimal möglichen Gesamtspannung von der Stromstärke des Lichtbogens darstellt. Man nennt diese Kurve die Stabilitätskurve des Lichtbogens. Die Ordinatenabschnitte zwischen Charakteristik und Stabilitätskurve repräsentieren die Spannungen, welche in dem Vorschaltwiderstand wenigstens verbraucht werden müssen.

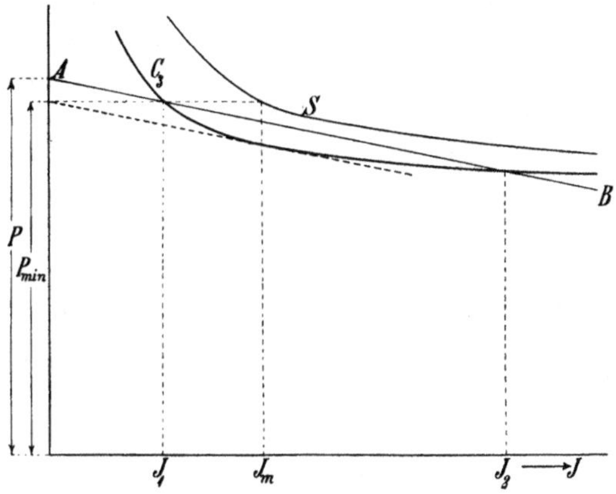

Fig. 378. Charakteristik und Stabilitätskurve eines Lichtbogens.

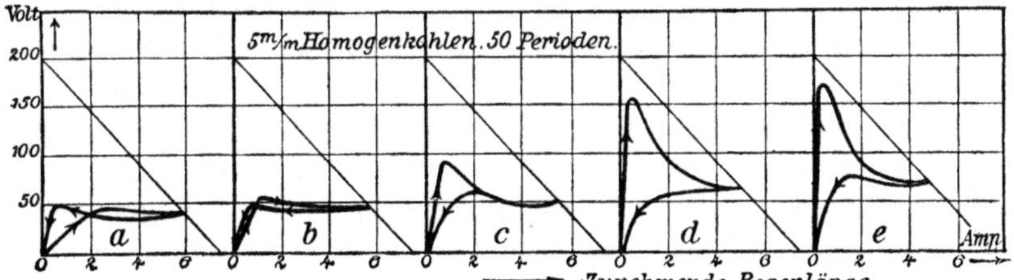

Fig. 379. Dynamische Charakteristiken eines Lichtbogens.

Die angegebenen Lichtbogencharakteristiken gelten nur bei sehr langsamen Änderungen des Stromes im Lichtbogen und werden deshalb statische Charakteristiken genannt. Bei schnellen Änderungen, wie sie bei Wechselstrom vorkommen, vermag die

Temperaturänderung im Bogen und an den Elektroden der Stromänderung nicht zu folgen, und dadurch ändert sich die Charakteristik derart, daß zu einem zunehmenden Strom andere Spannungen gehören, als zu einem abnehmenden Strom. Fig. 379 zeigt einige von Simon[1]) nach Oszillogrammen aufgezeichnete dynamische Charakteristiken für Wechselspannung von 200 Volt Amplitude und 50 Perioden mit einem konstanten Vorschaltwiderstand von 30 Ohm. Die Lichtbogenlänge ist von *a* bis *e* immer größer gemacht worden. Während die statischen Kurven für kleine Stromstärken sehr große Lichtbogenspannungen geben, gehen in den dynamischen Charakteristiken Spannungen und Strom gleichzeitig durch Null, was dadurch bedingt ist, daß der Bogen und die Elektroden nicht Zeit haben sich abzukühlen. Hierauf beruht die Möglichkeit, einen Lichtbogen mit Wechselstrom zu betreiben.

In Fig. 380 sind die Oszillogramme für die Stromstärke i, die Lichtbogenspannung p_b und die Maschinenspannung p_m gegeben. Die effektive Lichtbogenspannung P_b betrug 48 Volt, $P_m = 93{,}5$ Volt, die Stromstärke $J = 13$ Amp. Die Kohlen waren homogen. Dem Bogen war ein induktionsfreier Widerstand vorgeschaltet. Man sieht, daß bei abnehmender Spannung ein Punkt erreicht wird, für den der Bogen erlischt. Es wird dann $p_m = p_b$ und $i = 0$. Wenn $p_m = p_b$ wieder einen gewissen Betrag erreicht, der größer als beim Erlöschen ist, wird der Bogen wieder gezündet, der Strom nimmt schnell zu und die Lichtbogenspannung fällt. Auch die Gesamtspannung p_m fällt infolge der Selbstinduktion der Maschine. Später fällt die Lichtbogenspannung unter die Maschinenspannung infolge des Vorschaltwiderstandes. Der Unterschied zwischen Zündspannung und Löschspannung ist hier ziemlich groß, weil der Bogen verhältnismäßig lange gelöscht bleibt und deshalb seine Temperatur und Ionisation stark zurückgehen. Der Leistungsfaktor des Lichtbogens ist infolge der Verzerrung der Strom- und Spannungskurven ziemlich klein.

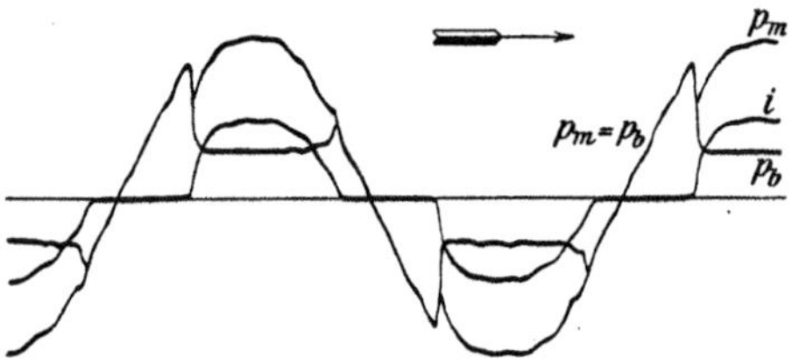

Fig. 380. Strom i, Spannung p_b am Lichtbogen und Maschinenspannung p_m bei vorgeschaltetem Widerstand, bei Homogenkohlen.

Einen ganz anderen Verlauf zeigen die Kurven (Fig. 381) für einen Bogen zwischen Homogenkohlen bei Vorschaltung von Reaktanz. Hier ist der effektive Strom $J = 9$ Amp., die Maschinen-

[1]) ETZ 1905, S. 818, 839, u. Physikal. Zeitschr. 1905, S. 297.

spannung $P_m = 65$ Volt und die Bogenspannung $P_b = 39$ Volt. Die Spannungskurve nimmt hier eine beinahe rechteckige Gestalt an. Der Strom geht sehr schnell durch Null, so daß der Bogen nicht Zeit hat, sich merklich abzukühlen. Deshalb ist die Zündspannung nicht wesentlich höher als die Löschspannung. Die schnelle Änderung von p_b bei Stromdurchgang durch Null wird bewirkt durch die vorgeschaltete Selbstinduktion und eine große Änderungsgeschwindigkeit di/dt des Stromes in diesem Punkte. Die Stromzunahme erfolgt nämlich, wie man sieht, langsamer als die Stromabnahme. Der Leistungsfaktor des Lichtbogens würde bei rechteckiger Spannungskurve und sinusförmiger Stromkurve etwa 0,9 sein. In Wirklichkeit wird er etwas unterhalb dieses Wertes liegen. Der Leistungsfaktor mit Einschluß der vorgeschalteten Reaktanz ist noch kleiner. Fig. 382 zeigt die Kurven für einen Bogen zwischen einer Dochtkohle und einer Homogenkohle bei vorgeschaltetem Widerstand. Es war hier $J = 11$ Amp., $P_b = 41$ Volt, $P_m = 96{,}5$ Volt. Hier ist sowohl Lösch- als Zündspannung kleiner als bei Homogenkohlen, was wahrscheinlich durch die langsamere Abkühlung der Elektroden bedingt ist. Ferner sieht man, daß Ventilwirkung vorhanden ist, da der Strom während der Halbwelle, bei der die Dochtkohle Anode ist, größer ist als während der anderen Halbwelle. Fig. 383 zeigt endlich die Kurven für Docht- und Homo-

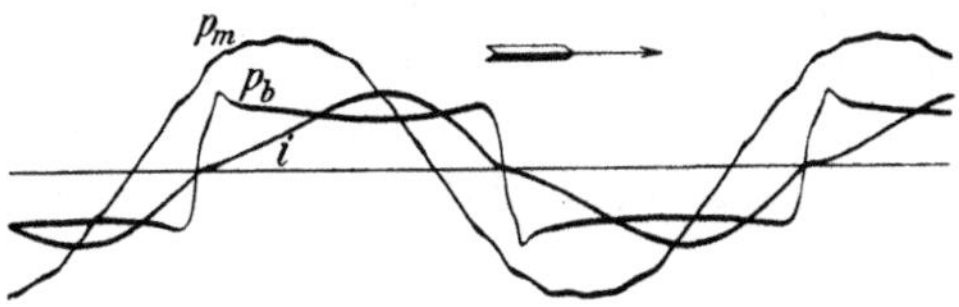

Fig. 381. Strom, Spannung am Lichtbogen und an der Maschine bei vorgeschalteter Drosselspule, bei Homogenkohlen.

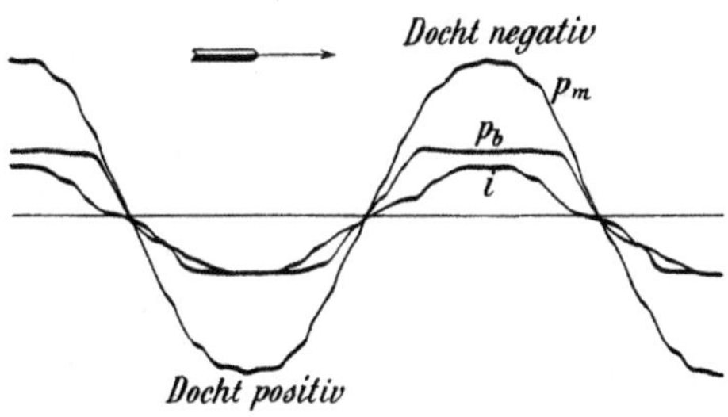

Fig. 382. Strom, Spannung am Lichtbogen und an der Maschine bei vorgeschaltetem Widerstand, bei Dochtkohlen.

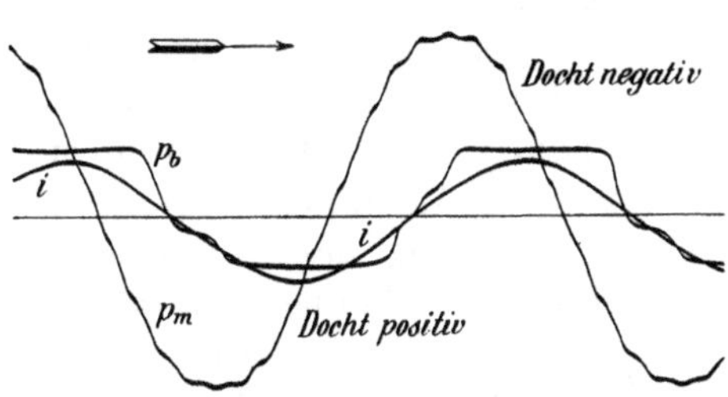

Fig. 383. Strom, Spannung am Lichtbogen und an der Maschine bei vorgeschalteter Drosselspule, bei Dochtkohlen.

genkohle bei vorgeschalteter Reaktanz. Es war hier $J=12$ Amp., $P_m=111$ Volt, $P_b=45$ Volt. Wie ersichtlich, sind die Kurven für i und p_b nicht wesentlich gegenüber Fig. 382 geändert. Dagegen wird eine große Phasenverschiebung zwischen p_m und i hervorgerufen. Die Figuren lassen erkennen, daß der Leistungsfaktor des Lichtbogens bei Dochtkohlen wesentlich höher wird als bei Homogenkohlen.

138. Schwingungen im Lichtbogen.

Durch die periodische Volumen- und Temperaturänderung werden von einem Wechselstromlichtbogen Schallwellen erzeugt. Wechselstrombogenlampen geben daher, abgesehen von dem Geräusch, das oft durch den Reguliermechanismus bedingt ist, einen der Periodenzahl entsprechenden Ton. Auch in einer Gleichstromlampe kann ein solches „Singen" eintreten, wenn der Gleichstrom pulsiert, was z. B. bei zu kleiner Lamellenzahl am Kommutator des Stromerzeugers vorkommen kann. Der Lichtbogen kann also ähnlich wie ein Telephon dazu dienen, elektrische Schwingungen in Töne umzusetzen. Man hat dann den sog. „sprechenden" oder „singenden" Lichtbogen. Fig. 384 zeigt beispielsweise eine Schaltung, um einen Lichtbogen sprechend zu machen. M ist ein Mikrophon, E die Mikrophonbatterie, deren Stromkreis durch den Transformator T mit dem Lichtbogen L verbunden ist. Der Lichtbogen wird durch eine Batterie B gespeist und durch den Vorschaltwiderstand r stabil erhalten.

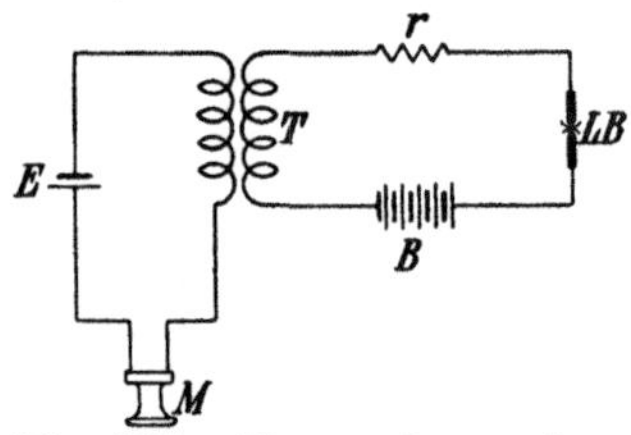

Fig. 384. Verwendung eines Lichtbogens als Telephon.

Umgekehrt gibt eine Schallwelle, welche den Lichtbogen trifft, zu Änderungen seines scheinbaren Widerstandes Veranlassung. Es treten somit in dem Lichtbogenstrom oder in der Lichtbogenspannung oder in beiden zugleich Pulsationen ein, welche der Tonhöhe entsprechen. Ein Lichtbogen kann also auch als Mikrophon dienen. Ersetzen wir in Fig. 384 das Mikrophon M und die Batterie E durch ein Telephon, so können wir also damit Worte hören, die in der Nähe des Lichtbogens gesprochen werden. Noch bessere Resultate würde man mit der in Fig. 385 dargestellten Schaltung erhalten. Hier bedeutet T das Telephon, C einen Kondensator, der verhindert, daß die Gleichspannung des Lichtbogens auf den Telephonkreis wirkt, der aber die superponierte Wechselspannung, welche durch

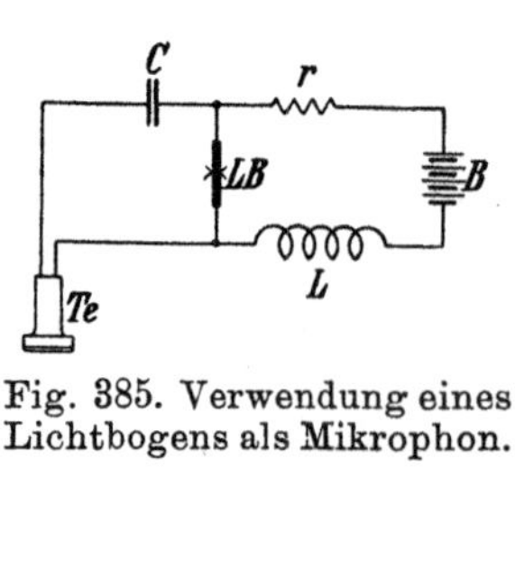

Fig. 385. Verwendung eines Lichtbogens als Mikrophon.

die Änderung des Lichtbogenwiderstandes entsteht, auf das Telephon überträgt. Man kann auch von zwei Bogenlampen die eine als Geber und die andere als Empfänger verwenden. Praktische Verwendung für Telephonzwecke haben diese Anordnungen noch nicht erlangt.

Eine sehr wichtige praktische Anwendung namentlich in der drahtlosen Telegraphie hat dagegen der Lichtbogen erlangt zur Erzeugung von ungedämpften Schwingungen in sog. Schwingungskreisen. Hierzu kann man die in Fig. 386 dargestellte Schaltung verwenden. Dem Lichtbogen LB, der von der Batterie B durch Widerstand r_1 und Selbstinduktion L_1 gespeist ist, wird ein Schwingungskreis mit Widerstand r_2, Selbstinduktion L_2 und Kapazität C_2 parallel geschaltet. Denken wir uns zuerst den Lichtbogen kurz geschlossen, so können wir den Schwingungskreis allein betrachten. Wird der Kondensator auf eine Spannung P_c geladen und das System sich selbst überlassen, so tritt eine oszillatorische Entladung ein, welche mit den Schwingungen verglichen werden kann, welche ein abgefederter Körper vollführt, wenn er aus seiner Gleichgewichtslage gebracht und sich selbst überlassen wurde. Der Strom (siehe Abschnitt 153) wird dargestellt durch die Gleichung

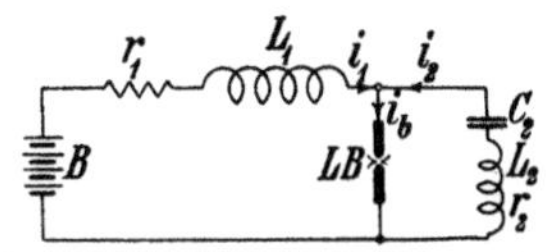

Fig. 386. Verwendung des Lichtbogens zur Erzeugung ungedämpfter Schwingungen.

$$i_2 = \frac{P_c}{L_2\sqrt{\frac{1}{L_2 C_2} - \frac{r_2^2}{4 L_2^2}}} e^{-\frac{r_2}{2 L_2} t} \sin \sqrt{\frac{1}{L_2 C_2} - \frac{r_2^2}{4 L_2^2}}\, t \qquad (240)$$

Der Strom i_2 vollführt somit Sinusschwingungen mit abnehmenden Amplituden. Die Größe

$$\frac{\beta}{2\pi} = \frac{1}{2\pi}\sqrt{\frac{1}{L_2 C_2} - \frac{r_2^2}{4 L_2^2}}$$

wird die natürliche Periodenzahl, auch Eigenschwingungszahl, des Schwingungskreises genannt. Für $r_2 = 0$ wird sie gleich der Periodenzahl der Resonanz; für einen positiven Widerstand r_2 ist sie kleiner, für einen negativen Widerstand r_2 größer als die Periodenzahl der Resonanz. Für $r_2 = 0$ würde $e^{-\frac{r_2}{2 L_2} t}$ immer gleich Eins und die Amplituden der Schwingungen würden konstant sein, das wäre eine ungedämpfte Schwingung. Für einen negativen Widerstand r_2 würde der Faktor $e^{-\frac{r_2}{2 L_2} t}$ mit zunehmendem t immer größer werden und die Amplituden der Schwingung würden ins Unbegrenzte wachsen.

Wir betrachten nun den Vorgang, wenn der Lichtbogen in Funktion ist. Die Kurve C in Fig. 387 stelle die statische Charakteristik $p_b = f(i_b)$ des Lichtbogens dar. Wenn der Strom im Schwingungskreise gleich Null ist, möge der Lichtbogenstrom i_1 gleich $\overline{OA}$ und die Lichtbogenspannung p_1 demgemäß gleich $\overline{OB}$ sein. Wird der Schwingungskreis nun an diese Spannung p_1 angelegt, so fließt zunächst ein Ladestrom zum Kondensator, und der Strom im Lichtbogen nimmt dementsprechend ab, wodurch die Lichtbogenspannung steigt. Umgekehrt wird eine Abnahme der Kondensatorladung eine Vergrößerung des Lichtbogenstromes und somit eine Abnahme der Lichtbogenspannung bewirken. Die Spannungsänderungen am Lichtbogen sind somit den Spannungen $i_2 r_2$ in dem Widerstande des Schwingungskreises entgegengerichtet, oder mit anderen Worten, der Lichtbogen repräsentiert einen negativen Widerstand im Schwingungskreise. Ist der vorgeschaltete Widerstand r_1 oder die Selbstinduktion L_1 groß, so wird der Batteriestrom nicht merklich geändert und der ganze Sekundärstrom i_2 superponiert sich über den konstanten Primärstrom i_1 im Lichtbogen. Der äquivalente Ohmsche Widerstand im Schwingungskreise hängt dann von dem Verlauf der Charakteristik $p_b = f(i_b)$ im Punkte P_1 ab, und zwar wird er

$$\left.\begin{array}{l}\text{positiv}\\[2ex]\text{Null}\\[2ex]\text{negativ}\end{array}\right\}\text{ je nachdem }\begin{array}{l}\dfrac{dp_b}{di_b}+r_2\ \text{positiv}\\[2ex]\dfrac{dp_b}{di_b}+r_2\ \text{Null}\\[2ex]\dfrac{dp_b}{di_b}+r_2\ \text{negativ}\end{array}$$

ist. Im ersten Falle entsteht eine gedämpfte Oszillation, im zweiten Falle eine ungedämpfte Schwingung von der Periodenzahl der Resonanz und im dritten Falle eine Schwingung mit zunehmenden Amplituden und einer höheren Periodenzahl als die der Resonanz.[1])

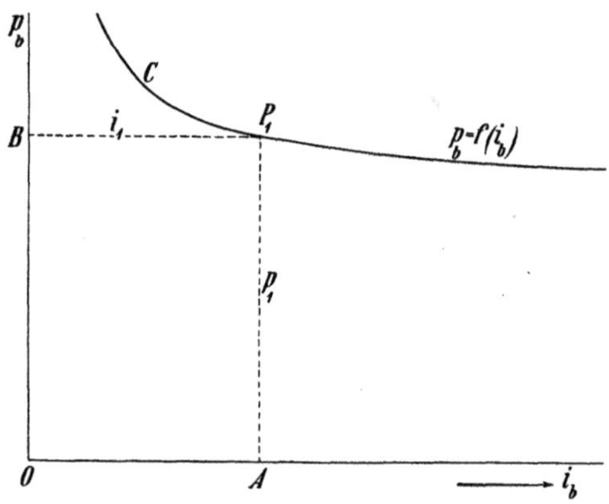

Fig. 387. Statische Lichtbogencharakteristik.

[1]) W. Duddell: The Electrician 1900, Bd. 46, S. 269 u. 310.

Sobald es sich um etwas größere Schwingungen von höherer Frequenz handelt, treten in den Betrachtungen wesentliche Modifikationen ein. Erstens sind wir von der statischen Lichtbogencharakteristik ausgegangen, die voraussetzt, daß die thermischen und die davon abhängigen Ionisationsverhältnisse im Lichtbogen Zeit haben, sich der jeweiligen Stromstärke entsprechend einzustellen. Ohne eine solche Einstellung würde der abfallende Verlauf der Lichtbogencharakteristik verschwinden und eventuell in einen ansteigenden übergehen. Der Lichtbogen würde dann seinen Charakter als scheinbarer negativer Widerstand verlieren, und die Schwingungen wären nicht mehr möglich. Die erschwerte Wärmeableitung bei Dochtkohlen macht die Temperaturverzögerung bei ihnen besonders groß und hat zur Folge, daß es schwierig ist, damit Schwingungen zu erzeugen. Aber auch sonst tritt diese Wirkung mehr oder weniger hervor und bewirkt, daß die Schwingungen weder nach Amplitude noch nach Periodenzahl ins Unbegrenzte zunehmen, wie es bei der Betrachtung der statischen Charakteristik scheinen möchte. Es kommt hier die dynamische Lichtbogencharakteristik in Betracht.

Diese gestaltet sich verschieden je nach der Größe der Schwingungen im Verhältnis zu dem stationären Gleichstrom. Sind die Amplituden der sich über den stationären Zustand lagernden Schwingungen klein im Verhältnis zum Gleichstrom, so erhält man nach Simon die dynamischen Charakteristiken (Fig. 388) und sinusähnliche Schwingungen; diese werden oft Schwingungen erster Art genannt und verlaufen nach der Formel 240 (S. 525). Sind die Schwingungen dagegen verhältnismäßig groß, so erhält man dynamische Charakteristiken wie die in Fig. 389 dargestellte und Schwingungen von der in Fig. 390 dargestellten Form. Es ist in diesen Figuren p_1 die Gleichspannung des Lichtbogens, $p_1 + P_0$ seine Zündspannung und i_1 der konstant angenommene Gleichstrom, während p_c die oszillierende Kondensatorspannung und i_2 der Strom im Schwingungskreise ist. Während der Zeit T_1 entladet sich der Kondensator durch den Lichtbogen nach einem Sinusgesetz, bis der Strom Null wird und der Lichtbogen erlischt. Von da ab wird der Kondensator von der Gleichstromquelle mit

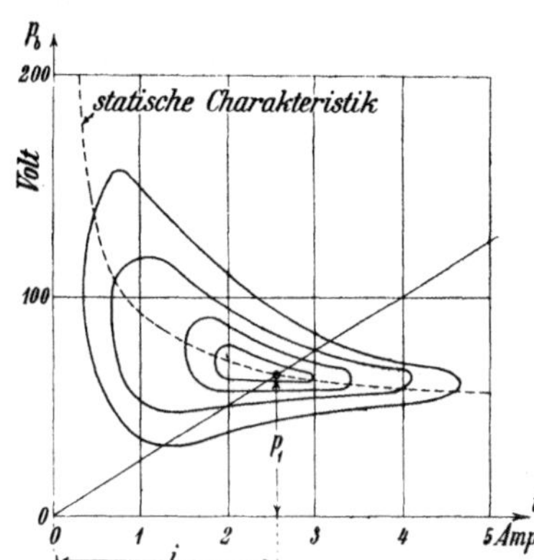

Fig. 388. Dynamische Lichtbogencharakteristik.

dem konstanten Strome i_1 während der Zeit T_2 geladen, bis er die Spannung $p_1 + P_0$ erreicht hat, und der Lichtbogen sich wieder zündet. In dieser Weise setzt sich das Spiel mit abwechselnder Ladung und Entladung fort. Hierbei verlaufen die Schwingungen p_c und i_2 nach Sinuskurven, deren Amplituden im Verhältnis

$$P_{c\,max} = J_{2\,max}\sqrt{\frac{L_2}{C_2} - \frac{r_2^{\,2}}{4}} \cong J_{2\,max}\sqrt{\frac{L_2}{C_2}}$$

zueinander stehen und deren Eigenschwingungszahl

$$\frac{\beta}{2\pi} = \frac{1}{2\pi}\sqrt{\frac{1}{L_2 C_2} - \left(\frac{r_2}{2L_2}\right)^2} \cong \frac{1}{2\pi}\sqrt{\frac{1}{L_2 C_2}}$$

ist. Die Zeit $T_s = T_1 + T_2$ einer ganzen Lade- und Entladeperiode des Kondensators sowie die maximale Kondensatorspannung $P_{c\,max}$ lassen sich für gegebene Werte von p_1, i_1 und P_0 nach K. W. Wagner[1]) leicht berechnen. Aus der Fig. 390 ergibt sich für ungedämpfte

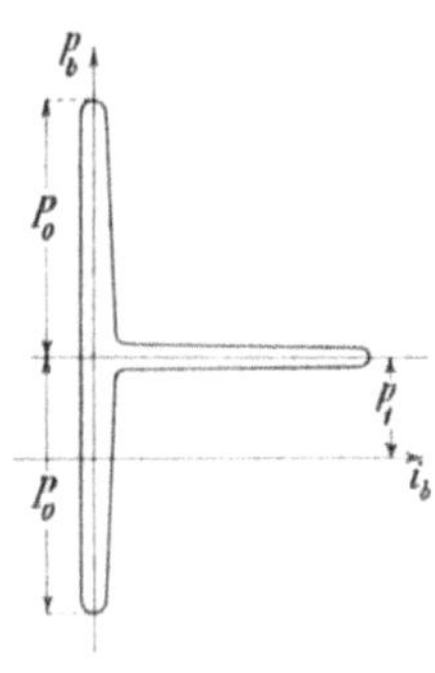

Fig. 389.

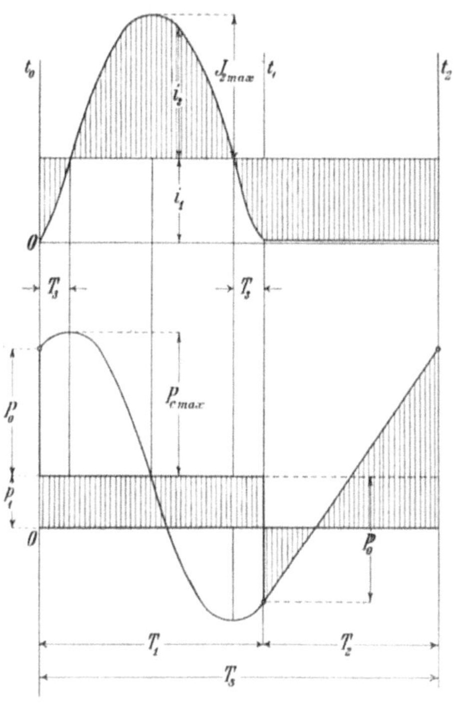

Fig. 390.

Schwingungen zweiter Art.

Schwingungen der Strom im Lichtbogenkreis während der Entladezeit

$$i_b = i_1 + i_2 = i_1 + J_{2\,max} \sin\beta(t - T_3)$$

und während der Ladezeit

$$i_b = i_1 + i_2 = 0, \qquad \text{also} \qquad i_2 = -i_1.$$

[1]) ETZ 1909, S. 628.

Die Lichtbogenspannung ist während der Entladezeit T_1

$$p_b = p_1$$

und während der Ladezeit T_2

$$p_b = p_1 + p_c.$$

Zur Zeit $t = 0$ muß die Elektrodenspannung p_b gleich der Zündspannung $p_1 + P_0$ sein. Es muß somit zur Zeit $t = 0$

$$p_c = P_{c\,max} \cos \beta (t - T_3)_{t=0} = P_0$$

also

$$P_0 = P_{c\,max} \cos \beta T_3 .$$

Unter der Annahme, daß der von der Gleichstromquelle gelieferte Strom i_1 während der ganzen Zeit konstant ist, was durch sehr große Verschaltwiderstände oder durch große vorgeschaltete Selbstinduktion erreicht werden kann, wird die Kondensatorspannung während der Ladezeit nach einer geraden Linie ansteigen. Sie steigt von $p_1 - P_0$ auf $p_1 + P_0$, also um $2 P_0$ Volt an; es ist somit eine Ladezeit

$$T_2 = \frac{2 P_0 C_2}{i_1}$$

nötig, bevor die Kondensatorspannung ausreicht, um den Lichtbogen wieder zu zünden. Es ist außerdem die zeitliche Zunahme der Kondensatorspannung in den beiden Punkten A und B gleich

$$\frac{2 P_0}{T_2} = -\left(\frac{d p_c}{d t}\right)_{\text{in } A \text{ oder } B} = \left(\frac{-i_2}{C_2}\right)_{\text{in } A \text{ oder } B} = \frac{J_{2\,max} \sin \beta T_3}{C_2}$$

$$= \frac{P_{c\,max} \sin \beta T_3}{\sqrt{L_2 C_2}} = \frac{P_0 \sin \beta T_3}{\sqrt{L_2 C_2} \cos \beta T_3} = \frac{P_0}{\sqrt{L_2 C_2}} \operatorname{tg} \beta T_3 ,$$

also

$$\operatorname{tg} \beta T_3 = \frac{2 \sqrt{L_2 C_2}}{T_2} = \frac{i_1 \sqrt{L_2 C_2}}{P_0 C_2} = \frac{i_1}{P_0} \sqrt{\frac{L_2}{C_2}}$$

und es ergibt sich die maximale Kondensatorspannung

$$P_{c\,max} = \frac{P_0}{\cos \beta T_3} = P_0 \sqrt{1 + \operatorname{tg}^2 \beta T_3}$$

oder

$$P_{c\,max} = \sqrt{P_0^2 + i_1^2 \frac{L_2}{C_2}} \quad . \; . \; . \; . \; . \; . \quad (241)$$

und

$$J_{2\,max} = P_{c\,max} \sqrt{\frac{C_2}{L_2}} = \sqrt{i_1^2 + P_0^2 \frac{C_2}{L_2}} \quad . \; . \; . \; . \quad (242)$$

Die Dauer einer vollen Eigenschwingung ist

$$T = \frac{2\pi}{\beta} = 2\pi\sqrt{L_2 C_2},$$

und die Dauer einer vollen Lade- und Entladeperiode $T_s = T_1 + T_2$ wird, weil $T_1 = 2T_3 + \frac{T}{2}$ ist,

$$T_s = 2T_3 + \frac{T}{2} + T_2 = \frac{2}{\beta}\operatorname{arctg}\frac{i_1}{P_0}\sqrt{\frac{L_2}{C_2}} + \pi\sqrt{L_2 C_2} + \frac{2P_0 C_2}{i_1}.$$

Schwingungen dieser zweiten Art, bei denen der Lichtbogen abwechselnd erlischt und in der gleichen Richtung wieder angezündet wird, lassen sich leicht in ungedämpfter Form erzeugen und haben deswegen ausgedehnte Anwendung in der drahtlosen Telegraphie und Telephonie gefunden.

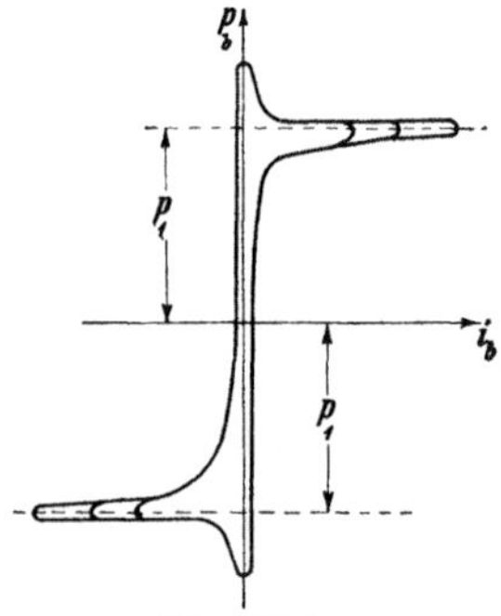

Fig. 391.

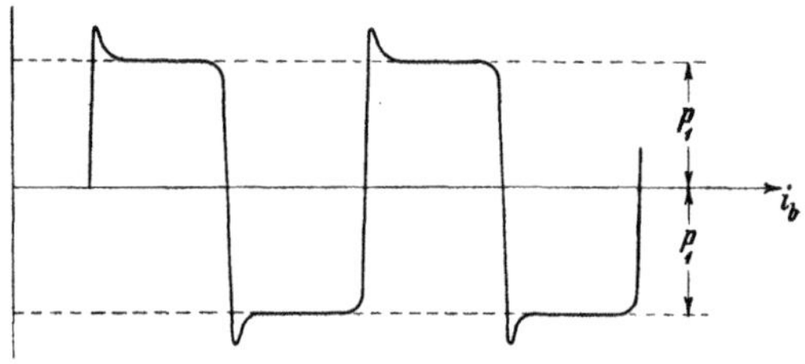

Fig. 392.

Schwingungen dritter Art.

Sind die Stromvariationen im Lichtbogen noch größer im Verhältnis zu dem Gleichstrom i_1, so erhält man die sogenannten Schwingungen dritter Art, deren dynamische Charakteristiken in Fig. 391 und deren variable Lichtbogenspannung p_b in Fig. 392 dargestellt sind. Hier entladet der Kondensator sich auch durch den Lichtbogen, aber so kräftig, daß die Kondensatorspannung beim Erlöschen des Lichtbogens so groß ist, daß der Lichtbogen sich in der entgegengesetzten Richtung wieder zündet. Der Kondensator entladet sich dann wieder durch den Lichtbogen und erlischt. Dieses Spiel setzt sich fort, bis die Kondensatorspannung nicht mehr zur Zündung des Lichtbogens ausreicht. Der Lichtbogen erlischt dann in einem Augenblicke, wenn der Strom durch Null geht, und der Kondensator muß aufs neue von der Gleichstromquelle wieder geladen werden. Wenn der Kondensator auf eine für die Zündung des Lichtbogens hinreichende Spannung geladen worden ist, zündet sich der Lichtbogen wieder, erlischt, zündet sich in der entgegengesetzten Richtung und setzt das Spiel so lange fort, bis der Kondensatorspannung wieder nicht mehr allein ausreicht, um den Lichtbogen zu zünden. Dann wird der Kondensator wieder von der Gleichstromquelle geladen usf. Es gibt somit hier eine Reihe gedämpfter Schwingungen. — Die Form der dynamischen Charakteristik der Schwingungen dritter Art ähnelt sehr der eines normalen Wechselstromlichtbogens mit Kohlenelektroden.

Es läßt sich ferner für Schwingungen zweiter Art nachweisen, daß die zur Unterhaltung gedämpfter Schwingungen vom Lichtbogen in einer Periode abgegebene Energie direkt proportional der Ladezeit T_2 des Kondensators zunimmt. Sobald diese Energie nicht mehr ausreicht, um die Energieverluste im Schwingungskreise zu decken, hören die Schwingungen auf. Es haben somit die Ladezeit und die ihr proportionale Kapazität C_2 des Schwingungskreises den größten Einfluß auf die Art der Schwingungen. Es ist die Ladezeit

$$T_2 = \frac{2 P_0 C_2}{i_1} \quad \text{und} \quad \frac{T_2}{T} = \frac{1}{\pi} \frac{P_0}{i_1} \sqrt{\frac{C_2}{L_2}}$$

um so kleiner, je kleiner C_2 und je größer i_1 ist, und um so mehr nähern sich die Schwingungen zweiter Art denen der ersten Art. Für große Werte von C_2 und kleine Werte von i_1 wird T_2 groß, und es gehen die Schwingungen zweiter Art in solche dritter Art über, weil der Lichtbogen mehr Zeit erhält, sich auch in der entgegengesetzten Richtung zu zünden. Für Schwingungen zweiter Art hat K. W. Wagner obere und untere kritische Werte sowohl für den scheinbaren Widerstand $\sqrt{\frac{L_2}{C_2}}$ wie für den konstanten Gleichstrom festgestellt, jenseits deren stationäre Schwingungen zweiter Art nicht mehr möglich sind. Wenn $\sqrt{\frac{L_2}{C_2}}$ oder i_1 oder beide zu groß gewählt werden, gehen die Schwingungen in solche erster Art über, oder es entstehen gar keine Schwingungen, d. h. der Lichtbogen ist inaktiv. Für sehr kleine Werte von $\sqrt{\frac{L_2}{C_2}}$ und i_1 gehen die Schwingungen zweiter Art in solche dritter Art über, und wenn $\sqrt{\frac{L_2}{C_2}}$ klein, aber i_1 sehr groß ist, wird der Lichtbogen inaktiv. Für ganz kleine Werte von $\sqrt{\frac{L_2}{C_2}}$ treten gar keine Schwingungen wegen des dämpfenden Einflusses des Widerstandes r_2 auf. Die Grenzwerte der Größe $\sqrt{\frac{L_2}{C_2}}$ und i_1, innerhalb welcher Schwingungen zweiter Art zustande kommen können, verschieben sich nach unten, wenn die Eigenschwingungszahl wächst.

Um Schwingungen zu erzeugen, deren Periodenzahlen nach Hunderttausenden in der Sekunde zählen, wie man sie für die drahtlose Telegraphie braucht, muß man für kleine Wärmekapazität und gute Wärmeableitung des Bogens sorgen. Das wird durch Anwendung von Metallanoden und dünnen negativen Kohlen oder von Aluminium- und Kupferelektroden, ferner durch Einbetten des Lichtbogens in eine Wasserstoff- oder Leuchtgasatmosphäre erreicht.[1])

Nicht allein im Kohlenlichtbogen, sondern in allen Arten von Lichtbögen können Schwingungen auftreten, wenn parallel zum Lichtbogen ein Schwingungskreis mit Selbstinduktion und Kapazität besteht. Dies ist z. B. oft der Fall bei Kurzschlüssen in großen Leitungsnetzen, besonders wenn sie ausgedehnte Hochspannungskabel enthalten. Durch den Kurzschluß entsteht ein Lichtbogen, parallel zu dem der Ladungsstromkreis des Kabelsystems als Schwingungskreis liegt. Der Lichtbogen braucht zu Anfang nicht groß zu sein. In diesem Kreis können Schwingungen von großer Energiemenge und Spannungen entstehen, die dem Kurzschluß zuletzt einen ganz explosiven Charakter verleihen und im ganzen System verheerende Zerstörungen zur Folge haben können. Dieses Phänomen hat in Amerika, wo die meisten Kraftübertragungsanlagen geerdet sind und die Kurzschlüsse deswegen hauptsächlich zwischen Leiter und Erde stattfinden, den Namen „arcing ground“ erhalten. — Auch beim Abschmelzen von Sicherungen bildet sich ein Lichtbogen in dem Metalldampf, was zu schädlichen Schwingungen Anlaß geben kann.

139. Der Lichtbogen im Quecksilberdampf.

Der Quecksilberdampf-Lichtbogen im Vakuum ist zuerst von L. Arons[2]) untersucht worden.

Daß viele Metalldämpfe in ionisiertem Zustande verhältnismäßig gute Leiter sein können, haben wir schon bei der Betrachtung des Kohlenlichtbogens gesehen. Der Quecksilberdampf eignet sich besonders hierfür, weil er bei verhältnismäßig niedriger Temperatur bestehen kann, und weil die kondensierten Dämpfe der Elektrode wieder

[1]) W. Paulsen: ETZ 1906, S. 1040 und K. W. Wagner: ETZ 1909, S. 627.

[2]) Dr. L. Arons: Wiedem. Ann. 1899, Bd. 47, S. 767.

zufließen können. Weil der Quecksilberdampfbogen ein vorwiegend unipolares Phänomen ist, betrachten wir zuerst den Gleichstrombogen. Ein solcher sei in Fig. 393 abgebildet. *K* ist die Kathode, die aus Quecksilber bestehen muß, während die Anode *A* auch aus einem anderen Material, z. B. Eisen, Nickel oder Graphit bestehen kann. Der Austritt des negativen Stromes aus der Kathode erfolgt in einer kleinen Fläche auf dem Quecksilber (dem negativen Krater oder der Lichtbogenbasis) von hoher Temperatur (1600—2000° C) und großer Helligkeit. Hieran schließt sich erst der dunkle Kathodenraum und dann die Lichtsäule, die erst kurz vor der Anode aufhört, um in den dunklen Anodenraum überzugehen. Die Anode selbst ist von einer schwach glühenden Schicht umgeben. Die Temperatur der Anode ist für die verschiedenen Materialien und Stromdichten verschieden und bedeutend niedriger als die der Kathode. In der Lichtsäule hat man Temperaturen zwischen 80 und 300° C gemessen. Der Kathodenfall ist fast unveränderlich und etwa gleich 5,25 Volt. Der Anodenfall dagegen ändert sich mit der Stromdichte, dem Anodenmaterial, dem Dampfdruck usw. Er hat dieselbe Größenanordnung wie der Kathodenfall. Das Potentialgefälle in der Lichtsäule ist über ihre ganze Länge annähernd konstant. Es steigt mit dem Dampfdruck und fällt mit der Röhrenweite. Im allgemeinen beträgt es nur einige Zehntel bis ein Volt für 1 cm.

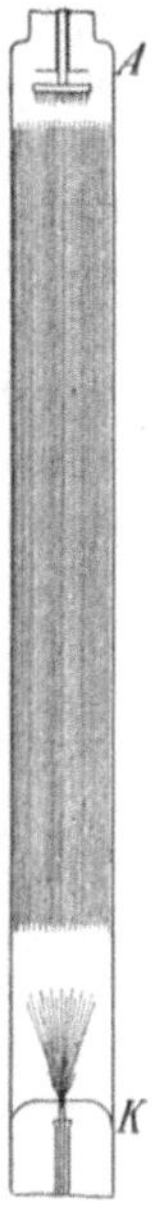

Fig. 393. Quecksilberdampfbogen.

Nach der Elektronentheorie stellt man sich vor, daß der negative Krater vermöge seiner hohen Temperatur freie Elektronen ausstrahlt. Seine hohe Temperatur erreicht der Krater durch den Anprall der den Kathodenfall frei durchlaufenden positiven Ionen. Die Elektronen durchlaufen von der Kathode aus den Kathodenfall und erlangen dadurch eine genügende Geschwindigkeit, um neutrale Dampfmoleküle bei der über der Kathode herrschenden hohen Temperatur durch Stoß zu ionsieren. Beim Durchlaufen des dunklen Kathodenraumes mit kleinem Spannungsgefälle verringert sich die Geschwindigkeit der Elektronen und es tritt Molisierung ein, wonach die Lichtsäule mit konstanter Geschwindigkeit durchwandert wird. Indem die negativen Ionen schließlich den Anodenfall durchlaufen, erhalten sie wieder genügende Geschwindigkeit, um an der Anode ionisierend zu wirken und positive, gegen die Kathode wandernde Ionen frei zu machen.

Weil die hohe Kathodentemperatur die Grundbedingung für

das Bestehen des Lichtbogens ist, muß sie beim Anlassen durch besondere Mittel hergestellt werden. Hierzu dienen besondere Zündvorrichtungen, von denen im folgenden einige Beispiele gegeben werden. Ferner muß der Betrieb so eingerichtet werden, daß die Kathode nie außer Tätigkeit kommt, denn sobald das eintritt, verliert sie in etwa $^1/_{100000}$ Sekunde die Fähigkeit, Elektronen auszustrahlen. Um den Bogen mit Wechselstrom zu betreiben, kann man ihn mittels eines superponierten Gleichstromes erregen. Dabei geht nur die Halbwelle des Wechselstromes durch, welche die gleiche Richtung wie der Gleichstrom hat. Hierauf beruht die Anwendung des Quecksilberdampflichtbogens als Gleichrichter. Wie im folgenden gezeigt werden soll, kann der gleichgerichtete Strom auch als Erregerstrom dienen, so daß eine besondere Gleichstromquelle nicht notwendig wird.

Außer wie eben erwähnt zum Gleichrichten von Wechselstrom wird der Quecksilberdampfbogen noch für Beleuchtungszwecke verwendet. Diese Anwendungen sind besonders durch die Arbeiten von Cooper Hewitt gefördert worden.[1])

140. Der Quecksilber-Gleichrichter.

Die Fig. 394 und 395 zeigen zwei Ausführungsformen von Gleichrichtern für Einphasenstrom. Beide bestehen aus einem eva-

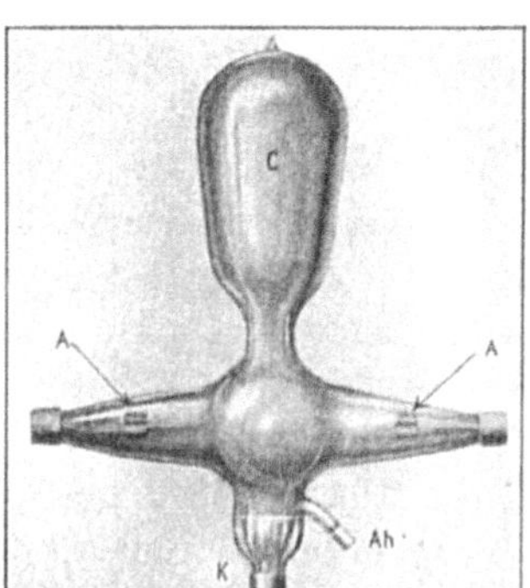

Fig. 394.

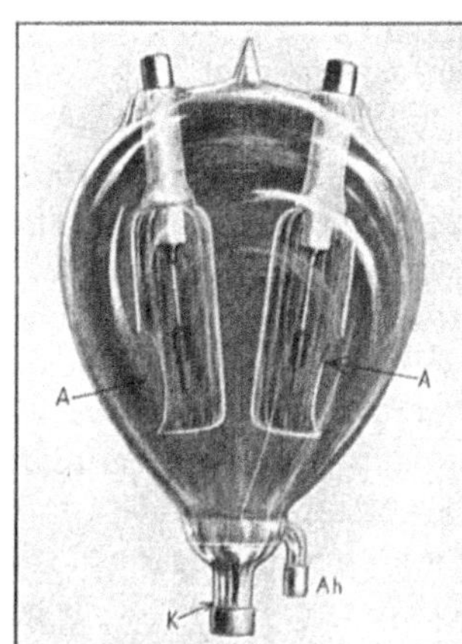

Fig. 395.

Quecksilber-Gleichrichter.

kuierten Glasgefäße, in welches vier Platin- oder Platiniridiumdrähte eingeschmolzen sind. Diese dienen als Stromzuführung für

[1]) Cooper Hewitt: Am. Inst. of El. Eng. 12. IV. 1901.

die vier Elektroden. A und A' sind die beiden aus Eisen oder Graphit hergestellten Anoden, K ist die Kathode aus Quecksilber und A_h eine Hilfsanode, die zum Anlassen dient und ebenfalls aus Quecksilber besteht. In Fig. 394 besitzt das Glasgefäß eine Erweiterung C, welche zur Aufnahme und Kondensation des Quecksilberdampfes dient. In Fig. 395 sind die Anoden von Glasröhren umgeben, deren Öffnungen nach außen gehen, und welche den Zweck haben, eine Entladung zwischen den beiden Anoden bei hohen Spannungen zu verhindern. Fig. 396 zeigt die Schaltung eines Gleichrichters zur Ladung einer Akkumulatorenbatterie aus einem Wechselstromnetz. Die Zuführungsdrähte vom Netze sind mit L_1 L_2 bezeichnet. AT ist ein Autotransformator, um dem Gleichrichter eine passende Primärspannung zu geben. Der gleichgerichtete Strom fließt in den Mittelpunkt der Transformatorwicklung und teilt sich nach links und rechts durch die Wicklung den Anoden A und A' zu. Die Drosselspule L bewirkt, daß der gleichgerichtete Strom nie vollständig auf Null sinkt. Zum Anlassen wird der Schalter S geschlossen und die Birne des Gleichrichters etwas geschüttelt, so daß das Quecksilber der Hilfsanode A_h

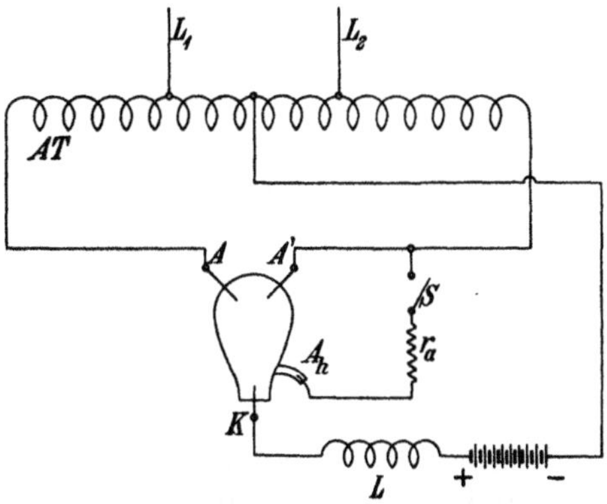

Fig. 396. Schaltung eines Gleichrichters zur Ladung von Akkumulatoren.

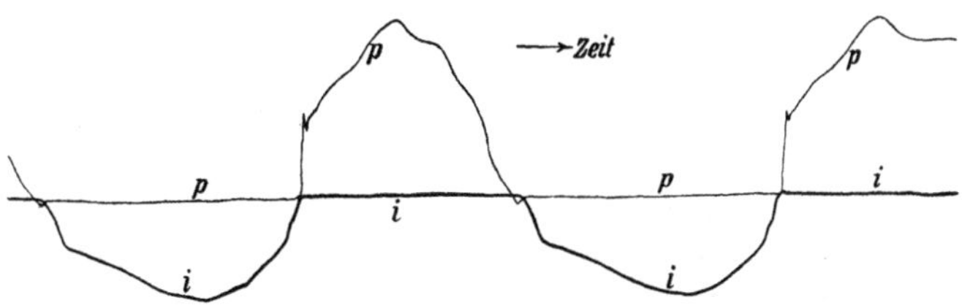

Fig. 397. Strom und Spannung zwischen einer Anode und der Kathode.

mit dem der Kathode K in Berührung kommt. Sobald die Quecksilbermassen wieder getrennt werden, entsteht zwischen ihnen ein Bogen, der den Kathodenwiderstand bricht, und dessen Anode von A_h auf A' überspringt. Bei dem folgenden Stromwechsel wird A die Anode, und der Schalter S kann nun geöffnet werden.

Fig. 397[1]) zeigt den Verlauf der Spannung p und des Stromes i zwischen einer Anode und der Kathode. Während der Halbwelle, für die A Anode ist, ist die Spannung p fast Null, während der

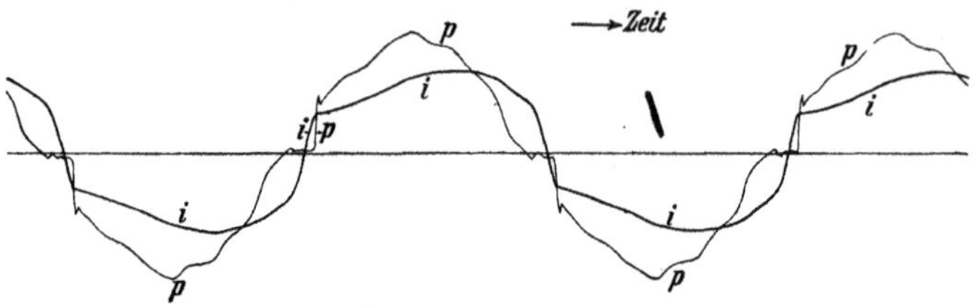

Fig. 398. Primärer Strom und primäre Spannung.

anderen Halbwelle dagegen ist der Strom i Null. Fig. 398 zeigt ein Oszillogramm des primären Stromes i und der Spannung p. Hier sind natürlich beide Halbwellen ausgebildet. In Fig. 399 sind

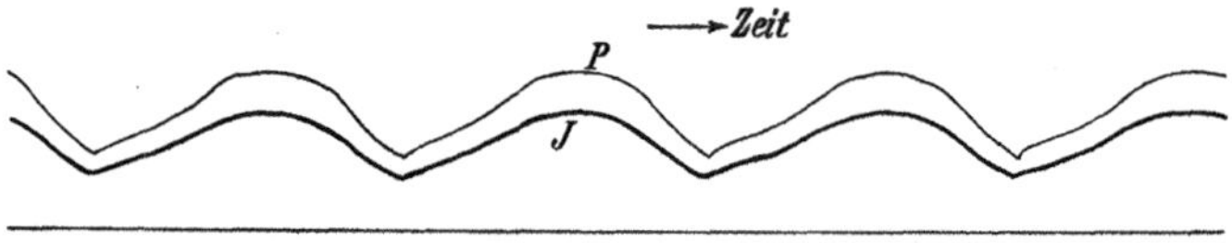

Fig. 399. Gleichgerichtete Strom- und Spannungswellen.

schließlich der pulsierende gleichgerichtete Strom J und die entsprechende Spannung P veranschaulicht. Anstatt die Selbstinduktion in den Gleichstromkreis zu legen, kann man sie in die beiden positiven Zuleitungen des Gleichrichters schalten. Dies zeigt Fig. 400. Stellen in Fig. 401 bzw. p und i Spannung und Strom durch die Anode A dar, p' und i', ebenso Spannung und Strom durch die Anode A', so ist infolge der Selbstinduktion L der Strom

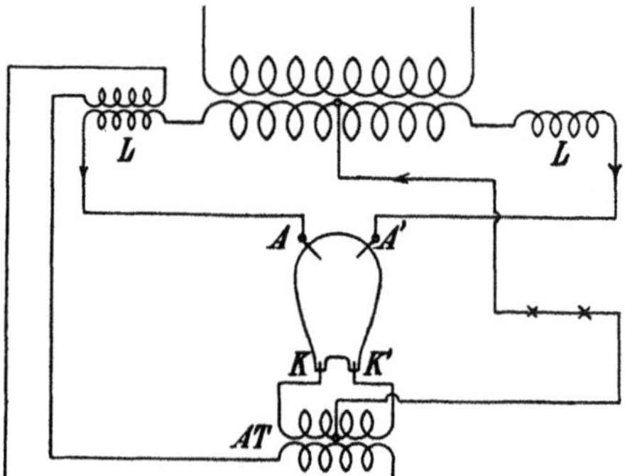

Fig. 400.

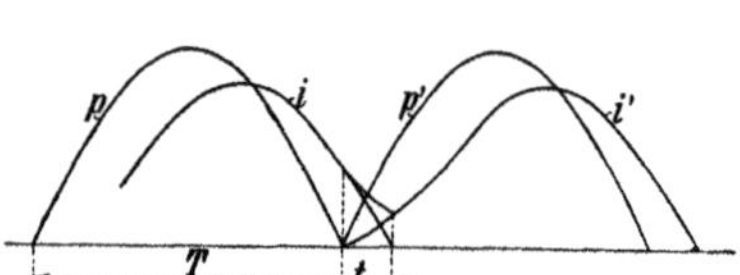

Fig. 401.

jedesmal um einen gewissen Winkel φ gegen die Spannung verzögert. Ehe der Strom i auf Null gefallen ist, hat daher die Spannung p' der

[1]) Nach Aufnahmen von J. Polak, ETZ 1907 S. 735.

Anode A' einen gewissen Betrag erreicht und der Lichtbogen ist teilweise auf diese Anode übergegangen. Während der Zeit $t_s = \frac{\varphi}{2\pi} T$ sind somit beide Anoden in Tätigkeit und der sekundäre Strom ist $i + i'$. Hierdurch wird somit ein Auslöschen des Lichtbogens verhindert. In Fig. 400 erfolgt das Anlassen des Bogens durch einen kleinen Transformator AT, der sekundär auf die beiden Kathoden K und K' geschaltet ist und primär seinen Strom von einer kleinen Wicklung auf dem Reguliertransformator erhält. Der Lichtbogen wird zunächst zwischen den beiden Kathoden durch Schütteln der Birne hergestellt.

Diese Anordnung wird zum Beispiel zur Speisung von hintereinander geschalteten Bogenlampen mit gleichgerichtetem Strom aus einem Einphasennetz verwendet. Man hat hierbei den Vorteil des größeren Nutzeffektes der Gleichstromlampen gegenüber den Wechselstromlampen. Der Reguliertransformator ist für Regulierung auf einen konstanten Sekundärstrom bei konstanter Primärspannung eingerichtet. Die Spannung im Sekundärkreise kann 3000—4000 Volt erreichen. Es gelingt sogar, Gleichrichter für eine sekundäre Spannung von mehr als 30000 Volt herzustellen. Da der Spannungsverlust im Gleichrichter fast konstant ist, wird der Wirkungsgrad eines gegebenen Gleichrichters um so höher, je höher seine Spannung ist. Gleichrichter für mittlere Spannung haben etwa 15 Volt Spannungsverlust. Wegen der Erwärmung der eingeschmolzenen Zuführungsdrähte kann man mit der Stromstärke eines Gleichrichters nicht über 30—40 Amp. gehen.

141. Die Quecksilberdampf-Lampe.

Eine weitere wichtige Anwendung des Quecksilber-Lichtbogens im Vakuum bildet die Quecksilberdampf-Lampe. Für die Lichtabgabe wird die zwischen den dunklen Elektrodenräumen liegende Lichtsäule verwendet. Um dieser Lichtsäule eine möglichst große Länge zu geben, wird das den Bogen umschließende Glasgefäß in Form eines langen Rohres hergestellt, in dessen Enden je eine Elektrode sitzt.

Die Lampen können für Gleich- und Wechselstrom hergestellt werden. Die Gleichstromlampe ist am einfachsten. Sie hat eine Kathode aus Quecksilber und eine Anode, die auch aus Quecksilber oder Eisen, Graphit usw. bestehen kann. Ähnlich wie bei dem Gleichrichter muß auch hier der Lichtbogen besonders angelassen oder gezündet werden. Die einfachste Zündung ist die sogenannte Kippzündung. Hierbei wird die Lampe so stark geneigt, daß das

Quecksilber von der unteren Elektrode (gewöhnlich der Kathode) zu der oberen (Anode) fließt und die beiden Elektroden leitend verbindet. Beim Zurückdrehen der Lampe fließt das Quecksilber wieder nach der unteren Elektrode und unterbricht die metallische Verbindung der Elektroden. Der dabei gebildete Öffnungsfunke zündet die Lampe. Das Kippen erfolgt entweder von Hand, etwa mittels einer von der Lampe herabhängenden Kette, oder automatisch durch einen Elektromagneten, der in Tätigkeit tritt, sobald der Schalter der Lampe geschlossen wird.

Fig. 402 zeigt das Schaltungsschema einer Lampe, bei der die Zündung durch Induktionsstoß erfolgt. Hierbei wird ein Vakuum-Unterbrecher *VU* zuerst geschlossen und dann schnell geöffnet. Der Induktionsstoß, der hierbei in der vorgeschalteten Selbstinduktion *L* entsteht, bewirkt eine Funkenentladung zwischen den beiden Elektroden der Lampe, welche den Lichtbogen zündet. Um die Entladung zwischen den Lampenelektroden zu erleichtern, ist an

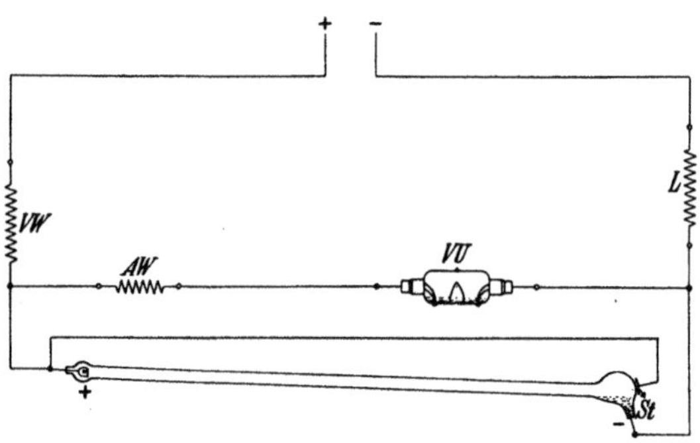

Fig. 402. Schaltungsschema einer Gleichstrom-Quecksilberdampf-Lampe.

der Außenseite der Lampe in der Nähe der Kathode ein Stanniolstreifen *St* angebracht und mit der Anode verbunden. Der Induktionsstoß ruft dann statische Entladungen hervor, die auf der Innenseite der Glaswand von dem kathodischen Quecksilber ausgehen und zur Brechung des Kathodenwiderstandes und zur Zündung des Bogens führen. Für die Unterbrechung des Nebenschlußstromes wird ein Vakuumunterbrecher genommen, weil er sehr schnell wirkt und deswegen einen kräftigen Induktionsstoß hervorruft.

Weil die Charakteristik der Quecksilberdampf-Lampe ähnlich wie die der Kohlen-Bogenlampe zum großen Teil abfallend ist, kann die Quecksilberdampf-Lampe auch nicht mit einer konstanten Klemmenspannung ruhig brennen, sondern man muß einen Vorschaltwiderstand anwenden. Noch ruhiger brennt die Lampe, wenn man außerdem Selbstinduktion vorschaltet.

Fig. 403 zeigt eine Gleichstromlampe der Cooper Hewitt Electric Co. für 2 Amp. und 220 Volt. Die mittlere hemisphärische Lichtstärke wird zu 900 Kerzen angegeben. Die Gesamtlänge des Rohres ist ca. 2 m, sein Durchmesser ca. 2 cm. Um der Lampe eine größere Handlichkeit zu geben, ist das Rohr einmal zusammengeklappt. In dem oberhalb der Lampe angeordneten Gehäuse sind Vorschaltwiderstände, Induktionsspulen, Zündvorrichtungen usw. untergebracht.

Fig. 403. Gleichstrom-Quecksilberdampf-Lampe der Cooper Hewitt Electric Co.

Für kleinere Spannungen verwendet man kürzere Rohre, wodurch die Lichtabgabe pro aufgenommene Watt etwas verringert wird.

Die Quecksilberdampf-Lampe für Wechselstrom ist in der Arbeitsweise dem Wechselstrom-Gleichrichter ähnlich. Sie hat ebenso wie dieser zwei Anoden, die abwechselnd Strom führen, und eine Kathode, die immer unter Strom bleibt. Das Schema einer solchen Lampe ist in Fig. 404 gezeigt. Durch den Autotransformator AT werden die Halbwellen des Wechselstromes abwechselnd den beiden Anoden A_1 und A_2 zugeführt. Die Drosselspule L in Verbindung mit der Streuung der beiden Hälften des Autotransformators bewirken, daß die Kathode nicht erlischt, wie dies in Fig. 400 und 401 für den Gleichrichter gezeigt ist. Die Zündung der Lampe kann ähnlich erfolgen wie bei Fig. 402 für die Gleichstromlampe beschrieben.

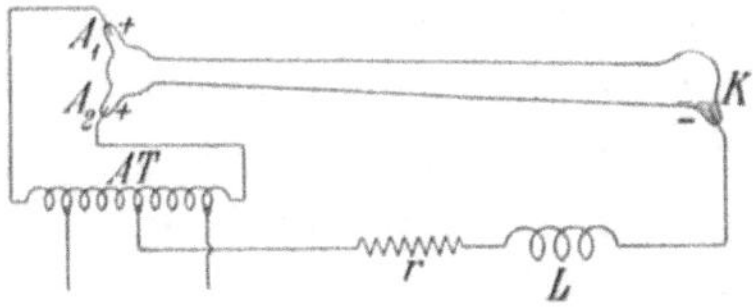

Fig. 404. Schaltungsschema einer Wechselstrom-Quecksilberdampf-Lampe.

Die Farbe des Quecksilberdampf-Lichtes ist ausgeprägt grünlich. Es ist sehr arm an roten und gelben Strahlen. Dies ist für viele Zwecke von großem Nachteil für die Anwendung des Lichtes. Andererseits kann hervorgehoben werden, daß ein Licht, dessen sichtbare Strahlung vorwiegend eine Wellenlänge besitzt (monochromatisches Licht), eine kleinere chromatische Aberration im Auge zur Folge hat und ein schärferes Einstellen des Auges eben für die vorhandene Wellenlänge ermöglicht. So zeigt sich, daß das Quecksilberdampf-Licht die Umrisse der Gegenstände mit sehr großer Schärfe sehen läßt. Diese Eigenschaft hat das Licht für einige Arbeiten in der Textil- und Metallindustrie sehr wertvoll gemacht.

Für Photographie, Lichtpausen usw. eignet sich das Quecksilberdampflicht ganz vorzüglich, weil es sehr reich an chemisch wirksamen Strahlen ist.

142. Die Lichtbogenöfen.

Nicht allein zur Beleuchtung, sondern auch für elektrochemische und metallurgische Zwecke wird der Lichtbogen viel angewandt. Im elektrischen Lichtbogen werden nämlich so hohe Temperaturen (bis ca. 3500°) erreicht, daß fast alle bekannten Stoffe dabei schmelzen. Es werde nur an die Versuche Moissans erinnert, künstliche Diamanten im elektrischen Lichtbogen aus Graphit herzustellen. Da es schwierig ist, große Energiemengen bei niedriger Spannung in Form von Gleichstrom zu erzeugen und auf längere Strecken zu übertragen, kommt in den Lichtbogenöfen fast ausschließlich Wechselstrom zur Anwendung. Die erforderliche Spannung der Öfen setzt sich zusammen aus der Elektrodenspannung, die in der Zone um die Elektroden (Fig. 405) verbraucht wird, und aus dem Ohmschen Spannungsabfall in den Elektroden und in den feurigflüssigen Materialien. Die Elektroden bestehen meistens aus Kohle.

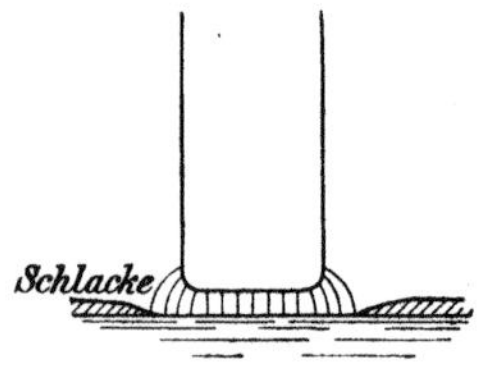

Fig. 405.

Die erste Anwendung der Lichtbogenöfen im Großbetriebe diente zur Herstellung von Kalziumkarbid. In den Karbidöfen wird Kalk und Kohle durch die hohe Temperatur des Lichtbogens in Fluß gehalten, und es bildet sich in diesem Zustande flüssiges Kalziumkarbid nach der chemischen Formel

$$CaO + C_3 = CaC_2 + CO.$$

Kalziumkarbid wird hauptsächlich zur Darstellung des viel angewandten Azetylengases benutzt. Wilson und Moissan gelang es zuerst, Karbid in großem Stile herzustellen; die Hauptschwierigkeit für die technische Darstellung beruhte auf der Anwendung genügend großer Energiemengen. Es werden zurzeit Karbidöfen für 40 bis 60 Volt und bis zu 25000 Ampere ausgeführt. Mit Rücksicht auf kleine Verluste in den Metallteilen der Öfen kommt gewöhnlich Strom von 25 Perioden zur Anwendung und es bewegt sich der Leistungsfaktor zwischen 0,90 und 0,95. Der Widerstand von flüssigem Karbid ist sehr klein. Da der Strom eines Karbidofens, der in Fig. 406 schematisch dargestellt ist, wegen des Zusammensinkens der ungeschmolzenen Materialien schwankt, ist es nötig, die Spannung am Karbidofen zu regulieren, um konstante Leistung und gleichförmiges Material zu erhalten. Dies ist jedoch in Anbetracht der großen Ströme mit bedeutenden Schwierigkeiten verknüpft.

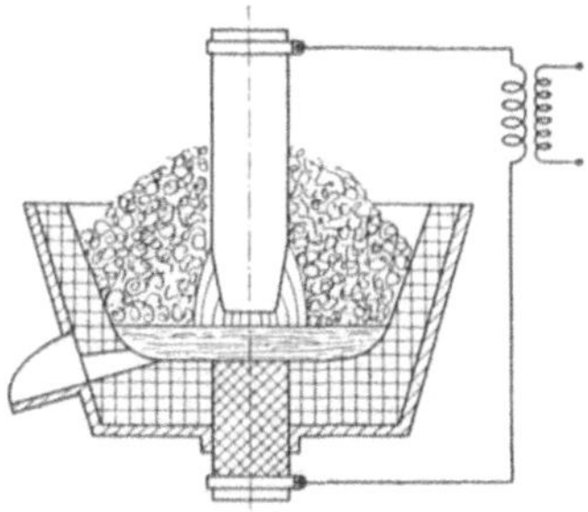

Fig. 406. Schnitt durch einen Karbidofen.

Ein anderes Karbid, welches auch im elektrischen Ofen erzeugt wird, ist das Siliziumkarbid oder Karborundum, das als Schleif- und Poliermittel Verwendung findet. Das Karborundum wird erzeugt durch Erhitzen eines Gemisches von Koks, Sand, Sägemehl und Kochsalz; die chemische Verbindung folgt dem Gesetze

$$SiO_2 + 3C = SiC + 2CO.$$

Da die Mischung der Rohmaterialien im kalten Zustande sehr wenig Strom durchläßt, wird beim Anlassen des Ofens ein Kohlenstab als Stromträger zwischen die Elektroden eingelegt.

In den letzten Jahren hat man sich mit großem Interesse der Herstellung von Elektrostahl gewidmet. Dies erfolgt aus Roheisen entweder in dem von Héroult erfundenen Lichtbogenofen, von dem Fig. 407 ein schematisches Bild zeigt, oder in den Induktionsöfen von Kjellin, dessen feurigflüssiges Bad selber den Sekundärkreis eines Transformators von kleiner Periodenzahl bildet. Die vorzüglichen Eigenschaften des Elektrostahles beruhen auf seiner Reinheit und Gleichmäßigkeit, und sind der Abwesenheit von Verunreinigung durch die Brennmaterialien zuzuschreiben.

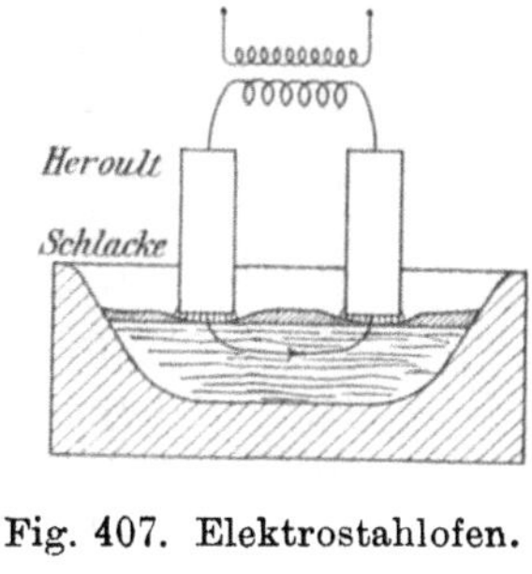

Fig. 407. Elektrostahlofen.

An einer direkten Gewinnung von Roheisen aus Erzen wird auch fleißig gearbeitet, um dadurch den Verbrauch an Kohlen möglichst zu reduzieren und ein reineres Produkt zu erhalten. Es befinden sich in Schweden und Norwegen mehrere Zweiphasenöfen nach dem System „Elektrometall" im Betriebe und Bau; die gewonnenen Resultate zeigen einen großen Fortschritt gegen Öfen anderer Konstruktionen. Fig. 408 zeigt einen derartigen Ofen im Schnitt.

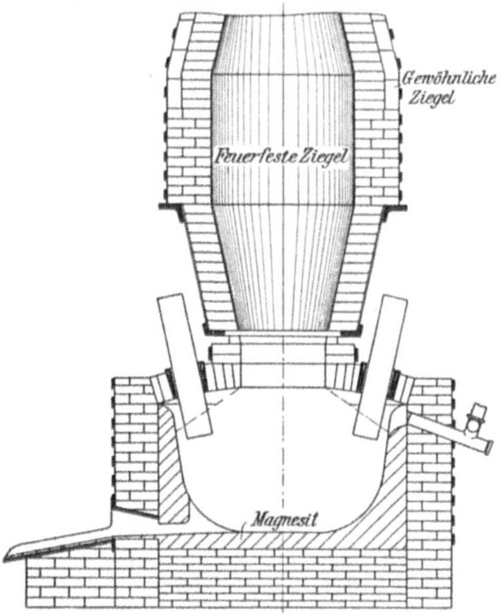

Fig. 408. Schnitt durch einen elektrischen Hochofen.

Die Spannung der Stahlöfen beträgt ca. 55 Volt für jeden Lichtbogen, und der geschmolzene Stahl hat einen spezifischen Widerstand von 1,5 bis 1,9 Ω pro mm². Im elektrischen Hochofen schwankt die Elektrodenspannung zwischen 45 und 70 Volt für eine Elektrode je nach den Beschickungsmaterialien, die hauptsächlich aus Kohle, Koks und Erz bestehen. Die neuen Öfen nach dem System Elektrometall werden für ca. 2000 KW gebaut.

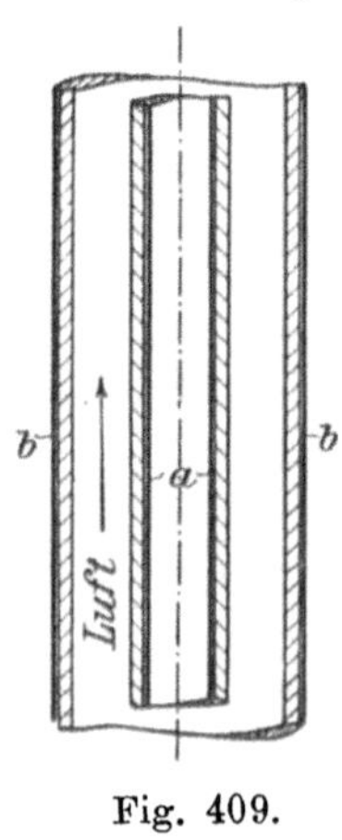

Fig. 409.

Schon lange wendet man hochfrequente und hochgespannte Ströme zur Herstellung von Ozon (aktiver Sauerstoff O_3) an, wobei ein Luftstrom durch Röhren geleitet wird, in denen elektrische Glimmentladungen auftreten. Die Siemensröhren bilden einen Kondensator, dessen Belegungen (a und b Fig. 409) aus Stanniolpapier bestehen, und dessen Dielektrikum von zwei Glasröhren mit zwischenliegender Gasstrecke gebildet wird. Die Luft streicht zwischen den beiden ineinander geschobenen dünnwandigen Glasröhren und wird dadurch aktiviert. Es gibt noch viele andere Ausführungen von Ozonapparaten, die auf Glimmentladungen beruhen. — Ozon bildet sich auch in den geschlossenen Röhren elektrischer Hochspannungsgeneratoren, wenn die Luft freien Zutritt zu ihnen hat. Das Ozon verbindet sich nachträglich mit dem Stickstoff zu Nitraten, welche die Isolation der

Kupferleiter angreifen und dadurch viele Hochspannungsmaschinen zerstört haben. Es ist deswegen darauf zu achten, daß die Luft keinen Zutritt zu den in Röhren eingelegten Wicklungen elektrischer Maschinen erhält, und daß die elektrischen Felder, die in den Röhren auftreten, nicht ausreichen, um Ozonbildungen einzuleiten. Dies kann durch gut abgerundete Formen und durch passende Abmessungen der Isolationshülsen geschehen.

Neuerdings wird Salpetersäure direkt aus Luft gewonnen, indem im hochgespannten Lichtbogen die Luft so stark erhitzt wird, daß das Stickstoffmolekül N_2 zertrümmert wird und in dem freien Sauerstoff der Luft zu Stickstoffoxyd NO verbrennt. Es ist $N_2 + O_2 = 2\,NO$ und es wird eine Wärmemenge von 2×21600 Kal. entsprechend 50,1 Wattstunden verbraucht. Das Stickstoffoxyd verbindet sich nachher mit dem freien Sauerstoff der Luft zu Stickstoffdioxyd NO_2, das durch Behandlung mit warmem Wasser in Salpetersäure übergeht oder durch Behandlung mit Kalk in Kalksalpeter umgewandelt wird. Die Fig. 410 zeigt den Durchschnitt eines Birkeland-Eyde-Ofens, wie sie in den großen norwegischen Salpeterwerken zur Ausführung gekommen sind. Die Elektroden bestehen hier aus langen, von Wasser gekühlten Kupferröhren. Der Lichtbogen wird mittels eines

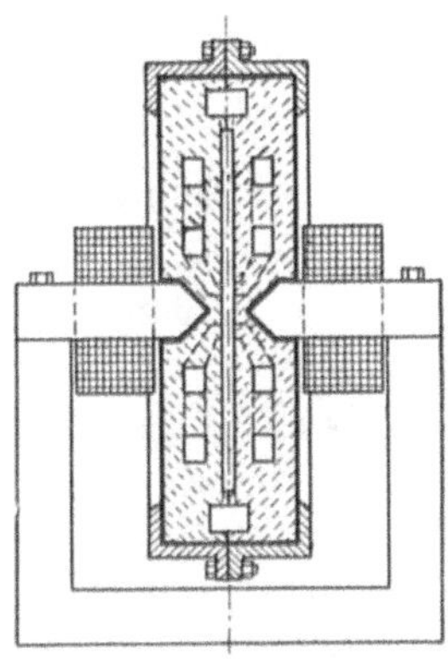

Fig. 410. Schnitt durch einen Stickstoffofen.

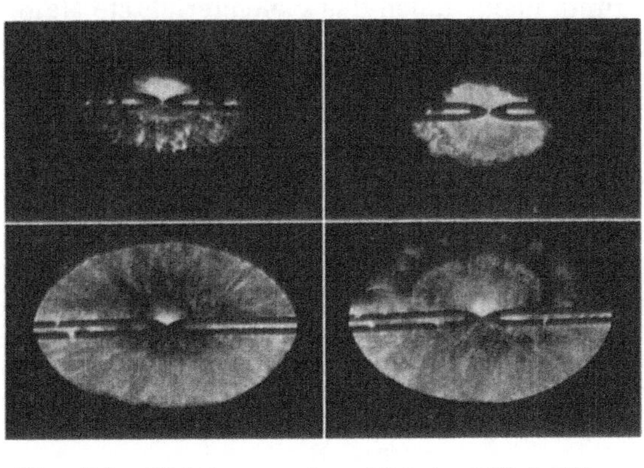

Fig. 411. Lichtbogen eines Birkeland-Eyde-Ofens.

gleichgerichteten magnetischen Feldes zu einer großen Scheibe von mehreren Metern Durchmesser ausgeblasen, wie die Fig. 411 zeigt, und erfordert bei 50 Perioden eine Elektrodenspannung von ca. 3500 Volt, dessen Kurvenform in Fig. 412 dargestellt ist. Um den Lichtbogen stabil zu machen, wird eine kräftige Drosselspule vorgeschaltet. Die neuesten Öfen werden für eine Leistung von 1000 bis 3000 KW gebaut.

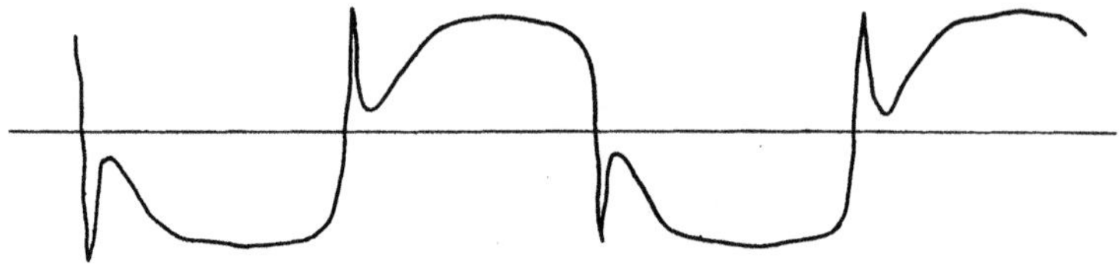

Fig. 412. Spannungskurve eines Birkeland-Eyde-Ofens.

Der Gleichstrommagnet dient wie gesagt zur Vergrößerung der Lichtbogenfläche, damit die durchgeleitete Luft in innige Berührung mit der heißen Flamme kommen kann. Bei den Öfen der Badischen Anilin- und Sodafabrik wird der Lichtbogen mittels eines kräftigen Luftstromes innerhalb einer mehrere Meter hohen Röhre in die Länge geblasen, wodurch eine gute Berührung zwischen Flamme und Luft auch hier erzielt wird. Durch Messung der Spannungen an den Klemmen des Lichtbogens und der vorgeschalteten Drosselspule und der Spannung beider in Serie ergibt sich, daß die äquivalente Sinuswelle der Lichtbogenspannung dem fast sinusförmigen Strom ein wenig voreilt. Bei dem Birkeland-Eyde-Ofen ist es umgekehrt; hier eilt der Strom der äquivalenten Sinuswelle der Lichtbogenspannung etwas voraus Dies rührt sehr wahrscheinlich daher, daß der Lichtbogen bei dem zuletzt genannten Ofen bei seiner Bewegung nach außen das gleichgerichtete Magnetfeld schneidet, wodurch eine EMK in dem Bogen induziert wird, die dem Strome um 90^0 nacheilt.

Dreiundzwanzigstes Kapitel.

Die Konstanten elektrischer Leiter.

143. Widerstand elektrischer Leiter.

Die meisten Leitungen werden aus Kupfer hergestellt. Bei Gleichstrom und Wechselstrom von kleiner Periodenzahl verteilt sich der Strom gleichmäßig über den Leitungsquerschnitt. Bedeutet l die einfache Länge der Hin- oder Rückleitung in km, q den Querschnitt in mm² und $\varrho = 0{,}016\ (1 + 0{,}004\, T^0)$ den spezifischen Widerstand des Kupfers, so ist der Ohmsche Widerstand der ganzen Leitung

$$r = \frac{2 l \varrho}{q} 1000\ \Omega .$$

Der Stromwärmeverlust in der Leitung ist

$$J^2 r = 2 l q \varrho \frac{J^2}{q^2} 1000 = 1000 \varrho V s^2 ,$$

worin $V = 2 l q$ das Volumen der Leitung in dcm³ und s die Stromdichte in Ampere pro mm² bedeutet.

Seit einigen Jahren werden auch blanke Aluminiumleitungen für Arbeitsübertragungen verwendet. Eine Aluminiumleitung von demselben Ohmschen Widerstand wie eine Kupferleitung bekommt nach der folgenden Tabelle

einen 1,3 mal größeren Durchmesser,
einen 1,69 mal größeren Querschnitt
und ein 0,513 mal größeres Gewicht

als die Kupferleitung. Der Aluminiumdraht besitzt aber nur die 0,65fache Zugfestigkeit des Kupferdrahtes. Je nach den Verhältnissen stellt sich bald der Aluminium- und bald der Kupferdraht billiger.

In der folgenden Tabelle sind die spezifischen Widerstände und Gewichte der häufigst angewandten Materialien zusammengestellt. Der spezifische Widerstand ist für 1 m Länge und 1 mm² Querschnitt angegeben. Wünscht man ihn für 1 cm Länge und 1 cm² Querschnitt, wie er in viele Formeln eingeht, so muß man die in der Tabelle angegebenen Werte durch 10^4 dividieren.

	Spezifischer Widerstand bei 0° in Ohm pro m/mm²	Widerstandszunahme pro 1° C in Prozenten	Spezifisches Gewicht
Silber	0,015	0,36	10,5
Kupfer	0,016	0,40	8,9
Gold	0,021	0,35	19,3
Aluminium	0,027	0,40	2,75
Zink	0,056	0,39	7,2
Platin	0,090	0,24	21,5
Zinn	0,10 bis 0,13	0,45	7,3
Nickel	0,10 bis 0,12	0,4 bis 0,3	8,9
Blei	0,19	0,37	11,4
Reines Eisen	0,095	0,5	—
Schmiedeisen und weicher Stahl	0,10	0,5	7,8
Eisenleitungsdraht	0,125	0,5	7,8
Gußstahl	0,20	0,4	7,8
Legiertes Blech	0,54	—	7,8
Gußeisen	1,00	0,1	7,2
Messing (30 % Zn)	0,065 bis 0,085	0,12 bis 0,20	8,3
Argentan	—	—	—
Manganin	0,41 bis 0,45	0,001	8,4
Konstantan	0,48	0,003	8,8
Nickelin I	0,41 bis 0,43	0,24	8,8
Neusilber	0,36 bis 0,38	0,27	8,7
Rheotan	0,47	0,21	8,55
Kruppin	0,84	0,07	8,1
Retortenkohle	13 bis 100	0,08 bis 0,02	2,3 bis 1,9

Für reines Grund- oder Flußwasser ist der spezifische Widerstand ca. 10^4 Ohm. Für Flüssigkeiten und Elektrolyten erhält man als niedrigsten spezifischen Widerstand die in der folgenden Tabelle[1]) angegebenen Werte, und zwar bei den angegebenen Lösungen.

[1]) Deutscher Kalender für Elektrotechniker von Uppenborn.

	Spez. Widerstand	% Lösung	Spez. Gewicht
HNO_3	1,36 10^4	29,7	1,185
HCl	1,39 10^4	18,3	1,092
H_2SO_4	1,45 10^4	30,4	1,224
KOH	1,96 10^4	28,0	1,274
NaCl	4,70 10^4	25,0	
$MgSO_4$	21,7 10^4	17,0	1,183
$ZnSO_4$	22,6 10^4	23,5	1,286
$CuSO_4$	22,7 10^4	18,1	1,210

Der Erdwiderstand, wie er bei elektrischen Bahnen und bei der Erdung elektrischer Anlagen in Frage kommt, ist sehr veränderlich. Er hängt nämlich nicht allein von der Bodenbeschaffenheit und dem Wetter, sondern zum größten Teil von der Anordnung der Erdplatten oder Schienen ab. Als höchsten Wert des Erdwiderstandes bei Bahnen hat man 0,2 Ohm für einen Kilometer beobachtet; er kann aber auch fast Null sein. Um kleine Übergangswiderstände bei Erdplatten zu erhalten, ist es zweckmäßig, mehrere parallele Platten ziemlich entfernt voneinander anzuordnen und sie möglichst tief zu verlegen, so daß sie in Berührung mit dem Grundwasser kommen.

Der Übergangswiderstand einer Platte ist proportional dem spezifischen Widerstande der umgebenden Erde und umgekehrt proportional den mittleren Längendimensionen der Platte. Es ist der Übergangswiderstand r in einem unbegrenzten Medium vom spezifischen Widerstande ϱ

für kreisrunde Platten vom Durchmesser d; $r = \frac{\varrho}{4d}$,

für quadratische Platten mit der Seitenlänge d; $r = \frac{\varrho}{2,72d}$,

und für zylindrische Elektroden vom Durchmesser d und der Länge l; $r = \frac{\varrho}{2\pi l} \ln\left(\frac{2l}{d}\right)$.

144. Selbstinduktion und gegenseitige Induktion elektrischer Leitungen.

a) Bei der Bestimmung der Selbstinduktion von Leitungen wollen wir zunächst von dem Fall einer Einphasen-Anlage ausgehen. Die zwei Leitungen, die als Hin- und Rückleitung dienen, sind auf Masten befestigt und verlaufen, entlang der ganzen Leitungslänge, parallel zueinander.

Denken wir uns die zwei Leitungen an den beiden Enden,

statt durch die dort eingeschalteten Apparate, durch Drähte verbunden, so erhalten wir eine rechteckige Schleife, deren Selbstinduktion zu bestimmen ist.

Wir setzen vorläufig voraus, daß sich der Strom gleichmäßig über den Querschnitt der Drähte verteilt, und nehmen an, daß in dem magnetischen Felde, das der Strom in den Leitungen erzeugt, keine ferromagnetischen Körper vorhanden sind. Man darf also die magnetischen Felder, die von dem in jedem Drahte fließenden Strome erzeugt werden, superponieren. Wie in der Einleitung gezeigt, erzeugt der in jedem Drahte fließende Strom ein magnetisches Feld, desses Kraftlinien denselben kreisförmig umgeben.

Die Feldstärke H in einem Punkt P im Abstande ϱ von der Achse des Drahtes ist

$$H = \frac{\int H dl}{\int dl} = \frac{\text{MMK}}{\text{Kraftlinienlänge}}$$

oder

$$H_a = \frac{0{,}4\,\pi i}{2\,\pi \varrho} = \frac{0{,}2\,i}{\varrho},$$

wenn der Punkt P außerhalb des Drahtes liegt und

$$H_i = \frac{0{,}4\,\pi i \left(\frac{2\varrho}{d}\right)^2}{2\,\pi \varrho} = \frac{0{,}2\,i\varrho}{\left(\frac{1}{2}d\right)^2},$$

wenn der Punkt P innerhalb des Drahtes liegt. Hieraus ergibt sich für die Ebene AB das in der Fig. 413 dargestellte Bild der Feldstärke.

Haben wir nun zwei Drähte, die als Hin- und Rückleitung dienen, so erzeugt der Strom in den beiden Drähten je ein Feld. Superponiert man diese beiden, so erhält man das in der Fig. 414 dargestellte Bild der resultierenden Feldstärke einer Doppelleitung. Die schraffierte Fläche gibt uns ein Maß für den Kraftfluß pro cm Länge, der mit den Drähten verkettet ist. Nun müssen wir aber berücksichtigen, daß nicht alle Stromfäden vom ganzen Kraftflusse umschlungen werden.

Die dem magnetischen Kraftflusse während der Zeit dt zugeführte Arbeit ist

$$dA = \Sigma(i w_x \Phi_x) = \frac{L}{2} d(i^2).$$

Mit iw_x (oder w_x, da bei der Berechnung von L $i = 1$ Amp. gesetzt wird), bezeichnen wir hier den Strom, der mit dem betrachteten Kraftrohre Φ_x verkettet ist. Nach Formel 27 Seite 46 erhalten wir für den Selbstinduktionskoeffizienten L den Ausdruck

$$L = \Sigma \left(\frac{w_x^2}{R_x} \right) 10^{-8} = \Sigma (w_x \, \Phi_x) \, 10^{-8} \text{ Henry},$$

wo die Summe über sämtliche Kraftröhren des Feldes zu bilden ist. Da aber das Feld durch Superposition von zwei gleichen

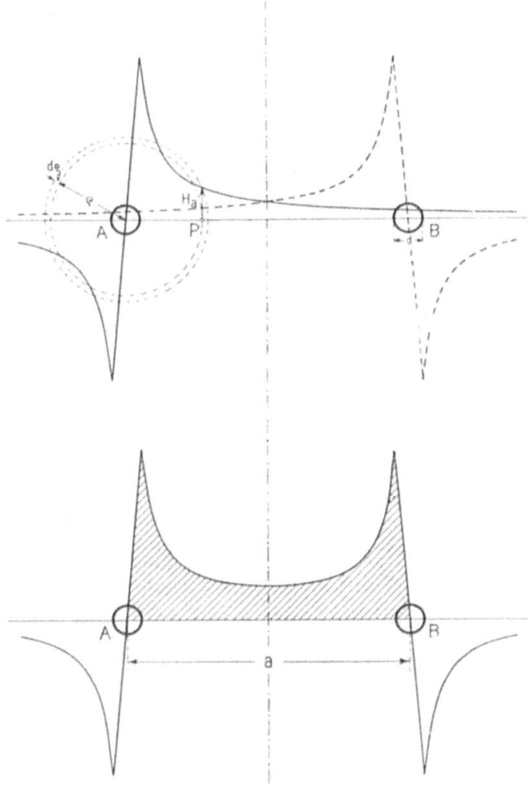

Fig. 413 und 414. Das magnetische Feld einer Doppelleitung.

Feldern entstanden ist, genügt es, wenn man über die Kraftröhren des einen integriert und das erhaltene Resultat mit dem Faktor 2 multipliziert.

Wir berechnen zuerst die Summe für den Raum zwischen den Drähten. Der durch diesen verlaufende Kraftfluß ist mit allen Stromfäden der Leitungen verkettet; also ist w_x hier gleich 1 und die Summe ist gleich

$$\sum_{\varrho=\frac{d}{2}}^{\varrho=a}(w_x\,\Phi_{x,a})=\sum_{\varrho-\frac{d}{2}}^{\varrho=a}\Phi_{x,a}=2\int\limits_{\varrho=\frac{d}{2}}^{\varrho=a} l\,H_a\,d\varrho$$

wenn d = Durchmesser der Leitungen
und a = Abstand der Drahtachsen.

Bei Einführung der Grenze $\varrho=a$ begeht man einen kleinen Fehler; er ist aber für kleine Werte von $\frac{d}{a}$ vernachlässigbar.

Es ist also

$$\sum_{\varrho=\frac{d}{2}}^{\varrho=a}(\Phi_{x,a})=2\,l\int\limits_{\varrho=\frac{d}{2}}^{\varrho=a}\frac{0{,}2\,d\varrho}{\varrho}=0{,}4\,l\ln\left(\frac{2\,a}{d}\right)$$

oder indem wir die Brigg'schen statt der natürlichen Logarithmen einführen, ergibt sich

$$\sum_{\varrho=\frac{d}{2}}^{\varrho=a}(\Phi_{x,a})=0{,}92\,l\log\left(\frac{2\,a}{d}\right).$$

Für den Innenraum jedes Drahtes berücksichtigen wir nur das vom Strome in dem Drahte selbst erzeugte Feld, und da hier

$$w_x=\frac{\pi\,\varrho^2}{\pi\left(\frac{d}{2}\right)^2}\cdot 1=\frac{\varrho^2}{\left(\frac{d}{2}\right)^2},$$

so wird

$$\sum_{\varrho=0}^{\varrho=\frac{d}{2}}(w_x\,\Phi_{x,i})=2\int\limits_{\varrho=0}^{\varrho=\frac{d}{2}} l\,H_i\,w_x\,d\varrho=2\int\limits_{\varrho=0}^{\varrho=\frac{d}{2}} l\,H_i\,\frac{\varrho_2}{\left(\frac{d}{2}\right)^2}\,d\varrho$$

$$=2\,l\int\limits_{\varrho=0}^{\varrho=\frac{d}{2}}\frac{0{,}2\,\varrho^3\,d\varrho}{\left(\frac{d}{2}\right)^4}=0{,}4\,l\,\frac{\left(\frac{d}{2}\right)^4}{4\left(\frac{d}{2}\right)^4}=0{,}1\,l.$$

Der Selbstinduktionskoeffizient einer Doppelleitung wird also

$$L=\frac{l}{10^8}\left[0{,}92\log\left(\frac{2\,a}{d}\right)+0{,}1\right]\quad.\quad.\quad.\quad.\quad(243)$$

und ihre Reaktanz wird gleich

$$x = 2\pi c L = \frac{2\pi c l}{10^8}\left[0{,}92 \log\left(\frac{2a}{d}\right) + 0{,}1\right],$$

wo l in cm einzusetzen ist. Wird l in Kilometern gemessen, so ergibt sich die Reaktanz zu

$$\boldsymbol{x = \frac{2\pi c l}{10^3}\left[0{,}92 \log\left(\frac{2a}{d}\right) + 0{,}1\right] \Omega} \quad . \quad . \quad . \quad (244)$$

Wir haben gesehen, daß das magnetische Feld in dem Drahtinneren nicht konstant ist; hieraus folgt, daß nicht alle Stromfäden der Drähte dieselbe Selbstinduktion besitzen werden. Dies bewirkt, daß ein Wechselstrom von hoher Periodenzahl sich nicht gleichmäßig über den Drahtquerschnitt verteilt, worauf wir im Abschn. 146 zurückkommen.

b) Für den Fall, daß nur eine Oberleitung vorhanden ist, während die Erde als Rückleitung dient, kann die Selbstinduktion der ersten durch folgende Überlegung ermittelt werden.

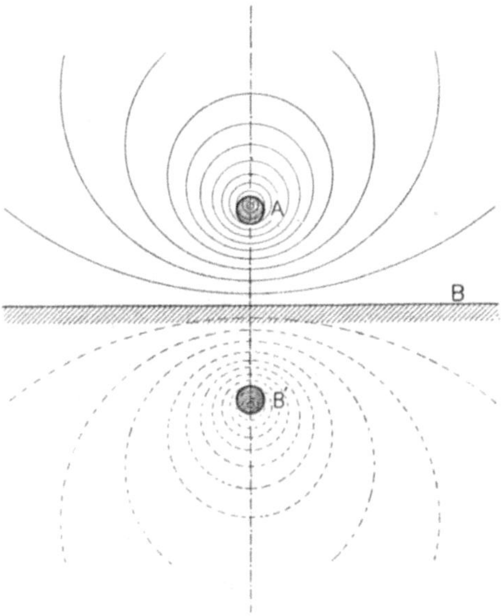

Fig. 415. Einfluß der Erde auf die Selbstinduktion eines Leiters.

In der Fig. 415 sind die Kraftlinien des magnetischen Feldes dargestellt, das der in den zwei Leitern A und B' fließende Strom erzeugt. Die Normale B im Mittelpunkt der Zentrallinie der beiden Kreise stellt wie ersichtlich eine Kraftlinie dar. Der Kraftfluß oberhalb schließt sich um den Leiter A und der unterhalb um den Leiter B'. Ersetzen wir nun den Leiter B' durch eine stromführende Fläche (z. B. den Erdboden) B, so wird dies keinen Einfluß auf das Bild der Kraftlinien und Niveaulinien oberhalb B haben, so daß die Selbstinduktion des Leiters A dieselbe bleibt und die des Leiters B verschwindet, weil der Radius des Leiters B unendlich groß ist. Hieraus folgt, daß sich in bezug auf die Selbstinduktion die Erdrückleitung wie ein Leiter verhält, der das Spiegelbild des ersten Leiters in bezug auf den Erdboden ist.

Bezeichnen wir mit a den Abstand des Leiters vom Erdboden, so ist die Summation $\Sigma(w_x \Phi_x)$ über $\varrho = \frac{d}{2}$ bis $\varrho = 2a$ auszudehnen, und da wir nur einen Leiter haben, wird der Selbstinduktionskoeffizient

$$L = \frac{l}{10^3}\left[0{,}46\left(\frac{4a}{d}\right) + 0{,}05\right] \quad . \quad . \quad . \quad . \quad (245)$$

c) Es ist noch zu untersuchen, welchen induzierenden Einfluß der Strom einer Leitung auf benachbarte Leitungen fremder Stromkreise ausüben kann. Sind z. B., wie in Fig. 416 gezeigt, vier Leitungen auf demselben Maste aufgehängt, von denen A und B zu einem, C und D zu einem anderen Stromkreise gehören, so wird ein Teil der Kraftröhren des magnetischen Feldes, das von dem Strom in A und B erzeugt wird, mit der von den Leitungen C und D gebildeten Schleife verkettet sein und somit in diesen Leitern EMKe induzieren. Es ist aber am einfachsten, die induzierenden Wirkungen der beiden Felder, die von dem Strome in A und die von dem Strome in B herrühren, getrennt zu berechnen und sie nachher zu addieren (superponieren).

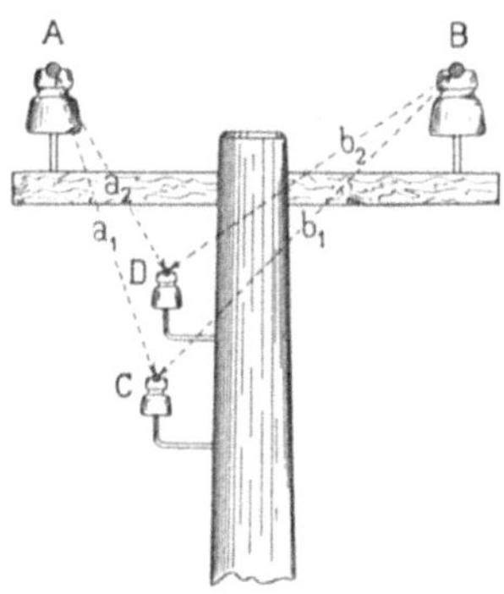

Fig. 416.

Die von dem Strome in A erzeugten magnetischen Kraftlinien bilden konzentrische Kreise, woraus folgt, daß der gegenseitige Induktionskoeffizient der Leitung A und der von C und D gebildeten Schleife gleich

$$M_{A-CD} = \sum_{\varrho = a_2}^{\varrho = a_1} (w_x \Phi_x) = \frac{l}{10^3}\, 0{,}46 \log\left(\frac{a_1}{a_2}\right)$$

wird. In derselben Weise findet man den gegenseitigen Induktionskoeffizienten zwischen der Leitung B und der Schleife CD als

$$M_{B-CD} = \sum_{\varrho = b_2}^{\varrho = b_1} (w_x \Phi_x) = \frac{l}{10^3}\, 0{,}46 \log\left(\frac{b_1}{b_2}\right).$$

Da die Ströme in A und B gleich groß, aber von entgegengesetztem Vorzeichen sind, so ist der gegenseitige Induktionskoeffizient zwischen den beiden Stromkreisen

$$M_{AB-CD} = \frac{l}{10^3}\, 0{,}46\left(\log\frac{a_1}{a_2} - \log\frac{b_1}{b_2}\right) = \frac{l}{10^3}\, 0{,}46 \log\left(\frac{a_1 b_2}{a_2 b_1}\right) \quad . \quad (246)$$

Besteht der Stromkreis CD nur aus einer Oberleitung, während die Erde als Rückleitung dient, so sind unter a_2 und b_2 die Abstände der Leitungen *A* und *B* von einem zum Leiter *C* in bezug auf den Erdboden symmetrisch gedachten Leiter zu verstehen. Es ist somit $a_2 = b_2$ und wir erhalten für M_{AB-C} den einfachen Ausdruck

$$M_{AB-C} = \frac{l}{10^3}\, 0{,}46 \log\left(\frac{a_1}{b_1}\right).$$

Im allgemeinen wird man danach trachten, die gegenseitige Induktion auf benachbarte Leitungen, wie z. B. auf Telephonleitungen, die auf denselben Masten wie die Arbeitübertragungsleitungen angebracht sind, möglichst zu reduzieren. Dies geschieht in der Weise, daß die Leitungen *A* und *B* gekreuzt oder die beiden Telephonleitungen in bezug auf die Leitungen *A* und *B* symmetrisch angebracht werden; denn in diesem Falle wird $a_1 b_2 = b_1 a_2$ und $M_{AB-CD} = 0$.

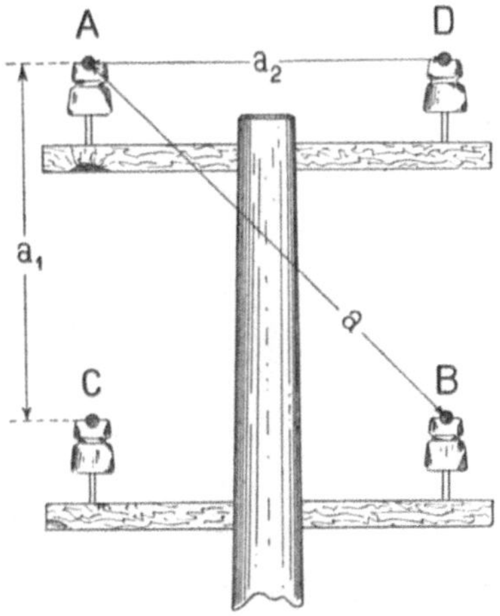

Fig. 417.

d) Bei einem unverketteten Zweiphasensystem, das von den Zweiphasensystemen bei Arbeitsübertragungen hauptsächlich in Betracht kommt, ordnet man die Drähte am besten nach Fig. 417 an. Der gegenseitige Induktionskoeffizient zwischen den beiden Phasen ist für diesen Fall gleich

$$M_{AB-CD} = \frac{l}{10^3}\, 0{,}46 \log\left(\frac{a_1 b_2}{a_2 b_1}\right) = 0,$$

weil $a_1 = a_2$ und $b_1 = b_2$. Die beiden Phasen sind in bezug auf induktive Wirkung zwischen den Leitungen vollständig voneinander unabhängig, und der resultierende Selbstinduktionskoeffizient für eine Phase ist gleich

$$L = \frac{l}{10^3}\left[0{,}92 \log\left(\frac{2a}{d}\right) + 0{,}1\right].$$

e) Sind die drei Leitungen eines Dreiphasensystems symmetrisch aufgehängt, d. h. bilden die Leitungen die drei Ecken eines gleichseitigen Dreiecks (Fig. 418), so werden gleich große Ströme, die in den Phasen II und III verlaufen, dieselbe EMK in der Phase I induzieren.

Da nun immer zwei Leitungen als Rückleitung für die dritte betrachtet werden können, so ist bei einer solchen symmetrischen Anordnung der Drähte der Selbstinduktionskoeffizient einer Phase unabhängig von der Belastung der einzelnen Phasen und gleich

$$L = \frac{l}{10^3}\left[0{,}46 \log\left(\frac{2a}{d}\right) + 0{,}05\right] \quad . \; . \; . \quad (247)$$

weil hier für ein Phase nur die einfache Länge in Betracht kommt.

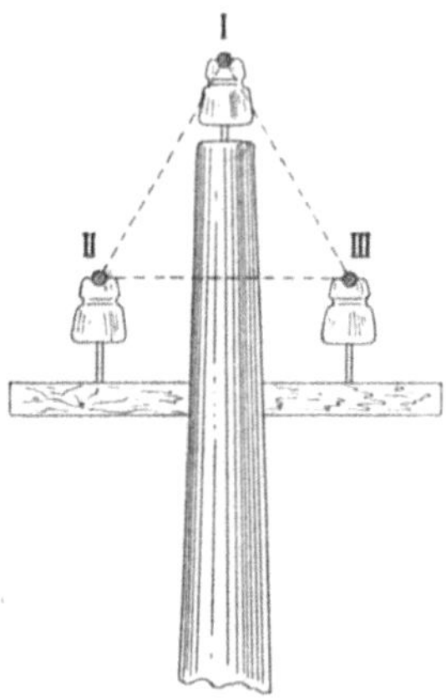

Fig. 418.

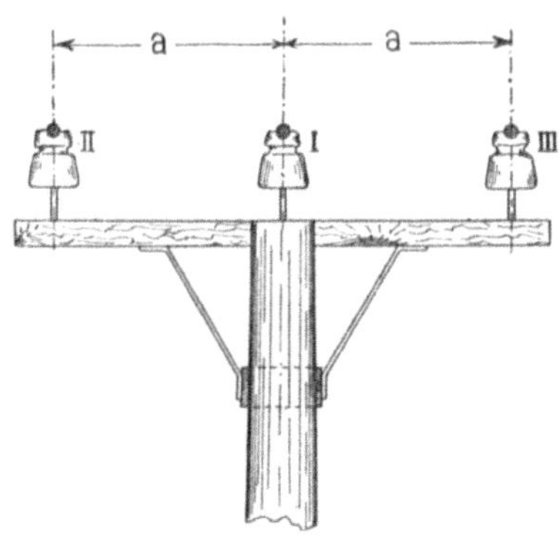

Fig. 419.

Sind die drei Leitungen nicht symmetrisch, sondern in einer geraden Linie angeordnet, wie die Fig. 419 zeigt, so kann der Strom in dem mittleren Drahte keine induzierende Wirkung auf die beiden äußeren Drähte ausüben und umgekehrt. Der Selbstinduktionskoeffizient der mittleren Phase wird also

$$L_m = \frac{l}{10^3}\left[0{,}46 \log\left(\frac{2a}{d}\right) + 0{,}05\right],$$

und für symmetrische Belastung der drei Phasen wird der Koeffizient der beiden äußeren Phasen

$$L_a = \frac{l}{10^3}\left[0{,}46 \log\left(\frac{2a}{d}\right) + 0{,}119\right].$$

Um für diese Anordnung den Selbstinduktionskoeffizienten aller Phasen gleich zu machen, können die drei Phasen abwechselnd auf je $^1/_3$ der Länge l den Platz in der Mitte einnehmen. In diesem Falle wird der Selbstinduktionskoeffizient jeder Phase

$$L = \frac{l}{10^3}\left[0{,}46 \log\left(\frac{2a}{d}\right) + \frac{2}{3}\log\left(\frac{2a}{a}\right) + 0{,}05\right]$$

$$= \frac{l}{10^3}\left[0{,}46 \log\left(\frac{2a}{d}\right) + 0{,}096\right] \quad . \; . \; . \; . \; . \quad (248)$$

f) Bei konzentrischen Kabeln ist der die Seele bildende Leiter als Vollzylinder, der andere als ein dem ersten konzentrischer Hohlzylinder ausgebildet.

Früher war diese Anordnung der Vereinigung der beiden Leiter in einem Kabel die fast ausschließlich gebräuchliche und für die Fabrikation die bequemste.

Die Kapazität des Außenleiters solcher Kabel ist aber gegenüber der des Innenleiters so groß, daß man in der letzten Zeit mehr zu verseilten Kabeln übergegangen ist, bei denen die beiden Leiter nebeneinander liegen. Ordnet man jeden Leiter in einem Kabel für sich an, so soll eine Eisenarmierung vermieden werden, weil eine solche die Selbstinduktion des Leiters bedeutend erhöhen würde. Da die Eisenarmierung aber für die Festigkeit des Kabels von Vorteil ist, werden die verseilten Kabel mit mehreren Leitern vielfach hergestellt.

Für verseilte Zwei- und Dreileiterkabel erhält man genau dieselben Formeln wie die für eine Doppelleitung und eine Dreiphasenleitung abgeleiteten. Es ist also bei dem Zweileiterkabel

$$L = \frac{l}{10^3}\left[0{,}92 \log\left(\frac{2a}{d}\right) + 0{,}1\right] \quad . \quad . \quad . \quad (243\,\mathrm{a})$$

und bei dem Dreiphasenkabel für jede Phase

$$L = \frac{l}{10^3}\left[0{,}46 \log\left(\frac{2a}{d}\right) + 0{,}05\right] \quad . \quad . \quad . \quad (247\,\mathrm{a})$$

Sind die Kabel mit Eisenarmierung versehen, so schließen sich die Kraftlinien außerhalb der Leiter durch die Armierung, wodurch die Selbstinduktion vergrößert wird. Die von diesen Kraftlinien in der Eisenarmierung erzeugten Wirbelströme sind jedoch so klein, daß sie bei symmetrischer Belastung gar keine und bei schwach unsymmetrischer Belastung nur eine kleine Erwärmung in der Armierung verursachen.

145. Selbstinduktion und Streuinduktion von Spulen in Luft und in Eisen.

a) Von allen Spulen ist der kreisförmig gebogene Leiter vom kreisrunden Draht (Fig. 420) die einfachste. Ihr Selbstinduktionskoeffizient ist

$$L = \frac{l_s}{10^8}\left[0{,}46\left(1 + 1{,}645\,\frac{d^2}{l_s^2}\right)\log\frac{l_s}{d} + 0{,}37\,\frac{d^2}{l_s^2} - 0{,}163\right] \quad (249)$$

und für nicht zu große Werte $\frac{d}{l_s}$

$$L = \frac{l_s}{10^8}\left[0{,}46 \log\left(\frac{l_s}{d}\right) - 0{,}163\right]$$

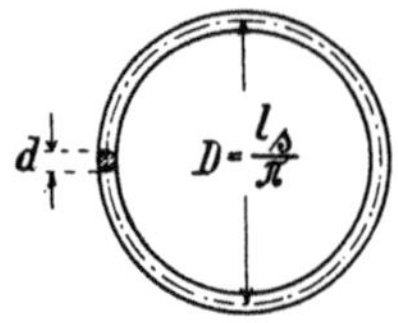

Fig. 420.

und kann nur durch eine komplizierte Integration ermittelt werden. Eine andere einfache Spule ist das von einem runden Draht gebildete Rechteck mit den Seiten a_1 und a_2.

Weil für zwei parallel laufende runde Drähte vom Durchmesser d und mit dem Abstande a der Selbstinduktionskoeffizient für die Längeneinheit, nach Gl. 243,

$$L = \frac{1}{10^8}\left[0{,}92 \log\left(\frac{2a}{d}\right) + 0{,}1\right]$$

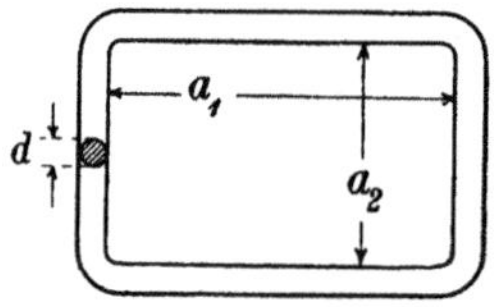

Fig. 421.

ist, und weil zwei zueinander senkrecht stehende Leiterstücke keine induzierende Wirkung aufeinander ausüben, bekommt man für das in Fig. 421 dargestellte Rechteck den Selbstinduktionskoeffizienten

$$L = \frac{1}{10^8}\left[0{,}92\, a_1 \log\left(\frac{2a_2}{d}\right) + 0{,}92\, a_2 \log\left(\frac{2a_1}{d}\right) + (a_1 + a_2)\,\text{Konst.}\right].$$

Durch exakte Rechnungen erhält man diese Konstante gleich — 0,24 anstatt wie zu erwarten + 0,1; also ist der Selbstinduktionskoeffizient eines Rechteckes

$$L = \frac{1}{10^8}\left[0{,}92\, a_1 \log\left(\frac{2a_2}{d}\right) + 0{,}92\, a_2 \log\left(\frac{2a_1}{d}\right) - 0{,}24\,(a_1 + a_2)\right] \quad (250)$$

oder angenähert

$$L \simeq \frac{a_1 + a_2}{10^8}\, 0{,}92 \left[\log \frac{2(a_1 + a_2)}{d} - 0{,}2\right] = \frac{0{,}46\, l_s}{10^8}\left[\log\left(\frac{l_s}{d}\right) - 0{,}2\right]. \quad (250\text{a})$$

worin l_s die mittlere Länge der Spule bedeutet.

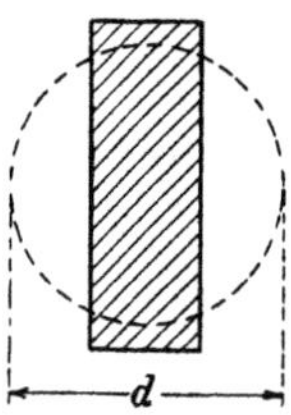

Fig. 422.

Besitzt der Leiter der kreisrunden und rechteckigen Spule nicht einen kreisrunden, sondern z. B. einen rechteckigen Querschnitt, so läßt sich durch Rechnungen nachweisen, daß man für den Durchmesser d mit ausreichender Genauigkeit den Durchmesser eines Kreises nehmen kann, der den gleichen Umfang wie der Leiterquerschnitt besitzt (siehe Fig. 422). Dies ist jedoch nur zulässig, wenn die Form des Leiterquerschnittes eine nicht zu lang gestreckte ist.

Besteht die kreisrunde Spule aus mehreren (w) Windungen, wie z. B. die in Fig. 423 gezeigte, so gilt die folgende Formel

$$L = \frac{w^2 l_s}{10^8}\left[0{,}46 \log\left(\frac{l_s}{d_s}\right) - 0{,}163\right], \quad . \quad . \quad . \quad (251)$$

worin d_s der Durchmesser eines Kreises vom gleichen Umfange wie die Spule bedeutet und $l_s = \pi D$ die mittlere Länge der Spule ist. Die Formel setzt voraus, daß l_s gegenüber d_s groß ist.

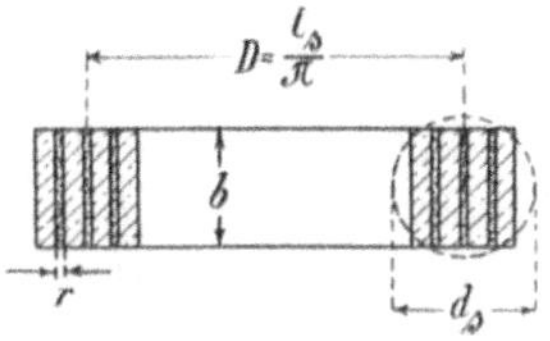

Fig. 423.

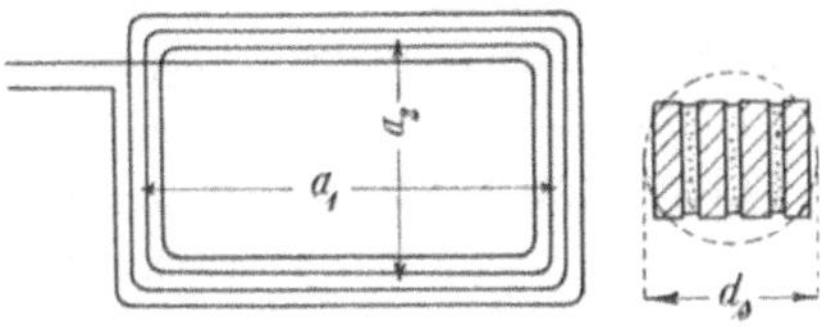

Fig. 424.

Aus den abgeleiteten Formeln folgt direkt, daß der Selbstinduktionskoeffizient einer Spule proportional mit dem Quadrate der Windungszahl zunimmt.

Analog erhält man für eine rechteckige Spule (Fig. 424) mit mehreren (w) Windungen

$$L = \frac{w^2}{10^8}\left[0{,}92\, a_2 \log\left(\frac{2\,a_1}{d_s}\right) + 0{,}92\, a_1 \log\left(\frac{2\,a_2}{d_s}\right) - 0{,}24\,(a_1 + a_2)\right]$$

$$\sim \frac{0{,}46\, l_s\, w^2}{10^8}\left[\log\left(\frac{l_s}{d_s}\right) - 0{,}2\right] \quad . \quad . \quad . \quad . \quad . \quad . \quad . \quad . \quad . \quad . \quad (252)$$

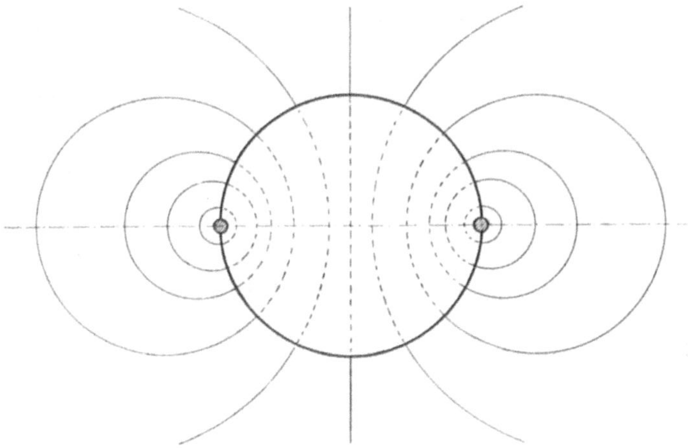

Fig. 425. Magnetisches Feld einer Ankerspule.

Legt man eine derartige Spule in eine **ebene Eisenfläche** hinein, so wird der Selbstinduktionskoeffizient nahezu verdoppelt, weil der magnetische Widerstand auf nahezu die Hälfte heruntergesetzt wird.

Dies trifft auch angenähert zu, selbst wenn die Eisenfläche zylindrisch ist, weil die Kraftlinien stets senkrecht in das Eisen eintreten; die Eisenfläche bildet eine Niveaufläche.

Fig. 425 zeigt das Kraftlinienbild einer Spule mit kreisförmigem Querschnitt, die zur Hälfte in einen Eisenzylinder eingelegt ist. In dieser Figur sind die Kraftlinien für den Fall einpunktiert, daß der Zylinder aus nicht magnetischem Material besteht; aus dem Verlauf dieser Linien ist leicht ersichtlich, daß die Einführung des Eisenzylinders in das Feld der Spule den magnetischen Widerstand auf die Hälfte herabsetzt, wodurch die Selbstinduktion sich verdoppelt.

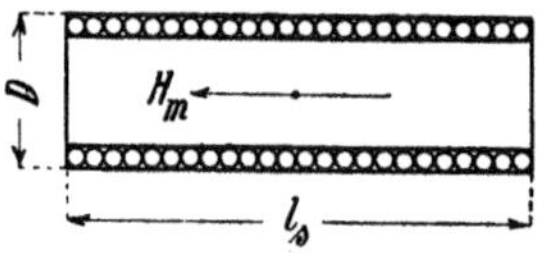

Fig. 426.

In der Mitte einer langen dünnen Spule vom Durchmesser D und der Länge l_s (Fig. 426) ist die Feldstärke

$$H_m = \frac{0{,}4\pi i w}{\sqrt{l_s^2 + D^2}} \sim \frac{iw}{0{,}8\, l_s}.$$

Bezeichnen wir mit $q_s = \frac{\pi}{4} D^2$ den Querschnitt der Spule, so ist der Kraftfluß durch den mittleren Teil der Spule nahezu $q_s H_m$; an den Spulenenden ist der Kraftfluß jedoch etwas kleiner, so daß nicht alle w Windungen mit demselben Kraftfluß verkettet sind. $\frac{q_s H_m w}{k_s}$ ist ein Maß für die Kraftlinienverkettungen der Spule, worin der Faktor k_s größer als 1,0 ist und die Abnahme des Kraftflusses nach den Spulenenden hin berücksichtigt. Wir erhalten somit den Selbstinduktionskoeffizienten L einer derartigen Spule gleich der Summe der Kraftlinienverkettungen für $i = 1$ Ampere zu

$$L = \frac{w^2}{10^8} \frac{q_s}{0{,}8\, k_s\, l_s} \quad . \quad . \quad . \quad . \quad . \quad . \quad (253)$$

k_s hängt von den Dimensionen der Spule, besonders von dem Verhältnis $\frac{l_s}{q_s}$ ab. Je größer dieses Verhältnis ist, um so mehr nähert sich k_s der Einheit. $\frac{q_s}{0{,}8\, l_s}$ ist, wenn $\frac{l_s}{D}$ sehr groß ist, der magnetische Widerstand der zylindrischen Spule, und $\frac{q_s}{0{,}8\, k_s\, l_s}$ ist der magnetische Widerstand des effektiven Kraftflusses, den man sich mit allen w Windungen verkettet denkt.

b) Handelt es sich um Spulen in elektrischen Maschinen und Transformatoren, so rechnet man, wie in Kapitel VII, Seite 131 erwähnt, gewöhnlich nicht mit Selbstinduktion und gegenseitiger Induktion, sondern mit dem Hauptkraftflusse und den Streuflüssen oder deren entsprechenden Größen, nämlich den Koeffizienten der gegenseitigen Induktion und Streuinduktion. Es würde hier zu weit führen, alle die in Maschinen und Transformatoren vorkommenden Koeffizienten zu berechnen; es sollen deswegen nur die Berechnungsmethoden derartiger Koeffizienten angegeben werden.

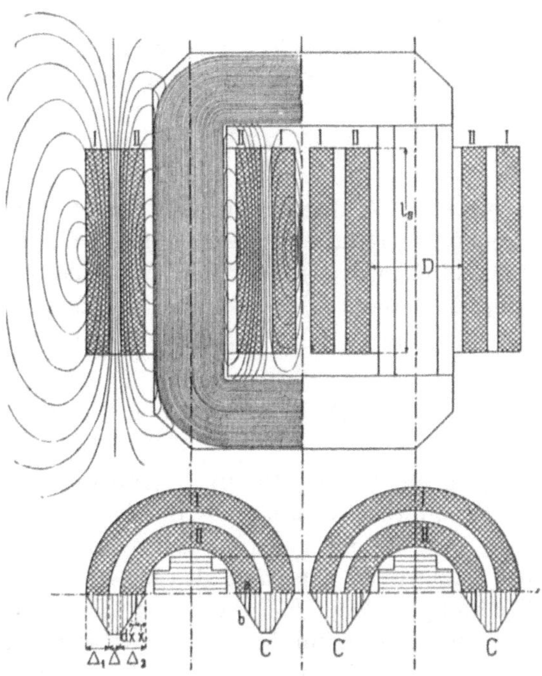

Fig. 427. Streufeld eines Transformators mit Zylinderwicklung.

In Fig. 427 ist das Kraftlinienbild eines einphasigen Kerntransformators mit Zylinderwicklungen dargestellt. I bedeutet die Primärspulen und II die Sekundärspulen. Beide werden von dem Hauptkraftfluß durchsetzt, der von der Differenz der primären und sekundären Amperewindungen erzeugt wird. Zwischen den Primär- und Sekundärspulen, in denen entgegengesetzt gerichtete Ströme fließen, werden die Streulinien durchgequetscht, von welchen die primären mit einem Teile der Primärwindungen und die sekundären mit einem Teile der Sekundärwindungen verkettet sind. Die Streuinduktionskoeffizienten S_1 und S_2 sind durch die Summenausdrücke

$$S_1 = \Sigma \frac{w_{1x}\left(w_{1x} - w_{2x}\frac{w_1}{w_2}\right)}{R_x}$$

und

$$S_2 = \Sigma \frac{w_{2x}\left(w_{2x} - w_{1x}\frac{w_2}{w_1}\right)}{R_x}$$

gegeben, welche über alle Kraftröhren zu erstrecken sind, die mit den primären bzw. den sekundären Windungen verkettet sind.

Im allgemeinen interessiert es nur, die Summe der beiden Koeffizienten zu kennen, und diese läßt sich, wie folgt, leicht annäherungsweise berechnen. Es ist für jede Säule des Transformators

$$S_1 + S_2' = \frac{1}{10^8}\frac{w_1^2}{R_s} \text{ Henry,}$$

worin w_1 die primäre Windungszahl einer Säule, S_2' der auf die primäre Windungszahl reduzierte sekundäre Streuinduktionskoeffizient und R_s den effektiven magnetischen Widerstand zwischen den beiden Wicklungen bedeutet. Dieser Widerstand läßt sich in derselben Weise ausdrücken wie der Widerstand der zylindrischen Spule (Gl. 253)

$$R_s = \frac{q_s}{0{,}8\, k_s\, l_s}.$$

q_s ist der Querschnitt des effektiven Kraftflusses zwischen der primären und sekundären Wicklung, l_s die mittlere Länge der beiden Wicklungen und k_s ein Faktor, durch den der magnetische Widerstand des Streuflusses außerhalb des Zwischenraumes zwischen den beiden Wicklungen und die Abnahme des Streufeldes gegen die Enden der Wicklungen hin berücksichtigt werden. Bezeichnet man mit Δ den radialen Abstand zwischen den beiden Wicklungen, Δ_1 die Stärke der primären Wicklung, Δ_2 die Stärke der sekundären Wicklung und U den Umfang zwischen den beiden Wicklungen, so wird

$$q_s \simeq U\left(\Delta + \frac{\Delta_1 + \Delta_2}{3}\right).$$

Daß $\frac{\Delta_1}{3}$ und $\frac{\Delta_2}{3}$ in diesen Ausdruck hineinkommen, rührt daher, daß man über die Kraftröhrenverkettungen $\Sigma\left(\frac{w_x^2}{R_x}\right)$ und nicht über die Kraftröhren $\Sigma\left(\frac{w_x}{R_x}\right)$ zu summieren oder integrieren hat, was, wie bekannt, nicht einen Mittelwert von Δ_1 und Δ_2, sondern ein

Drittel beider ergibt. Es wird somit die Summe der Streuinduktionskoeffizienten der Wicklungen einer Säule

$$S_1 + S_2' = \frac{w^2}{10^8} \frac{U\left(\Delta + \frac{\Delta_1 + \Delta_2}{3}\right)}{0{,}8\, k_s\, l_s} \text{ Henry.} \qquad (254)$$

Die Stärke der Streufelder selbst ist für einen Schnitt durch die Mitte der Wicklungen durch die Kurve C in Fig. 427 dargestellt.

Prof. G. Kapp hat den Wert von k_s bei mehreren Transformatoren experimentell bestimmt; bei modernen Kerntranformatoren liegt k_s zwischen 0,95 und 1,05. — Damit keine lokalen Streufelder in Transformatoren entstehen, ist darauf zu achten, daß die beiden Wicklungen möglichst gleichförmig und einander symmetrisch gegenüber angeordnet werden.

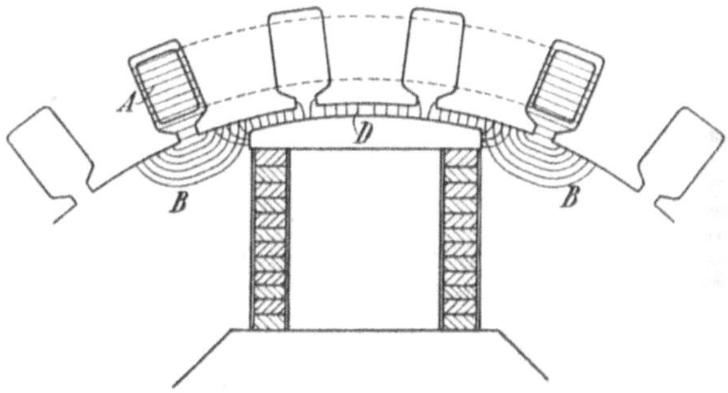

Fig. 428a. Streufelder eines Dreiphasengenerators.

Ankerspulen von elektrischen Maschinen werden jetzt immer in Nuten untergebracht. Hier ist es bei der Berechnung des Streuinduktionskoeffizienten von Vorteil, drei Gruppen von Streulinien zu unterscheiden, und zwar

1. die Linien A (Fig. 428a), die fast quer durch die Nuten verlaufen,
2. die Linien B, die zwischen den Köpfen der die Nut begrenzenden Zähne verlaufen, und
3. die Linien C (Fig. 428b), die sich um die Spulenköpfe außerhalb des Eisens schließen.

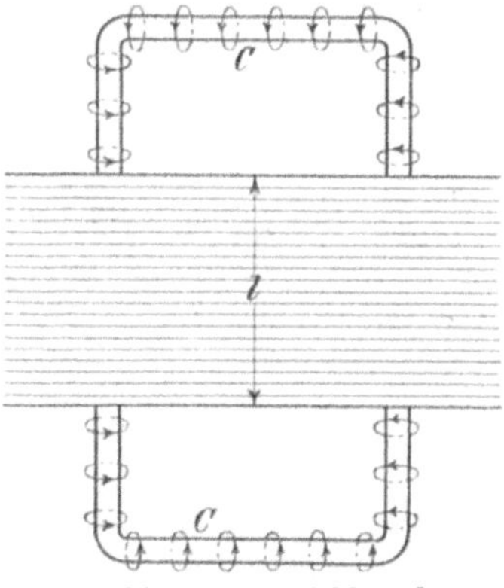

Fig. 428b. Streufelder der Wicklungsköpfe.

Außer den Streulinien gibt es noch die Linien D des Hauptkraftflusses, welche die Ankerspulen durchsetzen und in ihr die EMK der gegenseitigen Induktion erzeugen. Der Hauptkraftfluß wird in einem Mehrphasengenerator, wie der in Fig. 428a gezeigte, von den resultierenden Feldamperewindungen und Ankeramperewindungen erzeugt.

Wie im Abschn. 118 S. 436 gezeigt ist, sind die resultierenden Amperewindungen einer $n$phasigen Ankerwicklung mit w Windungen pro Pol und Phase und einem Strom mit dem Maximalwert J_{max} gleich $\frac{n}{2} J_{max} w$; diese magnetomotorische Kraft rotiert synchron mit dem Felde und stellt sich unter einem bestimmten Winkel ψ dem Felde gegenüber ein. Dieser Winkel ist identisch mit dem inneren Phasenverschiebungswinkel ψ des Ankerstromes, wenn man den Winkel eines Polpaares gleich 2π setzt.

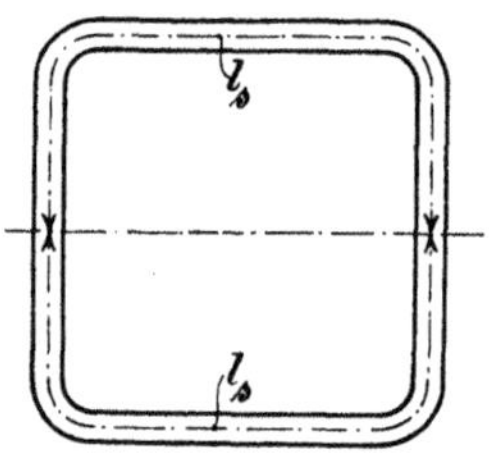

Fig. 428c.

Für den Streuinduktionskoeffizienten einer Ankerspule kann analog wie oben gesetzt werden

$$S = \frac{1}{10^8} \frac{w_n^2}{R_s}.$$

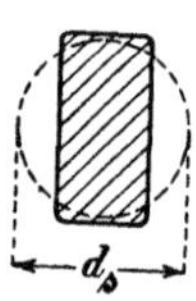

Fig. 428d.

R_s ist der magnetische Widerstand des effektiven Streuflusses, der mit allen w_n Windungen einer Nut verkettet ist. Nach unserer Einteilung der Streulinie ist es jedoch zweckmäßiger,

$$\frac{1}{R_s} = 2l\lambda_n + 2l\lambda_k + 2l_s\lambda_s$$

zu setzen. Hierin ist λ_n die Leitfähigkeit des Streufeldes quer über die Nuten für 1 cm Länge des Ankereisens, λ_k die Leitfähigkeit des Streufeldes zwischen den Zahnköpfen für 1 cm Länge des Ankereisens und λ_s die Leitfähigkeit des Streufeldes um die Spulenköpfe. l ist die Länge des Ankereisens und l_s die Länge eines Spulenkopfes.

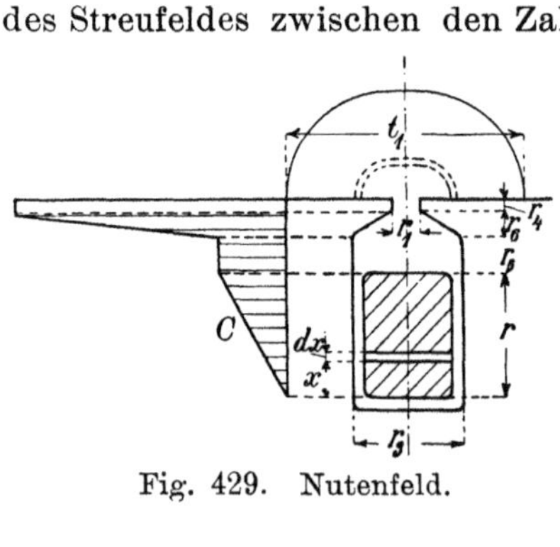

Fig. 429. Nutenfeld.

In Fig. 429 sind die Streulinien A quer durch die Nuten verlaufend angenommen und die Kurve C gibt die Feldstärke des Streufeldes an. Die Leitfähigkeit λ_n berechnet sich nach diesem Verlauf der Streulinien, unter Vernachlässigung des magnetischen Widerstandes im Eisen, zu

$$\lambda_n = \int\limits_{x=0}^{x=r} \left(\frac{x}{r}\right)^2 \frac{dx}{0{,}8\, r_3} + \frac{r_5}{0{,}8\, r_3} + \frac{2\, r_6}{0{,}8\,(r_1 + r_3)} + \frac{r_4}{0{,}8\, r_1}$$

$$= 1{,}25\left(\frac{r}{3\, r_3} + \frac{r_5}{r_3} + \frac{2\, r_6}{r_1 + r_3} + \frac{r_4}{r_1}\right) \quad . \; . \; . \; . \; . \quad (255)$$

Hier erhält man wieder $\frac{r}{3\, r_3}$ und nicht $\frac{r}{2\, r_3}$, weil man über die Kraftröhrenverkettungen $\Sigma \frac{w_x^{\,2}}{R_x}$, d. h. über $\left(\frac{x}{r}\right)^2 dx$ zu integrieren hat.

Für die Streulinien B nehmen wir einen Verlauf nach zwei Viertelkreisen und geradlinigen Verbindungsstrecken an, wie sie in Fig. 429 eingezeichnet sind. Es wird somit

$$\lambda_k = \int\limits_{x=0}^{x=\frac{t_1 - r_1}{2}} \frac{dx}{0{,}8\,(\pi_x + r_1)} = \frac{2{,}3}{0{,}8\,\pi} \log \left[\frac{\pi(t_1 - r_1) + 2\, r_1}{2\, r_1}\right] \simeq 0{,}92 \log\left(\frac{\pi t_1}{2\, r_1}\right). \quad (256)$$

Die Integration ist hier bis zu der Grenze t_1 erstreckt, die man am besten gleich der Zahnteilung setzt. Denn alle Kraftröhren außerhalb dieser Grenze umschließen gewöhnlich mehrere Nuten und erfordern weitere komplizierte Überlegungen, um richtig berücksichtigt zu werden, worauf hier nicht näher eingegangen werden soll.

Um die Streulinien C zu berücksichtigen, denkt man sich am besten die beiden Spulenköpfe zu einer rechteckigen Spule vereinigt, wie in Fig 428c gezeigt, und für diese ist die Leitfähigkeit

$$\lambda_s = 0{,}46 \left[\log\left(\frac{l_s}{d_s}\right) - 0{,}2\right] \quad . \; . \; . \; . \; . \quad (257)$$

Es wird somit der Streuinduktionskoeffizient einer Ankerspule

$$S = \frac{2\, w_n^{\,2}}{10^8} (l \lambda_n + l \lambda_k + l_s \lambda_s) \text{ Henry}, \quad . \; . \; . \quad (258)$$

worin λ_n, λ_k und λ_s nach den abgeleiteten Formeln zu berechnen sind.

Liegen zwei gleiche Spulen nebeneinander in derselben Nut wie in Fig. 430 und gehören sie verschiedenen Stromkreisen an, so induzieren die Ströme dieser Spulen sich gegenseitig. Der gegenseitige Induktionskoeffizient M zweier solcher Spulen ist unter Annahme des Kraftlinienverlaufes der Fig. 429 gleich dem Streuinduktionskoeffizient S.

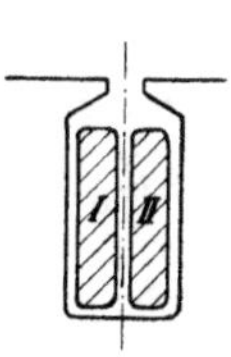

Fig. 430.

Der Verlauf der Kraftlinien wird jedoch ein anderer sein, wenn die Ströme in den beiden Spulen voneinander stark abweichen, und speziell, wenn sie einander entgegengerichtet sind. In diesem Falle wird M etwas kleiner als S.

Die angegebenen Formeln zur Berechnung des Streuinduktionskoeffizienten von Ankerspulen geben natürlich nicht ganz exakte Werte, weil die Kraftlinien nicht nach den angenommenen geometrischen Linien verlaufen, sondern immer kompliziertere Bahnen wählen, durch welche die magnetische Leitfähigkeit der Streufelder ein Maximum wird. Man wird deswegen im allgemeinen experimentell etwas größere Werte erhalten als die Rechnungen ergeben.

146. Widerstandserhöhung, herrührend von Wirbelströmen in massiven Leitern.

Wir haben im vorhergehenden Abschnitt gesehen, daß das magnetische Feld im Inneren der elektrischen Leiter nicht konstant ist. Hieraus folgt, daß nicht alle Stromfäden der Leiter dieselbe Selbstinduktion besitzen. Dies bewirkt, daß ein Wechselstrom von hoher Periodenzahl sich nicht gleichmäßig über den Drahtquerschnitt verteilt, sondern derart, daß die Schwankung der potentiellen Energie $L \frac{i^2}{2}$ möglichst klein ausfällt. Aus diesem Grunde erhält man die größte Stromdichte in jenem Teile der Drähte, in dem das magnetische Feld am stärksten ist. Auf diese Erscheinung, die als Skineffekt der Drähte bezeichnet wird, hat Lord Kelvin zuerst aufmerksam gemacht. Ihre Wirkung besteht in einer scheinbaren Vergrößerung des Widerstandes und einer Verkleinerung der Selbstinduktion der Drähte. Bei elektrischen Leitungen, bei denen das Feld in einem Drahte fast nur von dem Strome dieses Drahtes herrührt, wird die Stromdichte nur von dem Abstande des betrachteten Punktes von der Drahtachse abhängen. An der Oberfläche ist die Stromdichte am größten und im Inneren bei der Achse am kleinsten.

a) Die Verteilung des Stromes über den Querschnitt werden wir zuerst für einen runden Draht berechnen, was zu ähnlichen Gleichungen führt wie die für die Verteilung eines schnell wechselnden magnetischen Kraftflusses über einen runden Eisendraht.

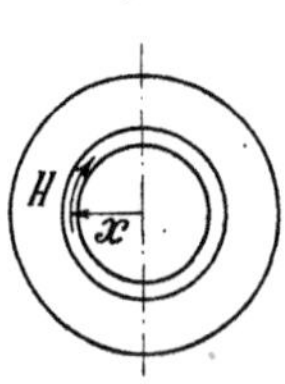

Fig. 431.

Im Abstande x von der Achse (Fig. 431) betrachten wir das aus der Zylinderschale von der Stärke dx bestehende Leiterelement. Die maximale Stromdichte sei $\mathfrak{J}_x$ und die magnetische Feldstärke $\mathfrak{H}_x$. Sie nimmt von innen nach außen um den Betrag

$$d\mathfrak{H}_x = \frac{0{,}4\pi\mathfrak{J}_x 2\pi x\,dx}{2\pi x} = 0{,}4\pi\mathfrak{J}_x dx$$

zu, und die Induktion unter Annahme konstanter Permeabilität nimmt um $\mu d\mathfrak{H}_x = d\mathfrak{B}_x$ zu. Es wird an der Außenseite der Zylinderschale eine kleinere EMK $\mathfrak{E}_x$ als an der Innenseite wirksam sein. Die Zunahme in der EMK $\mathfrak{E}_x$ ist unter Berücksichtigung der Phasenverzögerung von 90^0

$$d\mathfrak{E}_x = 2\pi jc\mathfrak{B}_x dx 10^{-8} = 2\pi jc\mu\mathfrak{H}_x dx 10^{-8} \text{ Volt.}$$

Diese Zunahme in der Spannung bedingt eine Zunahme in der Stromdichte gemäß der Gleichung $\mathfrak{J}_x = \frac{\mathfrak{P} - \mathfrak{E}_x}{\varrho}$ gleich

$$d\mathfrak{J}_x = -\frac{d\mathfrak{E}_x}{\varrho} = -2\pi jc\frac{\mu}{\varrho}\mathfrak{H}_x dx\, 10^{-8} \text{ Volt,}$$

also

$$\frac{d^2\mathfrak{J}_x}{dx^2} = -2\pi jc\frac{\mu}{\varrho}\frac{d\mathfrak{H}_x}{dx}10^{-8}$$

Setzen wir den Wert für $\frac{d\mathfrak{H}_x}{dx}$ hier ein, so wird

$$\frac{d^2\mathfrak{J}_x}{dx^2} = -0{,}8\pi^2 jc\frac{\mu}{\varrho}\mathfrak{J}_x 10^{-8}.$$

Führen wir analog wie bei der Verteilung der Induktion in Eisendrähten

$$\lambda = \frac{2\pi}{10^4}\sqrt{\frac{c\mu}{10\varrho}} \quad \ldots \ldots \quad (259)$$

ein, so wird

$$\frac{d^2\mathfrak{J}_x}{dx^2} = -2j\lambda^2\mathfrak{J}_x$$

und die Lösung dieser Gleichung lautet:

$$\mathfrak{J}_x = \mathfrak{A}e^{(1-j)\lambda x} + \mathfrak{B}e^{-(1-j)\lambda x},$$

worin $\mathfrak{A}$ und $\mathfrak{B}$ gleich groß sind, weil man für $+x$ und $-x$ denselben Wert für $\mathfrak{J}_x$ erhält. Es ist somit

$$\mathfrak{J}_x = \mathfrak{A}\left[e^{(1-j)\lambda x} + e^{-(1-j)\lambda x}\right].$$

An der Oberfläche des Drahtes, wo $x = r$ ist, ist die Stromdichte ein Maximum

$$\mathfrak{J}_{max} = \mathfrak{A}\left[e^{(1-j)\lambda r} + e^{-(1-j)\lambda r}\right]$$

also

$$\mathfrak{J}_x = \mathfrak{J}_{max}\frac{e^{(1-j)\lambda x} + e^{-(1-j)\lambda x}}{e^{(1-j)\lambda r} + e^{-(1-j)\lambda r}} \quad \ldots \quad (260)$$

Die Stromdichte pflanzt sich also in derselben Weise von außen bis innen nach Wellen fort wie die Induktion in einem Eisendrahte. Um den effektiven Widerstand des Drahtes zu bestimmen, muß man den Mittelwert der Quadrate der Stromdichte $\int\limits_{x=0}^{x=r} \mathfrak{J}_x^2 2\pi x dx$ durch das Quadrat des Mittelwertes der Stromdichte $\left[\int\limits_{x=0}^{x=r} \mathfrak{J}_x 2\pi x dx\right]^2$ dividieren. Das reelle Verhältnis dieser beiden Größen gibt das Verhältnis k des effektiven Widerstandes r_{eff} zu dem Ohmschen Widerstande r; also

$$k = \frac{r_{eff}}{r} = \frac{\int\limits_{x=0}^{x=r} \mathfrak{J}_x^2 2\pi x dx}{\left[\int\limits_{x=0}^{x=r} \mathfrak{J}_x 2\pi x dx\right]^2} \text{ (reeller Teil).}$$

Da dieses Verhältnis nur durch langwierige Rechnungen ermittelt werden kann, so soll hier kurz das Resultat angegeben werden. Für niedrige Periodenzahlen erhält man für Kupferdrähte $\left(\mu = 1 \text{ und } \varrho = 0{,}017\, 10^{-4}\, \Omega \frac{\text{cm}}{\text{cm}^2}\right)$

$$k = 1 + 0{,}70 \left(\frac{cd^2}{1000}\right)^2 - 0{,}40 \left(\frac{cd^2}{1000}\right)^4,$$

für Aluminiumdrähte $\left(\mu = 1 \text{ und } \varrho = 0{,}0285\, 10^{-4}\, \Omega \frac{\text{cm}}{\text{cm}^2}\right)$

$$k = 1 + 0{,}25 \left(\frac{cd^2}{1000}\right)^2 - 0{,}05 \left(\frac{cd^2}{1000}\right)^4$$

und für dünne Eisendrähte $\left(\mu = 1000 \text{ und } \varrho = 0{,}10\, 10^{-4}\, \Omega \frac{\text{cm}}{\text{cm}^2}\right)$

$$k = 1 + 2 \left(\frac{cd^2}{10}\right)^2 - 3{,}33 \left(\frac{cd^2}{10}\right)^4,$$

worin der Drahtdurchmesser d in cm einzusetzen ist. Für mittlere Periodenzahlen benutzt man am besten die von Hospitalier berechnete Tabelle, die das Verhältnis k für verschiedene Werte von cd^2 angibt. Die untenstehende Tabelle bezieht sich auf Kupferdrähte mit $\varrho = 0{,}017$ Ohm. Um das Verhältnis für Drähte anderer Materialien zu erhalten, hat man den Wert cd^2 mit $\frac{\mu}{\varrho}\, 0{,}017$ zu multiplizieren und für diesen Wert (cd^2) in der Tabelle das entsprechende Verhältnis k aufzusuchen.

cd^2	k	cd^2	k
0	1,0000	1520	1,8628
20	1,0000	1880	2,0430
80	1,0001	2280	2,2190
170	1,0258	2710	2,3937
300	1,0805	4820	3,0956
470	1,1747	7500	3,7940
680	1,3180	17000	5,5732
920	1,4920	30000	7,3250
1200	1,6778		

b) Für sehr hohe Periodenzahlen und bei Leitern aus magnetischem Material nimmt

$$\lambda = \frac{2\pi}{10^4}\sqrt{\frac{c\mu}{10\varrho}}$$

so große Werte an, daß $e^{-\lambda x}$ gegenüber $e^{\lambda x}$ vernachlässigt werden kann. Dann kann die Stromdichte $\mathfrak{J}_x$ wie folgt geschrieben werden:

$$\mathfrak{J}_x = \mathfrak{J}_{max} \frac{e^{(1-j)\lambda x}}{e^{(1-j)\lambda r}} = \mathfrak{J}_{max} e^{(1-j)\lambda(x-r)} \quad . \quad . \quad (261)$$

Diese wie alle früheren Gleichungen gelten nicht allein für runde Drähte, sondern auch für Schienen aus rechteckigem Querschnitt. Für diese bedeutet x den Abstand von der Mitte der Schiene und $2r = \varDelta$ ihre Dicke. In einer Schiene erhalten wir bei sehr hohen Periodenzahlen oder Permeabilitäten die mittlere Stromdichte

$$\mathfrak{J}_{mitt} = \frac{2}{\varDelta}\int_{x=0}^{x=\frac{\varDelta}{2}} \mathfrak{J}_{max}\, e^{(1-j)\lambda\left(x-\frac{\varDelta}{2}\right)}\, dx$$

$$= \frac{2\,\mathfrak{J}_{max}}{(1-j)\lambda\varDelta}\left[1 - e^{-(1-j)\lambda\frac{\varDelta}{2}}\right] \cong \frac{\mathfrak{J}_{max}}{(1-j)\lambda\frac{\varDelta}{2}}$$

oder

$$\varrho\,\mathfrak{J}_{max} = (1-j)\lambda\frac{\varDelta}{2}\,\varrho\,\mathfrak{J}_{mitt} \quad . \quad . \quad . \quad . \quad (261\text{a})$$

Wenn man bedenkt, daß $\varrho\,\mathfrak{J}_{max}$ den Spannungsabfall pro cm Länge des Leiters, herrührend von dem Ohmschen Widerstande und von dem innerhalb des Leiters sich befindenden Eigenfeld, darstellt, so sieht man, daß dieser auf der mittleren Stromdichte $\mathfrak{J}_{mitt}$ oder auf dem im Leiter fließenden Strome $\varDelta\,\mathfrak{J}_{mitt}$ basierte Spannungsabfall sich aus zwei gleich großen Komponenten zusammensetzt.

Eine dieser Komponenten ist in Phase mit dem Strome und stellt somit eine Widerstandsspannung dar, während die andere Komponente dem Strome um 90^0 voreilt und somit einer Reaktanzspannung gleich kommt. Jede Komponente ist gleich $\frac{1}{2}\lambda\varrho$. Man würde also denselben Widerstand erhalten, wenn man sich den Strom des Leiters gleichmäßig über zwei Schichten von je der Stärke $\frac{1}{\lambda}$ verteilt; denn diese Schichten besitzen den Ohmschen Widerstand $\frac{1}{2}\lambda\varrho$ pro cm Länge. Man spricht deswegen davon, daß schnell wechselnde Ströme nur um die Stärke $\frac{1}{\lambda}$ in die Leiter eindringen, oder daß nur eine äußere Schicht der Leiter von der Stärke

$$\delta_{eff} = \frac{1}{\lambda} = \frac{10^4}{2\pi}\sqrt{\frac{10\varrho}{c\mu}} \text{ cm} \quad . \quad . \quad . \quad . \quad . \quad (262)$$

den ganzen Strom leitet. Es ist der effektive Widerstand des Leiters gleich dem Widerstand der äußeren Schicht zu setzen, und diese ist gleichzeitig gleich der effektiven Reaktanz des Leiters, herrührend von dem Eigenfeld innerhalb desselben. Diese Reaktanz ist zwar meistens verschwindend klein gegenüber der Reaktanz, herrührend von dem Eigenfeld außerhalb des Leiters.

Für runde Drähte kommt man zu demselben Resultat; hier dient nur eine äußere zylindrische Schicht von der Stärke $\delta_{eff} = \frac{1}{\lambda}$ als effektiver Stromträger. Als Leiter für Ströme von sehr hoher Frequenz verwendet man deswegen auch Kupferröhren, die nicht allein den Vorteil einer besseren Ausnutzung des Kupfers gestatten, sondern auch den Vorteil einer kleineren Selbstinduktion besitzen. Solche Röhren kommen z. B. in Schaltanlagen und speziell bei den Verbindungsleitungen der Blitzschutzapparate zur Verwendung. Es ist die Stärke der leitenden Schicht

für Kupferleiter ($\varrho = 0{,}017\ 10^{-4}\ \Omega$ pro cm/cm²)

$$\delta_{eff} = \frac{10^4}{2\pi}\sqrt{\frac{10\varrho}{c}} = \frac{6{,}5}{\sqrt{c}} \text{ cm},$$

für Aluminiumleiter ($\varrho = 0{,}028\ 10^{-4}$ cm/cm²)

$$\delta_{eff} = \frac{8{,}5}{\sqrt{c}} \text{ cm}$$

und für Eisenleiter ($\mu = 1000,\ \varrho = 0{,}10\ 10^{-4}$ cm/cm²)

$$\delta_{eff} = \frac{10^4}{2\pi}\sqrt{\frac{10\varrho}{c\mu}} = \frac{0{,}5}{\sqrt{c}} \text{ cm}.$$

Für Eisenbahnschienen erhält man somit bei 25 Perioden $\delta_{eff} = 0{,}1$ cm $= 1$ mm. Wenn U den Umfang der Schiene in mm bedeutet, so ist der effektive Widerstand für einen Kilometer Länge bei 25 Perioden

$$r_{eff} = \frac{0{,}1\,10^3}{U} = \frac{100}{U}\,\Omega.$$

Bei 15 Perioden ist der Widerstand $\sqrt{\frac{15}{25}} = \sqrt{0{,}6} = 0{,}775$ mal so groß, d. h. $\frac{77{,}5}{U}$ Ohm.

Die effektive Reaktanz der Schiene, herrührend von dem inneren Eigenfeld, ist hier natürlich auch gleich dem effektiven Widerstand.

c) Liegen die Drähte wie in Kabeln nahe nebeneinander, so macht sich der gegenseitige Einfluß der Drähte auf die Stromverteilung geltend. Die größte Stromdichte tritt hier in den einander zugewandten Teilen der Drähte auf und der Skineffekt kann sehr bedeutend werden. Für diesen Fall kann man für niedrige Periodenzahlen die von Prof. G. Mie (Wied. Ann. 1900) abgeleiteten Formeln für nichtmagnetische Drähte benutzen. Es ist das Verhältnis für zweiadrige Kupferkabel angenähert

$$k = 1 + \left[0{,}70 + 8{,}5\left(\frac{d}{2\,a}\right)^2\right]\left(\frac{c d^2}{1000}\right)^2 - \left[0{,}40 + 32\left(\frac{d}{2\,a}\right)^2\right]\left(\frac{c d^2}{1000}\right)^4$$

und für Aluminiumkabel

$$k = 1 + \left[0{,}25 + 3{,}0\left(\frac{d}{2\,a}\right)^2\right]\left(\frac{c d^2}{1000}\right)^2 - \left[0{,}05 + 4{,}1\left(\frac{d}{2\,a}\right)^2\right]\left(\frac{c d^2}{1000}\right)^4,$$

worin a den Abstand zwischen den Achsen der beiden Adern bedeutet. Für magnetisierbares Drahtmaterial hat der Abstand der Drähte wenig Einfluß auf die Stromverteilung in den Drähten, so daß man in diesem Falle dieselben Formeln wie für einen einzigen Draht verwenden kann.

Bei Kabeln, bei denen die von dem inneren Eigenfeld herrührende Reaktanz einen beträchtlichen Teil der ganzen Reaktanz ausmacht, ist es auch nötig, den Selbstinduktionskoeffizienten bei großen Periodenzahlen zu korrigieren. Anstatt 0,1 in die Formel 243a, ist für Kupferkabel

$$0{,}1\left\{1 - \left[0{,}35 + 11{,}2\left(\frac{d}{2\,a}\right)^2\right]\left(\frac{c d^2}{1000}\right)^2 + \left[0{,}22 + 45\left(\frac{d}{2\,a}\right)^2\right]\left(\frac{c d^2}{1000}\right)^4\right\}$$

und für Aluminiumkabel

$$0{,}1\left\{1 - \left[0{,}125 + 4{,}0\left(\frac{d}{2\,a}\right)^2\right]\left(\frac{c d^2}{1000}\right)^2 + \left[0{,}027 + 5{,}7\left(\frac{d}{2\,a}\right)^2\right]\left(\frac{c d^2}{1000}\right)^4\right\}$$

einzusetzen. Bestehen die Kabeladern aus vielen dünnen, mehr oder weniger voneinander isolierten Drähten, so wird der Skineffekt durch diese Unterteilung des Querschnittes bedeutend reduziert.

Für schnelle Schwingungen hat Prof. Mie an derselben Stelle die folgenden Formeln angegeben. Es ist das Verhältnis k für Kupferdrähte

$$k = \frac{2a}{\sqrt{a^2 - d^2}}\, 1{,}2 \sqrt{\frac{c d^2}{1000}} + \frac{1}{8} + \frac{\left(a - \sqrt{a^2 - d^2}\right)\left(d^2 + a\sqrt{a^2 - d^2}\right)}{2\sqrt{(a^2 - d^2)^3}}$$

und für Aluminiumdrähte

$$k = \frac{2a}{\sqrt{a^2 - d^2}}\, 0{,}92 \sqrt{\frac{c d^2}{1000}} + \frac{1}{8} + \frac{\left(a - \sqrt{a^2 - d^2}\right)\left(d^2 + a\sqrt{a^2 - d^2}\right)}{2\sqrt{(a^2 - d^2)^3}},$$

während der Selbstinduktionskoeffizient sich dem Wert

$$L = \frac{0{,}92}{10^8} \log\left(\frac{a + \sqrt{a^2 - d^2}}{d}\right)$$

nähert, wenn die Periodenzahl wächst.

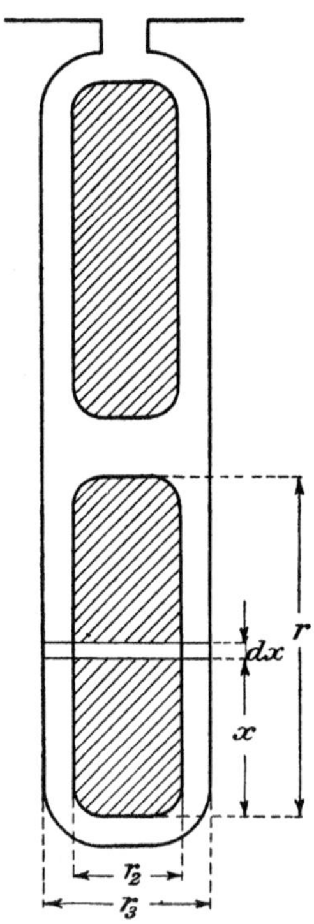

Fig. 432.

d) Bei Spulen, die aus mehreren Windungen bestehen, wird der Verlauf der Kraftlinien des Eigenfeldes noch viel komplizierter als bei ein und zwei Drähten, so daß die Berechnung des effektiven Widerstandes sehr erschwert wird. Um die Erhöhung des Widerstandes möglichst klein zu halten, sollen Leiter aus Fasson- und Flachkupfer derartig angeordnet werden, daß die lange Seite des Querschnittes in die Richtung der Streulinien fällt. Ferner dürfen Windungen, die in verschiedenen Streufeldern liegen, nicht parallel geschaltet werden, weil dann große innere Ströme entstehen können, die wie eine scheinbare Erhöhung des Widerstandes wirken.

Für Spulen in Nuten haben die beiden Brüder Field[1]) die Verteilung der Stromdichte und die Erhöhung des Widerstandes, herrührend von dem Nutenfelde der Spule, eingehend behandelt. Hier soll nur der Gang dieser Rechnungen in den Hauptzügen und ihr Resultat angegeben werden. Wir betrachten zu dem Zweck die Fig. 432 mit zwei Stäben übereinander und

[1]) Transactions AIEE 1905 und Proceedings IEE 1906.

machen wieder die Annahme, daß das Nutenfeld geradlinig quer durch die Nut verläuft und daß der magnetische Widerstand des Eisens gegenüber dem der Nut vernachlässigt werden kann.

Dann folgt, daß die Stromdichte $\mathfrak{J}_x$ nicht in der Weite der Nut, sondern nur der Höhe nach sich ändert. Die Feldstärke nimmt mit der Höhe x nach dem folgenden Gesetz zu:

$$d\mathfrak{H}_x = \frac{0{,}4\pi r_2 \mathfrak{J}_x dx}{r_3}.$$

In der oberen Seite des betrachteten Leiterelements von der Stärke dx wird eine EMK induziert, die um $d\mathfrak{E}_x$ von der an der unteren Seite abweicht. Es ist

$$d\mathfrak{E}_x = 2\pi j c \mu \mathfrak{H}_x dx\, 10^{-8} \text{ Volt},$$

die eine Änderung der Stromdichte um

$$d\mathfrak{J}_x = -2\pi j c \frac{\mu}{\varrho} \mathfrak{H}_x dx\, 10^{-8}$$

zur Folge hat. Aus diesen beiden Differentialgleichungen erhalten wir also

$$\frac{d^2\mathfrak{J}_x}{dx^2} = -2\pi j c \frac{\mu}{\varrho} \frac{d\mathfrak{H}_x}{dx} 10^{-8} = -2\pi j c \frac{\mu}{\varrho} \frac{0{,}4\pi r_2}{r_3} \mathfrak{J}_x 10^{-8}$$

oder

$$\frac{d^2\mathfrak{J}_x}{dx^2} = -0{,}8 j \pi^2 c \frac{\mu r_2}{\varrho r_3} \mathfrak{J}_x 10^{-8},$$

die sich nur durch den Faktor $\frac{r_2}{r_3}$ von der auf S. 565 abgeleiteten Gleichung für Drähte in Luft unterscheidet. Setzen wir hier

$$\lambda = \frac{2\pi}{10^4}\sqrt{\frac{\mu c r_2}{10 \varrho r_3}},$$

so wird

$$\mathfrak{J}_x = \mathfrak{A} e^{(1-j)\lambda x} + \mathfrak{B} e^{-(1-j)\lambda x}$$

und

$$\mathfrak{H}_x = -\frac{\varrho}{2\pi j c \mu} \frac{d\mathfrak{J}_x}{dx} = -\frac{\varrho(1-j)\lambda}{2\pi j c \mu} \left(\mathfrak{A} e^{(1-j)\lambda x} - \mathfrak{B} e^{-(1-j)\lambda x}\right)$$

Zur Bestimmung der Integrationskonstanten $\mathfrak{A}$ und $\mathfrak{B}$ dienen die zwei Grenzbedingungen:

Erstens daß für $x = 0$

$$\mathfrak{H}_x = \frac{0{,}4\pi(n-1)\mathfrak{J}_{mitt} \cdot r \cdot r_2}{r_3},$$

worin $\mathfrak{J}_{mitt} r \cdot r_2$ den maximalen Strom in einem Leiter bedeutet und $(n-1)$ die Zahl der Leiter angibt, die in der Nute unterhalb des betrachteten Leiters liegen. Der betrachtete Leiter ist also der $n$te von unten und $(n-1)\mathfrak{J}_{mitt} r \cdot r_2$ ist das maximale Stromvolumen, das unterhalb dieses Leiters liegt.

Die zweite Grenzbedingung ist, daß der maximale Strom eines Leiters gleich

$$\int_{x=0}^{x=r} \mathfrak{J}_x r_2 \, dx = \mathfrak{J}_{mitt} r r_2$$

ist. Mittels dieser beiden Grenzbedingungen können zuerst die Integrationskonstanten $\mathfrak{A}$ und $\mathfrak{B}$ bestimmt werden und demnach das Verhältnis k des effektiven Widerstandes zum Ohmschen

$$k = \frac{r_{eff}}{r} = \frac{\int_{x=0}^{x=r} \mathfrak{J}_x^2 \, dx}{\left[\int_{x=0}^{x=r} \mathfrak{J}_x \, dx\right]^2} \text{ (reell genommen).}$$

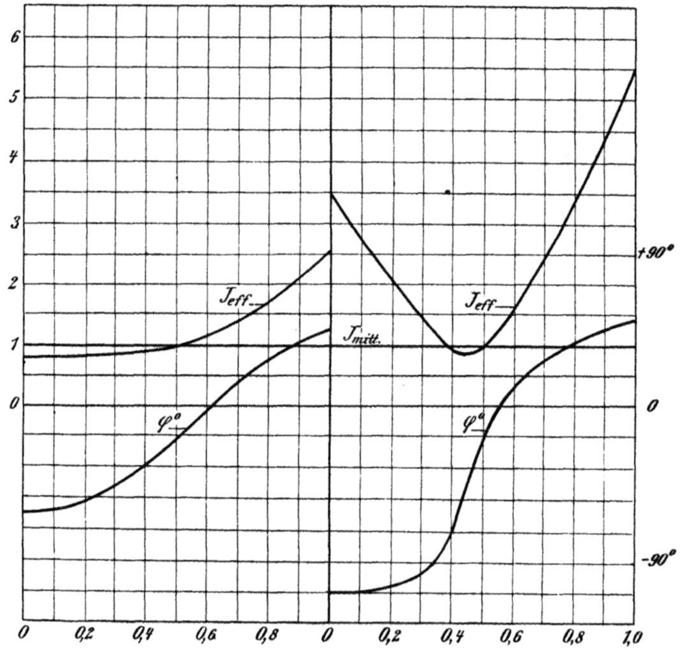

Fig. 433. Stromdichte und Phasenverschiebung in zwei Ankerstäben.

Für dieses Verhältnis hat A. B. Field die folgende Formel abgeleitet

$$k = \lambda r \frac{4n(n-1)(\operatorname{Cos}\lambda r - \cos\lambda r)(\operatorname{Sin}\lambda r - \sin\lambda r) + (\operatorname{Sin} 2\lambda r + \sin 2\lambda r)}{\operatorname{Cos} 2\lambda r - \cos 2\lambda r}, \tag{263}$$

welches Verhältnis für verschiedene Werte von λr in Fig. 434 eingezeichnet ist. Mittels dieser Kurven kann nun für jede Windung der Ankerspule das Verhältnis k bestimmt und demnach der Mittelwert der Widerstandserhöhung aller Windungen leicht ermittelt werden. In Fig. 433 ist außerdem die Stromdichte und ihre Phasenverschiebung gegenüber dem Hauptstrome als Funktion der Stab-

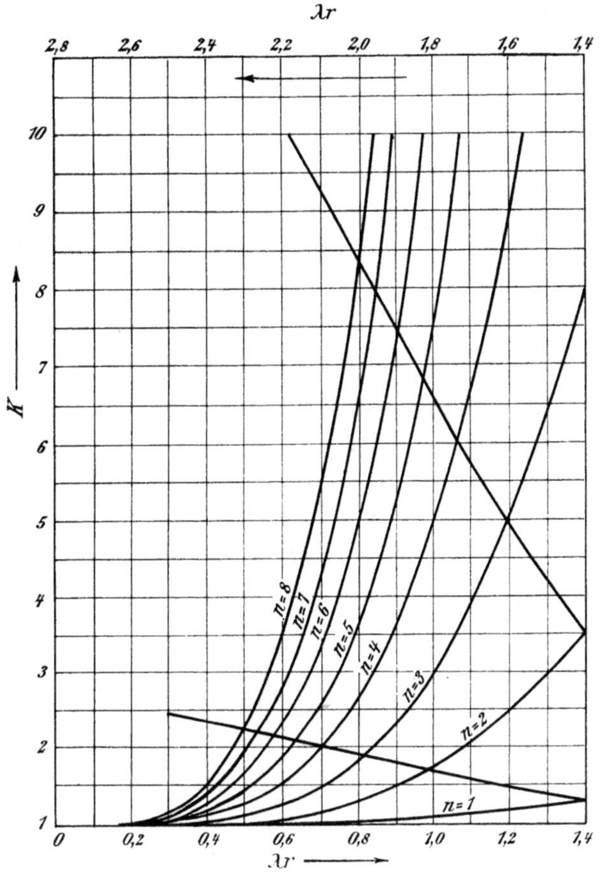

Fig. 434. Kurven zur Bestimmung der Widerstandserhöhung in Ankerstäben.

höhe aufgetragen, die Kurven sind von A. B. Field für die in Fig. 432 dargestellten zwei Leiter unter Annahme von 25 Perioden berechnet und wie ersichtlich variiert die Stromdichte sehr stark. Für den unteren Leiter ist sie ein Maximum an der oberen Kante, während es für den zweiten Leiter ein Minimum in der Mitte des Leiters gibt. Sowohl hieraus wie aus den Kurven (Fig. 434) geht deutlich hervor, daß die Widerstandserhöhung für die Leiter in der

Nähe der Ankeroberfläche viel größer ist als für den untersten Leiter.

Wie bei Drähten in Luft, hat auch bei Ankerspulen der Skineffekt nicht allein eine Erhöhung des Widerstandes zur Folge, sondern auch eine Verkleinerung der Selbstinduktion. Dies geht daraus hervor, daß der Strom nach oben in den Stäben getrieben wird, so daß das Nutenfeld nicht den geradlinigen Verlauf wie in Fig. 429 erhält, sondern hauptsächlich zwischen den Stäben und durch den obersten und untersten Teil der Stäbe verläuft. Sind in einer Nut viele Windungen übereinander angeordnet, so kommt die Felddeformation des Nutenfeldes viel weniger zum Ausdruck, weil dann die Leiter sehr dünn sind und das Nutenfeld fast geradlinig von unten bis oben variiert. Hat man wenige große Leiter übereinander in einer Nut, so ist es vorteilhaft, sie parallel zu den Kraftlinien zu lamellieren oder sie aus gepreßten Kabeln herzustellen. Bei vielen elektrischen Maschinen, wie bei Gleichstrommaschinen und in noch höherem Grade bei den sogenannten Umformern, weichen die in den Ankerleitern fließenden Ströme stark von der Sinusform ab. In solchen Fällen muß der Leiterstrom in einen Grundstrom und in Oberströme zerlegt und für jeden dieser Ströme die Verluste oder das Verhältnis k berechnet werden. Sind diese k_1, k_3, k_5 usw. für die Ströme J_1, J_3, J_5 usw., so ergibt sich für den effektiven Strom

$$J = \sqrt{J_1^2 + J_3^2 + J_5^2 + \dots}$$

das Verhältnis k aus der Gleichung

$$kJ^2 = k_1 J_1^2 + k_3 J_3^2 + k_5 J_5^2 + \dots$$

also

$$k = k_1 \left(\frac{J_1}{J}\right)^2 + k_3 \left(\frac{J_3}{J}\right)^2 + k_5 \left(\frac{J_5}{J}\right)^2 + \dots$$

Diese für Ankerspulen abgeleiteten Formeln und Überlegungen lassen sich auch in vielen anderen Fällen mit einiger Annäherung sinngemäß anwenden, wenn die Streulinien parallel zu den Begrenzungsflächen der Leiter verlaufen und der Kraftlinienweg durch die ungleichförmige Stromverteilung nicht wesentlich geändert wird. Derartige Fälle liegen bei Transformatoren und Induktionsspulen vor; nur muß hier das Verhältnis $\frac{r_2}{r_3}$ unter Berücksichtigung des resultierenden Kraftlinienbildes gewählt werden.

e) Außer den vom Eigenfelde in elektrischen Leitern induzierten Wirbelströmen gibt es noch die von fremden Feldern induzierten Ströme, die zwar nicht eine scheinbare Widerstandserhöhung, sondern nur eine Erwärmung des Leiters zur Folge haben. Für diese Ströme lassen sich sinngemäß die für Wirbelströme in Eisendrähten und Eisenplatten abgeleiteten Formeln verwenden. Ein paar Beispiele mögen dies am besten erläutern.

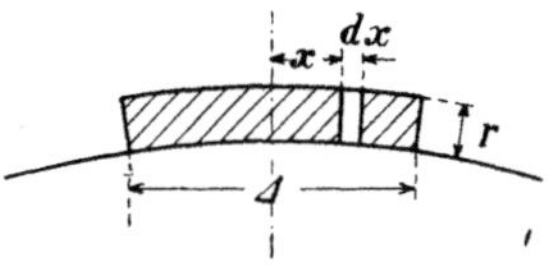

Fig. 435.

An der Oberfläche eines glatten Ankers befindet sich ein Kupferleiter von der Breite $\varDelta$ und der Stärke r (Fig. 435). Der Anker mit dem Durchmesser D und der Polteilung $\tau = \frac{\pi D}{2p}$ rotiert mit einer Umfangsgeschwindigkeit v. Das Feld im Luftspalt nehmen wir als sinusförmig über die Polteilung τ verteilt an; es kann dann die Feldstärke in irgendeinem Punkte des Leiters in jedem Augenblicke durch

$$b = B_l \sin\left(\omega t - \frac{\pi}{\tau} x\right)$$

ausgedrückt werden. Die Mitte des Leiters, wo $x = 0$ ist, fällt dann zur Zeit $t = 0$ in die Mitte der neutralen Zone des magnetischen Feldes, wo $b = 0$ ist. In einem Leiterelement im Abstande x von der Mitte des Leiters wird pro cm Länge eine EMK

$$e_x = v b\, 10^{-6} \text{ Volt}$$

induziert, wenn v in Meter i. d. Sekunde angegeben ist. Es wird deswegen die Stromdichte in diesem Leiterelement

$$i_x = \frac{v b}{\varrho} 10^{-6} + C = \frac{v}{\varrho\, 10^6} B_l \sin\left(\omega t - \frac{\pi}{\tau} x\right) + C,$$

C ist eine Konstante, die sich daraus ergibt, daß die Summe aller im Leiter induzierten inneren Ströme gleich Null sein muß; d. h.

$$0 = \int\limits_{x=-\frac{\varDelta}{2}}^{x=+\frac{\varDelta}{2}} i_x dx = -\frac{v B_l}{\varrho \frac{\mu}{\tau} 10^6} 2 \cos \omega t \sin \frac{\pi}{\tau} \frac{\varDelta}{2} + C\varDelta,$$

woraus C berechnet und in den Ausdruck für i_x eingesetzt werden kann. Es wird somit die Stromdichte

$$i_x = \frac{v B_l}{\varrho\, 10^6} \left[\frac{\sin \frac{\pi}{\tau} \frac{\varDelta}{2}}{\frac{\pi}{\tau} \frac{\varDelta}{2}} \cos \omega t + \sin\left(\omega t - \frac{\pi}{\tau} x\right) \right].$$

Um den Verlust w_w in der Volumeinheit zu erhalten, muß man über $i_x^2 \varrho \frac{dx}{\Delta}\frac{dt}{T}$ integrieren und erhält

$$w_w = \int_0^T \frac{dt}{T} \int_{x=-\frac{\Delta}{2}}^{x=+\frac{\Delta}{2}} \frac{dx}{\Delta} i_x^2 \varrho = \frac{v^2 B_l^2}{2\varrho\, 10^{12}} \left[1 - \frac{\sin^2\left(\frac{\pi}{\tau}\frac{\Delta}{2}\right)}{\left(\frac{\pi}{\tau}\frac{\Delta}{2}\right)^2} \right].$$

Entwickelt man die Sinus in eine Reihe und vernachlässigt alle Glieder höherer Ordnung, so wird

$$1 - \frac{\sin^2\left(\frac{\pi}{\tau}\frac{\Delta}{2}\right)}{\left(\frac{\pi}{\tau}\frac{\Delta}{2}\right)^2} = \frac{1}{3}\left(\frac{\pi}{\tau}\frac{\Delta}{2}\right)^2.$$

Setzt man ferner $100\,v = \frac{\pi D n}{60} = \frac{2 p \tau n}{60} = 2\tau c$ und führt Δ in mm ein, so wird für einen Formfaktor $f_\varepsilon = 1{,}11 = \frac{\pi}{2\sqrt{2}}$ der Verlust für 1 cdm

$$w_w = \frac{4}{3}\frac{10^{-5}}{\varrho}\left(\Delta \frac{c}{100}\frac{f_\varepsilon B_l}{1000}\right)^2 \text{Watt.} \quad . \quad . \quad . \quad (263)$$

Diese Formel stimmt genau überein mit dem Ausdruck, der auf Seite 403 für die Wirbelstromverluste in Eisenblechen abgeleitet wurde. Diese Formel behält nur Gültigkeit, solange die Wirbelströme den Verlauf der Kraftlinien nicht wesentlich beeinflussen.

Liegen die Ankerstäbe in Nuten, so werden in ihnen vom Hauptfelde auch EMKe induziert. Diese rühren erstens von den Kraftlinien her, die zwischen den Polflächen und den Zahnseiten verlaufen, diese Kraftlinien treten hauptsächlich bei großen, weit geöffneten Nuten und kleinen Luftspalten auf, wie in Fig. 436a gezeigt.

Fig. 436a.

Fig. 436b.

Nutenfelder.

Die Feldstärke des Nutenfeldes kann zweckmäßig in eine radiale und eine tangentiale Komponente zerlegt werden; hauptsächlich die tangentiale Komponente induziert in den oberen Ankerleitern schädliche Wirbelströme. Stark gesättigte Zähne erhöhen auch die Feldstärke in den Nuten. Sind die Nuten sehr tief und die Zähne nur an der Wurzel stark gesättigt, so treten auch Kraftlinien zwischen den Zahnseiten und dem Nutenboden auf, wie Fig. 436 b zeigt. Sie induzieren Wirbelströme in den unteren Ankerleitern, und zwar ist hier sowohl die radiale wie die tangentiale Komponente für die Größe der Wirbelstromverluste maßgebend.

Die Wirbelstromverluste lassen sich auch in diesem Falle nach ähnlichen Formeln wie für Leiter am glatten Anker bestimmen. Rechnerisch ist dies jedoch schwierig, weil die Berechnung der Nutenfelder sehr viel Zeit in Anspruch nimmt und nur angenähert sein kann.

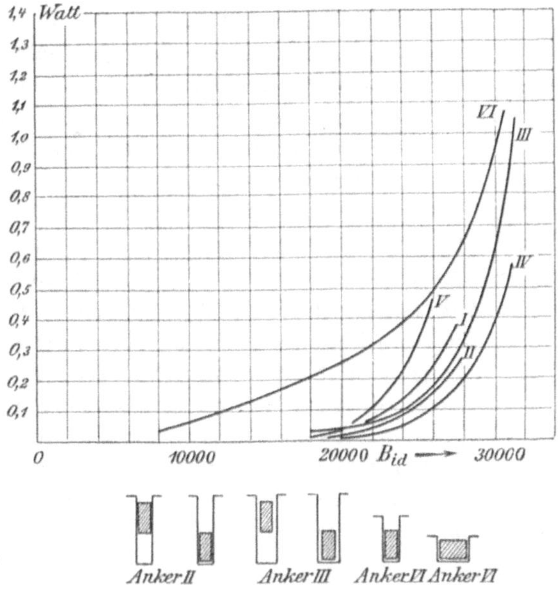

Fig. 437. Wirbelstromverluste in Ankerstäben.

Dr.-Ing. Ottenstein[1]) hat durch eine große Reihe sorgfältig durchgeführter Versuche die Größenordnung dieser Verluste bestimmt und gefunden, daß man mit den maximalen Zahninduktionen bis zu 24—25000 gehen kann, bevor große Verluste, herrührend von den Kraftlinien zwischen Nutenseiten und Nutenboden, auftreten. In der Fig. 437 sind die Verluste für 1 cm³ als Funktion der ideellen maximalen Zahninduktion B_{id} (d. h. der Zahninduktion, die man berechnet, wenn man annimmt, daß alle Kraftlinien durch

[1]) Das Nutenfeld in Zahnarmaturen und die Wirbelstromverluste in massiven Armatur-Kupferleitern. Sammlung elektrotechnischer Vorträge, Stuttgart 1903.

die Zähne gehen, was ja bei hoch gesättigten Zähnen nicht der Fall ist) für verschiedene Nuten und verschiedene Anordnung der Leiter in den Nuten aufgetragen. Aus dieser Figur geht deutlich hervor, daß die Kraftlinien zwischen den Polflächen und den Nutenflächen zu sehr großen Verlusten Anlaß geben können.

Der höchste in den Kurven vorkommende Verlust von 1,0 Watt für 1 ccm entspricht einer effektiven Stromdichte s_w, der sich aus

$$s_w^2 \varrho = 1{,}0$$

ergibt. Wird $\varrho = 0{,}020$ für warmes Kupfer gesetzt, so entspricht der Verlust von einem Watt pro ccm einer effektiven Stromdichte $s_w = \sqrt{50}$ Amp./mm², ein Wert, der die in Ankerstäben übliche mittlere Stromdichte weit übersteigt. — Es ist deswegen ratsam, wenn Kupferstäbe als Ankerleiter in offenen Nuten liegen, wie sie in größeren Gleichstrommaschinen angewandt werden, daß die Ankerleiter nicht zu nahe an die Ankeroberfläche herankommen, daß der Luftspalt im Verhältnis zur Nutenweite nicht zu klein (d. h. nicht unter $^1/_3$) ist und die maximale Zahnsättigung nicht zu hoch (d. h. nicht über 25000 bei Belastung) gewählt wird.

Bei großen Wechselstromgeneratoren mit offenen Nuten sollte man daher die Ankerstäbe in der Nähe der Oberfläche tangential lamellieren, um die vom Eigenfelde induzierten Wirbelströme innerhalb zulässiger Grenzen zu halten, und dieselben Stäbe außerdem radial lamellieren, um die vom Hauptfelde induzierten Wirbelströme zu vernichten. Da dies praktisch nicht möglich ist, so werden die Leiter in der Nähe der Oberfläche entweder aus gepreßten Kabeln ausgeführt, oder sie werden sehr tief in die Nuten hinein verlegt und gleichzeitig tangential lamelliert.

147. Streufelder und elektrodynamische Kräfte bei momentanen Stromstößen.

Seit einigen Jahren geht das Bestreben dahin, möglichst große elektrische Zentralen mit großen Maschineneinheiten zu bauen. Zu Anfang schloß man alle Maschinen an dasselbe Sammelschienensystem und somit an dasselbe Netz an, da kein auffallender Grund vorlag, von der bei kleinen Einheiten üblichen Praxis abzuweichen. Man hatte sich nicht überlegt, daß beim Zusammenarbeiten von großen Maschineneinheiten auf dasselbe Netz im Falle eines Kurzschlusses an irgendeiner Stelle riesige Leistungen in diesen Kurzschluß hineinarbeiten und somit zu außerordentlichen Stromstößen Anlaß geben. Diese Stromstöße haben sowohl große mechanische wie elektrische Kräfte zur Folge und führen oft zu heftigen Explosionen in den automatischen Stromunterbrechern, die die Fehlerquelle von dem übrigen Netze abzuschalten suchen. Im folgenden sollen einige Formeln zur Berechnung der mechanischen Kräfte bei derartigen momentanen Stromstößen angegeben werden. Die Berechnung der elektrischen Kräfte wird in Kapitel 24 erfolgen. Um aber die mechanischen Kräfte zu bestimmen, muß der Verlauf

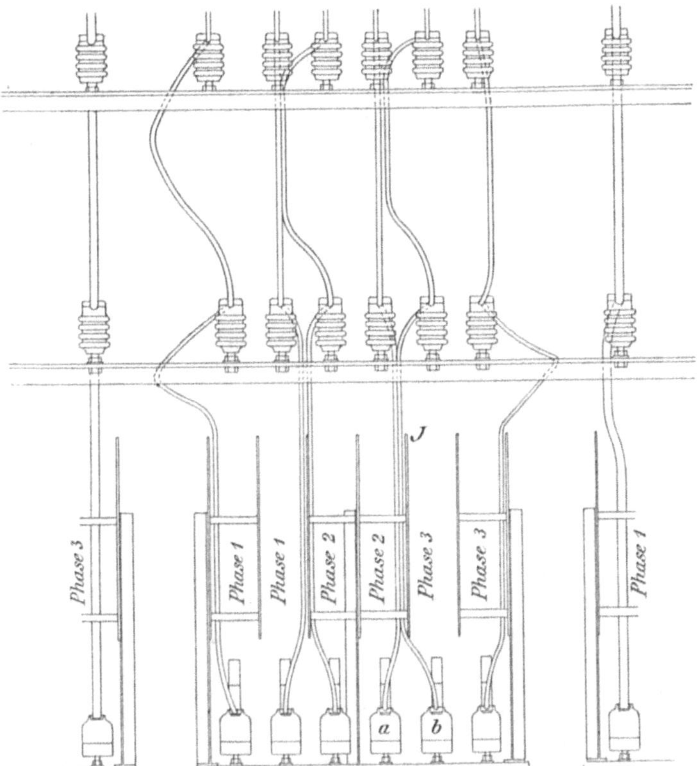

Fig. 438. Wirkungen eines Kurzschlusses auf die Kabelverbindungen einer Schalttafel.

der Streufelder im Momente des Kurzschlusses bekannt sein, weshalb diese gemeinsam mit den mechanischen Kräften berechnet werden sollen.

Zur Veranschaulichung der Kräfte, die zwischen geradlinig verlaufenden Leitern auftreten, kann die Fig. 438 der durch einen Kurzschluß zerstörten Schalttafel eines 6500-Volt-Hochspannungsmotors dienen. Der Motor war an das große Netz des städtischen Elektrizitätswerkes in Manchester angeschlossen und die Figur rührt von C. L. Pearce, dem Leiter dieses Werkes her. Alle Kabel waren zwischen Isolatoren gut gespannt und hatten einen Abstand von ca. 12,5 cm. Die gegenseitige Abstoßung der Hin- und Rückleitungen derselben Phase, sowie die Anziehung der Kabel verschiedener Phasen, geht aus der Figur deutlich hervor. Die Isolatoren *a* und *b* wurden zerbrochen und die Isolationsplatte *J* aus Asbestkarton war glatt abgeschnitten. Die dünnen Kabel, die am meisten verbogen sind, führen normal 10 Ampere, müssen aber, wie die folgenden Rechnungen zeigen, einen viel größeren Strom während des Kurzschlusses geführt haben. Ferner ist deutlich zu sehen, daß die Ausbiegung der Kabel in der Nähe der tragenden Winkeleisen am größten sind, weil die magnetische Feldstärke hier am größten war. Man darf ferner aus der Figur den Schluß ziehen, daß die Verbiegungen in der Nähe der Winkeleisen angefangen haben, und nachdem die Drähte sich erst an dieser Stelle genähert haben, setzte sich die Bewegung weiter nach unten fort.

a) Zuerst soll nun die abstoßende Kraft zwischen zwei parallelen Leitungen, von denen die eine als Hin- und die andere als Rückleitung dient, berechnet werden. Daß die Kraft abstoßend ist folgt daraus, daß der Strom in den beiden Leitungen entgegengesetzt gerichtet ist. Man kann auch sagen, die Drähte suchen sich so zu bewegen, daß die Selbstinduktion der aus den Drähten gebildeten Schleife möglichst groß wird; denn dann wird die magnetische Feldenergie ein Maximum. Die Drähte suchen sich also voneinander zu entfernen. Parallele Drähte mit gleichgerichteten Strömen ziehen sich dagegen an. Nach dem Ampereschen Gesetz ist die abstoßende bzw. anziehende Kraft zwischen zwei parallelen Leitungen pro cm Länge gleich

$$K = \frac{2\, i_1\, i_2}{a\, 981\,000 \times 100}\ \mathrm{kg} \simeq \frac{2\, i_1\, i_2}{a\, 10^8}\ \mathrm{kg}, \quad . \quad . \quad . \quad (265)$$

wenn i_1 und i_2 die Ströme in den beiden Leitungen in Ampere und a den Abstand der Leiter in cm bedeuten. Zu dieser Formel kommt man auch, wenn man bedenkt, daß die eine Leitung ein magnetisches Feld von der Stärke $H = \frac{2\, i_1}{10\, a}$ an der Stelle erzeugt, wo die zweite Leitung sich befindet, und daß die mechanische Kraft auf die zweite Leitung nach Formel 7a $\frac{H i_2}{10}$ Dynen beträgt. Führen die beiden Leiter den effektiven Strom J, so ist die maximale Kraft pro cm Länge

$$K = \frac{4\, J^2}{a\, 10^8}\ \mathrm{kg}.$$

Setzt man hierin $J = 10$ Ampere und $a = 12{,}5$ cm, so wird

$$K = \frac{4 \cdot 100}{12{,}5 \times 10^8} = \frac{32}{10^8} \text{ kg}.$$

Für eine Länge von 100 cm wird die Kraft nur ca. $\frac{32}{10^6}$ kg. Damit sie auf 1 kg kommen soll, muß der Stromstoß auf den $\sqrt{\frac{10^6}{32}} = 175$fachen seines normalen Wertes ansteigen.

Berücksichtigt man ferner, daß jedes Kabel in der Fig. 438 von einer Seite abgestoßen und von der anderen Seite angezogen wird, so ist immerhin der $\frac{175}{\sqrt{2}} =$ ca. 125fache Strom erforderlich, um eine Kraft von 1 kg auf das 1 m lange Kabel auszuüben. Diese Rechnung zeigt deutlich, daß es in Leitungsnetzen von großer Leistung sehr erhebliche Stromstöße geben kann. Kurzschlüsse in derartigen Netzen wirken fast wie eine Explosion von Sprengstoffen. Die Kräfte, die auftreten, sind Schlagkräfte, die momentan auftreten und deswegen die großen Zerstörungen erklärlich machen, von denen öfters die Wicklungen von Generatoren und Transformatoren betroffen werden.

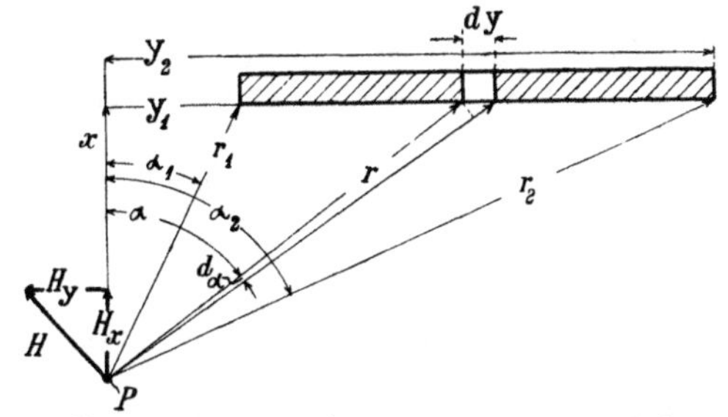

Fig. 439. Feldstärke eines langen dünnen Leiters.

Um die auf Spulen wirkenden mechanischen Kräfte zu berechnen, betrachten wir zuerst die von einem langen flachen Leiter (Fig. 439) erzeugte Feldstärke H.

Diese zerlegen wir zweckmäßig in eine Komponente $H_x = H \sin\alpha$ senkrecht auf den Leiter und in eine Komponente $H_y = H \cos\alpha$ parallel zu der Flachseite des Leiters. Ist der Leiter, der senkrecht auf der Papierebene steht, sehr dünn und führt das Leiterelement dy den Strom $i\,dy$, so ist die von diesem Element erzeugte Feldstärke im Punkte P

$$dH = \frac{2\,i\,dy}{10\,r}$$

und die Komponenten

$$dH_x = \frac{2\,i\,dy \sin\alpha}{10\,r} \quad \text{und} \quad dH_y = \frac{2\,i\,dy}{10\,r} \cos\alpha.$$

Integrieren wir über den ganzen Leiter, so erhalten wir, da

$r\,d\alpha = dy \cos\alpha$ und $dr = dy \sin\alpha$ ist, die beiden resultierenden Komponenten

$$H_x = \int \frac{2\,i\,dy}{10\,r} \sin\alpha = \frac{2\,i}{10} \int \frac{dr}{r} = \frac{2\,i}{10} \ln\left(\frac{r_2}{r_1}\right) = 0{,}46\,i \log\left(\frac{r_2}{r_1}\right) \quad (266)$$

und

$$H_y = \int \frac{2\,i\,dy}{10\,r} \cos\alpha = \frac{2\,i}{10} \int d\alpha = 0{,}2\,i(\alpha_2 - \alpha_1) \quad . \quad (267)$$

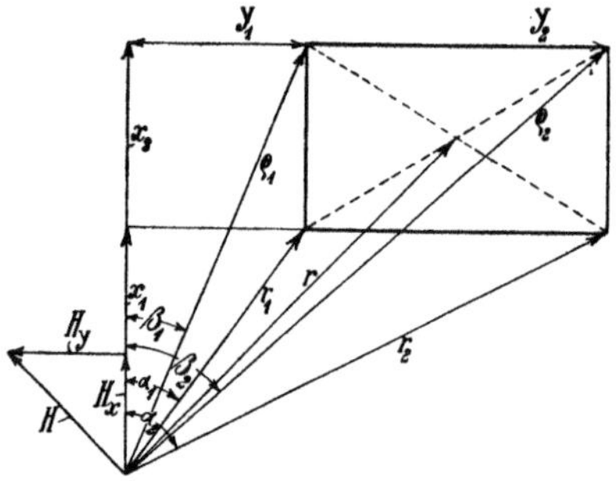

Fig. 440.

i ist hier die Stromstärke pro cm Breite des Leiters. Ist der Leiter nicht sehr lang, sondern besitzt er eine im Verhältnis zum Abstande des Punktes P mäßige Länge, so sind die beiden Komponenten H_x und H_y mit $\frac{\gamma^0}{180^0}$ zu multiplizieren, worin γ den Winkel in Graden bedeutet, unter dem der Leiter der Länge nach vom Punkte P aus gesehen wird. Ist der Leiter nicht sehr dünn, so sind die Komponenten H_x und H_y (Fig. 440) durch eine zweifache Integration zu ermitteln. Es ist

$$H_y = \iint \frac{2\,i\,dx\,dy}{10\,r} \cos\alpha = \int \frac{2\,i}{10} (\alpha_2 - \alpha_1)\,dx\,,$$

da

$$\operatorname{tg}\alpha_1 = \frac{y_1}{x} \quad \text{und} \quad \operatorname{tg}\alpha_2 = \frac{y_2}{x} \text{ (Fig. 440)}$$

ist, wird

$$H_y = \int_{x=x_1}^{x=x_2} \frac{2\,i}{10} \left[\operatorname{arcctg}\left(\frac{x}{y_2}\right) - \operatorname{arcctg}\left(\frac{x}{y_1}\right)\right] dx,$$

woraus folgt

$$H_y = \frac{2\,i}{10}\left[x_2(\beta_2 - \beta_1) - x_1(\alpha_2 - \alpha_1) + 1{,}15\,y_2 \log\left(\frac{\varrho_2}{r_2}\right) - 1{,}15\,y_1 \log\left(\frac{\varrho_1}{r_1}\right)\right], \quad (267\text{a})$$

worin i die Stromdichte pro cm² bedeutet, während x_1, x_2, y_1 und y_2 in cm einzusetzen sind. Analog erhält man für H_x

$$H_x = \frac{2\,i}{10}\left[y_2(\alpha_2 - \beta_2) - y_1(\alpha_1 - \beta_1) + 1{,}15\,x_1 \log\left(\frac{r_1}{r_2}\right) - 1{,}15\,x_2 \log\left(\frac{\varrho_1}{\varrho_2}\right)\right] \quad (266\text{a})$$

und die resultierende Feldstärke ist

$$H = \sqrt{H_x^2 + H_y^2}.$$

Hierzu kommt der Faktor $\frac{\gamma^0}{180}$, wenn der Leiter nicht sehr lang ist. Diese Formeln bleiben auch bestehen, wenn es sich um eine aus mehreren Windungen bestehende Spulenseite handelt; dann bedeutet i das Stromvolumen pro cm² und die Längen sind in cm einzusetzen. Als erste Annäherung kann auch die Feldstärke

$$H = \frac{2i(x_2 - x_1)(y_2 - y_1)}{10r} \quad . \quad . \quad . \quad . \quad (268)$$

gesetzt werden, worin r der Abstand des betrachteten Punktes von dem Mittelpunkt der Spule bedeutet.

b) Legt man zwei Spulen übereinander, wie in Fig. 441, und schaltet sie entweder gegeneinander in Reihe oder schließt die obere Spule in sich selbst kurz, so wird die obere Spule bei einem momentanen Stromstoß abgestoßen. Das Streufeld, das zwischen den beiden Spulen verläuft, sucht sich nämlich möglichst weit auszubreiten und übt dadurch eine starke abstoßende Kraft auf die obere Spule aus. Die abstoßende Kraft läßt sich nach den obenstehenden Formeln für die Feldstärke berechnen. Für angenäherte Rechnungen kann man die Feldstärke

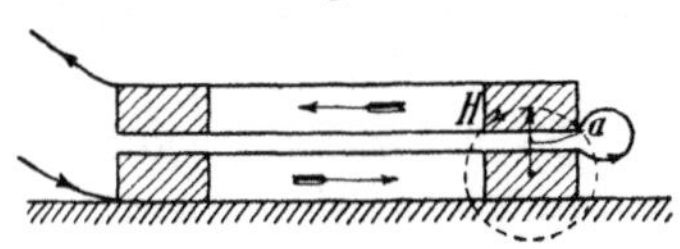

Fig. 441. Zwei sich gegenseitig abstoßende Spulen.

$$H = \frac{2\,iw}{10\,a}$$

und die abstoßende Kraft

$$K = l_s \frac{(iw)\,H}{10^7} = \frac{2\,(iw)^2 l_s}{a\,10^8} \text{kg} \quad . \quad . \quad . \quad . \quad (269)$$

setzen, worin l_s die mittlere Länge der Spulen, iw die Amperewindungszahl und a den Abstand von Mitte bis Mitte Spule bedeuten.

Wie bei den beiden Spulen in Fig. 441, so strebt das Streufeld in allen elektrischen Maschinen und Transformatoren einer maximalen Feldenergie zu. Da das Streufeld sich zwischen den primären und sekundären Wicklungen durchquetscht und stets bestrebt ist, sich nach Möglichkeit auszudehnen, so werden die Wicklungen bei momentanen Stromstößen auseinandergetrieben, wenn sie nicht genügend stark befestigt sind. Stromstöße, die derartige Kräfte zur Folge haben, rühren hauptsächlich von Kurzschlüssen in den Sekundärstromkreisen, d. h. bei Wechselstromgeneratoren in dem Statorstromkreis her. Hier bildet nämlich die Erregerwicklung die primäre und die Statorwicklung die sekundäre Wicklung. Außerdem treten in Maschinen und Apparaten auch mechanische Kräfte auf zwischen den einzelnen Spulen einer Wicklung, die von denselben oder proportionalen Strömen durchflossen werden. Die Spulen brauchen hierbei nicht derselben Phase anzugehören, sondern können wie bei Statorwicklungen verschiedenen Phasen gehören.

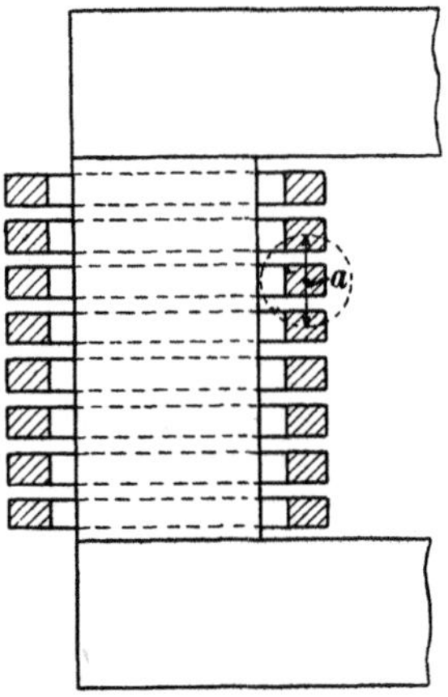

Fig. 442. Schnitt durch einen Transformator mit Scheibenwicklung.

In einem Transformator mit Scheibenwicklung, wo die primären und sekundären Spulen untereinander liegen, wie in Fig. 442 gezeigt, werden die Streufelder zwischen allen primären und sekundären Spulen herausgepreßt, wodurch diese sich gegenseitig abstoßen.

Es ist sogar vorgekommen, daß die Spulen selber auseinandergesprengt worden sind. Die mechanischen Kräfte, die auf obere und untere Spule wirken, sind natürlich die größten, weil in der Nähe der Joche die Leitfähigkeit des Streufeldes am größten ist.

Um die abstoßende Kraft zwischen zwei Spulen zu bestimmen, müssen wir uns zuerst Rechenschaft machen über die von einer Spule erzeugte Feldstärke an der Stelle, wo die benachbarte Spule sich befindet. Diese ist wegen der großen magnetischen Leitfähigkeit des Eisenkerns nicht $\frac{2iw}{10a}$, sondern fast doppelt so groß. — Es ist zwar zu bedenken, daß die Stromstöße gewöhnlich so schnell auftreten, daß das Eisen wegen der in den Blechen induzierten Wirbelströme einen Teil ihrer Leitfähigkeit verliert. Diese bleibt jedoch immerhin an den Seiten, wo die Streulinien parallel zur Lamellierung in das Eisen eintreten, so groß, daß man hier die Feldstärke gleich $\frac{4iw}{10a}$ setzen darf, während man an den Seiten, wo die Streulinien senkrecht in die Blechebene eintreten, mit $\frac{2iw}{10a}$ rechnen muß. Die mittlere Feldstärke ist somit etwas kleiner als $\frac{3iw}{10a}$. Die Kurzschlußreaktanz eines Transformators stellt sich deswegen etwas kleiner während eines momentanen Stromstoßes, als während des stationären Kurzschlußzustandes. Bezeichnet $J_{m,k}$ den Effektivwert des momentanen Kurzschlußstromes und w_s die Windungszahl einer der äußeren

Spulen, so ist die maximale Kraft, mit der die oberen und unteren Spulen gegen die Joche gedrückt werden,

$$K_{max} = \text{ca.} \frac{6\,(J_{m,k}\, w_s)^2\, l_s}{a\, 10^8} \text{ kg} \quad . \quad . \quad . \quad . \quad (270)$$

wenn alle Spulen dieselbe Amperewindungszahl haben. Besitzen die Spulen in der Mitte doppelt so viele Amperewindungen wie die zwei äußeren, so ist die Kraft nahezu doppelt so groß, als die Formel angibt. Auf eine große Genauigkeit der Formel kommt es hierbei nicht an, weil die größte Schwierigkeit in der Vorausberechnung von $J_{m,k}$ liegt, die im Abschnitt 156 besonders behandelt werden soll.

In Transformatoren mit Zylinderwicklungen, wie die in Fig. 427 dargestellte, ist die von einer Wicklung an der Stelle der zweiten Wicklung erzeugte Feldstärke nach den Formeln (266 und 267) zu berechnen. Uns interessiert hier nur die maximale Feldstärke, die in der Mitte der Wicklung vorhanden ist. Hier ist $H_x = 0$ und

$$H = H_y = \frac{2\, i w}{10\, L} (\alpha_2 - \alpha_1)$$

oder indem $AS = \frac{Jw}{L}$ die effektive Amperewindungszahl pro cm Länge der Wicklung bedeutet, wird die maximale Feldstärke

$$H_{max} = \frac{2\sqrt{2}\, AS}{10} (\alpha_2 - \alpha_1).$$

Die nach außen auf eine Spule mit der Windungszahl w_s ausgeübte Kraft ist somit pro cm Länge der Spule

$$K_{max} = \frac{4\, AS\, J w_s}{10^8} (\alpha_2 - \alpha_1) \text{ kg} \quad . \quad . \quad . \quad (271)$$

Ist die Spule von Kreisform, so übt die über die ganze Spule gleichmäßig verteilte Kraft eine Sprengwirkung auf sie aus. Ist die Spule dagegen rechteckig, was bei großen Transformatoren gewöhnlich der Fall ist, so kommt zu der Sprengwirkung außerdem eine deformierende Kraft, die die Längsseite des Rechteckes so auszubiegen sucht, daß die Form von einer rechteckigen in eine elliptische übergeht.

Aber nicht allein zwischen den primären und sekundären Spulen auf demselben Kern treten mechanische Kräfte auf, sondern auch die äußeren Spulen an benachbarten Kernen ziehen sich gegenseitig an, weil in den benachbarten Spulenseiten gleichgerichtete Ströme fließen. Diese anziehenden Kräfte lassen sich nach denselben Formeln berechnen.

Außer bei Kurzschlüssen treten in Transformatoren auch dann Stromstöße auf, wenn sie an das Netz geschaltet werden. Diese Stromstöße sind um so kräftiger, je stärker das Eisen gesättigt ist (s. Abschnitt 154). In diesem Falle ist der Sekundärkreis offen und somit stromlos; die Primärspule sucht sich dann dort hinzubewegen, wo die Reaktanz am größten ist. Bei Zylinderwicklungen ist deswegen darauf zu achten, daß die Spulen gleich weit von den beiden Jochen entfernt sind, während es bei allen Transformatoren nötig ist, die obersten Spulen gegen das Joch gut zu befestigen, damit sie beim Einschalten des Transformators nicht gegen das Joch gezogen werden.

c) Bei den Generatoren liegt die Sache ähnlich wie bei den Transformatoren. Die primären und sekundären Streufelder suchen sich zwischen Statorwicklung und Magnetwicklung durchzupressen und diese beiden Wicklungen auseinander zu treiben. Die Magnetwicklung ist hier so gut an dem inneren rotierenden Teil befestigt, daß sie sich nicht deformieren kann. Die abstoßenden Kräfte suchen deswegen die Spulenköpfe der Statorwicklung von dem Magnetsystem zu entfernen und es treten außerdem abstoßende oder anziehende Kräfte zwischen den Spulenköpfen der einzelnen Phasen auf, je nach der Richtung des Stromes in den einzelnen Phasen im Momente des Kurzschlusses. Wenn ein Spulenkopf sehr nahe am Eisen liegt, wird er gewöhnlich gegen das Eisen gezogen. Bei der in Fig. 443 dargestellten Anordnung der Wicklungsköpfe eines Dreiphasengenerators werden gewöhnlich die Spulenköpfe der Phase I von dem Streufelde zwischen Stator und Magnetwicklung nach außen abgebogen, während die Spulenköpfe der zweiten und dritten Phase sich gegenseitig abstoßen. Um die abstoßende Kraft auf die Phase I zu berechnen, muß beachtet werden, daß im Augenblicke eines Kurzschlusses das Hauptfeld trotz der entmagnetisierenden Wirkung des Statorstromes nicht plötzlich verschwinden kann, und daß in der Magnetspule ein großer Strom induziert wird, der bestrebt ist, das Feld aufrecht zu erhalten. Es tritt somit ein großes primäres Streufeld aus dem Polschuhe heraus, das den Spulenkopf der Phase I nach außen abbiegt. Zur Bestimmung der auftretenden Kräfte ist es nötig, außer der Größe des Hauptfeldes den momentanen Strom in den Magnetspulen zu kennen. Ist dieser momentane Erregerstrom bekannt

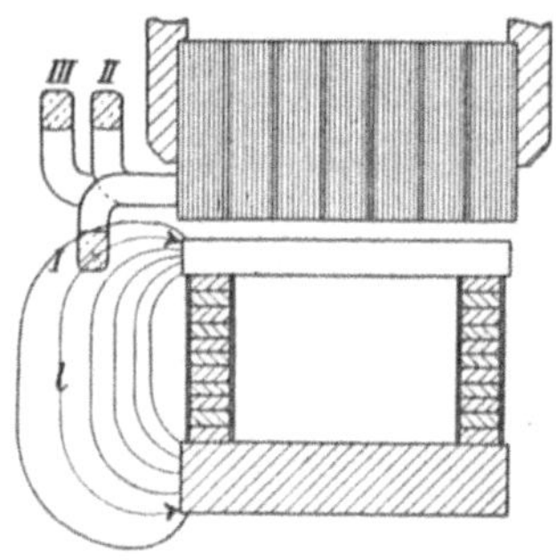

Fig. 443. Schnitt durch einen Dreiphasengenerator.

gleich i_{me}, so wirkt auf alle Kraftröhren zwischen Polschuh und Joch die magnetomotorische Kraft $i_{me} w_e - aw_m$, wobei aw_m die zur Treibung des Kraftflusses durch das Magnetsystem nötigen Amperewindungen angibt. Durch Aufzeichnung der Kraftlinien läßt sich angenähert die Feldstärke in der Umgebung der Phase I berechnen und man erhält

$$H \cong \frac{i_{me} w_e - aw_m}{0{,}8\, l}$$

und die maximale mechanische Kraft pro cm Länge des Spulenkopfes

$$K = \frac{H i_{a\,max} w_s}{l\, 10^7} = \frac{i_{me} w_e - aw_m}{0{,}8\, l\, 10^7} i_{a\,max} w_s \text{ kg} \quad . \quad (272)$$

worin $i_{a\,max}$ den Höchstwert des momentanen Kurzschlußstromes in Phase I und w_s die Windungszahl des Spulenkopfes bedeuten. Da $i_{me} w_e$ bei großen Maschinen im Augenblicke des Kurzschlusses zu 100000 Amperewindungen anwachsen kann, während $i_{a\,max} w_s$ gleichzeitig einen Wert von 150000 erreicht, so wird

$$K = \frac{10^5 \cdot 1{,}5 \cdot 10^5}{0{,}8\, l\, 10^7} = \frac{1000}{0{,}8\, l} \text{ kg.}$$

Setzt man $l = 36$ cm, so wird $K = 52$ kg. Ist der Polbogen der Maschine 60 cm und die Länge des Spulenkopfes 80 cm, so kann man mit einer Kraft auf den Spulenkopf von ca.

$$52 \frac{60 + 80}{2} = 3600 \text{ kg}$$

rechnen. Wie ersichtlich, können ganz erhebliche Kräfte in großen Maschinen auftreten. Man ist deswegen auch von der in Fig. 443 gezeigten Wicklungsanordnung abgekommen und führt nunmehr, wenn möglich, die Wicklungsköpfe in zwei Ebenen aus, wie die Fig. 444 zeigt. Die Wicklungsköpfe sind dann so weit von den

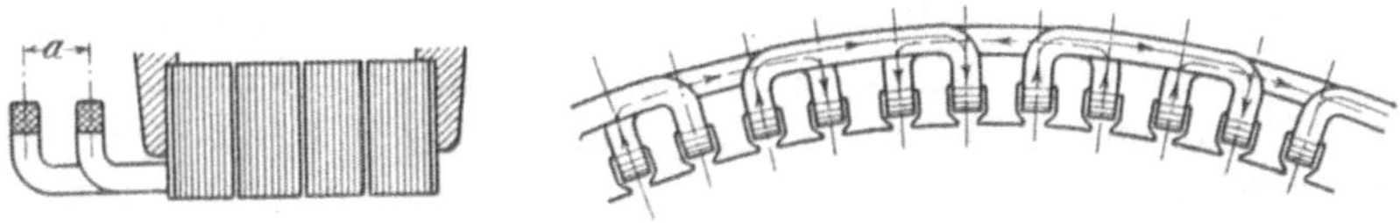

Fig. 444. Stromverlauf in den Spulenköpfen eines Dreiphasengenerators.

Magnetspulen entfernt, daß diese wenig Einfluß auf die Köpfe haben. Bei der letzten Wicklung erhält man hauptsächlich abstoßende Kräfte zwischen den Köpfen, weil in demselben Moment die Ströme in den Spulenköpfen der beiden Ebenen fast stets entgegengesetzt gerichtet sind. In dem axial verlaufenden Teile der Spulen, wo sie gerade aus den Nuten herauskommen, haben sie gruppenweise dieselbe Stromrichtung, weshalb hier sowohl anziehende wie abstoßende Kräfte bestehen. Die letzten sind die größten, weil das Streufeld zwischen den Spulen dort am größten wird, wo der Strom seine Richtung wechselt. — Um die abstoßenden Kräfte zwischen den Spulenköpfen der einzelnen Phasen unschädlich zu machen, befestigt man die Spulenköpfe möglichst stark; ferner sorgt man dafür, daß die Köpfe überall einen hinreichenden Abstand vom Eisen haben. Es läßt sich von Fall zu Fall die Feldstärke des Streufeldes berechnen, die eine Spule an der Stelle des anderen erzeugt. Will man genau rechnen, so wendet man die Formeln S. 582 an. Annähernd kann man setzen

$$H = \frac{2 i_{a\,max} w_s}{10 a}$$

und

$$K = \frac{2 i_{a\,max} w_s}{10 a} \frac{\frac{i_{a\,max}}{2} w_s}{10^7} = \frac{(i_{a\,max} w_s)^2}{a\, 10^8} \quad . \quad . \quad . \quad (273)$$

Dies gilt für den Augenblick, wenn der Strom in einer Phase ein Maximum ist und die in den beiden anderen halb so groß. Für $i_{a\,max} w_s = 150\,000$ und $a = 10$ cm wird

$$K = \frac{2{,}25 \cdot 10^{10}}{10 \cdot 10^8} = 22{,}5 \text{ kg pro cm.}$$

Bei einer aktiven Länge von 60 cm wird die totale Kraft auf einen Spulenkopf

$$K = 22{,}5 \cdot 60 = 1350 \text{ kg,}$$

was ja eine ganz beträchtliche Kraft ist. Es geht aus dem Vorhergehenden deutlich hervor, daß es äußerst wichtig ist, den momentanen Kurzschlußstrom in elektrischen Generatoren und Transformatoren möglichst klein zu halten, was jedoch nicht gut möglich ist, ohne die bei Belastungsänderungen auftretenden Spannungsänderungen groß halten zu müssen. Man ist deswegen hier wie fast immer in der Praxis auf ein Kompromiß zwischen zwei Übeln angewiesen.

148. Kapazität und Ableitung elektrischer Leitungen.

a) Um mit dem einfachsten Fall anzufangen, soll erst die Kapazität eines konzentrischen Kabels (Fig. 445) berechnet werden. Die beiden Leiter können als die Belegungen eines aus einem Zylinderpaare bestehenden Kondensators betrachtet werden. Bezeichnet Q die elektrische Ladung des inneren Leiters, P sein Potential, ε die Dielektrizitätskonstante des Dielektrikums zwischen den beiden Leitern, d den Durchmesser des Innenleiters, $2a$ den Innendurchmesser des Außenleiters, so ist nach Formel (202) für die Kapazität eines Zylinderpaares die Kapazität des konzentrischen Kabels pro Längeneinheit (1 cm) in elektrostatischen Einheiten

$$C = \frac{Q}{P} = \frac{\varepsilon}{2 \ln\left(\frac{2a}{d}\right)}$$

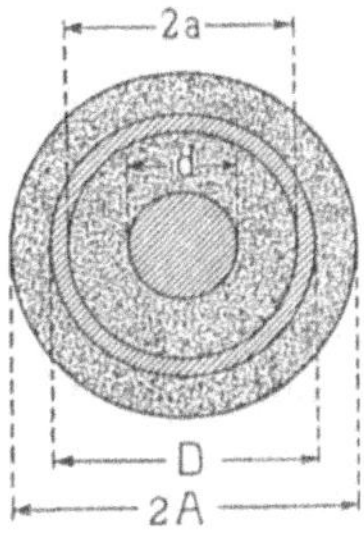

Fig. 445. Schnitt durch ein konzentrisches Kabel.

oder für die Länge l in Kilometern und C in elektromagnetischen Einheiten

$$C = \frac{1}{9 \cdot 10^{20}} \frac{\varepsilon l 10^5}{2 \ln\left(\frac{2a}{d}\right)}.$$

Gewöhnlich wird die Kapazität in Mikrofarad (MF) gemessen, wobei $1 \text{ MF} = \frac{1}{10^{15}}$ mal einer elektromagnetischen Einheit ist, also wird

$$C = \frac{1}{9\, 10^{20}} \frac{\varepsilon l 10^5 10^{15}}{2 \ln\left(\frac{2a}{d}\right)} \text{MF}$$

oder

$$C = \frac{\varepsilon l}{9 \cdot 2 \cdot 2{,}3 \log\left(\frac{2a}{d}\right)} = \frac{0{,}0242\, \varepsilon l}{\log\left(\frac{2a}{d}\right)} \text{MF} \quad . \quad . \quad (274)$$

Die von der Kapazität eines Kabels herrührende Suszeptanz b_0 ergibt sich als

$$b_0 = 2 \pi c C,$$

worin C die in der praktischen Einheit (Farad) gemessene Kapazität bedeutet. Die Kapazitätssuszeptanz eines konzentrischen Kabels ist somit gleich

$$b_0 = 2 \pi c \frac{0{,}0242\, \varepsilon l}{10^6 \log\left(\frac{2a}{d}\right)} \text{Mho} \quad . \quad . \quad . \quad . \quad (275)$$

Bezeichnen wir die effektive Wechselspannung, die zwischen den Leitern des Kabels herrscht, mit P, so gibt die Kapazität des Kabels Anlaß zu einem wattlosen Strom, dem Verschiebungsstrom

$$J_{wl,0} = P b_0,$$

der der Spannung um 90^0 voreilt.

Infolge der nie vollkommenen Isolation zwischen den beiden Leitern und wegen der dielektrischen Hysteresis im Dielektrikum wird auch ein Wattstrom

$$J_{w0} = P g_0$$

in Phase mit der Spannung auftreten. Von diesen werden wir den von der unvollkommenen Isolation herrührenden Teil, den Ableitungsstrom $P g_a$, berechnen. g_a ist die elektrische Leitfähigkeit oder der reziproke Wert des Widerstandes zwischen den beiden Leitern und wird als die Ableitung des Kabels bezeichnet. Es ist

$$\frac{1}{g_a} = \int_{x=\frac{d}{2}}^{x=a} \frac{\varrho_i\, dx}{2\pi\varrho l} = \frac{\varrho_i}{2\pi l} \ln\left(\frac{2a}{d}\right)$$

oder

$$g_a = \frac{2\pi l}{\varrho_i \ln\left(\frac{2a}{d}\right)} \quad \ldots\ldots \quad (276)$$

worin ϱ_i der spezifische Widerstand pro $\frac{\text{cm}}{\text{cm}^2}$ und l die Länge des Kabels in cm bedeutet. Führen wir in diese Formel l in Kilometern und wie üblich ϱ_i in Megohm (10^6 Ohm) pro $\frac{\text{cm}}{\text{cm}^2}$ ein, so wird

$$g_a = \frac{2\pi l\, 10^5}{2{,}3\; 10^6 \varrho_i \log\left(\frac{2a}{d}\right)} = \frac{0{,}272\, l}{\varrho_i \log\left(\frac{2a}{d}\right)} \text{ Mho.}$$

g_a wird aber stark von den Oberflächenübergängen an den Enden und an den Anschlußstellen des Kabels beeinflußt, weshalb ein weit verzweigtes Kabelnetz eine viel größere Konduktanz g_a bekommt als die nach der Formel berechnete.

In den soeben durchgeführten Rechnungen wurde angenommen, daß die Isolation zwischen den beiden Leitern des Kabels aus einem homogenen Material mit der konstanten Dielektrizitätskonstante ε besteht. Ist dies nicht der Fall, so wird die Rechnung sehr kompliziert, weil man das Dielektrikum dann als mehrere Kondensatoren mit verschiedenen Isolationswiderständen in Reihe behandeln muß. Angenähert kann man die Kapazität des Kabels für diesen Fall wie folgt schreiben

$$C = \frac{0{,}0242\, l}{\frac{1}{\varepsilon_1}\log\left(\frac{d_1}{d}\right) + \frac{1}{\varepsilon_2}\log\left(\frac{d_2}{d_1}\right) + \ldots + \frac{1}{\varepsilon_n}\log\left(\frac{2a}{d_n}\right)} \text{ MF} \quad (277)$$

worin d_x der äußere Durchmesser der $x$ten Isolationsschicht ist. Analog erhält man angenähert für die Ableitung

$$g_a = \frac{0{,}272\, l}{\varrho_i \log\left(\frac{d_1}{d}\right) + \varrho_2 \log\left(\frac{d_2}{d}\right) + \ldots + \varrho_2 \log\left(\frac{2\,a}{d_n}\right)} \text{ Mho} \,. \quad (278)$$

Bei Kabeln kommen außer der Kapazität zwischen den beiden Leitern noch die Kapazität zwischen einem Leiter und der Erde in Betracht.

Ist der Innenleiter abgeschaltet, während der Außenleiter unter Spannung steht, so ist die Kapazität des Außerleiters (Fig. 445) gegen Erde

$$C = \frac{0{,}0242\, \varepsilon\, l}{\log\left(\frac{2\,A}{D}\right)} \text{ MF.}$$

Ist der Innenleiter an Erde gelegt, so ist die Kapazität des Außerleiters gegen Innenleiter und Erde

$$C = 0{,}0242\, \varepsilon\, l \left[\frac{1}{\log\left(\frac{2\,a}{d}\right)} + \frac{1}{\log\left(\frac{2\,A}{D}\right)}\right] \text{ MF.}$$

Ist umgekehrt der Außenleiter abgeschaltet, so ist die Kapazität des Innenleiters gegen den Außenleiter in Reihe mit der des Außenleiters gegen Erde geschaltet; hieraus folgt, daß die Kapazität des Innenleiters gegen Erde gleich

$$C = \frac{0{,}0242\, \varepsilon\, l}{\log\left(\frac{2\,a}{d}\right) + \log\left(\frac{2\,A}{D}\right)} \sim \frac{0{,}0242\, \varepsilon\, l}{\log\left(\frac{2\,A}{d}\right)} \text{ MF.}$$

Sie ist viel kleiner als die Kapazität des Außenleiters gegen Erde.

Ferner ergibt sich noch die Kapazität des Innenleiters gegen Erde, wenn der Außerleiter geerdet ist, zu

$$C = \frac{0{,}0242\, \varepsilon\, l}{\log\left(\frac{2\,a}{d}\right)} \text{ MF.}$$

b) Wir gehen nun dazu über, die Kapazität einer Oberleitung zu berechnen, als deren Rückleitung die Erde benutzt wird.

In der Fig. 446 sind die elektrischen Kraftlinien (Stromkurven) x und die Äquipotentialflächen (Niveauflächen) y des elektrischen Feldes dargestellt, das die mit gleich großen Mengen entgegengesetzter Elektrizität geladenen Leiter A und B erzeugen. Die Kurven x und y stellen nur die Schnittlinien der Stromflächen und

Niveauflächen mit der Papierebene dar. Der elektrische Widerstand irgendeines Kraftröhrenelementes ist proportional dem Differentialquotienten $\frac{dy}{dx}$.

Vermittels einer mathematischen Transformation[1]) können wir nun das vorhandene Bild (Fig. 446) des elektrischen Feldes durch

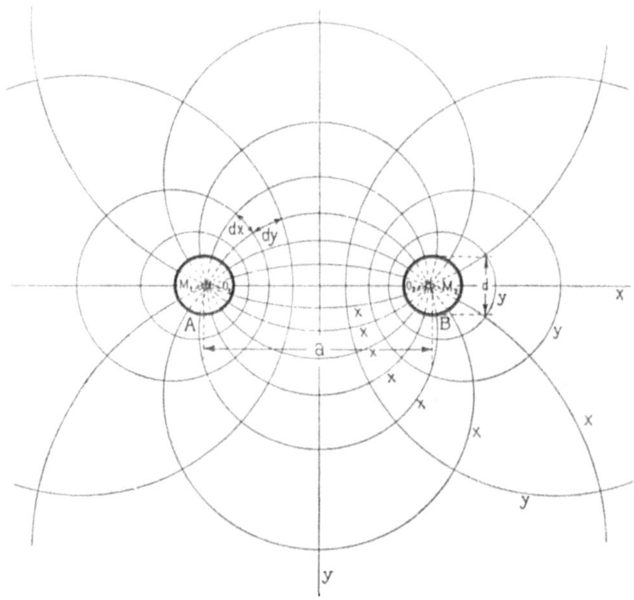

Fig. 446. Strom- und Niveaukurven zweier paralleler Leiter.

ein neues, geometrisch einfacheres Bild ersetzen, in dem jedes Kraftröhrenelement genau denselben elektrischen Widerstand besitzt, wie das entsprechende Element in dem ursprünglichen System.

Die Kapazität und Ableitung werden dadurch nicht geändert, ihre Berechnung wird bedeutend vereinfacht. Bezeichnen wir das neue System von Stromkurven und Niveaukurven mit v bzw. u, so muß, damit die obige Bedingung erfüllt sein soll,

$$\frac{du}{dv} = \frac{dy}{dx}$$

sein. Diese Bedingung wird bekanntlich durch jede konforme Abbildung einer Ebene auf eine andere erfüllt; konform oder winkeltreu wird jene Abbildung genannt, bei der zwei beliebige Kurven der einen Ebene dieselben Winkel bilden wie die entsprechenden Kurven der anderen Ebene.

[1]) Steinmetz, ETZ 1893, S. 477.

Wir haben früher eine derartige Abbildungsart vielfach angewandt, nämlich die Inversion oder, wie man sie auch heißt, die Transformation durch reziproke Radien. Da sich die Aufgabe sehr einfach mit dieser Transformation lösen läßt, so werden wir sie hier zur Anwendung bringen.

Ist nun, wie oben, nur eine Leitung A gegeben, der die Erde als Rückleitung dient, so soll das durch den Kreis A und die Linie B (Erdoberfläche) gegebene System von Stromlinien und Niveaukurven in ein anderes äquivalentes transfiguriert werden. Wir können z. B. den Kreis A und die Linie B (Fig. 447) in zwei konzentrische Kreise transfigurieren. Zu diesem Zwecke verlegen wir das Inversionszentrum O in die vom Mittelpunkte des Kreises A auf B gezogene Normale und wählen ferner die Inversionspotenz derart, daß der Kreis A sich selbst und die Linie B einem zu A konzentrischen Kreise entspricht. Es wird nun

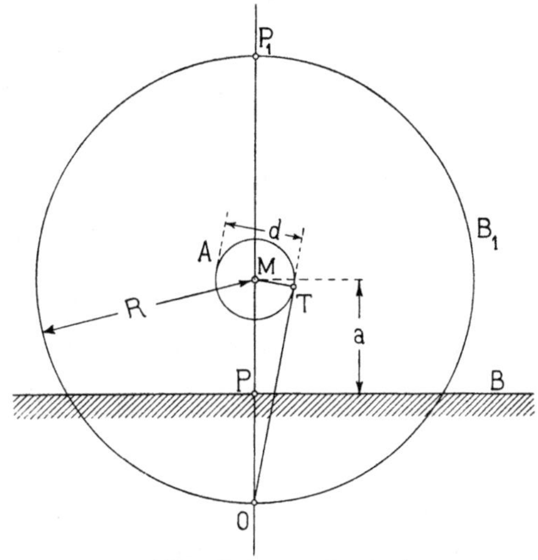

Fig. 447. Erde als Rückleiter.

$$\overline{OM} = \overline{MP_1}$$

und

$$\overline{OT}^2 = I = \overline{OP} \cdot \overline{OP_1},$$

worin I die Inversionspotenz bedeutet.

$\overline{MP} = a$ ist die Höhe des Leiters A über der Erde, $\overline{MT} = \frac{d}{2}$ sein Radius und $\overline{OM} = R$ der Radius des großen Kreises. Also ist

$$\overline{OT}^2 = R^2 - \left(\frac{d}{2}\right)^2 = I = (R - a)\,2R$$

oder

$$R^2 - 2Ra + \left(\frac{d}{2}\right)^2 = 0,$$

d. h.

$$R = a + \sqrt{a^2 - \left(\frac{d}{2}\right)^2}.$$

Wenn d gegen a verschwindend klein ist, wird

$$R = 2a,$$

d. h. die Kapazität und die Ableitung zwischen einem in der Höhe a vom Erdboden verlaufenden Leitungsdraht und der Erde sind eben so groß, wie zwischen dem Leiter und einem konzentrischen Zylinder, dessen Radius R angenähert gleich dem doppelten Abstand des Leiters vom Erdboden ist. Es wird somit für diesen Fall die Kapazität

$$C = \frac{0{,}0242\,\varepsilon l}{\log\left(\frac{2R}{d}\right)} = \frac{0{,}0242\,\varepsilon l}{\log \frac{2a + \sqrt{4a^2 - d^2}}{d}}$$

oder mit großer Annäherung

$$\boldsymbol{C = \frac{0{,}0242\,\varepsilon l}{\log\left(\frac{4a}{d}\right)}\ \mathrm{MF}} \quad \ldots\ldots \quad (279)$$

und die Konduktanz zur Bestimmung des Ableitungsstromes

$$g_0' = \frac{0{,}272\,l}{\varrho_i \log\left(\frac{4a}{d}\right)} \quad \ldots\ldots \quad (280)$$

c) Bei der Berechnung der Kapazität einer Doppelleitung, bei der die beiden Leiter entweder nebeneinander in der Luft als Oberleitungen, oder in der Erde in einem Kabel zusammen oder jeder für sich als besonderes Kabel angeordnet sind, ist darauf Rücksicht zu nehmen, daß die Erde die elektrische Verteilung beeinflußt.

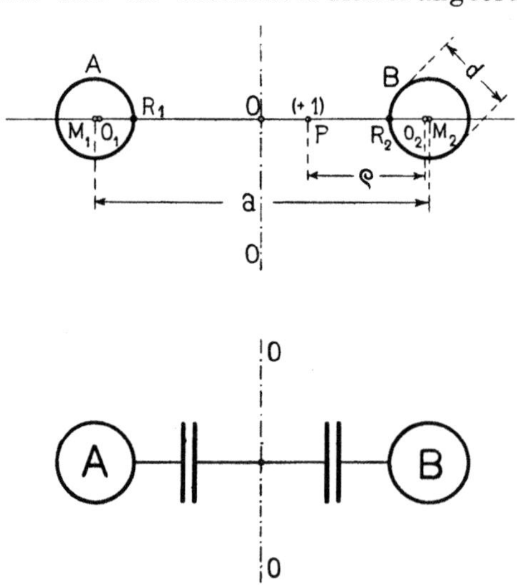

Fig. 448a und b. Eine Doppelleitung.

Wir wollen nun zuerst den einfachen Fall betrachten, bei dem der Einfluß der Erde auf die Kapazität der Doppelleitung vernachlässigt werden kann. Sind die beiden Leitungen durch die Kreise A und B der Fig. 448a dargestellt, so wissen wir, daß die auf die Zentrallinie AB normale Mittellinie $\overline{OO}$ zwischen den beiden Leitern die Niveaufläche vom Potentiale Null darstellt. Sowohl das elektrische Feld zwischen dem Leiter A und der Fläche $\overline{OO}$, als auch das zwischen dem Leiter B und der Fläche $\overline{OO}$, kann somit durch je einen Kondensator von der Kapazität

$$C = \frac{0{,}0242\,\varepsilon l}{\log\left(\frac{a+\sqrt{a^2-d^2}}{d}\right)}$$

und von der Konduktanz

$$g_0' = \frac{0{,}272\,l}{\varrho_i \log\left(\frac{a+\sqrt{a^2-d^2}}{d}\right)}$$

ersetzt werden (Fig. 448b).

Durch Hintereinanderschaltung dieser zwei gleich großen Kondensatoren erhält man eine Kapazität und eine Konduktanz, die gleich der Hälfte von der jedes Kondensators sind. Die Kapazität einer Doppelleitung unter Vernachlässigung des Einflusses der Erde ist also gleich

$$C = \frac{0{,}0242\,\varepsilon l}{2\log\left(\frac{a+\sqrt{a^2-d^2}}{d}\right)} \sim \frac{\mathbf{0{,}0242\,\varepsilon l}}{\mathbf{2\log\left(\frac{2a}{d}\right)}}\ \mathbf{MF} \quad . \quad (281)$$

und die Konduktanz gleich

$$g_0' = \frac{0{,}272\,l}{2\varrho_i \log\left(\frac{a+\sqrt{a^2-d^2}}{d}\right)} \sim \frac{0{,}272\,l}{2\varrho_i \log\left(\frac{2a}{d}\right)}\ \mho \quad . \quad (282)$$

Hieraus kann man, wie von Steinmetz zuerst gezeigt, den Schluß ziehen, daß sich die Erde als Rückleitung in bezug auf Kapazität und Ableitung wie ein zu der Oberleitung in bezug auf den Erdboden symmetrischer Leiter verhält, dessen Abstand und Potential ebenso tief unter dem Erdboden liegt, wie die Oberleitung über ihm. Der dem Erdboden äquivalente Leiter ist also das Spiegelbild der Oberleitung im Erdboden.

In der Fig. 446 sind die elektrischen Kraftlinien und Niveaukurven des elektrischen Feldes der Doppelleitung dargestellt. Alle Kraftlinien sind Kreisbögen, die, innerhalb der Leiter verlängert, sich alle in den zwei Punkten O_1 und O_2 schneiden. Es ist ferner bekannt, daß

$$\overline{O_1 O_2} = 2\sqrt{\left(\frac{a}{2}\right)^2 - \left(\frac{d}{2}\right)^2} = \sqrt{a^2 - d^2}$$

ist. Physikalisch heißt dies, daß sich das von der Ladung der zylindrischen Leiter A und B erzeugte elektrische Feld nicht ändert, gleichgültig, ob man sich die Ladungen der Leiter in den zur Leiterachse parallel verlaufenden geraden Linien O_1 oder O_2 konzentriert denkt.

Wir können nun die Kapazität der Doppelleitung in derselben Weise wie bei den konzentrischen Zylindern Seite 445 bestimmen. Wir berechnen hierbei die Arbeit, die bei der Bewegung der elektrischen Masse $+1$ von der Oberfläche des einen Leiters bis zur neutralen Zone geleistet wird. Diese Arbeit ist gleich dem Potential des betreffenden Leiters, und dieses ist gleich der halben Spannung zwischen den Drähten. Die auf die Masse $+1$ im Punkte P (Fig. 448a) wirkende Kraft ist

$$\frac{1}{\varepsilon}\frac{2Q}{\overline{OP}} + \frac{1}{\varepsilon}\frac{-2Q}{\overline{O_1P}} = \frac{1}{\varepsilon}\frac{2Q}{\varrho} - \frac{1}{\varepsilon}\frac{2Q}{\overline{O_1O_2} - \varrho}.$$

Multipliziert man diese Gleichung mit $d\varrho$ und integriert von $\varrho = \overline{R_2Q_2}$ bis $\varrho = \overline{OO_2}$, so ergibt sich die Arbeit für die Hälfte der Spannung

$$\frac{1}{2}P = \frac{2Q}{\varepsilon}\ln\frac{\overline{OO_2}}{\overline{R_2O_2}} - \frac{2Q}{\varepsilon}\ln\frac{\overline{OO_1}}{\overline{R_2O_1}} = \frac{2Q}{\varepsilon}\ln\frac{\overline{R_2O_1}}{\overline{R_2O_2}}.$$

Aus der Fig. 448a folgt

$$\overline{R_2O_1} = \overline{OO_1} - \overline{R_2O} = \frac{1}{2}\left(\sqrt{a^2 - d^2} + a - d\right)$$

und

$$\overline{R_2O_2} = \overline{OO_2} - \overline{R_2O} = \frac{1}{2}\left(\sqrt{a^2 - d^2} - a + d\right),$$

also

$$\frac{\overline{R_2O_1}}{\overline{R_2O_2}} = \frac{\sqrt{a^2 - d^2} + a - d}{\sqrt{a^2 - d^2} - a + d} = \frac{a + \sqrt{a^2 - d^2}}{d}.$$

Die Kapazität der Doppelleitung für 1 cm Länge ist somit, in elektrostatischen Einheiten ausgedrückt, gleich

$$\frac{Q}{P} = \frac{\varepsilon}{4\ln\left(\dfrac{a + \sqrt{a^2 - d^2}}{d}\right)},$$

welche Formel mit der oben abgeleiteten übereinstimmt. — Wir haben hier den Punkt P sich auf der Zentrallinie $\overline{O_1O_2}$ bewegen lassen. Da aber die Potentialdifferenz zwischen R_2 und O von der Bahn des Punktes P unabhängig ist, so erhält man immer dasselbe Resultat, wie auch die Bewegung von P erfolgen mag. Hieraus folgt allgemein, daß die Arbeit, die von der elektrischen Ladung einer geraden Linie O_2 geleistet wird, wenn sich die Einheitsmasse von einem Punkte R zu einem Punkte S bewegt, proportional $\ln \frac{\overline{O_2 S}}{\overline{O_2 R}}$ ist.

Bei der Bestimmung der Kapazität einer Doppelleitung unter Berücksichtigung des Einflusses der Erde ersetzen wir die letzte durch die zwei äquivalenten Leiter A' und B', die die Spiegelbilder von A und B im Erdboden sind. Erteilen wir A und B die Ladungen $-Q$ bzw. $+Q$, so erhalten A' und B' die Ladungen $+Q$ bzw. $-Q$.

Um die wirksame Kapazität der Doppelleitung unter Berücksichtigung des Einflusses der Erde zu erhalten, berechnen wir, wie Seite 452 erläutert, die Arbeit, die bei der Bewegung der Einheitsmasse $+1$ von der Erde bis zur Oberfläche des Leiters B geleistet wird. Die Arbeit, die von der Ladung auf B selber geleistet wird, ist gleich (Fig. 448c)

$$\frac{2Q}{\varepsilon} \ln \frac{\overline{O O_2}}{\overline{R_2 O_2}},$$

die von der Ladung A

$$-\frac{2Q}{\varepsilon} \ln \frac{\overline{O O_2}}{\overline{R_2 O_2}}$$

die von der Ladung B'

$$-\frac{2Q}{\varepsilon} \ln \frac{\overline{O O_2'}}{\overline{R_2 O_2'}}$$

und die von der Ladung A'

$$+\frac{2Q}{\varepsilon} \ln \frac{\overline{O O_1'}}{\overline{R_2 O_1'}}.$$

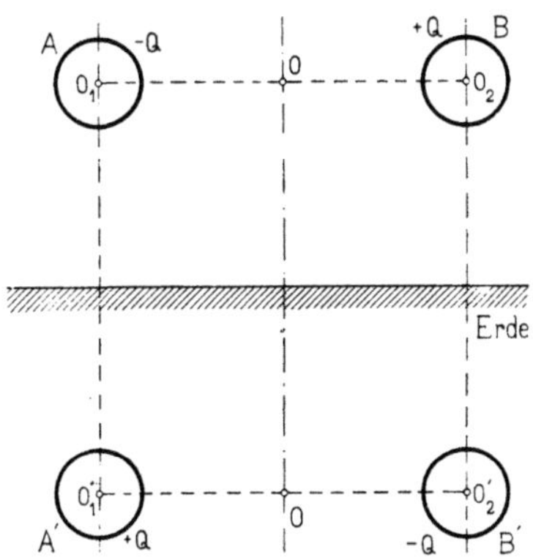

Fig. 448c. Einfluß der Erde auf die Kapazität einer Doppelleitung.

Da die Dielektrizitätskonstante hier gleich 1 ist, so wird die Gesamtarbeit gleich

$$\tfrac{1}{2} P = 2Q \left(\ln \frac{\overline{R_2 O_1}}{\overline{R_2 O_2}} - \ln \frac{\overline{R_2 O_1'}}{\overline{R_2 O_2'}} \right)$$

$$= 2Q \left[\ln \left(\frac{a + \sqrt{a^2 - d^2}}{d} \right) - \ln \left(\frac{\sqrt{4h^2 + a^2}}{2h} \right) \right].$$

Die Kapazität der Doppelleitung ist also gleich

$$C = \frac{0{,}0242\, l}{2 \left[\log \left(\frac{a + \sqrt{a^2 - d^2}}{d} \right) - \log \sqrt{1 + \left(\frac{a}{2h} \right)^2} \right]} \text{ MF.} \quad (283)$$

d) Um die Kapazität der Leitungen eines Dreiphasensystems zu ermitteln, verfahren wir in derselben Weise, indem wir die elektrische Masse $+1$ sich von dem einen Leiter bis zu der neutralen Zone fortbewegen lassen. Die hierbei geleistete Arbeit wird gleich der Phasenspannung P_p gesetzt. Hat der betrachtete Leiter I, von dem die Masse fortbewegt wird, die Ladung $Q \sin \omega t$, so erhalten

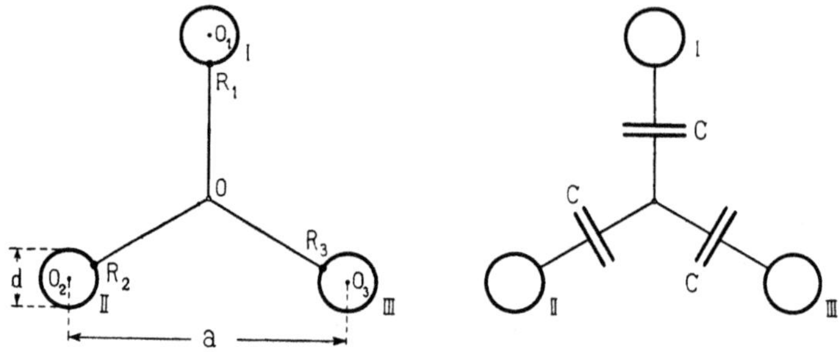

Fig. 449a und b.

die beiden anderen Leiter die Ladungen $Q \sin(\omega t - 120^0)$ und $Q \sin(\omega t - 240^0)$. Die geleistete Arbeit (Fig. 449a) ist somit gleich

$$p_p = \frac{2Q}{\varepsilon} \sin(\omega t) \ln \frac{\overline{O_1 O}}{\overline{O_1 R_1}} + \frac{2Q}{\varepsilon} \sin(\omega t - 120^0) \ln \frac{\overline{O_2 O}}{\overline{O_2 R_1}}$$

$$+ \frac{2Q}{\varepsilon} \sin(\omega t - 240^0) \ln \frac{\overline{O_3 O}}{\overline{O_3 R_1}},$$

oder

$$p_p = \frac{2Q}{\varepsilon} \sin \omega t \ln \frac{\overline{O_2 R_1}}{\overline{O_1 R_1}}.$$

Vernachlässigen wir den Einfluß der Erde, so ist die Kapazität einer Dreiphasenleitung für jede Phase gleich

$$C = \frac{0{,}0242\, \varepsilon l}{\log \frac{\overline{O_2 R_1}}{\overline{O_1 R_1}}} \text{ MF.}$$

Ist ferner, wie bei Oberleitungen, der Abstand a der Drähte im Verhältnis zum Durchmesser derselben sehr groß, so kann die Kapazität mit großer Annäherung gleich

$$\boldsymbol{C = \frac{0{,}0242\, l}{\log\left(\frac{2a}{d}\right)}} \textbf{ MF} \quad \dots\dots\dots \quad (284)$$

gesetzt werden. Die Kapazität der Leitungen eines Dreiphasensystems kann man sich nun durch drei in Stern geschaltete Kondensatoren (Fig. 449b) ersetzt denken, von denen jeder die Kapazität C besitzt.

Dreiphasenkabel werden fast ausschließlich als verseilte Kabel ausgeführt, weil dreiphasige konzentrische Kabel Unsymmetrien in das System bringen. Jede Phase eines solchen Kabels hat nämlich eine von den anderen verschiedene Kapazität.

Bei den verseilten Dreiphasenkabeln muß der Einfluß der Erde auf die Kapazität jeder Phase berücksichtigt werden. Dies kann angenähert in einfacher Weise geschehen. In der Fig. 450a stellt

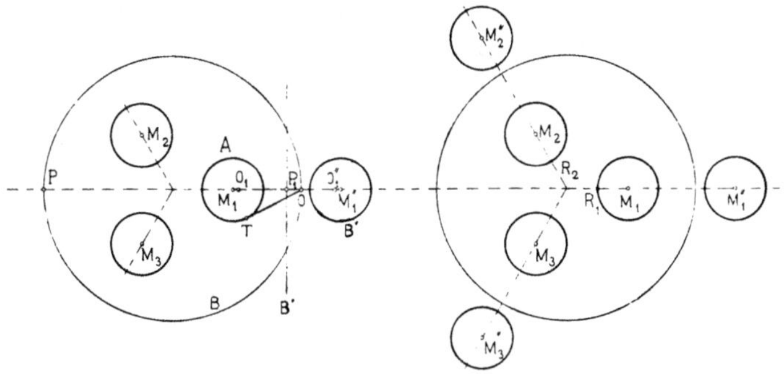

Fig. 450a und b.

der Kreis A den Leiter einer Phase und der Kreis B die Manteloberfläche des Kabels dar. Dieses aus zwei exzentrischen Kreisen bestehende System führen wir mittels Inversion in das aus dem Kreise A, der sich selbst entspricht, und der Geraden B' bestehende System über. Es ist

$$\overline{OP_1} = \frac{\overline{OT^2}}{\overline{OP}} = \frac{\overline{OT^2}}{D}.$$

Das aus dem Kreis A und der Geraden B' bestehende System wird wieder durch das äquivalente System ersetzt, das aus dem Kreise A und dessen Spiegelbild B'' in bezug auf die Gerade B' besteht. Der Kreis B'' erhält die entgegengesetzte elektrische Ladung wie der Kreis A, also $-Q\sin(\omega t)$. Führen wir diese Umformung für alle Phasen durch, so erhalten wir das in Fig. 450b dargestellte Bild. Lassen wir in diesem, der Einfachheit halber, O_1 mit M_1, O_2 mit M_2 usw. zusammenfallen, so ergibt sich die Kapazität einer Phase zu

$$C = \frac{0{,}0242\,\varepsilon l}{\log\frac{M_2 R_1}{M_1 R_1} - \log\frac{M_2'' R_1}{M_1'' R_1}}$$

oder

$$C = \frac{0{,}0242\,\varepsilon l}{\log\frac{M_2 R_1 \cdot M_1'' R_1}{M_1 R_1 \cdot M_2'' R_1}}\ \text{MF} \quad . \; . \; . \; . \; . \; . \quad (285)$$

Wir haben somit die Kapazität eines verseilten Dreiphasenkabels auf drei in Stern geschaltete Kondensatoren von der Kapazität C zurückgeführt.

e) Bei dem unverketteten Zweiphasensystem findet man, daß die beiden Phasen in bezug auf Kapazität und Ableitung voneinander unabhängig sind; also gelten hier dieselben Formeln wie beim Einphasensystem. Die Kapazität jeder Phase des Vierphasenkabels (Fig. 451a) ergibt sich aus der diesem Kabel äquivalenten Anordnung (Fig. 451b). Für die Phase I III und für die Phase II IV ist die Kapazität gleich groß und

$$C = \frac{0{,}0242\,\varepsilon l}{\log \dfrac{\overline{M_3 R_1} \cdot \overline{M_1'' R_1}}{\overline{M_1 R_1} \cdot \overline{M_3'' R_1}}}\ \text{MF.}$$

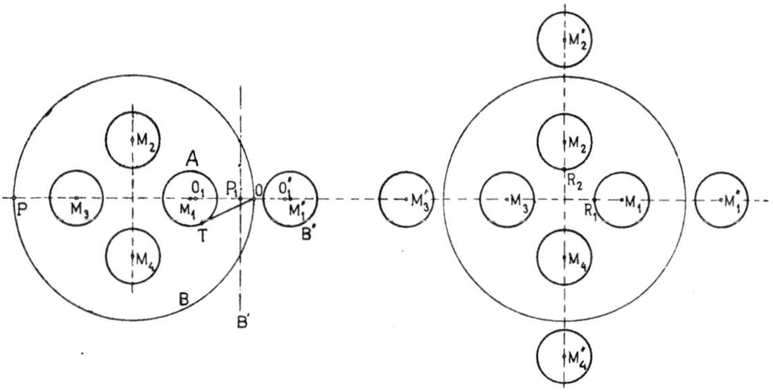

Fig. 451a und b.

Für ein verkettetes Zweiphasensystem werden oft zwei konzentrische Kabel benutzt, deren Außenleiter geerdet sind und als Mittelleiter dienen. Die Kapazität eines derartigen Kabels läßt sich ebenfalls nach der oben angegebenen Methode bestimmen.

f) Die Ableitung ist, wie erwähnt, nicht ein Maß für die Verluste in Kabeln und Leitungen. Es treten auch Verluste im Dielektrikum auf, die viel größer als die durch Ableitung sind und wie eine Vergrößerung dieser wirken. Bei Kabeln schätzt man gewöhnlich die Verluste, indem man mit einem gewissen Leistungsfaktor rechnet. Dieser wurde auf Seite 474 für verschiedene Kabel angegeben. Daß dieses Verfahren nur Annäherungswerte ergibt, ist einleuchtend und geht am besten daraus hervor, daß der Leistungsfaktor eines Kabels sich mit der Temperatur und zum Teil mit der Periodenzahl ändert. Fig. 452 zeigt die Änderung des Leistungsfaktors als Funktion der Temperatur nach Messungen von

Dr. P. Human.[1]) Man könnte annehmen, daß die Änderung des Leistungsfaktors von der Änderung des Isolationswiderstandes r_i herrührt. Dies ist jedoch nicht der Fall; denn wie die Kurve r_i (Fig. 452) zeigt, sinkt der Isolationswiderstand mit steigender Temperatur sehr schnell, während der Leistungsfaktor nicht entsprechend steigt, sondern nur bei den kleineren Temperaturen ansteigt, um bei den höheren Temperaturen noch weiter herunterzugehen. Der Leistungsfaktor eines Kabels steht somit in keinem direkten Verhältnis zu dem Isolationswiderstand. Von einem guten Wechselstromkabel verlangt man gewöhnlich, daß bei hin-

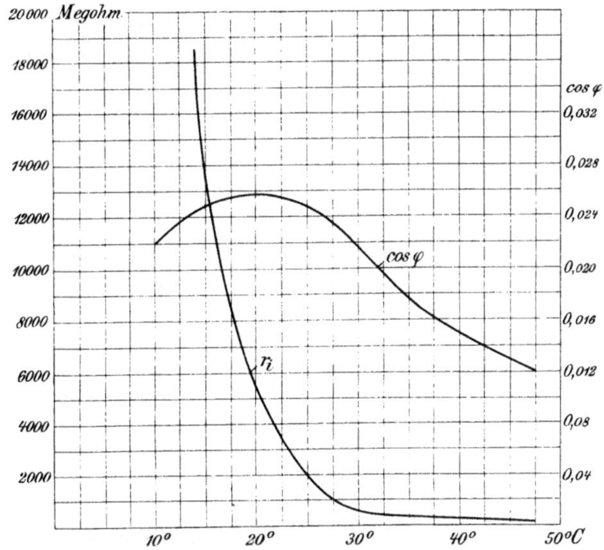

Fig. 452. Abhängigkeit des Isolationswiderstandes und des Leistungsfaktors eines Kabels von der Temperatur.

reichendem Isolationswiderstand der Leistungsfaktor selbst bei Temperaturen bis 50° C sich über den am kalten Kabel gemessenen Wert nicht wesentlich erhöhen darf; ebenso darf auch das Verhältnis zwischen der mit Gleichstrom und der mit Wechselstrom gemessenen Kapazität sich bei steigender Temperatur nicht weit von der Einheit entfernen.

Bei blanken Freileitungen sind die Verluste auch bedeutend größer als die durch Ableitung. Die zusätzlichen Verluste liegen hier in den Stromübergängen an den Isolatoren und in den dielektrischen Verlusten in den Isolatoren und in dem übrigen elektrischen Felde. Bei feuchtem Wetter wird auch ein Teil der

[1]) Elektr. Bahnen und Betriebe, 1906, S. 518.

Elektrizität mit der Feuchtigkeit und dem Regen direkt entführt. Dieser letzte Verlust kann bei hohen Spannungen sehr groß werden, wenn die **kritische Spannung** (Seite 515) überschritten wird.

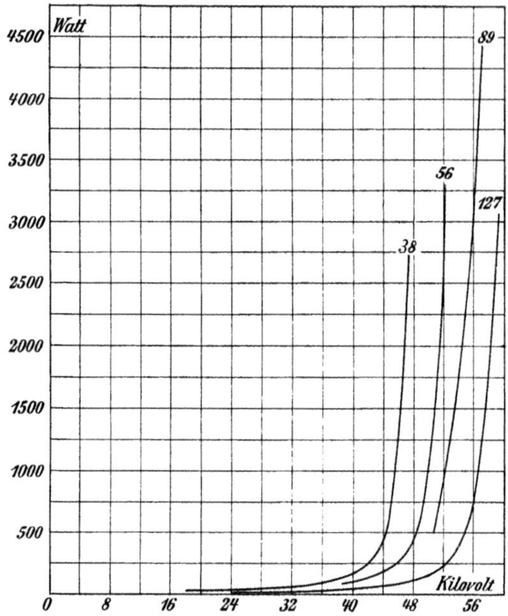

Fig. 453. Ableitungsverluste von Freileitungen.

In Fig. 453 ist nach Messungen von Ch. F. Scott und R. D. Mershon der Leistungsverlust zwischen zwei Drähten in der Luft, die in den Abständen 38, 56, 89 und 127 cm voneinander verlegt waren, in Abhängigkeit von der effektiven Wechselspannung aufgezeichnet. Die Drähte hatten einen Durchmesser von 4,1 mm. Die Verluste sind auf 1 km Doppelleitung bezogen. Man sieht, daß die kritische Spannung bei etwa 50000 Volt liegt, weil die Kurven hier sehr scharf nach oben abbiegen. Aus diesen Kurven kann man die Verluste bei anderen Leitungen schätzen. Eine Doppelleitung von 8,2 mm Draht, 254 cm Abstand und 100000 Volt Betriebsspannung wird z. B. angenähert dieselben Verluste pro Kilometer wie die Doppelleitung von 4,1 mm Drähte und 127 cm Abstand bei 50000 Volt haben.

149. Kapazität von Spulen in Luft und in Eisen.

Bei Spulen in elektrischen Maschinen und Apparaten gibt es sehr verwickelte Kapazitätsverhältnisse. Trotzdem ist es jedoch möglich, zu einfachen praktischen Formeln zu gelangen, wenn man mit der Kapazität zwischen Leiterelementen sowie zwischen Leitern und Erde rechnet. Dies mag theoretisch nicht ganz einwandfrei sein; aber da eine angenäherte Formel besser ist als gar keine, so soll demnach hier verfahren werden. Mit Kapazität eines Leiterelements bezeichnen wir der Kürze halber im folgenden die Ausdrücke, die Seite 449 mit dem Namen gegenseitige Kapazitätskoeffizienten belegt sind.

a) Zuerst soll die Kapazität eines Leiterelements gegenüber den benachbarten Windungen berechnet werden. In Fig. 423 ist eine kreisrunde Spule von flachkant gewickeltem Kupferband dargestellt. Derartige Spulen werden vielfach angewendet. Jedes Leiterelement einer derartigen Spule besitzt eine Kapazität gegenüber den übrigen Windungen der Spule. Von Belang sind jedoch nur die Kapazitäten der benachbarten Windungen. Ist die Isolation zwischen den Windungen im Verhältnis zu der Bandbreite dünn und besitzt sie die Dielektrizitätskonstante ε, so wird die Kapazität eines Leiterelementes von der Länge 1 cm und der Breite b cm gleich

$$C_d = \frac{b\varepsilon}{4\pi r} \text{ elst. Einheiten} = \frac{b\varepsilon}{11{,}3 r} 10^{-6} \text{ MF} \quad . \quad . \quad (286)$$

indem man dieses Leiterelement mit der benachbarten Windung als einen Plattenkondensator mit der Isolationsstärke r auffaßt. Diese Formel für die Kapazität eines Leiterelementes gilt auch für den Fall, daß die Spule aus hochkantig gewickeltem Kupferband besteht. Besteht die Spule aus mehreren Lagen von rechteckigen Drähten mit n Windungen pro Lage, wie die Fig. 454 sie im Querschnitt zeigt, so rechnet man zuerst die Kapazität eines Leiterelementes gegenüber den in derselben Lage liegenden Nachbarwindungen aus, die den Wert

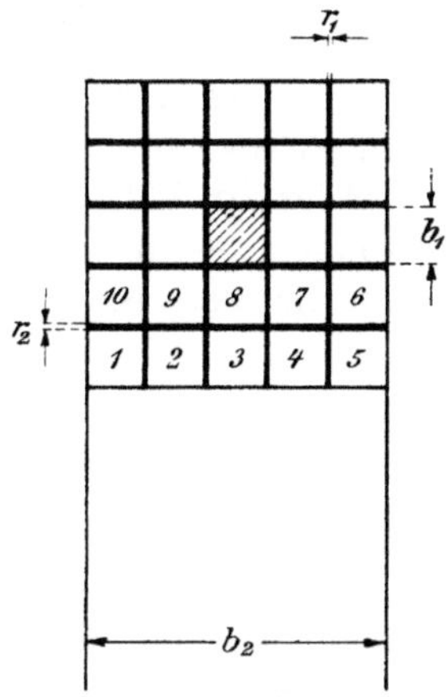

Fig. 454. Schnitt durch eine Drahtspule.

$$C_1 = \frac{b_1 \varepsilon_1}{11{,}3 r_1} 10^{-6} \text{ MF}$$

hat; demnach berechnet man die Kapazität der Längeneinheit einer Lage gegenüber der benachbarten Lage, diese ist angenähert

$$C_2 = \frac{b_2 \varepsilon_2}{11{,}3\, r_2} 10^{-6} \text{ MF}.$$

Ist die Spule, wie in Fig. 454 numeriert gewickelt, so ist die mittlere Spannung zwischen zwei benachbarten Lagen n mal so groß als die zwischen benachbarten Leitern; da aber andererseits die Kapazität eines Leiters gegenüber der benachbarten Lage nur $1/n$ der Kapazität zwischen zwei Lagen ist, so kann die Kapazität eines Leiterelementes gegenüber den folgenden Windungen gleich

$$C_d = C_1 + C_2 \quad . \quad . \quad . \quad . \quad . \quad . \quad . \quad (287)$$

gesetzt werden; natürlich ist die Kapazität gegenüber den vorausliegenden Windungen ebenso groß. Sind mehrere Spulen nebeneinander angeordnet, so ändert dies nur wenig an den soeben abgeleiteten Formeln für die Kapazität für ein Leiterelement. Diese gelten nicht allein für runde Spulen, sondern auch für solche von anderen Formen; die Hauptsache für die Genauigkeit der Formeln liegt nämlich allein darin, daß die Abstände r_1 und r_2 im Verhältnis zu den Breiten b_1 und b_2 klein sind. Selbst für Statorspulen können die abgeleiteten Formeln mit genügender Genauigkeit angewandt werden. Für runde Drähte ergeben sich etwas kleinere Werte für die Kapazitäten als für rechteckige Drähte bei gleichen Isolationsstärken r_1 und r_2.

b) Schwieriger gestaltet sich die Berechnung der Kapazität pro Leiterelement zwischen Spulen und Erde. Wir werden uns deswegen auch hier auf den Mittelwert beschränken und setzen die mittlere Kapazität eines Leiterelementes gegenüber Erde gleich der totalen Kapazität der ganzen Wicklung gegenüber Erde dividiert durch die totale Wicklungslänge. Dies hat den Vorteil, daß man Größen in der Rechnung einführt, die direkt gemessen werden können. — In einer Maschine mit Z Nuten vom Umfange U und der Länge l ist die Kapazität der ganzen Wicklung gegen Erde

$$C \geqq \frac{Z U l \varepsilon}{11{,}3\, r} 10^{-6} \text{ MF} \quad . \quad . \quad . \quad . \quad . \quad (288)$$

worin r die Stärke der Nutenisolation (d. h. Abstand zwischen Kupfer und Eisen) und ε ihre Dielektrizitätskonstante bedeutet. Die Kapazität ist nicht viel größer als die rechte Seite der Formel angibt, weil die Spulenköpfe keine besonders große Kapazität gegen Erde besitzen.

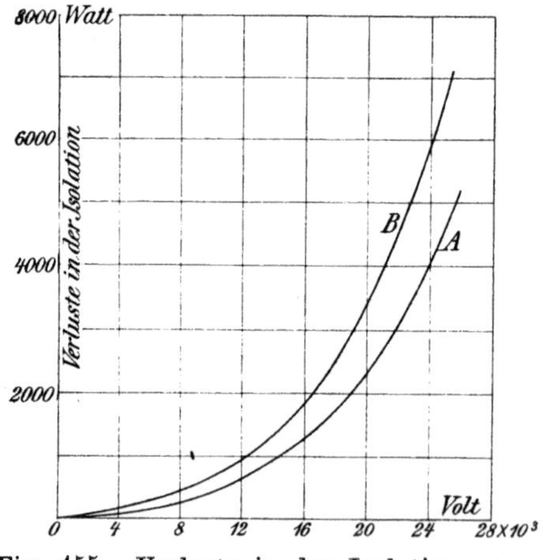

Fig. 455. Verluste in der Isolation von Wechselstromgeneratoren.

Bei Transformatorwicklungen und Drosselspulen ist die Kapazität gegen Erde schwieriger zu bestimmen und hängt so viel von der äußeren Anordnung ab, daß allgemeine Formeln hier zu ungenau werden und deswegen keine Bedeutung haben. Man kann aber von Fall zu Fall unter Anwendung der Formeln für Platten- und Zylinderkondensatoren mit einiger Genauigkeit die Kapazität solcher Wicklungen berechnen.

c) Wie in den Dielektrika von Kabeln, so treten auch in denen elektrischer Maschinen Verluste auf; über diese liegen noch weniger Messungen vor als von den ersten. Skinner hat die dielektrischen Verluste an zwei 5000 KW-Generatoren der Westinghouse El. Mfg. Co. in Pittsburg für maximal 11000 Volt bei 25 Perioden gemessen. Diese Werte sind in Fig. 455 als Funktion der Prüfspannung aufgetragen. Die untere Kurve *A* wurde an einer Maschine bei einer Wicklungstemperatur von ca. 21° C und die Kurve *B* an

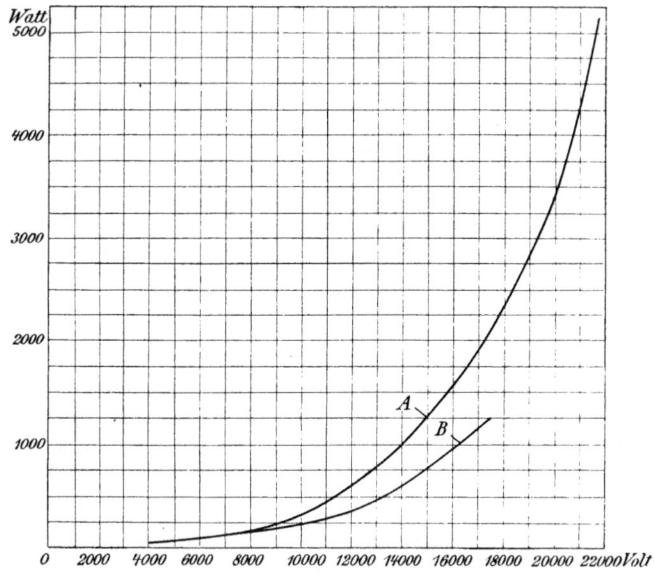

Fig. 456. Verluste in der Isolation von Wechselstrommaschinen.

der zweiten Maschine mit einer Wicklungstemperatur von ca. 31° C gemessen. Bei 25000 Volt war der maximale Verlust 0,021 Watt pro ccm der Isolation, der nicht ausreichte, um die Temperatur der Isolation während 30 Minuten merkbar zu erhöhen.

Dr. P. Hollitscher[1]) hat die dielektrischen Verluste in zwei Maschinen der Lahmeyerwerke, Frankfurt, von 500 PS und 400 KW, 10000 Volt und 50 Perioden gemessen. Sie sind durch die Kurven *A* und *B* (Fig. 456) dargestellt. Diese Versuche lassen erkennen, daß die Verluste nahezu proportional der dritten (anstatt der zweiten) Potenz der Spannung zunehmen, was zum Teil auf einer Zerstreuung der Elektrizität von den Spulenköpfen aus bei höheren Spannungen

[1]) ETZ 1903, S. 635.

beruhen kann. Dr. Hollitscher fand ferner, daß die Verluste proportional der Periodenzahl zunehmen. Außerdem ergaben die Versuche, daß die Kapazität mit der Spannung, d. h. mit der elektrischen Feldstärke zunimmt; dies ist nur auf eine Zunahme der Dielektrizitätskonstante zurückzuführen. Die Nutenisolation der Maschinen bestand aus Mikanitröhren und für diese ergaben die Versuche die in Fig. 457 eingezeichneten Werte, die von 2,8 bzw. 2,2 bei normaler Spannung bis auf ca. 5 bei der doppelten Spannung steigen. Dagegen zeigte die Änderung der Periodenzahl keinen merkbaren Einfluß auf die Dielektrizitätskonstante.

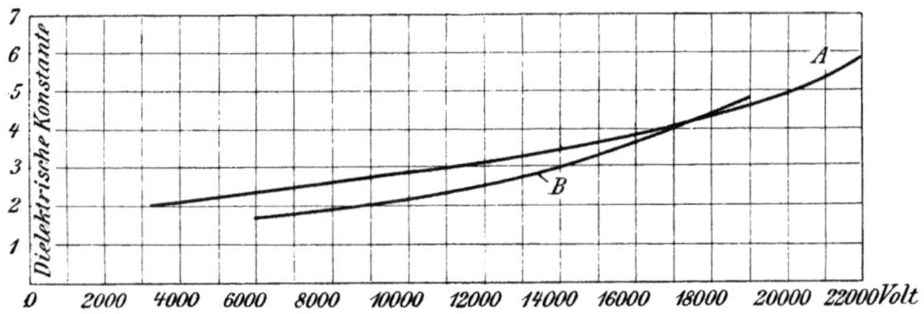

Fig. 457. Abhängigkeit der Dielektrizitätskonstante von der Spannung.

Bei der Isolation von elektrischen Maschinen und Transformatoren ist auch darauf zu achten, daß die elektrische Feldstärke an keiner Stelle so groß werden darf, daß die Isolationsmaterialien darunter leiden, was vorkommen kann, selbst wenn keine sichtbaren Glimmlichterscheinungen auftreten. Bei Transformatoren für sehr hohe Spannung, die eine Wicklung von sehr feinen Drähten bekommen, wird deswegen oft ein gut abgerundetes Metallblech zwischen Spule und Isolationsmaterial eingelegt, um dadurch die Isolation gegen ein zu starkes elektrisches Feld zu schützen.

Außerdem ist bei der Wahl von Isolationsmaterialien in Hochspannungsmaschinen darauf zu achten, daß sie auch mechanisch beansprucht werden durch die Anziehung zwischen Kupfer und Eisen, die die beiden Belegungen eines Kondensators bilden. Man sollte deswegen mechanisch lockere Materialien stets vermeiden.

Bis jetzt ist es noch nicht gelungen, ein Isolationsmaterial zu finden, das dem gleichzeitigen Einfluß von Wärme und elektromechanischen Beanspruchungen, sowie dem chemischen Einfluß der sich in Hochspannungsmaschinen bildenden Nitrate dauernd vollkommen standhalten kann; mit der Zeit ändern die meisten Isolationsmaterialien ihre Struktur, genügen aber trotzdem immer noch den an sie gestellten Anforderungen, weil sie von vornherein sehr reichlich bemessen sind.

150. Telegraphen- und Telephonleitungen.

Wie bekannt, benutzt man in der Telegraphie für die Übermittlung von Zeichen gleichgerichtete Ströme, die man irgendeiner Gleichstromquelle entnehmen kann. Die telephonische Übermittlung von Gesprächen geschieht dagegen mittels Wechselströmen, die in den Sekundärwicklungen von Induktionsspulen induziert werden. — Auf diesem Unterschiede in der Stromart beruht die verschiedene Ausführung der Leitungen, speziell natürlich bei den Kabeln. Außerdem ist der Einfluß von Starkstromleitungen auf die Telephon- und Telegraphenleitungen in verschiedener Weise zu beseitigen.

a) Telegraphenleitungen. Die Luftleitungen bestehen gewöhnlich aus verzinkten Eisendrähten von 3 bis 7 mm Durchmesser oder aus 3 mm starken Bronzedrähten. Die unterirdischen Kabel enthalten gewöhnlich viele Adern, die entweder mit Guttapercha oder mit Jute und Papier isoliert sind. Die Adern der Guttaperchakabel bestehen aus vielen (bis zu 14) zusammengedrehten 0,7 mm starken Kupferdrähten, während die Adern der Fasernstoffkabel aus 1,5 mm starken Drähten bestehen.

Die unterseeischen Kabel werden stets mit einer Ader ausgeführt, mittels Guttapercha isoliert und sind wegen der großen mechanischen Beanspruchungen kräftig armiert. Der Widerstand von solchen Kabeln variiert zwischen 2 und 6 Ω, der Isolationswiderstand zwischen 500 und $1250 \cdot 10^6$ Ω und die Kapazität zwischen 0,2 und 0,15 Mikrofarad, alles auf einen km Länge bezogen. Bei oberirdischen Leitungen und kurzen Kabelstücken, die keine großen Ladeströme erfordern, erfolgt der Stromstoß in der Empfängerstation sofort nach dem Schließen des Stromkreises mittels des Tasters, und es können sehr viele, bis 1000 Worte zu fünf Buchstaben in der Minute abgesandt werden. Bei langen unterseeischen Kabeln ist der Ladestrom so groß, daß es eine meßbare Zeit dauert, bis das Kabel vollständig geladen ist und der Stromstoß sich an der Empfängerstation bemerkbar macht. Bei langen unterseeischen Kabeln verwendet man deswegen Ladungswellen als Signale, deren Fortpflanzung im Kabel im Abschn. 160 behandelt werden soll. Die Zahl der möglichen Signale, d. h. Stromwellen, in einer Minute hängt hauptsächlich von der Kapazität und dem Widerstand des Kabels und nur in geringerem Maße von der Ableitung und der Selbstinduktion des Kabels ab. Als Maß für die Sprechgeschwindigkeit einer Telegraphenleitung dient in erster Annäherung das Produkt (rC) von Widerstand und Kapazität für einen km Länge der Leitung. — Bei unterirdischen Kabeln erhält man die größte Sprechgeschwindigkeit, wenn der äußere Durchmesser der Isolationshülle jeder Ader 1,65mal größer ist als der Drahtdurchmesser. Mit Rücksicht auf die mechanische Festigkeit macht man den äußeren Durchmesser der Isolationshülle jedoch 2 bis 4mal größer als den Drahtdurchmesser.

b) Telephonleitungen. Die Luftleitungen werden gewöhnlich aus 1,5 bis 5 mm starkem Siliziumbronzedraht je nach der Entfernung ausgeführt. Für sehr lange Leitungen kommen in der letzten Zeit außerdem Doppelleitungen vielfach zur Anwendung, um äußere Störungen zu beseitigen. Nach dem Vorschlag von Christiani werden die Doppelleitungen, im Falle daß mehrere solcher an derselben Stange befestigt werden, nach Fig. 458 aufgehängt. Benachbarte Doppelleitungen induzieren bei dieser Aufhängung keine Ströme ineinander.

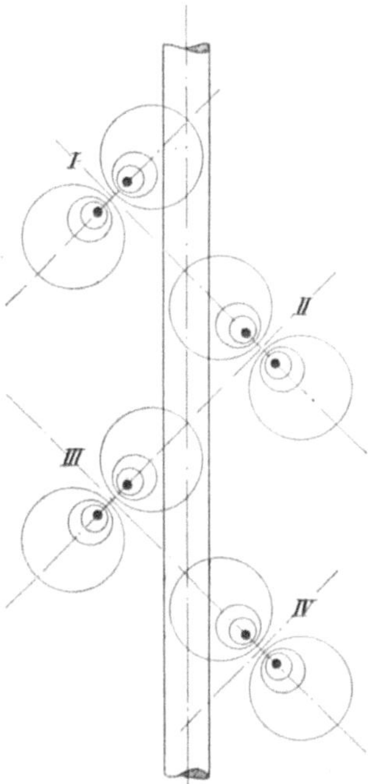

Fig. 458. Induktionsfreie Anordnung von Telephonleitungen.

Die Telephonkabel besitzen sehr viele Adern und werden gewöhnlich mit Papier isoliert. Da die Kapazität möglichst klein sein soll, bei den modernen Doppelleitungskabeln nicht gern über 0,05 Mikrofarad pro km, ist das Papier entweder durchlöchert oder in einer solchen Weise aufgebracht, daß Lufträume um den Leiter herum entstehen. Mit Rücksicht auf die Kapazität wählt man den Drahtdurchmesser um so größer, je länger das Kabel ist, und zwar betragen die üblichen Durchmesser 0,8 bis 2,0 mm. Die Telephonkabel werden entweder in Eisenröhren oder in Zementröhren verlegt. Um die Wirkung der Kapazität bei sehr langen Leitungen noch mehr unschädlich zu machen, schaltet man nach dem Vorschlag von Pupin kleine Selbstinduktionsspulen in die Leitungen in bestimmten Abständen oder erhöht die Selbstinduktion der Leitungen durch Umspinnung mit Eisendraht. Die Dämpfung eines Wechselstromes in einer langen Leitung ist nämlich proportional $e^{-\alpha t}$, wie wir in Abschn. 166 sehen werden. Hierin ist der Dämpfungsfaktor

$$\alpha = \frac{r_d}{2 L_d} + \frac{g_l}{2 C_l}$$

und

$$t = l_2 \sqrt{L_d C_l},$$

die Zeit, während der der Strom sich über die Länge l_2 der Leitung fortpflanzt. Es wird somit die Exponente

$$\alpha t = \frac{l_2 r_d}{2}\sqrt{\frac{C_l}{L_d}} + \frac{l_2 g_l}{2}\sqrt{\frac{L_d}{C_l}} = \frac{R}{2}\sqrt{\frac{C_l}{L_d}} + \frac{G}{2}\sqrt{\frac{L_d}{C_l}} \quad (289)$$

worin R der totale Widerstand und G die totale Ableitung der Telephonleitung bedeutet, während C_l die Kapazität und L_d die Selbstinduktion pro km Länge der Leitung darstellen. Damit αt und somit die Dämpfung der Telephonströme möglichst klein sein sollen, soll folgendes Verhältnis zwischen den vier Konstanten der Leitung bestehen

$$\frac{r_d}{L_d} = \frac{g_l}{C_l},$$

die auch die Bedingung für eine störungsfreie Leitung (S. 156) ist. Da die Selbstinduktion einer gewöhnlichen Telephonleitung kleiner ist, als diese Formel angibt, so sucht man eben durch Einschaltung von Pupinschen Spulen oder durch Umspinnung mit Eisendraht die Selbstinduktion der Leitung in künstlicher Weise zu erhöhen. Bei dieser Berechnung darf man sich nicht der Leitungskonstanten r_d, L_d, g_l und C_l bedienen, die man mittels Gleichstrommessungen erhält. Die Periodenzahl der Wechselströme, die in der Telephonie vorkommen, schwankt in ziemlich weiten Grenzen. Gewöhnlich rechnet man als Mittelwert 1000 Perioden in einer Sekunde und sollte deswegen die Leitungskonstanten mittels eines 1000periodigen Wechselstromes messen.

c) Einfluß von Starkströmen auf Schwachstromleitungen. Verlaufen Starkstrom- und Schwachstromleitungen nicht weit voneinander entfernt, so können die Starkströme störend auf die Schwachstromleitungen einwirken. Diese Störungen sind von verschiedener Art, und zwar rühren sie entweder 1. vom direkten Stromübergang oder 2. von elektromagnetischer Induktion oder 3. von elektrostatischer Induktion her. Um einen direkten Stromübergang von Starkstrom- auf Schwachstromleitungen zu vermeiden, muß für eine sorgfältige Isolation beider Leitungen gesorgt werden. Bei elektrischen Bahnen, bei denen die Schienen als Rückleitung dienen. ist es deswegen ratsam, die parallellaufenden Telegraphenleitungen als Doppelleitungen auszuführen, um einen Stromübergang, herrührend von dem Spannungsabfall in den Schienen, möglichst zu vermeiden.

Die von dem elektromagnetischen Felde der Starkströme induzierten Spannungen in den Schwachstromleitungen sind gewöhnlich klein und lassen sich nach den S. 552 angegebenen Formeln berechnen. Um die durch die elektromagnetische Induktion induzierten EMKe unschädlich zu machen, ist es vorteilhaft, die Schwachstromleitungen bei jedem dritten oder fünften Maste zu kreuzen.

Am meisten werden die Telephonleitungen von den statischen Ladungen gestört. Diese lassen sich als Produkt des elektrischen Potentiales und der gegenseitigen Kapazität der Leitung nach den im Abschnitte 148 angegebenen Formeln berechnen.

Diese Ladungsströme lassen sich bei Telephonleitungen jedoch leicht beseitigen, indem man sie über eine zwischen die Leitungen eingeschaltete Drosselspule zur Erde ableitet. Die beiden Klemmen der Drosselspule sind an die beiden Telephonleitungen angeschlossen, während der Mittelpunkt mit der Erde verbunden ist. Die Drosselspule bietet einem Strom von Leitung zu Leitung einen großen induktiven Widerstand, während sie für Ströme von Leitung zur Erde nur einen sehr kleinen induktiven Widerstand entgegensetzt. Eine solche Drosselspule läßt sich nicht bei Telegraphenleitungen anwenden, weil der Betriebsstrom hier gleichgerichtet ist und somit über die Drosselspule zur Erde seinen Weg ohne großen Widerstand nehmen kann. Durch Anwendung von hochgespanntem Gleichstrom (120 Volt) für das Telegraphieren lassen sich dagegen die elektrischen Ladungsströme fast vollständig unschädlich machen.

Vierundzwanzigstes Kapitel.

Ein- und Ausschalten elektrischer Ströme.

In den vorhergehenden Kapiteln haben wir nur die stationären Zustände in Stromkreisen und Leitern betrachtet, wie sie sich unter dem kontinuierlichen Einfluß von äußeren aufgedrückten Spannungen und Kräften einstellen. Bei der Lösung von Differentialgleichungen, wie z. B. der eines Stromkreises im zweiten Kapitel, wurden nämlich gleich von vornherein die Glieder vernachlässigt, die vorübergehende Zustandsänderungen berücksichtigen. — Der Übergang von einem stationären Zustand zu einem andern kann sich nicht plötzlich vollziehen, sondern nimmt eine gewisse Zeit in Anspruch, und während dieser Zeit ändern sich die Ströme und Spannungen nicht nach periodischen Funktionen, sondern von einem Anfangs- bis zu einem Endzustand. Im folgenden sollen nun gerade die Ströme und Spannungen untersucht werden, die während solcher Übergangsperioden auftreten.

Bestehen in einem Stromkreise im stationären Zustande zur Zeit t_0 der Strom i_0 und die Spannung p_0 und wird in diesem Momente plötzlich der Zustand geändert, so stellt sich nach einer gewissen Zeit, die nur ein paar Sekunden oder ein Bruchteil von einer Sekunde zu sein braucht, ein neuer stationärer Zustand mit dem Strome i_s und der Spannung p_s ein. Während der Übergangszeit ist der Strom

$$i = i_s + i_v$$

und die Spannung

$$p = p_s + p_v,$$

hierin ist i_v ein vorübergehender Strom (auch Ausgleichstrom genannt) und p_v eine vorübergehende Spannung (Ausgleichspannung). Die Ströme i_0 und i_s, sowie die Spannungen p_0 und p_s lassen sich mittels dem in den vorhergehenden Kapiteln angegebenen Verfahren leicht berechnen. Es handelt sich deswegen hier nur darum, den vorübergehenden Strom

$$i_v = i - i_s$$

und die vorübergehende Spannung

$$p_v = p - p_s$$

zu berechnen, für die die Anfangsbedingungen

$$1. \quad t = t_0, \quad i_{v0} = i_0 - i_s \quad \text{und} \quad p_{v0} = p_0 - p_s$$

und

$$2. \quad t = \infty, \quad i_v = 0 \quad \text{und} \quad p_v = 0$$

sich ergeben. Alle vorübergehenden Ströme und Spannungen müssen also nach Exponentialfunktionen mit negativen und der Zeit proportionalen Exponenten verschwinden. — Denkt man sich, daß der neue stationäre Zustand sich sofort nach der Zustandsänderung einstellt, d. h. daß die Zustandsänderung als eine momentane aufgefaßt wird, so müssen noch die durch die Änderung auftretenden Ströme und Spannungen speziell berücksichtigt werden, welche letzteren wie eine vorübergehende Störung im Stromkreise aufzufassen sind. Jede Zustandsänderung kann also als eine von einer Störung im Stromkreise begleitete momentane Änderung der stationären Verhältnisse aufgefaßt werden, und der Zweck der folgenden Untersuchung geht hauptsächlich darauf hinaus, festzustellen, inwiefern diese Störung von so großen Stromstößen und Spannungsschwankungen begleitet ist, daß eine Gefahr für die mechanische oder elektrische Festigkeit des Stromkreises vorliegt. Da aber Ströme und Spannungen kein direktes Maß für die auftretenden Kräfte geben, so ist es oft von Vorteil, die bei einer Zustandsänderung im Stromkreise auftretende Energieänderung zu betrachten. Die im elektrischen Stromkreise aufgespeicherte Energie setzt sich aus der magnetischen Feldenergie $\frac{1}{2}Li^2$ und aus der elektrischen Feldenergie $\frac{1}{2}Cp^2$ zusammen. Die Änderung dieser beiden Energien bei der Zustandsänderung gibt ein Maß für die Kräfte, die bei der Änderung in Wirksamkeit gesetzt werden. Hieraus folgt ferner, daß die Ströme und Spannungen, die als Grenzwerte in den Strom- und Spannungsgleichungen eingesetzt werden müssen, die Ströme in den Stromkreisen sind, die Selbstinduktion enthalten und die Spannungen sind, die an den Klemmen von Kondensatoren oder Kapazitäten wirksam sind.

Es soll nun der Einfachheit halber mit den einfachsten Fällen angefangen werden, um nachher zu den schwierigen Problemen überzugehen, und um die Erscheinungen leichter verständlich zu machen, sollen sie, wenn möglich, an Hand von konkreten Fällen abgeleitet werden.

151. Einschalten und Kurzschließen von Stromkreisen, die Selbstinduktion und Widerstand enthalten.

a) Einschalten eines Gleichstromkreises. In dem einfachen Stromkreis (Fig. 459) fließt vor dem Schließen des Schalters kein Strom, also im Momente t_0, $i_0 = 0$. Nach dem Schließen des Schalters in demselben Momente t_0 tritt ein Strom i auf, der sich um i_v von dem stationären Strome i_s unterscheidet. Ist die eingeschaltete Spannung konstant und gleichgerichtet, so ist

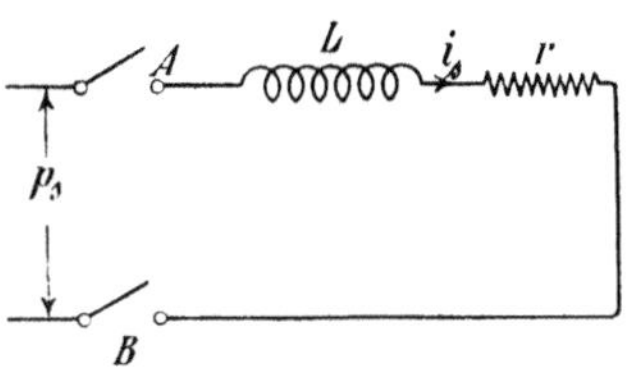

Fig. 459. Einschalten eines Stromkreises.

$$p_s = i_s r.$$

Um den vorübergehenden Strom i_v nach der Einschaltung zu bestimmen, haben wir somit die Anfangsbedingung

$$t = 0 \qquad i_0 = 0$$

und die Differentialgleichung des Stromkreises

$$p_s = i r + L \frac{di}{dt}$$

oder

$$\frac{di}{dt} + i \frac{r}{L} = \frac{p_s}{L},$$

die eine lineare Differentialgleichung erster Ordnung ist. Das allgemeine Integral dieser Gleichung setzt sich aus der partikulären Lösung und aus dem Integral der reduzierten homogenen linearen Differentialgleichung zusammen.

Die Lösung der reduzierten Differentialgleichung

$$\frac{di}{dt} + i \frac{r}{L} = 0$$

lautet

$$A e^{-\alpha t},$$

worin $-\alpha$ die Lösung der linearen Gleichung ist

$$-\alpha+\frac{r}{L}=0 \quad \text{oder} \quad \alpha=\frac{r}{L};$$

also lautet die Lösung der reduzierten Gleichung

$$A\,e^{-\frac{r}{L}t}.$$

Das partikuläre Integral kann in verschiedener Weise gefunden werden (siehe Hütte); es lautet

$$\frac{p_s}{L}e^{-\frac{r}{L}t}\int e^{\frac{r}{L}t}\,dt=\frac{p_s}{L}e^{-\frac{r}{L}t}\frac{L}{r}e^{\frac{r}{L}t}=\frac{p_s}{r},$$

also lautet das allgemeine Integral

$$i=\frac{p_s}{r}+A\,e^{-\frac{rt}{L}}.$$

Indem der Strom zur Zeit $t=0$ $i=0$ ist, wird

$$A=-\frac{p_s}{r}=-i_s$$

und

$$i=i_s-i_s\,e^{-\frac{r}{L}t}=i_s\left(1-e^{-\frac{r}{L}t}\right) \quad . \quad . \quad . \quad (290)$$

Da andererseits $i=i_s+i_v$ ist, wird der vorübergehende Strom

$$\boldsymbol{i_v=-i_s\,e^{-\frac{r}{L}t}} \quad . \quad . \quad . \quad . \quad . \quad . \quad . \quad (291)$$

d. h. der vorübergehende Strom i_v verschwindet nach der Exponentialfunktion $e^{-\frac{r}{L}t}$ und subtrahiert sich von dem stationären. Für die Zeit $\frac{rt}{L}=1$, d. h. $t=T=\frac{L}{r}$ ist der Strom i_v auf ein e[tel] gleich $\frac{1}{2{,}71828}$ seines Anfangswertes gesunken. Deswegen wird $T=\frac{L}{r}$ auch oft die Zeitkonstante des Stromkreises genannt. Den reziproken Wert $\alpha=\frac{r}{L}$ nennt man den Dämpfungsfaktor des Stromkreises. Soll zur Zeit T_1 der vorübergehende Strom i_v auf ein Prozent des stationären Stromes i_s gesunken sein, so muß

$$e^{-\frac{r}{L}T_1}=\frac{1}{100},$$

also

$$e^{\frac{r}{L}T_1}=100,$$

oder $$T_1 = \frac{L}{r} \ln 100 = 4{,}6 \frac{L}{r}.$$

In gleicher Weise ergibt sich die Zeit T_p, die nötig ist, damit der vorübergehende Strom i_v auf p Prozent des stationären Stromes gesunken ist:

$$T_p = 4{,}6 \frac{L}{r} (1 - 0{,}5 \log p) \quad . \quad . \quad . \quad . \quad . \qquad (292)$$

Wäre die Selbstinduktion $L = 0$, so würde der vorübergehende Strom i_v gar nicht auftreten. Derselbe rührt also daher, daß Zeit nötig ist, um das magnetische Feld des Stromkreises zu erzeugen. T_p gibt somit auch die Zeit an, die nötig ist, damit der Kraftfluß auf $(100 - p)$ Prozent seines vollen Wertes angestiegen ist.

b) Kurzschließen eines Gleichstromkreises, in dem keine EMK von außen induziert wird. Ist der Stromkreis Fig. 459 an die Klemmen eines Stromerzeugers angeschlossen und tritt plötzlich ein Kurzschluß im Kreise nahe den Klemmen A und B ein, wodurch sie praktisch widerstandslos verbunden werden, so wird der Strom in dem Stromkreise verschwinden, und zwar nach dem folgenden Gesetz:

$$0 = L \frac{di}{dt} + ri.$$

Diese homogene lineare Differentialgleichung stimmt genau überein mit der reduzierten Differentialgleichung oben, also lautet ihre Lösung:

$$i = A e^{-\frac{rt}{L}}.$$

Das partikuläre Integral verschwindet nämlich, weil die Gleichung homogen ist, da $p_s = 0$, d. h. weil keine äußere Kraft auf den Stromkreis einwirkt. Hieraus folgt direkt, daß die partikuläre Lösung der Differentialgleichung jedes Stromkreises immer den Strom darstellt, der auf Grund von äußeren Einflüssen im Stromkreise fließt, während die Lösung der reduzierten (homogenen) Differentialgleichung des Stromkreises immer die freie Strombewegung gibt, die sich im selbst überlassenen Stromkreise vollzieht. Das Integral der reduzierten (homogenen) Differentialgleichung gibt uns somit stets den nach einer Störung auftretenden Übergangsstrom i_v, der mit dem Eintreten des neuen stationären Zustandes wieder verschwindet. Wir hätten also oben beim Einschalten des Stromkreises sofort

$$i_v = A e^{-\frac{r}{L} t}$$

hinschreiben können. Die Anfangsbedingung für den vorübergehenden Strom beim Einschalten war

$$t = 0\,, \qquad i_{v0} = i_0 - i_s = -i_s\,,$$

also

$$-i_s = A\,,$$

woraus folgt

$$i_v = -i_s\,\mathrm{e}^{-\frac{r}{L}t}\,,$$

das dasselbe Resultat wie oben ist.

Im zweiten Falle, beim Kurzschließen des Stromkreises, lautet die Lösung wieder

$$i_v = A\,\mathrm{e}^{-\frac{rt}{L}}\,,$$

die Anfangsbedingung aber

$$t = 0\,, \qquad i_{v0} = i_s - 0 = i_s\,,$$

woraus folgt

$$i_v = i_s\,\mathrm{e}^{-\frac{r}{L}t} \quad \ldots\ldots\ldots \quad (293)$$

d. h. der vorübergehende Strom verschwindet im kurzgeschlossenen Stromkreise nach derselben Exponentialfunktion, nach der er beim Einschalten auf eine konstante Spannung entsteht. In Fig. 460 ist sowohl die Entstehung wie das Verschwinden des Stromes als Funktion der Zeit dargestellt.

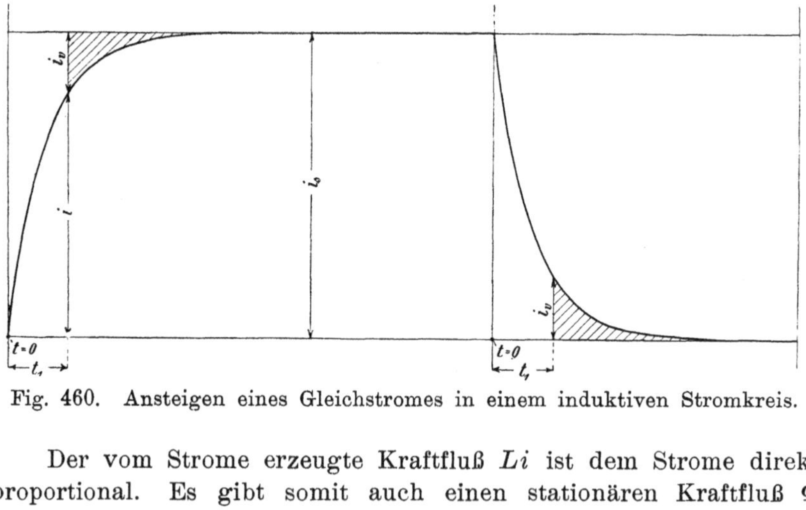

Fig. 460. Ansteigen eines Gleichstromes in einem induktiven Stromkreis.

Der vom Strome erzeugte Kraftfluß Li ist dem Strome direkt proportional. Es gibt somit auch einen stationären Kraftfluß Φ und einen vorübergehenden Kraftfluß $\Phi_v = \Phi\,\mathrm{e}^{-\frac{r}{L}t}$, der dem vorübergehenden Strome i_v direkt proportional ist. Indem aber

$$i_v r = -L \frac{d i_v}{dt} = -\frac{d \Phi_v}{dt} 10^{-8},$$

so ist auch

$$\Phi_v = -\int i_v r \, 10^8 \, dt,$$

und es kann der vorübergehende Kraftfluß auch durch die schraffierten Flächen der Figur dargestellt werden. Dies rührt daher, daß die Integralkurve einer Exponentialfunktion selber eine Exponentialfunktion ist. Wenn $L = 0$ ist, so wird auch $\Phi_v = 0$ und es fällt der Strom gleich zur Zeit $t = 0$ von seinem stationären Werte i_s auf Null herunter. — Bemerkenswert ist, daß der Kraftfluß nicht plötzlich verschwinden kann, selbst wenn man den Stromkreis kurzschließt und dadurch der magnetischen Feldenergie einen scheinbar leichten Weg zum Verschwinden gibt. Wäre der Stromkreis ohne Widerstand, so würde der Kraftfluß gar nicht verschwinden, weil die magnetische Feldenergie nicht in eine andere Energieform, wie Stromwärme, übergehen kann. Die magnetische Feldenergie eines elektrischen Stromkreises und somit auch der Strom verschwinden also beim Kurzschließen um so schneller, je größer der Widerstand des kurzgeschlossenen Stromkreises ist.

Interessant ist zu bemerken, daß die in irgend einem Augenblicke aufgespeicherte magnetische Feldenergie $\frac{1}{2} L i_v^2$ ist, während die Abnahme derselben in der Sekunde $\frac{1}{2} r i_v^2$ beträgt. Der Dämpfungsfaktor $\alpha = \frac{r}{L}$ gibt somit auch das Verhältnis zwischen der Energieabgabe und der aufgespeicherten Energie in jeden Augenblicke an.

c) Einschalten eines Wechselstromkreises. Hier gilt alles, was soeben über das Einschalten eines Gleichstromkreises gesagt worden ist. Nur die Grenzbedingungen sind verschieden. Der vorübergehende Strom i_v ergibt sich wie beim Gleichstromkreise aus der reduzierten Differentialgleichung

$$0 = L \frac{d i_v}{dt} + r i_v$$

und der Anfangsbedingung. Diese ist bei einer Wechselspannung zur Zeit $t = 0$, $\quad p_0 = [P_{max} \sin(\omega t + \psi)]_{t=0} = P_{max} \sin \psi$,

$$i_0 = 0$$

und

$$i_{s0} = [J_{max} \sin(\omega t + \psi - \varphi)]_{t=0} = J_{max} \sin(\psi - \varphi),$$

hierin ist

$$J_{max} = \frac{P_{max}}{\sqrt{r^2 + (\omega L)^2}} \qquad \text{und} \qquad \operatorname{tg} \varphi = \frac{\omega L}{r}.$$

Die Lösung der Differentialgleichung lautet

$$i_v = A e^{-\frac{r}{L} t},$$

und da

$$i_{v0} = i_0 - i_{s0} = - i_{s0}$$

ist, wird

$$- i_{s0} = - J_{max} \sin(\psi - \varphi) = A,$$

woraus folgt

$$i_v = - J_{max} e^{-\frac{r}{L} t} \sin(\psi - \varphi).$$

Der momentane Strom kurz nach dem Einschalten des Stromkreises wird somit

$$i = i_s + i_v = J_{max} \sin(\omega t + \psi - \varphi) - J_{max} e^{-\frac{r}{L} t} \sin(\psi - \varphi) \quad (294)$$

und ist in Fig. 461 für den Fall $L = 0{,}02$ Henry, $r = 1\,\Omega$, $J_{max} = 100$ Amp. und $\psi - \varphi = -\frac{\pi}{2}$ dargestellt.

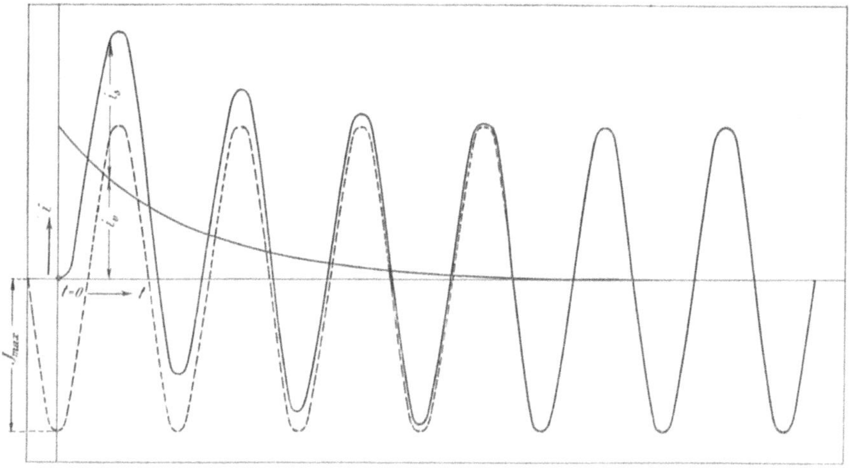

Fig. 461. Ansteigen eines Wechselstromes in einem induktiven Stromkreis.

Wie aus der Formel (294) ersichtlich ist, tritt kein vorübergehender Strom auf, wenn der Stromkreis in einem solchen Augenblicke eingeschaltet wird, in dem der Strom bei stationärem Zustande gleich Null sein sollte. Am größten wird der vorübergehende Strom, wenn man einschaltet, wenn der Strom bei stationärem Zustande ein Maximum sein sollte. Dies rührt natürlich daher, daß das magnetische Feld im Augenblicke des Einschaltens am größten sein sollte, während es in Wirklichkeit nicht existiert. Die Änderung in der stationären magnetischen Feldenergie wird also beim

Einschalten in diesem Augenblicke ein Maximum $\frac{1}{2} L J_{max}^2$ und daher auch der vorübergehende Strom ein Maximum. Unabhängig von der Stromart, die von außen dem Stromkreise zugeführt wird, und unabhängig von dem Augenblicke des Einschaltens verschwindet somit der veränderliche Strom i_v nach einer Exponentialfunktion.

d) Kurzschluß eines Wechselstromkreises. Beim Kurzschließen eines Stromkreises, in dem keine EMKe von außen induziert werden, verschwindet der Strom nach demselben Gesetze wie er entstand, nämlich nach der Formel

$$i_v = J_{max}\, e^{-\frac{r}{L} t} \sin(\psi - \varphi),$$

weil

$$i_{v0} = i_{s0} - 0 = J_{max} \sin(\psi - \varphi).$$

e) Beispiele: Schaltet man eine Belastung von 500 Ampere bei 500 Volt auf eine Gleichstromleitung, die einen Widerstand von 1,0 Ω und eine Selbstinduktion von 0,001 Henry besitzt, so steigt der Strom nach dem folgenden Gesetz

$$i = 500\,(1 - e^{-1000 t})$$

an. Nach einem tausendstel Sekunde ist der Strom

$$i = 500\left(1 - \frac{1}{e}\right) = 500 - 184 = 316 \text{ Amp.},$$

und nach einem hundertstel Sekunde ist er

$$i = 500\left(1 - \frac{1}{e^{10}}\right) = 500 - 0{,}23 = 499{,}77 \text{ Amp.},$$

also praktisch konstant geworden.

Schaltet man auf die gleiche Leitung eine induktionsfreie Wechselstrombelastung von 500 Ampere bei 500 Volt und 50 Perioden, wird $J_{max} = 500\sqrt{2} = 707$ Amp. und $\sin\varphi = \frac{\omega L}{z} = \frac{0{,}314}{\sqrt{1{,}0^2 + 0{,}314^2}}$ $= 0{,}300$, also $\varphi = 17^0\,30'$. Der größte vorübergehende Strom wird

$$i_v = 707\, e^{-1000 t}.$$

In der Leitung wird die maximale Feldenergie $\frac{1}{2}\, 707^2 \cdot 0{,}001$ $= 250$ Joule aufgespeichert.

Beim Einschalten des Feldes eines großen Gleichstrommotors steigt der Erregerstrom viel langsamer als in der Doppelleitung an, weil die Erregerwicklung eine viel größere Selbstinduktion besitzt als eine Leitung. Unter Annahme, daß das ganze Magnetfeld des Motors lamelliert ist, so daß fast keine Wirbelströme das Entstehen des Feldes verhindern, erhält man für einen sechspoligen Motor von 200 PS bei 500 Volt ungefähr die folgenden Verhältnisse: 2000 Windungen und einen Kraftfluß von $6 \cdot 10^6$ pro Pol, sowie 3 Ampere Erregerstrom geben eine Selbstinduktion für alle sechs Pole gleich

$$L = \Sigma\,(w_x\,\Phi_x)\,10^{-8} = 6\left(2000 \cdot \frac{6\;10^6}{3\;10^8}\right) = 240 \text{ Henry}.$$

Der Widerstand ist $r = \frac{500}{3} = 166{,}7\;\Omega$. Der Erregerstrom steigt also nach der folgenden Gleichung an

$$i = 3\left(1 - \mathrm{e}^{-\frac{166,7}{240}t}\right) = 3\left(1 - \mathrm{e}^{-0{,}695\,t}\right).$$

Erst nach ca. 5 Sekunden kann er als konstant angesehen werden. — Die magnetische Feldenergie ist hier $\frac{1}{2}\,3^2 \times 240 = 1080$ Joule.

152. Ausschalten von Stromkreisen, die Selbstinduktion und Widerstand enthalten.

Wie soeben gesehen, genügt die Lösung der reduzierten homogenen Differentialgleichung, um den vorübergehenden Strom nach einer Störung im Stromkreise zu bestimmen. Dauert die Störung eine gewisse Zeit, so ändert sich der Strom während der Störung, und diese Änderung ist natürlich abhängig von äußeren Einflüssen und läßt sich deswegen nicht durch die Lösung der reduzierten Differentialgleichung bestimmen, sondern hier muß die partikuläre Lösung auch mit in Betracht gezogen werden. Dies ist eben der Fall bei der Ausschaltung jedes Stromkreises, wie sie sich in Wirklichkeit abspielt.

Öffnet man einen stromführenden Schalter oder schmilzt eine Sicherung, so geschieht diese Abschaltung des Stromes nicht momentan, weil die im magnetischen Felde aufgespeicherte Energie nicht plötzlich den Stromkreis verlassen kann sondern eine kurze Zeit in Anspruch nimmt, wenn sie auch unter Umständen nur ein paar hundertstel Sekunden beträgt. Während dieser Zeit ändert sich der Widerstand des Stromkreises von dem konstanten Werte r auf den Wert ∞. Wenn wir deswegen den Widerstand während dieser Zeit gleich

$$\frac{r T_a}{T_a - t} = r + \frac{r t}{T_a - t}$$

setzen, worin T_a die volle Zeit des Ausschaltens angibt, und die Zeit t von dem Anfange des Ausschaltens gerechnet wird, so erfüllt dieser variable Widerstand die beiden Grenzbedingungen für $t = 0$ und

$t = T_a$. Der Widerstand kann in zwei Teile zerlegt werden, von denen der eine Teil den konstanten Widerstand r des Stromkreises und der andere den veränderlichen Widerstand des Lichtbogens bedeutet; der letzte Teil wächst während des Ausschaltens von Null bis ins Unendliche. Daß der Widerstand auch während der Zwischenzeit mit der Wirklichkeit übereinstimmt, ist nicht wahrscheinlich, dies macht aber, wie wir sehen werden, weniger aus. Jedes Ausschalten ist immer von einem Funken und bei Stromkreisen mit großer magnetischer Feldenergie von einem Lichtbogen an der Öffnungsstelle begleitet. Der Widerstand eines derartigen Funkens oder Bogens ist nicht genau bekannt und hängt von vielen Nebenerscheinungen und äußeren Einflüssen ab, die sich nicht durch mathematische Formeln wiedergeben lassen. Wir begnügen uns deshalb der Einfachheit halber mit der Annäherung für den Widerstand während des Ausschaltens. Sollten die durch diese Annahme bedingten Resultate zu sehr von der Wirklichkeit abweichen, so läßt sich dieser Fehler zum Teil dadurch korrigieren, daß wir für r nicht den Widerstand des Stromkreises, sondern einen anderen Widerstand r_a einsetzen, der sich durch Versuche mit dem betreffenden Schalter experimentell bestimmen läßt.

a) Ausschalten eines Gleichstromkreises. Für den Stromkreis Fig. 459 mit der Selbstinduktion L und dem Widerstand r erhalten wir somit für die Ausschaltezeit die folgende Differentialgleichung

$$p = L\frac{di}{dt} + \frac{i r T_a}{T_a - t}$$

mit der Anfangsbedingung

$$t = 0 \qquad i = i_0 .$$

Die Differentialgleichung kann wie folgt geschrieben werden:

$$\frac{di}{dt} + \frac{r T_a}{L(T_a - t)}\, i - \frac{p}{L} = 0,$$

die von der allgemeinen Form

$$f_1(t)\frac{di}{dt} + f(t)\, i + \varphi(t) = 0$$

ist und (s. z. B. Taschenbuch d. Hütte) das allgemeine Integral

$$i = e^{-\int \frac{f(t)}{f_1(t)} dt}\left(-\int\left(\frac{\varphi(t)}{f_1(t)}\, e^{\int \frac{f(t)}{f_1(t)} dt}\right) dt + C\right)$$

besitzt. Es ist somit

$$i = e^{-\int \frac{r T_a}{L(T_a - t)} dt}\left(-\int -\frac{p}{L}\, e^{\int \frac{r T_a}{L(T_a - t)} dt}\, dt + C\right).$$

Nun ist

$$\int \frac{rT_a}{L(T_a - t)}\,dt = \frac{rT_a}{L}\int \frac{dt}{T_a - t} = -\frac{rT_a}{L}\ln(T_a - t),$$

und

$$e^{-\frac{rT_a}{L}\ln(T_a - t)} = e^{\ln(T_a - t)^{-\frac{rT_a}{L}}} = (T_a - t)^{-\frac{rT_a}{L}},$$

daher wird

$$i = (T_a - t)^{\frac{rT_a}{L}}\left(\frac{p}{L}\int (T_a - t)^{-\frac{rT_a}{L}}\,dt + C\right).$$

Wir müssen nun zwei Fälle unterscheiden, je nachdem

$$\frac{rT_a}{L} \gtreqless 1.$$

Für

$$\frac{rT_a}{L} \gtrless 1$$

wird

$$\int (T_a - t)^{-\frac{rT_a}{L}}\,dt = -\int (T_a - t)^{-\frac{rT_a}{L}}\,d(T_a - t)$$

$$= \frac{L}{rT_a - L}(T_a - t)^{\left(1 - \frac{rT_a}{L}\right)},$$

also

$$i = (T_a - t)^{\frac{rT_a}{L}}\left(\frac{p}{L}\,\frac{L}{rT_a - L}\,(T_a - t)^{\left(1 - \frac{rT_a}{L}\right)} + C\right)$$

$$= (T_a - t)^{\frac{rT_a}{L}}\left(\frac{p}{rT_a - L}(T_a - t)^{\left(1 - \frac{rT_a}{L}\right)} + C\right)$$

$$= \frac{p}{rT_a - L}(T_a - t) + C(T_a - t)^{\frac{rT_a}{L}}.$$

Da für $t = 0$ $i = i_0$ ist, wird

$$i_0 = \frac{pT_a}{rT_a - L} + CT_a^{\frac{rT_a}{L}},$$

also

$$C = \left(i_0 - \frac{pT_a}{rT_a - L}\right)T_a^{-\frac{rT_a}{L}}$$

und

$$i = \frac{p}{rT_a - L}(T_a - t) + \left(i_0 - \frac{pT_a}{rT_a - L}\right)\left(\frac{T_a - t}{T_a}\right)^{\frac{rT_a}{L}} \tag{295}$$

Für den zweiten Fall $\frac{rT_a}{L} = 1$ wird

$$i = (T_a - t)\left(\frac{p}{L}\int (T_a - t)^{-1}\,dt + C\right) = (T_a - t)\left(C - \frac{p}{L}\ln (T_a - t)\right)$$

da für $t = 0$ $i = i_0$ ist, wird

$$i_0 = T_a\left(C - \frac{p}{L}\ln T_a\right).$$

also

$$C = \frac{i_0}{T_a} + \frac{p}{L}\ln T_a$$

und

$$i = (T_a - t)\left(\frac{i_0}{T_a} + \frac{p}{L}\ln\left(\frac{T_a}{T_a - t}\right)\right) \quad \text{für} \quad \frac{rT_a}{L} = 1 \qquad (296)$$

Die Stromstärke i_0 ist in den Formeln als Grenzwert des Stromes zur Zeit $t = 0$ in die Gleichungen eingeführt und braucht deswegen nicht in irgendwelchem Verhältnisse zu der Spannung p und den Konstanten r und L des Stromkreises zu stehen. Man darf $i_0 = 0$ setzen und die Richtigkeit der Gleichung bleibt trotzdem bestehen; nur gibt die Formel für diesen Fall den Öffnungs-

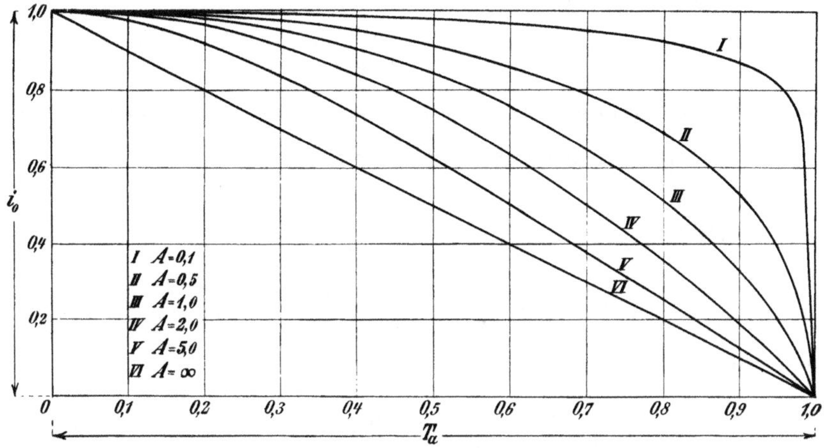

Fig. 462. Allmähliches Verschwinden eines Gleichstromes in einem induktiven Stromkreis.

strom i an, den man erhält, wenn beim Schließen eines automatischen Schalters er den Stromkreis gleich wieder öffnet. In der Formel für i darf man auch p irgendeinen beliebigen Wert beilegen. Für $p = 0$ gibt die Formel den Öffnungsstrom i für den Fall an, daß gerade vor oder in dem Momente, in dem der Schalter öffnet, die Klemmenspannung p durch Kurzschließen beseitigt oder in irgendeiner anderen Weise von einer Einwirkung auf den Stromkreis verhindert wird. — In den Formeln für i darf man deswegen den Einfluß der vorhandenen Klemmenspannung p und der vorhandenen Stromstärke i_0 als zwei ganz unabhängige Einflüsse betrachten, die sich übereinander superponieren.

In Fig. 462 ist der Verlauf des Stromes während des Ausschaltens für verschiedene Werte der charakteristischen Größe $A = \frac{rT_a}{L}$ des Stromkreises aufgezeichnet und, wie ersichtlich, verschwindet der Strom um so träger, je kleiner A ist, d. h. je größer die Selbstinduktion des Stromkreises ist. Es ist ja auch ohne weiteres klar, daß je größer die Selbstinduktion ist, es um so länger dauert, bis der Strom und die von ihm bedingte magnetische Feldenergie verschwindet. T_a ist für einen Schalter keine konstante Größe, weil die Zeit des Abschaltens von der Länge des entstehenden Funkens abhängt, die wieder von den Konstanten des Stromkreises bedingt wird. Die Kurven (Fig. 462) geben immerhin ein Bild von dem Einfluß der Ausschaltekonstante A.

Es ist noch von Interesse, die Spannung zwischen den Kontakten des Schalters, d. h. die Spannung des Öffnungsfunkens zu bestimmen. Diese ist

$$\varDelta p = i\frac{rt}{T_a - t},$$

weil der Widerstand des Lichtbogens gleich $\frac{rt}{T_a - t}$ gesetzt wurde. Es ist also die Lichtbogenspannung für $A \gtrless 1$

$$\begin{aligned}\varDelta p &= \frac{prt}{rT_a - L} + \left(i_0 - \frac{pT_a}{rT_a - L}\right)\left(\frac{T_a - t}{T_a}\right)^{\left(\frac{rT_a}{L} - 1\right)}\frac{tr}{T_a}\\ &= \frac{pAt}{(A-1)T_a} + \left(i_0 r - \frac{pA}{A-1}\right)\left(\frac{T_a - t}{T_a}\right)^{(A-1)}\frac{t}{T_a}. \qquad (297)\end{aligned}$$

und für $A = 1$

$$\varDelta p = \frac{i_0 rt}{T_a} + prt\ln\left(\frac{T_a}{T_a - t}\right) \quad . \quad . \quad . \quad . \quad (298)$$

Für den Moment, in dem der Lichtbogen erlischt, d. h. zur Zeit $t = T_a$, wird

$$\boldsymbol{\varDelta p_{(t=T_a)} = \frac{pA}{A-1} \quad \text{für } A > 1} \quad . \quad . \quad . \quad (299)$$

und

$$\boldsymbol{\varDelta p_{(t=T_a)} = \infty \quad \text{für } A \overline{\overline{<}} 1.} \quad . \quad . \quad . \quad (300)$$

Die Spannung zwischen den Kontakten des Schalters ist also im letzten Momente des Ausschaltens stets größer als die aufgedrückte

Spannung, und zwar um so größer, je kleiner die Konstante $A = \frac{rT_a}{L}$ ist. Ist diese charakteristische Konstante gleich oder kleiner als die Einheit, so wird die Spannung des Öffnungsfunkens theoretisch unendlich groß, was praktisch jedoch nicht möglich ist, weil der Öff-

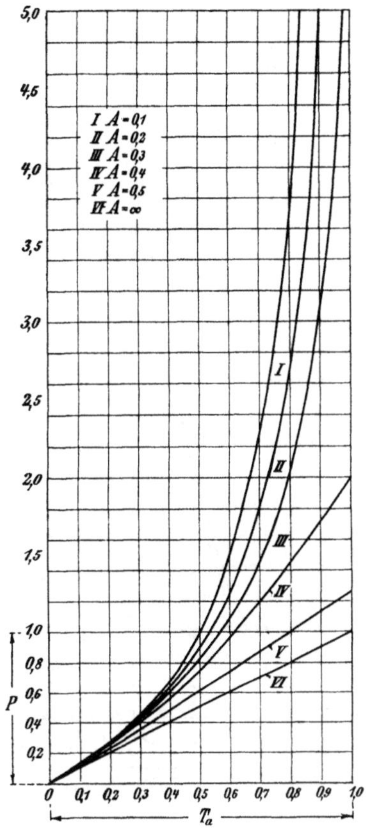

Fig. 463. Öffnungsspannung eines induktiven Stromkreises.

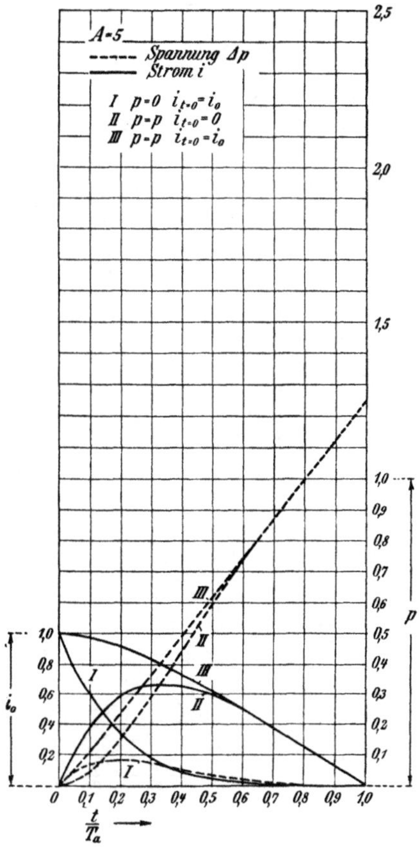

Fig. 464. Öffnungsstrom und Öffnungsspannung eines schwach induktiven Stromkreises.

nungsfunke so lange stehen bleibt, bis die Konstante $\frac{rT_a}{L}$ größer als Eins geworden ist, oder weil der Öffnungsfunke wie in Ölschaltern auf Grund äußerer Einflüsse erlischt. In Fig. 463 sind die Öffnungsspannungen als Funktion der Zeit für dieselben Werte der Konstante A wie in Fig. 462 aufgezeichnet, und zwar ist hier auch $i_0 = \frac{p}{r}$

gesetzt. Allen Kurven ist derselbe Widerstand r, dieselbe Klemmenspannung p und dieselbe Ausschaltezeit T_a zugrunde gelegt. — Außerdem ist in den Fig. 464, 465 und 466 für $A = 5$, $A = 1$ und $A = 0{,}1$ der Ausschaltestrom i und die Öffnungsspannung Δp als Funktion der Zeit für die folgenden drei Fälle aufgezeichnet. Die

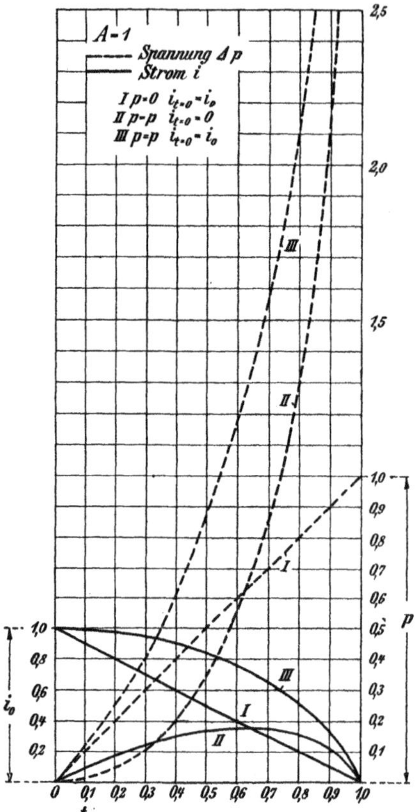

Fig. 465. Öffnungsstrom und Öffnungsspannung eines induktiven Stromkreises.

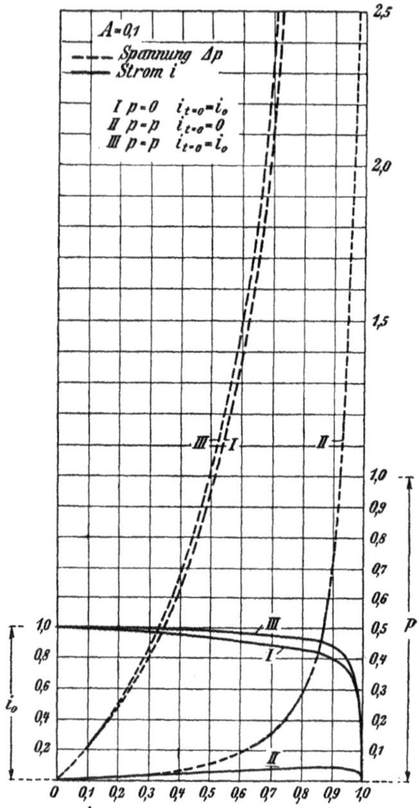

Fig. 466. Öffnungsstrom und Öffnungsspannung eines stark induktiven Stromkreises.

Kurven I beziehen sich auf $i_0 = \frac{p}{r}$, die Kurven II auf $i_0 = 0$ und die Kurven III auf $p = p$ und $i_0 = \frac{p}{r}$. Die Summe der Ordinaten der Kurve I und II gibt nach dem Gesetze der Superposition die Ordinate der Kurve III.

1. Als erstes Beispiel betrachten wir eine gewöhnliche Gleichstromleitung, die mittels eines Schalters von der Stromquelle ab-

geschaltet wird. Es ist dann der Strom im Momente des Ausschaltens

$$t = 0; \qquad i_0 = \frac{p}{r}$$

und es wird der Ausschaltestrom für $A \gtrless 1$

$$i = \frac{p}{r T_a - L}\left[T_a - t - \frac{L}{r}\left(\frac{T_a - t}{T_a}\right)^{\frac{r T_a}{L}}\right]$$

und für $A = 1$

$$i = \frac{p}{L}(T_a - t)\left[1 + \ln\left(\frac{T_a}{T_a - t}\right)\right],$$

während die Öffnungsspannung für $A \gtrless 1$

$$\Delta p = \frac{p r t}{r T_a - L}\left[1 - \frac{L}{r}\,\frac{(T_a - t)^{\left(\frac{r T_a}{L} - 1\right)}}{T_a^{\frac{r T_a}{L}}}\right]$$

und für $A = 1$

$$\Delta p = \frac{p r t}{L}\left[1 + \ln\left(\frac{T_a}{T_a - t}\right)\right].$$

Die Abschaltung eines Gleichstromkreises bietet unter normalen Verhältnissen keine Schwierigkeiten, weil der Widerstand des Stromkreises sehr groß ist im Verhältnisse zu der Selbstinduktion außer bei plötzlichen Kurzschlüssen, wo der Widerstand des auszuschaltenden Stromkreises sehr klein ist, während der Strom und mit ihm auch die magnetische Feldenergie sehr groß ist. Betrachten wir z. B. die Leitung vom vorigen Abschnitt mit dem Widerstande $r = 0{,}1\ \Omega$ und $L = 0{,}001$ Henry, so ist bei 500 Volt Klemmenspannung der Kurzschlußstrom $i_k = 5000$ Amp. und die entsprechende Feldenergie $\frac{1}{2} 5000^2 \cdot 0{,}001 = 12\,500$ Joule, also zehnmal größer als die magnetische Feldenergie eines Motors von 200 PS. Die Öffnung des Schalters für diese Leitung muß mit einer Geschwindigkeit entsprechend

$$T_a = \frac{L}{r} = \frac{1}{100}\ \text{Sekunde}$$

ausgeführt werden, um sehr hohe Spannungen an der Öffnungsstelle hervorzurufen. Dies wird mit gewöhnlichen Luftschaltern nicht erreicht werden. In Fig. 467 sind zwei Oszillogramme von Ölschläger[1]) für das Abschalten eines kurzgeschlossenen Gleichstromkreises dargestellt. Die Versuche wurden vorgenommen, um

[1]) ETZ 1904, S. 763.

die Erscheinungen beim Abschmelzen von Sicherungen aus Silberdraht zu studieren. Es wurde ein Stromkreis, der eine Sicherung für 20 Ampere enthielt, direkt an eine 110-Volt-Akkumulatorenbatterie geschaltet. Der Strom verlief hierbei nach der mit „Strom" und die Spannung zwischen den Klemmen der Sicherung

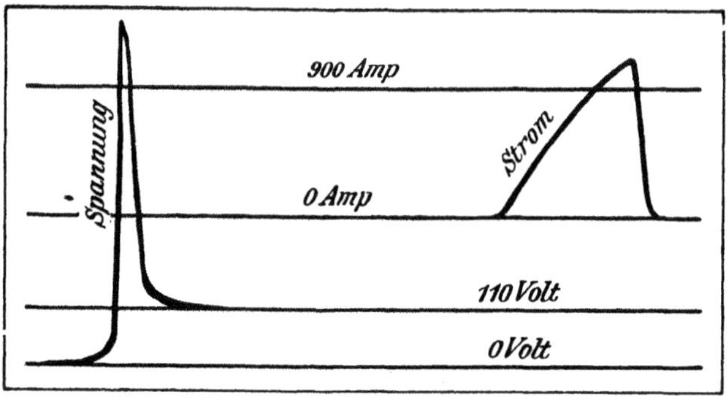

Fig. 467. Kurzschlußstrom und Öffnungsspannung eines Gleichstromkreises.

nach der mit „Spannung" bezeichneten Kurve. Der Strom stieg während 0,005 Sekunden nur bis auf ca. 1100 Ampere an, ehe die Sicherung schmolz und der Stromkreis unterbrochen wurde, obwohl der Widerstand der warmen Sicherung ohne Berücksichtigung der Verbindungsleitungen nur ca. 0,017 Ω betrug.

Die Spannung erreichte einen Maximalwert von 800 Volt, die $\frac{800}{110} = 7{,}2$ mal größer als die normale Klemmenspannung ist. Es sollte somit

$$\frac{1}{1 - \frac{1}{A}} = 7{,}2$$

oder

$$A = \frac{7{,}2}{7{,}2 - 1} = 1{,}15$$

gewesen sein. Die Stromunterbrechung erfolgte in der sehr kurzen Zeit von ca. 0,00015 Sekunden. Es brauchte also nicht viel Selbstinduktion in den Zuleitungen vorhanden zu sein, um die Konstante A in die Nähe der Einheit zu bringen.

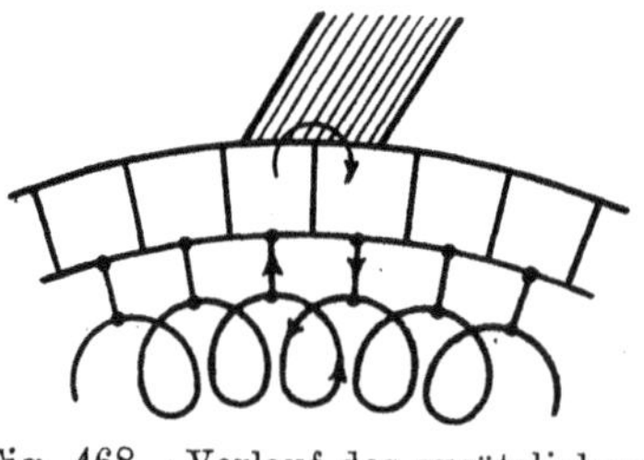

Fig. 468. Verlauf des zusätzlichen Stromes in der Ankerwicklung einer Gleichstrommaschine.

2. Als zweites Beispiel betrachten wir das Verschwinden der vor-

übergehenden Ströme in den kurzgeschlossenen Ankerspulen einer Gleichstrommaschine. In jeder Ankerspule (Fig. 468) wird beim Vorübergehen an den Bürsten die Stromrichtung umgekehrt (d. h. der Ankerstrom wird kommutiert). Um diese Stromänderung zu erleichtern, läßt man sie in dem Augenblicke vor sich gehen, indem die Ankerspule sich in einem für die Kommutierung günstigen Felde befindet. Es gelingt jedoch nie, die Stromwendung so auszuführen, daß keine zusätzlichen vorübergehenden Ströme in der durch die Bürste kurzgeschlossenen Ankerspule induziert werden. Diese zusätzlichen Ströme müssen wieder am Ende der Kommutierung verschwinden, was oft zu Funken an der Bürstenkante Anlaß gibt, wo diese Ströme unterbrochen werden. Es soll nun hier gezeigt werden, daß die abgeleiteten Formeln auch für das Verschwinden dieser zusätzlichen Ströme angewandt werden können. Der Widerstand des Kurzschlußkreises setzt sich aus dem konstanten Widerstand der Spule und den Verbindungsleitungen zwischen Ankerspule und Kommutator, der mit r_s bezeichnet werden kann, und aus dem variablen Übergangswiderstand zwischen Bürste und Kommutator zusammen. Der letzte ist ein Minimum, wenn die Bürste beide Lamellen der Figur gleich viel bedeckt. In dem Augenblicke ist der Übergangswiderstand des Kurzschlußkreises gleich $4 r_u$, wenn der Übergangswiderstand zwischen der ganzen Bürstenfläche und Kommutator gleich r_u gesetzt ist. In jedem anderen Augenblicke ist der variable Widerstand des Kurzschlußkreises

$$r_u \left(\frac{T}{t'} + \frac{T}{T - t'} \right),$$

worin T die ganze Zeit bedeutet, während der die Ankerspule durch die Bürste kurzgeschlossen ist und die Zeit t' von dem Beginn der Kurzschlußperiode gerechnet wird. In dem ersten Teil T_e dieser Periode wird der zusätzliche Strom erzeugt, während er im letzten Teil T_a der Periode verschwinden soll. Es frägt sich nun, ob man in dem letzten Teil der Periode mit genügender Annäherung

$$r_s + r_u \left(\frac{T}{t'} + \frac{T}{T - t'} \right) = \frac{r T_a}{T_a - t}$$

setzen darf, worin r einen passend gewählten Widerstand bedeutet. Es ist $T_a - t = T - t' = \tau$ die Zeit, die noch übrig ist von der Kursschlußperiode und die den größten Einfluß auf die Änderung des Widerstandes ausübt. Führt man diese in die Formel ein, so soll

$$r_s + r_u \left(\frac{T}{T - \tau} + \frac{T}{\tau} \right) = \frac{r T_a}{\tau}$$

sein. Am Schlusse der Kurzschlußperiode sind die Glieder r_s und $r_u \frac{T}{T-\tau} \simeq r_u$ verschwindend klein gegenüber $\frac{r_u T}{\tau}$ und können vernachlässigt werden; es darf somit für den letzten Teil der Kurzschlußperiode

$$\frac{r_u T}{\tau} \cong \frac{r\,T_a}{\tau}$$

oder

$$r = \frac{r_u T}{T_a}$$

gesetzt werden. Zur Zeit $t = 0$, wenn $\tau = T_a$, ist der Widerstand des Kurzschlußkreises

$$r_s + r_u \left(\frac{T}{T - T_a} + \frac{T}{T_a}\right),$$

während es nach der anderen Formel $r = \frac{r_u T}{T_a}$ ist. Es sollte deswegen $r_s + \frac{r_u T}{T - T_a}$ gegenüber r verhältnismäßig klein sein, wenn der Ausdruck $\frac{r\,T_a}{T_a - t}$ auch am Anfange der Ausschalteperiode den Widerstand des Kurzschlußkreises annähernd richtig wiedergeben soll. Der Widerstand r_s der Spule und Verbindungsleitungen kann in fast allen Fällen ganz vernachlässigt werden. Es soll somit $\frac{r_u T}{T - T_a} : \frac{r_u T}{T_a}$ eine kleine Größe sein. Dieses Verhältnis ist $\frac{T_a}{T - T_a}$, das für $T_a = \frac{1}{4} T$ gleich $\frac{1}{3}$ wird.

Wir setzen deswegen den variablen Widerstand des Kurzschlußkreises während der Ausschaltezeit gleich

$$\frac{r\,T_a}{T_a - t} = \frac{r_u T}{T_a - t}.$$

Wir bezeichnen den zusätzlichen veränderlichen Strom während der Ausschalteperiode mit i_z, dessen Anfangswert zur Zeit $t = 0$ i_{z0} ist, und mit e_{za} eine in der kurzgeschlossenen Spule induzierte konstante EMK, die während des letzten Teiles der Kurzschlußperiode induziert wird und als schädliche zusätzliche EMK bezeichnet werden kann, weil sie nur zur Erzeugung des zusätzlichen vorübergehenden Stromes i_z beiträgt. Mit $r\,T_a = r_u T$ gehen die Formeln 295 und 296 in die folgende Form über; für $\frac{r_u T}{L} = A \gtrless 1$

$$i_z = \frac{e_{za}}{r_u T - L}(T_a - t) + \left(i_{z0} - \frac{e_{za} T_a}{r_u T - L}\right)\left(\frac{T_a - t}{T_a}\right)^{\frac{r_u T}{L}}$$

$$= \frac{e_{za} A}{(A-1) r_u} \frac{T_a - t}{T} + \left(i_{z0} - \frac{e_{za} A T_a}{r_u (A-1) T}\right)\left(\frac{T_a - t}{T_a}\right)^{A} \qquad (295\,\mathrm{a})$$

und für $\frac{r_u T}{L} = 1$

$$i_z = (T_a - t)\left[\frac{i_{z0}}{T_a} + \frac{e_{za}}{L}\ln\left(\frac{T_a}{T_a - t}\right)\right] \quad . \quad . \quad (296\text{a})$$

Die Spannung $\varDelta p$ zwischen den ablaufenden Kommutatorlamellen und der Bürste ist gleich

$$\varDelta p = \frac{r_u T}{T_a - t} i_z,$$

weil der übrige Widerstand des Kurzschlußkreises ganz vernachlässigt worden ist. Es ist die Funkenspannung am Schlusse der Kurzschlußperiode, wo $t = T_a$,

$$\varDelta p_{(t=T_a)} = \frac{e_{za}}{1 - \frac{L}{r_u T}} = \frac{e_{za} A}{A - 1} \quad \text{für} \quad A > 1 \quad . \quad (299\text{a})$$

und

$$\varDelta p_{(t=T_a)} = \infty \quad \text{für} \quad A \overline{\overline{<}} 1 \quad . \quad . \quad . \quad (300\text{a})$$

wenn e_{za} von Null verschieden ist. Die in Fig. 462 angegebenen Kurven gelten auch für diesen Fall.

Es ist noch von Interesse, den maximalen zusätzlichen Strom i_{z0} zu bestimmen; zu dem Zwecke stellen wir die allgemeine Differentialgleichung des Kurzschlußkreises auf, die auch für den ersten Teil der Kurzschlußperiode richtige Werte ergibt. Diese Gleichung lautet:

$$e_{z0} = L\frac{di_z}{dt'} + i_z\left(r_s + r_u\left(\frac{T}{t'} + \frac{T}{T - t'}\right)\right).$$

Wenn i_z ein Maximum ist, muß $\frac{di_z}{dt'} = 0$ sein und $t' = T - T_a$, also

$$i_{z0} = \frac{\mathrm{e}_{z0}}{r_s + r_u\left(\frac{T}{T - T_a} + \frac{T}{T_a}\right)} \quad . \quad . \quad . \quad . \quad (301)$$

worin e_{z0} eine in der kurzgeschlossenen Spule induzierte konstante EMK, die während des ersten Teils der Kurzschlußperiode als zusätzliche EMK betrachtet werden kann.

Die Frage ist nun: wie groß ist $\frac{T_a}{T}$? Dies läßt sich nur durch die Lösung der Differentialgleichung ermitteln. Da aber diese sehr umständlich ist, soll hier nur das Resultat angegeben werden. Das Verhältnis $\frac{T_a}{T}$ hängt hauptsächlich von der Ausschaltekonstante

$A = \frac{r_u T}{L}$ ab, selbst wenn der Widerstand r_s nicht ganz vernachlässigt werden kann. Für einen unendlich kleinen Übergangswiderstand wird $A = 0$, und der zusätzliche Strom erst ein Maximum am Schlusse der Kurzschlußperiode, wodurch $\frac{T_a}{T} = 0$ wird. Ist der Übergangswiderstand und somit auch A unendlich groß, wird der Strom i_z ein Maximum in der Mitte der Kurzschlußperiode und $\frac{T_a}{T} = 0{,}5$. Hieraus folgt, daß die Kurve I (Fig. 469), die das Verhältnis $\frac{T_a}{T}$ als Funktion der Konstante A darstellt, mit Null anfängt und sich assymptotisch dem Wert 0,5 nähert. Kurve II stellt die Größe $k_t = \frac{T}{T - T_a} + \frac{T}{T_a}$ dar. Unter Benutzung dieser Kurven läßt sich der maximale zusätzliche Strom leicht nach der Formel

$$i_{z0} = \frac{e_{z0}}{r_s + k_t r_u} \qquad \ldots\ldots \qquad (301\,a)$$

berechnen.

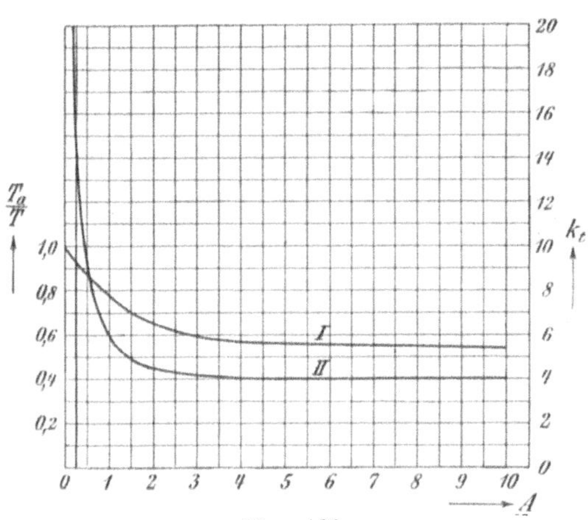

Fig. 469.

Eine große Selbstinduktion hat also nur in geringem Grade einen begrenzenden Einfluß auf die Größe des zusätzlichen Stromes, weil ein großes L nur eine mäßige Erhöhung des Verhältnisses k_t zur Folge hat. Dagegen hat eine große Selbstinduktion einen sehr schädlichen Einfluß, indem sie die Öffnungsspannung beträchtlich erhöhen kann. Dies gilt nicht allein für das Verschwinden zusätzlicher Ströme in der Ankerspule, sondern auch für das Verschwinden von vorübergehenden Strömen in allen Arten von Stromkreisen. Zur Begrenzung von vorübergehenden Strömen sollte man deswegen stets nur Widerstände benutzen.

Um die Natur von vorübergehenden Strömen zu studieren, führten Prof. E. Arnold und J. L. la Cour[1]) Versuche mit dem in Fig. 470 dargestellten Stromkreis aus. Eine Akkumulatorenbatterie

[1]) Transactions of the International Electrical Congress of St. Louis 1904.

von ca. 10 Volt liefert einen Strom durch einen Stromkreis mit Widerstand und Selbstinduktion an eine Bürste, die auf einem rotierenden Kommutator schleift. Jede zweite Lamelle dieses Kommutators läßt den Strom über einen Schleifring durch, während die übrigen Lamellen isoliert sind und den Strom unterbrechen.

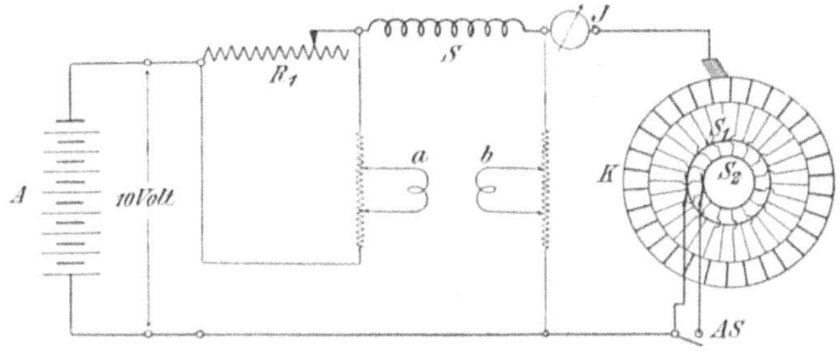

Fig. 470. Versuchsanordnung zur Bestimmung von Öffnungsspannungen.

Mittels des Oszillographen wurden der Strom und die Spannung Δp zwischen Bürste und Kommutator experimentell aufgenommen. Die Fig. 471, 472 und 473 zeigen einige von diesen Aufnahmen.

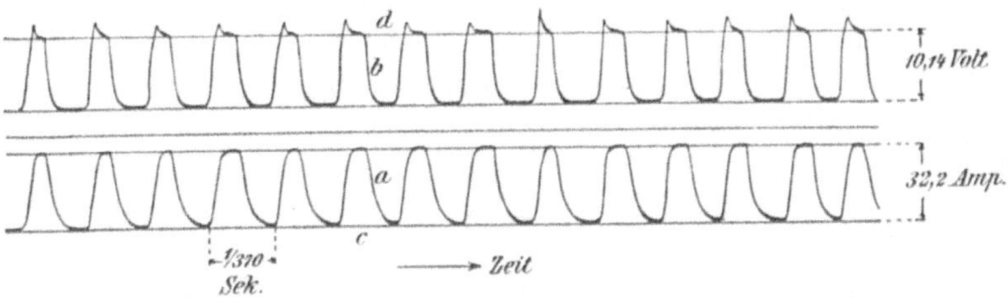

Fig. 471.

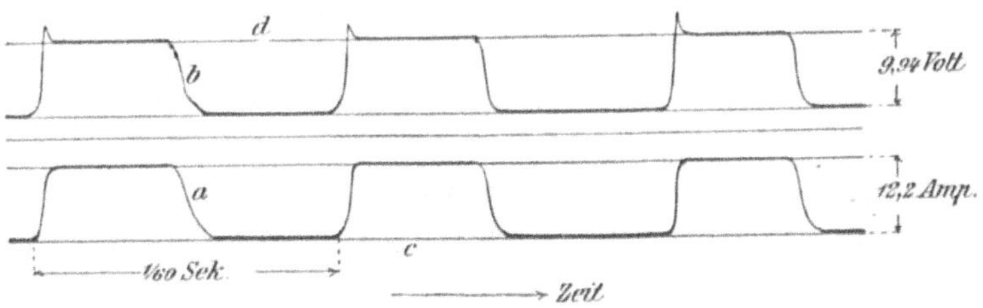

Fig. 472.

In den Oszillogrammen sind die Stromkurven mit a, die Spannungskurven mit b, die Maßlinien für den Strom mit c und die für die Spannung mit d bezeichnet. Die Spannungskurven sind nach oben und die Stromkurven nach unten umgeklappt, damit die beiden Kurven nicht ineinanderfallen und die Oszillogramme undeutlich machen. Die Spannungen sind somit in der positiven Richtung und die Ströme in der negativen Richtung der Ordinatenachse aufgetragen.

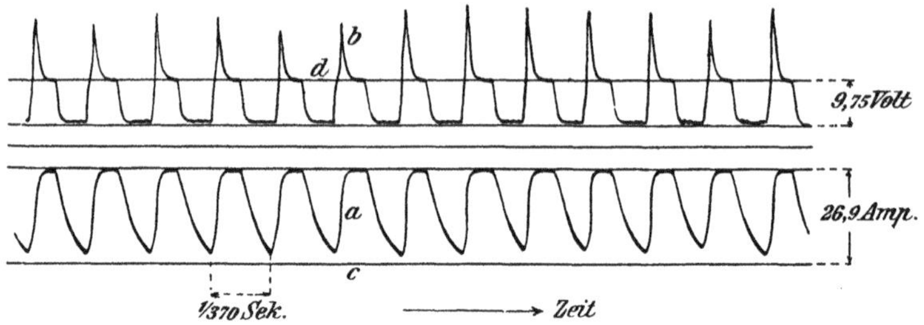

Fig. 473.

Verfolgen wir die Stromkurve in der Richtung der Zeit, so steigt diese zuerst von Null nach einer Exponentialkurve an; bevor der Strom aber sein Maximum vollständig erreicht hat, wird er gezwungen, zu verschwinden. Das Verschwinden des Stromes geschieht bei den kleinen Selbstinduktionen und kleinen Umfangsgeschwindigkeiten des Kommutators auch nach einer Exponentialkurve. Bei großen Selbstinduktionen und Umfangsgeschwindigkeiten dagegen, bei denen die Unterbrechung des Stromes von Funken begleitet ist, wird die Kurve, nach der der Strom verschwindet, natürlich ganz deformiert. Dies geht auch deutlich aus den Oszillogrammen hervor. Die Spannungskurve *b* verläuft, solange der Strom Null ist, horizontal. Fängt der Stom an zu steigen, so sinkt die Spannung zwischen Bürste und Kommutator infolge des Spannungsabfalles in dem vorgeschalteten Widerstande R_1 auf einen kleinen Betrag. Verschwindet der Strom, so steigt die Spannung wieder schnell in die Höhe und überschreitet bei den großen Selbstinduktionen die aufgedrückte Spannung. Wie ersichtlich, kann die Spannung im Öffnungsmomente bis zum 2,7fachen Werte der aufgedrückten Spannung ansteigen.

b) Ausschalten eines Wechselstromkreises. Für diese gilt in großen Zügen dasselbe, was soeben für Gleichstromkreise erwähnt worden ist, wenn die Ausschaltezeit nur einen Bruchteil einer Periode des Wechselstromes beträgt. Dies geht sehr deutlich aus den Fig. 474 und 475 hervor, die Strom und Spannungskurven darstellen, die mit der Versuchsanordnung Fig. 470 aufgenommen worden sind; nur war die Akkumulatorenbatterie hier durch einen Niederspannungstransformator ersetzt. Der Deutlichkeit halber sind die Sinuslinien der ununterbrochenen Ströme und Spannungen einpunktiert. — Um für den Fall der Wechselstromkommutation die für die Gleichstromkommutierung abgeleiteten Formeln zu benutzen, muß man für e_{ze} und e_{za} Mittelwerte während der kurzen Zeitperiode einsetzen, was natürlich nur als grobe Annäherung angesehen werden darf.

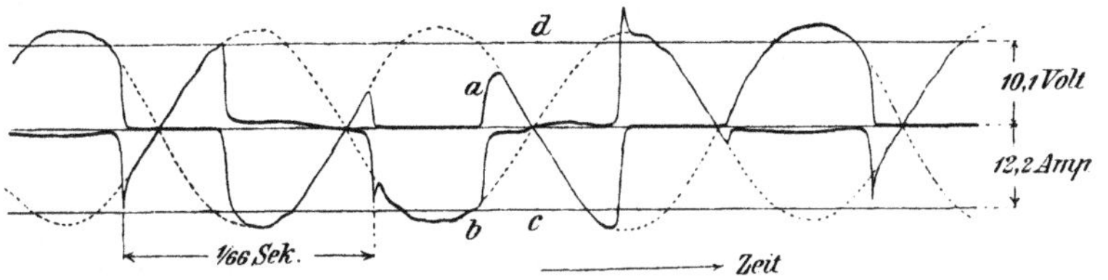

Fig. 474.

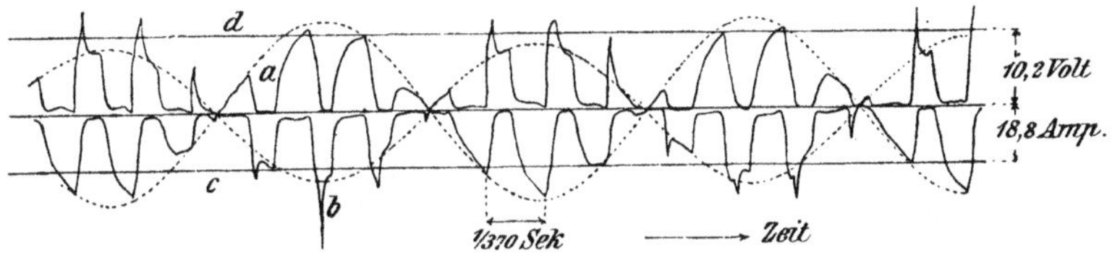

Fig. 475.

Bei Abschaltung von langen Wechselstromleitungen, in denen große magnetische Feldenergien aufgespeichert sind, wendet man gewöhnlich Ölschalter an, um die entstehenden Lichtbögen möglichst zu reduzieren. Der Strom wird hierbei unter Öl unterbrochen; das Öl verhindert nämlich durch seinen abkühlenden Einfluß und seine große Wärmekapazität das Entstehen großer Lichtbögen, während es gleichzeitig die spannungsführenden Teile des Schalters viel besser isoliert als Luft und alle Koronaeffekte fast vollständig ausschließt. Es wird allgemein behauptet, daß die Ölschalter stets den Strom in dem Augenblicke unterbrechen, in dem er durch Null geht. Dies tut ja jeder Schalter. Es sollte deswegen wohl heißen, der Ölschalter unterbricht stets den Strom in dem Augenblicke, in dem der Strom das erste Mal nach dem Anfang des Ausschaltens unter normalen Verhältnissen durch Null gehen würde. Dies trifft in den Fällen zu, in denen der Ölschalter ausreichend groß dimensioniert ist, wie es das Oszillogramm Fig. 476 veranschaulicht, aber nicht dort, wo er zu klein ist, wie z. B. das Oszillogramm der Fig. 477 zeigt. Im letzten Falle entstehen nämlich große Lichtbögen unter dem Öl und das Öl kann weit in die Höhe gespritzt werden; der schlimmste Fall ist natürlich der, daß der ganze Ölschalter explodiert.

Um die Erscheinungen beim Ausschalten von Wechselströmen

einigermaßen zu beurteilen, können die Formeln 297 und 298 angewandt werden. Nur ist es eine schwierige Frage, zu beantworten, von wann ab es zweckmäßig ist, die Zeit $t = 0$ zu rechnen, und wie lange die wirkliche Ausschaltezeit dauert. Nach Oszillogrammen (siehe z. B. Fig. 477) und praktischen Erfahrungen scheint der Strom in den meisten Fällen bis zum letzten Augenblicke seinen stationären

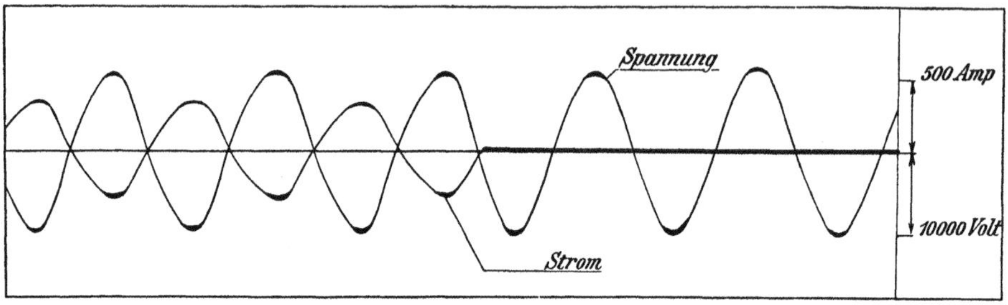

Fig. 476. Abschalten einer induktionsfreien Belastung.

Charakter beizubehalten und in dem Augenblicke aufzuhören, wenn er unter normalen Verhältnissen durch Null gehen sollte. Da aber die ganze Ausschalteperiode von großen Ölschaltern gewöhnlich eine längere Zeit als eine Periode in Anspruch nimmt, so darf man annehmen, daß im ersten Teile des Öffnens Funken oder Lichtbogen in dem von Öldampf erfüllten Raume zwischen den Kontakten stehen bleiben; der Widerstand eines derartigen Lichtbogens ist so klein, daß er nicht imstande ist, den Charakter des stationären

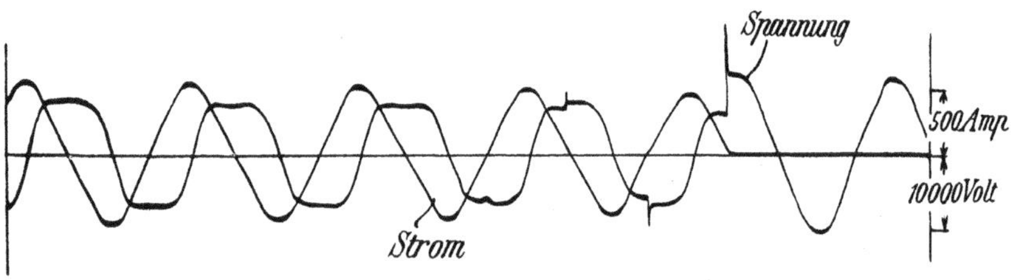

Fig. 477. Abschalten einer rein induktiven Belastung.

Stromes beträchtlich zu ändern. Der stationäre Strom kann somit während dieser Zeit des Ausschaltens mehrmals durch Null gehen, weil es nur einer kleinen Spannung bedarf, um in dem ionisierten Gase zwischen den Kontakten einen neuen Überschlag und folgenden Stromdurchgang herbeizuführen. Dies wird um so eher der Fall sein, je intensiver der gaserfüllte Raum ionisiert ist, d. h. je größer die dem Lichtbogen vom Strome zugeführte Energie ist. Diese Energie ist annähernd proportional dem zu unterbrechenden

Strome. — Als zweite Phase des Ausschaltens dürfen die Augenblicke betrachtet werden, während deren das Öl in den Raum zwischen den Kontakten einströmt, wodurch der Lichtbogen erlischt und der Strom unterbrochen wird. Diese letzte Phase des Ausschaltens wird um so schneller vorübergehen, je höher das Öl über der Unterbrechungsstelle steht. Man geht deswegen auch bei schwierigen Fällen mehr und mehr dazu über, große und tiefe Ölbehälter anzuwenden, um den Lichtbogen möglichst schnell und sicher durch das Öl zu ersticken. Für die letzte halbe Periode der Ausschaltezeit eines Ölschalters dürfte mit grober Annäherung die abgeleitete Formel für die Öffnungsspannung zur Anwendung gebracht werden. Es ist die Öffnungsspannung zur Zeit $t = T_a$

$$\Delta p_{(t=T_a)} = \frac{p_{(t=T_a)}}{1 - \frac{L}{r\,T_a}} = \frac{A\,p_{(t=T_a)}}{A-1}.$$

Ist die aufgedrückte Spannung

$$p = P_{max} \sin\,(\omega t' + \psi)$$

und der stationäre Strom

$$i = J_{max} \sin(\omega t' + \psi - \varphi),$$

worin φ den Phasenverschiebungswinkel bedeutet, so verschwindet der Strom, wenn

$$\omega t' = \varphi - \psi,$$

und es wird in dem Augenblicke die Spannung

$$p_{(t=T_a)} = P_{max} \sin \varphi$$

und die Öffnungsspannung

$$\boldsymbol{\Delta p_{(t=T_a)} = \frac{A\,P_{max} \sin \varphi}{A-1}} \quad . \; . \; . \; . \; . \quad (302)$$

Diese wird somit ein Maximum bei induktiver Belastung, erstens weil φ hier sehr groß ist, und zweitens, weil A hier sehr klein ist. Dies geht auch deutlich aus dem Oszillogramm 476 und 477 hervor, von denen das erste bei induktionsfreier und das andere bei fast rein induktiver Belastung aufgenommen worden sind. Setzen wir die Ausschaltezeit gleich einer vollen halben Periode, also $T_a = \frac{T}{2}$, so wird die Ausschaltekonstante

$$A = \frac{r\,T_a}{L} = \frac{r\,T}{2\,L} = \frac{r\,\omega T}{2\,\omega L} = \frac{\pi r}{x} = \frac{\pi}{\operatorname{tg} \varphi}.$$

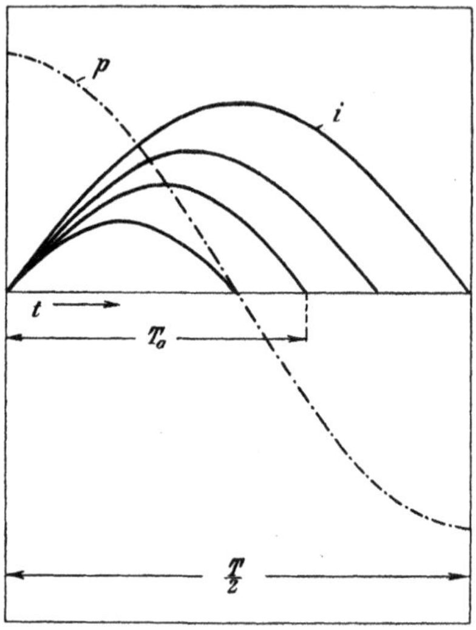

Fig. 478.

Also erst für einen Phasenverschiebungswinkel φ, dessen Tangente gleich π ist, d. h. für einen Leitungsfaktor

$$\cos\varphi = \frac{1}{\sqrt{1+\operatorname{tg}^2\varphi}} = \frac{1}{\sqrt{1+\pi^2}} = 0{,}3\,,$$

sollte die Ausschaltekonstante $A = 1$ werden. Es ist dann $\sin\varphi = 0{,}95$, und theoretisch sollte $\Delta p_{(t=T_a)} = \infty$ werden. Fig. 478 zeigt den Verlauf des Stromes während der letzten halben Periode bei einer rein induktiven Belastung für verschiedene Werte von T_a, von denen der größte gleich $\frac{T}{2}$ ist.

Um die Ausschaltezeit T_a und die Ausschaltekonstante A eines Schalters zu bestimmen, ist es jedoch zweckmäßig, diese sowohl bei Gleichstrom wie bei Wechselstrom experimentell vorzunehmen, weil bei Wechselstrom das Ausschalten an verschiedenen Stellen der aufgedrückten Spannungswelle verschiedene Resultate ergibt, während man bei Gleichstrom jedesmal annähernd dasselbe Resultat erhält.

153. Einschalten und Kurzschließen von Stromkreisen, die Selbstinduktion, Widerstand und Kapazität in Serie enthalten.

Bei den im Abschn. 151 betrachteten Stromkreisen mit Selbstinduktion und Widerstand aber ohne Kapazität stiegen die Ströme an und verschwanden nach der Exponentialfunktion $e^{-\frac{rt}{L}}$. Im folgenden werden wir nun sehen, daß dies nicht immer der Fall ist, wenn der Stromkreis außer Selbstinduktion auch noch Kapazität enthält. Wir betrachten aber hier gleich den Fall eines Wechselstromkreises, weil der Gleichstromkreis als Spezialfall dieses ersten angesehen werden kann. Wie erläutert, ist der

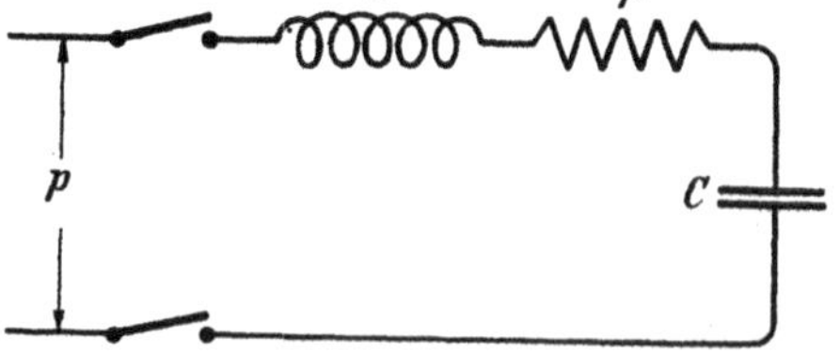

Fig. 479. Einschalten eines Stromkreises mit Selbstinduktion und Kapazität.

vorübergehende Strom von der Natur der Klemmenspannung unabhängig; er hängt nur von dem Grenzzustande, d. h. von der Spannung im Augenblicke des Einschaltens bzw. des Kurzschließens ab.

Für den in Fig. 479 dargestellten Stromkreis mit Selbstinduktion L, Widerstand r und Kapazität C erhalten wir nach dem Einschalten die Differentialgleichung

$$p = L\frac{di}{dt} + ri + \int \frac{i}{C}\,dt$$

oder

$$\frac{1}{L}\frac{dp}{dt} = \frac{d^2 i}{dt^2} + \frac{r}{L}\frac{di}{dt} + \frac{i}{LC}.$$

Der vorübergehende Strom ergibt sich somit aus der reduzierten (homogenen) Differentialgleichung zweiter Ordnung

$$\frac{d^2 i_v}{dt^2} + \frac{r}{L}\frac{di_v}{dt} + \frac{i_v}{LC} = 0.$$

Die Lösung dieser Gleichung lautet

$$i_v = A_1\,e^{-a_1 t} + A_2\,e^{-a_2 t},$$

worin A_1 und A_2 zwei Integrationskonstanten sind und $-a_1$ und $-a_2$ die Wurzeln der Gleichung zweiten Grades in a

$$a^2 + \frac{r}{L}a + \frac{1}{LC} = 0,$$

also

$$\left.\begin{matrix}-a_1\\-a_2\end{matrix}\right\} = -\frac{r}{2L} \pm \sqrt{\left(\frac{r}{2L}\right)^2 - \frac{1}{LC}}.$$

Wenn

$$\left(\frac{r}{2L}\right)^2 > \frac{1}{LC} \qquad \text{d. h.} \qquad r > 2\sqrt{\frac{L}{C}},$$

so sind a_1 und a_2 reelle Größen, und der vorübergehende Strom verschwindet nach Exponentialfunktionen ähnlich wie im Abschn. 151. Ist der Widerstand

$$r < 2\sqrt{\frac{L}{C}},$$

so sind die Wurzeln $-a_1$ und $-a_2$ konjugierte komplexe Zahlen, und zwar können wir schreiben

$$-a_1 = -\alpha + j\beta,$$
$$-a_2 = -\alpha - j\beta,$$

worin

$$\alpha = \frac{r}{2L}$$

und
$$\beta = \sqrt{\frac{1}{LC} - \left(\frac{r}{2L}\right)^2}.$$

Es wird somit
$$\begin{aligned} i_v &= A_1 e^{-\alpha t + j\beta t} + A_2 e^{-\alpha t - j\beta t} \\ &= e^{-\alpha t}(A_1 e^{j\beta t} + A_2 e^{-j\beta t}) \\ &= e^{-\alpha t}[A_1(\cos\beta t + j\sin\beta t) + A_2(\cos\beta t - j\sin\beta t)] \\ &= e^{-\alpha t}[(A_1 + A_2)\cos\beta t + j(A_1 - A_2)\sin\beta t)]. \end{aligned}$$

Ersetzen wir die beiden Integrationskonstanten durch zwei andere:
$$A = A_1 + A_2$$
und
$$B = j(A_1 - A_2),$$
so erhalten wir
$$i_v = e^{-\alpha t}(A\cos\beta t + B\sin\beta t).$$

Der vorübergehende Strom verschwindet somit in diesem Falle als ein Wechselstrom mit abnehmender Amplitude, wir wollen sagen als ein oszillierender Strom.

Betrachten wir noch zuletzt den Fall, daß
$$r = 2\sqrt{\frac{L}{C}}$$
ist, so werden die Wurzeln $a_1 = a_2 = \alpha$, und wir erhalten bekanntlich für den Fall die Lösung
$$i_v = A_1 e^{-\alpha t} + A_2 t e^{-\alpha t},$$
deren Richtigkeit leicht durch Einsetzen in die Differentialgleichung bestätigt werden kann. — Nennen wir überall die Integrationskonstanten A und B, so erhalten wir also die folgenden Lösungen:

a) Oszillatorischer Strom
$$r < 2\sqrt{\frac{L}{C}} \qquad i_v = e^{-\alpha t}(A\cos\beta t + B\sin\beta t),$$

b) Grenzfall
$$r = 2\sqrt{\frac{L}{C}} \qquad i_v = e^{-\alpha t}(A + Bt),$$

c) Exponentialstrom
$$r > 2\sqrt{\frac{L}{C}} \qquad \begin{aligned} i_v &= A e^{-a_1 t} + B e^{-a_2 t}, \\ &= e^{-\alpha t}(A e^{\beta t} + B e^{-\beta t}). \end{aligned}$$

Hierin sind
$$\alpha = \frac{r}{2L} \qquad \beta = \sqrt{\frac{1}{LC} - \left(\frac{r}{2L}\right)^2} = \sqrt{\frac{1}{LC} - \alpha^2}$$

oder

$$\beta = \sqrt{\left(\frac{r}{2L}\right)^2 - \frac{1}{LC}} = \sqrt{\alpha^2 - \frac{1}{LC}}$$

stets reelle positive Größen.

Zur Bestimmung der Integrationskonstanten dienen die Anfangs bedingungen: Zur Zeit $t=0$ ist die Spannung

$$p_0 = [P_{max} \sin(\omega t + \psi)]_{(t=0)} = P_{max} \sin \psi,$$

der vorübergehende Strom

$$i_{v0} = i_0 - i_{s0} = -i_{s0} = -[J_{max} \sin(\omega t + \psi - \varphi)]_{(t=0)}$$
$$= -J_{max} \sin(\psi - \varphi)$$

und die vorübergehende Kondensatorspannung

$$p_{cv0} = p_{c0} - p_{cs0} = -p_{cs0} = -\left[\frac{J_{max}}{\omega C} \sin\left(\omega t + \psi - \varphi + \frac{\pi}{2}\right)\right]_{(t=0)}$$
$$= -\frac{J_{max}}{\omega C} \cos(\psi - \varphi) = -P_{cmax} \cos(\psi - \varphi),$$

worin

$$J_{max} = \frac{P_{max}}{\sqrt{r^2 + \left(L\omega - \frac{1}{\omega C}\right)^2}} \quad \text{und} \quad \operatorname{tg} \varphi = \frac{L\omega}{r} - \frac{1}{\omega r C}.$$

Diese Grenzwerte in die Ausdrücke für i_v eingesetzt, ergeben die folgenden Formeln:

a) Für den oszillierenden Strom erhalten wir zur Zeit $t=0$

$$i_{v0} = A = -J_{max} \sin(\psi - \varphi).$$

Um die Konstante B zu bestimmen, setzen wir den Ausdruck für i_v in die Differentialgleichung

$$L \frac{di_v}{dt} + r i_v + \int \frac{i_v dt}{C} = 0$$

ein und erhalten

$$L e^{-\alpha t}(-\beta A \sin \beta t + \beta B \cos \beta t - \alpha A \cos \beta t - \alpha B \sin \beta t)$$
$$+ r e^{-\alpha t}(A \cos \beta t + B \sin \beta t) + \int \frac{i_v dt}{C} = 0.$$

Für $t=0$ geht diese Gleichung in

$$L(\beta B - \alpha A) + rA = -\int^{t=0} \frac{i_v dt}{C} = -p_{cv0} = P_{cmax} \cos(\psi - \varphi)$$

über, also wird

$$B = \frac{P_{c\,max}}{\beta L} \cos(\psi - \varphi) + \frac{r - L\alpha}{\beta L} J_{max} \sin(\psi - \varphi)$$

$$= \frac{P_{c\,max} \cos(\psi - \varphi) + \frac{r}{2} J_{max} \sin(\psi - \varphi)}{\beta L}.$$

Es wird somit

$$i_v = e^{-\alpha t} \left[- J_{max} \sin(\psi - \varphi) \cos \beta t \right.$$

$$\left. + \frac{P_{c\,max} \cos(\psi - \varphi) + \frac{r}{2} J_{max} \sin(\psi - \varphi)}{\beta L} \sin \beta t \right]$$

$$= e^{-\alpha t} \left[\frac{P_{c\,max} \cos(\psi - \varphi)}{\beta L} \sin \beta t \right.$$

$$\left. - J_{max} \sin(\psi - \varphi) \left(\cos \beta t - \frac{r}{2 L \beta} \sin \beta t \right) \right],$$

also

$$i_v = \frac{e^{-\alpha t}}{\beta L} \left[P_{c\,max} \cos(\psi - \varphi) \sin \beta t \right.$$

$$\left. + J_{max} \sqrt{\frac{L}{C}} \sin(\psi - \varphi) \sin\left(\beta t - \operatorname{arctg} \frac{\beta}{\alpha}\right) \right] \quad (303)$$

$\beta t = 2\pi$ gibt die Zeit $T = \frac{2\pi}{\beta}$ einer vollen Periode des oszillierenden Stromes, und $\frac{\beta}{2\pi}$ ist somit seine Periodenzahl, die gewöhnlich viel größer ist als die Periodenzahl c des stationären Stromes. Die Periodenzahl $\frac{\beta}{2\pi}$ wird die Eigenschwingungszahl oder die natürliche Periodenzahl des betrachteten Stromkreises genannt, weil jede Störung im Stromkreise oszillatorisch mit dieser Periodenzahl ausstirbt.

Ist die aufgedrückte Spannung p gleichgerichtet, so ist $i_{s0} = 0$ und also auch $i_{v0} = 0$, während die vorübergehende Kondensatorspannung $p_{cv0} = -p_{cs0} = -p$. Es wird somit der vorübergehende Strom

$$i_v = \frac{e^{-\alpha t}}{\beta L} p \sin \beta t.$$

$pC = q_s$ ist die stationäre Ladung des Kondensators, und der vorübergehende Strom i_v ist sein oszillatorischer Ladestrom. In Fig. 480 ist ein derartig oszillierender Ladestrom eines Kondensators, der mit einer Selbstinduktion in Serie geschaltet ist, dargestellt.

Würde man den Kondensator nur über den Widerstand r laden, so würde man die folgende vereinfachte Differentialgleichung

$$p = r i + \int \frac{i}{C}\, dt$$

und deren reduzierte Gleichung

$$0 = r i_v + \int \frac{i_v}{C}\, dt$$

oder

$$r C \frac{d i_v}{d t} + i_v = 0$$

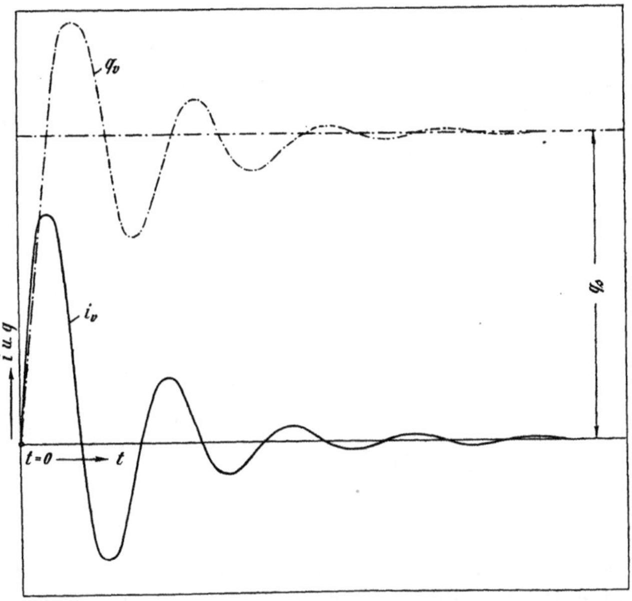

Fig. 480. Ladung eines Kondensators von einer Gleichstromquelle.

erhalten. Es wird somit in diesem Falle der vorübergehende Ladestrom

$$i_v = A e^{-\frac{t}{rC}} = \frac{p}{r} e^{-\frac{t}{rC}}$$

und die vorübergehende Ladung

$$q_v = \int i_v\, dt = - p C e^{-\frac{t}{rC}},$$

während der momentane Wert der Ladung

$$q = q_s + q_v = p C \left(1 - e^{-\frac{t}{r \cdot C}}\right).$$

Auf Grund des früher erläuterten Charakters der vorübergehenden Ströme nämlich, daß diese nur von der zur Zeit $t=0$ vorgenommenen Änderung des stationären Zustandes abhängen, läßt sich nun für jede Belastungsänderung des betrachteten Stromkreises der vorübergehende Strom wie folgt berechnen:

$$i_v = \frac{e^{-\alpha t}}{\beta L}\left[\Delta p \sin \beta t + \Delta i \sqrt{\frac{L}{C}} \sin\left(\beta t - \operatorname{arctg}\frac{\beta}{\alpha}\right)\right] \qquad (304)$$

worin $\Delta p = (p_{c2} - p_{c1})_{(t=0)}$

und $\Delta i = (i_{s2} - i_{s1})_{(t=0)}$

die Änderungen im stationären Zustande des elektrischen Stromes und der Kapazitätsspannungen des Stromkreises zur Zeit $t=0$ bedeuten. Die Konstanten α und β gelten für den Zustand nach der Belastungsänderung. Hierbei ist jedoch vorausgesetzt, daß die Kapazitäten und die Selbstinduktionen sich im Stromkreise konzentriert befinden. — Die vorübergehende Kapazitätsspannung p_v und die mit ihr proportionale Ladung $q_v = p_v C$ des Kondensators ergibt sich in jedem Augenblicke aus den Formeln

$$p_{cv} = p_{cv0} + \int_{t=0}^{t=t} \frac{i_v\,dt}{C} = \int \frac{i_v\,dt}{C} = -\frac{L\,di_v}{dt} - r i_v .$$

Hieraus folgt für die Einschaltung des Stromkreises

$$p_{cv} = e^{-\alpha t}\left[-\frac{P_{c\,max}}{\beta\sqrt{LC}}\cos(\psi - \varphi)\sin\left(\beta t + \operatorname{arctg}\frac{\beta}{\alpha}\right) - \frac{J_{max}\sin(\psi-\varphi)}{\beta C}\sin\beta t\right] \quad . \ . \ . \ . \ . \ . \ . \ . \quad (305)$$

Für $\beta > \omega$, was meistens der Fall ist, erhält man die größte vorübergehende Kapazitätsspannung p_{cv} wenn im Momente $\psi = \varphi$ eingeschaltet wird. In dem Falle wird $p_{cv0} \cong P_{c\,max}$ und der größte Momentanwert der Kapazitätsspannung ergibt sich zu

$$p_{c\,max} = (p_{cs} + p_{cv})_{max} \cong 2 P_{c\,max} .$$

Für eine Belastungsänderung wird allgemein

$$p_{cv} = e^{-\alpha t}\left[-\frac{\Delta p}{\beta\sqrt{LC}}\sin\left(\beta t + \operatorname{arctg}\frac{\beta}{\alpha}\right) - \frac{\Delta i}{\beta C}\sin\beta t\right] \qquad (306)$$

während die vorübergehende Ladung

$$q_v = p_{cv} C = e^{-\alpha t}\left[-\frac{\Delta q}{\beta\sqrt{LC}}\sin\left(\beta t + \operatorname{arctg}\frac{\beta}{\alpha}\right) - \frac{\Delta i}{\beta}\sin\beta t\right] \quad (307)$$

worin $\Delta q = (q_2 - q_1)_{(t=0)} = \Delta p C .$

Für die Ladung eines Kondensators von einer Gleichstromquelle mit der Spannung p wird die vorübergehende Kondensatorspannung

$$p_{cv} = -e^{-\alpha t} \frac{p}{\beta \sqrt{LC}} \sin\left(\beta t + \operatorname{arctg} \frac{\beta}{\alpha}\right)$$

und die Ladung

$$q_v = -e^{-\alpha t} \frac{q_s}{\beta \sqrt{LC}} \sin\left(\beta t + \operatorname{arctg} \frac{\beta}{\alpha}\right).$$

Wie aus den Formeln für i_v und p_{cv} ersichtlich ist, erhält man bei oszillierenden Strömen die vorübergehende Kondensatorspannung aus dem vorübergehenden Strome durch Multiplikation der Amplituden mit $\sqrt{\frac{L}{C}}$ und durch Verschiebung des Phasenwinkels um $\operatorname{arctg} \frac{\beta}{\alpha}$ im Sinne der Voreilung. Das Verhältnis zwischen den Spannungs- und Stromamplituden ist somit $\sqrt{\frac{L}{C}}$.

In einem widerstandslosen Kondensatorkreise ist der Dämpfungsfaktor $\alpha = \frac{r}{2L} = 0$, und der Strom ist nicht mehr oszillierend, sondern dauert kontinuierlich fort. Solche Schwingungen werden ungedämpfte oder freie Schwingungen genannt, und das Verhältnis $\sqrt{\frac{L}{C}}$ nennt man den scheinbaren Widerstand der ungedämpften Schwingungen. Es gibt aber praktisch keinen derartigen Kondensatorkreis, und die Schwingungen sterben um so schneller aus, je größer der Dämpfungsfakter α ist. Ist der Widerstand eine positive Größe, wie der Ohmsche Widerstand stets ist, so verschwinden die Schwingungen nach der Exponentialkurve $e^{-\alpha t}$ und werden gedämpfte Schwingungen genannt. Ist der Widerstand eine negative Größe wie der scheinbare Widerstand eines Lichtbogens, so nehmen die Schwingungen an Stärke (Amplitude) zu und werden zunehmende Schwingungen genannt. Die Schwingungen können jedoch nicht ins Unendliche ansteigen, sondern erreichen, wie im Abschn. 138 gezeigt, bald einen Höchstwert und setzen sich dann als ungedämpfte Schwingungen fort. Die Existenz der zunehmenden Schwingungen im Lichtbogenkreis wird nur dadurch ermöglicht, daß ein Teil der dem Lichtbogen von einer äußeren Stromquelle zugeführten Energie auf die Schwingungen übertragen wird und sie dadurch aufrecht erhält. — Bei den ungedämpften Schwingungen ist

$$\frac{P_{cv\,max}}{J_{v\,max}} = \sqrt{\frac{L}{C}} \quad \ldots \ldots \quad (308)$$

also
$$\tfrac{1}{2} L J^2_{v\,max} = \tfrac{1}{2} C P^2_{cv\,max},$$
d. h. die Energie eines Kondensatorkreises wogt beständig zwischen gleich großen magnetischen und elektrischen Feldenergien hin und her. Die magnetische Feldenergie tritt allein auf, wenn der Oszillationsstrom ein Maximum besitzt, und die elektrische Feldenergie tritt allein auf, wenn die Spannung ein Maximum ist. Zu allen anderen Zeiten treten beide teilweise auf. Kennt man zur Zeit $t=0$, d. h. im Momente der Zustandsänderung, die Änderung in den stationären Feldenergien, die mit ΔA bezeichnet werden kann, so ergibt sich die durch die Änderung auftretende maximale Kondensatorspannung der freien Schwingungen zu
$$P_{cv\,max} = \sqrt{\frac{2\,\Delta A}{C}}$$
und der Oszillationsstrom
$$J_{v\,max} = \sqrt{\frac{2\,\Delta A}{L}}.$$

Besitzt der Kondensatorkreis Widerstand, so wird ein Teil der Feldenergien beim Hin- und Herwogen in dem Widerstande verzehrt, wodurch die Feldenergie ΔA abnimmt und die Schwingungen zuletzt aufhören. Das Verhältnis zwischen der Energieabgabe, d. h. den Leitungsverlusten und den in den magnetischen und elektrischen Feldern aufgespeicherten Energien, wird auch hier durch den Dämpfungsfaktor $\alpha = \frac{r}{2L}$ bestimmt.

In Fig. 481 ist der oszillierende Strom i_v und der normale Wechselstrom i_s, die beim Einschalten eines Kondensatorkreises auf ein Wechselstromnetz entstehen, dargestellt. Der totale Strom $i = i_v + i_s$, den der Kondensator kurz nach dem Einschalten aufnimmt, ist oberhalb i_s eingezeichnet.

Wird der Widerstand eines Stromkreises mit oszillatorischen Störungsströmen erhöht, so werden die Schwingungen geschwächt; denn der Faktor $e^{-\alpha t} = e^{-\frac{rt}{2L}}$ nimmt sehr schnell so kleine Werte an, daß der oszillierende Strom i_v fast augenblicklich verschwindet und nur als ein Stromstoß auftritt. — Durch eine noch weitere Vergrößerung des Widerstandes verschwinden die Schwingungen vollständig und für $r = 2\sqrt{\frac{L}{C}}$ haben wir den Grenzfall, bei dem die Schwingungen eben verschwunden sind, und $i_v = e^{-\alpha t}(A + Bt)$ ist. Dieser Widerstand wird deswegen oft der kritische Widerstand genannt. Bei oszillierenden Strömen gibt $e^{-\alpha \frac{T}{2}}$, wobei T die Dauer einer vollen Periode ist, das arithmetische Verhältnis der Amplituden zweier aufeinanderfolgender Halbwellen und wird das logarithmische Dekrement genannt.

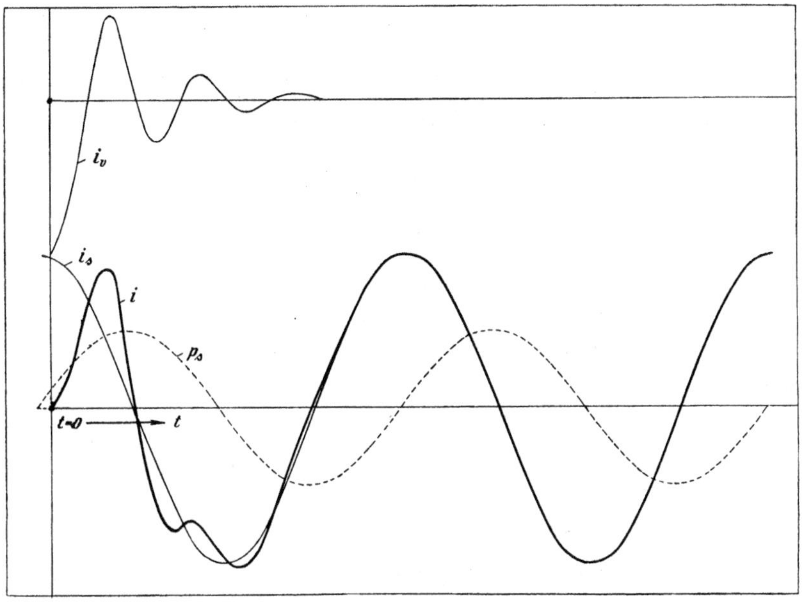

Fig. 481. Einschalten eines Stromkreises mit Selbstinduktion und Kapazität.

b) Für den Grenzfall, $r = 2\sqrt{\frac{L}{C}}$ und $i_v = e^{-\alpha t}(A + Bt)$, lassen die Integrationskonstanten sich in gleicher Weise wie oben bestimmen. Man erhält für $t = 0$

$$i_{v0} = -J_{max}\sin(\psi - \varphi) = A$$

und

$$\left(L\frac{di_v}{dt} + ri_v\right)_{(t=0)} = -\int^{t=0}\frac{i_v dt}{C} = -p_{cv0} = p_{cs0},$$

also

$$[Le^{-\alpha t}(B - \alpha A - \alpha Bt) + re^{-\alpha t}(A + Bt)]_{(t=0)} = p_{cs0}$$

oder

$$L(B - \alpha A) + rA = P_{cmax}\cos(\psi - \varphi),$$

woraus folgt

$$B = \frac{P_{cmax}\cos(\psi - \varphi) + (r - \alpha L)J_{max}\sin(\psi - \varphi)}{L}$$

$$= \frac{1}{L}\left[P_{cmax}\cos(\psi - \varphi) + \frac{r}{2}J_{max}\sin(\psi - \varphi)\right]$$

und somit

$$i_v = e^{-\alpha t}(A + Bt)$$
$$= e^{-\alpha t}\left[P_{c\,max}\frac{t}{L}\cos(\psi - \varphi) - J_{max}(1 - \alpha t)\sin(\psi - \varphi)\right] \quad (309)$$

c) Wenn der Widerstand noch größer gewählt wird, erhält man den Fall des Exponentialstromes oder des logarithmischen Stromes

$$i_v = e^{-\alpha t}(A e^{\beta t} + B e^{-\beta t}),$$

für $t = 0$ wird

$$i_{v0} = -J_{max}\sin(\psi - \varphi) = A + B$$

und

$$\left(L\frac{d i_v}{dt} + r i_v\right)_{(t=0)} = -\int^{t=0}\frac{i_v\,dt}{C} = -p_{cv0} = p_{cs0}$$

oder

$$(L e^{-(\alpha-\beta)t} A(-\alpha + \beta) - L e^{-(\alpha+\beta)t} B(\alpha + \beta)$$
$$+ r A e^{-(\alpha-\beta)t} + r B e^{-(\alpha+\beta)t})_{(t=0)} = p_{cs0},$$

also

$$LA(-\alpha + \beta) - LB(\alpha + \beta) + r(A + B) = P_{c\,max}\cos(\psi - \varphi).$$

Aus diesen beiden Gleichungen ergibt sich

$$-(r - \alpha L) J_{max}\sin(\psi - \varphi) + L\beta(A - B) = P_{c\,max}\cos(\psi - \varphi)$$

oder

$$A - B = \frac{P_{c\,max}\cos(\psi - \varphi) + \frac{r}{2} J_{max}\sin(\psi - \varphi)}{L\beta}$$

also

$$A = -\tfrac{1}{2} J_{max}\sin(\psi - \varphi) + \frac{P_{c\,max}\cos(\psi - \varphi) + \frac{r}{2} J_{max}\sin(\psi - \varphi)}{2L\beta}$$
$$= \frac{P_{c\,max}\cos(\psi - \varphi) + \left(\frac{r}{2} - L\beta\right) J_{max}\sin(\psi - \varphi)}{2L\beta},$$

während

$$B = -\frac{P_{c\,max}\cos(\psi - \varphi) + \left(\frac{r}{2} + L\beta\right) J_{max}\sin(\psi - \varphi)}{2L\beta}$$

und

$$i_v = \frac{e^{-\alpha t}}{2L\beta}\left\{\left[P_{c\,max}\cos(\psi - \varphi) + \left(\frac{r}{2} - L\beta\right) J_{max}\sin(\psi - \varphi)\right] e^{\beta t}\right.$$
$$\left. - \left[P_{c\,max}\cos(\psi - \varphi) + \left(\frac{r}{2} + L\beta\right) J_{max}\sin(\psi - \varphi)\right] e^{-\beta t}\right\} \quad (310)$$

Ähnlich wie für den oszillierenden Strom kann auch hier der vorübergehende Strom für irgendeine Belastungsänderung wie folgt geschieden werden.

$$i_v = \frac{e^{-\alpha t}}{2L\beta}\left\{\left[\Delta p + \left(\frac{r}{2} - L\beta\right)\Delta i\right] e^{\beta t} - \left[\Delta p + \left(\frac{r}{2} + L\beta\right)\Delta i\right] e^{-\beta t}\right\} \quad (311)$$

worin

$$\Delta i = (i_{s2} - i_{s1})_{(t=0)}$$

$$\Delta p = (p_{c2} - p_{c1})_{(t=0)}$$

die Änderungen im stationären Zustande zur Zeit $t = 0$ bedeuten; die Konstanten α und β beziehen sich immer auf den Zustand des Stromkreises nach der Änderung.

Kurzschließen eines Stromkreises der Kapazität in Serie enthält. Wie im Abschn. 151, erhält man auch hier dieselbe Differentialgleichung für das Verschwinden eines Stromes wie für sein Entstehen; nur sind die Grenzbedingungen verschieden. Beim Entstehen des Stromes fehlte im Zeitmomente $t = 0$ sowohl der stationäre Strom i_{s0}, wie die Kapazitätsspannung p_{cs0}, woraus folgte

$$i_{v0} = -i_{s0} = -J_{max}\sin(\psi - \varphi)$$

und

$$p_{cv0} = -\int^{t=0} \frac{i_s\,dt}{C} = -p_{cs0} = -P_{c\,max}\cos(\psi - \varphi).$$

Beim Kurzschließen desselben Stromkreises liegen die Verhältnisse gerade umgekehrt; denn gerade vor dem Zeitmomente $t = 0$ ist ein stationärer Strom i_{s0} und eine stationäre Ladespannung p_{cs0} vorhanden, während diese gerade nach dem Kurzschließen Null sein sollen. Es wird somit in diesem Falle

$$i_{v0} = i_{s0} = J_{max}\sin(\psi - \varphi)$$

und

$$p_{cv0} = \int^{t=0} \frac{i_s\,dt}{C} = p_{cs0} = P_{c\,max}\cos(\psi - \varphi).$$

Die beiden Grenzwerte p_{cv0} und i_{v0} sind somit mit entgegengesetztem Vorzeichen in die Gl. 303, 305, 309 und 310 einzusetzen und wir erhalten für den aussterbenden Strom genau dieselbe Formel wie für den ansteigenden Strom; nur hat der Strom das entgegengesetzte Vorzeichen ganz wie bei dem vorübergehenden Strom i_v (Fig. 460).

154. Stromkreise, die in Eisen gebettet sind.

In den vorhergehenden Abschnitten haben wir die Konstanten des Stromkreises als konstant angenommen. Dies ist jedoch nicht immer der Fall, wenn die Stromkreise ganz oder nahezu geschlossene magnetische Eisenkreise umschlingen. Die Magnetisierungskurve des Eisens (Fig. 300) ist nämlich nur bei kleinen Induktionen geradlinig; bei größeren Induktionen biegt sie schnell ab. Dies bewirkt, daß der Selbstinduktionskoeffizient L nicht konstant ist, sondern mit der Stromstärke abnimmt. Außerdem ist der effektive Widerstand eines derartigen Stromkreises auch nicht gleich dem Ohmschen Widerstand, sondern herrührend von den im Eisenkern auftretenden Hysteresis- und Wirbelstromverlusten bedeutend größer, besonders wenn die Variation des Stromes viel schneller ist als die des stationären normalen Stromes.

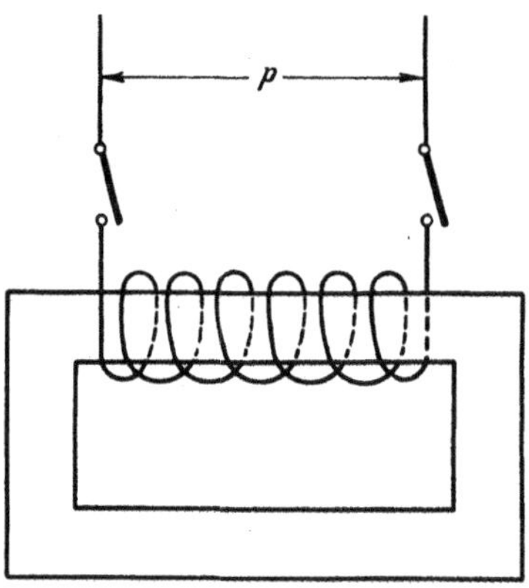

Fig. 482. Einschalten eines in Eisen gebetteten Stromkreises.

a) Wir betrachten zuerst die Einschaltung einer Drosselspule (Fig. 482) mit geschlossenem Eisenkern oder die Einschaltung der Primärwicklung eines unbelasteten Einphasentransformators. Hier ist $\frac{d(Li)}{dt}$ nicht gleich $L\frac{di}{dt}$, sondern die Differentialgleichung dieses Stromkreises lautet

$$p = w\frac{d\Phi}{dt}10^{-8} + ir,$$

wo w die Windungszahl und Φ der Kraftfluß der Drosselspule oder des Transformators bedeutet. Es ist somit

$$d\Phi = \frac{p - ir}{w}10^{8}\,dt$$

und

$$\Phi = \int\frac{p - ir}{w}10^{8}\,dt + C.$$

Nehmen wir an, daß vor dem Einschalten kein Kraftfluß im Transformator existiert, so ist zur Zeit $t = 0$ $\Phi = 0$ und also die Konstante

$$C = -\int^{t=0}\frac{p - ir}{w}10^{8}\,dt,$$

woraus folgt

$$\Phi = \int_{t=0}^{t=t} \frac{p - ir}{w} 10^8 \, dt.$$

Wäre der Kraftfluß zur Zeit $t = 0$ gleich Φ_0, so würde er zur Zeit t

$$\Phi = \int_{t=0}^{t=t} \frac{p - ir}{w} 10^8 \, dt + \Phi_0$$

sein. Um den Strom beim Einschalten zu bestimmen, benötigen wir noch eine Beziehung zwischen den zwei unbekannten Größen i und Φ; diese ist uns durch die Magnetisierungskurve des magnetischen Kreises gegeben. Da p eine Wechselspannung ist, gibt die Hysteresisschleife die Relation zwischen Strom und Kraftfluß am korrektesten an. Da die Hysteresisschleife sich nicht für einen stationären Strom analytisch ausdrücken läßt, so läßt sie sich noch weniger für einen vorübergehenden Strom analytisch wiedergeben; der Stromanstieg beim Einschalten läßt sich deswegen nur graphisch einigermaßen genau bestimmen. Zu dem Zwecke zeichnen wir zuerst in Fig. 483 die gegebene Spannungskurve $p = P_{max} \sin(\omega t + \psi)$ auf; demnach zeichnen wir die zugehörige Φ'-Kurve unter der Annahme, daß der Spannungsabfall ir gegen p vernachlässigbar klein ist, auf. Diese ist

$$\Phi' = \int_{t=0}^{t=t} \frac{P_{max} \sin(\omega t + \psi)}{w} 10^8 \, dt$$

$$= \frac{P_{max} \cos \psi}{\omega w} 10^8 - \frac{P_{max} \cos(\omega t + \psi)}{\omega w} 10^8,$$

oder indem der maximale stationäre Kraftfluß

$$\Phi_{max} = \frac{P_{max} 10^8}{\omega w}$$

wird

$$\Phi' = \Phi_{max} [\cos \psi - \cos(\omega t + \psi)],$$

der durch die entsprechend bezeichnete Kurve in der Fig. 483 für das Zeitintervall $t = 0$ bis $t = T$ angegeben ist.

Vernachlässigen wir somit den Widerstand r des Stromkreises, so erhalten wir einen zwischen den Grenzen $\Phi_{max}(\cos \psi - 1)$ und $\Phi_{max}(\cos \psi + 1)$ periodisch wechselnden Kraftfluß. Der Mittelwert $\Phi_{max} \cos \psi$, um den er schwingt, würde unter dieser Annahme kein vorübergehender, sondern ein dauernder Kraftfluß sein, genau so, wie wir für eisenlose Stromkreise bei Vernachlässigung des Widerstandes gefunden haben.

Für eisenfreie Stromkreise haben wir nachgewiesen, daß der vorübergehende Kraftfluß Φ_v entsprechend der Exponentialfunktion

$$\Phi_v = \Phi_{v0}\, e^{-\frac{r}{L}t}$$

verschwindet. Für eine geradlinig ansteigende Magnetisierungskurve des Eisens (also auch unter Vernachlässigung der Hysteresis) sind r und L auch bei ferromagnetischen Stromkreises konstante Größen, und die Formel bleibt bestehen, so daß wir für den vorübergehenden Kraftfluß beim Einschalten des Transformators setzen können

$$\Phi_v = \Phi_{max} \cos\psi\, e^{-\frac{r}{L}t} = \Phi_{v0}\, e^{-at} \quad . \quad . \quad . \quad (311)$$

Es ist somit der vorübergehende Kraftfluß ein gleichgerichteter Kraftfluß, über den sich der stationäre, sinusartig wechselnde Kraftfluß lagert.

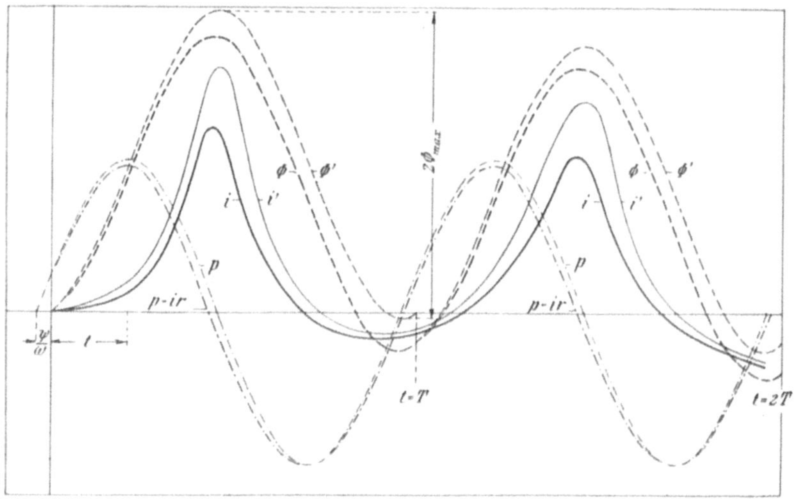

Fig. 483. Ansteigen des Kraftflusses eines Transformators gerade nach dem Einschalten.

Für einen konstanten Wert L der Selbstinduktion würde der vorübergehende Strom, über den sich der stationäre Magnetisierungsstrom lagert, nach einer der Φ_v-Kurve proportionalen Exponentialkurve verschwinden.

Wenn L nicht konstant ist, erhält man während der ersten Perioden nach dem Einschalten einen deformierten resultierenden

Strom, der sich am besten graphisch in der folgenden Weise annähernd bestimmen läßt:

Wir nehmen den in Fig. 483 für die erste Periode aufgezeichneten Kraftfluß Φ' vorläufig als richtig an und zeichnen die zugehörige Stromkurve i' mit Hilfe der Teile 0, a, b, c, d der Hysteresisschleife (Fig. 484) auf. Ziehen wir den Spannungsabfall $i'r$ von der Spannung p ab, so erhalten wir die Kurve $p - i'r$, deren Integralwerte mit großer Annäherung den Kraftfluß Φ geben. Der zur Erzeugung dieses Kraftflusses nötige Strom i ergibt sich wieder aus der Hysteresisschleife und ist als Kurve i in Fig. 483 eingezeichnet. Der Strom i wird ein wenig kleiner als der wahre Anfangsstrom sein, während i' größer ist als er.

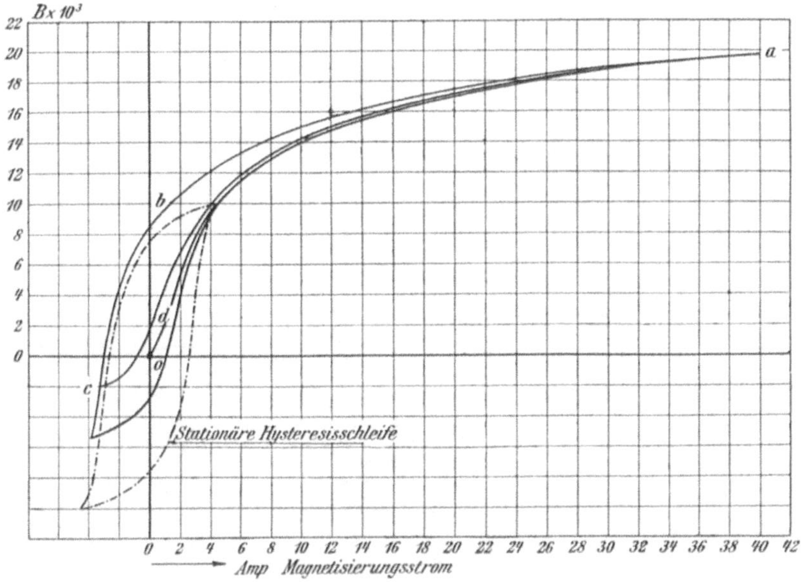

Fig. 484. Verlauf der Hysteresisschleifen gerade nach dem Einschalten.

Nach einer vollen Periode (für $t = T$) ist $\Phi' = 0$, während

$$\Phi_{(t=T)} = -\frac{r}{w} 10^8 \int_{t=0}^{t=T} i\,dt$$

und der vorübergehende Kraftfluß

$$\Phi_{v(t=T)} = \Phi_{max} \cos\psi - \frac{r}{w} 10^8 \int_{t=0}^{t=T} i\,dt$$

geworden ist.

Wir können nun für die zweite Periode (von $t = T$ bis $t = 2T$) in derselben Weise verfahren und zuerst die Kraftflußkurve Φ' und dann die zugehörige Stromkurve i' mit Hilfe der Hysteresisschleife bei Vernachlässigung des Widerstandes r aufzeichnen. Ähnlich wie für die erste Periode wird nun die Kurve $p - i'r$ und die Kraftflußkurve Φ als Integralkurve bestimmt. Nach zwei Perioden, also für den Zeitpunkt $t = 2T$ ist

$$\Phi'_{(t=2T)} = \Phi_{(t=T)} = -\frac{r}{w} 10^8 \int_0^T i\,dt$$

$$\Phi_{(t=2T)} = -\frac{r}{w} 10^8 \left(\int_0^T i\,dt + \int_T^{2T} i\,dt\right)$$

und der vorübergehende Kraftfluß

$$\Phi_{v(t=2T)} = \Phi_{max} \cos\psi - \frac{r}{w} 10^8 \left(\int_0^T i\,dt + \int_T^{2T} i\,dt\right).$$

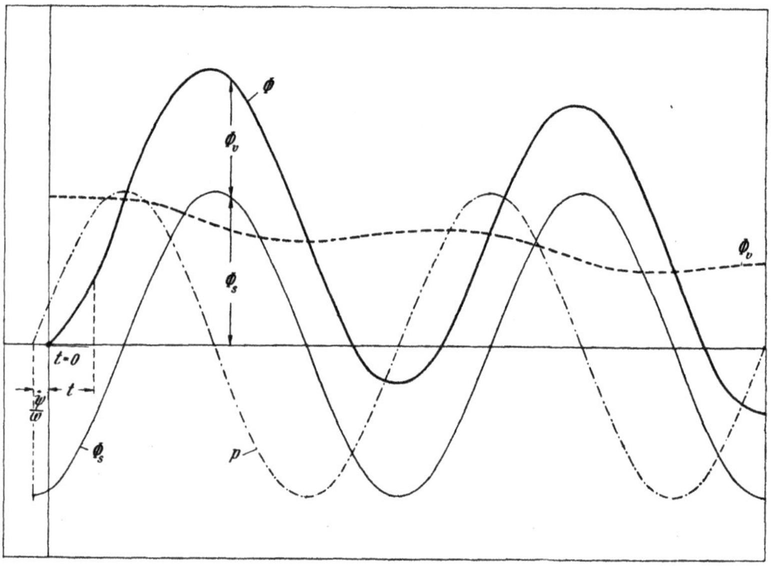

Fig. 485. Das Ansteigen des Kraftflusses in einem Transformator beim Einschalten.

In Fig. 485 ist der Verlauf des stationären Kraftflusses Φ_s, des vorübergehenden Φ_v und des resultierenden Kraftflusses Φ während der ersten Perioden nach dem Einschalten dargestellt. Der vorübergehende Kraftfluß

$$\Phi_v = \Phi - \Phi_s$$

nimmt in der Hauptsache nach einer Exponentialkurve ab. Die Abweichungen von dem glatten Verlauf der Exponentialkurve rühren von dem stark deformierten Charakter der Stromkurve her.

Wenn der Transformator zur Zeit, wenn die Spannung p durch Null geht, eingeschaltet wird, ist $\psi = 0$ und $\cos\psi = 1$; der größte Momentanwert des Kraftflusses wird dann nahezu $2\,\Phi_{max}$ und der Stromstoß sehr groß. — Wenn der Transformator dagegen zur Zeit der maximalen Spannung eingeschaltet wird, ist $\psi = \pm\frac{\pi}{2}$ und $\cos\psi = 0$. Der größte Momentanwert des Kraftflusses wird also Φ_{max}, was dem stationären Zustande entspricht. Der stationäre Zustand tritt also sofort ein und der vorübergehende Stromstoß bleibt aus. — Da der stationäre Strom zur Zeit der maximalen Spannung fast Null ist, so erhalten wir hier dasselbe Resultat wie im Abschn. 152. Man erhält keinen Stromstoß beim Einschalten eines Transformators, wenn die Einschaltung in dem Augenblicke geschieht, in dem der stationäre Strom durch Null gehen sollte. Dagegen erhält man den größten Stromstoß, wenn die Einschaltung in dem Augenblicke geschieht, wenn der stationäre Strom ein Maximum und das magnetische Feld also auch ein Maximum sein sollte. Dies ist, wie früher erläutert, ganz natürlich; denn wenn man in dem Momente einschaltet, in dem der stationäre Zustand ein großes Feld erfordert und das Feld nicht vorhanden ist, tritt ein vorübergehender Kraftfluß auf, der sich zu dem stationären Wechselkraftfluß addiert und somit einen großen Stromstoß bedingt. Ist im stationären Zustande die maximale Induktion im Eisenkerne zu 13000 gewählt, so kann die größte Induktion beim Einschalten bis 26000 hinaufgehen, und da diese Induktion eine große magnetisierende Kraft erfordert, wird der Stromstoß beim Einschalten eines derartigen Transformators im Augenblicke der Nullspannung ganz beträchtlich. Er kann sehr leicht Werte erreichen, die den des normalen Belastungsstromes mehrfach übersteigen, und er macht sich in den Instrumenten unangenehm bemerkbar, deren Zeiger plötzlich einen Stoß erhalten. Im Transformator selbst macht sich der Stromstoß durch eine Erschütterung bemerkbar, die für die Wicklungen nicht besonders günstig ist.

Fig. 486 und 487 zeigen Oszillogramme der Einschaltströme eines Transformators; beide sind im selben Maßstabe aufgezeichnet. Bei der Aufnahme von 486 wurde die Spannung im Momente ihres Maximalwertes eingeschaltet, während bei der Aufnahme von 487 die Spannung im Momente des Einschaltens fast Null war. Die beiden Oszillogramme bestätigen, wie leicht ersichtlich, die soeben gebrachte Theorie.

Aber nicht allein der gekrümmte Verlauf der Magnetisierungskurve, sondern auch der remanente Magnetismus und die Schirmwirkung der Wirbelströme tragen zu dem Stromstoß beim Einschalten bei. Beim Abschalten der Primärwicklung eines Transformators bleibt entsprechend der Hysteresisschleife etwas remanenter Magnetismus zurück, der mit der Zeit etwas abnimmt. Nennen wir den Kraftfluß des remanenten Magnetismus Φ_0, so erhalten wir für den Kraftfluß gerade nach dem Einschalten den Wert

$$\Phi' = \Phi_0 + \Phi_{max}\left[\cos\psi - \cos(\omega t + \psi)\right]$$

und der vorübergehende Kraftfluß

$$\Phi_v = \Phi_{v0}\,e^{-at} = (\Phi_0 + \Phi_{max}\cos\psi)\,e^{-at} \quad . \quad (311\,a)$$

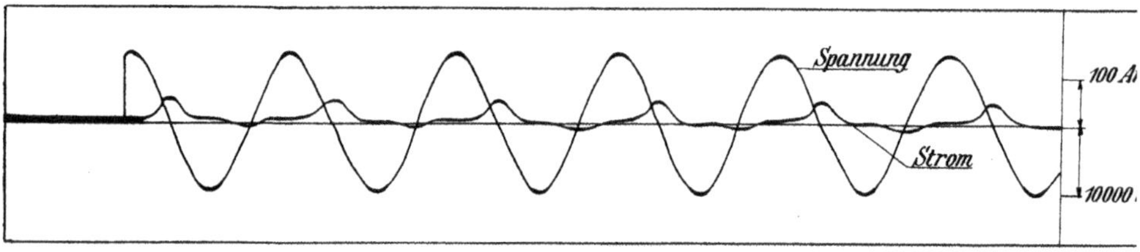

Fig. 486. Strom- und Spannungskurven eines Transformators, wenn bei großer Spannung eingeschaltet.

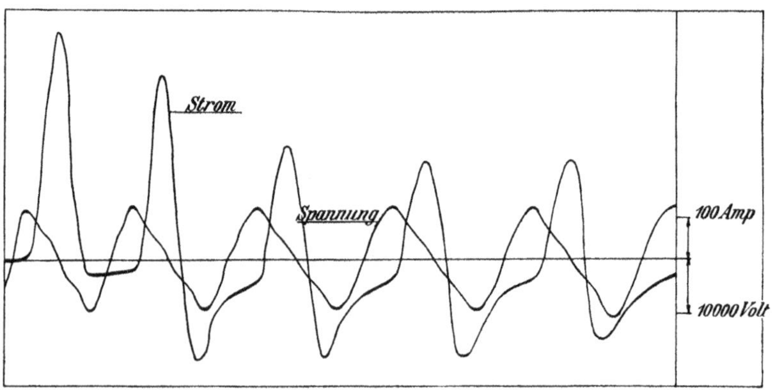

Fig. 487. Strom- und Spannungskurven eines Transformators, wenn bei kleiner Spannung eingeschaltet.

Es kann der größtmögliche vorübergehende Kraftfluß somit den Wert $\Phi_0 + \Phi_{max}$ und der resultierende Kraftfluß den Wert $\Phi_0 + 2\,\Phi_{max}$ erreichen, der natürlich einen noch größeren Stromstoß zur Folge hat als $2\,\Phi_{max}$. Der Strom i wird in dem Falle in der ersten Periode nur ganz kleine negative Werte annehmen und behält einen ziemlich großen positiven Wert während mehrerer Perioden.

Kommt es bei der Bestimmung des vorübergehenden Kraftflusses und des Stromstoßes nicht auf große Genauigkeit an, so verfährt man am besten wie folgt. Man setzt

$$\Phi_v = \Phi_{v0}\, e^{-\frac{r}{L_m} t} \quad \ldots\ldots\ldots \quad (312)$$

worin L_m der Mittelwert des Selbstinduktionskoeffizienten bei den höchsten Induktionen während der ersten Perioden bedeutet. Demnach bestimmt man die kleinsten und größten Werte der resultierenden Induktion während der ersten Perioden und entnimmt der Magnetisierungskurve resp. der Hysteresisschleife des magnetischen Kreises die entsprechenden Werte des Magnetisierungsstromes. Ausgehend von diesen Punkten läßt sich dann in angenäherter Weise die Stromkurve aufzeichnen.

Da man neuerdings mit sehr hohen Induktionen in den künstlich gekühlten Transformatoren arbeitet und speziell bei den legierten Blechen, die stark abbiegende Magnetisierungskurven besitzen, so ist es von praktischem Interesse, zu wissen, wie man den Stromstoß begrenzen kann. Dies geschieht natürlich am besten dadurch, daß man beim Einschalten im ersten Momente einen induktionsfreien Widerstand in Serie mit dem Transformator schaltet und ihn im nächsten Momente kurzschließt. Dieser Widerstand r_v muß so groß gemacht werden, daß man beim Einschalten einen noch zulässigen Stromstoß erhält. Ist dieser i_v, so ist aus der Hysteresisschleife der entsprechende Kraftfluß gegeben, den wir $\Phi_{v\,max}$ heißen wollen, und der mittlere Magnetisierungsstrom $i_{v\,mit}$ während dieser halben Periode ist auch bekannt. Es ist somit

$$\omega \int_{t=0}^{t=\frac{T}{2}} (P_{max} \sin \omega t - i r_v)\, dt = 2 P_{max} - \pi i_{v\,mit} r_v$$
$$\cong \omega w (\Phi_{v\,max} - \Phi_0)\, 10^{-8} \text{ Volt},$$

worin Φ_0 der remanente Kraftfluß ist. Also ist ein Vorschaltewiderstand

$$r_v \gtreqless \frac{2 P_{max} - \omega w (\Phi_{v\,max} - \Phi_0)\, 10^{-8}}{\pi i_{v\,mit}} \text{ Ohm} \quad . \; . \quad (313)$$

nötig, um den ersten Stromstoß kleiner oder gleich i_v zu halten. Damit aber, daß der Stromstoß beim Kurzschließen des Vorschaltewiderstandes auch nicht zu groß wird, darf der Vorschaltewiderstand nur ein Bruchteil der Leerlaufreaktanz des Transformators betragen.

b) Es ist noch von Interesse, zu sehen, wie die Ströme beim Einschalten eines mehrphasigen Induktionsmotors ansteigen, und zu dem Zwecke betrachten wir einen symmetrischen Dreiphasenmotor, dessen sekundäre Wicklung offen ist. Schaltet man alle drei Phasen gleichzeitig ein, so ist die Summe der drei Spannungen im Momente der Einschaltung wie in jedem anderen Momente gleich

Null, und indem wir den kleinen remanenten Magnetismus und die Spannungsabfälle ir im ersten Momente vernachlässigen, werden die von den drei Phasenspannungen bedingten Kraftflüsse

$$\Phi_1' = \Phi_{max}[\cos\psi - \cos(\omega t + \psi)],$$

$$\Phi_2' = \Phi_{max}[\cos(\psi - 120^0) - \cos(\omega t + \psi - 120^0)]$$

und

$$\Phi_3' = \Phi_{max}[\cos(\psi - 240^0) - \cos(\omega t + \psi - 240^0)].$$

Da diese drei Kraftflüsse Wicklungen durchsetzen, die um 120^0 gegeneinander räumlich verschoben sind, so wird der resultierende Kraftfluß in einer Richtung, die mit der Normale der Phase I den Winkel x bildet,

$$\Phi_x' = \Phi_{max}[\cos(\psi - x) - \cos(\omega t - x + \psi)]$$

sein. Von diesen beiden Flüssen stellt, wie im Abschn. 118 gesehen, $-\Phi_{max}\cos(\omega t - x + \psi)$ ein magnetisches Drehfeld dar, dessen Achse für die Zeit $t = 0$ mit der Richtung $x = \psi$ zusammenfällt und das mit der Winkelgeschwindigkeit ω in einem zweipoligen Motor rotiert. Der zweite Kraftfluß $\Phi_{max}\cos(x - \psi)$ ist ein feststehender gleichgerichteter Kraftfluß, dessen Achse in die Richtung $x = \psi$, d. h. in die Richtung der Achse des Drehfeldes im Momente der Einschaltung fällt. Dieses Resultat war zu erwarten, wenn man bedenkt, daß man beim Transformator auch ein gleichgerichtetes feststehendes Feld erhält, dessen Stärke von dem Momente des Einschaltens abhängt. Wird eingeschaltet in dem Momente, in dem der Kraftfluß ein Maximum sein soll, so erhält man einen großen Feldstoß (vorübergehendes Feld) und damit folgenden Stromstoß. Wird dagegen in dem Momente eingeschaltet, in dem der Kraftfluß Null sein soll, so erhält man unter Vernachlässigung des remanenten Magnetismus keinen Feldstoß und also auch keinen Stromstoß. Im Induktionsmotor erhält man dementsprechend einen maximalen Feldstoß und Stromstoß in der Richtung, in der das Feld zur Zeit des Einschaltens ein Maximum sein sollte, während man in der dazu senkrechten Richtung, die um 90^0 gegen die erste phasenverschoben ist, gar keinen Stromstoß erhält. Im Motor geht also genau dasselbe vor sich wie im Einphasentransformator, nur entspricht jede Richtung einem bestimmten Einschaltemoment beim Transformator; und wie im Transformator, so erlischt auch im Induktionsmotor das vorübergehende Feld $\Phi_{max}\cos(\psi - x)$ nach einer Exponentialkurve $e^{-\alpha t}$, während das Drehfeld bestehen bleibt. — Fällt die Richtung des vorübergehenden Feldes mit der einen Phase zusammen, so wird der Stromstoß in dieser Phase am größten werden, während er in den beiden anderen Phasen je halb so groß wird. Es ergibt sich somit der Vorschaltewiderstand r_v für jede Phase eines Induktionsmotors gleich der Hälfte von dem für einen Einphasentransformator mit denselben Konstanten.

$$r_v = \frac{2P_{max} - \omega w(\Phi_{v\,max} - \Phi_0)\,10^{-8}}{2\pi i_{v\,mit}} \quad . \; . \; . \; (313\,a)$$

worin P_{max} die maximal aufgedrückte Phasenspannung $\Phi_{v\,max}$ der dem erlaubten Stromstoß entsprechenden Kraftfluß und $i_{v\,mit}$ den mittleren Magnetisierungsstrom während der ersten halben Periode bedeutet.

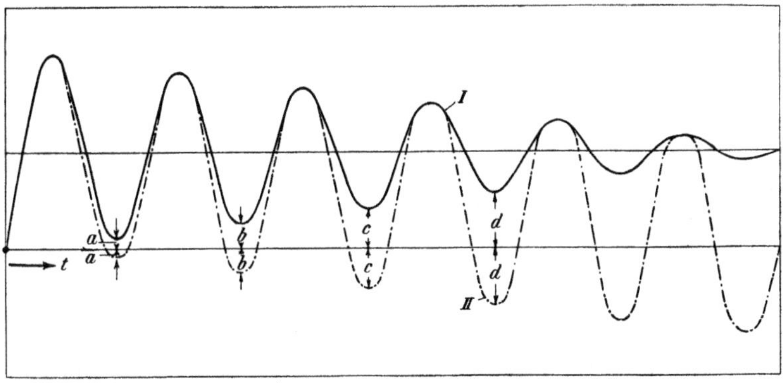

Fig. 488. Ansteigen des Feldes in einem Mehrphasenmotor beim Einschalten.

Fig. 488 zeigt sowohl den zeitlichen Verlauf des Drehfeldes (Kurve I) wie den zeitlichen Verlauf des Wechselfeldes (Kurve II) in der Richtung, in der die Achse des Drehfeldes eingeschaltet wird. Das Drehfeld nähert sich einem konstanten Wert Φ_{max}, während das Wechselfeld sich einer Sinuskurve $-\Phi_{max}\cos(\omega t)$ nähert.

155. Stromkreise mit parallelen Zweigen.

Wird zu einem Stromkreis, auf den eine äußere konstante Spannung wirkt, ein zweiter Stromkreis parallel geschaltet, so steigt der Strom in dem hinzugeschalteten Stromkreis genau so an, als ob der erste Stromkreis gar nicht vorhanden wäre. Der vorübergehende Strom in der hinzugeschalteten Leitung schließt sich nämlich durch die Stromquelle, die von absolut konstanter Spannung, d. h. von sehr kleiner Impedanz vorausgesetzt ist, und nicht durch den vorher eingeschalteten Stromkreis von größerer Impedanz. Schaltet man die zwei parallelen Stromkreise gleichzeitig ein, so wird der vorübergehende Strom in jedem von dem im anderen Kreise unabhängig verschwinden. Das Einschalten von parallelen Stromkreisen auf eine Stromquelle konstanter Spannung läßt sich somit auf den Abschn. 152 zurückführen, indem man nur den einzuschaltenden Stromkreis allein ins Auge faßt und alle übrigen parallelen Stromkreise außer acht läßt. — Beim Kurzschließen paralleler Stromkreise gilt genau dasselbe. — Beim gleichzeitigen Ausschalten mehrerer paralleler Stromkreise liegt die Sache dagegen anders, und soll dieses Problem in Abschn. 158 besonders behandelt werden. Ebenso treten besondere Verhältnisse auf, wenn in einem der parallelen Stromkreise ein Lichtbogen eingeschaltet ist.

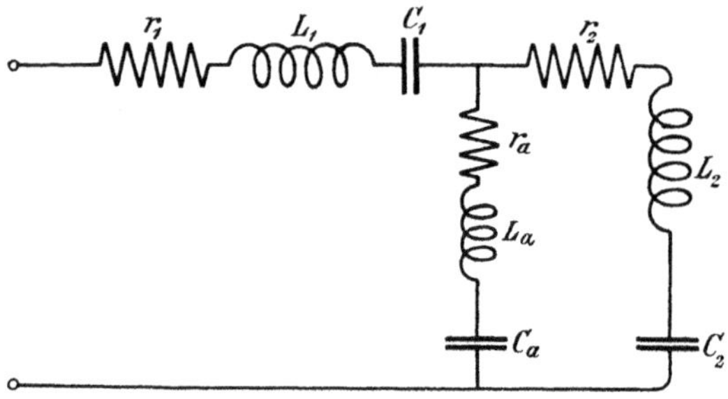

Fig. 489.

Beim Einschalten paralleler Stromkreise liegen die Verhältnisse auch anders, wenn sie in Serie mit einer Impedanz geschaltet sind, wie die Fig. 489 zeigt. Dieser Stromkreis ist derselbe, dessen stationäre Verhältnisse wir im sechsten Kapitel eingehend studiert haben; er ist einer der häufigst vorkommenden Stromkreise der Technik, weshalb hier einige interessante Beispiele dafür behandelt werden sollen. Dagegen lohnt es sich nicht, hier noch kompliziertere Stromkreise zu betrachten, weil diese auf so umständliche Rechnungen führen würden, daß die Resultate von keinem praktischen Wert sind.

Oft können beim Untersuchen von komplizierten Fällen mehrere Stromkreise außer acht gelassen werden, so daß sowohl die Rechnung wie das Resultat an praktischer Übersicht gewinnen. Allgemein soll jedoch hier erwähnt werden, daß man für jeden Stromzweig eine Differentialgleichung zweiter Ordnung erhält, wenn er sowohl Selbstinduktion wie Kapazität und Widerstand enthält, dagegen erhält man eine solche erster Ordnung, wenn der Stromkreis nur Selbstinduktion und Widerstand oder nur Kapazität und Widerstand enthält, und eine gewöhnliche Gleichung, wenn er nur Widerstand oder Selbstinduktion oder Kapazität allein enthält. Da n simultane Differentialgleichungen zweiter Ordnung mit n Unbekannten sich auf eine Differentialgleichung $2n$ter Ordnung mit einer Unbekannten zurückführen lassen, so führen mehrere $(a+n)$ miteinander verkettete Stromzweige, in denen sowohl Selbstinduktion wie Kapazität vorkommen und die n unbekannte Ströme enthalten, auf eine Differentialgleichung $2n$ter Ordnung. Diese ist linear, wenn alle Widerstände, Selbstinduktionen und Kapazitäten konstante Größen sind. Wenn wir uns außerdem auf die Betrachtung der vorübergehenden Ströme beschränken, so wird die Differentialgleichung auch homogen, und es existiert keine prinzipielle Schwierigkeit, die Aufgabe zu lösen. Die Differentialgleichung $2n$ter Ordnung reduziert sich um x in ihrer Ordnung, wenn $a+x$-Stromzweige keine Kapazität oder keine Selbstinduktion enthalten, und weiter um y in ihrer Ordnung, wenn $a+y$-Stromzweige nur Widerstand oder Selbstinduktion oder Kapazität allein enthalten.

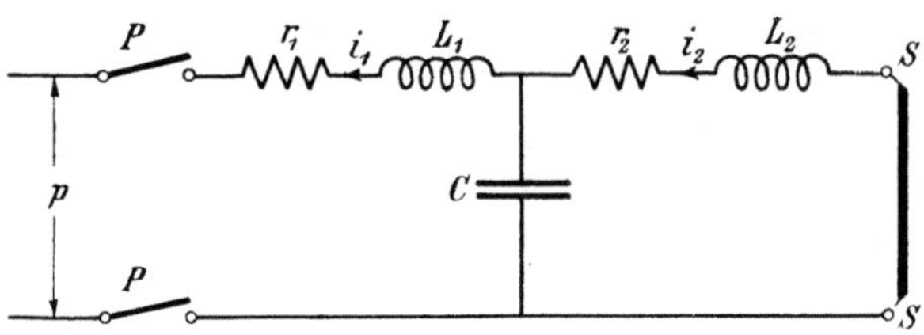

Fig. 490. Einschalten paralleler Stromkreise.

Wir werden uns im folgenden mit der Untersuchung der vorübergehenden Ströme und Spannungen im Stromkreise von der in Fig. 489 dargestellten Form begnügen. Enthalten alle drei Zweige sowohl Selbstinduktion wie Kapazität, so kommt man auf zwei Differentialgleichungen zweiter Ordnung mit zwei Unbekannten, die sich auf eine Differentialgleichung vierter Ordnung mit einer Unbekannten zurückführen lassen. Es sollen im folgenden jedoch nur solche Fälle in Betracht gezogen werden, in denen jeder Stromzweig entweder Selbstinduktion oder Kapazität enthält, wodurch wir höchstens auf eine Differentialgleichung dritter Ordnung kommen.

a) Als erstes Beispiel soll die Doppelleitung einer Arbeitsübertragung betrachtet werden, die durch den äquivalenten Stromkreis (Fig. 490) ersetzt werden kann.

Bei einem Kurzschluß an den sekundären Klemmen SS ergeben sich ohne weiteres die folgenden Gleichungen:

$$i_1 = i_2 + i_c \quad \ldots \ldots \ldots \quad (314)$$

$$p = L_1 \frac{di_1}{dt} + r_1 i_1 + p_c \quad \ldots \ldots \quad (315)$$

und

$$p_c = \int \frac{i_c\,dt}{C} = L_2 \frac{di_2}{dt} + r_2 i_2 \quad . \quad . \quad . \quad . \quad . \quad (316)$$

Aus Gl. 316 folgt durch Differentiieren

$$i_c = C L_2 \frac{d^2 i_2}{dt^2} + C r_2 \frac{d i_2}{dt},$$

diese in Gl. 314 eingesetzt ergibt

$$i_1 = C L_2 \frac{d^2 i_2}{dt^2} + C r_2 \frac{d i_2}{dt} + i_2 .$$

Setzt man i_1 und p_c aus Gl. 316 in Gl. 315 ein, so erhalten wir eine lineare Differentialgleichung dritter Ordnung in i_2. Diese ist

$$p = L_1 L_2 C \frac{d^3 i_2}{dt^3} + C(L_1 r_2 + L_2 r_1) \frac{d^2 i_2}{dt^2}$$
$$+ (L_1 + L_2 + r_1 r_2 C) \frac{d i_2}{dt} + (r_1 + r_2) i_2 .$$

Um den vorübergehenden Strom beim Einschalten einer derartigen kurzgeschlossenen Arbeitsübertragungsleitung zu bestimmen, brauchen wir nur die rechte Seite dieser linearen Gleichung gleich Null zu setzen und erhalten die lineare homogene Differentialgleichung dritter Ordnung

$$\frac{d^3 i_{2v}}{dt^3} + \left(\frac{r_1}{L_1} + \frac{r_2}{L_2}\right) \frac{d^2 i_{2v}}{dt^2} + \left(\frac{1}{L_1 C} + \frac{1}{L_2 C} + \frac{r_1 r_2}{L_1 L_2}\right) \frac{d i_{2v}}{dt}$$
$$+ \frac{r_1 + r_2}{L_1 L_2 C} i_{2v} = 0 \quad . \quad . \quad . \quad . \quad . \quad . \quad . \quad . \quad . \quad . \quad . \quad . \quad (317)$$

deren Lösung lautet

$$i_{2v} = A_1 e^{-a_1 t} + A_2 e^{-a_2 t} + A_3 e^{-a_3 t} \quad . \quad . \quad . \quad (318)$$

worin A_1, A_2 und A_3 die Integrationskonstanten sind, während $-a_1$, $-a_2$ und $-a_3$ Wurzeln der kubischen Gleichung in a sind.

$$a^3 + \left(\frac{r_1}{L_1} + \frac{r_2}{L_2}\right) a^2 + \left(\frac{1}{L_1 C} + \frac{1}{L_2 C} + \frac{r_1 r_2}{L_1 L_2}\right) a + \frac{r_1 + r_2}{L_1 L_2 C} = 0 . \quad (319)$$

Mit großer Annäherung darf bei Arbeitsübertragungsleitungen das Verhältnis zwischen Widerstand und Selbstinduktion als konstant angesehen werden. Wenn es nicht der Fall ist, so wird ein Konstantsetzen dieses Verhältnisses auch keine große Abweichung des Resultates von den wirklichen Verhältnissen ergeben. Wir setzen deswegen als erste Annäherung

$$\frac{r_1}{L_1} = \frac{r_2}{L_2} .$$

Es ergeben sich dann die drei Wurzeln

$$\left.\begin{aligned} -a_1 &= -\delta = -\frac{r_1+r_2}{L_1+L_2}, \\ \left.\begin{matrix}-a_2\\-a_3\end{matrix}\right\} &= -\alpha \pm j\beta = -\frac{1}{2}\left(\frac{r_1}{L_1}+\frac{r_2}{L_2}-\frac{r_1+r_2}{L_1+L_2}\right) \\ &\pm j\sqrt{\frac{1}{L_1 C}+\frac{1}{L_2 C}-\frac{1}{4}\left(\frac{r_1}{L_1}+\frac{r_2}{L_2}-\frac{r_1+r_2}{L_1+L_2}\right)^2} \end{aligned}\right\} \quad (320)$$

und es wird der vorübergehende Strom beim Einschalten der kurzgeschlossenen Doppelleitung

1. wenn der Strom oszillatorischen Charakter hat

$$i_{2v} = e^{-\alpha t}(A\cos\beta t + B\sin\beta t) + De^{-\delta t} \quad . \quad . \quad (318a)$$

2. im Grenzfalle

$$i_{2v} = e^{-\alpha t}(A + Bt) + De^{-\delta t} \quad . \quad . \quad . \quad . \quad (318b)$$

und

3. wenn der Strom logarithmischen Charakter hat

$$i_{2v} = e^{-\alpha t}(Ae^{\beta t} + Be^{-\beta t}) + De^{-\delta t} \quad . \quad . \quad . \quad (318c)$$

worin

$$\alpha = \frac{1}{2}\left(\frac{r_1}{L_1}+\frac{r_2}{L_2}-\frac{r_1+r_2}{L_1+L_2}\right) = \frac{r_1}{2L_1} = \frac{r_2}{2L_2} \quad . \quad . \quad (320a)$$

$$\beta = \sqrt{\frac{1}{L_1 C}+\frac{1}{L_2 C}-\frac{1}{4}\left(\frac{r_1}{L_1}+\frac{r_2}{L_2}-\frac{r_1+r_2}{L_1+L_2}\right)^2},$$

$$= \sqrt{\frac{2}{L_1 C}-\left(\frac{r_1}{2L_1}\right)^2} = \sqrt{\frac{2}{L_2 C}-\left(\frac{r_2}{2L_2}\right)^2} \quad . \quad . \quad (320b)$$

oder

$$\beta = \sqrt{\left(\frac{r_1}{2L_1}\right)^2-\frac{2}{L_1 C}} = \sqrt{\left(\frac{r_2}{2L_2}\right)^2-\frac{2}{L_2 C}}$$

und

$$\delta = \frac{r_1+r_2}{L_1+L_2} = \frac{r_1}{L_1} = \frac{r_2}{L_2} = 2\alpha \quad . \quad . \quad . \quad . \quad . \quad . \quad . \quad . \quad (320c)$$

stets reelle positive Größen sind. Weichen die Verhältnisse $\frac{r_1}{L_1}$ und $\frac{r_2}{L_2}$ stark voneinander ab, so rechnet man am besten α, β und δ zuerst nach den obigen Formeln aus und sucht demnach durch Probieren die richtigen Wurzeln der kubischen Gleichung.

Da die drei Gleichungen 314, 315 und 316, von denen wir ausgegangen sind, auf genau dieselbe Differentialgleichung dritter Ordnung mit dem Primärstrome i_{1v} resp. mit der Kondensatorspannung p_{cv} als einzige Variable führen, so erhalten wir für diese

Größe dieselbe Lösung wie für den Sekundärstrom i_{2v}. Für den Fall, daß die Ströme oszillierenden Charakter haben, können die vorübergehenden Ströme und Spannungen wie folgt geschrieben werden:

$$i_{2v} = e^{-\alpha t}(A_1 \cos\beta t + B_1 \sin\beta t) + D_1 e^{-\delta t},$$

$$p_{cv} = e^{-\alpha t}(A_2 \cos\beta t + B_2 \sin\beta t) + D_2 e^{-\delta t}$$

und

$$i_{1v} = e^{-\alpha t}(A_3 \cos\beta t + B_3 \sin\beta t) + D_3 e^{-\delta t}.$$

Zur Bestimmung der Integrationskonstanten benutzen wir für je der drei Gleichungen die folgenden Anfangsbedingungen. Es wird zur Zeit $t = 0$:

1. $i_{2v} = -i_{2s0}$,

2. $L_2 \dfrac{di_{2v}}{dt} + r_2 i_{2v} = p_{cv} = -p_{cs0}$,

3. $i_{2v} + i_{cv} = i_{2v} + C\dfrac{dp_{cs}}{dt} = i_{1v} = -i_{1s0}$.

Unter der Annahme $\dfrac{r_1}{L_1} = \dfrac{r_2}{L_2}$ ergeben sich die Konstanten zu

$$\left.\begin{aligned}
A_1 &= \frac{i_{cs0}}{2} = \frac{i_{1s0} - i_{2s0}}{2} & A_2 &= -p_{cs0} \\
B_1 &= -\frac{p_{cs0}}{\beta L_2} - \frac{\alpha}{\beta}\frac{i_{cs0}}{2} & B_2 &= -\frac{i_{cs0}}{\beta C} - \frac{\alpha}{\beta} p_{cs0} \\
D_1 &= -\left(i_{2s0} + \frac{i_{cs0}}{2}\right) = -\left(i_{1s0} - \frac{i_{cs0}}{2}\right) & D_2 &= 0 \\
A_3 &= -\frac{i_{cs0}}{2} = -A_1 & &
\end{aligned}\right\} \quad (321)$$

$$B_3 = \frac{p_{cs0}}{\beta L_2} + \frac{\alpha}{\beta}\frac{i_{cs0}}{2} = -B_1$$

$$D_3 = -\left(i_{2s0} + \frac{i_{cs0}}{2}\right) = D_1.$$

Werden diese in die Gleichungen eingesetzt, so ergeben sich die folgenden vorübergehenden Ströme und Spannungen:

$$i_{2v} = e^{-\alpha t}\left[-\frac{p_{cs0}}{\beta L_2}\sin\beta t + \sqrt{1 + \frac{\alpha^2}{\beta^2}}\frac{i_{cs0}}{2}\sin\left(\beta t - \operatorname{arctg}\frac{\beta}{\alpha}\right)\right]$$
$$-\left(i_{2s0} + \frac{i_{cs0}}{2}\right)e^{-\delta t} \quad \ldots\ldots\ldots\ldots \quad (318a)$$

$$p_{cv} = e^{-\alpha t}\left[-\frac{i_{cs0}}{\beta C}\sin\beta t - \sqrt{1 + \frac{\alpha^2}{\beta^2}} p_{cs0} \sin\left(\beta t + \operatorname{arctg}\frac{\beta}{\alpha}\right)\right] \quad (322)$$

$$i_{1v} = e^{-\alpha t}\left[\frac{p_{cs0}}{\beta L_2}\sin\beta t + \sqrt{1+\frac{\alpha^2}{\beta^2}}\,\frac{i_{cs0}}{2}\sin\left(\beta t - \operatorname{arctg}\frac{\beta}{\alpha}\right)\right]$$
$$-\left(i_{2s0}+\frac{i_{cs0}}{2}\right)e^{-\delta t} \quad \ldots \ldots \quad (323)$$

Bei genauerer Betrachtung der vorübergehenden Ströme und Spannungen überzeugt man sich leicht, daß beim Einschalten der kurzgeschlossenen Doppelleitung keine übermäßigen Überspannungen p_v auftreten können. Der vorübergehende Strom ist auch kleiner als der stationäre, solange die Eigenschwingungszahl $\frac{\beta}{2\pi}$ größer als die Periodenzahl c der aufgedrückten Spannung ist.

b) Als zweites Beispiel soll der vorübergehende Kurzschlußstrom in einer Doppelleitung betrachtet werden, wenn der Kurzschluß nahe an den Primärklemmen stattfindet. Es treten dann Schwingungen in dem aus der Leitung und Belastung bestehenden Stromkreis (Fig. 491) auf.

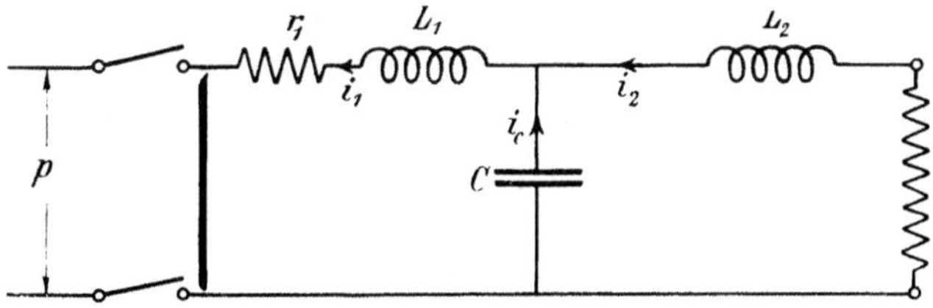

Fig. 491. Kurzschließen eines Stromkreises mit parallelen Zweigen.

Hier ist der Belastungswiderstand r_2 oft so groß im Verhältnis zu der Selbstinduktion L_2, daß $L_2 = 0$ als erste Annäherung gesetzt werden darf. Wir erhalten dann in diesem Falle

$$i_{1v} = i_{2v} + i_{cv} \quad \ldots \ldots \quad (324)$$

$$0 = L_1 \frac{d i_{1v}}{dt} + r_1 i_{1v} + p_{cv} \quad \ldots \quad (325)$$

$$p_{cv} = \int \frac{i_{cv}}{C} dt = r_2 i_{2v} \quad \ldots \ldots \quad (326)$$

woraus sich die Differentialgleichung ergibt

$$C L_1 r_2 \frac{d^2 i_{2v}}{dt^2} + (L_1 + r_1 r_2 C)\frac{d i_{2v}}{dt} + (r_1 + r_2) i_{2v} = 0 \quad (327)$$

deren oszillatorische Lösung lautet

$$i_{2v} = e^{-\alpha t}(A_1 \cos\beta t + B_1 \sin\beta t) \quad \ldots \quad (328)$$

$-\alpha \pm j\beta$ sind die Wurzeln der quadratischen Gleichung

$$a^2 + \left(\frac{1}{r_2 C} + \frac{r_1}{L_1}\right) a + \frac{r_1 + r_2}{r_2 L_1 C} = 0 \quad . \quad . \quad . \quad . \quad (329)$$

also

$$-\alpha \pm j\beta = -\left(\frac{1}{2 r_2 C} + \frac{r_1}{2 L_1}\right) \pm j \sqrt{\frac{r_1 + r_2}{r_2 L_1 C} - \left(\frac{1}{2 r_2 C} + \frac{r_1}{2 L_1}\right)^2} \quad (330)$$

Sollte L_2 nicht vernachlässigbar klein sein, so können die Wurzeln $-\alpha \pm j\beta$ durch probeweises Einsetzen in die kubische Gleichung (319) korrigiert werden. Es ergibt sich dann auch die dritte Wurzel $-\delta$, indem man die linke Seite der kubischen Gleichung durch $(a + \alpha - j\beta)(a + \alpha + j\beta)$ dividiert.

Unter Vernachlässigung von L_2 ist

$$i_{2v} = e^{-\alpha t}(A_1 \cos \beta t + B_1 \sin \beta t)$$

$$p_{cv} = r_2 i_{2v} = e^{-\alpha t} r_2 (A_1 \cos \beta t + B_1 \sin \beta t),$$

und der Primärstrom ergibt sich zu

$$i_{1v} = i_{2v} + i_{cv} = i_{2v} + C \frac{d p_{cv}}{dt} = e^{-\alpha t}(A_3 \cos \beta t + B_3 \sin \beta t).$$

Führen wir nun die Anfangsbedingungen ein. Es ist zur Zeit $t = 0$:

$$i_{2v} = i_{2s0},$$

$$p_{cv} = p_{cs0},$$

und

$$i_{1v} = i_{1s0},$$

so erhalten wir die vorübergehenden Ströme und Spannungen

$$i_{2v} = e^{-\alpha t}\left[\frac{i_{cs0}}{\beta C r_2} \sin \beta t + i_{2s0} \sqrt{1 + \frac{\alpha^2}{\beta^2}} \sin\left(\beta t + \operatorname{arctg} \frac{\beta}{\alpha}\right)\right] \quad (328)$$

$$p_{cv} = e^{-\alpha t}\left[\frac{i_{cs0}}{\beta C} \sin \beta t + p_{cs0} \sqrt{1 + \frac{\alpha^2}{\beta^2}} \sin\left(\beta t + \operatorname{arctg} \frac{\beta}{\alpha}\right)\right] \quad (331)$$

$$i_{1v} = e^{-\alpha t}\left[-\frac{p_{cs0} + i_{1s0} r_1}{\beta L_1} \sin \beta t + i_{1s0} \sqrt{1 + \frac{\alpha^2}{\beta^2}} \sin\left(\beta t + \operatorname{arctg} \frac{\beta}{\alpha}\right)\right]. \quad (332)$$

Wird die Doppelleitung von einer Gleichstromquelle gespeist, so ist $p_{cs0} \cong p_s$ und $i_{cs0} = 0$, worin p_s die stationäre Spannung bedeutet. Es wird also die Spannung der kurzgeschlossenen Gleichstromleitung nach der folgenden Formel verschwinden

$$p_{cv} = e^{-\alpha t} p_s \sqrt{1 + \frac{\alpha^2}{\beta^2}} \sin\left(\beta t + \operatorname{arctg} \frac{\beta}{\alpha}\right).$$

Die Überspannung, die eine derartige Leitung gefährden kann, ist also proportional

$$\sqrt{1+\frac{\alpha^2}{\beta^2}}=\frac{1}{\beta\sqrt{L_1 C}}\sqrt{\frac{r_1+r_2}{r_2}} \quad . \; . \; . \; . \quad (333)$$

welches Verhältnis selten stark von der Einheit abweicht und um so größer ist, je größer der Dämpfungsfaktor α ist.

Durch Betrachtung der Fig. 491 sieht man, daß für $L_2=0$, dieser Stromkreis den Ladestromkreis eines Kondensators mit unvollkommenem Dielektrikum darstellt, wobei r_2 dem Isolationswiderstand des Kondensators gleichkommt.

$$\frac{\beta}{2\pi}=\frac{1}{2\pi}\sqrt{\frac{r_1+r_2}{r_2 L_1 C}-\left(\frac{1}{2 r_2 C}+\frac{r_1}{2 L_1}\right)^2} \quad . \; . \quad (334)$$

gibt die Eigenschwingungszahl eines derartigen unvollkommenen Kondensators und zeigt den Einfluß des Isolationswiderstandes r_2 auf dieselbe, während $\alpha=\frac{1}{2 r_2 C}+\frac{r_1}{2 L_1}$ den Dämpfungsfaktor eines derartigen Kondensatorkreises angibt.

Als Spezialfälle des Stromkreises (Fig. 489) mögen noch die drei folgenden Erwähnung finden:

1. $r_1=0$ und $r_2=0$. Es werden dann die Wurzeln der kubischen Gleichung $\pm j\beta=\pm j\sqrt{\frac{1}{L_1 C}+\frac{1}{L_2 C}}$ und $\delta=0$.

Der Strom

$$i_{2v}=A\cos\beta t+B\sin\beta t$$

nimmt also die Form eines gewöhnlichen Wechselstromes an und bleibt als eine freie Schwingung bestehen.

2. $L_1=0$ und $L_2=0$. Es geht dann die kubische Gleichung in

$$r_1 r_2 C a+(r_1+r_2)=0$$

über, deren Lösung

$$-\alpha=-\frac{r_1+r_2}{r_1 r_2 C}=-\left(\frac{1}{r_1 C}+\frac{1}{r_2 C}\right)$$

einen logarithmischen Strom

$$i_{2v}=A\,e^{-\alpha t}$$

ergibt.

3. $C=0$. Die kubische Gleichung reduziert sich auf

$$(L_1+L_2)\,a+(r_1+r_2)=0,$$

deren Lösung

$$-\delta=-\frac{r_1+r_2}{L_1+L_2}$$

einen logarithmischen Strom

$$i_{2v} = D e^{-\delta t}$$

ergibt.

c) Als drittes Beispiel können zu Lichtbogen parallelgeschaltete Schwingungskreise dienen. Im Abschn. 138 ist erwähnt, daß in einem Stromkreis, der Selbstinduktion und Kapazität enthält und zu einem Lichtbogen parallelgeschaltet wird, ungedämpfte Schwingungen entstehen können. Die Fig. 386 zeigt einen derartigen Schwingungskreis, wie er vielfach in der drahtlosen Telegraphie und Telephonie angewandt wird. Ein ähnlicher Stromkreis ist der in Fig. 492 dargestellte Schwingungskreis, der oft zur Erregung

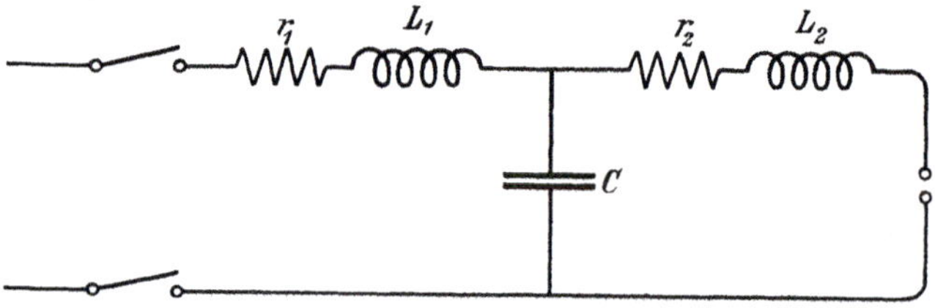

Fig. 492. Schwingungskreis parallel zur Funkenstrecke.

hochfrequenter Ströme benutzt wird und entweder von einer Gleichstromquelle oder von einer Wechselstromquelle niedriger Periodenzahl gespeist wird. Hier besteht der Lichtbogen aus einer Funkenstrecke, die sich entladet, wenn die Ladung und somit die Spannung des Kondensators groß genug geworden ist, um ein Überschlagen von Funken herbeizuführen.

Bei Anwendung einer Gleichstromquelle geht die Entladung periodisch vor sich mit einem Zeitintervalle, das nötig ist, um den Kondensator wieder zu laden. Ist die Eigenschwingungszahl des Primärkreises (Ladekreises)

$$\frac{\beta_1}{2\pi} = \frac{1}{2\pi}\sqrt{\frac{1}{L_1 C} - \left(\frac{r_1}{2 L_1}\right)^2}$$

viel kleiner als die Eigenschwingungszahl des Sekundärkreises (Entladekreises)

$$\frac{\beta_2}{2\pi} = \frac{1}{2\pi}\sqrt{\frac{1}{L_2 C_2} - \left(\frac{r_2}{2 L_2}\right)^2},$$

so wird die Ladung viel mehr Zeit T_2 in Anspruch nehmen als die Entladezeit T_1, wodurch die Entladungsperioden durch sehr lange Ruhepausen unterbrochen werden. Der Effektivwert des kurzzeitigen Entladestromes kann somit durch passende Wahl der Funkenstrecke viel (bis 1000mal) größer als der Mittelwert des

Ladestromes gemacht werden. Je höher die Spannung ist, auf die die Funkenstrecke eingestellt wird, um so länger dauert die Ladung und um so größer wird verhältnismäßig der Entladestrom. — Wird der betrachtete Schwingungskreis (Fig. 491) von einer Wechselstromquelle niedriger Periodenzahl gespeist, so geht die Entladung nur vor sich, solange die aufgedrückte Spannung in der Nähe ihres Höchstwertes sich befindet, und hier ist die Ladezeit um so kleiner, je näher die Spannung ihrem Maximalwert ist. Wegen der Ionisierung der Luft in der Funkenstrecke setzen sich die Entladungen weiter nach unten auf dem absteigenden Teil der Spannungskurve als auf dem aufsteigenden Teil der Spannungskurve fort. Solange die aufgedrückte Wechselspannung sich in der Nähe von Null hält, findet keine Entladung statt. Sonst ist kein wesentlicher Unterschied zwischen den Entladungen bei Anwendung einer Gleichstromquelle und einer Wechselstromquelle.

Sind die Selbstinduktionen L_1 und L_2 gleich groß und beide so bemessen, daß sie sich mit der Kapazität C bei der aufgedrückten Periodenzahl in Resonanz befinden, so verhält sich der Stromkreis wie ein Boucherotscher Transformatorkreis zur Umwandlung von konstanter Spannung in konstanten Strom. Speist man einen derartigen Kreis von einem Wechselstromgenerator von ca. 100000 Perioden, so können an einer Funkenstrecke hochgespannte, hochperiodige Ströme erhalten werden, wie man sie für die drahtlose Telegraphie benutzt.

In der Starkstromtechnik begegnet man den in Lichtbögen auftretenden Schwingungserscheinungen nicht sehr oft. Wenn sie aber auftreten, machen sie sich um so mehr bemerkbar durch die sie begleitenden erheblichen Zerstörungen, die sie in ausgedehnten Leitungsnetzen hervorrufen können. Bildet sich z. B. an einem ausgedehnten Leitungssystem, das viele unterirdische Kabel enthält, ein Kurzschluß oder Erdschluß (arcing ground) durch einen Lichtbogen, so kann das ganze übrige Netz einen Schwingungskreis parallel zu diesem Lichtbogen bilden. Ist dies der Fall, so sind die nötigen Bedingungen für große Strom- und Spannungsschwankungen vorhanden, und diese können durch irgendwelche Störungen leicht eingeleitet werden. Weil ein Kurzschluß stets von großen Störungen, Strom- und Spannungsschwankungen begleitet ist, werden stets Kurzschlüsse und Erdschlüsse, die zur Bildung von Lichtbogen Anlaß geben, von großen Strom- und Spannungsschwingungen begleitet werden. Kurzschlüsse und Erdschlüsse in Leitungsnetzen, die von einem Durchschlagen des Isolationswiderstandes herrühren, kommen gewöhnlich nicht plötzlich, sondern entwickeln sich allmählich. Zuerst bilden sich kleine

Funken, die allmählich das Isolationsmaterial zerstören und den Weg für den Kurzschlußlichtbogen bahnen. — Wie S. 527 u. f. erwähnt, können sich dreierlei Arten von Schwingungen im Lichtbogen bilden, und man geht nicht sehr fehl, wenn man annimmt, daß alle drei Arten in dem Lichtbogen vorkommen können, die bei Kurzschlüssen oder Erdschlüssen entstehen. Hierzu kommt, daß die Schwingungen ihre Eigenschaften während der Entwicklung des Kurzschlusses ändern, so daß z. B. in den einleitenden Funken Schwingungen einer Art, während zuletzt in den großen Lichtbögen sehr große Schwingungen einer zweiten oder dritten Art auftreten. Die letzten sind die gefährlichsten, weil sie die größten Überspannungen im Netze hervorrufen.

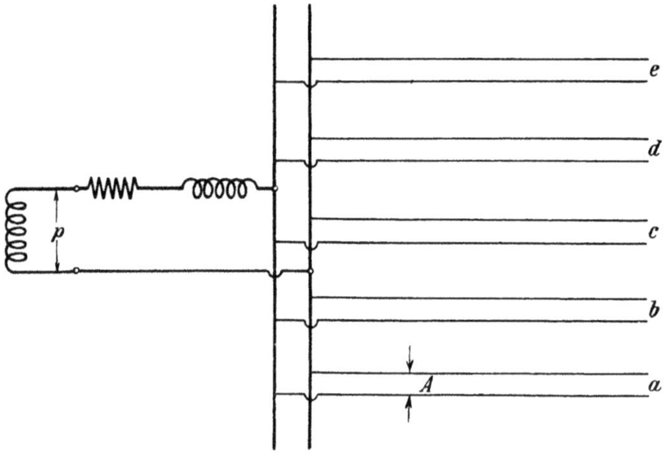

Fig. 493a.

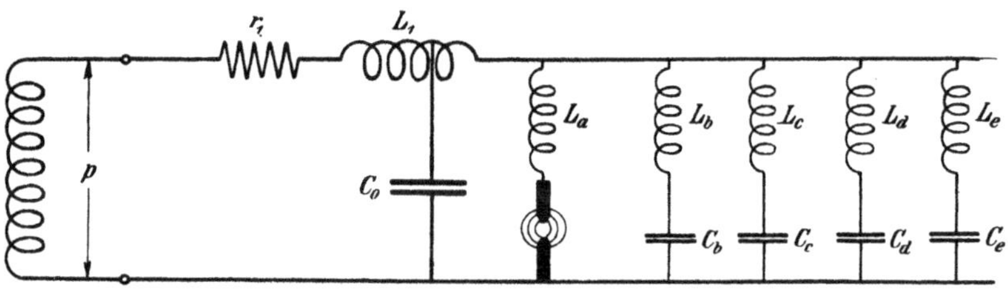

Fig. 493b. Kurzschluß in einem Leitungsnetz.

Als Beispiel soll ein Kurzschluß in dem in Fig. 493a dargestellten Leitungssystem untersucht werden. Der Einfachheit halber ist das Leitungssystem einphasig angenommen. Es findet an der Stelle A zwischen zwei Leitungen ein Kurzschluß statt, wodurch ein Lichtbogen sich in Metalldämpfen bildet. Der äquivalente Stromkreis mit dem Schwingungskreis ist in Fig. 493b dargestellt. Hierin bedeuten L_1 und r_1 die Selbstinduktion und den Widerstand der Generatoren und der Apparate, die zwischen den Generatoren und den Sammelschienen liegen. L_a ist die Selbstinduktion der Speiseleitung a von den Sammelschienen bis zur Stelle A des Kurzschlusses. L_b, L_c, L_d und L_e sind die effektiven Selbstinduktionskoeffizienten der als Kondensatoren aufzufassenden Speiseleitungen b, c, d und e, deren effektive Kapazitäten C_b, C_c, C_d und C_e sind. C_0 entspricht der Kapazität der Generatoren und der Schaltanlage, die bei Hochspannungsgeneratoren nicht ganz zu vernachlässigen ist.

Sind die Speiseleitungen unterirdische Kabel, so können ihre Selbstinduktionen vorerst vernachlässigt werden und die Summe der parallelgeschalteten Kapazitäten

$$C_0 + C_b + C_c + C_d + C_e = C_2$$

gesetzt werden. Der Schwingungskreis besteht nunmehr aus der Kapazität C_2 und der Selbstinduktion L_a. Im Augenblicke des Kurzschlusses tritt unter Vernachlässigung des Widerstandes r_1 ein Kurzschlußstrom

$$i_k = \frac{P_{max} \sin\left(\omega t - \frac{\pi}{2}\right)}{2\pi c (L_1 + L_a)}$$

in der Leitung a auf. Das plötzliche Auftreten dieses Stromes wird in dem vom Kurzschlußstrom gebildeten Lichtbogen Schwingungen einleiten, die, wenn sie von zweiter Art sind, den Lichtbogen während einer halben Periode der aufgedrückten Spannung mehrere Male erlöschen und wieder zünden werden. Bezeichnen wir mit P_0 die nötige Spannung, die nach einem Erlöschen zur Zündung des Lichtbogens in der der Kurzschlußstelle umgebenden ionisierten Luft nötig ist, so wird nach S. 529 eine maximale Kapazitätsspannung von

$$P_{c\,max} = \sqrt{P_0^2 + J_{k\,max}^2 \frac{L_a}{C_2}} \quad . \quad . \quad . \quad . \quad (335)$$

zwischen den Adern der Speiseleitungen auftreten. Diese Formel wurde zwar für den Fall abgeleitet, daß die Selbstinduktion L_1 viel größer als L_a war und daß die Schwingungen ungedämpft waren; da dies hier nicht der Fall ist, so wird $P_{c\,max}$ etwas kleiner ausfallen als die Formel angibt. Sind die Schwingungen dagegen von dritter Art, also größer als die von zweiter Art, so können noch größere Kapazitätsspannungen auftreten. — Vernachlässigen wir die Zündspannung P_0 als eine schwer bestimmbare Größe, so erhalten wir folgende Formel für die größte Überspannung

$$P_{c\,max} > J_{k\,max}\sqrt{\frac{L_a}{C_2}} = \frac{P_{max}}{2\pi c(L_1 + L_a)}\sqrt{\frac{L_a}{C_2}}.$$

Führen wir hier die Eigenschwingungszahl

$$\frac{\beta}{2\pi} = \frac{1}{2\pi}\sqrt{\frac{1}{L_a C_2}}$$

ein und setzen $2\pi c = \omega$, so wird

$$P_{c\,max} > P_{max}\frac{\beta L_a}{\omega(L_1 + L_a)} \quad \ldots\ldots \quad (336)$$

Die von den Schwingungen im Lichtbogen erzeugten Überspannungen sind somit um so größer, je größer die Eigenschwingungszahl im Verhältnis zur Periodenzahl der Stromquelle und je kleiner die vor den Sammelschienen liegende Selbstinduktion L_1 ist.

Wird die Selbstinduktion der Speiseleitungen b, c, d und e nicht vernachlässigt, sondern setzen wir die äquivalenten Selbstinduktionen und Kapazitäten dieser parallelgeschalteten Leitungen gleich L_2 resp. C_2, so wird

$$P_{c\,max} > P_{max}\frac{\beta(L_2 + L_a)}{\omega(L_1 + L_a)} = J_{k\,max}\sqrt{\frac{L_2 + L_a}{C_2}} \quad . \quad (335\text{a})$$

Aus der Formel (336) geht ferner hervor, daß die Überspannungen um so größer sind, je größer die Selbstinduktion L_a ist, woraus folgt, daß die auftretende Überspannung um so größer wird, je weiter die Kurzschlußstelle A von der Generatorstation entfernt ist.

Weniger übersichtlich ist der Einfluß der Größe der parallelgeschalteten Kapazität C_2 auf die Überspannungen. Wenn gar keine Kapazität im Leitungsnetze vorhanden ist, so treten keine Schwingungen und Überspannungen auf, trotzdem die Formel unendlich große Werte für $P_{c\,max}$ ergibt. Wenn andererseits C_2 eine sehr große Kapazität repräsentiert, so wird die Eigenschwingungszahl nach der Formel klein und die Überspannung auch, während in Wirklichkeit keine Schwingungen wegen der dämpfenden Widerstände des Netzes entstehen können. Besonders die den Leitungskapazitäten C_b, C_c, C_d und C_e parallelgeschalteten Belastungswiderstände an den Enden der Speiseleitungen üben einen dämpfenden Einfluß aus, der nach der Formel 330 am besten beurteilt werden kann.

Um aber den Einfluß der Kapazität C_2 auf die Größe und Art der Schwingungen zu beurteilen, ist es nötig, auf die S. 531 erwähnten Verhältnisse zurückzugreifen. Dort ist gezeigt, daß kleine

Kapazitäten C_2, d. h. große Werte von $\sqrt{\frac{L_a}{C_2}}$ Schwingungen erster Art bedingen, wenn überhaupt welche entstehen können. Mittlere Werte von $\sqrt{\frac{L_a}{C_2}}$ und $J_{k\,max}$ werden Schwingungen zweiter Art ergeben, während große Kapazitäten, d. h. kleine Werte von $\sqrt{\frac{L_a}{C_2}}$ und mittlere oder kleine Kurzschlußströme, Schwingungen dritter Art ermöglichen. Wir sehen somit, daß die Überspannung nicht der Formel

$$P_{c\,max} > J_{k\,max}\sqrt{\frac{L_a}{C_2}}$$

streng folgt, sondern nur innerhalb gewisser Grenzen für $J_{k\,max}$ und $\sqrt{\frac{L_a}{C_2}}$, d. h. solange als die Schwingungen von zweiter Art sind. Sind die beiden Größen $\sqrt{\frac{L_a}{C_2}}$ und $J_{k\,max}$ oder eine davon sehr groß, so gibt es entweder keine Schwingungen oder nur solche erster Art, für die die Formel zu große Werte für die Überspannungen ergibt. Sind die beiden Größen $\sqrt{\frac{L_a}{C_2}}$ und $J_{k\,max}$ oder eine davon klein, so gibt es Schwingungen dritter Art, für die die Formel zu kleine Werte gibt, und bei sehr kleinen Werten von $\sqrt{\frac{L_a}{C_2}}$ hören die Schwingungen wegen des dämpfenden Einflusses der Widerstände des ganzen Systems überhaupt auf. Die Schwingungen dritter Art sind gewöhnlich von niedriger Periodenzahl und verursachen große Energieschwankungen, weil bei ihnen eine große Energieübertragung vom Lichtbogen zum Schwingungskreis stattfindet. Dies stimmt mit der Erfahrung der Praxis, die lehrt, daß die Schwingungen gewöhnlich um so größer sind, je ausgedehnter die Netze, d. h. je größer C_2 ist. Es hat sich ferner gezeigt, daß die von den Schwingungen verursachten Zerstörungen um so größer sind, je größer die an denselben Sammelschienen angeschlossenen Leistungen sind. Das stimmt mit der Formel überein, weil dann $J_{k\,max}$ größer wird. Es scheint somit, daß normale große Leitungsnetze im allgemeinen noch nicht die Beträge an elektrostatischer Kapazität erreicht haben, die nötig sind, um die größtmöglichen Überspannungen hervorzurufen. Von diesem Gesichtspunkte aus ist es deswegen nicht anzuraten, diese Kapazität dadurch zu vermehren, daß Kondensatoren zwischen die Sammelschienen großer Zentralen oder Unterstationen eingeschaltet werden, um entweder die Leistungsfaktoren zu verbessern, wie man in früheren Jahren bestrebt war, oder um Überspannungen abzudämpfen, wie es in einigen modernen Anlagen geschehen ist. Man soll die elektrostatische Kapazität großer Anlagen nicht künstlich erhöhen, sondern im Gegenteil möglichst klein halten und in alle Stromkreise, wo Schwingungen zu befürchten sind, induktionsfreie Widerstände zur Dämpfung der Schwingungen einschalten, wenn dies ohne Verluste oder andere Nachteile geschehen kann. Dies ist z. B. möglich in den Stromkreisen der Hörner und Rollenblitzableiter und in den Erdverbindungen neutraler Punkte von Ein- und Mehrphasennetzen.

Eine der größten Störungen durch Schwingungen im Lichtbogen, der seinerzeit großes Aufsehen erregte, war ein Kurzschluß in einer Kabelgrube der Hochspannungsspeiseleitungen der Manhattan Railway Co.[1]) am 23. Juli 1903. Der Kurzschluß fand nicht weit von der Generatorstation statt, und zu jener Zeit waren sechs 5000 KW-Dreiphasengeneratoren im Betriebe, um eine Leistung von 37000 KW abzugeben. Abgesehen von der elektrostatischen Kapazität der Generatoren betrug die Kapazität C_2 der zu der defekten Speiseleitung parallelgeschalteten Leitungen zusammen zwischen 75 und 100 Mikrofarad pro Phase. Wie groß die Selbstinduktion L_a der defekten Speiseleitung inklusive Apparaten zwischen Sammelschienen und der Kurzschlußstelle und wie groß die effektive Selbstinduktion L_2 der parallelgeschalteten Kabel war, ist nicht bekannt; sie können aber nicht sehr groß gewesen sein und sollen zu ca. $3 \cdot 10^{-3}$ Henry angenommen werden, ein Wert, der bei 25 Perioden eine Reaktanz von ca. 0,5 Ohm pro Phase ergibt. Der Widerstand der defekten Speiseleitung inkl. Apparate bis zur Kurzschlußstelle soll ca. 1,0 Ohm gewesen sein. Es wird somit die Eigenschwingungszahl des Schwingungskreises

$$\frac{\beta}{2\pi} = \frac{1}{2\pi}\sqrt{\frac{1}{(L_a + L_2)\,C_2} - \frac{r_a^{\,2}}{4\,(L_a + L_2)^2}}$$

$$= \frac{1}{2\pi}\sqrt{\frac{1}{(L_a + L_2)\,C_2}} = \frac{1820}{2\pi} = 290.$$

Die Periodenzahl der Eigenschwingungen ist somit genügend klein, um große Energieschwankungen zuzulassen. — Die Selbstinduktion der sechs parallelgeschalteten Generatoren betrug ca. $4{,}5 10^{-3}$ Henry, entsprechend einer Reaktanz von 0,70 Ohm

---

[1]) Steinmetz, Thomas und Discussion at Ashville in Transactions of AIEE, Juni 1905.

und der Widerstand 0,1 Ohm pro Phase. Der Effektivwert des momentanen Kurzschlußstromes der Generatoren durch die defekte Leitung vom Widerstande 1,0 Ohm und der Reaktanz ca. 0,3 beträgt also bei $\frac{11000}{\sqrt{3}} = 6340$ Volt Phasenspannung

$$J_k = \frac{6340}{\sqrt{(1{,}0 + 0{,}1)^2 + (0{,}3 + 0{,}70)^2}} = 4500 \text{ Amp.}$$

und es wird eine Überspannung von mindestens

$$P_{c\,max} \gtreqless \sqrt{\frac{L_a + L_2}{C_2}}\, J_{k\,max} = 5{,}5 \cdot 4500\sqrt{2} = 32000 \text{ Volt},$$

also eine maximale Spannung zwischen zwei Phasen von mindestens

$$\sqrt{3}\, P_{c\,max} \gtreqless 32000\sqrt{3} = 55000 \text{ Volt},$$

d. h. ca. 4,0 mal der normalen Spannung auftreten. Nach den stattgefundenen Überschlägen und Zerstörungen wurden die Überspannungen auf ca. 80000 Volt effektive Spannung, d. h. 138000 Volt maximale Spannung geschätzt. Die Schwingungen hörten erst auf, als die Generatoren alle abgestellt waren. Durch die Überspannung wurden mehrere Kabel durchgeschlagen und andere punktiert, während noch andere große Schäden hergerichtet wurden. Eins der punktierten Kabeln brannte einige Stunden später aus, wodurch wieder kräftige Oszillationen entstanden. Wie hier zeigt es sich immer, daß ein von Oszillationen und Überspannungen begleiteter Kurzschluß stets die Isolation einer ganzen Anlage schwächt und zu weiteren Kurzschlüssen Anlaß gibt. Ist von der Überspannung die Isolation sogar an einer Stelle punktiert worden, so wird bei Wiederaufnahme des Betriebes die Arbeitsspannung durch diese Stelle einen Ableitungsstrom treiben, bis die Ableitung so groß geworden ist, daß ein ordentlicher Kurzschluß auch hier eintritt.

156. Stromkreise des allgemeinen Transformators.

Bei der Untersuchung der stationären Verhältnisse des allgemeinen Transformators wurde von den Differentialgleichungen der primären und sekundären Wicklungen ausgegangen. Es stellte sich hierbei heraus, daß diese beiden Gleichungen nicht allein für den Primärkreis und Sekundärkreis Gültigkeit hatten, sondern auch für den dem Transformator äquivalenten Stromkreis (Fig. 494). Die Differentialgleichungen des allgemeinen Transformators, sowie des äquivalenten Stromkreises lauten:

$$p_1 = r_1 i_1 + S_1 \frac{di_1}{dt} + M \frac{d(i_1 + i_2)}{dt}$$

$$-p_2 = r_2 i_2 + S_2 \frac{di_2}{dt} + M \frac{d(i_1 + i_2)}{dt}.$$

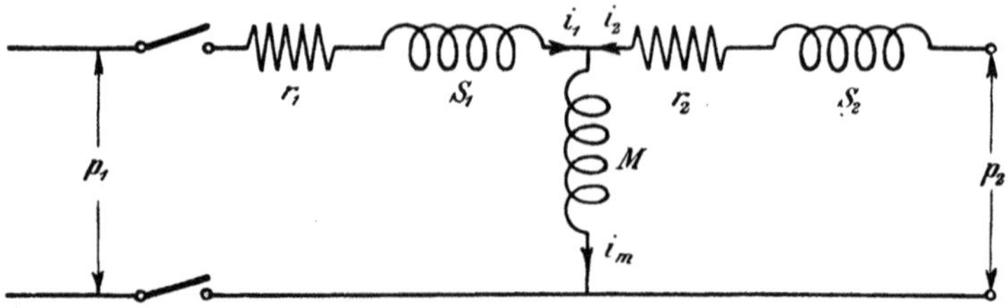

Fig. 494. Äquivalenter Stromkreis eines Transformators.

Für den äquivalenten Stromkreis ist die Windungszahl w_2 und somit die Spannung und alle anderen Größen der Sekundärwicklung auf die des Primärkreises reduziert.

Aus den beiden Gleichungen ergibt sich durch Elimination von $\frac{di_2}{dt}$

$$r_2 M i_2 = [(S_1 + M)(S_2 + M) - M^2] \frac{di_1}{dt}$$
$$+ (S_2 + M) r_1 i_1 - (S_2 + M) p_1 - M p_2 \quad . \quad . \quad (337)$$

dieser Wert für i_2 in die erste Gleichung eingesetzt, ergibt

$$r_2 p_1 = r_1 r_2 i_1 + r_2 (S_1 + M) \frac{di_1}{dt} + [(S_1 + M)(S_2 + M) - M^2] \frac{d^2 i_1}{dt^2}$$
$$+ r_1 (S_2 + M) \frac{di_1}{dt} - (S_2 + M) \frac{dp_1}{dt} - M \frac{dp_2}{dt},$$

woraus folgt

$$[(S_1 + M)(S_2 + M) - M^2] \frac{d^2 i_1}{dt^2} + [r_1 (S_2 + M) + r_2 (S_1 + M)] \frac{di_1}{dt} + r_1 r_2 i_1$$
$$= (S_2 + M) \frac{dp_1}{dt} + M \frac{dp_2}{dt} + p_1 r_2 \quad . \quad . \quad . \quad (338\,a)$$

welche eine lineare Differentialgleichung zweiter Ordnung ist. Für den Sekundärstrom erhalten wir die analoge Gleichung

$$[(S_1 + M)(S_2 + M) - M^2] \frac{d{i_2}^2}{dt^2} + [r_1 (S_2 + M) + r_2 (S_1 + M)] \frac{di_2}{dt} + r_1 r_2 i_2$$
$$= -(S_1 + M) \frac{dp_2}{dt} - M \frac{dp_1}{dt} - p_2 r_1 \quad . \quad . \quad (338\,b)$$

a) Als erstes Beispiel soll der vorübergehende Strom beim Einschalten eines an den Sekundärklemmen kurzgeschlossenen Transformators ermittelt werden. Es lautet die Differentialgleichung für den vorübergehenden Strom des Primärkreises

$$[(S_1+M)(S_2+M)-M^2]\frac{d^2 i_{1v}}{dt^2}+[r_2(S_1+M)+r_1(S_2+M)]\frac{d i_{1v}}{dt}$$
$$+r_1 r_2 i_{1v}=0.$$

Die Lösung dieser homogenen (reduzierten) Differentialgleichung lautet:

$$i_{1v}=A_1 e^{-a_1 t}+A_2 e^{-a_2 t}=e^{-\alpha t}(A_1 e^{\beta t}+A_2 e^{-\beta t}) \qquad (339\,a)$$

und analog

$$i_{2v}=A_1' e^{-a_1 t}+A_2' e^{-a_2 t}=e^{-\alpha t}(A_1' e^{\beta t}+A'_2 e^{-\beta t}) \qquad (339\,b)$$

worin $-a_1$ und $-a_2$ die Wurzeln der quadratischen Gleichung

$$[(S_1+M)(S_2+M)-M^2]\,a^2+[r_2(S_1+M)+r_1(S_2+M)]\,a+r_1 r_2=0$$

sind, also

$$\left.\begin{matrix}a_1\\a_2\end{matrix}\right\}=\frac{r_1(S_2+M)+r_2(S_1+M)\mp\sqrt{[r_1(S_2+M)+r_2(S_1+M)]^2-4r_1 r_2[(S_1+M)(S_2+M)-M^2]}}{2[(S_1+M)(S_2+M)-M^2]}$$

$$=\frac{r_1(S_2+M)+r_2(S_1+M)\mp\sqrt{[r_1(S_2+M)-r_2(S_1+M)]^2+4r_1 r_2 M^2}}{2[(S_1+M)(S_2+M)-M^2]}=\alpha\mp\beta \qquad (340)$$

worin α und β stets positive reelle Werte sind. Die Integrationskonstanten A_1 und A_2 ergeben sich aus den Anfangsbedingungen. Es sind zur Zeit $t=0$:

$$i_{1v0}=i_{10}-i_{1s0}=0-i_{1k0}=-J_{1k\,max}\sin(\psi-\varphi_k),$$

wenn

$$p_1=P_{1\,max}\sin(\omega t+\psi)$$

und

$$i_{2v0}=i_{20}-i_{2s0}=0-i_{2k0}=J_{2k\,max}\sin(\psi-\varphi_k-\varDelta\varphi_k),$$

worin $J_{1k\,max}$ und $J_{2k\,max}$ die Amplituden des primären und sekundären Kurzschlußstromes bedeuten, die nach dem Einschalten als stationäre Ströme zu betrachten sind. φ_k ist der Phasenverschiebungswinkel des primären Kurzschlußstromes und $\varDelta\varphi_k$ die Phasenverschiebung zwischen dem primären und dem umgedrehten sekundären Kurzschlußstrom $-i_{2k}$. Diese Werte in der Formel für i_{1v} eingesetzt ergibt

$$i_{1v0}=-i_{1k0}=A_1+A_2.$$

Der Sekundärstrom i_{2v} ergibt sich aus der obigen Gl. 337 zu

$$i_{2v}=\frac{(S_1+M)(S_2+M)-M^2}{r_2 M}\left[A_1(-\alpha+\beta)\,e^{(-\alpha+\beta)t}+A_2(-\alpha-\beta)\,e^{(-\alpha-\beta)t}\right]$$
$$+\frac{r_1(S_2+M)}{r_2 M}\left[A_1 e^{(-\alpha+\beta)t}+A_2 e^{(-\alpha-\beta)t}\right]$$
$$=e^{-\alpha t}\left\{\left[\frac{(S_1+M)(S_2+M)-M^2}{r_2 M}(\beta-\alpha)+\frac{r_1(S_2+M)}{r_2 M}\right]A_1 e^{\beta t}\right.$$
$$\left.-\left[\frac{(S_1+M)(S_2+M)-M^2}{r_2 M}(\beta+\alpha)-\frac{r_1(S_2+M)}{r_2 M}\right]A_2 e^{-\beta t}\right\}$$

also

$$i_{2v}=\frac{e^{-\alpha t}}{2r_2 M}\left\{\left[\sqrt{[r_1(S_2+M)-r_2(S_1+M)]^2+4r_1r_2M^2}+r_1(S_2+M)\right.\right.$$
$$\left.-r_2(S_1+M)\right]A_1 e^{\beta t}-\left[\sqrt{[r_1(S_2+M)-r_2(S_1+M)]^2+4r_1r_2M^2}\right.$$
$$\left.\left.-r_1(S_2+M)+r_2(S_1+M)\right]A_2 e^{-\beta t}\right\}=e^{-\alpha t}(A_1' e^{\beta t}+A_2' e^{-\beta t}).$$

Hierin die Anfangsbedingung eingesetzt ergibt

$$i_{2v0}=-i_{2k0}=\frac{A_1}{2r_2M}\left\{\sqrt{[r_1(S_2+M)-r_2(S_1+M)]^2+4r_1r_2M^2}\right.$$
$$\left.+r_1(S_2+M)-r_2(S_1+M)\right\}$$
$$-\frac{A_2}{2r_2M}\left\{\sqrt{[r_1(S_2+M)-r_2(S_1+M)]^2+4r_1r_2M^2}\right.$$
$$\left.-r_1(S_2+M)+r_2(S_1+M)\right\}.$$

Aus dieser Gleichung und der obigen für i_{1k0} ergeben sich die Integrationskonstanten zu

$$A_1=-\frac{r_2(S_1+M)-r_1(S_2+M)+\sqrt{[r_1(S_2+M)-r_2(S_1+M)]^2+4r_1r_2M^2}}{2\sqrt{[r_1(S_2+M)-r_2(S_1+M)]^2+4r_1r_2M^2}}\,i_{1k0}$$
$$-\frac{r_2M}{\sqrt{[r_1(S_2+M)-r_2(S_1+M)]^2+4r_1r_2M^2}}\,i_{2k0}\quad\ldots\quad(341\,\mathrm{a})$$

und

$$A_2=-\frac{r_1(S_2+M)-r_2(S_1+M)+\sqrt{[r_1(S_2+M)-r_2(S_1+M)]^2+4r_1r_2M^2}}{2\sqrt{[r_1(S_2+M)-r_2(S_1+M)]^2+4r_1r_2M^2}}\,i_{1k0}$$
$$+\frac{r_2M}{\sqrt{[r_1(S_2+M)-r_2(S_1+M)]^2+4r_1r_2M^2}}\,i_{2k0}\quad\ldots\quad(341\,\mathrm{b})$$

Für den Fall $r_1=r_2=r$ und $S_1=S_2=S$, der bei den meisten Transformatoren und Induktionsmotoren praktisch genommen zutrifft, werden

$$\left.\begin{matrix}a_1\\a_2\end{matrix}\right\}=\alpha\mp\beta=\frac{r(S+M)\mp rM}{(S+M)^2-M^2}=\left\{\begin{aligned}&=\frac{rS}{S^2+2SM}=\frac{r}{S+2M}\\&=\frac{r(S+2M)}{S^2+2SM}=\frac{r}{S}.\end{aligned}\right\}\quad(342)$$

$$A_1 = -\frac{i_{1k0} + i_{2k0}}{2} \quad \ldots \ldots \ldots \quad (343\,a)$$

und

$$A_2 = -\frac{i_{1k0} - i_{2k0}}{2} \quad \ldots \ldots \ldots \quad (343\,b)$$

woraus folgt

$$i_{1v} = -\frac{i_{1k0} + i_{2k0}}{2} e^{-\frac{r}{S+2M}t} - \frac{i_{1k0} - i_{2k0}}{2} e^{-\frac{r}{S}t} = -\tfrac{1}{2} i_{av} - i_{kv} \quad (344\,a)$$

und

$$i_{2v} = -\frac{i_{1k0} + i_{2k0}}{2} e^{-\frac{r}{S+2M}t} + \frac{i_{1k0} - i_{2k0}}{2} e^{-\frac{r}{S}t} = -\tfrac{1}{2} i_{av} + i_{kv} \quad (344\,b)$$

Wie hieraus ersichtlich, dienen die beiden ersten Komponenten $\frac{1}{2} i_{av}$ der vorübergehenden Ströme zur Erzeugung des im Augenblicke des Einschaltens für den stationären Zustand fehlenden magnetischen Feldes, d. h. das vorübergehende Feld. Es helfen also sowohl die sekundäre wie die primäre Wicklung mit, um das vorübergehende Feld zu erzeugen. Der Dämpfungsfaktor $\frac{r}{S+2M}$ ist eine kleine Größe, so daß es verhältnismäßig lange dauert, bevor diese vorübergehenden Magnetisierungsströme verschwinden. Bei offener Sekundärwicklung war der Dämpfungsfaktor größer, nämlich $\frac{r}{S+M} = \frac{r}{L}$. Würde man die reduzierte Sekundärwicklung mit der Primärwicklung parallel schalten, so würden diese beiden Wicklungen zusammen einen Widerstand $\frac{r}{2}$ und eine Streuinduktion $\frac{S}{2}$ haben und die Schaltung somit einen Dämpfungsfaktor $\frac{\frac{1}{2} r}{\frac{1}{2} S + M} = \frac{r}{S+2M}$, gleich dem des kurzgeschlossenen Transformators. Berücksichtigt man noch die Sättigungen des Eisens beim Einschalten und den remanenten Magnetismus, so können diese vorübergehenden Magnetisierungsströme, wie im Abschn. 154 gezeigt, sehr große Werte annehmen und sehr lange andauern. Da aber diese beiden Ströme sich gegenseitig unterstützen, so werden sie nicht so groß, wie wenn jeder allein das Eisen zu magnetisieren hätte, und außerdem rufen sie keine gefährlichen mechanischen Beanspruchungen der Transformatorspulen hervor. Im Gegenteil mildern die Magnetisierungsströme sie eher, wie wir gleich sehen werden. Der vorübergehende wirkliche Kurzschlußstrom i_{kv}, der von der Primärwicklung in die Sekundärwicklung hinübertransformiert wird und somit in den beiden Wicklungen entgegengesetzt gerichtet ist, verursacht dagegen starke mechanische Beanspruchung der Spulen.

Der letzte Strom wird schnell verschwinden, weil er, wie der stationäre Arbeitsstrom eines Transformators, scheinbar nur die beiden Impedanzzweige des äquivalenten Stromkreises durchfließt. Der Dämpfungsfaktor $\frac{r}{S}$ dieses Stromes ist viel größer als der des Magnetisierungsstromes i_{av}. Als Maß für die mechanische Beanspruchung der Transformatorspulen im Augenblicke des Kurzschlusses muß das Produkt $i_{1v} i_{2v} = i_{kv}^2 - \frac{1}{4} i_{av}^2$ in die Formeln 270 und 271 sinngemäß eingesetzt werden.

Das vorübergehende Feld eines Transformators ist stets gleichgerichtet und verschwindet nach dem folgenden Gesetze

$$\Phi_v = \Phi_{v0} e^{-a_1 t},$$

worin der Exponent für schwach gesättigte Transformatoren und $S_1 = S_2 = S$

$$a_1 = \frac{r}{S + 2M}.$$

Bei stark gesättigten Transformatoren verschwindet das vorübergehende Feld in der im Abschn. 154 angegebenen Weise auch nach einer Exponentialkurve, die zwar von der Sättigung des Eisenkernes schwach deformiert ist. Der Dämpfungsfaktor dieser Kurve ist jedoch größer als $\frac{r}{S + 2M}$ und hängt von der Zustandsänderung, d. h. von Φ_{v0} und der Sättigung des Eisenkernes ab.

Kennt man für irgendeine Belastungsänderung eines Transformators den vorübergehenden Kraftfluß

$$\Phi_v = \Phi_{v0} e^{-a_1 t},$$

so läßt sich ganz allgemein der primäre und sekundäre vorübergehende Strom wie folgt berechnen.

Es lautet die Differentialgleichung der Primärwicklung

$$0 = r_1 i_{1v} + S_1 \frac{d i_{1v}}{dt} + w \frac{d \Phi_v}{dt} 10^{-8}$$

und die des ganzen Sekundärstromkreises

$$0 = r_2 i_{2v} + S_2 \frac{d i_{2v}}{dt} + w \frac{d \Phi_v}{dt} 10^{-8},$$

deren Lösungen sind

$$i_{1v} = e^{-\frac{r_1}{S_1} t} \left[\frac{a_1 w \Phi_{v0}}{S_1} \int e^{\left(\frac{r_1}{S_1} - a_1\right) t} dt + C_1 \right],$$

also

$$i_{1v} = \frac{a_1 w \Phi_{v0}}{r_1 - a_1 S_1} e^{-a_1 t} + C_1 e^{-\frac{r_1}{S_1} t}$$

und analog

$$i_{2v} = \frac{a_1 w \Phi_{v0}}{r_2 - a_1 S_2} e^{-a_1 t} + C_2 e^{\frac{r_2}{S_2} t} .$$

Hierin ist r_2 der totale Widerstand und S_2 der totale Selbstinduktionskoeffizient des ganzen Sekundärstromkreises.

Diese Gleichungen lassen sich auch ein wenig anders schreiben, wenn der gegenseitige Induktionskoeffizient eingeführt wird. Es ist

$$(i_{1v0} + i_{2v0}) M = w \Phi_{v0} ,$$

also werden

$$i_{1v} = \frac{a_1 M}{r_1 - a_1 S_1} (i_{1v0} + i_{2v0}) e^{-a_1 t} + C_1 e^{-\frac{r_1}{S_1} t}$$

und

$$i_{2v} = \frac{a_1 M}{r_2 - a_1 S_2} (i_{1v0} + i_{2v0}) e^{-a_1 t} + C_2 e^{-\frac{r_2}{S_2} t} .$$

Um die Richtigkeit dieses Verfahrens zu kontrollieren, berechnen wir nun die vorübergehenden Kurzschlußströme, die beim plötzlichen Kurzschließen der Sekundärwicklung eines leerlaufenden Transformators entstehen. Wir führen zuerst dieselbe Vereinfachung ein wie früher, indem wir

$$a_1 = \frac{r_1}{S_1 + 2M}$$

in

$$\frac{a_1 M}{r_1 - a_1 S_1} = \frac{\frac{r_1}{S_1 + 2M} M}{r_1 - \frac{r_1}{S_1 + 2M} S_1} = \frac{r_1 M}{r_1 S_1 + 2 r_1 M - r_1 S_1} = \frac{1}{2}$$

und

$$a_1 = \frac{r_1}{S_2 + 2M}$$

in

$$\frac{a_1 M}{r_2 - a S_2} = \frac{1}{2}$$

einsetzen und erhalten für den kurzgeschlossenen Transformator

$$i_{1v} = \frac{i_{1v0} + i_{2v0}}{2} e^{-a_1 t} + C e^{-\frac{r_1}{S_1} t}$$

und

$$i_{2v} = \frac{i_{1v0} + i_{2v0}}{2} e^{-a_1 t} + C e^{-\frac{r_2}{S_2} t} .$$

Die Anfangsbedingungen für den betrachteten Fall lauten

$$t = 0 \qquad i_{1v0} = i_{1a0} - i_{1k0}$$

und

$$i_{2v0} = - i_{2k0} .$$

Diese Bedingungen in die erste Gleichung eingesetzt ergeben

$$t=0 \qquad i_{1a0}-i_{1k0}=\left(\frac{i_{1a0}}{2}-\frac{i_{1k0}+i_{2k0}}{2}\right)e^{0}+C,$$

also

$$C=\frac{i_{1a0}}{2}-\frac{i_{1k0}+i_{2k0}}{2},$$

also wird

$$i_{1v}=\left(\frac{i_{1a0}}{2}-\frac{i_{1k0}+i_{2k0}}{2}\right)e^{-a_1 t}+\left(\frac{i_{1a0}}{2}-\frac{i_{1k0}-i_{2k0}}{2}\right)e^{-\frac{r_1}{S_1}t} \quad (345\,a)$$

und analog

$$i_{2v}=\left(\frac{i_{1a0}}{2}-\frac{i_{1k0}+i_{2k0}}{2}\right)e^{-a_1 t}-\left(\frac{i_{1a0}}{2}-\frac{i_{1k0}-i_{2k0}}{2}\right)e^{-\frac{r_2}{S_2}t} \quad (345\,b)$$

Da $a_1=\frac{r}{S+2M}$ gesetzt worden ist, so muß a priori $\frac{r_1}{S_1}$ $=\frac{r_2}{S_2}=\frac{r}{S}$ sein; das erhaltene Resultat stimmt somit mit dem überein, das sich aus den früheren Gl. 339 für diesen Fall ergibt. Es ist hiermit die Richtigkeit des Verfahrens nachgewiesen.

Von Interesse ist zu bemerken, daß beim Kurzschluß eines leerlaufenden Transformators an der Sekundärseite, der sekundäre Kurzschlußstrom kurz nach dem Momente des Kurzschließens größer wird als der primäre. Das rührt daher, daß das Feld des Transformators stark reduziert wird und dadurch sowohl einen Strom in der Sekundärwicklung wie in der Primärwicklung induziert. Dieser Strom addiert sich in der Sekundärwicklung zu dem von der Primärquelle gelieferten Kurzschlußstrom, während er in der Primärwicklung sich von dem von der Primärquelle gelieferten Kurzschlußstrom subtrahiert.

Von weiterem Interesse ist es noch, die Exponenten $a_1=\alpha-\beta$ und $a_2=\alpha+\beta$ für $r_1=r_2=r$ und $S_1 \gtrless S_2$ aus den Formeln nachzurechnen; es ist für $S_2=0$

$$\left.\begin{matrix}a_1\\a_2\end{matrix}\right\}=\frac{2rM+rS_1\mp\sqrt{(rS_1)^2+4r^2M^2}}{2S_1M}\cong\left\{\begin{matrix}\frac{r}{2M}\\[4pt]\frac{2r}{S_1}\end{matrix}\right. \quad (346\,a)$$

und analog für $S_1=0$

$$\left.\begin{matrix}a_1\\a_2\end{matrix}\right\}=\left\{\begin{matrix}\frac{r}{2M}\\[4pt]\frac{2r}{S_2}\end{matrix}\right. \quad \ldots\ldots\ldots \quad (346\,b)$$

Es zeigt sich, daß allgemein

$$a_1 = \alpha - \beta \leq \frac{r}{2M} = \frac{r_1 + r_2}{4M}$$

und

$$a_2 = \alpha + \beta \simeq \frac{2r}{S_1 + S_2} = \frac{r_1 + r_2}{S_1 + S_2}$$

gesetzt werden können. — Ferner sieht man durch Betrachtung der vier Integrationskonstanten A_1, A_2, A_1' und A_2', daß für $r_1 = r_2 = r$ A_1 und A_2' wachsen, während A_2 und A_1' abnehmen, wenn $S_1 > S_2$ und umgekehrt.

Aus dem Obenstehenden ist leicht ersichtlich, wie der Einfluß von Transformatoren auf vorübergehende Ströme berücksichtigt werden können, wenn die Transformatoren in Serie mit Leitungen oder anderen elektrischen Apparaten geschaltet sind. Sind die Transformatoren wenig gesättigt, so können die vorübergehenden Magnetisierungsströme vernachlässigt werden und der äquivalente Stromkreis des Transformators geht in eine Impedanz mit dem Widerstande $(r_1 + r_2)$ und mit der Selbstinduktion $(S_1 + S_2)$ über, die in Serie mit den betrachteten Leitungen liegt. Langsame elektrische Schwingungen, die in langen Arbeitsübertragungsleitungen hin und her wogen, passieren somit in der Leitung eingeschaltete Transformatoren, ohne wesentlich in ihrem Charakter geändert zu werden. Dies gilt jedoch nur so lange, als der Magnetismus des Eisens imstande ist, den schnellen Spannungsschwankungen zu folgen und so lange die in den Transformatoren gleichmäßig verteilten Kapazitäten nicht die Schwingungen beeinflussen. Der Einfluß dieser Kapazität wird später im Abschn. 168 behandelt.

b) Als zweites Beispiel sollen die Stromstöße beim Einschalten eines kurzgeschlossenen Mehrphasen-Induktionsmotors ermittelt werden. Steht der Motor still, wenn er eingeschaltet wird, so gelten genau dieselben Formeln wie beim stationären Transformator; nur ist zu berücksichtigen, daß die verschiedenen Statorphasen in verschiedenen Phasenstellungen eingeschaltet werden; die beiden Phasen eines Zweiphasenmotors beeinflussen hierbei nicht einander, weil die Wicklungen räumlich 90° gegeneinander verschoben sind.

Wird der Rotor dagegen, wie es bei großen Motoren oft geschieht, auf nahezu normale Tourenzahl gebracht, bevor der Motor eingeschaltet wird, so weichen die sich hier abspielenden Vorgänge etwas von denen beim stationären Transformator ab. Ist der Motor zweiphasig gewickelt, so erzeugt im stationären Zustande jede der beiden Statorphasen ein Wechselfeld; das eine davon ist zeitlich und räumlich 90° gegen das andere verschoben. Rotiert der Rotor in diesen beiden Feldern, so wird in dem Augenblicke, wenn eine Rotorphase gegenüber der ersten Statorphase (I) liegt, eine EMK E_2 in dieser Rotorphase durch die zeitliche Pulsation des Wechselfeldes Φ_I der ersten Statorphase induziert. Außerdem wird in der betrachteten Rotorphase gleichzeitig eine EMK $(1 - s) E_2$ induziert, die von dem Schneiden der Windungen dieser Rotorphase mit dem Felde Φ_{II} der zweiten Statorphase (II) herrührt. Diese letzte EMK, die durch Rotation der Wicklung in dem Felde Φ_{II} induziert wird, ist in Phase mit diesem Felde und somit auch in Phase oder richtiger gesagt in Opposition zu der vom Felde Φ_I durch Pulsation induzierten EMK. Die in der betrachteten Rotorphase induzierte resultierende EMK ist somit $E_2 s$. Dies ist dasselbe Resultat, zu dem wir S. 135 kamen; denn die in einer Rotorphase von einem Drehfelde induzierte EMK ist proportional der Schlüpfung s; das Drehfeld wird in diesem Falle von den beiden gleich großen Feldern Φ_I und Φ_{II} gebildet.

Im Augenblicke des Einschaltens der zweiphasigen Statorwicklung sind die beiden Felder Φ_I und Φ_{II} nicht vorhanden. Wir haben aber im Abschn. 154 gesehen, daß, wenn eine Statorphase im Momente ihres Spannungsmaximums eingeschaltet wird, so wird diese Phase ohne Stromstoß ganz vom Anfang an das normale Feld erzeugen. Die zweite Phase dagegen, die im Momente des Spannungswertes Null eingeschaltet wird, nimmt einen großen Stromstoß auf und ist trotzdem nicht imstande, das stationäre sinusförmige Wechselfeld sofort zu erzeugen, sondern erzeugt während der ersten Sekunden nach dem Einschalten ein deformiertes Feld. Es lagert sich nämlich, wie im Abschn. 154 gezeigt, ein stillstehendes gleichgerichtetes Feld über das Wechselfeld der Phase II; am Anfang schwankt das Feld der Phase II deswegen zwischen Null und dem zweifachen seines normalen Wertes. Das resultierende Feld des Zweiphasenmotors kurz nach dem Einschalten setzt sich somit aus einem Drehfelde und einem stillstehenden gleichgerichteten Feld zusammen, welches letztere sich über das Drehfeld lagert. Wenn nun die kurzgeschlossenen Rotorwicklungen in diesen beiden Feldern rotieren, so induziert das Drehfeld eine EMK $E_2 s$, die einen der Schlüpfung s entsprechenden normalen Arbeitsstrom in den Rotorphasen erzeugt, der wieder einen kompensierenden Statorstrom zur Folge hat. Außerdem wird in den Rotorphasen vom gleichgerichteten Felde EMKe der Periodenzahl $(1 - s) c$ entsprechend der Geschwindigkeit des Rotors induziert. Nehmen wir vorerst synchronen Gang des Rotors an, d. h. die Schlüpfung $s = 0$, so wird im Rotor nur eine EMK vom stillstehenden Felde induziert, die von der normalen Periodenzahl c der stationären Statorströme ist. Es werden somit Ströme der gleichen Periodenzahl in den Rotorphasen fließen, und diese Rotorströme zwingen die Statorphasen, entsprechende Ströme zur Kompensation der Rotoramperewindungen aufzunehmen. — Wir ermitteln zuerst die Rotorströme, und zwar geschieht dies am besten wie beim Transformator, indem wir von dem vorübergehenden Kraftfluß Φ_v ausgehen. Dieser stillstehende Fluß

$$\Phi_v = -\Phi e^{-a_1 t}$$

induziert in den synchron rotierenden Rotorwicklungen die EMK

$$-\frac{w d[\Phi_v \cos(\omega t + \psi)]}{dt} 10^{-8},$$

worin ψ den Winkel der betreffenden Rotorphase mit der Achsenrichtung des stillstehenden Feldes im Momente des Einschaltens bedeutet. Es lautet somit die Differentialgleichung dieser Rotorphase

$$0 = i'_{2v} r_2 + S_2 \frac{d i'_{2v}}{dt} + w \frac{d \Phi_v \cos(\omega t + \psi)}{dt} 10^{-8}$$

oder

$$0 = i'_{2v} r_2 + S_2 \frac{d i'_{2v}}{dt} + w a_1 \Phi 10^{-8} e^{-a_1 t} \cos(\omega t + \psi) + w \omega \Phi 10^{-8} e^{-a_1 t} \sin(\omega t + \psi)$$

$$0 = i'_{2v} r_2 + S_2 \frac{d i'_{2v}}{dt} + w \Phi 10^{-8} \sqrt{a_1^2 + \omega^2}\, e^{-a_1 t} \sin\left(\omega t + \psi + \operatorname{arctg} \frac{a_1}{\omega}\right).$$

Die Lösung dieser linearen Differentiagleichung erster Ordnung lautet

$$i'_{2v} = -e^{-\frac{r_2}{S_2} t} \int \frac{w \Phi 10^{-8}}{S_2} \sqrt{a_1^2 + \omega^2}\, e^{\left(\frac{r_2}{S_2} - a_1\right) t} \sin\left(\omega t + \psi + \operatorname{arctg} \frac{a_1}{\omega}\right) dt + C e^{-\frac{r_2}{S_2} t}$$

$$= -\frac{w \Phi 10^{-8}}{S_2} \sqrt{a_1^2 + \omega^2}\, e^{-a_1 t} \frac{\sin\left(\omega t + \psi + \operatorname{arctg} \frac{a_1}{\omega} - \operatorname{arctg} \frac{\omega}{\frac{r_2}{S_2} - a_1}\right)}{\sqrt{\left(\frac{r_2}{S_2} - a_1\right)^2 + \omega^2}} + C e^{-\frac{r_2}{S_2} t}$$

worin C eine Integrationskonstante ist. Betrachten wir nun $\operatorname{arctg} \frac{a_1}{\omega}$, so sieht man leicht ein, daß dieser Winkel verschwindend klein ist, weil a_1 gegen ω sehr klein ist. Was dem

$$\operatorname{arctg} \frac{\omega}{\frac{r_2}{S_2} - a_1} = \operatorname{arctg} \frac{\omega S_2}{r_2 - a_1 S_2} \cong \operatorname{arctg} \frac{\omega S_2}{r_2}$$

anbetrifft, so ist dieser Winkel nahezu gleich dem Winkel ψ_2, um den ein Kurzschlußstrom im Rotor der induzierten EMK nacheilt. Setzen wir ferner

$$w \Phi 10^{-8} \frac{\sqrt{a_1^2 + \omega^2}}{S_2 \sqrt{\left(\frac{r_2}{S_2} - a_1\right)^2 + \omega^2}} \simeq \frac{\omega w \Phi 10^{-8}}{\sqrt{r_2 + \omega^2 S_2^2}} = \frac{E_{2\,max}}{z_2} = J_{2\,k\,max},$$

so ergibt sich der folgende Ausdruck für den vorübergehenden Strom einer Rotorphase bei Synchronismus

$$i'_{2v} = - J_{2\,k\,max}\, e^{-a_1 t} \sin(\omega t + \psi - \psi_2) + C\, e^{-\frac{r_2}{S_2} t}.$$

Da zur Zeit $t = 0$ $i'_{2v} = 0$, so wird $C = J_{2\,k\,max} \sin(\psi - \psi_2)$ und schließlich

$$i'_{2v} = - J_{2\,k\,max}\, e^{-a_1 t} \sin(\omega t + \psi - \psi_2) + J_{2\,k\,max}\, e^{-\frac{r_2}{S_2} t} \sin(\psi - \psi_2) \quad (347)$$

In einer Statorphase induziert der vorübergehende Kraftfluß Φ_v die EMK

$$- \frac{w\, d\Phi_v}{dt} = - w a_1 \Phi\, e^{-a_1 t}$$

und es lautet die Differentialgleichung der Statorphase

$$0 = i'_{1v} r_1 + S_1 \frac{di'_{1v}}{dt} + \frac{w\, d\Phi_v}{dt}$$

oder

$$0 = i'_{1v} r_1 + S_1 \frac{di'_{1v}}{dt} + w a_1 \Phi e^{-a_1 t}.$$

Wie bei den Transformatoren erhalten wir hier dieselbe Lösung

$$i'_{1v} = \frac{a_1 M}{r_1 - a_1 S_1} (i_{1v0} + i_{2v0})\, e^{-a_1 t} + C e^{-\frac{r_1}{S_1} t}.$$

Da zur Zeit $t = 0$ $i_{2v0} = 0$ und i_{1v0} gleich dem Magnetisierungsstrom $- i_{a0}$ ist, so wird

$$- i_{a0} = - \frac{a_1 M}{r_1 - a_1 S_1} i_{a0} + C.$$

Machen wir hier die gleiche vereinfachende Annahme wie bei den stationären Transformatoren $S_1 = S_2 = S$ und $r_1 = r_2 = r$, so wird

$$\frac{a_1 M}{r_1 - a_1 S_1} = \frac{1}{2}$$

und $$C = -\tfrac{1}{2} i_{a0};$$

also erhalten wir als erster Ausdruck für den vorübergehenden Statorstrom

$$i_{1v}' = -\frac{i_{a0}}{2} e^{-a_1 t} - \frac{i_{a0}}{2} e^{-\frac{r_1}{s_1} t}.$$

Dieser reicht jedoch nicht aus; denn der Rotorstrom bedingt im Stator einen gleich großen Kompensationsstrom, damit das vorübergehende Feld nicht plötzlich, sondern nach der angenommenen Exponentialkurve verschwinden kann. Andererseits wird ein Teil des vorübergehenden Magnetisierungsstromes von der Statorwicklung in die Rotorwicklung übertransformiert, ganz wie es beim stationären Transformator der Fall ist. Von den beiden Rotorkomponenten ist $J_{2\,k\,max} \sin(\psi - \psi_2) e^{-\frac{r_2}{s_2} t}$ gleichgerichtet, und da der Rotor synchron läuft, so bedingt diese Rotorkomponente einen Strom in der zur Zeit $t = 0$ gegenüberliegenden Statorphase von

$$i_{1v}'' = -J_{2\,k\,max} e^{-\frac{r_2}{s_2} t} \sin(\omega t + \psi - \psi_2).$$

Die zweite Rotorkomponente

$$-J_{2\,k\,max} e^{-a_1 t} \sin(\omega t + \psi - \psi_2),$$

die mit der normalen Periodenzahl c variiert, wirkt auf den Stator in gleicher Weise zurück, wie der Ankerstrom eines Wechselstromgenerators auf das Magnetfeld. Es wird deswegen der kompensierende Statorstrom

$$i_{1v}''' = +J_{2\,k\,max} e^{-a_1 t} \sin(\psi - \psi_2),$$

der auch in der zur Zeit $t = 0$ der Rotorphase gegenüberliegenden Statorphase fließen muß. Es ergibt sich nun der totale vorübergehende Strom in einer Statorphase zu

$$i_{1v} = i_{1v}' + i_{1v}'' + i_{1v}''',$$

also

$$i_{1v} = -\frac{i_{a0}}{2} e^{-a_1 t} - \frac{i_{a0}}{2} e^{-\frac{r_1}{s_1} t} + J_{2\,k\,max} e^{-a_1 t} \sin(\psi - \psi_2)$$
$$- J_{2\,k\,max} e^{-\frac{r_2}{s_2} t} \sin(\omega t + \psi - \psi_2) \quad \ldots\ldots \quad (348\text{a})$$

und in der zur Zeit $t = 0$ gegenüberliegenden Rotorphase wird der entsprechende Strom i_{2v} fließen

$$i_{2v} = \left(-\frac{i_{a0}}{2} e^{-a_1 t} + \frac{i_{a0}}{2} e^{-\frac{r_1}{s_1} t}\right) \sin \omega t - J_{2\,k\,max} e^{-a_1 t} \sin(\omega t + \psi - \psi_2)$$
$$+ J_{2\,k\,max} e^{-\frac{r_2}{s_2} t} \sin(\psi - \psi_2) \quad \ldots\ldots \quad (348\text{b})$$

Hierin stellt $i_{a0} e^{-a_1 t}$ den vorübergehenden Magnetisierungsstrom des Motors dar.

Für kleine Eisensättigungen im Motor läßt dieser sich als Momentanwert des stationären Magnetisierungsstromes $J_{a0\,max} = \frac{w\Phi}{M}$ bestimmen. Für große Sättigungen erhält man jedoch nur genaue Werte für den vorübergehenden Magnetisierungsstrom, wenn man nach den im Abschn. 154 angegebenen Verfahren die Stromkurve Punkt für Punkt berechnet.

J_{2k} ist nicht der normale Kurzschlußstrom des Induktionsmotors, sondern fast doppelt so groß. J_{2k} ist der Kurzschlußstrom des Rotors, wenn dieser als Generator arbeitet und die Statorwicklung mittels Gleichstrom so stark erregt wird, daß das der Geschwindigkeit (oder Schlüpfung) des Rotors entsprechende normale Feld erzeugt wird. Es ist

$$J_{2k\,max} = \frac{\omega w \Phi}{\sqrt{r_2^2 + \omega^2 S_2^2}} \quad \ldots \ldots \quad (348\,c)$$

worin Φ der normale maximale Kraftfluß für die betreffende Schlüpfung, also hier für $s = 0$. Wie aus der Formel für i_{1v} ersichtlich, treten in beiden Phasen des Zweiphasenmotors kolossal große Stromstöße auf. In der Phase, für die $\psi = 0$ und also $p_1 = P_{max} \sin \omega t$ ist, tritt der Stromstoß sehr lange auf. In der anderen Phase, für die $\psi = -\frac{\pi}{2}$ und also $p_2 = P_{max} \cos \omega t$ ist, verschwindet der Stromstoß sehr bald, weil der Dämpfungsfaktor $\frac{r_2}{S_2}$ verhältnismäßig groß ist. Wir sehen somit, daß der Stromstoß am längsten in der Phase andauert, deren Spannung im Momente des Einschaltens durch Null geht.

Für die Berechnung der mechanischen Beanspruchung der Stator- und Rotorwicklungen muß J_{2k}^2 zugrunde gelegt werden, und da J_{2k} fast doppelt so groß als der normale Kurzschlußstrom ist, so wird die mechanische Beanspruchung der Wicklungen nahezu viermal größer, wenn der Motor bei rotierendem Rotor anstatt bei stillstehendem Rotor eingeschaltet wird.

Läuft der Rotor im Augenblicke des Einschaltens nicht synchron, sondern schlüpft er einige Prozent, so wird der Stromstoß J_{2k} fast gleichgroß werden; denn der Kurzschlußstrom des Rotors ändert sich nicht viel mit kleinen Änderungen der Tourenzahl, solange der Kraftfluß Φ konstant bleibt. Dies ist der Fall bis ca. 10% Schlüpfung. Von dort nimmt Φ schnell ab und sinkt bei Stillstand auf die Hälfte des bei Synchronismus normalen Wertes. Da aber bei Stillstand $\omega = 0$ wird für die in den Rotorphasen von dem vorübergehenden Felde induzierten EMKe, so wird der Kurzschlußstrom J_{2k} hier gleich Null. Bei asynchronem Laufe des Rotors tritt beim Einschalten des Motors außer dem Magnetisierungsstromstoß und dem Kurzschlußstromstoß noch ein Belastungsstromstoß auf, der in Stärke von der Schlüpfung des Rotors im Momente des Einschaltens abhängt. Dieser letzte Stromstoß muß von der allgemeinen Gleichung des vorübergehenden Stromes wie beim stationären Transformator berücksichtigt werden. Führen wir diesen in die obige Gleichung für i_{1v} ein und setzen außerdem $r_1 = r_2 = r$, $S_1 = S_2 = S$ und $a_1 = \frac{r}{S + 2M}$, so ergibt sich der folgende Ausdruck für den vorübergehenden Strom in einer Statorphase eines Mehrphasenmotors, wenn derselbe bei irgendeiner Geschwindigkeit und mit kurzgeschlossener Rotorwicklung zur Zeit $t = 0$ eingeschaltet wird:

$$i_{1v} = -\frac{i_{10} + i_{20}}{2} e^{-\frac{r}{S+2M}t} - \frac{i_{10} - i_{20}}{2} e^{-\frac{r}{S}t}$$

$$+ J_{2k\,max} e^{-\frac{r}{S+2M}t} \sin(\psi - \psi_2) - J_{2k\,max} e^{-\frac{r}{S}t} \sin(\omega_r t + \psi - \psi_2) \qquad (349\,a)$$

worin ω_r die der jeweiligen Umdrehungszahl des Rotors entsprechende Winkelgeschwindigkeit bedeutet.

In der Rotorphase, die jeweils der betrachteten Statorphase gegenüberliegt, erhält man den vorübergehenden Strom

$$i_{2v} = -\frac{i_{10} + i_{20}}{2} e^{-\frac{r}{S+2M}t} + \frac{i_{10} - i_{20}}{2} e^{-\frac{r}{S}t}$$

$$- J_{2k\,max} e^{-\frac{r}{S+2M}t} \sin(\psi - \psi_2) + J_{2k\,max} e^{-\frac{r}{S}t} \sin(\omega t + \psi - \psi_2) \qquad (349\,b)$$

wobei zu bemerken ist, daß i_{2v} auf der stillstehenden Statorwicklung reduziert ist. Es ist J_{2k} in der oben beschriebenen Weise zu berechnen. i_{10} und i_{20} sind die Momentanwerte des Stator- resp. Rotorstromes, die bei stationärem Betriebe und der gegebenen Schlüpfung des Rotors zur Zeit $t = 0$ auftreten würden.

Bei Stillstand wird $J_{2k\,max} = 0$, $i_{10} = i_{1k0}$ und $i_{20} = i_{2k0}$, also

$$i_{1v} = -\frac{i_{1k0} + i_{2k0}}{2} e^{-\frac{r}{S+2M}t} - \frac{i_{1k0} - i_{2k0}}{2} e^{-\frac{r}{S}t}$$

und

$$i_{2v} = -\frac{i_{1k0} + i_{2k0}}{2} e^{-\frac{r}{S+2M}t} + \frac{i_{1k0} - i_{2k0}}{2} e^{-\frac{r}{S}t},$$

welche Formeln mit denen für die vorübergehenden Ströme übereinstimmen, die bei der Einschaltung eines an den Sekundärklemmen kurzgeschlossenen Transformators entstehen. Bei Stillstand wird der Stromstoß also gleichgroß wie der stationäre Kurzschlußstrom und daher nur halb so groß als bei Synchronismus. Es ist deswegen von größter Bedeutung, daß die Wicklungen von kurzgeschlossenen Induktionsmotoren mechanisch stark befestigt werden, besonders wenn dieselben bei nahezu synchron laufendem Rotor eingeschaltet werden. Dies gilt natürlich hauptsächlich für große raschlaufende Motoren.

Wird bei Spannung auf dem Stator, offener Rotorwicklung und nahezu synchron laufendem Rotor die Rotorwicklung plötzlich kurzgeschlossen, so erhalten wir erstens einen Magnetisierungs- und Belastungsstromstoß von demselben Charakter wie beim stationären Transformator. Außerdem erhält man bei plötzlicher Änderung des Hauptkraftflusses Φ im Motor ein vorübergehendes Feld, das sowohl in der Stator- wie in der Rotorwicklung einen Kurzschlußstrom zur Folge hat; dieser ist proportional der Kraftflußvariation $\Delta\Phi$.

c) Als drittes Beispiel soll das Ansteigen und Verschwinden des Magnetismus in massiven Eisenkernen unter Berücksichtigung des dämpfenden Einflusses von den induzierten Wirbelströmen betrachtet werden. — Dieses Problem ist eines der gegenseitigen Induktionen und gehört somit seiner Natur nach unter die Erscheinungen des allgemeinen Transformators, obgleich es eine spezielle Behandlung erfordert. Wir betrachten zuerst eine lange massive Eisenstange vom Durchmesser d, dessen beide Enden durch ein lamelliertes Joch von großem Querschnitte magnetisch widerstandsfrei verbunden sind. Wird eine derartige Stange plötzlich mittels eines Gleichstromes magnetisiert, der durch große vorgeschaltete Widerstände ganz konstant gehalten werden kann, so stellt sich im Momente des Einschaltens des Gleichstromes eine konstante magnetisierende Kraft H ein; diese wird jedoch durch die Rückwirkung der im massiven Eisen induzierten Wirbelströme verhindert, im Inneren des Eisens den vollen Kraftfluß hervorzubringen; nur an der Oberfläche der Eisenstange stellt sich gleich die Induktion $B = \mu H$ ein.

Die Induktion pflanzt sich allmählich weiter in das Innere fort und erreicht nach einigen Sekunden hier auch den vollen Wert.

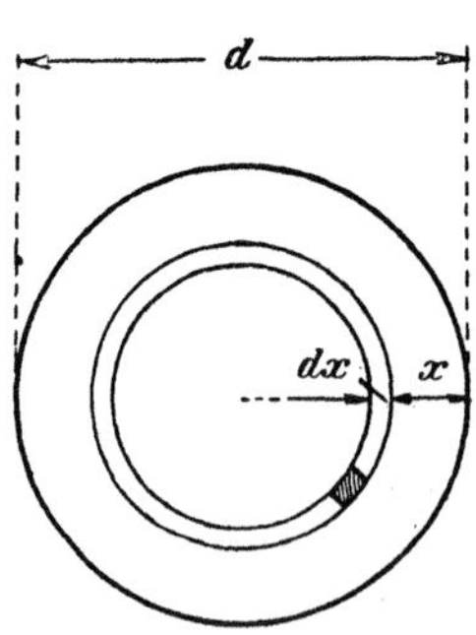

Fig. 495.

Für diese in Zeit und Raum fortschreitende Magnetisierung stellen wir nun die Differentialgleichung auf. Fig. 495 zeigt den Querschnitt des Stabes. Im Kreise vom Radius $\frac{d}{2} - (x + dx)$ wird eine Induktion erzeugt, die um dB_x kleiner ist als die im Kreise vom Radius $\frac{d}{2} - x$; es ist

$$dB_x = -0{,}4\pi\mu i_x,$$

worin i_x den elektrischen Strom pro axielle

Längeneinheit des dx cm dicken Ringes bedeutet. Wird im Ringe eine EMK e_x pro Längeneinheit des Umfanges induziert, so ist

$$i_x = \frac{e_x dx}{\varrho},$$

worin ϱ den elektrischen Widerstand des Eisens pro $\frac{\text{cm}}{\text{cm}^2}$ angibt. Es ist somit

$$dB_x = -0{,}4\,\pi\mu e_x dx$$

oder

$$\frac{dB_x}{dx} = -0{,}4\,\pi\mu e_x.$$

Um e_x zu bestimmen, betrachten wir das kleine Rechteck von der Stärke dx und der Länge eines Zentimeters. Längs der äußeren Seite dieses Rechteckes wird eine EMK $\frac{de_x}{dx}dx$ größer als längs der Innenseite desselben induziert. Diese Zunahme der EMK ist auch gleich der zeitlichen Kraftflußvariation in dem kleinen Rechtecke, die gleich $\frac{dB_x}{dt}dx$ ist. Es wird somit

$$\frac{de_x}{dx} = -\frac{dB_x}{dt}10^{-8}.$$

Nach Differentiation der obigen Gleichung nach x und Einsetzung dieses Ausdruckes erhält man

$$\frac{d^2B_x}{dx^2} = 0{,}4\,\pi\frac{\mu}{\varrho}10^{-8}\frac{dB_x}{dt} \quad \ldots\ldots \quad (350)$$

die eine partielle Differentialgleichung in B_x darstellt. Wie eine solche gelöst wird, soll im nächsten Kapitel eingehend erläutert werden. Die allgemeine Lösung der vorliegenden Gleichung lautet

$$B_x = e^{-\alpha t}(C\cos\beta x + D\sin\beta x) \quad \ldots\ldots \quad (351)$$

worin C und D zwei Integrationskonstanten sind, und

$$\alpha = \frac{4\pi\mu}{10^9\varrho}\beta^2.$$

Zur Bestimmung der drei Konstanten β, C und D werden die Grenzbedingungen herangezogen. Indem wir nur den vorübergehenden Teil der Induktion B_x bestimmen werden, so lauten die Grenzbedingungen:

1. für alle Zeiten ist $B_x = 0$ für $x = 0$,
2. zur Zeit $t = 0$ ist $B_x = -B$ für $x = \frac{d}{2}$,

und 3. zur Zeit $t = 0$ ist $B_x = -B$ für alle x, außer $x = 0$.

Aus der ersten Bedingung folgt, daß die Konstante $C=0$ sein muß. Aus der zweiten Bedingung und Symmetrierücksichten folgt, daß $\sin\beta\frac{d}{2}$ ein Maximum, d. h. gleich Eins sein muß, woraus folgt

$$\beta\frac{d}{2}=\frac{\pi}{2},\quad\frac{3\pi}{2},\quad\frac{5\pi}{2},\ldots$$

oder

$$\beta d=\pi,\quad 3\pi,\quad 5\pi,\ldots$$

Dies führt uns auf eine Fouriersche Reihe; es ist

$$B_x=\sum_n e^{-\alpha n^2 t}D_n\sin\left(n\pi\frac{x}{d}\right),$$

worin

$$\alpha=\frac{4\pi\mu}{10^9\varrho}\left(\frac{\pi}{d}\right)^2=\frac{4\pi^3\mu}{10^9\varrho d^2}\,.\quad\ldots\ldots\quad(352)$$

Dieses Resultat war ja zu erwarten, und wir haben somit zur Zeit $t=0$ die vorübergehende Induktion

$$B_{x0}=\sum_n D_n\sin\left(n\pi\frac{x}{d}\right)$$

in einer Sinusreihe zu entwickeln. Infolge der dritten Grenzbedingung ist $B_{x0}=-B$ für alle x.

Diese läßt sich nach dem S. 223 angegebenen Verfahren in Sinuskurven mit den Amplituden $-\frac{4B}{n\pi}$ zerlegen, worin n eine ganze ungerade Zahl sein muß. Es ist somit die vorübergehende Induktion zur Zeit $t=0$

$$B_{x0}=-\frac{4B}{\pi}\left(\frac{\sin\pi\frac{x}{d}}{1}+\frac{\sin 3\pi\frac{x}{d}}{3}+\frac{\sin 5\pi\frac{x}{d}}{5}+\ldots\right)$$

und zur Zeit t

$$B_x=-\frac{4B}{\pi}\left(\frac{\sin\pi\frac{x}{d}}{1}e^{-\alpha t}+\frac{\sin 3\pi\frac{x}{d}}{3}e^{-9\alpha t}+\frac{\sin 5\pi\frac{x}{d}}{5}e^{-25\alpha t}+\ldots\right)\quad(353)$$

In Fig. 496 ist gezeigt, wie diese Induktion sich mit der Zeit in einem 22,5 cm dicken Eisenkern ausbreitet. Aus der Formel geht deutlich hervor, daß die Oberschwingungen am schnellsten verschwinden. Zur Zeit T_1 ist der Mittelwert gleich $\left(\frac{4}{\pi}-\frac{8}{\pi^2}\right)$ des Maximalwertes der Grundschwingung auf 1 % der konstanten Induktion B reduziert, wenn

$$\left(\frac{4}{\pi}-\frac{8}{\pi^2}\right)\frac{4}{\pi}e^{-\frac{4\pi^3\mu}{10^9\varrho d^2}T_1}=\frac{1}{100}$$

oder

$$e^{\frac{4\pi^3\mu}{10^9\varrho d^2}T_1} = \left(\frac{4}{\pi} - \frac{8}{\pi^2}\right)\frac{400}{\pi} = 58,5\,,$$

woraus folgt

$$T_1 = \frac{10^9\varrho d^2}{4\pi^3\mu}\ln 58,5\,.$$

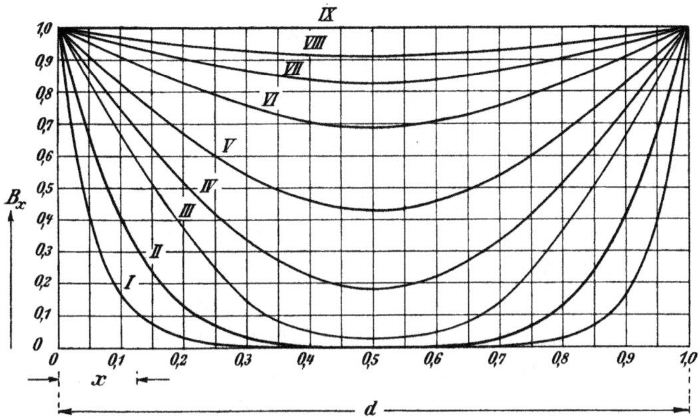

Fig. 496. Ansteigen der Induktion in einem runden Eisenkern bei konstanter Magnetisierung.

Für $\varrho = 10^{-5}$ und $\mu = 2000$ wird die Zeit

$$T_1 = \frac{10^9\,10^{-5}d^2}{4\,\pi^3 2000}\,4{,}07 = 0{,}164\,d^2,$$

die nötig ist, damit der Mittelwert der Grundschwingung sich auf ein Prozent der konstanten Induktion in einer runden Eisenstange reduziert. In der Formel ist der Durchmesser d in cm einzusetzen. Ist die Eisenstange von rechteckigem Querschnitt mit der kleinsten Dicke d, so wird

$$T_1 = \frac{10^9\,10^{-5}d^2}{4\pi^3\,2000}\cdot\ln\left(\frac{2}{\pi}\cdot\frac{400}{\pi}\right) = 0{,}177\,d^2.$$

Für die Zeit T_p, nach der der Mittelwert der Grundschwingung auf $p\,^0/_0$ des konstanten Wertes reduziert wird, erhält man für kleine Werte von p

$$T_p = 0{,}185\,(0{,}884 - 0{,}5\log p)d^2 \text{ für runde}$$

und

$$T_p = 0{,}185\,(0{,}954 - 0{,}5\log p)\,d^2 \text{ für rechteckige Eisenkerne.}$$

Für

$$p\,^0/_0 = 30\,^0/_0 \quad\text{wird}\quad T_{30} = 0{,}027\,d^2 \quad\text{resp.}\quad T_{30} = 0{,}040\,d^2$$

und für

$$p = 10\,^0/_0 \quad\text{wird}\quad T_{10} = 0{,}071\,d^2 \quad\text{resp.}\quad T_{10} = 0{,}084\,d^2.$$

Gehen wir nun zu den Vorgängen in elektrischen Maschinen über, deren Magnetkerne aus massivem Material bestehen, so wird hier die berechnete Zeit T_p dadurch beträchtlich reduziert, daß die Feldamperewindungen, die verbraucht werden, um den Kraftfluß durch die Magnetkerne zu treiben, nur einen kleinen Teil der totalen Feldamperewindungen ausmachen. Wenn also der Kraftfluß durch die Rückwirkung der in den massiven Polen reduzierten Wirbelströme nicht schnell genug entstehen kann, so werfen sich alle Feldamperewindungen auf den massiven Teil des magnetischen Kreises, um den dämpfenden Einfluß der Wirbelströme zu vernichten. Kurz nach dem Einschalten wird deswegen die Induktion an der Oberfläche der Magnetkerne bedeutend größer als die mittlere konstante Induktion, was natürlich zur Folge hat, daß die vorübergehende Induktion etwas schneller verschwindet.

Es ist noch die Rückwirkung der Wirbelströme auf den Magnetisierungsstromkreis der Maschine kurz nach dem Einschalten zu untersuchen. Bei dem durch das lamellierte Joch und den massiven Eisenstab geschlossenen magnetischen Kreis nahmen wir an, daß dem magnetisierenden Gleichstrom ein so großer Widerstand vorgeschaltet war, daß er sofort nach dem Einschalten auf seinen konstanten Wert anstieg. Dies trifft nicht bei elektrischen Maschinen zu, weil das viel zu große, energievergeudende Widerstände erfordern würde. Hier steigt der Magnetisierungsstrom nicht momentan, sondern langsam an. Es sollte somit die Zeit T_p aus diesem Grunde länger ausfallen als die Rechnung ergibt. Aber aus dem oben angegebenen Grunde sollte die Zeit T_p andererseits kleiner ausfallen als berechnet, so daß die Formel doch einen zu hohen anstatt einen zu niedrigen Wert für T_p ergibt.

Um noch den vorübergehenden Strom beim Einschalten eines Magnetstromkreises angenähert zu berechnen, verfährt man am besten wie folgt. — Bei dem allgemeinen Transformator erhalten wir vorübergehende Ströme von dem Charakter

$$i_v = A_1 e^{-a_1 t} + A_2 e^{-a_2 t},$$

worin die Exponenten a_1 und a_2 sehr verschiedene Werte annehmen können. Bei den massiven Magnetkernen bilden die vielen Strombahnen im Magneteisen viele sekundäre Kreise zu dem primären Magnetstromkreis. Der auf den Magnetstromkreis reduzierte Widerstand r_2 der Wirbelstromkreise liegt fast immer zwischen dem vollen und dem doppelten Wert des Widerstandes r_1 der Magnetwicklung. Der auf dem Magnetstromkreis reduzierte Streuinduktionskoeffizient der Wirbelströme ist sehr hoch; er ist viel größer als der Koeffizient der gegenseitigen Induktion, weil die Streulinien der Wirbelströme nur im Eisen verlaufen, während im magnetischen Kreise des Hauptkraftflusses zwei Luftspalten eingeschaltet sind. Setzen wir beispielsweise in den Formeln 340 für a_1 und a_2 den Widerstand

$$r_2 = r_1 = r_m, \quad S_1 = 0{,}2\,M \quad \text{und} \quad S_2 = 20\,M,$$

so werden

$$\left.\begin{matrix} a_1 \\ a_2 \end{matrix}\right\} = \frac{r \cdot 22{,}2\,M \mp r\sqrt{(19{,}8\,M)^2 + M^2}}{2\,(1{,}2 \cdot 21\,M^2 - M^2)} = \frac{(22{,}2 \mp 19{,}81)\,r}{48{,}4\,M}$$

also

$$a_1 = \frac{r}{1{,}15\,M} \cong \frac{r}{S_1 + M} = \frac{r}{L}$$

und

$$a_2 = \frac{r}{20\,M} = \frac{r}{S_2}.$$

Die Konstanten A_1 und A_2 ergeben sich aus den Formeln 341, in denen $i_{1k0} = i_m$ und $i_{2k0} = 0$ zu setzen ist.

$$A_1 = -\frac{1{,}2\,Mr - 21\,Mr + 19{,}81\,Mr}{2 \cdot 19{,}81\,Mr}\, i_m \cong 0$$

und

$$A_2 = -\frac{21\,Mr - 1{,}2\,Mr + 19{,}81\,Mr}{2 \cdot 19{,}81\,Mr}\, i_m \cong -\,i_m.$$

Hieraus geht deutlich hervor, daß von den zwei Komponenten des vorübergehenden Magnetisierungsstromes die eine sehr klein ist und nach einer Exponentialkurve verschwindet, die hauptsächlich von den Eigenschaften (S_2) der Wirbelstromkreise abhängt. Die zweite Komponente fängt mit einem Werte an, der dem vollen Magnetisierungsstrom fast gleich kommt und mit einer Geschwindigkeit verschwindet, die von den Wirbelströmen in den massiven Polen fast unabhängig ist. Der vorübergehende Magnetisierungsstrom eines Magnetfeldes kann also stets mit großer Annäherung wie folgt geschrieben werden

$$i_v \cong -\,i_m e^{-\frac{r}{L}t},$$

selbst ob die Magnetpolen aus massivem Eisen bestehen. Hier soll jedoch bemerkt werden, daß der Selbstinduktionskoeffizient bei gesättigten Maschinen, d. h. bei solchen mit gekrümmter Magnetisierungskurve, keine konstante Größe ist, sondern mit zunehmender Sättigung abnimmt. Der Selbstinduktionskoeffizient läßt sich unter Einführung des Kraftflusses wie folgt schreiben:

$$L = \frac{iL}{i} = \frac{i w_m^2}{i R_m} 10^{-8} = \frac{w_m \Phi}{10^8 i}.$$

Es ist somit die Exponente

$$\frac{r}{L} = \frac{r\,10^8}{w_m} \cdot \frac{i}{\Phi} = \frac{r\,10^8}{w_m} : \frac{\Phi}{i} \quad \ldots\ldots \quad (354)$$

Weil $\frac{\Phi}{i}$ mit der Sättigung, d. h. mit dem Abbiegen der Magnetisierungskurve abnimmt, steigt die Exponente mi' zunehmendem Kraftflusse. Im folgenden bezeichnen wir diese Exponente mit α, so daß

$$\alpha = \frac{r\,10^8}{w_m} : \frac{\Phi}{i}$$

ein variable Größe ist.

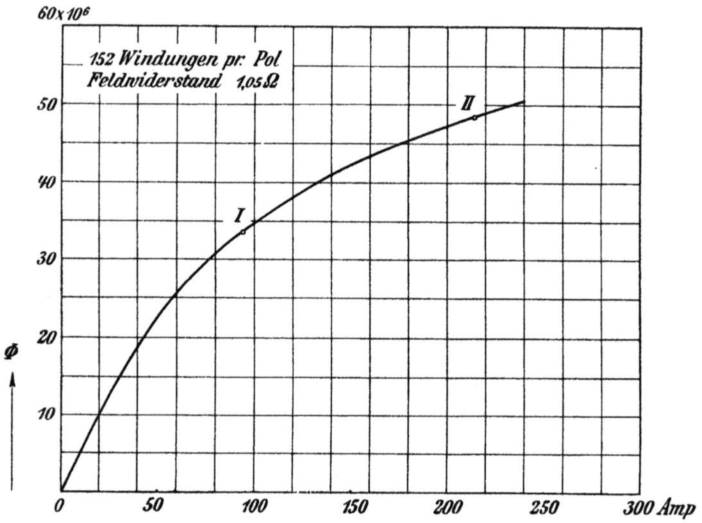

Fig. 497. Magnetisierungskurve eines 11000 KVA-Dreiphasengenerators.

Als Beispiel betrachten wir das Entstehen und Verschwinden des Erregerstromes und Kraftflusses in einem großen Dreiphasengenerator von 11000 KVA bei 25 Perioden; die 16 runden Pole desselben haben einen Durchmesser von $d = 64{,}5$ cm. Dieser Generator besitzt die in Fig. 497 angegebene Magnetisierungskurve (Leerlaufcharakteristik) einen Feldwiderstand $r = 1{,}05$ und eine totale Windungszahl der 16 Pole $w_m = 16 \cdot 152 = 2432$ Windungen. In der Fig. 498 stellen die Kurven Ia und Ib die experimentell aufgenommenen Ströme als Funktion der Zeit dar, die man beim Einschalten resp. Kurzschließen der Feldwicklung durch ein Amperemeter erhält. Da das Feld bei diesem Versuche nur schwach gesättigt war, ist der Verlauf der beiden Kurven hier fast identisch. Würde man dieselben Kurven mittels der Leerlaufcharakteristik und unter Vernachlässigung des dämpfenden Einflusses der Wirbelströme berechnen, so würde man Kurven erhalten, die fast genau mit den Kurven Ia und Ib zusammenfallen. Von der Richtigkeit dieser

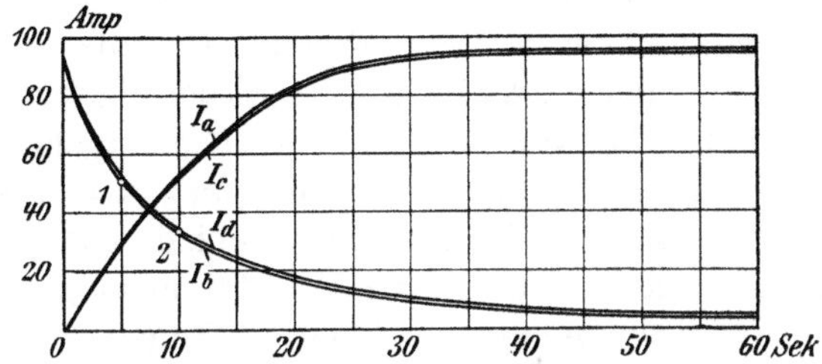

Fig. 498. Ansteigen und Verschwinden des Magnetisierungsstromes eines 11000 KVA-Dreiphasengenerators.

Behauptung überzeugt man sich am einfachsten, indem man zwei benachbarte Punkte 1 und 2 der Kurve Ib betrachtet; für diese Punkte sind die Ströme

$$i_1 = i_m e^{-\frac{r}{L} t_1}$$

und

$$i_2 = i_m e^{-\frac{r}{L} t_2}$$

also

$$\frac{i_1}{i_2} = e^{\frac{r}{L}(t_2 - t_1)},$$

woraus folgt

$$\frac{r}{L} = 2{,}3 \frac{\log i_1 - \log i_2}{t_2 - t_1} = 0{,}09.$$

Dieser Wert stimmt fast überein mit dem Werte, den man aus der Leerlaufcharakteristik nach der Formel

$$\frac{r}{L} = \frac{r\, 10^8}{w_m} : \frac{\Phi}{i} = 0{,}092$$

für den Strom $\frac{1}{2}(i_1 + i_2)$ berechnet.

Hieraus folgt indirekt, daß die Wirbelströme so gut wie keinen Einfluß auf das Ansteigen und Verschwinden des Kraftflusses in einem Magnetfelde ausüben.

Um den dämpfenden Einfluß der Statorströme auf das Ansteigen und Verschwinden des Kraftflusses zu untersuchen, ist in derselben Figur der Verlauf des Magnetisierungsstromes als Funktion der Zeit für den Fall eingetragen, daß die dreiphasige Statorwicklung kurzgeschlossen war. Der Verlauf des Magnetisierungsstromes für diesen Fall ist durch die beiden Kurven Ic und Id dargestellt, die fast mit den Kurven Ia resp. Ib zusammenfallen.

Hieraus folgt ferner, daß das Ansteigen und Verschwinden des Magnetisierungsstromes eines Magnetfeldes fast unabhängig sowohl von den Wirbelströmen im massiven Eisen wie vom Kurzschlußstrome in der geschlossenen Ankerwicklung verläuft.

Die Kurven Ia, b, c und d beziehen sich alle auf einen Endzustand, der durch den Punkt I der Magnetisierungskurve (Fig. 497) angegeben ist. In Fig. 499 sind nun die entsprechenden Kurven für eine größere Sättigung des Generators, und zwar für einen Endzustand, der dem Punkte II der Leerlaufcharakteristik (Fig. 497) entspricht, aufgetragen. Die Kurve IIa des ansteigenden und die Kurve IIb des verschwindenden Stromes stimmen hier nicht mehr überein, weil α für die Kurve IIa mit der Zeit schnell zunimmt, während er für die Kurve IIb mit der Zeit schnell abnimmt. Es

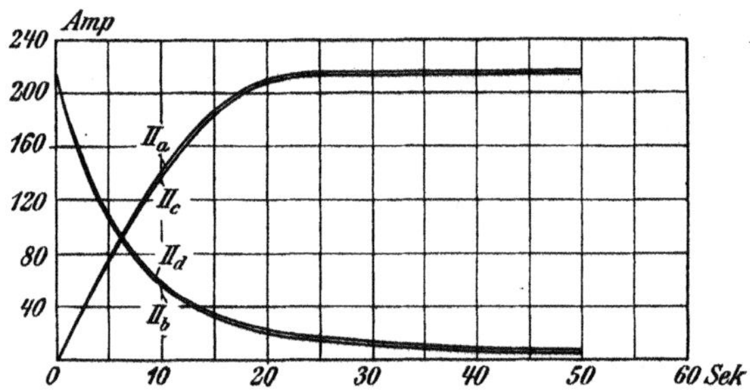

Fig. 499. Ansteigen und Verschwinden des Magnetisierungsstromes eines 11000 KVA-Dreiphasengenerators.

folgt aus diesen Versuchen direkt, daß die Sättigungen des magnetischen Kreises einen bedeutenden Einfluß, während Wirbelströme im massiven Feldeisen und Ankerströme fast keinen Einfluß auf das Ansteigen und Verschwinden des Magnetisierungsstromes von elektrischen Maschinen besitzen. Dies trifft um so besser zu, je mehr Amperewindungen der Luftspalt im Verhältnis zum übrigen Teil des magnetischen Kreises erfordert.

Analog dem Magnetisierungsstrome verhält sich der Kraftfluß; in Fig. 500a und b ist das Verschwinden des Kraftflusses entsprechend dem Versuche IIa und IIb aufgetragen. Diese Kurven IIe und IIf ergeben sich direkt aus den Kurven IIa und IIb, indem man für jeden Zeitmoment den dem Strome entsprechenden Kraftfluß aus der Magnetisierungskurve (Fig. 497) ermittelt und als Funktion der betreffenden Zeit aufträgt. Um den zeitlichen Verlauf des Kraftflusses analytisch auszudrücken, verlängert man den ersten Teil der Kurve IIe und IIg (Fig. 500), für den die

Exponente $\frac{r}{L}$ nahezu konstant ist, nach dem einfachen Exponentialgesetze

$$\Phi_v = \pm \Phi e^{-\alpha t} \quad \ldots \ldots \ldots \quad (355)$$

und erhält in dieser Weise die strichpunktierten Kurven IIf und und IIh, die nicht wesentlich von den vollausgezogenen Kurven IIe und IIg abweichen. Die Konstante α ergibt sich aus je zwei Punkten (1) und (2) der Kurven nach der Formel

$$\alpha = \pm 2{,}3 \frac{\log \Phi_2 - \log \Phi_1}{t_2 - t_1}.$$

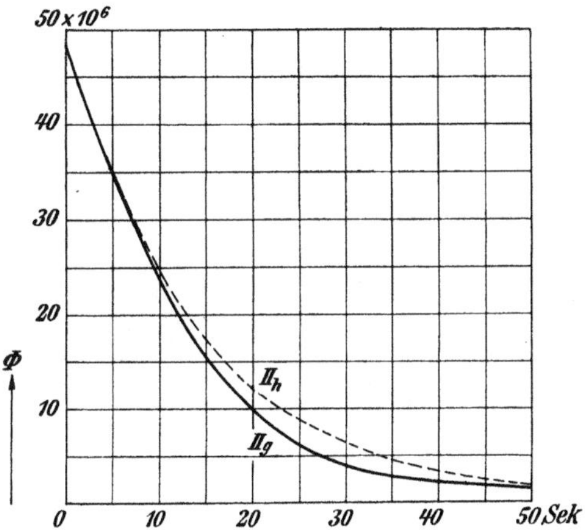

Fig. 500a. Verschwinden des Kraftflusses eines 11000 KVA-Dreiphasengenerators.

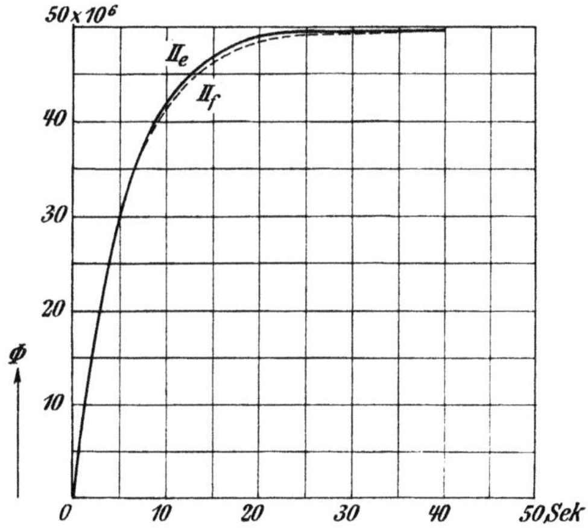

Fig. 500b. Ansteigen des Kraftflusses eines 11000 KVA-Dreiphasengenerators.

Der Bereich, in dem die Kurven IIg und IIe am meisten von den Kurven IIh und IIf abweichen, hat keine große Bedeutung für die Rechnungen, für die die analytischen Ausdrücke der vorübergehenden Kraftflüsse angewandt werden sollen. Sollte jedoch für spezielle Fälle die in dieser Weise ermittelten analytischen Ausdrücke für den vorübergehenden Kraftfluß nicht genügend genau sein, so läßt sich der vorübergehende Kraftfluß auch ohne Schwierigkeit in zwei Exponentialfunktionen zerlegen, so daß

$$\Phi_v = \Phi_{v1} + \Phi_{v2} = \pm \Phi (A e^{-\alpha t} + B e^{-\beta t}) \quad . \quad (355\text{a})$$

worin die Konstenten A, B, α und β sich aus den Kurven berechnen lassen. Es ist $A + B = 1$.

Aus dem Vorhergehenden geht deutlich hervor, daß das beste Mittel, um schnelle Änderungen in den Feldern elektrischer Maschinen zu ermöglichen, darin besteht, den Widerstand der Feldwicklung möglichst groß zu machen. Das Feldeisen zu lamellieren, hat bei gleichgerichteten Feldern nur wenig Einfluß auf die Geschwindigkeit, womit das Feld sich ändern kann.

157. Stromkreise von Gleich- und Wechselstromgeneratoren.

a) Ein normaler Mehrphasengenerator besteht aus einem stationären Anker und einem rotierenden Magnetsystem, welches letztere als Primärkreis angesehen werden kann. In den Feldmagneten wird ein Kraftfluß $\Phi = \frac{i_m w_m}{R_m}$ erzeugt, worin R_m der Widerstand des magnetischen Kreises und w_m die Windungszahl der Magnetwicklung bedeutet. Der Kraftfluß rotiert mit dem Magnetrade und induziert in der stationären Ankerwicklung mit der Windungszahl w_a eine EMK

$$e = -w_a \frac{d\Phi}{dt} = E_{max} \sin \omega t.$$

Es ist die gegenseitige Induktion zwischen der Magnetwicklung und einer Ankerphase eine variable Größe $M \cos \omega t$, so daß auch

$$e = -\frac{d(i_m M \cos \omega t)}{dt} 10^{-8} = \omega i_m M 10^{-8} \sin \omega t$$

geschrieben werden kann.

$$M = \frac{w_a w_m}{R_m} = \frac{w_a \Phi}{i_m} = \frac{E_{max} 10^8}{\omega i_m}$$

ist der Maximalwert des gegenseitigen Induktionskoeffizienten zwischen der Magnetwicklung und einer Ankerphase. — Wie beim allgemeinen Transformator, so spricht man auch bei den Wechselstromgeneratoren von einer primären Streuung, der Feldstreuung, und von einer sekundären Streuung, der Ankerstreuung. Der Streufluß des Feldes beträgt ca. 10 bis 30 % des nützlichen Kraftflusses, d. h. von den gegenseitigen Induktionslinien, während der Ankerstreufluß gewöhnlich zwischen 5 und 20 % der gegenseitigen Induktionslinien ausmacht. Wir können also auch bei den Wechselstromgeneratoren von den Streuinduktionskoeffizienten S_m und S_a der Feld- und Ankerwicklung, sowie von dem gegenseitigen Induktionskoeffizient M sprechen. Seite 438 ist gezeigt worden, daß eine n-phasige Statorwicklung mit w_a Windungen in Serie pro Phase und einem maximalen Strom von $J_{a\,max}$ eine konstante synchron rotierende MMK $\frac{n}{2} w_a J_{a\,max}$ erzeugt. Diese MMK besitzt gegenüber der MMK der rotierenden Magnetwicklung eine feste Lage und schließt mit derselben in einer zweipoligen Maschine den Winkel $\frac{\pi}{2} - \psi_a$ ein, worin ψ_a der Phasenverschiebungswinkel zwischen der induzierten EMK und dem Ankerstrom bedeutet. Es wird somit die MMK, die in der Richtung des Magnetfeldes wirksam auftritt, $\frac{n}{2} w_a J_{a\,max} \sin \psi_a$. Diese sind die sogenannten rückwirkenden Amperewindungen der Statorwicklung, die einen maximalen Kraftfluß

$$\Phi_r = \frac{n w_a J_{a\,max} \sin \psi_a}{2 R_m}$$

erzeugt. $\frac{n}{2} w_a J_{a\,max} \cos \psi_a$ erzeugt einen Kraftfluß, der sich quer durch die Polschuhe des Magnetfeldes schließt und deswegen Querfluß genannt wird. Dieser wirkt wie der Ankerstreufluß und muß zu demselben hinzuaddiert werden, so daß die totale Ankerstreuung fast gleich der Feldstreuung wird. Es frägt sich nun, inwiefern die bei dem allgemeinen Transformator abgeleiteten Formeln sich auch bei den Wechselstromgeneratoren anwenden lassen, oder welche Modifikationen diese bedürfen.

Als erstes Beispiel betrachten wir einen Mehrphasengenerator mit vollständig lamelliertem und ungesättigtem Feldeisen und wollen zuerst den Fall des plötzlichen Einschaltens vom Erregerstrome eines mit voller Geschwindigkeit laufenden Generators behandeln, wenn dessen Statorwicklung kurzgeschlossen ist. Dieses Problem entspricht dem des Einschaltens der Primärwicklung eines stationären Transformators, dessen Sekundärwicklung kurzgeschlossen ist.

Das Feld wird langsam ansteigen, ganz wie das eines Transformators, und zwar nach der Formel

$$\phi = \Phi (1 - e^{-\alpha t})$$

worin

$$\alpha = a_1 \leqq \frac{r_m + r_a}{4 M}.$$

r_m ist der Widerstand der Magnetwicklung und r_a der des Ankerstromkreises, reduziert auf den Magnetstromkreis. Der Streuinduktionskoeffizient S_a und der gegenseitige Induktionskoeffizient M sind auch auf den Magnetstromkreis reduziert. Für r_a und S_a ist der Reduktionsfaktor $\left(\frac{w_m}{w_a} \frac{2}{n}\right)^2$ und für M ist der Faktor $\left(\frac{w_m}{w_a} \frac{2}{n}\right)$. Der vorübergehende Kraftfluß ist

$$\Phi_v = - \Phi e^{-\alpha t}.$$

Es ergibt sich nun der vorübergehende Ankerstrom i_{av} aus der Differentialgleichung einer Statorphase

$$0 = i_{av} r_a + S_a \frac{d i_{av}}{dt} + w_a \frac{d[\Phi_v \cos(\omega t + \psi)]}{dt} 10^{-8},$$

die entwickelt lautet

$$0 = i_{av} r_a + S_a \frac{d i_{av}}{dt} + w_a \Phi \sqrt{\alpha^2 + \omega^2}\, 10^{-8} \sin\left(\omega t + \psi + \operatorname{arctg}\frac{\alpha}{\omega}\right) e^{-\alpha t} \tag{356}$$

Die Lösung dieser linearen Differentialgleichung erster Ordnung lautet

$$i_{av} = -\frac{w_a \Phi\, 10^{-8}}{S_a} \frac{\sqrt{\alpha^2 + \omega^2}}{\sqrt{\left(\frac{r_a}{S_a} - \alpha\right)^2 + \omega^2}} e^{-\alpha t}$$

$$\sin\left(\omega t + \psi + \operatorname{arctg}\frac{\alpha}{\omega} - \operatorname{arctg}\frac{\omega}{\frac{r_a}{S_a} - \alpha}\right) + C e^{-\frac{r_a}{S_a} t}.$$

Indem α gegen ω und $\frac{r_a}{S_a}$ verschwindend klein ist, wird

$$\frac{1}{S_a}\sqrt{\frac{\alpha^2 + \omega^2}{\left(\frac{r_a}{S_a} - \alpha\right)^2 + \omega^2}} \simeq \frac{\omega}{\sqrt{r_a^2 + \omega^2 S_a^2}}$$

und

$$\operatorname{arctg}\frac{\omega}{\frac{r_a}{S_a} - \alpha} \cong \operatorname{arctg}\frac{\omega S_a}{r_a} = \psi_a$$

also

$$i_{av} = -J_{k\,max} e^{-\alpha t} \sin(\omega t + \psi - \psi_a) + C e^{-\frac{r_a}{S_a} t}.$$

Da zur Zeit $t = 0$, $i_{av} = 0$, wird $C = J_{k\,max} \sin(\psi - \psi_a)$ und der vorübergehende Ankerstrom

$$i_{av} = -J_{k\,max} e^{-\alpha t} \sin(\omega t + \psi - \psi_a) + J_{k\,max} \sin(\psi - \psi_a) e^{-\frac{r_a}{S_a} t} \tag{357}$$

Der vorübergehende Kurzschlußstrom steigt somit schnell an und verschwindet langsam in allen Phasen.

Wäre das Feld nicht lamelliert, sondern massiv und eventuell gesättigt, so würde der Kraftfluß genauer genommen nach einer Formel folgenden Charakters ansteigen

$$\Phi_v = -\Phi(A e^{-\alpha t} + B e^{-\beta t}),$$

worin

$$\alpha = \frac{r_m}{L_m}$$

und β sich nach dem im vorigen Abschnitt angegebenen Verfahren bestimmen läßt.

Dieser Ausdruck für den vorübergehenden Kraftfluß in die Differentialgleichung der Statorwicklung eingesetzt, ergibt den vorübergehenden Kurzschlußstrom zu

$$i_{av} = - J_{k\,max} \sin(\omega t + \psi - \psi_a)(A e^{-\alpha t} + B e^{-\beta t})$$

$$+ J_{k\,max} \sin(\psi - \psi_a) e^{-\frac{r_a}{s_a} t} \quad . \; . \; . \; . \; . \; . \; . \; . \; . \quad (357\,a)$$

Komplizierter liegen jedoch die Verhältnisse, wenn ein leerlaufender Generator plötzlich kurzgeschlossen wird. Dieses Problem entspricht dem des Kurzschließens eines leerlaufenden Transformators. — Bei dem momentanen Kurzschließen tritt ein Stromstoß $i_a e^{-\alpha t}$ im Stator auf; dieser hat eine vorübergehende Rückwirkung auf das Feld zur Folge, und zwar, wie wir beim Induktionsmotor gesehen haben, nur in einer bestimmten Achsenrichtung, nämlich in derjenigen, die im Momente des Kurzschließens mit der Achse des Magnetfeldes zusammenfällt und für die $\psi = 0$ ist. Diese rückwirkenden Amperewindungen $AW e^{-\alpha t}$ suchen einen im Raume stillstehenden Kraftfluß zu erzeugen, was jedoch nur in geringem Grade gelingt. Bei der Rotation der Magnetwicklung in einem solchen feststehenden Felde wird nämlich in der Magnetwicklung eine EMK $e'_{mv} = e'_{mv0} e^{-\alpha t} \sin \omega t$ von der normalen Periodenzahl des Statorstromes induziert, die einen vorübergehenden Magnetisierungsstrom $i'_{mv} = i'_{mv0} e^{-\alpha t} \sin(\omega t - \psi_m)$ zur Folge hat. Dieser Strom ist stets bestrebt, die im Raume stillstehende MMK-Komponente des vorübergehenden Ankerstromes zu vernichten und hat deswegen seinen Maximal- resp. Minimalwert in der Nähe von

$$\omega t = \frac{\pi}{2} - \psi_a, \quad \frac{3\pi}{2} - \psi_a, \quad \frac{5\pi}{2} - \psi_a, \quad \frac{7\pi}{2} - \psi_a \ldots$$

Da $\frac{\pi}{2} - \psi_m$ nahezu gleich $\frac{\pi}{2} - \psi_a$ ist, so stimmt dies mit der obigen Formel für i'_{mv} überein.

In erster Linie interessiert es, die Größe und den Verlauf des vorübergehenden Ankerstromes zu bestimmen. Im Momente des Kurzschließens des Generators ist der Kraftfluß des leerlaufenden Generators gleich Φ_0; der dem stationären Erregerstrom entsprechende Kraftfluß bei kurzgeschlossenem Generator werden wir mit Φ_k bezeichnen. Es muß das Feld des Magnetsystems sich während der Zustandsänderung von Φ_0 auf Φ_k reduzieren, weshalb der vorübergehende Kraftfluß

$$\Phi_v = (\Phi_0 - \Phi_k) e^{-\alpha t}$$

gesetzt werden kann. Hierbei ist von kleinen Oszillationen des Kraftflusses abgesehen, deren Einfluß später angedeutet werden soll.

Es ist die Exponente α für ein lamelliertes ungesättigstes Feldsystem

$$\alpha \leqq \frac{r_m + r_a}{4M}.$$

Dieser Ausdruck für den Kraftfluß in die Differentalgleichung der Statorwicklung eingesetzt, ergibt die folgende Gleichung und deren Lösung

$$0 = i_{av} r_a + S_a \frac{d i_{av}}{dt} + w_a \frac{d \Phi_v \cos(\omega t + \psi)}{dt} 10^{-8},$$

also

$$i_{av} = \frac{\omega w_a (\Phi_0 - \Phi_k) 10^{-8}}{\sqrt{r_a^2 + \omega^2 S_a^2}} e^{-\alpha t} \sin(\omega t + \psi - \psi_a) + C e^{-\frac{r_a}{S_a} t}.$$

Hierin ist

$$\frac{\omega w_a \Phi_0 10^{-8}}{\sqrt{r_a^2 + \omega^2 S_a^2}} \sin(\omega t + \psi - \psi_a) = J_{mk\,max} \sin(\omega t + \psi - \psi_a)$$

der momentane Kurzschlußstrom bei vollem Felde. Es ist der Effektivwert

$$J_{mk} = \frac{P_0}{\sqrt{r_a^2 + \omega^2 S_a^2}} = \frac{P_0}{\sqrt{r_a^2 + x_a^2}},$$

während

$$\frac{\omega w_a \Phi_k}{\sqrt{r_a^2 + \omega^2 S_a^2}} \sin(\omega t + \psi - \psi_a) = J_{k\,max} \sin(\omega t + \psi - \psi_a)$$

der normale stationäre Kurzschlußstrom des Generators ist, wie derselbe mittels der Magnetisierungskurve in bekannter Weise (siehe Bd. IV) berechnet werden kann. Um die Konstante C zu bestimmen, benutzen wir die Anfangsbedingung

$$t = 0, \qquad i_{av} = -J_{k\,max} \sin(\omega t + \psi - \psi_a),$$

also wird

$$-J_{k\,max} \sin(\psi - \psi_a) = (J_{mk\,max} - J_{k\,max}) \sin(\psi - \psi_a) + C,$$

woraus folgt

$$C = -J_{mk\,max} \sin(\psi - \psi_a),$$

und es wird

$$i_{av} = (J_{mk\,max} - J_{k\,max}) e^{-\alpha t} \sin(\omega t + \psi - \psi_a)$$
$$- J_{mk\,max} \sin(\psi - \psi_a) e^{-\frac{r_a}{S_a} t} \quad \text{. . . . .} \quad (358)$$

Für die Phase, deren Spannung im Momente des Kurzschlusses durch Null geht, ist $\psi = 0$; in dieser Phase steigt der Kurzschlußstrom schnell an und verschwindet nach einem doppelten Exponentialgesetz. In einer dazu senkrechten Phase steigt der vorübergehende Kurzschlußstrom nach der normalen Sinuskurve an und verschwindet langsam nach einem einfachen Exponentialgesetz.

Besteht das Magnetsystem aus massivem und gesättigtem Eisen, so läßt sich der vorübergehende Kraftfluß genauer wie folgt schreiben

$$\Phi_v = (\Phi_0 - \Phi_k)(A e^{-\alpha t} + B e^{-\beta t})$$

und es wird der vorübergehende Kurzschlußstrom

$$i_{av} = (J_{mk\,max} - J_{k\,max}) \sin(\omega t + \psi - \psi_a)(A e^{-\alpha t} + B e^{-\beta t})$$
$$- J_{mk\,max} e^{-\frac{r_a}{S_a} t} \sin(\psi - \psi_a) \quad . \; . \; . \; . \; . \quad (358\text{a})$$

Der im Magnetstromkreis vorübergehende Strom ergibt sich nun leicht; denn die Größe desselben ergibt sich in analoger Weise wie beim Induktionsmotor aus den rückwirkenden Amperewindungen des Statorstromkreises in der Achsenrichtung des Magnetfeldes, für die $\psi = 0$ zu setzen ist

$$AW_{av} = -\frac{n}{2} w_a (J_{mk\,max} - J_{k\,max}) e^{-\alpha t} \sin \psi_a$$
$$-\frac{n}{2} w_a J_{mk\,max} e^{-\frac{r_a}{S_a} t} \sin(\omega t - \psi_a),$$

also wird

$$i_{mv} w_m = \frac{n}{2} w_a (J_{mk\,max} - J_{k\,max}) e^{-\alpha t} \sin \psi_a$$
$$+ \frac{n}{2} w_a J_{mk\,max} e^{-\frac{r_a}{S_a} t} \sin(\omega t - \psi_a)$$

und

$$i_{mv} = \frac{n}{2} \frac{w_a}{w_m} (J_{mk\,max} - J_{k\,max}) e^{-\alpha t} \sin \psi_a$$
$$+ \frac{n}{2} \frac{w_a}{w_m} J_{mk\,max} e^{-\frac{r_a}{S_a} t} \sin(\omega t - \psi_a) \quad . \; . \; . \quad (359)$$

oder für massives, gesättigtes Feld

$$i_{mv} = \frac{n}{2} \frac{w_a}{w_m} (J_{mk\,max} - J_{k\,max}) \sin \psi_a (A e^{-\alpha t} + B e^{-\beta t})$$
$$+ \frac{n}{2} \frac{w_a}{w_m} J_{mk\,max} e^{-\frac{r_a}{S_a} t} \sin(\omega t - \psi_a) \; . \; . \; . \; . \; . \; . \quad (359\text{a})$$

Wie oben erwähnt, wurde angenommen, daß der vorübergehende Kraftfluß in dem Magnetsystem nach einer Exponentialkurve oder nach einer Summe solcher verschwindet. Dies ist jedoch nicht ganz der Fall; denn der mit der normalen Periodenzahl pulsierende Magnetisierungsstrom kompensiert nicht allein die im Raume stillstehende MMK-Komponente des vorübergehenden Ankerstromes, sondern induziert auch in der Statorwicklung eine EMK der doppelten Periodenzahl. Dies geht aus der Formel für die gegenseitige Induktion hervor:

$$-\frac{d(i_{mv} M \cos\omega t)}{dt} = -M i_{mv0} \frac{d\left[e^{-\frac{r_a}{S_a}t} \sin(\omega t - \psi_a)\cos\omega t\right]}{dt}$$

$$\cong -M i_{mv0} \frac{d\left(e^{-\frac{r_a}{S_a}t} \cos^2\omega t\right)}{dt} = -\frac{M i_{mv0}}{2} \frac{d\left[e^{-\frac{r_a}{S_a}t}(1+\cos 2\omega t)\right]}{dt}$$

$$= \frac{M i_{mv0}}{2}\left[\frac{r_a}{S_a} e^{-\frac{r_a}{S_a}t} + \sqrt{\frac{r_a^2}{S_a^2} + 4\omega^2} \sin\left(2\omega t + \operatorname{arctg}\frac{r_a}{2 S_a \omega}\right)\right].$$

Wie aus dem Vorhergehenden ersichtlich, kann beim Kurzschluß eines leerlaufenden Generators das Feld nicht schnell genug verschwinden, selbst ob das Feld lamelliert ist; es werden daher im Momente des Kurzschlusses große EMKe in allen Ankerphasen induziert, die zu großen Kurzschlußströmen Anlaß geben.

Die obigen Gleichungen gelten jedoch nur unter der Voraussetzung, daß der Antriebsmotor des Generators hinreichend kräftig ist, um den beim Kurzschluß entstehenden Belastungsstoß durchzuziehen. Dieser Belastungsstoß ergibt sich zu

$$\sum_n (e i_a) = \sum_n e(i_{as} + i_{av}),$$

worin i_{as} der stationäre und i_{av} der vorübergehende Ankerstrom einer der n Phasen ist, worüber die Summation sich zu erstrecken hat. Für einen Zweiphasengenerator setzen wir $\psi = 0$ für die eine und $\psi = -\frac{\pi}{2}$ für die andere Phase. Es ist dann für die erste Phase

$$e_I = P_{0\,max} \sin\omega t,$$

$$i_{aI} = J_{mk\,max}\left[e^{-at}\sin(\omega t - \psi_a) + e^{-\frac{r_a}{S_a}t}\sin\psi_a\right]$$
$$+ J_{k\,max}(1 - e^{-at})\sin(\omega t - \psi_a).$$

Da während der ersten Augenblicke nach dem Kurzschlusse

$$e^{-at} \cong 1,$$

so wird

$$i_{aI} \cong J_{mk\,max}\left[\sin(\omega t - \psi_a) + e^{-\frac{r_a}{S_a}t}\sin\psi_a\right]$$

und die momentane Leistung

$$w_I = e_I i_{aI} = P_{0\,max}\sin\omega t\, J_{mk\,max}\left[\sin(\omega t - \psi_a) + e^{-\frac{r_a}{S_a}t}\sin\psi_a\right]$$

und analog für die zweite Phase

$$w_{II} = e_{II} i_{aII} = P_{0\,max} \cos \omega t J_{mk\,max} \left[\cos(\omega t - \psi_a) - e^{-\frac{r_a}{S_a} t} \cos \psi_a\right].$$

Es wird also die momentane Leistung des Antriebsmotors kurz nach dem Kurzschlusse

$$w = w_I + w_{II} = P_{0\,max} J_{mk\,max} \left[\cos \psi_a - e^{-\frac{r_a}{S_a} t} \cos(\omega t + \psi_a)\right]$$

$$= 2 P_0 J_{mk} \left[\cos \psi_a - e^{-\frac{r_a}{S_a} t} \cos(\omega t + \psi_a)\right] \quad . \quad . \quad . \quad . \quad . \quad (360)$$

Für einen n phasigen Generator wäre die momentane Leistung

$$w = n P_0 J_{mk} \left[\cos \psi_a - e^{-\frac{r_a}{S_a} t} \cos(\omega t + \psi_a)\right] \quad . \quad (360\text{a})$$

Es setzt sich die momentane Leistung somit aus zwei Komponenten zusammen, von denen die erste, die proportional $\cos \psi_a$ ist, der im Ankerwiderstande vergeudeten Energie entspricht. Die zweite Komponente, die proportional

$$k = e^{-\frac{r_a}{S_a} t} \cos(\omega t + \psi_a)$$

ist, stellt eine pulsierende Leistung dar; diese hat ihren Maximalwert, wenn

$$\omega t = -\operatorname{arctg} \frac{x_a}{r_a} - \operatorname{arctg} \frac{r_a}{x_a} = \frac{\pi}{2}$$

und der Maximalwert ist proportional

$$k_{max} = e^{-\frac{r_a \pi}{x_a 2}} \cos\left(\frac{\pi}{2} + \psi_a\right) = e^{-\frac{r_a \pi}{x_a 2}} \frac{x_a}{\sqrt{r_a^2 + x_a^2}} \quad . \quad (361)$$

Von dem Werte 0 für $r_a = 0$ bis zum Werte 1,0 für $r_a = 0$ ändert sich k_{max} nur wenig innerhalb den üblichen Werten für r_a und x_a. Für

$x_a = r_a$ wird $k_{max} = 0{,}147$,

$x_a = 2 r_a$ „ $k_{max} = 0{,}406$,

$x_a = 5 r_a$ „ $k_{max} = 0{,}745$

und für $x_a = 10 r_a$ „ $k_{max} = 0{,}845$.

Bei normalen Generatoren variiert somit die pulsierende Leistung zwischen 0,4 und 0,8 der des momentanen Kurzschlußstromes entsprechenden Leistung $n P_0 J_{mk}$. Durch diese pulsierende Leistung werden alle mechanischen Teile des Generators abwechselnd in der einen und der anderen Richtung mit einem Moment beansprucht, das den zehnfachen Wert des normalen Drehmomentes erreichen kann.

Ist der Antriebsmotor nicht sehr überlastungsfähig, so würde er während der ersten halben Periode schon beträchtlich in Geschwindigkeit zurückgehen und ev. nahe zum Stillstand gebracht werden, wenn nicht das gesamte Schwungmoment des Antriebsmotors und Generators dies verhindern würde. Die Statorwicklungen und Wellen von Generatoren mit großen Schwungrädern und großen momentanen Kurzschlußströmen werden somit kolossal stark beansprucht und der ganze Generator wird auf Grund der pulsierenden Leistung während des ersten Teiles der Kurzschlußperiode stark vibrieren. Es ist deswegen ratsam, große schnellaufende Generatoren,

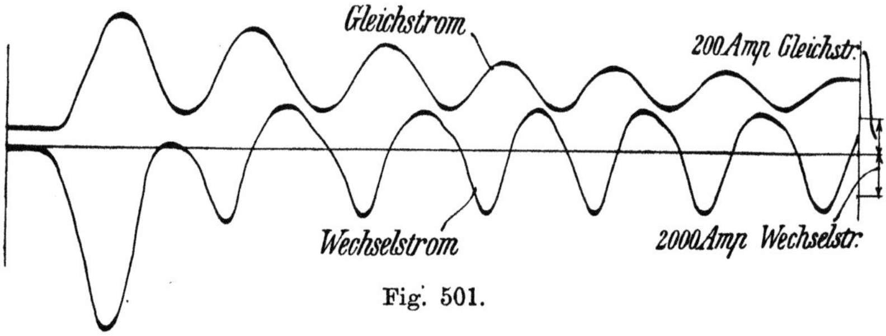

Fig. 501.

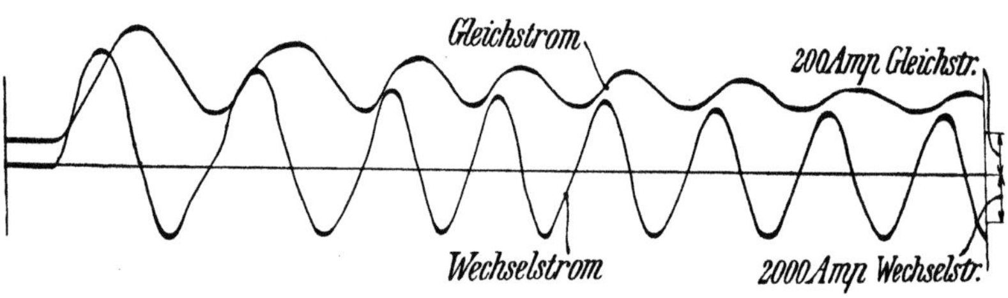

Fig. 502.

Feld- und Ankerströme eines 11000 KVA-Dreiphasengenerators bei plötzlichem Kurzschließen aller drei Phasen.

die mit großen Schwungrädern versehen sind, mit einem möglichst kleinen momentanen Kurzschlußstrom, d. h. mit einer möglichst großen Streureaktanz ωS_a auszuführen.

Die Fig. 501 und 502 zeigen Oszillogramme vom Anker- und Feldstrom eines 11000 KVA-Dreiphasengenerators während des ersten Teiles der Kurzschlußperiode. In Fig. 501 fängt der Kurzschluß in dem Augenblicke an, wenn die Spannung für die betreffende Phase durch Null geht, während in Fig. 502 die Spannung im Momente des Einschaltens nahezu ihren Maximalwert besitzt.

Im ersten Falle, für den $\psi = \psi_a \cong \frac{\pi}{2}$ ist, tritt der größte Momentanwert des Ankerstromes zur Zeit $\omega t \cong \pi$ ein und dieser Momentanwert ist

$$i_{a\,max} = (i_{as} + i_{av})_{max} \cong J_{k\,max}\, e^{-\alpha t} - J_{mk\,max}\left(e^{-\alpha t} + e^{-\frac{r_a}{s_a} t}\right)$$

$$\cong J_{k\,max} - J_{mk\,max}\left(1 + e^{-\frac{\pi r_a}{x_a}}\right).$$

Im zweiten Falle, für den $\psi \cong \psi_a$ ist, tritt der größte Momentanwert des Ankerstromes zur Zeit $\omega t \cong \frac{\pi}{2}$ ein und dieser Momentanwert ist

$$i_{a\,max} = (i_{as} + i_{av})_{max} \cong J_{mk\,max}\, e^{-\alpha t} + J_{k\,max}(\sin \psi_a - e^{-\alpha t}) \cong J_{mk\,max}.$$

Für die maximale Beanspruchung der Statorwicklung sind in die Formeln 272 und 273 die obigen Werte für den Maximalwert des momentanen Kurzschlußstromes einzusetzen.

b) Werden nicht alle Phasen eines Mehrphasengenerators, sondern nur eine Phase kurzgeschlossen, so stellt sich die Sache etwas anders. Dieser Fall entspricht dem des Kurzschließens eines leerlaufenden Einphasengenerators. Die Ankerrückwirkung eines Einphasengenerators

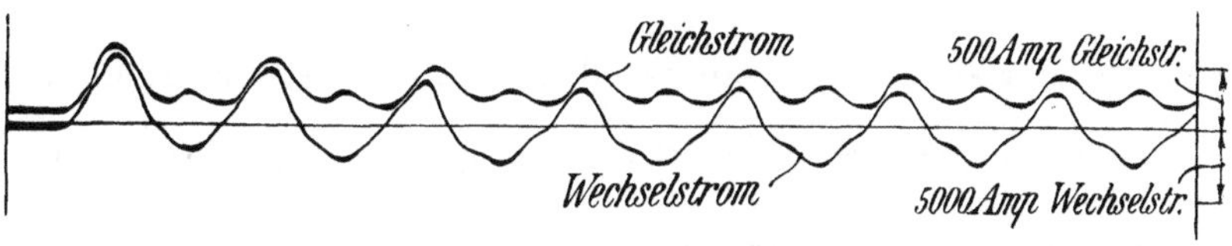

Fig. 503. Feld- und Ankerströme eines 11000 KVA-Dreiphasengenerators beim plötzlichen Kurzschließen zweier Phasen in Serie.

ergibt keine konstante synchron rotierende MMK, sondern eine nach einer Achsenrichtung wechselnde MMK. Diese wechselnde MMK wird gewöhnlich in zwei konstante rotierende MMKe je von der halben Stärke der wechselnden MMK zerlegt. Von diesen beiden rotiert die eine synchron mit dem Magnetfeld und steht somit ihm gegenüber still, während die zweite MMK mit synchroner Geschwindigkeit in der entgegengesetzten Richtung zum Magnetfelde rotiert und in diesem Ströme von der doppelten Periodenzahl induziert. — Beim plötzlichen Kurzschließen eines leerlaufenden Einphasengenerators hängen die vorübergehenden Ströme stark von dem Augenblicke des Kurzschließens ab, was für jede Phase des Mehrphasengenerators allein betrachtet auch der Fall ist. Schließt man in dem Augenblicke kurz, in welchem der stationäre Kurzschlußstrom Null sein sollte, d. h. für eine Lage des Magnetsystems, für die $\psi = \psi_a$ ist, so tritt wie beim Einphasentransformator kein Feldstoß, hier keine momentane Ankerrückwirkung auf, und es wird der Erregerstrom nicht in Oszillationen versetzt, die nach einer Exponentialkurve verschwinden, sondern es treten durch die pulsierende Ankerrückwirkung Oszillationen von der doppelten Periodenzahl auf, deren

Amplituden im gleichen Maße abnehmen wie der Kurzschlußstrom im Anker. Fig. 503 zeigt den Verlauf des Anker und des Feldstromes eines 11000 KW-Dreiphasengenerators während des ersten Teiles der einphasigen Kurzschlußperiode, die für die Lage des Magnetsystems anfängt, für die $\psi \cong \psi_a$ ist. Es ist der vorübergehende Ankerstrom in diesem Falle genau so zu berechnen wie beim Mehrphasengenerator für den Fall $\psi = \psi_a$, also

$$i_{av} = (J_{mk\,max} - J_{k\,max})\, e^{-at} \sin \omega t \quad . \; . \; . \quad (362a)$$

Der vorübergehende Magnetisierungsstrom ergibt sich in analoger Weise wie beim Mehrphasengenerator aus den rückwirkenden Ankeramperewindungen in der Achsenrichtung des Magnetsystems, für die $\psi = 0$ ist. Es sind die vorübergehenden Ankeramperewindungen in der Feldachse

$$AW_{av} = w_a (J_{mk\,max} - J_{k\,max})\, e^{-at} \sin \omega t \cos(\omega t + \psi_a)$$
$$= \frac{w_a (J_{mk\,max} - J_{k\,max})}{2}\, e^{-at} [- \sin \psi_a + \sin(2\omega t + \psi_a)],$$

also wird der kompensierende vorübergehende Magnetisierungsstrom

$$i_{mv} = - \frac{w_a (J_{mk\,max} - J_{k\,max})}{2 w_m}\, e^{-at} [- \sin \psi_a + \sin(2\omega t + \psi_a)]$$

und der totale Magnetisierungsstrom

$$i_m = i_{m0} - \frac{J_{k\,max} w_a}{2 w_m} [- \sin \psi_a + \sin(2\omega t + \psi_a)]$$
$$- \frac{(J_{mk\,max} - J_{k\,max})}{2 w_m} w_a\, e^{-at} [- \sin \psi_a + \sin(2\omega t + \psi_a)] \quad (363a)$$

worin i_{m0} der Magnetisierungsstrom bei Leerlauf ist, und worin die Zerlegung der rückwirkenden Ankeramperewindungen in eine mit synchroner Geschwindigkeit rotierende MMK $- \frac{J_{k\,max} w_a}{2 w_m} \sin \psi_a$ und in eine in der entgegengesetzten Richtung rotierende MMK

$$- \frac{J_{k\,max} w_a}{2 w_m} \sin(2\omega t + \psi_a)$$

deutlich zum Ausdruck kommt.

Wird der Generator einphasig kurzgeschlossen bei der Lage des Feldsystems, bei der $\psi = \psi_a - \frac{\pi}{2}$ ist, d. h. zur Zeit, wenn der stationäre Kurzschlußstrom ein Maximum sein sollte, so wird der vorübergehende Ankerstrom

$$i_{av} = (J_{mk\,max} - J_{k\,max})\, e^{-at} \cos \omega t - J_{mk\,max}\, e^{-\frac{r_a}{S_a} t} \quad (362b)$$

dessen letzter Teil zu einem Feldstoß Anlaß gibt. Durch diesen wird eine EMK von der normalen Periodenzahl in dem Magnetstromkreis induziert, die, wie bei dem mehrphasigen Kurzschluß, zu einem vorübergehenden Magnetisierungsstrom von derselben Periodenzahl Anlaß gibt. Außerdem tritt hier ein den vorübergehenden Ankerstrom in seiner magnetisierenden Wirkung kompensierender Magnetisierungsstrom auf, welcher letzte Teil des vorübergehenden Magnetisierungsstromes teils gleichgerichtet und teils von der doppelten der normalen Periodenzahl ist. Es wird somit für die Lage $\psi = \psi_a - \frac{\pi}{2}$ der ganze vorübergehende Magnetisierungsstrom

$$i_{mv} = -\frac{w_a (J_{mk\,max} - J_{k\,max})}{w_m} e^{-\alpha t} \cos \omega t \sin(\omega t + \psi_a) + \frac{w_a J_{mk\,max}}{w_m} e^{-\frac{r_a}{S_a} t} \sin(\omega t + \psi_a)$$

$$= -\frac{w_a (J_{mk\,max} - J_{k\,max})}{2 w_m} e^{-\alpha t} [\sin \psi_a + \sin(2\omega t + \psi_a)] + \frac{w_a J_{mk\,max}}{w_m} e^{-\frac{r_a}{S_a} t} \sin(\omega t + \psi_a)$$

und der ganze Magnetisierungsstrom

$$i_m = i_{m0} - \frac{J_{k\,max} w_a}{2 w_m} [\sin \psi_a + \sin(2\omega t + \psi_a)] - \frac{w_a (J_{mk\,max} - J_{k\,max})}{2 w_m} e^{-\alpha t} [\sin \psi_a + \sin(2\omega t + \psi_a)] + \frac{w_a J_{mk\,max}}{w_m} e^{-\frac{r_a}{S_a} t} \sin(\omega t + \psi_a) \quad . \; . \; . \; . \; . \quad (363\,b)$$

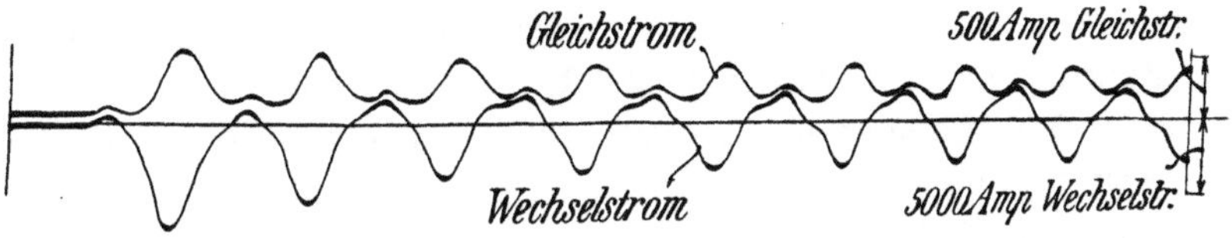

Fig. 504. Feld- und Ankerströme eines 11000 KVA-Dreiphasengenerators beim plötzlichen Kurzschließen zweier Phasen in Serie.

Fig. 504 zeigt das Oszillogramm des Anker- und Feldstromes für denselben Generator wie oben beim Kurzschließen in dem Augenblicke als $\psi \cong \psi_a - \frac{\pi}{2}$.

Betrachten wir nun zuletzt den allgemeinen Fall, wenn der Kurzschluß zu der Zeit stattfindet, bei der die kurzgeschlossene Statorphase den Winkel ψ mit dem Feldsystem bildet, so wird der vorübergehende Ankerstrom

$$i_{av} = (J_{mk\,max} - J_{k\,max})\, e^{-\alpha t} \sin(\omega t + \psi - \psi_a)$$

$$- J_{mk\,max}\, e^{-\frac{r_a}{S_a} t} \sin(\psi - \psi_a) \quad \ldots \ldots \quad (362)$$

und der vorübergehende Magnetisierungsstrom

$$i_{mv} = -\frac{w_a (J_{mk\,max} - J_{k\,max})}{w_m} e^{-\alpha t} \sin(\omega t + \psi - \psi_a) \cos(\omega t + \psi)$$

$$+ \frac{w_a J_{mk\,max}}{w_m} e^{-\frac{r_a}{S_a} t} \sin(\psi - \psi_a) \cos(\omega t + \psi)$$

$$i_{mv} = -\frac{w_a (J_{mk\,max} - J_{k\,max})}{2 w_m} e^{-\alpha t} [-\sin\psi_a + \sin(2\omega t + 2\psi - \psi_a)]$$

$$+ \frac{w_a J_{mk\,max}}{2 w_m} e^{-\frac{r_a}{S_a} t} [\sin(\omega t + 2\psi - \psi_a) - \sin(\omega t + \psi_a)],$$

während der ganze Magnetisierungsstrom

$$i_m = i_{m0} - \frac{J_{k\,max} w_a}{2 w_m} [-\sin\psi_a + \sin(2\omega t + 2\psi - \psi_a)]$$

$$- \frac{w_a (J_{mk\,max} - J_{k\,max})}{2 w_m} e^{-\alpha t} [-\sin\psi_a + \sin(2\omega t + 2\psi - \psi_a)]$$

$$+ \frac{w_a J_{mk\,max}}{2 w_m} e^{-\frac{r_a}{S_a} t} [\sin(\omega t + 2\psi - \psi_a) - \sin(\omega t + \psi_a)]. \quad (363)$$

Wie ersichtlich, verläuft der Magnetisierungsstrom im allgemeinen bei einphasig kurzgeschlossenen Generatoren nach ziemlich komplizierten Funktionen. Noch komplizierter wird der Verlauf bei massiven und gesättigten Polen; denn nicht allein verschwindet der Kraftfluß hier nach einer Summe von Exponentialfunktionen, sondern es werden auch die Magnetisierungsströme doppelter Periodenzahl in dem massiven Poleisen stark abgedämpft werden.

Für die momentane Leistung des Antriebsmotors kurz nach dem Beginn des Kurzschlusses ergibt sich in analoger Weise wie beim Mehrphasengenerator

$$w_a = e i_a = i_a P_{0\,max} \sin(\omega t + \psi).$$

Wird auch hier $e^{-\alpha t} \cong 1$ gesetzt, so wird in den ersten Perioden nach dem Kurzschlusse der Ankerstom

$$i_a = J_{k\,max} (1 - e^{-\alpha t}) \sin(\omega t + \psi - \psi_a)$$

$$+ J_{mk\,max} [e^{-\alpha t} \sin(\omega t + \psi - \psi_a) - e^{-\frac{r_a}{S_a} t} \sin(\psi - \psi_a)]$$

$$\cong J_{mk\,max} [\sin(\omega t + \psi - \psi_a) - e^{-\frac{r_a}{S_a} t} \sin(\psi - \psi_a)]$$

und die momentane Leistung

$$\begin{aligned} w_a &= P_{0\,max} J_{mk\,max} \sin(\omega t + \psi) \sin(\omega t + \psi - \psi_a) \\ &\quad - P_{0\,max} J_{mk\,max} e^{-\frac{r_a}{S_a} t} \sin(\omega t + \psi) \sin(\psi - \psi_a) \\ &= P_0 J_{mk} [\cos\psi_a - \cos(2\omega t + 2\psi - \psi_a)] \\ &\quad - P_0 J_{mk} e^{-\frac{r_a}{S_a} t} [\cos(\omega t + \psi_a) - \cos(\omega t + 2\psi - \psi_a)]. \end{aligned}$$

Diese wird am größten, wenn man in dem Momente kurzschließt, in dem der stationäre Kurzschlußstrom ein Maximum sein sollte. Es ist dann $\psi = \psi_a \cong \frac{\pi}{2}$ und es wird die momentane Leistung

$$\begin{aligned} w_a &= P_0 J_{mk} [\cos\psi_a + \cos(2\omega t + \psi_a)] \\ &\quad - 2 P_0 J_{mk} e^{-\frac{r_a}{S_a} t} \cos(\omega t + \psi_a) \quad . \; . \; . \; . \quad (364) \end{aligned}$$

die ebenso groß werden kann wie bei einem Zweiphasengenerator. Der momentane Kurzschlußstrom in einer Phase ist nämlich unabhängig davon, ob eine oder beide Phasen kurzgeschlossen werden.

c) Zuletzt sollen noch als drittes Beispiel die Zustandsänderungen bei Gleichstrommaschinen untersucht werden. Als größte vorkommende Änderung betrachten wir auch hier das Kurzschließen eines leerlaufenden Generators. Dieser mag im Nebenschluß erregt sein und mit einer zur Aufhebung der Ankerrückwirkung in den Polschuhen angeordneten Kompensationswicklung C versehen sein. Die Schaltung des Generators geht aus der Fig. 505 hervor.

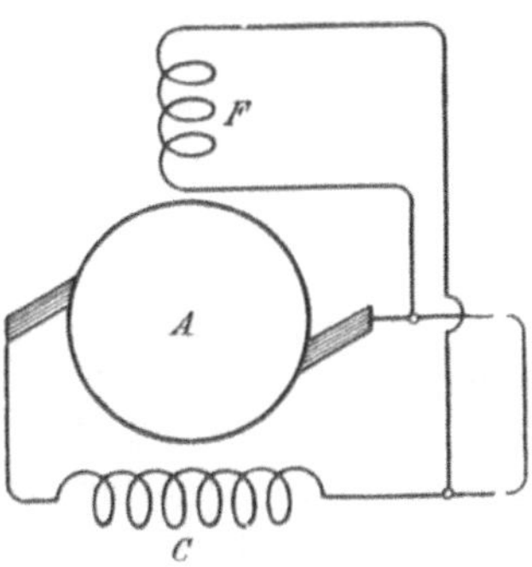

Fig. 505. Schaltungsschema eines kurzgeschlossenen Nebenschlußgenerators mit Kompensationswicklung.

Im Momente des Kurzschließens wird das Feld vollständig kurzgeschlossen und der Kraftfluß erlischt nach dem Gesetze

$$\Phi_v = \Phi e^{-\alpha t},$$

worin $\alpha = \frac{r_m}{L_m}$ für vollständig lamelliertes Feld, während für massive und gesättige Polkerne

$$\Phi_v = \Phi (A e^{-\alpha t} + B e^{-\beta t}).$$

In der totalen Ankerwicklung wird eine der Winkelgesehwindigkeit des Ankers proportionale EMK induziert; diese ist $\frac{2}{\pi} \omega w_a \Phi 10^{-8}$, worin $\frac{2}{\pi}$ den Wicklungsfaktor bedeutet. Die Differentialgleichung des Ankerstromkreises lautet nun

$$0 = i_a r_a + L_a \frac{d i_a}{dt} + \frac{2}{\pi} \omega w_a \Phi_v 10^{-8},$$

deren Lösung

$$i_a = -\frac{2 \omega w_a \Phi 10^{-8}}{\pi (r_a - L_a \alpha)} e^{-\alpha t} + C e^{-\frac{r_a}{S_a} t}$$

Zur Zeit $t = 0$ ist $i_a \cong 0$ und es wird

$$C = \frac{2 \omega w_a \Phi 10^{-8}}{\pi (r_a - L_a \alpha)}$$

und

$$i_a = \frac{2 \omega w_a \Phi 10^{-8}}{\pi (r_a - L_a \alpha)} (e^{-\frac{r_a}{S_a} t} - e^{-\alpha t}).$$

Da $L_a \alpha$ sehr klein gegenüber r_a ist, so wird

$$\frac{2 \omega w_a \Phi 10^{-8}}{\pi (r_a - L_a \alpha)} \cong \frac{2 \omega w_a \Phi 10^{-8}}{\pi r_a} = \frac{P_0}{r_a} = J_{mk},$$

worin P_0 die Leerlaufspannung des Generators und r_a der effektive Widerstand desselben bedeuten. Es wird somit der Kurzschlußstrom des Ankers

$$i_a = J_{mk} (e^{-\frac{r_a}{L_a} t} - e^{-\alpha t}) \quad \ldots \ldots \quad (365)$$

Der Strom steigt also schnell nach einer Exponentialkurve auf einen sehr großen Wert an und verschwindet langsam nach einer anderen Exponentialkurve. Dies geschieht um so langsamer, je kleiner α ist, d. h. um so langsamer je kleiner der Widerstand der Magnetwicklung ist.

In einer einzelnen Ankerspule von der Windungszahl w_s wird die folgende EMK induziert

$$e_s = -\frac{w_s d(\Phi_v \cos \omega t)}{dt} - L_s \frac{di}{dt};$$

hier ist das Feld als sinusförmig über die Polteilung verteilt angenommen. Es wird durch Einsetzen von Φ_v

$$e_s = w_s \sqrt{\alpha^2 + \omega^2}\, \Phi 10^{-8} e^{-\alpha t} \sin\left(\omega t + \operatorname{arctg} \frac{\alpha}{\omega}\right)$$
$$+ L_s J_{mk} \left(\frac{r_a}{L_a} e^{-\frac{r_a}{L_a} t} - \alpha e^{-\alpha t}\right) \quad \ldots \quad (366)$$

Da α viel kleiner als ω und $r_a \frac{L_s}{L_a}$ eine sehr kleine Größe ist, so wird keine beträchtliche Überspannung in den Ankerspulen und somit auch nicht zwischen den Kommutatorlamellen induziert. Ist der Generator dagegen nicht kompensiert, so erzeugt der Ankerstrom ein Querfeld, das in den lamellierten Polschuhen sofort entstehen kann. Bei der Rotation der Ankerspulen in diesem Querfelde werden große EMKe in den einzelnen Spulen induziert, die sich, wenn man über alle Spulen zwischen den Bürsten summiert, gegenseitig aufheben und somit keinen direkten Einfluß auf den Ankerkurzschlußstrom ausüben. Das Querfeld hat nur während seines Entstehens einen verzögernden Einfluß auf den Ankerstrom, wirkt also wie eine Vergrößerung der Selbstinduktion L_a und verkleinert hierdurch den Kurzschlußstrom

$$i_a = J_{k\,max}\left(e^{-\frac{r_a}{L_a}t} - e^{-\alpha t}\right)$$

dessen Maximum zur Zeit

$$t = \frac{\ln \frac{r_a}{L_a} - \ln \alpha}{\frac{r_a}{L_a} - \alpha}$$

eintritt und gleich

$$i_{a\,max} = J_{k\,max}\, e^{-\frac{r_a}{L_a}t}\left(1 - \frac{r_a}{L_a\,\alpha}\right) \quad . \quad . \quad . \quad . \quad (367)$$

ist; dieser Strom ist also um so kleiner, je größer L_a ist. Für lamelliertes Feld ist $\alpha = \frac{r_m}{L_m}$. Ist dieses Verhältnis gleich $\frac{r_a}{L_a}$, was praktisch nicht möglich ist, so tritt gar kein Kurzschlußstrom auf, weil er ebenso schnell verschwindet wie er entstehen sollte. — Die in den einzelnen Ankerspulen induzierten EMKe werden aber bedeutend größer als für die kompensierte Maschine; die EMKe am Kommutator werden zu Funken und sogar zum teilweisen Rundfeuer Anlaß geben können.

Liegt die Feldwicklung des Generators nicht im Nebenschlusse, sondern entweder in Hauptschluß oder Doppelschlußschaltung zur Ankerwicklung, so verschwindet das Feld im Momente eines Kurzschlusses nicht, sondern steigt an, bis der kurzgeschlossene Stromkreis automatisch abgeschaltet wird oder der Generator zum Stillstand kommt. Rundfeuer am Kommutator tritt deswegen am leichtesten bei kompoundierten und nicht kompensierten Generatoren auf. Die Anordnung von Kommutierungspolen verbessert die Sache etwas, weil derartige Pole selbst bei den größten Strömen die Kommutierung verbessern und somit dem Feuern unter und in der Nähe der Bürsten entgegenwirken; von dem Bürstenfeuer nimmt das Rundfeuer nämlich meistens seinen Anfang.

158. Ausschalten von Stromkreisen, die Selbstinduktion, Widerstand und Kapazität enthalten.

Im Abschn. 152 wurde das Ausschalten von Stromkreisen, die Widerstand und Selbstinduktion in Serie enthalten, untersucht. Hier soll nun der Reihe nach das Ausschalten von **a)** Selbstinduktion und Widerstand in Parallelschaltung, **b)** zwei parallelgeschalteten Selbstinduktionen und **c)** Selbstinduktion und Kapazität in Parallelschaltung behandelt werden. Da das Ausschalten von Wechselströmen sich mathemathisch schwierig behandeln läßt, soll in jedem der genannten Fälle das Ausschalten von Gleichströmen zuerst behandelt werden, um die erhaltenen Resultate nachher sinngemäß auf das Abschalten von Wechselstromkreisen zu übertragen.

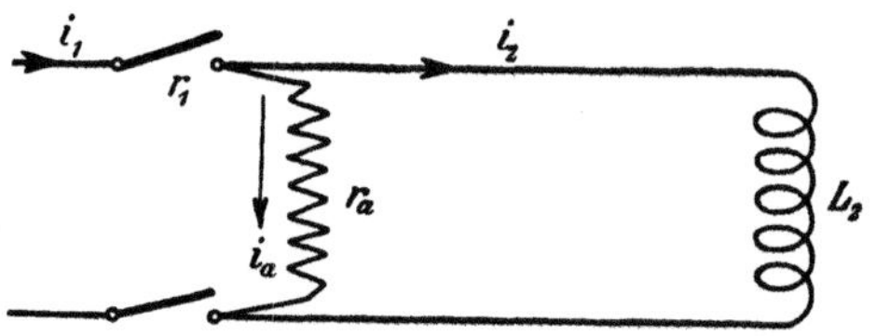

Fig. 506. Ausschalten von Selbstinduktion und Widerstand in Parallelschaltung.

a) Ausschalten eines Stromkreises, der Selbstinduktion und Widerstand in Parallelschaltung enthält, wie die Fig. 506 zeigt. Den Widerstand zwischen den Kontakten des Schalters setzen wir wie im Abschn. 152 gleich $\frac{r_1 t}{T_a - t}$, also wird der Widerstand in Serie mit den parallel geschalteten Stromkreisen

$$r_1 + \frac{r_1 t}{T_a - t} = \frac{r_1 T_a}{T_a - t},$$

worin T_a die Ausschaltezeit und die Zeit t von dem Anfange des Ausschaltens gerechnet wird. Es lauten nun die Differentialgleichungen der parallelen Stromkreise (Fig. 506)

$$p - \frac{i_1 r_1 T_a}{T_a - t} = i_a r_a = L_2 \frac{di_2}{dt} \quad . \quad . \quad . \quad . \quad . \quad (368)$$

$$i_1 = i_a + i_2 \quad . \quad . \quad . \quad . \quad . \quad . \quad . \quad . \quad . \quad . \quad . \quad . \quad . \quad (369)$$

also wird durch Einsetzen von i_1 in die erste Gleichung

$$p = \frac{i_2 r_1 T_a}{T_a - t} + L_2 \frac{di_2}{dt} + i_a \frac{r_1 T_a}{T_a - t}$$

oder

$$p = \frac{i_2 r_1 T_a}{T_a - i} + L_2 \frac{di_2}{dt} + \frac{L_2}{r_a} \frac{r_1 T_a}{T_a - t} \frac{di_2}{di}.$$

Substituieren wir der Einfachheit halber

$$\frac{T_a - t}{T_a} = x, \quad \text{so wird} \quad dt = -T_a dx$$

und es lautet die neue Differentialgleichung in x

$$-\frac{L_2}{T_a}\left(1+\frac{r_1}{r_a x}\right)\frac{d i_2}{d x}+\frac{r_1}{x} i_2=p$$

oder

$$\left(1+\frac{r_1}{r_a x}\right)\frac{d i_2}{d x}-\frac{A}{x} i_2+p \frac{T_a}{L_2}=0,$$

worin

$$A=\frac{r_1 T_a}{L_2}$$

die Ausschaltekonstante bedeutet. Indem

$$e^{\int \frac{\frac{A}{x}}{1+\frac{r_1}{r_a x}} d x}=e^{\int \frac{A}{x+\frac{r_1}{r_a}} d x}=\left(x+\frac{r_1}{r_a}\right)^A,$$

erhält man die Lösung für $A \gtrless 1$

$$i_2=e^{\int \frac{\frac{A}{x}}{1+\frac{r_1}{r_a x}} d x}\left\{-\int \frac{p T_a}{L_2\left(1+\frac{r_1}{r_a x}\right)} e^{-\int \frac{\frac{A}{x}}{1+\frac{r_1}{r_a x}} d x}+C\right\}$$

$$=-\frac{p T_a\left(x A+\frac{r_1}{r_a}\right)}{L_2(1-A) A}+C\left(x+\frac{r_1}{r_a}\right)^A,$$

worin C die Integrationskonstante bedeutet. Zur Zeit $t=0$ am Anfange des Auschaltens ist $x=1$ und $i_2=i_{20}$, also

$$i_{20}=-\frac{p T_a}{L_2} \frac{\left(A+\frac{r_1}{r_a}\right)}{(1-A) A}+C\left(1+\frac{r_1}{r_a}\right)^A$$

also

$$C=\left\{i_{20}+\frac{p T_a\left(A+\frac{r_1}{r_a}\right)}{L_2(1-A) A}\right\}\left(1+\frac{r_1}{r_a}\right)^{-A}$$

und

$$i_2=-\frac{p\left(x A+\frac{r_1}{r_a}\right)}{r_1(1-A)}+\left\{i_{20}+\frac{p\left(A+\frac{r_1}{r_a}\right)}{r_1(1-A)}\right\}\left(\frac{x+\frac{r_1}{r_a}}{1+\frac{r_1}{r_a}}\right)^A . \quad (370)$$

worin

$$x=\frac{T_a-t}{T_a},$$

also $\qquad x=1$ für $t=0$

und $\qquad x=0$ für $t=T_a$.

Die Richtigkeit dieses Ausdruckes für i_2 ergibt sich daraus, daß für $r_a = \infty$ die Formel für

$$i_1 = i_2 = -\frac{pxA}{r_1(1-A)} + \left(i_{20} + \frac{pA}{r_1(1-A)}\right)x^A$$

$$= -\frac{pA}{r_1(1-A)}\frac{T_a - t}{T_a} + \left(i_{20} + \frac{pA}{r_1(1-A)}\right)\left(\frac{T_a - t}{T_a}\right)^A$$

mit dem im Abschn. 152 abgeleiteten Ausdruck übereinstimmt, der für den Strom i beim Abschalten einer Selbstinduktion L in Serie mit dem Widerstande r abgeleitet wurde.

Aus der Formel für i_2 ergibt sich nun leicht der Strom i_a im Widerstandskreise

$$i_a = \frac{L_2}{r_a}\frac{di_2}{dt} = -\frac{L_2}{r_a T_a}\frac{di_2}{dx} = -\frac{r_1}{r_a A}\frac{di_2}{dx},$$

also wird

$$i_a = \frac{\frac{r_1}{r_a}p}{r_1(1-A)} - \frac{r_1}{r_a}\left\{i_{20} + \frac{p\left(A + \frac{r_1}{r_a}\right)}{r_1(1-A)}\right\}\frac{\left(x + \frac{r_1}{r_a}\right)^{A-1}}{\left(1 + \frac{r_1}{r_a}\right)^A}$$

und der ganze Strom

$$i_1 = i_a + i_2 = -\frac{pxA}{r_1(1-A)} + \left\{i_{20} + \frac{p\left(A + \frac{r_2}{r_a}\right)}{r_1(1-A)}\right\}\left(\frac{x + \frac{r_1}{r_a}}{1 + \frac{r_1}{r_a}}\right)^{A-1}\frac{x}{1 + \frac{r_1}{r_a}}. \tag{371}$$

Es wird die Spannung $\varDelta p = \frac{i_1 r t}{T_a - t}$ im Lichtbogen

$$\varDelta p = -\frac{pAt}{(1-A)T_a}$$

$$+ \left\{i_{20} + \frac{p\left(A + \frac{r_1}{r_a}\right)}{r_1(1-A)}\right\}\left(\frac{\frac{T_a - t}{T_a} + \frac{r_1}{r_a}}{1 + \frac{r_1}{r_a}}\right)^{A-1}\frac{tr_1}{T_a\left(1 + \frac{r_1}{r_a}\right)}. \tag{372}$$

Für $A = \frac{r_1 T_a}{L_2} = 1$ erhalten wir die folgende Lösung der Differentialgleichung

$$i_2 = -\frac{pT_a}{L_s}\left[\left(x + \frac{r_1}{r_a}\right)\ln\left(x + \frac{r_1}{r_a}\right) + \frac{r_1}{r_a}\right] + C\left(x + \frac{r_1}{r_a}\right);$$

da für

$$t = 0 \quad x = 1 \quad i_2 = i_{20}$$

wird die Integrationskonstante

$$C = \frac{i_{20}}{1+\frac{r_1}{r_a}} + \frac{pT_a}{L_s}\ln\left(1+\frac{r_1}{r_a}\right) + \frac{r_1 p T_a}{r_a L_s\left(1+\frac{r_1}{r_a}\right)}$$

und wir erhalten die folgende Formel für $A=1$:

$$i_2 = \frac{p}{r_1}\left(x+\frac{r_1}{r_a}\right)\ln\left(\frac{1+\frac{r_1}{r_a}}{x+\frac{r_1}{r_a}}\right) + \left(\frac{p}{r_a}+i_{20}\right)\frac{x+\frac{r_1}{r_a}}{1+\frac{r_1}{r_a}} - \frac{p}{r_a} \qquad (370\,a)$$

$$i_a = \frac{p}{r_a}\left\{1-\ln\left(\frac{1+\frac{r_1}{r_a}}{x+\frac{r_1}{r_a}}\right)\right\} - \left(\frac{p}{r_a}+i_{20}\right)\frac{\frac{r_1}{r_a}}{1+\frac{r_1}{r_a}}.$$

$$i_1 = \frac{px}{r_1}\ln\left(\frac{1+\frac{r_1}{r_a}}{x+\frac{r_1}{r_a}}\right) + \left(\frac{p}{r_a}+i_{20}\right)\frac{x}{1+\frac{r_1}{r_a}} - \frac{p}{r_a}. \qquad (371\,a)$$

und die Lichtbogenspannung

$$\Delta p = \frac{pt}{T_a}\ln\left(\frac{1+\frac{r_1}{r_a}}{\frac{T_a-t}{T_a}+\frac{r_1}{r_a}}\right) + \left(\frac{p}{r_a}+i_{20}\right)\frac{r_1 t}{\left(1+\frac{r_1}{r_a}\right)T_a} - \frac{p r_1 t}{r_a(T_a-t)}. \qquad (372\,a)$$

Da die höchste Spannung Δp stets am Schlusse der Unterbrechungszeit auftritt, so ist es hauptsächlich von Interesse zu untersuchen, welchen Einfluß der parallelgeschaltete Widerstand r_a auf die Lichtbogenspannung in diesem Augenblicke ausübt. Es ist zur Zeit $t=T_a$ für $A \gtrless 1$

$$\Delta p_{(t=T_a)} = -\frac{pA}{1-A} + \left(i_{20} r_a + \frac{p r_a}{r_1}\,\frac{A+\frac{r_1}{r_a}}{1-A}\right)\left(\frac{\frac{r_1}{r_a}}{1+\frac{r_1}{r_a}}\right)^A \qquad (373)$$

und für $A=1$

$$\Delta p_{(t=T_a)} = p\ln\left(\frac{1+\frac{r_1}{r_a}}{\frac{r_1}{r_a}}\right) + (i_{20} r_a + p)\frac{\frac{r_1}{r_a}}{1+\frac{r_1}{r_a}}. \qquad (373\,a)$$

Außerdem wird die Stromstärke in dem Selbstinduktionskreis zur Zeit $t = T_a$ für $A \gtrless 1$

$$i_{2(t=T_a)} = -\frac{p}{1-A} + \left\{ i_{20} + \frac{p\left(A + \frac{r_1}{r_a}\right)}{r_1(1-A)} \right\} \left(\frac{\frac{r_1}{r_a}}{1 + \frac{r_1}{r_a}} \right)^A = \frac{\Delta p_{(t=T_a)} - p}{r_a}$$

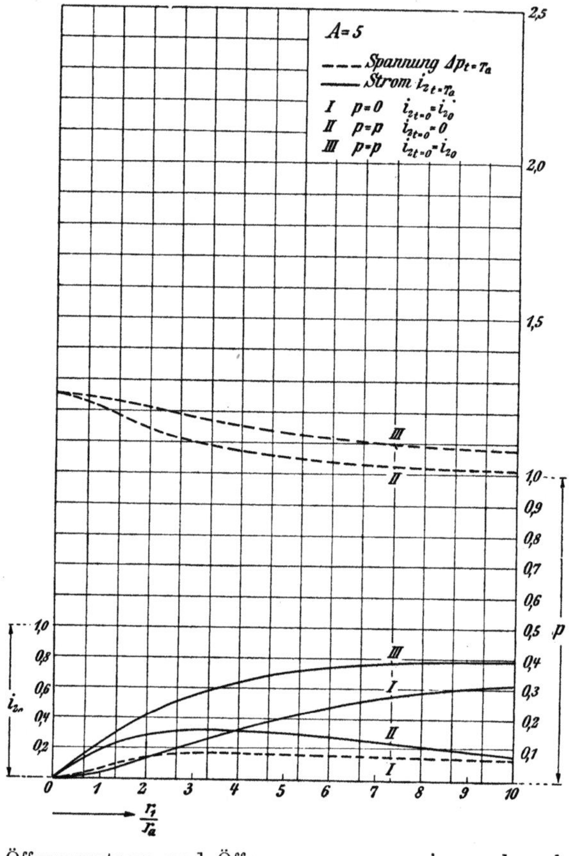

Fig. 507. Öffnungsstrom und Öffnungsspannung eines schwach induktiven Stromkreises bei parallelgeschaltetem Widerstand.

und für $A = 1$

$$i_{2(t=T_a)} = \frac{p}{r_a} \ln \left(\frac{1 + \frac{r_1}{r_a}}{\frac{r_1}{r_a}} \right) + \left(\frac{p}{r_a} + i_{20} \right) \frac{\frac{r_1}{r_a}}{1 + \frac{r_1}{r_a}} - \frac{p}{r_a} = \frac{\Delta p_{(t=T_a)} - p}{r_a},$$

so daß ganz allgemein

$$\Delta p_{(t=T_a)} = p + r_a i_{2(t=T_a)} \quad \ldots \ldots \ldots \quad (374)$$

was auch direkt einzusehen ist; denn sobald $i_{1\,(t=T_a)} = 0$ wird, muß $i_{a\,(t=T_a)} = i_{2\,(t=T_a)}$ und man erhält die soeben abgeleitete Formel.

Es ist in allen obenstehenden Formeln zu beachten, daß der Strom i_{20} nur als Grenzwert zur Zeit $t = 0$ eingeführt ist und daß die Gültigkeit der Formeln, ganz abgesehen von der Größe von i_{20}, bestehen bleibt. Wir wollen nun drei Fälle betrachten, nämlich erstens den Fall, wenn $i_{2\,(t=0)} = i_{20}$ und die aufgedrückte Spannung

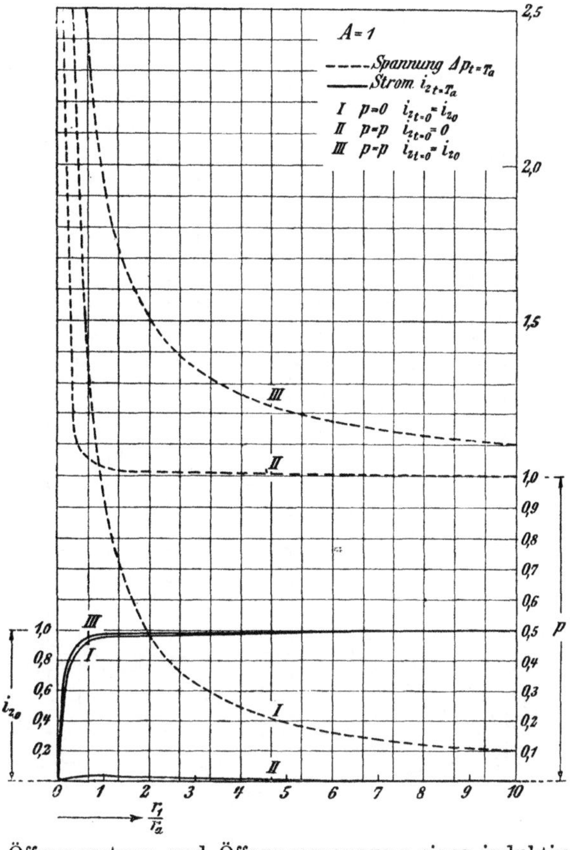

Fig. 508. Öffnungsstrom und Öffnungsspannung eines induktiven Stromkreises bei parallelgeschaltetem Widerstand.

$p = 0$ während der ganzen Ausschaltezeit, zweitens den Fall, wenn $i_{2\,(t=0)} = 0$ und $p = p$ für alle t, und drittens den Fall, wenn $i_{2\,(t=0)} = i_{20}$ und $p = p$. Es sind für diese drei Fälle die Lichtbogenspannung $\Delta p_{(t=T_a)}$ und die Stromstärke $i_{2\,(t=T_a)}$ als Funktion von $\frac{r_1}{r_a}$ in Fig. 507 für $A = 5$, in Fig. 508 für $A = 1$ und in Fig. 509 für $A = 0{,}1$ aufgetragen. Für $A = 0$ wird

$$\Delta p_{(t=T_a)} = i_{20} r_a + p = i_{20} r_1 \frac{r_a}{r_1} + p \quad . \quad . \quad . \quad (374\,\mathrm{a})$$

Aus den Kurven und der Formel für $A = 0$ ist ersichtlich, daß die Lichtbogenspannung $\Delta p_{(t=T_a)}$ um so kleiner wird, je kleiner der parallelgeschaltete Widerstand ist, was ja zu erwarten war. Jedoch kann Δp für die Kurven I und II nie kleiner als die Klemmenspannung p werden.

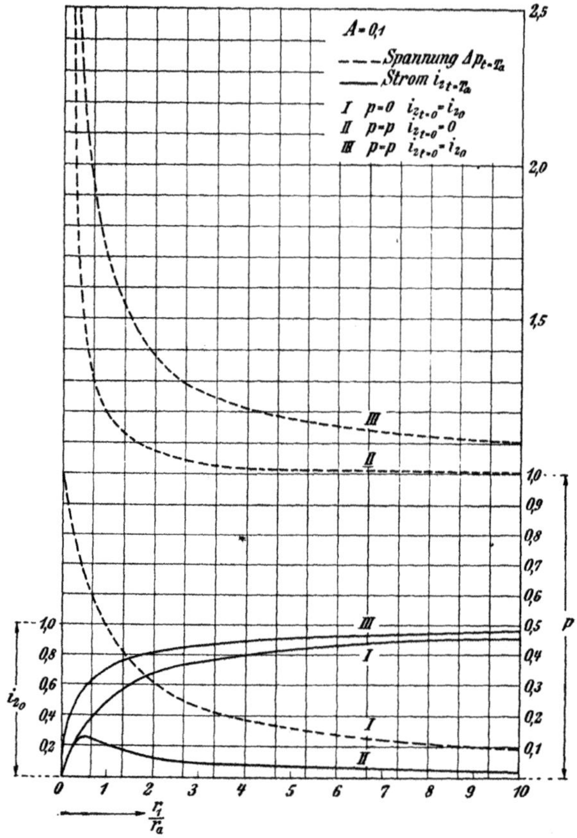

Fig. 509. Öffnungsstrom und Öffnungsspannung eines stark induktiven Stromkreises bei parallelgeschaltetem Widerstand.

Betrachten wir nun den praktisch vorkommenden Fall der Ausschaltung einer Feldwicklung, so läßt sich leicht der parallelgeschaltete Widerstand r_a berechnen, der nötig ist, damit die Öffnungsspannung $\Delta p_{(t=T_a)}$ nicht einen gegebenen Wert, z. B. 50%, über die normale Spannung hinausgeht. Zu dem Zwecke soll die Magnetwicklung des lamellierten Feldes Seite 620 herangezogen werden.

Es ist

$$p = 500 \text{ Volt},$$

$$i_{20} = 3 \text{ Ampere},$$

$$A \cong 0,$$

also

$$\Delta p = i_{20} r_a + p$$

oder

$$r_a = \frac{\Delta p - p}{i_{20}} = \frac{1{,}5p - p}{i_{20}} = \frac{250}{3} = 83{,}3\ \Omega.$$

In dem Widerstande wird erstens der $\frac{r_a}{r_2 + r_a}$te Teil, d. h. hier der dritte Teil der ganzen Feldenergie, vergeudet; dieser Teil ist

$$\tfrac{1}{3}\tfrac{1}{2} i_{20}^2 L_2 = \tfrac{1}{6} 3^2 \cdot 240 = 360 \text{ Joule}.$$

Außerdem wird eine Energie dem Widerstande von der Energiequelle während der Ausschaltezeit T_a zugeführt; diese ist angenähert gleich

$$\frac{T_a}{2} \frac{p^2}{r_0} = T_a \frac{500^2}{333{,}3} = 750\, T_a,$$

also für $T_a = {}^1/_{10}$ Sekunde $\frac{T_a}{2} \frac{p^2}{r_a} = 75$ Joule.

Die gesamte in dem parallelgeschalteten Widerstande r_a vergeudete Energie wird somit wenigstens ca. $(360 + 75) = 435$ Joule.

Für ein Feld mit massivem Eisen geht ein Teil der magnetischen Feldenergie durch die Wirbelströme im Eisen verloren, so daß in dem parallelgeschalteten Widerstand noch weniger als 435 Joule vergeudet werden kann.

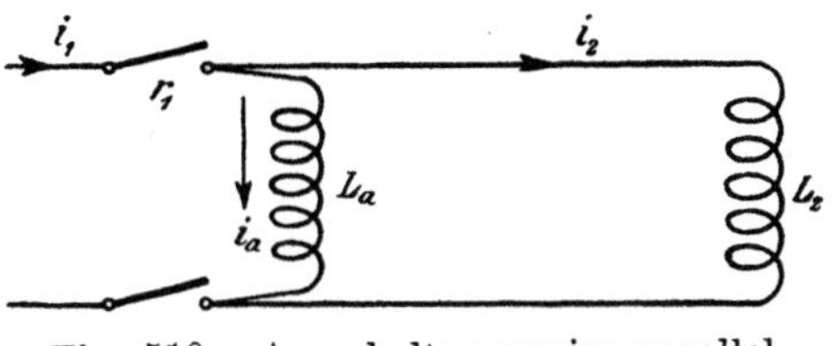

Fig. 510. Ausschalten zweier parallelgeschalteten Selbstinduktionen.

b) Ausschalten eines Stromkreises, der aus zwei parallelgeschalteten Selbstinduktionen besteht. Diese mögen direkt oder mittels gegenseitiger Induktion miteinander verbunden sein. Zuerst betrachten wir den in Fig. 510 dargestellten Stromkreis.

Für die beiden Stromzweige lauten die Gleichungen

$$p - \frac{i_1 r_1 T_a}{T_a - t} = L_a \frac{d i_a}{dt} = L_2 \frac{d i_2}{dt}$$

und

$$i_1 = i_a + i_2,$$

also
$$\frac{di_1}{dt}=\frac{di_a}{dt}+\frac{di_2}{dt}=\left(1+\frac{L_2}{L_a}\right)\frac{di_2}{dt}=\left(1+\frac{L_a}{L_2}\right)\frac{di_a}{dt}$$

und
$$p=\frac{i_1 r_1 T_a}{T_a-t}+\frac{L_2}{1+\frac{L_2}{L_a}}\frac{di_1}{dt}.$$

Der Strom i_1 dieser beiden Stromkreise verschwindet demnach nach demselben Gesetze wie der einer einzelnen Selbstinduktion, deren Größe

$$L=\frac{L_2}{1+\frac{L_2}{L_a}}=\frac{L_a L_2}{L_a+L_2}$$

und deren Ausschaltekonstante

$$A=\frac{r_1 T_a}{L}=\frac{r_1 T_a}{L_2}\left(1+\frac{L_2}{L_a}\right).$$

Durch das Parallelschalten einer Selbstinduktion L_a wird die Ausschaltekonstante somit um so größer, je kleiner die parallelgeschaltete Selbstinduktion. Alles was im Abschnitte 152 über eine einzige Selbstinduktion gesagt worden ist, gilt auch hier. Für die Bestimmung der Ströme dienen die Gleichungen

$$\frac{di_1}{dt}=\left(1+\frac{L_2}{L_a}\right)\frac{di_2}{dt}=\left(1+\frac{L_a}{L_2}\right)\frac{di_0}{dt},$$

sowie die Anfangsbedingungen $t=0$, $i_2=i_{20}$, $i_a=i_{a0}$. Wenn L_a während der Ausschaltezeit parallel zu L_2 eingeschaltet ist, wird $i_{a0}\cong 0$ sein.

Sind die zwei Stromkreise mittels gegenseitiger Induktion verbunden, wie in Fig. 511a und b gezeigt, so erhalten wir die analogen Differentialgleichungen wie beim allgemeinen Transformator, nur daß $\frac{r_1 T_a}{T_a-t}$ für r_1 überall einzuführen ist. Es lauten somit die Differentialgleichungen für die primäre und für die sekundäre Wicklung

$$p_1=\frac{r_1 i_1 T_a}{T_a-t}+S_1\frac{di_1}{dt}+M\frac{d(i_1+i_2)}{dt}$$

$$-p_2=r_2 i_2+S_2\frac{di_2}{dt}+M\frac{d(i_1+i_2)}{dt},$$

worin $i_a=i_1+i_2$ den Magnetisierungsstrom bedeutet. Aus diesen beiden Gleichungen ergibt sich durch Elimination von i_2 die Differentialgleichung des Primärkreises

$$[(S_1+M)(S_2+M)-M^2]\frac{d^2 i_1}{d t^2}+\left[\frac{r_1 T_a}{T_a-t}(S_2+M)+r_2(S_1+M\right]\frac{d i_1}{dt}$$

$$+\frac{r_1 r_2 T_a}{T_a-t}i_1+(S_2+M)\frac{r_1 T_a}{(T_a-t)^2}i_1=(S_2+M)\frac{dp_1}{dt}+M\frac{dp_2}{dt}+p_1 r_2.$$

Diese Gleichung läßt sich nicht nach allgemeinen Methoden lösen, sondern nur durch Entwicklung in eine Reihe. Da ein derartiges Resultat nicht sehr übersichtliche Werte gibt, sollen hier nur ein paar Spezialfälle eingehend behandelt werden.

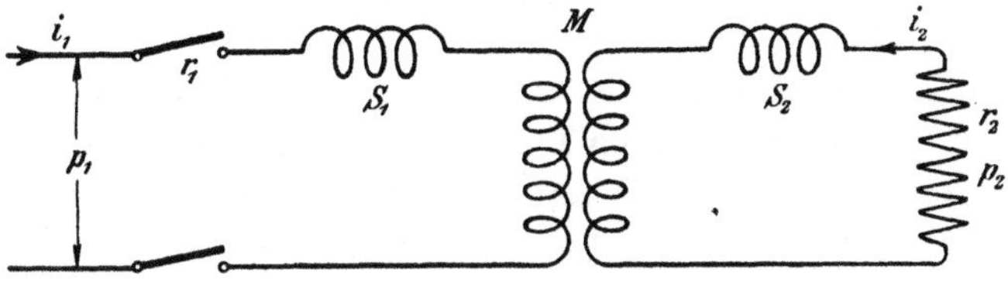

Fig. 511 a.

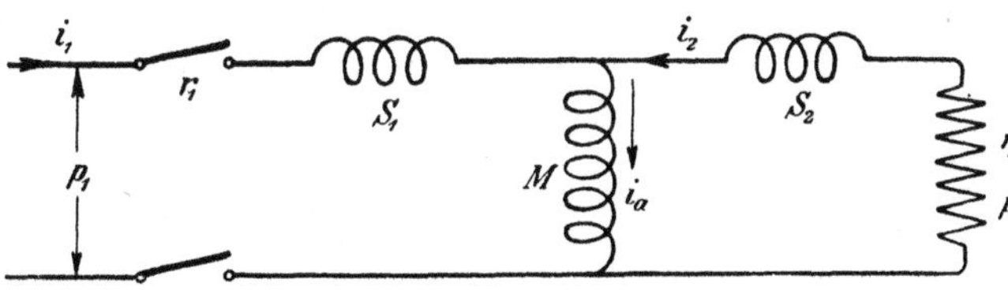

Fig. 511 b.

Fig. 511 a und b. Ausschalten eines Transformators an der Primärseite.

1. Als ersten Spezialfall betrachten wir das Abschalten eines stationären Transformators mit vernachlässigbar kleinen Streuungen S_1 und S_2; die Primärwicklung ist an die konstante Spannung p_1 und die Sekundärwicklung über einen induktionsfreien Belastungswiderstand r_b geschlossen. Es ist somit $p_2=0$ in die obigen Differentialgleichungen einzusetzen; diese nehmen die folgende Form an

$$p_1-\frac{r_1 T_a i_1}{T_a-t}=M\frac{d(i_1+i_2)}{dt}=-i_2(r_2+r_b),$$

$i_1+i_2=i_a$ hierin eingeführt, gibt

$$p_1=\frac{r_1 T_a i_a}{T_a-t}+M\frac{d i_a}{dt}+\frac{r_1}{r_2+r_b}\frac{T_a}{T_a-t}M\frac{d i_a}{dt}$$

oder

$$\left(1+\frac{r_1}{r_2+r_b}\frac{T_a}{T_a-t}\right)M\frac{d i_a}{dt}+\frac{r_1 T_a}{T_a-t}i_a=p_1.$$

Durch Einführung von $\frac{T_a - t}{T_a} = x$ und $dt = -T_a dx$ geht die Differentialgleichung in die folgende Form über

$$\left[1 + \frac{r_1}{(r_2 + r_b)\,x}\right] \frac{d i_a}{dt} - \frac{A}{x}\, i_a + p_1 \frac{T_a}{M} = 0,$$

worin $A = \frac{r_1 T_a}{M}$ ist.

Diese Gleichung stimmt fast genau mit dem für einen Stromkreis mit zur Selbstinduktion parallelgeschalteten Widerstand überein, was ja auch ganz natürlich ist, weil für $S_1 = S_2 = 0$ der äquivalente Stromkreis (Fig. 511 b) der Natur nach mit dem Stromkreise (Fig. 506) übereinstimmt. Nehmen wir an, daß die wirkliche Ausschaltezeit nur einen kleinen Bruchteil einer Periode dauert, so kann während dieser kurzen Zeit angenähert p konstant gesetzt werden. Die Lösung der Gleichung lautet dann für $A \lesssim 1$

$$i_a = -\frac{p_1\left(xA + \frac{r_1}{r_2 + r_b}\right)}{r_1(1 - A)} + \left\{i_{a0} + \frac{p_1\left(A + \frac{r_1}{r_2 + r_b}\right)}{r_1(1 - A)}\right\} \left(\frac{x + \frac{r_1}{r_2 + r_b}}{1 + \frac{r_1}{r_2 + r_b}}\right)^{A}.$$

Indem

$$i_2 = -\frac{M}{r_2 + r_b} \frac{d i_a}{dt} = \frac{r_1}{(r_2 + r_b)\,A} \frac{d i_a}{dx}$$

und

$$i_1 = i_a - i_2,$$

ergibt sich der Primärstrom i_1 zu

$$i_1 = -\frac{p_1 x A}{r_1(1 - A)} + \left\{i_{a0} + \frac{p_1\left(A + \frac{r_1}{r_2 + r_b}\right)}{r_1(1 - A)}\right\} \left(\frac{x + \frac{r_1}{r_2 + r_b}}{1 + \frac{r_1}{r_2 + r_b}}\right)^{A-1} \frac{x}{1 + \frac{r_1}{r_2 + r_b}}$$

und die Lichtbogenspannung

$$\Delta p = \frac{i_1 r_1 t}{T_a - t} = -\frac{p_1 A t}{(1 - A) T_a}$$

$$+ \left\{i_{a0} + \frac{p_1\left(A + \frac{r_1}{r_2 + r_b}\right)}{r_1(1 - A)}\right\} \left(\frac{x + \frac{r_1}{r_2 + r_b}}{1 + \frac{r_1}{r_2 + r_b}}\right)^{A-1} \frac{t r_1}{T_a\left(1 + \frac{r_1}{r_2 + r_b}\right)} \quad (375)$$

Für $r_b = \infty$, d. h. bei leerlaufendem Transformator, wird

$$\Delta p = -\frac{p_1 A t}{(1 - A) T_a} + \left(i_{a0} r_1 + \frac{p_1 A}{1 - A}\right) \left(\frac{T_a - t}{T_a}\right)^{A-1} \frac{t}{T_a} \quad (375\text{a})$$

welche für $t = T_a$ gleich

$$\left.\begin{aligned} \Delta p_{(t=T_a)} &= -\frac{p_1 A}{1-A} = \frac{p_1 A}{A-1} \quad \text{für } A > 1 \\ \text{und} \qquad \Delta p_{(t=T_a)} &= \infty \quad \text{für } A \overline{\gtrless} 1. \end{aligned}\right\} \qquad (376)$$

Für endliche Werte von r_b, d. h. bei induktionsfrei belastetem Transformator, erhält man stets endliche Werte für die Öffnungsspannung Δp. Für $t = T_a$ wird für $A \gtrless 1$

$$\Delta p_{(t=T_a)} = -\frac{p_1 A}{1-A} + \left\{ i_{a0} r_1 + \frac{p_1 \left(A + \frac{r_1}{r_2 + r_b}\right)}{1-A} \right\} \frac{\left(\frac{r_1}{r_2 + r_b}\right)^{A-1}}{\left(1 + \frac{r_1}{r_2 + r_b}\right)^{A}}$$

und für $A = 1$ (377)

$$\Delta p_{(t=T_a)} = p \ln \left(\frac{1 + \frac{r_1}{r_2 + r_b}}{\frac{r_1}{r_2 + r_b}} \right) + (i_{a0} + p_1) \frac{\frac{r_1}{r_2 + r_b}}{1 + \frac{r_1}{r_2 + r_b}} \qquad (378)$$

Für $A = 5$, 1 und 0,1 ergibt sich $\Delta p_{(t=T_a)}$ aus den Kurven Fig. 507, 508 und 509, indem man für die betreffende Belastung den Punkt der Abszissenachse aufsucht, für den $\frac{r_1}{r_a} = \frac{r_1}{r_2 + r_b}$. Ist die Spannung p_1 im Momente des Abschaltens ein Maximum, so ist der Magnetisierungstrom $i_{a0} = 0$, und die Ordinaten Δp_I der Kurve I geben die Öffnungsspannungen $\Delta p_{(t=T_a)}$ an. Ist die Spannung p_1 im Momente des Abschaltens Null, so ist i_{a0} ein Maximum und die Ordinaten $-\Delta p_{II}$ der Kurve II geben die Öffnungsspannung $\Delta p_{(t=T_a)}$ an. Ist die Spannung dagegen $P_{max} \sin \psi$, so ist die Öffnungsspannung

$$\Delta p_{(t=T_a)} = \Delta p_I \sin \psi - \Delta p_{II} \cos \psi \quad . \; . \; . \quad (379)$$

Aus diesen Formeln geht deutlich hervor, daß die Öffnungsspannung beim Abschalten eines fast streuungslosen Transformators bei Leerlauf am größten wird und mit Zunahme einer induktionsfreien Belastung abnimmt.

2. Als zweiten Spezialfall betrachten wir das Abschalten eines stationären Transformators mit vernachlässigbar kleinem Widerstande r_2; die Primärwicklung ist an die konstante Spannung p_1 und die Sekundärwicklung über eine induktive Belastung L_b geschlossen. Es ist somit $p_2 = 0$ in den obigen Differentialgleichungen einzusetzen, welche die folgende Form annehmen:

$$p_1 - \frac{r_1 T_a i_1}{T_a - t} = S_1 \frac{d i_1}{dt} + M \frac{d(i_1 + i_2)}{dt} = -(S_2 + L_b) \frac{d i_2}{dt};$$

$i_1 + i_2 = i_a$ ist hier wieder der Magnetisierungsstrom. Indem

$$M\frac{di_1}{dt} = -(S_2 + M + L_b)\frac{di_2}{dt},$$

ergibt sich für den Primärstrom die folgende Differentialgleichung

$$p_1 = \frac{i_1 r_1 T_a}{T_a - t} + \left(S_1 + M - \frac{M^2}{S_2 + M + L_b}\right)\frac{di_1}{dt}$$

oder

$$p_1 = \frac{i_1 r_1 T_a}{T_a - t} + \left[S_1 + \frac{M(S_2 + L_b)}{S_2 + M + L_b}\right]\frac{di_1}{dt}.$$

Der Primärstrom i_1 verschwindet demnach nach demselben Gesetz wie der Strom einer einzelnen Selbstinduktion, deren Größe

$$L = S_1 + \frac{M(S_2 + L_b)}{S_2 + M + L_b} = S_1 + M\frac{1 + \frac{S_2}{L_b}}{1 + \frac{S_1 + M}{L_b}}$$

und deren Ausschaltkonstante

$$A = \frac{T_a r_1}{S_1 + \frac{M(S_2 + L_b)}{S_2 + M + L_b}}.$$

ist. Bei kurzgeschlossenem Transformator ist

$$L_b = 0 \quad \text{und} \quad L = S_1 + \frac{MS_2}{S_2 + M} \cong S_1 + S_2,$$

und bei leerlaufendem Transformator ist

$$L_b = \infty \quad \text{und} \quad L = S_1 + M.$$

Es nimmt somit die Abschaltekonstante mit Zunahme der induktiven Belastung zu. Die Öffnungsspannung zur Zeit $t = T_a$ ist für $A > 1$

$$\Delta p_{(t=T_a)} = \frac{p_1 A}{A - 1}$$

und für $A \leqq 1$

$$\Delta p_{(t=T_a)} = \infty,$$

gleichgültig, in welchem Momente der Spannungskurve ausgeschaltet wird. Da A mit zunehmender Selbstinduktion L_b abnimmt, so steigt die Öffnungsspannung $\Delta p_{(t=T_a)}$ mit abnehmender induktiver Belastung, und man erhält die größte Öffnungsspannung, wenn im Momente der maximalen Spannung abgeschaltet wird. Dies trifft jedoch nicht ganz zu, weil die wirkliche Abschaltezeit stets einen beträchtlichen Teil einer halben Periode in Anspruch nimmt und nicht, wie angenommen, momentan vor sich gehen kann.

3. Als dritter Spezialfall soll der Einfluß der gegenseitigen Induktion auf das Verschwinden der zusätzlichen Ströme in den von den Bürsten kurzgeschlossenen Ankerspulen einer Gleichstrommaschine untersucht werden. Für zwei benachbarte Ankerspulen, von denen die erste zeitlich voraus liegt und deren Widerstand somit schnell gegen das Ende der Kurzschlußperiode hin zunimmt, lautet die Differentialgleichung

$$e_{z1} = i_{z1} \frac{r_1 T_a}{T_a - t} + S_1 \frac{d i_{z1}}{dt} + M \frac{d(i_{z1} + i_{z2})}{dt}.$$

Für die zweite Ankerspule werden wir der Einfachheit halber den Widerstand vernachlässigen, weil dieser während des Abschaltens der ersten Ankerspule von untergeordneter Bedeutung ist. Es lautet dann die Differentialgleichung der zweiten Ankerspule

$$e_{z2} = S_2 \frac{d i_{z2}}{dt} + M \frac{d(i_{z1} + i_{z2})}{dt}$$

also

$$M \frac{d i_{z2}}{di} = \frac{M}{S_2 + M} \left(e_{z2} - M \frac{d i_{z1}}{dt} \right)$$

und es läßt sich die Differentialgleichung für den zusätzlichen Strom der ersten Ankerspule wie folgt schreiben

$$e_{z1} - \frac{M}{S_2 + M} e_{z2} = i_{z1} \frac{r_1 T_a}{T_a - t} + \left(S_1 + M - \frac{M^2}{S_2 + M} \right) \frac{d i_{z1}}{dt} \quad (379)$$

worin T_a die Zeit für das Verschwinden des zusätzlichen Stromes bezeichnet. Wir setzen wieder wie im Abschn. 152 $r_1 T_a = r_u T$, worin r_u der Übergangswiderstand zwischen Bürste und Kommutator und T die ganze Kurzschlußzeit der Ankerspule bedeuten. Wir betrachten jedoch nur den letzten Teil T_a dieser Periode und rechnen die Zeit $t = 0$ von dem Momente ab, wenn die Zeit $T - T_a$ der Kurzschlußperiode verstrichen ist. Es ist also am Schlusse der Kurzschlußperiode der ersten Spule $T_a - t = 0$. Da e_{z1} den Strom i_{z1} und e_{z2} den Strom i_{z2} erzeugt, so sind e_{z1} und e_{z2} vom selben Vorzeichen, wenn i_{z1} und i_{z2} gleichgerichtet sind. Im allgemeinen ist

$$e_{z1} - \frac{M}{S_2 + M} e_{z2}$$

kleiner als e_{z1}. — Setzt man die Ausschaltekonstante

$$A = \frac{r_1 T_a}{S_1 + S_2 \frac{M}{S_2 + M}} = \frac{r_u T}{S_1 + S_2 \frac{M}{S_2 + M}}$$

und

$$e_{z1} - \frac{M}{S_2 + M} e_{z2} = e_{za},$$

so lautet die Lösung der Differentialgleichung für $A \gtrless 1$

$$i_{z1} = \frac{e_{za} A}{(A-1) r_u} \frac{T_a - t}{T} + \left[i_{z10} - \frac{e_{za} A T_a}{r_u (A-1) T} \right] \left(\frac{T_a - t}{T_a} \right)^A \quad (380)$$

und für $A = 1$

$$i_{z1} = (T_a - t) \left[\frac{i_{z10}}{T_a} + \frac{e_{za}}{S_1 + S_2 \frac{M}{S_2 + M}} \ln \left(\frac{T_a}{T_a - t} \right) \right] . \quad (380\text{a})$$

und es wird die Funkenspannung am Schlusse der Kurzschlußperiode

$$\Delta p_{(t = T_a)} = \frac{e_{za}}{A - 1} \quad \text{für } A > 1 \; . \; . \; . \; . \; . \quad (381)$$

und

$$\Delta p_{(t = T_a)} = \infty \quad \text{für } A \leqq 1 \quad . \; . \; . \; . \quad (381\text{a})$$

wenn e_{za} von Null verschieden ist.

Das Vorhandensein anderer kurzgeschlossener Spulen verkleinert somit die Funkenspannung ganz beträchtlich, erstens weil die Ausschaltekonstante A bedeutend vergrößert wird, und zweitens, weil die zusätzliche Spannung e_{za} kleiner als e_{z1} ist. Liegen mehrere Ankerspulen in derselben Nute, so ist natürlich die Spule, die zuletzt aus dem Kurzschlusse heraustritt, am schlechtesten daran, weil die gegenseitige Induktion M zwischen dieser Spule und der ersten Spule der nächsten Nute viel kleiner ist als die gegenseitige Induktion zwischen zwei Ankerspulen, die in derselben Nute liegen. Es werden deswegen oft jede dritte oder vierte Lamelle eines Kommutators geschwärzt oder angebrannt, je nachdem drei oder vier Ankerspulen pro Nute liegen.

Um den zusätzlichen Strom i_{z10} am Anfang der Ausschalteperiode zu bestimmen, betrachten wir zuerst den Fall, daß die Bürste gleichzeitig zwei volle Lamellen bedeckt. Nehmen wir an, daß der Strom i_{z2} im Momente $t = T_a$ nahe seinem Maximalwert ist, so ist gerade nach dem Verschwinden von i_{z1} nicht allein $M \frac{d i_{z1}}{dt} = 0$, sondern auch $(S_2 + M) \frac{d i_{z2}}{dt} = 0$. Unter Berücksichtigung des Widerstandes der zweiten Ankerspule erhält man somit zur Zeit $t = T_a$ die Gleichung für diese zweite Ankerspule

$$e_{z20} = i_{z20} (r_s + 4 r_u)$$

und der zusätzliche Strom i_{z2} am Anfang der Ausschalteperiode für die zweite Ankerspule wird also

$$i_{z20} \cong \frac{e_{z20}}{r_s + 4r_u}.$$

Dasselbe gilt natürlich für jede Ankerspule, und wir können somit schreiben

$$i_{z10} \cong \frac{e_{z10}}{r_s + 4r_u} \quad \text{. . . . . . . (382)}$$

Bedeckt die Bürste mehrere Lamellen, so kann in ähnlicher Weise

$$i_{z10} \cong \frac{e_{z10}}{r_s + 4r_u \frac{T}{2T_a}} = \frac{e_{z10}}{r_s + 2\frac{T}{T_a} r_u} \quad \text{. . . (382a)}$$

gesetzt werden. Während die ganze Kurzschlußzeit $T_a = \frac{b}{v_k}$ Sekunden dauert, wenn b die Bürstenbreite in cm und v_k die Umfangsgeschwindigkeit des Kommutators in cm in der Sekunde bedeutet, so dauert die Ausschaltezeit $T_a = \frac{\beta}{v_k}$ Sekunden, worin β die Teilung des Kommutators in cm bedeutet. Es wird also für breite Bürsten der zusätzliche Ankerstrom am Anfange der Ausschaltezeit d. h. zur Zeit $t = 0$,

$$i_{z10} = \frac{e_{z10}}{r_s + 2\frac{b}{\beta} r_u} \quad \text{. . . . . . . (382b)}$$

Mittels der obigen Formeln lassen sich nun die zusätzlichen Ströme in den kurzgeschlossenen Ankerspulen während der letzten Teile der Kurzschlußperiode mit ziemlich großer Annäherung leicht berechnen. Die Formel gilt jedoch nur so lange, als der Widerstand der Verbindungsdrähte zwischen Ankerwicklung und Kommutatorlamellen gegenüber dem Übergangswiderstande zwischen Bürste und Kommutator vernachlässigbar klein ist.

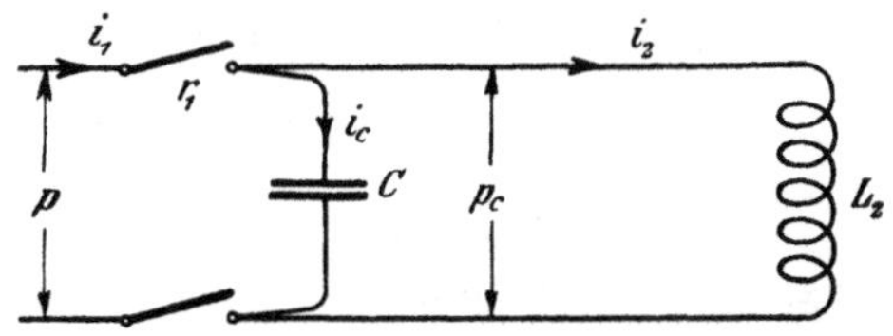

Fig. 512. Ausschalten von Selbstinduktion und Kapazität in Parallelschaltung.

c) Ausschalten eines Stromkreises, der Selbstinduktion und Kapazität in Parallelschaltung enthält, wie die Fig. 512 zeigt. Für die zwei Stromkreise lauten die Differentialgleichungen

$$p - \frac{r_1 T_a i_1}{T_a - t} = \int \frac{i_c}{C} dt = L_2 \frac{di_2}{dt}$$

und

$$i_1 = i_c + i_2.$$

Hieraus ergibt sich die Differentialgleichung für den primären Strom

$$p = \frac{r_1 T_a i_2}{T_a - t} + L_2 \frac{di_2}{dt} + \frac{r_1 T_a}{T_a - t} L_2 C \frac{d^2 i_2}{dt^2} \quad . \quad . \quad . \quad (383)$$

Durch Einführung von

$$\frac{T_a - t}{T_a} = x, \qquad dt = -T_a dx \qquad \text{und} \qquad dt^2 = T_a^2 dx^2$$

geht die Gleichung in die folgende Form über

$$\frac{pAx}{r_1} = A i_2 - x \frac{di_2}{dx} + A \frac{L_2 C}{T_a^2} \frac{d^2 i_2}{dx^2} \quad . \quad . \quad . \quad . \quad (383)$$

worin $A = \frac{r_1 T_a}{L_2}$ die Ausschaltekonstante bedeutet. Macht man den Ansatz

$$i_2 = Ax^\alpha + Bx^\beta + Cx^\gamma + \ldots \quad . \quad . \quad . \quad . \quad (384)$$

und setzt diesen Ausdruck für i_2 in die Differentialgleichung ein, so zeigt sich unter Annahme, daß α den kleinsten Exponent darstellt, daß

$$\alpha = \begin{cases} 0 \\ 1 \end{cases}, \qquad \beta = \alpha + 2, \qquad \gamma = \beta + 2, \ldots$$

sein muß, damit der Ansatz richtig ist. Hieraus folgt, daß das allgemeine Integral der Differentialgleichung zweiter Ordnung von der folgenden Form sein muß

$$i_2 = A_0 + A_1 x + A_2 x^2 + A_3 x^3 + A_4 x^4 + \ldots \quad . \quad (385)$$

Durch Einsetzen in die Differentialgleichung ergeben sich die folgenden Beziehungen zwischen den Integrationskonstanten A.

$$\frac{pA}{r_1} = AA_1 - A_1 + AA_3 2 \cdot 3 \frac{L_2 C}{T_a^2},$$

also

$$A_3 = \left(\frac{p}{r_1} - A_1 + \frac{A_1}{A}\right) \frac{T_a^2}{3!\, L_2 C},$$

$$0 = AA_3 - A_3 + AA_5 4 \cdot 5 \frac{L_2 C}{T_a^2},$$

also

$$A_5 = \left(-A_3 + \frac{3A_3}{A}\right)\frac{T_a^2}{4\cdot 5 L_2 C}$$

$$= \left[\frac{p}{r_1} + A_1\left(\frac{1}{A} - 1\right)\right]\left(\frac{3}{A} - 1\right)\frac{T_a^2}{5!\,L_2 C}$$

usw.

$$A_{2n+1} = \left[\frac{p}{r_1} + A_1\left(\frac{1}{A} - 1\right)\right]\left(\frac{3}{A} - 1\right)\left(\frac{5}{A} - 1\right)\ldots$$

$$\left(\frac{2n-1}{A} - 1\right)\left(\frac{T_a^2}{L_2 C}\right)^n \frac{1}{(2n+1)!} \quad \ldots\ldots \quad (386)$$

Für $A \leqq 1$ schreibt man diesen Ausdruck wie folgt

$$A_{2n+1} =$$

$$\left[\frac{p}{r_1} A + A_1(1 - A)\right](3 - A)(5 - A)\ldots(2n - 1 - A)\left(\frac{T_a}{r_1 C}\right)^n \frac{1}{(2n+1)!}\,. \quad (386\text{a})$$

Für $A = 1$ wird

$$A_{2n+1} = \frac{p}{r_1}\left(\frac{T_a}{r_1 C}\right)^n \frac{2\cdot 4\cdot 6\ldots(2n-2)}{(2n+1)!}\,.$$

Ferner erhält man für die geraden Glieder

$$0 = A A_0 + A\frac{L_2 C}{T_a^2}\, 2\cdot A_2,$$

also

$$A_2 = -\frac{A_0}{2!}\frac{T_a^2}{L_2 C}$$

und

$$0 = A A_2 - 2\cdot A_2 + A\frac{L_2 C}{T_a^2}\, 3\cdot 4\cdot A_4,$$

also

$$A_4 = A_2\left(\frac{2}{A} - 1\right)\frac{T_a^2}{L_2 C}\frac{1}{3\cdot 4} = -A_0\left(\frac{2}{A} - 1\right)\left(\frac{T_a^2}{L_2 C}\right)^2\frac{1}{4!}$$

und allgemein

$$A_{2n} = -A_0\left(\frac{2}{A} - 1\right)\left(\frac{4}{A} - 1\right)\ldots\left(\frac{2n-2}{A} - 1\right)\left(\frac{T_a^2}{L_2 C}\right)^n\frac{1}{2n!} \quad (387)$$

oder für $A \leqq 1$

$$A_{2n} = -A A_0 (2 - A)(4 - A)\ldots(2n - 2 - A)\left(\frac{T_a}{r_1 C}\right)^n \frac{1}{2n!} \quad . \ (387\text{a})$$

Für $A = 1$ wird

$$A_{2n} = -A_0\left(\frac{T_a}{r_1 C}\right)^n \frac{1\cdot 3\cdot 5\ldots 2n-3}{2n!}\,.$$

Es ist somit

$$i_2 = A_0 + A_1 x + A_2 x^2 + A_3 x^3 + \ldots$$

$$i_c = \frac{L_2 C}{T_a^2} \frac{d^2 i_2}{dx^2} = \frac{L_2 C}{T_a^2}(2A_2 + 3\cdot 2\cdot A_3 x + 4\cdot 3 A_4 x^2 + \ldots)$$

und

$$i_1 = i_0 + i_2 = A_0 + \frac{L_2 C}{T_a^2} 2A_2 + \left(A_1 + 3\cdot 2 A_3 \frac{L_2 C}{T_a^2}\right) x + \ldots$$

$$= \left(A_1 + 3\cdot 2 A_3 \frac{L_2 C}{T_a^2}\right) x + \left(A_2 + 4\cdot 3\cdot A_4 \frac{L_2 C}{T_a^2}\right) x^2 + \ldots$$

Für $x = 0$, d. h. $t = T_a$, wird also $i_1 = 0$, was ja erforderlich ist. Es wird nun die Lichtbogenspannung

$$\Delta p = \frac{r_1 i_1 t}{T_a - t} = \frac{r_1 i_1}{x} \frac{t}{T_a},$$

oder

$$\Delta p = \left(A_1 + 3\cdot 2\cdot A_3 \frac{L_2 C}{T_a^2}\right) r_1 \frac{t}{T_a} + \left(A_2 + 4\cdot 3\cdot A_4 \frac{L_2 C}{T_a^2}\right) \frac{x r_1 t}{T_a} + \ldots \tag{388}$$

Für $t = T_a$ ist $x = 0$ und also

$$\Delta p_{(t=T_a)} = \left(A_1 + 3\cdot 2\cdot A_3 \frac{L_2 C}{T_a^2}\right) r_1$$

$$= p + \frac{A_1}{A} r_1 \quad \ldots\ldots\ldots \tag{389}$$

Nach dem Ausschalten, also nach der Zeit $t = T_a$, wäre aber immer noch die Möglichkeit vorhanden, daß die Spannung an dem Kondensator weiter in die Höhe steigen kann; denn im Momente $t = T_a$ ist der Strom in dem Selbstinduktionskreis nicht verschwunden, sondern besitzt den Wert

$$i_{2(t=T_a)} = A_0,$$

während die Spannung an den Kondensatorklemmen

$$p_c = L_2 \frac{di_2}{dt} = -\frac{L_2}{T_a} \frac{di_2}{dx}$$

zur Zeit $t = T_a$ gleich

$$p_{c(t=T_a)} = -\frac{L_2}{T_a} A_1 = -\frac{A_1}{A} r_1 = p - \Delta p_{(t=T_a)}$$

ist. Im gesamten Stromkreis ist somit eine magnetische Feldenergie $\frac{1}{2} A_0^2 L_2$ und eine elektrische Feldenergie $\frac{1}{2}\left(\frac{A_1}{A}\right)^2 r_1^2 C$ aufgespeichert. Es wird die maximale Spannung der freien Schwingungen nach $t = T_a$ (siehe S. 646)

$$P_{c\,max} = \sqrt{\frac{\frac{1}{2} A_0^2 L_2 + \frac{1}{2}\left(\frac{A_1}{A}\right)^2 r_1^2 C}{\frac{1}{2} C}} = \sqrt{A_0^2 \frac{L_2}{C} + \left(\frac{A_1}{A}\right)^2 r_1^2},$$

also

$$P_{c\,max} = \sqrt{A_0^2 \frac{L_2}{C} + A_1^2 \frac{L_2^2}{T_a^2}} \quad \ldots\ldots \quad (390)$$

die maximale Stromstärke

$$J_{max} = \sqrt{A_0^2 + \left(\frac{A_1}{A}\right)^2 r_1^2 \frac{C}{L_2}}$$

$$= \sqrt{A_0^2 + A_1^2 \frac{L_2 C}{T_a^2}} \quad \ldots\ldots \quad (391)$$

und die Eigenschwingungszahl ist

$$c_{ei} = \frac{\beta}{2\pi} = \frac{1}{2\pi\sqrt{L_2 C}} \quad \ldots\ldots \quad (391\,a)$$

Die Zeit T einer vollen Schwingungsperiode ist also

$$T = 2\pi\sqrt{L_2 C}.$$

$\frac{T}{2\pi}$ ist somit die Zeit, die nötig ist für den Strom, um einen Bogengrad, d. h. ca. 57,5°, von einer vollen Schwingung auszuführen. Wenn $T_a = \frac{T}{2\pi}$, so wird $\frac{T_a^2}{L_2 C} = 1$. Der Abkürzung halber führen wir die folgende Bezeichnung ein

$$\frac{T_a^2}{L_2 C} = A \cdot B,$$

also

$$\frac{T_a}{r_1 C} = B, \quad \ldots\ldots\ldots \quad (392)$$

die eine charakteristische Konstante für den Einfluß der Kapazität auf die Kapazitätsspannung $p_{c(t=T_a)}$ und den Strom $i_{2(t=T_a)}$ ist.

Es wird also

$$A_{2n+1} = \left[\frac{p}{r_1} + A_1\left(\frac{1}{A} - 1\right)\right]\left(\frac{3}{A} - 1\right)\left(\frac{5}{A} - 1\right)\ldots\left(\frac{2n-1}{A} - 1\right)\frac{(AB)^n}{(2n+1)!}$$

oder für $A \leqq 1$

$$A_{2n+1} = \left[\frac{p}{r_1} A + A_1(1 - A)\right](3 - A)(5 - A)\ldots(2n - 1 - A)\frac{B^n}{(2n+1)!}$$

und

$$A_{2n} = -A_0\left(\frac{2}{A} - 1\right)\left(\frac{4}{A} - 1\right)\ldots\left(\frac{2n-2}{A} - 1\right)\frac{(AB)^n}{2n!}$$

oder für $A \leqq 1$

$$A_{2n} = -A_0 A (2 - A)(4 - A)\ldots(2n - 2 - A)\frac{B^n}{2n!}.$$

Zur Bestimmung der Konstanten A_0 und A_1 dienen die Anfangsbedingungen

$$t=0, \quad x=1, \quad i_2=i_{20} \quad \text{und} \quad i_c=i_{c0}$$

also

$$\begin{aligned} i_{20} &= A_0+A_1+A_2+A_3+\dots \\ &= A_0+A_2+A_4+\dots+A_1+A_3+A_5+\dots \\ &= A_0 k_1+\left[A_1+\frac{p}{r_1}\frac{A}{(1-A)}\right]k_2 \end{aligned}$$

und

$$\begin{aligned} i_{c0} &= \frac{L_2 C}{T_a^2}(2A_2+3\cdot 2\cdot A_3+4\cdot 3\cdot A_4+\dots) \\ &= A_0 k_3+\left[A_1+\frac{p}{r_1}\frac{A}{(1-A)}\right]k_4, \end{aligned}$$

worin k_1, k_2, k_3 und k_4 für jeden gegebenen Fall konstante Koeffizienten sind. Es lassen sich somit aus diesen beiden linearen Gleichungen die Integrationskonstanten A_0 und A_1 leicht bestimmen.

Es sind in den Figuren 513 und 514 die Stromstärke i_2 im Selbstinduktionskreise und die Kondensatorspannung p_c als Funktion von $\frac{t}{T_a}$ für den Fall aufgetragen, daß am Anfang des Abschaltens zur Zeit $t=0$ der Kondensator ungeladen ist und einen Strom i_{20} in dem Selbstinduktionskreise fließt. Für $A=1$ ist ersichtlich, daß der Strom um so schneller verschwindet, je größer B, d. h. je kleiner die Kapazität C ist. Um so größer wird aber auch die Spannung $p_{c(t=T_a)}$ im Momente des Abschaltens. Für $A=5$ sieht man, wie der Strom während des Abschaltens mehr oder weniger oszillatorisch abnimmt, jedoch kommt der oszillatorische Charakter für $A=1$ nicht recht zum Ausdruck. Dieser scheinbare Unterschied beruht aber lediglich darauf, daß für $A=1$ die Zeit T_a nur ein Bruchteil der Zeit T einer vollen Schwingungsperiode ausmacht. Diese ist nämlich

$$T=2\pi\sqrt{L_2 C}=\frac{2\pi T_a}{\sqrt{AB}},$$

also

$$\frac{T_a}{T}=\frac{\sqrt{AB}}{2\pi} \quad \dots\dots\dots \quad (393)$$

Es sind außerdem in den Figuren 515, 516 und 517 die Kapazitätsspannung $p_{c(t=T_a)}=-\frac{A_1}{A}r_1$ und die Stromstärke $i_{2(t=T_a)}=A_0$ als Funktion von B für $A=5{,}0$, $1{,}0$ und $0{,}1$ für drei Fälle aufgetragen. Die Kurven I beziehen sich auf den Fall, daß die aufgedrückte Spannung p während des Ausschaltens gleich Null gesetzt ist und daß der Kondensator bei Beginn des Ausschaltens ungeladen ist, d. h. $p_{c(t=0)} = 0$, während $i_{2(t=0)} = i_{20}$. Die Kurven II beziehen sich auf den Fall, daß $p = 0$, $i_{2(t=0)} = 0$ und $p_{c(t=0)} = p$ ist. Die Kurven III beziehen sich dagegen auf den Fall, daß $i_{2(t=0)} = 0$ und $p_{c(t=0)} = 0$, während die aufgedrückte Spannung $p = p$ für alle t. Aus diesen drei Kurvensätzen läßt sich nun jeder andere Fall leicht ableiten; denn für $i_{2(t=0)} = i_{20}$ und $p_{c(t=0)} = p$ und $p = p$ für alle t

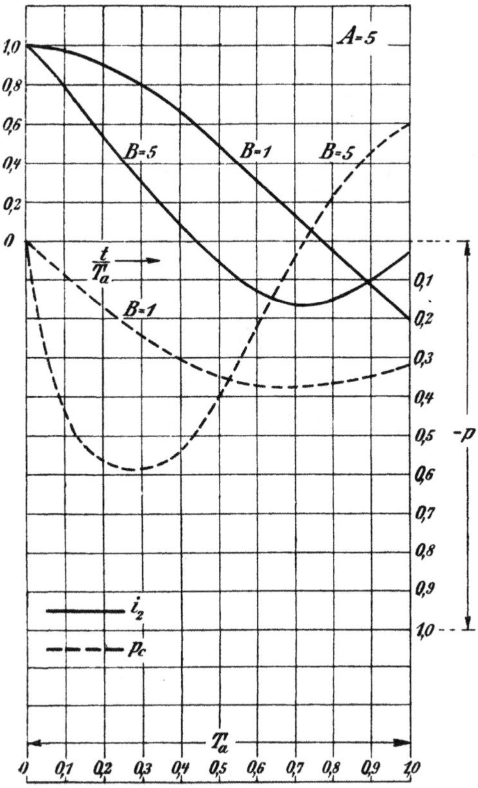

Fig. 513. Öffnungsstrom und Öffnungsspannung eines schwach induktiven Stromkreises bei parallel geschalteter Kapazität.

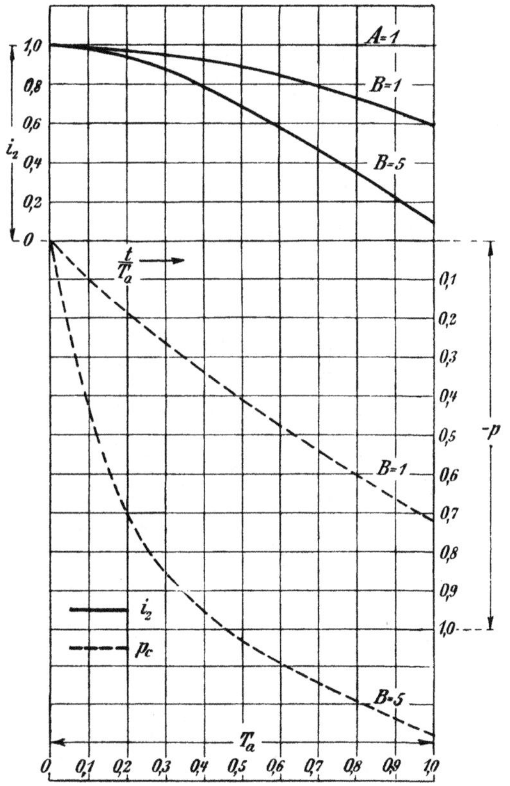

Fig. 514. Öffnungsstrom und Öffnungsspannung eines induktiven Stromkreises bei parallelgeschalteter Kapazität.

braucht man nur die drei Ordinaten I, II und III für $i_{2(t=T_a)}$ zu addieren und in gleicher Weise die drei Ordinaten I, II und III für $p_{c(t=T_a)}$ zu addieren, um für den gegebenen Fall den Wert

$i_{2(t=T_a)} = A_0$ und $p_{c(t=T_a)} = -\frac{A_1}{A} r_1$ zu erhalten.

Aus den abgeleiteten Kurven und Formeln lassen sich somit leicht die Öffnungsspannung

$$\Delta p_{(t=T_a)} = p + \frac{A_1}{A} r_1$$

und die maximale Spannung $P_{c\,max}$ der freien Schwingungen für verschiedene Fälle berechnen. Man wird hierbei stets finden, daß sie um so kleiner werden, je kleiner die Konstante B, d. h. je größer

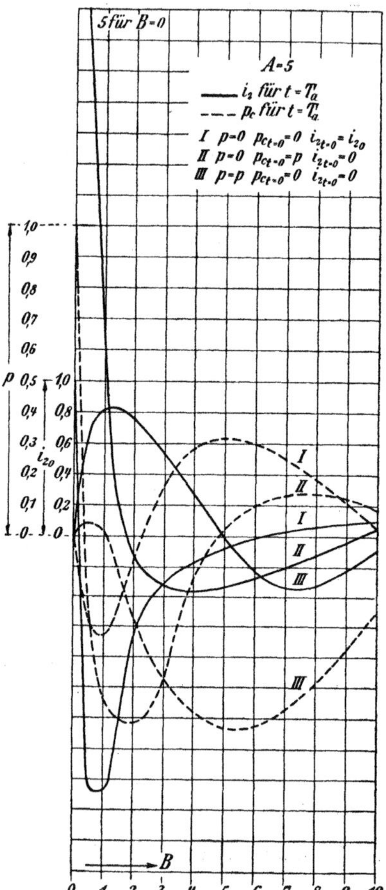

Fig. 515. Öffnungsstrom und Öffnungsspannung eines schwach induktiven Stromkreises bei parallelgeschalteter Kapazität.

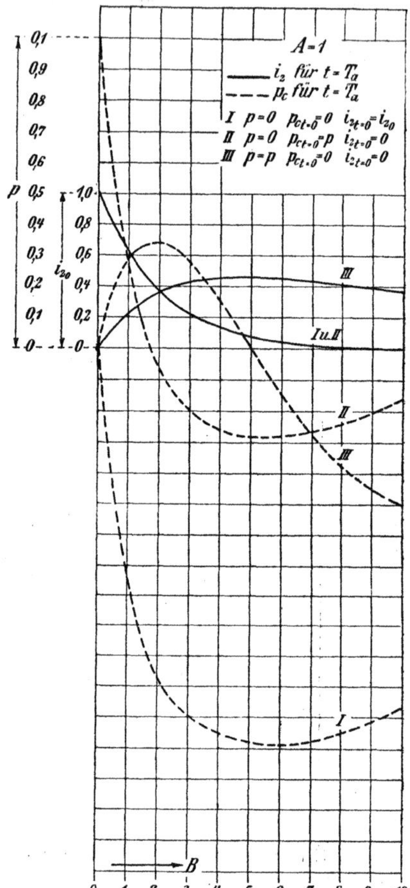

Fig. 516. Öffnungsstrom und Öffnungsspannung eines induktiven Stromkreises bei parallelgeschalteter Kapazität.

die Kapazität C ist. Der ungünstigste Fall tritt ein für $T_a = 0$; denn dann wird $A = 0$ und $B = 0$, also $A_{2n} = 0$ und $A_{2n+1} = 0$,

$$i_2 = A_0 = i_{20} \qquad \Delta p = p + 0,$$

also

$$P_{c\,max} = i_{20} \sqrt{\frac{L_2}{C}} \quad \ldots \ldots \quad (394)$$

Mit dieser Formel wird gewöhnlich gerechnet; wie aber aus dem Vorhergehenden ersichtlich ist, gibt dieselbe viel zu große Werte und führt für sehr kleine Werte von C zu einer Absurdität. Außerdem stimmt die Annahme $T_a = 0$, d. h. daß die Abschaltung momentan vor sich geht, auch gar nicht mit der Erfahrung überein, daß ein Wechselstrom fast stets dann ausgeschaltet wird, wenn er unter stationären Verhältnissen durch Null gehen sollte. Die Parallelschaltung von Kapazität könnte somit dazu dienen, die Öffnungsspannung und die Spannung zwischen den Leitungen an der Sekundärseite des Schalters zu verkleinern. Dieses Mittel ist jedoch mit Rücksicht auf sekundäre Erscheinungen, wie wir gleich sehen werden, sehr gefährlich.

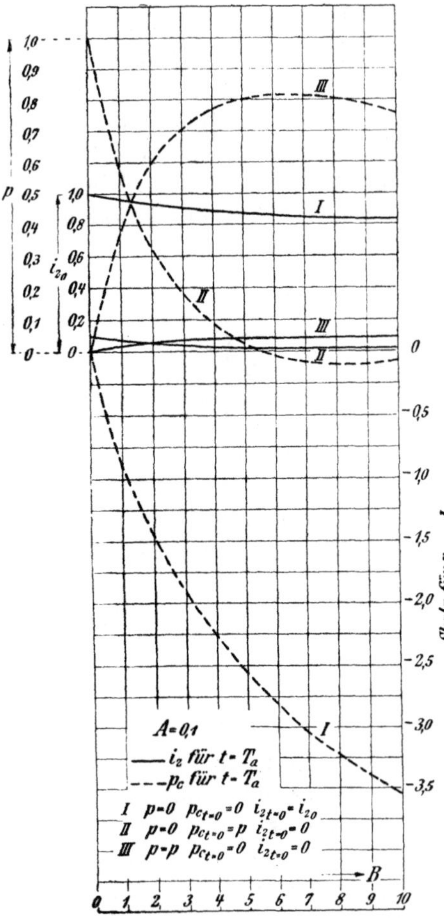

Fig. 517. Öffnungsstrom und Öffnungsspannung eines stark induktiven Stromkreises bei parallelgeschalteter Kapazität.

Was nun das Abschalten von Wechselströmen anbetrifft, so ist das Verhalten von Ölschaltern im Abschnitte 152 eingehend besprochen. Die Öffnungsspannung wurde dort approximativ zu

$$\varDelta p_{(t=T_a)} = \frac{A P_{max} \sin \varphi}{A - 1}$$

angegeben. Bei Parallelschaltung von Kapazität wird sie sich erniedrigen; wieviel läßt sich schwierig exakt berechnen. Man kann aber aus den Kurven Fig. 515, 516 und 517 und den obigen Formeln den Einfluß der Kapazität auf die Öffnungsspannung schätzungsweise bestimmen, wenn man, wie auf S. 637 erläutert, $T_a = \frac{T}{2}$ setzt und $p = P_{max} \sin \varphi$ in den obigen Rechnungen einführt; es wird dann

$$\varDelta p_{(t=T_a)} = \left(P_{max} \sin \varphi + \frac{A_1}{A} r_1\right) \quad . \quad . \quad . \quad . \quad (395)$$

Von viel größerer praktischer Bedeutung als die Berechnung der Öffnungsspannung sind die sekundären Erscheinungen, die bei Abschalten von Stromkreisen, die Kapazität enthalten, auftreten. Handelt es sich z. B. um die Abschaltung einer induktiven Belastung in einer Unterstation, so haben wir den in Fig. 518 dargestellten Stromkreis, worin der Kondensator die Kapazität C der Leitungen repräsentiert. Hier bildet der aus Kapazität und Selbstinduktion bestehende Stromkreis einen Schwingungskreis parallel zu dem Schalter, der der Übersichtlichkeit halber einpolig geöffnet wird. Da sich stets beim Ausschalten kleine Funken oder Lichtbogen bilden, können diese in dem parallelgeschalteten Kapazitätskreise Schwingungen erzeugen, die zu großen Überspannungen und Stromschwankungen während der ersten Perioden

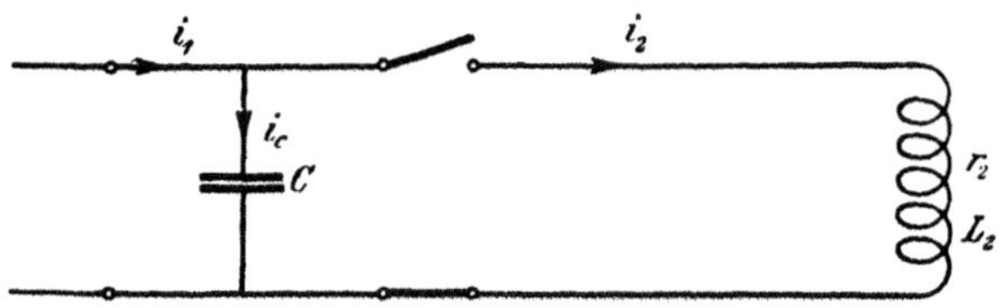

Fig. 518. Schwingungskreis parallel zum Schalter.

der Ausschaltezeit Anlaß geben können. Die Berechnung dieser Überspannungen geschieht nach den im Abschn. 153 abgeleiteten Formeln

$$P_{c\,max} = J_{2\,max}\sqrt{\frac{L_2}{C}} \quad \ldots\ldots \quad (396)$$

oder

$$P_c = J_2\sqrt{\frac{L_2}{C}}.$$

Ist der Schalter nicht reichlich dimensioniert, so können die Schwingungen, die während des ersten Teiles des Ausschaltens entstehen, zunehmen und anhalten, bis der Schalter explodiert. Um dies zu verhindern, ist es in solchen Fällen, in denen Schwingungen sich ausbilden können, ratsam, das Ausschalten möglichst schnell vorzunehmen, möglichst große Isolationsabstände und möglichst große Quantitäten Öl anzuwenden. Einige Fabrikanten unterteilen die Unterbrechungsstelle in mehrere hintereinander, um dadurch das Abschalten möglichst schnell zu erledigen.

Ein Beispiel aus der Praxis soll noch zuletzt herangezogen werden, um die Größe der Überspannungen zu erläutern, die von Schwingungen in Öffnungsfunken erzeugt werden können: In einer Unterstation ist eine große Drosselspule von ca. 5500 Volt, 50 Perioden und 275 Ampere abzuschalten. Die Kapazität der Übertragungsleitungen beträgt ca. 0,4 Mikrofarad. Es ist die Selbstinduktion der Drosselspule

$$L_2 = \frac{5500}{2\pi 50 \times 275} = 0{,}063 \text{ Henry}$$

und es ist eine Überspannung von

$$P_c = 275 \sqrt{\frac{0{,}063}{0{,}4 \times 10^{-6}}} = 275 \times 395 = 108000 \text{ Volt}$$

zu befürchten. Die Schwingungszahl dieser Überspannung ergibt sich zu

$$c_{ei} = \frac{1}{2\pi \sqrt{L_2 C}} = \frac{1}{2\pi \sqrt{0{,}063 \times 0{,}410^{-6}}} = \frac{6300}{2\pi} = 1000 \text{ Perioden.}$$

Hieraus geht zur Genüge hervor, daß parallelgeschaltete Kapazitäten zu sehr großen Überspannungen Anlaß geben können, wenn sie an der Primärseite des Schalters liegen. Selbst wenn man die Kapazität an die richtige Seite eines Schalters legt, ist man jedoch nie sicher, daß nicht ein Kurzschluß entsteht, zu dessen Lichtbogen die Kapazität einen parallelgeschalteten Schwingungskreis bildet. Es ist deswegen nicht immer ratsam, Kapazität als Überspannungsschutz parallel zu Schaltern und anderen Apparaten einzuschalten.

Beim Abschalten der oben angenommenen Drosselspule, von den Sammelschienen einer Kraftzentrale, deren elektrostatische Kapazität (in Maschinen und Apparaten) sehr klein ist, treten keine nennenswerten Überspannungen auf. Denn es ist dann das Verhältnis $\sqrt{\frac{L_2}{C}}$ so groß, daß keine Schwingungen irgendwelcher Art in den Öffnungsfunken entstehen können. Die soeben gebrachte Theorie wird auch durch die Erfahrung bestätigt, daß die Schalter für ankommende Leitungen in Unterstationen jeweils unter schwierigeren Verhältnissen arbeiten als die Schalter für abgehende Leitungen in Kraftstationen.

Zusammenfassung.

In vorliegendem Kapitel sind Zustandsänderungen in Stromkreisen mit konzentriert gedachten Selbstinduktionen und Kapazitäten eingehend untersucht worden, und es hat sich erwiesen, daß in allen praktischen Fällen gefährliche Stromstöße und Überspannungen viel seltener auftreten als man allgemein geneigt ist anzunehmen. In dem theoretischen Fall, bei dem die Eigenschwingungszahl des betrachteten Stromkreises mit der Periodenzahl der aufgedrückten Spannung zusammenfällt, kann es bei Belastungsänderungen zu großen Stromstößen und Überspannungen kommen; dieser

Fall ist jedoch in der Praxis so gut wie ausgeschlossen und hat deswegen nur akademisches Interesse.

Die Überspannungen und Stromstöße, die bei Belastungsänderungen in der Praxis auftreten, sind meistens von so harmloser Natur, daß man von ihnen ruhig absehen kann. Die Isolation der wenigsten Maschinen und Apparate wird von Spannungen durchschlagen, die momentan auf den 1,25 bis 1,5 ev. 2,0fachen Wert der Betriebsspannung ansteigen. Aus den vorgenommenen Untersuchungen geht direkt hervor, daß in allen praktischen Fällen

1. große Stromstöße nur in den Fällen auftreten, bei denen große magnetische in Eisen verlaufende Felder entweder a) nicht schnell genug entstehen können, wie beim Einschalten von gesättigten Transformatoren, oder b) nicht schnell genug verschwinden können, wie beim Kurzschließen von Gleich- und Wechselstromgeneratoren;

2. große Überspannungen nur dann auftreten, a) wenn Stromkreise, die viel Selbstinduktion enthalten, schnell abgeschaltet werden und b) wenn freie Schwingungen in zu Lichtbögen parallelliegenden Schwingungskreisen entstehen.

Im folgenden Kapitel sollen Stromkreise mit gleichmäßig verteilter Selbstinduktion und Kapazität untersucht werden, und wir werden hier Stromstöße und Überspannungen anderer Art als die soeben betrachteten begegnen.

Fünfundzwanzigstes Kapitel.

Ein- und Ausschalten von Stromkreisen in denen Widerstand, Selbstinduktion und Kapazität gleichmäßig verteilt sind.

159. Einschaltung eines Gleichstromkreises, in welchem Widerstand und Kapazität gleichmäßig verteilt sind. — 160. Einschalten eines Gleichstromkreises, in welchem Widerstand, Selbstinduktion und Kapazität gleichmäßig verteilt sind. — 161. Einschalten eines Wechselstromkreises, in welchem Widerstand, Selbstinduktion und Kapazität gleichmäßig verteilt sind. — 162. Einschaltung eines Wechselstromkreises, der sowohl gleichmäßig verteilten Widerstand, Selbstinduktion und Kapazität, wie Kapazität im Nebenschluß zu den Leiterelementen enthält. — 163. Einschalten zweier oder mehrerer in Serie geschalteter Stromkreise, die jeder für sich gleichmäßig verteilten Widerstand, Selbstinduktion und Kapazität enthalten. — 164. Die bei Belastungsänderungen entstehenden Strom- und Spannungswellen in Leitungen, in denen Widerstand, Selbstinduktion und Kapazität gleichmäßig verteilt sind. — 165. Ausschalten eines Stromkreises, in welchem Widerstand, Selbstinduktion und Kapazität gleichmäßig verteilt sind.

Im vorigen Kapitel wurden Stromkreise betrachtet, deren einzelne Teile Widerstände, Selbstinduktion und Kapazität enthielten, aber nie Selbstinduktion und Kapazität gleichmäßig über einen Teil des Stromkreises verteilt. Es ließen sich deswegen die einzelnen Teile der Stromkreise durch konzentriert gedachte Widerstände, Selbstinduktion und Kapazität ersetzen und rechnerisch behandeln.

Solche Stromkreise gibt es in der Praxis streng genommen fast nie; denn alle Stromkreise, die einigermaßen viel Selbstinduktion besitzen, enthalten auch Kapazität teils zwischen den einzelnen Teilen des Stromkreises und teils gegen Erde. In vielen Fällen ist diese Kapazität jedoch so klein, daß die oben abgeleiteten Formeln sich den praktischen Verhältnissen mehr als genau genug anpassen lassen. In anderen Fällen, besonders bei langen Kraftübertragungen, Maschinen für hohe Spannung und Rollenblitzableitern genügen die obigen Rechnungen nicht, um die auftretenden Erscheinungen zu erklären. Wir sind deswegen gezwungen, bei solchen Stromkreisen, die viel Selbstinduktion und Kapazität oder viel Widerstand und Kapazität gleichmäßig über einen und denselben Teil des Stromkreises verteilt enthalten, anders zu rechnen. Bei Stromkreisen mit konzentriert gedachtem Widerstand, Selbstinduktion und Kapazität machen die Ströme und Spannungen in allen Teilen des Stromkreises die Schwingung gleichzeitig mit. Auf Grund der angehäuften Selbstinduktion und Kapazität liegen die Schwingungszahlen solcher Stromkreise gewöhnlich verhältnismäßig niedrig und die schwankenden Energiemengen sind verhältnismäßig groß. Bei Stromkreisen, in denen Widerstand, Selbstinduktion und Kapazität gleichmäßig verteilt sind, führen dagegen die Ströme und Spannungen in den einzelnen Teilen des Stromkreises Schwingungen aus, die nicht in Phase mit denen in anderen Teilen des Stromkreises zu sein brauchen. Aus diesem Grunde beruhen die Schwingungszahlen von Stromkreisen mit gleichmäßig verteilter Selbstinduktion und Kapazität nicht auf der totalen Selbstinduktion und Kapazität des Stromkreises, sondern nur auf einem kleinen Teil davon und wird deswegen bedeutend größer als im ersten Falle, während die schwankenden Energiemengen verhältnismäßig klein sind. Wir haben es hier mit einer Wechselwirkung zwischen der Selbstinduktion und Kapazität der einzelnen Leitungsstücke zu tun. Stromkreise, in denen Widerstand, Selbstinduktion und Kapazität konzentriert sind, werden als eine Einheit betrachtet, die sich in einem gewissen Zustande befindet. Bei den Stromkreisen, in denen Widerstand, Selbstinduktion und Kapazität gleichmäßig verteilt sind, muß man dagegen die Verschiebung der elektrischen Massen von Punkt zu Punkt des Stromkreises verfolgen; man muß deswegen außer der Zeit noch die räumliche Ausdehnung des Stromkreises mit berücksichtigen, wobei man auf ganz andere Probleme kommt. In Übereinstimmung hiermit zeigen die vorübergehenden Ströme und Spannungen in Stromkreisen mit gleichmäßig verteilter Selbstinduktion und Kapazität ein ganz anderes Verhalten als in Stromkreisen mit konzentriertem Widerstand, Selbstinduktion und Kapazität. Im folgenden sollen nun der Reihe nach verschiedene praktische Aufgaben mathematisch behandelt werden. Hierbei fangen wir mit den einfachsten Fällen an, weil diese die Vorgänge am besten illustrieren und weil aus ihnen sich wichtige Schlüsse für die komplizierteren Fälle ziehen lassen.

159. Einschalten eines Gleichstromkreises, in welchem Widerstand und Kapazität gleichmäßig verteilt sind.

Ein langes unterseeisches Telegraphenkabel ist der einfachste Stromkreis, in dem Widerstand und Kapazität gleichmäßig verteilt sind. Die kleine Selbstinduktion und Ableitung des Kabels kann man, ohne einen großen Fehler zu begehen, vernachlässigen.

a) Ladestrom eines Telegraphenkabels. Denken wir uns das Ende des Kabels an der Empfängerstation isoliert angeordnet, während das andere Ende desselben plötzlich auf die konstante Gleichspannung P eingeschaltet wird, so fließt ein großer Ladestrom an der Geberstation in das ungeladene Kabel hinein, während die Spannung dem Kabel entlang ansteigt. Wenn das Kabel schließlich seiner ganzen Länge nach auf die volle Spannung geladen worden ist, hört der Ladestrom auf. Während der Ladezeit variieren Stromstärke und Spannung im Kabel von Ort zu Ort, so daß Stromstärke und Spannung sowohl Funktionen des Raumes als auch der Zeit werden. Das Kabel läßt sich durch einen Stromkreis, wie der in Fig. 519 dargestellte, mit dem Widerstande r_d und der Kapazität C_l per Kilometer Länge ersetzen.

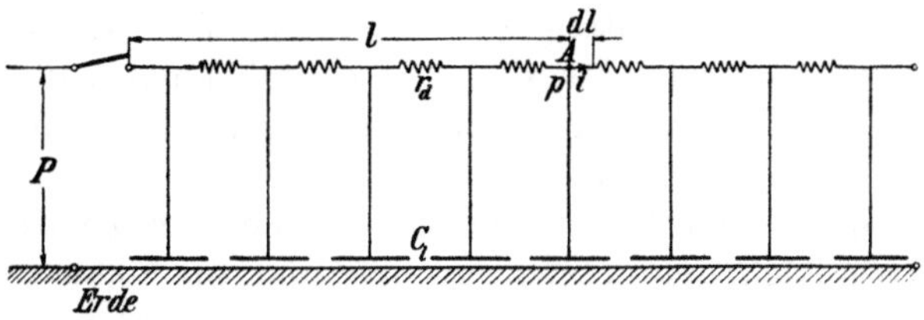

Fig. 519. Äquivalenter Stromkreis eines unterseeischen Telegraphenkabels.

In einem Punkte A in der Entfernung l von der Primärstation haben wir eine Spannung p und eine Stromstärke i. Die Länge l wird hier vorläufig mit Rücksicht auf die Integration entgegengesetzt der früheren Angabe von der Primärstation aus gerechnet. In dem Leiterelement dl ist dann zur Zeit t die Spannungserhöhung von der Primärstation nach der Sekundärstation gerechnet

$$dp = -i r_d \, dl.$$

An derselben Stelle des Kabels ist die Stromzunahme in dem Leitungselement dl

$$di = -\frac{dp}{dt} C_l \, dl.$$

Durch Differentiation der ersten Gleichung und Elimination von i ergibt sich

$$\frac{d^2 p}{d l^2} = r_d C_l \frac{dp}{dt} \quad . \quad . \quad . \quad . \quad . \quad . \quad . \quad . \quad (397)$$

und analog durch Elimination von p

$$\frac{d^2 i}{d l^2} = r_d C_l \frac{di}{dt}, \quad . \quad . \quad . \quad . \quad . \quad . \quad . \quad . \quad (398)$$

welche partielle Differentialgleichungen zweiter Ordnung in p resp. in i darstellen.

Zerlegen wir nun wie im vorigen Kapitel den Strom und die Spannung in einen stationären und einen vorübergehenden Teil, so erhalten wir

$$i = i_s + i_v$$

und

$$p = p_s + p_v.$$

In dem vorliegenden Falle wird

$$i_s = 0$$

und

$$p_s = P,$$

so daß

$$i = i_v \qquad \text{und} \qquad p = P + p_v.$$

Die partielle Differentialgleichung besitzt ihre Gültigkeit ebenso für den stationären wie für den vorübergehenden Teil der Stromstärke und Spannung. Der stationäre Zustand entspricht einem partikulären Integral und der vorübergehende Zustand einem zweiten. Das allgemeine Integral, das die Summe der partikulären Integrale ist, gibt schließlich den totalen Strom i und die totale Spannung p. Da der stationäre Zustand von vornherein bekannt ist, so braucht nur der vorübergehende Zustand ermittelt zu werden, und dies geschieht durch Integration der partiellen Differentialgleichung

$$\frac{d^2 p_v}{d l^2} = r_d C_l \frac{dp_v}{dt}. \quad . \quad . \quad . \quad . \quad . \quad . \quad . \quad . \quad (397\text{a})$$

Außer dieser Gleichung stehen uns noch die folgenden Grenzbedingungen zur Verfügung

1. für $l = 0$ $p_v = 0$ für alle Zeiten t,
2. für $l = l_2$ $i_v = 0$ für alle Zeiten t und
3. für $t = 0$ $p_v = -P$ für alle Werte von l.

Um die Differentialgleichung zu lösen, machen wir nach Euler den Ansatz, daß

$$p_v = T_p \cdot L_p,$$

worin T_p eine Funktion, die von der Zeit t allein abhängig ist, während L_p eine Funktion, die von der Länge l allein abhängt. Dieser Ausdruck von p_v oben eingesetzt gibt die Differentialgleichung

$$T_p \frac{d^2 L_p}{dl^2} = r_d C_l L_p \frac{dT_p}{dt}$$

oder

$$\frac{1}{L_p} \frac{d^2 L_p}{dl^2} = \frac{r_d C_l}{T_p} \frac{dT_p}{dt}.$$

Da die linke Seite eine Funktion der Länge allein, die rechte Seite eine Funktion der Zeit allein darstellt, und da die Gleichung für jede Zeit und Länge bestehen muß, so ist es einleuchtend, daß jede Seite gleich demselben konstanten Betrag sein muß, den wir mit $-a^2$ bezeichnen werden. Wir haben somit die Aufgabe auf die Lösung der beiden Differentialgleichungen

$$\frac{d^2 L_p}{dl^2} = -a^2 L_p$$

und

$$\frac{dT_p}{dt} = -\frac{a^2}{r_d C_l} T_p$$

zurückgeführt. Für T_p erhalten wir die Lösung

$$\ln T_p = C - \frac{a^2}{r_d C_l} t,$$

worin C eine Integrationskonstante darstellt. Man kann auch schreiben

$$T_p = \mathrm{e}^{-\frac{a^2}{r_d C_l} t}.$$

Für L_p ergibt sich die Lösung

$$L_p = A \cos(al) + B \sin(al),$$

so daß

$$p_v = T_p L_p = \mathrm{e}^{-\frac{a^2}{r_d C_l} t} [A \cos(al) + B \sin(al)],$$

worin A und B Integrationskonstanten sind, die mittels der Grenzbedingungen bestimmt werden können. Aus der ersten Grenzbedingung, daß $p_v = 0$ für $l = 0$ und alle Zeiten, folgt direkt

$$A = 0.$$

Es ist somit

$$p_v = B \mathrm{e}^{-\frac{a^2}{r_d C_l} t} \sin(al) \quad \ldots \ldots \quad (399)$$

und

$$i_v = -\frac{1}{r_d} \frac{dp_v}{dl} = -\frac{Ba}{r_d} \mathrm{e}^{-\frac{a^2}{r_d C_l} t} \cos(al). \quad . \quad . \quad (400)$$

Aus der zweiten Grenzbedingung, daß $i_v = 0$ ist für $l = l_2$ und alle Zeiten, folgt direkt

$$\cos(a l_2) = 0,$$

also muß

$$a l_2 = \frac{\pi}{2}, \quad \frac{3\pi}{2}, \quad \frac{5\pi}{2}, \quad \frac{7\pi}{2} \text{ usw.}$$

oder

$$a = \frac{1}{2}\frac{\pi}{l_2}, \quad \frac{3}{2}\frac{\pi}{l_2}, \quad \frac{5}{2}\frac{\pi}{l_2}, \quad \frac{7}{2}\frac{\pi}{l_2}, \ldots$$

und es wird die vorübergehende Spannung

$$p_v = B_1 e^{-\frac{\pi^2}{l_2^2}\frac{t}{4 r_d C_l}} \sin\left(\frac{\pi}{2}\frac{l}{l_2}\right) + B_3 e^{-\frac{\pi^2}{l_2^2}\frac{9t}{4 r_d C_l}} \sin\left(\frac{3\pi}{2}\frac{l}{l_2}\right)$$

$$+ B_5 e^{-\frac{\pi^2}{l_2^2}\frac{25t}{4 r_d C_l}} \sin\left(\frac{5\pi}{2}\frac{l}{l_2}\right) + \ldots \qquad (399a)$$

Aus der dritten Grenzbedingung, daß zur Zeit $t = 0$ $p_{v0} = -P$ für alle l, folgt

$$p_{v0} = -P = B_1 \sin\left(\frac{\pi}{2}\frac{l}{l_2}\right) + B_3 \sin\left(\frac{3\pi}{2}\frac{l}{l_2}\right) + B_5 \sin\left(\frac{5\pi}{2}\frac{l}{l_2}\right) + \ldots$$

Es ergeben sich somit die Integrationskonstanten B_1, B_3, B_5 usw. durch Zerlegung der vorübergehenden Spannung $p_{v(t=0)}$ zur Zeit $t = 0$ in einer Fourierschen Reihe. Die Lösung dieser Aufgabe ist Seite 223 gebracht, so daß wir hier direkt die Werte für B_1, B_3, B_5 usw. hinschreiben können. Es ist

$$B_1 = -\frac{4}{\pi} P, \quad B_3 = -\frac{4}{\pi}\frac{P}{3}, \quad B_5 = -\frac{4}{\pi}\frac{P}{5} \text{ usw.}$$

Die vorübergehende Spannung kann somit wie folgt geschrieben werden

$$p_v = -\frac{4}{\pi} P \left[e^{-\frac{\pi^2}{l_2^2}\frac{t}{4 r_d C_l}} \sin\left(\frac{\pi}{2}\frac{l}{l_2}\right) + \tfrac{1}{3} e^{-\frac{\pi^2}{l_2^2}\frac{9t}{4 r_d C_l}} \sin\left(\frac{3\pi}{2}\frac{l}{l_2}\right) \right.$$

$$\left. + \tfrac{1}{5} e^{-\frac{\pi^2}{l_2^2}\frac{25t}{4 r_d C_l}} \sin\left(\frac{5\pi}{2}\frac{l}{l_2}\right) + \ldots \right] \qquad (399b)$$

und es ist

$$p = P + p_v.$$

Der vorübergehende Strom ergibt sich aus der Gleichung

$$dp = -i r_d \, dl,$$

also

$$i = -\frac{1}{r_d}\frac{dp}{dl},$$

woraus folgt

$$i = i_v = \frac{2}{l_2}\frac{P}{r_d}\left[e^{-\frac{\pi^2}{l_2^2}\frac{t}{4 r_d C_l}}\cos\left(\frac{\pi}{2}\frac{l}{l_2}\right) + e^{-\frac{\pi^2}{l_2^2}\frac{9t}{4 r_d C_l}}\cos\left(\frac{3\pi}{2}\frac{l}{l_2}\right)\right.$$

$$\left. + e^{-\frac{\pi^2}{l_2^2}\frac{25t}{4 r_d C_l}}\cos\left(\frac{5\pi}{2}\frac{l}{l_2}\right) + \ldots\right] \ldots \ldots \ldots \quad (400\,a)$$

Die Formel für p_v stimmt der Natur nach mit der Formel überein, die Seite 693 für das Ansteigen der Induktion in massiven Magnetkernen abgeleitet worden ist. Führt man den totalen Widerstand $l_2 r_d = R$ und die totale Kapazität $l_2 C_l = C$ des Kabels sowie den Strom $J = \frac{P}{l_2 r_d}$ in die obigen Formeln ein, so lassen diese sich noch einfacher schreiben. J ist der Strom, der bei geerdeten Sekundärklemmen des Kabels durch dasselbe fließen würde. Unter Vernachlässigung der Oberwellen, die kurz nach dem Einschalten verschwinden, erhält man also die folgenden Formeln

$$p = P - \frac{4}{\pi} P e^{-\frac{\pi^2}{4RC}t} \sin\left(\frac{\pi}{2}\frac{l}{l_2}\right)$$

und

$$i = i_v = 2 J e^{-\frac{\pi^2}{4RC}t} \cos\left(\frac{\pi}{2}\frac{l}{l_2}\right).$$

Nach der Zeit T_x ist die Spannung an der Sekundärstation, wo $l = l_2$ ist, bis auf x Prozent der vollen angestiegen, wenn

$$\frac{x}{100} = \frac{4}{\pi} e^{-\frac{\pi^2}{4RC}T_x},$$

woraus folgt

$$T_x = \frac{4RC}{\pi^2} 2{,}3\left(\log\frac{400}{\pi} - \log x\right) = 0{,}93\, RC\,(2{,}1 - \log x),$$

welche Formel erst richtige Werte gibt, wenn die Oberwellen verschwunden sind und x somit einen bedeutend kleineren Wert als 100 hat.

Als Beispiel dient das zwischen Irland und Neufundland 1880 verlegte Kabel, das eine Länge von $l_2 = 2640$ km, einen Widerstand $R = 6000\ \Omega$ und eine Kapazität von 40 MF besitzt. Es wird hier

$$T_x = 0{,}93 \cdot 2{,}7\,(2{,}1 - \log x) = 2{,}5\,(2{,}1 - \log x).$$

Es dauert somit $T_1 = 2{,}5 \cdot 2{,}1 = 5{,}25$ Sekunden, bevor die Spannung an der Sekundärstation auf $99\,^0/_0$ des normalen Wertes ansteigt.

In Fig. 520 ist das Anwachsen der Spannung über die ganze Länge des Kabels dargestellt; die an den einzelnen Kurven eingeschriebenen Zahlen entsprechen der Zeitfolge nach dem Einschalten.

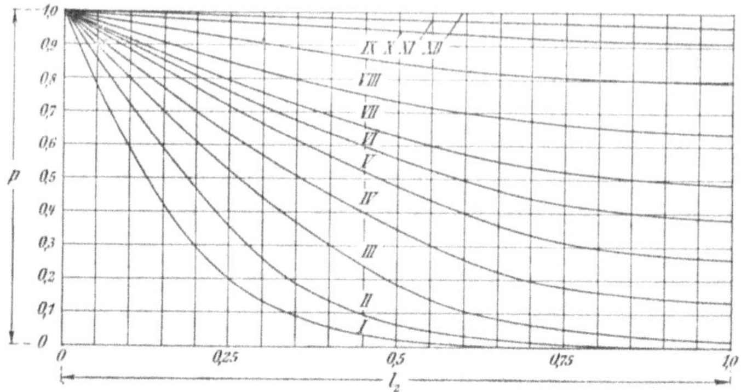

Fig. 520. Ansteigen der Spannung in einem unterseeischen Telegraphenkabel.

In Fig. 521 ist der Verlauf des Ladestromes als Funktion der Zeit an den Stellen $l = 0$, $l = \frac{1}{4} l_2$, $l = \frac{1}{2} l_2$ und $l = \frac{3}{4} l_2$ dargestellt. Wie aus diesen Figuren ersichtlich, breitet sich die Spannung wie eine Welle aus und der Stromstoß nimmt mit der Entfernung von der Primär-

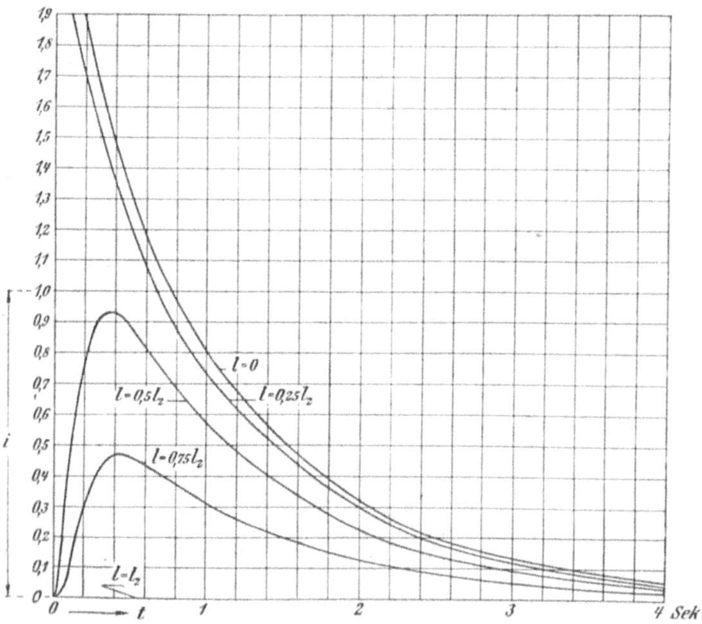

Fig. 521. Zeitlicher Verlauf der Stromstärke in einem Telegraphenkabel bei plötzlicher Ladung desselben.

station ab. In der Primärstation selber sollte der Stromstoß im ersten Moment theoretisch unendlich groß sein, weil hier das Spannungsgefälle $-\frac{dp}{dl}$ im ersten Moment unendlich groß ist. Da aber die aufgedrückte Spannung P bei einer so großen Stromabnahme sofort sinkt, so wird der Stromstoß dadurch gemildert. Bei Ladung von Kabeln bringt man gewöhnlich die Spannung P der Stromquelle langsam in die Höhe, um jeden Stromstoß zu vermeiden.

Erdet man plötzlich das Kabelende in der Primärstation, so wird sich das Kabel einseitig entladen, und zwar wird der Entladestrom demselben Gesetz folgen wie der Ladestrom, weil alle Gleichungen zur Bestimmung des vorübergehenden Stromes dieselben bleiben, wenn man vom Vorzeichen absieht.

b) Betrachten wir jetzt den weiteren Fall, daß das geladene Kabel, das in der Primärstation an der konstanten Gleichspannung P angeschlossen ist, plötzlich an der Sekundärseite geerdet wird. Es wird dann die Spannung an der Sekundärstation plötzlich von P auf den Wert Null gebracht und ein Strom zur Erde fließen. Als stationären Zustand erhält man

$$p_s = P - \frac{l}{l_2} P = \left(1 - \frac{l}{l_2}\right) P$$

$$i_s = \frac{P}{R} = J.$$

Der vorübergehende Zustand ergibt sich aus der Differentialgleichung

$$\frac{d^2 p_v}{dl^2} = r_d C_l \frac{dp_v}{dt}$$

und aus den Grenzbedingungen

1. für $l = 0$ $\quad p_v = 0$ für alle Zeiten t,
2. für $l = l_2$ $\quad p_v = 0$ für alle Zeiten t,
3. für $t = 0$ $\quad p_v = \frac{l}{l_2} P$.

Es wird somit

$$p_v = e^{-\frac{a^2}{r_d C_l} t} \left[A \cos(al) + B \sin(al)\right],$$

worin $A = 0$ infolge der ersten Bedingung, und infolge der zweiten ist

$$\sin(a l_2) = 0,$$

also

$$a l_2 = \pi, \quad 2\pi, \quad 3\pi, \quad 4\pi \text{ usw.},$$

so daß

$$p_v = B_1 e^{-\frac{\pi^2}{l_2^2 r_d C_l} t} \sin\left(\pi \frac{l}{l_2}\right) + B_2 e^{-\frac{4\pi^2}{l_2^2 r_d C_l} t} \sin\left(2\pi \frac{l}{l_2}\right) + \dots \quad (401)$$

Zur Zeit $t=0$ ist

$$p_{v0}=\frac{l}{l_2}P=B_1\sin\left(\pi\frac{l}{l_2}\right)+B_2\sin\left(2\pi\frac{l}{l_2}\right)+B_3\sin\left(3\pi\frac{l}{l_2}\right)+\ldots.$$

Es ergeben sich somit die Integrationskonstanten B_1, B_2, B_3 usw. durch Zerlegung der Funktion $p_{v0}=\frac{l}{l_2}P$ in eine Fourier-sche Reihe.

Es ergibt sich die Konstante B_n aus der Formel Seite 223

$$B_n=\frac{1}{\pi}\int_0^{\pi}[f(x)-f(-x)]\sin(nx)\,dx$$

$$=\frac{2}{l_2}\int_0^{l_2}p_{v0}\sin\left(n\frac{\pi l}{l_2}\right)dl=\frac{2}{l_2}\int_0^{l_2}\frac{l}{l_2}P\sin\left(n\frac{\pi l}{l_2}\right)dl$$

$$=-\frac{2}{l}\,\frac{Pl\cos(n\pi)}{n\pi}=-\frac{2P}{n\pi}\cos n\pi$$

$$=\begin{cases}\dfrac{2P}{n\pi} & \text{für } n \text{ ungerade}\\[2ex] -\dfrac{2P}{n\pi} & \text{für } n \text{ gerade.}\end{cases}$$

Hieraus folgt

$$p_v=\frac{2P}{\pi}\left[e^{-\frac{\pi^2}{l_2^2 r_d C_l}t}\sin\left(\frac{\pi l}{l_2}\right)-\frac{1}{2}e^{-\frac{4\pi^2}{l_2^2 r_d C_l}t}\sin\left(\frac{2\pi l}{l_2}\right)\right.$$
$$\left.+\frac{1}{3}e^{-\frac{9\pi^2}{l_2^2 r_d C_l}t}\sin\left(\frac{3\pi l}{l_2}\right)-\ldots\right] \quad \ldots\ldots \quad (401\text{a})$$

und

$$i_v=-\frac{1}{r_d}\frac{dp_v}{dl}$$

$$=-\frac{2P}{l_2 r_d}\left[e^{-\frac{\pi^2}{l_2^2 r_d C_l}t}\cos\left(\frac{\pi l}{l_2}\right)-e^{-\frac{4\pi^2}{l_2^2 r_d C_l}t}\left(\frac{2\pi l}{l_2}\right)+\ldots\right]. \quad (402)$$

In Fig. 522 ist für das Kabel Irland—Neufundland der Abfall der Spannung $p=p_s+p_v$ für verschiedene Zeitmomente als Funktion von der Länge l dargestellt, und in Fig. 523 ist die Stromstärke $i=i_s+i_v$ als Funktion der Zeit für $l=0$, $l=\frac{1}{4}l_2$, $l=\frac{1}{2}l_2$, $l=\frac{3}{4}l_2$ und $l=l_2$ dargestellt. Je näher man der Sekundärstation kommt, um so größer wird das Potentialgefälle und somit auch der Stromstoß im ersten Augenblicke.

c) Zuletzt soll noch das Einschalten des Kabels für den Fall betrachtet werden, daß dasselbe in der Sekundärstation geerdet

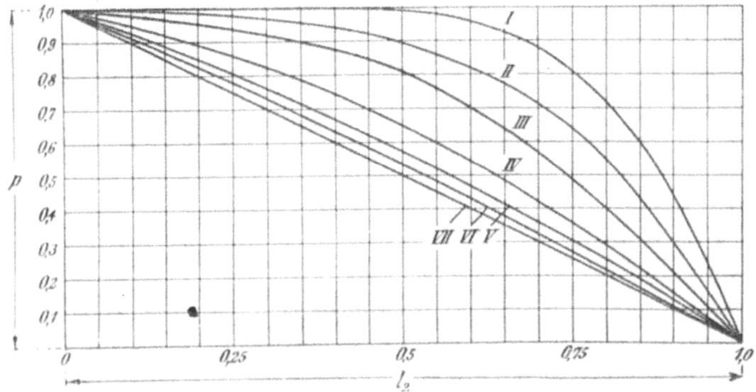

Fig. 522. Abfall der Spannung in einem Telegraphenkabel, das in der Sekundärstation plötzlich geerdet wird.

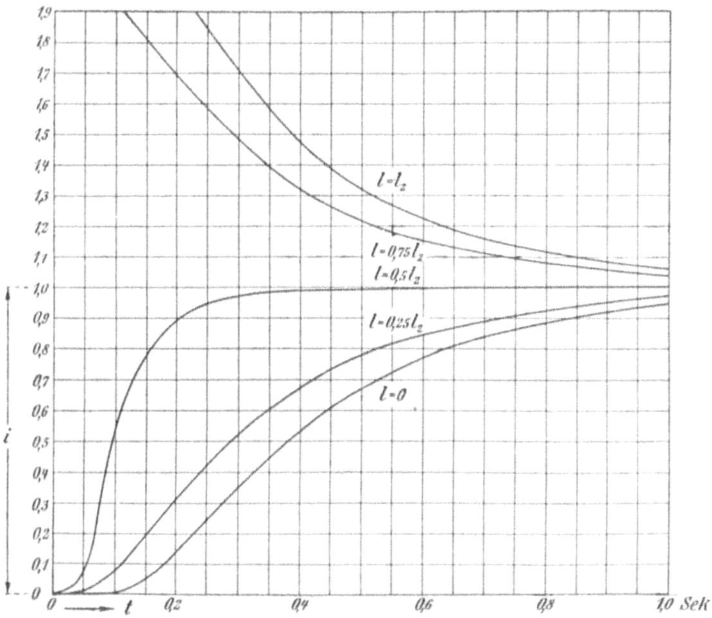

Fig. 523. Zeitlicher Verlauf der Stromstärke in einem Telegraphenkabel, das in der Sekundärstation plötzlich geerdet wird.

ist. Es wird dann die Spannung an dem Anfang des Kabels schnell ansteigen und einen Ladestrom hervorrufen. Dieser weicht doch bald dem stationären Gleichstrom $J = \frac{P}{R}$. Als stationärer Zustand ergibt sich

$$p_s = P - P\frac{l}{l_2} = \left(1 - \frac{l}{l_2}\right)P$$

und

$$i_s = J.$$

Der vorübergehende Zustand ergibt sich wieder aus der Differentialgleichung

$$\frac{d^2 p_v}{d\,l^2} = r_d\, C_l \frac{d\,p_v}{d\,t}$$

und aus den Grenzbedingungen

1. für $l = 0$ $\quad p_v = 0$ für alle Zeiten,
2. für $l = l_2$ $\quad p_v = 0$ für alle Zeiten

und 3. für $t = 0$ $\quad p_v = -p_s = \left(\frac{l}{l_2} - 1\right)P.$

Es wird somit $A = 0$ und $a\,l_2 = \pi,\ 2\pi,\ 3\pi,\ 4\pi, \ldots$ also

$$p_v = B_1\, e^{-\frac{\pi^2}{l_2^2 r_d C_l} t} \sin\left(\frac{\pi l}{l_2}\right) + B_2\, e^{-\frac{4\pi^2}{l_2^2 r_d C_l} t} \sin\left(\frac{2\pi l}{l_2}\right) + \ldots.$$

Die Integrationskonstanten ergeben sich aus der Formel

$$B_n = \frac{2}{l_2}\int_0^{l_2} \left(\frac{l}{l_2} - 1\right) P \sin\left(n\frac{\pi l}{l_2}\right) dl = -\frac{2P}{n\pi},$$

so daß

$$p_v = -\frac{2P}{\pi}\left[e^{-\frac{\pi^2}{l_2^2 r_d C_l} t} \sin\left(\frac{\pi l}{l_2}\right) + \tfrac{1}{2} e^{-\frac{4\pi^2}{l_2^2 r_d C_l} t} \sin\left(\frac{2\pi l}{l_2}\right) + \ldots\right] \quad (403)$$

und

$$i_v = \frac{2P}{l_2 r_d}\left[e^{-\frac{\pi^2}{l_2^2 r_d C_l} t} \cos\left(\frac{\pi l}{l_2}\right) + e^{-\frac{4\pi^2}{l_2^2 r_d C_l} t} \cos\left(\frac{2\pi l}{l_2}\right) + \ldots\right] \quad (404)$$

Es ist hier die Zeit T_x, die nötig ist, bevor der Strom an der Sekundärstation bis auf x Prozent seines vollen Wertes angestiegen ist,

$$T_x = \frac{RC}{\pi^2}\, 2{,}3\,(\log 200 - \log x)$$

$$= 0{,}233\, RC\,(2{,}30 - \log x).$$

In Fig. 524 ist für dasselbe ozeanische Kabel wie oben der Spannungsverlauf für verschiedene Zeitmomente als Funktion der Länge l und in Fig. 525 die Stromstärke $i = i_s + i_v$ als Funktion der Zeit für $l = 0$ $l = \frac{1}{4}, \frac{1}{2}, \frac{3}{4}\, l_2$ und l_2 dargestellt.

In ähnlicher Weise, wie es hier geschehen ist, lassen sich alle Aufgaben der Ladung und Entladung von Kabeln behandeln. Wird z. B. ein an der Sekundärstation geerdetes Kabel plötzlich in der

Primärstation auch geerdet, so wird sich das Kabel sofort beiderseitig entladen, und da die Grenzbedingungen hier dieselben sind wie beim Laden, so wird der vorübergehende Strom bei beiderseitiger

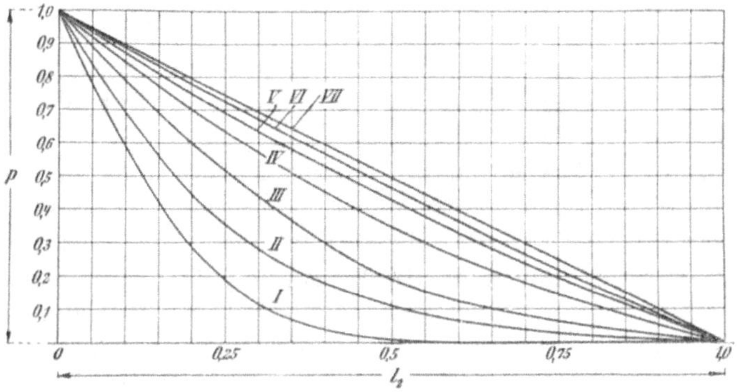

Fig. 524. Ansteig der Spannung in einem Telegraphenkabel, das bei geerdeter Sekundärklemme plötzlich geladen wird.

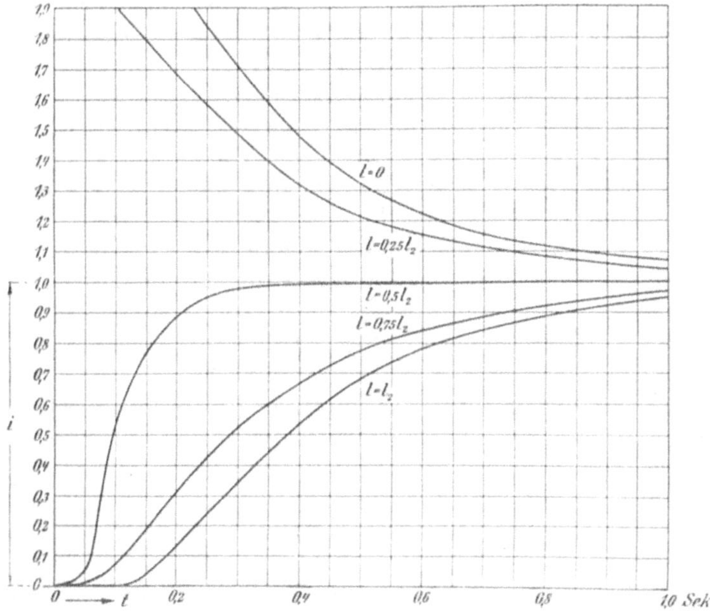

Fig. 525. Zeitlicher Verlauf der Stromstärke in einem Telegraphenkabel, das bei geerdeter Sekundärklemme plötzlich geladen wird.

Entladung eines Kabels nach Formel 404 verlaufen. Der vorübergehende Entladestrom ist, abgesehen vom Vorzeichen, identisch mit dem Ladestrom.

160. Einschalten eines Gleichstromkreises, in welchem Widerstand, Selbstinduktion und Kapazität gleichmäßig verteilt sind.

1. Zuerst soll eine lange, als Luftleitung ausgeführte Telegraphenleitung untersucht werden. Die Selbstinduktion einer solchen Leitung ist nicht zu vernachlässigen, selbst wenn sie als Doppelleitung ausgeführt ist.

a) Um den Ladestrom bei offenen Klemmen in der Empfangsstation zu bestimmen, verfährt man am besten in analoger Weise wie in vorigem Abschnitt. Beim Einschalten der Leitung in der Primärstation auf konstante Gleichspannung P fließt ein großer Ladestrom in die Leitung hinein, bis die konstante Spannung sich allmählich über die ganze Leitung ausgedehnt hat; wenn dieser stationäre Zustand eingetreten ist, hört der Ladestrom auf.

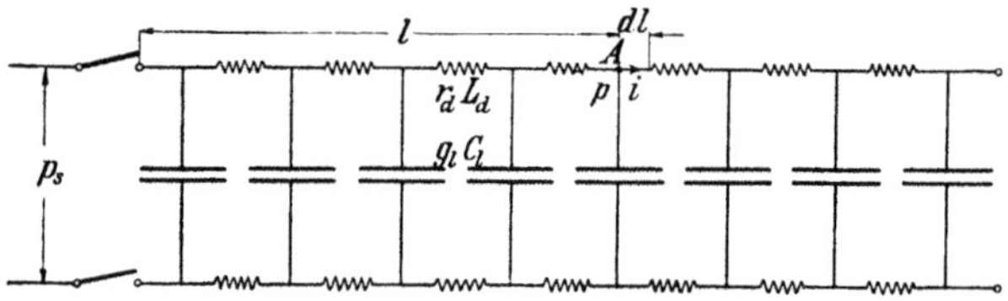

Fig. 526. Äquivalenter Stromkreis einer Doppelleitung.

In einem Punkte A der Leitung (Fig. 526), in der Entfernung l von der Primärstation, herrscht eine Spannung p und eine Stromstärke i. In dem Leiterelement dl ist dann zur Zeit t die Spannungserhöhung von der Primärstation nach der Sekundärstation hin gerechnet

$$dp = \left(-i\, r_d - L_d \frac{di}{dt}\right) dl,$$

worin L_d die effektive Selbstinduktion pro Kilometer Länge der Leitung bedeutet. An derselben Stelle der Leitung ist die Stromzunahme in dem Leitungselement dl

$$di = -\frac{dp}{dt} C_l\, dl.$$

Aus diesen beiden Ausdrücken ergibt sich die partielle Differentialgleichung zweiter Ordnung

$$\frac{d^2 p}{d l^2} = r_d C_l \frac{dp}{dt} + L_d C_l \frac{d^2 p}{d t^2} \quad \ldots \ldots \quad (405)$$

und analog

$$\frac{d^2 i}{d l^2} = r_d C_l \frac{di}{dt} + L_d C_l \frac{d^2 i}{d t^2}. \quad \ldots \ldots \quad (406)$$

Es können die Spannung und Stromstärke wieder in einen stationären und vorübergehenden Teil

$$p = p_s + p_v$$
$$i = i_s + i_v$$

zerlegt werden, die beide eine partikuläre Lösung der Differentialgleichung ergeben.

In dem vorliegenden Falle ist

$$i_s = 0$$

und

$$p_s = P.$$

Um die vorübergehende Spannung und Stromstärke zu bestimmen, setzen wir wieder

$$p_v = T_p \cdot L_p$$

in die Differentialgleichung

$$\frac{d^2 p_v}{d l^2} = r_d C_l \frac{d p_v}{d t} + L_d C_l \frac{d^2 p_v}{d t^2}$$

ein, worin T_p eine Funktion der Zeit t allein und L_p eine Funktion der Länge l allein darstellen, und es ergibt sich, nachdem dieselbe geordnet ist,

$$\frac{1}{L_p} \frac{d^2 L_p}{d l^2} = \frac{r_d C_l}{T_p} \frac{d T_p}{d t} + \frac{L_d C_l}{T_p} \frac{d^2 T_p}{d t^2}.$$

Da die linke Seite eine Funktion der Länge und die rechte Seite eine Funktion der Zeit allein ist, so kann jede Seite gleich einer Konstanten $-a^2$ gesetzt werden, wobei a^2 eine reelle positive Größe darstellt. Wie man leicht sieht, führt diese letzte Annahme uns wieder auf eine Fouriersche Reihe für die Längenfunktion L_p. Die Differentialgleichung läßt sich also durch die beiden Gleichungen ersetzen

$$\frac{d^2 L_p}{d l^2} = -a^2 L_p$$

und

$$\frac{r_d C_l}{T_p} \frac{d T_p}{d t} + \frac{L_d C_l}{T_p} \frac{d^2 T_p}{d t^2} = -a^2$$

oder

$$L_d C_l \frac{d^2 T_p}{d t^2} + r_d C_l \frac{d T_p}{d t} + a^2 T_p = 0.$$

Für L_p erhalten wir die Lösung

$$L_p = A \cos(a l) + B \sin(a l)$$

und für T_p die Lösung

$$T_p = C\,e^{-a_1 t} + D\,e^{-a_2 t},$$

worin C und D zwei Integrationskonstanten sind, während $-a_1$ und $-a_2$ die Wurzeln der Gleichung zweiten Grades in x sind

$$L_d C_l x^2 + r_d C_l x + a^2 = 0.$$

Also

$$\left.\begin{matrix}-a_1\\-a_2\end{matrix}\right\} = -\frac{r_d}{2L_d} \pm \sqrt{\left(\frac{r_d}{2L_d}\right)^2 - \frac{a^2}{L_d C_l}} = -\alpha \pm \beta,$$

wenn

$$\left(\frac{r_d}{2L_d}\right)^2 > \frac{a^2}{L_d C_l}.$$

Dies ist gewöhnlich nicht der Fall, so daß

$$\left.\begin{matrix}-a_1\\-a_2\end{matrix}\right\} = -\frac{r_d}{2L_d} \pm j\sqrt{\frac{a^2}{L_d C_l} - \left(\frac{r_d}{2L_d}\right)^2} = -\alpha \pm j\beta$$

und

$$T_p = e^{-\alpha t}(C\cos\beta t + D\sin\beta t).$$

Es kann somit die vorübergehende Spannung p_v wie folgt geschrieben werden

$$p_v = (A_1 e^{-a_1 t} + A_2 e^{-a_2 t})\cos(al) + (B_1 e^{-a_1 t} + B_2 e^{-a_2 t})\sin(al), \quad . \; . \; . \quad (407)$$

die nach einer Exponentialfunktion verschwindet, oder was der gewöhnliche Fall ist,

$$p_v = e^{-\alpha t}\left[(A_1\cos\beta t + A_2\sin\beta t)\cos(al) + (B_1\cos\beta t + B\sin\beta t)\sin(al)\right],$$

die oszillatorisch mit der Zeit verschwindet.

Die Integrationskonstanten lassen sich aus den folgenden Grenzbedingungen bestimmen:

1. für $l = 0$ $p_v = 0$ für alle Zeiten t,
2. für $l = l_2$ $i_v = 0$ für alle Zeiten t,
3. für $t = 0$ $p_v = -P$ für alle Werte von l

und 4. für $t = 0$ $i_v = 0$ für alle Werte von l.

Aus der ersten Grenzbedingung $p_v = 0$ für $l = 0$ und alle Zeiten folgt, daß

$$A_1 = 0 \quad \text{und} \quad A_2 = 0,$$

also

$$p_v = e^{-\alpha t}(B_1\cos\beta t + B_2\sin\beta t)\sin(al)$$

oder

$$p_v = e^{-\alpha t}B\cos(\beta t + \psi)\sin(al),$$

worin
$$B = \sqrt{B_1^2 + B_2^2} \quad \text{und} \quad \psi = -\operatorname{arctg}\frac{B_2}{B_1}.$$

Indem
$$\frac{d i_v}{d l} = -C_l \frac{d p_v}{d t}$$
$$= C_l e^{-\alpha t}[\alpha B \cos(\beta t + \psi) + \beta B \sin(\beta t + \psi)] \sin(a l)$$
$$= C_l \sqrt{\alpha^2 + \beta^2}\, e^{-\alpha t} B \cos\left(\beta t + \psi - \operatorname{arctg}\frac{\beta}{\alpha}\right) \sin(a l),$$

worin
$$\alpha = \frac{r_d}{2 L_d}$$

und
$$\beta = \sqrt{\frac{a^2}{L_d C_l} - \left(\frac{r_d}{2 L_d}\right)^2} = \sqrt{\frac{a^2}{L_d C_l} - \alpha^2},$$

also
$$\sqrt{\alpha^2 + \beta^2} = \frac{a}{\sqrt{L_d C_l}}$$

wird
$$\frac{d i_v}{d l} = C_l \frac{a}{\sqrt{L_d C_l}} e^{-\alpha t} B \cos\left(\beta t + \psi - \operatorname{arctg}\frac{\beta}{\alpha}\right) \sin(a l),$$

woraus der vorübergehende Strom i_v sich ergibt
$$i_v = -e^{-\alpha t} \sqrt{\frac{C_l}{L_d}}\, B \cos\left(\beta t + \psi - \operatorname{arctg}\frac{\beta}{\alpha}\right) \cos(a l). \qquad (407a)$$

Infolge der zweiten Grenzbedingung soll $i_v = 0$ für $l = l_2$ und alle Zeiten t, also muß
$$\cos(a l_2) = 0.$$
sein. Dies ist der Fall, wenn
$$a = \frac{1}{2}\frac{\pi}{l_2}, \quad \frac{3\pi}{2 l_2}, \quad \frac{5\pi}{2 l_2}, \ \ldots$$

Man erhält somit die folgende Fouriersche Reihe für die vorübergehende Spannung und Stromstärke
$$p_v = e^{-\alpha t} \sum_n B_n \cos(\beta_n t + \psi_n) \sin(a_n l)$$
und
$$i_v = -e^{-\alpha t} \sqrt{\frac{C_l}{L_d}} \sum_n B_n \cos\left(\beta_n t + \psi_n - \operatorname{arctg}\frac{\beta_n}{\alpha}\right) \cos(a_n l),$$
worin
$$a_n = n a_1 = \frac{n\pi}{2 l_2} \quad \text{und} \quad \beta_n = \sqrt{\frac{a_n^2}{L_d C_l} - \alpha^2}.$$

Wie ersichtlich, verhalten sich die Amplituden der einzelnen Glieder in der vorübergehenden Spannung und Stromstärke wie $\sqrt{\frac{L_d}{C_l}}$, und in jedem Punkte der Leitung eilt die Stromwelle der entsprechenden Spannungswelle um den Winkel $\operatorname{arctg}\frac{\beta_n}{\alpha}$ nach.

Zur Bestimmung der Integrationskonstanten B_n und ψ_n werden die dritte und vierte Grenzbedingung herangezogen. Diese lauten für $t=0$ ist $p_{v0}=-P$ und $i_{v0}=0$ für alle Werte von l. Es ist somit

$$p_{v0}=-P=\sum_n B_n \cos\psi_n \sin(a_n l),$$

woraus durch Reihenentwicklung nach Fourier sich ergibt

$$B_n \cos\psi_n=-\frac{4}{\pi}\frac{P}{n} \quad \text{für } n \text{ ungerade}$$

und

$$B_n=0 \quad \text{für } n \text{ gerade.}$$

Aus der vierten Grenzbedingung folgt

$$i_{v0}=0=\sqrt{\frac{C_l}{L_d}}\sum_n B_n \cos\left(\psi_n-\operatorname{arctg}\frac{\beta_n}{\alpha}\right)\cos(a_n l),$$

woraus sich ergibt

$$B_n \cos\left(\psi_n-\operatorname{arctg}\frac{\beta_n}{\alpha}\right)=0,$$

und indem B_n von Null verschieden sein muß, so wird

$$\psi_n-\operatorname{arctg}\frac{\beta_n}{\alpha}=\frac{\pi}{2}.$$

Es wird demnach

$$\psi_n=\frac{\pi}{2}+\operatorname{arctg}\frac{\beta_n}{\alpha},$$

$$\cos\psi_n=-\sin\left(\operatorname{arctg}\frac{\beta_n}{\alpha}\right)=-\frac{\beta_n}{\sqrt{\alpha^2+\beta_n^{\,2}}}=-\frac{\beta_n\sqrt{L_d C_l}}{a_n},$$

$$\cos(\beta_n t+\psi_n)=-\sin\left(\beta_n t+\operatorname{arctg}\frac{\beta_n}{\alpha}\right),$$

$$B_n=-\frac{4P}{\pi n\cos\psi_n}=\frac{4P}{\pi n}\frac{a_n}{\beta_n\sqrt{L_d C_l}}=\frac{2P}{l_2\beta_n\sqrt{L_d C_l}}.$$

Wir erhalten somit die folgenden Ausdrücke für die vorübergehende Spannung und Stromstärke

$$p_v = -\frac{2\,Pe^{-\alpha t}}{l_2\sqrt{L_d C_l}}\left[\frac{1}{\beta_1}\sin\left(\beta_1 t + \operatorname{arctg}\frac{\beta_1}{\alpha}\right)\sin\left(\frac{\pi}{2}\frac{l}{l_2}\right)\right.$$

$$\left. + \frac{1}{\beta_3}\sin\left(\beta_3 t + \operatorname{arctg}\frac{\beta_3}{\alpha}\right)\sin\left(\frac{3\pi l}{2 l_2}\right) + \ldots\right] \quad . \; . \; . \; . \quad (408)$$

und

$$i_v = \frac{2\,Pe^{-\alpha t}}{l_2 L_d}\left[\frac{1}{\beta_1}\sin(\beta_1 t)\cos\left(\frac{\pi l}{2\,l_2}\right) + \frac{1}{\beta_3}\sin(\beta_3 t)\cos\left(\frac{3\pi l}{2 l_2}\right) + \ldots\right] \quad (409)$$

Als Beispiel betrachten wir eine Telegraphenleitung Berlin—Paris, die aus einem 4 mm Bronzedraht mit 8 m Höhe über den Boden besteht. Diese Leitung ist 1100 km lang und hat einen Widerstand von 1,4 Ω, eine Selbstinduktion von 0,00185 Henry und eine Kapazität von 0,0062 Mikrofarad pro km Länge. Es ist für diese Leitung somit $\alpha = \frac{r_d}{2\,L_d} = \frac{1{,}4}{2 \cdot 0{,}00185} = 379$, während der kleinste Wert für $\frac{a}{\sqrt{L_d C_l}}$ sich zu

$$\frac{\pi}{2 l_2 \sqrt{L_d C_l}} = \frac{\pi\,1000}{2200\sqrt{0{,}00185 \cdot 0{,}0062}} = 422$$

ergibt; dieser letztere ist also größer als α, und wir dürfen die oben abgeleiteten Formeln für ein oszillatorisches Verschwinden der vorübergehenden Stromstärke i_v und Spannung p_v hier anwenden.

In Fig. 527 ist das Ansteigen der Spannung über die ganze Länge der Leitung dargestellt; es sind zwar nur die ersten drei

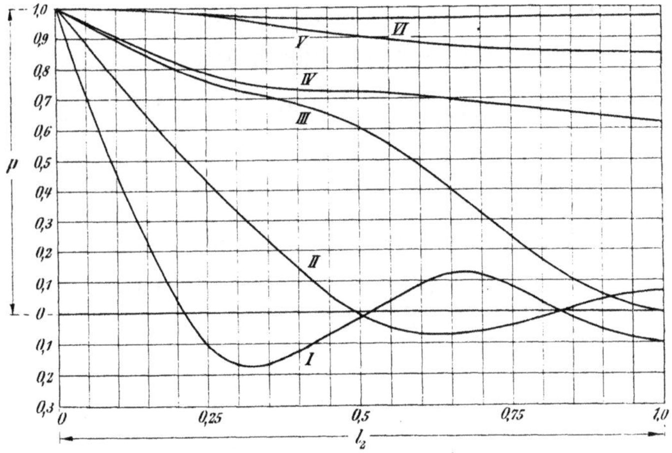

Fig. 527. Ansteigen der Spannung in einer oberirdischen Telegraphenleitung bei plötzlicher Ladung derselben.

Glieder der Fourierschen Reihe für die Berechnung der Kurven benutzt. Die an den einzelnen Kurven eingeschriebenen Zahlen entsprechen der Zeitfolge nach dem Einschalten. Wie aus den Kurven ersichtlich, breitet sich die Spannung oszillatorisch nach Wellen aus.

Wird die Leitung in der Primärstation plötzlich geerdet, so entladet sie sich wieder, und zwar nach demselben Gesetze, nach dem die Ladung entstand; der einzige Unterschied liegt nur in dem Vorzeichen.

b) Die soeben betrachtete Leitung sei in der Primärstation an die konstante Klemmenspannung P angeschlossen. Erdet man nun plötzlich in der Sekundärstation das andere Ende der Leitung, so wird in die Leitung ein großer Strom hineinfließen. Das Entstehen dieses Stromes und die denselben begleitende Spannungsänderung soll hier berechnet werden.

Als stationären Zustand erhält man

$$p_s = \left(1 - \frac{l}{l_2}\right) P$$

und

$$i_s = \frac{P}{l_2 r_d} = J .$$

Der vorübergehende Zustand ergibt sich aus derselben Differentialgleichung wie oben

$$\frac{d^2 p_v}{d l^2} = r_d C_l \frac{d p_v}{d t} + L_d C_l \frac{d^2 p_v}{d t^2}$$

und aus den vier Grenzbedingungen:

1. für $l = 0$ $\quad p_v = 0$ für alle Zeiten t,
2. für $l = l_2$ $\quad p_v = 0$ für alle Zeiten t,
3. für $t = 0$ $\quad p_{v0} = \frac{l}{l_2} P$ für alle Längen l

und

4. für $t = 0$ $\quad i_{v0} = -J = -\frac{P}{l_2 r_d}$ für alle Längen l.

Es folgt erstens aus der Differentialgleichung

$$p_v = \mathrm{e}^{-\alpha t}\left[(A_1 \cos \beta t + A_2 \sin \beta t) \cos (a l) + (B_1 \cos \beta t + B_2 \sin \beta t) \sin (a l)\right].$$

Aus der ersten Grenzbedingung folgt ferner

$$A_1 = 0 \qquad \text{und} \qquad A_2 = 0 ,$$

so daß

$$p_v = \mathrm{e}^{-\alpha t} (B_1 \cos \beta t + B_2 \sin \beta t) \sin (a l)$$

oder

$$p_v = \mathrm{e}^{-\alpha t} B \cos (\beta t + \psi) \sin (a l) .$$

Aus der zweiten Grenzbedingung folgt

$$\sin(a l_2) = 0,$$

also

$$a l_2 = \pi, \quad 2\pi, \quad 3\pi \ldots$$

oder

$$a = \frac{\pi}{l_2}, \quad \frac{2\pi}{l_2}, \quad \frac{3\pi}{l_2} \ldots,$$

so daß

$$p_v = e^{-\alpha t} \sum_n B_n \cos(\beta_n + \psi_n) \sin(a_n l) \quad . \quad . \quad . \quad (410)$$

und

$$i_v = -e^{-\alpha t} \sqrt{\frac{C_l}{L_d}} \sum_n B_n \cos\left(\beta_n t + \psi_n - \operatorname{arctg}\frac{\beta_n}{\alpha}\right) \cos(a_n l), \quad (411)$$

worin

$$a_n = n a_1 = \frac{n\pi}{l_2}$$

und

$$\beta_n = \sqrt{\frac{a_n^2}{L_d C_l} - \alpha^2}.$$

Zur Zeit $t = 0$ ist

$$p_{v0} = \frac{l}{l_2} P = \sum_n B_n \cos\psi_n \sin(a_n l),$$

woraus folgt

$$B_n \cos\psi_n = \begin{cases} \dfrac{2P}{n\pi} & \text{für } n \text{ ungerade,} \\[2ex] -\dfrac{2P}{n\pi} & \text{für } n \text{ gerade.} \end{cases}$$

Aus der vierten Grenzbedingung folgt

$$i_{v0} = -J = -\frac{P}{l_2 r_d} = \sqrt{\frac{C_l}{L_d}} \sum_n B_n \cos\left(\psi_n - \operatorname{arctg}\frac{\beta_n}{\alpha}\right) \cos(a_n l),$$

woraus sich durch Reihenentwicklung nach Fourier ergibt

$$B_n \cos\left(\psi_n - \operatorname{arctg}\frac{\beta_n}{\alpha}\right) = -\frac{2}{l_2} \sqrt{\frac{L_d}{C_l}} \int_0^{l_2} J \cos\left(\frac{n\pi l}{l_2}\right) dl = 0.$$

Also wird hier wieder

$$\psi_n = \frac{\pi}{2} + \operatorname{arctg}\left(\frac{\beta_n}{\alpha}\right),$$

$$\cos\psi_n = -\frac{\beta_n \sqrt{L_d C_l}}{a_n},$$

$$\cos(\beta_n t + \psi_n) = -\sin\left(\beta_n t + \operatorname{arctg}\frac{\beta_n}{\alpha}\right)$$

und es wird $$B_n = \pm \frac{2P}{n\pi \cos\psi_n} = \mp \frac{2P}{l_2 \beta_n \sqrt{L_d C_l}}.$$

Wir erhalten somit die folgenden Ausdrücke für die vorübergehende Spannung und Stromstärke

$$p_v = \frac{2Pe^{-\alpha t}}{l_2\sqrt{L_d C_l}}\left[\frac{1}{\beta_1}\sin\left(\beta_1 t + \operatorname{arctg}\frac{\beta_1}{\alpha}\right)\sin\left(\frac{\pi l}{l_2}\right)\right.$$
$$-\frac{1}{\beta_2}\sin\left(\beta_2 t + \operatorname{arctg}\frac{\beta_2}{\alpha}\right)\sin\left(\frac{2\pi l}{l_2}\right)$$
$$\left.+\frac{1}{\beta_3}\sin\left(\beta_3 t + \operatorname{arctg}\frac{\beta_3}{\alpha}\right)\sin\left(\frac{3\pi l}{l_2}\right) - + \ldots\right] \;. \qquad (410a)$$

und

$$i_v = -\frac{2Pe^{-\alpha t}}{l_2 L_d}\left[\frac{1}{\beta_1}\sin(\beta_1 t)\cos\left(\frac{\pi l}{l_2}\right) - \frac{1}{\beta_2}\sin(\beta_2 t)\cos\left(\frac{2\pi l}{l_2}\right)\right.$$
$$\left.+\frac{1}{\beta_3}\sin(\beta_3 t)\cos\left(\frac{3\pi l}{l_2}\right) - + \ldots\right]. \;\ldots\ldots\ldots\ldots \quad (411a)$$

c) Es soll noch zuletzt das Ansteigen der Strom- und Spannungswellen für den Fall berechnet werden, daß die an der Sekundärstation geerdete Leitung in der Primärstation plötzlich auf die konstante Spannung P eingeschaltet wird. Als stationärer Zustand ergibt sich hier wieder

$$p_s = P - P\frac{l}{l_2} = \left(1 - \frac{l}{l_2}\right)P$$

und

$$i_s = J,$$

während die vierte Grenzbedingung nun lautet:

$$4. \text{ für } t = 0 \qquad p_v = -p_s = \left(\frac{l}{l_2} - 1\right)P.$$

Die Differentialgleichung und die drei ersten Grenzbedingungen sind dieselben wie in dem soeben behandelten Falle. Die Lösung dieser Aufgabe unterscheidet sich deswegen nur in der Größe der Integrationskonstanten B_n von der Lösung im Falle b) Hier erhält die Integrationskonstante denselben Wert

$$B_n = -\frac{2P}{n\pi\cos\psi_n} = \frac{2P}{l_2\beta_n\sqrt{L_d C_l}}$$

für gerade und ungerade Werte von n. Wir erhalten somit die vorübergehende Spannung

$$p_v = -\frac{2Pe^{-\alpha t}}{l_2\sqrt{L_d C_l}}\left[\frac{1}{\beta_1}\sin\left(\beta_1 t + \operatorname{arctg}\frac{\beta_1}{\alpha}\right)\sin\left(\frac{\pi l}{l_2}\right)\right.$$
$$+\frac{1}{\beta_2}\sin\left(\beta_2 t + \operatorname{arctg}\frac{\beta_2}{\alpha}\right)\sin\left(\frac{2\pi l}{l_2}\right)$$
$$\left.+\frac{1}{\beta_3}\sin\left(\beta_3 t + \operatorname{arctg}\frac{\beta_3}{\alpha}\right)\sin\left(\frac{3\pi l}{l_2}\right)+\ldots\right] \quad . \quad . \quad (412)$$

und die vorübergehende Stromstärke

$$i_v = \frac{2Pe^{-\alpha t}}{l_2 L_d}\left[\frac{1}{\beta_1}\sin(\beta_1 t)\cos\left(\frac{\pi l}{l_2}\right)+\frac{1}{\beta_2}\sin(\beta_2 t)\cos\left(\frac{2\pi l}{l_2}\right)\right.$$
$$\left.+\frac{1}{\beta_3}\sin(\beta_3 t)\cos\left(\frac{3\pi l}{l_2}\right)+\ldots\right] \quad . \quad . \quad . \quad (413)$$

Die in den soeben betrachteten Aufgaben auftretenden vorübergehenden Ströme und Spannungen verschwinden alle mit der Zeit nach derselben Exponentialfunktion $e^{-\alpha t}$. Sollen nach der Zeit T_x diese Spannungen und Ströme bis auf x Prozent der stationären Spannungen und Ströme heruntergegangen sein, so muß

$$\frac{x}{100} = e^{-\alpha T_x},$$

woraus folgt

$$T_x = 2{,}3\,\alpha(\log 100 - \log x)$$
$$= \frac{1{,}15\,r_d}{L_d}(\log 100 - \log x).$$

2. Um die in den folgenden Abschnitten behandelten Probleme leichter zu übersehen, ist es noch von Interesse, das Einschalten einer langen Arbeitsübertragungsleitung auf eine Gleichstromquelle zu betrachten. Der Widerstand von Übertragungsleitungen muß aus ökonomischen Gründen viel kleiner gewählt werden, als es bei Telegraphenleitungen angängig ist. Es soll z. B. eine 300 km lange, 105 mm² starke Doppelleitung plötzlich auf 100000 Volt Gleichstromspannung eingeschaltet werden. Für eine solche Leitung stellt sich der Widerstand zu $r_d = 0{,}32\,\Omega$, die Selbstinduktion zu $L_d = 0{,}0025$ Henry und die Kapazität zu $C_l = 0{,}0048$ Mikrofarad pro km Länge. In Fig. 528 ist der Verlauf der Spannung als Funktion der Länge für verschiedene Zeiten nach dem Einschalten dargestellt, das bei offenen Sekundärklemmen geschah. Auch hier sind nur die drei ersten Glieder der Fourierschen Reihe bei der Berechnung berücksichtigt worden, weshalb die Kurven auch nur eine grobe Annäherung des tatsächlichen Verlaufs der Spannung wiedergeben. Man sieht immerhin aus den Kurven, daß

die Spannung bis zum fast zweifachen Werte der normalen ansteigt, welches Resultat mit dem übereinstimmt, zu dem wir im nächsten Kapitel (Fig. 556) kommen.

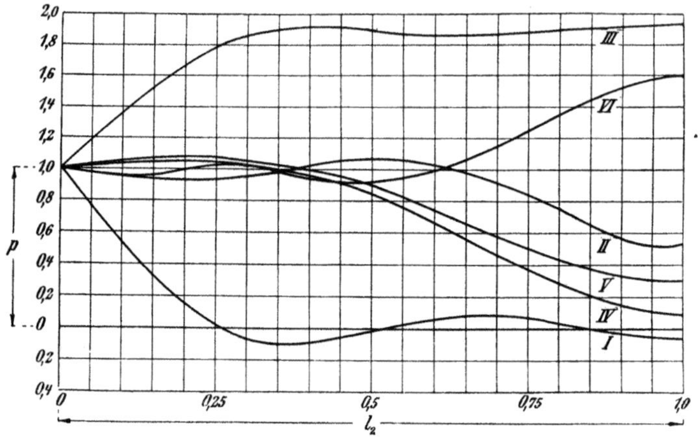

Fig. 528. Ansteigen der Spannung einer Kraftübertragungsleitung, die plötzlich auf eine konstante Spannung geladen wird.

Da $\sqrt{\frac{C_l}{L_d}}$ für die 300 km lange Leitung gleich 1,16 10^{-3}, also viel kleiner als $\frac{1}{l_2 r_d} = \frac{1}{105} = 9{,}5\ 10^{-3}$ ist, so treten beim Kurzschließen der 300 km langen Leitung nur relativ kleine vorübergehende Ströme auf. Diese sind in der Tat nicht größer als die vorübergehenden Ströme, die beim Einschalten der offenen Leitung entstehen. Bei der Telegraphenleitung Berlin—Paris ist $\sqrt{\frac{C_l}{L_d}} = 1{,}83\ 10^{-3}$ größer als $\frac{1}{l_2 r_d} = 0{,}65\ 10^{-3}$, so daß der vorübergehende Strom hier anderthalbmal so groß ausfällt wie der stationäre Strom.

161. Einschalten eines Wechselstromkreises, in dem Widerstand, Selbstinduktion und Kapazität gleichmäßig verteilt sind.

Diese Aufgabe führt auf ähnliche Gleichungen und Grenzbedingungen wie die beiden früheren, trotzdem die aufgedrückte Spannung hier eine stetig wechselnde anstatt einer konstanten gleichgerichteten ist. Um aber das Problem der Einschaltung von Stromkreisen hier gleich ganz allgemein zu behandeln, soll die gleichmäßig verteilte Ableitung auch berücksichtigt werden. Hierdurch wird die Rechnung scheinbar etwas verwickelter erscheinen, aber der Natur nach doch mit den früheren übereinstimmen.

Wir gehen von der Einphasenarbeitsübertragung aus, deren stationäre Arbeitsverhältnisse im Kapitel VIII eingehend besprochen worden sind. Es sollen hier die vorübergehende Spannung und Stromstärke, die beim Einschalten und Kurzschließen dieses Stromkreises entstehen, berechnet werden. Wir können deswegen hier nicht symbolisch rechnen, sondern müssen von den Momentanwerten ausgehen, wie es auch in den früheren Abschnitten geschehen ist.

Es bezeichnet wieder r_d den effektiven Widerstand, L_d den effektiven Selbstinduktionskoeffizienten, g_l die effektive Konduktanz (Ableitung) und C_l die effektive Kapazität pro Kilometer Länge der Doppelleitung, während

$$Z_d = (r_d - jx_d)\, l_2 \text{ die Impedanz}$$

und

$$Y_l = (g_l + jb_l)\, l_2 \text{ die Admittanz}$$

der ganzen Leitung l_2 bei irgendeiner Periodenzahl bedeutet. Z_d und Y_l sind somit zwei mit der Periodenzahl variierende Größen. Die Länge l wird hier wie in den beiden vorhergehenden Abschnitten von der Primärstation aus nach der Sekundärstation hin positiv gerechnet, und die totale Länge der Leitung ist l_2. In einem Leiterelement ist zur Zeit t die Spannungserhöhung von der Sekundärstation nach der Primärstation hin gerechnet

$$dp = -\left(i r_d + L_d \frac{di}{dt}\right) dl \quad . \quad . \quad . \quad . \quad . \quad (414)$$

An derselben Stelle der Leitung ist die Stromerhöhung

$$di = -\left(p g_l + C_l \frac{dp}{dt}\right) dl \quad . \quad . \quad . \quad . \quad . \quad (415)$$

Aus diesen beiden Gleichungen ergibt sich durch Differentiation nach t resp. l

$$\frac{d^2 i}{dl^2} = - g_l \frac{dp}{dl} - C_l \frac{d^2 p}{dl \cdot dt}$$

und

$$\frac{d^2 p}{dl \cdot dt} = - r_d \frac{di}{dt} - L_d \frac{d^2 i}{dt^2}.$$

Durch Elimination von p erhalten wir die partielle Differentialgleichung zweiter Ordnung in i

$$\frac{d^2 i}{dl^2} = r_d g_l i + (g_l L_d + r_d C_l) \frac{di}{dt} + L_d C_l \frac{d^2 i}{dt^2}. \quad . \quad (416)$$

In ähnlicher Weise ergibt sich die analoge Differentialgleichung für die Spannung

$$\frac{d^2 p}{dl^2} = r_d g_l p + (g_l L_d + r_d C_l) \frac{dp}{dt} + L_d C_l \frac{d^2 p}{dt^2}. \quad . \quad (417)$$

Diese Differentialgleichung kann in verschiedener Weise gelöst werden und zu verschiedenen Reihenentwicklungen führen. Die Reihen geben als Summe genommen jedoch stets dasselbe Resultat, wenn keine vereinfachenden Vernachlässigungen gemacht werden. Der Unterschied der verschiedenen Reihen beruht nur auf Annahmen, die man mit Rücksicht auf eine leichtere mathematische Behandlung der Aufgabe und mit Rücksicht auf die Grenzbedingungen trifft. Hier sollen zwei verschiedene Lösungen gebracht werden.

Erste Lösung:

a) Macht man nach Euler den Ansatz, daß die Spannung

$$p = T_p \cdot L_p,$$

worin T_p eine von der Zeit allein und L_p eine von der Länge allein abhängige Funktion ist, so ergibt sich als Lösung eine Reihe, deren einzelne Glieder L_p eine Fouriersche Reihe bilden.

Der Ausdruck für p oben eingesetzt gibt uns die Differentialgleichung

$$T_p \frac{d^2 L_p}{d l^2} = r_a g_l T_p L_p + (g_l L_a + r_a C_l) L_p \frac{d T_p}{d t} + L_a C_l L_p \frac{d^2 T_p}{d t^2}$$

oder

$$\frac{1}{L_p} \frac{d^2 L_p}{d l^2} = r_a g_l + \frac{(g_l L_a + r_a C_l)}{T_p} \frac{d T_p}{d t} + \frac{L_a C_l}{T_p} \frac{d^2 T_p}{d t^2}.$$

Da die linke Seite eine Funktion der Länge allein, die rechte eine Funktion der Zeit allein ist, und da die Gleichung für jede Zeit und Länge bestehen muß, so ist es einleuchtend, daß jede Seite gleich demselben konstanten und reellen Betrag sein muß, den wir mit $-a^2$ bezeichnen werden. Wir haben somit die Aufgabe auf die Lösung der beiden Differentialgleichungen

$$\frac{d^2 L_p}{d l^2} = -a^2 L_p$$

und

$$L_a C_l \frac{d^2 T_p}{d t^2} + (g_l L_a + r_a C_l) \frac{d T_p}{d t} + (r_a g_l + a^2) T_p = 0$$

zurückgeführt. Die Lösung der ersten Gleichung lautet

$$L_p = A \cos(a l) + B \sin(a l)$$

und die Lösung der zweiten Gleichung lautet für oszillatorisches Verschwinden des vorübergehenden Zustandes, was fast immer der Fall ist,

$$T_p = e^{-\alpha t} (C \cos \beta t + D \sin \beta t),$$

worin $-\alpha \pm j\beta$ die zwei Wurzeln der quadratischen Gleichung in x sind

$$L_d C_l x^2 + (g_l L_d + r_d C_l) x + (r_d g_l + a^2) = 0.$$

Es ist somit

$$-\alpha \pm j\beta = -\left(\frac{r_d}{2L_d} + \frac{g_l}{2C_l}\right) \pm j\sqrt{\frac{r_d g_l + a^2}{L_d C_l} - \left(\frac{r_d}{2L_d} + \frac{g_l}{2C_l}\right)^2}$$

also

$$\alpha = \frac{r_d}{2L_d} + \frac{g_l}{2C_l} \quad . \quad . \quad . \quad . \quad . \quad . \quad . \quad (418)$$

und

$$\beta = \sqrt{\frac{r_d g_l + a^2}{L_d C_l} - \left(\frac{r_d}{2L_d} + \frac{g_l}{2C_l}\right)^2} = \sqrt{\frac{a^2}{L_d C_l} - \left(\frac{r_d}{2L_d} - \frac{g_l}{2C_l}\right)^2} \quad (419)$$

Setzt man die charakteristische Größe

$$\frac{r_d}{2L_d} - \frac{g_l}{2C_l} = \gamma, \quad . \quad . \quad . \quad . \quad . \quad . \quad . \quad (420)$$

die von der Periodenzahl und Wellenlänge unabhängig ist, so kann

$$\beta = \sqrt{\frac{a^2}{L_d C_l} - \gamma^2} \quad . \quad . \quad . \quad . \quad . \quad . \quad . \quad (419a)$$

oder

$$\frac{a^2}{L_d C_l} = \beta^2 + \gamma^2 \quad . \quad . \quad . \quad . \quad . \quad . \quad . \quad (421)$$

geschrieben werden. Die Größe γ verschwindet, wenn $\frac{r_d}{L_d} = \frac{g_l}{C_l}$, d. h. wenn die Leitung verzerrungsfrei ist. Solange $\frac{a}{\sqrt{L_d C_l}} > \gamma$, verschwindet die vorübergehende Spannung oszillatorisch, und wenn $\frac{a}{\sqrt{L_d C_l}} < \gamma$ nach Exponentialfunktionen. Auf diesen letzten Fall, der fast nie eintritt, soll hier nicht näher eingegangen werden.

Für die Spannung p ergibt sich somit die partikuläre Lösung

$$p_1 = e^{-\alpha t}\left[(A_1 \cos\beta t + A_2 \sin\beta t)\cos(al) + (B_1 \cos\beta t + B_2 \sin\beta t)\sin(al)\right],$$

die durch Einführung der Grenzbedingungen auf Fouriersche Reihen führen. Es lautet somit das allgemeine Integral für die Spannung

$$p = e^{-\alpha t}\sum_n \left\{[A_{1n}\cos(\beta_n t) + A_{2n}\sin(\beta_n t)]\cos(a_n l) + [B_{1n}\cos(\beta_n t) + B_{2n}\sin(\beta_n t)]\sin(a_n l)\right\}. \quad . \quad . \quad . \quad (422)$$

Die einzelnen Glieder dieser Lösung besitzen alle den Charakter

$$e^{-\alpha t} A \sin(\beta_n t + \psi_n) \cos(a_n l)$$

und stellen somit stehende Wellen dar, wie diese Seite 154 beschrieben worden sind. Unter Annahme einer sinusförmigen Klemmenspannung läßt sich die stationäre Spannung nicht durch eine einzige stehende Welle darstellen. Dagegen läßt der stationäre Zustand sich durch zwei fortschreitende Wellen von dem Charakter

$$A_1 e^{\lambda l} \sin(\omega t + \mu l + \psi_1) \quad \text{und} \quad A_2 e^{-\lambda l} \sin(\omega t - \mu l + \psi_2)$$

darstellen. Es eignet sich die soeben abgeleitete Lösung für die Spannung deswegen nicht zur Darstellung der stationären Spannung und Stromstärke, weshalb diese Lösung nur für die vorübergehende Spannung und Stromstärke zur Anwendung kommen soll. — Die stationäre Spannung und Stromstärke berechnet man am besten nach den im Abschnitte 43 gebrachten Formeln (Seite 151 unten) und setzt die vorübergehende Spannung

$$p_v = e^{-\alpha t} \sum_n \Big\{[A_{1n} \cos(\beta_n t) + A_{2n} \sin(\beta_n t)] \cos(a_n l)$$
$$+ [B_{1n} \cos(\beta_n t) + B_{2n} \sin(\beta_n t)] \sin(a_n l)\Big\}$$

Den allgemeinen Ausdruck für den vorübergehenden Strom erhalten wir, indem wir von

$$\frac{di_v}{dl} = -g_l p_v - C_l \frac{dp_v}{dt}$$

ausgehen. Die Spannungswelle

$$p_1 = e^{-\alpha t} A_{1n} \cos \beta_n t \cos(a_n l)$$

ergibt die folgende Stromwelle

$$\frac{di_1}{dl} = -e^{-\alpha t} A_{1n} \cos(a_n l) [(g_l - \alpha C_l) \cos \beta_n t - \beta_n C_l \sin \beta_n t]$$
$$= e^{-\alpha t} A_{1n} \cos(a_n l) [\gamma C_l \cos \beta_n t + \beta_n C_l \sin \beta_n t]$$
$$= e^{-\alpha t} A_{1n} a_n \sqrt{\frac{C_l}{L_d}} \cos(a_n l) \cos\left(\beta_n t - \operatorname{arctg} \frac{\beta_n}{\gamma}\right),$$

also

$$i_1 = e^{-\alpha t} A_{1n} \sqrt{\frac{C_l}{L_d}} \sin(a_n l) \cos\left(\beta_n t - \operatorname{arctg} \frac{\beta_n}{\gamma}\right).$$

Wir erhalten in dieser Weise den folgenden Ausdruck für den vorübergehenden Strom

$$i_v = \sqrt{\frac{C_l}{L_d}}\, e^{-\alpha t} \sum_n \left\{ \left[A_{1n} \cos\left(\beta_n t - \operatorname{arctg}\frac{\beta_n}{\gamma}\right) \right.\right.$$
$$\left. + A_{2n} \sin\left(\beta_n t - \operatorname{arctg}\frac{\beta_n}{\gamma}\right)\right] \sin(a_n l) - \left[B_{1n} \cos\left(\beta_n t - \operatorname{arctg}\frac{\beta_n}{\gamma}\right)\right.$$
$$\left.\left. + B_{2n} \sin\left(\beta_n t - \operatorname{arctg}\frac{\beta_n}{\gamma}\right)\right] \cos(a_n l)\right\} \quad . \quad . \quad . \quad . \quad . \quad . \quad . \quad . \quad (423)$$

Wie ersichtlich, eilen die Stromwellen den Spannungswellen zeitlich um $\operatorname{arctg}\frac{\beta_n}{\gamma}$ nach und sind die Stromamplituden $\sqrt{\frac{C_l}{L_d}}$ mal größer als die Spannungsamplituden. Räumlich eilen die Stromwellen den Spannungswellen dagegen um 90^0 vor.

Zur Bestimmung der Integrationskonstanten müssen wieder die Grenzbedingungen herangezogen werden.

1. Für den Fall, daß die Doppelleitung in der Sekundärstation offen ist, wird beim Einschalten der Leitung in der Primärstation auf die stationäre sinusförmige Klemmenspannung

$$p_{s1} = P_{max} \sin(\omega t + \psi_1)$$

ein Strom i entstehen, dessen vorübergehender Teil i_v bald verschwindet und den stationären Teil i_s hinterläßt.

Es ist

$$i = i_s + i_v,$$

und da zur Zeit $t = 0$ des Einschaltens $i = 0$ ist, so wird

$$i_{v0} = -i_{s0}.$$

Ebenso ergibt sich für die Spannung

$$p = p_s + p_v$$

und

$$p_{v0} = -p_{s0}.$$

Es lauten somit die Grenzbedingungen für diesen Fall

1. für $l = 0$ $\quad p_v = 0$ $\quad$ für alle Zeiten t,
2. für $l = l_2$ $\quad i_v = 0$ $\quad$ für alle Zeiten t,
3. für $t = 0$ $\quad p_v = -p_{s0}$

und 4. für $t = 0$ $\quad i_v = -i_{s0}$,

worin die Werte p_{s0} und i_{s0} sich aus den Formeln 81 und 82 Seite 149 für $\mathfrak{Z}_2 = 0$ bestimmen lassen. Sowohl das allgemeine Integral der partiellen Differentialgleichung wie die Grenzbedingungen sind identisch mit denjenigen im vorigen Abschnitt; nur die Konstanten haben hier eine etwas erweiterte Bedeutung. Durch Betrachtung von

$$p_v = e^{-\alpha t} \sum_n \{[A_{1n} \cos(\beta_n t) + A_{2n} \sin(\beta_n t)] \cos(a_n l)$$
$$+ [B_{1n} \cos(\beta_n t) + B_{2n} \sin(\beta_n t)] \sin(a_n l)\}$$

folgt direkt aus der ersten Grenzbedingung, daß

$$A_{1n} = 0 \quad \text{und} \quad A_{2n} = 0,$$

also

$$p_v = e^{-\alpha t} \sum_n [B_{1n} \cos(\beta_n t) + B_{2n} \sin(\beta_n t)] \sin(a_n l)$$

und

$$i_v = -\sqrt{\frac{C_l}{L_d}}\, e^{-\alpha t} \sum_n \Big[B_{1n} \cos\left(\beta_n t - \operatorname{arctg}\frac{\beta_n}{\gamma}\right)$$

$$+ B_{2n} \sin\left(\beta_n t - \operatorname{arctg}\frac{\beta_n}{\gamma}\right)\Big] \cos(a_n l).$$

Aus der zweiten Grenzbedingung folgt, daß

$$\cos(a_n l_2) = 0,$$

also muß

$$a_n = \frac{\pi}{2 l_2}, \quad \frac{3\pi}{2 l_2}, \quad \frac{5\pi}{2 l_2} \cdots,$$

während

$$\beta_n = \sqrt{\frac{a_n^2}{L_d C_l} - \gamma^2}.$$

Zur Bestimmung der Integrationskonstanten B_{1n} und B_{2n} werden die dritte und vierte Grenzbedingung benutzt. Anstatt der Integrationskonstanten B_{1n} und B_{2n} führen wir aber B_n und ψ_n ein, indem wir

$$B_{1n} \cos(\beta_n t) + B_{2n} \sin(\beta_n t) = B_n \cos(\beta_n t + \psi_n)$$

setzen. Es wird dann

$$p_v = e^{-\alpha t} \sum_n B_n \cos(\beta_n t + \psi_n) \sin(a_n l)$$

und

$$i_v = -e^{-\alpha t} \sqrt{\frac{C_l}{L_d}} \sum_n B_n \cos\left(\beta_n t + \psi_n - \operatorname{arctg}\frac{\beta_n}{\gamma}\right) \cos(a_n l).$$

Es ist zur Zeit $t = 0$

$$p_{v0} = -p_{s0} = \sum_n B_n \cos\psi_n \sin(a_n l),$$

also wird

$$B_n \cos\psi_n = -\frac{2}{l_2} \int_0^{l_2} p_{s0} \sin\left(\frac{n\pi l}{2 l_2}\right) dl$$

und

$$i_{v0} = -i_{s0} = -\sqrt{\frac{C_l}{L_d}} \sum_n B_n \cos\left(\psi_n - \operatorname{arctg}\frac{\beta_n}{\gamma}\right) \cos a_n l,$$

also

$$B_n \cos\left(\psi_n - \operatorname{arctg}\frac{\beta_n}{\gamma}\right) = \frac{2}{l_2} \sqrt{\frac{L_d}{C_l}} \int_0^{l_2} i_{s0} \cos\left(\frac{n\pi l}{2 l_2}\right) dl$$

oder

$$\frac{B_n \gamma}{\sqrt{\beta_n^2 + \gamma^2}} \cos \psi_n + \frac{B_n \beta_n}{\sqrt{\beta_n^2 + \gamma^2}} \sin \psi_n = \frac{2}{l_2} \sqrt{\frac{L_d}{C_l}} \int_0^{l_2} i_{s0} \cos\left(\frac{n \pi l}{2 l_2}\right) dl,$$

woraus B_n und ψ_n sich ergeben.

Durch Zerlegung der stationären Spannungs- und Stromwellen für den Einschaltungsaugenblick $t = 0$ in Sinus- resp. Kosinuswellen lassen sich somit die Integrationskonstanten B_n und ψ_n in ziemlich einfacher Weise für die Einschaltung offener Leitungen bestimmen.

Beim Entladen einer Leitung, indem man die Primärklemmen kurzschließt, erhält man genau dieselben Gleichungen und Grenzbedingungen; nur die Vorzeichen in den beiden letzten Grenzbedingungen sind umgekehrt, indem $p_{v0} = p_{s0}$ und $i_{v0} = i_{s0}$ zu setzen sind. Es ergeben sich somit für die Entladung eines Stromkreises dieselben Ausdrücke für die vorübergehende Spannung und Stromstärke wie beim Einschalten desselben, wenn man von den Vorzeichen absieht.

2. Ist die Doppelleitung in der Sekundärstation kurzgeschlossen, so wird beim Einschalten der Primärklemmen auf die stationäre sinusförmige Klemmenspannung $p_{s1} = P_{max} \sin(\omega t + \psi_1)$ ein großer Stromstoß, begleitet von der ansteigenden Spannung, erfolgen. Es ist in diesem Falle

$$i = i_s + i_v,$$

und da zur Zeit $t = 0$ des Einschaltens $i = 0$ ist, so wird

$$i_{v0} = -i_{s0}.$$

Ebenso ergibt sich für die Spannung

$$p = p_s + p_v$$

und

$$p_{v0} = -p_{s0}.$$

Es lauten somit die Grenzbedingungen für diesen Fall

1. für $l = 0$ $\quad p_v = 0$ für alle Zeiten t,
2. für $l = l_2$ $\quad p_v = 0$ für alle Zeiten t,

und 3. für $t = 0$ $\quad p_{v0} = -p_{s0}$

4. für $t = 0$ $\quad i_{v0} = -i_{s0}$,

die sich aus den Formeln 83 S. 149 für $\mathfrak{P}_2 = 0$ bestimmen lassen.

Aus der ersten Grenzbedingung folgt, daß

$$A_1 = 0 \quad \text{und} \quad A_2 = 0,$$

so daß das allgemeine Integral für die vorübergehende Spannung lautet

$$p_v = e^{-\alpha t} \sum_n B_n \cos(\beta_n t + \psi_n) \sin(a_n l) \quad . \quad . \quad (424)$$

und für den vorübergehenden Strom

$$i_v = -e^{-at}\sqrt{\frac{C_l}{L_d}}\sum_n B_n \cos\left(\beta_n t + \psi_n - \operatorname{arctg}\frac{\beta_n}{\gamma}\right)\cos(a_n l) \quad (425)$$

Aus der zweiten Grenzbedingung folgt somit

$$\sin(a_n l_2) = 0\,,$$

d. h.

$$a_n = \frac{\pi}{l_2}, \quad \frac{2\pi}{l_2}, \quad \frac{3\pi}{l_2} \ldots.$$

Aus der dritten und vierten Grenzbedingung folgt

$$p_{v0} = -p_{s0} = \sum_n B_n \cos\psi_n \sin(a_n l)$$

und

$$i_{v0} = -i_{s0} = -\sqrt{\frac{C_l}{L_d}}\sum_n B_n \cos\left(\psi_n - \operatorname{arctg}\frac{\beta_n}{\gamma}\right)\cos(a_n l)\,,$$

woraus folgt

$$B_n \cos\psi_n = -\frac{2}{l_2}\int_0^{l_2} p_{s0}\sin\left(\frac{n\pi l}{l_2}\right) dl$$

und

$$\frac{B_n\gamma}{\sqrt{\beta_n^2+\gamma^2}}\cos\psi_n + \frac{B_n\beta_n}{\sqrt{\beta_n^2+\gamma^2}}\sin\psi_n = \frac{2}{l_2}\sqrt{\frac{L_d}{C_l}}\int_0^{l_2} i_{s0}\cos\left(\frac{n\pi l}{l_2}\right) dl\,,$$

woraus sich wieder B_n und ψ_n ergeben.

Beim Kurzschließen der Primärklemmen verschwinden die vorübergehende Spannung und Stromstärke nach demselben Gesetze, wie sie entstanden.

3. Ist die Doppelleitung in der Primärstation an die stationäre sinusförmige Klemmenspannung $p_{s1} = P_{max}\sin(\omega t + \psi_1)$ angeschlossen und werden die Sekundärklemmen zur Zeit $t = 0$ plötzlich kurzgeschlossen, so wird ein großer Stromstoß, begleitet von einem großen Spannungsabfall gegen die Sekundärstation hin, entstehen. Wir erhalten hier dieselbe Differentialgleichung und dieselben ersten drei Grenzbedingungen wie im vorigen Falle 2. Nur die zwei letzten Grenzbedingungen weichen von den vorigen ab, indem

$$p_{v0} = p_{s1} - p_{s2} = \Delta p_{s0}$$

und

$$i_{v0} = i_{s1} - i_{s2} = \Delta i_{s0}\,,$$

worin Δp_{s0} und Δi_{s0} die zur Zeit $t = 0$ vorgenommene Änderung in der stationären Spannung und Stromstärke bedeuten. Indem wir in den obigen Formeln für den zweiten Fall Δp_{s0} anstatt $-p_{s0}$ und Δi_{s0} anstatt $-i_{s0}$ einführen, behalten die Gleichungen auch ihre Gültigkeit für diesen Fall.

Wie hier für offene und kurzgeschlossene Leitungen gezeigt, läßt sich die Lösung mit Reihenentwicklungen nach Fourier ohne größere Schwierigkeiten auf alle vorkommenden Probleme anwenden. Die Reihenentwicklung von Fourier führt auf stehende Wellen, die man sich in derselben Weise wie ein magnetisches Wechselfeld in zwei gleichgroße Drehfelder der halben Stärke in zwei gleichgroße fortschreitende Wellen zerlegt denken kann; darauf werden wir jedoch erst im folgenden Kapitel zurückkommen. Um aber den Zusammenhang zwischen stehenden und fortschreitenden Wellen besser übersehen zu können, soll hier noch eine allgemeine mathematische Behandlung des vorliegenden Problems gebracht werden. Diese wird als Spezialfall auch die Lösung für den stationären Zustand enthalten.

b) Zweite Lösung: Es lautet die partielle Differentialgleichung der Spannung

$$\frac{d^2 p}{d l^2} = r_d g_l p + (g_l L_d + r_d C_l) \frac{d p}{d t} + L_d C_l \frac{d^2 p}{d t^2}.$$

Diese wird von jedem partikulären Integral der folgenden Form

$$p = A e^{a l + b t}$$

befriedigt, wenn a und b konstante reelle, imaginäre oder komplexe Größen sind. Nur muß zwischen denselben die folgende Beziehung bestehen:

$$a^2 = r_d g_l + (g_l L_d + r_d C_l) b + L_d C_l b^2,$$

welche Gleichung man erhält, wenn man den obigen Ausdruck für p in die Differentialgleichung einführt.

Je nach der Wahl der Konstanten a erhält man verschiedene Lösungen. Setzt man a gleich einer imaginären Zahl, wird a^2 eine negative reelle Größe, und das partikuläre Integral führt uns auf eine Fouriersche Reihe, d. h. auf stehende Wellen. In Kapitel VIII ist gezeigt worden, daß eine stationäre sinusförmige Spannung, die einer Leitung aufgedrückt wird, in jedem Punkte der Leitung einen sinusförmigen Strom erzeugt. Hierbei verteilt sich die Spannung und Stromstärke der Leitung entlang nicht nach reinen Sinuswellen, wie es bei den stehenden Wellen der Fall ist, sondern nach Sinuswellen mit nach Exponentialfunktionen abnehmenden Amplituden. — Für die stationären Wellen ergab sich S. 148 die folgende Differentialgleichung in symbolischer Schreibweise

$$\frac{d^2 \mathfrak{P}}{d l^2} = \frac{\mathfrak{Z}_d \mathfrak{Y}_l}{l_2^{\,2}} \mathfrak{P} = (\lambda - j \mu)^2 \mathfrak{P},$$

worin $\lambda - j\mu = \sqrt{(r_d - jx_d)(g_l - jb_2)}$ eine von der Periodenzahl c abhängige Größe ist.

Unter der Voraussetzung, daß die vorübergehenden Ströme und Spannungen in Teilwellen von ähnlichem Charakter wie die stationären Wellen zerlegt werden sollen, kann

$$a^2 = (\lambda - j\mu)^2$$

gesetzt werden. Es wird dann

$$(\lambda - j\mu)^2 = r_d g_l + (g_l L_d + r_d C_l)\, b + L_d C_l b^2 \,. \quad . \quad (426)$$

Nehmen wir an, daß λ und μ zwei bekannte reelle positive Zahlen sind, so ergibt die quadratische Gleichung in b zwei Wurzeln von dem allgemeinen Charakter

$$b = \begin{bmatrix} b_1 \\ b_2 \end{bmatrix} = -\alpha \pm (\delta - j\beta)\,, \quad . \quad . \quad . \quad . \quad . \quad (427)$$

worin β nie Null sein kann, sobald λ von Null verschieden ist. Wir erhalten somit ein partikuläres Integral von der folgenden allgemeinen Form mit oszillatorisch verschwindenden Gliedern

$$p = A_1 e^{(\lambda - j\mu)l - (\alpha + \delta - j\beta)t} + B_1 e^{-(\lambda - j\mu)l - (\alpha + \delta - j\beta)t}$$
$$+ C_1 e^{(\lambda - j\mu)l - (\alpha - \delta + j\beta)t} + D_1 e^{-(\lambda - j\mu)l - (\alpha - \delta + j\beta)t}\,.$$

$\frac{\beta}{2\pi}$ ist die Periodenzahl der Strom- und Spannungswellen.

Anstatt die Gleichung von b direkt aufzulösen, setzen wir das Produkt

$$(b - b_1)(b - b_2) = [b + \alpha + (\delta - j\beta)]\,[b + \alpha - (\delta - j\beta)]$$
$$= b^2 + 2\alpha b + \alpha^2 - (\delta - j\beta)^2$$

gleich der linken Seite der geordneten quadratischen Gleichung in b, d. h. gleich

$$b^2 + \left(\frac{g_l}{C_l} + \frac{r_d}{L_d}\right) b + \frac{r_d g_l - (\lambda - j\mu)^2}{L_d C_l}\,.$$

Also wird

$$2\alpha = \frac{g_l}{C_l} + \frac{r_d}{L_d}$$

oder

$$\alpha = \frac{r_d}{2L_d} + \frac{g_l}{2C_l}\,.$$

Setzen wir ferner wie oben

$$\gamma = \frac{r_d}{2L_d} - \frac{g_l}{2C_l}\,,$$

so wird

$$\frac{r_d g_l}{L_d C_l} = \alpha^2 - \gamma^2\,.$$

Beim Gleichsetzen der obigen zwei Ausdrücke ergibt sich ferner

$$\alpha^2-(\delta-j\beta)^2=\frac{r_d g_l}{L_d C_l}-\frac{(\lambda-j\mu)^2}{L_d C_l}$$

oder

$$(\delta-j\beta)^2-\gamma^2=\frac{(\lambda-j\mu)^2}{L_d C_l}.$$

Wenn die reellen Glieder für sich und die imaginären für sich genommen werden, so folgt

$$\delta^2-\beta^2-\gamma^2=\frac{\lambda^2-\mu^2}{L_d C_l}$$

und

$$\delta\beta=\frac{\lambda\mu}{L_d C_l}.$$

Aus diesen beiden Gleichungen lassen sich die Konstanten δ und β durch λ und μ ausdrücken. Durch Elimination von β erhalten wir

$$\delta^2-\frac{\lambda^2\mu^2}{L_d^2 C_l^2}\,\frac{1}{\delta^2}=\gamma^2+\frac{\lambda^2-\mu^2}{L_d C_l}$$

oder

$$\delta^4-\left(\gamma^2+\frac{\lambda^2-\mu^2}{L_d C_l}\right)\delta^2-\frac{\lambda^2\mu^2}{L_d^2 C_l^2}=0,$$

also

$$\delta^2=\frac{1}{2}\left(\gamma^2+\frac{\lambda^2-\mu^2}{L_d C_l}\right)\pm\sqrt{\frac{1}{4}\left(\gamma^2+\frac{\lambda^2-\mu^2}{L_d C_l}\right)^2+\frac{\lambda^2\mu^2}{L_d^2 C_l^2}},$$

woraus folgt

$$\delta=\sqrt{\frac{1}{2}\left[\sqrt{\left(\gamma^2+\frac{\lambda^2-\mu^2}{L_d C_l}\right)^2+\frac{4\lambda^2\mu^2}{L_d^2 C_l^2}}+\left(\gamma^2+\frac{\lambda^2-\mu^2}{L_d C_l}\right)\right]}. \quad (428)$$

Das untere Vorzeichen würde δ imaginär machen und ist deswegen in Streit mit unserer Annahme. In analoger Weise erhalten wir den folgenden Wert für β:

$$\beta=\sqrt{\frac{1}{2}\left[\sqrt{\left(\gamma^2+\frac{\lambda^2-\mu^2}{L_d C_l}\right)^2+\frac{4\lambda^2\mu^2}{L_d^2 C_l^2}}-\left(\gamma^2+\frac{\lambda^2-\mu^2}{L_d C_l}\right)\right]} \quad (429)$$

Ist γ^2 gegenüber $\frac{\lambda^2-\mu^2}{L_d C_l}$ eine kleine Größe, so wird annähernd

$$\delta\cong\frac{\lambda}{\sqrt{L_d C_l}} \quad \text{. . . . .} \quad (428a)$$

und

$$\beta\cong\frac{\mu}{\sqrt{L_d C_l}}. \quad \text{. . . . .} \quad (429a)$$

Ist andererseits $\lambda_n = 0$, so wird

$$\beta = \sqrt{\frac{\mu^2}{L_d C_l} - \gamma^2} \qquad \text{und} \qquad \delta = 0 .$$

Umgekehrt lassen sich auch λ und μ durch β und δ ausdrücken. Aus den obigen zwei Gleichungen folgt nämlich durch Elimination von μ

$$\frac{\lambda^2}{L_d C_l} - \frac{(\delta\beta)^2 L_d C_l}{\lambda^2} = \delta^2 - \gamma^2 - \beta^2$$

oder

$$\left(\frac{\lambda^2}{L_d C_l}\right)^2 - (\delta^2 - \gamma^2 - \beta^2)\frac{\lambda^2}{L_d C_l} - (\delta\beta)^2 = 0 ,$$

also

$$\lambda = \sqrt{\frac{L_d C_l}{2}\left[\sqrt{(\delta^2 - \gamma^2 - \beta^2)^2 + 4\delta^2\beta^2} + (\delta^2 - \gamma^2 - \beta^2)\right]} \qquad (430)$$

$$\cong \delta\sqrt{L_d C_l} \text{ für } \gamma \text{ klein gegenüber } \beta$$

und analog

$$\mu = \sqrt{\frac{L_d C_l}{2}\left[\sqrt{(\delta^2 - \gamma^2 - \beta^2)^2 + 4\delta^2\beta^2} - (\delta^2 - \gamma^2 - \beta^2)\right]} \qquad (431)$$

$$\cong \beta\sqrt{L_d C_l} .$$

Von Interesse ist zu bemerken, daß

$$\delta^2 + \beta^2 = \sqrt{\left(\gamma^2 + \frac{\lambda^2 - \mu^2}{L_d C_l}\right)^2 + \frac{4\lambda^2\mu^2}{L_d C_l}} \quad . \; . \; . \quad (432)$$

und daß

$$\lambda^2 + \mu^2 = L_d C_l \sqrt{(\delta^2 - \gamma^2 - \beta^2)^2 + 4\delta^2\beta^2} . \quad . \; . \quad (433)$$

Da $\frac{2\pi}{\beta}$ die Zeit einer Periode, während $\frac{2\pi}{\mu}$ die Länge der Wellen ist, so ist die Fortpflanzungsgeschwindigkeit der Wellen

$$v = \frac{2\pi}{\mu} : \frac{2\pi}{\beta} = \frac{\beta}{\mu}$$

oder

$$v = \sqrt{\frac{1}{2\mu^2}\left[\sqrt{\left(\gamma^2 + \frac{\lambda^2 - \mu^2}{L_d C_l}\right)^2 + \frac{4\lambda^2\mu^2}{L_d^2 C_l^2}} - \left(\gamma^2 + \frac{\lambda^2 - \mu^2}{L_d C_l}\right)\right]} \qquad (434)$$

Die Fortpflanzungsgeschwindigkeit der freien Wellen hängt wie die der stationären Wellen von β und den Leitungskonstanten ab. Ist die Leitung verzerrungsfrei (d. h. $\gamma = 0$) oder die Leitungsverluste vernachlässigbar klein, so pflanzen sich die Wellen mit der

Geschwindigkeit $v = \frac{1}{\sqrt{L_d C_l}}$ fort. Diese Geschwindigkeit nähert sich bei den meisten Leitungen, speziell bei den Luftleitungen, der Geschwindigkeit des Lichtes.

Für sinusförmige Teilwellen, d. h. für $\lambda = 0$, ist die Fortpflanzungsgeschwindigkeit

$$v = \sqrt{\frac{1}{L_d C_l} - \frac{\gamma^2}{\mu^2}} \quad \ldots \ldots \ldots \quad (434a)$$

Gehen wir jetzt zu unserem partikulären Integral zurück, so läßt dies sich an Hand der ermittelten Konstanten und unter Einführung neuer Integrationskonstanten wie folgt schreiben:

$$p = e^{-(\alpha+\delta)t}[A_1 e^{\lambda l} \cos(\mu l - \beta t - \psi_1) + A_2 e^{-\lambda l} \cos(\mu l + \beta t + \psi_2)] \\ + e^{-(\alpha-\delta)t}[A_3 e^{\lambda l} \cos(\mu l + \beta t + \psi_3) + A_4 e^{-\lambda l} \cos(\mu l - \beta t - \psi_4)]. \quad (435)$$

Die vier Glieder stellen je für sich fortschreitende Wellen dar. Die zweite Welle kann als reflektierte Welle der ersten und die vierte als reflektierte Welle der dritten angesehen werden. — Von den fünf Konstanten α, β, δ, λ und μ ist nur α von vornherein bekannt; zwischen den vier übrigen bestehen zwei Gleichungen. Man benötigt also außerdem zwei Gleichungen, um die vier Konstanten berechnen zu können. Diese ergeben sich aus den Grenzbedingungen. Der ganze Schwingungsvorgang in einer Leitung mit gleichmäßig verteiltem Widerstand, Selbstinduktion und Kapazität hängt somit von äußeren Verhältnissen, d. h. von den Längendimensionen des betrachteten Stromkreises ab.

Die Gleichung für den stationären Zustand ergibt sich am einfachsten; denn für diesen ist

$$\beta = \omega$$

und

$$\alpha - \delta = 0,$$

so daß die stationäre Spannung sich zu

$$p_s = A_3 e^{\lambda l} \cos(\mu l + \omega t + \psi_3) + A_4 e^{-\lambda l} \cos(\mu l - \omega t + \psi_4)$$

ergibt. Die Wellen der stationären Spannung, die z. B. durch das Glied

$$A_3 e^{\lambda l} \cos(\mu l + \omega t + \psi_3)$$

charakterisiert werden, haben in der Fortpflanzungsrichtung abfallende Amplituden, während die Wellen der vorübergehenden Spannung, die z. B. durch das Glied

$$A_1 e^{\lambda l} \cos(\mu l - \beta t - \psi_1)$$

charakterisiert wird, Amplituden haben, die in der Fortpflanzungsrichtung nach der Exponentialfunktion ansteigen.

Was den Strom anbetrifft, so gilt für diesen genau die gleiche Differentialgleichung wie für die Spannung, und man erhält stationäre und vorübergehende Stromwellen. Um für diese dieselben Integrationskonstanten wie für die Spannungswellen zu erhalten, gehen wir von dem allgemeinen Ausdruck für die Spannung p aus und ermitteln den Strom durch die Beziehung

$$\frac{di}{dl} = -g_l p - C_l \frac{dp}{dt}.$$

Es ergibt sich aus dieser Gleichung für die Spannungswellen

$$p = A e^{\pm \lambda l} \cos(\mu l \pm \omega t + \psi)$$

die Stromwellen

$$\frac{di}{dl} = -A e^{\pm \lambda l} [g_l \cos(\mu l \pm \omega t \pm \psi) \mp \omega C_l \sin(\mu l \pm \omega t \pm \psi)]$$

$$= -A e^{\pm \lambda l} \sqrt{g_l^2 + \omega^2 C_l^2} \cos\left(\mu l \pm \omega t \pm \psi \pm \operatorname{arctg} \frac{\omega C_l}{g_l}\right),$$

also

$$i = \mp A e^{\pm \lambda l} \sqrt{\frac{g_l^2 + \omega^2 C_l^2}{\lambda^2 + \mu^2}} \cos\left(\mu l \pm \omega t \pm \psi \pm \operatorname{arctg} \frac{\omega C_l}{g_l} \mp \operatorname{arctg} \frac{\mu}{\lambda}\right).$$

Setzen wir hier hinein $\omega C_l = b_l$ und

$$\lambda^2 + \mu^2 = \sqrt{(g_l^2 + b_l^2)(r_d^2 + x_d^2)} = Y_l Z_d,$$

so wird

$$i = \mp A e^{\pm \lambda l} \sqrt{\frac{Y_l}{Z_d}} \cos\left(\mu l \pm \omega t \pm \psi \pm \operatorname{arctg} \frac{b_l}{g_l} \mp \operatorname{arctg} \frac{\mu}{\lambda}\right).$$

Die stationären Stromwellen ergeben sich somit aus den stationären Spannungswellen durch Multiplikation mit $\sqrt{\frac{Y_l}{Z_d}}$ und indem man die Stromwellen $(\mu l + \beta t)$ zeitlich um $\pi - \operatorname{arctg} \frac{b_l}{g_l} + \operatorname{arctg} \frac{\mu}{\lambda}$ und die Stromwellen $(\mu l - \beta t)$ zeitlich um $-\operatorname{arctg} \frac{b_l}{g_l} + \operatorname{arctg} \frac{\mu}{\lambda}$ zurückschiebt.

Indem

$$\sqrt{(g_l - j b_l)(r_d - j x_d)} = \lambda - j\mu,$$

so ist

$$\frac{1}{2}\left(\operatorname{arctg} \frac{b_l}{g_l} + \operatorname{arctg} \frac{x_d}{r_d}\right) = \operatorname{arctg} \frac{\mu}{\lambda},$$

also

$$\operatorname{arctg} \frac{\mu}{\lambda} - \operatorname{arctg} \frac{b_l}{g_l} = \frac{1}{2}\left(\operatorname{arctg} \frac{x_d}{r_d} - \operatorname{arctg} \frac{b_l}{g_l}\right) = \frac{1}{2}(\psi_d - \psi_l)$$

und es wird

$$i = \mp A e^{\pm \lambda l} \sqrt{\frac{Y_l}{Z_d}} \cos\left[\mu l \pm \omega t \mp \psi \pm \frac{1}{2}\left(\operatorname{arctg} \frac{b_l}{g_l} - \operatorname{arctg} \frac{x_d}{r_d}\right)\right], \quad (436)$$

also derselbe Ausdruck, den wir Seite 152 oben durch die symbolische Rechnungsweise abgeleitet haben. Nur ist der Unterschied, daß die Länge l hier von der Primärstation aus und dort von der Sekundärstation aus positiv gerechnet ist.

Für die schnell vorübergehenden Spannungswellen

$$p = A e^{\pm \lambda l - (\alpha + \delta) t} \cos(\mu l \mp \beta t \mp \psi)$$

erhalten wir in analoger Weise die folgenden Stromwellen

$$\frac{di}{dl} = A e^{\pm \lambda l - (\alpha+\delta) t} [(-g_l + (\alpha + \delta) C_l) \cos(\mu l \mp \beta t \mp \psi)$$

$$\mp \beta C_l \sin(\mu l \mp \beta t \mp \psi)]$$

$$= A e^{\pm \lambda l - (\alpha + \delta) t} \sqrt{[(\alpha + \delta) C_l - g_l]^2 + (\beta C_l)^2}$$

$$\cos\left(\mu l \mp \beta \mp \psi \pm \operatorname{arctg} \frac{\beta C_l}{(\alpha + \delta) C_l - g_l}\right),$$

und da

$$\frac{g_l}{C_l} = \alpha - \gamma,$$

so kann man schreiben

$$\frac{di}{dl} = A C_l e^{\pm \lambda l - (\alpha + \delta) t} \sqrt{(\delta + \gamma)^2 + \beta^2}$$

$$\cos\left[\mu l \mp \beta t \mp \psi \pm \operatorname{arctg}\left(\frac{\beta}{\delta + \gamma}\right)\right],$$

und wir erhalten die Stromwelle

$$i = \pm A C_l e^{\pm \lambda l - (\alpha + \delta) t} \sqrt{\frac{(\delta + \gamma)^2 + \beta^2}{\lambda^2 + \mu^2}}$$

$$\cos\left[\mu l \mp \beta t \mp \psi \pm \operatorname{arctg}\left(\frac{\beta}{\delta + \gamma}\right) \mp \operatorname{arctg} \frac{\mu}{\lambda}\right], \quad . \quad (437)$$

die den Spannungswellen zeitlich um den Winkel

$$\varphi = \left(\operatorname{arctg} \frac{\beta}{\delta + \gamma} - \operatorname{arctg} \frac{\mu}{\lambda}\right)$$

resp. um den Winkel $(\pi + \varphi)$ nacheilen.

Indem wir den Ausdruck für $\lambda^2 + \mu^2$ einführen, erhalten wir für die schnell vorübergehenden Ströme und Spannungen das Verhältnis

$$\frac{\textbf{Stromamplitude}}{\textbf{Spannungsamplitude}} = \sqrt{\frac{C_l}{L_d}} \sqrt{\frac{(\delta+\gamma)^2+\beta^2}{\sqrt{(\delta^2-\gamma^2-\beta^2)^2+4\,\delta^2\beta^2}}}$$

$$= \sqrt{\frac{C_l}{L_d}} \sqrt[4]{\frac{(\delta+\gamma)^2+\beta^2}{(\delta-\gamma)^2-\beta^2}} = k\sqrt{\frac{C_l}{L_d}}. \quad . \quad . \quad (438)$$

Indem ferner

$$\frac{\mu}{\lambda} = \frac{\sqrt{(\delta^2-\beta^2-\gamma^2)^2+4\,\delta^2\beta^2}-(\delta^2-\beta^2-\gamma^2)}{2\,\delta\beta},$$

so ergibt sich, daß die Stromwellen den Spannungswellen zeitlich um den Winkel

$$\varphi = \left[\operatorname{arctg}\left(\frac{\beta}{\delta+\gamma}\right)\right.$$

$$\left. - \operatorname{arctg}\frac{\sqrt{(\delta^2-\beta^2-\gamma^2)^2+4\,\delta^2\beta^2}-(\delta^2-\beta^2-\gamma^2)}{2\,\delta\beta}\right] \quad (439)$$

für die rechtsgehenden Wellen mit $(\mu l - \beta t)$ und um $\pi + \varphi$ für die linksgehenden Wellen mit $(\mu l + \beta t)$ nacheilen.

Die den stationären Wellen ähnlichen vorübergehenden Spannungswellen

$$p = e^{\pm \lambda l - (a-\delta) t} \cos(\mu l \pm \beta t \pm \psi)$$

ergeben die folgenden Stromwellen:

$$i = \mp A C_l e^{\pm \lambda l - (a-\delta) t} \sqrt{\frac{(\delta-\gamma)^2+\beta^2}{\lambda^2+\mu^2}}$$

$$\cos\left[\mu l \pm \beta t \pm \psi \mp \operatorname{arctg}\left(\frac{\beta}{\delta-\gamma}\right) \mp \operatorname{arctg}\frac{\mu}{\lambda}\right],$$

so daß für die langsam vorübergehenden Wellen das Verhältnis

$$\frac{\text{Stromamplitude}}{\text{Spannungsamplitude}} = \sqrt{\frac{C_l}{L_d}} \sqrt[4]{\frac{(\delta-\gamma)^2+\beta^2}{(\delta+\gamma)^2+\beta^2}} = k\sqrt{\frac{C_l}{L_d}} \quad (440)$$

und der Phasenverschiebungswinkel für die rechtsgehenden Wellen gleich

$$\varphi = \left[\operatorname{arctg}\left(\frac{\beta}{\delta-\gamma}\right)\right.$$

$$\left. - \operatorname{arctg}\frac{\sqrt{(\delta^2-\beta^2-\gamma^2)+4\,\delta^2\beta^2}-(\delta^2-\beta^2-\gamma^2)}{2\,\delta\beta}\right] \quad (441)$$

und für die linksgehenden Wellen $(\pi + \varphi)$.

Für $\gamma = 0$, d. h. für verzerrungsfreie Leitungen **wird**

$$k = 1$$

und

$$\varphi = \operatorname{arctg}\frac{\beta}{\delta} - \operatorname{arctg}\frac{\beta}{\delta} = 0\,.$$

Für sehr kleine Werte von δ gegenüber β wird

$$k = 1$$

und

$$\varphi = \operatorname{arctg}\frac{\beta}{\gamma} - \frac{\pi}{2} \cong 0\,.$$

Um den Charakter der Teilwellen zu studieren, gehen wir am besten zu unserer ursprünglichen Gl. 426 zwischen den Konstanten β, δ, λ und μ zurück. Setzen wir hier $\lambda = 0$ ein, so wird $(-j\mu)^2$ eine reelle Zahl, und wir wissen dann von vornherein, daß es für b zwei reelle oder imaginäre Wurzeln gibt. Entweder ist

$$b = \begin{bmatrix} b_1 \\ b_2 \end{bmatrix} = -\alpha \pm j\beta\,,$$

welche Wurzel zu einem oszillatorischen Verschwinden des Stromes führt, oder es ist

$$b = \begin{bmatrix} b_1 \\ b_2 \end{bmatrix} = -\alpha \pm \beta\,,$$

welche Wurzel zu einem mit der Zeit exponentiellen Verlauf des Stromes führt. Der letztere Fall tritt ein, wenn $\gamma^2 > \frac{\mu^2}{L_d C_l}$. Wir sehen somit, daß für stehende Wellen, die durch $\lambda = 0$ bedingt sind, $\delta = 0$ wird, und es können somit stehende Wellen entweder oszillatorisch für $\frac{\mu^2}{L_d C_l} > \gamma^2$ oder exponentiell mit der Zeit für $\gamma^2 > \frac{\mu^2}{L_d C_l}$ verschwinden.

Ist aber λ von Null verschieden, so wird $(\lambda - j\mu)^2$ eine komplexe Größe; denn μ ist stets von Null verschieden. Hieraus folgt, daß die quadratischen Glieder in b zwei Wurzeln

$$b = \begin{bmatrix} b_1 \\ b_2 \end{bmatrix} = -\alpha \pm (\delta - j\beta)$$

von dem soeben angegebenen Charakter liefern müssen. Es können weder δ noch β gleich Null sein, wenn λ und μ von Null verschieden sind. Die fortschreitenden Wellen müssen somit stets oszillatorisch verschwinden. Wir sehen hieraus, daß die Größen δ und λ den Wellen ihren Charakter geben, und es ist interessant zu untersuchen, wann δ und λ verschwinden. Um dies zu tun, müssen wir zu den Grenzbedingungen übergehen, weil zwischen δ, β, λ und μ sich aus der partiellen Differentialgleichung des Stromkreises nur zwei Gleichungen ableiten lassen. — Für die in diesem Abschnitt vorliegende Aufgabe, nämlich Einschalten und Kurzschließen einer homogenen Leitung, sind die Grenzbedingungen sehr einfacher Form, so daß diese sich vorzüglich eignen, um den Zusammenhang zwischen den Grenzbedingungen und den Leitungskonstanten zu illustrieren. Für den Fall der Einschaltung einer homogenen, an der Sekundärstation kurzgeschlossenen Leitung auf eine konstante Spannung in der Primärstation lauten die Grenzbedingungen:

1. für $l = 0$ $\quad p_v = 0$ für alle Zeiten,

2. für $l = l_2$ $\quad p_v = 0$ für alle Zeiten,

3. für $t = 0$ $\quad p_v = -p_{s0}$ für alle Längen l

und 4. für $t = 0$ $\quad i_v = -i_{s0}$ für alle Längen l.

Aus den beiden ersten Grenzbedingungen ergeben sich vier Gleichungen; denn es soll die Grenzbedingung für alle Zeiten und somit auch für $\beta_n t = 0$ und $\beta_n t = \frac{\pi}{2}$ erfüllt sein. Wir erhalten in dieser Weise aus den ersten beiden Grenzbedingungen die folgenden vier Gleichungen:

1a. $p_v = 0$ $\quad$ für $l = 0$ $\quad \beta_n t = 0$,

1b. $p_v = 0$ $\quad$ für $l = 0$ $\quad \beta_n t = \frac{\pi}{2}$,

2a. $p_v = 0$ $\quad$ für $l = l_2$ $\quad \beta_n t = 0$

und 2b. $p_v = 0$ $\quad$ für $l = l_2$ $\quad \beta_n t = \frac{\pi}{2}$.

Betrachten wir das partikuläre Integral

$$p_{vn} = e^{-(\alpha+\delta_n)t}\left[A_{1n} e^{\lambda_n l} \cos(\mu_n l - \beta_n t - \psi_{1n}) + A_{2n} e^{-\lambda_n l} \cos(\mu_n l + \beta_n t + \psi_{2n})\right],$$

so fordern wir, daß auch für dieses die soeben aufgestellten vier Gleichungen der beiden ersten Grenzbedingungen erfüllt sein sollen. Wenn dies der Fall ist, so werden alle Grenzbedingungen von jeder der Teilschwingungen erfüllt, in die wir uns den ganzen Schwingungsvorgang zerlegt denken. Durch Einsetzen des Ausdruckes für die $n$te Teilschwingung in die vier Gleichungen erhalten wir, nachdem mit $e^{-(\alpha+\delta)t}$ dividiert worden ist,

1a. $A_{1n} \cos\psi_{1n} + A_{2n} \cos\psi_{2n} = 0$,

1b. $A_{1n} \sin\psi_{1n} - A_{2n} \sin\psi_{2n} = 0$,

2a. $A_{1n} e^{\lambda_n l_2} \cos(\mu_n l_2 + \psi_{1n}) + A_{2n} e^{-\lambda_n l_2} \cos(\mu_n l_2 - \psi_{2n}) = 0$

und 2b. $A_{1n} e^{\lambda_n l_2} \sin(\mu_n l_2 + \psi_{1n}) - A_{2n} e^{-\lambda_n l_2} \sin(\mu_n l_2 - \psi_{2n}) = 0$.

Aus diesen beiden ersten Gleichungen folgt

$$A_{2n} = -A_{1n} \qquad \text{und} \qquad \psi_{2n} = \psi_{1n},$$

aus den beiden letzten Gleichungen folgt

$$A_{2n} e^{-\lambda_n l_2} = -A_{1n} e^{\lambda_n l_2} \qquad \text{und} \qquad \mu_n l_2 + \psi_{1n} = \psi_{2n} - \mu_n l_2 + 2n\pi .$$

Setzen wir nun in die beiden letzten Beziehungen $A_{1n} = -A_{2n}$ und $\psi_{1n} = \psi_{2n}$ ein, so erhalten wir folgende Beziehungen:

$$e^{-\lambda_n l_2} = e^{\lambda_n l_2} \qquad \text{und} \qquad \mu_n l_2 = -\mu_n l_2 + 2n\pi$$

oder

$$e^{2\lambda_n l_2} = 1 \qquad \text{und} \qquad 2\mu_n l_2 = 2n\pi ,$$

woraus folgt, daß

$$\lambda_n = 0 \quad \text{und} \quad \mu_n l_2 = n\pi$$

sein müssen, damit jedes partikuläre Integral die ersten beiden Grenzbedingungen befriedigt. Es läßt sich nun das partikuläre Integral wie folgt schreiben (indem $\delta = 0$)

$$\begin{aligned} p_v &= e^{-\alpha t}[A_{1n}\cos(\mu_n l - \beta_n t - \psi_{1n}) - A_{1n}\cos(\mu_n l + \beta_n t + \psi_{1n})] \\ &= e^{-\alpha t}\, 2A_{1n}\sin(\beta_n t + \psi_{1n})\sin\mu_n l, \qquad (442) \end{aligned}$$

das eine stehende Welle darstellt und also mit dem bei der ersten Lösung erhaltenen Resultat übereinstimmt. Die Integrationskonstanten A_{1n} und ψ_{1n} ergeben sich aus den Grenzbedingungen 3 und 4.

Die Periodenzahl ergibt sich für $\gamma = 0$ aus

$$\beta_n = \frac{\mu_n}{\sqrt{L_d C_l}} = \frac{n\pi}{l_2\sqrt{L_d C_l}}.$$

Bezeichnen wir die Wellenlänge der $n$ten Teilwelle mit

$$l_n = \frac{l_2}{n}$$

und die Selbstinduktion resp. Kapazität eines Leitungsstückes so lang wie die $n$te Teilwelle mit

$$L_n = l_n L_d$$

resp.

$$C_n = l_n C_l,$$

so wird

$$\beta_n = \frac{\pi}{\sqrt{L_n C_n}}$$

und die Periodenzahl

$$c_n = \frac{\beta_n}{2\pi} = \frac{1}{2\sqrt{L_n C_n}} \qquad (443)$$

Beim Einschalten einer an der Sekundärstation offenen Leitung ergeben die beiden ersten Grenzbedingungen in analoger Weise

$$A_{1n} = -A_{2n}$$

$$\psi_{1n} = \psi_{2n}$$

$$\lambda_n = 0$$

$$\mu_n l_2 = \frac{n\pi}{2}$$

und

$$\beta_n = \frac{\pi}{\sqrt{L_n C_n}},$$

welche Beziehungen wieder auf stehende Wellen führen. — Bei homogenen Leitungen mit offenen oder kurzgeschlossenen Endpunkten lassen sich somit alle Teilschwingungen, die je für sich genommen die Grenzbedingungen erfüllen, stets als stehende Wellen ausdrücken. Ist die homogene Leitung an beiden Endpunkten als kurzgeschlossen zu betrachten, so erhält

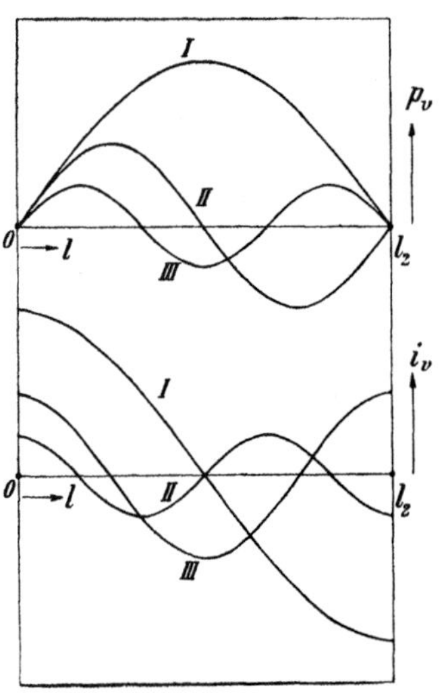

Fig. 529a und b. Teilwellen einer an beiden Enden kurzgeschlossenen Leitung.

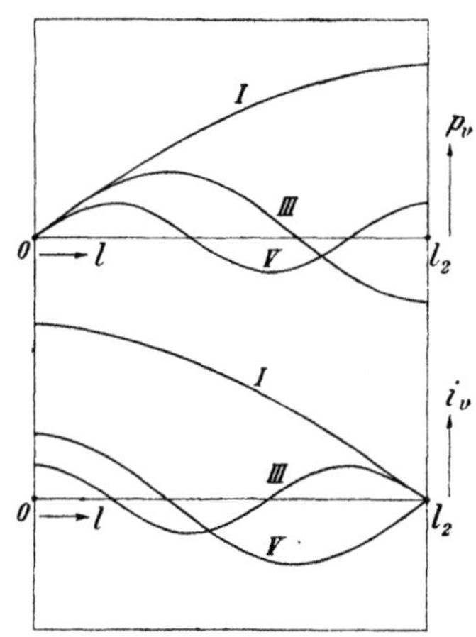

Fig. 530a und b. Teilwellen einer am einen Ende kurzgeschlossenen und am anderen Ende offenen Leitung.

man die in Fig. 529a und b dargestellten Teilschwingungen, die Halbwellen oder Vielfache davon darstellen. Die Spannungswellen eilen den Stromwellen um 90° in der Phase voraus. — Ist eine homogene Leitung an einem Endpunkte offen und am anderen als kurzgeschlossen zu betrachten, so erhält man die in Fig. 530a und b dargestellten Teilschwingungen, die Viertelwellen oder Vielfache davon darstellen. — Ist die homogene Leitung schließlich an beiden Endpunkten offen, so ergeben sich wieder Teilschwingungen (Fig. 531 a und b), die Halbwellen oder Vielfache davon darstellen.

Wir werden im folgenden Abschnitt sehen, daß selbst wenn die Leitung nicht homogen ist, es trotzdem noch stehende Wellen gibt, wenn der Dämpfungsfaktor α für jeden Teil der Leitung der gleiche ist, so daß für die ganze Leitung $\delta = 0$ und $\lambda = 0$ gesetzt werden kann.

Als zweiten Spezialfall betrachten wir $\delta = \alpha$, der uns auf den stationären Zustand führt. Als zu dieser Lösung korrespondierend sind die vorübergehenden Wellen zu betrachten, die nach der Exponentialfunktion $e^{-2\alpha t}$ verschwinden. Diese Wellen besitzen natürlich dieselben Relationen zwischen λ, μ und β wie die stationären und schreiten somit nach demselben Gesetze vorwärts.

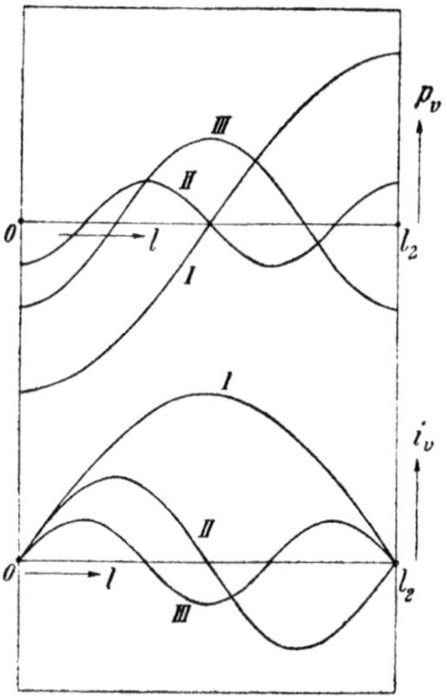

Fig. 531 a und b. Teilwellen einer an beiden Enden offenen Leitung.

Beim Zerlegen der vorübergehenden Ströme und Spannungen in Teilwellen kommt gewöhnlich nur die eine von den beiden Lösungen $-\alpha \pm (\delta_n - j\beta_n)$ in Frage. Welche von ihnen sich für den gegebenen Fall am besten eignet, hängt von den Grenzbedingungen ab. Die allgemeinen Integrale der vorübergehenden Strom- und Spannungswellen können deswegen wie folgt geschrieben werden:

$$p_v = e^{-\alpha t} \sum_n [A_{1n} e^{\lambda_n l \pm \delta_n t} \cos(\mu_n l \pm \beta_n t \pm \psi_{1n})$$
$$+ A_{2n} e^{-\lambda_n l \pm \delta_n t} \cos(\mu_n l \mp \beta_n t \mp \psi_{2n})] \quad . \; . \; . \quad (444)$$

und

$$i_v = e^{-\alpha t} \sqrt{\frac{C_l}{L_d}} \sum_n k_n [\mp A_{1n} e^{\lambda_n l \pm \delta_n t} \cos(\mu_n l \pm \beta_n t \pm \psi_{1n} \mp \varphi_n)$$
$$\pm A_{2n} e^{-\lambda_n l \pm \delta_n t} \cos(\mu_n l \mp \beta_n t \mp \psi_{2n} \pm \varphi_n)], \quad . \; . \; . \; . \; . \quad (445)$$

worin k_n und φ_n sich aus den Formeln 438 und 439 ergeben, und die beiden Vorzeichen für δ_n und β_n sich gegenseitig entsprechen. Für die in diesem Abschnitt behandelten Aufgaben sind $\lambda_n = 0$ und $\delta_n = 0$ zu setzen, so daß für diesen Fall beide Vorzeichen dieselbe Lösung ergeben und wir somit nur das eine zu benutzen brauchen.

Es können somit die Spannungs- und Stromwellen wie folgt geschrieben werden

$$p_v = e^{-\alpha t} \sum_n \{A_{1n} \cos(\mu_n l - \beta_n t - \psi_{1n}) + A_{2n} \cos(\mu_n l + \beta_n t + \psi_{2n})\} \quad . \; . \; . \; . \; . \quad (446)$$

und

$$i_v = e^{-\alpha t} \sqrt{\frac{C_l}{L_d}} \sum_n \{A_{1n} k_n \cos(\mu_n l - \beta_n t - \psi_{1n} + \varphi_n) - A_{2n} k_n \cos(\mu_n l + \beta_n t + \psi_{2n} - \varphi_n)\} \quad . \; . \; . \; . \; . \quad (447)$$

Hier sind die Strom- und Spannungswellen in Form von fortschreitenden Wellen geschrieben, diese lassen sich jedoch leicht umschreiben in Form von stehenden Wellen; denn es ist

$$\cos(\mu_n l - \beta_n t - \psi_{1n}) = \cos \mu_n l \cos(\beta_n t + \psi_{1n}) + \sin \mu_n l \sin(\beta_n t + \psi_{1n}),$$

so daß diese Lösung in Übereinstimmung mit der Seite 770 angegebenen Lösung gebracht werden kann. Für stehende Wellen, d. h. $\lambda_n = 0$ und $\delta_n = 0$, wird

$$k_n = 1$$

und

$$\varphi_n = \operatorname{arctg} \frac{\beta_n}{\gamma} - \operatorname{arctg} \infty = \operatorname{arctg} \frac{\beta_n}{\gamma} - \frac{\pi}{2}.$$

162. Einschaltung eines Wechselstromkreises, der sowohl gleichmäßig verteilten Widerstand, Selbstinduktion und Kapazität, wie Kapazität im Nebenschluß zu den Leiterelementen enthält.

Es soll hier das allgemeine Verhalten eines Stromkreises mit gleichmäßig verteiltem Widerstand, Selbstinduktion und Kapazität, sowie Kapazität im Nebenschluß zu den Elementen des Stromkreises näher untersucht werden. Das Verhalten derartiger Stromkreise gegenüber stationären Strömen und Spannungen ist schon Seite 168 behandelt, so daß es hier nur nötig ist, derartige Stromkreise mit Bezug auf vorübergehende Ströme und Spannungen zu studieren.

Bezeichnen wir wieder den Widerstand und die Selbstinduktion pro Längeneinheit des Stromkreises mit r_d und L_d und die Ableitung und Kapazität pro Längeneinheit mit g_l und C_l, während die Ableitung und Kapazität zwischen den einzelnen Elementen des Stromkreises mit g_w und C_w bezeichnet werden, so erhalten wir die folgende Stromgleichung eines Leitungselementes dl (Fig. 137)

$$\frac{d i_v}{d l} = \mp \left(p_v g_l + C_l \frac{d p_v}{d t} - g_w \frac{d^2 p_v}{d l^2} - C_w \frac{d^3 p_v}{d l^2 d t}\right) \quad . \; . \quad (448)$$

und die Spannungsgleichung

$$\frac{d p_v}{d l} = \mp\left(i_v r_d + L_d \frac{d i_v}{d t}\right). \quad . \quad . \quad . \quad . \quad . \quad (449)$$

Durch Differentiation der ersten Gleichung nach l und der zweiten nach t erhalten wir:

$$\frac{d^2 i_v}{d l^2} = \mp\left(g_l \frac{d p_v}{d l} + C_l \frac{d^2 p_v}{d l\, d t} - g_w \frac{d^3 p_v}{d l^3} - C_w \frac{d^4 p_v}{d l^3\, d t}\right)$$

und

$$\frac{d^2 p_v}{d l\, d t} = \mp\left(r_d \frac{d i_v}{d t} + L_d \frac{d^2 i_v}{d t^2}\right).$$

Durch Elimination von p_v erhalten wir die folgende partielle Differentialgleichung in i_v

$$\frac{d^2 i_v}{d l^2} = g_l r_d i_v + (g_l L_d + C_l r_d)\frac{d i_v}{d t} + L_d C_l \frac{d^2 i_v}{d t^2}$$
$$- g_w r_d \frac{d^2 i_v}{d l^2} - (g_w L_d + C_w r_d)\frac{d^3 i_v}{d l^2\, d t} - L_d C_w \frac{d^4 i_v}{d l^2\, d t^2}. \quad (450)$$

Diese und die analoge Gleichung für die Spannung p_v werden stets von Integralen der allgemeinen Form $A\,\mathrm{e}^{al+bt}$ befriedigt. Setzen wir z. B.

$$i_v = A\,\mathrm{e}^{al+bt}$$

in die obenstehende Differentialgleichung ein, erhalten wir nach Division durch $A\mathrm{e}^{al+bt}$ die folgende Beziehung zwischen den Konstanten a und b des Integrales

$$a^2 = g_l r_d + (g_l L_d + r_d C_l)\, b + L_d C_l b^2$$
$$- a^2\left[g_w r_d + (g_w L_d + r_d C_w)\, b + L_d C_w b^2\right]$$

oder

$$a^2 = \frac{g_l r_d + (g_l L_d + r_d C_l)\, b + L_d C_l b^2}{1 + g_w r_d + (g_w L_d + r_d C_w)\, b + L_d C_w b^2} \quad . \quad (451)$$

Ist b eine komplexe Zahl, z. B.

$$b = -\alpha_n \pm (\delta_n - j\beta_n),$$

wie es gewöhnlich der Fall ist, so wird a auch eine komplexe Zahl

$$a = \pm(\lambda_n - j\mu_n).$$

Ist der betrachtete Stromkreis durchaus homogen und an den Enden offen oder kurzgeschlossen, so ergibt sich aus den Grenzbedingungen

$$\lambda_n = 0$$

und

$$\mu_n = \frac{n\pi}{l_2} \quad \text{oder} \quad \frac{n\pi}{2 l_2}.$$

Indem wir $a = -j\mu_n$ in die Gleichung für b einsetzen, erhalten wir

$$b^2 L_d (C_l + C_w \mu_n^2) + b[r_d (C_l + C_w \mu_n^2) + L_d (g_l + g_w \mu_n^2)]$$
$$+ r_d (g_l + g_w \mu_n^2) = -\mu_n^2.$$

Führen wir in diese Gleichung die Abkürzungen

$$C_l' = C_l + C_w \mu_n^2$$

und

$$g_l' = g_l + g_w \mu_n^2$$

ein, so geht die Gleichung in die folgende über

$$b^2 L_d C_l' + b(r_d C_l' + L_d g_l') + r_d g_l' = -\mu_n^2.$$

Setzen wir ferner

$$\alpha_n = \frac{r_d}{2L_d} + \frac{g_l'}{2C_l'} = \frac{r_d}{2L_d} + \frac{g_l + g_w \mu_n^2}{2(C_l + C_w \mu_n^2)} \quad . \quad . \quad (452)$$

und

$$\gamma_n = \frac{r_d}{2L_d} - \frac{g_l'}{2C_l'} = \frac{r_d}{2L_d} - \frac{g_l + g_w \mu_n^2}{2(C_l + C_w \mu_n^2)}, \quad . \quad . \quad (453)$$

so erhalten wir die folgende Lösung für b

$$b_n = -\alpha_n \pm j\beta_n,$$

worin
$$\beta_n = \sqrt{\frac{\mu_n^2}{L_d C_l'} - \gamma_n^2} \quad \text{und} \quad \delta_n = 0.$$

Wenn
$$\gamma_n^2 > \frac{\mu_n^2}{L_d C_l'},$$

wird
$$b_n = -\alpha_n \pm \delta_n,$$

worin
$$\delta_n = \sqrt{\gamma_n^2 - \frac{\mu_n^2}{L_d C_l'}} \quad \text{und} \quad \beta_n = 0.$$

Wir sind somit für $\lambda_n = 0$ auf eine ganz analoge Lösung gekommen, wie für homogene Leitungen ohne Kapazität im Nebenschluß zu den Leitungselementen. Alles was in den vorigen Abschnitten über vorübergehende Ströme und Spannungen in solchen Stromkreisen gesagt worden ist, gilt somit auch für den Fall, wenn Kapazität im Nebenschluß zu den Leitungselementen liegt.

Stromkreise, die Kapazität im Nebenschluß zu den Leitungselementen enthalten, besitzen gewöhnlich nicht so viel Selbstinduktion L_d und Kapazität C_l resp. C_w, daß selbst für die langen Wellen

$$\gamma_n^2 > \frac{\mu_n^2}{L_d C_l'}$$

wird, so daß fast alle Wellen oszillatorisch nach Exponentialfunktionen aussterben. Des Interesses halber sollen jedoch die vorübergehenden Ströme und Spannungen, die nach Exponentialfunktionen allein abnehmen und nicht in den früheren Abschnitten behandelt wurden, hier besonders untersucht werden. Läßt sich der vorübergehende Strom i_v wie folgt schreiben

$$i_v = \sum_n e^{-\alpha_n t} (A_n e^{\delta_n t} + B_n e^{-\delta_n t}) \cos(\mu_n l), \quad . \quad . \quad (454)$$

so ergibt sich aus

$$\frac{dp_v}{dl} = -r_d i_v - L_d \frac{di_v}{dt}$$

die vorübergehende Spannung zu

$$p_v = -\sum_n e^{-\alpha_n t} \left[A_n \frac{r_d - (\alpha_n - \delta_n) L_d}{\mu_n} e^{\delta_n t} + B_n \frac{r_d - (\alpha_n + \delta_n) L_d}{\mu_n} e^{-\delta_n t} \right] \sin(\mu_n l). \quad . \quad . \quad . \quad . \quad (455)$$

Es ist somit das Verhältnis zwischen den Amplituden der Strom- und Spannungswellen

$$\frac{\mu_n}{r_d - (\alpha_n \mp \delta_n) L_d} = \frac{\mu_n}{(\gamma_n \pm \delta_n) L_d}$$

$$= \sqrt{\frac{\gamma_n \mp \delta_n}{\gamma_n \pm \delta_n}} \sqrt{\frac{L_d}{C_l'}} = k_n \sqrt{\frac{L_d}{C_l'}}$$

und der Phasenverschiebungswinkel ist

$$\varphi_n = -\frac{\pi}{2},$$

welche Werte sich auch aus den Formeln 438 und 439 ergeben, wenn darin $\beta_n = 0$ und $\lambda_n = 0$ eingesetzt werden. Zur Bestimmung der Integrationskonstanten benutzt man auch hier den Anfangszustand zur Zeit $t = 0$. Zerlegt man die zur Zeit $t = 0$ auftretenden Strom- und Spannungswellen in Fouriersche Reihen, so erhalten wir

$$A_n + B_n = -\frac{2}{l_2} \int_0^{l_2} i_{s0} \cos(\mu_n l)\, dl$$

und

$$A_n \sqrt{\frac{\gamma_n + \delta_n}{\gamma_n - \delta_n}} + B_n \sqrt{\frac{\gamma_n - \delta_n}{\gamma_n + \delta_n}} = -\frac{2}{l_2} \int_0^{l_2} p_{s0} \sin(\mu_n l)\, dl,$$

woraus sich A_n und B_n ergeben.

Es ist in diesem speziellen Falle stets $\alpha_n > \gamma_n > \delta_n$, so daß

$\alpha_n \mp \delta_n$ stets eine positive Größe ist. Für $\frac{\mu_n^2}{L_d C_l'}$ sehr klein gegenüber γ_n^2 wird

$$\delta_n = \gamma_n$$

und also

$$\alpha_n \mp \delta_n = \begin{cases} \frac{g_l'}{C_l'} = \frac{g_l + g_w \mu_n^2}{C_l + C_w \mu_n^2} \\ \frac{r_d}{L_d}. \end{cases}$$

Für $\gamma_n^2 = \frac{\mu_n^2}{L_d C_l'}$ werden sowohl $\beta_n = 0$ wie $\delta_n = 0$, und es lautet das allgemeine Integral für den vorübergehenden Strom

$$i_v = \sum_n \mathrm{e}^{-\alpha_n t}(A_n + B_n t)\cos(\mu_n l).$$

Aus den Anfangsbedingungen ergibt sich jedoch stets für B_n der Wert Null.

Verfolgt man den Charakter der Teilwellen von den kürzesten bis zu den längsten Wellen, so sieht man, daß die kürzesten stets oszillatorisch verschwinden und eine sehr große Fortpflanzungsgeschwindigkeit

$$v_n = \sqrt{\frac{1}{L_d C_l'} - \frac{\gamma_n^2}{\mu_n^2}}$$

besitzen. Diese nimmt mit der Länge der Wellen ab und wird zuletzt Null, wenn $\gamma_n^2 \gtreqless \frac{\mu_n^2}{L_d C_l'}$. Von hier ab stehen alle Teilwellen still und verschwinden nach Exponentialfunktionen.

Ist der betrachtete Stromkreis nicht an beiden Enden offen oder kurzgeschlossen, sondern an einer anderen Leitung angeschlossen, so wird, wie wir im folgenden Abschnitt sehen werden, λ_n von Null verschieden und es muß in die Gleichung für b

$$a = \pm(\lambda_n - j\mu_n)$$

eingesetzt werden. Es verschwinden dann weder β_n noch δ_n in der Lösung für

$$b = -\alpha_n \pm (\delta_n - j\beta_n).$$

In vielen Fällen kann man, ohne große Fehler zu begehen,

$$\frac{g_l}{C_l} = \frac{g_w}{C_w}$$

setzen; in dem Falle wird

$$\alpha_n = \frac{r_d}{2L_d} + \frac{g_l + g_w(\mu_n^2 - \lambda_n^2)}{2[C_l + C_w(\mu_n^2 - \lambda_n^2)]} = \frac{r_d}{2L_d} + \frac{g_l'}{2C_l'}, \qquad (456)$$

und setzt man analog

$$\gamma_n = \frac{r_d}{2L_d} - \frac{g_l'}{2C_l'},$$

so ergeben sich zwischen den Konstanten λ_n, μ_n, β_n und δ_n genau dieselben Beziehungen wie die im vorigen Abschnitte abgeleiteten.

Das Verhältnis zwischen den Stromamplituden und Spannungsamplituden läßt sich auch nach den Formeln 438 und 440 zu $k_n\sqrt{\frac{C_l}{L_d}}$ berechnen, während der Phasenverschiebungswinkel φ_n sich aus den Formeln 439 und 441 ergibt.

Die zu den Leitungselementen im Nebenschluß liegende Kapazität läßt sich somit allgemein dadurch berücksichtigen, daß man die Kapazität C_l und die Ableitung g_l pro Längeneinheit durch die Kapazität

$$C_l' = C_l + (\mu_n^2 - \lambda_n^2)\, C_w \quad . \quad . \quad . \quad . \quad (457)$$

und durch die Ableitung

$$g_l' = g_l + (\mu_n^2 - \lambda_n)^2 g_w \, . \quad . \quad . \quad . \quad . \quad . \quad (458)$$

ersetzt.

Es ist jedoch darauf zu achten, daß in den meisten Stromkreisen mit Kapazität im Nebenschluß zu den Leitungselementen eine gegenseitige Induktion zwischen den einzelnen Leitungselementen stattfindet. Dies ist z. B. der Fall bei Transformatorwicklungen. Man muß deswegen bei Zustandsänderungen in Transformatoren den Selbstinduktionskoeffizienten L_d für jede Welle besonders berechnen; für die verschiedenen Wellenlängen erhält man ungleiche Werte. Ist die Wellenlänge z. B. gleich der ganzen Wicklungslänge, so weiß man, daß die Stromstärke in den beiden Wicklungshälften entgegengesetzt gerichtet ist, und mit Bezug auf diese ungleiche Stromrichtung in der Wicklung ist der Selbstinduktionskoeffizient L_d zu berechnen. Als Leitungselement bei Transformatorwicklungen benutzt man am zweckmäßigsten eine Windung oder eine Spule.

Durch diese Berechnungsweise der Selbstinduktion L_d einer Transformatorwicklung werden die unter Berücksichtigung der Kapazität berechneten vorübergehenden Ströme beim Einschalten oder Kurzschließen der Wicklung nicht den vorübergehenden Strom enthalten, der von dem Hauptkraftfluß erzeugt wird, sondern die nach den Formeln dieses Abschnittes berechneten vorübergehenden Ströme geben nur Aufschluß über das Entstehen und Verschwinden der statischen Ladungen eines Transformators beim Einschalten, resp. Kurzschließen der Primärwicklung desselben. Der vom Hauptkraftfluß erzeugte Ausgleichstrom, wie er im Abschn. 154 berechnet worden ist, induziert keine Spannung zwischen den einzelnen Windungen und auch keine Spannungen zwischen den Windungen und Erde. Der vom Hauptkraftfluß erzeugte exponentielle Ausgleichstrom hat somit keinen Einfluß auf die statische Ladung eines Transformators und kann deswegen über die vorübergehenden Ladeströme superponiert werden, damit man den vollständigen Ausgleichstrom erhält, der beim Einschalten resp. Kurzschließen des Transformators entsteht.

163. Einschalten zweier oder mehrerer in Serie geschalteter Stromkreise, die jeder für sich gleichmäßig verteilten Widerstand, Selbstinduktion und Kapazität enthalten.

Es sind die Spannungs- und Stromwellen zu bestimmen, die entstehen, wenn zwei ungleiche in Serie geschaltete Leitungen auf eine stationäre Wechselstromspannung eingeschaltet werden. Die beiden Leitungen Fig. 532 mögen die Konstanten g_{1l}, C_{1l}, r_{1d}, L_{1d} resp. g_{2l}, C_{2l}, r_{2d}, L_{2d} haben und von den Längen l_1 resp. l_2 sein. Für jede dieser Leitungen ergibt sich eine partielle

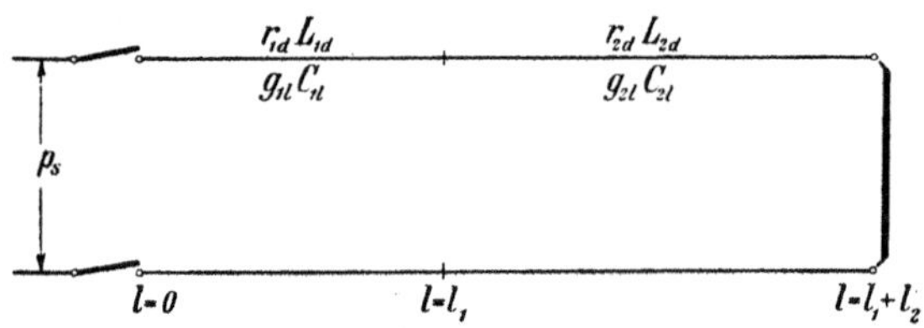

Fig. 532.

Differentialgleichung zweiter Ordnung, die je für sich genommen allgemeine Integrale von demselben Charakter ergeben, wie sie durch die im vorigen Abschnitte abgeleiteten Formeln ausgedrückt sind. Da aber die beiden Teile des Stromkreises einen gemeinsamen Punkt besitzen, so müssen die vorübergehenden Strom- und Spannungswellen in den beiden Teilen nach demselben allgemeinen Zeitgesetz verschwinden, so daß man korrespondierende partikuläre Lösungen für die beiden Leitungen erhält. Zwei solche partikuläre Spannungswellen würden somit die Form erhalten:

$$p_{1v} = e^{-(\alpha_1 \mp \delta_1)t}\left[A_1 e^{\lambda_1 l}\cos(\mu_1 l \pm \beta t \pm \psi_1) + B_1 e^{-\lambda_1 l}\cos(\mu_1 l \mp \beta t \mp \psi_1')\right], \quad . \; . \; . \; . \; . \quad (459)$$

gültig von $l = 0$ bis $l = l_1$, und

$$p_{2v} = e^{-(\alpha_2 \mp \delta_2)t}\left[A_2 e^{\lambda_1 l_1 + \lambda_2 l}\cos(\mu_1 l_1 + \mu_2 l \pm \beta t \pm \psi_2) + B_2 e^{-\lambda_1 l_1 - \lambda_2 l}\cos(\mu_1 l_1 + \mu_2 l \mp \beta t \mp \psi_2')\right], \quad . \; . \quad (460)$$

gültig von $l=0$ bis $l=l_2$, und worin

$$\alpha_2 \mp \delta_2 = \alpha_1 \mp \delta_1 = \alpha_0 . \qquad (461)$$

Die Längenkonstanten λ_1 und μ_1 müssen die quadratische Gleichung

$$(\lambda_1 - j\mu_1)^2 = r_{1d} g_{1l} + (g_{1l} L_{1d} + r_{1d} C_{1l})(-\alpha_1 \pm \delta_1 \mp j\beta) + L_{1d} C_{1l} (-\alpha_1 \pm \delta_1 \mp j\beta)^2 \qquad (462)$$

und λ_2 und μ_2 die quadratische Gleichung

$$(\lambda_2 - j\mu_2)^2 = r_{2d} g_{2l} + (g_{2l} L_{2d} + r_{2d} C_{2l})(-\alpha_2 \pm \delta_2 \mp j\beta) + L_{2d} C_{2l} (-\alpha_2 \pm \delta_2 \mp j\beta)^2 \qquad (463)$$

befriedigen. Für beide Teile des Stromkreises sind der Dämpfungsfaktor α_0 und die Winkelgeschwindigkeit β gleichgroß.

Zwischen den vier Konstanten δ_1, β, λ_1 und μ_1 des ersten Teiles der Leitung bestehen die obigen zwei Gleichungen, und so auch zwischen den Konstanten δ_2, β, λ_2 und μ_2 des zweiten Teiles. Außerdem besteht die Beziehung $\alpha_1 \mp \delta_1 = \alpha_2 \mp \delta_2$. Wir haben also im ganzen fünf Gleichungen mit sieben Unbekannten δ_1, δ_2, β, λ_1, μ_1, λ_2 und μ_2. Es sind somit auch hier noch zwei Gleichungen nötig, um die Konstanten zu bestimmen, und diese ergeben sich aus den Grenzbedingungen.

Aus dieser Betrachtung geht deutlich hervor, daß es viele Teilwellen gibt, die gleichzeitig die Differentialgleichungen beider Teile des Stromkreises befriedigen. Es handelt sich aber darum: welche von allen diesen Teilwellen befriedigen unsere Grenzbedingungen? Für den stationären Zustand ist die Antwort nicht schwierig; das ist die Welle, deren Konstanten

$$\alpha_0 = 0$$

und

$$\beta = \omega$$

sind. Für den vorübergehenden Zustand haben wir im vorigen Abschnitte die vorübergehenden Spannungs- und Stromwellen in Teilwellen zerlegt, und zwar einmal in stehende Wellen nach Fourier und ein anderes Mal in fortschreitende Wellen. Es wurde außerdem stets die Forderung gestellt, daß jede Teilwelle für sich die Grenzbedingungen erfüllen sollte. Dies ist für exakte Rechnungen absolut nötig, für angenäherte Rechnungen jedoch nicht. Für den Fall, daß die einfach homogene Leitung an den Enden offen oder kurzgeschlossen war, ergaben sich stets fortschreitende Wellen, die zu stehenden Sinuswellen zusammengesetzt werden konnten, so daß die beiden Arten von Teilwellen dasselbe Resultat ergaben.

Bei zwei oder mehreren in Serie geschalteten Leitungen liegt die Sache anders; sofern $\alpha_1 \gtrless \alpha_2$, gibt es in diesem Falle keine stehenden Teilwellen, die die Gleichungen beider Teile befriedigen. Setzt man $\alpha_0 = \alpha_1$, so ist die Welle in dem ersten Teile des Stromkreises eine stehende, während sie in dem zweiten Teile vorwärts schreitet. Setzt man $\alpha_0 = \alpha_2$, wird es umgekehrt; die Welle schreitet im ersten Teile fort und steht im zweiten Teile still. Der Unterschied in den Teilwellen beruht somit auf dem Dämpfungsfaktor α_0, und es handelt sich darum, einen zweckmäßigen Wert für α_0 zu finden. Um Wellen zu erhalten, die sich in beiden Teilen des Stromkreises möglichst dem Charakter der stehenden Wellen nähern, sollen δ_1 und δ_2 möglichst klein sein. Dies wird erreicht, wenn man

$$\alpha_1 \gtrless \alpha_0 \gtrless \alpha_2$$

setzt. In dem Falle wird

$$\alpha_0 = \alpha_1 \mp \delta_1 = \alpha_2 \pm \delta_2 .$$

Nehmen wir an, daß für die $n$te Teilwelle

$$\alpha_1 > \alpha_{0n} > \alpha_2 ,$$

so ist

$$\alpha_1 - \delta_{1n} = \alpha_{0n} = \alpha_2 + \delta_{2n} , \quad . \quad . \quad . \quad . \quad (464)$$

und es lautet unser allgemeines Integral für die vorübergehenden Spannungen und Ströme

$$p_{1v} = e^{-\alpha_1 t} \sum_n \left[A_{1n} e^{\lambda_{1n} l + \delta_{1n} t} \cos(\mu_{1n} l + \beta_n t + \psi_{1n}) \right.$$
$$\left. + B_{1n} e^{-\lambda_{1n} l + \delta_{1n} t} \cos(\mu_{1n} l - \beta_n t - \psi'_{1n}) \right], \quad . \quad . \quad (465a)$$

$$p_{v2} = e^{-\alpha_2 t} \sum_n \left[A_{2n} e^{\lambda_{1n} l_1 - \lambda_{2n} l - \delta_{2n} t} \cos(\mu_{1n} l_1 + \mu_{2n} l + \beta_n t + \psi_{2n}) \right.$$
$$\left. + B_{2n} e^{-\lambda_{1n} l_1 + \lambda_{2n} l - \delta_{2n} t} \cos(\mu_{1n} l_1 + \mu_{2n} l - \beta_n t - \psi'_{2n}) \right] \quad (465b)$$

und

$$i_{1v} = e^{-\alpha_1 t} \sqrt{\frac{C_{1l}}{L_{1d}}} \sum_n \left[- k_{1n} A_{1n} e^{\lambda_{1n} l + \delta_{1n} t} \cos(\mu_{1n} l + \beta_n t + \psi_{1n} - \varphi_{1n}) \right.$$
$$\left. + k_{1n} B_{1n} e^{-\lambda_{1n} l + \delta_{1n} t} \cos(\mu_{1n} l - \beta_n t - \psi'_{1n} + \varphi_{1n}) \right], \quad . \quad . \quad (466a)$$

$$i_{2v} = e^{-\alpha_2 t} \sqrt{\frac{C_{2l}}{L_{2d}}} \sum_n \left[- k_{2n} A_{2n} e^{\lambda_{1n} l_1 - \lambda_{2n} l - \delta_{2n} t} \cos(\mu_{1n} l_1 + \mu_{2n} l \right.$$
$$+ \beta_n t + \psi_{2n} - \varphi_{2n}) + k_{2n} B_{2n} e^{-\lambda_{1n} l_1 + \lambda_{2n} l - \delta_{2n} t} \cos(\mu_{1n} l_1 + \mu_{2n} l$$
$$\left. - \beta_n t - \psi'_{2n} + \varphi_{2n}) \right] . \quad . \quad . \quad . \quad . \quad . \quad . \quad . \quad . \quad . \quad . \quad . \quad . \quad . \quad (466b)$$

Für jedes partikuläre Integral gibt es acht Integrationskonstanten A_{1n}, B_{1n}, ψ_{1n}, ψ'_{1n}, A_{2n}, B_{2n}, ψ_{2n} und ψ'_{2n}. Wir benötigen somit hier mindestens vier Grenzgleichungen mehr als bei der einfachen homogenen Leitung, um alle Integrationskonstanten ermitteln zu können. Diese vier Gleichungen ergeben sich aus den beiden Grenzbedingungen

1. für $l = l_1$ $\quad p_{1v} = p_{2v}$ für alle Zeiten t

und 2. für $l = l_1$ $\quad i_{1v} = i_{2v}$ für alle Zeiten t.

Anstatt nun die Grenzbedingungen für jede Zeit aufzustellen, stellen wir sie für $\beta_n t = 0$ und $\beta_n t = \frac{\pi}{2}$ auf. Dadurch erhalten wir die folgenden vier Gleichungen:

$$\left.\begin{array}{lll} \text{1a.} & p_{1v} = p_{2v} & \text{für } \beta_n t = 0 \\ \text{1b.} & p_{1v} = p_{2v} & \text{für } \beta_n t = \frac{\pi}{2} \\ \text{2a.} & i_{1v} = i_{2v} & \text{für } \beta_n t = 0 \\ \text{und 2b.} & i_{1v} = i_{2v} & \text{für } \beta_n t = \frac{\pi}{2} \end{array}\right\} \text{für } l = l_1 .$$

Aus diesen vier Gleichungen ergeben sich die gewünschten Beziehungen zwischen den acht Integrationskonstanten. Für die $n$te Teilwelle lauten diese, nachdem auf beiden Seiten mit $e^{-\alpha_{0n} t}$ dividiert worden ist:

$$\text{1a.} \quad A_{1n} e^{\lambda_{1n} l_1} \cos(\mu_{1n} l_1 + \psi_{1n}) + B_{1n} e^{-\lambda_{1n} l_1} \cos(\mu_{1n} l_1 - \psi'_{1n})$$
$$= A_{2n} e^{\lambda_{1n} l_1} \cos(\mu_{1n} l_1 + \psi_{2n}) + B_{2n} e^{-\lambda_{1n} l_1} \cos(\mu_{1n} l_1 - \psi'_{2n}),$$

$$\text{1b.} \quad - A_{1n} e^{\lambda_{1n} l_1} \sin(\mu_{1n} l_1 + \psi_{1n}) + B_{1n} e^{-\lambda_{1n} l_1} \sin(\mu_{1n} l_1 - \psi'_{1n})$$
$$= - A_{2n} e^{\lambda_{1n} l_1} \sin(\mu_{1n} l_1 + \psi_{2n}) + B_{2n} e^{-\lambda_{1n} l_1} \sin(\mu_{1n} l_1 - \psi'_{2n}),$$

$$\text{2a.} \quad \sqrt{\frac{C_{1l}}{L_{1d}}}\, k_{1n} [- A_{1n} e^{\lambda_{1n} l_1} \cos(\mu_{1n} l_1 + \psi_{1n} - \varphi_{1n})$$
$$+ B_{1n} e^{-\lambda_{1n} l_1} \cos(\mu_{1n} l_1 - \psi'_{1n} + \varphi_{1n})]$$
$$= \sqrt{\frac{C_{2l}}{L_{2d}}}\, k_{2n} [- A_{2n} e^{\lambda_{1n} l_1} \cos(\mu_{1n} l_1 + \psi_{2n} - \varphi_{2n})$$
$$+ B_{2n} e^{-\lambda_{1n} l_1} \cos(\mu_{1n} l_1 - \psi'_{2n} + \varphi_{2n})]$$

$$\text{und 2b.} \quad \sqrt{\frac{C_{1l}}{L_{1d}}}\, k_{1n} [A_{1n} e^{\lambda_{1n} l_1} \sin(\mu_{1n} l_1 + \psi_{1n} - \varphi_{1n})$$
$$+ B_{1n} e^{-\lambda_{1n} l_1} \sin(\mu_{1n} l_1 - \psi'_{1n} + \varphi_{1n})]$$
$$= \sqrt{\frac{C_{2l}}{L_{2d}}}\, k_{2n} [A_{2n} e^{\lambda_{1n} l_1} \sin(\mu_{1n} l_1 + \psi_{2n} - \varphi_{2n})$$
$$+ B_{2n} e^{-\lambda_{1n} l_1} \sin(\mu_{1n} l_1 - \psi'_{2n} + \varphi_{2n})] .$$

Führen wir nun folgende Abkürzungen ein:

$$A_{1n} e^{\lambda_{1n} l_1} \cos(\mu_{1n} l_1 + \psi_{1n}) = a_1 ,$$
$$A_{1n} e^{\lambda_{1n} l_1} \sin(\mu_{1n} l_1 + \psi_{1n}) = c_1 ,$$

$$B_{1n} e^{-\lambda_{1n} l_1} \cos(\mu_{1n} l_1 - \psi'_{1n}) = b_1 ,$$
$$B_{1n} e^{-\lambda_{1n} l_1} \sin(\mu_{1n} l_1 - \psi'_{1n}) = d_1 ,$$
$$A_{2n} e^{\lambda_{1n} l_1} \cos(\mu_{1n} l_1 + \psi_{2n}) = a_2 ,$$
$$A_{2n} e^{\lambda_{1n} l_1} \sin(\mu_{1n} l_1 + \psi_{2n}) = c_2 ,$$
$$B_{2n} e^{-\lambda_{1n} l_1} \cos(\mu_{1n} l_1 - \psi'_{2n}) = b_2 ,$$
$$B_{2n} e^{-\lambda_{1n} l_1} \sin(\mu_{1n} l_1 - \psi'_{2n}) = d_2 ,$$

$$\sqrt{\frac{C_{1l}}{L_{1d}}}\, k_{1n} \cos\varphi_{1n} = m_1 , \qquad \sqrt{\frac{C_{1l}}{L_{1d}}}\, k_{1n} \sin\varphi_{1n} = n_1 ,$$

$$\sqrt{\frac{C_{2l}}{L_{2d}}}\, k_{2n} \cos\varphi_{2n} = m_2 \quad \text{und} \quad \sqrt{\frac{C_{2l}}{L_{2d}}}\, k_{2n} \sin\varphi_{2n} = n_2 ,$$

so können die vier Grenzgleichungen wie folgt geschrieben werden:

1a. $a_1 + b_1 = a_2 + b_2$,

1b. $-c_1 + d_1 = -c_2 + d_2$,

2a. $m_1(a_1 - b_1) + n_1(c_1 + d_1) = m_2(a_2 - b_2) + n_2(c_2 + d_2)$,

2b. $n_1(a_1 - b_1) - m_1(c_1 + d_1) = n_2(a_2 - b_2) - m_2(c_2 + d_2)$.

Durch Einsetzen der Werte für b_2 und d_2 aus den beiden ersten Gleichungen in die beiden letzten erhält man die beiden folgenden Gleichungen:

$$2m_2 a_2 + 2n_2 c_2 = (m_2 + m_1) a_1 + (m_2 - m_1) b_1 + (n_2 + n_1) c_1 - (n_2 - n_1) d_1$$

und

$$2n_2 a_2 - 2m_2 c_2 = (n_2 + n_1) a_1 + (n_2 - n_1) b_1 - (m_2 + m_1) c_1 + (m_2 - m_1) d_1 ,$$

aus denen sich durch Elimination von c_2 resp. a_2 ergibt:

$$2(m_2^2 + n_2^2) a_2 = [m_2(m_2 + m_1) + n_2(n_2 + n_1) a_1 + [m_2(m_2 - m_1) + n_2(n_2 - n_1)] b_1 + (n_1 m_2 - m_1 n_2) c_1 + (m_2 n_1 - m_1 n_2) d_2$$

und

$$2(m_2^2 + n_2^2) c_2 = -(n_1 m_2 - m_1 n_2) a_1 + (n_1 m_2 - m_1 n_2) b_1 + [m_2(m_2 + m_1) + n_2(n_2 + n_1)] c_1 - [m_2(m_2 - m_1) + n_2(n_2 - n_1)] d_1 .$$

Für b_2 und d_2 erhält man durch Elimination von a_2 und c_2 ähnliche Ausdrücke. Führen wir in diese die Werte für m_1, n_1, m_2 und n_2 ein und bezeichnen abkürzungshalber

$$\frac{k_{1n}}{k_{2n}} \sqrt{\frac{C_{1l} L_{2d}}{L_{1d} C_{2l}}} = \operatorname{tg} \varepsilon_n \quad \text{und} \quad \varphi_{1n} - \varphi_{2n} = \Delta\varphi_n ,$$

so erhalten wir folgende Relationen zwischen den Integrationskonstanten a_2, b_2, c_2 und d_2 des zweiten Teiles und den Konstanten a_1, b_1, c_1 und d_1 des ersten Teiles vom Stromkreise

$$\left.\begin{aligned}
a_2 &= \tfrac{1}{2}\{[1+\operatorname{tg}\varepsilon_n\cos(\Delta\varphi_n)]\,a_1+[1-\operatorname{tg}\varepsilon_n\cos(\Delta\varphi_n)]\,b_1 \\
&\quad +\operatorname{tg}\varepsilon_n\sin(\Delta\varphi_n)\cdot c_1+\operatorname{tg}\varepsilon_n\sin(\Delta\varphi_n)\cdot d_1\}, \\
b_2 &= \tfrac{1}{2}\{[1-\operatorname{tg}\varepsilon_n\cos(\Delta\varphi_n)]\,a_1+[1+\operatorname{tg}\varepsilon_n\cos(\Delta\varphi_n)]\,b_1 \\
&\quad -\operatorname{tg}\varepsilon_n\sin(\Delta\varphi_n)\cdot c_1-\operatorname{tg}\varepsilon_n\sin(\Delta\varphi_n)\cdot d_1\}. \\
c_2 &= \tfrac{1}{2}\{-\operatorname{tg}\varepsilon_n\sin(\Delta\varphi_n)\,a_1+\operatorname{tg}\varepsilon_n\sin(\Delta\varphi_n)\cdot b_1 \\
&\quad +[1+\operatorname{tg}\varepsilon_n\cos(\Delta\varphi_n)]\,c_1-[1-\operatorname{tg}\varepsilon_n\cos(\Delta\varphi_n)]\,d_1\} \\
\text{und} \\
d_2 &= \tfrac{1}{2}\{-\operatorname{tg}\varepsilon_n\sin(\Delta\varphi_n)\,a_1+\operatorname{tg}\varepsilon_n\sin(\Delta\varphi_n)\cdot b_1 \\
&\quad -[1+\operatorname{tg}\varepsilon_n\cos(\Delta\varphi_n)]\,c_1+[1-\operatorname{tg}\varepsilon_n\cos(\Delta\varphi_n)]\,d_1\}.
\end{aligned}\right\} \quad (467)$$

Indem

$$\left.\begin{aligned}
A_{2n} &= e^{-\lambda_{1n} l_1}\sqrt{a_2^2+c_2^2} \\
B_{2n} &= e^{\lambda_{1n} l_1}\sqrt{b_2^2+d_2^2} \\
\psi_{2n} &= \operatorname{arctg}\left(\frac{c_2}{a_2}\right)-\mu_{1n} l_1 \\
\text{und} \\
\psi'_{2n} &= -\operatorname{arctg}\left(\frac{d_2}{b_2}\right)+\mu_{1n} l_1,
\end{aligned}\right\} \quad . \; . \; . \quad (468)$$

so lassen sich mittels der obigen vier Gleichungen die Integrationskonstanten A_{2n}, B_{2n}, ψ_{2n} und ψ'_{2n} des zweiten Teiles durch die vier Integrationskonstanten

$$\left.\begin{aligned}
A_{1n} &= e^{-\lambda_{1n} l_1}\sqrt{a_1^2+c_1^2} \\
B_{1n} &= e^{\lambda_{1n} l_1}\sqrt{b_1^2+d_1^2} \\
\psi_{1n} &= \operatorname{arctg}\left(\frac{c_1}{a_1}\right)-\mu_{1n} l_1 \\
\text{und} \\
\psi'_{1n} &= -\operatorname{arctg}\left(\frac{d_1}{b_1}\right)+\mu_{1n} l_1
\end{aligned}\right\} \quad . \; . \; . \; . \quad (469)$$

des ersten Teiles der Leitung ausdrücken und in das allgemeine Integral für p_v und i_v einsetzen. Nachdem A_{2n}, B_{2n}, ψ_{2n} und ψ'_{2n} in dieser Weise aus dem allgemeinen Integral eliminiert sind, enthält dasselbe nur die vier Integrationskonstansen A_{1n}, B_{1n}, ψ_{1n} und ψ'_{1n}, sowie die sieben Leitungskonstanten β_n, δ_{1n}, δ_{2n}, λ_{1n}, λ_{2n}, μ_{1n} und μ_{2n}, zwischen denen fünf bekannte Gleichungen bestehen. Um die vier Integrationskonstanten und die sieben Leitungskonstanten zu bestimmen, benötigen wir also sechs Gleichungen, die sich aus denselben vier Grenzbedingungen ergeben, die wir bei der einfachen homogenen Leitung benutzten.

a) Für den Fall, daß die Leitung an beiden Enden als kurzgeschlossen zu betrachten ist, was bei Einschaltung einer kurzgeschlossenen Leitung auf eine konstante Spannung der Fall ist, lauten die vier Grenzbedingungen

3. für $l = 0$ $\quad p_{1v} = 0$ für alle Zeiten t,

4. für $l = l_2$ $\quad p_{2v} = 0$ für alle Zeiten t,

5. für $t = 0$ $\quad p_v = -p_{s0}$ für alle Längen l

und 6. für $t = 0$ $\quad i_v = -i_{s0}$ für alle Längen l.

Aus jeder der beiden ersten Bedingungen ergeben sich zwei Gleichungen, nämlich

$$\text{3a)} \qquad p_{1v} = 0 \quad \text{für} \quad \beta_n t = 0 \quad \text{und} \quad l = 0$$

$$\text{3b)} \qquad p_{1v} = 0 \quad \text{für} \quad \beta_n t = \frac{\pi}{2} \quad \text{und} \quad l = 0$$

$$\text{4a)} \qquad p_{2v} = 0 \quad \text{für} \quad \beta_n t = 0 \quad \text{und} \quad l = l_2$$

$$\text{4b)} \qquad p_{2v} = 0 \quad \text{für} \quad \beta_n t = \frac{\pi}{2} \quad \text{und} \quad l = l_2$$

oder

$$\text{3a)} \qquad A_{1n} \cos \psi_{1n} + B_{1n} \cos \psi'_{1n} = 0$$

$$\text{3b)} \qquad -A_{1n} \sin \psi_{1n} - B_{1n} \sin \psi'_{1n} = 0$$

$$\text{4a)} \qquad A_{2n} e^{\lambda_{1n} l_1 - \lambda_{2n} l_2} \cos(\mu_{1n} l_1 + \mu_{2n} l_2 + \psi_{2n}) + B_{2n} e^{-\lambda_{1n} l_1 + \lambda_{2n} l_2} \cos(\mu_{1n} l_1 + \mu_{2n} l_2 - \psi'_{2n}) = 0$$

und

$$\text{4b)} \qquad -A_{2n} e^{\lambda_{1n} l_1 - \lambda_{2n} l_2} \sin(\mu_{1n} l_1 + \mu_{2n} l_2 + \psi_{2n}) + B_{2n} e^{-\lambda_{1n} l_1 + \lambda_{2n} l_2} \sin(\mu_{1n} l_1 + \mu_{2n} l_2 - \psi'_{2n}) = 0.$$

Aus den beiden ersten dieser Gleichungen ergibt sich

$$A_{1n} = -B_{1n}$$

und

$$\psi_{1n} = \psi'_{1n},$$

wodurch die Zahl der unbekannten Integrationskonstanten sich auf zwei, A_{1n} und ψ_{1n}, reduziert. Zur Bestimmung dieser dienen die beiden Grenzbedingungen fünf und sechs. Die beiden Gleichungen, die sich aus der vierten Grenzbedingung ergaben, können somit zur Bestimmung der sieben Leitungskonstanten benutzt werden. Aus den zwei Gleichungen folgt

$$A_{2n} e^{\lambda_{1n} l_1 - \lambda_{2n} l_2} = -B_{2n} e^{-\lambda_{1n} l_1 + \lambda_{2n} l_2}$$

oder

$$e^{2\lambda_{1n} l_1 - 2\lambda_{2n} l_2} = -\frac{B_{2n}}{A_{2n}}$$

und $\mu_{1n} l_1 + \mu_{2n} l_2 + \psi_{2n} = 2n\pi + \psi'_{2n} - \mu_{1n} l_1 - \mu_{2n} l_2$

oder $\mu_{1n} l_1 + \mu_{2n} l_2 = n\pi - \frac{1}{2}(\psi_{2n} - \psi'_{2n})$.

Indem wir in diese beiden Gleichungen die Ausdrücke für A_{2n}, B_{2n}, ψ_{2n} und ψ'_{2n} eintragen, erhalten wir die zwei fehlenden Beziehungen zwischen den Leitungskonstanten. Es ist

$$\psi_{2n} - \psi'_{2n} = \operatorname{arctg}\left(\frac{c_2}{a_2}\right) + \operatorname{arctg}\left(\frac{d_2}{b_2}\right) - 2\mu_{1n} l_1,$$

so daß wir die folgende Beziehung erhalten

$$\mu_{2n} l_2 = n\pi - \frac{1}{2}\left[\operatorname{arctg}\left(\frac{c_2}{a_2}\right) + \operatorname{arctg}\left(\frac{d_2}{b_2}\right)\right].$$

In den Ausdrücken für a_2, b_2, c_2 und d_2 kommen zwei Glieder mit $\sin(\Delta\varphi_n)$ vor; diese sind außerordentlich klein und besitzen entgegengesetztes Vorzeichen, so daß man diese, ohne große Fehler zu begehen, vernachlässigen kann. Außerdem darf $\cos(\Delta\varphi_n) = 1$ gesetzt werden. Setzt man die in dieser Weise vereinfachten Ausdrücke für a_2, b_2, c_2 und d_2 in die Formel für $\mu_{2n} l_2$ ein, erhält man nach einigen Umrechnungen die folgende Beziehung zwischen den Leitungskonstanten μ_{1n}, μ_{2n} und λ_{1n}

$$n\pi = \mu_{2n} l_2 + \frac{1}{2}\operatorname{arctg}\frac{4\operatorname{tg}\varepsilon_n \sin 2\mu_{1n} l_1}{2(1+\operatorname{tg}^2\varepsilon_n)\cos 2\mu_{1n} l_1 - (1-\operatorname{tg}^2\varepsilon_n)(e^{2\lambda_{1n} l_1} + e^{-2\lambda_{1n} l_1})}. \quad (470)$$

Setzen wir hier herein $\lambda_{1n} = 0$, so vereinfacht sich der ganze Ausdruck und wir erhalten die folgende angenäherte Beziehung zwischen μ_{1n} und μ_{2n}

$$n\pi = \mu_{2n} l_2 + \frac{1}{2}\operatorname{arctg}\frac{2}{\operatorname{tg}\varepsilon_n \operatorname{cotg}\mu_{1n} l_1 - \operatorname{cotg}\varepsilon_n \operatorname{tg}\mu_{1n} l_1}$$

$$= \mu_{2n} l_2 + \operatorname{arctg}(\operatorname{cotg}\varepsilon_n \operatorname{tg}\mu_{1n} l_1)$$

oder
$$\sqrt{\frac{L_{1d}}{C_{1l}}}\operatorname{tg}\mu_{1n} l_1 + \sqrt{\frac{L_{2d}}{C_{2l}}}\operatorname{tg}\mu_{2n} l_2 = 0 \quad . \quad . \quad (471)$$

Indem wir $\frac{B_{2n}}{A_{2n}} = e^{2\lambda_{1n} l_1}\sqrt{\frac{b_2^2 + d_2^2}{a_2^2 + c_2^2}}$

in die Gleichung $e^{2\lambda_{1n} l_1 - 2\lambda_{2n} l_2} = -\frac{B_{2n}}{A_{2n}}$

einsetzen, erhalten wir

$$e^{-2\lambda_{2n} l_2} = -\sqrt{\frac{b_2^2 + d_2^2}{a_2^2 + c_2^2}} \quad \text{oder} \quad e^{4\lambda_{2n} l_2} = \frac{a_2^2 + c_2^2}{b_2^2 + d_2^2}.$$

Durch Einführung der vereinfachten Ausdrücke für a_2, b_2, c_2 und d_2 geht diese Beziehung in die folgende über

$$e^{4\lambda_{2n} l_2} = \frac{(1+\mathrm{tg}\,\varepsilon_n)^2 e^{2\lambda_{1n} l_1} + (1-\mathrm{tg}\,\varepsilon_n)^2 e^{-2\lambda_{1n} l_1} - 2(1-\mathrm{tg}^2\varepsilon_n)\cos 2\mu_{1n} l_1}{(1+\mathrm{tg}\,\varepsilon_n)^2 e^{-2\lambda_{1n} l_1} + (1-\mathrm{tg}\,\varepsilon_n)^2 e^{2\lambda_{1n} l_1} - 2(1-\mathrm{tg}^2\varepsilon_n)\cos 2\mu_{1n} l_1}. \tag{472}$$

Setzt man in diese Formel $\lambda_{1n} = 0$, so wird auch $\lambda_{2n} = 0$. Diese beiden Konstanten sind somit gleichzeitig Null und stehen, wie aus der Formel leicht ersichtlich, in einem gewissen Größenverhältnis zueinander. Da sie am besten durch Probieren ermittelt werden können, so ist es zweckmäßig, mit dem Werte

$$\lambda_{1n} l_1 = \lambda_{2n} l_2$$

anzufangen; denn in diesem Falle wird

$$\alpha_{0n} = \frac{\alpha_1 l_1 \sqrt{L_{1d} C_{1l}} + \alpha_2 l_2 \sqrt{L_{2d} C_{2l}}}{l_1 \sqrt{L_{1d} C_{1l}} + l_2 \sqrt{L_{2d} C_{2l}}}, \quad . \; . \; . \tag{473}$$

welcher Wert ohne weiteres berechnet werden und als Ausgangspunkt des weiteren Probierens mit Vorteil benutzt werden kann. Nachdem in dieser Weise die Leitungskonstanten und alle Integrationskonstanten bis auf A_{1n} und ψ_{1n} bestimmt worden sind, sind diese letzteren oder die beiden anderen Konstanten $A_{1n} \cos \psi_{1n}$ und $A_{1n} \sin \psi_{1n}$ aus den beiden letzten Grenzbedingungen zu bestimmen. Diese lauten: Zur Zeit $t = 0$ ist

5. $p_{v0} = -p_{s0}$ für alle Längen l

und 6. $i_{v0} = -i_{s0}$ für alle Längen l.

Sind λ_{1n} und λ_{2n} von Null verschieden, bietet die Lösung der beiden letzten Gleichungen ziemliche Schwierigkeiten, weil p_{s0} und i_{s0} nicht in Sinuswellen nach Fourier, sondern in sinusförmigen Wellen mit nach Exponentialfunktionen ansteigenden oder abfallenden Amplituden zerlegt werden müssen.

Hiermit ist die Aufgabe gelöst, und wie ersichtlich, bietet es keine prinzipielle Schwierigkeiten, die vorübergehenden Ströme und Spannungen ganz genau zu bestimmen, die beim Einschalten oder Kurzschließen einer aus zwei homogenen Teilen bestehenden Leitung entstehen. Die zu einer vollständigen Lösung nötigen Rechnungen stehen jedoch in keinem Verhältnis zu dem praktischen Wert derselben. Besonders die exakte Zerlegung der zur Zeit $t = 0$ auftretenden stationären Zustände p_{s0} und i_{s0} in fortschreitenden Wellen hat keinen praktischen Wert; wir werden uns deswegen im folgenden mit Reihenentwicklungen nach Fourier begnügen. Es soll ferner hier gezeigt werden, daß durch Vernachlässigung der Glieder kleinster Ordnung alle soeben abgeleiteten Gleichungen sich ganz bedeutend vereinfachen. Vernächlässigen wir nämlich in allen

Formeln δ_{1n} und δ_{2n} als sehr kleine Größe gegenüber β_n, so erhalten wir folgende sechs Gleichungen

$$\left.\begin{aligned} \alpha_{0n} &= \alpha_1 - \delta_{1n} = \alpha_2 + \delta_{2n},\\ \lambda_{1n} &= \delta_{1n}\sqrt{L_{1d}C_{1l}},\\ \lambda_{2n} &= \delta_{2n}\sqrt{L_{2d}C_{2l}},\\ \mu_{1n} &= \beta_n\sqrt{L_{1d}C_{1l}},\\ \mu_{2n} &= \beta_n\sqrt{L_{2d}C_{2l}}\\ \text{und}\quad \sqrt{\frac{L_{1d}}{C_{1l}}}\operatorname{tg}\mu_{1n}l_1 &+ \sqrt{\frac{L_{2d}}{C_{2l}}}\operatorname{tg}\mu_{2n}l_2 = 0. \end{aligned}\right\} \quad . \; . \; (474)$$

Aus den drei letzten Gleichungen ergeben sich ohne weiteres β_n, μ_{1n} und μ_{2n}, während aus den drei ersten Gleichungen δ_{1n}, δ_{2n}, λ_{1n} und λ_{2n} erst bestimmt werden können, wenn α_{0n} bekannt ist. Als erste Annäherung setzen wir wieder

$$\alpha_0 = \frac{\alpha_1 l_1\sqrt{L_{1d}C_{1l}} + \alpha_2 l_2\sqrt{L_{2d}C_{2l}}}{l_1\sqrt{L_{1d}C_{1l}} + l_2\sqrt{L_{2d}C_{2l}}}$$

und korrigieren nachher die mit diesem Werte berechneten λ_{1n} und λ_{2n}.

Außerdem kann für kleine Werte von δ_{1n} und δ_{2n} gesetzt werden

$$k_{1n} = 1 \qquad k_{2n} = 1 \quad \text{und} \quad \Delta\varphi_n \cong 0.$$

Zwischen den Integrationskonstanten erhalten wir, wie oben abgeleitet, die folgenden Beziehungen

$$B_{1n} = -A_{1n},$$
$$\psi'_{1n} = \psi_{1n},$$
$$\frac{A_{2n}}{A_{1n}} = \sqrt{\frac{a_2^2 + c_2^2}{a_1^2 + c_1^2}}$$

oder $A_{2n} =$

$$\frac{A_{1n}}{2e^{\lambda_{1n}l_2}}\sqrt{(1+\operatorname{tg}\varepsilon_n)^2 e^{2\lambda_{1n}l_1} + (1-\operatorname{tg}\varepsilon_n)^2 e^{-2\lambda_{1n}l_1} - 2(1-\operatorname{tg}^2\varepsilon_n)\cos 2\mu_{1n}l_1}$$

welche Formel für $\lambda_{1n} = 0$ in die folgende

$$A_{2n} = A_{1n}\sqrt{\sin^2\mu_{1n}l_1 + \operatorname{tg}^2\varepsilon_n\cos^2\mu_{1n}l_1} = A_{1n}\frac{\sin\mu_{1n}l_1}{\sin\mu_{2n}l_2} \qquad (475)$$

übergeht. Ferner ergibt sich

$$B_{2n} = -A_{2n}e^{2\lambda_{1n}l_1 - 2\lambda_{2n}l_2} \cong -A_{2n},$$
$$\psi_{2n} - \psi'_{2n} = 2n\pi - 2\mu_{1n}l_1 - 2\mu_{2n}l_2$$

und

$$\psi_{2n} - \psi_{1n} = \operatorname{arctg}\frac{c_2}{a_2} - \operatorname{arctg}\frac{c_1}{a_1}$$

oder

$$\psi_{2n} - \psi_{1n} = \operatorname{arctg} \frac{(1 - \operatorname{tg} \varepsilon_n)^2 \sin 2\mu_{1n} l_1}{(1 + \operatorname{tg} \varepsilon_n)^2 e^{2\lambda_{1n} l_1} - (1 - \operatorname{tg} \varepsilon_n)^2 \cos 2\mu_{1n} l_1} \quad (476)$$

Vernachlässigen wir λ_{1n} und λ_{2n} vollständig als kleine Größen, so erhalten wir folgende allgemeine Integrale für die vorübergehende Spannung

$$\begin{aligned} p_{1v} &= e^{-\alpha_0 t} \sum_n [A_{1n} \cos(\mu_{1n} l + \beta_n t + \psi_{1n}) \\ &\quad - A_{1n} \cos(\mu_{1n} l - \beta_n t - \psi_{1n})] \\ &= - e^{-\alpha_0 t} \sum_n 2 A_{1n} \sin(\beta_n t + \psi_{1n}) \sin(\mu_{1n} l) \quad . \quad (477) \end{aligned}$$

und analog

$$\begin{aligned} p_{2v} &= - e^{-\alpha_0 t} \sum_n 2 A_{2n} \sin[\beta_n t + \tfrac{1}{2}(\psi_{2n} + \psi'_{2n})] \\ &\quad \sin(\mu_{1n} l_1 + \mu_{2n} l + \tfrac{1}{2}(\psi_{2n} - \psi'_{2n})) \\ &= - e^{-\alpha_0 t} \sum_n 2 A_{2n} \sin[\beta_n t + \tfrac{1}{2}(\psi_{2n} + \psi'_{2n})] \sin[\mu_{2n}(l_2 - l)]. \end{aligned}$$

Indem p_{2v} mit p_{1v} in Phase sein muß, so muß

$$\tfrac{1}{2}(\psi_{2n} + \psi'_{2n}) = \psi_{1n},$$

woraus folgt

$$\psi_{2n} = \psi_{1n} + n\pi - \mu_{1n} l_1 - \mu_{2n} l_2$$

und

$$\psi'_{2n} = \psi'_{1n} - n\pi + \mu_{1n} l_1 + \mu_{2n} l_2,$$

also

$$\psi_{2n} - \psi_{1n} = \psi'_{1n} - \psi'_{2n} = \tfrac{1}{2}(\psi_{2n} - \psi'_{2n}),$$

d. h. die fortschreitenden Wellen im zweiten Teile der Leitung werden gegenüber denen im ersten Teile so viel in der Phase räumlich zurückverschoben als $\mu_{1n} l_1 + \mu_{2n} l_2$ größer als $n\pi$ ist. Es kann nun p_{2v} wie folgt geschrieben werden

$$p_{2v} = - e^{-\alpha_0 t} \sum_n 2 A_{1n} \frac{\sin \mu_{1n} l_1}{\sin \mu_{2n} l_2} \sin(\beta_n t + \psi_{1n}) \sin[\mu_{2n}(l_2 - l)] \quad (478)$$

und die vorübergehenden Ströme sind

$$\begin{aligned} i_{1v} &= - e^{-\alpha_0 t} \sqrt{\frac{C_{1l}}{L_{1d}}} \sum_n [A_{1n} \cos(\mu_{1n} l + \beta_n t + \psi_{1n} - \varphi_{1n}) \\ &\quad + A_{1n} \cos(\mu_{1n} l - \beta_n t - \psi_{1n} + \varphi_{1n})] \\ &= - e^{-\alpha_0 t} \sqrt{\frac{C_{1l}}{L_{1d}}} \sum_n 2 A_{1n} \cos(\beta_n t + \psi_{1n} - \varphi_{1n}) \cos(\mu_{1n} l) \\ &= e^{-\alpha_0 t} \sqrt{\frac{C_{1l}}{L_{1d}}} \sum_n 2 A_{1n} \sin\left(\beta_n t + \psi_{1n} - \operatorname{arctg} \frac{\beta_n}{\gamma_1}\right) \cos(\mu_{1n} l) \quad (479) \end{aligned}$$

und analog

$$i_{2v} = -e^{-a_0 t}\sqrt{\frac{C_{2l}}{L_{2d}}}\sum_n 2A_{1n}\frac{\sin\mu_{1n}l_1}{\sin\mu_{2n}l_2}\sin\left(\beta_n t + \psi'_{1n} - \operatorname{arctg}\frac{\beta_n}{\gamma_2}\right)$$
$$\cos\left[\mu_{2n}(l_2 - l)\right]. \quad (480)$$

Um die Konstanten A_{1n} und ψ_{1n} zu bestimmen, betrachten wir den Zeitpunkt $t=0$ des Einschaltens. In dem Augenblicke ist

$$p_{1v0} = -p_{1s0} = -\sum_n 2A_{1n}\sin\psi'_{1n}\sin(\mu_{1n}l)$$

$$p_{2v0} = -p_{2s0} = -\sum_n 2A_{1n}\frac{\sin(\mu_{1n}l_1)}{\sin(\mu_{2n}l_2)}\sin\psi_{1n}\sin[\mu_{2n}(l_2 - l)]$$

$$i_{1v0} = -i_{1s0} = \sqrt{\frac{C_{1l}}{L_{1d}}}\sum_n 2A_{1n}\sin\left(\psi_{1n} - \operatorname{arctg}\frac{\beta_n}{\gamma_1}\right)\cos(\mu_{1n}l)$$

und

$$i_{2v0} = -i_{2s0} = -\sqrt{\frac{C_{2l}}{L_{2d}}}\sum_n 2A_{1n}\frac{\sin(\mu_{1n}l_1)}{\sin(\mu_{2n}l_2)}\sin\left(\psi'_{1n} - \operatorname{arctg}\frac{\beta_n}{\gamma_2}\right)$$
$$\cos[\mu_{2n}(l_2 - l)].$$

Für die Zerlegung des Anfangszustandes in Fourierschen Reihen muß man bedenken, daß die Spannungen und Ströme allein nicht ein Maß für die in den Leitungen aufgespeicherten Feldenergien sind, sondern daß die elektromagnetischen und elektrostatischen Felder hierfür maßgebend sind. Damit die in diesen Feldern zur Zeit $t=0$ aufgespeicherten Energien sich in den Feldern wiederfinden, die der Fourierschen Reihenentwicklung entsprechen, so muß man die erste Gleichung mit $C_{1l}\sin(\mu_{1n}l)\,dl$ und die zweite Gleichung mit $C_{2l}\sin[\mu_{2n}(l_2 - l)]\,dl$ auf beiden Seiten des Gleichheitszeichens multiplizieren. Nachdem integriert man von $l=0$ bis $l=l_1$ resp. von $l=0$ bis $l=l_2$, addiert die beiden Gleichungen und erhält

$$A_{1n}C_{1l}\sin\psi_{1n}\left(l_1 - \frac{\sin 2\mu_{1n}l_1}{2\mu_{1n}}\right) + A_{1n}C_{2l}\frac{\sin\mu_{1n}l_1}{\sin\mu_{2n}l_2}\sin\psi'_{1n}\left(l_2 - \frac{\sin 2\mu_{2n}l_2}{2\mu_{2n}}\right)$$
$$= \int_0^{l_1} p_{1s0}C_{1l}\sin(\mu_{1n}l)\,dl + \int_0^{l_2} p_{2s0}C_{2l}\sin[\mu_{2n}(l_2 - l)]\,dl,$$

woraus folgt

$$A_{1n}\sin\psi_{1n} = \frac{\int_0^{l_1} p_{1s0}C_{1l}\sin(\mu_{1n}l)\,dl + \int_0^{l_2} p_{2s0}C_{2l}\sin[\mu_{2n}(l_2 - l)]\,dl}{C_{1l}\left(l_1 - \frac{\sin 2\mu_{1n}l_1}{2\mu_{1n}}\right) + C_{2l}\frac{\sin\mu_{1n}l_1}{\sin\mu_{2n}l_2}\left[l_2 - \frac{\sin(2\mu_{2n}l_2)}{2\mu_{2n}}\right]} \quad (481)$$

In gleicher Weise erhalten wir durch Multiplikation mit $L_{1d}\cos(\mu_{1n}l)\,dl$ resp. mit $L_{2d}\cos[\mu_{2n}(l_2 - l)]\,dl$ und Integration von $l=0$ bis $l=l_1$ resp. von $l=0$ bis $l=l_2$

$$-A_{1n}\sqrt{\frac{C_{1l}}{L_{1d}}}L_{1d}\sin\left(\psi_{1n}-\operatorname{arctg}\frac{\beta_n}{\gamma_1}\right)\left[l_1+\frac{\sin(2\mu_{1n}l_1)}{2\mu_{1n}}\right]$$

$$+A_{1n}\sqrt{\frac{C_{2l}}{L_{2d}}}L_{2d}\sin\left(\psi_{1n}-\operatorname{arctg}\frac{\beta_n}{\gamma_2}\right)\frac{\sin\mu_{1n}l_1}{\sin\mu_{2n}l_2}\left[l_2+\frac{\sin(2\mu_{2n}l_2)}{2\mu_{2n}}\right]$$

$$=\int_0^{l_1}i_{1s0}L_{1d}\cos(\mu_{1n}l)\,dl+\int_0^{l_2}i_{2s0}L_{2d}\cos[\mu_{2n}(l_1-l)]\,dl. \quad (482)$$

Aus diesen beiden Gleichungen ergeben sich die Konstanten A_{1n} und ψ_{1n}.

Durch eine derartige Zerlegung in Fouriersche Reihen werden die höheren Harmonischen möglichst klein, was ja bei jeder Reihenentwicklung die Hauptsache ist.

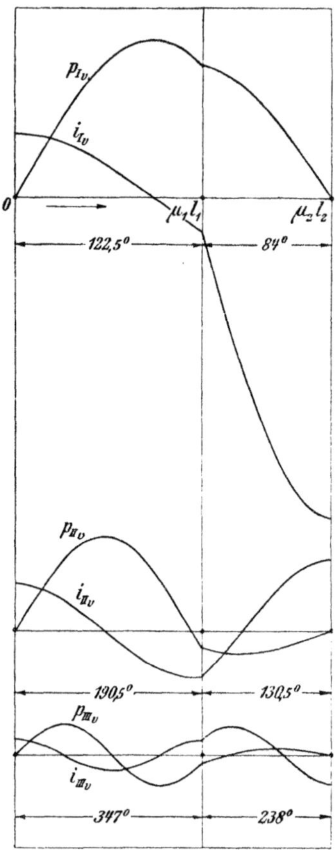

Fig. 533 a, b und c. Teilschwingungen einer aus einer Freileitung und einem Kabel bestehenden Kraftleitung.

In Fig. 533a, b, c sind die drei ersten Teilschwingungen einer aus zwei homogenen Leitungsstücken bestehenden Kraftleitung aufgezeichnet. Das erste Leitungsstück, das eine 100 km lange Freileitung sein mag, besitzt eine Selbstinduktion $L_{1d}=2{,}510^{-3}$ Henry und eine Kapazität $C_{1l}=0{,}005$ Mikrofarad pro km, während das zweite Leitungsstück eine Selbstinduktion $L_{2d}=0{,}910^{-3}$ Henry und eine Kapazität $C_{2l}=0{,}070$ Mikrofarad pro km besitzt; das zweite Leitungsstück ist als ein 30 km langes Kabel gedacht. Bei Vernachlässigung der Leitungsverluste erhält man die in Fig. 533 dargestellten Teilwellen, die sich aus zwei Sinuskurven mit verschiedenen Amplituden zusammensetzen. Die Abszissen (μl) sind in Winkelgraden aufgetragen. Interessant ist zu bemerken, daß der Strom im Kabelstück viel größer ist als in der Freileitung, während die Spannung in der Freileitung größer ist als die im Kabel. Das Kabel wird somit viel weniger durch Überspannungen gefährdet als die Freileitung. Die Schwingungszahlen der drei Teilschwingungen sind

$$\frac{\beta_I}{2\pi} = 975, \qquad \frac{\beta_{II}}{2\pi} = 1510 \qquad \text{und} \qquad \frac{\beta_{III}}{2\pi} = 2750,$$

die im Verhältnis 1:1,55:2,82 zueinander stehen.

b) Betrachten wir nun den zweiten Fall, in dem die Leitung in der Sekundärstation als offen und in der Primärstation als kurzgeschlossen zu betrachten ist, so erhalten wir genau die gleichen Grenzbedingungen wie im vorigen Falle, mit Ausnahme von der vierten, die hier lautet:

4. für $l = l_2 \qquad i_{2v} = 0$ für alle Zeiten t.

Für $\beta_n t = 0$ ergibt diese Beziehung die Gleichung

$$\begin{aligned} \text{4a)} \quad & -A_{2n} e^{\lambda_{1n} l_1 - \lambda_{2n} l_2} \cos(\mu_{1n} l_1 + \mu_{2n} l_2 + \psi_{2n} - \varphi_{2n}) \\ & + B_{2n} e^{-\lambda_{1n} l_1 + \lambda_{2n} l_2} \cos(\mu_{1n} l_1 + \mu_{2n} l_2 - \psi'_{2n} + \varphi_{2n}) = 0 \end{aligned}$$

und für $\beta_n t = \frac{\pi}{2}$

$$\begin{aligned} \text{4b.} \quad & A_{2n} e^{\lambda_{1n} l_1 - \lambda_{2n} l_2} \sin(\mu_{1n} l_1 + \mu_{2n} l_2 + \psi_{2n} - \varphi_{2n}) \\ & + B_{2n} e^{-\lambda_{1n} l_1 + \lambda_{2n} l_2} \sin(\mu_{1n} l_1 + \mu_{2n} l_2 - \psi_{2n} + \varphi_{2n}) = 0 . \end{aligned}$$

Hieraus folgt

$$B_{2n} = -A_{2n} e^{2\lambda_{1n} l_1 - 2\lambda_{2n} l_2}$$

und

$$\psi_{2n} + \mu_{1n} l_1 + \mu_{2n} l_2 - \varphi_{2n} = n\pi + \psi'_{2n} - \mu_{1n} l_1 - \mu_{2n} l_2 - \varphi_{2n}$$

oder

$$\mu_{1n} l_1 + \mu_{2n} l_2 = \frac{n\pi}{2} + \tfrac{1}{2}(\psi'_{2n} - \psi_{2n}),$$

worin n eine ungerade ganze Zahl bedeutet.

Aus der ersten Gleichung ergibt sich dieselbe Formel für $e^{4\lambda_{2n} l_2}$ wie die S. 802 abgeleitete.

Aus der zweiten Gleichung erhalten wir die folgende Beziehung zwischen μ_{1n}, μ_{2n} und λ_{1n}

$$\begin{aligned} \frac{n\pi}{2} = {} & \mu_{2n} l_2 \\ & + \tfrac{1}{2} \operatorname{arctg} \frac{4 \operatorname{tg} \varepsilon_n \sin 2\mu_{1n} l_1}{2(1 + \operatorname{tg}^2 \varepsilon_n) \cos 2\mu_{1n} l_1 - (1 - \operatorname{tg}^2 \varepsilon_n)(e^{2\lambda_{1n} l_1} + e^{-2\lambda_{1n} l_1})}, \end{aligned} \tag{483}$$

die für $\lambda_{1n} = 0$ in die folgende übergeht:

$$\sqrt{\frac{L_{1d}}{C_{1l}}} \operatorname{tg}(\mu_{1n} l_1) = \sqrt{\frac{L_{2d}}{C_{2l}}} \operatorname{cotg}(\mu_{2n} l_2) . \quad . \quad . \tag{484}$$

Vernachlässigen wir auch die Größen $\lambda_{1n} l_1$ und $\lambda_{2n} l_2$ vollständig und setzen

$$\alpha_0 = \frac{\alpha_1 l_1 \sqrt{L_{1d} C_{1l}} + \alpha_2 l_2 \sqrt{L_{2d} C_{2l}}}{l_1 \sqrt{L_{1d} C_{1l}} + l_2 \sqrt{L_{2d} C_{2l}}},$$

so ergeben sich die folgenden Beziehungen zwischen den Integrationskonstanten:

$$B_{1n} = -A_{1n},$$

$$\psi'_{1n} = \psi_{1n},$$

$$A_{2n} = A_{1n} \sqrt{\sin^2 \mu_{1n} l_1 + \frac{C_{1l} L_{2d}}{C_{2l} L_{1d}} \cos^2 \mu_{1n} l_1} = A_{1n} \frac{\sin \mu_{1n} l_1}{\cos \mu_{2n} l_2}, \quad (485)$$

$$B_{2n} = -A_{2n},$$

$$\psi_{2n} - \psi'_{2n} = n\pi - 2\mu_{1n} l_1 - 2\mu_{2n} l_2,$$

$$\tfrac{1}{2}(\psi_{2n} + \psi'_{2n}) = \psi_{1n},$$

also

$$\psi_{2n} - \psi_{1n} = \frac{n\pi}{2} - \mu_{1n} l_1 - \mu_{2n} l_2 \quad . \quad . \quad . \quad . \quad (486)$$

und

$$\psi'_{1n} - \psi'_{2n} = \frac{n\pi}{2} - \mu_{1n} l_1 - \mu_{2n} l_2 .$$

Die vorübergehenden Spannungen und Ströme lassen sich wie folgt schreiben:

$$p_{1v} = - e^{-\alpha_0 t} \Sigma n \, 2 A_{1n} \sin(\beta_n t + \psi_{1n}) \sin(\mu_{1n} l), \quad . \quad . \quad . \quad . \quad . \quad (487)$$

$$p_{2v} = - e^{-\alpha_0 t} \Sigma n \, 2 A_{1n} \frac{\sin(\mu_{1n} l_1)}{\cos(\mu_{2n} l_2)} \sin(\beta_n t + \psi_{1n}) \cos[\mu_{2n}(l_2 - l)], \quad (488)$$

$$i_{1v} = e^{-\alpha_0 t} \sqrt{\frac{C_{1l}}{L_{1d}}} \Sigma n \, 2 A_{1n} \sin\left(\beta_n t + \psi_{1n} - \operatorname{arctg} \frac{\beta_n}{\gamma_1}\right) \cos(\mu_{1n} l) \quad (489)$$

und

$$i_{2v} = e^{-\alpha_0 t} \sqrt{\frac{C_{2l}}{L_{2d}}} \Sigma n \, 2 A_{1n} \frac{\sin \mu_{1n} l_1}{\cos \mu_{2n} l_2} \sin\left(\beta_n t + \psi_{1n} - \operatorname{arctg} \frac{\beta_n}{\gamma_2}\right)$$
$$\sin[\mu_{2n}(l_1 - l)] \quad . \quad . \quad . \quad . \quad . \quad . \quad . \quad . \quad . \quad . \quad . \quad . \quad . \quad . \quad (490)$$

Die Bestimmung der Integrationskonstanten A_{1n} und ψ_{1n} erfolgt in analoger Weise wie im vorigen Falle, indem wir mit C_{1l} sin resp. C_{2l} cos und L_{1d} cos resp. L_{2d} sin auf beiden Seiten der Gleichheitszeichen multiplizieren und danach integrieren von $l=0$ bis $l=l_1$, resp. $l=l_2$. Angenähert lassen sich die unteren Glieder der vorübergehenden Spannungs- und Stromwellen, die ja die größten Amplituden besitzen, auch in graphischer Weise bestimmen. Dies geschieht am einfachsten dadurch, daß man zuerst die Grundwellen der vorübergehenden Spannungs- und Stromwellen aufzeichnet und durch Vergleich dieser mit der Spannungskurve $-C_l p_{s0}$, resp. mit der Stromkurve $-L_d i_{s0}$ die Amplituden der Grundwellen $C_l p_{Iv0}$ und $L_d i_{Iv0}$ so bestimmt, daß die Wellen höherer Ordnung möglichst klein werden. Nachdem die Grundwellen in dieser Weise festgelegt sind, zieht man diese von $-C_l p_{s0}$ und $-L_d i_{s0}$ ab und bestimmt nun die nächsten Wellen in der Reihe durch Aufzeichnung derselben und Vergleich mit der Spannungskurve $-C_l p_{s0} - C_l p_{Iv0}$, resp. mit der Stromkurve $-L_d i_{s0} - L_d i_{Iv0}$. Hiernach zieht man diese Wellen ab und bestimmt nun die dritten Wellen in der Reihe in analoger Weise. Dieses angenäherte Verfahren läßt sich auch für den Fall anwenden, daß die Glieder $e^{\lambda_n l}$ und $e^{-\lambda_n l}$ nicht vernachlässigt worden sind.

In Fig. 534a, b, c sind die drei ersten Teilschwingungen für dieselbe Kraftleitung wie in Fig. 533 aufgezeichnet; bloß sind hier die Sekundärklemmen offen, während die Primärklemmen als kurzgeschlossen angenommen worden sind. Die Schwingungszahlen der drei Teilschwingungen sind:

$$\frac{\beta_I}{2\pi} = 209\,, \qquad \frac{\beta_{III}}{2\pi} = 1385$$

und
$$\frac{\beta_V}{2\pi} = 2085\,,$$

die im Verhältnis 1:6,6:10 zueinander stehen.

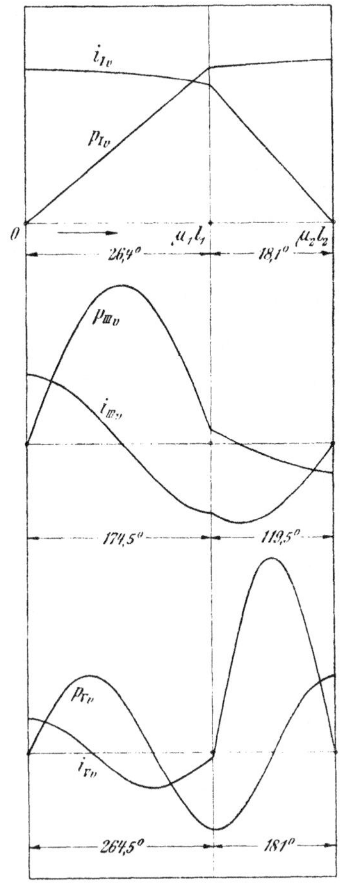

Fig. 534 a, b und c. Teilschwingungen einer aus einer Freileitung und einem Kabel bestehenden Kraftleitung.

c) Bevor wir zu dem allgemeinen Fall mit mehreren hintereinandergeschalteten Leitungen übergehen, ist es günstig zu untersuchen, welche Vorgänge sich in dem Übergangspunkte von einem Teil der Leitung zum nächsten Teil derselben abspielen.

Es besteht das folgende Verhältnis zwischen den Amplituden der Wellen in dem dritten und vierten Teile, wenn man die Exponenten $\lambda_{1n} l_1$, $\lambda_{2n} l_2$ und $\lambda_{3n} l_3$ als sehr kleine Größen vernachlässigt.

$$\frac{A_{3n}}{A_{4n}} = \sqrt{\sin^2 \psi'_{3,4n} + \frac{C_{3l} L_{4d}}{L_{3d} C_{4l}} \cos^2 \psi_{3,4n}}\,, \qquad (491)$$

worin
$$\psi'_{3,4n} = \mu_{1n} l_1 + \Delta\psi_{1,2n} + \mu_{2n} l_2 + \Delta\psi_{2,3n} + \mu_{3n} l_3\,. \qquad (492)$$

Dieses Verhältnis ist gleich Eins für

$$\frac{C_{3l} L_{4d}}{L_{3d} C_{4l}} = 1\,,$$

d. h. wenn

$$\frac{C_{3l}}{L_{3d}} = \frac{C_{4l}}{L_{4d}}.$$

Wenn

$$\frac{C_{3l}}{L_{3d}} \gtrless \frac{C_{4l}}{L_{44}},$$

wird

$$A_{4n} \gtrless A_{3n}.$$

Beim Einschalten von offenen oder kurzgeschlossenen Leitungen, die aus zwei oder mehreren verschiedenen Teilen bestehen, wird die relativ größte Spannung in dem Teile auftreten, der den größten Wert $\frac{L_d}{C_l}$ besitzt. Mit den vorübergehenden Strömen ist es umgekehrt; der relativ größte Strom tritt in dem Teile auf, der den größten Wert für $\frac{C_l}{L_d}$ besitzt. Dies gilt unabhängig davon, ob die Leitung an beiden Enden oder nur an einem Ende kurzgeschlossen ist. Ferner sieht man leicht ein, daß wie bei der einfachen homogenen Leitung auch hier die größte Spannung an dem freien Ende auftritt, wenn ein solches vorhanden ist, sonst in der Nähe der Mitte der Leitung, wenn beide Enden als kurzgeschlossen aufzufassen sind.

Beim Übergange von einem Teile zum anderen werden die fortschreitenden Wellen um den Winkel

$$\psi_{4n} - \psi_{3n} = \Delta\psi_{3,4n}$$

räumlich in der Phase vorgeschoben; dieser Winkel ist nämlich auch gleich $\psi'_{3n} - \psi'_{4n}$. S. 804 wurde dieser Winkel angegeben, und er ist unter Vernachlässigung von $\lambda_{1n} l_1$, $\lambda_{2n} l_2$ und $\lambda_{3n} l_3$

$$\Delta\psi_{34n} = \operatorname{arctg} \frac{\sin 2\psi_{34n}}{\left(\frac{1+\sqrt{\frac{C_{1l} L_{2d}}{L_{1d} C_{2l}}}}{1-\sqrt{\frac{C_{1l} L_{2d}}{L_{1d} C_{2l}}}}\right)^2 - \cos 2\psi_{34n}}. \qquad (493)$$

Sind mehrere verschiedene Leitungen in Serie geschaltet, so bleiben für jeden Übergangspunkt die Beziehungen $\frac{A_{4n}}{A_{3n}}$ und $\Delta\psi_{34n}$ bestehen. Wenn $\lambda_{1n} l_1$, $\lambda_{2n} l_2$, $\lambda_{3n} l_3$ usw. klein genug sind, um vollständig vernachlässigt werden zu können, setzen wir den Dämpfungsfaktor

$$\alpha_0 = \frac{\alpha_1 l_1 \sqrt{L_{1d} C_{1l}} + \alpha_2 l_2 \sqrt{L_{2d} C_{2l}} + \alpha_3 l_3 \sqrt{L_{3d} C_{3l}} + \cdots}{l_1 \sqrt{L_{1d} C_{1l}} + l_2 \sqrt{L_{2d} C_{2l}} + l_3 \sqrt{L_{3d} C_{3l}} + \cdots}. \quad (494)$$

Ferner setzen wir

$$\mu_{1n} = \beta_n \sqrt{L_{1d} C_{1l}}, \qquad \mu_{2n} = \beta_n \sqrt{L_{2d} C_{2l}}, \qquad \mu_{3n} = \beta_n \sqrt{L_{3d} C_{3l}}. \quad (495)$$

Zur Bestimmung von β_n stellen wir die Grenzbedingung 2 auf, die den Zustand am Ende der Leitung festlegt. Diese Grenzbedingung führt für eine an der Sekundärstation kurzgeschlossene Leitung zu folgender Beziehung:

$$\mu_{1l} l_1 + \Delta\psi_{12n} + \mu_{2n} l_2 + \Delta\psi_{23n} + \mu_{3n} l_3 + \cdots = n\pi, . \quad (496)$$

worin $\Delta\psi_{12n}$, $\Delta\psi_{23n}$ usw. analog $\Delta\psi_{34n}$ zu berechnen sind. Ist die Leitung an der Sekundärstation offen, lautet die Gleichung zur Bestimmung von β_n

$$\mu_{1n} l_1 + \Delta\psi_{12n} + \mu_{2n} l_2 + \Delta\psi_{23n} + \mu_{3n} l_3 + \cdots = \frac{n\pi}{2}, \quad (497)$$

worin n eine ungerade Zahl bedeutet.

Da β_n nur durch Probieren ermittelt werden kann, versucht man zuerst mit

$$\mu_{1n} l_1 + \mu_{2n} l_2 + \mu_{3n} l_3 + \cdots \cong n\pi \text{ resp. } \frac{n\pi}{2},$$

woraus folgt

$$\mu_n \cong \frac{n\pi \text{ resp. } \frac{n\pi}{2}}{l_1 \sqrt{L_{1d} C_{1l}} + l_2 \sqrt{L_{2d} C_{2l}} + l_3 \sqrt{L_{3d} C_{3l}} + \cdots}.$$

In dieser Weise lassen sich die Leitungskonstanten β_n, μ_{1n}, μ_{2n}, μ_{3n} usw. bestimmen.

Sind λ_{1n}, λ_{2n}, λ_{3n} usw. nicht zu vernachlässigen, so lassen diese sich mittels Gleichungen derselben Form berechnen, wie sie S. 802 zur Bestimmung von $e^{4\lambda_{2n} l_2}$ aufgestellt wurden.

Die Integrationskonstanten A_{1n} und ψ_{1n} lassen sich entweder mittels analytischer Formeln von demselben Charakter wie die S. 806 aufgestellten oder durch das S. 809 beschriebene angenäherte graphische Verfahren bestimmen.

164. Die bei Belastungsänderungen entstehenden Strom- und Spannungswellen in Leitungen, in welchen Widerstand, Selbstinduktion und Kapazität gleichmäßig verteilt sind.

Bei den bisher behandelten Problemen wurde angenommen, daß die Leitungen an den Enden entweder offen oder kurzgeschlossen waren, weshalb nur die Vorgänge, die beim Einschalten und Kurzschließen von Leitungen entstehen, behandelt werden konnten. Wenn wir nun zur Behandlung der vorübergehenden Spannungen und Ströme, die bei Belastungsänderungen entstehen, übergehen, so können die Enden nicht mehr als offen oder kurzgeschlossen angesehen werden. — Die in der Primärstation aufgedrückte Spannung kann nicht als eine absolut konstante Spannung angesehen werden. Nur die in den Generatoren induzierten EMKe können zur Not konstant gesetzt werden, und es sind die Impedanzen der Generatoren zu berücksichtigen, was dadurch geschieht, daß man sie in Serie mit der Arbeitsübertragungsleitung eingeschaltet denkt.

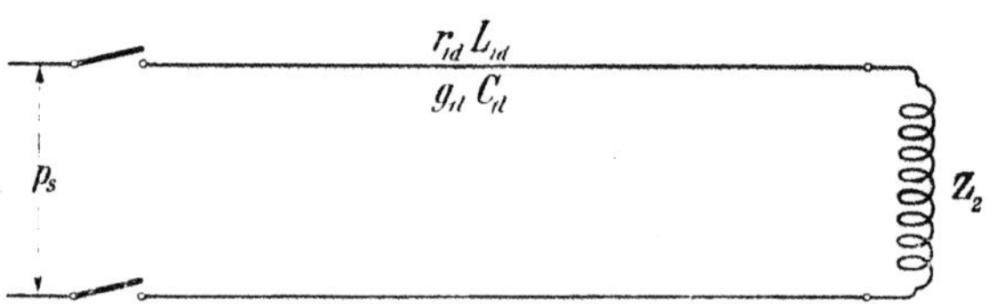

Fig. 535. Induktiv belastete Kraftübertragung.

Ebenso sind die Impedanzen der Transformatoren in der Primärstation und Sekundärstation sowie die Impedanzen der Stromverbraucher in der Sekundärstation zu berücksichtigen, was auch dadurch geschieht, daß man sie in Serie mit der Kraftleitung eingeschaltet denkt. Wir erhalten somit das in Fig. 535 dargestellte Bild, das eine Kraftleitung mit den Konstanten r_d, L_d, g_l und C_l darstellt, in Serie, mit der die Primärimpedanz $\mathfrak{Z}_1 = r_1 - jx_1$ und die Sekundärimpedanz $\mathfrak{Z}_2 = r_2 - jx_2$ geschaltet sind. Bevor wir aber an diese allgemeine Aufgabe herantreten, sollen die folgenden zwei Aufgaben zuerst gelöst werden.

a) Es sind die Strom- und Spannungswellen eines Stromkreises zu bestimmen, der aus einer Leitung mit gleichmäßig verteiltem Widerstande r_{1d}, Selbstinduktion L_{1d}, Ableitung g_{1l} und Kapazität C_{1l} in Serie mit einer Impedanz $\mathfrak{Z}_2 = r_2 - jx_2$ besteht. Die Leitung ist in der Primärstation an eine vollkommen konstante Wechselspannung p_s angeschlossen, so daß die Primärklemmen der vorübergehenden Ströme und Spannungen gegenüber als kurzgeschlossen angesehen werden können. In den beiden Teilen des Stromkreises erhalten wir die folgenden vorübergehenden Spannungen und Ströme, die in ihrer Form mit den S. 794 übereinstimmen.

$$p_{1v} = \sum_n e^{-\alpha_{0n} t} [A_{1n} e^{\lambda_{1n} l} \cos(\mu_{1n} l - \beta_n t - \psi_{1n}) + B_{1n} e^{-\lambda_{1n} l} \cos(\mu_{1n} l + \beta_n t + \psi_{1n})], \quad \ldots \quad (498)$$

$$p_{2v} = \sum_n e^{-\alpha_{0n} t} A_{2n} \cos(\beta_n t + \psi_{2n}), \quad \ldots \quad (499)$$

$$i_{1v} = \sqrt{\frac{C_{1l}}{L_{1d}}} \sum_n e^{-\alpha_{0n} t} k_{1n} [A_{1n} e^{\lambda_{1n} l} \cos(\mu_{1n} l - \beta_n t - \psi_{1n} + \varphi_{1n}) - B_{1n} e^{-\lambda_{1n} l} \cos(\mu_{1n} l + \beta_n t + \psi'_{1n} - \varphi_{1n})] \quad \ldots \quad (500)$$

und

$$i_{2v} = \sum_n e^{-\alpha_{0n} t} \frac{A_{2n}}{z_{2n}} \cos(\beta_n t + \psi_{2n} - \varphi_{2n}), \quad \ldots \quad (501)$$

worin $\alpha_{0n} = \alpha_1 + \delta_{1n}$, β_n, λ_{1n}, μ_{1n}, k_{1n} und φ_{1n} dieselbe Bedeutung haben wie im vorigen Abschnitt. Es ist

$$\alpha_1 = \frac{r_{1d}}{2L_{1d}} + \frac{g_{1l}}{2C_{1l}},$$

$$\gamma_1 = \frac{r_{1d}}{2L_{1d}} - \frac{g_{1l}}{2C_{1l}},$$

$$\alpha_{0n} = \alpha_1 + \delta_{1n},$$

$$\lambda_{1n} \cong \delta_{1n} \sqrt{L_{1d} C_{1l}}$$

und

$$\mu_{1n} \cong \beta_n \sqrt{L_{1d} C_{1l}}.$$

Um λ_{1n}, μ_{1n} und die sechs Integrationskonstanten zu bestimmen, haben wir hier fünf Grenzbedingungen, die acht Gleichungen ergeben. Die ersten drei dieser Grenzbedingungen lauten:

1. für $l = 0$ $\quad p_{1v} = 0$ für alle Zeiten t,
2. für $l = l_1$ $\quad p_{1v} = p_{2v}$ für alle Zeiten t,
3. für $l = l_1$ $\quad i_{1v} = i_{2v}$ für alle Zeiten t.

Schreiben wir nun die ersten beiden Bedingungen für die Zeiten $\beta_n t = 0$ und $\beta_n t = \frac{\pi}{2}$ auf, so erhalten wir die folgenden vier Gleichungen für die $n$ten Teilwellen:

1a. $A_{1n} \cos\psi_{1n} + B_{1n} \cos\psi_1'{}_n = 0$,

1b. $-A_{1n} \sin\psi_{1n} - B_{1n} \sin\psi_1'{}_n = 0$,

2a. $A_{1n} e^{\lambda_{1n} l_1} \cos(\mu_{1n} l_1 - \psi_{1n}) + B_{1n} e^{-\lambda_{1n} l_1} \cos(\mu_{1n} l_1 + \psi_1'{}_n) = A_{2n} \cos\psi_{2n}$,

und 2b. $A_{1n} e^{\lambda_{1n} l_1} \sin(\mu_{1n} l_1 - \psi_{1n}) - B_{1n} e^{-\lambda_{1n} l_1} \sin(\mu_{1n} l_1 + \psi'_{1n})$
$= - A_{2n} \sin \psi_{2n}$.

Aus den beiden ersten Gleichungen ergibt sich

$$B_{1n} = - A_{1n},$$
$$\psi'_{1n} = \psi_{1n} \pm 2n\pi.$$

Diese Werte tragen wir in die beiden letzten Gleichungen ein. Nachher quadrieren und addieren wir diese, wodurch wir die folgende Beziehung zwischen A_{2n} und A_{1n} erhalten:

$$A_{2n} = A_{1n} \sqrt{e^{2\lambda_{1n} l_1} + e^{-2\lambda_{1n} l_1} - 2\cos(2\mu_{1n} l_1)}.$$

Durch Division der beiden letzten Gleichungen erhalten wir

$$\operatorname{tg} \psi_{2n} = - \frac{e^{\lambda_{1n} l_1} \sin(\mu_{1n} l_1 - \psi_{1n}) + e^{-\lambda_{1n} l_1} \sin(\mu_{1n} l_1 + \psi_{1n})}{e^{\lambda_{1n} l_1} \cos(\mu_{1n} l_1 - \psi_{1n}) - e^{-\lambda_{1n} l_1} \cos(\mu_{1n} l_1 + \psi_{1n})}$$

oder

$$\operatorname{tg}(\psi_{2n} - \psi_{1n}) = - \frac{e^{\lambda_{1n} l_1} + e^{-\lambda_{1n} l_1}}{e^{\lambda_{1n} l_1} - e^{-\lambda_{1n} l_1}} \operatorname{tg}(\mu_{1n} l_1).$$

Die dritte Grenzbedingung stellen wir für die Zeit $\beta_n t = \varphi_{2n} - \psi_{1n}$ und $\beta_n t = \frac{\pi}{2} + \varphi_{2n} - \psi_{1n}$ auf und erhalten die beiden folgenden Gleichungen für die $n$ten Teilwellen:

3a. $\sqrt{\frac{C_{1l}}{L_{1d}}} k_{1n} [A_{1n} e^{\lambda_{1n} l_1} \cos(\mu_{1n} l_1 + \varphi_{1n} - \varphi_{2n})$
$- B_{1n} e^{-\lambda_{1n} l_1} \cos(\mu_{1n} l_1 - \varphi_{1n} + \varphi_{2n})] = \frac{A_{2n}}{z_{2n}} \cos(\psi_{2n} - \psi_{1n})$

und 3b. $\sqrt{\frac{C_{1l}}{L_{1d}}} k_{1n} [A_{1n} e^{\lambda_{1n} l_1} \sin(\mu_{1n} l_1 + \varphi_{1n} - \varphi_{2n})$
$+ B_{1n} e^{-\lambda_{1n} l_1} \sin(\mu_{1n} l_1 - \varphi_{1n} + \varphi_{2n})] = - \frac{A_{2n}}{z_{2n}} \sin(\psi_{2n} - \psi_{1n})$.

Durch Quadrieren und Addieren ergibt sich aus diesen beiden Gleichungen

$$A_{2n} = \sqrt{\frac{C_{1l}}{L_{1d}}} k_{1n} z_{2n} A_{1n} \sqrt{e^{2\lambda_{1n} l_1} + e^{-2\lambda_{1n} l_1} + 2\cos(2\mu_{1n} l_1)}$$

und durch Division erhalten wir

$$\operatorname{tg}(\psi_{2n} - \psi_{1n}) = - \frac{e^{\lambda_{1n} l_1} \sin(\mu_{1n} l_1 + \varphi_{1n} - \varphi_{2n}) - e^{-\lambda_{1n} l_1} \sin(\mu_{1n} l_1 - \varphi_{1n} + \varphi_{2n})}{e^{\lambda_{1n} l_1} \cos(\mu_{1n} l_1 + \varphi_{1n} - \varphi_{2n}) + e^{-\lambda_{1n} l_1} \cos(\mu_{1n} l_1 - \varphi_{1n} + \varphi_{2n})}$$

oder

$$\operatorname{tg}(\psi_{2n} - \psi_{1n} + \varphi_{1n} - \varphi_{2n}) = - \frac{e^{\lambda_{1n} l_1} - e^{-\lambda_{1n} l_1}}{e^{\lambda_{1n} l_1} + e^{-\lambda_{1n} l_1}} \operatorname{tg}(\mu_{1n} l_1).$$

Wir haben somit zwei weitere Ausdrücke für das Verhältnis $\frac{A_{2n}}{A_{1n}}$ und $\operatorname{tg}(\psi_{2n}-\psi_{1n})$. Setzen wir diese gleich den oben abgeleiteten, so erhalten wir

$$e^{2\lambda_{1n}l_1}+e^{-2\lambda_{1n}l_1}-2\cos(2\mu_{1n}l_1)$$
$$=k_{1n}^2 z_{2n}^2 \frac{C_{1l}}{L_{1d}}\left[e^{2\lambda_{1n}l_1}+e^{-2\lambda_{1n}l_1}+2\cos(2\mu_{1n}l_1)\right]$$

oder

$$2\cos(2\mu_{1n}l_1)=\frac{1-k_{1n}^2 z_{2n}^2\frac{C_{1l}}{L_{1d}}}{1+k_{1n}^2 z_{2n}^2\frac{C_{1l}}{L_{1d}}}\left(e^{2\lambda_{1n}l_1}+e^{-2\lambda_{1n}l_1}\right)$$

und

$$\frac{e^{\lambda_{1n}l_1}+e^{-\lambda_{1n}l_1}}{e^{\lambda_{1n}l_1}-e^{-\lambda_{1n}l_1}}\operatorname{tg}(\mu_{1n}l_1)$$
$$=\frac{e^{\lambda_{1n}l_1}\sin(\mu_{1n}l_1+\varphi_{1n}-\varphi_{2n})-e^{-\lambda_{1n}l_1}\sin(\mu_{1n}l_1-\varphi_{1n}+\varphi_{2n})}{e^{\lambda_{1n}l_1}\cos(\mu_{1n}l_1+\varphi_{1n}-\varphi_{2n})+e^{-\lambda_{1n}l_1}\cos(\mu_{1n}l_1-\varphi_{1n}+\varphi_{2n})}$$

oder

$$2\sin(2\mu_{1n}l_1)=\left(e^{2\lambda_{1n}l_1}-e^{-2\lambda_{1n}l_1}\right)\operatorname{tg}(\varphi_{1n}-\varphi_{2n}).$$

Setzen wir der Abkürzung halber

$$k_{1n}z_{2n}\sqrt{\frac{C_{1l}}{L_{1d}}}=\operatorname{tg}\varepsilon_n \quad . \quad . \quad . \quad . \quad . \quad (502)$$

und

$$\varphi_{1n}-\varphi_{2n}=\Delta\varphi_n, \quad . \quad . \quad . \quad . \quad . \quad (503)$$

so können die zwei obigen Beziehungen zwischen μ_{1n} und λ_{1n} wie folgt geschrieben werden:

$$2\cos(2\mu_{1n}l_1)=\cos 2\varepsilon_n\left(e^{2\lambda_{1n}l_1}+e^{-2\lambda_{1n}l_1}\right)$$

und

$$2\sin(2\mu_{1n}l_1)=\operatorname{tg}\Delta\varphi_n\left(e^{2\lambda_{1n}l_1}-e^{-2\lambda_{1n}l_1}\right).$$

Durch Quadrieren und Addieren dieser beiden Gleichungen wird μ_{1n} eliminiert und wir erhalten die folgende Gleichung zur Bestimmung von λ_{1n}:

$$\left(e^{4\lambda_{1n}l_1}+e^{-4\lambda_{1n}l_1}\right)\left(\operatorname{tg}^2\Delta\varphi_n+\cos^2 2\varepsilon_n\right)=4-2\cos^2 2\varepsilon_n+2\operatorname{tg}^2\Delta\varphi_n$$

oder

$$e^{4\lambda_{1n}l_1}+e^{-4\lambda_{1n}l_1}=\frac{4+2\operatorname{tg}^2\Delta\varphi_n-2\cos^2 2\varepsilon_n}{\operatorname{tg}^2\Delta\varphi_n+\cos^2 2\varepsilon_n}$$
$$=2+4\frac{1-\cos^2 2\varepsilon_n}{\operatorname{tg}^2\Delta\varphi_n+\cos^2 2\varepsilon_n}=2a, \quad . \quad . \quad . \quad (504)$$

woraus folgt, daß stets

$$e^{4\lambda_{1n}l_1}+e^{-4\lambda_{1n}l_1}>2,$$

und es wird somit stets

$$e^{4\lambda_{1n}l_1} = a + \sqrt{a^2 - 1} > 1 .$$

Nachdem λ_{1n} in dieser Weise bestimmt ist, ergibt sich nun leicht μ_{1n} aus der Beziehung

$$\cos(2\mu_{1n}l_1) = \tfrac{1}{2}\cos 2\varepsilon_n (e^{2\lambda_{1n}l_1} + e^{-2\lambda_{1n}l_1}) , \quad . \quad (505)$$

so daß nunmehr alle Leitungskonstanten bekannt sind. Zur Bestimmung der beiden unbekannten Integrationskonstanten A_{1n} und ψ_{1n} dienen die beiden letzten Grenzbedingungen, die lauten:

4. für $t = 0$ $\quad p_{v0} = - p_{s0}$ für alle Längen l

und 5. für $t = 0$ $\quad i_{v0} = - i_{s0}$ für alle Längen l.

Da λ_{1n} hier gewöhnlich nicht zu vernachlässigen ist, so kann nur das graphische angenäherte Verfahren, das im vorigen Abschnitte erwähnt ist, zur Bestimmung der Integrationskonstanten benutzt werden. — Nur in ein paar Fällen verschwindet die Leitungskonstante λ_{1n}, und dies ist der Fall, wenn $2a = 2$, d. h. wenn

$$\frac{1 - \cos^2 2\varepsilon_n}{\operatorname{tg}^2 \Delta\varphi_n + \cos^2 2\varepsilon_n} = 0 .$$

Dies trifft zu

1. wenn $\cos 2\varepsilon_n = \pm 1$, d. h. für $\varepsilon_n = 0, \frac{\pi}{2}, \pi, \ldots$

und 2. wenn $\operatorname{tg}^2 \Delta\varphi_n = \infty$, d. h. für $\varphi_1 - \varphi_2 = \pm\frac{\pi}{2}, \pm\frac{3\pi}{2}, \ldots$

Das erste ist der Fall, wenn $z_{2n} = 0$ oder $z_{2n} = \infty$, d. h. wenn die Leitung in der Sekundärstation kurzgeschlossen oder offen ist.

Der zweite Fall tritt ein, wenn die Phasenverschiebung von Strom und Spannung um den Winkel $\frac{\pi}{2}$ oder $\frac{3\pi}{2}$ größer in dem einen als in dem anderen Teile des Stromkreises ist. Es ist

$$\varphi_1 = \operatorname{arctg}\frac{\beta_n}{\gamma_1} - \frac{\pi}{2} \simeq 0 ,$$

so daß eine nahezu rein induktive Impedanz z_{2n} diesem Zustande entspricht. Man kann somit die vorübergehenden Strom- und Spannungswellen nur in dem Falle einer fast rein induktiven Sekundärbelastung in stehende Wellen zerlegen. Die Konstante μ_{1n} ergibt sich in dem Falle aus der Gleichung

$$\cos(2\mu_{1n}l_1) = \cos 2\varepsilon_n$$

oder

$$2n\pi - 2\mu_{1n}l_1 = 2\varepsilon_n ,$$

woraus folgt

$$\operatorname{tg} \mu_{1n} l_1 = -\operatorname{tg} \varepsilon_n = -k_{1n} z_{2n} \sqrt{\frac{C_{1l}}{L_{1d}}} \simeq -z_{2n} \sqrt{\frac{C_{1l}}{L_{1d}}}$$

oder

$$\sqrt{\frac{L_{1d}}{C_{1l}}} \operatorname{tg} (\mu_{1n} l_1) + z_{2n} = 0 \; . \; . \; . \; . \; . \; . \quad (506)$$

In dem Falle, daß $\lambda_{1n} = 0$, lassen sich die vorübergehenden Ströme und Spannungen wie folgt schreiben

$$p_{1v} = e^{-\alpha_1 t} \sum_n A_{1n} \left[\cos (\mu_{1n} l_1 - \beta_n t - \psi_{1n}) - \cos (\mu_{1n} l + \beta_n t + \psi_{1n})\right]$$

$$= e^{-\alpha_1 t} \sum_n 2 A_{1n} \sin (\mu_{1n} l) \sin (\beta_n t + \psi_{1n}) \; . \; . \; . \; . \; . \; . \; . \; . \quad (507)$$

$$p_{2v} = e^{-\alpha_1 t} \sum_n A_{2n} \cos (\beta_n t + \psi_{2n})$$

$$= e^{-\alpha_1 t} \sum_n 2 A_{1n} \sin (\mu_{1n} l_1) \sin (\beta_n t + \psi_{1n}) \; . \; . \; . \; . \; . \; . \; . \quad (507\text{a})$$

$$i_{1v} = e^{-\alpha_1 t} \sum_n A_{1n} \sqrt{\frac{C_{1l}}{L_{1d}}} \left[\cos (\mu_{1n} l - \beta_n t - \psi_{1n} + \varphi_{1n}) \right.$$
$$\left. + \cos (\mu_{1n} l + \beta_n t + \psi_{1n} - \varphi_{1n})\right]$$

$$= -e^{-\alpha_1 t} \sqrt{\frac{C_{1l}}{L_{1d}}} \sum_n 2 A_{1n} \cos (\mu_{1n} l) \sin \left(\beta_n t + \psi_{1n} - \operatorname{arctg} \frac{\beta_n}{\gamma_1}\right) \quad (508)$$

und

$$i_{2v} = e^{-\alpha_1 t} \sum_n \frac{A_{2n}}{Z_{2n}} \cos (\beta_n t + \psi_{2n} - \varphi_{2n})$$

$$= -e^{-\alpha_1 t} \sqrt{\frac{C_{1l}}{L_{1d}}} \sum_n 2 A_{1n} \cos (\mu_{1n} l_1) \sin \left(\beta_n t + \psi_{1n} - \operatorname{arctg} \frac{\beta_n}{\gamma_1}\right) \quad (508\text{a})$$

Um die Konstanten A_{1n} und ψ_{1n} analytisch zu bestimmen, betrachten wir den Zeitpunkt $t = 0$ des Einschaltens. In dem Augenblicke ist

$$p_{1v0} = -p_{1s0} = \sum_n 2 A_{1n} \sin \psi_{1n} \sin (\mu_{1n} l)$$

$$p_{2v0} = -p_{2s0} = \sum_n 2 A_{1n} \sin \psi_{1n} \sin (\mu_{1n} l_1)$$

$$i_{1v0} = -i_{1s0} = -\sqrt{\frac{C_{1l}}{L_{1d}}} \sum_n 2 A_{1n} \cos (\mu_{1n} l) \sin \left(\psi_{1n} - \operatorname{arctg} \frac{\beta_n}{\gamma}\right)$$

und

$$i_{2v0} = -i_{2s0} = -\sqrt{\frac{C_{1l}}{L_{1d}}} \sum_n 2 A_{1n} \cos (\mu_{1n} l_1) \sin \left(\psi_{1n} - \operatorname{arctg} \frac{\beta_n}{\gamma}\right).$$

Die Zerlegung des Anfangszustandes in Fouriersche Reihen muß auch hier unter Berücksichtigung der zur Zeit $t = 0$ vorhandenen elektromagnetischen und elektrostatischen Felder geschehen, damit die den Fourierschen Reihen entsprechenden Feldenergien gleich den wirklich vorhandenen werden. Wir müssen deswegen die erste Gleichung auf beiden Seiten des Gleichheitszeichens mit $C_{1l}\sin(\mu_{1n}l)\,dl$ und die zweite Gleichung mit $C_2\sin(\mu_{1n}l_1)$ multiplizieren, worin C_2 die Kapazität der Impedanz z_{2n} bedeutet. Demnach integrieren wir von $l=0$ bis $l=l_1$, addieren die beiden Gleichungen und erhalten

$$A_{1n}C_{1l}\sin\psi_{1n}\left(l_1-\frac{\sin 2\mu_{1n}l_1}{2\mu_{1n}}\right)+2A_{1n}C_2\sin\psi_{1n}\sin^2(\mu_{1n}l_1)$$
$$=-\int_0^{l_1}p_{1s0}C_{1l}\sin(\mu_{1n}l)\,dl-p_{2s0}C_2\sin(\mu_{1n}l_1),$$

woraus folgt

$$A_{1n}\sin\psi_{1n}=-\frac{\int_0^{l_1}p_{1s0}C_{1l}\sin(\mu_{1n}l)\,dl+p_{2s0}C_2\sin(\mu_{1n}l_1)}{C_{1l}\left(l_1-\frac{\sin 2\mu_{1n}l_1}{2\mu_{1n}}\right)+2C_2\sin^2(\mu_{1n}l_1)} \qquad (509)$$

In gleicher Weise erhalten wir durch Multiplikation mit $L_{1d}\cos(\mu_{1n}l)\,dl$ resp. mit $L_2\cos(\mu_{1n}l_1)$ und Integration von $l=0$ bis $l=l_1$

$$A_{1n}\sqrt{\frac{C_{1l}}{L_{1d}}}L_{1d}\sin\left(\psi_{1n}-\operatorname{arctg}\frac{\beta_n}{\gamma_1}\right)\left[l_1+\frac{\sin(2\mu_{1n}l_1)}{2\mu_{1n}l_1}\right]$$
$$+2A_{1n}\sqrt{\frac{C_{1l}}{L_{1d}}}L_2\sin\left(\psi_{1n}-\operatorname{arctg}\frac{\beta_n}{\gamma_1}\right)\cos^2(\mu_{1n}l_1)$$
$$=\int_0^{l_1}i_{1s0}L_{1d}\cos(\mu_{1n}l)\,dl+i_{2s0}L_2\cos(\mu_{1n}l_1) \quad . \; . \; . \quad (510)$$

Aus diesen beiden Gleichungen ergeben sich nun die Konstanten A_{1n} und ψ_{1n}.

Als

$$\alpha_{0n}=\alpha_1+\delta_{1n}\cong\alpha_1+\frac{\lambda_{1n}}{\sqrt{L_{1d}C_{1l}}}, \quad . \; . \; . \quad (511)$$

so ist der Dämpfungsfaktor am größten für die Belastung, für die λ_{1n} am größten ist. Dies ist der Fall, wenn $\operatorname{tg}\Delta\varphi_n=0$, d. h. bei induktionsfreier Belastung, was ja zu erwarten war. Außerdem wird λ_{1n} am größten, wenn $\cos 2\varepsilon_n=0$, d. h. wenn $\varepsilon_n=45^0$; dies ist der Fall, wenn

$$\operatorname{tg}\varepsilon_n=k_{1n}z_{2n}\sqrt{\frac{C_{1l}}{L_{1d}}}=1,$$

also wenn

$$z_{2n} = \frac{1}{k_{1n}}\sqrt{\frac{L_{1d}}{C_{1l}}} \simeq \sqrt{\frac{L_{1d}}{C_{1l}}},$$

d. h. wenn der sekundäre Belastungswiderstand gleich dem scheinbaren Leitungswiderstand für die vorübergehenden Ströme ist, verschwinden diese letzteren am schnellsten.

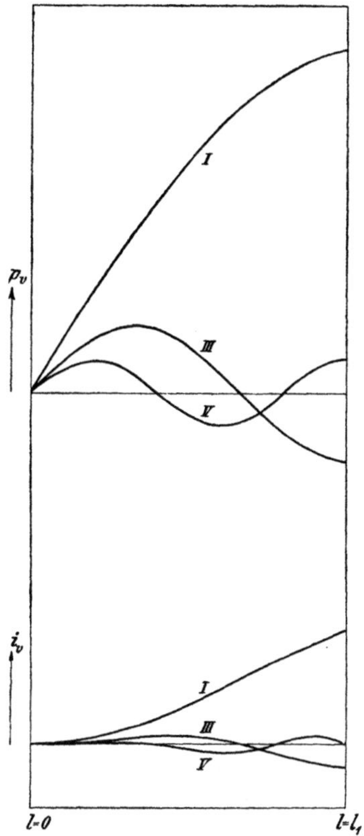

Fig. 536. Teilschwingungen in einer über einen induktionsfreien Widerstand geschlossenen Freileitung zur Zeit $\beta_n t = 0$.

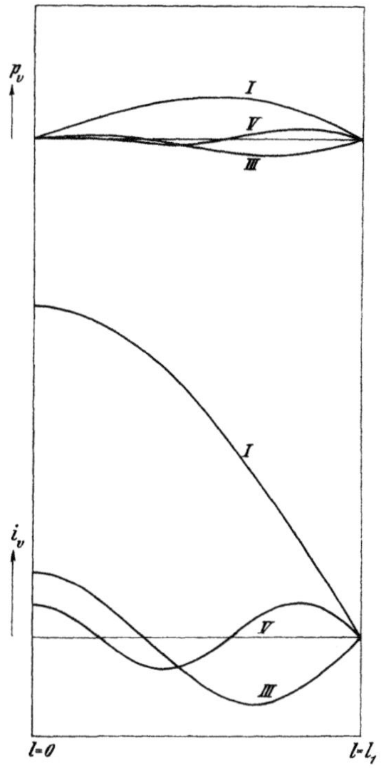

Fig. 537. Teilschwingungen in einer über einen induktionsfreien Widerstand geschlossenen Freileitung zur Zeit $\beta_n t = -\frac{n\pi}{2}$.

In den Fig. 536 und 537 sind die drei ersten Teilschwingungen für den Fall dargestellt, daß der Stromkreis aus einer 100 km langen Freileitung in Serie mit einem induktionsfreien Widerstand besteht. Es ist die Selbstinduktion $L_{1d} = 2{,}5\ 10^{-3}$ Henry und die Kapazität der Leitung $C_{1l} = 0{,}005$ Mikrofarad, während der induktionsfreie Widerstand zu $r_2 = 2000$ Ohm angenommen ist. Hieraus folgt

$$\sqrt{\frac{L_{1d}}{C_{1l}}} = 707\,,$$

$$z_{2n} = 2000\,,$$

$$\operatorname{tg} \varepsilon_n = \frac{2000}{707} = 2{,}83\,,$$

$$\Delta \varphi_n \cong 0\,,$$

$$\lambda_{1n} l_1 = 0{,}355\,,$$

$$\mu_{1n} l_1 = n \frac{\pi}{2}\,.$$

Für

$$r_{1d} = 0{,}7\,\Omega \qquad \text{und} \qquad g_{1l} = 0{,}15\;10^{-6}\,\mho$$

wird

$$\alpha_1 = \frac{r_{1d}}{2L_{1d}} + \frac{g_{1l}}{2C_{1l}} = 155\,,$$

also

$$\alpha_{0n} = \alpha_1 + \frac{\lambda_{1n}}{\sqrt{L_{1d} C_{1l}}} = 155 + 1012 = 1167\,,$$

woraus folgt

$$p_{1v} = e^{-1167t} \sum_n A_n \left[e^{0{,}355 \frac{l}{l_1}} \cos\left(\frac{n\pi}{2}\frac{l}{l_1} - \beta_n t\right) - e^{-0{,}355 \frac{l}{l_1}} \cos\left(\frac{n\pi}{2}\frac{l}{l_1} + \beta_n t\right)\right]$$

und

$$i_{1v} = e^{-1167t} \sum_n \frac{A_n}{707} \left[e^{0{,}355 \frac{l}{l_1}} \cos\left(\frac{n\pi}{2}\frac{l}{l_1} - \beta_n t\right) + e^{-0{,}355 \frac{l}{l_1}} \cos\left(\frac{n\pi}{2}\frac{l}{l_1} + \beta_n t\right)\right].$$

Fig. 536a und b stellen die ersten drei Teilschwingungen für den Zeitmoment $\beta_n t = 0$ und die Fig. 537a und b die Teilschwingungen für den Zeitmoment $\beta_n t = -\frac{n\pi}{2}$ dar.

Wird dieselbe Freileitung in Serie mit einem rein induktiven Stromkreis von demselben scheinbaren Widerstand geschaltet, so erhält man die in Fig. 538 dargestellten stehenden Wellen für die ersten drei Teilschwingungen. Für diesen Fall ist

$$x_2 = 2\pi c L_2 = 2\pi\, 50 L_2 = 2000\,\Omega\,,$$

also

$$L_2 = 6{,}37 \text{ Henry}$$

$$\operatorname{tg}(\mu_{1n} l_1) = -\frac{\beta_n L_2}{\sqrt{\frac{L_{1d}}{C_{1l}}}}$$

oder

$$\operatorname{tg}\frac{\beta_n}{2860} = -\frac{\beta_n}{110}\,,$$

woraus folgt

$$\mu_{1n} l_1 \cong \frac{n\pi}{2}\,.$$

Würde man L_2 verkleinern, so würde

$$\mu_{1n} l_1 > \frac{\pi}{2}$$

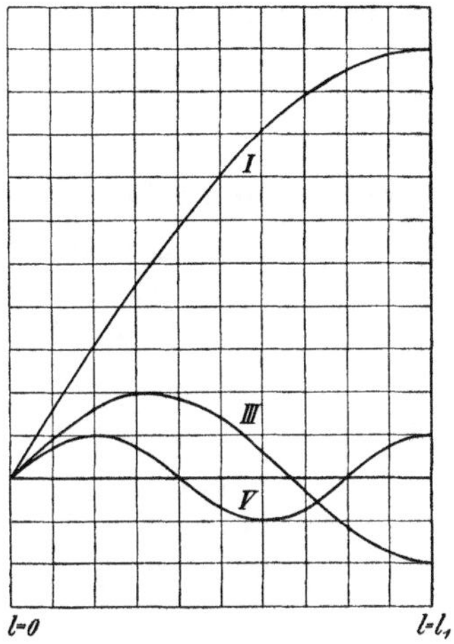

Fig. 538. Teilschwingungen in einer über einen induktiven Widerstand geschlossenen Freileitung.

werden, während für die höheren Schwingungen

$$\mu_{1n} l_1 \cong n\frac{\pi}{2}$$

sich ergeben würde.

b) Als weitere Aufgabe sollen die Strom- und Spannungswellen eines Stromkreises berechnet werden, der aus einer an einem Ende offenen Leitung besteht, in der Widerstand, Selbstinduktion und Kapazität gleichmäßig verteilt sind, während das zweite Ende durch die Impedanz z_2 geschlossen ist. Dies ist z. B. der Fall, wenn an der Sekundärstation eine offene Leitung auf einen Generator mit der induzierten EMK p und der Impedanz z_2 eingeschaltet wird. Wenn man die Länge l von der Sekundärstation aus nach der Primärstation hin positiv rechnet, so gelten alle die in der vorigen Aufgabe aufgestellten Gleichungen mit Ausnahme von der ersten Grenzbedingung, die hier lautet:

1. für $l = 0$ $\quad i_{1v} = 0$ für alle Zeiten t.

Aus dieser Beziehung ergeben sich für die beiden Zeiten $\beta_n t = \varphi_{1n}$ und $\beta_n t = \frac{\pi}{2} + \varphi_{1n}$ die beiden Gleichungen

$$\text{1a.}\quad A_{1n}\cos\psi_{1n} - B_{1n}\cos\psi'_{1n} = 0$$

$$\text{und 1b.}\quad -A_{1n}\sin\psi_{1n} + B_{1n}\sin\psi'_{1n} = 0\,,$$

woraus folgt

$$B_{1n} = -A_{1n}$$

und

$$\psi'_{1n} = \psi_{1n} \pm n\pi ,$$

worin n eine ungerade ganze Zahl bedeutet.

Hieraus folgt, daß

$$A_{2n} = A_{1n} \sqrt{e^{2\lambda_{1n} l_1} + e^{-2\lambda_{1n} l_1} - 2\cos(2\mu_{1n} l_1 \pm n\pi)}$$
$$= A_{1n} \sqrt{e^{2\lambda_{1n} l_1} + e^{-2\lambda_{1n} l_1} + 2\cos(2\mu_{1n} l_1)}$$

und

$$\operatorname{tg}(\psi_{2n} - \psi_{1n}) = -\frac{e^{\lambda_{1n} l_1} - e^{-\lambda_{1n} l_1}}{e^{\lambda_{1n} l_1} + e^{-\lambda_{1n} l_1}} \operatorname{tg}(\mu_{1n} l_1)$$

während sich die folgenden Beziehungen

$$2\cos(2\mu_{1n} l_1 \pm n\pi) = \cos 2\varepsilon_n (e^{2\lambda_{1n} l_1} + e^{-2\lambda_{1n} l_1})$$

und

$$2\sin(2\mu_{1n} l_1 \pm n\pi) = \operatorname{tg} \varDelta\varphi_n (e^{2\lambda_{1n} l_1} - e^{-2\lambda_{1n} l_1})$$

zwischen μ_{1n} und λ_{1n} ergeben. Durch Quadrieren und Addieren dieser beiden Gleichungen ergibt sich somit hier dieselbe Formel 502 zur Berechnung von $e^{4\lambda_{1n} l_1}$ wie bei der ersten Aufgabe.

Für $\lambda_{1n} = 0$ wird in diesem Falle

$$\cos(2\mu_{1n} l_1 \pm n\pi) = \cos 2\varepsilon_n$$

oder

$$\operatorname{tg}\left(\frac{n\pi}{2} - \mu_{1n} l_1\right) = \operatorname{tg} \varepsilon_n = k_{1n} z_{2n} \sqrt{\frac{C_{1l}}{L_{1d}}},$$

also

$$\sqrt{\frac{L_{1d}}{C_{1l}}} = k_{1n} z_2 \operatorname{tg}(\mu_{1n} l_1) \cong z_{2n} \operatorname{tg}(\mu_{1n} l_1) . \qquad (512)$$

Auch in diesem Falle lassen sich die Integrationskonstanten A_{1n} und ψ_{1n} durch Zerlegung des Anfangszustandes in Fourierschen Reihen analytisch berechnen. Die Berechnung ist ganz analog zu der Seite 818 durchzuführen.

Der Dämpfungsfaktor α_{0n} wird auch hier am größten bei einer induktionsfreien Belastung von der Größe

$$z_{2n} = \sqrt{\frac{L_{1d}}{C_{1l}}} .$$

Hieraus folgt, daß die vorübergehenden Ströme beim Einschalten, Kurzschließen und bei Ausschaltung von Leitungen am schnellsten verschwinden, wenn die Aufladungswiderstände in den Schaltern und die Entladungswiderstände in Serie mit Überspannungsschutzanordnungen gleich dem scheinbaren Leitungswiderstand $\sqrt{\frac{L_{1d}}{C_{1l}}}$ gemacht werden. Die Aufladungswiderstände in den Schaltern lassen sich ohne weiteres so dimensionieren; dagegen ist man oft aus anderen Rücksichten gezwungen, die Entladungswiderstände in Serie mit Überspannungsschutzvorrichtungen anders zu dimensionieren.

c) Wir kehren nun zu unserer allgemeinen Aufgabe zurück und betrachten eine Belastungsänderung in dem in Fig. 539 dargestellten Stromkreise.

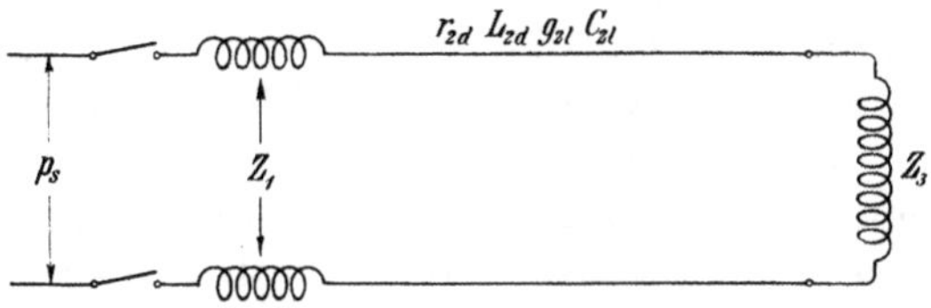

Fig. 539. Induktiv belastete Kraftübertragung.

Diese Aufgabe läßt sich in analoger Weise wie die beiden vorigen behandeln, indem man das allgemeine Integral hinschreibt und mittels der folgenden vier Grenzbedingungen die Leitungskonstanten λ_{2n} und μ_{2n} sowie die Beziehungen zwischen den Integrationskonstanten der drei Teile des Stromkreises bestimmt. Die vier Grenzbedingungen lauten wie folgt:

1. für $l=0$ $\quad p_{1v}=p_{2v}$ für alle Zeiten,
2. für $l=0$ $\quad i_{1v}=i_{2v}$ für alle Zeiten,
3. für $l=l_2$ $\quad p_{2v}=p_{3v}$ für alle Zeiten

und 4. für $l=l_2$ $\quad i_{2v}=i_{3v}$ für alle Zeiten.

Nachdem μ_{2n}, λ_{2n} und β_n in dieser Weise bestimmt sind, benutzt man die zwei folgenden Grenzbedingungen zur Bestimmung der zwei noch unbekannten Integrationskonstanten, nämlich A_{2n} und ψ_{2n} oder $A_{2n}\cos\psi_{2n}$ und $A_{2n}\sin\psi_{2n}$. Diese zwei Grenzbedingungen sind

5. für $t=0$ $\quad p_{v0}=\Delta p_{s0}$ für alle Längen l,
6. für $t=0$ $\quad i_{v0}=\Delta i_{s0}$ für alle Längen l.

Δp_{s0} und Δi_{s0} stellen die zur Zeit $t=0$ stattfindenden Änderungen in den stationären Spannungswellen resp. in den stationären Stromwellen dar. Es sind

$$\Delta p_{s0} = p_s' - p_s'',$$
$$\Delta i_{s0} = i_s' - i_s''$$

worin p_s' und i_s' den stationären Zustand vor der Belastungsänderung, während p_s'' und i_s'' den stationären Zustand nach der Belastungsänderung angeben. In dieser Weise lassen sich die bei einer Belastungsänderung auftretenden Strom- und Spannungswellen genau berechnen. Dieses Verfahren lohnt sich jedoch in den wenigsten Fällen, weshalb im folgenden ein angenähertes Verfahren gebracht werden soll.

Die Impedanzen der Generatoren und die meisten Belastungsimpedanzen besitzen für Ströme großer Periodenzahlen eine bedeutend größere Reaktanz als ihr Widerstand. Es wird die Leitungskonstante λ_{2n} deswegen keinen großen Wert annehmen, und wir dürfen sie in den meisten Fällen ohne großen Fehler vernachlässigen. Wenn dies der Fall ist, so bilden die Spannungswellen und auch die Stromwellen stehende Wellen. Die Spannungswelle besitzt für irgendeinen Punkt $l = l_2'$ der Leitung ihr Maximum (Spannungsbauch) und an der gleichen Stelle ist der Strom Null (Stromknoten), weil der räumliche Phasenverschiebungswinkel zwischen stehenden Strom- und Spannungswellen 90^0 beträgt. An dieser Stelle der Leitung können wir uns dieselbe durchschnitten denken, ohne daß die Schwingungen dadurch gestört werden. Jeder Teil der Leitung mit der in Serie geschalteten Impedanz bildet somit einen analogen Stromkreis zu dem in der zweiten Aufgabe behandelten. Hieraus folgt, daß

$$\sqrt{\frac{L_{2d}}{C_{2l}}} = z_{1n} \operatorname{tg}(\mu_{2n} l_2')$$

und

$$\sqrt{\frac{L_{2d}}{C_{2l}}} = z_{3n} \operatorname{tg}(\mu_{2n} l_2''),$$

worin

$$l_2' + l_2'' = l_2.$$

Hieraus folgt weiter, daß

$$\operatorname{tg}(\mu_{2n} l_2) = \frac{\operatorname{tg}(\mu_{2n} l_2') + \operatorname{tg}(\mu_{2n} l_2'')}{1 - \operatorname{tg}(\mu_{2n} l_2') \operatorname{tg}(\mu_{2n} l_2'')} = \frac{\dfrac{1}{z_{1n}} + \dfrac{1}{z_{3n}}}{\dfrac{C_{2l}}{L_{2d}} - \dfrac{1}{z_{1n} z_{3n}}} \sqrt{\frac{C_{2l}}{L_{2d}}}$$

oder

$$\sqrt{\frac{L_{2d}}{C_{2l}}} \operatorname{tg}(\mu_{2n} l_2) + \frac{z_{1n} + z_{3n}}{1 - z_{1n} z_{3n} \dfrac{C_{2l}}{L_{2d}}} = 0.$$

Indem
$$\mu_{2n} = \beta_n \sqrt{L_{2d} C_{2l}}$$
$$z_{1n} = \sqrt{r_1^2 + \beta_n^2 L_1^2}$$
und
$$z_{3n} = \sqrt{r_3^2 + \beta_n^2 L_3^2},$$
so ergibt sich β_n aus der oben abgeleiteten Gleichung. Weil
$$\alpha_{0n} = \alpha_2 \pm \delta_{2n} = \alpha_2 \pm \frac{\lambda_{2n}}{\sqrt{L_{2d} C_{2l}}},$$
ist es für die Bestimmung des Dämpfungsfaktors α_{0n} von Bedeutung, λ_{2n} zu kennen. Dieser ergibt sich aus der Formel
$$e^{4\lambda_{2n} l_2} + e^{-4\lambda_{2n} l_2} = 2 + 4 \frac{1 - \cos^2 2\varepsilon_n}{\operatorname{tg}^2 \Delta\varphi_n + \cos^2 2\varepsilon_n}.$$
In dieser Formel bedeutet
$$\operatorname{tg} \varepsilon_n = \frac{z_{1n} + z_{3n}}{1 - \frac{C_{2l}}{L_{2d}} z_{1n} z_{3n}} \sqrt{\frac{C_{2l}}{L_{2d}}}$$
und der Phasenunterschied
$$\Delta\varphi_n = \varphi_{2n} - \varphi_{13n},$$
worin φ_{13n} der Phasenverschiebungswinkel der kombinierten Impedanz
$$\frac{\mathfrak{z}_{1n} + \mathfrak{z}_{3n}}{1 - \frac{C_{2l}}{L_{2d}} \mathfrak{z}_{1n} \mathfrak{z}_{3n}} = z_{13n} e^{-j\varphi_{13n}}.$$
In dieser Weise lassen sich die natürliche Periodenzahl $\frac{\beta_n}{2\pi}$ und der Dämpfungsfaktor α_{0n} des Stromkreises mit großer Annäherung ermitteln. Sind diese beiden Größen bekannt, so läßt sich leicht das Verhältnis der Integrationskonstanten nach den Formeln S. 814 und 822 berechnen, und die Aufgabe ist praktisch gelöst.

Sind zwei homogene Leitungen mit gleichmäßig verteiltem Widerstande, Selbstinduktion und Kapazität durch eine fast vollkommen induktive Impedanz $\mathfrak{z}_2 = r_2 - jx_2$ miteinander verbunden, so erhält man den in Fig. 540 dargestellten Schwingungskreis.

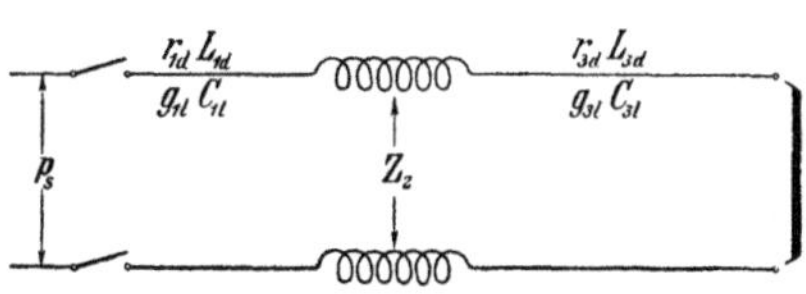

Fig. 540.

Durch Aufstellung der allgemeinen Integrale für die vorübergehenden Ströme und Spannungen an der Stelle, wo die Impedanz Z_2 eingeschaltet ist, erhält man die folgenden angenäherten Formeln zwischen μ_{1n} und μ_{2n}.

Für kurzgeschlossene Sekundärklemmen

$$\sqrt{\frac{L_{1d}}{C_{1l}}}\operatorname{tg}\mu_{1n}l_1 + z_2 + \sqrt{\frac{L_{3d}}{C_{3l}}}\operatorname{tg}\mu_{3n}l_3 = 0$$

und für offene Sekundärklemmen

$$\sqrt{\frac{L_{1d}}{C_{1l}}}\operatorname{tg}\mu_{1n}l_1 + z_2 - \sqrt{\frac{L_{3d}}{C_{3l}}}\operatorname{cotg}\mu_{3n}l_3 = 0\,.$$

Indem $\mu_{1n} = \beta_n\sqrt{L_{1d}C_{1l}}$ und $\mu_{3n} = \beta_n\sqrt{L_{3d}C_{3l}}$, läßt sich die natürliche Periodenzahl $\frac{\beta_n}{2\pi}$ aus diesen Gleichungen leicht ermitteln. Anstatt den Dämpfungsfaktor α_0 mittels eines komplizierten Verfahrens zu berechnen, kann dies angenähert nach der Formel

$$e^{4(\lambda_{1n}l_1 + \lambda_{3n}l_3)} + e^{-4(\lambda_{1n}l_1 + \lambda_{3n}l_3)} = 2 + 4\,\frac{1 - \cos^2 2\varepsilon_n}{\operatorname{tg}^2 \Delta\varphi_n + \cos^2 2\varepsilon_n}$$

geschehen, worin

$$\varepsilon_n \cong \left.\begin{matrix} n\pi \\ \text{resp. } \frac{n\pi}{2} \end{matrix}\right\} - (\mu_{1n}l_1 + \mu_{3n}l_3)$$

und

$$\Delta\varphi_n = \frac{\mu_{1n}l_1 \sin\varphi_{1n} + \mu_{3n}l_3 \sin\varphi_{3n}}{\mu_{1n}l_1 \cos\varphi_{1n} + \mu_{3n}l_3 \cos\varphi_{3n}}$$

$$= \frac{l_1\sqrt{L_{1d}C_{1l}}\sin\varphi_{1n} + l_3\sqrt{L_{3d}C_{3l}}\sin\varphi_{3n}}{l_1\sqrt{L_{1d}C_{1l}}\cos\varphi_{1n} + l_3\sqrt{L_{3d}C_{3l}}\cos\varphi_{3n}}\,.$$

Das Verhältnis zwischen den Integrationskonstanten ergibt sich angenähert aus

$$\frac{A_{3n}}{A_{1n}} = \sqrt{\frac{L_{1d}C_{3l}}{C_{1l}L_{3d}}}\,\frac{\cos\mu_{1n}l_1}{\cos\mu_{3n}l_3} \quad \text{und} \quad A_{2n} = A_{3n}\,.$$

Besteht die Leitung aus zwei Teilen, die je für sich homogen sind, und verteilten Widerstand, Selbstinduktion und Kapazität enthalten, so erhält man als Schwingungskreis den in Fig. 541 dargestellten Stromkreis.

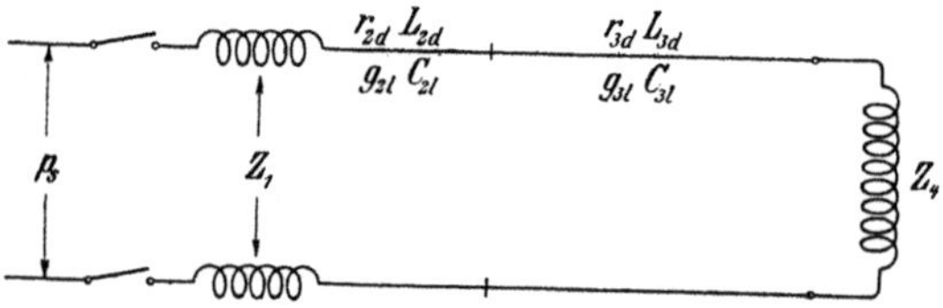

Fig. 541.

Um die Strom- und Spannungswellen in diesem zu berechnen, verfährt man in der gleichen angenäherten Weise wie oben. Wir nehmen zuerst an, daß λ_{2n} und λ_{3n} vernachlässigbar klein sind, und denken uns, daß die stehende Spannungswelle einen Bauch und die stehende Stromwelle somit einen Knoten für $l = l_2'$ besitzt. Es wird dann

$$\sqrt{\frac{L_{2d}}{C_{2l}}} = z_{1n} \operatorname{tg}(\mu_{2n} l_2')$$

und
$$\frac{n\pi}{2} = \mu_{2n} l_2'' + \Delta\psi_{23n} + \mu_{3n} l_3 + \operatorname{arctg} z_{4n} \sqrt{\frac{C_{3l}}{L_{3d}}}$$

oder, was dasselbe besagt,

$$n\pi = \operatorname{arctg} z_{1n} \sqrt{\frac{C_{2l}}{L_{2d}}} + \mu_{2n} l_2 + \Delta\psi_{23n} + \mu_{3n} l_3 + \operatorname{arctg} z_{4n} \sqrt{\frac{C_{3l}}{L_{3d}}},$$

worin

$$\Delta\psi_{23n} = -\operatorname{arctg} \frac{\cos(2\mu_{2n} l_2'' \pm n\pi)}{\left(\dfrac{1 + \sqrt{\dfrac{C_{3l} L_{2d}}{L_{3d} C_{2l}}}}{1 - \sqrt{\dfrac{C_{3l} L_{2d}}{L_{3d} C_{2l}}}}\right)^2 - \sin(2\mu_{2n} l_2'' \pm n\pi)}$$

$$l_2' + l_2'' = l_2$$

$$\mu_{2n} = \beta_n \sqrt{L_{2d} C_{2l}} \quad \text{und} \quad \mu_{3n} = \beta_n \sqrt{L_{3d} C_{3l}}.$$

Aus diesen Gleichungen ergibt sich die natürliche Periodenzahl $\frac{\beta_n}{2\pi}$. Um den Dämpfungsfaktor α_{0n} zu berechnen, setzen wir

$$\varepsilon_n = \operatorname{arctg}\left(z_{1n} \sqrt{\frac{C_{2l}}{L_{2d}}}\right) + \operatorname{arctg}\left(z_{4n} \sqrt{\frac{C_{3l}}{L_{3d}}}\right)$$

oder

$$\varepsilon_n = \operatorname{arctg} \frac{z_{1n} \sqrt{\dfrac{C_{2l}}{L_{2d}}} + z_{4n} \sqrt{\dfrac{C_{3l}}{L_{3d}}}}{1 - z_{1n} z_{4n} \sqrt{\dfrac{C_{2l} C_{3l}}{L_{2d} L_{3d}}}}$$

und
$$\Delta\varphi_n = \varphi_{23n} - \varphi_{14n},$$

worin
$$\varphi_{23n} = \operatorname{arctg} \frac{l_2 \sqrt{L_{2d} C_{2l}} \sin\varphi_{2n} + l_3 \sqrt{L_{3d} C_{3l}} \sin\varphi_{3n}}{l_2 \sqrt{L_{2d} C_{2l}} \cos\varphi_{2n} + l_3 \sqrt{L_{3d} C_{3l}} \cos\varphi_{3n}}$$

der Phasenverschiebungswinkel der beiden hintereinander geschalteten Leitungen, während φ_{14n} der Phasenverschiebungswinkel der kombinierten Impedanz

$$\frac{\mathfrak{Z}_{1n} \sqrt[4]{\dfrac{C_{2l} L_{3d}}{L_{2d} C_{3l}}} + \mathfrak{Z}_{4n} \sqrt[4]{\dfrac{C_{3l} L_{2d}}{L_{3d} C_{3l}}}}{1 - \mathfrak{Z}_{1n} \mathfrak{Z}_{4n} \sqrt{\dfrac{C_{2l} C_{3l}}{L_{2d} L_{3d}}}} = z_{14n} e^{-j\varphi_{14n}}$$

bedeutet.

Es wird dann

$$e^{4(\lambda_{2n} l_2 + \lambda_{3n} l_3)} + e^{-4(\lambda_{2n} l_2 + \lambda_{3n} l_3)} = 2 + 4 \frac{1 - \cos^2 2\varepsilon_n}{\operatorname{tg}^2 \Delta\varphi_n + \cos^2 2\varepsilon_n}.$$

Hieraus ergibt sich

$$\lambda_{2n} l_2 + \lambda_{3n} l_3$$

und da α_2 und α_3 bekannt sind, so läßt sich der Dämpfungsfaktor α_{0n} aus der folgenden Formel berechnen, womit die Aufgabe praktisch gelöst ist

$$\lambda_{2n} l_2 + \lambda_{3n} l_3 = (\alpha_{0n} - \alpha_2)\, l_2 \sqrt{L_{2d} C_{2l}} + (\alpha_{0n} - \alpha_3)\, l_3 \sqrt{L_{3d} C_{3l}}.$$

Es geht aus dem Obenstehenden deutlich hervor, daß es keine Schwierigkeit bietet, die natürliche Periodenzahl und den Dämpfungsfaktor, sowie das Verhältnis zwischen den Integrationskonstanten aller praktisch vorkommenden Stromkreise mit genügender Genauigkeit zu bestimmen. Die Schwierigkeiten fangen erst bei der Zerlegung des Anfangszustandes in die verschiedenen Wellen an; dies läßt sich jedoch graphisch mit genügender Genauigkeit für die Grundwellen und niedrigen Oberwellen durchführen. In den Fällen, in denen λ_n sehr wenig von der Einheit abweicht, lassen die Integrationskonstanten sich auch analytisch durch Fouriersche Reihenentwicklung in der oben Seite 818 angegebenen Weise ohne größere Schwierigkeiten ermitteln.

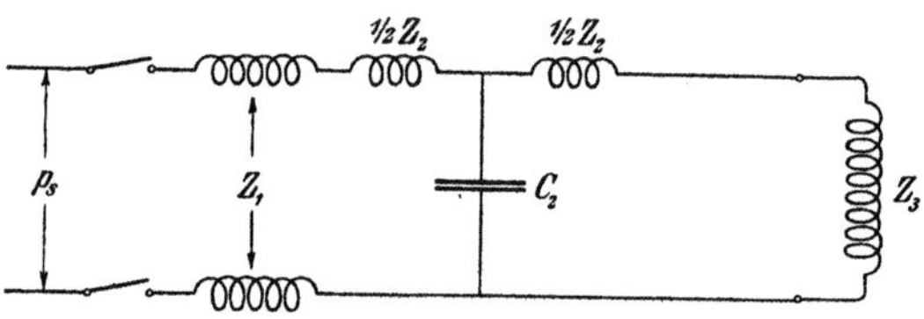

Fig. 542.

Sind die Leitungen nur von kleiner Länge, so lohnt es sich nicht mehr, diese nach dem obigen Verfahren zu behandeln, sondern man ersetzt die Leitung durch zwei Selbstinduktionen und eine Kapazität in der Mitte. Für den in Fig. 539 dargestellten Stromkreis erhält man in dieser Weise die Ersatzschaltung Fig. 542, die wir schon im vorigen Kapitel, S. 661, eingehend behandelt haben. Für diesen Ersatzstromkreis gibt es nur zwei natürliche Periodenzahlen und nicht unendlich viele, wie bei der Leitung mit gleichmäßig verteiltem Widerstand, Selbstinduktion und Kapazität.

165. Ausschalten eines Stromkreises, in welchem Widerstand, Selbstinduktion und Kapazität gleichmäßig verteilt sind.

Bei der Behandlung dieser Aufgabe wird im allgemeinen von der Annahme ausgegangen, daß der Stromkreis, der abgeschaltet werden soll, momentan von der Stromquelle getrennt werden kann. Diese Annahme ist, wie im vorigen Kapitel Seite 636 gezeigt, weitaus nicht zutreffend; deshalb sind auch die Resultate, zu denen man unter der obigen Annahme gelangt, im höchsten Grade irreleitend. Trotzdem soll hier zuerst das Resultat, das man unter dieser Annahme erhält, kurz angegeben werden.

a) In Fig. 526 ist eine Doppelleitung mit gleichmäßig verteiltem Widerstand, Selbstinduktion und Kapazität primär an einer stationären Wechselspannung p_s angeschlossen; da die Leitung an der Sekundärseite offen ist, so nimmt dieselbe von der primären Stromquelle nur den Leerlaufstrom $\mathfrak{J}_0$ auf. Wird die Leitung plötzlich zur Zeit $t=0$ von der primären Stromquelle abgetrennt, so befindet sie sich gerade nach dem Abschalten mit beiden Enden offen und teils mit einer Spannung p_{s0} geladen, und teils von einem Strome i_{s0} durchflossen. Diese Spannung p_{s0} und Stromstärke i_{s0} werden nun allmählich verschwinden, und zwar geschieht dies nach analogen Gesetzen zu denen, laut welchen der Strom und die Spannung beim Einschalten ansteigen.

Die Differentialgleichung der Doppelleitung ist hier dieselbe wie die Seite 767 für eine Leitung mit gleichmäßig verteiltem Widerstand, Selbstinduktion, Ableitung und Kapazität abgeleitete:

$$\frac{d^2 p}{d l^2} = r_d g_l p + (g_l L_d + r_d C_l)\frac{dp}{dt} + L_d C_l \frac{d^2 p}{d l^2},$$

deren allgemeines Integral

$$p = p_v = e^{-\alpha t} \sum_n \{[A_{1n} \cos(\beta_n t) + A_{2n} \sin(\beta_n t)] \cos(a_n l) + [B_{1n} \cos(\beta_n t) + B_{2n} \sin(\beta_n t)] \sin(a_n l)\}$$

und

$$i = i_v = \sqrt{\frac{C_l}{L_d}} e^{-\alpha t} \sum_n \left\{\left[A_{1n} \cos\left(\beta_n t - \operatorname{arctg}\frac{\beta_n}{\gamma}\right) + A_{2n} \sin\left(\beta_n t - \operatorname{arctg}\frac{\beta_n}{\gamma}\right)\right] \sin(a_n l) - \left[B_{1n} \cos\left(\beta_n t - \operatorname{arctg}\frac{\beta_n}{\gamma}\right) + B_{2n} \sin\left(\beta_n t - \operatorname{arctg}\frac{\beta_n}{\gamma}\right)\right] \cos(a_n l)\right\},$$

worin

$$\alpha = \frac{r_d}{2L_d} + \frac{g_l}{2C_l}$$

und

$$\gamma = \frac{r_d}{2L_d} - \frac{g_l}{2C_l}.$$

Für die vorliegende Aufgabe lauten die Grenzbedingungen:

1. für $l = 0$ $i = 0$ für alle Zeiten t,
2. für $l = l_2$ $i = 0$ für alle Zeiten t,
3. für $t = 0$ $p_{v0} = p_{s0}$,
4. für $t = 0$ $i_{v0} = i_{s0}$,

worin die Werte p_{s0} und i_{s0} sich aus den Formeln Seite 151 und 152 für $\mathfrak{J}_2 = 0$ bestimmen lassen. Aus der ersten Grenzbedingung folgt direkt, daß

$$B_{1n} = 0 \quad \text{und} \quad B_{2n} = 0,$$

also

$$i_v = \sqrt{\frac{C_l}{L_d}}\, e^{-\alpha t} \sum_n \left[A_{1n} \cos\left(\beta_n t - \operatorname{arctg}\frac{\beta_n}{\gamma}\right) + A_{2n} \sin\left(\beta_n t - \operatorname{arctg}\frac{\beta_n}{\gamma}\right)\right] \sin(a_n l).$$

Aus der zweiten Grenzbedingung folgt, daß

$$\sin(a_n l_2) = 0,$$

also muß

$$a_n = \frac{\pi}{l_2}, \quad \frac{2\pi}{l_2}, \quad \frac{4\pi}{l_2}, \ldots$$

während

$$\beta_n = \sqrt{\frac{a_n^2}{L_d C_l} - \gamma^2}.$$

Als Teilschwingungen erhalten wir somit hier Halbwellen und Vielfache davon, wie sie in Fig. 531 veranschaulicht sind. — Zur Bestimmung der Integrationskonstanten A_{1n} und A_{2n} werden die dritte und vierte Grenzbedingung benutzt. Anstatt der Integrationskonstanten A_{1n} und A_{2n} führen wir aber A_n und ψ_n ein, indem wir

$$A_{1n} \cos(\beta_n t) + A_{2n} \sin(\beta_n t) = A_n \cos(\beta_n t + \psi_n)$$

setzen. Es wird dann

$$p_v = e^{-\alpha t} \sum_n A_n \cos(\beta_n t + \psi_n) \cos(a_n l) \quad . \quad . \quad . \quad (513)$$

und

$$i_v = e^{-\alpha t} \sqrt{\frac{C_l}{L_d}} \sum_n A_n \cos\left(\beta_n t + \psi_n - \operatorname{arctg}\frac{\beta_n}{\gamma}\right) \sin(a_n l). \quad (514)$$

Da zur Zeit $t = 0$

$$p_{v0} = p_{s0} = \sum_n A_n \cos\psi_n \cos(a_n l),$$

so wird nach Fourier

$$A_n \cos\psi_n = \frac{2}{l_2}\int_0^{l_2} p_{s0} \cos\left(\frac{n\pi l}{l_2}\right) dl,$$

und indem

$$i_{v0} = i_{s0} = \sqrt{\frac{C_l}{L_d}} \sum_n A_n \cos\left(\psi_n - \operatorname{arctg}\frac{\beta_n}{\gamma}\right) \sin(a_n l),$$

so wird

$$A_n \cos\left(\psi_n - \operatorname{arctg}\frac{\beta_n}{\gamma}\right) = \frac{2}{l_2}\sqrt{\frac{L_d}{C_l}}\int_0^{l_2} i_{s0} \sin\left(\frac{n\pi l}{l_2}\right) dl$$

oder

$$\frac{A_n \gamma}{\sqrt{\beta_n^2 + \gamma^2}} \cos\psi_n + \frac{A_n \beta_n}{\sqrt{\beta_n^2 + \gamma^2}} \sin\psi_n = \frac{2}{l_2}\sqrt{\frac{L_d}{C_l}}\int_0^{l_2} i_{s0} \sin\left(\frac{n\pi l}{l_2}\right) dl,$$

woraus A_n und ψ_n sich ergeben.

Durch Zerlegung der stationären Spannungs- und Stromwellen für den Abschaltemoment $t = 0$ in Kosinus- resp. Sinuswellen lassen sich somit die Integrationskonstanten A_n und ψ_n in ziemlich einfacher Weise bestimmen.

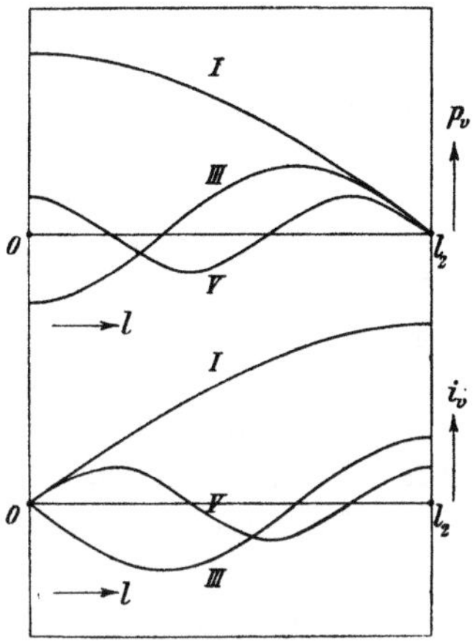

Fig. 543. Teilschwingungen in einer am einen Ende offenen und am anderen Ende kurzgeschlossenen Leitung.

Wäre die Leitung nicht in der Sekundärstation offen, sondern kurzgeschlossen, so würden die Strom- und Spannungswellen beim Abschalten der Leitung sich nicht in Teilschwingungen von Halbwellen und Vielfachen davon auflösen, sondern in Teilschwingungen von Viertelwellen und Vielfachen davon, wie sie in Fig. 543 dargestellt sind. In diesem letzten Falle ist der Strom i_{s0} gewöhnlich sehr groß, während die Spannung p_{s0} verhältnismäßig klein wird, speziell wenn die Leitung in dem Momente abgeschaltet wird, wenn die Stromstärke i_0 über der ganzen Leitung ihren Maximalwert $J_{s\,max}$ besitzt. In dem Falle wird die Integrationskonstante

$$A_n \cong \frac{4}{\pi} J_{s\,max} \sqrt{\frac{L_d}{C_l}}$$

und es tritt eine maximale Spannung von $p_{max} \cong J_{s\,max} \sqrt{\frac{L_d}{C_l}}$ nach einer Zeit von $\beta_1 t = \frac{\pi}{2}$ ein. Hieraus wird allgemein der Schluß gezogen, daß bei Abschaltung einer Leitung mit gleichmäßig verteiltem Widerstand, Selbstinduktion und Kapazität eine maximale Spannung von

$$p_{max} = \sqrt{\frac{p_{s0}^2 C_l + i_{s0}^2 L_d}{C_l}}$$

$$= \sqrt{p_{s0}^2 + i_{s0}^2 \frac{L_d}{C_l}} \quad \ldots \ldots \quad (515)$$

zwischen den Leitungen entstehen wird. Hierin bedeuten p_{s0} die nahezu über der ganzen Leitung konstante Spannung und i_{s0} die nahezu in der ganzen Leitung konstante Stromstärke im Augenblicke des Abschaltens. Dieser Schluß aus den Rechnungen ist richtig, aber die Grundlage der Rechnungen nicht. Man darf nämlich nicht annehmen, daß eine Leitung momentan von einer Stromquelle abgeschaltet werden kann.

b) Selbst bei den schnellsten Ölschaltern, die in der Praxis vorkommen, nimmt das Abschalten so lange Zeit in Anspruch, daß der Energie der längsten vorkommenden Kraftleitung genügend Zeit gegeben wird, um durch den Öffnungsfunken des Schalters nach der Stromquelle zurückzufließen. Eine 300 km lange Leitung wird z. B. in einem Tausendstel einer Sekunde vom elektrischen Strome durchlaufen. Außerdem ist der Phasenunterschied zwischen den Strömen an den beiden Enden einer Kraftleitung so klein, daß wenn der Strom in der Primärstation im Momente des Abschaltens durch Null geht, der Strom in der Sekundärstation und somit über der ganzen Leitung auch fast Null sein wird. Da ein hinreichend großer Ölschalter stets den Strom unterbricht, wenn er von Rechts wegen durch Null gehen soll, so kann die in der Leitung aufgespeicherte magnetische Energie $\frac{1}{2} l_2 L_d i_{s0}^2$ im Abschaltemoment nicht sehr groß sein und kann nur zu minimalen Überspannungen Anlaß geben. Mit Rücksicht auf dieses wirkliche Verhalten beim Abschalten von Leitungen mittels Ölschalter ist es durchaus nötig, die Abschaltezeit als eine meßbare Zeit zu betrachten, und es ist nötig, die im Ölschalter auftretenden Verhältnisse während des Abschaltens in den Rechnungen zu berücksichtigen.

Diese Rechnungen führen aber auf sehr komplizierte Probleme, wenn man gleichzeitig die gleichmäßige Verteilung der Selbstinduktion und Kapazität berücksichtigen soll. Es entsteht somit die

Frage: begeht man den größten Fehler durch Vernachlässigung der Vorgänge im Ölschalter oder durch die Annahme, daß die Selbstinduktion und Kapazität der Leitung konzentriert, anstatt gleichmäßig verteilt ist? An Hand der im Abschnitte 158 abgeleiteten Resultate ist leicht ersichtlich, daß der Fehler, den man durch Vernachlässigung der Vorgänge im Ölschalter begeht, zu ganz irreleitenden Resultaten führt, während das Ersetzen der gleichmäßig verteilten Selbstinduktion und Kapazität durch konzentrierte Selbstinduktion und Kapazität nur zu mäßigen Fehlern in der Größenordnung der Überspannungen führen kann.

Ersetzen wir somit die über der Leitung gleichmäßig verteilte Selbstinduktion und Kapazität durch konzentrierte, so lassen sich alle zu diesem Abschnitte gehörenden Aufgaben auf die im Abschnitte 158 behandelten Aufgaben zurückführen, weshalb auf diese letzteren verwiesen werden soll. Als Ersatzstromkreis für eine Doppelleitung mit gleichmäßig verteilter Selbstinduktion und Kapazität können entweder der Stromkreis Fig. 134, oder der in Fig. 135 dargestellte benutzt werden. Der Ersatzstromkreis in Fig. 134 wird für die vorliegende Aufgabe, Abschalten einer an den Sekundärklemmen kurzgeschlossenen Doppelleitung, die richtigsten Werte ergeben; der Ersatzstromkreis in Fig. 135 wird aber für diesen Fall einfachere Rechnungen ergeben.

Zusammenfassung.

Im vorliegenden Kapitel sind Zustandsänderungen in Stromkreisen mit gleichmäßig verteilter Selbstinduktion und Kapazität eingehend untersucht worden, und es hat sich erwiesen, daß gefährliche Überspannungen viel seltener auftreten als man allgemein geneigt ist anzunehmen. Beim Einschalten oder Kurzschließen einer einfachen homogenen Leitung treten keine höheren Überspannungen als solche der doppelten Betriebsspannung auf, und zwar tritt die höchste Spannung vorzugsweise an den offenen Enden der Leitung auf, wenn solche vorhanden sind, und an der Mitte der Leitung, wenn beide Enden kurzgeschlossen sind. Besteht die Leitung aus mehreren in Serie geschalteten homogenen Teilen, so tritt die größte Überspannung in dem Teile der Leitung auf, der die relativ größte Selbstinduktion im Verhältnis zur Kapazität besitzt. Diese Überspannung kann unter Umständen die doppelte Betriebsspannung bedeutend übersteigen. Dies ist z. B. der Fall, wenn eine Leitung, die an den Sekundärklemmen offen ist und die aus einem langen Kabel und einer kurzen Luftleitung besteht, am Kabelende plötzlich auf die volle Betriebsspannung eingeschaltet wird.

Große Stromstöße treten gewöhnlich dann auf, wenn Leitungen oder Hochspannungsmaschinen, die große Kapazitäten besitzen, plötzlich auf eine große Spannung eingeschaltet werden. An den Klemmen, wo die Einschaltung vor sich geht, ist der Stromstoß am größten. Um den Stromstoß zu mildern und die ihn begleitende Überspannung zu reduzieren, schaltet man oft Hochspannungskabel und Maschinen stufenweise über Widerstand ein, wie es bei hochgesättigten Transformatoren üblich ist. Bei zweistufigen Schaltern wird an der ersten Stufe am besten $\sqrt{\frac{L_d}{C_l}}$ Ohm vorgeschaltet, während an der zweiten Stufe die volle Spannung auf die Leitung oder die Maschine kommt.

Die Strom- und Spannungswellen, die beim Einschalten von Leitungen mit gleichmäßig verteilter Selbstinduktion und Kapazität entstehen, sind gewöhnlich von so großer Periodenzahl, daß sie nicht imstande sind, weit in die Wicklungen von Transformatoren und Generatoren hineinzudringen, so daß eine Übertragung der Schwingungen von dem Primärkreise auf den Sekundärkreis eines Transformators nur in geringem Grade möglich ist. — Im folgenden Kapitel soll nun näher untersucht werden, wie solche Strom- und Spannungswellen sich in Leitungen fortpflanzen, und wie weit sie in die an den Leitungen angeschlossenen Maschinen und Apparaten eindringen können.

Sechsundzwanzigstes Kapitel.

Fortpflanzung elektrischer Strom- und Spannungswellen in Stromkreisen, in denen Widerstand, Selbstinduktion und Kapazität gleichmäßig verteilt sind.

166. Das Entstehen von Strom- und Spannungswellen in elektrischen Anlagen.

Im vorigen Kapitel wurde das Ein- und Ausschalten von Stromkreisen, in denen Widerstand, Selbstinduktion und Kapazität gleichmäßig verteilt sind, eingehend behandelt. Um die Aufgabe mathematisch zu erleichtern, wurden hierbei die vorübergehenden Ströme und Spannungen in Teilschwingungen nach Fourier zerlegt, die jede für sich den Grenzbedingungen der betreffenden Leitung genügten. Die Ströme und Spannungen dieser freien Schwingungen verteilen sich nach Sinus- resp. Kosinuswellen der Leitung entlang. Besitzen die Sinuswellen konstante Amplitude (d. h. $\lambda = 0$), so lassen sich je zwei gleichgroße und mit derselben Geschwindigkeit in entgegengesetzter Richtung fortschreitende Wellen zu einer stehenden Welle zusammensetzen. Wenn aber die Amplituden der Sinuswellen sich der Leitung entlang nach einer Exponentialfunktion $e^{\pm \lambda l}$ ändern, so lassen sich zwei in entgegengesetzter Richtung fortschreitende Wellen nicht mehr zu einer stehenden Welle zusammensetzen. Von den beiden fortschreitenden

Wellen nimmt die Amplitude der einen nämlich mit $e^{-\lambda l}$ ab und die Amplitude der anderen mit $e^{\lambda l}$ zu. Die Welle, die aus den beiden fortschreitenden Wellen mit veränderlicher Amplitude resultiert, ist im vorhergehenden Kapitel auch als eine fortschreitende Welle bezeichnet, obgleich sie nicht genau denselben Charakter besitzt wie eine ihrer beiden Komponenten und somit von Rechts wegen keine fortschreitende Welle im eigentlichen Sinne des Wortes ist.

In diesem Kapitel soll die Fortpflanzung und das allgemeine Verhalten von fortschreitenden Wellen der allgemeinen Form

$$e^{-at} \Sigma A_n e^{\pm \lambda_n l \pm \delta_n t} \cos(\mu_n l \pm \beta_n t \pm \psi_n)$$

behandelt werden. Diese Wellen umfassen nicht allein die im vorigen Kapitel behandelten Teilwellen, sondern überhaupt alle Strom- und Spannungswellen, die in elektrischen Leitungen mit gleichmäßig verteiltem Widerstand, Selbstinduktion und Kapazität entstehen können. — Wir werden im folgenden sehen, daß beim Einschalten einer Leitung auf eine konstante Spannung eine Spannungswelle von den Primärklemmen ausgehen, die Leitung durchlaufen, am anderen Ende reflektiert, wieder an die Primärklemmen zurückkehren und hier nochmals reflektiert wird, und so fort, bis der stationäre Zustand sich eingestellt hat. Ebenso können die Vorgänge, die beim Kurzschließen und Ausschalten von Leitungen entstehen, als fortschreitende Strom- und Spannungswellen aufgefaßt werden, die zwischen den beiden Enden der Leitung hin und her laufen, bis der stationäre Zustand sich allmählich einstellt.

Außerdem treten Spannungswellen auf, wenn z. B. Freileitungen durch atmosphärische Elektrizität statisch geladen werden. Diese Ladung kann langsam vor sich gehen und auf den Leitungen durch eine gleiche, aber entgegengesetzte Ladung der Wolken festgehalten werden. Entladen sich die Wolken durch einen Blitzschlag, so wird die Ladung der Leitung frei und sucht nun den ersten nächsten Weg zur Erde. Den Ausgleich dieser Ladung kann man sich wieder durch hin und her wandernde Spannungswellen vermittelt denken. Es kann aber auch die Ladung der Leitung durch einen Blitzschlag erfolgen.

Wenn in einem ungeerdeten System plötzlich ein Außenleiter geerdet wird, so erfährt das Potential und somit die stationäre Ladung des ganzen Systems eine momentane Verschiebung, die auch durch fortschreitende Wellen sehr einfach illustriert werden kann.

Fortschreitende Stromwellen treten hauptsächlich ein, wenn Kurzschlüsse in Leitungen plötzlich entstehen und unterbrochen werden.

Alle Ausgleichsvorgänge in Leitungen geben, wie gesagt, zu fortschreitenden Strom- und Spannungswellen Anlaß, und es soll im folgenden gezeigt werden, wie diese Wellen sich fortpflanzen und ihre Form allmählich ändern. Physikalisch und mathematisch haben Lord Kelvin in seinem Werke über Kabeltelegraphie und Oliver Heaviside in seinem Werke über verzerrungsfreie Leitungen die fortschreitenden Wellen der Telegraphie und Telephonie behandelt. Die Ausgleichsvorgänge in Starkstromleitungen sind außerdem von Percy H. Thomas[1]) mittels fortschreitender Wellen praktisch erklärt und erläutert worden. Neuerdings sind die Ausgleichsvorgänge in Starkstromleitungen von K. W. Wagner[2]) mittels fortschreitender Wellen für eine Reihe von Problemen behandelt worden. Diese Darstellung schließt sich sowohl der mathematischen Behandlung von O. Heaviside wie der mehr praktischen Darstellung von P. H. Thomas an. Einen analogen Weg werden wir im folgenden einschlagen, um zu zeigen, daß alle Ausgleichsvorgänge in Stromkreisen mit gleichmäßig verteiltem Widerstand, Selbstinduktion und Kapazität sich durch Fortpflanzung elektrischer Wellen oder Massen physikalisch noch besser veranschaulichen und erklären lassen als durch stehende Wellen. Hierbei gehen wir von den im vorigen Kapitel abgeleiteten Formeln und Sätzen aus.

167. Die Fortpflanzung von Strom- und Spannungswellen in Stromkreisen, in denen Widerstand, Selbstinduktion und Kapazität gleichmäßig verteilt sind.

Im vorhergehenden Kapitel sind die Differentialgleichungen für die Bewegungen elektrischer Massen in Leitungen mit gleichmäßig verteiltem Widerstand, Selbstinduktion und Kapazität aufgestellt. Diese Gleichungen, die für Strom und Spannung identisch sind, lauten

$$\frac{d^2 p}{dl^2} = r_d g_l p + (g_l L_d + r_d C_l)\frac{dp}{dt} + L_d C_l \frac{d^2 p}{dt^2}\,.$$

Die Gleichung gilt ganz allgemein, und nach derselben läßt sich die Fortpflanzung von Strom- und Spannungswellen somit auch berechnen. Das allgemeine Integral dieser Gleichung lautet für die vorübergehende Spannung

$$p_v = e^{-\alpha t} \sum_n \left[A_{1n} e^{\lambda_n l \pm \delta_n t} \cos(\mu_n l \pm \beta_n t \pm \psi_{1n}) + A_{2n} e^{-\lambda_n l \pm \delta_n t} \cos(\mu_n l \mp \beta_n t \mp \psi_{2n})\right] \quad . \quad . \quad . \quad (516)$$

[1]) Transactions of the American Institute of Electr. Eng.

[2]) Elektromagnetische Ausgleichsvorgänge in Freileitungen und Kabeln.

und analog für den vorübergehenden Strom

$$i_v = e^{-\alpha t} \sum_n k_n \sqrt{\frac{C_l}{L_d}} \left[\mp A_{1n} e^{\lambda_n l \pm \lambda_n t} \cos(\mu_n l \pm \beta_n t \pm \psi_{1n} \mp \varphi_n)\right.$$
$$\left.\pm A_{2n} e^{-\lambda_n l \pm \delta_n t} \cos(\mu_n l \mp \beta_n t \mp \psi_{1n} \mp \varphi_n)\right] \quad . \quad . \quad . \quad (517)$$

Hierin ist

$$\alpha = \frac{r_d}{2L_d} + \frac{g_l}{2C_l}$$

die einzige bekannte Konstante. Zwar ist sie nicht konstant für alle Wellen der verschiedenen Periodenzahlen; wir werden aber der Einfachheit halber vorläufig annehmen, daß r_d, L_d, g_l und C_l und somit auch α konstante Größen sind. Zwischen den übrigen vier Konstanten δ_n, β_n, λ_n und μ_n bestehen nur zwei Gleichungen, während die zwei übrigen Gleichungen zur Bestimmung dieser Konstanten sich aus den Grenzgleichungen ergeben, indem man annimmt, daß jede Teilwelle für sich die Grenzbedingungen erfüllen soll. Sind nun z. B. bei unendlich langen Leitungen keine Grenzbedingungen vorhanden, so lassen diese Konstanten sich nicht direkt bestimmen, sondern können mit Rücksicht auf einfache mathematische Ausdrücke passend gewählt werden. Wie dies geschehen kann, soll jetzt hier gezeigt werden. Die Integrationskonstanten A und ψ ergeben sich dann nachher in einfacher Weise aus den Anfangsbedingungen, d. h. aus dem Strom- und Spannungszustand zur Zeit $t = 0$.

a) Wir nehmen zuerst den einfachsten Fall an, nämlich daß die Leitung homogen und verzerrungsfrei ist; d. h. es ist

$$\gamma = \frac{r_d}{2L_d} - \frac{g_l}{2C_l} = 0.$$

Es vereinfachen sich dann die folgenden zwei Beziehungen zwischen den vier Konstanten δ_n, β_n, λ_n und μ_n zu

$$\lambda_n = \delta_n \sqrt{L_d C_l}$$

und

$$\mu_n = \beta_n \sqrt{L_d C_l},$$

woraus folgt, daß alle Wellen sich mit derselben Geschwindigkeit

$$v_n = \frac{\beta_n}{\mu_n} = \frac{1}{\sqrt{L_d C_l}}$$

der Leitung entlang fortpflanzen.

Nehmen wir vorläufig an, daß die Leitung eine endliche Länge l_2 besitzt und daß sie an den Enden entweder offen oder kurzgeschlossen ist, so wissen wir vom vorigen Kapitel, S. 785, daß $\delta_n = 0$ und $\lambda_n = 0$ sein müssen, damit jede Teilwelle die Grenzbedingungen erfüllt. Ferner ergibt sich aus demselben Grunde, daß

$$\mu_n = \frac{n\pi}{l_2} \quad \text{oder} \quad \frac{n\pi}{2l_2},$$

je nachdem die Leitung an beiden Enden offen oder kurzgeschlossen oder an einem Ende offen und am anderen kurzgeschlossen ist. Betrachten wir nun als erste Aufgabe die Fortpflanzung einer statischen Ladung Q, die zur Zeit $t = 0$ frei wird. Die Leitung hat eine Länge l_2 und ist an beiden Enden offen. Für eine solche Leitung ist S. 830 das allgemeine Integral abgeleitet

$$p_v = e^{-\alpha t} \sum_n A_n \cos(\beta_n t + \psi_n) \cos(\mu_n l)$$

und

$$i_v = e^{-\alpha t} \sqrt{\frac{C_l}{L_d}} \sum_n A_n \cos\left(\beta_n t + \psi_n - \operatorname{arctg} \frac{\beta_n}{\gamma}\right) \sin(\mu_n l),$$

während die Integrationskonstanten sich nach Fourier aus den folgenden Formeln ergeben.

$$A_n \cos\psi_n = \frac{2}{l_2} \int_0^{l_2} p_{s0} \cos\left(\frac{n\pi l}{l_2}\right) dl$$

und

$$A_n \cos\left(\psi_n - \operatorname{arctg} \frac{\beta_n}{\gamma}\right) = \frac{2}{l_2} \sqrt{\frac{L_d}{C_l}} \int_0^{l_2} i_{s0} \sin\left(\frac{n\pi l}{l_2}\right) dl.$$

Weil $\gamma = 0$ und $i_{s0} = 0$, wird

$$A_n \sin\psi_n = 0;$$

da aber A_n nicht gleich Null sein kann, so muß $\sin\psi_n = 0$, d. h. $\psi_n = 0$ sein, während

$$A_n = \frac{2}{l_2} \int_0^{l_2} p_{s0} \cos\left(\frac{n\pi l}{l_2}\right) dl.$$

Es ergeben sich somit die folgenden Ausdrücke für die Spannungs- und Stromwellen

$$p_v = e^{-\alpha t} \sum_n A_n \cos(\beta_n t) \cos(\mu_n l)$$

und

$$i_v = e^{-\alpha t} \sqrt{\frac{C_l}{L_d}} \sum_n A_n \cos\left(\beta_n t - \frac{\pi}{2}\right) \sin\mu_n l.$$

Diese Ausdrücke lassen sich auch wie folgt schreiben:

$$p_v = e^{-\alpha t} \sum_n \left[\tfrac{1}{2} A_n \cos(\mu_n l + \beta_n t) + \tfrac{1}{2} A_n \cos(\mu_n l - \beta_n t)\right]$$

und

$$i_v = e^{-\alpha t} \sqrt{\frac{C_l}{L_d}} \sum_n \left[-\tfrac{1}{2} A_n \cos(\mu_n l + \beta_n t) + \tfrac{1}{2} A_n \cos(\mu_n l - \beta_n t) \right]$$

Hieraus folgt, daß jede stehende Teilwelle sich in zwei gleich große, in entgegengesetzter Richtung fortschreitende Wellen zerlegen läßt. Die Amplituden der fortschreitenden Wellen sind halb so groß wie die der stehenden Wellen. Die Welle $\cos(\mu_n l - \beta_n t)$ geht nach rechts, d. h. in der positiven Richtung der Länge l, während die Welle $\cos(\mu_n l + \beta_n t)$ sich nach links fortpflanzt. Die obigen Formeln für stehende wie fortschreitende Wellen gelten nur für den Bereich $l = 0$ bis $l = l_2$. Es soll aber jetzt nachgewiesen werden, daß es möglich ist, den fortschreitenden Wellen eine für die Verfolgung der physikalischen Vorgänge in der Leitung bequemere Form zu geben, indem ein neuer Gültigkeitsbereich für die fortschreitenden Wellen eingeführt wird.

Zu dem Zwecke sind in Fig. 544a die beiden Grundwellen der Spannung für die drei Zeiten $\beta_1 t = 0$, $\frac{\pi}{4}$ und $\frac{\pi}{2}$ aufgetragen. Von diesen schreitet die Welle I nach links und die Welle II nach rechts vorwärts. Beide Wellen schneiden sich stets in den Begrenzungsordinaten, und zwar bilden die beiden Wellen an den Begrenzungsordinaten denselben Winkel mit der Horizontalen, aber zu verschiedenen Seiten. Klappt man nun den ersten Teil von $l = 0$ bis $l = \frac{\beta_1 t}{\mu_1} = vt$ der Welle II um die Ordinate im Punkte $l = 0$, so erhält man die strichpunktierten Kurvenstücke I′, die eine direkte Fortsetzung der Welle I sind. Ebenso erhält man durch Umklappen des letzten Teiles von $l = l_2 - \frac{\beta_1 t}{\mu_1} = l_2 - vt$ bis $l = l_2$ der Welle I um die Ordinate in dem Endpunkte l_2 die Kurvenstücke II′, die eine direkte Fortsetzung der Welle II sind. Nach der Umklappung dieser beiden Wellenteile gehen die Wellen (Fig. 544a) in die Halbwellen (Fig. 544b) über. Diese letzteren haben zu allen Zeiten dieselbe Form, nur entfernen sie sich kontinuierlich mit der konstanten Geschwindigkait v von ihrer ursprünglichen Lage zur Zeit $t = 0$. Die Halbwellen der Fig. 544b stellen somit im richtigen Sinne des Wortes fortschreitende Wellen dar, und diese in Fig. 544b dargestellten fortschreitenden Wellen ergeben sich aus der folgenden Formel

$$p_{v1} = \tfrac{1}{2} A_1 \cos(\mu_1 l + \beta_1 t) + \tfrac{1}{2} A_1 \cos(\mu_1 l - \beta_1 t),$$

wenn festgesetzt wird, daß diese Formel zur Zeit t für den

Bereich $l = -vt$ bis $l = -vt + l_2$ für die linksgehende und für den Bereich $l = vt$ bis $l = vt + l_2$ für die rechtsgehende Welle gültig ist. Oder man kann auch sagen, das erste Glied dieser Formel ist im Punkte l für die Zeit von $t = -\frac{l}{v}$ bis $t = -\frac{l}{v} + \frac{l_2}{v}$ gültig und das zweite Glied der Formel ist im Punkte l für die Zeit von $t = \frac{l}{v}$ bis $t = \frac{l}{v} + \frac{l_2}{v}$ gültig.

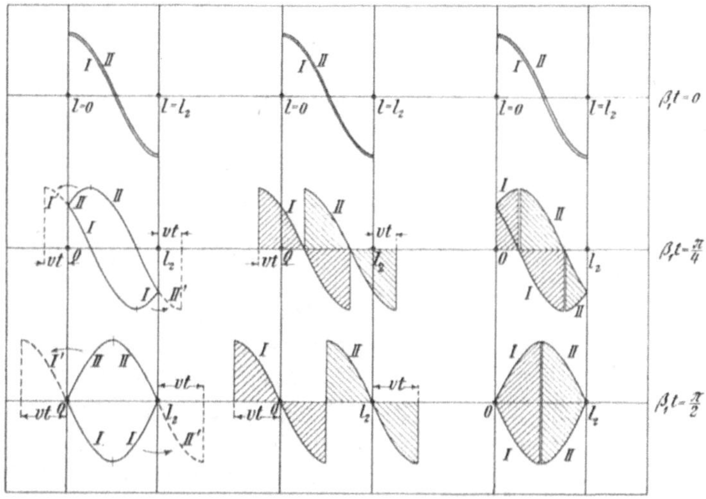

Fig. 544a, b und c. Umwandlung stehender Spannungswellen in fortschreitende Wellen, wenn die Leitung an beiden Enden offen ist.

Legen wir nun im folgenden diese Gültigkeitsbereiche für die Formeln der fortschreitenden Wellen fest, so erhalten wir die in Fig. 544b dargestellten Wellen, und es müssen die Teile der Wellen, die außerhalb der Grenzen $l = 0$ und $l = l_2$ der Leitung fallen, um die Begrenzungsordinaten umgeklappt werden, damit die richtigen vorübergehenden Spannungen erhalten werden. Die Umklappung der fortschreitenden Spannungswellen um die Begrenzungsordinaten bedeutet nichts anderes als die Reflexion der Spannungswellen an den Enden der Leitung, und wenn die Enden offen sind, so werden die Spannungswellen mit demselben Vorzeichen reflektiert, mit dem sie an den Leitungsenden ankommen. Hieraus folgt, daß die Formeln der fortschreitenden Wellen unter Festlegung ihres Gültigkeitsbereiches von $l = \mp vt$ bis $l = \mp vt + l_2$ auch dann den vorübergehenden Spannungszustand richtig wiedergeben, wenn man die Wellen an den Endpunkten durch Umklappen reflektiert, oder, was auf dasselbe herauskommt, wenn man unter l die von den respektiven Wellen durchlaufene Leitungslänge versteht. Durch Einführung dieses neuen Gültigkeitsbereiches erhält man aber nicht die in Fig. 544a dargestellten fortschreitenden Wellen I und II, sondern die in Fig. 544c.

Was hier für die Grundwelle gesagt ist, gilt auch für die Oberwellen, und da alle Teilwellen mit genau derselben Geschwindigkeit $v = \frac{1}{\sqrt{L_d C_l}}$ fortschreiten, so folgt direkt, daß was für die Grundwelle gilt, auch für die aus allen Teilwellen zusammengesetzten resultierenden Wellen gilt. Die resultierenden Wellen

$$\sum_n \tfrac{1}{2} A_n \cos(\mu_n l + \beta_n t)$$

und

$$\sum_n \tfrac{1}{2} A_n \cos(\mu_n l - \beta_n t)$$

stellen in ihrem neuen Gültigkeitsbereich $l = \mp vt$ bis $l = \mp vt + l_2$ fortschreitende Wellen dar, die stets genau dieselbe Form beibehalten wie die, die sie zur Zeit $t = 0$ besaßen. Z. B. erhält man für eine beliebige statische Ladung die in Fig. 545 dargestellten fortschreitenden Wellen zur Zeit $\beta_1 t = 0$, $\frac{\pi}{4}$ und $\frac{\pi}{2}$.

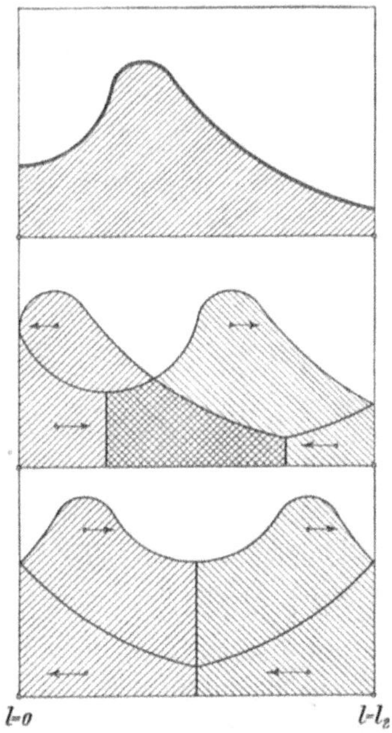

Fig. 545a, b und c. Fortpflanzung einer elektrischen Ladung in einer an beiden Enden offenen Leitung.

Was nun die fortschreitenden Stromwellen anbetrifft, so sind die beiden Grundwellen in Fig. 546a unter der Annahme aufgezeichnet, daß die Formel für i_v für den Bereich $l = 0$ bis $l = l_2$ gültig ist. Klappen wir auch hier den ersten Teil der rechtsgehenden Welle II und den letzten Teil der linksgehenden Welle I um die Begrenzungsordinaten um und ändern gleichzeitig das Vorzeichen dieser Wellenteile, so erhält man die in Fig. 546a strichpunktierten Kurvenstücke, die als direkte Fortsetzungen der anderen Wellen betrachtet werden können. Durch Umklappen dieser Wellenteile erhält man somit die in Fig. 546b dargestellten beiden fortschreitenden Wellen, die sich aus den Formeln für den vorübergehenden Strom ergeben, wenn der Gültigkeitsbereich von $l = \mp vt$ bis

$l = \mp vt + l_2$ festgesetzt wird. Das Umklappen der außerhalb der Leitungslänge fallenden Wellenteile um die Begrenzungsordinaten und die gleichzeitige Änderung der Vorzeichen entspricht der Reflexion der fortschreitenden Stromwellen an den offenen Enden der Leitung, wo der Strom stets Null sein soll. Durch Einführung des neuen Gültigkeitsbereiches und Reflektieren der fortschreitenden Stromwellen an den Leitungsenden erhält man die in Fig. 546c dargestellten Stromwellen zu den Zeiten $\beta_n t = 0$, $\frac{\pi}{4}$ und $\frac{\pi}{2}$, die denselben vorübergehenden Grundstrom wie die Wellen I und II

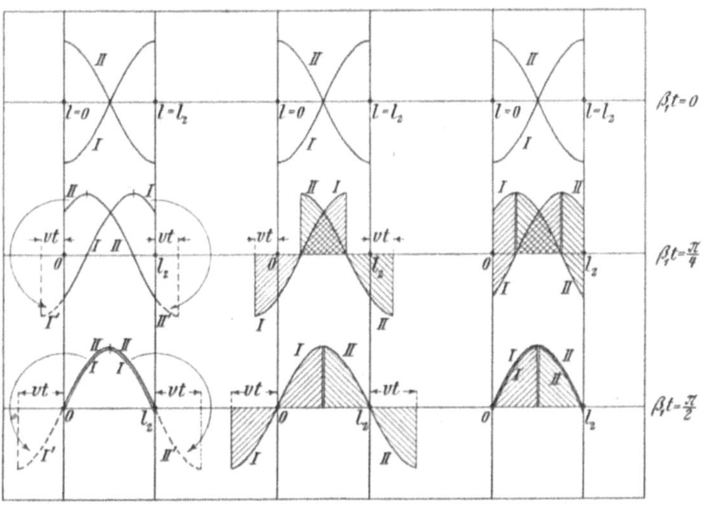

Fig. 546a, b und c. Umwandlung stehender Stromwellen in fortschreitende Wellen, wenn die Leitung an beiden Enden offen ist.

der Fig. 546a ergeben. Wir sehen somit, daß die Formel für den vorübergehenden Strom ihre Richtigkeit behält, wenn der Gültigkeitsbereich von $l = \mp vt$ bis $l = \mp vt + l_2$ festgelegt wird und die fortschreitenden Stromwellen an den Leitungsenden gehörig reflektiert, d. h. umgeklappt werden, so daß l die von den respektiven Wellen durchlaufene Leitungslänge bedeutet.

Da zur Zeit $t = 0$ die fortschreitenden resultierenden Strom- und Spannungswellen genau gleich der Hälfte der zur Zeit $t = 0$ vorhandenen stehenden Wellen

$$p_{v0} = \sum_n A_n \cos(\mu_n l) \quad \text{und} \quad \sqrt{\frac{C_l}{L_d}} \sum_n A_n \cos(\mu_n l)$$

sind, so folgt hieraus, daß in verzerrungsfreien Leitungen die Ladung Q, die zur Zeit $t=0$ vorhanden ist, in zwei gleiche Teile von derselben Form zerlegt werden kann, von denen der eine Teil sich nach links und der andere sich nach rechts mit der Geschwindigkeit $v=\sqrt{\frac{1}{L_d C_l}}$ fortpflanzt. Diese Ladungen, die die Strom- und Spannungswellen bestimmen, behalten die ganze Zeit ihre Form, nur nehmen sie in der Größe nach dem Exponentialgesetz $e^{-\alpha t}$ ab und werden stets an beiden Enden der Leitung reflektiert. Man kann somit das Verschwinden der Ladung Q von der an beiden Enden offenen Leitung durch das Hin- und Herbewegen von zwei gleichgroßen Ladungen darstellen, die nach dem Exponentialgesetz $e^{-\alpha t}$ abnehmen und die bei den beiden Endpunkten vollständig reflektiert werden.

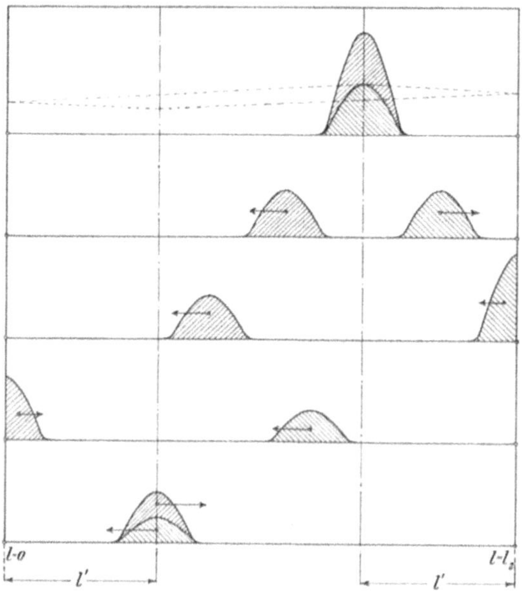

Fig. 547. Wanderung elektrischer Ladungen in offenen Leitungen.

Fig. 547 zeigt eine solche statische Ladung in ihren verschiedenen Lagen zu den verschiedenen Zeiten. Die punktierte Exponentialkurve der oberen Figur gibt den Verlauf der Spitze der Ladungen an. Wo diese Kurven sich schneiden, treffen die beiden Ladungen wieder zusammen, was in vorliegendem Falle in den Punkten geschieht, die den Abstand l' von den Leitungsenden besitzen. Wie ersichtlich, behalten die Spannungswellen während der ganzen Zeit ihre Form, und zwar weil die Leitung verzerrungsfrei ist; daher auch der Name für Leitungen mit dieser Eigenschaft (d. h. $\gamma=0$). Das Fortschreiten der Wellen geschieht somit nach einem Gesetz, in welchem die Länge der Leitung keinen Einfluß auf die Form und Abnahme der Wellen ausübt.

Wäre die Leitung unendlich lang, so würde die eine Hälfte der Ladung sich nach rechts und die andere sich nach links ins Unendliche fortpflanzen ohne ihre Form zu verlieren, während die Ladung nach dem Gesetz

$$q_v = \frac{Q}{2} e^{-\alpha t}$$

und somit die Größe der Spannungswellen nach demselben Gesetze abnehmen würde.

Wäre die Leitung an beiden Enden kurzgeschlossen, so würden sich für die Strom- und Spannungswellen folgende Teilwellen ergeben (Seite 773)

$$p_v = e^{-\alpha t} \sum_n B_n \cos(\beta_n t + \psi_n) \sin(\mu_n l)$$

und

$$i_v = -e^{-\alpha t} \sqrt{\frac{C_l}{L_d}} \sum_n B_n \cos\left(\beta_n t + \psi_n - \frac{\pi}{2}\right) \cos(\mu_n l).$$

Indem

$$B_n \cos \psi_n = \frac{2}{l_2} \int_0^{l_2} p_{s0} \sin\left(\frac{\pi n l}{l_2}\right) dl$$

und

$$B_n \cos\left(\psi_n - \frac{\pi}{2}\right) = -\frac{2}{l_2} \sqrt{\frac{L_d}{C_l}} \int_0^{l_2} i_{s0} \cos\left(\frac{\pi n l}{l_2}\right) dl = 0,$$

so wird

$$\psi_n = 0$$

und

$$B_n = \frac{2}{l_2} \int_0^{l_2} p_{s0} \sin\left(\frac{\pi n l}{l_2}\right) dl,$$

also können die Strom- und Spannungswellen auch wie folgt geschrieben werden

$$p_v = e^{-\alpha t} \sum_n \left[\tfrac{1}{2} B_n \sin(\mu_n l + \beta_n t) + \tfrac{1}{2} B_n \sin(\mu_n l - \beta_n t)\right]$$

und

$$i_v = e^{-\alpha t} \sqrt{\frac{C_l}{L_d}} \sum_n \left[-\tfrac{1}{2} B_n \sin(\mu_n l + \beta_n t) + \tfrac{1}{2} B_n \sin(\mu_n l - \beta_n t)\right].$$

Tragen wir hier wieder die beiden fortschreitenden Grundwellen der Spannuug für die Zeiten $\beta_1 t = 0$, $\frac{\pi}{4}$ und $\frac{\pi}{2}$ auf, so erhalten wir die Fig. 548a. In dieser klappen wir den ersten Teil der Welle II und den letzten Teil der Welle I um die Begrenzungsordinaten um und ändern gleichzeitig das Vorzeichen der umgeklappten Wellenteile. Dadurch ergibt sich die Fig. 548b, die sich auch aus den obigen Formeln ableiten läßt, wenn ihr Gültigkeitsbereich von $l = 0$ bis l_2 zu $l = \mp vt$ bis $\mp vt + l_2$ geändert wird. Die Formeln der fortschreitenden Wellen mit dem neuen Gültigkeitsbereich ergeben also die in Fig. 548c dargestellten Wellen, wenn die über die Leitungslänge hinausfallenden Wellenstücke unter Änderung des Vorzeichens um die Begrenzungsordinaten umgeklappt werden. Die

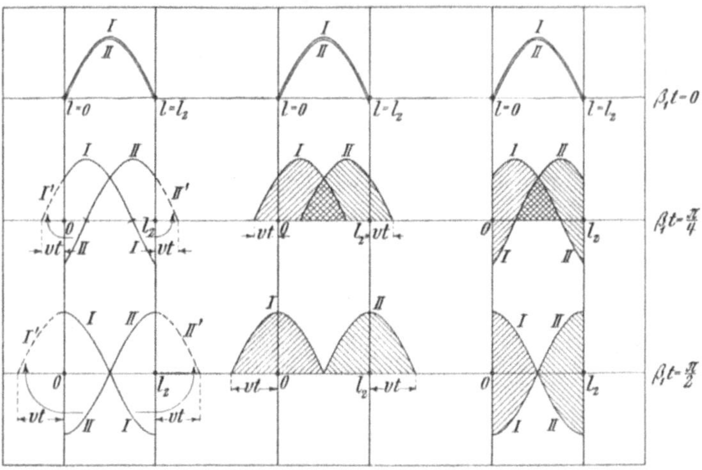

Fig. 548 a, b und c. Umwandlung stehender Spannungswellen in fortschreitende Wellen, wenn die Leitung an beiden Enden kurzgeschlossen ist.

Reflexion der Spannungswellen an den kurzgeschlossenen Leitungsenden geht nämlich nur unter Änderung des Vorzeichens vor sich, weil

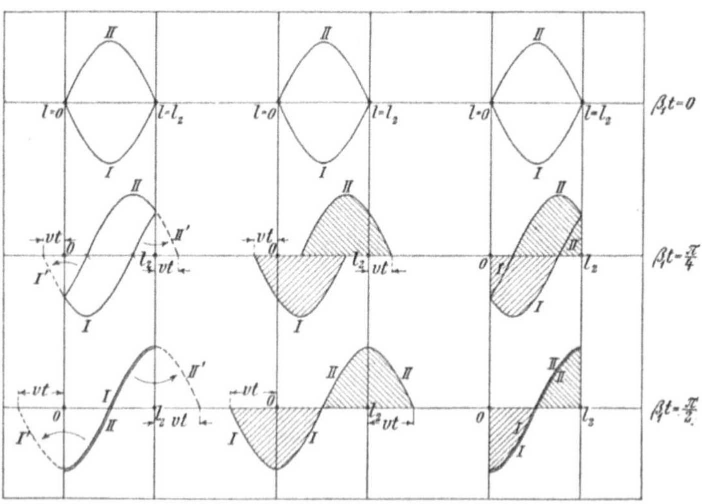

Fig. 549 a, b und c. Umwandlung stehender Stromwellen in fortschreitende Wellen, wenn die Leitung an beiden Enden kurzgeschlossen ist.

die Spannung an den Leitungsenden stets gleich Null sein muß. In analoger Weise erhalten wir die Fig. 549 a, b und c der fortschreitenden Stromwellen, die an den Leitungsenden, ohne die Vorzeichen zu ändern, reflektiert werden. Wir sehen somit, daß auch bei Leitungen mit kurzgegeschlossenen Enden die Formeln der fortschreitenden Wellen richtige Werte für die vorübergehenden Ströme und Spannungen geben, wenn die Wellen an den Enden richtig reflektiert werden. Dasselbe gilt auch, wenn die Leitung am einen Ende offen und am anderen Ende kurzgeschlossen ist, und wir werden gleich sehen, daß diese abgeleiteten Sätze auch dann gültig bleiben, wenn die Leitung an anderen homogenen Leitungen oder Stromkreisen angeschlossen ist; nur ist in diesen Fällen die Reflexion an den Enden keine vollständige, sondern nur eine teilweise.

Wie sich aus den vorhergehenden Formeln ergibt, sind die Strom- und Spannungswellen in verzerrungsfreien Leitungen genau von derselben Form; dies folgt direkt daraus, daß die Wellen nicht ihre Form mit der Zeit ändern. Die Ladung Q_v Fig. 550 verteilt sich nach einer gewissen Kurve der Leitung entlang, und da die

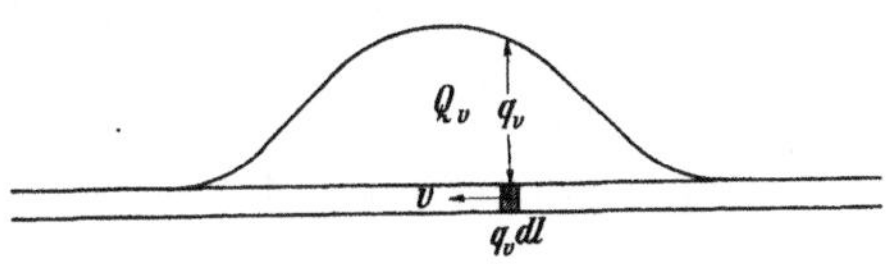

Fig. 550. Ladungswelle einer verzerrungsfreien Leitung.

Spannung $p_v = \frac{q_v}{C_l}$ ist, erhält die Spannungswelle die gleiche Form wie die Ladungswelle. Die Stromstärke in irgendeinem Punkte der Leitung wird bestimmt durch die elektrische Masse, die den betreffenden Querschnitt der Leitung pro Zeiteinheit passiert; es ist somit die Stromstärke i_v proportional $\frac{d q_v}{d t}$, und da die Ladungswelle, ohne ihre Form zu ändern, sich mit konstanter Geschwindigkeit fortpflanzt, so wird $\frac{d q_v}{d t} = \frac{q_v dl}{d t} = v \cdot q_v$ proportional der Ladung q_v in dem betreffenden Leitungselement dl. Es ist somit in verzerrungsfreien Leitungen die Stromwelle von der gleichen Form wie die Ladungswelle und somit auch von der gleichen Form wie die Spannungswelle.

Anstatt Ausgleichsvorgänge durch fortschreitende Strom- und Spannungswellen darzustellen, genügt es also, die fortschreitenden Ladungswellen ins Auge zu fassen. In Leitungen mit offenen Enden wandern die elektrischen Ladungen hin und her; an den offenen Enden können die Ladungen nicht weiter vorwärtsschreiten und werden deswegen hier mit dem gleichen Vorzeichen reflektiert, mit dem sie ankommen. In Leitungen mit kurzgeschlossenen Enden wandern die Ladungen dagegen nicht hin und her, sondern im Ringe, wie in Fig. 551 gezeigt. An den Leitungsenden geht die positive Ladung nämlich von der einen Leitung zu der anderen und die negative Ladung umgekehrt von der zweiten Leitung L_2 zu der ersten Leitung L_1 hinüber. Hieraus folgt, daß die positive Ladung in der aus der Doppelleitung gebildeten Schleife (Fig. 551) kontinuierlich links herum wandert, während die negative Ladung rechts herumgeht.

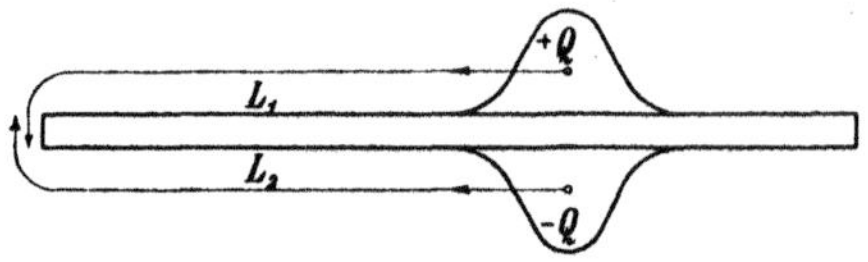

Fig. 551. Wanderung einer elektrischen Ladung in einer an beiden Enden kurzgeschlossenen Leitung.

b) Wir gehen nun zu dem allgemeineren Fall über, in welchem die Leitung nicht mehr verzerrungsfrei und der zur Zeit $t=0$ auftretende Strom- und Spannungszustand nicht rein statischer Natur ist. Es ist somit $\gamma \gtrless 0$ und $i_{s0} \lesseqgtr 0$. Für diesen allgemeinen Fall lauten die allgemeinen Integrale der vorübergehenden Strom- und Spannungswellen, wenn die Leitung an beiden Enden offen ist,

$$p_v = e^{-\alpha t} \sum_n A_n \cos(\beta_n t + \psi_n) \cos(\mu_n l)$$

und

$$i_v = e^{-\alpha t} \sqrt{\frac{C_l}{L_d}} \sum_n A_n \cos\left(\beta_n t + \psi_n - \operatorname{arctg}\frac{\beta_n}{\gamma}\right) \sin(\mu_n l),$$

worin die Integrationskonstanten A_n und ψ_n sich aus den folgenden Beziehungen ergeben

$$A_n \cos\psi_n = \frac{2}{l_2}\int_0^{l_2} p_{s0} \cos\left(\frac{\pi n l}{l_2}\right) dl$$

und

$$A_n \cos\left(\psi_n - \operatorname{arctg}\frac{\beta_n}{\gamma}\right) = \frac{2}{l_2}\int_0^{l_2} i_{s0} \sin\left(\frac{\pi n l}{l_2}\right) dl.$$

Es lassen sich auch die vorübergehenden Strom- und Spannungswellen in der folgenden Form schreiben

$$p_v = e^{-\alpha t} \sum_n \left[\tfrac{1}{2} A_n \cos(\mu_n l + \beta_n t + \psi_n) + \tfrac{1}{2} A_n \cos(\mu_n l - \beta_n t - \psi_n)\right]$$

und

$$i_v = e^{-\alpha t} \sqrt{\frac{C_l}{L_d}} \sum_n \left[\tfrac{1}{2} A_n \sin\left(\mu_n l + \beta_n t + \psi_n - \operatorname{arctg}\frac{\beta_n}{\gamma}\right)\right.$$
$$\left. + \tfrac{1}{2} A_n \sin\left(\mu_n l - \beta_n t - \psi_n + \operatorname{arctg}\frac{\beta_n}{\gamma}\right)\right].$$

Also auch in diesem Falle lassen die Strom- und Spannungswellen sich durch eine Summe von Teilwellen darstellen, die in entgegengesetzter Richtung fortschreiten. Da aber die Fortpflanzungsgeschwindigkeit der verschiedenen Teilwellen verschieden ist, so verschiebt sich die relative Lage der einzelnen Teilwellen mit der Zeit; die Wellen der größten Periodenzahl schreiten am schnellsten vorwärts. Zur Zeit $t=0$ haben die beiden Teile der Spannungswellen die folgenden Formen:

$$\sum_n \tfrac{1}{2} A_n \cos(\mu_n l + \psi_n) = \sum_n \left[\tfrac{1}{2} A_n \cos(\mu_n l) \cos\psi_n - \tfrac{1}{2} A_n \sin(\mu_n l) \sin\psi_n\right]$$

und

$$\sum_n \tfrac{1}{2} A_n \cos(\mu_n l - \psi_n) = \sum_n \left[\tfrac{1}{2} A_n \cos(\mu_n l) \cos\psi_n + \tfrac{1}{2} A_n \sin(\mu_n l) \sin\psi_n\right],$$

die voneinander und auch von der Form der stehenden Spannungswelle zur Zeit $t=0$ abweichen. Letztere hat nämlich die Form

$$\sum_n A_n \cos(\mu_n l) \cos\psi_n$$

Die eine der fortschreitenden Wellen ist um

$$\sum_n \tfrac{1}{2} A_n \sin(\mu_n l) \sin\psi_n$$

kleiner und die andere fortschreitende Welle um denselben Betrag größer als die Hälfte der stehenden Welle.

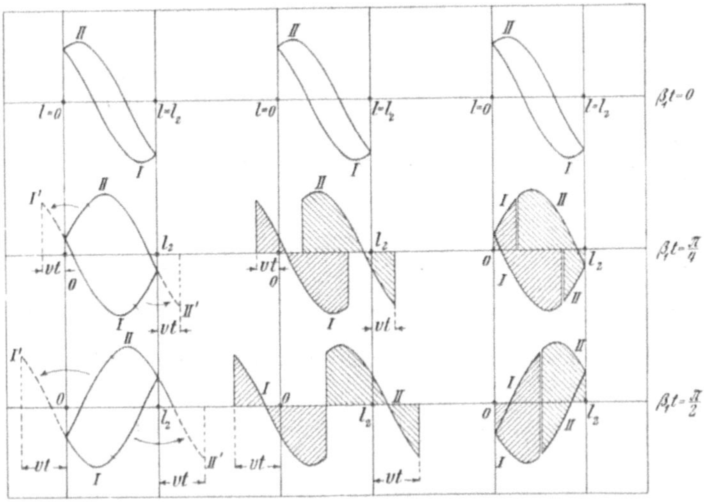

Fig. 552a, b und c. Umwandlung stehender Spannungswellen in fortschreitende Wellen, wenn die Leitung an beiden Enden offen ist.

In Fig. 552a sind die zwei fortschreitenden Grundwellen der Spannung über die ganze Leitung $l=0$ bis l_2 für die Zeiten $\beta_1 t = 0$, $\frac{\pi}{4}$ und $\frac{\pi}{2}$ aufgetragen. Den ersten Teil der Welle II und den letzten

Teil der Welle I klappen wir um die Begrenzungsordinaten um und erhalten dadurch die fortschreitenden Wellen der Fig. 552b, die sich auch aus der obigen Formel für p_v ergibt, wenn der Gültigkeitsbereich derselben von $l = \mp v_1 t$ bis zu $l = \mp v_1 t + l_2$ festgesetzt wird. Hieraus folgt, daß auch in diesem allgemeinen Falle der Gültigkeitsbereich der Formeln für die fortschreitenden Grundwellen sich ändern läßt, ohne daß ihre Richtigkeit dadurch beeinträchtigt wird, wenn man die Wellen an den Leitungsenden reflektiert. Fig. 552c zeigt die vorübergehenden Grundwellen der Spannung, die man durch diese Rechnungsweise erhält; diese stimmen in ihrer Wirkung mit den Wellen in Fig. 552a überein. In gleicher Weise läßt sich der Gültigkeitsbereich der $n$ten Oberwellen ändern, und zwar von $l = 0$ bis l_2 zu $l = \mp v_n t$ bis $\mp v_n t + l_2$. Da v_n von v_1 verschieden ist, so weicht zur Zeit t der Gültigkeitsbereich der $n$ten Oberwelle von dem der Grundwelle ab. Hieraus folgt, daß wenn wir die aus allen Teilwellen resultierende Welle zur Zeit t betrachten, diese sich nicht über ein und dieselbe Leitungslänge l_2, sondern über eine größere Länge erstreckt; denn die verschiedenen Teilwellen befinden sich zu der Zeit an ungleichen Plätzen. Die resultierenden fortschreitenden Spannungswellen ändern somit ihre Form kontinuierlich mit der Zeit. Die fortschreitenden Stromwellen haben zur Zeit $t = 0$ die folgenden Formen

$$\sum_n \tfrac{1}{2} A_n \sin\left(\mu_n l + \psi_n - \operatorname{arctg}\frac{\beta_n}{\gamma}\right)$$

$$= \sum_n \left[\tfrac{1}{2} A_n \sin(\mu_n l) \cos\left(\psi_n - \operatorname{arctg}\frac{\beta_n}{\gamma}\right) + \tfrac{1}{2} A_n \cos(\mu_n l) \sin\left(\psi_n - \operatorname{arctg}\frac{\beta_n}{\gamma}\right)\right]$$

und

$$\sum_n \tfrac{1}{2} A_n \sin\left(\mu_n l - \psi_n + \operatorname{arctg}\frac{\beta_n}{\gamma}\right)$$

$$= \sum_n \left[\tfrac{1}{2} A_n \sin(\mu_n l) \cos\left(\psi_n - \operatorname{arctg}\frac{\beta_n}{\gamma}\right) - \tfrac{1}{2} A_n \cos(\mu_n l) \sin\left(\psi_n - \operatorname{arctg}\frac{\beta_n}{\gamma}\right)\right].$$

Die stehende Stromwelle hat zur Zeit $t = 0$ die Form

$$\sum_n A_n \cos\left(\psi_n - \operatorname{arctg}\frac{\beta_n}{\gamma}\right) \sin(\mu_n l),$$

so daß die beiden fortschreitenden Wellen zur Zeit $t = 0$ um den Betrag

$$\pm \sum_n \tfrac{1}{2} A_n \cos(\mu_n l) \sin\left(\psi_n - \operatorname{arctg}\frac{\beta_n}{\gamma}\right)$$

von der Hälfte der stehenden Stromwelle abweichen. Für die Formeln der fortschreitenden Stromwellen läßt sich der Gültigkeitsbereich auch ändern, ohne daß die Formeln ihre Richtigkeit einbüßen. Fig. 553a, b und c liefern für die Grundwelle den Beweis hierfür.

Durch die ungleiche Fortpflanzungsgeschwindigkeit der Wellen in nicht verzerrungsfreien Leitungen ändern die fortschreitenden Strom- und Spannungswellen kontinuierlich ihre Form. Man ist deswegen bei solchen Leitungen gezwungen, die einzelnen Teilwellen separat zu behandeln und nachträglich für irgendeine Zeit dieselben zu summieren, um das richtige Bild der fortschreitenden resultierenden, d. h. der wirklich auftretenden Wellen zu erhalten.

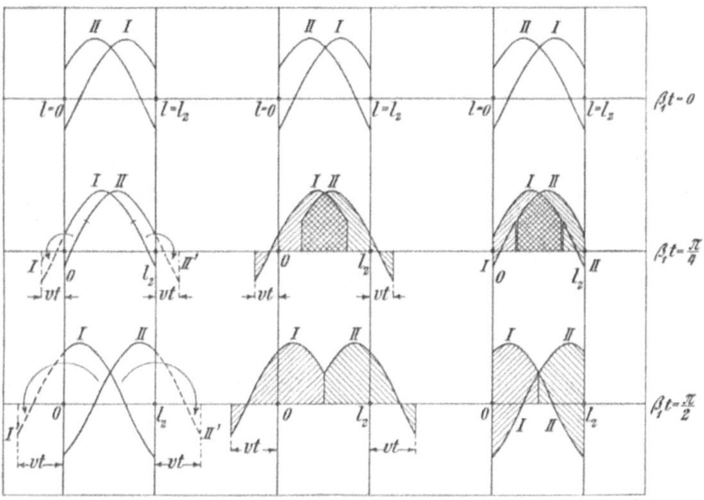

Fig. 553a, b und c. Umwandlung stehender Stromwellen in fortschreitende Wellen, wenn die Leitung an beiden Enden offen ist.

Handelt es sich um komplizierte zusammengesetzte Wellen von kleiner Längenausdehnung im Verhältnis zur Leitungslänge, so eignet sich eine Zerlegung in stehende Wellen nicht für die mathematische Behandlung der Aufgabe und noch weniger für die physikalische Darstellung derselben. Da aber die Formveränderung der fortschreitenden Wellen von der Länge der Leitung nicht abhängt, so scheint es für die Zerlegung einer vorhandenen Strom- und Spannungswelle gleichgültig, wo und wie lang die fundamentale Teilwelle gewählt wird. Bei den fortschreitenden Wellen scheint also kein direktes Verhältnis zwischen der fundamentalen Wellenlänge und der Leitungslänge zu bestehen; durch Umklappen desjenigen Teiles der fortschreitenden Welle, der außerhalb der wirklichen Leitungslänge fällt, um die Begrenzungsordinaten sorgt man nämlich dafür, daß die Grenzbedingungen erfüllt werden.

Nehmen wir diese nicht mathematisch nachgewiesene Behauptung als richtig oder wenigstens für alle praktischen Fälle als genügend zutreffend an, so lassen sich alle Wellen von kleiner Längenausdehnung in einfacher Weise in fortschreitende Teilwellen zerlegen.

Wir gehen hierbei von dem allgemeinen Integral der Leitung aus, das für die Spannungswelle wie folgt lautet:

$$p_v = e^{-\alpha t} \sum_n [A_n e^{\lambda_n l \pm \delta_n t} \sin(\mu_n l \pm \beta_n t \pm \psi_n)$$
$$+ B_n e^{-\lambda_n l \pm \delta_n t} \sin(\mu_n l \mp \beta_n t \mp \psi_n')].$$

Bei den stehenden Wellen werden die Konstanten λ_n, δ_n, μ_n und β_n mittels der Grenzbedingungen bestimmt. Bei den fortschreitenden Wellen, wo Grenzbedingungen nicht bestehen, nehmen wir der Einfachheit halber gleich an, daß $\lambda_n = 0$ und somit auch $\delta_n = 0$ sein sollen. Ferner nehmen wir an, daß die fundamentale Teilwelle so groß wie möglich sein soll, damit eine Vernachlässigung der Oberwellen möglichst wenig Einfluß auf das gewonnene Resultat ausübt. Auf Grund dieser letzten Annahme ist die Länge l_1 der Grundwelle zu wählen; aus dieser ergibt sich die Konstante $\mu_n = \frac{n\pi}{l_1}$ und β_n.

Es können also die Formeln der fortschreitenden Wellen wie folgt geschrieben werden:

$$p_v = e^{-\alpha t} \sum_n [A_n \sin(\mu_n l + \beta_n t + \psi_n) + B_n \sin(\mu_n l - \beta_n t - \psi_n')] \quad (518)$$

und

$$i_v = e^{-\alpha t} \sqrt{\frac{C_l}{L_d}} \sum_n [-A_n \sin(\mu_n l + \beta_n t + \psi_n - \varphi_n)$$
$$+ B_n \sin(\mu_n l - \beta_n t - \psi_n' + \varphi_n)]. \quad . \quad . \quad . \quad . \quad . \quad (519)$$

Um die Integrationskonstanten A_n, B_n, ψ_n und ψ_n' zu bestimmen, betrachten wir den Zustand zur Zeit $t = 0$, dann ist

$$p_{v0} = \sum_n [A_n \sin(\mu_n l + \psi_n) + B_n \sin(\mu_n l - \psi_n')]$$

und

$$i_{v0} = \sqrt{\frac{C_l}{L_d}} \sum_n [-A_n \sin(\mu_n l + \psi_n - \varphi_n) + B_n \sin(\mu_n l - \psi_n' + \varphi_n)].$$

Multiplizieren wir diese Ausdrücke auf beiden Seiten mit $\sin(\mu_n l) = \sin\left(\frac{n\pi l}{l_1}\right)$ und integrieren über den Gültigkeitsbereich der Formeln, d. h. von $l = 0$ bis $l = l_1$ zur Zeit $t = 0$, so erhalten wir

$$A_n \cos\psi_n + B_n \cos\psi_n' = \frac{2}{l_1} \int_0^{l_1} p_{v0} \sin\left(\frac{n\pi l}{l_1}\right) dl = S_p \quad . \quad (520)$$

und

$$-A_n \cos(\psi_n - \varphi_n) + B_n \cos(\psi_n' - \varphi_n) \frac{2}{l_1} \sqrt{\frac{L_d}{C_l}} \int_0^{l_1} i_{v0} \sin\left(\frac{n\pi l}{l_1}\right) dl = S_i. \tag{521}$$

Durch Multiplizieren derselben Ausdrücke mit $\cos\left(\frac{n\pi l}{l_1}\right)$ und Integrieren über denselben Bereich erhalten wir

$$A_n \sin\psi_n - B_n \sin\psi_n' = \frac{2}{l_1} \int_0^{l_1} p_{v0} \cos\left(\frac{n\pi l}{l_1}\right) dl = C_p \quad . \tag{522}$$

und

$$-A_n \sin(\psi_n - \varphi_n) - B_n \sin(\psi_n' - \varphi_n) = \frac{2}{l_1} \sqrt{\frac{L_d}{C_l}} \int_0^{l_1} i_{v0} \cos\left(\frac{n\pi l}{l_1}\right) dl = C_i. \tag{523}$$

Aus diesen vier Gleichungen ergeben sich die folgenden Ausdrücke:

$$\left.\begin{matrix} A_n \\ B_n \end{matrix}\right\} = \frac{1}{2\cos\varphi_n} \sqrt{S_p^2 + C_p^2 + S_i^2 + C_i^2 \mp 2 S_i (S_p \cos\varphi_n \mp C_p \sin\varphi_n) \mp 2 C_i (C_p \cos\varphi_n \pm S_p \sin\varphi_n)} \tag{524}$$

und

$$\left.\begin{matrix} \operatorname{tg}\psi_n \\ \operatorname{tg}\psi_n' \end{matrix}\right\} = \frac{C_p \cos\varphi_n \pm S_p \sin\varphi_n \mp C_i}{S_p \cos\varphi_n \mp C_p \sin\varphi_n \pm S_i}, \quad . \quad . \quad . \tag{525}$$

womit die Zerlegung der Strom- und Spannungswelle in fortschreitende Teilwellen erledigt ist.

Die in dieser Weise erhaltene Reihenentwicklung für die zur Zeit $t = 0$ auftretenden Strom- und Spannungswellen genügen dem allgemeinen Integral der partiellen Differentialgleichung für den Bereich $l = 0$ bis $l = l_1$ zur Zeit $t = 0$ und $l = \mp v_n t$ bis $\mp v_n t + l_1$ zur Zeit t. An den Grenzen der Leitung angelangt werden die Wellen nach den an den Grenzen existierenden Bedingungen reflektiert. Ist die Leitung am Ende offen, so ist hier für alle Zeiten stets $i_v = 0$, was darauf hinauskommt, daß die ankommende Stromwelle mit entgegengesetztem Vorzeichen und die ankommende Spannungswelle mit demselben Vorzeichen reflektiert wird. Ist die Leitung am Ende kurzgeschlossen, so lautet die Grenzbedingung $p_v = 0$ für alle Zeiten, was darauf hinauskommt, daß die ankommende Spannungswelle mit entgegengesetztem Vorzeichen und die ankommende Stromwelle mit demselben Vorzeichen reflektiert wird. — Ist die Leitung mit einer zweiten Leitung oder Stromkreis verbunden, so werden die ankommenden Strom- und Spannungswellen nicht vollständig sondern nur teilweise reflektiert. Die Gesetze dieser Reflexionen sollen im nächsten Abschnitte eingehend behandelt werden.

Wir sind somit zu dem Schlusse gekommen, daß die fundamentale Teilwelle beliebig lang gewählt werden kann, und wir können die Einführung und Anwendung von fortschreitenden Wellen in den folgenden allgemeinen Sätzen zusammenfassen: Die partielle Differentialgleichung einer homogenen Leitung, die bekanntlich in keinen Beziehungen zu den Leitungslängen steht, wird von einem allgemeinen Integral befriedigt, das auch keine Beziehungen zu der Länge der Leitung enthält. Das allgemeine Integral setzt sich aus zwei fortschreitenden Spannungs- und Stromwellen zusammen, von denen sich das eine Paar nach rechts und das andere Paar nach links bewegt. Die Formeln dieser Wellen

$$p_v = e^{-at} \sum_n [A_n \cos(\mu_n l + \beta_n t + \psi_n) + B_n \cos(\mu_n l - \beta_n t - \psi_n')]$$

und

$$i_v = e^{-at} \sqrt{\frac{C_l}{L_d}} \sum_n [A_n \sin(\mu_n l + \beta_n t + \psi_n - \varphi_n)$$
$$+ B_n \sin(\mu_n l - \beta_n t - \psi_n' + \varphi_n)]$$

haben ihren Gültigkeitsbereich zur Zeit t von $l = -v_n t$ bis $l = -v_n t + l_1$ für die linksgehenden und von $l = v_n t$ bis $l = v_n t + l_1$ für die rechtsgehenden Wellen. Im Punkte l haben die Formeln ihre Gültigkeit von $t = -\frac{l}{v_n}$ bis $t = \frac{l_1 - l}{v_n}$ für die linksgehenden und von $t = \frac{l}{v_n}$ bis $t = \frac{l - l_1}{v_n}$ für die rechtsgehenden Wellen. Die fortschreitenden Wellen ändern in nicht störungsfreien Leitungen kontinuierlich ihre Form, und zwar unabhängig von der Länge der Leitung. Die Größe der Wellen nimmt nach der Exponentialfunktion e^{-at} ab. Die an den Enden der Leitung auftretenden Vorgänge ergeben sich aus den Grenzbedingungen an dem betreffenden Ende. Die Integrationskonstanten A_n, B_n, ψ_n und ψ_n' ergeben sich aus dem zur Zeit $t = 0$ auftretenden Strom- und Spannungszustande.

Für verzerrungsfreie Leitungen ist $\gamma = 0$ und also auch der Phasenverschiebungswinkel $\varphi_n = \frac{\pi}{2} - \operatorname{arctg} \frac{\beta_n}{\gamma} = 0$, so daß in diesem Spezialfall

$$p_v = e^{-at} \sum_n [A_n \sin(\mu_n l + \beta_n t + \psi_n) + B_n \sin(\mu_n l - \beta_n t - \psi_n')] \quad (518a)$$

und

$$i_v = e^{-\alpha t}\sqrt{\frac{C_l}{L_d}}\sum_n\left[-A_n \sin(\mu_n l + \beta_n t + \psi_n) + B_n \sin(\mu_n l - \beta_n t - \psi_n')\right] \quad (519a)$$

sind, woraus man sieht, daß die rechtsgehenden Strom- und Spannungswellen bis auf den Faktor $\sqrt{\frac{C_l}{L_d}}$ identisch sind. Die linksgehenden Strom- und Spannungswellen haben dagegen entgegengesetztes Vorzeichen, so daß diese bis auf den Faktor $-\sqrt{\frac{C_l}{L_d}}$ auch zusammenfallen. Die Form der Wellen ändert sich in diesem Falle nicht mit der Zeit und läßt sich somit zur Zeit $t=0$ bestimmen. Es besitzen die linksgehenden Wellen die folgende Form

$$\sum_n A_n \sin(\mu_n l + \psi_n) = \tfrac{1}{2}\left(p_{v0} - i_{v0}\sqrt{\frac{L_d}{C_l}}\right) \quad . \quad (526)$$

und die rechtsgehenden Wellen die Form

$$\sum_n B_n \sin(\mu_n l - \psi_n') = \tfrac{1}{2}\left(p_{v0} + i_{v0}\sqrt{\frac{L_d}{C_l}}\right). \quad . \quad (527)$$

Ist in einer verzerrungsfreien Leitung, wie z. B. der Fig. 554a, der Strom- und Spannungszustand i_{v0} und p_{v0} zur Zeit $t=0$ gegeben, so ergeben sich die beiden fortschreitenden Spannungswellen durch Addition und Subtraktion der Strom- und Spannungskurven, wie die Fig. 554b zeigt. Die fortschreitenden Stromwellen ergeben sich in gleicher Weise und sind in Fig. 554c dargestellt. — Ist die Leitung nicht verzerrungsfrei, so darf trotzdem in erster Annäherung $\gamma = 0$ gesetzt werden und dieselbe angegebene Konstruktion zur Bestimmung der Form der fortschreitenden Welle benutzt werden.

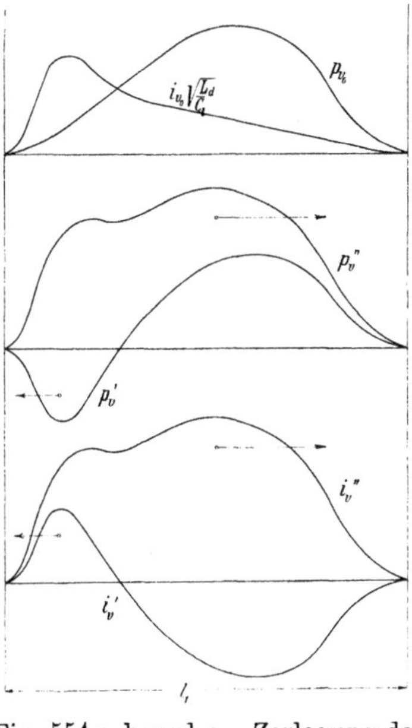

Fig. 554a, b und c. Zerlegung des Strom- und Spannungszustandes einer verzerrungsfreien Leitung in fortschreitende Wellen.

Sehr interessant sind auch die vorübergehenden Strom- und Spannungswellen, die bei einer Belastungsänderung in einer verzerrungsfreien Leitung entstehen. Der stationäre Strom- und Spannungszustand in einer Kraftübertragungsleitung läßt sich durch die folgenden Formeln (s. Seite 151)

$$p_s = P_A e^{\lambda l} \sin(\mu l + \omega t + \psi_A) + P_B e^{-\lambda l} \sin(\mu l - \omega t - \psi_B)$$

und

$$i_s = -P_A \sqrt{\frac{y_l}{z_d}} e^{\lambda l} \sin\left[\mu l + \omega t + \psi_A - \tfrac{1}{2}(\psi_d - \psi_l)\right]$$

$$+ P_B \sqrt{\frac{y_l}{z_d}} e^{-\lambda l} \sin\left[\mu l + \omega t - \psi_B + \tfrac{1}{2}(\psi_d - \psi_l)\right]$$

darstellen, wenn die Länge l von den Primärklemmen aus nach den Sekundärklemmen hin positiv gerechnet wird. Ist die Leitung verzerrungsfrei, so wird $\psi_d = \psi_l$ und $\sqrt{\frac{y_l}{z_d}} = \sqrt{\frac{C_l}{L_d}}$, so daß die stationäre Stromwelle die folgende Form annimmt:

$$i_s = -P_A \sqrt{\frac{C_l}{L_d}} e^{\lambda l} \sin(\mu l + \omega t + \psi_A)$$

$$+ P_B \sqrt{\frac{C_l}{L_d}} e^{-\lambda l} \sin(\mu l - \omega t - \psi_B).$$

Bei Einschaltung einer derartigen Leitung wird zur Zeit $t = 0$

$$p_{v0} = -p_{s0} = -P_A e^{\lambda l} \sin(\mu l + \psi_A) - P_B e^{-\lambda l} \sin(\mu l - \psi_B)$$

und

$$i_{v0} = -i_{s0} = P_A \sqrt{\frac{C_l}{L_d}} e^{\lambda l} \sin(\mu l + \psi_A) - P_B \sqrt{\frac{C_l}{L_d}} e^{-\lambda l} \sin(\mu l - \psi_B).$$

Die vorübergehende Welle, die nach links geht, ergibt sich somit zur Zeit $t = 0$ gleich

$$\sum_n A_n \sin(\mu_n l + \psi_n) = \frac{1}{2}\left(p_{v0} - i_{v0}\sqrt{\frac{L_d}{C_l}}\right) = -P_A e^{\lambda l} \sin(\mu l + \psi_A) \tag{528}$$

und die vorübergehende Welle, die nach rechts geht, wird zur Zeit $t = 0$

$$\sum_n B_n \sin(\mu_n l - \psi_n') = \frac{1}{2}\left(p_{v0} + i_{v0}\sqrt{\frac{L_d}{C_l}}\right) = -P_B e^{-\lambda l} \sin(\mu l - \psi_B). \tag{529}$$

Wir sehen somit, daß die vorübergehenden Spannungswellen im Momente des Einschaltens gleich der stationären Spannungswelle im selben Momente sind. Hieraus folgt direkt, daß die vorübergehenden Wellen, die bei einer Belastungsänderung in einer verzerrungsfreien Leitung entstehen, identisch sind mit der Änderung in den stationären Wellen in der respektiven Bewegungsrichtung. Allgemein ergibt sich somit die linksgehende Welle

$$\sum_n A_n \sin(\mu_n l + \psi_n) = P_{AI} e^{\lambda l} \sin(\mu l + \psi_{AI}) - P_{AII} e^{\lambda l} \sin(\mu l + \psi_{AII}) \quad (530)$$

und die rechtsgehende Welle

$$\sum_n B_n \sin(\mu_n l - \psi_n') = P_{BI} e^{-\lambda l} \sin(\mu l - \psi_{BI}) - P_{BII} e^{-\lambda l} \sin(\mu l - \psi_{BII}), \quad (531)$$

worin der Index I sich auf den stationären Zustand vor und der Index II sich auf den stationären Zustand nach der Belastungsänderung bezieht.

Ausgehend von der im vorigen Kapitel gebrachten mathematisch einfachen Zerlegung von vorübergehenden Strom- und Spannungszuständen in stehende Wellen (freie Schwingungen), deren Wellenlängen Vielfache von der Leitungslänge waren, sind wir nun zu den fortschreitenden Wellen gelangt, die in bedeutend einfacherer Weise die physikalischen Vorgänge bei dem Ausgleich von Strom- und Spannungszuständen in Leitungen mit gleichmäßig verteiltem Widerstand, Selbstinduktion und Kapazität darzustellen vermögen. Die fortschreitenden Wellen haben viel Gemeinsames mit den Wasserwellen, die sich von der Stelle einer spiegelblanken Wasserfläche ausbreiten, in die man einen Stein hineinwirft. Diese Wellen werden sich ins Unendliche fortpflanzen, wenn sie nicht vorher aussterben oder durch Hindernisse reflektiert werden.

c) Die fortschreitenden Wellen eignen sich vorzüglich zur Veranschaulichung der physikalischen Vorgänge. Um dies zu zeigen, sollen im folgenden ein paar Beispiele gebracht werden, die schon im vorigen Kapitel mittels stehender Wellen ihre Lösung fanden. Der Einfachheit halber wird hierbei angenommen, daß die Leitungen stets verzerrungsfrei sind, d. h. $\frac{r_d}{L_d} = \frac{g_l}{C_l}$.

1. Beispiel: Es sollen die Strom- und Spannungswellen aufgezeichnet werden, die beim Einschalten einer an den Sekundärklemmen offenen Leitung auf eine konstante Primärspannung P entstehen. Es mag hierfür eine 300 km lange Leitung mit den Konstanten $r_d = 0{,}35$ Ohm, $L_d = 0{,}0031$ Henry, $g_l = 0{,}475\ 10^{-6}$ Mho und $C_l = 0{,}0042$ Mikrofarad dienen. — Der stationäre Strom- und Spannungszustand ergibt sich aus den folgenden Differentialgleichungen:

$$\frac{di_s}{dl} = -p_s g_l$$

und

$$\frac{dp_s}{dl} = -i_s r_d,$$

weil $\frac{dp_s}{dt}$ und $\frac{di_s}{dt}$ beide gleich Null. Aus diesen Gleichungen folgt

$$\frac{d^2 p_s}{dl^2} = r_d g_l p_s,$$

deren allgemeines Integral

$$p_s = A\mathrm{e}^{-\sqrt{r_d g_l}\, l} + B\mathrm{e}^{\sqrt{r_d g_l}\, l},$$

also

$$i_s = \sqrt{\frac{g_l}{r_d}} \left(A\mathrm{e}^{-\sqrt{r_d g_l}\, l} - B\mathrm{e}^{\sqrt{r_d g_l}\, l} \right).$$

Weil $i_s = 0$ für $l = l_2$ und $p_s = P$ für $l = 0$, wird

$$p_s = P \frac{\mathrm{e}^{\sqrt{r_d g_l}\,(l_2 - l)} + \mathrm{e}^{-\sqrt{r_d g_l}\,(l_2 - l)}}{\mathrm{e}^{\sqrt{r_d g_l}\, l_2} + \mathrm{e}^{-\sqrt{r_d r_l}\, l_2}}$$

und

$$i_s = P \sqrt{\frac{g_l}{r_d}} \frac{\mathrm{e}^{\sqrt{r_d g_l}\,(l_2 - l)} - \mathrm{e}^{-\sqrt{r_d g_l}\,(l_2 - l)}}{\mathrm{e}^{\sqrt{r_d g_l}\, l_2} + \mathrm{e}^{-\sqrt{r_d g_l}\, l_2}}.$$

Der vorübergehende Strom- und Spannungszustand zur Zeit $t = 0$ ist durch

$$p_{v0} = -p_{s0}$$

und

$$i_{v0} = -i_{s0}$$

gegeben. Hieraus ergeben sich wieder die beiden fortschreitenden Strom- und Spannungswellen zur Zeit $t = 0$

$$\begin{aligned} \sum_n A_n \sin(\mu_n l + \psi_n) &= \frac{1}{2}\left(p_{v0} - i_{v0}\sqrt{\frac{L_d}{C_l}}\right) \\ &= \frac{1}{2}\left(p_{v0} - i_{v0}\sqrt{\frac{r_d}{g_l}}\right) \\ &= -P \frac{\mathrm{e}^{-\sqrt{r_d g_l}\,(l_2 - l)}}{\mathrm{e}^{\sqrt{r_d g_l}\, l_2} + \mathrm{e}^{-\sqrt{r_d g_l}\, l_2}} \end{aligned}$$

und

$$\begin{aligned} \sum_n B_n \sin(\mu_n l - \psi_n') &= \frac{1}{2}\left(p_{v0} + i_{v0}\sqrt{\frac{r_d}{g_l}}\right) \\ &= -P \frac{\mathrm{e}^{\sqrt{r_d g_l}\,(l_2 - l)}}{\mathrm{e}^{\sqrt{r_d g_l}\, l_2} + \mathrm{e}^{-\sqrt{r_d g_l}\, l_2}}. \end{aligned}$$

Die beiden fortschreitenden Strom- und Spannungswellen sind in Fig. 555 zusammen mit dem stationären Strom- und Spannungszustande eingezeichnet; von den fortschreitenden Wellen pflanzt sich die eine nach rechts und die andere nach links fort. Am Anfang der Leitung, wo $l = 0$ ist, werden die Spannungswellen mit entgegengesetztem Vorzeichen, und am anderen Ende, wo $l = l_2$ ist, werden die Wellen mit demselben Vorzeichen reflektiert. Es muß außerdem berücksichtigt werden, daß die Wellen in Größe mit $e^{-\alpha t} = e^{-\alpha \frac{l}{v}} = e^{-\frac{r_d}{L_d}\sqrt{L_d C_l}\, l} = e^{-\sqrt{r_d g_l}\, l}$ abnehmen, worin l die von der Welle durchlaufene Weglänge bezeichnet. Superponiert man die beiden fortschreitenden Spannungswellen über die stationäre Spannung p_{s0}, so erhält man die in Fig. 556 dargestellte resultierende Welle, die sich von der Lage I zur Zeit $t = 0$ aus nach den Lagen II, III bis VII fortpflanzt. Die Ausbreitung der Spannung in einer offenen Leitung, wenn diese plötzlich auf eine vollkommen konstante Spannung eingeschaltet wird, gestaltet sich somit als die Wanderung einer nahezu konstanten Spannungswelle von den Primärklemmen bis zu den offenen Sekundärklemmen, wo die Spannungswelle mit demselben Vorzeichen reflektiert wird. Von den Sekundärklemmen wandert die Spannungswelle, über der stationären Spannung gelagert, nach den Primärklemmen zurück. Hier angelangt, wird die Welle mit entgegengesetztem Vorzeichen reflektiert und wandert also mit entgegengesetztem Vorzeichen von der stationären Spannung wieder nach den Sekundärklemmen usw., bis die vorübergehende Spannungswelle zuletzt verschwindet. Bei der hier betrachteten Leitung, deren $\alpha = 112$ ist, sinkt die Spannungswelle in $^1/_{25}$ Sekunde bis auf $1\,^0/_0$ ihres ursprünglichen Wertes herab. Die Ausbreitung der Spannungswelle über die ganze Leitung gestaltet sich somit äußerst natürlich und läßt sich mit Hilfe der fortschreitenden Wellen viel einfacher und genauer bestimmen, als es mit den stehenden Wellen (Abschn. 161) möglich war. — Fig. 557 zeigt die Fortpflanzung der Stromwelle, die den Ladungsvorgang der Leitung begleitet.

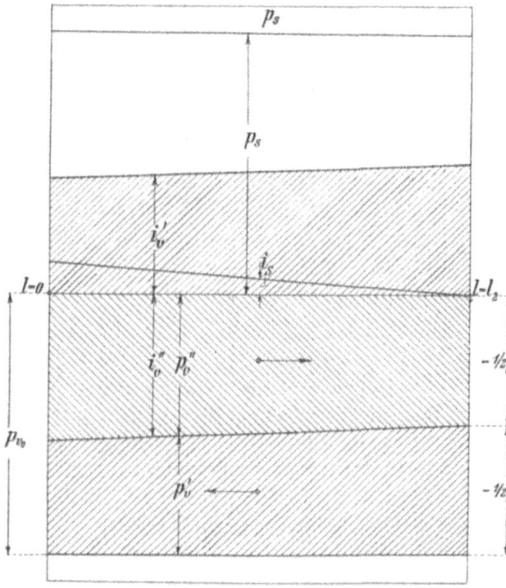

Fig. 555. Zerlegung des stationären Zustandes einer leerlaufenden verzerrungsfreien Leitung in vorübergehende Wellen.

2. Beispiel: Es sollen hier die Strom- und Spannungswellen

aufgezeichnet werden, die beim Kurzschließen der Sekundärklemmen einer Leitung entstehen, welche primär an einer konstanten Spannung P angeschlossen ist.

Bei offenen Sekundärklemmen ist die stationäre Spannung

$$p_{I\,s} = P\,\frac{e^{\sqrt{r_d g_l}\,(l_2-l)} + e^{-\sqrt{r_d g_l}\,(l_2-l)}}{e^{\sqrt{r_d g_l}\,l_2} + e^{-\sqrt{r_d g_l}\,l_2}}$$

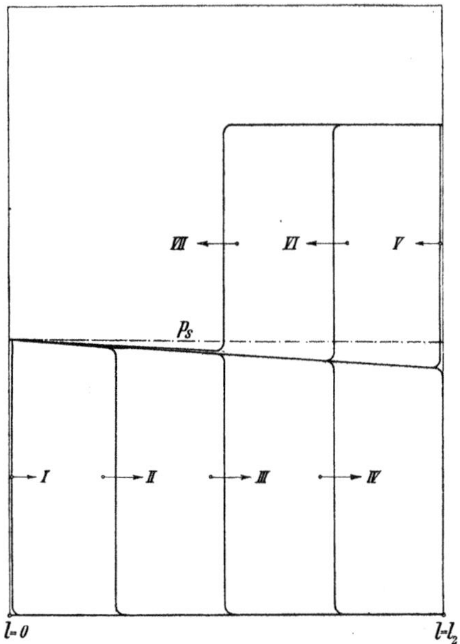

Fig. 556. Die beim Einschalten einer leerlaufenden verzerrungsfreien Leitung auf eine konstante Spannung entstehenden Spannungswellen.

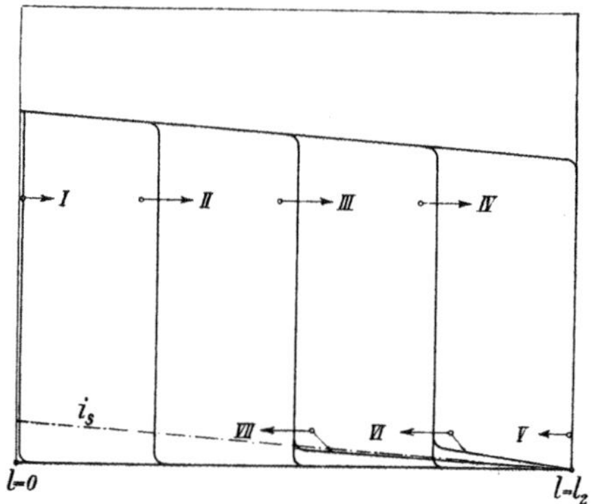

Fig. 557. Die beim Einschalten einer leerlaufenden verzerrungsfreien Leitung auf eine konstante Spannung entstehenden Stromwellen.

und die stationäre Stromstärke

$$i_{I\,s} = P\sqrt{\frac{g_l}{r_d}}\,\frac{e^{\sqrt{r_d g_l}\,(l_2-l)} - e^{-\sqrt{r_d g_l}\,(l_2-l)}}{e^{\sqrt{r_d g_l}\,l_2} + e^{-\sqrt{r_d g_l}\,l_2}}\,.$$

Bei kurzgeschlossenen Sekundärklemmen ist die stationäre Spannung

$$p_{II\,s} = P\,\frac{e^{\sqrt{r_d g_l}\,(l_2-l)} - e^{-\sqrt{r_d g_l}\,(l_2-l)}}{e^{\sqrt{r_d g_l}\,l_2} - e^{-\sqrt{r_d g_l}\,l_2}}$$

und die stationäre Stromstärke

$$i_{II\,s} = P\sqrt{\frac{g_l}{r_d}}\,\frac{e^{\sqrt{r_d g_l}\,(l_2-l)} + e^{-\sqrt{r_d g_l}\,(l_2-l)}}{e^{\sqrt{r_d g_l}\,l_2} - e^{-\sqrt{r_d g_l}\,l_2}}\,.$$

Es ist somit der vorübergehende Strom- und Spannungszustand zur Zeit $t = 0$

$$p_{v\,0} = p_{I\,s} - p_{II\,s}$$

und

$$i_{v\,0} = i_{I\,s} - i_{II\,s}\,,$$

woraus sich die fortschreitenden Spannungswellen

$$\sum_n A_n \sin(\mu_n l + \psi_n) = P\left(\frac{e^{-\sqrt{r_d g_l}(l_2 - l)}}{e^{\sqrt{r_d g_l}\, l_2} - e^{-\sqrt{r_d g_l}\, l_2}} + \frac{e^{-\sqrt{r_d g_l}(l_2 - l)}}{e^{\sqrt{r_d g_l}\, l_2} + e^{-\sqrt{r_d g_l}\, l_2}}\right)$$

und

$$\sum_n B_n \sin(\mu_n l - \psi_n') = P\left(\frac{e^{\sqrt{r_d g_l}(l_2 - l)}}{e^{\sqrt{r_d g_l}\, l_2} + e^{-\sqrt{r_d g_l}\, l_2}} - \frac{e^{\sqrt{r_d g_l}(l_2 - l)}}{e^{\sqrt{r_d g_l}\, l_2} - e^{-\sqrt{r_d g_l}\, l_2}}\right)$$

zur Zeit $t = 0$ ergeben. Diese sind in Fig. 558 mit den stationären Zuständen eingezeichnet. In Fig. 559 ist die resultierende Spannung $p_{II\,s} + p_v$ und in Fig. 560 der resultierende Strom zu verschiedenen Zeiten eingezeichnet.

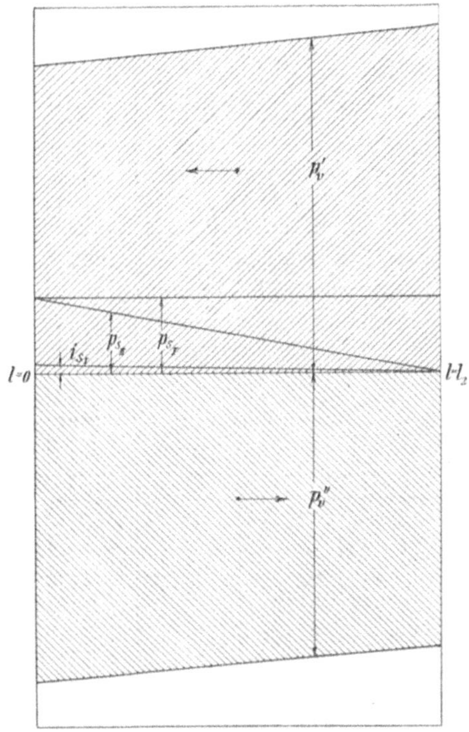

Fig. 558. Zerlegung des stationären Zustandes einer kurzgeschlossenen verzerrungsfreien Leitung in vorübergehende Wellen.

Aus diesen Figuren sieht man deutlich, wie die Strom- und Spannungswellen von der Sekundärstation aus fortgepflanzt und an beiden Enden der Leitung reflektiert werden; die Spannungswellen werden mit entgegengesetztem und die Stromwellen mit demselben Vorzeichen reflektiert.

3. Beispiel: Es sollen hier die Strom- und Spannungswellen aufgezeichnet werden, die beim Einschalten einer an den Sekundärklemmen kurzgeschlossenen Leitung auf eine stationäre Primärspannung $P \sin(\omega t + \psi)$ und ferner die Strom- und Spannungswellen, die beim plötzlichen Abschalten derselben Leitung entstehen. Es mag hierfür dieselbe Leitung wie in Beispiel 1 dienen; es sind dann die Leitungskonstanten $r_d = 0{,}35$ Ohm, $L_d = 0{,}0031$ Henry, $g_l = 0{,}475\ 10^{-6}$ Mho und $C_l = 0{,}0042$ Mikrofarad. Bezeichnen wir den stationären Kurzschlußstrom in der Sekundärstation mit

$$i_{2\,s} = J_2 \sin(\omega t + \psi_2),$$

so ergeben sich die folgenden stationären Strom- und Spannungswellen

$$p_s = \frac{1}{2}\sqrt{\frac{L_d}{C_l}}\, J_2\, e^{\lambda(l_2 - l)} \sin\left[\mu(l_2 - l) + \omega t + \psi_2\right]$$

$$= \frac{1}{2}\sqrt{\frac{L_d}{C_l}}\, J_2\, e^{-\lambda(l_2 - l)} \sin\left[\mu(l_2 - l) - \omega t - \psi_2\right]$$

und

$$i_s = \tfrac{1}{2} J_2\, e^{\lambda(l_2 - l)} \sin\left[\mu(l_2 - l) + \omega t + \psi_2\right]$$

$$- \tfrac{1}{2} J_2\, e^{-\lambda(l_2 - l)} \sin\left[\mu(l_2 - l) - \omega t - \psi_2\right],$$

worin

$$\lambda = \sqrt{g_l r_d}$$

und

$$\mu = \omega \sqrt{L_d C_l}.$$

Beim Einschalten erhalten wir also die folgende fortschreitende Spannungswelle nach links

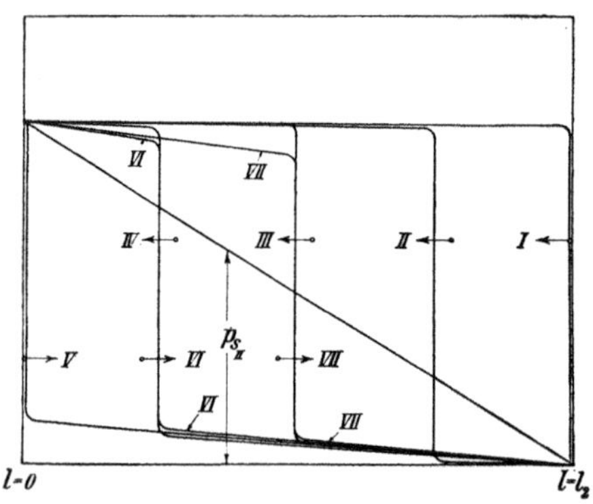

Fig. 559. Die beim Kurzschließen einer leerlaufenden verzerrungsfreien Leitung entstehenden Spannungswellen.

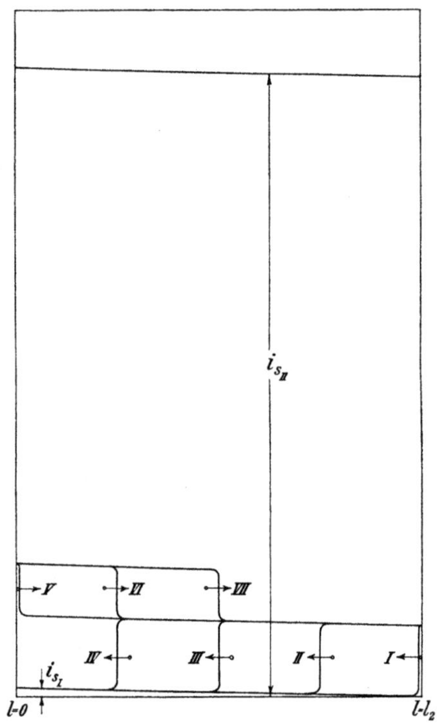

Fig. 560. Die beim Kurzschließen einer leerlaufenden verzerrungsfreien Leitung entstehenden Stromwellen.

$$\sum_n A_n \sin(\mu_n l + \psi_n) = -\frac{1}{2}\sqrt{\frac{L_d}{C_l}}\, J_2\, e^{-\lambda(l_2 - l)} \sin\left[\mu(l_2 - l) - \psi_2\right]$$

und nach rechts

$$\sum_n B_n \sin(\mu_n l - \psi_n') = -\frac{1}{2}\sqrt{\frac{L_d}{C_l}}\, J_2\, e^{\lambda(l_2 - l)} \sin\left[\mu(l_2 - l) + \psi_2\right].$$

Diese Wellen sind zusammen mit dem stationären Zustand für $c = 50$ Perioden und $\psi_2 = \frac{\pi}{2}$ in Fig. 561 eingetragen. Beim Abschalten der kurzgeschlossenen Leitung erhält man dieselben fortschreitenden Wellen mit entgegengesetztem Vorzeichen.

In Fig. 562 sind die aus den vorübergehenden und stationären Wellen sich ergebenden resultierenden Strom- und Spannungswellen

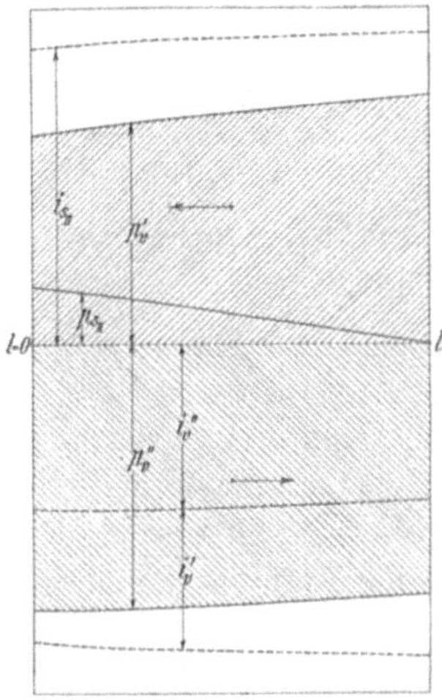

Fig. 561. Zerlegung des stationären Zustandes einer kurzgeschlossenen Leitung in vorübergehende Wellen.

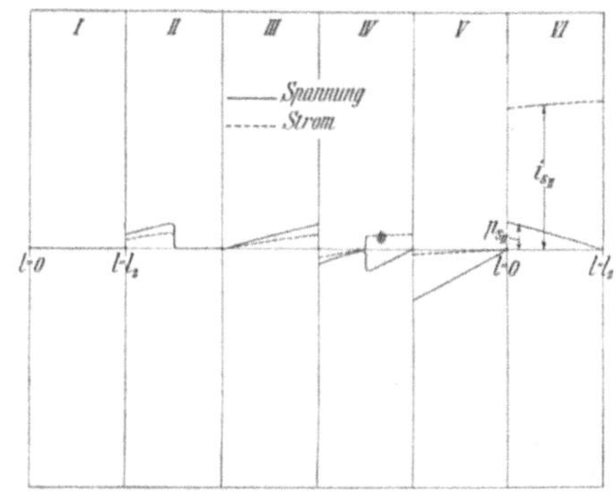

Fig. 562. Die beim Einschalten einer kurzgeschlossenen verzerrungsfreien Leitung entstehenden Strom- und Spannungswellen.

für verschiedene Zeitmomente nach dem Einschalten aufgezeichnet. Ebenso sind in Fig. 563 die beim plötzlichen Abschalten der kurzgeschlossenen Leitung entstehenden Strom- und Spannungswellen für verschiedene Zeitmomente aufgezeichnet.

In gleicher Weise, wie die obigen Beispiele zeigen, lassen sich noch viele andere Aufgaben lösen, und zwar sowohl für Gleich- wie Wechselstromkreise. Die hier behandelten Wellen sterben gewöhnlich so schnell aus, daß sie schon innerhalb einer Periode vernachlässigbar klein geworden sind.

Entsteht in einem ungeerdeten, gut isolierten Wechselstromsystem ein Erdfehler, so wird sich das Potential des ganzen Systems verschieben, und zwar wird diese Verschiebung von gleichen Spannungswellen wie die im Beispiel 1 gezeigten be-

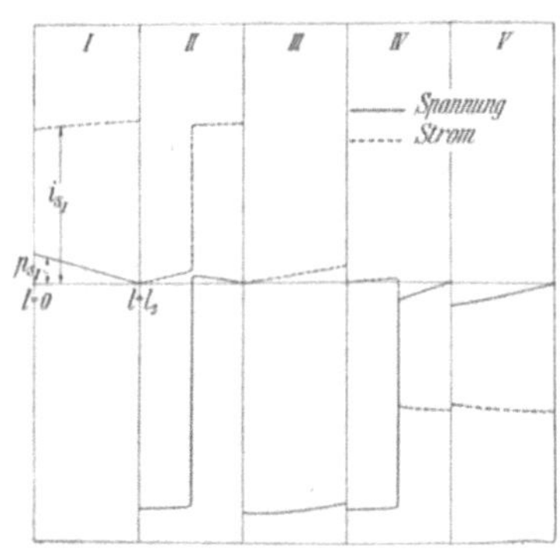

Fig. 563. Die beim Abschalten einer kurzgeschlossenen verzerrungsfreien Leitung entstehenden Strom- und Spannungswellen.

gleitet. Es kann somit eine derartige Potentialverschiebung in einem Wechselstromsystem zu ziemlich großen Überspannungen Anlaß geben.

Schaltet man eine belastete Leitung in der Primärstation ab, so wird der Strom nach ähnlichen Wellen wie die im Beispiel 3 gezeigten verschwinden. Da aber die Reflexion der Wellen an den Primärklemmen auf Grund des Widerstandes in dem Öffnungsfunken der Ölschalter keine vollständige ist, so werden die Wellen noch schneller aussterben als sonst, d. h. in einer äußerst kurzen Zeit, oft in einem Bruchteil einer Periode.

168. Das Reflektieren von Strom- und Spannungswellen an Übergangsstellen.

Es ist in dem vorigen Abschnitt gezeigt, wie Strom- und Spannungswellen sich in langen Leitungen fortpflanzen, wenn diese homogen sind. Besteht die Leitung aus mehreren verschiedenen Teilen, so gelten die soeben abgeleiteten Gesetze nicht ohne weiteres, sondern sind mit Bezug auf die Vorgänge zu modifizieren, die sich an der Übergangsstelle von einem Teil der Leitung zum anderen abspielen. Da jede Sinuswelle sich mit einer für ihre Schwingungszahl eigenen Geschwindigkeit fortpflanzt und allmählich ausstirbt, so ist es in diesem Abschnitt nur nötig, das Verhalten der einzelnen Sinuswellen an der Übergangsstelle zu untersuchen. Um das vollständige Bild des Ausgleichvorganges zu erhalten, ist es dann nur nötig, die verschiedenen Sinuswellen zu superponieren.

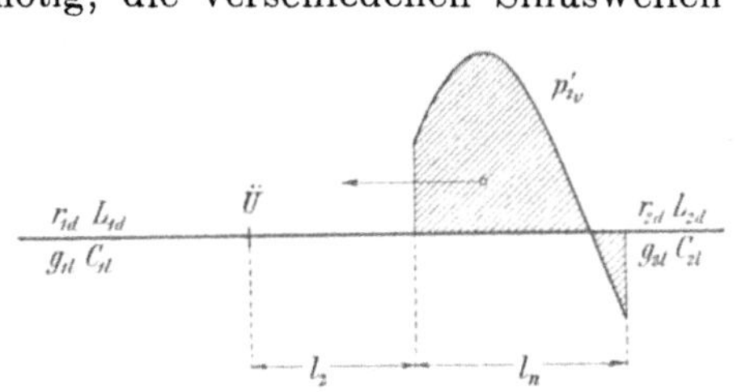

Fig. 564. Eine fortschreitende Sinuswelle.

a) Wir betrachten zuerst den Fall, daß die Leitung aus zwei je für sich homogenen Teilen (Fig. 564) besteht. In dem zweiten Teile der Leitung entsteht zur Zeit $t=0$ ein Strom- und Spannungszustand, der zu den folgenden fortschreitenden Wellen Anlaß gibt, die der Einfachheit halber als Sinuswellen angenommen worden sind:

$$p_v = e^{-\alpha_2 t}\left[A_{2n}\cos(\mu_{2n} l + \beta_n t + \psi_{2n}) + B_{2n}\cos(\mu_{2n} l - \beta_n t - \psi'_{2n})\right]$$

und
$$i_v = e^{-\alpha_2 t}\sqrt{\frac{C_{2l}}{L_{2d}}}\left[-A_{2n}\cos(\mu_{2n} l + \beta_n t + \psi_{2n} - \varphi_{2n})\right.$$
$$\left. + B_{2n}\cos(\mu_{2n} l - \beta_n t - \psi'_{2n} + \varphi_{2n})\right],$$

worin der Phasenverschiebungswinkel zwischen Strom und Spannung

$$\varphi_{2n} = \operatorname{arctg}\frac{\beta_n}{\gamma_2} - \frac{\pi}{2}, \text{ weil } \lambda_{2n} = 0 \text{ gesetzt ist.}$$

Diese Formeln besitzen den Gültigkeitsbereich $l = -v_n t$ bis $l = -v_n t + l_n$ für die linksgehende und $l = +v_n t$ bis $l = +v_n t + l_n$ für die rechtsgehende Welle. Außerdem lassen wir vorläufig die rechtsgehende Welle außer Betracht, indem wir annehmen, daß der zweite Teil der Leitung unendlich lang ist. In dem Falle wird nämlich die rechtsgehende Welle sich ins Unendliche fortpflanzen und allmählich aussterben. Die linksgehende Welle p'_{2v} dagegen wird sich nach links bewegen, bis sie am Anfang des zweiten Teiles der Leitung anlangt. Hier wird nur ein Teil der Wellen reflektiert, während der übrige Teil sich in den ersten Teil der Leitung hinein fortpflanzt.

Wenn die Zeit t von dem Momente aus gerechnet wird, wenn die Welle den Übergangspunkt $\ddot{U}$ zum ersten Teil der Leitung trifft, so lassen sich die ursprünglich linksgehenden Wellen wie folgt schreiben:

$$p'_{2v} = e^{-a_2 t} A_{2n} \cos(\mu_{2n} l + \beta_n t + \psi_{2n}) \quad . \quad . \quad . \quad . \quad . \quad (532)$$

und

$$i'_{2v} = e^{-a_2 t} \sqrt{\frac{C_{2l}}{L_{2d}}} A_{2n} \cos(\mu_{2n} l + \beta_n t + \psi_{2n} - \varphi_{2n}) \quad . \quad (533)$$

Der reflektierte Teil der Spannungswelle kann dann durch

$$p''_{2v} = e^{-a_2 t} B_{2n} \cos(\mu_{2n} l - \beta_n t - \psi'_{2n}) \quad . \quad . \quad . \quad (534)$$

und der reflektierte Teil der Stromwelle durch

$$i''_{2v} = e^{-a_2 t} \sqrt{\frac{C_{2l}}{L_{2d}}} B_{2n} \cos(\mu_{2n} l - \beta_n t - \psi'_{2n} + \varphi_{2n}) \quad (535)$$

ausgedrückt werden, während die im ersten Teile der Leitung übertretenden Wellen wie folgt geschrieben werden können:

$$p_{1v} = e^{-a_1 t} A_{1n} e^{-\lambda_{1n} l + \delta_{1n} t} \cos(\mu_{1n} l + \beta_n t + \psi_{1n}) . \quad (536)$$

und

$$i_{1v} = - e^{-a_1 t} k_{1n} \sqrt{\frac{C_{1l}}{L_{1d}}} A_{1n} e^{-\lambda_{1n} l + \delta_{1n} t} \cos(\mu_{1n} l + \beta_n t + \psi_{1n} - \varphi_{1n}) . \quad (537)$$

Diese Gleichungen gelten in der Umgebung des Übergangspunktes und im Übergangspunkte selber während der Zeit $t = 0$ bis $t = \frac{l_n}{v_n}$. Im Übergangspunkte soll während dieser Zeit

$$p_{1v} = p_{2v} = p'_{2v} + p''_{2v}$$

und

$$i_{1v} = i_{2v} = i'_{2v} + i''_{2v} \text{ sein.}$$

Vergleichen wir diese Formeln mit den S. 796 für stehende Wellen aufgestellten, so stimmen sie miteinander überein; nur ist in diesem Falle $\lambda_{2n} = 0$, $l_1 = 0$ und $B_{1n} = 0$ zu setzen, und die Formeln gelten nur für die beschränkte Zeit $t = 0$ bis $t = \frac{l_n}{v_n}$. Hieraus folgt, daß zwischen den Konstanten A_{1n}, A_{2n}, B_{2n}, ψ_{1n}, ψ_{2n} und ψ'_{2n} dieselben Beziehungen bestehen müssen, wie sie S. 799 für stehende Wellen abgeleitet worden sind. Unter Einführung der folgenden Abkürzungen:

$$a_1 = A_{1n} \cos \psi_{1n},$$
$$c_1 = A_{1n} \sin \psi_{1n},$$
$$a_2 = A_{2n} \cos \psi_{2n},$$
$$c_2 = A_{2n} \sin \psi_{2n},$$
$$b_2 = B_{2n} \cos \psi'_{2n}$$

und

$$d_2 = -B_{2n} \sin \psi'_{2n}$$

erhalten wir die folgenden Beziehungen:

$$a_2 = \tfrac{1}{2}\left[(1 + \operatorname{cotg} \varepsilon_n \cos \Delta\varphi_n)\, a_1 - \operatorname{cotg} \varepsilon_n \sin(\Delta\varphi_n)\, c_1\right],$$
$$b_2 = \tfrac{1}{2}\left[(1 - \operatorname{cotg} \varepsilon_n \cos \Delta\varphi_n)\, a_1 + \operatorname{cotg} \varepsilon_n \sin(\Delta\varphi_n)\, c_1\right],$$
$$c_2 = \tfrac{1}{2}\left[\operatorname{cotg} \varepsilon_n \sin(\Delta\varphi_n)\, a_1 + (1 + \operatorname{cotg} \varepsilon_n \cos \Delta\varphi_n)\, c_1\right]$$

und

$$d_2 = \tfrac{1}{2}\left[\operatorname{cotg} \varepsilon_n \sin(\Delta\varphi_n)\, a_1 + (1 - \operatorname{cotg} \varepsilon_n \cos \Delta\varphi_n)\, c_1\right],$$

worin

$$\operatorname{tg} \varepsilon_n = \frac{1}{k_{1n}} \sqrt{\frac{L_{1d} C_{2l}}{C_{1l} L_{2d}}} \qquad \text{und} \qquad \Delta\varphi_n = \varphi_{2n} - \varphi_{1n}.$$

Hieraus folgt

$$A_{2n} = \sqrt{a_2^2 + c_2^2} = \tfrac{1}{2} A_{1n} \sqrt{(1 + \operatorname{tg} \varepsilon_n \cos \Delta\varphi_n)^2 + \operatorname{tg}^2 \varepsilon_n \sin^2 \Delta\varphi_n}$$
$$\cong \tfrac{1}{2} A_{1n} \left(1 + \sqrt{\frac{C_{1l} L_{2d}}{L_{1d} C_{1l}}}\right)$$

und

$$B_{2n} = \sqrt{b_2^2 + d_2^2} = \tfrac{1}{2} A_n \sqrt{(1 - \operatorname{tg} \varepsilon_n \cos \Delta\varphi_n)^2 + \operatorname{tg}^2 \varepsilon_n \sin^2 \Delta\varphi_n}$$
$$\cong \tfrac{1}{2} A_{1n} \left(1 - \sqrt{\frac{C_{1l} L_{2d}}{L_{1d} C_{2l}}}\right),$$

$$\psi_{2n} - \psi_{1n} = \operatorname{arctg}\left(\frac{c_2}{a_2}\right) - \operatorname{arctg}\left(\frac{c_1}{a_1}\right)$$

oder

$$\operatorname{tg}(\psi_{2n} - \psi_{1n}) = \frac{c_2 a_1 - c_1 a_2}{a_1 a_2 + c_1 c_2} = \frac{\operatorname{cotg} \varepsilon_n \sin \Delta\varphi_n}{1 + \operatorname{cotg} \varepsilon_n \cos \Delta\varphi_n}$$

und analog

$$\operatorname{tg}(\psi'_{2n} - \psi_{1n}) = -\frac{c_1 b_2 + d_2 a_1}{a_1 b_2 - c_1 d_2} = -\frac{\operatorname{cotg} \varepsilon_n \sin \Delta\varphi_n}{1 - \operatorname{cotg} \varepsilon_n \cos \Delta\varphi_n}.$$

Hieraus folgt

$$\frac{B_{2n}}{A_{2n}} = \pm\sqrt{\frac{1+\operatorname{cotg}^2\varepsilon_n - 2\operatorname{cotg}\varepsilon_n\cos\Delta\varphi_n}{1+\operatorname{cotg}^2\varepsilon_n + 2\operatorname{cotg}\varepsilon_n\cos\Delta\varphi_n}}$$

$$= \pm\sqrt{\frac{1-\sin 2\varepsilon_n\cos\Delta\varphi_n}{1+\sin 2\varepsilon_n\cos\Delta\varphi_n}}, \quad \ldots\ldots \quad (538)$$

wovon das obere Vorzeichen sich auf $\varepsilon_n > \frac{\pi}{4}$, d. h. $\operatorname{tg}\varepsilon_n > 1$, und das untere Vorzeichen sich auf $\varepsilon_n < \frac{\pi}{4}$ bezieht. Ferner ist

$$\operatorname{tg}(\psi_{2n}' - \psi_{2n}) = \operatorname{tg}[\psi_{2n}' - \psi_{1n} - (\psi_{2n} - \psi_{1n})] = \operatorname{tg} 2\varepsilon_n \cdot \sin\Delta\varphi_n. \quad (539)$$

$\operatorname{tg}\varepsilon_n$ ist das Verhältnis zwischen dem scheinbaren Wellenwiderstand der beiden Leitungen, und zwar das Verhältnis des Widerstandes der Leitung, in welche die Welle versucht einzudringen zu dem Widerstand der Leitung, von der die Welle kommt. Wenn beide Leitungen gleich sind, wird dieses Verhältnis $\operatorname{tg}\varepsilon_n = 1$ und der Winkel $\Delta\varphi_n = 0$; es wird also in dem Falle $B_{2n} = 0$ und $\psi_{2n}' = \psi_{2n}$.

Wir sehen somit, daß, wenn eine fortschreitende Spannungswelle an einem Übergangspunkte anlangt, ein Teil derselben reflektiert wird, und zwar in dem Verhältnis

$$\frac{B_{2n}}{A_{2n}} = \pm\sqrt{\frac{1-\sin 2\varepsilon_n\cos\Delta\varphi_n}{1+\sin 2\varepsilon_n\cos\Delta\varphi_n}} \cong \frac{1-\sqrt{\frac{C_{1l}L_{2d}}{L_{1d}C_{2l}}}}{1+\sqrt{\frac{C_{1l}L_{2d}}{L_{1d}C_{2l}}}} \quad (538a)$$

zu der einfallenden Welle; d. h. wenn die Spannungswelle von einer Leitung mit wenig Kapazität und viel Selbstinduktion kommt und an einer Leitung mit viel Kapazität und wenig Selbstinduktion anlangt, so wird das Vorzeichen der reflektierten Welle umgekehrt. Wenn die Spannungswelle von einer Leitung mit viel Kapazität und wenig Selbstinduktion kommt und an einer Leitung mit wenig Kapazität und viel Selbstinduktion anlangt, so wird ein Teil der Welle mit demselben Vorzeichen reflektiert. Im ersten Falle übt der Übergangspunkt teilweise denselben Einfluß auf die Spannungswelle aus, wie wenn die Leitung am Übergangspunkte kurzgeschlossen war; im zweiten Falle übt dagegen der Übergangspunkt teilweise denselben Einfluß auf die Spannungswelle aus, wie wenn die Leitung am Übergangspunkte offen war.

Der nicht reflektierte Teil der Spannungswelle steht im Verhältnis

$$\frac{A_{1n}}{A_{2n}} = \frac{2}{\sqrt{1+\operatorname{cotg}^2\varepsilon_n + 2\operatorname{cotg}\varepsilon_n\cos\Delta\varphi_n}} \cong \frac{2}{1+\sqrt{\frac{C_{1l}L_{2d}}{L_{1d}C_{2l}}}} \quad (540)$$

zu der einfallenden Welle und ist um so größer, je mehr Selbstinduktion L_{1d} und je weniger Kapazität der hinter dem Übergangspunkte liegende Teil der Leitung besitzt.

Die übertretende Welle wird während des Überganges schwach von der Sinusform deformiert, wenn der Dämpfungsfaktor α_1 des einen Teiles der Leitung von dem Dämpfungsfaktor α_2 des zweiten Teiles abweicht, und zwar ist

$$\delta_{1n} = \alpha_1 - \alpha_2$$

und

$$\lambda_{1n} = (\alpha_1 - \alpha_2)\sqrt{L_{1d} C_{1l}}.$$

Nachdem aber die Welle vollständig übergetreten ist, d. h. nach der Zeit $t = \frac{l_n}{v_n}$, ändert sie nicht mehr ihre Form, sondern pflanzt sich mit derselben Wellenform weiter fort; dies beruht darauf, daß bei fortschreitenden Wellen

$$\lambda_{1n} l \cong \delta_{1n} t,$$

so daß

$$e^{-\lambda_{1n} l + \delta_{1n} t} = e^0 = 1$$

ist. Da $\lambda_{1n} l_n$ gewöhnlich eine kleine Größe ist, so wird die Abweichung der übertretenden Welle von Sinusform fast stets äußerst klein und kann in den meisten Fällen vernachlässigt werden. Indem ferner $\psi_{1n} \cong \psi_{2n}' \cong \psi_{2n}''$, so sind alle drei Wellen, die ursprüngliche, die reflektierte und die übertretende Welle, fast in Phase miteinander.

Was nun die Stromwellen anbetrifft, so steht die ursprüngliche Welle hier in gleichem Verhältnis zu der reflektierten und übertretenden Welle wie bei den Spannungswellen. Die reflektierte Stromwelle unterscheidet sich jedoch von der Spannungswelle dadurch, daß sie stets das entgegengesetzte Vorzeichen wie die Spannungswelle besitzt. Hieraus folgt, daß ein Übergangspunkt den Stromwellen gegenüber sich umgekehrt verhält wie den Spannungswellen gegenüber. Wenn die Spannungswelle teilweise mit demselben Vorzeichen reflektiert wird, so wird die Stromwelle teilweise mit dem entgegengesetzten Vorzeichen reflektiert und umgekehrt.

Handelt es sich nicht um Sinuswellen, sondern um Wellen mehr komplexer Form, so lassen diese sich in Sinuswellen zerlegen, deren Reflexion und Übergang je für sich behandelt werden kann. Nachher können dann die einzelnen Sinuswellen wieder zu komplexen Wellen zusammengesetzt werden. Fig. 565 zeigt die Reflexion und den Übergang einer komplexen Spannungswelle von einer Leitung mit wenig Kapazität zu einer solchen mit viel Kapazität, und

Fig. 566 zeigt die Reflexion und den Übergang einer komplexen Spannungswelle von einer Leitung mit viel Kapazität zu einer solchen mit wenig Kapazität. Bei der letzten Leitung wird die Spannung der übertretenden Welle bedeutend erhöht; sie bleibt jedoch stets kleiner als die doppelte Spannung der ursprünglichen Welle. Wenn aber eine Spannungswelle der Reihe nach von einer Leitung in eine andere übertritt, von denen jede folgende Leitung stets einen größeren scheinbaren Widerstand $\frac{1}{k_n}\sqrt{\frac{L_d}{C_l}}$ als die vorhergehende besitzt, so kann die Spannung der übertretenden Welle stetig ansteigen und zuletzt einen für die Leitungsanlage gefährlichen Wert annehmen.

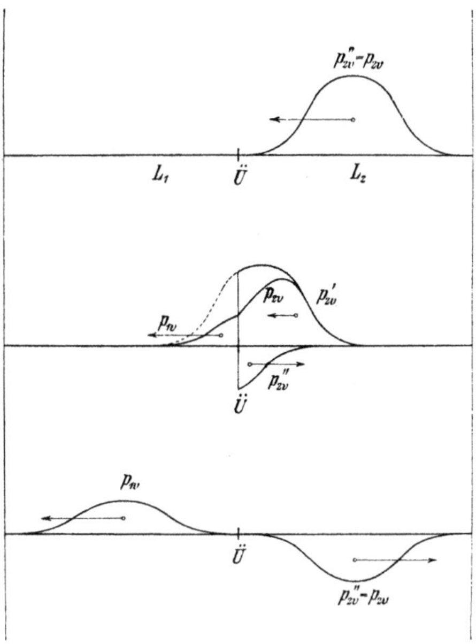

Fig. 565. Übergang einer Spannungswelle von einer Leitung mit wenig Kapazität zu einer solchen mit viel Kapazität.

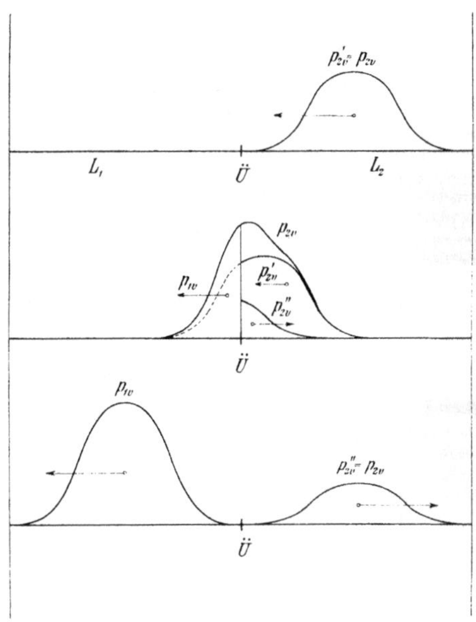

Fig. 566. Übergang einer Spannungswelle von einer Leitung mit viel Kapazität zu einer solchen mit wenig Kapazität.

Besitzt die ursprüngliche Welle nicht reine Sinusform, sondern nur sinusähnliche Form, indem die Amplitude der sinusförmigen Welle sich der Leitung entlang nach einer Exponentialfunktion $e^{\lambda_n l}$ ändert, so wird der scheinbare Widerstand der zweiten Leitung $\frac{1}{k_{2n}}\sqrt{\frac{L_{2d}}{C_{2l}}}$, und es muß in allen obigen Formeln

$$\operatorname{tg} \varepsilon_n = \frac{k_{2n}}{k_{1n}} \sqrt{\frac{L_{1d} C_{2l}}{C_{1l} L_{2d}}} \quad \ldots \ldots \quad (541)$$

gesetzt werden, während $\Delta \varphi_n = \varphi_{2n} - \varphi_{1n}$ bleibt. In den meisten Fällen weichen k_{1n} und k_{2n} jedoch so wenig von der Einheit ab, daß sie vernachlässigt werden können; $\Delta \varphi_n$ stellt auch einen sehr kleinen Winkel dar.

b) Als zweites Problem soll die Reflexion von Strom- und Spannungswellen im Übergangspunkte zwischen Leitungen mit gleichmäßig verteiltem Widerstand, Selbstinduktion und Kapazität und einem Stromkreis mit konzentriert gedachtem Widerstand, Selbstinduktion und Kapazität behandelt werden.

In der Umgebung des Übergangspunktes gelten dieselben Gleichungen für die fortschreitenden Wellen, wie wir sie S. 813 für stehende Wellen ableiteten; nur besitzen die Formeln der fortschreitenden Wellen einen beschränkten Gültigkeitsbereich, während die Formeln für die stehenden Wellen für unbeschränkte Zeit gelten. Diese Ausdrücke lauten in ihrer allgemeinen Form für die einfallende Spannungswelle

$$p_{1v}' = \sum_n e^{-\alpha_{0n} t} A_{1n} e^{-\lambda_{1n} l} \cos(\mu_{1n} l + \beta_n t + \psi_{1n})$$

und für die einfallende Stromwelle

$$i_{1v}' = -\sqrt{\frac{C_{1l}}{L_{1d}}} \sum_n e^{-\alpha_{0n} t} k_{1n} A_{1n} e^{-\lambda_{1n} l} \cos(\mu_{1n} l + \beta_n t + \psi_{1n} - \varphi_{1n}),$$

für die reflektierten Wellen

$$p_{1v}'' = \sum_n e^{-\alpha_{0n} t} B_{1n} e^{\lambda_{1n} l} \cos(\mu_{1n} l - \beta_n t - \psi_{1n}')$$

und

$$i_{1v}'' = \sqrt{\frac{C_{1l}}{L_{1d}}} \sum_n e^{-\alpha_{0n} t} k_{1n} B_{1n} e^{\lambda_{1n} l} \cos(\mu_{1n} l - \beta_n t - \psi_{1n}' + \varphi_{1n}),$$

worin

$$\alpha_{0n} = \alpha_1 + \delta_{1n} \quad \text{und} \quad \lambda_{1n} \cong \delta_{1n} \sqrt{L_{1d} C_{1l}}$$

und für die übergetretenen Wellen

$$p_{2v} = \sum_n e^{-\alpha_{0n} t} A_{2n} \cos(\beta_n t + \psi_{2n})$$

und

$$i_{2v} = \sum_n e^{-\alpha_{0n} t} \frac{A_{2n}}{z_{2n}} \cos(\beta_n t + \psi_{2n} - \varphi_{2n}).$$

Im Übergangspunkte, wo die Formeln für die $n$te Teilwelle von der Zeit $t = 0$ bis zur Zeit $t = \frac{l_n}{v_n}$ gültig sind, müssen während dieser Zeit die folgenden Beziehungen bestehen:

1. $$p_{2v} = p_{1v} = p'_{1v} + p''_{1v}$$

und

2. $$i_{2v} = i_{1v} = i'_{1v} + i''_{1v}.$$

Stellen wir die Bedingung 1 für die $n$te Spannungswelle zu den Zeiten $\beta_n t = 0$ und $\beta_n t = \frac{\pi}{2}$ auf, so erhalten wir die beiden folgenden Gleichungen, wenn für den Übergangspunkt $l = 0$ gesetzt wird:

1a. $$A_{1n} \cos \psi_{1n} + B_{1n} \cos \psi'_{1n} = A_{2n} \cos \psi_{2n}$$

1b. $$-A_{1n} \sin \psi_{1n} - B_{1n} \sin \psi'_{1n} = -A_{2n} \sin \psi_{2n}.$$

Wird die analoge Bedingung 2 für die $n$te Stromwelle zur Zeit $\beta_n t = \varphi_{1n}$ und $\beta_n t = \frac{\pi}{2} + \varphi_{1n}$ aufgestellt, so ergeben sich die beiden folgenden Gleichungen

2a. $$\sqrt{\frac{C_{1l}}{L_{1d}}}\, k_{1n} A_{1n} \cos \psi_{1n} - \sqrt{\frac{C_{1l}}{L_{1d}}}\, k_{1n} B_{1n} \cos \psi'_{1n} = \frac{A_{2n}}{z_{2n}} \cos(\psi_{2n} + \varphi_{1n} - \varphi_{2n})$$

2b. $$-\sqrt{\frac{C_{1l}}{L_{1d}}}\, k_{1n} A_{1n} \sin \psi_{1n} + \sqrt{\frac{C_{1l}}{L_{1d}}}\, k_{1n} B_{1n} \cos \psi'_{1n} = -\frac{A_{2n}}{z_{2n}} \sin(\psi_{2n} + \varphi_{1n} - \varphi_{2n}).$$

In diesen vier Gleichungen sind A_{1n} und ψ_{1n} als bekannte Größen anzusehen, während B_{1n}, A_{2n}, ψ'_{1n} und ψ_{2n} die vier Unbekannten sind. Um diese zu bestimmen, berechnen wir zuerst $\operatorname{tg} \psi_{1n}$ und $\operatorname{tg} \psi'_{1n}$. Der Einfachheit halber führen wir hier die gleichen Abkürzungen ein wie bei den stehenden Wellen, nämlich

$$\operatorname{tg} \varepsilon_n = k_{1n} z_{2n} \sqrt{\frac{C_{1l}}{L_{1d}}} \quad \ldots \ldots \quad (542)$$

und

$$\varDelta \varphi_n = \varphi_{1n} - \varphi_{2n}.$$

Durch Elimination von B_{1n} und ψ'_{1n} erhalten wir dann

$$\operatorname{tg} \psi_{1n} = \frac{\sin \psi_{2n} + \operatorname{cotg} \varepsilon_n \sin(\psi_{2n} + \varDelta \varphi_n)}{\cos \psi_{2n} + \operatorname{cotg} \varepsilon_n \cos(\psi_{2n} + \varDelta \varphi_n)}$$

und analog durch Elimination von A_{1n} und ψ_{1n}

$$\operatorname{tg} \psi'_{1n} = \frac{\sin \psi_{2n} - \operatorname{cotg} \varepsilon_n \sin(\psi_{2n} + \varDelta \varphi_n)}{\cos \psi_{2n} - \operatorname{cotg} \varepsilon_n \cos(\psi_{2n} + \varDelta \varphi_n)}.$$

Hieraus folgt

$$\operatorname{tg}(\psi_{1\,n}' - \psi_{1\,n}) = \frac{\sin \Delta\varphi_n}{1 - \operatorname{cotg}^2 \varepsilon_n} \, 2 \operatorname{cotg} \varepsilon_n = \operatorname{tg} 2\varepsilon_n \sin \Delta\varphi_n,$$

welche Formel identisch ist mit der, die S. 867 für den Übergang von einer homogenen zu einer anderen homogenen Leitung abgeleitet wurde. Durch Quadrieren und Addieren der beiden Gleichungen 1a und 1b und der beiden Gleichungen 2a und 2b erhalten wir

$$A_{1n}^2 + B_{1n}^2 + 2 A_{1n} B_{1n} \cos(\psi_{1\,n}' - \psi_{1\,n}) = A_{2n}^2$$

und

$$A_{1n}^2 + B_{1n}^2 - 2 A_{1n} B_{1n} \cos(\psi_{1\,n}' - \psi_{1\,n}) = \operatorname{cotg}^2 \varepsilon_n A_{2n}^2,$$

woraus sich durch Elimination von A_{2n} ergibt

$$(1 - \operatorname{tg}^2 \varepsilon_n)(A_{1n}^2 + B_{1n}^2) + 2(1 + \operatorname{tg}^2 \varepsilon_n) A_{1n} B_{1n} \cos(\psi_{1\,n}' - \psi_{1\,n}) = 0$$

oder

$$A_{1n}^2 + B_{1n}^2 + \frac{2 A_{1n} B_{1n}}{\sqrt{\sin^2 \Delta\varphi_n \sin^2 2\varepsilon_n + \cos^2 2\varepsilon_n}} = 0,$$

und hieraus ergibt sich

$$\frac{B_{1n}}{A_{1n}} = \pm \sqrt{\frac{1 - \sin 2\varepsilon_n \cos \Delta\varphi_n}{1 + \sin 2\varepsilon_n \cos \Delta\varphi_n}}, \quad \ldots \quad (543)$$

welche Formel auch mit der S. 867 abgeleiteten Formel für den Übergang zwischen zwei homogenen Leitungen übereinstimmt. Wir sind somit zu ganz genau demselben Resultat für den Übergang von einer homogenen Leitung zu einer Impedanz gekommen, welches wir für den Übergang zwischen homogenen Leitungen gefunden haben. Es wird folglich

$$\frac{A_{2n}}{A_{1n}} = \frac{2}{\sqrt{1 + \operatorname{cotg}^2 \varepsilon_n + 2 \operatorname{cotg} \varepsilon_n \cos \Delta\varphi_n}} \quad . \quad (544)$$

und

$$\operatorname{tg}(\psi_{1n} - \psi_{2n}) = \frac{\operatorname{cotg} \varepsilon_n \sin \Delta\varphi_n}{1 + \operatorname{cotg} \varepsilon_n \cos \Delta\varphi_n}.$$

Während aber $\Delta\varphi_n$ nahezu gleich Null war beim Übergang zwischen zwei homogenen Leitungen, kann dieser Winkel beim Übergang von einer homogenen Leitung zu einer Impedanz zwischen $+\frac{\pi}{2}$ und $-\frac{\pi}{2}$ variieren. Da $\varphi_{1n} \cong 0$, so wird $\Delta\varphi_n \cong -\varphi_{2n}$, es wird also

$$\Delta\varphi_n \cong -\frac{\pi}{2}$$

für einen rein induktiven Stromkreis,

$$\Delta\varphi_n \cong 0$$

für einen induktionsfreien Stromkreis

und

$$\Delta\varphi_n \cong \frac{\pi}{2}$$

für einen Kondensatorkreis.

Für $\Delta\varphi_n = 0$ wird

$$\frac{A_{2n}}{A_{1n}} = \frac{2}{1 + \operatorname{cotg} \varepsilon_n} = \frac{2 \sin \varepsilon_n}{\sin \varepsilon_n + \cos \varepsilon_n} \quad . \quad . \quad . \quad (545)$$

und

$$\psi_{1n} - \psi_{2n} = 0,$$

während für $\Delta\varphi_n = \pm \frac{\pi}{2}$

$$\frac{A_{2n}}{A_{1n}} = \frac{2}{\sqrt{1 + \operatorname{cotg}^2 \varepsilon_n}} = 2 \sin \varepsilon_n \quad . \quad . \quad . \quad (546)$$

und

$$\psi_{1n} - \psi_{2n} = \frac{\pi}{2} - \varepsilon_n.$$

Im Übergangspunkte war

$$p_{2v} = p'_{1v} + p''_{1v}$$

und

$$i_{2v} = i'_{1v} + i''_{1v},$$

außerdem wissen wir, daß alle diese Größen in einem Punkte der Leitung sowohl nach einem und demselben Exponentialgesetz $e^{-\alpha_{0n} t}$ als nach einer Sinusfunktion der Zeit sich ändern. Aus diesen beiden Umständen folgt, daß die Amplituden der drei Spannungswellen p_{2v}, p'_{1v} und p''_{1v} ein Spannungsdreieck bilden müssen, und so müssen auch die Amplituden der drei Stromwellen ein Stromdreieck bilden. Diese beiden Dreiecke sind in der Fig 567a

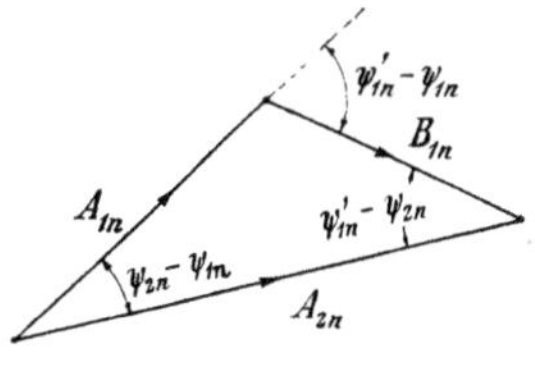

Fig. 567 a.

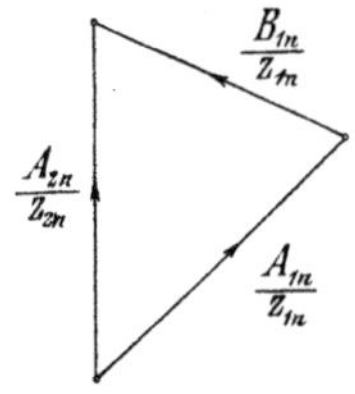

Fig. 567 b.

Spannungsdreieck und Stromdreieck elektrischer Wellen in einem Übergangspunkte.

und 567 b dargestellt; die Seiten derselben lassen sich mittels der oben abgeleiteten Formeln leicht berechnen, wonach man die Dreiecke aufzeichnen kann. Man kann aber auch die Dreiecke direkt aus den Konstanten der beiden Teile der Leitung in der folgenden Weise konstruieren. Man trägt den scheinbaren Widerstand

z_{2n} des Teiles der Leitung auf, in welchem die Wellen hineinzudringen suchen. Es ist

$$\overline{AB} = \mathfrak{Z}_{2n} = \frac{1}{k_{2n}} \sqrt{\frac{L_{2d}}{C_{2l}}}\, e^{-j\varphi_{2n}} \quad \text{oder} \quad \mathfrak{Z}_{2n} = z_{2n}\, e^{-j\varphi_{2n}},$$

demnach trägt man den scheinbaren Widerstand

$$\mathfrak{Z}_{1n} = \frac{1}{k_{1n}} \sqrt{\frac{L_{1d}}{C_{1l}}}\, e^{-j\varphi_{1n}}$$

des Leitungsteiles auf, von dem die Wellen ankommen. Es wird $\mathfrak{Z}_{1n}$ in Fig. 568a von B aus nach D und von A aus nach E unter

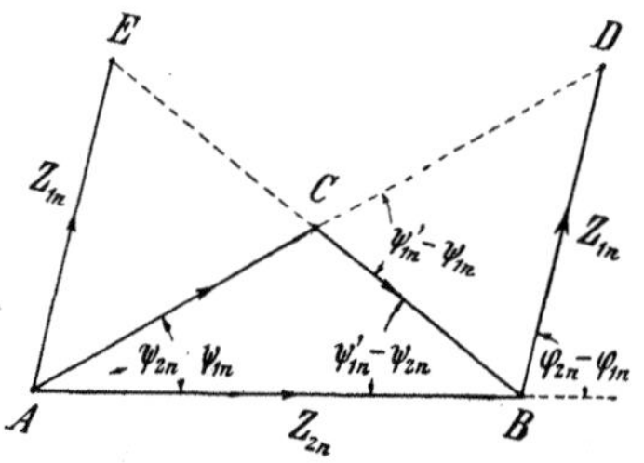

Fig. 568a.

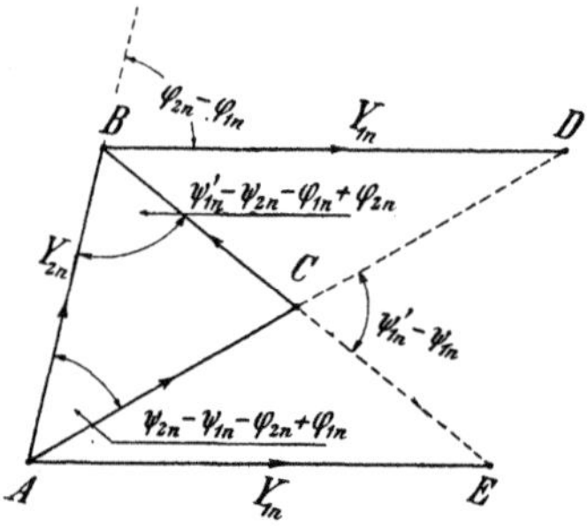

Fig. 568b.

Graphische Konstruktion des Spannungs- und Stromdreieckes der in einem Übergangspunkt passierenden Strom- und Spannungswellen.

dem Winkel $\Delta\varphi = \varphi_{1n} - \varphi_{2n}$ zu $\mathfrak{Z}_{2n}$ aufgetragen. Die Linie AD schneidet die Linie BE im Punkte C, der den dritten Punkt des gesuchten Spannungsdreieckes ABC bildet. Die Richtigkeit der Konstruktion folgt daraus, daß $\sphericalangle CBA = \psi_{1\,n}' - \psi_{2n}$ und daß $\sphericalangle CAB = \psi_{2n} - \psi_{1n}$. Außerdem sieht man leicht ein, daß die Konstruktion den physikalischen Vorgängen im Übergangspunkte entspricht, indem die Phasenverschiebung zwischen den einfallenden und den übertragenen Wellen abhängig wird von den scheinbaren Widerständen der beiden Teile der Leitung sowohl der Größe $\mathfrak{Z}_n$ als der Richtung φ_n nach.

Für $\Delta\varphi_n = 0$, was z. B. der Fall ist, wenn der zweite Teil der Leitung aus einem induktionsfreien Widerstande besteht, schrumpft das Dreieck zu einer Geraden zusammen, und es ist

$$\frac{B_{1n}}{A_{1n}} = \frac{1 - \operatorname{cotg} \varepsilon_n}{1 + \operatorname{cotg} \varepsilon_n}. \quad . \quad . \quad . \quad . \quad . \quad . \quad . \quad (547)$$

Ist außerdem $\varepsilon_n = \frac{\pi}{4}$, d. h. $\operatorname{tg} \varepsilon_n = 1$, so verschwindet die reflektierte Welle (B_n), während sie für $\operatorname{tg} \varepsilon_n > 1$ mit demselben Vorzeichen wie die einfallende und für tg $\varepsilon_n < 1$ mit entgegengesetztem Vorzeichen reflektiert wird.

Für den Fall, daß der zweite Teil der Leitung aus einem rein induktiven Stromkreise oder einem Kondensatorkreise besteht, werden das Spannungsdreieck und das Stromdreieck beide gleichschenklig (Fig. 569a), weil die reflektierte Welle unabhängig von der Größe der Selbstinduktion resp. der Kapazität gleich groß wird wie die einfallende Welle. Die Größe

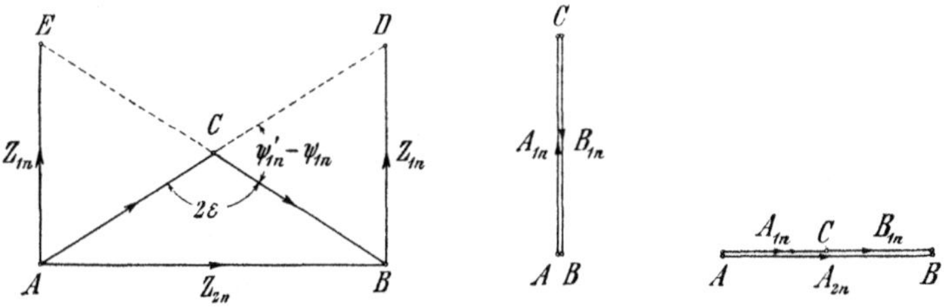

Fig. 569a. Fig. 569b. Fig. 569c.
Spezialfälle des Spannungsdreieckes elektrischer Wellen.

der übergetretenen Spannungswelle wird aber um so kleiner, je kleiner der scheinbare Widerstand z_2 des zweiten Teiles der Leitung ist. Für $z_2 = 0$, d. h. die Leitung am Übergangspunkte kurzgeschlossen, wird $A_{2n} = 0$, und das Dreieck schrumpft zu einer vertikalen Geraden (Fig. 569b) zusammen. Für $z_2 = \infty$, d. h. die Leitung am Übergangspunkte offen, wird $A_{2n} = 2A_{1n} = A_{1n} + B_{1n}$, und das Dreieck schrumpft zu einer horizontalen Geraden (Fig. 569c) zusammen.

Was das Dreieck der Stromwellen anbetrifft, so ergibt sich dies analog dem Spannungsdreieck, indem die scheinbaren Leitfähigkeiten $\mathfrak{Y}_{1n} = k_{1n}\sqrt{\frac{C_{1l}}{L_{1d}}}\, e^{j\varphi_{1n}}$ und $\mathfrak{Y}_{2n} = k_{2n}\sqrt{\frac{C_{2l}}{L_{2d}}}\, e^{j\varphi_{2n}}$ oder $\mathfrak{Y}_{2n} = y_{2n} e^{j\varphi_{2n}}$ unter dem Winkel $\Delta\varphi_n$ zueinander, wie in Fig. 568b gezeigt, aufgetragen werden.

Aus den soeben abgeleiteten Gesetzen sind wir zu den folgenden Schlußfolgerungen gekommen: An jedem Übergangspunkte von einem Teile einer Leitung zu einem anderen Teile wird jede fortschreitende Welle teilweise reflektiert und teilweise durchgelassen. Die Amplituden der ursprünglichen, der reflektierten und der durchgelassenen Wellen bilden stets in sich geschlossene Spannungs- und Stromdreiecke, deren Seiten proportional den Wellen sind und deren Winkel die Phasenverschiebung zwischen den verschiedenen Wellen angibt. Die Reflexion der Wellen hängt einzig und allein von den scheinbaren Widerständen der beiden Teile der Leitung bei der Periodenzahl $\left(\frac{\beta_n}{2\pi}\right)$ der betrachteten Welle ab, wie es die Fig. 568a für die Spannungswellen und die Fig. 568b für die Stromwellen angibt.

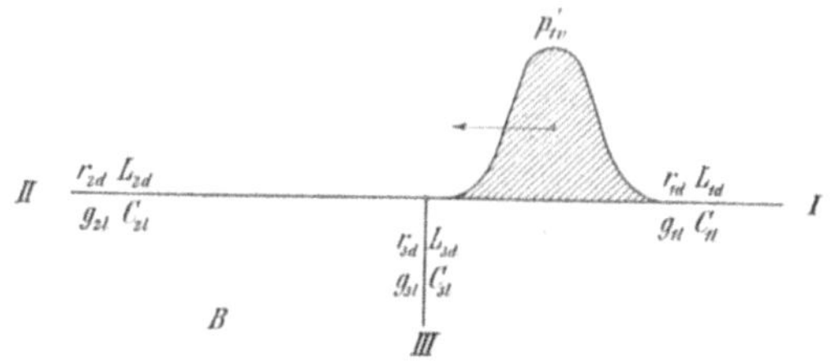

Fig. 570. Reflexion elektrischer Wellen an einem Knotenpunkte.

c) Als drittes Problem betrachten wir die Reflexion von Strom- und Spannungswellen an einem Knotenpunkte, in dem eine oder mehrere Leitungen abzweigen (Fig. 570). Die einfallenden und reflektierten Wellen schreiben wir wie oben in ihrer allgemeinsten Form hin; es sind die einfallenden Wellen

$$p'_{1v} = \sum_n e^{-\alpha_{0n} t} A_{1n} e^{-\lambda_{1n}} \cos(\mu_{1n} l + \beta_n t + \psi_{1n}),$$

$$i'_{1v} = -\sqrt{\frac{C_{1l}}{L_{1d}}} \sum_n e^{-\alpha_{0n} t} k_{1n} A_{1n} e^{-\lambda_{1n} l} \cos(\mu_{1n} l + \beta_n t + \psi_{1n} - \varphi_{1n})$$

und die reflektierten Wellen

$$p''_{1v} = \sum_n e^{-\alpha_{0n} t} B_{1n} e^{\lambda_{1n} l} \cos(\mu_{1n} l - \beta_n t - \psi'_{1n}),$$

$$i''_{1v} = \sqrt{\frac{C_{1l}}{L_{1n}}} \sum_n e^{-\alpha_{0n} t} k_{1n} B_{1n} e^{\lambda_{1n} l} \cos(\mu_{1n} l - \beta_n t - \psi'_{1n} + \varphi_{1n}).$$

Die in den beiden Zweigen II und III der Leitung übergetretenen Wellen sind dann z. B.

$$p_{2v} = \sum_n e^{-\alpha_{0n} t} A_{2n} \cos(\beta_n t + \psi_{2n}),$$

$$i_{2v} = \sum_n e^{-\alpha_{0n} t} \frac{A_{2n}}{z_{2n}} \cos(\beta_n t + \psi_{2n} - \varphi_{2n})$$

und

$$p_{3v} = \sum_n e^{-\alpha_{0n} t} A_{3n} e^{-\lambda_{3n} l} \cos(\mu_{3n} l + \beta_n t + \psi_{3n}),$$

$$i_{3v} = -\sqrt{\frac{C_{3l}}{L_{3d}}} \sum_n e^{-\alpha_{0n} t} k_{3n} A_{3n} e^{-\lambda_{3n} l} \cos(\mu_{3n} l + \beta_n t + \psi_{3n} - \varphi_{3n}).$$

Im Knotenpunkte müssen während der Gültigkeitszeit dieser Formeln die folgenden drei Beziehungen bestehen:

1. $p_{2v} = p'_{1v} + p''_{1v}$,
2. $p_{3v} = p'_{1v} + p''_{1v}$,
3. $i_{2v} + i_{3v} = i'_{1v} + i''_{1v}$.

Aus diesen ergeben sich zur Zeit $\beta_n t = 0$ und $\frac{\pi}{2}$ für die Spannungswellen und zur Zeit $\beta_n t = \varphi_{1n}$ und $\frac{\pi}{2} + \varphi_{1n}$ für die Stromwellen die folgenden sechs Gleichungen:

$$\left.\begin{matrix}\text{1a.}\\ \text{und 2a.}\end{matrix}\right\} A_{1n} \cos\psi_{1n} + B_{1n} \cos\psi'_{1n} = A_{2n} \cos\psi_{2n} = A_{3n} \cos\psi_{3n},$$

$$\left.\begin{matrix}\text{1b.}\\ \text{und 2b.}\end{matrix}\right\} -A_{1n} \sin\psi_{1n} - B_{1n} \sin\psi'_{1n} = -A_{2n} \sin\psi_{2n} = -A_{3n} \sin\psi_{3n},$$

$$\text{3a.}\quad \sqrt{\frac{C_{1l}}{L_{1d}}} k_{1n} \cos\psi_{1n} - \sqrt{\frac{C_{1l}}{L_{1d}}} k_{1n} B_{1n} \cos\psi'_{1n}$$

$$= \frac{A_{2n}}{z_{2n}} \cos(\psi_{2n} + \varphi_{1n} - \varphi_{2n}) + \sqrt{\frac{C_{3l}}{L_{3d}}} k_{3n} A_{3n} \cos(\psi_{3n} + \varphi_{1n} - \varphi_{3n})$$

$$\text{und 3b.}\quad -\sqrt{\frac{C_{1l}}{L_{1d}}} k_{1n} A_{1n} \sin\psi_{1n} + \sqrt{\frac{C_{1l}}{L_{1d}}} k_{1n} B_{1n} \sin\psi'_{1n}$$

$$= -\frac{A_{2n}}{z_{2n}} \sin(\psi_{2n} + \varphi_{1n} - \varphi_{2n}) - \sqrt{\frac{C_{3l}}{L_{3d}}} k_{3n} A_{3n} \sin(\psi_{3n} + \varphi_{1n} - \varphi_{3n}).$$

Führen wir hier die folgenden Abkürzungen ein:

$$\mathfrak{Y}_{0n} = \mathfrak{Y}_{2n} + \mathfrak{Y}_{3n} = y_{2n} e^{j\varphi_{2n}} + k_{3n} \sqrt{\frac{C_{3l}}{L_{3d}}} e^{j\varphi_{3n}} = y_{0n} e^{j\varphi_{0n}},$$

$$\mathfrak{Z}_{0n} = z_{0n} e^{-j\varphi_{0n}} = \frac{1}{\mathfrak{Y}_{0n}},$$

$$\operatorname{tg} \varepsilon_n = \frac{z_{0n}}{z_{1n}} = k_{1n} z_{0n} \sqrt{\frac{C_{1l}}{L_{1d}}}$$

und

$$\Delta\varphi_n = \varphi_{1n} - \varphi_{0n},$$

so gelten für die reflektierten Wellen dieselben Formeln wie oben, nämlich

$$\frac{B_{1n}}{A_{1n}} = \sqrt{\frac{1 - \sin 2\varepsilon_n \cos\Delta\varphi_n}{1 + \sin 2\varepsilon_n \cos\Delta\varphi_n}},$$

$$\operatorname{tg}(\psi'_{1n} - \psi_{1n}) = \operatorname{tg} 2\varepsilon_n \sin\Delta\varphi_n$$

und für die übergetretenen Wellen

$$\frac{A_{2n}}{A_{1n}} = \frac{A_{3n}}{A_{1n}} = \frac{2}{\sqrt{1 + \operatorname{cotg}^2\varepsilon_n + 2\operatorname{cotg}\varepsilon_n \cos\Delta\varphi_n}}$$

und

$$\operatorname{tg}(\psi_{1n} - \psi_{2n}) = \operatorname{tg}(\psi_{1n} - \psi_{3n}) = \frac{\operatorname{cotg}\varepsilon_n \sin\Delta\varphi_n}{1 + \operatorname{cotg}\varepsilon_n \cos\Delta\varphi_n}.$$

Es behalten somit auch in diesem Falle das Spannungsdreieck (Fig. 568a) und das Stromdreieck (Fig. 568b) ihre Gültigkeit. Die sich aus dem Stromdreieck ergebende übergetretene Welle i_{0v} bildet natürlich die Summe aus den in die beiden Teile II und III der Leitung eintretenden Wellen; es ist im Übergangspunkte

$$i_{0v} = i_{2v} + i_{3v},$$

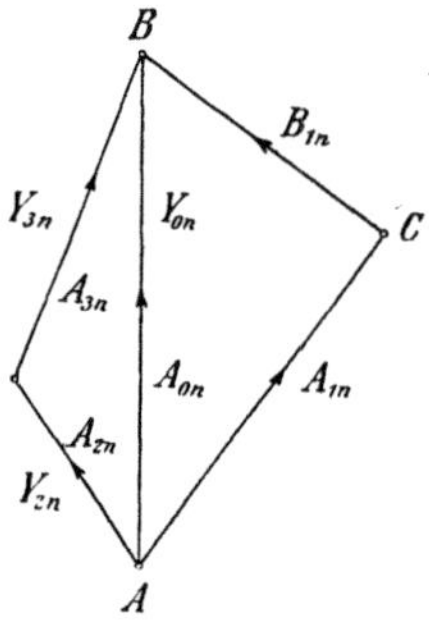

Fig. 571. Dreieck der Stromwellen in einem Knotenpunkte.

und man kann die Amplituden dieser Wellen erhalten, wenn man die Stromwelle i_{0v} nach der Leitfähigkeit $\mathfrak{Y}_{2n}$ und $\mathfrak{Y}_{3n}$ in zwei Komponenten zerlegt, wie Fig. 571 zeigt. Das Stromdreieck ist somit in ein Viereck übergegangen, dessen Seiten die Amplituden der vier Stromwellen i'_{1v}, i''_{1v}, i_{2v} und i_{3v} angeben.

Aus dem soeben Gesagten folgt also, daß, wenn es im Knotenpunkte mehrere Abzweigungen gibt, man die scheinbare Leitfähigkeit aller Zweige bilden

$$\mathfrak{Y}_{0n} = \mathfrak{Y}_{2n} + \mathfrak{Y}_{3n} + \mathfrak{Y}_{4n} + \ldots = \frac{1}{\mathfrak{Z}_{0n}}$$

und diese totale scheinbare Leitfähigkeit in den Formeln für $\operatorname{tg} \varepsilon_n$ und $\Delta \varphi_n$ einführen muß. In dem Falle behalten die Formeln für die reflektierten und übergetretenen Wellen ihre allgemeine Gültigkeit, und außerdem lassen sich die Wellen auch aus dem Spannungsdreieck und dem Stromvieleck bestimmen; dieses letztere besitzt eine Seite mehr als die Anzahl der sich im Knotenpunkte vereinigenden Zweige. Wie leicht ersichtlich, wird

$$\operatorname{tg} \varepsilon_n = \frac{z_{0n}}{z_{1n}} \quad \ldots \ldots \ldots \ldots \quad (548)$$

um so kleiner, je mehr Abzweigungen es im Knotenpunkte gibt und je größere scheinbare Leitfähigkeit diese Abzweigungen besitzen. Die vorübergehende Spannung in einem Knotenpunkte, herrührend von einer fortschreitenden Welle, wird also um so kleiner, je mehr Abzweigungen es gibt.

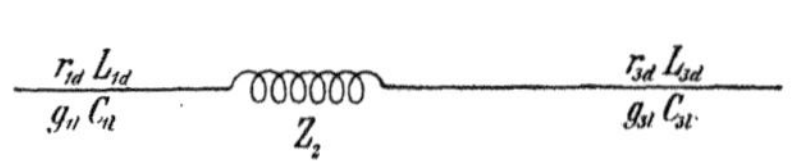

Fig. 572. Impedanz in Serie mit zwei homogenen Leitungen.

Analog zu dieser Aufgabe läßt sich auch die folgende behandeln. Es sind zwei homogene Leitungen durch eine zwischengeschaltete Impedanz miteinander verbunden, wie Fig. 572 zeigt.

An den Übergangspunkten, wo diese Impedanz sich befindet, wird eine ankommende Welle teilweise reflektiert und teilweise durch die Impedanz in die zweite Leitung übertreten. Die Reflexion im Übergangspunkte hängt nicht von der Impedanz $\mathfrak{Z}_2$ allein ab, denn die Welle kann sich nicht durch diese allein ausgleichen, sondern muß sich sozusagen durch die zweite Leitung schließen. Es ist deswegen hier die kombinierte Impedanz

$$\mathfrak{Z}_{0n} = \mathfrak{Z}_{2n} + \mathfrak{Z}_{3n} = z_{2n} e^{j\varphi_{2n}} + \frac{1}{k_{3n}} \sqrt{\frac{L_{3d}}{C_{3l}}} e^{j\varphi_{3n}} = z_{0n} e^{j\varphi_{0n}}$$

zu bilden und die Reflexion mittels

$$\operatorname{tg} \varepsilon_n = \frac{z_{0n}}{z_{1n}} = k_{1n} z_{0n} \sqrt{\frac{C_{1l}}{L_{1d}}} \qquad \text{und} \qquad \Delta\varphi_n = \varphi_{1n} - \varphi_{0n}$$

zu berechnen. Wir erhalten dann das in Fig. 573 dargestellte Spannungsdreieck. Die Spannungsamplitude A_{0n} zerlegt sich in diesem Falle in zwei Komponenten A_{2n} und A_{3n} im Verhältnis der scheinbaren Impedanzen $\mathfrak{Z}_{2n}$ und $\mathfrak{Z}_{3n}$, so daß das Spannungsdreieck in ein Spannungsviereck übergeht. Die vier Seiten dieses Viereckes geben die ankommende Welle, die reflektierte Welle, die Impedanzspannung und die im zweiten Teile der Leitung übergetretene Spannungswelle der Größe und Phase nach an.

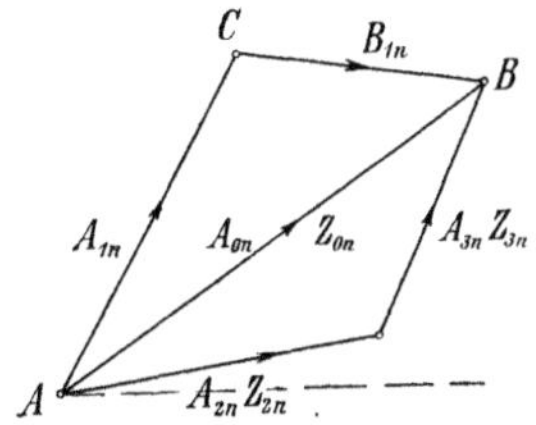

Fig. 573. Viereck der Spannungswellen in einem Übergangspunkte, der Impedanz enthält.

d) Betrachten wir den Fall, daß eine Welle von bekannter Form von einer homogenen Leitung mit gleichmäßig verteiltem Widerstande, Selbstinduktion und Kapazität kommt und plötzlich auf einen Stromkreis mit Kapazität parallel zu den Leitungselementen stößt, so wird diese Welle teilweise reflektiert und teilweise in diesen Stromkreis übertreten. Für die fortschreitende Welle kennen wir die Konstanten α_{0n} und β_n, so daß λ_{2n} und μ_{2n} für den neuen Stromkreis nach den Formeln 538 bis 540 berechnet werden können. Um aber die Reflexion bestimmen zu können, müssen wir noch den scheinbaren Widerstand z_{2n} und den Phasenverschiebungswinkel φ_{2n} des neuen Stromkreises kennen.

Diese ergeben sich aus den Formeln

$$z_{2n} = \sqrt{\frac{L_{2d}}{C_{2l}}} \sqrt{\frac{(\delta_{2n} \mp \gamma_{2n})^2 + \beta_n^2}{(\delta_{2n} \pm \gamma_{2n})^2 + \beta_n^2}} \quad . \quad . \quad . \quad (549)$$

und

$$\varphi_{2n} = \operatorname{arctg}\left(\frac{\beta_n}{\delta_{2n} \pm \gamma_{2n}}\right)$$
$$- \operatorname{arctg} \frac{\sqrt{(\delta_{2n}^2 - \beta_n^2 - \gamma_{2n}^2)^2 + 4\delta_{2n}^2 \beta_n^2} - (\delta_{2n}^2 - \beta_n^2 - \gamma_{2n}^2)}{2\delta_{2n}\beta_n}, \quad (550)$$

worin

$$\gamma_{2n} = \frac{r_{2d}}{2L_{2d}} - \frac{g_{2l} + (\mu_{2n}^2 - \lambda_{2n}^2)\, g_{2w}}{2\left[C_{2l} + (\mu_{2n}^2 - \lambda_{2n}^2)\, C_{2w}\right]},$$

$$\delta_{2n} = \alpha_{2n} - \alpha_{0n} = \frac{r_{2d}}{2L_{2d}} + \frac{g_{2l} + (\mu_{2n}^2 - \lambda_{2n}^2)\, g_{2w}}{2\left[C_{2l} + (\mu_{2n}^2 - \lambda_{2n}^2)\, C_{2w}\right]} - \alpha_{0n}.$$

Führt man diese Werte für z_{2n} und φ_{2n} in den Formeln für $\operatorname{tg} \varepsilon_n = \frac{z_{2n}}{z_{1n}}$ und $\Delta\varphi_n = \varphi_{1n} - \varphi_{2n}$ ein, so gelten für die Reflexion der ankommenden Wellen dieselben Formeln, deren allgemeine Gültigkeit wir S. 872 nachgewiesen haben.

Als Beispiel betrachten wir das Eindringen von fortschreitenden Wellen in einen Rollenblitzableiter. Für diesen dürfen wir $g_w = 0$ und $L_d = 0$ setzen. Es wird dann

$$(\lambda_{2n} - j\mu_{2n})^2 = \frac{g_{2l} r_{2d} + C_{2l} r_{2d} b}{1 + C_{2w} r_{2d} b}$$

oder indem wir die Bezeichnung C_{2d} anstatt C_{2w} einführen, wie sie in Fig. 140 angewandt ist, erhalten wir

$$(\lambda_{2n} - j\mu_{2n})^2 = \frac{g_{2l} r_{2d} + C_{2l} r_{2d} b}{1 + C_{2d} r_{2d} b}.$$

Nehmen wir $\alpha_{0n} \mp \delta_{2n}$ als vernachlässigbar klein gegenüber β_n an, so wird

$$b = \mp j\beta_n$$

und

$$(\lambda_{2n} - j\mu_{2n})^2 = \frac{g_{2l} r_{2d} \mp j\, C_{2l} r_{2d} \beta_n}{1 \mp j\, C_{2d} r_{2d} \beta_n}.$$

Für sehr schnelle Schwingungen, d. h. große Werte von β_n, wird

$$\lambda_{2n} = \sqrt{\frac{C_{2l}}{C_{2d}}} \quad \text{und} \quad \mu_{2n} = 0\,,$$

so daß in dem Falle die in dem Rollenableiter übergetretene Spannungswelle wie folgt geschrieben werden kann:

$$p_{2v} = e^{-\alpha_{0n} t} A_{2n}\, e^{-\sqrt{\frac{C_{2l}}{C_{2d}}}\, l} \cos(\beta_n t + \psi_{2n}).$$

Für sehr langsame Schwingungen, für die β_n kleine Werte annimmt, wird

$$\mu_{2n} \cong 0 \quad \text{und} \quad \lambda_{2n} \cong \sqrt{\frac{g_{2l} r_{2d} - C_{2l} r_{2d} (\alpha_{0n} \mp \delta_{2n})}{1 - C_{2d} r_{2d} (\alpha_{0n} \mp \delta_{2n})}}.$$

Für Schwingungen mittlerer Geschwindigkeit verläuft die Spannung über den Rollenblitzableiter in einem gewissen Momente nicht nach einer Exponentialfunktion, sondern nach einer sinusähnlichen Kurve, deren Amplitude nach einer Exponentialfunktion abnimmt.

Hieraus folgt, daß es einer kleineren Spannung von hoher Periodenzahl bedarf, um den Rollenableiter zu überschlagen, als einer Spannung kleiner Periodenzahl. Die Rollenableiter eignen sich deswegen am besten zur Ableitung von Überspannungen hoher Periodenzahl, besonders wenn die Kapazität zwischen den Rollen nicht zu groß ist im Verhältnis zu der gegen Erde.

e) Zuletzt soll noch der Fall untersucht werden, wenn der ursprüngliche Strom- und Spannungszustand, der zu einer links- und rechtsgehenden Welle Anlaß gibt, sich über zwei oder mehrere Teile einer Leitung erstreckt. Der Übergangspunkt zwischen den beiden Teilen einer Leitung befindet sich somit im Gebiete der fortschreitenden Wellen zur Zeit $t=0$.

Um mit dem einfachsten Fall anzufangen, nehmen wir an, daß die beiden Teile der Leitung verzerrungsfrei sind und daß der zur Zeit $t=0$ vorhandene Zustand nur aus einer gebundenen statischen Ladung besteht. Vom vorigen Abschnitte ist es bekannt, daß fortschreitende Wellen in verzerrungsfreien Leitungen nicht ihre Form ändern und daß jede der beiden fortschreitenden Wellen zur Zeit $t=0$ gleich der Hälfte der vorhandenen statischen Ladung ist. Nach dem Gesetze der Superposition dürfen die Ladungen in den beiden Teilen der Leitung unabhängig betrachtet und in fortschreitende Wellen zerlegt werden, und die Wellen, herrührend von den beiden Ladungen, dürfen nachträglich superponiert werden. Ausgehend von dieser Tatsache, zerlegen wir die beiden elektrischen Ladungen Q_I und Q_{II} (Fig. 574a) in je zwei Hälften, von denen wir das

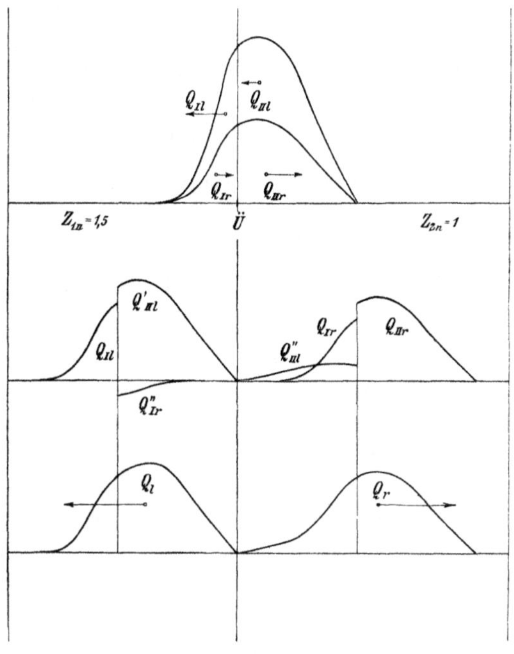

Fig 574a, b und c. Zerlegung einer statischen Ladung in fortschreitenden Wellen, wenn die Ladung über zwei homogene Leitungen verteilt ist.

eine Paar Q_{Il} und Q_{IIl} nach links gehen lassen, während das andere Paar Q_{Ir} und Q_{IIr} nach rechts geht. Hierbei wird ein Teil von Q_{Ir} und ein Teil von Q_{IIl} im Übergangspunkte $\ddot{U}$ reflektiert, während der übrige Teil in der ursprünglichen Richtung fortsetzt. Es zerlegt sich somit Q_{Ir} in den durchgehenden Teil Q'_{Ir} und in den reflektierten Teil Q''_{Ir}; analog zerlegt sich Q_{IIl} in den durchgehenden Teil Q'_{IIl} und in den reflektierten Teil Q''_{IIl}. Hierbei ist jedoch darauf zu achten, daß der durchgehende Teil schwach deformiert wird, was man durch Multiplikation aller Ordinaten mit der Exponentialfunktion $e^{-\lambda_{1n} l}$, resp. $e^{-\lambda_{2n} l}$ berücksichtigen kann. Fig. 574b zeigt die beiden Wellen und ihre Komponente für den Fall, daß der scheinbare Widerstand vom ersten Teile der Leitung 50% größer ist als der Widerstand des zweiten Teiles. Fig. 574c zeigt die beiden fortschreitenden Wellen Q_l und Q_r, nachdem sie den Übergangspunkt verlassen haben. — Besteht der elektrische Zustand zur Zeit $t=0$ nicht bloß aus einer statischen Ladung, sondern sowohl aus einer Strom- wie aus einer Spannungsverteilung, so läßt sich dieselbe Konstruktion der fortschreitenden Wellen mit einer kleinen Abweichung anwenden. Die linksgehende Spannungswelle ergibt sich nämlich aus der Hälfte der Differenz $\left[\text{d. h. } \frac{1}{2}\left(p_{v0} - \sqrt{\frac{L_d}{C_l}}\, i_{v0}\right)\right]$ und die rechtsgehende Welle aus der Hälfte der Summe $\left[\text{d. h. } \frac{1}{2}\left(p_{v0} + \sqrt{\frac{L_d}{C_l}}\, i_{v0}\right)\right]$ des Strom- und Spannungszustandes zur Zeit $t=0$.

Sind die beiden Teile der Leitung nicht verzerrungsfrei, so kann man in den meisten Fällen, ohne einen großen Fehler zu begehen, die fortschreitenden Wellen wie bei verzerrungsfreien Leitungen konstruieren. Nachdem die Wellen den Übergangspunkt verlassen haben, ist es jedoch ratsam, dieselben in Sinuswellen nach Fourier, wie Seite 853 gezeigt, zu zerlegen, und man kann nunmehr ohne Schwierigkeit die weitere Fortpflanzung dieser Sinuswellen verfolgen.

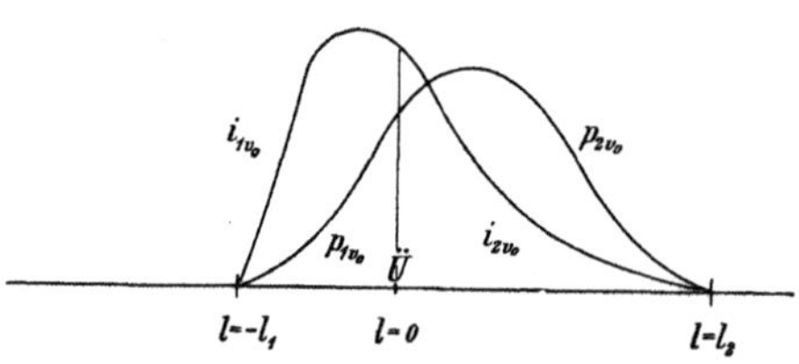

Fig. 575. Strom- und Spannungszustand über zwei homogene Leitungen verteilt.

Will man bei der Bestimmung der fortschreitenden Wellen noch genauer verfahren, so kann dies auch geschehen, indem man zuerst den Gültigkeitsbereich der Wellen (Fig. 575) von $l=-l_1$ bis $l=l_2$ festlegt. In dem Übergangspunkte erleiden die Wellen nach den allgemeinen Gesetzen der Reflexionen eine Änderung in Größe und die Stromwellen eine Änderung in Phase um $\psi_1 - \psi_2 - \varphi_1 + \varphi_2$. Da die Wellenlängen durch die Strecke von $l = -l_1$ bis $l = l_2$ gegeben ist, muß

$$\mu_{1n} l_1 + \mu_{2n} l_2 + \psi_1 - \psi_2 - \varphi_1 + \varphi_2 = n\pi$$

und indem

$$\mu_{1n} \cong \beta_n \sqrt{L_{1d} C_{1l}}$$

und

$$\mu_{2n} \cong \beta_n \sqrt{L_{2d} C_{2l}},$$

so lassen sich aus diesen drei Gleichungen die Konstanten β_n, μ_{1n} und μ_{2n} bestimmen. Wir können nun den Strom- und Spannungszustand nach dem Seite 806 angegebenen Verfahren in fortschreitende Wellen zerlegen.

169. Die Energie und Geschwindigkeit von fortschreitenden Strom- und Spannungswellen.

a) Die in einem Leiterelement dl von der Spannung p aufgespeicherte elektrostatische Energie ist

$$A_{es} = \frac{p^2}{2} C_l \, dl.$$

Wenn in diesem Element eine Stromstärke i vorhanden ist, so ist die in ihr aufgespeicherte elektromagnetische Energie

$$A_{em} = \frac{i^2}{2} L_d \, dl.$$

Integriert man nun diese beiden Werte über die ganzen Strom- und Spannungswellen, so erhält man die totale in den Wellen aufgespeicherte Energie

$$A = A_{es} + A_{em} = \int_{l=0}^{l=l_1} \tfrac{1}{2} (p^2 C_2 + i^2 L_d) \, dl,$$

worin $l = 0$ und $l = l_1$ die Begrenzungen der Wellen darstellen. Bezeichnen wir mit P_{eff} und J_{eff} die effektive Spannung und Stromstärke der Welle, bezogen auf die Länge l_1, also

$$P_{eff} = \sqrt{\frac{1}{l_1} \int_0^{l_1} p^2 \, dl} \quad \text{und} \quad J_{eff} = \sqrt{\frac{1}{l_1} \int_0^{l_1} i^2 \, dl},$$

so läßt sich die in der Leitung aufgespeicherte Energie auch wie folgt schreiben;

$$A = \tfrac{1}{2} (P_{eff}^2 C_l + J_{eff}^2 L_d) \, l_1. \quad \ldots \ldots \quad (551)$$

Je länger und größer die Wellen sind, um so größer sind die in ihnen aufgespeicherten Energien.

Ist diese Energie zur Zeit $t = 0$ vorhanden, so wird nach einer kurzen Zeit ein Teil derselben durch den Widerstand und die Ableitung der Leitung vergeudet werden. In verzerrungsfreien Leitungen, in denen die Strom- und Spannungswellen nicht ihre Form ändern, sind diese beiden Verluste pro Sekunde

$$W_{ab} = P_{eff}^2 g_l l_1 = \frac{2 g_l}{C_l} A_{es} \quad . \quad . \quad . \quad . \quad . \quad (552)$$

und

$$W_{wi} = J_{eff}^2 r_d l_1 = \frac{2 r_d}{L_d} A_{em}, \quad . \quad . \quad . \quad . \quad . \quad (553)$$

so daß der totale Verlust

$$W = W_{ab} + W_{wi} = (P_{eff}^2 g_l + J_{eff}^2 r_d) l_1 .$$

In verzerrungsfreien Leitungen, in denen $\frac{r_d}{L_d} = \frac{g_l}{C_l}$ ist, stehen die Strom- und Spannungswellen im Verhältnisse $\frac{p}{i} = \sqrt{\frac{L_d}{C_l}}$ zueinander, so daß die elektrostatische Feldenergie stets gleich der elektromagnetischen Feldenergie ist, und es wird die totale elektrische Feldenergie einer verzerrungsfreien Leitung

$$A = P_{eff}^2 C_l l_1 = J_{eff}^2 L_d l_1$$

und ihre Verluste pro Sekunde

$$W = 2 P_{eff}^2 g_l l_1 = 2 J_{eff}^2 r_d l_1 ,$$

also

$$\frac{W}{A} = 2 \frac{g_l}{C_l} = 2 \frac{r_d}{L_d} = 2 \alpha . \quad . \quad . \quad . \quad . \quad . \quad (554)$$

Bedenkt man, daß der Dämpfungsfaktor

$$\alpha = \frac{r_d}{2 L_d} + \frac{g_l}{2 C_l} = \frac{r_d}{L_d} = \frac{g_l}{C_l},$$

so sehen wir, daß bei verzerrungsfreien Leitungen das Verhältnis zwischen der während einer Sekunde abgenommenen Energie und dem Mittelwerte der Energie während dieser Sekunde gleich dem doppelten Wert des Dämpfungsfaktors ist. Dies war auch der Fall bei Stromkreisen mit konzentriert gedachtem Widerstand, Selbstinduktion und Kapazität.

Bei Leitungen, die nicht verzerrungsfrei sind, besteht annähernd dasselbe Verhältnis zwischen den Strom- und Spannungswellen, wie bei den verzerrungsfreien Leitungen. Im Verhältnis

$$k_n \sqrt{\frac{C_l}{L_d}}$$

zwischen den Strom- und Spannungsamplituden weicht k_n nämlich sehr wenig von der Einheit ab, solange γ bedeutend kleiner als β_n ist, was gewöhnlich der Fall ist. Bei nicht verzerrungsfreien Leitungen ist somit

$$A_{es} \cong A_{em}$$

$$W = 2\frac{g_l}{C_l} A_{es} = 2\frac{r_d}{L_d} A_{em} \cong 2\alpha A,$$

so daß allgemein

$$\frac{W}{A} \cong 2\alpha.$$

Bei den verzerrungsfreien Leitungen besteht dasselbe Verhältnis zwischen den Ableitungsverlusten und der elektrostatischen Feldenergie wie zwischen den Widerstandsverlusten und der elektromagnetischen Feldenergie. Dies ist nicht der Fall bei den nicht verzerrungsfreien Leitungen. Es muß somit bei den letzteren ein Teil der elektrostatischen Energie zur Deckung der Widerstandsverluste dienen, wenn diese größer als die Abnahme der elektromagnetischen Feldenergie sind, oder es muß ein Teil der elektromagnetischen Feldenergie zur Deckung der Ableitungsverluste dienen, wenn diese letzteren größer als die Abnahme der elektrostatischen Feldenergie sind. Im letzten Falle muß somit das elektromagnetische Feld beitragen zur Deckung eines Teiles der Verluste des elektrostatischen Feldes. Durch diese ungleichen Verluste in den elektrostatischen und elektromagnetischen Feldern muß eine Energieübertragung von einem Felde zum anderen stattfinden, und diese Energieverschiebung bedingt gerade die Ungleichheit zwischen den fortschreitenden Strom- und Spannungswellen, die auch als eine Phasenverschiebung zwischen diesen aufgefaßt werden kann.

b) Die Fortpflanzungsgeschwindigkeit der Strom- und Spannungswellen wurde S. 778 zu

$$v_n = \frac{\beta_n}{\mu_n} =$$

$$= \sqrt{\frac{1}{2\mu_n^2}\left[\sqrt{\left(\gamma^2 + \frac{\lambda_n^2 - \mu_n^2}{L_d C_l}\right)^2 + \frac{4\lambda_n^2\mu_n^2}{L_d^2 C_l^2}} - \left(\gamma^2 + \frac{\lambda_n^2 - \mu_n^2}{L_d C_l}\right)\right]} \quad (555)$$

abgeleitet. Für Sinuswellen, für die $\lambda_n = 0$ ist, wird

$$v_n = \sqrt{\frac{1}{L_d C_l} - \frac{\gamma^2}{\mu_n^2}} \quad . \quad . \quad . \quad . \quad . \quad . \quad . \quad (556)$$

Indem wir allgemein $\mu_n = \frac{n\pi}{l_1}$ setzen, wird die Geschwindigkeit v_n mit der Schwingungszahl der Wellen abnehmen, und für sehr große Schwingungszahlen wird sie gleich

$$v_n = \frac{1}{\sqrt{L_d C_l}},$$

d. h. gleich groß wie in den verzerrungsfreien Leitungen, für die $\gamma = 0$ ist.

Aus der Zunahme der Geschwindigkeit der Wellen mit steigender Periodenzahl folgt, daß die Teilwellen sich allmählich gegeneinander verschieben und daß die Form der komplexen Strom- und Spannungswellen sich allmählich ändert. Dies zeigt sich hauptsächlich dadurch, daß alle scharf begrenzten Wellen sich allmählich abrunden. Betrachten wir z. B. die rechteckige Spannungswelle (Fig. 576), so werden die senkrechten Begrenzungslinien AB und CD bald in abgerundete Kurven übergehen. Das unendlich große Spannungsgefälle im Punkte A kann sich nicht in einer nicht verzerrungsfreien Leitung halten. Indem wir

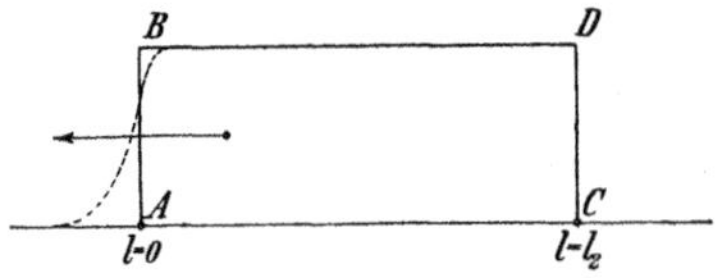

Fig. 576. Abrundung des Sternes einer fortschreitenden Welle.

$$p_v = e^{-\alpha t} \sum_n A_n \sin(\mu_n l - \beta_n t)$$

schreiben, wird das Spannungsgefälle im Punkte A wie folgt ausgedrückt:

$$\left(\frac{dp}{dl}\right)_{l=0} = e^{-\alpha t} \sum_n A_n \mu_n \cos(\mu_n l - \beta_n t),$$

und da bei der Zerlegung der rechteckigen Kurve nach Fourier $A_n \mu_n = A_1 \mu_1$, so wird

$$\left(\frac{dp}{dl}\right)_{l=0} = A_1 \mu_1 e^{-\alpha t} \sum_n \cos(\mu_n l - \beta_n t).$$

Indem ferner

$$\mu_n l = \mu_n v_1 t = \mu_n \frac{\beta_1}{\mu_1} t = n \beta_1 t,$$

wird das Spannungsgefälle am Wellenstern

$$\left(\frac{dp}{dl}\right)_{l=v_1 t} = A_1 \mu_1 e^{-\alpha t} \sum_n \cos(n\beta_1 - \beta_n) t$$
$$= A_1 \mu_1 e^{-\alpha t} \sum_n \cos(\beta_n - n\beta_1) t,$$

das mit der Zeit allmählich abnimmt, weil $\beta_n > n\beta_1$. Die Summe ist jedoch nicht weiter zu erstrecken als bis

$$(\beta_n - n\beta_1)t \leqq n\pi.$$

Für verzerrungsfreie Leitungen ist $\beta_n = n\beta_1$ und somit das Spannungsgefälle stets unendlich groß $\left(\frac{dp}{dl}\right)_{l=v_1 t} = \infty$.

Die von der ungleichen Geschwindigkeit herrührende gegenseitige Verschiebung der Teilwellen genügt nicht allein, um alle in der Wirklichkeit auftretenden Abrundungen von fortschreitenden Wellen zu erklären. Es muß auch die ungleiche zeitliche Abnahme der Wellen mit in Betracht gezogen werden. Die zeitliche Abnahme der Wellen geschieht bei sinusförmigen Teilwellen nach der Exponentialfunktion $e^{-\alpha t}$, worin der zeitliche Dämpfungsfaktor

$$\alpha = \frac{r_d}{2L_d} + \frac{g_l}{2C_l}$$

bis jetzt als eine konstante Größe angenommen worden ist. Bei fortschreitenden Wellen interessiert es uns aber auch, die Abnahme der Wellen der Leitung entlang zu kennen, und diese erhält man, wenn man die durchlaufene Länge der Leitung durch die Zeit ausdrückt. Bei verzerrungsfreien Leitungen ist

$$t = \frac{l}{v} = l\sqrt{L_d C_l},$$

so daß hier die fortschreitenden Wellen der Leitung entlang nach der Exponentialfunktion

$$e^{-\alpha t} = e^{-\alpha\sqrt{L_d C_l}\, l}$$

abnehmen. Der Dämpfungsfaktor für die durchlaufene Länge ist somit

$$\alpha\sqrt{L_d C_l} = \frac{r_d}{2}\sqrt{\frac{C_l}{L_d}} + \frac{g_l}{2}\sqrt{\frac{L_d}{C_l}} = \sqrt{r_d g_l}.$$

Sind die Teilwellen nicht von Sinusform, sondern nur sinusähnlich, indem die Amplituden sich nach der Exponentialfunktion $e^{\pm\lambda_n l}$ ändern, so werden die Wellen sich zeitlich in der Größe nach der Exponentialfunktion $e^{-(\alpha \pm \delta_n)t}$ ändern. Die Abnahme der fortschreitenden Wellen der Leitung entlang geschieht somit nach der Exponentialfunktion

$$e^{\pm\lambda_n l - (\alpha \pm \delta_n)\sqrt{L_d C_l}\, l}.$$

Bei verzerrungsfreien Leitungen, für die $\lambda_n = \delta_n\sqrt{L_d C_l}$, erhalten wir somit eine Abnahme der Wellen der Leitung entlang nach der Exponentialfunktion

$$e^{-\alpha\sqrt{L_d C_l}\,l} = e^{-\sqrt{r_d g_l}\,l},$$

die ganz unabhängig von der Form der Wellen ist; dies stimmt mit den im Abschn. 167 abgeleiteten Sätzen überein. Bei nicht verzerrungsfreien Leitungen gilt dasselbe Gesetz abgesehen von der Deformation der Wellen solange, als die Konstante β_n bedeutend größer als γ ist.

Der Dämpfungsfaktor

$$\alpha = \frac{r_d}{2L_d} + \frac{g_l}{2C_d}$$

und das Verhältnis

$$\gamma = \frac{r_d}{2L_d} - \frac{g_l}{2C_l}$$

sind aber keineswegs konstante Größen, sondern ändern sich beträchtlich mit der Periodenzahl $\frac{\beta_n}{2\pi}$, weil der effektive Widerstand r_d und die effektive Konduktanz g_l mit der Periodenzahl stark zunehmen, während die effektive Selbstinduktion L_d und Kapazität C_l mit der Periodenzahl langsam abnehmen. Dies hat zur Folge, daß der Dämpfungsfaktor α mit der Periodenzahl, d. h. mit β, schnell zunimmt, und so tut gewöhnlich auch das Verhältnis γ, weil es fast stets positiv ist. Für sehr große Periodenzahlen nimmt der effektive Widerstand mit der Wurzel der Periodenzahl zu. Da aber μ_n nahezu proportional der Periodenzahl zunimmt, so wird $\frac{\alpha}{\mu_n}$ und gewöhmlich auch $\frac{\gamma}{\mu_n}$ mit der Periodenzahl abnehmen, so daß die Fortpflanzungsgeschwindigkeit v_n mit der Periodenzahl stets zunimmt. — Bei gewissen Leitungen kann die Konstante γ sehr große Werte annehmen. Dies ist z. B. der Fall bei Kabeln mit großem Widerstand und kleiner Selbstinduktion oder bei Leitungen mit großer Ableitung und kleiner Kapazität. In solchen Fällen werden die vorübergehenden Ströme und Spannungen für die größeren Wellenlängen, für die $\gamma > \frac{\mu_n}{\sqrt{L_d C_l}}$ ist, nach exponentiellen Funktionen und nicht oszillatorisch verschwinden: diese Funktionen sind

$$e^{-\alpha t \pm \sqrt{\gamma^2 - \frac{\mu_n^2}{L_d C_l}}\,t}.$$

Für $L_d = 0$ geht diese Funktion in die folgende Form

$$e^{-\frac{\mu_n^2}{r_d C_l}t - \frac{g_l}{C_l}t}$$

über, und für $C_l = 0$ geht sie in die folgende Form über

$$e^{-\frac{\mu_n^2}{g_l L_d}t - \frac{r_d}{L_d}t}.$$

In den beiden letzten Fällen verschwinden die Teilwellen von kleiner Wellenlänge sehr schnell, so daß nur die Grundwelle übrig bleibt. Dies kann man z. B. bei sehr langen unterseeischen Telegraphenkabeln sehr leicht beobachten; denn verwendet man dort für das Signalgeben kommutierten Gleichstrom und sendet mehrere gleiche Signale hintereinander von der in Fig. 577a dargestellten rechteckigen Form von der Primärstation ab, so erhält man am anderen Ende des Kabels die sinusförmige Welle, Fig. 577b. Auf dem Wege durch das Kabel sind die höheren Harmonischen fast ganz verschwunden. Nimmt man z. B. an, daß die Länge der Grundwelle ein Drittel von der Kabellänge l_1 ist, so wird

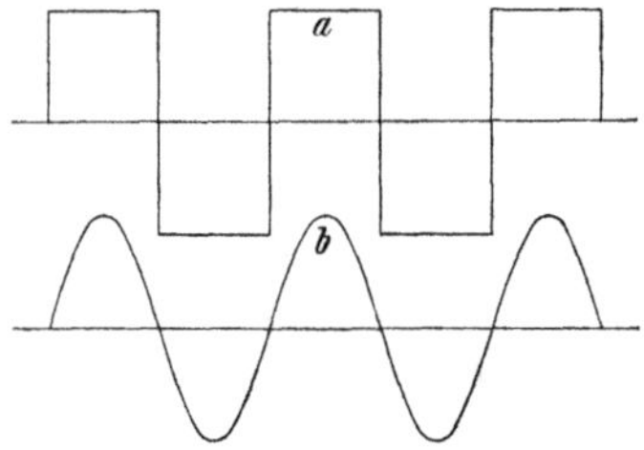

Fig. 577a und b. Änderung der Wellenform in einem unterseeischen Kabel.

$$\mu_n = \frac{3n\pi}{l_1}$$

und die Dämpfung der $n$ten Oberwelle proportional

$$e^{-\frac{\mu_n^2}{r_d C_l}t} = e^{-\frac{9n^2\pi^2}{l_1^2 r_d C_l}t} = e^{-\frac{9n^2\pi^2}{R \cdot C}t}.$$

Für das S. 749 erwähnte Kabel von Irland nach New Foundland ist $R \cdot C = 2{,}7$; also nimmt die $n$te Oberwelle hier nach e^{-33n^2t} ab.

c) In Übergangspunkten, an denen die Strom- und Spannungswellen teilweise reflektiert werden, wird ein Teil der mit den Wellen ankommenden Energie in den zweiten Teil des Stromkreises übertragen, während der übrige Teil wieder zurückwandert. Stehen die scheinbaren Widerstände der beiden Teile der Leitung im Verhältnisse $\operatorname{tg}\varepsilon_n$ zueinander, und unterscheiden sich die Phasenverschiebungswinkel der beiden Teile der Leitung um $\Delta\varphi_n$, so verhalten sich die Amplituden der reflektierten und ankommenden Spannungswellen wie

$$\frac{B_{2n}}{A_{2n}} = \pm\sqrt{\frac{1 - \sin 2\varepsilon_n \cos \Delta\varphi_n}{1 + \sin 2\varepsilon_n \cos \Delta\varphi_n}}$$

und die reflektierte Energie A_{re} verhält sich zu der ankommenden Energie A_{an} wie

$$\frac{A_{re}}{A_{an}} = \frac{1 - \sin 2\varepsilon_n \cos \Delta\varphi_n}{1 + \sin 2\varepsilon_n \cos \Delta\varphi_n} \quad . \quad . \quad . \quad . \quad . \quad . \quad (557)$$

Für $\varDelta \varphi_n = 0$ wird

$$\frac{A_{re}}{A_{an}} = \frac{1 - \sin 2\varepsilon_n}{1 + \sin 2\varepsilon_n} \quad . \quad . \quad . \quad . \quad . \quad . \quad . \quad (558)$$

und für $\varepsilon_n = \frac{\pi}{4}$ wird gar keine Energie reflektiert.

Für $\varDelta \varphi_n = \pm \frac{\pi}{2}$ wird

$$\frac{A_{re}}{A_{an}} = 1,$$

so daß in diesem Falle die ganze Energie wieder reflektiert wird. Dies ist der Fall, wenn der zweite Teil des Stromkreises eine Drosselspule oder ein Kondensator ist.

Wir haben S. 868 gesehen, daß alle Wellen beim Übergang von einer Leitung in eine andere, die einen von der ersten Leitung verschiedenen Dämpfungsfaktor besitzt, schwach deformiert werden, und zwar wird eine ankommende Sinuswelle nach der Exponentialfunktion $e^{-\lambda_{2n} l} = e^{-\delta_{2n} \sqrt{L_{2d} C_{2l}}\, l} = e^{-(\alpha_2 - \alpha_1) \sqrt{L_{2d} C_{2l}}\, l}$ geändert. Ist der Dämpfungsfaktor des ersten Teiles α_1 größer als der des zweiten Teiles α_2, so steigen während der Übergangszeit die Amplituden der übertretenden Wellen schwach an. Umgekehrt, wenn α_2 größer als α_1 ist, nehmen die Amplituden während des Übertretens schwach ab.

Bei stehenden Wellen in Leitungen, die aus zwei homogenen Teilen bestehen, wie wir sie im vorigen Kapitel behandelt haben, weicht die Form der Teilwellen in den beiden Teilen der Leitung von der Sinusform ab. In dem einen Teil nehmen die Amplituden der Wellen der Leitung entlang nach einer Exponentialfunktion zu und im anderen Teile nehmen sie nach einer Exponentialfunktion ab. Dies beruht darauf, daß die Wellen in beiden Teilen zeitlich nach demselben Exponentialgesetze $e^{-\alpha_{0n} t}$ abnehmen müssen. Da dieser resultierende Dämpfungsfaktor α_{0n} zwischen den Dämpfungsfaktoren beider Teile liegt, so wird ein Teil der abgenommenen Energie in dem Stromkreise mit kleinstem Dämpfungsfaktor, d. h. mit den relativ kleinsten Feldverlusten, nach dem Stromkreise abgegeben, in welchem die im Widerstande und Ableitung vergeudete Energie größer ist als die Energieabnahme der elektrischen Felder. Ist die im ersten Teile der Leitung aufgespeicherte Energie A_1, die im zweiten Teile aufgespeicherte Energie A_2 und der gemeinsame Dämpfungsfaktor α_{0n}, so wird in dem ersten Teile der Leitung eine Energie pro Sekunde

$$\varDelta A_1 \cong 2 \alpha_{0n} A_1$$

und im zweiten Teile der Leitung eine Energie

$$\varDelta A_2 \cong 2 \alpha_{0n} A_2$$

abgegeben. Nehmen wir an, daß

$$\alpha_1 - \delta_{1n} = \alpha_{0n} = \alpha_2 + \delta_{2n},$$

so wird im ersten Teile der Leitung die Leistung

$$W_1 \cong 2\alpha_1 A_1 = 2(\alpha_{0n} + \delta_{1n}) A_1 = \Delta A_1 + 2\delta_{1n} A_1$$

und im zweiten Teile der Leitung die Leistung

$$W_2 \cong 2\alpha_2 A_2 = 2(\alpha_{0n} - \delta_{2n}) A_2 = \Delta A_2 - 2\delta_{2n} A_2$$

vergeudet. Da ferner

$$W_1 + W_2 = \Delta A_1 + \Delta A_2$$

sein muß, so folgt hieraus, daß vom zweiten Teile nach dem ersten Teile der Leitung die Leistung

$$2\delta_{1n} A_1 = 2\delta_{2n} A_2$$

kontinuierlich übertragen werden muß, damit die Energie im ganzen Stromkreise gleichmäßig nach dem gemeinsamen Dämpfungsfaktor α_{0n} abnehmen kann. Diese zuletzt abgeleiteten Formeln gelten wie die früher abgeleiteten für verzerrungsfreie Leitungen und mit großer Annäherung für nicht verzerrungsfreie Leitungen, solange die Periodenzahl $\frac{\beta_n}{2\pi}$ bedeutend größer als die Konstante γ ist.

170. Mittel zur Ableitung und Unterdrückung von Strom- und Spannungswellen in elektrischen Anlagen.

Am Schlusse des vierundzwanzigsten Kapitels sind die Mittel zur Verhütung von Stromstößen und Überspannungen in elektrischen Anlagen angegeben worden, welche Zustandsänderungen entweder von Kraftflüssen, die nicht schnell genug entstehen oder verschwinden können, oder von Schwingungen in stehenden Lichtbögen herrühren. Die diese Vorgänge begleitenden Ausgleichströme können unter Umständen von sehr großen Leistungsschwankungen begleitet werden.

In diesem Abschnitte sollen dagegen die Mittel zur Beseitigung von Stromstößen und Überspannungen besprochen werden, die von den in Leitungen mit gleichmäßig verteiltem Widerstand, Selbstinduktion und Kapazität aufgespeicherten elektrischen Feldenergien herrühren; zu diesen Energien gehören auch die von der atmosphärischen Elektrizität und von Erdströmen herrührenden elektrischen Ladungen. Die in den elektrostatischen Feldern und elektrischen Streufeldern hochgespannter Maschinen und Apparate aufgespeicherten Energien verhalten sich in gleicher Weise und gehören somit auch hierher. Die Energien der hier in Betracht kommenden Ausgleichsvorgänge sind somit verhältnismäßig klein, weshalb man auch diese Erscheinungen in Amerika oft als „Statics“ bezeichnet.

Als innere Ursachen zu Ausgleichsvorgängen sind Zustandsänderungen in den Leitungen, wie

1. Einschaltung und Abschaltung von Leitungen,
2. Belastungsänderungen und Kurzschlüsse im Systeme, und
3. Potentialveränderungen, herrührend von Erdfehlern,

zu bezeichnen.

Als äußere Ursachen zu Ausgleichsvorgängen sind folgende Zustandsänderungen zu bezeichnen:

4. Langsame Ladung von Leitern durch atmosphärische Elektrizität; dies findet oft an schwülen Tagen bei aufziehendem Gewitter, bei Schneestürmen und heftigen Winden statt. Leitungen, die über Berg und Tal führen, sind besonders stark atmosphärischen Einflüssen ausgesetzt.

5. Plötzliche Ladung oder Entladung von Leitungen, wie sie von Blitzniedergängen in der Nähe der Leitungsanlage und durch direkte Blitzschläge verursacht werden können.

6. Ladungen, herrührend von ungleichen Erdpotentialen oder Erdströmen, wie man sie besonders in nördlichen Gegenden beobachten kann.

Die Wolken sind meistens positiv geladen und entladen sich durch den Blitz zur Erde; es kommen auch Entladungen zwischen Wolken von verschiedenen Potentialen vor. Man streitet sich immer noch darüber, ob der Blitz eine oszillatorische Entladung oder nur eine einmalige Entladung repräsentiert. Man kommt wohl der Wahrheit am nächsten, wenn man den Blitz mit der Entladung einer Leidener Flasche vergleicht. Diese kann, wenn ein Schwingungskreis vorhanden ist, oszillatorisch sein, sonst erhält man eine oder mehrere Entladungen im selben Sinne, je nachdem wie groß das Residuum des angewandten Dielektrikums ist. — Aber gleichgültig welcher Art die Blitzentladungen sind, so verursachen sie stets eine plötzliche Störung in dem elektrischen Zustande der Leitung, die sich nachher oszillatorisch ausgleicht, so daß Störungen, herrührend von Blitzschlägen, gleich zu behandeln sind wie schnelle Zustandsänderungen, die beim Einschalten, Abschalten oder Kurzschließen von Leitungen entstehen. — Wir haben es also mit zwei verschiedenen Zustandsänderungen zu tun, nämlich: 1. die langsamen, herrührend von langsamen Belastungsänderungen und von langsamen atmosphärischen Ladungen, und 2. die schnellen, herrührend von plötzlichen Ein- und Ausschaltungen und von schnellen atmosphärischen Ladungen und Entladungen.

a) Um eine Anlage gegen langsame Zustandsänderungen zu schützen, hat man verschiedene Methoden versucht:

1. Eine direkte Erdung des neutralen Punktes der Anlage ist eine der üblichsten Methoden; in Anlagen von großen Leistungen hat dieses Verfahren jedoch den Nachteil, daß bei Erdschlüssen stehende Lichtbögen (arcing ground) sich bilden, in denen Schwingungen sehr hoher Spannungen erzeugt werden.

2. Man erdet deswegen neuerdings den neutralen Punkt durch einen Widerstand, der zur Begrenzung des bei einem Erdfehler auftretenden Kurzschlußstromes und somit auch der stehenden Lichtbögen dient. Immerhin macht man den Widerstand so klein, daß bei einem Erdfehler im System die Maximalschalter herausfallen und den fehlerhaften Leitungsstrang abschalten.

3. Man erdet auch oft den neutralen Punkt durch einen sehr großen Widerstand oder durch eine Drosselspule mit großer Reaktanz und kleinem Widerstande. In diesem Falle verhält sich die Anlage mehr wie ein ungeerdetes System und muß dementsprechend stärker isoliert werden.

4. Eine früher angewandte Methode bestand darin, den neutralen Punkt durch eine Überspannungssicherung in Form von einem Hörnerableiter (mit kleiner Funkenstrecke) mit der Erde zu verbinden. Wie aber aus der Fig. 578 hervorgeht, entsteht in diesem Falle ein Schwingungskreis, der von der Kraftquelle aus gespeist wird und somit zu großen Überspannungen Anlaß geben kann. Man ist deswegen von dieser Methode abgekommen.

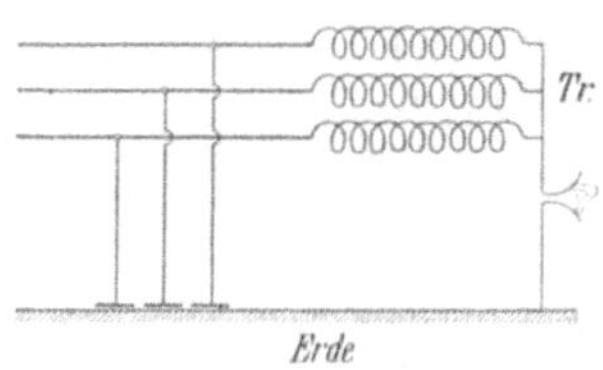

Fig. 578. Erdung eines neutralen Punktes durch einen Hörnerableiter.

5. Eine neuerdings häufig angewandte Methode in Anlagen mit ungeerdetem Neutralpunkt ist der in Fig. 579 angegebene Wasserstrahlerder zwischen Leitungen und Erde, oder die in Fig. 580 angegebene Überspannungssicherung mit kleiner Funkenstrecke und großem Vorschaltwiderstande. Von diesen letzten Methoden nimmt die erste die Isolation der An-

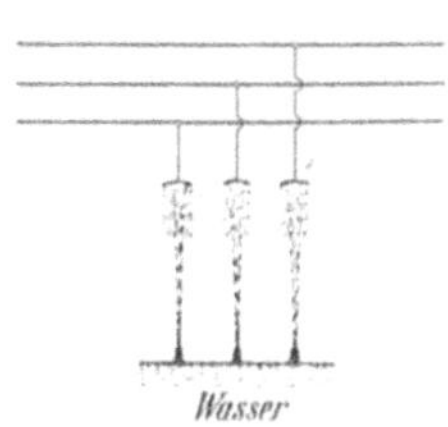

Fig. 579. Wasserstrahlerder.

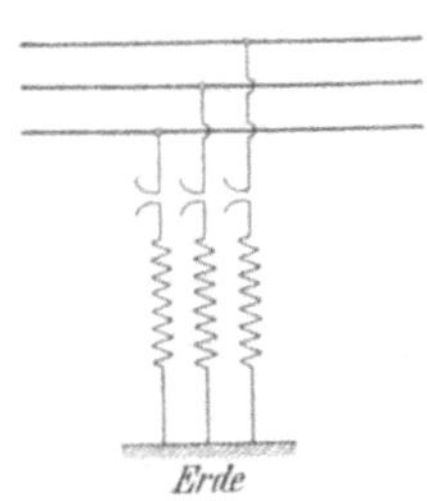

Fig. 580. Hörnerableiter.

lage weniger in Anspruch als die letzte, weil die Entladung kontinuierlich vor sich geht. Die Wasserstrahlen wirken wie eine künstliche Vergrößerung der Ableitung. Bei der zweiten Methode finden die Entladungen oszillatorisch statt, wie wir gleich sehen werden, und bei jeder Entladung wird nur ein Bruchteil der angesammelten Ladung nach der Erde abgeleitet.

Der größte Einwand gegen die Erdung der neutralen Punkte elektrischer Starkstromanlagen, selbst wenn dies durch große Widerstände geschieht, ist die erhöhte Gefahr für das Bedienungspersonal bei unvorsichtigem Berühren der unter Spannung stehenden Leitungen. Die Lebensgefahr ist um so größer, je kleiner der Erdungswiderstand ist; denn um so besser gibt es eine Rückleitung für den Strom, der durch die betreffende Person geht. Die Lebensgefahr ist jedoch noch größer, wenn die Außenleiter durch Wasserstrahlen geerdet sind; denn dann wird man bei Berührung der Außenleiter einer größeren Spannung ausgesetzt, als wenn der neutrale Punkt durch einen gleichgroßen Widerstand oder durch eine Drosselspule geerdet ist. Außerdem verliert man beim Anschließen von Wasserstrahlerdern an die Außenleiter kontinuierlich eine gewisse Leistung, die bei sehr hochgespannten Anlagen sehr beträchtlich sein kann. Von diesen Gesichtspunkten aus ist es zu empfehlen, den neutralen Punkt von Niederspannungsanlagen durch Widerstände oder Drosselspulen zu erden. Diese sollen klein genug sein, um sich langsam ansammelnde Ladungen zur Erde abzuleiten, und doch nicht so klein, daß die Phasenspannung einen größeren Strom als den Ladestrom (Kapazitätsstrom) einer Phase dadurch schicken kann, damit die Lebensgefahr bei einer Berührung der Außenleiter möglichst reduziert wird. Eine derartige Anlage verhält sich fast wie eine Anlage mit ungeerdetem Neutralpunkt, ist weniger gefährlich für das Bedienungspersonal und kann mit Vorteil bis ca. 7000 Volt angewandt werden. Für eine Anlage dieser Spannung bietet es nämlich keine Schwierigkeiten, eine Isolation zu schaffen, die jahrelang gegen die Einwirkung der vollen Betriebsspannung standhalten kann. Andererseits ist es bekannt, daß Leute, die die Außenleiter von 6600 Volt Spannung berührt haben, bei ungeerdetem Nullpunkt oft mit dem Leben davongekommen sind. — Es kann auch der Erdungswiderstand ziemlich klein gemacht werden, gerade genügend groß, daß die Maximalstrombrecher im Falle eines Erdschlusses an den Außenleitern die fehlerhafte Leitung sofort abschalten. Die Isolation einer solchen Anlage wird nicht stärker beansprucht als eine Anlage, deren Neutralpunkt direkt geerdet ist. Es ist deswegen ratsam, Hochspannungsanlagen für über 7000 Volt nur durch kleine Widerstände zu erden. In diesem letzten Falle muß die Erdung durch einen Ohmschen Widerstand stattfinden, um Schwingungen in den Lichtbögen zu verhindern, die durch Erdschlüsse entstehen können. Außerdem darf man den neutralen Punkt nur an einer Stelle des Systems erden, um Erdströme zu verhindern, die auf Telephon- und Telegraphenleitungen störend einwirken können.

In Dreiphasenanlagen, deren Phasenspannungen dritte Harmonische enthalten, können bei Erdung des Nullpunktes in der Generatorstation Kapazitätsströme zwischen Leitungen und Erde entstehen. Diese Ströme dreifacher Periodenzahl sind für alle Phasen gleichgerichtet und können ihrer großen Periodenzahl wegen unter Umständen[1]) so groß werden, daß sie auf Telephon- und Telegraphenleitungen störend einwirken. Um dies zu vermeiden, ist es dann nötig, den Nullpunkt in den Unterstationen anstatt in der Generatorstation zu erden.

Um Leitungsanlagen gegen atmosphärische Ladungen zu schützen, spannt man oft einen oder mehrere geerdete Drähte oberhalb der stromführenden Drähte. Diese sollen eine Art elektrischen Schirm gegen die atmosphärische Elektrizität bilden; eine vollständige Schirmwirkung erhält man jedoch erst dann, wenn die stromführenden Leitungen von einem geschlossenen und geerdeten Netz umgeben werden. Es hat sich jedoch gezeigt, daß schon eine geerdete Leitung oberhalb der stromführenden Drähte einen sehr effektiven Schutz gegen atmosphärische Ladungen bietet. In letzter Zeit umgibt man auch die Porzellanisolatoren mit geerdeten Drahtringen, um bei Überschlägen die Funken von dem Porzellan fernzuhalten und dies dadurch gegen Zerspringen durch Erwärmung zu schützen.

In früheren Zeiten isolierte man in Anlagen, deren Leitungen über bergiges Gelände führten, die Gestelle der elektrischen Maschinen und Apparate von dem Fundament. Dadurch werden zwei isolierende Schichten zwischen den Wicklungen und der Erde eingeschaltet, welche Schichten zwei Kondensatoren in Serie darstellen. Von diesen besitzt der zwischen Maschinengestell und Erde die kleinste Kapazität und wird somit bei einer statischen Ladung der Leitungsanlage der größten Spannung P_2 ausgesetzt; es ist nämlich (Fig. 581)

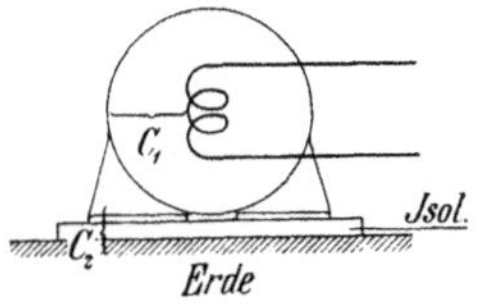

Fig. 581. Isoliert aufgestellte Maschine.

[1]) v. Holstein Rathlau, ETZ S. 637, 1910.

$$Q = P_1 C_1 = P_2 C_2$$

und

$$P = P_1 + P_2,$$

so daß

$$P_2 = \frac{C_1}{C_1 + C_2} P$$

und

$$P_1 = \frac{C_2}{C_1 + C_2} P.$$

Die Isolation zwischen Wicklung und Maschinengestell wird dagegen weniger stark, nämlich durch die Spannung P_1 beansprucht. Steht man auf der Erde und berührt das Maschinengestell, so entladet man den Kondensator C_2 durch den Körper, was unter Umständen lebensgefährlich sein kann. Man ist deswegen gezwungen, den ganzen Boden in solchen Anlagen um die Maschinen herum zu isolieren, damit das Bedienungspersonal nie gleichzeitig mit der Erde und dem Maschinengestell in Berührung kommen kann. Da dies sehr umständlich ist, so ist man nunmehr davon abgekommen, die Maschinengestelle von der Erde zu isolieren, sondern man sorgt gewöhnlich dafür, daß alle nicht unter Spannung stehenden Metallteile möglichst gut geerdet werden, damit man bei Berührung keine Schläge, herrührend von statischen Ladungen, erhält. Nur in hochgespannten Gleichstromanlagen (System Thury) isoliert man immer noch die Maschinengestelle von ihren Fundamenten.

b) Um eine Anlage gegen schnelle atmosphärische Entladungen und Spannungsschwankungen, herrührend von plötzlichen Schaltoperationen, zu schützen, verwendet man sogenannte Blitzschutzapparate und Überspannungsschutz. Diese sind in den verschiedensten Formen zur Ausführung gekommen und bestehen gewöhnlich entweder aus einem oder mehreren Funkenstrecken in Serie mit Widerständen oder aus Kondensatoren, die zwischen den Leitungen und der Erde eingeschaltet sind. Außerdem verwendet man Induktionsspulen in Serie mit den Leitungen, um zu verhindern, daß die Störungen sich weiter in der Anlage zu den Maschinen fortpflanzen.

Fig. 582 zeigt eine der häufigst vorkommenden Anordnungen. Durch die Drosselspule sucht man zu hindern, daß die Störung sich weiter in die Anlage hinein fortpflanzt, und durch den vor die Drosselspule eingeschalteten Blitzschutzapparat sucht man der Störung einen leichten Weg nach der Erde zu bieten.

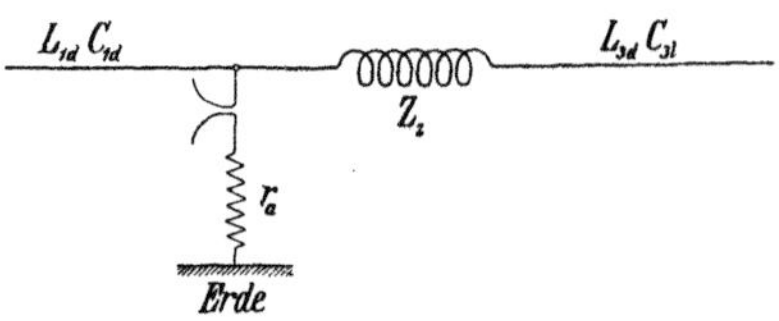

Fig. 582. Anordnung zur Ableitung schneller Spannungsschwankungen.

Dagegen ist nichts einzuwenden, wenn man die Drosselspule und den Blitzschutzapparat richtig dimensioniert. Die schnellen Ausgleichsvorgänge, ob sie von atmosphärischer Elektrizität oder von Schaltoperationen herrühren, pflanzen sich stets als fortschreitende Wellen fort. Um diese Wellen in ihrem weiteren Vordringen zurückzuhalten, müssen die Drosselspulen so groß sein, daß sie die Wellen fast ebenso vollkommen reflektieren, als ob die Leitung an der Stelle offen wäre; damit die Wellen einen leichten Weg über den Blitzschutzapparat nach der Erde finden, muß der Widerstand des Ableiterstromkreises klein sein im Verhältnis zum Wellenwiderstand $\frac{1}{k}\sqrt{\frac{L_d}{C_l}}$ der Leitung. Wenn dies der Fall ist, so wird eine ankommende Spannungswelle am Anfang der Drosselspule reflektiert werden, wodurch die Spannung an dieser Stelle bis auf den zweifachen Wert der Spannung der ankommenden Welle steigt. Reicht diese Spannung aus, um die Funkenstrecke des Blitzschutzapparates zu überschlagen, so wird ein Teil der ankommenden und der reflektierten Welle über diesen Apparat nach der Erde abgeleitet. Der übrige Teil der Welle schreitet zurück nach dem anderen Ende der Leitung, wo derselbe Vorgang sich an dem dortigen Blitzschutzapparat abspielt. Danach wandert die Welle wieder nach dem ersten Ende zurück, wo wieder ein Teil derselben zur Erde abgeleitet wird, während der übrige Teil reflektiert wird. So setzt sich der Vorgang fort, bis die Spannung der hin und her wandernden Wellen nicht mehr ausreicht, um ein Überschlagen der Funkenstrecke zu bewirken. Der Ausgleichsvorgang erscheint somit in dem Blitzableiter von oszillatorischer Natur, obgleich die Überschläge stets gleichgerichtet sind. Ist die Drosselspule nicht ausreichend groß, um die Wellen vollständig zu reflektieren, was meistens nicht der Fall ist, so wird ein Teil der ankommenden Wellen durch die Drosselspule hindurchgehen und in die Maschinen und Apparate hineindringen, wo sie zu Durchschlägen zur Erde oder zwischen den Windungen der äußersten Spulen Anlaß geben können. Nehmen wir an, daß die ankommende Welle selber nicht von genügend hoher Spannung ist, um die Funkenstrecke des Blitzschutzapparates zu durchschlagen, so wird die in die Drosselspule eintretende Welle sich zu der ankommenden Welle wie

$$\frac{A_{2n}}{A_{1n}} = \frac{2}{\sqrt{1 + \operatorname{cotg}^2 \varepsilon_n + 2 \operatorname{cotg} \varepsilon_n \cos(\varDelta \varphi_n)}} \quad . \quad (559)$$

verhalten, und die von der Drosselspule in die Leitung hinter derselben eintretende Welle wird sich zu der ankommenden Welle wie

$$\frac{A_{3n}}{A_{1n}} = \frac{A_{2n}}{A_{1n}} \cdot \frac{A_{3n}}{A_{2n}} = \frac{2}{\sqrt{1 + \operatorname{cotg}^2 \varepsilon_n + 2 \operatorname{cotg} \varepsilon_n \cos \Delta \varphi_n}} \frac{\sqrt{\frac{L_{3d}}{C_{3l}}}}{\sqrt{x_{2n}^2 + \frac{L_{3d}}{C_{3l}}}}$$

$$= \frac{2 \operatorname{cotg} \varepsilon_n}{\sqrt{1 + \operatorname{cotg}^2 \varepsilon_n + 2 \operatorname{cotg} \varepsilon_n \cos \Delta \varphi_n}} \sqrt{\frac{L_{3d} C_{1l}}{C_{3l} L_{1d}}} \quad . \quad . \quad (560)$$

verhalten, worin

$$\operatorname{tg} \varepsilon_n = \sqrt{\frac{x_{2n}^2 + \frac{L_{3d}}{C_{3l}}}{\frac{L_{1d}}{C_{1l}}}} = z_{0n} \sqrt{\frac{C_{1l}}{L_{1d}}}$$

und

$$\Delta \varphi_n = \varphi_{1n} - \varphi_{0n} = \varphi_{1n} - \operatorname{arctg} x_{2n} \sqrt{\frac{C_{3l}}{L_{3d}}},$$

indem der Widerstand der Drosselspule vernachlässigt und $k_{1n} = k_{3n} = 1$ gesetzt worden ist.

Es ist meistens $\Delta \varphi_{0n} = -\operatorname{arctg} x_{2n} \sqrt{\frac{C_{3l}}{L_{3d}}}$, so daß

$$\frac{A_{3n}}{A_{1n}} = \frac{2 \operatorname{cotg} \varepsilon_n}{\sqrt{1 + \operatorname{cotg}^2 \varepsilon_n \left(1 + 2 \sqrt{\frac{L_{3d} C_{1l}}{C_{3l} L_{1d}}}\right)}} \sqrt{\frac{L_{3d} C_{1l}}{C_{3l} L_{1d}}}.$$

Für den Fall, daß $\frac{L_{3d}}{C_{3l}} = \frac{L_{1d}}{C_{1l}}$, wird

$$\frac{A_{3n}}{A_{1n}} = \frac{2 \operatorname{cotg} \varepsilon_n}{\sqrt{1 + 3 \operatorname{cotg}^2 \varepsilon_n}}, \quad . \quad . \quad . \quad . \quad . \quad (560\text{a})$$

welches Verhältnis ein Maßstab für die Spannungsreduktion der Drosselspule ist. Setzen wir in diesem

$$x_{2n} = \beta_n L = \frac{\mu_n L}{\sqrt{L_{1d} C_{1l}}} = \frac{\pi L}{\sqrt{L_n C_n}},$$

so wird

$$\operatorname{tg}^2 \varepsilon_n = 1 + \pi^2 \frac{L^2}{L_n{}^2}. \quad . \quad . \quad . \quad . \quad . \quad . \quad (561)$$

Für $L = L_n$ wird $\operatorname{tg} \varepsilon_n = 3{,}3$ und $A_{3n} = 0{,}53\, A_{1n}$. In Fig. 583 ist das Verhältnis $\frac{A_{3n}}{A_{1n}} = \frac{p}{100}$ zwischen der in die Schaltanlage eindringenden Spannungswelle und der ankommenden Spannungswelle in Prozenten als Funktion von dem Verhältnis $\frac{L}{L_n}$ aufgetragen. Aus dieser Figur geht deutlich hervor, daß die Selbstinduktion der Drosselspule mindestens gleich so groß sein soll als die Selbstinduktion der ankommenden Leitung, wenn die Drosselspule eine reduzierende Wirkung auf die ankommenden Spannungswellen haben soll. Es ist außerdem wünschenswert, daß der Wellenwiderstand der von der Drosselspule nach der Schaltanlage führenden Leitung möglichst klein gehalten wird. — Soll die zur Schaltanlage durchgehende Welle höchstens $p\,^0/_0$ der ankommenden Welle betragen, so muß

$$\frac{p}{100} \geq \frac{2 \operatorname{cotg} \varepsilon_n}{\sqrt{1 + 3 \operatorname{cotg}^2 \varepsilon_n}}$$

also

$$\operatorname{cotg} \varepsilon_n \leq \frac{p}{\sqrt{200^2 - 3p^2}}.$$

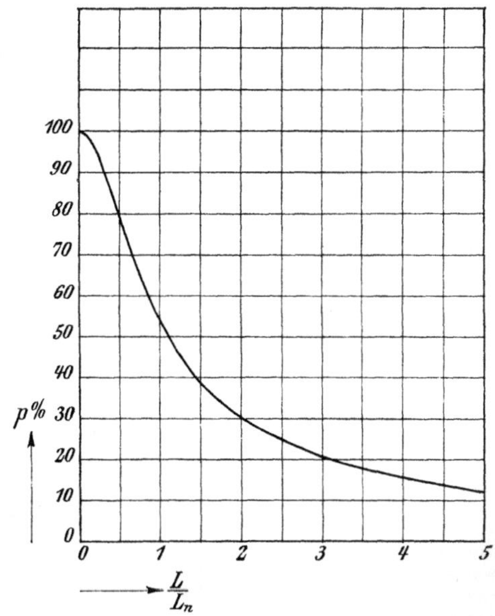

Fig. 583. Größe der durchgehenden Spannungswelle als Funktion der Größe der Drosselspule.

Unter der Annahme, daß die Drosselspule ausreichend groß ist um die ankommende Welle fast vollständig zu reflektieren, wird die über den Blitzableiter zur Erde abgeleitete Welle im Verhältnis zur ankommenden Welle wie

$$\frac{A_{an}}{A_{1n}} = \frac{2}{\sqrt{1 + \operatorname{cotg}^2 \varepsilon_n' + 2 \operatorname{cotg} \varepsilon_n' \cos(\Delta \varphi_n')}} \quad . \quad (562)$$

stehen; da $\Delta \varphi_n' \simeq 0$ und $\operatorname{tg} \varepsilon_n' = r_a k_{1n} \sqrt{\frac{C_{1l}}{L_{1d}}} \simeq r_a \sqrt{\frac{C_{1l}}{L_{1d}}}$, so wird

$$\frac{A_{an}}{A_{1n}} = \frac{2}{1 + \frac{1}{r_a}\sqrt{\frac{L_{1d}}{C_{1l}}}} \quad . \quad . \quad . \quad . \quad . \quad (562a)$$

Damit die zur Erde abgeleitete Welle der ankommenden Welle möglichst gleich und die reflektierte Welle möglichst klein wird, muß $\operatorname{tg} \varepsilon_n'$ sich der Einheit nähern. In Fig. 584 stellt Kurve I das Verhältnis der abgeleiteten zur ankommenden Welle in Prozenten p

als Funktion von ε_n' dar. Die Energie der reflektierten Welle verhält sich zur Energie der ankommenden Welle wie

$$\frac{1 - \sin 2\,\varepsilon_n'}{1 + \sin 2\,\varepsilon_n'}.$$

Dieses Verhältnis ist durch die Kurve II der Fig. 584 veranschaulicht, und da dasselbe nicht über 0,25 sein sollte, so muß

$$3{,}0 > \operatorname{tg} \varepsilon_n' > 0{,}333.$$

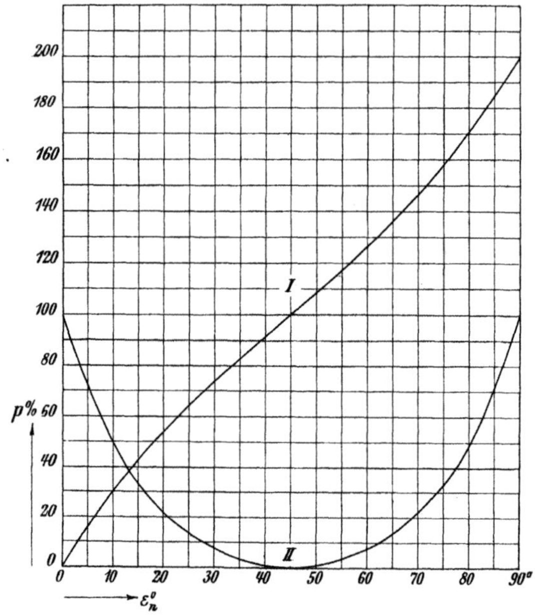

Fig. 584. Größe der abgeleiteten Spannungswelle als Funktion des Widerstandes des Blitzableiters.

Man wird jedoch aus anderen Gründen den Widerstand möglichst groß machen, weshalb man im allgemeinen

$$\operatorname{tg} \varepsilon_n' \simeq 3{,}0$$

setzen kann.

Die zweite neuerdings übliche Form von Blitzschutzapparaten ist in Fig. 585 dargestellt; sie besteht aus einer Drosselspule in Serie mit der Leitung, und hinter dieser ist ein Kondensator zwischen Leitung und Erde eingeschaltet. — Nehmen wir an, daß der Wellenwiderstand

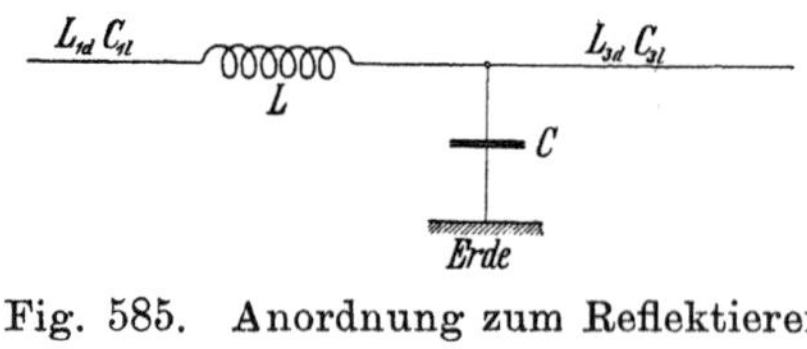

Fig. 585. Anordnung zum Reflektieren von Spannungswellen.

der zu schützenden Maschinen und Apparate sehr groß im Verhältnis zu der Reaktanz des Kondensators ist, so werden die ankommenden Wellen sich über die in Serie geschaltete Drosselspule und den Kondensator schließen, von wo aus sie wieder in voller Größe reflektiert werden. Die Spannung am Kondensator, die auch die Spannung der in die Schaltanlage eindringenden Welle ist, steht im Verhältnis zur Spannung der ankommenden Welle wie

$$\frac{A_{cn}}{A_{1n}} = \frac{\frac{1}{\beta_n C}}{\pm\left(\beta_n L - \frac{1}{\beta_n C}\right)} \frac{A_{2n}}{A_{1n}}$$

$$= \frac{1}{\pm(\beta_n^2 L C - 1)} \frac{2}{\sqrt{1 + \operatorname{cotg}^2 \varepsilon_n + 2 \operatorname{cotg} \varepsilon_n \cos(\Delta \varphi_n)}},$$

worin

$$\operatorname{tg} \varepsilon_n = \pm\left(\beta_n L - \frac{1}{\beta_n C}\right) k_{1n} \sqrt{\frac{C_{1l}}{L_{1d}}} \quad \text{und} \quad \Delta \varphi_n \cong -\frac{\pi}{2}.$$

Es wird somit das Verhältnis

$$\frac{A_{cn}}{A_{1n}} = +\frac{2 \sin \varepsilon_n}{\beta_n^2 L C - 1}, \quad \ldots \ldots \quad (563)$$

das also von der Periodenzahl abhängt. Bezeichnen wir die Wellenlänge der $n$ten Oberwelle mit l_n, wird

$$\beta_n = \frac{\mu_n}{\sqrt{L_{1d} C_{1l}}} = \frac{\pi}{l_n \sqrt{L_{1d} C_{1l}}} = \frac{\pi}{\sqrt{L_n C_n}}.$$

Indem

$$L_n = l_n L_{1d}$$

und

$$C_n = l_n C_{1l}$$

die Selbstinduktion, resp. Kapazität eines Leitungsstückes bezeichnen, das so lang wie eine Wellenlänge ist, wird

$$\beta_n^2 L C = \pi^2 \frac{L C}{L_n C_n}.$$

Bezeichnen wir ferner

$$\frac{\pi L}{L_n} = a \quad \text{und} \quad \frac{\pi C}{C_n} = b,$$

wird

$$\beta_n^2 L C = a b$$

und

$$\operatorname{tg} \varepsilon_n = \pm\left(\beta_n L - \frac{1}{\beta_n C}\right) \sqrt{\frac{C_{1l}}{L_{1d}}} = \pm \frac{a b - 1}{b},$$

woraus folgt

$$\pm(a b - 1) = b \operatorname{tg} \varepsilon_n.$$

Nehmen wir an, daß die Kapazitätsspannung A_{cn} nur $p\,^0/_0$ der Spannung der ankommenden Wellen sein darf, so wird

$$\frac{p}{100} = \pm \frac{2 \sin \varepsilon_n}{ab - 1} = \frac{2 \sin \varepsilon_n}{b \operatorname{tg} \varepsilon_n} = \frac{2 \cos \varepsilon_n}{b},$$

woraus folgt, daß

$$\frac{\pi C}{C_n} = b = \frac{200 \cos \varepsilon_n}{p} \quad . \; . \; . \; . \; . \; . \; . \quad (564)$$

sein muß, damit die Kapazitätsspannung nicht mehr als $p\,^0/_0$ der Spannung der ankommenden Welle ausmacht. Hieraus folgt weiter

$$a = \frac{1 + b \operatorname{tg} \varepsilon_n}{b} = \frac{1}{b} \pm \operatorname{tg} \varepsilon_n$$

oder

$$\frac{\pi L}{L_n} = a = \pm \operatorname{tg} \varepsilon_n + \frac{p}{200 \cos \varepsilon_n} \quad . \; . \; . \; . \; . \quad (565)$$

Für

$$\beta_n L > \frac{1}{\beta_n C}$$

schreiben wir

$$\frac{\pi L}{L_n} = \frac{\sin \varepsilon_n + 0{,}005\, p}{\cos \varepsilon_n}$$

und erhalten durch Multiplikation von a und b

$$\pi^2 \frac{LC}{L_n C_n} = \frac{200 \sin \varepsilon_n}{p} + 1$$

oder

$$\frac{LC}{L_n C_n} \cong \frac{20 \sin \varepsilon_n}{p} + 0{,}1 .$$

Es handelt sich bei der Berechnung von L und C in erster Linie darum, ein günstiges Verhältnis $\operatorname{tg} \varepsilon_n$ zu wählen. In Fig. 586 sind $\frac{L}{L_n}$ und $\frac{C}{C_n}$ als Funktion von ε_n für $p = 10$, 25 und $50\,^0/_0$ aufgetragen, und wie ersichtlich, nimmt $\frac{C}{C_n}$ mit dem Winkel ε_n schnell ab, während $\frac{L}{L_n}$ mit demselben schnell zunimmt. Je nach der normalen Betriebsspannung und Arbeitsstromstärke kann man den günstigsten Wert von ε_n aus den Kurven (Fig. 586) entnehmen. Durch Einschaltung genügend großer Kondensatoren läßt sich somit die Spannung, welcher die Maschinen und Apparate ausgesetzt werden, auf einen Bruchteil der Spannung der ankommenden Wellen reduzieren. Diese Kapazität ist jedoch kleiner, wenn die

Drosselspule vorhanden ist, als die Kapazität, die nötig ist, wenn keine Drosselspule vorgeschaltet ist; denn in diesem letzten Falle ist

$$\operatorname{tg} \varepsilon_n = \frac{1}{\beta_n C} \sqrt{\frac{C_{1l}}{L_{1d}}} = \frac{C_n}{\pi C} = \frac{1}{b}$$

und

$$\frac{p}{100} = 2 \sin \varepsilon_n = \frac{2}{\sqrt{1+b^2}},$$

so daß

$$\frac{\pi C}{C_n} = b = \sqrt{\left(\frac{200}{p}\right)^2 - 1} \cong \frac{200}{p}.$$

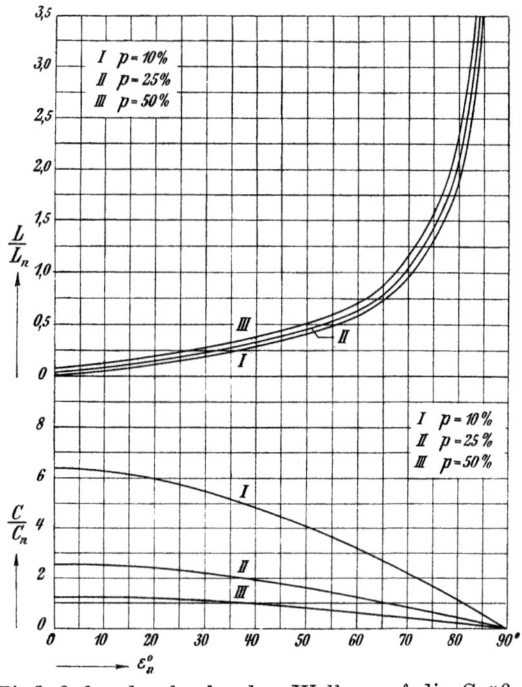

Fig. 586. Einfluß der durchgehenden Wellen auf die Größe der Drosselspulen und Kondensatoren für die Anordnung Fig. 585.

Die in Fig. 585 dargestellte Blitzschutzanordnung gestattet somit, die Spannung der in die Schaltanlage eintretenden Wellen auf einen beliebigen Bruchteil der Spannung der ankommenden Wellen zu reduzieren und wirft den übrigen Teil der Wellen in die Leitung zurück, wo die Wellen dann zwischen den Enden der Leitungen hin und her wandern können, bis sie allmählich aussterben. Der Kondensatorkreis leitet nichts von den Ladungen zur Erde ab, sondern verhindert nur das Vordringen der Wellen zu der Schaltanlage und den Maschinen. Der Kondensatorkreis verhält sich somit mehr wie ein Überspannungsschutz als wie ein Blitzableiter. — Man kann behaupten, daß die Kondensatoranordnung sich gegenüber den Wellen verschiedener Länge prinzipiell ungleich verhält. Dies ist jedoch nicht mehr der Fall, wenn man für die größte vorkommende Grundwelle $\operatorname{tg} \varepsilon_n$ bedeutend größer als 1 und $\beta_1 L \geqq \frac{1}{\beta_1 C}$ macht, worin L_1 und C_1 die Selbstinduktion, resp. die Kapazität der ganzen Leitung bedeuten. In dem Falle wird nämlich für alle kürzeren Wellen die Kondensatorspannung im Verhältnis zur Spannung der ankommenden Wellen stetig abnehmen; es ist nämlich dann

$$\frac{p}{100} = \frac{2 \cos \varepsilon_n}{b},$$

worin $\cos \varepsilon_n$ mit der Periodenzahl stetig abnimmt. Damit also die Kondensatoranordnung gegen alle Wellen und speziell gegen die langen Wellen, die die größte Energie besitzen, einen wirksamen Schutz gewährt, muß man $\operatorname{tg} \varepsilon_1 > 1$ wählen, was zur Folge hat, daß die ankommenden Spannungswellen mit dem gleichen Vorzeichen reflektiert werden, wodurch die Isolation der Leitungsanlage großen Überspannungen ausgesetzt wird. Um den schädlichen Einfluß der Überspannungen zu vermeiden, kann man einen Funkenableiter in Serie mit einem Widerstande vor den Drosselspulen zwischen Leitung und Erde einschalten. Wir sind somit auf die in Fig. 587 dargestellte Kombination von Drosselspule, Kondensator und Blitzableiter gekommen, die für schnelle Ausgleichsvorgänge alle berechtigten Forderungen erfüllen sollen. Die Drosselspule dient dazu, die Wellen zu reflektieren, der Kondensator, um die Spannung an den zu schützenden Maschinen und Apparaten klein zu halten, während der Funkenableiter zur Ableitung der vor der Drosselspule aufgestauten Spannungswelle zur Erde dient. Es ist aber von größter Bedeutung, daß die einzelnen Elemente dieser Kombination richtig dimensioniert werden. Einerseits darf der Widerstand r_a in dem Blitzschutzkreis nach den früheren Überlegungen nicht zu groß gewählt werden; er soll zwischen den beiden folgenden Grenzen liegen

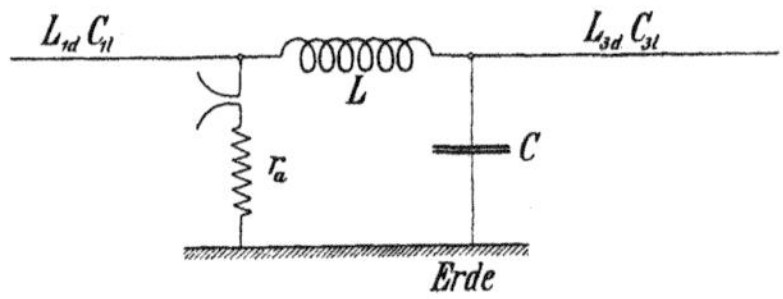

Fig. 587. Vollständige Blitzschutzanordnung.

$$3\sqrt{\frac{L_{1d}}{C_{1l}}} \geqq r_a \geqq \frac{1}{3}\sqrt{\frac{L_{1d}}{C_{1l}}},$$

damit die Energie der reflektierten Welle höchstens 25% der Energie der ankommenden Welle beträgt. Andererseits darf der Widerstand nicht zu klein sein, damit keine Schwingungen im Blitzschutzkreise entstehen können; der Widerstand dieses Kreises muß mindestens

$$r_a \geqq 2\sqrt{\frac{L}{C}}$$

sein. Setzen wir in diesem Ausdruck die oben abgeleiteten Werte für

$$L = \frac{\sin\varepsilon_n + 0{,}005\,p}{\cos\varepsilon_n}\,\frac{L_n}{\pi}$$

und

$$C = \frac{200\cos\varepsilon_n}{\pi p}\,C_n,$$

ein, so erhalten wir

$$r_a \geqq 2\sqrt{\frac{p\sin\varepsilon_n + 0{,}005\,p^2}{200\cos^2\varepsilon_n}\,\frac{L_n}{C_n}},$$

und indem wir $r_a = q\sqrt{\frac{L_{1d}}{C_{1l}}} = q\sqrt{\frac{L_n}{C_n}}$ setzen, ergibt sich

$$q\sqrt{\frac{L_n}{C_n}} \geqq 2\sqrt{\frac{p\sin\varepsilon_n + 0{,}005\,p^2}{200\cos^2\varepsilon_n}\,\frac{L_n}{C_n}},$$

woraus folgt

$$q^2 \geqq \frac{p\sin\varepsilon_n + 0{,}005\,p^2}{50\,(1-\sin^2\varepsilon_n)}.$$

Diese Gleichung nach $\sin\varepsilon_n$ aufgelöst, ergibt als einzige brauchbare Lösung

$$\sin\varepsilon_n \leqq \sqrt{1-\left(\frac{p}{100\,q}\right)^2 + \left(\frac{p}{100\,q^2}\right)^2} - \frac{p}{100\,q^2}$$

$$\sim 1 - \frac{1}{2}\left(\frac{1}{100\,q}\right)^2 - \frac{p}{100\,q^2} \quad \ldots\ldots\ldots \quad (566)$$

Bei der Berechnung der Blitzschutzanordnung nach Fig. 587 geht man somit am besten von dem Widerstande im Blitzschutzkreise aus. Nehmen wir denselben gleich

$$r_a = 3\sqrt{\frac{L_n}{C_n}},$$

so ist also $q = 3$. Nehmen wir ferner die prozentuale Spannungsreduktion p zu 20% an, so soll

$$\sin\varepsilon_n \leqq 1 - \frac{1}{2}\left(\frac{20}{300}\right)^2 - \frac{20}{900} = 0{,}976.$$

Andererseits darf $\sin\varepsilon_n$ nicht zu klein sein, weil $\operatorname{tg}\varepsilon_n$ bedeutend größer als Eins sein soll, damit die ankommende Welle von der Drosselspule mit gleichem Vorzeichen reflektiert wird.

Für $\sin\varepsilon_n = 0{,}976$ wird z. B. $\operatorname{tg}\varepsilon_n = 4{,}45$. Benutzen wir nun die Formel

$$\frac{LC}{L_n C_n} = \frac{20 \sin\varepsilon_n}{p} + 0{,}1\,,$$

so wird in diesem Falle für $p = 20$

$$LC = 1{,}076\, L_n C_n\,.$$

Indem

$$b = \frac{\pi C}{C_n} = \frac{200 \cos\varepsilon_n}{p} = 2{,}2\,,$$

wird

$$C = 0{,}7\, C_n$$

und somit

$$L = 1{,}55\, L_n\,,$$

während

$$r_a = 2\sqrt{\frac{L}{C}} = 3\sqrt{\frac{L_n}{C_n}}\,.$$

Es ist jedoch nicht ratsam, mit dem Widerstand des Blitzschutzkreises gerade bis zu der Grenze $2\sqrt{\frac{L}{C}}$ heranzugehen, weil der in der Funkenstrecke entstehende Lichtbogen Schwingungen gegenüber sich wie ein negativer Widerstand verhält, der sich zu r_a addiert. Es soll aus diesem Grunde C größer und L kleiner gemacht werden.

Setzen wir z. B.

$$C = 1{,}05\, C_n\,,$$

so wird

$$\cos\varepsilon_n = \frac{p\pi}{200}\,\frac{C_n}{C} = \frac{\pi}{10}\,1{,}05 = 0{,}332$$

$$\operatorname{tg}\varepsilon_n = 2{,}85$$

$$CL = 1{,}044\, L_n C_n$$

und also

$$L \simeq L_n\,.$$

Damit die Blitzschutzanordnung einen wirklichen Schutz gegen alle Wellen gewährt, müssen die soeben abgeleiteten Verhältnisse auch für die längsten Wellen, die vorkommen können, Gültigkeit haben. Hieraus folgt, daß für $p = 20\,^0/_0$, $q = 3$ und $\operatorname{tg}\varepsilon_n = 2{,}85$

$$L = L_1$$

und

$$C = 1{,}05\, C_1\,,$$

worin L_1 und C_1 die Selbstinduktion resp. Kapazität der ganzen Leitung bedeuten. Es kann unter Umständen entweder die Selbstinduktion oder die Kapazität unverhältnismäßig groß ausfallen, so daß man zwischen zwei Übeln zu wählen hat, wenn man einen effektiven Schutz gegen schnelle Zustandsänderungen haben will.

Durch Aufteilung der Leitung in Strecken, die durch eingeschaltete Drosselspulen getrennt und durch Blitzableiter an jeder Seite der Drosselspule, wie Fig. 588 zeigt, geschützt sind, ist es möglich, die Länge l_1 so klein zu machen, daß die Selbstinduktion

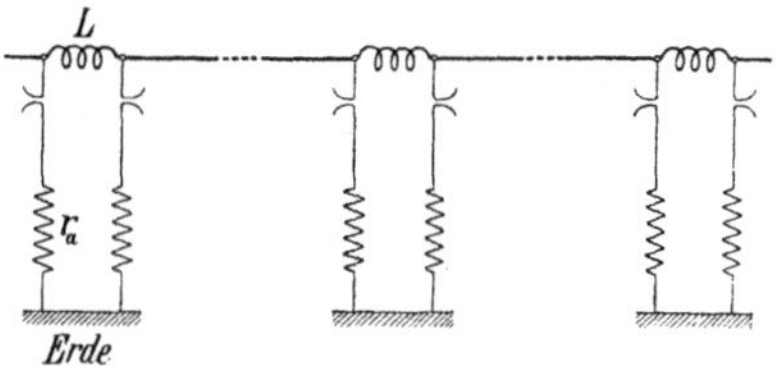

Fig. 588. Streckenblitzschutz.

$$L_1 = l_1 L_{1d}$$

und die Kapazität

$$C_1 = l_1 C_{1l}$$

verhältnismäßig klein werden. Wenn die lokalen Verhältnisse und Kosten den Einbau von Drosselspulen und Blitzableitern auf der Strecke gestatten, so wird es im allgemeinen möglich sein, einen wirksamen Schutz gegen Überspannungen nach den obigen Formeln zu schaffen. Ein Beispiel wird dies am besten illustrieren.

Es besitzt die Leitung einen Querschnitt von 105 mm² und verläuft ca. 10 m über dem Erdboden. Von der letzten Drosselspule auf der Strecke bis zur Station ist eine Länge von 10 km. Es ist die Leitung sowohl gegen schnelle atmosphärische Entladungen wie gegen die bei plötzlichen Schaltoperationen auftretenden Überspannungen zu schützen. Für die atmosphärischen Entladungen ist die Erde als Rückleiter zu betrachten. In dem Falle wird

$$L_{1d} = 0{,}00169 \text{ Henry}$$

und

$$C_{1l} = 0{,}0068 \text{ MF},$$

so daß

$$L_1 = 10 L_{1d} = 0{,}0167 \text{ Henry}$$

und

$$C_1 = 10\, C_{1l} = 0{,}068 \text{ MF}.$$

Im zweiten Falle, wenn man sich gegen die bei plötzlichen Schaltoperationen auftretenden Spannungsschwankungen schützen will, ist die eine Leitung als Rückleitung der anderen zu betrachten, und es wird dann pro Leitung

$$L_{1d} = 0{,}00125 \text{ Henry}, \quad C_{1l} = 0{,}0096 \text{ MF}$$

und

$$L_1 = 0{,}0125 \text{ Henry}, \quad C_1 = 0{,}096 \text{ MF}.$$

In diesem Falle kann man als Mittelwert

$$L = \text{ca. } 0{,}015 \text{ Henry}$$

und

$$C = \text{ca. } 0{,}080 \text{ MF}$$

pro Leitung setzen. Für den Widerstand im Blitzschutzkreise gilt dann:

$$3\sqrt{\frac{L_1}{C_1}} = 3 \cdot 495 = 1485 \geqq r_a \geqq 2\sqrt{\frac{L}{C}} = 2 \cdot 430 = 860\ \Omega$$

und es kann zweckmäßig

$$r_a = 1450\ \Omega$$

gesetzt werden. Wäre die Anlage für 100000 Volt zwischen den Leitungen gebaut, so würde der von der Betriebsspannung herrührende Strom, welcher der Entladung in der Funkenstrecke folgt,

$$\frac{100000}{\sqrt{3}\,1450} = 40 \text{ Amp.}$$

sein, wenn der Widerstand konstant wäre. Dieser Strom entspricht einer Leistung von 2300 KW, so daß der Widerstand sehr reichlich zu bemessen ist, damit er nicht von dem den Entladungen folgenden Strom zerstört wird.

Bei 50 Perioden und einem Arbeitsstrom von 200 Amp. bei 57500 Volt Phasenspannung repräsentiert $L = 0{,}015$ Henry eine Reaktanzspannung von $1{,}65\,^0/_0$, was bedeutend mehr ist als man gewöhnlich für Drosselspulen in Kombination mit Blitzschutzapparaten verwendet. Ebenso verursacht der Kondensator einen Ladestrom von 1,45 Amp., d. h. $0{,}725\,^0/_0$ des Arbeitsstromes, was auch bedeutend mehr ist als man gewöhnlich für nötig erachtet. — Um also einen für alle Fälle zuverlässigen Schutz gegen schnelle Zustandsänderungen zu erhalten, ist es ratsam, die Schutzapparate, d. h. sowohl Drosselspulen wie Kondensatoren und Widerstände reichlich zu bemessen. Es ist aber selten, daß so lange Wellen wie die Leitungslänge l_1 auftreten, so daß man eventuell mit kleineren Drosselspulen und Kondensatoren auskommen kann. Dies hängt jedoch von den lokalen Verhältnissen ab und davon wie stark man Leitungen, Maschinen und Apparate isolieren will.

Was nun die Konstruktion der Drosselspulen anbelangt, so sind diese, wenn sie in Verbindung mit einer Kapazität zur Anwendung kommen, für eine Spannung

$$A_{d\,n} = 2 \sin \varepsilon_n \frac{\beta_n L}{\beta_n L - \frac{1}{\beta_n C}} A_{1\,n} = 2 \sin \varepsilon_n \frac{\beta_n^2 LC}{\beta_n^2 LC - 1} A_{1\,n} \cong 2 A_{1\,n}$$

bei der kleinsten vorkommenden Periodenzahl β_1 zu bauen, worin

$$\operatorname{tg} \varepsilon_n = \left(\beta_n L - \frac{1}{\beta_n C}\right) \sqrt{\frac{C_{1l}}{L_{1d}}}\,.$$

Wenn die Drosselspule, wie es oft der Fall ist, ohne Kapazität zur Anwendung kommt, so ist sie nach den Formeln S. 898 für eine Spannung

$$A_{dn} = \frac{2}{\sqrt{1 + \operatorname{cotg}^2 \varepsilon_n + 2 \operatorname{cotg} \varepsilon_n \cos \Delta \varphi_n}} \, \frac{x_{2n}}{\sqrt{x_{2n}^2 + \frac{L_{3d}}{C_{3l}}}} \, A_{1n}, \quad (567)$$

zu bauen, die für $\frac{L_{3d}}{C_{3l}} = \frac{L_{1d}}{C_{1l}}$ in

$$A_{dn} = 2 \sqrt{\frac{1 - \operatorname{cotg}^2 \varepsilon_n}{1 + 3 \operatorname{cotg}^2 \varepsilon_n}} \, A_{1n}. \quad . \quad . \quad . \quad . \quad (567\text{a})$$

übergeht. Man überzeugt sich außerdem leicht durch Rechnungen, daß die Kapazität zwischen den Windungen selber und die Kapazität zur Erde für die Grundwellen fast keinen Einfluß auf das Verhalten der Drosselspulen ausübt. Selbst eine Welle, die nur 100 Meter lang ist, hat eine zu niedrige Periodenzahl

$$\frac{\beta_n}{2\pi} = \frac{1}{2\pi\, 0{,}1 \sqrt{L_{1d} C_{1l}}} = \frac{\pi}{3{,}38\, 10^{-6}} = \frac{5}{}= 5 \cdot 295\,000 = 1{,}475 \text{ Millionen},$$

daß die Kapazität zwischen den Drähten einer Drosselspule einen merkbaren Einfluß auf ihr Verhalten ausüben könnte.

Was die Konstruktion der Widerstände im Blitzschutzkreise anbetrifft, so sollen diese möglichst induktionsfrei sein. Es kommen Wasserwiderstände, Karborundumwiderstände in Öl und Drahtwiderstände in Asbestmatten zur Verwendung; in der letzten Zeit geht man jedoch mehr und mehr zu den zuverlässigeren Drahtwiderständen über. — Anstatt der Widerstände kann man auch in Serie mit den Blitzableitern Aluminiumkondensatoren verwenden, die sich speziell für sehr hohe Spannungen eignen. Sie besitzen, wie S. 498 erwähnt, eine gekrümmte Charakteristik und gestatten nur der Überspannung nach der Erde abzufließen, während der von der Betriebsspannung herrührende Strom den Entladungen nicht folgen kann, nachdem die Spannung auf ihren normalen Wert gesunken ist.

Von den Funkenableitern kommen hauptsächlich zwei Typen zur Ausführung: die Hörnerfunkenableiter und die Rollenfunkenableiter. Die Hörnerfunkenableiter haben den großen Vorteil, daß sie einfach und billig sind; oft schaltet man zwei Hörner parallel, von denen eins mit großer Funkenstrecke in Serie mit einem kleinen (oder gar keinem) Widerstande geschaltet ist, während das andere mit kleiner Funkenstrecke in Serie mit einem großen Widerstande geschaltet ist. Das erste Horn dient zur Ableitung aller großen und gefährlichen Überspannungen, wie sie z. B. bei direkten Blitzschlägen entstehen; der kleine Widerstand gestattet, daß die Ableitung möglichst wirksam wird. Das Horn mit der kleinen Funkenstrecke gestattet andererseits, daß kleine Überspannungen zur Erde abgeleitet werden können, ohne daß die Betriebsspannung einen großen Strom durch die kleine Funkenstrecke und den großen Widerstand nachschicken und aufrecht erhalten kann.

Die Rollenfunkenableiter waren ursprünglich bestimmt für direktes Einschalten zwischen Leitung und Erde ohne Widerstand in Serie. Es stellte sich bei Hochspannungsanlagen jedoch bald heraus, daß man entweder so viele Rollen anwenden mußte, daß die Wirkung bedeutend reduziert wurde, oder auch war man gezwungen, Widerstände in Serie mit den Rollen einzuschalten. Man ging deswegen zu der in Fig. 141 dargestellten Anordnung von mehreren Widerständen in Parallele über; diese hat aber den Nachteil, daß die Wellen kleinster Periodenzahl, d. h. die Wellen größter Energie, durch die größten Widerstände gehen müssen, was entgegengesetzt zu dem ist, was man wünscht, d. h. große Energien möglichst schnell von der Leitung zur Erde abzuleiten. Die Rollenfunkenableiter werden deswegen in letzter Zeit in Serie mit mäßigen Widerständen nur zur Ableitung von Überspannungen in Niederspannungsanlagen benutzt. Der kleinste zulässige Abstand zwischen zwei Rollen ist ca. 1 mm.

Es ist darauf zu achten, daß in Anlagen, deren Neutralpunkt nicht geerdet oder nur durch sehr große Widerstände geerdet ist, die Funkenstrecken für eine Spannung größer als die höchste normale Linienspannung eingestellt werden, damit bei Erdfehlern keine Überschläge in den Funkenableitern stattfinden. In Anlagen mit geerdetem oder durch kleinen Widerstand kontinuierlich geerdetem Neutralpunkt ist es dagegen zulässig, die Funkenstrecken für eine etwas größere Spannung als die Phasenspannung einzustellen.

Was die Kondensatoren anbetrifft, so benutzt man nur Trockenkondensatoren mit Glas, Papier oder Mika als Dielektrikum. Das größte Hindernis für eine allgemeinere Verwendung von Kondensatoren liegt in der kleinen Betriebssicherheit derselben.

Ferner erhöht man durch Anwendung von Kondensatoren die statische Kapazität der Anlage und dadurch die Gefahr für Schwingungen und die diese begleitenden Überspannungen im ganzen System; Seite 673 sind diese Vorgänge eingehend behandelt.

Um eine Anlage effektiv gegen Überspannungen zu schützen, ist es ratsam, Kondensatoren überall in der Nähe der zu schützenden Maschinen und Apparate aufzustellen, damit die Überspannungen, denen die Maschinen ausgesetzt werden, nicht zu hoch ansteigen können. Sehr häufig schaltet man auch Funkenableiter in Serie mit großen Widerständen zwischen die Klemmen von Maschinen und Transformatoren, wie dies Fig. 589 zeigt, um die Wicklungen gegen Überspannungen zu schützen. In dieser Schaltung dienen die Hörner *ÜS* als Schutz gegen Überspannungen zwischen den Leitungen, während die Hörner *BS* als Blitzableiter zu betrachten sind. Diese Schaltung mit kombinierten Hörnern für Überspannungen und atmosphärische Entladungen wird von den Siemens-Schuckertwerken viel angewandt. Die Funkenableiter verhindern jedoch nicht wie die Kondensatoren das Auftreten der Überspannungen, sondern tragen nur dazu bei, dieselben möglichst schnell abzuleiten. Drosselspulen mit vorgeschaltetem Funkenableiter sind überall an den Enden von Leitungen, bei Übergangspunkten und an Abzweigepunkten in den Leitungen anzuordnen. Sind die Leitungen sehr lang, so ist es außerdem zu empfehlen, Drosselspulen und Funkenableiter auf den Strecken selber anzuordnen, wie Fig. 588 zeigt, damit die Störungen stets auf eine Teilstrecke, d. h. auf das Leitungsstück zwischen zwei aufeinander folgenden Drosselspulen, begrenzt bleiben. Bezeichnet man mit L_1 die Selbstinduktion einer solchen Teilstrecke und mit L die Selbstinduktion der zwischengeschalteten Drosselspule, so wird für eine Welle so lang wie die Teilstrecke

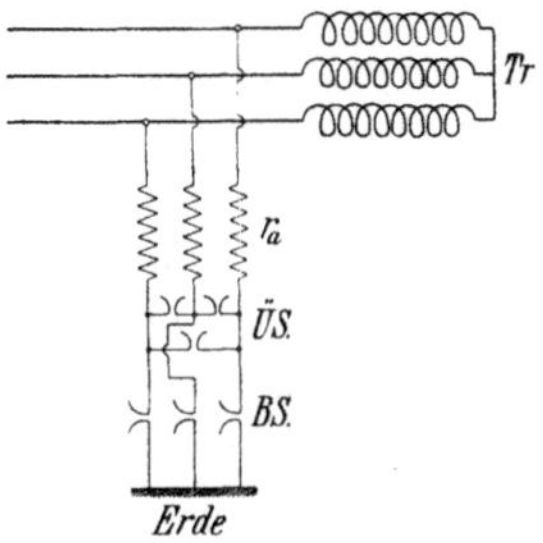

Fig. 589. Kombinierter Blitzschutz und Überspannungsschutz.

$$\operatorname{tg} \varepsilon_1 = 1 + \pi^2 \frac{L^2}{L_1^2} \quad . \quad . \quad . \quad . \quad . \quad . \quad . \quad (568)$$

und die in den benachbarten Teilstrecken übergetretenen Spannungen verhalten sich zu den Spannungen der ursprünglichen Wellen wie

$$\frac{A_{ü}}{A_1} = \frac{2 \operatorname{cotg} \varepsilon_1}{\sqrt{1 + 3 \operatorname{cotg}^2 \varepsilon_1}}, \quad . \quad . \quad . \quad . \quad . \quad . \quad (569)$$

welches Verhältnis als Funktion von $\left(\frac{L}{L_n}\right)$ in Fig. 583 eingetragen ist. Für $L = L_1$ wird $A_{ü} = 0{,}535\, A_1$, während die Spannungswelle, die vor der Drosselspule aufgestaut wird, gleich

$$A_{au} = \frac{2 A_1}{\sqrt{1 + 3 \operatorname{cotg}^2 \varepsilon_1}} = 1{,}78\, A_1 \text{ wird.}$$

Es ist bis jetzt nur von Störungen gesprochen worden, die von außen kommen und in die Stationen hineindringen. Es können aber auch

Überspannungen, herrührend von inneren Störungen und Zustandsänderungen, entstehen, wie z. B. wenn ein Transformator oder Induktionsmotor plötzlich auf die volle Spannung eingeschaltet wird. Wird die Einschaltung in der Primärstation ausgeführt, so wird der Überspannungsschutz in der Sekundärstation die Schaltanlage und die Transformatoren in dieser Station genügend gegen die Überspannung schützen, die beim Einschalten entsteht. Diese Überspannung steigt im schlimmsten Falle bis zum doppelten Wert der Betriebsspannung an; im allgemeinen wird sie jedoch durch den Widerstand und die Ableitung der Leitungen und der primären Schaltanlage etwas reduziert. Der Überspannungsschutz in der Sekundärstation wird dagegen wenig Schutz für die Schaltanlage und die Transformatoren gewähren, wenn die Einschaltung des Transformators hinter dem Überspannungsschutz ausgeführt wird. Wird die Einschaltung in der Sekundärstation vor dem Überspannungsschutz, wie Fig. 590 zeigt, vorgenommen, so wird bei offenem Schalter dieser allen Überspannungen direkt ausgesetzt, welche bis zum zweifachen Wert der auf den Leitungen auftretenden Überspannungen ansteigen können. Es stellt sich somit heraus, daß es schwierig ist die Überspannungsschutzvorrichtungen so anzuordnen, daß sie für alle vorkommenden Fälle alle Teile der Anlage schützen. Da außerdem die durch Einschaltung und Kurzschließen von Leitungen und Stromkreisen auftretenden Wellen von sehr großer Länge sind, so müssen die für einen effektiven Schutz einer Anlage nötigen Drosselspulen, Kondensatoren und Widerstände sehr reichlich dimensioniert werden. Die schnellen atmosphärischen Entladungen geben dagegen selten Anlaß zu langen Wellen. Es frägt sich deswegen, ob es nicht billiger und zweckmäßiger ist, alle Maschinen und Apparate gegen die Überspannungen, die bei Schaltoperationen überhaupt auftreten können, zu isolieren oder während der Operationen durch besondere Mittel zu schützen. In dem Falle braucht man nämlich die Überspannungsschutzanordnungen nur mit Rücksicht auf die schnellen atmosphärischen Entladungen zu dimensionieren.

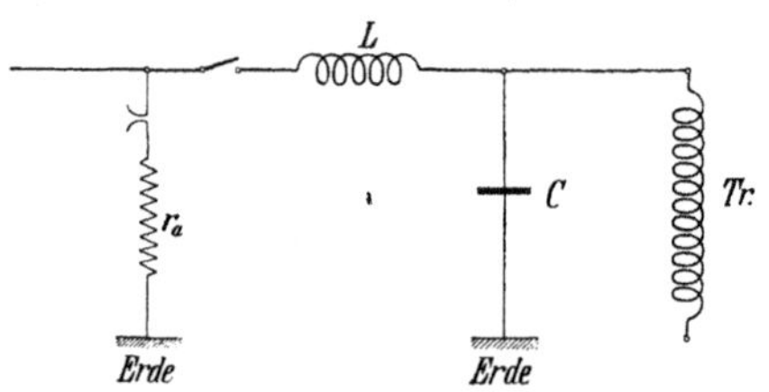

Fig. 590. Falsch angeordneter Überspannungsschutz.

Um Transformatoren und Maschinen während des Einschaltens

zu schützen, schaltet man die Wicklungen derselben in zwei Stufen auf die volle Spannung ein, zuerst in Serie mit einem Vorschaltwiderstand r_v, wie die Fig. 591 angibt, und nachträglich direkt ein. Dieser Widerstand muß natürlich viel größer sein als der Widerstand, den man nötig hat, um den Stromstoß beim Einschalten von hochgesättigten Transformatoren zu vermeiden. Während der Widerstand zur Vermeidung von Stromstößen nur ein Bruchteil der Leerlaufreaktanz sein soll, muß der Widerstand, um Überspannungen zu vermeiden, nach den Angaben S. 824 möglichst in der Nähe von $\sqrt{\frac{L_d}{C_l}}$ liegen. Bei Leitungen ist dieses Verhältnis eine fast konstante Größe; bei Transformatoren hängt es dagegen von der Periodenzahl ab, weil die einzelnen Spulen aufeinander gegenseitig induzieren. Da aber hauptsächlich die äußersten Spulen (d. h. die Spule am nächsten der Klemmen) beim Einschalten der größten Überspannung ausgesetzt werden, so setzt man zweckmäßig

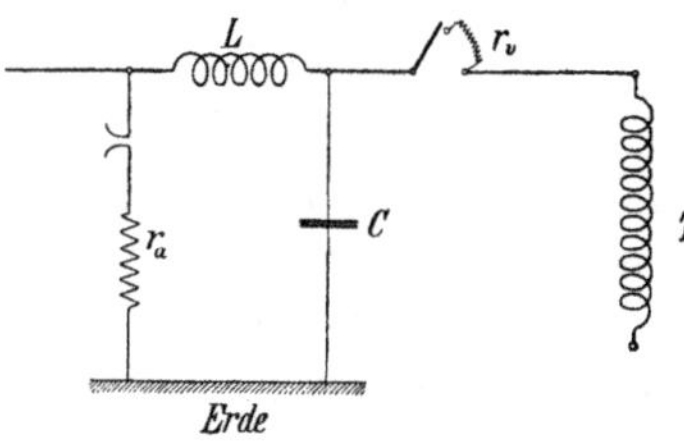

Fig. 591. Richtig angeordneter Überspannungsschutz.

$$r_v = \sqrt{\frac{L_d}{C_l}}, \quad \ldots \ldots \ldots \quad (570)$$

worin L_d die Selbstinduktion und C_l die Kapazität der äußersten Spule bedeuten.

Bei Einschaltung eines an dem sekundären Ende offenen Kabels oder einer Leitung macht man am besten

$$r_v = \sqrt{\frac{L_d}{C_l}} = \sqrt{\frac{L_1}{C_1}},$$

worin L_1 die Selbstinduktion und C_1 die Kapazität der ganzen Leitung bedeuten.

Sollen mehrere hintereinandergeschaltete Leitungen und Stromkreise, z. B. eine Leitung in Serie mit einem Transformator in der Primärstation, plötzlich auf die volle Spannung eingeschaltet werden, so macht man am besten

$$r_v \cong \sqrt{\frac{L_1 + L_2 + L_3}{C_1 + C_2 + C_3}},$$

worin L_1, L_2 und L_3 die Selbstinduktion der verschiedenen Leitungen und C_1, C_2 und C_3 die Kapazitäten derselben bedeuten. Eine genaue Berechnung des theoretisch richtigen Wertes für r_v ist sehr umständlich und auch nicht absolut nötig, weil der Vorschaltwiderstand zwischen $\frac{1}{3}\sqrt{\frac{L_d}{C_l}}$ und $3\sqrt{\frac{L_d}{C_l}}$ variieren kann, ohne daß die Dämpfung der Überspannung dadurch besonders beeinträchtigt wird, wie es S. 900 nachgewiesen worden ist.

Was nun die Verstärkung der Isolation von Transformatoren und Maschinen anbetrifft, um sie alle gegen die Überspannungen zu schützen, die während des Einschaltens auftreten, so sind die Wicklungen der Maschinen und Transformatoren so stark gegen Erde zu isolieren, daß sie der doppelten Betriebsspannung sicher widerstehen können. Aber außerdem ist darauf zu achten, daß in allen äußeren Spulen große Spannungsgefälle in dem Augenblicke auftreten, wenn die Spannung plötzlich auf den betreffenden Apparat eingeschaltet wird und wenn diese Spannung durch plötzliches Kurzschließen der Klemmen wieder entfernt wird. In dem letzten Falle hilft es nicht, einen Zweistufenschalter mit Vorschaltwiderstand zu haben. Selbst bei Anwendung von solchen Schaltern ist es somit nötig, die Wicklungen von Maschinen und Transformatoren wenigstens für die doppelte Betriebsspannung gegen Erde zu isolieren und außerdem die Windungen der äußersten Spulen möglichst stark gegeneinander zu isolieren.

Wie weit eine Spannungswelle in die Wicklung einer elektrischen Maschine oder eines Transformators hineindringt, läßt sich nur durch angenäherte Berechnungen feststellen. Als erste Annäherung nimmt man an, daß die volle Spannung der ankommenden und reflektierten Welle auf die erste Spule kommt und daß die eindringende Welle sich durch die Kapazität der ersten Spule zur Erde schließt. Die zweite Spule wird dann der Spannung dieser Kapazität ausgesetzt. Bei Transformatoren isoliert man gewöhnlich alle Spulen in der Nähe der Klemmen, selbst die in der Nähe des Nullpunktes, wenn diese mit der Erde oder einem Nulleiter verbunden sind, stärker als die übrigen Spulen. Die Drähte der äußersten Spulen werden gewöhnlich so stark gegeneinander isoliert, daß eine Spule allein die doppelte Phasenspannung aufnehmen kann. Wie viele Spulen man mit dieser verstärkten Isolation versieht, hängt von der Größe der Spannung und des Transformators sowie von den lokalen Verhältnissen ab.

Namen- und Sachregister.

Die beigedruckten Ziffern geben die Seitenzahlen an.

GPSR Compliance

The European Union's (EU) General Product Safety Regulation (GPSR) is a set of rules that requires consumer products to be safe and our obligations to ensure this.

If you have any concerns about our products, you can contact us on ProductSafety@springernature.com

In case Publisher is established outside the EU, the EU authorized representative is:

Springer Nature Customer Service Center GmbH
Europaplatz 3
69115 Heidelberg, Germany

Batch number: 10682269

Printed by Printforce, the Netherlands